Springer-Lehrbuch

T0186006

Gerold Adam (†) • Peter Läuger (†) • Günther Stark

Physikalische Chemie und Biophysik

Fünfte, überarbeitete Auflage

Mit 294 Abbildungen und 51 Tabellen

 Springer

Prof. i.R. Dr. Günther Stark
Universität Konstanz
Fachbereich Biologie
Fach 638
D-78457 Konstanz
gunther.stark@uni-konstanz.de

ISSN 0937-7433
ISBN 978-3-642-00423-0   e-ISBN 978-3-642-00424-7
DOI 10.1007/978-3-642-00424-7
Springer Dordrecht Heidelberg London New York

Die Deutsche Nationalbibliothek verzeichnet diese Publikation in der Deutschen Nationalbibliografie;
detaillierte bibliografische Daten sind im Internet über http://dnb.d-nb.de abrufbar.

Einbandentwurf: WMXDesign GmbH, Heidelberg

Gedruckt auf säurefreiem Papier

Springer ist Teil der Fachverlagsgruppe Springer Science+Business Media (www.springer.com)

Vorwort zur 5. Auflage

Nach der umfassenden Überarbeitung und Erweiterung, die das Buch im Rahmen der 4. Auflage erfahren hat, beschränkt sich die 5. Auflage auf Fehlerkorrekturen und kleinere Ergänzungen und Änderungen. Eine erhebliche Erweiterung haben jedoch die Übungsaufgaben erfahren. Von studentischer Seite wurde wiederholt vorgeschlagen, neben den Lösungen auch die Lösungswege anzugeben. Wir hatten uns bisher auf die Angabe der Lösungen beschränkt, um den Leser zur selbstständigen Erarbeitung zu animieren. Die Lösungswege wurden dann in den Tutorien besprochen, welche die Vorlesungen begleiteten. Dieses Verfahren hält der Verfasser nach wie vor für sinnvoll. Um dem Anliegen der Studenten entgegen zu kommen, haben wir nun aber eine erhebliche Zahl zusätzlicher Übungsaufgaben (zumeist dem reichen Schatz an früheren Klausuraufgaben entnommen) mit ihren Lösungswegen als Lernhilfen zum kostenfreien Download unter www.springer.com/978-3-642-00423-0 zur Verfügung gestellt.

Unter derselben Internetadresse können jetzt auch die Abbildungen aus dem Buch heruntergeladen werden. Wir sind damit einer Bitte von Dozenten an den Verlag nachgekommen.

Verfasser und Verlag bitten um Verständnis, dass nicht alle an uns herangetragenen Wünsche erfüllt werden konnten. So ist uns ein günstiger Preis für die studentischen Leser wichtiger als die Einführung von farbigen Abbildungen, deren didaktische Vorteile im physikalisch-chemischen Bereich erheblich geringer sind als auf biologischem oder medizinischem Gebiet.

Frau S. Wolf (Springer-Verlag) danke ich für die bewährte Zusammenarbeit.

Das nachfolgende Vorwort zur vorherigen Auflage besitzt nach wie vor seine Gültigkeit.

Konstanz, im Februar 2009   Günther Stark

Vorwort zur 4. Auflage

Die Entwicklung der Biologie zielt seit mehreren Jahrzehnten auf eine immer engere Verknüpfung mit den Grundlagenfächern Chemie und Physik hin. Biochemie, Molekularbiologie und Physiologie sind ohne die Methoden und Begriffsbildungen dieser Grundlagenfächer nicht mehr denkbar. Dieser Tatsache wird in jüngster Zeit durch die Einführung von Life Science Studiengängen vermehrt Rechnung getragen. In ihrem Rahmen findet eine breite chemische und physikalische Ausbildung statt, die die Grenzen zwischen den klassischen naturwissenschaftlichen Fächern sowie auch zur Medizin hin zu überwinden versucht.

Das vorliegende Buch entstand im Jahre 1977 aus einem Vorlesungskurs in physikalischer Chemie und Biophysik, der einen Teil des Biologiestudienganges an der Universität Konstanz bildet. Dieser Kurs, den die Verfasser gemeinsam aufgebaut haben, versucht, die Bedeutung physikalisch-chemischer Aspekte für den Bereich der Biologie zu verdeutlichen. Die Entscheidung, diesen Kurs in Buchform zu präsentieren, beruhte auf der Feststellung, dass die klassischen Lehrbücher der physikalischen Chemie sich vorwiegend an den Phänomenen der unbelebten Natur orientierten. Ein weiterer Nachteil der damals und auch heute verfügbaren Lehrbücher besteht, aus der Sicht der Autoren, in der weitgehenden Vernachlässigung von Grenzflächen und Membranen. Ein wesentlicher Teil der Lebensprozesse läuft jedoch an Membranen ab, wie bereits ein flüchtiger Blick auf einen Schnitt durch eine Zelle mit ihren vielen diesbezüglichen Strukturen erkennen lässt (vgl. Abb. 9.1). Hieraus folgt, dass ein Schwerpunkt einer physikalischen Chemie für Biologen sich mit Grenzflächen und Membranen auseinandersetzen sollte.

Ein weiterer Schwerpunkt der vorliegenden Darstellung sind Transportprozesse und ihre Triebkräfte, ohne die Leben nicht denkbar ist. Eine Kinetik für Biologen ist mehr als die klassische Reaktionskinetik für Chemiker. Wir definieren sie als „Dynamik der Lebensprozesse" und zeigen, dass der mathematische Formalismus der Reaktionskinetik zur Beschreibung der Enzymkinetik und (in der verallgemeinerten Form der Kompartment-Theorie) auch zur Beschreibung von Transportprozessen in vivo (Stoffwechsel- und Pharmakokinetik) sowie in der Biosphäre (Schadstofftransport) verwendet werden kann. Derselbe mathematische Formalismus wird auch im Rahmen der Populationskinetik eingesetzt.

Die Aufnahme des Kapitels „Strahlenbiophysik und Strahlenbiologie" in einen Themenkatalog, der sich weitgehend an Fragestellungen der physikalischen Chemie orientiert, mag auf den ersten Blick verwundern. Der Leser wird jedoch sehr bald die engen Verflechtungen registrieren, die insbesondere mit dem Kinetik-Kapitel vorliegen. Die mechanistische Analyse der Strahlenwirkung ähnelt zumindest im molekularen Bereich der von komplexen chemischen Reaktionen. Der angehende Biologe sollte, in Anbetracht der Bedeutung umweltbiophysikalischer Probleme, eine Einführung in die biophysikalischen Grundlagen der Strahlenbiologie erhalten, die eine Erläuterung der Schwierigkeiten einer quantitativen Analyse des Strahlenrisikos einschließt. Ähnliche Schwierigkeiten bereitet die Abschätzung der Risiken, die mit dem Umgang und der Verwendung chemischer Schadstoffe verknüpft sind. Die diesbezüglichen Analysen stecken noch in den Kinderschuhen. Sie können sich am Strahlenrisiko orientieren und werden die toxikologische Forschung in den kommenden Jahren und Jahrzehnten beschäftigen.

Das Buch richtet sich vorwiegend an Biologen, Biochemiker und Absolventen von Life Science Studiengängen. Wir meinen jedoch, dass es sich auch für den biologisch interessierten Physiker und Chemiker als nützlich erweisen kann. Die Zukunft der Chemie liegt in der Biologie. Es ist deshalb zu vermuten, dass die in diesem Buch aufgegriffenen Schwerpunkte künftig auch in der Chemieausbildung eine Rolle spielen werden.

Die Abschnitte 1-3, sowie 8.1-8.3 wurden ursprünglich von G. Adam, die Abschnitte 4-6, 8.4, 8.5 und 9 von P. Läuger und die Abschnitte 10 und 11 von G. Stark verfasst. Nach dem Tod meiner beiden Kollegen P. Läuger (1990) und G. Adam (1996) habe ich eine Überarbeitung aller Abschnitte vorgenommen, die zu zahlreichen Ergänzungen in der vorliegenden 4. Auflage führte. Ich habe mich dabei bemüht, die ursprüngliche Diktion meiner geschätzten Kollegen soweit möglich beizubehalten.

Größere Änderungen betreffen im Kapitel 1 einen neuen Abschnitt über „Elemente der statistischen Thermodynamik", der, wie ich hoffe, den dynamischen Charakter des Begriffs „Gleichgewicht" und die allgemeine Bedeutung des Boltzmann'schen Energieverteilungsprinzips verdeutlicht. Die Elektrochemie (Kapitel 6) wurde erweitert und an neue internationale Normen angepasst. Kapitel 8 enthält einen neuen Abschnitt über die Grundlagen der Gelelektrophorese. Kapitel 9 wurde durch einen Abschnitt über die Struktur von Kanälen biologischer Membranen ergänzt. Die insgesamt etwa 50 neuen Abbildungen und Tabellen mögen die Vielzahl an kleineren Änderungen verdeutlichen.

Ich danke meinen Kollegen H.-J. Apell, D. Brdiczka, K. Diederichs, H.-W. Hofer, P. Kroneck und W. Welte für nützliche Hinweise. Dies gilt insbesondere für Hans-Jürgen Apell, der einen erheblichen Teil des Textes Korrektur gelesen hat. Johannes Apell hat den Text im Auftrag des Springer-Verlags „camera ready" gestaltet. Frau I. Lasch-Petersmann und Frau S. Wolf (Springer-Verlag) danke ich für die reibungsfreie Zusammenarbeit.

Konstanz, im Dezember 2002 Günther Stark

Inhaltsverzeichnis

Physikalische Einheiten und Periodisches System der Elemente
(auf den Innen- und den gegenüberliegenden Seiten des Umschlags)

1 Grundlagen der thermodynamischen Beschreibung makroskopischer Systeme

1.1 Thermodynamische Grundbegriffe

Nachdem die Biologie lange Zeit hindurch eine rein beschreibende Wissenschaft geblieben war, ist es das Anliegen der modernen Biologie, das Gefüge von Ursache und Wirkung in der Welt des Lebendigen aufzuklären. Diese Kausalanalyse der biologischen Erscheinungen hat das Bestreben, immer tiefer in den strukturellen Feinbau der lebenden Materie einzudringen, und stellt sich als Ziel eine umfassende Beschreibung der Lebensvorgänge auf der Grundlage der molekularen Strukturen und Wechselwirkungen. Von diesem Endziel einer molekularen Biologie sind wir aber trotz großer Fortschritte in den letzten Jahren noch weit entfernt. Die außerordentliche Komplexität der biologischen Strukturen und Funktionen erfordert in der Regel zunächst eine Beschränkung der Analyse auf die makroskopischen Aspekte der Erscheinungen. Darauf aufbauend kann dann die mikroskopische Analyse im Sinne einer mechanistischen Erklärung der Vorgänge auf molekularer Ebene vorangetrieben werden, die bereits auf einigen Teilgebieten (z.B. Enzymologie, molekulare Genetik, Elektrophysiologie) sehr erfolgreich war.

Grundlegend für eine makroskopische Analyse ist die Erfassung der energetischen und thermischen Aspekte der zu beschreibenden Phänomene. Sie bedient sich daher vor allem der Methoden der Thermodynamik, einer makroskopischen Systemtheorie von außerordentlicher Allgemeinheit und zugleich durchgreifender Gültigkeit. Zur thermodynamischen Beschreibung eines Systems verzichtet man in der Regel auf die Erfassung der Vorgänge im Innern des Systems und beschränkt sich auch bei der Charakterisierung der verbleibenden makroskopischen Aspekte auf bestimmte grundlegende Informationen über das zu analysierende System. Das ist von großem Vorteil gerade für die Analyse der biologischen Systeme, bei denen infolge ihrer Komplexität die Kenntnis über die inneren Vorgänge sehr begrenzt ist. Die Kehrseite dieser Vorgehensweise ist aber, dass naturgemäß die Informationen über zugrunde liegende Mechanismen nicht detailliert sein können. In vielen Fällen stellt die Thermodynamik nur quantitative Beziehungen zwischen verschiedenen physikalisch-chemischen Phänomenen her. Trotz dieser Einschränkung ist sie ein unverzichtbares Hilfsmittel etwa zur Abschätzung des Energiebedarfs chemischer Reaktionen im Rahmen der Bioenergetik, obwohl sie keine Aussagen über den Mechanismus der Reaktionen gestattet.

1.1.1 Thermodynamische Systeme, Zustandsvariable

1.1.1.1 Mindestgröße makroskopischer Systeme

Ein erster und wichtiger Schritt jeder thermodynamischen Analyse ist die Definition des zu analysierenden Systems durch Festlegung seiner Systemgrenzen. Man bezeichnet allgemein als **thermodynamisches System** die makroskopische Stoffanordnung, die der physikalisch-chemischen Analyse unterworfen wird. Es wird durch die **Systemgrenzen** von seiner „Umgebung" abgeteilt. Beispiele thermodynamischer Systeme und ihrer Umgebung sind etwa: 10 g Eisen in der Thermostatenflüssigkeit, eine Fliege im Gaskalorimeter (z.B. zur Messung des Grundumsatzes), eine Eizelle in der Suspensionsflüssigkeit. Wie das letzte Beispiel zeigt, sind biologische Systeme häufig sehr klein. Es stellt sich daher zunächst die Frage, wie groß ein System sein muss, damit es noch als makroskopisch behandelt werden kann. Vor allem zwei Kriterien stehen uns hier zur Verfügung:

I. Das System muss groß genug sein, damit die **statistischen Schwankungen** der Systemparameter (Energie, Molekülzahl u.a.) vernachlässigbar klein bleiben,

II. das System muss groß genug sein, damit die Störungen des Systems durch die abweichenden Bedingungen (Molekülpackung, molekulare Wechselwirkungen u.a.) an den Systemgrenzen vernachlässigbar gegenüber den Eigenschaften des Gesamtsystems bleiben.

Die Notwendigkeit der Forderung I ist besonders augenfällig bei verdünnten Gasen; wir wollen sie daher für ein solches erläutern. In einem Gasbehälter sei ein verdünntes Gas (genauer „ideales" Gas, vgl. Abschn. 1.2.2.1 und 1.2.3) eingeschlossen. Wir betrachten nun ein Teilvolumen in diesem Behälter. Infolge der unregelmäßigen Molekülbewegungen im Gas sind in diesem Teilvolumen mal weniger, mal mehr Moleküle enthalten. Wir wollen nun zu verschiedenen Zeiten die augenblickliche Molekülzahl in dem betrachteten Teilvolumen feststellen. Wir erhalten eine Verteilung der Häufigkeit $H(N)$, gerade N Moleküle vorzufinden, wie sie in Abb. 1.1 beispielhaft dargestellt ist. Am häufigsten wird man die mittlere

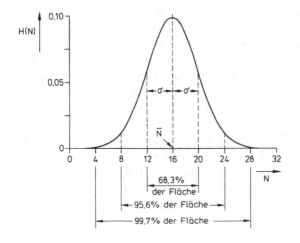

Abb. 1.1. Normalverteilung $H(N)$ (normiert auf Gesamtfläche 1) für $\bar{N} = 16$ und $\sigma = \sqrt{\bar{N}} = 4$

Molekülzahl $\bar{N}$ antreffen (im Beispiel der Abb. 1.1 ist $\bar{N}$ = 16), die sich aus der Gesamtmolekülzahl im Behälter multipliziert mit dem Verhältnis des betrachteten Teilvolumens zum Behältervolumen ergibt. Molekülzahlen N, die von $\bar{N}$ abweichen, werden um so seltener angetroffen, je größer die Abweichung $N - \bar{N}$ ist. Wie in Lehrbüchern der statistischen Thermodynamik (z.B. Hill 1960) hergeleitet, ist die auf Gesamtfläche 1 normierte Verteilungsfunktion $H(N)$ eine *Gauß'sche* oder *Normalverteilung* (falls $\bar{N} \geq 10$):

$$H(N) = \frac{1}{\sigma\sqrt{2\pi}} \exp\left\{-\frac{1}{2}\left(\frac{N-\bar{N}}{\sigma}\right)^2\right\}, \qquad (1.1)$$

wobei die Standardabweichung σ die Breite der Verteilung beschreibt; im Bereich $N \pm 2\sigma$ liegt 95,5%, im Bereich $\bar{N} \pm \sigma$ liegt 68,3% der Gesamtfläche unter der Glockenkurve $H(N)$. Für verdünnte (ideale) Gase ergibt sich eine besonders einfache Abhängigkeit der Standardabweichung von der mittleren Molekülzahl $\bar{N}$ im Teilvolumen:

$$\sigma = \sqrt{\bar{N}} . \qquad (1.2)$$

Damit ist die Frage nach der hinreichenden Größe für ein „*makroskopisches*" (gasförmiges) System leicht zu beantworten. Da für $N = \bar{N} \pm \sqrt{\bar{N}} = \bar{N}\left(1 \pm 1/\sqrt{\bar{N}}\right)$ gerade etwa 2/3 aller Fälle erfasst werden, ist σ ein gutes Maß für die Größe der *Schwankungen in den Molekülzahlen* unseres betrachteten Systems (= Teilvolumen). Damit nun diese Schwankungen gegen die mittlere Molekülzahl $\bar{N}$ vernachlässigbar sind, müssen die relativen Schwankungen $\sigma/\bar{N} = 1/\sqrt{\bar{N}} \ll 1$ bleiben. Sollen also die relativen Schwankungen der Molekülzahlen eines Systems < 0,1% bleiben, so muss das System $\bar{N} > 10^6$ Moleküle enthalten. Ideale Gase nehmen bei 25 °C und einem Druck von 1 bar einen Raum von etwa $4 \cdot 10^{-26}$ m³ pro Molekül ein. Somit hat ein System von 10^6 Molekülen ein (Teil-)Volumen von $4 \cdot 10^{-20}$ m³, das bei würfelförmiger Gestalt die Kantenlänge von etwa 0,3 µm besitzt.

Das Kriterium II ist besonders hilfreich bei der Überprüfung des makroskopischen Charakters flüssiger oder fester Systeme. Auch hierfür soll im Folgenden eine einfache Abschätzung gegeben werden. Die Störungen der mittleren Systemeigenschaften durch die abweichenden Bedingungen an der Oberfläche etwa eines Kristalliten sind proportional dem Bruchteil der Moleküle, die in der Oberfläche gelegen sind. Zur Abschätzung dieses Oberflächenbruchteils der Moleküle benutzen wir als ein besonders einfaches Beispiel einen würfelförmigen Kristall, der aus insgesamt N Atomen in einfacher kubischer Packung besteht. Die Zahl $N_{\text{Oberfl.}}$ der Atome auf der Würfeloberfläche ist dann (für $N \gg 1$) näherungsweise gegeben durch:

$$N_{\text{Oberfl.}} = 6 N^{2/3} . \qquad (1.3)$$

Also ist der relative Bruchteil $x_{\text{Oberfl.}}$ der Moleküle, die auf der Würfeloberfläche angeordnet sind:

$$x_{\text{Oberfl.}} = 6\,N^{2/3}/N = 6\,/\,N^{1/3}. \tag{1.4}$$

Wenn die Stoffmenge des Würfels gerade 1 mol (d.h. $N = 6 \cdot 10^{23}$) ist, haben wir $x_{\text{Oberfl.}} \approx 7 \cdot 10^{-8}$, also einen verschwindend kleinen Bruchteil der Moleküle in der Oberfläche. Bei einem Kristall aus 10^9 Molekülen wird jedoch dieser Bruchteil bereits beachtlich:

$$N = 10^9;\ x_{\text{Oberfl.}} = 6 \cdot 10^{-3} \le 1\ \%.$$

Demnach sollte ein solcher Kristallit mindestens 10^9 Moleküle enthalten, damit die speziellen Oberflächeneffekte vernachlässigbar sind und der Kristallit als ein makroskopisches System behandelt werden kann. Typische Molekülabstände in Kristallen sind in der Größenordnung von ca. 0,5 nm, so dass für einen kubischen Kristalliten mit 10^9 Molekülen die Kantenlänge ca. $0,5 \cdot 10^3$ nm $= 0,5\ \mu$m beträgt. Hier liegt auch in etwa die Auflösungsgrenze eines Lichtmikroskops. Man kann das Ergebnis leicht so zusammenfassen, dass ein im Sinne der Thermodynamik makroskopisches System Linearabmessungen von mindestens dem Wellenlängenbereich des sichtbaren Lichtes haben und damit im Lichtmikroskop noch auflösbar sein muss. Wir werden in den folgenden thermodynamischen Betrachtungen makroskopische Systeme voraussetzen.

1.1.1.2 Terminologie in der Thermodynamik

Für die nachfolgende Behandlung der Grundlagen der Thermodynamik ist zunächst einmal ein Vokabular thermodynamischer Begriffe einzuführen. Eine detaillierte Diskussion des physikalischen Inhalts dieser Begriffe folgt später.

Es ist zweckmäßig, die thermodynamischen Systeme nach der Natur ihrer *Systemgrenzen* zu klassifizieren. Sehr häufig kann man die so definierten Systemgrenzen experimentell nur näherungsweise und für begrenzte Zeit verwirklichen; für die thermodynamische Begriffsbildung ist eine solche Idealisierung aber notwendig.

Ein *isoliertes System* hat Systemgrenzen, die keinerlei Wechselwirkung (Materie- oder Energieaustausch) mit seiner Umgebung zulassen. Ein isoliertes System kann also in Bezug auf seine Umgebung weder Veränderungen bewirken noch erleiden. Zur möglichen Veranschaulichung dieser idealisierenden Definition denke man etwa an 100 g Wasser als thermodynamisches System, das zur Verhinderung von Wärme- und Stoffaustausch sowie von Leistung mechanischer Arbeit in einem allseits starren Dewargefäß eingeschlossen ist, weiterhin zur Vermeidung elektromagnetischer Einwirkungen in einen Faradaykäfig gesetzt ist, außerdem sich zur Vermeidung von Gravitationskräften im schwerefreien Raum (Satellit) befindet usw.

Ein *geschlossenes System* kann keine Materie mit seiner Umgebung austauschen, wogegen Energieaustausch erlaubt ist.

Ein *offenes System* kann Materie mit seiner Umgebung austauschen; Energieaustausch ist ebenfalls erlaubt. Ein praktisches Beispiel eines solchen Systems ist etwa eine Proteinlösung in einem Dialysesäckchen, durch dessen Poren niedrig-molekulare Bestandteile der Lösung mit denen im Dialysebad austauschen können.

Bei der thermodynamischen Beschreibung eines Systems ist es nun von außer-ordentlichem Vorteil, dass man keine Kenntnis über den Feinbau des Systems, et-wa über die molekularen Anordnungen oder Wechselwirkungen haben muss, um zu gültigen und brauchbaren Aussagen zu gelangen.

Neben der allgemeinen (qualitativen) Beschreibung des Aggregatzustands des Systems (oder seiner makroskopischen Teile) genügt es, eine begrenzte Zahl von quantitativen Eigenschaften des Systems zu charakterisieren. Solche messbaren makroskopischen Eigenschaften eines Systems sind z.B. sein Volumen, die Mas-sen der in ihm enthaltenen Stoffe und die Temperatur.

Größen, welche die makroskopischen Eigenschaften des Systems quantitativ beschreiben, heißen *Zustandsvariable*. Diese sind entweder äußere Koordinaten (z.B. Lagekoordinaten oder Geschwindigkeiten von Systemen oder Systemberei-chen) oder *innere Zustandsvariable* (z.B. Volumen, Druck, Dichte usw.).

Der Zustand eines Systems ist also festgelegt, wenn die Zustandsvariablen be-stimmte Werte haben.

Eine *Zustandsänderung* eines Systems ist in der Regel schon allein dadurch definiert, dass der Anfangszustand des Systems und sein Endzustand spezifiziert sind. Bei der Erwärmung von 100 g Wasser ist beispielsweise Anfangsvolumen und Anfangstemperatur sowie Endvolumen und Endtemperatur zu spezifizieren.

Um den Weg einer Zustandsänderung zu beschreiben, muss man außerdem in zeitlicher Reihe die Zwischenzustände für den Verlauf der Zustandsänderung spe-zifizieren, worauf aber in den meisten Fällen einer thermodynamischen Beschrei-bung verzichtet werden kann. Eine *zyklische Zustandsänderung* führt von einem Anfangszustand über Zwischenzustände wieder in den Anfangszustand zurück. Obwohl dabei der Ausgangszustand wiederhergestellt wird, bleiben im Allgemei-nen in der Umgebung des Systems Veränderungen zurück.

Besonders wichtig sind die *stationären* (zeitunabhängigen) Zustände eines Sys-tems. Wenn die Werte der Zustandsgrößen eines Systems sich nicht mit der Zeit ändern, kann ein Zustand des *thermodynamischen Gleichgewichts* oder aber ein *stationärer Nichtgleichgewichtszustand* vorliegen.

Zwischen diesen beiden Möglichkeiten kann man prinzipiell durch folgendes Gedankenexperiment unterscheiden. Man umgibt das betrachtete System mit iso-lierenden Systemgrenzen. Ändert sich danach der Zustand des Systems nicht mehr, so liegt thermodynamisches Gleichgewicht vor. Einprägsam, wenn auch bei-nahe trivial, ist das Beispiel eines lebenden Systems, das bei Umschließung mit iso-lierenden Systemwänden (also Unterbrechung von Nahrungszufuhr usw.) stirbt, also im (näherungsweise) stationären Nichtgleichgewichtszustand ist.

Im vorstehend genannten Sinne kann auch ein Teil eines Systems im Gleich-gewicht sein, ohne dass das Gesamtsystem im Gleichgewicht ist. Man spricht dann von innerem Gleichgewicht des Systemteils.

Man kann Zustandsänderungen durchführen, auf deren Wege das System nur sehr wenig vom Gleichgewicht abweicht. Derartige Vorgänge werden durch infinitesimal kleine Veränderungen einer das System bestimmenden Variablen erzeugt. In der Praxis sind Zustandsänderungen dieser Art daher nur näherungsweise zu verwirklichen. Man bezeichnet sie als *reversible Zustandsänderung*. Ihr charakteristisches Kennzeichen ist, dass sie durch Veränderungen einer Variablen auch umgekehrt werden können (reversibel = umkehrbar). Hierbei muss jedoch erneut betont werden, dass die zur Umkehrung nötigen Veränderungen infinitesimal klein sein müssen. Alle natürlichen (d.h. in der Natur spontan von selbst ablaufenden) Prozesse gehen über *irreversible Zustandsänderungen* vor sich. Beide Arten von Zustandsänderungen werden später anhand von Beispielen veranschaulicht (s, Abschn, 2.1.1.1).

Die möglichen inneren Zustandsvariablen zerfallen in zwei Klassen: extensive und intensive. Der Wert einer extensiven Zustandsvariablen ergibt sich als die Summe ihrer Werte für jeden Teil des Systems. Dabei ist der Wert jeder *extensiven Zustandsgröße* davon unabhängig, wie man das Gesamtsystem unterteilt. Denkt man sich ein System beliebig in Untersysteme eingeteilt, so erhält man immer das Volumen des Systems durch Addition der Volumina der Teile; das Volumen ist also eine extensive Zustandsgröße.

Im Gegensatz dazu erhält man die *intensiven Zustandsgrößen* nicht durch Summation. Ihre Werte sind für jeden Punkt des Systems messbar, sie sind also lokal definiert. Beispielsweise kann die Dichte eines Kristalls für beliebig gewählte Lage-Koordinaten definiert werden, ist also eine intensive Zustandsgröße. In der Regel ergibt sich eine intensive Zustandsvariable als Quotient zweier extensiver Zustandsvariablen.

Wenn nun die intensiven Zustandsvariablen überall in einem System den gleichen Wert haben, nennt man das System *homogen*. Häufig ist das jedoch nur in Teilbereichen eines Systems erfüllt; diese homogenen Bereiche des Systems nennt man *Phasen*. Ein System aus zwei oder mehr Phasen wird als *heterogenes System* bezeichnet. Ein heterogenes System mit zwei Phasen wird etwa durch einen Eiskristall in flüssigem Wasser dargestellt. Auch die verschiedenen Kompartimente oder Lösungsräume im Innern einer Zelle sind im Sinne der Thermodynamik als Phasen anzusprechen, sofern sie als makroskopische Teilsysteme behandelt werden können.

Alle Begriffe, die oben für ein System definiert wurden, können auf die thermodynamische Beschreibung einer Phase erweitert werden. Wollen wir im Folgenden offen lassen, ob ein System oder eine Phase gemeint ist, so verwenden wir die Bezeichnung „Bereich".

1.1.2 Stoffmengenangaben

1.1.2.1 Masse, Teilchenzahl, Stoffmenge

Ein erster Schritt bei der Charakterisierung eines Systems oder einer Phase ist die quantitative Erfassung der darin enthaltenen Materiemengen. Wenn in einem solchen Bereich k Stoffe mit den Massen m_1, m_2, ... m_i, ... m_k enthalten sind, ergibt sich die **Gesamtmasse** m des Bereichs durch Summierung:

$$m = m_1 + m_2 + ... m_i + ... m_k = \sum_{i=1}^{k} m_i , \qquad (1.5)$$

z.b. in einer wässrigen Glucoselösung sei $i = 1$: Wasser, $i = 2$: Glucose, also

$$m = m_1 + m_2 = m_{H_2O} + m_{Glucose}.$$

Wenn N_i Teilchen des Stoffes i vorhanden sind, von denen jedes die Masse μ_i besitzt, gilt für die Masse:

$$m_i = N_i \mu_i . \qquad (1.6)$$

Anders als in der Mechanik werden in der physikalischen Chemie oder Biochemie die interessierenden Vorgänge in der Regel nicht durch die Massen der im System enthaltenen Stoffe direkt bestimmt, sondern durch die (die Massen bestimmenden) **Teilchenzahlen** (d.h. Molekül-, Ionen- oder Atomzahlen). Dieser Umstand wird sofort deutlich, wenn man beachtet, dass z.b. bei chemischen Reaktionen die beteiligten Teilchen immer in stöchiometrischen Verhältnissen miteinander reagieren. Ebenso sind die osmotischen Eigenschaften, wie das Schwellen oder Schrumpfen von Zellen in verschiedenen Suspensionsmedien, von den darin enthaltenen Teilchenzahlen bestimmt. Diese und viele weitere Phänomene haben es nahe gelegt, die Teilchenzahlen in den Mengenangaben zu berücksichtigen. Nun sind aber die Teilchenzahlen in makroskopischen Systemen sehr hoch; in einer physiologischen Salzlösung sind etwa 10^{23} Na^+-Ionen pro Liter enthalten. Um die hohen Zehnerpotenzen in den Stoffmengenangaben zu vermeiden, benutzt man als Stoffmengeneinheit das Mol, d.h. die Stoffmenge, in der gerade $6,022 \cdot 10^{23}$ Teilchen enthalten sind. Für eine Teilchenart i ist also die **Stoffmenge** n_i definiert als:

$$n_i \stackrel{def}{=} N_i /L , \qquad \text{(Einheit: mol)} \qquad (1.7)$$

wobei $L = 6,02205 \cdot 10^{23}$ mol^{-1} eine universelle Konstante ist. Man nennt sie heute die „**Avogadro-Konstante**" nach Avogadro (1811), der wichtige Kenntnisse zur Molekülzahl in Gasen gewonnen hat. Früher wurde L auch „**Loschmidt-Konstante**" genannt, nach dem Wiener Physiker Loschmidt, der ihren Zahlenwert 1865 erstmals mit guter Genauigkeit festgestellt hat. Die **Stoffmengeneinheit** ist heute durch folgende Definition festgelegt:

> 1 mol ist diejenige Stoffmenge einer gegebenen Substanz, in der die gleiche Zahl von Teilchen enthalten ist wie in genau 12 g des reinen Kohlenstoffnuklids ^{12}C. Diese Teilchenzahl ist nach den genauesten Bestimmungen $N = 6{,}02205 \cdot 10^{23}$.

Der Zusammenhang zwischen der Masse m_i und der Stoffmenge n_i wird durch die Stoffkonstante **Molmasse** oder **molare Masse** M_i hergestellt, die für einen Stoff i gegeben ist als:

$$M_i = \frac{m_i}{n_i} = L \, \mu_i \quad \text{(Einheit: kg mol}^{-1}\text{)} , \tag{1.8}$$

wobei μ_i die Masse eines Moleküls ist. Die molare Masse einer chemischen Verbindung berechnet sich leicht durch Addition der Atommassen gemäß ihrer Zusammensetzung. Häufig ist sie auch aus Tabellen oder Angaben der Lieferfirma (Chemikalienkatalog, Aufdruck auf dem Behälter o. a.) zu entnehmen. Die Bezeichnung der molaren Masse mit der früher gebräuchlichen Benennung „Molekulargewicht" ist unzutreffend und sollte vermieden werden.

Selbstverständlich ergibt sich die **Gesamtstoffmenge** n in einer Mischung z.B. von k Stoffen durch Summation

$$n = \sum_{i=1}^{k} n_i . \tag{1.9}$$

Für Einstoffsysteme, aber auch für Mischungen, ist eine gebräuchliche intensive Zustandsvariable das **molare Volumen** oder **Molvolumen** $\bar{V}$:

$$\bar{V} \overset{\text{def}}{=} \frac{V}{n} = \frac{VM}{m} = \frac{M}{\rho} \quad \text{(Einheit: m}^3 \text{ mol}^{-1}\text{)}, \tag{1.10}$$

wobei n die Gesamtstoffmenge und ρ die Dichte ist.

1.1.2.2 Konzentrationen

Man bezeichnet als eine **Komponente** einer Mischung einen Stoff, dessen Konzentration unabhängig von den anderen Komponenten (z.B. durch neue Einwaage) geändert werden kann. So ist zum Beispiel NaCl in einer wässrigen NaCl-Lösung eine Komponente. Die Stoffmenge der Teilchenart Na^+ ist jedoch (wegen der Erfordernisse der Elektroneutralität) nicht unabhängig von der Stoffmenge der Teilchenart Cl^- einstellbar. Somit sind Na^+ und Cl^- keine Komponenten. Konzentrationsangaben sind notwendig für die Herstellung definierter Mischungen aus den gegebenen Komponenten, also beispielsweise einer Mischung von 0,150 mol NaCl und 0,010 mol $CaCl_2$ in einem Liter Wasser. Wie dieses Beispiel aber zeigt, ist auch die Angabe der Konzentration der nicht unabhängig einstellbaren Teilchenarten sinnvoll und gebräuchlich; in der genannten Mischung wären beispielsweise (wegen der vollständigen Dissoziation der Salze) 0,170 mol Cl^--Ionen pro Liter enthalten. Die wohl gebräuchlichste **Konzentrationsvariable** für Mischungsbestandteile ist die *molare Konzentration* oder *Molarität* c_i, die für einen Stoff i in einer Mischung des Gesamtvolumens V gegeben ist als:

$$c_i = n_i / V \qquad \text{(Einheit: mol l}^{-1} = M, \text{„molar“)}. \tag{1.11}$$

Der Vorteil der Konzentrationsvariablen „Molarität" besteht in ihrer einfachen experimentellen Verifizierung. Die Stoffmenge der zu lösenden Substanz wird abgewogen, in ein Gefäß bekannten Volumens transferiert und mit dem Lösungsmittel (z.B. Wasser) bis zu einer Eichmarke aufgefüllt. Der Nachteil der Konzentrationsvariablen Molarität besteht in der Temperatur- und Druckabhängigkeit des Volumens. Dieser Nachteil wird vermieden, wenn man die Konzentration nicht auf das Gesamtvolumen V bezieht, sondern auf die Masse des Lösungsmittels. Die entsprechende Größe wird in der physikalischen Chemie als *Molalität* bezeichnet. Sie besitzt die Einheit mol/kg. Wir werden in Anbetracht der bei biologischen Experimenten üblicherweise kleinen Variationsbreite von Temperatur und Druck jedoch die experimentell einfacher zugängliche Größe Molarität im Rahmen dieser Darstellung verwenden.

Eine weitere von Druck und Temperatur unabhängige, dimensionslose Konzentrationsvariable stellt der *Stoffmengenanteil* oder *Molenbruch* x_i dar:

$$x_i \overset{\text{def}}{=} \frac{n_i}{n_{\text{tot}}} = \frac{n_i}{\displaystyle\sum_{i=1}^{k} n_i}. \tag{1.12}$$

In nahe liegender Weise werden Stoffmengenanteile gelegentlich auch in Prozent angegeben; hierfür wird häufig die Bezeichnung *Molprozent* verwendet. Eine Angabe 25% Molprozent des Stoffes i bedeutet also $x_i = 0{,}25$.

Durch Summation über die Molenbrüche für die k Komponenten einer Mischung erhält man:

$$\sum_{i=1}^{k} x_i = \frac{1}{n_{\text{tot}}} \sum_{i=1}^{k} n_i = 1. \tag{1.13}$$

Aufgrund dieser Beziehung sind für eine Mischung aus k Komponenten nur k-1 Molenbrüche als unabhängige Konzentrationsvariable notwendig. In einer binären Mischung (2 Komponenten) gilt also $x_1 = 1 - x_2$ oder $x_2 = 1 - x_1$.

Wenn die Molmasse (z.B. eines Proteins) nicht (oder noch nicht) bekannt ist, verwendet man meist die *Massenkonzentration* ρ_i:

$$\rho_i = \frac{m_i}{V} \quad \text{(Einheit: kg m}^{-3} \text{ oder g l}^{-1}). \tag{1.14}$$

Analog zu Gl. (1.12) ist als dimensionslose Konzentrationsvariable auch der Massenanteil oder Massenbruch χ_i der Komponente i eingeführt:

$$\chi_i = \frac{m_i}{m_{\text{tot}}} = \frac{m_i}{\displaystyle\sum_{i=1}^{k} m_i}. \tag{1.15}$$

Auch hier reduziert sich infolge der Beziehung

$$\sum_{i=1}^{k} \chi_i = \frac{1}{m_{\text{tot}}} \sum_{i=1}^{k} m_i = 1 \qquad (1.16)$$

die Zahl der unabhängigen Konzentrationsangaben einer Mischung von k Komponenten auf $k-1$ Massenbrüche. In einer Mischung von 700 g Wasser (Stoff 1) und 300 g Glucose (Stoff 2) ist also $\chi_1 = 0,7$ und $\chi_2 = 1 - \chi_1 = 0,3$; man spricht auch von „30 Massenprozent Glucose" in der wässrigen Lösung.

1.1.3 Temperatur, Thermometer

In der Thermodynamik kommt zusätzlich zu den in der Mechanik verwendeten Zustandsparametern die *Temperatur* als wichtige neue Zustandsvariable hinzu. Durch den Temperatursinn (ungenauer auch „Wärmeempfinden") der Haut ist die Temperatur durchaus anschaulich und kann so auch in grober Näherung als Empfindung „gemessen" werden (Badewasser, Fieber). Auch sind quantitative Temperaturmessungen als fast tägliche Praxis wohl vertraut (Wetterthermometer, Fieberthermometer). Trotzdem liegt der Einführung der Temperatur als thermodynamische Zustandsvariable ein Komplex von teilweise sehr tiefliegenden Einsichten zugrunde. Tatsächlich wird die Temperatur über einen Hauptsatz der Thermodynamik definiert. Man geht dabei von dem thermischen Leitvermögen der Systembegrenzungen aus. Wir denken uns etwa zwei völlig gleiche, mit Wasser gefüllte Volumina, die jedes (z.B. durch Styroporwände) von der Umgebung abgeschlossen sind. Die Systeme sollen jedoch eine offene Kapillare haben, in der die Steighöhe des Wassers das Volumen anzeigt und über die beide Systeme unter dem gleichen Außendruck stehen. Füllt man die Gefäße mit der jeweils gleichen Masse an Wasser, die nach unserer Empfindung jedoch eine verschiedene Temperatur hat, so findet man eine unterschiedliche Steighöhe des Wassers in den Kapillaren. Bringt man nun die Styroporwände der beiden Systeme miteinander in Kontakt, so bleibt die Steighöhe des Wassers unverändert. Es finden also keine Zustandsänderungen an den Systemen statt, die wir über Änderungen der Volumina beobachten können. Bringt man die beiden Gefäße jedoch über eine Metallfolie (anstelle der Styroporwand) miteinander in Kontakt, so findet man eine Angleichung der beiden Gefäßvolumina. Es haben somit Zustandsänderungen an den Systemen stattgefunden. Die erste Art von Systemgrenzen (z.B. Styropor oder ein sog. Dewargefäß) nennt man *thermisch isolierend,* die zweite Art (Metallwand, Glaswand o. ä.) nennt man *thermisch leitend.*

Man hätte auch andere mechanische Zustandsvariablen als Indikatoren für die Zustandsänderung nach Kontakt über thermisch leitende Wände verfolgen können (z.B. den Ausgleich des Druckes zwischen zwei in starren, verschlossenen Gefäßen vorhandenen identischen Gasvolumina).

Man bezeichnet den Endzustand nach Kontakt über thermisch leitende Wände als *thermisches Gleichgewicht.* Die für die beiden Systeme dann gleiche quantitative Eigenschaft ist die *(empirische) Temperatur.* Die zur Gleichgewichtseinstellung notwendigen Zustandsänderungen beruhen danach auf den vorliegenden Temperaturunterschieden zwischen den beiden Systemen.

Von solchen allgemein gültigen Erfahrungen ausgehend kann man daher den „*Nullten Hauptsatz der Thermodynamik*" wie folgt formulieren (die etwas ungewöhnliche Benennung rührt daher, dass der Energiesatz bereits mit der Bezeichnung „Erster Hauptsatz" versehen worden war, bevor die Bedeutung des die Temperatur betreffenden Hauptsatzes erkannt wurde):

> Sind zwei Systeme I und II jedes für sich im thermischen Gleichgewicht mit einem dritten System III, so sind sie auch miteinander (d.h. I mit II) im thermischen Gleichgewicht. Die allen diesen Systemen gemeinsame Eigenschaft nennt man die (empirische) Temperatur.

Aus diesem Satz ergibt sich unmittelbar die praktische Möglichkeit zur Messung des thermischen Gleichgewichtes, d.h. zur Feststellung der Temperaturgleichheit. Das System III dient dann als *Thermometer*, d.h. zum Vergleich der beiden Systeme I und II. Die Messung der Temperatur erfolgt über physikalische Eigenschaften; z.B. über Messung des Volumens: das Volumen der Füllsubstanz eines Thermometers hat den gleichen Wert, wenn es mit zwei im thermischen Gleichgewicht befindlichen Systemen in Kontakt gebracht wird. An gut reproduzierbaren physikalischen Eigenschaften, wie z.B. dem Volumen des Thermometerquecksilbers, kann man auch Temperaturunterschiede ablesen. Zu diesem Zweck ist das System III, das Thermometer, klein gehalten, damit die Störungen am zu messenden System vernachlässigbar klein bleiben. Außerdem muss es natürlich zwecks Ablesung graduiert, d.h. mit einer Skala versehen sein. Diese Skala kann anhand charakteristischer Kenngrößen geeicht werden. Bei der üblichen Celsiusskala (Einheit: °C) hat man hierfür den Schmelzpunkt des Eises ($t = 0$ °C) und den Siedepunkt des Wassers ($t = 100$ °C) herangezogen.

Es ergibt sich jedoch die Schwierigkeit, dass die Temperaturabhängigkeit der Volumenausdehnung verschiedener Flüssigkeiten unterschiedlich ist. Man denke etwa an den negativen Ausdehnungskoeffizienten des Wassers zwischen 0 und 4 °C im Gegensatz zum positiven Ausdehnungskoeffizienten des Quecksilbers im Bereich zwischen 0 und 100 °C.

Es ergibt sich also die Notwendigkeit der Vereinbarung einer allgemein gültigen (stoffunabhängigen) Bezugsskala der Temperatur. Diese *absolute Temperaturskala* kann über die thermische Volumenausdehnung verdünnter Gase definiert werden. Das Prinzip solcher Messungen ist in Abb. 1.2 veranschaulicht. Das in einem Behälter unter Atmosphärendruck eingeschlossene Gas ist in ein Wärmebad eingetaucht. Das sich zu jeder (empirischen) Temperatur einstellende Gasvolumen kann an der Graduierung des Behälters abgelesen werden. Für Gase unter Atmosphärendruck (oder weniger) ergibt sich das bemerkenswerte Ergebnis, dass das Verhältnis der Gasvolumina bei zwei verschiedenen empirischen Temperaturen unabhängig von der Art des Gases und der eingesetzten Füllmenge ist. Wählt man als Referenz das Volumen $V_0 = V_{\text{Eispkt.}}$ des Gases am *Eispunkt* (Eis/Wasser-Mischung im Wärmebad), so ergibt sich mit siedendem Wasser im Wärmebad immer

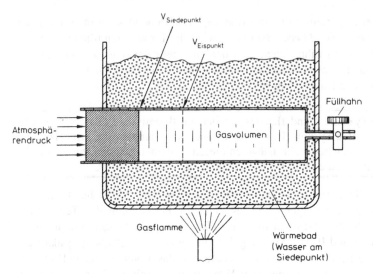

Abb. 1.2. Prinzip der Messung des Gasvolumens bei konstantem (Atmosphären-)Druck in Abhängigkeit von der empirischen Temperatur: Definition der absoluten Temperaturskala. Gasvolumen am Siedepunkt des Wassers im Wärmebad: $V_{Siedepkt.}$; *gestrichelt*: $V_{Eispkt.}$ = Größe des Gasvolumens bei gleicher Füllung am Eispunkt

ein Volumen $V_{Siedepkt.}^{H_2O} = 1{,}366\,V_0$. Mit siedendem Ethylalkohol im Wärmebad findet man $V_{Siedepkt.}^{Eth.} = 1{,}287\,V_0$.

Infolge der allgemeinen Gültigkeit dieser Eigenschaften verdünnter Gase kann man eine Temperatur T, *die absolute Temperatur*, über ein Gasthermometer wie folgt definieren:

$$T = \frac{T_0}{V_0} \cdot V(T) \qquad \text{(Einheit: K, „Kelvin")}, \qquad (1.17)$$

wobei $T_0 = 273{,}15$ K am Eispunkt.

Das Verhältnis der Volumina $V(T)/V_0$ wird also einem Temperaturverhältnis T/T_0 gleichgesetzt. Der Zahlenwert von T_0 wurde so gewählt, dass das Volumen V der Gase (im Einklang mit entsprechenden Experimenten) für eine Celsiustemperatur von $t = -273{,}15$ °C und für eine absolute Temperatur von $T = 0$ K den (theoretischen) Wert null annimmt. Die Beziehung zwischen der absoluten Temperatur T und der üblichen *Celsiustemperatur* t (Einheit: °C) ist somit gegeben durch:

$$t = \left(\frac{T}{K} - 273{,}15 \right) \text{°C}. \qquad (1.18)$$

Durch Anwendung von Gl. (1.17) und Gl. (1.18) auf die oben genannten experimentellen Volumenangaben ergeben sich dann die *Siedepunkte* für Wasser und Ethylalkohol zu $T_S^{H_2O} = 373{,}1$ K und $T_S^{Eth.} = 351{,}5$ K bzw. $t_S^{H_2O} = 100$ °C und $t_S^{Eth.} = 78{,}35$ °C.

Die für die Definition der absoluten Temperatur benutzten universellen Eigenschaften der verdünnten Gase findet man exakt erst im extrapolierten Grenzfall $P \to 0$. In der Praxis wird als Referenzvolumen V_{tr} $(= V_0)$ am **Tripelpunkt** des Wassers gewählt, der durch $P_{tr} = 0{,}006$ bar und $T_{tr} = T_0 = 273{,}16$ K definiert ist (vgl. hierzu Abschn. 3.2.2.1). Es zeigt sich, dass die so definierte absolute Temperatur für die gesamte Thermodynamik sinnvoll und grundlegend ist (vgl. Haase 1972).

1.1.4 Größengleichungen, Einheiten

In diesem Abschnitt sollen einige praktische Hinweise zur rechnerischen Behandlung von Problemen aus den quantitativen Naturwissenschaften gegeben werden. Jede quantitative naturwissenschaftliche Größe lässt sich als ein Produkt aus einem Zahlenwert und einer **Einheit** auffassen. Ein System aus reinem Wasser sei beispielsweise durch die Masse $m = 0{,}036$ kg und das Volumen $V = 3{,}6 \cdot 10^{-5}$ m^3 charakterisiert. In allen Rechnungen mit diesen Größen m und V werden die Zahlenwerte und die Einheiten für sich verrechnet. Will man etwa die Dichte ρ für das genannte System berechnen, schreibt man die **Größengleichung**:

$$\rho = m\,/V$$

und rechnet

$$\rho = 3{,}6 \cdot 10^{-2} \text{ kg} / (3{,}6 \cdot 10^{-5} \text{ m}^3) = 1{,}0 \cdot 10^{3} \text{ kg}\,/\text{m}^3.$$

Der große Vorteil der Größengleichungen besteht darin, dass sie unabhängig von den gewählten Einheiten gültig sind. Hätte man etwa die Größen m und V für das obige System in anderen Einheiten gewählt, z.B. $m = 36$ g und $V = 36$ cm^3, würde die Gleichung $\rho = m\,/V$ ergeben:

$$\rho = 36 \text{ g} / (36 \text{ cm}^3) = 1{,}0 \text{ g}\,/\text{cm}^3.$$

Dieses Ergebnis kann unter Beachtung von $1 \text{g} = 10^{-3}$ kg und 1 cm$^3 = 10^{-6}$ m^3 auf einfache Weise in das ursprüngliche Resultat umgerechnet werden:

$$\rho = 1{,}0 \text{ g}\,/\text{cm}^3 = 1{,}0 \cdot 10^{-3} \text{ kg} / 10^{-6} \text{ m}^3 = 1{,}0 \cdot 10^{3} \text{ kg}\,/\text{m}^3.$$

Von den quantitativen Größen (mit Zahlenwert und Einheit) muss man sorgfältig die **Zahlen** unterscheiden. Diese sind nur durch einen Zahlenwert charakterisiert, haben aber keine Einheit. Beispielsweise ist die Molekülzahl N für das obige System gegeben durch $N = 1{,}20 \cdot 10^{24}$.

Es ist also sehr unzweckmäßig, weil verwirrend bezüglich der Einheiten, wenn man die Avogadrokonstante $L = 6{,}022 \cdot 10^{23}$ mol^{-1} als „Avogadrozahl", oder die Stoffmenge des Systems $n = 2$ mol als „Molzahl" bezeichnet. Beides sind keine Zahlen, sondern echte Größen und sollten daher auch als solche bezeichnet werden .

Infolge der Definition einer Größe als Produkt aus Zahlenwert und Einheit kann man in Tabellen und bei der Beschriftung der Achsen von Abbildungen zweck-

Tabelle 1.1. Basisgrößen und ihre Einheiten

Basisgröße	Basiseinheit
Länge	m (Meter)
Zeit	s (Sekunde)
Masse	kg (Kilogramm)
Stoffmenge	mol (Mol)
elektrische Stromstärke	A (Ampere)
thermodynamische Temperatur	K (Kelvin)
Lichtstärke	cd (Candela)

mäßige Umformungen vornehmen, um schließlich nur einen (kleinen) Zahlenwert aufführen zu müssen. Hierzu wird die physikalische Größe (z.B. Masse m, Volumen V oder Dichte ρ) durch ihre Einheit dividiert und mit einem geeigneten Faktor multipliziert. Anstelle von $m = 0{,}036$ kg, $V = 3{,}6{\cdot}10^{-5}$ m^3 oder $\rho = 1{,}0{\cdot}10^3$ kg/m^3 erhalten wir beispielsweise

$$(m/\text{kg})\,10^2 = 3{,}6; \quad (V/\text{m}^3)\,10^5 = 3{,}6; \quad (\rho/\text{kg m}^{-3})\,10^{-3} = 1{,}0.$$

Die jeweils links stehenden Ausdrücke können als Achsenbeschriftungen in Abbildungen oder Spaltenbeschriftungen in Tabellen verwendet werden. Die Achsen oder Spalten selbst enthalten dann nur die jeweils rechts stehenden relativ kleinen Zahlenwerte.

Tabelle 1.2. Abgeleitete SI-Einheiten

Einheitenname	Einheiten-zeichen	Definition	Größe (als Beispiel)
Hertz	Hz	s^{-1}	Frequenz
Newton	N	kg m s^{-2}	Kraft
Pascal	Pa	N m^{-2}	Druck
Joule*)	J	N m	Arbeit
Watt	W	J s^{-1}	Leistung
Coulomb	C	As	elektr. Ladung
Volt	V	J C^{-1}	elektr. Potential
Ohm	Ω	V A^{-1}	elektr. Widerstand
Siemens	S	Ω^{-1}	elektr. Leitwert
Farad	F	C V^{-1}	elektr. Kapazität
Weber	Wb	V s	magn. Fluss
Tesla	T	Wb m^{-2}	magn. Flussdichte
Henry	H	V A^{-1}s	Induktivität
Becquerel	Bq	s^{-1}	Aktivität (einer Strahlenquelle)
Gray	Gy	J kg^{-1}	Energiedosis
Sievert	Sv	J kg^{-1}	Äquivalentdosis

*) sprich „dschuhl"

Durch internationale Konvention sind 7 Basisgrößen mit 7 Basiseinheiten als *Internationales Einheitensystem* (*SI-System* von „Système International d'Unités") festgelegt worden (vgl. Tabelle 1.1).

Über Größengleichungen können aus diesen Basisgrößen sog. abgeleitete Messgrößen gebildet werden. Deren Einheiten heißen *kohärente abgeleitete SI-Einheiten*, wenn diese aus den Basiseinheiten ohne zusätzliche Zahlenfaktoren gebildet werden. Eine Auswahl davon ist in Tabelle 1.2 aufgeführt.

Hieraus ergeben sich die folgenden, praktisch wichtigen Beziehungen zur Umrechnung von Energie-Einheiten

$$1 \text{ J} = 1 \text{ Nm} = 1 \text{ Pa m}^3 = 1 \text{ CV} = 1 \text{ As V} = 1 \text{ A Wb} = 1 \text{ Ws} = 10^{-2} \text{ bar } 1 = 0{,}2390 \text{ cal.}$$

Dezimale Vielfache und Teile von Einheiten können im SI-System durch Vorsetzen bestimmter abkürzender Vorsilben bezeichnet werden (vgl. Tabelle 1.3). Dabei sollen diejenigen Vielfachen und ihre Vorsilben verwendet werden, die sich jeweils um Faktoren 10^3 von der Ausgangsgröße unterscheiden. Die Vorsilbe ist unmittelbar vor die Einheit zu schreiben; Doppelvorsilben sind nicht gestattet. Die Rechenregel für diese Bezeichnungen lautet zum Beispiel:

$$1 \text{ μm}^2 = 1 \text{ (μm)}^2 = 1 \text{ } (10^{-6} \text{ m})^2 = 10^{-12} \text{ m}^2.$$

Durch das Gesetz über Einheiten im Messwesen vom 2. Juli 1969 ist seit dem 1.1.1978 die Verwendung von SI-Einheiten, d.h. auch der kohärenten abgeleiteten SI-Einheiten, im geschäftlichen und amtlichen Verkehr in der Bundesrepublik Deutschland vorgeschrieben. Einige nicht kohärente abgeleitete Einheiten, d.h. solche, die sich von SI-Einheiten durch Zahlenfaktoren unterscheiden, sind jedoch auch weiterhin zugelassen, weil sie im täglichen Gebrauch sehr praktisch sind, wie

Tabelle 1.3. Vorsilben zur Bezeichnung von dezimalen Vielfachen von Einheiten

Faktor	Vorsilbe	Symbol	
10^{18}	Exa-	E	
10^{15}	Peta-	P	
10^{12}	Tera-	T	
10^{9}	Giga-	G	empfohlen
10^{6}	Mega-	M	
10^{3}	Kilo	k	
10^{2}	Hekto-	h	
10^{1}	Deka	da	
10^{-1}	Dezi-	d	nicht empfohlen
10^{-2}	Zenti-	c	
10^{-3}	Milli-	m	
10^{-6}	Mikro-	μ	
10^{-9}	Nano-	n	
10^{-12}	Piko-	p	empfohlen
10^{-15}	Femto	f	
10^{-18}	Atto-	a	

Tabelle 1.4. Nichtkohärente Einheiten und ihr Zusammenhang mit SI-Einheiten

Einheitenname	Einheiten-zeichen	Definition
Zentimeter	cm	$= 10^{-2}$ m
Ångström	Å	$= 10^{-10}$ m
Liter	l	$= \text{dm}^3 = 10^{-3}$ m^3
Gramm	g	$= 10^{-3}$ kg
Bar	bar	$= 10^5$ Pa
physikalische Atmosphäre	atm	$= 1,01325$ bar $= 760$ Torr $= 1,01325 \cdot 10^5$ Pa
Torricelli	Torr	$= 133,322$ Pa $= 1$ mm Hg-Säule
Dyn	dyn	$= 1$ g cm s$^{-2} = 10^{-5}$ N
Kilopond	kp	$= 9,80665$ kg ms$^{-2} = 9,80665$ N
Erg	erg	$= 1$ dyn cm $= 10^{-7}$ J
thermochemische Kalorie	cal	$= 4,184$ J
Electron-Volt	eV	$= 1,60219 \cdot 10^{-19}$ J
Poise	P	$= 1$ g cm^{-1} s$^{-1} = 0,1$ kg m^{-1} s^{-1}
Curie	Ci	$= 3,7 \cdot 10^{10}$ s^{-1}
Röntgen (Ionendosis)	R	$= 2,58 \cdot 10^{-4}$ C kg^{-1}
Rad (Energiedosis)	rd (rad)	$= 10^{-2}$ J kg$^{-1} = 10^{-2}$ Gy
Rem (Äquivalentdosis)	rem	$= 10^{-2}$ J kg$^{-1} = 10^{-2}$ Sv
Debye	D	$= 3,3564 \cdot 10^{-30}$ C m

cm, $l = \text{dm}^3$, g und bar (vgl. Tabelle 1.4). Darüber hinaus sind in Tabelle 1.4 einige nicht kohärente abgeleitete Einheiten aufgeführt, weil sie in wissenschaftlichen Arbeiten vielfach noch benutzt bzw. früher viel verwendet wurden, ihre Kenntnis also zum Lesen von älteren Publikationen, insbesondere von Tabellenwerken (noch) unumgänglich ist.

1.2 Zustandsgleichungen

In diesem Abschnitt soll das thermische Verhalten der mechanischen Zustands-größen Volumen und Druck bei **konstanten Stoffmengen** behandelt werden, d.h. der Zusammenhang zwischen den Zustandsgrößen T, V, P ($n_i = $ const.).

1.2.1 Mechanisch-thermische Zustandsfunktionen, Materialkoeffizienten

Eine wichtige Aufgabe der Thermodynamik ist es, das mechanisch-thermische Materialverhalten zu beschreiben. Die Erfahrung zeigt, dass sich eine betrachtete Zustandsgröße (z.B. das Volumen eines Systems) ändert, wenn eine andere Zu-standsgröße (z.B. die Temperatur) geändert wird. Die abhängige Zustandsgröße bezeichnet man als **Zustandsfunktion**; die unabhängig variierte Zustandsgröße nennt man **Zustandsvariable**. Eine wichtige Frage ist nun: Wie viele und welche unabhängigen Zustandsvariablen sind zur vollständigen Beschreibung des Systems, d.h. zur vollständigen Festlegung der (abhängigen) Größe, der Zustandsfunktion, notwendig? Die Erfahrung zeigt, dass man in praktisch allen wichtigen Fällen mit einer sehr geringen Zahl von Zustandsvariablen auskommt. Im thermodynamischen Gleichgewicht besitzt nämlich jede gasförmige, flüssige oder isotrope[1] feste Phase eine *Zustandsgleichung*, d.h. einen funktionellen Zusammenhang,

$$V = V(T, P, n_i). \tag{1.19}$$

Wenn also die Temperatur T, der Druck P und die Stoffmengen n_i des Systems (bzw. der Phase) im Gleichgewicht gegeben sind, ist damit auch das Volumen V festgelegt. Für ein verdünntes Gas der Stoffmenge n gilt beispielsweise die Zustandsgleichung (R ist eine Konstante):

$$V = n\,RT/P. \tag{1.20}$$

Natürlich ist es weitgehend willkürlich bzw. von der gerade verfolgten Fragestellung abhängig, welche die abhängige Zustandsgröße oder Zustandsfunktion sein soll. Anstelle des durch die Gln. (1.19) oder (1.20) beschriebenen Volumens könnte die Abhängigkeit des Druckes P von den Zustandsvariablen T, V und n interessieren. Man hat dann die Gln. (1.19) bzw. (1.20) nach P aufzulösen und erhält:

$$P = P(T, V, n_i) \tag{1.21}$$

$$P = n\,RT/V \text{ (für verdünntes Gas).} \tag{1.22}$$

Hier ist unmittelbar ein wichtiges Anwendungsfeld der Mathematik, und zwar der Theorie von Funktionen mehrerer Veränderlicher zu erkennen; das Differential der Zustandsfunktion V nach Gl. (1.19) ist bei konstanten Stoffmengen n_i als das *vollständige Differential* gegeben:

$$dV = \left(\frac{\partial V}{\partial T}\right)_{P,n_i} dT + \left(\frac{\partial V}{\partial P}\right)_{T,n_i} dP\,, \tag{1.23}$$

wobei man in der Thermodynamik die bei der Differentiation als konstant behandelten Zustandsvariablen aus dem gewählten Satz als Index zu den partiellen Differentialquotienten vermerkt. Entsprechend muss auch der *Schwarz'sche Satz* aus der Theorie der Funktionen mehrerer Veränderlicher gelten. Er besagt, dass es bei gemischten Ableitungen nicht auf die Reihenfolge der Differentiation ankommt, d.h.

$$\frac{\partial^2 V}{\partial T \partial P} = \frac{\partial^2 V}{\partial P \partial T}\,. \tag{1.24}$$

---

[1] Isotropie für eine bestimmte Größe bedeutet, dass diese in allen Raumrichtungen gleiche Werte annimmt. Ein Gegenbeispiel wäre ein elastisch anisotroper Kristall, der in Richtung der verschiedenen Kristallachsen verschieden deformierbar ist (z.B. Graphit).

Man kann Gl. (1.24) beispielsweise an der Zustandsgleichung (1.20) für verdünnte Gase leicht verifizieren. Durch die Existenz einer Zustandsgleichung ist also die zur vollständigen thermodynamischen Beschreibung des Bereiches im Gleichgewicht notwendige Zahl von Zustandsvariablen eingeschränkt. Jedes Gas, jede Flüssigkeit und jeder isotrope Festkörper im Gleichgewicht besitzt eine derartige Zustandsgleichung, die jeweils experimentell ermittelt werden muss, also empirischen Charakter hat. In vielen Fällen kann dieses Materialverhalten tatsächlich durch eine Größengleichung, eben eine Zustandsgleichung im wörtlichen Sinne, explizit beschrieben werden. Praktische Beispiele werden nachfolgend angegeben. Häufig ist das thermodynamische Verhalten nur in Form eines Funktionsdiagramms (vgl. Abb. 1.3 – 1.5) oder gar nur in Form einer Tabelle angegeben. Aber auch in solchen Fällen liegt ein funktionaler Zusammenhang zwischen den Zustandsgrößen zugrunde, den man als Zustandsgleichung im weiteren Sinn bezeichnet, weil man diesen Zusammenhang zumindest abschnittsweise in der Form von expliziten Gleichungen formulieren könnte.

Für den praktischen Gebrauch, z.B. zur Tabellierung von Stoffeigenschaften, sind folgende Koeffizienten wichtig:

$$\beta \overset{def}{=} \frac{1}{V}\left(\frac{\partial V}{\partial T}\right)_{P,n_i} , \qquad (1.25)$$

$$\kappa \overset{def}{=} -\frac{1}{V}\left(\frac{\partial V}{\partial P}\right)_{T,n_i} . \qquad (1.26)$$

Man bezeichnet β als isobaren *Volumenausdehnungskoeffizienten* oder isobaren, kubischen *Ausdehnungskoeffizienten* und κ als *isotherme Kompressibilität*. Dabei ist κ immer positiv; β ist es meist, aber nicht immer (z.B. $\beta < 0$ für Wasser zwischen 0 und 4 °C).

In enger Beziehung zum isobaren kubischen Ausdehnungskoeffizienten β steht der isobare lineare Ausdehnungskoeffizient a, der sich für isotrope Flüssigkeiten und Festkörper (z.B. kubische Kristalle) ergibt als:

$$a \overset{def}{=} \frac{1}{L}\left(\frac{\partial L}{\partial T}\right)_{P,n_i} = \frac{\beta}{3} . \qquad (1.27)$$

1.2.2 Zustandsgleichungen für Gase und Flüssigkeiten: Phänomenologische Beschreibung

1.2.2.1 Gase bei niedrigen Drucken, Zustandsgleichung idealer Gase

Die Temperaturabhängigkeit des Volumens von verdünnten Gasen (genauer: im Grenzfall $P \rightarrow 0$) war bereits bei der Definition der absoluten Temperaturskala im Abschn. 1.1.3 benutzt worden. Nach Gl. (1.17) erweist sie sich als eine einfache Proportionalität, unabhängig von der chemischen Natur der Gasmoleküle. Weitere Experimente, z.B. zur Druckabhängigkeit des Zustands von verdünnten Gasen, haben schließlich zur Formulierung einer umfassenden Zustandsgleichung als Grenzgesetz für $P \to 0$ geführt:

$$PV = n\,RT \qquad \text{oder} \qquad P\bar{V} = RT. \qquad (1.28)$$

Die universelle Konstante R bezeichnet man als **Gaskonstante**; ihr Zahlenwert in verschiedenen Einheiten ist:

$$R = 8{,}3145 \text{ J mol}^{-1}\text{ K}^{-1} = 8{,}3145 \cdot 10^{-2} \text{ bar 1 mol}^{-1}\text{ K}^{-1}$$
$$= 1{,}987 \text{ cal mol}^{-1}\text{ K}^{-1} \qquad (1.29)$$

Gleichung (1.28) ist die **Zustandsgleichung idealer Gase**; d.h. ein Gas, das Gl. (1.28) innerhalb der Messgenauigkeit erfüllt, bezeichnet man als **ideales Gas**. Zur Darstellung experimentell ermittelter Zustandsdaten von Gasen hat sich die Auftragung des **Kompressibilitätsfaktors** $Z = P\bar{V}/RT$ in Abhängigkeit vom Druck als besonders praktisch erwiesen, weil er die Abweichungen vom idealen Gasverhalten in direkter Weise erfasst:

$$Z = P\bar{V}/RT = \bar{V}/\bar{V}_{\text{ideal}} \qquad (1.30)$$

In Abb. 1.3 sind experimentelle Daten für verschiedene Gase bei 0 °C in dieser Weise dargestellt. Hieraus ist offensichtlich, dass bei Atmosphärendruck und Umgebungstemperaturen die Zustandsgleichung idealer Gase eine hervorragende Näherung (relativer Fehler < 1 %) ist und selbst bei mäßig erhöhten Drucken ($P \leq 10$ bar) immer noch eine sehr gute Beschreibung (relativer Fehler ≤ 7 %) erlaubt. Bei großen Drucken ($P \approx 100$ bar) oder tiefen Temperaturen ergeben sich jedoch drastische Abweichungen des realen Gasverhaltens von Gl. (1.28). Zustandsgleichungen für reale Gase unter solchen Bedingungen werden später angegeben werden.

In Gl. (1.28) gehen die individuellen Eigenschaften der Gasmoleküle (wie z.B. die Molekülmasse) nicht ein. Man kann daher erwarten, dass Gl. (1.28) auch als

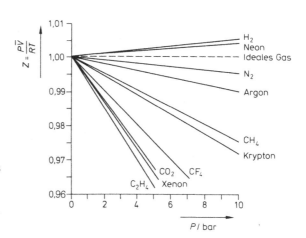

Abb. 1.3. Auftragung des Kompressibilitätsfaktors $Z = P\bar{V}/RT$ gegen den Druck $P \leq 10$ bar für verschiedene Gase bei 0 °C

Grenzgesetz für verdünnte Gasmischungen gültig ist. Wenn in einer *Gasmischung* die Molekülspezies 1, 2, 3 ... r in den Stoffmengen n_1, n_2, n_3 ... n_r vorhanden sind, so gilt im Grenzfall $P \to 0$ die Zustandsgleichung:

$$PV = n_{tot} RT, \qquad (1.31)$$

wobei

$$n_{tot} = \sum_{i=1}^{r} n_i . \qquad (1.32)$$

Eine Gasmischung, die im Rahmen der Messgenauigkeit Gl. (1.31) mit Gl. (1.32) erfüllt, bezeichnet man als ideale Gasmischung. In einer idealen Gasmischung ist der Gesamtdruck gleich der Summe der Drucke P_i, welche die einzelnen *Komponenten i* ausüben würden, wenn sie jeweils allein das Volumen der Mischung ausfüllen würden:

$$P = \frac{n_{tot}}{V} RT = \frac{n_1}{V} RT + \frac{n_2}{V} RT + ... \frac{n_r}{V} RT = P_1 + P_2 + ... P_r . \qquad (1.33)$$

Für die *Partialdrucke* P_i gilt also (wobei x_i der Molenbruch gemäß Gl. (1.12) ist):

$$P_i = \frac{n_i}{n_{tot}} P = x_i P . \qquad (1.34)$$

Unter den praktischen Anwendungen der Zustandsgleichung idealer Gase nennen wir hier nur die folgenden.

a) Bestimmung der Molmasse

Wegen Gl. (1.8) kann man Gl. (1.28) schreiben:

$$PV = n RT = \frac{m}{M} RT , \qquad (1.35)$$

wobei m die Masse und M die Molmasse des untersuchten Gases ist. Bezeichnet man die Dichte des Gases mit $\rho = m / V$, so nimmt Gl. (1.35) die Form an:

$$M = \frac{\rho RT}{P} . \qquad (1.36)$$

Aus den Messdaten für Dichte, Temperatur und Druck eines idealen Gases kann man also die Molmasse ermitteln.

b) Messung des Sauerstoffverbrauches von Geweben nach Warburg

Hier misst man unter konstantem Volumen V_{Gas} die Druckänderung ΔP aufgrund der Veratmung eines Teils des Sauerstoffes im Gasraum über dem Gewebe, wobei das entstehende CO_2 in konzentrierter Na-Lauge abgefangen wird.

Die aus dem Gasraum entnommene O_2-Menge Δn ist nach Gl. (1.28) gegeben durch:

$$\Delta n = \frac{V_{Gas}}{RT}\,\Delta P\;. \qquad (1.37)$$

Beispiel: $V_{Gas} = 9\ \mathrm{cm}^3$
$T = 300\ \mathrm{K}\ (= 27\ °C)$
$h = 5\ \mathrm{cm}$ (Verschiebung des Meniskus der Manometerflüssigkeit der Dichte $\rho = 1\ \mathrm{g\ cm}^{-3}$ aufgrund der Druckänderung)
Wegen $\Delta P = \rho\,g\,h = 490\ \mathrm{Nm}^{-2}$ und $R = 8{,}314\ \mathrm{J\ K}^{-1}\ \mathrm{mol}^{-1}$ folgt aus Gl. (1.37):

$$\Delta n = \frac{9\cdot 10^{-6}\ \mathrm{m}^3\cdot 490\ \mathrm{N/m}^2}{8{,}314\ \mathrm{Nm}/(\mathrm{mol\ K})\cdot 300\ \mathrm{K}} = 1.77\cdot 10^{-6}\ \mathrm{mol}\;.$$

In analoger Weise kann man aus der Druckzunahme über pflanzlichem Gewebe dessen Sauerstoffentwicklung bei der Photosynthese ermitteln.

1.2.2.2 Experimentelle Ergebnisse für Gase bei höheren Drucken und/oder tieferen Temperaturen

In den Abb. 1.4 und 1.5 sind beispielhaft (P, V, T)-Zustandsdaten für Kohlenstoffdioxid bei hohen Drucken und hinreichend tiefen Temperaturen dargestellt. Es ist insbesondere aus Abb. 1.5 ersichtlich, dass in diesem erweiterten Wertebereich die Zustandsgleichung idealer Gase Gl. (1.28) als Näherung nicht mehr brauchbar ist und teilweise das Verhalten nicht einmal mehr qualitativ beschreibt. Wir wollen zunächst die experimentellen Daten anhand der Abb. 1.4 diskutieren. Für die P-$\overline{V}$-Isotherme bei 50 °C fällt mit zunehmendem Druck das molare Volumen $\overline{V}$ monoton ab. Es ist dies das typische Verhalten bei der Kompression eines Gases; es wird immerhin qualitativ durch die Zustandsgleichung idealer Gase

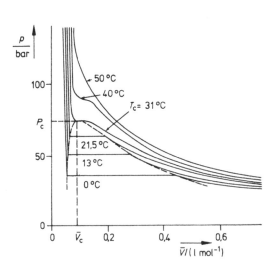

Abb. 1.4. Experimentelle P-$\overline{V}$-Isothermen für CO_2 mit den kritischen Daten
$T_c = 304{,}2\ \mathrm{K}$,
$P_c = 74{,}0\ \mathrm{bar}$,
$\overline{V}_c = 95{,}6\ \mathrm{cm}^3\ \mathrm{mol}^{-1}$

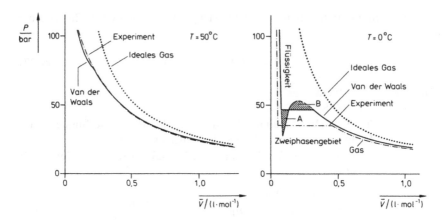

Abb. 1.5. P-$\bar{V}$-Isothermen für Kohlenstoffdioxid bei 50 °C (*linkes Bild*) und 0 °C (*rechtes Bild*):experimentelle Daten ($\cdot - \cdot - \cdot - \cdot -$), Zustandsgleichung idealer Gase ($\cdots\cdots$), Zustandsgleichung nach Van der Waals (————)

wiedergegeben (vgl. Abb. 1.5, links). Bei tiefen Temperaturen ($T < 31$ °C) ergeben sich qualitativ davon verschiedene P-$\bar{V}$-Verläufe, bei denen zwei gekrümmte Kurvenäste durch ein horizontales gerades Stück verbunden sind (s. Abb. 1.4). Beobachtet man etwa (von kleinen Drucken ausgehend) die Kompression von gasförmigem CO_2 bei 0 °C in einem durchsichtigen Gefäß, so ist bis zu etwa 36 bar nur eine homogene Gasphase vorhanden (dies entspricht dem gekrümmten Ast mit $\bar{V} > 0,45$ l/mol der 0 °C-Isotherme in Abb. 1.4). Bei dem genannten Druck und dem molaren Volumen $\bar{V} \le 0,45$ l/mol bilden sich die ersten Tropfen von flüssigem CO_2 in der Gasphase. Bei weiterer Kompression kondensiert mehr und mehr des CO_2-Dampfes zur Flüssigkeit, bis bei etwa $\bar{V} = 0,05$ l/mol der Dampf völlig kondensiert ist, das System also gänzlich im flüssigen Zustand vorliegt. Während dieses **Kondensationsvorganges** bleibt der Druck bei 36 bar konstant; es ist dies der **Koexistenzdruck** oder **Dampfdruck** von flüssigem CO_2 bei 0 °C. Der Volumenbereich zwischen $\bar{V} = 0,05$ und 0,45 l/mol ist der **Koexistenzbereich** für flüssiges und gasförmiges CO_2 bei 0 °C. Bei weiterer Kompression, um unter das Volumen $\bar{V} = 0,05$ l/mol zu kommen, muss man sehr starke Druckerhöhungen anwenden, um eine messbare Volumenabnahme zu erreichen. Die Steilheit dieses Astes der P-$\bar{V}$ Kurve entspricht der geringen Kompressibilität einer Flüssigkeit.

Mit zunehmender Temperatur > 0 °C wird der Koexistenzbereich flüssig/ gasförmig der Isothermen immer enger, bis er bei der kritischen Temperatur $T_c = 31,0$ °C zu einem Wendepunkt mit horizontaler Tangente zusammenschrumpft. In Abb. 1.4 sind die Grenzen des **Zweiphasengebietes** durch eine gestrichelte Linie verbunden. Das Wertetripel des genannten Wendepunktes gibt die **kritischen Daten** T_c, $\bar{V}_c$ und P_c an. Oberhalb der **kritischen Temperatur** kann ein Gas auch bei Anwendung beliebig hoher Drucke nicht mehr zur Flüssigkeit kondensiert werden. Die kritischen Daten sind für viele Stoffe ermittelt und in Tabel-

Tabelle 1.5. Kritische Daten T_c, P_c und $\bar{V}_c$ für verschiedene Gase

Gas	$\dfrac{T_c}{K}$	$\dfrac{P_c}{bar}$	$\dfrac{\bar{V}_c}{cm^3\,mol^{-1}}$
He	5,3	2,29	57,7
Ne	44,5	26,2	41,6
Ar	151	48,6	75,2
Kr	210,6	54,9	92
Xe	290	58,7	120,2
H_2	33,2	13,0	65,0
N_2	126,0	33,9	90,0
O_2	154,3	50,4	74,0
CO_2	304,2	74,0	95,6
NH_3	405,5	113,0	72,3
H_2O	647,1	220,6	45,0
CH_4	190,6	46,4	98,8
CH_3OH	513,1	79,7	117,5
C_2H_5OH	516	63,9	167

lenwerken zusammengestellt worden (z.B. Landolt-Börnstein 1971, S. 328-377). In Tabelle 1.5 ist eine Auswahl von Gasen mit ihren *kritischen Wertetripeln* angegeben. Stoffe mit starken zwischenmolekularen Wechselwirkungen, wie Wasserstoffbrückenbindungen, zeigen relativ hohe kritische Temperaturen. Besonders auffällig sind die hohe kritische Temperatur und der hohe *kritische Druck* des Wassers. Praktisch alle lebenden Systeme sind zu wesentlichen Teilen wässrige Systeme, nützen also für ihre Funktionen die spezifischen zwischenmolekularen Wechselwirkungen des Wassers aus, die sich u.a. in ihren abnormen kritischen Daten widerspiegeln.

1.2.2.3 Zustandsgleichung für reale Gase nach Van der Waals

Angesichts des Versagens der Zustandsgleichung idealer Gase zur Beschreibung des oben erläuterten komplexen Verhaltens realer Gase wurde nach anderen brauchbaren analytischen Beziehungen für eine Zustandsgleichung realer Gase gesucht. Es erwies sich jedoch als unmöglich, eine (wie die Zustandsgleichung idealer Gase) universell gültige Formulierung zu finden. Zudem ist selbst für die adäquate Beschreibung eines einzigen realen Gases eine Mehrzahl von empirischen Parametern notwendig. Eine mit gewissen Einschränkungen brauchbare Beziehung wurde von Van der Waals 1873 angegeben:

$$\left(P + \frac{a}{\bar{V}^2}\right)(\bar{V} - b) = RT \tag{1.39}$$

Hier sind a und b empirische Parameter, die aus den kritischen Daten angepasst werden können.

Was leistet nun die Van-der-Waals-Gleichung als Zustandsgleichung für reale Gase?

a) Im Grenzfall $P \to 0$ nimmt $\overline{V}$ sehr große Werte an (d.h. $\overline{V} \to \infty$, $\overline{V} \gg b$, und $P \gg a/\overline{V}^2$). Deshalb geht Gl. (1.39) in Gl. (1.28), die Zustandsgleichung idealer Gase, über.

b) Quantitative Beschreibung: Mit den empirischen Parametern a und b nach Tabelle 1.6 liefert sie eine quantitativ gute Beschreibung der experimentellen Daten über einen breiten Druckbereich bei Temperaturen oberhalb von T_c.

Als ein Beispiel der drastischen Verbesserung der Beschreibung gegenüber der Zustandsgleichung idealer Gase ist in Abb. 1.5, links das Molvolumen von CO_2 bei 50 °C über einen Druckbereich zwischen 20 und 100 bar aufgetragen. Die Differenz zwischen experimentellen Daten und der Beschreibung nach der Van-der-Waals-Gleichung liegt nur wenig über der Genauigkeit der Auftragung. Aus diesen Gründen wird die Van-der-Waals-Gleichung auch heute noch vielfach für Temperaturen $> T_c$ praktisch angewandt.

c) Kritisches Verhalten: Die Van-der-Waals-Gleichung liefert ein kritisches Verhalten, d.h. einen Wendepunkt mit horizontaler Tangente. Die Bedingung hierfür ist, dass für $T = T_c$ die erste und zweite partielle Ableitung des Drucks nach dem molaren Volumen gleich null ist:

$$\left(\frac{\partial P}{\partial \overline{V}}\right)_{T_c} = 0; \quad \left(\frac{\partial^2 P}{\partial \overline{V}^2}\right)_{T_c} = 0 . \qquad (1.40)$$

Wie eine weiterführende Behandlung zeigt, erhält man aus den Gln. (1.39) und (1.40) das Resultat

$$b = \frac{\overline{V}_c}{3}; \quad a = 3 \, P_c \overline{V}_c^2; \quad R = \frac{8}{3} \frac{P_c \overline{V}_c}{T_c} . \qquad (1.41)$$

Gl. (1.41) erlaubt einerseits die Berechnung der Van-der-Waals-Parameter a und b aus den experimentell zugänglichen kritischen Größen $\overline{V}_c$ und P_c. Die dritte dieser Beziehungen gestattet einen unabhängigen Test: Aus der angegebenen Kombination der kritischen Größen sollte sich die Gaskonstante R ergeben. Die für viele Gase gefundene Abweichung in Höhe von etwa 30 % ist ein Indiz für die eingeschränkte Gültigkeit der Van-der-Waals-Gleichung.

d) Kondensation eines Gases zur Flüssigkeit: Gleichung (1.39) weist für bestimmte Wertebereiche algebraische Eigenschaften auf, durch die der Vorgang der Kondensation eines Gases zur Flüssigkeit wenigstens in grober Näherung beschrieben wird. Um das zu zeigen, multiplizieren wir die Klammern in Gl. (1.39) aus, multiplizieren alle Terme mit $\overline{V}^2$, dividieren durch P und erhalten nach Umordnung

$$\overline{V}^3 - \left(b + \frac{RT}{P}\right)\overline{V}^2 + \frac{a}{P}\overline{V} - \frac{ab}{P} = 0 .$$

Tabelle 1.6. Van-der-Waals-Konstante angepasst an experimentelle Daten verschiedener Gase. (Nach Lide (ed) Handbook of Chemistry and Physics 1999)

Gas	$\dfrac{a}{\text{bar l}^2\text{mol}^{-2}}$	$\dfrac{b}{\text{l mol}^{-1}}$
He	0,0346	0,0238
Ar	1,355	0,032
H_2	0,2452	0,0265
N_2	1,37	0,0387
O_2	1,382	0,0319
CO_2	3,658	0,0429
NH_3	4,225	0.0371
H_2O	5,537	0,0305

Diese kubische Gleichung hat für bestimmte Parameterwerte P und T (bei gegebenen a und b) drei reelle Lösungen. Wählt man z.b. $P = 48$ bar und $T = 273$ K für CO_2 mit den Koeffizienten a und b aus Tabelle 1.6, so ergeben sich die Lösungen: $\bar{V}_1 = 0{,}08$ l/mol, $\bar{V}_2 = 0{,}14$ l/mol, $\bar{V}_3 = 0{,}30$ l/mol. Hier liegt $\bar{V}_1$ auf dem Ast, der dem flüssigen CO_2 zugeordnet werden kann (vgl. Abb. 1.5, rechts), während $\bar{V}_3$ dem Ast des gasförmigen CO_2 entspricht. Wie Abb. 1.5, rechts leicht erkennen lässt, ist auf diesen beiden Ästen ($\partial \bar{V} / \partial P$) < 0, d.h. nach Gl. (1.26) $\kappa > 0$, wie es nach den Hauptsätzen der Thermodynamik für Gleichgewichtszustände zutreffen muss (vgl. Haase 1972, S. 67). Demgegenüber liegt der Wert $\bar{V}_2$ auf dem Ast mit positiver Steigung $\partial \bar{V} / \partial P > 0$ (d.h. $\kappa < 0$); hier würde das Volumen mit zunehmendem Druck zunehmen, was für Gleichgewichtszustände thermodynamisch unmöglich ist und auch jeder anschaulichen Erfahrung widerspräche. Dieser Lösungszweig der Gl. (1.39) repräsentiert also physikalisch nicht realisierbare Zustände; er ist daher durch die eingezeichnete horizontale Gerade zu ersetzen, die dem Zweiphasenbereich entspricht. Es kann gezeigt werden, dass diese horizontale Gleichgewichtsgerade (vgl. Abb. 1.5) durch Gleichheit des nach unten konvexen Flächenanteils A mit dem nach oben konvexen Flächenanteil B charakterisiert ist (Adamson 1973, S. 25).

Auch der Ast der Flüssigkeit, der unter die Horizontale des Zweiphasengleichgewichtes hinausreicht, also eigentlich keinen Gleichgewichtszuständen entspricht, kann einer physikalischen Realität zugeordnet werden. Bei schneller Expansion einer Flüssigkeit können metastabile Zustände der Flüssigkeit auftreten, die erst nach gewisser Verzögerung in den thermodynamisch stabilen Gaszustand übergehen. Analog können durch schnelle Kompression eines Gases metastabile Gaszustände erzeugt werden, die wenigstens in grober Näherung durch den Zweig gasförmiger Zustände oberhalb der Horizontalen des Zweiphasengleichgewichtes beschrieben werden können.

1.2.2.4 Virialform der Zustandsgleichung für reale Gase

Die Mängel der Van-der-Waals-Gleichung werden bei der quantitativen Beschreibung des Verhaltens der realen Gase im Bereich des kritischen Zustands und bei
der Kondensation der Gase zu einer Flüssigkeit unübersehbar. Zur Behebung dieser Schwierigkeiten ist eine ganze Reihe von weiteren empirischen Zustandsgleichungen mit 2–5 anpassbaren Parametern vorgeschlagen worden. Der Erfolg
dieser verbesserten Formulierungen ist jedoch nicht durchschlagend; die Gültigkeit ist immer noch auf bestimmte Bereiche der Zustandsvariablen beschränkt,
und die molekulare Interpretation ihrer Parameter ist nicht unmittelbar möglich.
Die Darstellung der Daten gemäß der Auftragung in Abb. 1.3 legt es nahe, die
Abweichungen von der Zustandsgleichung idealer Gase als Reihenentwicklung
des Kompressibilitätsfaktors Z nach Potenzen von P darzustellen:

$$\frac{P\overline{V}}{RT} = 1 + BP + CP + DP + \dots \tag{1.42}$$

In dieser sog. *Virialform der Zustandsgleichung* bezeichnet man die temperaturabhängigen Koeffizienten B, C, D usw. als *zweiten, dritten, vierten* usw. *Virialkoeffizienten*. Zahlenwerte der Virialkoeffizienten von reinen Gasen und Gasmischungen sind in umfassenden Tabellenwerken (z.B. Landolt-Börnstein 1971, S.
61-170) zusammengestellt.

Die Virialform der Zustandsgleichung ergibt sich auch unmittelbar aus der sys-
tematischen molekularstatistischen Theorie der realen Gase. Die Van-der-Waals-
Gleichung lässt sich in eine Virialform mit speziellen Virialkoeffizienten umschreiben. Obwohl die Virialform somit die allgemeinere Form einer Zustandsgleichung realer Gase darstellt, verliert auch sie ihre Brauchbarkeit bei Annäherung an den kritischen Bereich.

1.2.3 Molekulare Interpretation der Zustandsgleichungen für Gase und Flüssigkeiten

1.2.3.1 Statistische Deutung der Zustandsgleichung idealer Gase

Die in Abschn. 1.2.2.1 behandelten experimentellen Ergebnisse über verdünnte
Gase legen folgendes molekulare Modell für ein *ideales Gas* nahe:

1. Die identischen Gasmoleküle haben zwar eine Masse μ, aber kein Eigenvolumen; sie sind als „Massenpunkte" zu betrachten.
2. Die Gasmoleküle üben keine Wechselwirkung (Anziehungs- oder Abstoßungskräfte) aufeinander aus.
3. Die Gasmoleküle bewegen sich auf regellosen Flugbahnen im Gasraum, die nur
   durch elastische Zusammenstöße mit den Gefäßwänden (oder mit anderen
   Gasmolekülen) unterbrochen werden.

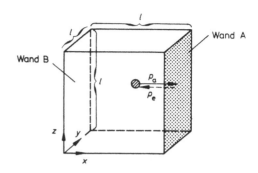

Abb. 1.6. Zur statistischen Ableitung der Zustandsgleichung idealer Gase

Die nachfolgend beschriebene statistische Behandlung dieses Gasmodells geht auf Daniel Bernoulli (1738) zurück.

Wir betrachten 1 mol Gas in einem würfelförmigen Behälter mit den Kantenlängen l bei der Temperatur T. Wir greifen nun ein Molekül der Masse μ heraus, das sich mit der Geschwindigkeit u_x in der x-Richtung bewegt (s. Abb. 1.6). Wenn es mit der zur x-Richtung senkrechten Wand elastisch zusammenstößt, erfährt es die Impulsänderung $\Delta p = p_e - p_a = -2\mu u_x$ ($p_a = +\mu u_x$ bei Aufprall, $p_e = -\mu u_x$ bei Abprall). Im Betrag gleich ist der Impuls, der auf die Wand übertragen wird. Die Zahl der Stöße mit der Wand A für ein zwischen Wand A und Wand B elastisch reflektiertes Molekül ist $u_x/2l$.

Die durch die Zusammenstöße des Moleküls mit der Wand A auf diese ausgeübte Kraft f_A ist nach dem Newton'schen Aktionsprinzip gleich der Impulsänderung pro Zeiteinheit:

$$f_A = \frac{u_x}{2l} \cdot 2\mu u_x = \frac{\mu u_x^2}{l}. \tag{1.43}$$

Der dadurch auf die Wand A ausgeübte Druck P' ist:

$$P' = \frac{f_A}{l^2} = \frac{\mu u_x^2}{l^3} = \frac{\mu u_x^2}{\bar{V}}. \tag{1.44}$$

Hier wurde berücksichtigt, dass 1 mol Gas vorliegt, das Molvolumen also durch $\bar{V} = l^3$ gegeben ist.

Da wir die Wirkung von L Molekülen unterschiedlicher Geschwindigkeit im Gasraum auf die Wand A berechnen wollen, müssen wir mitteln und erhalten für den Gesamtdruck P:

$$P = L\left(\frac{\mu u_x^2}{\bar{V}}\right)_{Mittel}. \tag{1.45}$$

Da die Masse μ und das Volumen $\bar{V}$ festgelegt sind, ist nur über u_x^2 zu mitteln. Dieser Mittelwert $\overline{u_x^2}$ über die Geschwindigkeitsquadrate u_{xi}^2 aller Moleküle im Gasraum ($i = 1, 2, ..., L$) ist wie folgt definiert:

$$\overline{u_x^2} = \left(u_{x1}^2 + u_{x2}^2 + \ldots + u_{xL}^2 \right) / L = \left(1 / L \right) \sum_{i=1}^{L} u_{xi}^2 \ . \tag{1.46}$$

Die Geschwindigkeit u_i eines Moleküls i in beliebiger Richtung ergibt sich nach dem Satz von Pythagoras aus den Komponenten u_{xi}, u_{yi} und u_{zi} in den drei Raumrichtungen zu:

$$u_i^2 = u_{xi}^2 + u_{yi}^2 + u_{zi}^2 \ . \tag{1.47}$$

Das *mittlere Geschwindigkeitsquadrat* $\overline{u^2}$ ist analog zu Gl. (1.46) definiert. Beachtet man weiterhin, dass über die u_{xi}^2, u_{yi}^2 und u_{zi}^2 getrennt summiert werden darf, so ergibt sich:

$$\overline{u^2} = \left(1 / L \right) \sum_{i=1}^{L} u_i^2 = \left(1 / L \right) \sum_{i=1}^{L} \left(u_{xi}^2 + u_{yi}^2 + u_{zi}^2 \right) = \overline{u_x^2} + \overline{u_y^2} + \overline{u_z^2} \ . \tag{1.48}$$

Jede der drei Raumrichtungen ist infolge der statistisch ungeordneten Natur der Molekülbewegungen völlig gleichwertig, also:

$$\overline{u_x^2} = \overline{u_y^2} = \overline{u_z^2} \quad \text{oder} \quad \overline{u^2} = 3 \, \overline{u_x^2} \ . \tag{1.49}$$

Die Gln. (1.45) und (1.49) ergeben also:

$$P \overline{V} = \frac{L}{3} \mu \overline{u^2} \ . \tag{1.50}$$

Hier stehen auf der linken Seite nur makroskopische Größen, und zwar in der charakteristischen Kombination der Zustandsgleichung idealer Gase Gl. (1.28), aus der sich durch Vergleich ergibt:

$$P \overline{V} = RT = \frac{L}{3} \mu \, \overline{u^2} \ . \tag{1.51}$$

Die rechte Seite dieser Beziehungen enthält nur molekulare Parameter. Sie hat eine sehr anschauliche Bedeutung. Die mittlere kinetische Energie eines einzelnen Moleküls ist $\mu \, \overline{u^2} / 2$; daher gilt für die kinetische Energie E_{kin} von L Molekülen:

$$E_{kin} = L \frac{\mu \, \overline{u^2}}{2} \ , \tag{1.52}$$

also

$$P \overline{V} = \frac{2}{3} E_{kin} \quad \text{oder} \quad E_{kin} = \frac{3}{2} RT \ . \tag{1.53}$$

Die *Translationsbewegung* in jeder der drei Raumrichtungen trägt also den Anteil $RT / 2$ zur gesamten kinetischen Energie von 1 mol der Moleküle bei. Bezogen auf ein einzelnes Gasmolekül ist deshalb die mittlere kinetische Energie e_{kin}^R pro Raumrichtung gegeben durch:

$$e_{kin}^R = \frac{E_{kin}}{3L} = \frac{RT}{2L} = \frac{1}{2} k_B T \ , \tag{1.54}$$

Tabelle 1.7. Zahlenwerte für Molmasse und Molekülgeschwindigkeit verschiedener Gase bei 0 °C

Gas	H_2	H_2O	N_2	O_2	CO_2	Br_2
$\dfrac{M}{g\ mol^{-1}}$	2	18	28	32	44	160
$\dfrac{\sqrt{\overline{u^2}}}{m\ s^{-1}}$	1850	610	490	460	390	205

wobei $k_B = R/L = 1{,}38 \cdot 10^{-23}$ J K^{-1} als **Boltzmann-Konstante** bezeichnet wird. Bei Raumtemperatur ($T = 20$ °C) hat e_{kin}^{R} einen Wert von $2{,}06 \cdot 10^{-21}$ J.

Die Gl. (1.51) erlaubt es, für ein Gas der Molmasse $M = L\mu$ bei Kenntnis der Temperatur T eine **repräsentative Molekülgeschwindigkeit** $\sqrt{\overline{u^2}}$ zu berechnen:

$$\sqrt{\overline{u^2}} = \sqrt{\frac{3RT}{M}} . \qquad (1.55)$$

Sie unterscheidet sich nur wenig von der **mittleren Molekülgeschwindigkeit** $\overline{u}$, für die $\overline{u} = 0{,}92 \sqrt{\overline{u^2}}$ gefunden wird [vgl. Gl. (1.75)]. In Tabelle 1.7 sind die Zahlenwerte von $\sqrt{\overline{u^2}}$ für verschiedene Gase bei 0 °C angegeben.

Die vorstehend abgeleiteten Beziehungen Gl. (1.50) bis (1.54) liefern also für das zugrundegelegte Modell eine direkte Formulierung der makroskopischen Zustandsgrößen P, V bzw. T durch gemittelte molekulare Parameter. Es beschreibt auch weitere Phänomene, wie das Verhalten von (idealen) Gasmischungen. Die Gültigkeit des Modells für verdünnte Gase erscheint durchaus plausibel, weil die in verdünnten Gasen vorliegenden mittleren Molekülabstände groß im Vergleich zu den Molekülabmessungen und zu der Reichweite zwischenmolekularer Kräfte sind (vgl. hierzu den nächsten Abschnitt).

1.2.3.2 Molekulare Interpretation der Abweichungen vom Verhalten idealer Gase

Van der Waals hat bereits 1873 eine molekulare Interpretation der Gl. (1.39) versucht. Sein Modell beruhte auf einer bemerkenswerten intuitiven Einsicht in die molekularen Eigenschaften realer Gase und konnte später durch die Methoden der statistischen Thermodynamik als der logisch nächstliegende Schritt der Verbesserung des Modells des idealen Gases exakt begründet werden. Nach Van der Waals werden die Gasmoleküle als harte undurchdringliche Kugeln des Durchmessers d betrachtet, die über Anziehungskräfte kurzer Reichweite, die **Van-der-Waals-Kräfte**, miteinander in Wechselwirkung stehen (vgl. Abb. 1.7).

Wir betrachten wieder 1 mol Gas, d.h. L Moleküle, im Volumen $\overline{V}$. In der vorhergehenden statistischen Behandlung eines idealen Gases war das **Eigenvolumen der Moleküle** als verschwindend klein angesehen. Damit war für die Molekülschwerpunkte der gesamte Gasraum $\overline{V}$ verfügbar. Durch die Anwesenheit von L Molekülen mit jeweils dem Eigenvolumen $\pi d^3 /6$ ist nunmehr jedoch ein Teilvolumen b für die Anordnung der Molekülschwerpunkte unzugänglich. Das unzugängliche Volumen ist aber nicht einfach gleich dem L-fachen Eigenvolumen, sondern größer. Das wird deutlich beim Zusammenstoß zweier Moleküle im Gasraum (Abb. 1.7a). Das Volumen um ein Molekül A, in das der Schwerpunkt eines Moleküls B nicht eindringen kann, ist nach Abb. 1.7a durch die Kugel des Durchmessers $2d$ gegeben, also durch $4\pi d^3 /3$. In einem mäßig verdichteten Gas treten praktisch nur Zweierzusammenstöße auf; Zusammenstöße von drei Molekülen sind extrem unwahrscheinlich. Damit kommt auf jedes Molekül eines kollidierenden Paares die Hälfte dieses Betrages, also $2\pi d^3 /3$. Das *unzugängliche Volumen b* für 1 mol Gas ist also:

$$b = L\,2\pi\,d^3\,/3 = 4\,L\,(\pi\,d^3\,/6).\tag{1.56}$$

Die gegenüber der idealen Gasgleichung anzubringende Volumenkorrektur b ist somit gleich dem vierfachen Eigenvolumen der Moleküle. Bei sehr stark komprimierten Gasen oder im Extremfall einer Flüssigkeit ist aber diese *Volumenkorrektur* offensichtlich zu hoch geschätzt. In diesem Fall ist die Beschränkung auf Zweierstöße nicht mehr zulässig, da dann mehrere benachbarte Moleküle am unzugänglichen Volumen um ein Molekül A Anteil haben (s. Abb. 1.8c).

Die zweite Van-der-Waals-Korrektur berücksichtigt die gegenseitige Molekülanziehung mit kurzer Reichweite. Im statistischen Modell des idealen Gases (s. 1.2.3.1) waren Anziehungskräfte zwischen den Molekülen vernachlässigt worden.

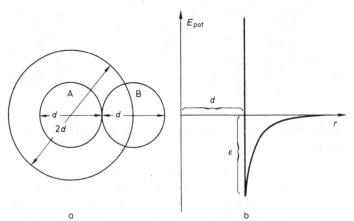

Abb. 1.7 a, b. Van-der-Waals-Korrekturen. **a** Unzugängliche Volumen: Das Volumen um ein kugelförmiges Molekül A des Durchmessers d, das für ein zweites gleich großes Molekül B unzugänglich ist, wird durch eine konzentrische Kugel des Durchmessers $2d$ beschrieben. **b** Wechselwirkungsenergie E_{pot} zwischen zwei starren, undurchdringlichen, kugelförmigen Molekülen des Durchmessers d in Abhängigkeit vom Abstand r der Kugelmittelpunkte, wobei zwischen den Molekülen Anziehungskräfte auf Grund von Dispersionswechselwirkungen nach Gl. (1.57) herrschen

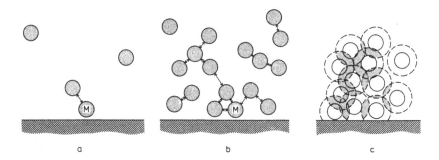

Abb. 1.8 a-c. Schematische Darstellung von Gasen verschiedener Dichte in der Nähe einer Behälterwand. *Doppelpfeile* in **a** und **b** deuten Anziehungskräfte kurzer Reichweite an, die bei höheren Dichten drei und mehr Moleküle umfassen können. Überlappung des ausgeschlossenen Volumens mehrerer Moleküle bei höheren Moleküldichten (s. **c**)

Dort wurde die Impulsänderung der auf die Gefäßwand aufprallenden Moleküle allein durch die Gefäßwand und damit durch den äußeren Druck aufgenommen. Wenn anziehende Kräfte zwischen den Molekülen wirken, ist zu berücksichtigen, dass das auf die Gefäßwand aufprallende Molekül M von den zum Gasinnenraum hin benachbarten Molekülen „zurückgezogen" wird (s. Abb. 1.8 a,b). Die zur Impulsumkehr notwendige Kraft wird also teilweise von den Gefäßwänden ausgeübt und teilweise von den anziehenden „Van-der-Waals-Kräften" des Gases. Diese auf ein aufprallendes Molekül wirkende Van-der-Waals-Kraft kann näherungsweise als proportional zur Moleküldichte in seiner unmittelbaren Nachbarschaft, also proportional zur Moleküldichte $L/\bar{V}$ des Gases, angesetzt werden (vgl. Abb. 1.8a und b). Die Zahl der aufprallenden Moleküle, welche die anziehende Van-der-Waals-Wechselwirkung erfahren, ist ebenfalls proportional zur Moleküldichte $L/\bar{V}$. Insgesamt hat Van der Waals deshalb die zusätzlich zum Außendruck P wirkende Kraft als proportional zum Quadrat der Moleküldichte $(L/\bar{V})^2$ angesetzt. Diese Argumentation ist zwar theoretisch wenig befriedigend; es ist aber ersichtlich (vgl. Abb. 1.8b), dass Van der Waals mit diesem Ansatz nicht nur die Anziehungskräfte zwischen Molekülpaaren, sondern auch zwischen 3 und mehr Molekülen (zumindest in grober Näherung) zu erfassen versuchte, um damit auch zu einer Beschreibung der hochverdichteten Gase oder gar der Flüssigkeiten zu gelangen.

Mit diesen beiden Van-der-Waals-Korrekturen, dem gegenüber dem Gesamtvolumen $\bar{V}$ um den Betrag b verringerten zugänglichen Volumen $(\bar{V} - b)$ sowie dem gegenüber dem Außendruck P um den Betrag $a/\bar{V}^2$ erhöhten „effektiven" Druck $(P + a/\bar{V}^2)$, gelangt man also zu Gl. (1.39). Dabei ist die molekulare Interpretation der **Volumenkorrektur** b gemäß Gl. (1.56) wohldefiniert und erlaubt es, aus dem empirisch angepassten Parameter b Zahlenwerte des Moleküldurchmessers d zu errechnen. Die so ermittelten Werte stimmen gut mit jenen überein, die man auf anderem Wege (z.B. durch Röntgenstrukturuntersuchungen an Kristallen) gefunden hat. Demgegenüber hat die obige molekulare Interpretation der **Druckkorrektur** $a/\bar{V}^2$ vor allem den Mangel, dass die Natur der zwischenmolekularen

Wechselwirkung nicht spezifiziert und damit auf eine Formulierung von a durch Moleküleigenschaften verzichtet wird.

Tatsächlich kann aber das molekulare Modell von Van der Waals für den Fall mäßiger Drucke als systematische, auf die Zustandsgleichung idealer Gase folgende Näherung durch eine *statistisch-mechanische Behandlung* exakt begründet werden, in welche die zwischenmolekularen Kräfte explizit eingehen.

Die Natur der Anziehungskräfte zwischen ungeladenen, unpolaren Atomen (wie den Edelgasen) oder Molekülen (wie CH_4, CCl_4 u.a.) wurde erst etwa 60 Jahre nach Van der Waals erkannt. Es ist erst der Quantenmechanik gelungen, eine allgemeine, zwischen allen Molekülen wirksame, additive und temperaturunabhängige Anziehungskraft, die *Dispersionswechselwirkung* nachzuweisen. Die potentielle Energie dieser Wechselwirkung hat eine relativ kurze Reichweite; ihre Abhängigkeit vom Abstand r zwischen zwei Molekülen ist proportional zu $1/r^6$. In Abb. 1.7b ist der Verlauf der potentiellen Energie der Dispersions-Wechselwirkung E_{pot} zwischen zwei starren, kugelförmigen Molekülen in Abhängigkeit von ihrem Abstand aufgetragen; sie ist gegeben durch:

$$0 \leq r < d: \quad E_{pot} = \infty$$

$$d \leq r \leq \infty: \quad E_{pot} = -\varepsilon \left(\frac{d}{r} \right)^6 . \tag{1.57}$$

E_{pot} besitzt ein Minimum für $r = d$ und steigt für kleinere r-Werte abrupt auf einen unendlich hohen Wert, wie es für starre (harte) Kugeln zu erwarten wäre. Eine weitere Verfeinerung gibt diese Vereinfachung auf und führt abstoßende Kräfte ein, die vor allem bei kleinen Molekülabständen wirken, d.h. von noch kürzerer Reichweite sind als die anziehenden Kräfte. Sie wurden nach Lennard-Jones als Potenzansatz A/r^n mit $n \geq 12$ beschrieben, so dass sich E_{pot} als Summe abstoßender und anziehender Kräfte ergibt:

$$E_{pot} = \frac{A}{r^n} - \frac{B}{r^6} . \tag{1.58}$$

Gl. (1.58) zeigt wie Gl. (1.57) (s, Abb. 1.7a) ein Minimum von E_{pot} bei kleinen Molekülabständen.

Der Zusammenhang zwischen E_{pot} und den experimentell zugänglichen Van-der-Waals-Parametern und Virialkoeffizienten wird (wie oben erwähnt) im Rahmen der statistischen Theorie der realen Gase vermittelt, deren Darstellung der weiterführenden Literatur vorbehalten bleiben muss (z.B. Kauzmann 1966, Schwabe 1986).

1.2.4 Zustandsgleichungen für kondensierte Phasen

Flüssigkeiten und Festkörper nennt man zusammenfassend kondensierte Phasen. Damit wird zum Ausdruck gebracht, dass ihre Dichten unter Normaldruck (1 bar)

Tabelle 1.8. Mechanisch-thermische Zustandsgrößen für Flüssigkeiten und Festkörper bei 20 °C und 1 bar

Flüssigkeit	Hg	H_2O	CH_3OH	C_2H_5OH	Glycerin	CCl_4	n-C_6H_{14}	C_6H_6
$\bar{V}$ /cm³mol⁻¹	14,8	18,0	40,4	58,2	73	96,4	130,2	89
$\beta/10^{-4}K^{-1}$	1,81	2,07	12,0	11,2	5,0	12,4	13,5	12,4
$\kappa/10^{-6}$ bar⁻¹	3,80	44,7	118	109	21,4	102	148	92,8

Festkörper	Ag	Fe	Pb	Pt	Diamant	Graphit	NaCl	Quarz
$\bar{V}$ /cm³mol⁻¹	10,28	7,10	18,27	9,07	3,41	5,32	27,02	22,68
$\beta/10^{-4}K^{-1}$	0,583	0,354	0,861	0,265	0,030	0,24	1,21	0,15
$\kappa/10^{-6}$bar⁻¹	1,0	0,589	2,18	0,38	0,185	3,0	4,15	2,8

etwa 1000-mal höher sind als die von Gasen. Dementsprechend sind die mittleren Molekülabstände in den kondensierten Phasen etwa 10-mal geringer als bei Gasen unter Normalbedingungen. Wegen der kurzen Reichweite der zwischen-molekularen (Van-der-Waals-)Kräfte führt dieser Unterschied der Abstände zu qualitativen Unterschieden der Eigenschaften.

In einem beschränkten Variationsbereich von Druck und Temperatur um einen Bezugszustand (T_0, P_0, V_0) lässt sich eine sehr einfache (lineare) Form einer *Zustandsgleichung für kondensierte Phasen* verwenden:

$$\bar{V}(T, P) = \bar{V}_0 [1 + \beta_0 (T - T_0) - \kappa_0 (P - P_0)]. \tag{1.59}$$

Hier sind $\bar{V}_0 (T_0, P_0)$ das Molvolumen, $\beta_0 (T_0, P_0)$ der kubische Ausdehnungskoeffizient und $\kappa_0 (T_0, P_0)$ die isotherme Kompressibilität für den durch T_0 und P_0 spezifizierten Bezugszustand, wie sich auch durch Anwendung der Definitionsgleichungen (1.25) und (1.26) auf Gl. (1.59) leicht einsehen lässt. Koeffizienten dieser Zustandsgleichung sind für eine Reihe flüssiger und fester Stoffe bei $T_0 = 20$ °C und $P_0 = 1$ bar in Tabelle 1.8 angegeben. Der Temperaturbereich der Gültigkeit der tabellierten Koeffizienten β und κ ist nicht sehr weit; für Temperaturänderungen $\pm$ 20 °C muss man mit relativen Änderungen in β bzw. κ von $\pm$ 10 % rechnen. Falls das mechanisch-thermische Verhalten kondensierter Phasen über breite Temperatur- und Druckbereiche bzw. weit entfernt von den Umgebungsbedingungen gebraucht wird, sind umfassende Tabellenwerke verfügbar (z.B. Landolt-Börnstein 1971, S. 379-718).

1.3 Elemente der statistischen Thermodynamik

1.3.1 Statistische Interpretation des thermodynamischen Gleichgewichts

Nach Abschn. 1.1.1.2 ist ein System dann im Gleichgewicht, wenn sich nach Einführung isolierender Systemgrenzen sein Zustand nicht mehr ändert. Diese Aussage gilt jedoch nur mit gewissen Einschränkungen. Wir hatten bereits im

Abschn. 1.1.1.1 gesehen, dass eine thermodynamische Analyse – infolge der statistischen Schwankungen der Systemparameter – nur für hinreichend große Systeme durchgeführt werden kann, bei denen die Amplitude der Schwankungen vernachlässigbar ist. Statistische Schwankungen treten auch im Gleichgewichtszustand auf.

Gleichgewicht ist somit kein statischer, sondern ein dynamischer Zustand.

Um eine Präzisierung des Begriffs „Gleichgewichtszustand" zu erreichen, soll das früher gewählte Beispiel, ein Behälter mit verdünntem Gas, nun etwas genauer analysiert werden.

In Abb. 1.9 betrachten wir 3 gleich große Teilvolumina des Gesamtvolumens V, zwischen denen sich die Gasmoleküle frei bewegen können. Aufgrund der ungerichteten und statistisch unabhängigen Natur der Molekülbewegungen bleiben die Molekülzahlen N_1 bis N_3 in den Teilvolumina nicht zeitlich konstant. Zeitliche Konstanz gilt nur für die Gesamtzahl N,

$$N = \sum_{i=1}^{3} N_i \,, \tag{1.60}$$

der Moleküle. Wir gehen nun davon aus, dass wir die Molekülzahlen N_i zu jedem beliebigen Zeitpunkt t im Sinne einer Momentaufnahme bestimmen können. In der experimentellen Praxis wird hierzu eine gewisse Mindestzeit Δt notwendig sein, innerhalb der die N_i aufgrund der schnellen Molekülbewegung eine gewisse Variation aufweisen werden. Im Experiment lassen sich deshalb nur Mittelwerte $\bar{N}_i$ über das Zeitelement Δt bestimmen. Für hinreichend große Δt werden die $\bar{N}_i$ aufgrund der gleichen Volumina identisch sein.

Wir fahren jedoch mit unserem Gedankenexperiment, nämlich der Möglichkeit einer momentanen Molekülzahlbestimmung, fort. Wir definieren jedes gefundene Werte-Tripel N_i ($i = 1$-3) als einen **Makrozustand** des Systems. Die Bezeichnung Makrozustand impliziert, dass es auch **Mikrozustände** des Systems gibt. In der Tat gehören zu jedem Makrozustand eine unter Umständen sehr große Zahl an Mikrozuständen, wie aus dem folgenden einfachen Beispiel hervorgeht (vgl. Abb. 1.10).

Wir nehmen an, dass sich in unserem Gesamtvolumen nur drei Gasmoleküle befinden, d.h. im zeitlichen Mittel ist $\bar{N}_i$ = 1 Molekül/Teilvolumen. Wir werden in unserem Gedankenexperiment jedoch aufgrund der ungeordneten Molekülbewegung 0 bis maximal 3 Moleküle in jedem Teilvolumen vorfinden. Drei dieser Makrozustände sind in Abb. 1.10 rechts dargestellt. Zu diesen Makrozuständen gehören die jeweils links dargestellten Mikrozustände. Makrozustände und Mikrozustände unterscheiden sich in der Unterscheidbarkeit der einzelnen Moleküle.

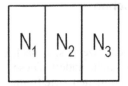

Abb. 1.9. Unterteilung eines Volumens V in drei gleiche Teilvolumina mit freiem Austausch von Gasmolekülen

In der experimentellen Realität (die durch die Makrozustände beschrieben wird) können die einzelnen Moleküle nicht voneinander unterschieden werden. In unserem Gedankenexperiment können wir die Moleküle jedoch nummerieren. Hierdurch sind die Moleküle unterscheidbar geworden. Betrachten wir nun den in Abb. 1.10 oben dargestellten Makrozustand, bei dem jedes Teilvolumen nur ein Teilchen enthält. Es gibt insgesamt 6 Möglichkeiten diesen Zustand zu realisieren, d.h. die drei Gasmoleküle auf die drei Teilvolumina zu verteilen, denen die 6 angegebenen Mikrozustände entsprechen. Den zwei weiteren in Abb. 1.10 dargestellten Makrozuständen entsprechen nur 3 bzw. 1 Mikrozustand. Im letzten Fall bringt die Vertauschung der Moleküle keinen neuen Mikrozustand hervor.

Aufgrund der von einander unabhängigen Bewegungen der drei Moleküle sind alle Mikrozustände gleich wahrscheinlich, denn jedes Molekül hat dieselbe Aufenthaltswahrscheinlichkeit in einem der drei gleich großen Teilvolumina. Die Wahrscheinlichkeit des Auftretens der experimentell beobachtbaren Makrozustän-

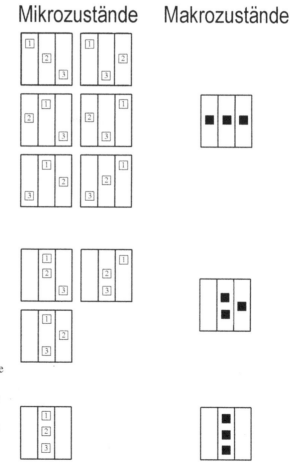

Abb. 1.10. Drei verschiedene Makrozustände eines Systems von 3 Gasmolekülen in 3 identischen Teilvolumina. Auf der linken Seite sind die zugehörigen Mikrozustände angegeben (s, Text)

de ist hingegen aufgrund der unterschiedlichen Zahl an Mikrozuständen verschieden. Die Gleichverteilung (Abb. 1.10 oben) ist deshalb 3- bzw. 6-mal wahrscheinlicher als die beiden anderen gezeigten Zustände.

> Die Gleichverteilung entspricht somit dem wahrscheinlichsten Zustand des Systems, dem wir nun den Begriff Gleichgewicht zuordnen.

Die Zahlen zeigen jedoch, dass der Unterschied in der Wahrscheinlichkeit des Auftretens zwischen dem Gleichverteilungszustand und den beiden anderen Makrozuständen relativ gering ist. Wir würden also bei dem oben beschriebenen Experiment nicht nur den Gleichgewichtszustand, sondern häufig auch die anderen Makrozustände beobachten. Dies ist eine Folge der kleinen Teilchenzahl ($N = 3$), bei der eine thermodynamische Analyse eigentlich nicht erlaubt ist. Nach den Ausführungen des Abschn 1.1.1.1 über die Mindestgröße makroskopischer Systeme müssen wir die Teilchenzahl erhöhen, um die Schwankungen zu reduzieren. Dies soll im Folgenden etwas näher ausgeführt werden.

Wie sich aus hier nicht näher dargestellten Überlegungen der elementaren Wahrscheinlichkeitstheorie (Kombinatorik) ergibt, lässt sich die Zahl W der Mikrozustände für einen gegebenen Makrozustand, der durch Teilchenzahlen N_i in den Teilvolumina V_i charakterisiert ist, allgemein durch die Gleichung

$$W = \frac{N!}{N_1! N_2! N_3! ... N_n!} \qquad (1.61)$$

berechnen, wobei n die Zahl der identischen Teilvolumina darstellt (d.h. in obigem Beispiel $n = 3$). Auf die Ableitung von Gl. (1.61) wollen wir hier verzichten.

Eine weiterführende Analyse zeigt, dass W ein Maximum für $N_i = N/n$ besitzt. Das Maximum entspricht somit – im Einklang mit obigem einfachen Beispiel – der Gleichverteilung. Man findet nun, dass das Maximum für hinreichend große Molekülzahlen N (im Gegensatz zu dem oben gewählten Beispiel mit 3 Gasmolekülen) sehr ausgeprägt ist. Dies ist in Abb. 1.11 schematisch dargestellt und be-

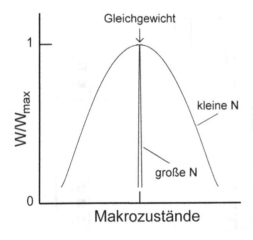

Abb. 1.11. Schematische Darstellung der Zahl der Mikrozustände W für verschiedene Makrozustände bezogen auf den wahrscheinlichsten Makrozustand W_{max}, der dem thermodynamischen Gleichgewicht entspricht. Hierbei sind die Makrozustände nach ihrer Abweichung vom wahrscheinlichsten Zustand geordnet (d.h. große Abweichungen bedeuten eine große Distanz vom Ort des wahrscheinlichsten Zustands)

deutet, dass die Wahrscheinlichkeit für das Auftreten anderer Makrozustände (als der Gleichverteilung) für hinreichend große N praktisch vernachlässigt werden kann. Nur Systeme dieser Art verhalten sich somit hinreichend stabil, d.h. Schwankungen in den experimentellen Resultaten können (weitgehend) vernachlässigt werden, sodass eine thermodynamischen Analyse eine definierte Aussage über das Verhalten des System erlaubt.

1.3.2 Das Boltzmann-Verteilungsprinzip

Die Begriffe Makro- und Mikrozustände sollen nun zur Analyse eines Systems von N Molekülen angewandt werden, die verschiedene Energiezustände ε_0, ε_1, ε_2, ... ε_n einnehmen können, wobei die jeweils höheren Zahlenwerte i größeren Energiewerten entsprechen sollen (d.h. $\varepsilon_i > \varepsilon_{i-1}$, $i = 1, 2, ... n$). An die Stelle der Teilvolumina des letzten Abschnitts treten somit Energiezustände. Wir fragen nach der Verteilung N_i der Moleküle auf die Energiezustände ε_i, wobei wir sowohl die Gesamtzahl der Moleküle N als auch die Gesamtenergie E des Systems konstant halten:

$$N = \sum_{i=1}^{n} N_i \qquad (1.62)$$

$$E = \sum_{i=1}^{n} N_i \varepsilon_i . \qquad (1.63)$$

Die Moleküle sollen zwar von einander unabhängig sein, sie sollen aber Energie miteinander austauschen können, sodass es zu Veränderungen einer Verteilung kommen kann. In Anbetracht der nach Gl. (1.63) begrenzten zur Verfügung stehenden Energie E werden wir – im Gegensatz zum Beispiel des letzten Abschnitts (Gleichverteilung auf Teilvolumina) – keine Gleichverteilung auf die Energiezustände erwarten. Gl. (1.63) lässt jedoch eine Vielzahl unterschiedlicher Verteilungen zu. So kann die zur Verfügung stehende Energie entweder vorwiegend auf viele Moleküle mit mittleren Energiewerten oder alternativ auf viele Moleküle mit kleineren Energiewerten und relativ wenige Moleküle mit hohen Energiewerten aufgeteilt sein. Die hierzu nötigen Überlegungen entsprechen im Prinzip jenen des letzten Abschnitts.

Jede Verteilung entspricht einem Makrozustand des Systems. Für die Wahrscheinlichkeit ihres Auftretens gilt wieder Gl. (1.61), die ja die Anzahl der möglichen Mikrozustände zu einem gegebenen Makrozustand beschreibt und angibt, wie oft sich ein gegebener Makrozustand bei Unterscheidbarkeit (d.h. Nummerierung) der Moleküle realisieren lässt.

Wir fragen nach der Verteilung W_{max} mit der maximalen Zahl an Mikrozuständen. Sie entspricht der Verteilung, die wir bei einem entsprechenden Experiment mit größter Wahrscheinlichkeit antreffen werden und die nach den Ausführungen des letzten Abschnitts (zumindest bei hinreichend großer Molekülzahl N) dem thermodynamischen Gleichgewicht entspricht. In mathematischer Hinsicht bedeutet dies die Maximierung von Gl. (1.61) unter Beachtung der Gln. (1.62) und (1.63). Die Darstellung der Lösung nach dem Verfahren der „*Lagrange-Multiplikatoren*" ist detaillierteren Darstellungen vorbehalten (s. z.B. Moore u. Hummel 1986, Wedler 1997, Göpel u. Wiemhöfer 2000). Das praktisch außerordentlich bedeutsame Resultat (s. unten) ist ein zentrales Ergebnis der statistischen Thermodynamik. Die Verteilung mit der maximalen Zahl an Mikrozuständen ergibt sich zu

$$N_i = N \frac{\exp(-\beta \varepsilon_i)}{Z}, \text{ wobei} \tag{1.64}$$

$$Z = \sum_i \exp(-\beta \varepsilon_i) \tag{1.65}$$

die sog. *Zustandssumme* darstellt. Es ergibt sich somit eine exponentielle Abhängigkeit der Besetzung N_i vom Energiezustand ε_i.

In Abschn. 1.2.3.1 haben wir gesehen, dass die mittlere kinetische Energie eines Gasmoleküls bezogen auf eine einzelne Raumrichtung $k_B T/2$ entspricht (vgl. Gl. 1.54), also proportional mit der Temperatur T zunimmt. Dieselbe Abhängigkeit findet man für Flüssigkeiten und Festkörper (s. Abschn. 2.1.2.1). Die gesamte nach Gl. (1.63) zur Verfügung stehende Energie E wird daher mit der Temperatur zunehmen. Da wir Energieaustausch zwischen den Molekülen zugelassen haben, ist zu erwarten, dass die durch Gl (1.64) repräsentierte Verteilung temperaturabhängig sein wird, d.h. bei höheren Temperaturen zu größeren Energiewerten hin verschoben ist. Wir erwarten somit einen Zusammenhang zwischen dem einzigen freien Parameter β dieser Verteilung und der Temperatur T. Dieser Zusammenhang soll wie folgt an Hand eines Beispiels ermittelt werden.

Hierzu berechnen wir die aus der Verteilung (1.64) folgende mittlere kinetische Energie pro Raumrichtung und vergleichen sie mit $k_B T/2$ (d.h. mit Gl. 1.54). Wir setzen dabei – wie in Abschn. 1.2.3.1 – ein ideales Gas voraus, das jedoch, anstelle der oben angenommenen diskreten Energiewerte ε_i, kontinuierliche Werte der kinetischen Energie $\varepsilon = \mu u_x^2/2$ z.B. in x-Richtung aufweist. Die Summe in Gl. (1.65) geht dann in ein Integral über alle Geschwindigkeiten von $-\infty$ bis $+\infty$ über. Die Durchführung der Mittelung und der entsprechenden Integrationen (s. Moore u. Hummel 1986) ergibt das überraschend einfache Resultat $\beta = 1/k_B T$ (wobei k_B die bereits in Abschn. 1.2.3.1 eingeführte Boltzmann-Konstante darstellt). Hiermit erhalten die Gln. (1.64) und (1.65) die endgültige Form des *Boltzmann-Verteilungsprinzips*:

$$N_i = N \frac{\exp(-\varepsilon_i/k_B T)}{Z}, \text{ mit} \tag{1.66}$$

$$Z = \sum_i \exp(-\varepsilon_i/k_B T). \tag{1.67}$$

Die Boltzmann-Verteilung hat einen außerordentlich großen Anwendungsbereich, der alle Systeme umfasst, die sich bei gegebener Temperatur im (thermischen) Gleichgewicht befinden. Sie beschreibt die wahrscheinlichste Verteilung der Moleküle auf die Energiezustände des betrachteten Systems, wobei die statistischen Abweichungen von dieser Verteilung bei hinreichend großen Molekülzahlen praktisch vernachlässigt werden können. Die Form der Gl. (1.66) gilt nur für *nichtentartete* Energieniveaus. Entartete Energieniveaus zeichnen sich dadurch aus, dass z.B. mehrere Quantenzustände eines betrachteten Moleküls dieselbe Energie ε_i aufweisen. In diesem Fall ist der Zähler von Gl. (1.66) mit dem statistischen Gewicht G zu multiplizieren. Letzteres entspricht der Zahl der energiegleichen Zustände.

Zur Diskussion der Boltzmann-Verteilung betrachten wir in Abb. 1.12 das Verhältnis N_i/N_0 als Funktion der Energien ε_i bei 4 verschiedenen Temperaturen. Hierbei stellt N_i/N_0 die relative Besetzungswahrscheinlichkeit der Energieniveaus $\varepsilon_i > 0$ und $\varepsilon_0 = 0$ dar. Die Darstellung entspricht nach Gl. (1.66) der Beziehung

$$N_i/N_0 = \exp(-(\varepsilon_i-\varepsilon_0)/k_BT). \qquad (1.68)$$

Der Einfachheit halber wurde in Abb. 1.12 von kontinuierlich zunehmenden ε_i-Werten ausgegangen. Die Besetzungswahrscheinlichkeit von ε_i nimmt – im Einklang mit den oben dargestellten Überlegungen – mit zunehmender Energie ε_i ab und mit zunehmender Temperatur T (d.h. mit Zunahme der zur Verfügung stehenden thermischen Energie) zu.

Im Folgenden sollen einige einfachen Anwendungen des Boltzmann-Verteilungsprinzips betrachtet werden.

1.3.2.1 Der Druckverlauf in der Atmosphäre

Die Gasmoleküle der Erdatmosphäre besitzen aufgrund der Erdanziehung eine mit der Höhe h (d.h. mit dem Abstand zur Erdoberfläche) zunehmende potentielle

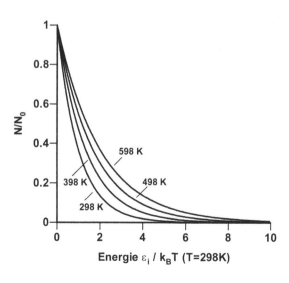

Abb. 1.12. Verhältnis der Besetzungswahrscheinlichkeiten N_i/N_0 der Energieniveaus ε_i und $\varepsilon_0 = 0$ als Funktion von ε_i bei 4 verschiedenen Temperaturen. Die Energieniveaus sind dargestellt in Einheiten von k_BT mit $T = 298$ K (d.h. $k_BT = 4,11 \cdot 10^{-21}$ J)

Energie $E_{pot}(h) = \mu g h$, wobei μ die Molekülmasse des Gases und g die Erdbeschleunigung darstellt. Die Moleküle haben eine Tendenz, sich am Ort der geringsten potentiellen Energie zu versammeln, der die Wärmebewegung entgegenwirkt. Als Konsequenz beider gegenläufiger Tendenzen nimmt die Konzentration der Gasmoleküle mit zunehmender Höhe ab. Im Folgenden nehmen wir vereinfachend an, dass die Atmosphäre aus einem einheitlichen Gas besteht, auf das die Zustandsgleichung idealer Gase angewendet werden kann. Weiterhin soll eine von der Höhe unabhängige Temperatur T herrschen. Nach Gl. (1.28) ist dann die Gaskonzentration $c(h) = n/V = P(h)/RT$ dem jeweiligen Druck $P(h)$ proportional. Nach den Ausführungen des letzten Abschnitts entspricht $c(h)$ der Besetzungswahrscheinlichkeit der potentiellen Energie $E_{pot}(h)$. Deshalb lässt sich auf das Verhältnis der Gaskonzentrationen und Drucke $c(h)/c_0 = P(h)/P_0$ (wobei sich der Index 0 auf die Erdoberfläche beziehen soll, somit $h = 0$) Gl. (1.68) anwenden, d.h.

$$P = P_0 \exp(-\mu g h / k_B T) \,. \tag{1.69}$$

Dies ist die als **barometrische Höhenformel** bekannte (idealisierte) Beziehung für den Druckverlauf in der Atmosphäre.

1.3.2.2 Die Maxwell-Boltzmann-Geschwindigkeitsverteilung

Wir setzen weiterhin die Eigenschaften eines idealen Gases voraus und nehmen an, dass sich N Moleküle bei konstanter Temperatur T in einem Volumen V befinden. Wir fragen nach der Verteilung der Moleküle auf die unterschiedlichen Molekülgeschwindigkeiten u, d.h. genauer nach dem Bruchteil dN/N der Moleküle im Geschwindigkeitsintervall zwischen u und $u+du$, wobei wir mit u den Betrag des Geschwindigkeitsvektors $\vec{u}$ bezeichnen. Wir interessieren uns somit nicht für die Richtung des Vektors sondern nur für seinen Betrag (s. unten). Nach den Ausführungen des Abschn. 1.2.3.1 wissen wir, dass Gasmoleküle eine mittlere Geschwindigkeit besitzen, die gemäß Gl. (1.55) von der Temperatur T abhängt. Die gesamte zur Verfügung stehende kinetische Energie ist nach Gl. (1.54) durch $E_{kin} = (3/2) N k_B T$ gegeben, wobei die 3 Raumrichtungen der Translation berücksichtigt wurden.

Nach den Überlegungen zum Boltzmann-Verteilungsprinzips tritt E_{kin} an die Stelle der Energie E in Gl. (1.63). Die Verteilung der Gasmoleküle auf die unterschiedlichen Molekülgeschwindigkeiten ergibt sich dann im Prinzip durch Anwendung der Gln. (1.66) und (1.67). Hierbei ist jedoch zu beachten, dass in Anbetracht kontinuierlicher Geschwindigkeitswerte die (bei diskreten Energiewerten) auftretenden Summen in Integrale verwandelt werden. Der Bruchteil N_i/N ist deshalb durch $(dN/N)/du$ (d.h. durch den Anteil im Geschwindigkeitsintervall du) zu ersetzen. Außerdem ist zu berücksichtigen, dass sich der Betrag u des Geschwindigkeitsvektors gemäß Gl. (1.47) aus den Komponenten der drei Raumrichtungen zusammensetzt.

Um die hierdurch erzeugten Komplikation zu vermeiden, beschränken wir uns zunächst auf eine einzelne Raumrichtung und fragen nach der Abhängigkeit des

Bruchteils der Moleküle dN/N im Geschwindigkeitsintervall du_x (du_y oder du_z), von u_x (u_y oder u_z). Letztere können Werte zwischen $-\infty$ und $+\infty$ annehmen (wobei die Minuswerte die Orientierung des Geschwindigkeitsvektors in die negative x-Richtung berücksichtigen). Die Gln. (1.66) und (1.67) ergeben dann

$$\frac{dN/N}{du_x} = \frac{\exp[-(\mu u_x^2/2)/k_B T]}{Z} \text{ , mit} \qquad (1.70)$$

$$Z = \int_{-\infty}^{\infty} \exp[-(\mu u_x^2/2)/k_B T] du_x . \qquad (1.71)$$

Die Integration von Gl. (1.71) führen wir mit Hilfe einer Integraltafel durch, der wir

$$\int_{-\infty}^{+\infty} \exp(-\lambda x^2) dx = \sqrt{\pi/\lambda}$$

entnehmen und erhalten $Z = \sqrt{2\pi k_B T/\mu}$, sodass sich Gl. (1.70) ergibt zu

$$\frac{dN/N}{du_x} = \sqrt{\frac{\mu}{2\pi k_B T}} \exp[-(\mu u_x^2/2)/k_B T] . \qquad (1.72)$$

Analoge Ausdrücke ergeben sich für die beiden anderen Raumrichtungen.

Wir kehren nun zum dreidimensionalen Raum zurück und fragen nach der Wahrscheinlichkeit, dass ein Gasmolekül einen Geschwindigkeitsvektor besitzt, dessen Komponenten in den Intervallen u_x bis u_x+dx, u_y bis u_y+dy und u_z bis u_z+dz liegen. Das Verhalten der Moleküle in den drei Raumrichtungen ist unabhängig voneinander. Deshalb müssen nach den Regeln der Wahrscheinlichkeitsrechnung die entsprechenden Wahrscheinlichkeiten, die Moleküle in den eindimensionalen Intervalle vorzufinden, miteinander multipliziert werden, um die Gesamtwahrscheinlichkeit für einen Aufenthalt in den oben genannten 3 Intervallen (d.h. im Volumenelement $du_x \cdot du_y \cdot du_z$ des Geschwindigkeitsraumes) zu erhalten. Durch Multiplikation der 3 Gleichungen vom Typ (1.72) resultiert daher

$$\frac{dN/N}{du_x du_y du_z} = \left(\frac{\mu}{2\pi k_B T}\right)^{3/2} \exp[-(\mu(u_x^2 + u_y^2 + u_z^2)/2)/k_B T] . \qquad (1.73)$$

Gl. (1.73) beschreibt den Bruchteil der Moleküle deren Geschwindigkeitsvektor $\vec{u}$ im Volumenelement $du_x \cdot du_y \cdot du_z$ endet. Da wir uns nur für den Betrag u des Geschwindigkeitsvektors interessieren, müssen wir noch über alle Richtungen summieren, d.h. über alle Vektoren mit dem gleichen Betrag u. Der Sachverhalt ist in Abb.1.13 illustriert. An die Stelle von $du_x\ du_y\ du_z$ tritt das Volumenelement $4\pi\ u^2 du$ der Kugelschale, sodass sich unter Beachtung von Gl. (1.47) das Endresultat

$$\frac{dN/N}{du} = 4\pi \left(\frac{M}{2\pi RT}\right)^{3/2} \exp[-(Mu^2/2)/RT]\, u^2 \qquad (1.74)$$

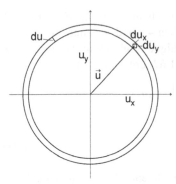

Abb. 1.13. Zweidimensionale Illustration zur Berechnung des relativen Anteils der Gasmoleküle im Intervall u bis $u + du$. Gl. (1.73) beschreibt entsprechend den Anteil im Flächenelement $du_x \cdot du_y$. Gl. (1.74) bezieht sich auf alle Moleküle mit demselben Betrag u des Geschwindigkeitsvektors. Im Zweidimensionalen bedeutet dies die Fläche $2\pi\, u\, du$ zwischen den beiden konzentrischen Kreisen

ergibt. Hierbei wurden die Molekülmasse μ durch die Molmasse $M = L\mu$ und die Boltzmann-Konstante k_B durch die Gaskonstante $R = L k_B$ ersetzt.

Gl. (1.74) wird in der Literatur als **Maxwell-Boltzmann-Geschwindigkeitsverteilung** bezeichnet. Sie ist in Abb. 1.14 an Hand von Stickstoffmolekülen bei drei verschiedenen Temperaturen illustriert. Die Maxwell-Verteilung (wie sie abgekürzt häufig genannt wird), wird uns in Kapitel 10 bei der Behandlung der Kinetik von Gasreaktionen gute Dienste erweisen. In diesem Zusammenhang werden wir auch die **mittlere Geschwindigkeit** $\bar{u}$ der Gasmoleküle benötigen, die man wie folgt durch eine Integration aus Gl. (1.74) erhält:

$$\bar{u} = \int_0^\infty (\frac{1}{N}\frac{dN}{du})\, u\, du = \sqrt{\frac{8RT}{\pi M}} \; . \tag{1.75}$$

Auf analoge Weise kann man das mittlere Geschwindigkeitsquadrat $\overline{u^2}$ berechnen und Gl. (1.55) verifizieren.

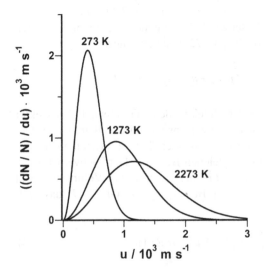

Abb. 1.14. Die Geschwindigkeitsverteilung von N_2-Molekülen nach Gl. (1.74) bei verschiedenen Temperaturen

Weiterführende Literatur zu „Grundlagen der thermodynamischen Beschreibung makroskopischer Systeme"

Adamson AW (1973) Textbook of physical chemistry. Academic Press, New York, p 1-42

Castellan GW (1971) Physical chemistry, 2nd edn. Addison-Wesley, Reading, p 1-90

Göpel W, Wiemhöfer HD (2000) Statistische Thermodynamik. Spektrum, Heidelberg

Haase R (1972) Thermodynamik. Steinkopff, Darmstadt

Hill TL (1962) Statistical thermodynamics. Addison-Wesley, Reading, p 33-38

Homann KH (Hrsg) (1996) Größen, Einheiten und Symbole in der physikalischen Chemie. VCH, Weinheim

Kauzmann W (1966) Kinetic theory of gases. Benjamin, New York, p 1-90

Landolt-Börnstein (1971) Zahlenwerte und Funktionen aus Physik, Chemie, Astronomie, Geophysik und Technik 6. Aufl, Bd 2/1. Springer, Berlin Heidelberg New York

Lide DR (ed) (1999) Handbook of chemistry and physics. CRC Press, Boca Raton

Moore WJ, Hummel DO (1986) Physikalische Chemie, 4. Aufl. Walter de Gruyter, Berlin, S. 212-219

Schwabe K (1986) Physikalische Chemie, 3. Aufl, Bd 1. Akademie-Verlag, Berlin, S 72-74

Wedler G (2004) Lehrbuch der Physikalischen Chemie. Wiley/VCH, Weinheim

Übungsaufgaben zu Kapitel 1

1.1 a) Ein Stück frisch isoliertes Lebergewebe sei zum Zwecke des Einfrierens in eine Glasampulle eingeschmolzen, deren innere Oberfläche die Systemgrenze bildet. Handelt es sich vor dem Einfrieren um ein offenes oder geschlossenes System? Beantworten Sie die gleiche Frage für den Zeitpunkt unmittelbar nach Immersion der Ampulle in flüssigem Stickstoff.

b) Eine lebende Zellsuspension befinde sich in einer Petrischale in einem geheizten, befeuchteten und begasten Brutschrank. Die Flüssigkeitsgrenzflächen seien hier die Systemgrenzen. Handelt es sich um ein offenes oder geschlossenes System?

1.2 Vermerken Sie bei den folgenden Zustandsgrößen, ob es intensive oder extensive Größen sind:

Dichte, Brechungsindex, Volumen, molares Volumen, Stoffmenge, Molarität, Druck

1.3 Es seien 10,27 g Saccharose (Molmasse 342,3 g mol^{-1}) zu einem Endvolumen von 100 ml in Wasser gelöst. Welche Stoffmenge in mol wurde eingewogen? Welche Molarität hat die Lösung? Wie viele Saccharosemoleküle befinden sich in 1 ml Lösung? Welche Masse hat ein Saccharosemolekül?

1.4 Berechnen Sie den Druck von 12 cm Wassersäule (Dichte des Wassers $\rho = 1{,}0$ g cm^{-3}) in dyn cm^{-2}, N m^{-2}, bar und atm.

1.5 In einer isotropen, kondensierten Phase ist der isobare Längenausdehnungs-koeffizient $\alpha = 1/L \, (\partial L/\partial T)_p$ in allen Raumrichtungen gleich groß (L = Längen-abmessung). Beweisen Sie die in einer isotropen Phase gültige Beziehung $\alpha = \beta/3$, wobei β der isobare Volumenausdehnungskoeffizient ist.
(*Lösungshinweis*: Benutzen Sie z.B. den Zusammenhang zwischen Längenabmessung und Volumen für einen Würfel der kondensierten Phase).

1.6 Die Zusammensetzung der Luft auf Meeresniveau ist:

Komponente	N_2	O_2	Ar	CO_2
Molprozent	78,09	20,95	0,93	0,03

Wie viel mol O_2 atmet ein Mann bei 37 °C und dem Druck von 1 bar ein, wenn sein Atemvolumen 500 cm^3 ist?

1.7 Wie lautet die Van-der-Waals-Zustandsgleichung für n mol eines realen Gases?

1.8 Ein Biologe betreibt Zellkulturen in einem Brutschrank, der mit einem Luft/CO_2-Gemisch begast wird. Dazu muss ununterbrochen ein Strom von 0,1 l CO_2-Gas min^{-1} bei 25 °C und dem Druck von 1 bar in den Brutraum eingeleitet werden. Dieses strömende Gas befolgt das ideale Gasgesetz. Es wird einer bei 20 °C gehaltenen CO_2-Stahlflasche des Volumens V = 20 l entnommen. Der Biologe möchte für 7 Tage verreisen. Welcher Druck in bar muss bei seiner Abreise in der Stahlflasche mindestens herrschen, damit diese in den 7 Tagen nicht leer läuft (was zu einem Absterben der Zellkulturen führen würde)?
Zur Berechnung ist für die hochgespannte Kohlensäure in der Stahlflasche die Zustandsgleichung nach Van der Waals mit a = 3,66 bar l^2 mol^{-2} und b = 0,0429 l mol^{-1} anzuwenden.

1.9 Gegeben sei ein Gas der Molekühlzahl N im Volumen V. Jedes Gasmolekül kann zwei verschiedene Energieniveaus ε_1 und ε_2 einnehmen, die sich um $\varepsilon_2 - \varepsilon_1$ = 0,1 eV unterscheiden (1 Elektronenvolt eV = 1,6·10^{-19} J).
a) Wie groß ist der prozentuale Anteil der Gasmoleküle im Zustand ε_2 bei einer Temperatur von 0 °C?
b) Bei welcher Temperatur wäre der Anteil im Zustand ε_2 25%?

2 Hauptsätze der Thermodynamik

Alle Zustandsänderungen an makroskopischen Systemen (wie Sterne, Kristalle, Tiere usw.) befolgen eine (kleine) Anzahl von allgemein gültigen Prinzipien, die man die Hauptsätze der Thermodynamik nennt.

Wir hatten bereits den Nullten Hauptsatz der Thermodynamik angegeben, der anhand des Begriffs des thermisch isolierten Systems den grundlegend wichtigen Begriff der Temperatur einführt. Seine Bezeichnung als „Nullter" Hauptsatz rührt daher, dass historisch der I. und der II. Hauptsatz früher in ihrer Allgemeingültigkeit erkannt waren. Daher war die Bezeichnung „I. Hauptsatz" bereits vergeben, als man den grundlegenden Charakter des Temperatur-Satzes erkannte, der andererseits aber logisch vorangeht. Wir wollen im Folgenden den I. und II. Hauptsatz als grundlegende Erfahrungssätze formulieren und jeweils anschließend einfache Anwendungen zur Erläuterung darstellen.

Der *I. Hauptsatz der Thermodynamik* erlaubt es, Bilanzen für die verschiedenen, über die Systemgrenzen transportierten Energieformen aufzustellen. Bei der energetischen Beschreibung von Zustandsänderungen führt der I. Hauptsatz also Buch über die Energieimporte und -exporte und erlaubt es, solche Vorgänge als physikalisch unmöglich auszuschließen, bei denen diese Bilanz nicht stimmt.

Der *II. Hauptsatz der Thermodynamik* erlaubt es, die Abfolge der für ein System möglichen Zustände zu charakterisieren. Er bestimmt also die Richtung der Zustandsänderungen, in die sich ein vorliegendes System entwickeln wird.

Diese beiden Funktionen der Hauptsätze wurden von R. Emden (1938) anschaulich wie folgt beschrieben: „In der riesigen Fabrik der Naturprozesse nimmt das Entropieprinzip (II. Hauptsatz) die Stelle des Direktors ein, denn es schreibt die Art und den Ablauf des gesamten Geschäftsganges vor. Das Energieprinzip (I. Hauptsatz) spielt nur die Rolle des Buchhalters, indem es Soll und Haben ins Gleichgewicht bringt." Der sozialen Gerechtigkeit halber sollte man allerdings noch anmerken, dass in der Fabrik der Naturprozesse der Direktor (II. Hauptsatz) nie Prozesse vorschreibt, bei denen der Buchhalter (I. Hauptsatz) nicht berücksichtigt wäre bzw. in Schwierigkeiten käme.

2.1 Energetische Beschreibung von Zustandsänderungen

2.1.1 Grundlagen der Energetik

Physikalisch-chemische Vorgänge an unbelebten und belebten Systemen sind im Allgemeinen mit Energieumwandlungen verknüpft. Eine der wichtigen Aufgaben der Thermodynamik ist es daher, zunächst die verschiedenen, über die Systemgrenzen transportierten Energieformen quantitativ zu erfassen. Mit Hilfe des I. Hauptsatzes kann dann in der Regel eine generelle Energiebilanz gezogen werden. Diese erlaubt es, die vorliegenden Energieumwandlungen zu charakterisieren und damit grundlegende Aussagen über die Natur der ablaufenden Prozesse zu machen.

Denken wir etwa an die Zuckung eines isolierten Muskels bei einer physiologischen Messung. Das System ist hier der von einer Salzlösung überspülte Muskel. Für die kurze Zeit der Kontraktion kann das System näherungsweise als geschlossen angesehen werden. Es leistet Arbeit bei der Kontraktion, außerdem wird Wärme mit der Umgebung ausgetauscht. Wie dieses Beispiel bereits andeutet und die weitere Darstellung belegen wird, sind die zur energetischen Beschreibung von Systemen wichtigsten Größen die mechanische Arbeit, die Wärme und die Innere Energie, die im Folgenden zunächst eingeführt werden.

2.1.1.1 Arbeit

In der Mechanik wird die Arbeit definiert als das Produkt von Kraft und Weg in Kraftrichtung. Wie eine Fülle von Beispielen im Folgenden noch zeigen wird, geht man in der Thermodynamik meist von einer differentiellen Formulierung aus. Diese muss dann integriert werden, um zu einem endlichen Betrag zu gelangen. Für die mechanische Arbeit hat sich die nachfolgende differentielle Definition der mechanischen Arbeit als zweckmäßig erwiesen.

Auf ein System oder Systemteil wirke eine Kraft (vom Betrag) K über ein ihr gleichgerichtetes Wegelement (vom Betrag) dl. Dann ist der zugehörige infinitesimale Betrag dW_{mech} der *mechanischen Arbeit* gegeben durch:

$$dW_{mech} = K \, dl \quad \text{(Einheit: N m)}. \tag{2.1}$$

Die *elektrische Arbeit* dW_{el}, die beim Fließen eines Stromes I durch einen elektrischen Widerstand R für ein Zeitelement dt geleistet wird, ist gegeben durch

$$dW_{el} = R \, I^2 \, dt \quad \text{(Einheit: } \Omega \, A^2 \, s). \tag{2.2}$$

Sowohl mechanische wie elektrische Arbeit sind Energieformen. Gemäß dem Internationalen Einheitensystem verwendet man als *Energieeinheiten*

$$J = N \, m = V \, A \, s = C \, V = \Omega \, A^2 \, s = Pa \, m^3. \tag{2.3}$$

Bei der Definition des Vorzeichens von Energiebeträgen benützt man die nachfolgende *Konvention*. Man nimmt den Standpunkt des betrachteten Systems ein:

Dem System *zugeführte Energiebeträge* kommen dem System zugute, werden also *positiv* gezählt, vom System *abgeführte Energiebeträge* gehen dem System verloren, werden also *negativ* gezählt.

Zur praktischen Berechnung mechanischer Arbeiten ist es zweckmäßig, die Kraft zu ermitteln, *gegen* welche die Arbeit geleistet wird; ihr ist die einwirkende Kraft (vom Betrag her) gleich (*actio = reactio*).

Beispiele (s. Abb. 2.1):

1) Volumenausdehnung eines Gases gegen den konstanten Außendruck P_{ext}: Die Expansion erfolge durch Verschiebung eines Kolbens der Fläche A. Der Betrag K der Kraft, mit welcher der Außendruck auf den Kolben und der Expansion entgegen wirkt, ist $K = P_{ext} A$. Wird der Kolben um das Wegelement dl verschoben, so gilt für die (vom System abgegebene) *Expansionsarbeit* dW_{exp}:

$$dW_{exp} = - K\, dl = - P_{ext}\, A\, dl = - P_{ext}\, dV. \tag{2.4}$$

Das (negative) Vorzeichen wurde eingeführt, damit die bei Volumenvergrößerung vom System abgegebene Arbeit tatsächlich auch negativ ist, wie es die obige Vorzeichenkonvention verlangt.

Die Integration bei konstantem Außendruck liefert:

$$\Delta W_{exp} = - P_{ext}\, \Delta V. \tag{2.5}$$

Bei Expansion gegen das Vakuum ist $P_{ext} = 0$, also $\Delta W_{exp} = 0$. Wie der letztgenannte Sonderfall zeigt, wird in dieser Formulierung Gleichgewicht, insbesondere die Existenz eines definierten Innendrucks des Gases, nicht vorausgesetzt.

2) Volumenkompression eines Gases gegen den Innendruck P_{int}, den das Gas auf den Kolben ausübt: Die Kompressionsarbeit erfolgt also gegen die Kraft $K = P_{int} A$. Bei Verschiebung des Kolbens um dl ergibt sich der Arbeitsbetrag der Kompression als:

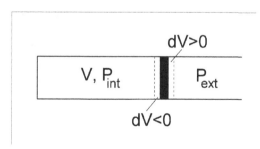

Abb. 2.1. Volumenexpansion und Volumenkompression eines Gases im Volumen V. Der frei bewegliche Kolben führt für $P_{int} < P_{ext}$ zur Kompression und für $P_{int} > P_{ext}$ zur Expansion des Gases, wobei die Kompressions- und Expansionsarbeit durch P_{int} bzw. P_{ext} bestimmt wird (Gln. 2.4 bzw. 2.6). Reversible Volumenarbeit wird für $P_{ext} = P_{int}$ geleistet, wobei infinitesimal kleine Abweichungen von dieser Beziehung die Richtung der Volumenänderung bestimmen

$$dW_{komp} = -P_{int} \, dV. \tag{2.6}$$

Das Vorzeichen in Gl. (2.6) bedeutet, dass bei Volumenverkleinerung ($dV<0$) Kompressionsarbeit am System geleistet werden muss. Auch in diesem Fall muss thermodynamisches Gleichgewicht des Gases während der Kompression nicht vorausgesetzt werden.

3) Reversible Volumenarbeit wird dann geleistet, wenn der betrachtete Systembereich (also etwa eine Gasphase) bei der Volumenänderung nur Gleichgewichtszustände durchläuft. Hierzu muss der Innendruck P_{int} (etwa durch eine Zustandsgleichung) definiert und gleich dem Außendruck P_{ext} sein:

$$P_{int} = P_{ext} = P. \tag{2.7}$$

Die Gleichgewichtsbedingung erlaubt jedoch infinitesimal kleine Abweichungen von Gl. (2.7), d.h. zwischen P_{int} und P_{ext}, damit ein reversibler Vorgang überhaupt stattfinden kann. Diese infinitesimalen Abweichungen wirken als Triebkräfte und entscheiden darüber, ob eine reversible Volumenexpansion oder eine reversible Volumenkompression vorliegt (s. Abschn. 1.1.1.2 zur Unterscheidung reversibler und irreversibler Zustandsänderungen).

Mit Gl. (2.7) lassen sich die Gln. (2.4) und (2.6) allgemein als reversible Volumenarbeit dW_{rev} homogener Bereiche zusammenfassen:

$$dW_{rev} = -P \, dV, \tag{2.8}$$

wobei P der jeweilige Gleichgewichtsdruck des homogenen Bereichs ist. Diese Formulierung gilt für Gase ebenso wie auch für kondensierte Phasen, wobei das negative Vorzeichen automatisch die Vorzeichenkonvention der Thermodynamik berücksichtigt, so dass bei Volumenvergrößerung vom System Arbeit geleistet wird ($dV > 0$, d.h. $dW_{rev} < 0$) und bei Volumenverringerung dem System Arbeit zugeführt wird ($dV < 0$, d.h. $dW_{rev} > 0$).

Das wird noch deutlicher, wenn wir Gl. (2.8) für einen konkreten Fall integrieren. Es soll die *reversible, isotherme Volumenarbeit* für ein *ideales Gas* berechnet werden. Für dieses gilt im Gleichgewicht $P = nRT/V$. Diese Volumenabhängigkeit des Druckes muss sich bei der reversiblen Volumenänderung immer einstellen, sodass wir mit Gl. (2.8)

$$dW_{rev} = -nRT\frac{dV}{V} \tag{2.9}$$

erhalten. Diese differentielle Form der reversiblen Volumenarbeit eines idealen Gases muss nun zwischen Anfangsvolumen V_a und Endvolumen V_e bei konstanter Temperatur integriert werden, um den entsprechenden endlichen Arbeitsbetrag ΔW_{rev} zu erhalten:

$$\Delta W_{rev} = -\int_{V_a}^{V_e} nRT\frac{dV}{V} = -nRT\int_{V_a}^{V_e}\frac{dV}{V} = -nRT\ln\frac{V_e}{V_a}. \tag{2.10}$$

Die Eigenschaften der Logarithmusfunktion ergeben auch hier automatisch die richtigen Vorzeichen für die Arbeitsbeträge bei Volumenexpansion ($V_e > V_a$,) oder Volumenkompression ($V_e < V_a$, daher ln (V_e/V_a) < 0 und $\Delta W_{rev} > 0$).

4) Weitere reversible Arbeitsformen: Analog zu Gl. (2.8) formuliert man die reversible lineare Elongationsarbeit, die etwa bei der Beschreibung der Muskelkontraktion benutzt wird:

$$dW_{rev} = K\, dl. \tag{2.11}$$

(K = Dehnungskraft, dl = infinitesimale Längenänderung des Muskels).

In Kap. 7 wird die reversible Grenzflächendeformationsarbeit an einer Grenzflächenphase vielfache Anwendung finden:

$$dW_{rev} = \gamma dA, \tag{2.12}$$

wobei γ die Grenzflächenspannung und A die geometrische Oberfläche darstellen. Man erkennt, dass die differentiellen, reversiblen Arbeiten immer als Produkt einer intensiven Zustandsvariablen (z.b. negativer Druck, Kraft oder Oberflächenspannung) und dem Differential der zugehörigen extensiven Zustandsvariablen (z.b. eines Volumens, einer Länge oder einer Fläche) auftreten.

Die reversiblen Arbeiten sind zunächst nur für einen homogenen Bereich, in heterogenen Systemen also für jede Phase für sich, definiert. Die an einem heterogenen Gesamtsystem geleistete Arbeit ergibt sich im Allgemeinen als die Summe der Arbeiten, die an seinen konstituierenden Phasen geleistet werden. Wenn an einer Phase reversible Arbeitsbeträge verschiedener Art (jeweils charakterisiert durch die *intensive Zustandsgröße* λ_i und das Differential der zugehörigen *extensiven Zustandsgröße* l_i) geleistet werden, gilt für die gesamte *reversible Arbeit* in dieser Phase:

$$dW_{rev} = \sum_i \lambda_i \, dl_i \,. \tag{2.13}$$

Wenn an einem Muskel beispielsweise nur reversible Längendehnungs- und Volumenkompressionsarbeit geleistet werden, gilt nach Gln. (2.8) und (2.11):

$$dW_{rev} = K\, dl - P\, dV. \tag{2.14}$$

Hier ist also $\lambda_1 = K$, $l_1 = l$, $\lambda_2 = -P$ und $l_2 = V$. Es ist offensichtlich, dass die Zustandsvariablen, die in die reversiblen Arbeiten eingehen, zur Charakterisierung des Zustands der Phase gebraucht werden. Im vorstehenden Fall der Muskelkontraktion wird der mechanische Zustand des Muskels beispielsweise durch seine Länge l und sein Volumen V beschrieben.

Das hier für die reversiblen Arbeiten Gesagte gilt natürlich nicht für alle Arbeiten. Nach den in Abschn. 1.1.1.2 genannten Kriterien sind beispielsweise die elektrische Arbeit $dW_{el} = R\, I^2 dt$ und die Reibungsarbeit dW_{Reib} keine reversiblen Arbeiten. In beiden Fällen ist die Forderung der Umkehrbarkeit durch infinitesimale Veränderung einer Variablen nicht erfüllt.

Bei thermodynamischen Analysen spielen Zustandsfunktionen eine große Rolle (s. Kap. 3). Wie man anhand der oben angeführten Beispiele erkennt, ist die an einem System oder von einem System geleistete *Arbeit keine Zustandsfunktion* (d.h. keine Funktion des Systemzustandes). Man kann nämlich von einem vorgegebenen Anfangszustand des Systems zu einem bestimmten Endzustand auf verschiedenen Wegen gelangen, die verschiedene Arbeitsbeträge erfordern. So kann die in Abb. 2.1 dargestellte Volumenexpansion oder Volumenkompression mit viel oder vernachlässigbar wenig Reibung des Kolbens an den Gefäßwänden erfolgen. Der gesamte Energieumsatz bei diesen Vorgängen ist somit unterschiedlich, obwohl dieselben Zustandsänderungen durchgeführt wurden.

2.1.1.2 Der I. Hauptsatz der Thermodynamik: Innere Energie

Der I. Hauptsatz der Thermodynamik macht Aussagen über Energiebilanzen an thermodynamischen Systemen. Wir wollen zum Beispiel die Zustandsänderungen beschreiben, die nach Arbeitsleistungen am System auftreten. Kann man eine Bilanz für solche Im- und Exporte verschiedener Arbeitsformen durchführen? Die wesentliche Aussage des I. Hauptsatzes ist die Einführung einer energetischen Zustandsfunktion, die genau diese Bilanzen zulässt. Wir beschränken uns für das Folgende auf geschlossene Systeme (die Formulierung des I. Hauptsatzes für offene Systeme ist bei Haase 1972, S. 39-44 angegeben). Vor der eigentlichen Formulierung des I. Hauptsatzes wollen wir uns die Grundphänomene an schrittweise weniger einschränkenden Systembegrenzungen verdeutlichen.

a) Isoliertes System: Da ein isoliertes System keine Wechselwirkungen mit seiner Umgebung hat, kann auch keine Energie dem System zu- oder abgeführt werden; wir sagen allgemein: An einem isolierten System kann keine Energieänderung bewirkt werden.

b) Thermisch isoliertes System: Es ist von einer Systembegrenzung (Wand) umgeben, die keinen Temperaturausgleich mit der Umgebung zulässt.
Eine an einem thermisch isolierten System bewirkte Zustandsänderung nennt man *adiabatische Zustandsänderung*. Selbstverständlich können an einem thermisch isolierten System Arbeiten geleistet werden, z.B. mechanische Arbeit durch Kompression oder elektrische Arbeit über einen elektrischen Widerstand im Innern des Systems. Eine derartige adiabatische Zustandsänderung möge also ein System (z.B. 1 mol Gas) aus einem Anfangszustand mit den Zustandsvariablen V_a und T_a in einen Endzustand mit den Zustandsvariablen V_e und T_e überführen. Entgegen der früheren Feststellung, dass die an oder von einem System geleistete Arbeit im Allgemeinen keine Zustandsgröße ist, zeigt die Erfahrung an thermisch isolierten Systemen, dass hier die bei einer (*adiabatischen*) Zustandsänderung von einem definierten Anfangszustand (V_a,T_a) zu einem definierten Endzustand (V_e,T_e) aufzuwendende Arbeit immer gleich ist, also unabhängig davon, welche Arbeiten und in welcher Reihenfolge diese angewandt wurden (mechanische Arbeit, Reibungsarbeit, elektrische Arbeit o.ä.). Es gibt also eine Zustandsfunktion E für das ther-

misch isolierte System, deren Änderung ΔE gleich der bei der **adiabatischen Zustandsänderung** aufgewendeten Arbeit ΔW_{adiab} ist:

$$\Delta E = E_e - E_a = E(V_e, T_e) - E(V_a, T_a) = \Delta W_{\text{adiab}}. \qquad (2.15)$$

Man nennt diese Zustandsfunktion die Energie des Systems. Da sie Zustandsänderungen beschreibt, kann sie nur bis auf eine willkürliche additive Konstante bestimmt werden.

c) Geschlossenes System mit thermisch leitenden Wänden: Für ein solches ist Gl. (2.15) nicht erfüllt; hier kann die Energie des Systems auch ohne Arbeitsleistung zunehmen. Man definiert eine Größe ΔQ durch die Gleichung

$$\Delta Q = \Delta E - \Delta W \qquad (2.16)$$

und bezeichnet ΔQ als die dem System zu- oder abgeführte Wärme, je nachdem ob $\Delta Q > 0$ bzw. < 0 ist. Damit ist die wesentliche Aussage des I. Hauptsatzes bereits umschrieben: Entsprechend der Gl. (2.16), d.h. der Beziehung $\Delta E = \Delta Q + \Delta W$, kann die mit einer Zustandsänderung verknüpfte Energieänderung also auf verschiedenem Weg zustande kommen, durch Wärmeaustausch mit der Umgebung ($\Delta E = \Delta Q$) oder Arbeitsleistung ($\Delta E = \Delta W$) oder beides ($\Delta E = \Delta Q + \Delta W$). Die dem System zu- oder abgeführte Wärme ist also, ebenso wie die geleistete Arbeit, **keine** Zustandsgröße.[1]

Um nun zu einer für die Beschreibung physikalisch-chemischer Systeme praktischen Formulierung des I. Hauptsatzes zu gelangen, spaltet man zweckmäßigerweise die Energie E wie folgt auf:

$$E = E_{\text{kin}} + E_{\text{pot}} + U. \qquad (2.17)$$

Hier sind E_{kin} und E_{pot} die makroskopische kinetische bzw. potentielle Energie des Systems; diese Anteile hängen nur von den äußeren Zustandsvariablen des Systems (wie Lagekoordinaten, Geschwindigkeiten usw.) ab und sind bei thermodynamischen Betrachtungen in der Regel als konstant anzusehen, also als additive Konstanten zu behandeln. Die Größe U heißt die **Innere Energie** des Systems. Sie ist eine extensive Zustandsgröße und hängt von den inneren Zustandsvariablen (wie V, T, n_k) des Systems ab. Sie ist die für thermodynamische Analysen wesentliche Größe, die von den kinetischen Energien der Einzelmoleküle und der gegenseitigen energetischen Wechselwirkung der Einzelmoleküle abhängt.

Für ein isoliertes System gilt der Erhaltungssatz der Energie:

$$E = E_{\text{kin}} + E_{\text{pot}} + U = \text{const.} \qquad (2.18)$$

Für konstante innere Zustandsvariablen (d.h. $U = $ const.) folgt als Sonderfall der Energieerhaltungssatz der klassischen Mechanik:

---

[1] Zur Unterscheidung der beiden Energieterme ΔQ und ΔW wollen wir festhalten, dass ΔQ tatsächlich nur den direkten Wärmeaustausch mit der Umgebung eines Systems beinhaltet. Die Erzeugung von Wärme im Inneren eines Systems (etwa mit Hilfe eines Tauchsieders) ist somit ein Beitrag zu ΔW (nämlich elektrische Arbeit) und nicht zu ΔQ.

$$E_{kin} + E_{pot} = \text{const.}. \tag{2.19}$$

Bei konstanten äußeren Zustandsvariablen $\Delta E_{kin} = 0$, $\Delta E_{pot} = 0$ gilt:

$$\Delta E = \Delta U = \Delta Q + \Delta W$$

oder in differentieller Formulierung

$$dE = dU = dQ + dW.$$

Für physikalisch-chemische Anwendungen lautet also der *I. Hauptsatz der Thermodynamik:*

Für ein geschlossenes System mit konstanten äußeren Zustandsvariablen existiert eine extensive Zustandsfunktion, die Innere Energie U des Systems, deren differentielle Änderung dU sich aus geleisteter Arbeit dW und zu- oder abgeführter Wärme dQ zusammensetzt:

$$dU = dW + dQ. \tag{2.20}$$

Hiermit ist natürlich die integrierte Beziehung für die Änderung der Inneren Energie ΔU bei einem tatsächlichen, endlichen Vorgang völlig gleichwertig:

$$\Delta U = \Delta Q + \Delta W. \tag{2.21}$$

Abgesehen von der Beschränkung auf geschlossene Systeme ist die vorstehende Aussage des I. Hauptsatzes von bemerkenswert allgemeiner Gültigkeit; sie gilt beispielsweise sowohl für reversible als auch für irreversible Zustandsänderungen.

Da die Innere Energie eine extensive Zustandsgröße ist, ergibt sie sich für ein aus r Phasen zusammengesetztes heterogenes System durch Summation über die Werte der Inneren Energie U_k für die einzelnen Phasen:

$$U_{tot} = \sum_{k=1}^{r} U_k . \tag{2.22}$$

Für die praktische Anwendung des I. Hauptsatzes ist es weiterhin wichtig, dass für den betrachteten Vorgang neben der zu- oder abgeführten Wärme ΔQ alle Formen der zu- oder abgeführten Arbeiten erfasst werden. Beschränkt man sich auf die *reversible Volumenarbeit*, so lautet Gl. (2.20) gemäß Gl. (2.8):

$$dU = dQ - PdV. \tag{2.23}$$

2.1.1.3 Zustandsänderungen, Zustandsfunktionen

Für die folgenden Anwendungen des I. Hauptsatzes ist es zweckmäßig, auf die Ausführungen des Abschn. 1.2.1 zurückzugreifen. Infolge der Existenz von Zustandsgleichungen wird der Zustand eines Systems (bei konstanten Stoffmengen n_k) durch zwei Zustandsvariable beschrieben, wobei die Wahl der unabhängigen

Variablen weitgehend frei ist. Ein zur vollständigen thermodynamischen Beschreibung eines Systems mit konstanten Stoffmengen (n_k = const.) im Gleichgewicht ausreichender Satz von Zustandsvariablen ist etwa (V, T). Mit Hilfe der Zustandsgleichung $V = f(P, T)$ kann man davon zu einem anderen *vollständigen Satz von unabhängigen Zustandsvariablen* übergehen:

$$(V, T) \to (f(P, T), T) \to (P, T).$$

Die zweckmäßige Wahl eines vollständigen Satzes von Zustandsvariablen wird durch praktische Gesichtspunkte bestimmt. Man wählt in der Regel diejenigen Größen als unabhängige Zustandsvariable, die experimentell besonders leicht kontrolliert bzw. unabhängig verändert werden können. Für Gase sind Volumen und Temperatur leicht einstellbar. Für Flüssigkeiten und Festkörper hingegen, die bei biologischen und biochemischen Systemen eine größere Rolle spielen, lässt sich das Volumen nur schwierig konstant halten oder unabhängig variieren; hier sind Druck und Temperatur die zweckmäßigen Zustandsvariablen.

Man führt Zustandsänderungen häufig unter Konstanthalten einer bestimmten Zustandsgröße durch und unterscheidet folgende Fälle:

isobare Zustandsänderung: P = const., d.h. $dP = 0$

isotherme Zustandsänderung: T = const., d.h. $dT = 0$

isochore Zustandsänderung: V = const., d.h. $dV = 0$.

Diese Bedingungen werden im Folgenden noch mehrfache Anwendung finden. Dasselbe gilt für *adiabatische Zustandsänderungen*. Für diese ist gemäß ihrer Definition (s. 2.1.1.2) der Wärmeaustausch mit der Umgebung des betrachteten Systems vernachlässigbar (d.h. $dQ = 0$), sodass sich aus dem ersten Hauptsatz

$$dQ = 0: \quad dU = dW \text{ ergibt.}$$

Bei Gasen ist das Volumen experimentell relativ leicht zu kontrollieren bzw. konstant zu halten. Aus diesem, aber auch weiteren Gründen werden wir in den nächsten beiden Abschnitten die Innere Energie als Funktion von V und T spezifizieren. Betrachten wir also einen Vorgang an einem System mit konstanten Stoffmengen, der von einem Anfangszustand (V_a, T_a) zu einem Endzustand (V_e, T_e) führt. Dann ist die Änderung jeder Zustandsfunktion, also auch $\Delta U = U(T_e, V_e) - U(T_a, V_a)$, unabhängig davon, auf welchem Wege die Zustandsänderung durchgeführt wurde, z.B. auch ob der Weg über reversible oder irreversible Zwischenzustände verlief. Mathematisch drückt sich dieser Umstand dadurch aus, dass das Differential der Zustandsfunktion ein *vollständiges (totales) Differential* ist. Für den uns interessierenden Fall $U(T, V)$ können wir also schreiben (vgl. Abschn. 1.2.1):

$$dU = \left(\frac{\partial U}{\partial T}\right)_{V, n_k} dT + \left(\frac{\partial U}{\partial V}\right)_{T, n_k} dV \,. \tag{2.24}$$

Entsprechend den Ausführungen des Abschn. 2.1.1.1 merken wir hier an, dass das Differential der Arbeit (also z.b. der Volumenarbeit $dW = -PdV$), sowie auch eine differentielle Wärme dQ, im Allgemeinen kein vollständiges Differential ist und somit von der Art des Weges vom Zustand (V_a, T_a) nach (V_e, T_e) abhängt. Für energetische Analysen in den Zustandsvariablen V und T (z.B. bei Gasen) sind gemäß Gl. (2.24) die Koeffizienten $(\partial U / \partial T)_{V, n_k}$ und $(\partial U / \partial V)_{V, n_k}$ besonders wichtig. Sie werden in den Abschn. 2.1.2.1 und 2.1.2.2 behandelt. Daran anschließend werden wir uns der Beschreibung von energetischen Zustandsänderungen in den unabhängigen Variablen P und T zuwenden.

2.1.1.4 Kalorimetrie

Ein wichtiges Anwendungsgebiet derartiger Zustandsänderungen, die im Rahmen des I. Hauptsatzes beschrieben werden, ist die **Kalorimetrie** (s. Abb. 2.2). Hierunter versteht man die Verfolgung der Energieänderungen eines stofflichen Systems durch Messung seiner Temperaturänderungen nach Energiezufuhr (etwa einer am System geleisteten Arbeit ΔW). Die zu einer Temperaturerhöhung benötigte Energiezufuhr hängt einerseits von den stofflichen Eigenschaften des Systems ab, andererseits aber auch von der Wahl der Zustandsvariablen. Bei konstantem Volumen ($dV = 0$) kann nach Gl. (2.8) vom System keine Volumenarbeit geleistet werden. Die Energiezufuhr kommt hier ausschließlich der zunehmenden Inneren Energie des Systems zugute. Führt man den Versuch hingegen bei konstantem Druck durch ($dP_{int} = 0$, d.h. Innendruck P_{int} stets gleich konstantem Außendruck P_{ext}), so wird in der Regel eine mit der Temperatur zunehmende Volumenexpansion zu beobachten sein; das System leistet daher nach Gl. (2.8) auch Arbeit. Die zu einer identischen Temperaturerhöhung des Systems benötigte Energiezufuhr wird somit im zweiten Falle größer sein als im ersten. Wir werden dies in den nächsten

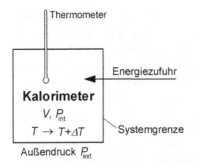

Abb. 2.2. Prinzip eines Kalorimeters: Die zur Temperaturerhöhung ΔT benötigte Energiezufuhr ist eine Funktion der Wärmekapazität des Systems, die von der Wahl der Zustandsvariablen (entweder T und V oder T und P) abhängt. Sorgt man (durch Wahl mechanisch stabiler Systemgrenzen) für konstantes Volumen, so wird weniger Energie benötigt als bei einer Versuchsdurchführung mit konstantem Innendruck ($P_{int} = P_{ext}$ durch Wahl mechanisch flexibler Systemgrenzen)

Abschnitten durch Einführung zweier verschiedener *Wärmekapazitäten* C_V und C_p berücksichtigen, die aus kalorimetrischen Messungen ermittelt werden können und die, wie in Abschn. 2.1.3.2 näher ausgeführt, auch Aussagen über Phasenumwandlungen eines Systems gestatten. In modifizierter Form wird das Kalorimeter zur Bestimmung von Reaktionsenthalpien chemischer Reaktionen eingesetzt (s. 2.1.3.3).

2.1.2 Beschreibung von Änderungen des Energiezustandes in den Zustandsvariablen V und T

2.1.2.1 Wärmekapazität C_V: Gase, kristalline Festkörper

Führt man das in Abb. 2.2 skizzierte Experiment bei konstantem Volumen durch, so kommt die Energiezufuhr ausschließlich der Inneren Energie U des Systems zugute. Man definiert als wichtige extensive Zustandsfunktion die *Wärmekapazität C_V bei konstantem Volumen*:

$$C_V \overset{\text{def}}{=} \left(\frac{\partial U}{\partial T} \right)_{V,n_k} \quad \text{(Einheit: J K}^{-1}\text{).} \tag{2.25}$$

Die historische Herkunft des Begriffes *Wärme-Kapazität* ergibt sich aus nachfolgender Beziehung: Bei Abwesenheit mechanischer, elektrischer oder anderer Arbeitsleistungen folgt aus den Gl. (2.24) und (2.25) in Verbindung mit Gl. (2.20) bei konstantem Volumen ($dV = 0$):

$$dU = C_V \, dT = dQ \quad (V = \text{const.}). \tag{2.26}$$

Danach ist C_V ein Maß für die zur Erzielung einer Temperaturerhöhung dT benötigte Wärme dQ. Für die experimentelle Ermittlung von C_V ist diese Beziehung heutzutage jedoch ohne Bedeutung, da die Energiezufuhr in der Regel durch eine am System geleistete Arbeit erfolgt (s. Abb. 2.3).

Aus der Größe C_V ergeben sich die folgenden, häufig verwandten, intensiven Zustandsfunktionen:

spezifische Wärmekapazität für V = const.:

$$\tilde{C}_V \equiv \frac{C_V}{m} \quad \text{(Einheit: J g}^{-1}\text{ K}^{-1}\text{),} \tag{2.27}$$

molare Wärmekapazität für V = const.:

$$\bar{C}_V \equiv \frac{C_V}{n} \quad \text{(Einheit: J mol}^{-1}\text{ K}^{-1}\text{).} \tag{2.28}$$

Die molare Wärmekapazität $\bar{C}_V$ ist eine Größe, die der molekular-statistischen Interpretation unmittelbar zugänglich ist. Wir wollen im Folgenden zwei Beispiele diskutieren.

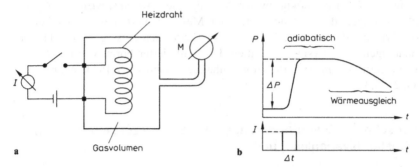

Abb. 2.3. a Schema einer Anordnung zur Messung der Wärmekapazität von Gasen nach Trautz. **b** Schematische Darstellung des Zeitverlaufs der mit Hilfe des Manometers M gemessenen Druckänderung aufgrund eines Strompulses der Dauer Δt im Heizdraht

a) Kalorimetrie bei Gasen

Für Gase lässt sich C_V mit hoher Genauigkeit nach einem Verfahren von Trautz (1922) messen, das in Abb. 2.3 schematisch dargestellt ist. Man führt einer in einem Gefäß konstanten Volumens eingeschlossenen Gasmenge einen bestimmten Betrag elektrischer Energie $\Delta W_{el} = R'I^2 \Delta t$ mittels eines kurzen Strompulses ($\Delta t \approx$ 0,01 - 0,1 s) zu. Hierbei verwendet man ein Heizelement großer Oberfläche, welches die (kleine) Masse m' und den elektrischen Widerstand R' besitzt (vgl. Abb. 2.3a). Infolge der kurzen Zeitdauer der Energiezufuhr wird zunächst nur das Gas und nicht die Gefäßwand um ΔT erwärmt. Diese Temperaturerhöhung ΔT kann man mit einem empfindlichen Membranmanometer M praktisch verzögerungsfrei über eine Druckerhöhung ΔP detektieren. Gemäß Zustandsgleichung idealer Gase Gl. (1.28) gilt der Zusammenhang

$$\Delta T = \frac{V}{nR}\,\Delta P, \tag{2.29}$$

wobei n die Stoffmenge des in das Volumen V eingeschlossenen Gases ist.

Der Zeitverlauf der Druckänderung ist schematisch in Abb. 2.3b angegeben. Bevor der Wärmeausgleich mit der Gefäßwand stattfindet, kann die Zustandsänderung als adiabatisch angesehen werden, d.h. $\Delta Q = 0$. Da außerdem keine Volumenänderung möglich ist, folgt:

$$\Delta U = \Delta W_{el} = R'I^2 \Delta t\,. \tag{2.30}$$

In der praktischen Durchführung solcher Experimente ist die Temperaturänderung ΔT klein ($\Delta T \leq 1\ °C$). Über diese kleine Temperaturspanne kann die Wärmekapazität $C_V^{\bullet}$ des Gesamtsystems als temperaturunabhängig betrachtet werden, sodass die Integration der Gl. (2.25) sehr einfach ist:

$$\Delta U = \int_{T_a}^{T_e} C_V^* dT = C_V^* \int_{T_a}^{T_e} dT = C_V^* \left(T_e - T_a \right) = C_V^* \Delta T \ . \tag{2.31}$$

C_V^* ergibt sich als extensive Zustandsgröße additiv aus den Wärmekapazitäten des Gases C_V und des Heizdrahtes C_V' :

$$C_V^* = C_V + C_V' = n\, \overline{C}_V + m'\, \tilde{C}_V' \ . \tag{2.32}$$

Hier ist $\overline{C}_V$ die gesuchte molare Wärmekapazität des Gases und $\tilde{C}_V'$ die (als bekannt angenommene) spezifische Wärmekapazität des Heizdrahtes. Aus den vorstehenden Gleichungen (2.29) bis (2.32) ergibt sich schließlich die nachfolgende Beziehung zur Berechnung von $\overline{C}_V$ aus den experimentellen Größen:

$$\overline{C}_V = \frac{1}{n}\left(C_V^* - m'\tilde{C}_V' \right) = \frac{R'I^2 \Delta t\ R}{V \Delta P} - \frac{m'}{n}\tilde{C}_V' \ . \tag{2.33}$$

Als typisches Ergebnis für **einatomige Gase** sind in Tabelle 2.1 experimentelle Daten zur Temperaturabhängigkeit von $\overline{C}_V$ für Argon bei niedrigen Drucken wiedergegeben. Diese Werte, wie auch die für andere Edelgase, erfüllen mit guter Genauigkeit (relativer Fehler $\leq 1\%$) die Beziehung

$$\overline{C}_V = \tfrac{3}{2} R = 12{,}4710\ \mathrm{J\ mol^{-1}\ K^{-1}} \ . \tag{2.34}$$

Nach der molekular-statistischen Betrachtung des Abschn. 1.2.3.1 kann man dieses Ergebnis unmittelbar verstehen, wenn man postuliert, dass die molare Innere Energie $\overline{U}$ des Gases bis auf eine temperaturunabhängige additive Konstante durch die kinetische Energie der einatomigen Gaspartikel nach Gl. (1.53) gegeben ist:

$$\overline{U} = \overline{U}_0 + \overline{E}_{kin} = \overline{U}_0 + \tfrac{3}{2} RT \ . \tag{2.35}$$

Mit Hilfe der Gln. (2.25) und (2.28) erhält man hieraus sofort das experimentelle Ergebnis $\overline{C}_V = 3/2\ R$.

Wie die molekular-statistische Betrachtung gezeigt hat, trägt jede Geschwindigkeitskomponente in den drei Raumrichtungen den gleichen Betrag $\tfrac{1}{2}RT$ zur gesamten kinetischen Energie bei. Man kann daher auch sagen: Jeder translatorische Freiheitsgrad trägt $R/2$ zur molaren Wärmekapazität $\overline{C}_V$ bei. Bei mehratomigen Gasen treten weitere Freiheitsgrade auf: Rotation der Moleküle, Schwingungen der Atome gegeneinander. In Übereinstimmung damit beobachtet man für **mehratomige Gase** höhere Werte von $\overline{C}_V$ als für einatomige. (Zur quantitativen

Tabelle 2.1. Experimentelle Daten zur Temperaturabhängigkeit der molaren Wärmekapazität $\overline{C}_V\, /\mathrm{J\ mol^{-1}\ K^{-1}}$ für Argon bei niedrigen Drucken

T/K	200	240	300	400	500	1000	2000
$P = 1$ bar	12,50	12,48	12,47	12,47	12,47	12,47	12,47
$P = 10$ bar	12,64	12,57	12,55	12,49	12,47	12,47	12,47

molekularen Beschreibung von Rotation und Schwingung in Gasen s. Adamson 1973, S. 146-154.)

b) Kristalline Festkörper

Wir beschränken uns im Folgenden auf Kristallgitter, bei denen jeder Gitterplatz nur durch ein Atom besetzt wird. Tabelle 2.2 gibt Beispiele der molaren Wärmekapazität $\overline{C}_V$ für diesen Kristalltyp.

Das Mittel der Tabellenwerte ist ($\overline{C}_V$)$_{Mittel}$ = 24,7 J mol^{-1} K^{-1}. Wie bereits 1819 von *Dulong und Petit* festgestellt wurde, ist dieser Wert praktisch identisch mit $3R$ = 24,9 J mol^{-1} K^{-1}. Die molekulare Deutung für diesen überraschend einfachen Befund ist die folgende. Die Atome im Kristallgitter führen auf den Gitterplätzen Schwingungen mit Bewegungskomponenten in den drei Raumrichtungen aus. Im Gegensatz zu den einatomigen Gasen besitzen aber die Atome im Gitter nicht nur die kinetische Energie der Schwingung, sondern zusätzlich für jeden der drei Bewegungsfreiheitsgrade noch einmal einen gleich großen Betrag an potentieller Energie der Schwingung. Im einatomigen Kristallgitter zählt also jeder der Bewegungsfreiheitsgrade effektiv doppelt; daher $\overline{C}_V = 2 \cdot \frac{3}{2} R = 3R$.

Tabelle 2.2. Molare Wärmekapazität $\overline{C}_V$ von einatomigen Kristallen bei 20 °C

Element	Al	Bi	Cr	Co	Cu	Ag	Fe	Pb	Mg	Ni	Pt	Na	Sn
$\dfrac{\overline{C}_V}{\text{Jmol}^{-1}\text{K}^{-1}}$	23,4	25,1	23,4	24,3	23,8	24,7	24,7	24,7	24,3	25,1	25,5	26,4	25,5

2.1.2.2 Volumenabhängigkeit der Inneren Energie von Gasen

Mit der Definitionsgleichung (2.25) für C_V kann man das Differential für U nach Gl. (2.24) wie folgt schreiben:

$$dU = C_V dT + \left(\frac{\partial U}{\partial V}\right)_{T,n_k} dV \, . \tag{2.36}$$

Im vorhergehenden Abschnitt war die experimentelle Ermittlung des Koeffizienten C_V für Gase behandelt worden. Die Messung des weiteren thermodynamischen Koeffizienten $(\partial U / \partial V)_T$ für Gase wurde von Joule (1843) nach folgendem Verfahren durchgeführt (Abb. 2.4): Zwei Behälter I und II sind durch einen Hahn H verbunden. Anfangs ist I mit einem Gas des Druckes P gefüllt, während II evakuiert ist. Der Apparat ist in einem gut gerührten Wärmebad eingetaucht und wird zu Beginn mit dem Wasser der Temperatur T in thermisches Gleichgewicht gebracht. Dann wird der Hahn H geöffnet, und das Gas expandiert gegen das Vakuum, bis die Behälter I und II gleichmäßig mit Gas gefüllt sind. Dann wird die Temperatur erneut abgelesen. Joule fand keine Temperaturänderung bei diesem Versuch, ein Ergebnis, das allgemein für ideale Gase gültig ist.

Abb. 2.4. Schematische Versuchsanordnung zur Expansion von Gasen nach Joule

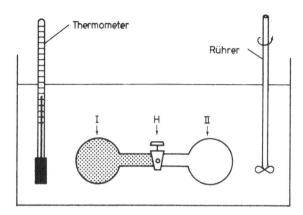

Zur thermodynamischen Beschreibung dieses Vorganges beachtet man, dass bei der Expansion gegen das Vakuum ($P = 0$) keine Volumenarbeit geleistet wird. Daher folgt aus Gl. (2.23):

$$dU = dQ.$$

Aber auch die Temperatur des Wasserbades blieb ungeändert, d.h. es wurde keine Wärme vom Gas abgegeben; es folgt also:

$$dQ = 0, \text{ somit } \quad dU = 0. \tag{2.37}$$

Weil $dT = 0$, folgt aus Gln. (2.36) und (2.37):

$$dU = \left(\frac{\partial U}{\partial V}\right)_T dV = 0 . \tag{2.38}$$

Da im Versuch $dV \neq 0$ war, folgt hieraus:

$$\left(\frac{\partial U}{\partial V}\right)_T = 0 \quad \text{für ideale Gase.} \tag{2.39}$$

Die Änderung der Inneren Energie dU lässt sich deshalb mit den Gln. (2.24) und (2.25) als

$$dU = C_V \, dT \quad \text{(ideales Gas)} \tag{2.40}$$

angeben.

Gl. (2.39) ist mit den molekular-statistischen Überlegungen für einatomige ideale Gase nach Gl. (2.35) konsistent, gilt aber auch für mehratomige ideale Gase. Dies erscheint unmittelbar verständlich, wenn man annimmt, dass ideale Gasmoleküle keine (oder nur vergleichsweise geringe) zwischenmolekulare Kräfte aufeinander ausüben. Eine Volumenvergrößerung (d.h. eine Vergrößerung der zwischenmolekularen Abstände) hätte dann nur einen unwesentlichen Einfluss auf die Energetik des Systems.

Spätere Experimente von Joule und Thompson haben gezeigt, dass bei realen Gasen $(\partial U/\partial V)_T$ eine sehr kleine, meist positive Größe ist. Man muss in diesen Fällen also Energie aufbringen, um den mittleren Molekülabstand zu vergrößern. Erst Jahre nach diesen Versuchen von Joule und Thompson konnte unter Zuhilfenahme des II. Hauptsatzes der Thermodynamik folgende allgemeine Beziehung hergeleitet werden (vgl. Adamson 1973, S. 151 und 240):

$$\left(\frac{\partial U}{\partial V}\right)_T = T\left(\frac{\partial P}{\partial T}\right)_V - P .$$
(2.41)

Sie stellt eine unmittelbare Beziehung her zwischen dem energetischen Koeffizienten $(\partial U/\partial V)_T$ und dem mechanisch-thermischen Verhalten einer Substanz, das in den Größen der rechten Seite von Gl. (2.41) enthalten ist. Diese wichtige Gleichung zeigt die Leistungsfähigkeit thermodynamischer Analyse auf: Joule und Thompson hätten ihre kalorischen Experimente gar nicht durchführen müssen; aus der Kenntnis der mechanisch-thermischen Zustandsgleichung $P(T, V)$ ergibt sich der Koeffizient $(\partial U/\partial V)_T$ nach Gl. (2.41) durch bloßes Differenzieren. So folgt aus der Zustandsgleichung idealer Gase:

$$\left(\frac{\partial P}{\partial T}\right)_V = \frac{nR}{V} = \frac{P}{T} .$$
(2.42)

Mit diesem Ergebnis liefert Gl. (2.41) $(\partial U/\partial V)_T = 0$, also unmittelbar das Ergebnis des Joule'schen Versuches Gl. (2.39).

Wendet man Gl. (2.41) auf die Zustandsgleichung (1.39) nach Van-der-Waals an, so ergibt sich:

$$\left(\frac{\partial U}{\partial V}\right)_T = \frac{a}{\overline{V}^2} .$$
(2.43)

Im Rahmen der Gültigkeit der Van-der-Waals-Gleichung kann man also mittels Gl. (2.43) den energetischen Koeffizienten $(\partial U/\partial V)_T$ berechnen. Als Beispiel wählen wir CO_2-Gas mit $a = 3,66$ bar 1^2 mol^{-2}. Bei $T = 0$ °C und $P = 1$ bar, d.h. $\overline{V} = 22,4$ 1 mol^{-1} ergibt sich:

$$(\partial U/\partial V)_T = 0,0073 \text{ bar.}$$

Auf der Existenz positiver Werte von $(\partial U/\partial V)_T$ für Gase, insbesondere im komprimierten Zustand, baut die Technik der Gasverflüssigung durch Expansion komprimierter Gase nach Linde auf.

2.1.2.3 Adiabatische und isotherme Volumenänderung eines idealen Gases

Isotherme Volumenänderungen idealer Gase hatten wir bereits in Abschn. 2.1.1.1 betrachtet. Im reversiblen Fall ist hier die von oder an einem System geleistete Volumenarbeit durch Gl. (2.10) gegeben und durch das Verhältnis V_e/V_a der End- und Ausgangsvolumina bestimmt. Nachdem wir im letzten Abschnitt gesehen haben, dass die Innere Energie eines idealen Gases nicht vom Volumen abhängt, bleiben isotherme Volumenänderungen idealer Gase ohne Auswirkung auf deren Innere Energie; d.h. Gl. (2.24) ergibt für $dT = 0$ und $(dU/dV)_T = 0$ das Resultat $dU = 0$. Hieraus folgt aus dem ersten Hauptsatz unmittelbar (s. Gl. (2.21)), dass die reversible Volumenarbeit ΔW_{rev} idealer Gase dem System in Form von Wärme ΔQ zu- oder abgeführt werden muss, d.h.

$$\Delta W_{rev} = -\Delta Q \quad (\text{ideales Gas}, dT = 0). \tag{2.44}$$

Anders sieht es bei **adiabatischen Volumenänderungen** aus. Hier ist nach Abschn. 2.1.1.2 $dQ = 0$, sodass Gl. (2.21) das Resultat

$$\Delta U = \Delta W \quad (\text{ideales Gas}, dQ = 0) \tag{2.45}$$

ergibt. Die bei einer reversiblen Volumenexpansion idealer Gase geleistete Arbeit ($\Delta W < 0$) stammt daher vollständig aus der Verminderung der Inneren Energie des Systems ($\Delta U < 0$). Die adiabatische Volumenexpansion ist deshalb nach Gl. (2.40) mit einer Abkühlung ($\Delta T < 0$) verbunden.

Wir wollen im Folgenden adiabatische Zustandsänderungen idealer Gase etwas näher betrachten. Bei der reversiblen Volumenarbeit des idealen Gases gilt:

$$dW = -PdV = -nRT\frac{dV}{V}. \tag{2.46}$$

Hieraus folgt mit Gl. (2.40) und der Bedingung (2.45) für adiabatische Zustandsänderungen:

$$C_v\, dT = -nRT\frac{dV}{V}.$$

Die Integration dieser Differentialgleichung zwischen den Grenzen T_e und T_a bzw. V_e und V_a erfolgt nach dem Verfahren „Trennung der Variablen":

$$\int_{T_a}^{T_e}\frac{C_v}{T}dT = -nR\int_{V_a}^{V_e}\frac{dV}{V} \tag{2.47}$$

Hieraus ergibt sich mit $C_v = n\,\overline{C}_v$:

$$\overline{C}_v \ln\frac{T_e}{T_a} = -R\ln\frac{V_e}{V_a}, \text{ oder nach Umformung}$$

$$T_e V_e^{R/\overline{C}_v} = T_a V_a^{R/\overline{C}_v} \text{ für beliebige } V_a \text{ und } V_e. \tag{2.48}$$

Nach dieser Gleichung gilt deshalb für alle Zustände eines idealen Gases, die durch adiabatische Volumenänderung auseinander hervorgehen:

$$TV^{R/\overline{C}_v} = \alpha = \text{const.} \tag{2.49}$$

oder mit $T = PV/nR$

$$PV^{[(R/\overline{C}_v)+1]} = \alpha/nR = \text{const.} \tag{2.50}$$

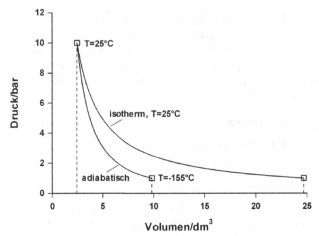

Abb. 2.5. Adiabatische und isotherme Expansion von 1 mol eines idealen Gases von 10 bar auf 1 bar bei 25 °C Ausgangstemperatur unter reversibler Prozessführung. Die Fläche unter den beiden Kurven entspricht jeweils der vom System geleisteten Arbeit ΔW_{rev}

Diese Beziehungen beschreiben Abhängigkeiten $V(T)$ bzw. $V(P)$ als Zustandsgleichung idealer Gase für den speziellen Fall adiabatischer Prozessführung. Sie werden gerne benutzt, um bestimmte Zweige der Kreisprozesse an Wärmekraftmaschinen zu diskutieren.

Abb. 2.5 veranschaulicht zusammenfassend die Unterschiede zwischen isothermer und adiabatischer Expansion am Beispiel von 1 mol eines idealen Gases bei 25 °C Ausgangstemperatur, dessen Druck sich unter Leistung reversibler Volumenarbeit von 10 bar auf 1 bar erniedrigt. Das Ausgangsvolumen beträgt nach Gl. (1.28) 2,469 dm³. Bei isothermer Expansion ist das Endvolumen dann gleich 24,69 dm³, wobei vom System nach Gl (2.10) eine Arbeit von $-5{,}69 \cdot 10^3$ J geleistet wird. Bei adiabatischer Prozessführung ergibt sich unter Anwendung von Gl. (2.50) ein Endvolumen von 9,83 dm³ und nach Gl. (2.49) eine Endtemperatur von −155 °C. Hierbei wurde $\bar{C}_V$ nach Gl. (2.34) verwendet. Die vom System geleistete Arbeit entspricht nach Gl. (2.45) der Änderung der Inneren Energie des idealen Gases. Letztere ergibt sich unter Verwendung von Gl (2.40) zu $\Delta W = \Delta U = \bar{C}_V\,\Delta T = -2{,}24 \cdot 10^3$ J. Die reversible Volumenarbeit unter adiabatischer Prozessführung ist somit kleiner als jene unter isothermer Prozessführung. In beiden Fällen stellt ΔW_{rev} nach Gl (2.8) die Fläche unter der jeweiligen Kurve im P-V-Diagramm dar (s. Abb. 2.5).

2.1.3 Beschreibung von Änderungen des Energiezustandes in den Zustandsvariablen P und T

Bei Gasen ist es experimentell relativ leicht zu verwirklichen, dass das Volumen während eines Experiments konstant bleibt. Infolge des erheblich geringeren thermischen Volumenausdehnungskoeffizienten von Festkörpern (s. 1.2.4) genügt es in der Regel, die Gefäßwände aus hinreichend starrem Material anzufertigen, um die Konstanz von V mit guter Näherung sicherzustellen. Bei Flüssigkeiten und Festkörpern hingegen ist die (gegenüber Gasen vergleichsweise kleine) thermische Volumenausdehnung praktisch nicht zu unterbinden. Die *Kalorimetrie von kondensierten Phasen* ist daher experimentell viel leichter unter konstantem Druck zu praktizieren. Dies gilt auch für die Kalorimetrie chemischer Reaktionen. Die Beschreibung derartiger Vorgänge wird man daher in den unabhängigen Zustandsvariablen P und T vornehmen.

2.1.3.1 Einführung der Enthalpie

Obwohl im Prinzip die Formulierung der Inneren Energie U in den unabhängigen Zustandsvariablen P und T möglich sein müsste, hat sich dieser Weg praktisch als ungangbar erwiesen. Man hat deshalb eine neue Energiefunktion eingeführt und formuliert die Aussagen des I. Hauptsatzes in dieser neuen Zustandsgröße, welche die Bezeichnung Enthalpie H trägt. Sie ist wie folgt definiert:

$$H \overset{def}{=} U + PV \quad \text{(Einheit: J).} \tag{2.51}$$

Da sowohl U wie auch P und V Zustandsfunktionen sind, ist H ebenfalls eine Zustandsfunktion. Ihr vollständiges Differential lautet:

$$dH = dU + PdV + VdP. \tag{2.52}$$

Für das Folgende wollen wir von der differentiellen Arbeit dW die differentielle Volumenarbeit $-PdV$ abspalten und schreiben explizit:

$$dW = dW^* - PdV, \tag{2.53}$$

wobei dW^* alle Arbeiten außer der Volumenarbeit enthält. Damit schreibt sich das Differential der Inneren Energie nach dem I. Hauptsatz Gl. (2.20):

$$dU = dQ + dW^* - PdV. \tag{2.54}$$

Die Kombination der Gln. (2.52) und (2.54) ergibt die folgende allgemein gültige Beziehung als Formulierung des I. Hauptsatzes mit Hilfe der neu eingeführten Energiefunktion, der Enthalpie H:

$$dH = dQ + dW^* + VdP. \tag{2.55}$$

Bevor diese Gleichung auf kalorimetrische Fragestellungen angewandt wird, soll noch kurz die Frage beantwortet werden, warum man nicht den I. Hauptsatz gleich in der Enthalpie H formuliert anstelle des „Umweges" über die Innere Energie. Der I. Hauptsatz stellt einen Erhaltungssatz für die Innere Energie U dar, wie man besonders leicht anhand der Gl. (2.54) für ein isoliertes System sieht. Für ein isoliertes System ist:

$$dQ = 0, \quad dW^* = 0, \quad dV = 0, \quad \text{also} \quad dU = 0 \quad \text{oder} \quad U = \text{const.}$$

Im Gegensatz dazu gilt für die Enthalpie H kein Erhaltungssatz. Denn Anwendung der Gl. (2.55) auf ein isoliertes System liefert:

$$dQ = 0, \quad dW^* = 0, \quad \text{also} \quad dH = VdP.$$

Weil auch an isolierten Systemen im Allgemeinen noch Druckänderungen $dP \neq 0$ auftreten können, muss man auch $dH \neq 0$ zulassen, d.h. es besteht für H kein Erhaltungssatz.

2.1.3.2 Kalorimetrie von Systemen ohne Änderung der Stoffmengen bei konstantem Druck

Wir kehren zu der in Abschn. 2.1.1.4 und Abb. 2.2 erörterten Fragestellung zurück und fragen nach der zu einer Temperaturerhöhung dT eines Systems benötigten Energiezufuhr, die jetzt aber bei konstantem Druck durchgeführt werden soll. Wie wir gesehen hatten, wird bei dieser Art der Versuchsdurchführung vom System Expansionsarbeit $-PdV$ geleistet, die wir bei der Energiezufuhr (neben der Erhöhung dU der Inneren Energie) berücksichtigen müssen. Wir müssen dem System somit insgesamt den Energiebetrag $dU + PdV$ zuführen, um eine Temperaturerhöhung dT zu erzielen. Wie aus Gl. (2.52) hervorgeht, entspricht dies exakt der Enthalpieänderung dH bei konstantem Druck ($dP = 0$).

Völlig analog zu den Erörterungen bei der Kalorimetrie unter konstantem Volumen definiert man deshalb die folgenden Zustandsfunktionen als praktisch wichtige Materialkoeffizienten:

Wärmekapazität für $P = $ const.:

$$C_\mathrm{P} \overset{\mathrm{def}}{=} \left(\frac{\partial H}{\partial T} \right)_{P, n_k} \quad \text{(Einheit: J K}^{-1}\text{)}, \tag{2.56}$$

spezifische Wärmekapazität für $P = $ const.:

$$\tilde{C}_\mathrm{P} \equiv \frac{C_\mathrm{P}}{m} \quad \text{(Einheit: J g}^{-1}\text{ K}^{-1}\text{)}, \tag{2.57}$$

molare Wärmekapazität für $P = $ const.:

$$\overline{C}_\mathrm{P} \equiv \frac{C_\mathrm{P}}{n} \quad \text{(Einheit: J mol}^{-1}\text{ K}^{-1}\text{)}. \tag{2.58}$$

Die zu einer Temperaturerhöhung dT benötigte Energiezufuhr ist somit nach Gl. (2.56) durch

$$dH = C_\mathrm{P} \, dT \; (dP = 0, \, dn_k = 0) \tag{2.59}$$

gegeben. Diese Gleichung gilt auch bei Wärmezufuhr anstelle von Energiezufuhr. Nur um die historische Herkunft des Begriffs „**Wärmekapazität**" zu verdeutlichen, sei angenommen, dass am System bei konstantem Druck ($dP = 0$) zwar Volumenarbeit möglich ist, aber alle anderen Arbeiten ausgeschlossen sind ($dW^* = 0$); dann erhält man aus Gl. (2.55) $dH = dQ$ und mit Gl. (2.59):

$$dQ = C_p \, dT \quad (P = \text{const}, \, dW^* = 0).$$ (2.60)

Dies sind aber nicht die Bedingungen der modernen Kalorimetrie. Bei dieser werden keinesfalls über die Systemgrenzen transportierte Wärmebeträge ΔQ gemessen. Im Gegenteil, der Messvorgang läuft adiabatisch ab (daher auch der Name **adiabatisches Kalorimeter**), d.h. in Gl. (2.55) ist $dQ = 0$ und $dP = 0$, sodass

$$dH = dW^* \quad \text{bzw.} \quad \Delta H = \Delta W^*.$$ (2.61)

Weil elektrische Größen besonders genau zu messen sind, leistet man in der Regel über einen Strom I durch ein Heizelement des Widerstandes R einen definierten Betrag elektrischer Arbeit am System

$$\Delta W_{el}^* = R I^2 \Delta t$$ (2.62)

und beobachtet die daraufhin auftretende Temperaturänderung ΔT. Das Verfahren ist weitgehend analog zu dem in Abb. 2.3 dargestellten Messverfahren, außer dass nunmehr die Systemwände das zu vermessende Material thermisch isolieren und dass nicht das Volumen, sondern der Druck konstant gehalten wird. Die elektrische Arbeit ΔW_{el}^* wählt man so, dass die resultierende Temperaturänderung klein bleibt ($\Delta T \leq 1 \, °\text{C}$), sodass man über diesen kleinen Temperaturbereich die Wärmekapazität als konstant ansehen und damit wiederum Gl. (2.59) (in Verbindung mit Gl. 2.57) sehr einfach integrieren kann:

$$\Delta H = \int_{T_a}^{T_e} m \, \tilde{C}_p \, dT = m \tilde{C}_p \int_{T_a}^{T_e} dT = m \overline{C}_p \Delta T \,.$$ (2.63)

Falls weiterhin die Wärmekapazität des Heizelementes gegenüber derjenigen der Substanz ($m \tilde{C}_P$) vernachlässigt werden kann, erhält man aus den Gln. (2.61) bis (2.63) für kleine aber endliche Beträge Δt und ΔT:

$$\tilde{C}_p = \frac{R I^2 \Delta t}{m \Delta T} \,.$$ (2.64)

Für Wasser bei Atmosphärendruck und 15 °C findet man beispielsweise $\tilde{C}_p = 4{,}186 \, \text{J g}^{-1} \text{K}^{-1}$.

Bei den Versuchen von Joule (1840) wurde unter adiabatischen und isobaren Bedingungen Wasser über die Leistung mechanischer Arbeit (Schaufelrad) gerührt und die sich einstellende Temperaturänderung gemessen. Diese Versuche ergaben die ersten quantitativen empirischen Unterlagen für die Formulierung des I. Hauptsatzes. Sie lassen sich nach den obigen Beziehungen beschreiben, wobei nur anstelle der elektrischen Arbeit $dW_{el}^* = RI^2dt$, die mechanische Arbeit eingesetzt werden muss. Wird die mechanische Arbeit durch Fallen einer Masse m im Schwerefeld g um die Höhendifferenz dh aufgebracht, gilt:

$$dW_{mech}^* = m \, g \, dh \quad \text{oder} \quad \Delta W_{mech}^* = m \, g \, \Delta h.$$ (2.65)

Tabelle 2.3. Zahlenwerte der molaren Wärmekapazität bei konstantem Druck für Festkörper, Flüssigkeiten und Gase bei 25 °C und 1 bar (zumeist aus D'Ans-Lax (1967) entnommen)

Festkörper	Ag	Cu	Fe	Pb	Pt	Diamant	Graphit	NaCl	Quarz
$\dfrac{\overline{C}_\mathrm{p}}{\mathrm{Jmol^{-1}K^{-1}}}$	25,50	24,50	25,08	26,6	25,69	6,061	8,527	50,79	44,48

Flüssigkeiten	Hg	H_2O	CH_3OH	C_2H_5OH	Glycerin	CCl_4	$n\text{-}C_6H_{14}$	C_6H_6	Cyclohexan
$\dfrac{\overline{C}_\mathrm{p}}{\mathrm{Jmol^{-1}K^{-1}}}$	27,98	75,29	81,6	111,4	223,6	131,67	195,0	136,1	156,5

Gase	Edelgase	H_2	N_2	O_2	CO_2	CH_4	C_2H_2	NH_3	C_2H_6
$\dfrac{\overline{C}_\mathrm{p}}{\mathrm{Jmol^{-1}K^{-1}}}$	20,79	28,82	29,12	29,36	37,11	35,7	44,1	35,7	52,8

In Tabelle 2.3 sind Zahlenwerte der molaren Wärmekapazität $\overline{C}_\mathrm{p}$ für einige Festkörper, Flüssigkeiten und Gase bei 25 °C und 1 bar aufgeführt.

Für ideale Gase lässt sich $\overline{C}_\mathrm{p}$ durch die nachfolgende einfache Betrachtung aus $\overline{C}_\mathrm{V}$ berechnen. Mit der Zustandsgleichung (1.28) folgt aus Gl. (2.51):

$$H = U + PV = U + nRT, \text{ sowie } dH = dU + nR\,dT.$$

Hieraus folgt mit Hilfe der Gln. (2.40) und (2.59) unmittelbar:

$$C_\mathrm{p} = C_\mathrm{V} + R. \tag{2.66}$$

Für feste chemische Verbindungen wurde von Neumann (1831) und Kopp (1864) eine überraschend einfache allgemeine Regel festgestellt: Die molare Wärmekapazität einer festen Verbindung ist gleich der Summe der molaren Wärmekapazitäten der in ihr enthaltenen Elemente. Diese Regel kann zusammen mit der Regel von Dulong und Petit (1819), wonach die molare Wärmekapazität der festen Elemente bei Zimmertemperatur etwa $\overline{C}_\mathrm{p} = 26 \text{ J mol}^{-1} \text{ K}^{-1}$ beträgt, zur Abschätzung der unbekannten molaren Wärmekapazitäten fester Verbindungen durch Kombination von bekannten Werten anderer Verbindungen benutzt werden.

Die molare oder spezifische Wärmekapazität ist als Zustandsfunktion naturgemäß abhängig von den Zustandsvariablen, d.h. von P und T. Wir wollen die Temperaturabhängigkeit von C_p etwas genauer ins Auge fassen. Wie nachfolgend gezeigt wird, lassen sich aus der Funktion $\overline{C}_\mathrm{p}(T)$ Phasenumwandlungen der betrachteten Systeme erkennen (wie z.B. der Übergang vom flüssigen in den festen Zustand) und die zugehörigen *molaren Umwandlungsenthalpien*, die wir als

$\Delta_u \bar{H}$ bezeichnen wollen, berechnen. Wir betrachten zu diesem Zweck zwei Beispiele, nämlich die Suspension des *Phospholipids Dipalmitoyl-L-a-Lecithin* in Wasser (Abb. 2.6) und reines Wasser (Abb. 2.7). Phospholipide stellen wichtige Bestandteile biologischer Membranen dar, die wir in den Kapiteln 7.3 und 9.1 genauer kennen lernen werden. Wie in Abschn. 7.3 näher ausgeführt, werden Phasenumwandlungen der Membranlipide im Rahmen der Regulation membrangebundener zellulärer Funktionen diskutiert.

Die in Abb. 2.6 (unten) dargestellte $\tilde{C}_p(T)$ Abhängigkeit der Lipidsuspension zeigt ein scharfes Maximum bei 41,8 °C. Es beruht auf einer molekularen Umordnung der Lipide, die in Abschn. 7.3 näher erläutert wird. Der Beitrag des Wassers zum Maximum kann, wie aus Abb. 2.7 hervorgeht, vernachlässigt werden. Seine spezifische Wärmekapazität ist zwischen 20 °C und 50 °C praktisch konstant (s. Abb. 2.7 unten), sodass die an der Lipidsuspension beobachteten Änderungen auf die Lipidkomponente zurückgeführt werden können.

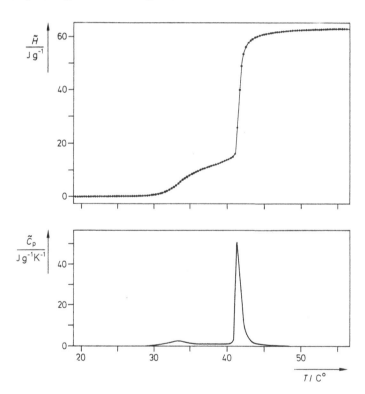

Abb. 2.6. Experimentelle Daten der spezifischen Wärmekapazität $\tilde{C}_p$ und der spezifischen Enthalpie $\tilde{H}$ des Phospholipids Dipalmitoyl-L-α-Lecithin in wässriger Suspension bei 1 bar zwischen 20 °C und 50 °C. $\tilde{C}_p$ ist auf die Masse des Lipids bezogen (3,88 mg/ml). Die Werte bei 20 °C wurden auf null normiert. (Nach Daten von Hinz und Sturtevant (1972))

Aus den Daten für $\tilde{C}_P$ können jene der spezifischen (d.h. analog $\tilde{C}_P$ auf die Masseneinheit bezogenen) Enthalpie $\tilde{H}$ (T) durch Integration von Gl. (2.59) berechnet werden:

$$\tilde{H}(T) = \tilde{H}(T_0) + \int_{T_0}^{T_u} \tilde{C}_P(T)\, dT\ .$$

(2.67)

Wie hier ersichtlich (und bereits für die Innere Energie festgestellt wurde), ist die Enthalpie nur bis auf eine willkürliche additive Konstante definiert. Die Werte der oberen Teilabbildung 2.6 wurden nach Gl. (2.67) aus $\tilde{C}_P$ (T) berechnet, wobei hier der Übersichtlichkeit der Darstellung wegen gesetzt wurde:

$$\tilde{C}_P(T_0) = 0 \quad \text{und} \quad \tilde{H}(T_0) = 0 \quad \text{für} \quad T_0 = 20\,°C.$$

In Abb. 2.7 ist als weiteres Beispiel die Messung von $\overline{C}_P$ von H_2O bei 1 bar über einen breiten Temperaturbereich dargestellt. Zwei Besonderheiten fallen sofort ins Auge. Zum einen tritt die Merkwürdigkeit auf, dass $\overline{C}_P$ für $T \rightarrow 0$ ebenfalls gegen null tendiert, d.h. die Aufheizung von Wasser im Bereich tiefer Temperaturen kostet immer weniger Energie. Zum anderen erkennt man eine sprunghafte Vergrößerung von $\overline{C}_P$ am Schmelzpunkt des Eises.

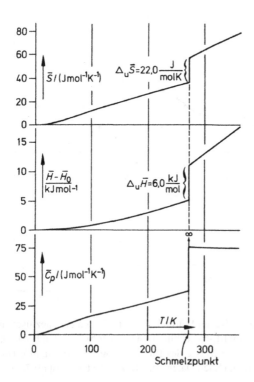

Abb. 2.7. Die thermodynamischen Funktionen $\tilde{C}_P$, $\overline{H}$ und $\overline{S}$ als Funktion der Temperatur zwischen 0 und 300 K für Wasser bei 1 bar. Beachte die scharfe Änderung der Größen am Schmelzpunkt $T = 273,15$ K

Es stellte sich heraus, dass sich die Temperaturabhängigkeit der Wärmekapazität von Kristallen im Tieftemperaturbereich (etwa $0 < T \leq 20$ K) im Gleichgewicht fast ausnahmslos durch folgende einfache Beziehung beschrieben werden kann:

$$\bar{C}_P = a\,T^3. \qquad (2.68)$$

Eine molekularstatistische Begründung dieser Beziehung wurde von Debye (1912) auf der Grundlage der Quantentheorie gegeben. Danach sind die Molekülschwingungen im Kristallgitter (vgl. Abschn. 2.1.2.1) bei $T = 0$ K noch nicht „angeregt"; d.h. die Kristalle existieren bei $T = 0$ sozusagen nur im Grundzustand und können nicht in die höheren Energiezustände überführt werden. Genau dies wäre aber nötig, um die Innere Energie (mit ansteigender Temperatur) zu erhöhen. Gl. (2.68) kann man dann so verstehen, dass mit zunehmender Temperatur immer mehr Energiezustände besetzbar (d.h. zugänglich) werden, bis schließlich (für die schwereren Atome etwa bei Raumtemperatur) alle Zustände im Sinne der Interpretation der Regel von Dulong und Petit (1819) voll zur Energieaufnahme zur Verfügung stehen.

Die zweite Besonderheit tritt an der Stelle von Phasenumwandlungen (wie z.B. am Schmelzpunkt oder Siedepunkt) auf; dort wächst $\bar{C}_P$ über alle Grenzen, d.h. sie hat eine Unendlichkeitsstelle (vgl. Abb. 2.7, am Schmelzpunkt des Eises bei $T = 273{,}15$ K). In Abb. 2.7 (Mitte) ist die molare Enthalpie $\bar{H}$ aufgetragen, die wiederum gemäß Gl. (2.67) berechnet wurde, wobei die Integrationskonstante $\bar{H}_0 = \bar{H}(T = 0\,K)$ nicht spezifiziert wurde. Selbstverständlich darf sich die Integration nach Gl. (2.67) nicht über die Unendlichkeitsstelle an Umwandlungen erstrecken. Man berechnet das Integral nur bis zum Umwandlungspunkt T_u, addiert dann die, wie nachfolgend erläutert ebenfalls kalorimetrisch ermittelte, Umwandlungsenthalpie $\Delta_u\bar{H}$ hinzu und setzt die Integration vom Umwandlungspunkt T_u ausgehend zu höheren Temperaturen fort:

$$\bar{H}\left(T_i\right) = \bar{H}_0 + \int_{T_0}^{T_u}\bar{C}_P\left(T\right)\,dt + \Delta_u\bar{H} + \int_{T_u}^{T_i}\bar{C}_P\left(T\right)\,dT. \qquad (2.69)$$

Das Ergebnis dieser Prozedur ist für Wasser bei 1 bar in Abb. 2.7 (Mitte) dargestellt. Auf ähnliche Weise ermittelt man den in Abb. 2.7 oben dargestellten Verlauf der molaren Entropie $\bar{S}$ (s. Abschn. 2.2.2.2).

Es soll nun noch kurz das Verfahren zur kalorimetrischen Ermittlung von *Umwandlungsenthalpien* am Beispiel der *Schmelzenthalpie* $\Delta_S\bar{H}$ des Eises bei $T_S = 0°C$ und 1 bar erläutert werden. Die Umwandlungsenthalpie ist definiert als die Differenz der Enthalpien der *Hochtemperaturphase* und der *Tieftemperaturphase* bei den Zustandsvariablen der Umwandlung, also in unserem Beispiel:

$$T_S = 0\ °C,\ P = 1\ \text{bar:}\quad \Delta_S\bar{H} = \bar{H}_{\text{Wasser}} - \bar{H}_{Eis} \qquad (2.70)$$

Diese Größe wird im *„adiabatischen" Kalorimeter* gemessen als die elektrische Arbeit, die zum Schmelzen von n mol Eis bei 0 °C und 1 bar benötigt wird:

$$\Delta_S \bar{H} = \frac{1}{n} R I^2 \Delta t \ .$$ (2.71)

Es ergibt sich in diesem speziellen Fall $\Delta_S \bar{H}$ = 6,011 kJ mol^{-1}. Ganz analog werden andere Umwandlungsenthalpien, zum Beispiel die **Verdampfungsenthalpie** des Wassers bei 100 °C und 1 bar zu $\Delta_V \bar{H}$ = 40,67 kJ mol^{-1} ermittelt. Die Umwandlungsenthalpien wurden früher „**Latente Umwandlungswärmen**" genannt, also z.B. „Latente Schmelzwärme". Eine Auswahl von Zahlenwerten für molare Umwandlungsenthalpien verschiedener Substanzen ist in Tabelle 3.3 zusammengestellt.

Als eine praktische Konvention wird die additive Integrationskonstante der molaren Enthalpie **für Elemente** in ihrem jeweils stabilsten Zustand bei 25 °C und 1 atm ($\approx$ 1 bar) als null festgelegt:

$$T = 298{,}15 \text{ K}, P = 1 \text{ atm}: \ \bar{H} = 0 \text{ für Elemente.}$$ (2.72)

Man vermerkt zum Element jeweils in Klammern mit kleinen Buchstaben den Aggregatzustand der dort stabilen Modifikation, z.B. N_2 (g), Hg (l), Fe (s) für g = gasförmig, l = flüssig, s = fest.

Diese Konvention ist nützlich zur Tabellierung von „absoluten" Enthalpiewerten für chemische Verbindungen, wie im nächsten Abschnitt erläutert wird.

2.1.3.3 Kalorimetrische Ermittlung von Standardreaktionsenthalpien und Standardbildungsenthalpien

a) Reaktionsenthalpien: Wir betrachten eine Reaktion, die bei konstantem T und P ablaufen soll:

$$\nu_A A + \nu_B B \rightarrow \nu_P P + \nu_Q Q.$$ (2.73)

Hier sind ν_A, ν_B, ν_P und ν_Q die sog. **stöchiometrischen Koeffizienten**, d.h. der Satz von kleinsten (möglichst ganzen) Zahlen, der den vorliegenden Reaktionstyp beschreibt. Dann ist die Reaktionsenthalpie $\Delta_r H$ (Index r = „Reaktion") wie folgt definiert:

$$\Delta_r H = \Sigma \bar{H} \text{ (Endprodukte)} - \Sigma \bar{H} \text{ (Ausgangsstoffe), d.h.}$$

$$\Delta_r H = \nu_P \bar{H}_P + \nu_Q \bar{H}_Q - \nu_A \bar{H}_A - \nu_B \bar{H}_B \ .$$ (2.74)

Sie bezieht sich also auf einen **Formelumsatz** in mol. Ein praktisches Beispiel ist die Verbrennung von Ethylalkohol:

$$C_2H_5OH(l) + 3 \ O_2(g) \rightarrow 2 \ CO_2(g) + 3 \ H_2O(l).$$

Hierbei ist der bei den gewählten Werten von T und P stabilste Aggregatzustand in Klammern angegeben. Die zugehörige Reaktionsenthalpie ist in diesem Falle gegeben als:

$\Delta_r H = 2\ \bar{H}\ [CO_2(g)] + 3\ \bar{H}\ [H_2O(l)] - \bar{H}\ [C_2H_5OH(l)] - 3\ \bar{H}\ [O_2(g)]$.

Das gewählte Beispiel zählt zu den praktisch wichtigen *Verbrennungsenthalpien*. Sie können für Flüssigkeiten und Gase bei 298,15 K und 1 atm bequem mit einem *Flammenkalorimeter* ermittelt werden, einer Anordnung, die halbschematisch in Abb. 2.8 wiedergegeben ist. Als typisches Messbeispiel betrachten wir die Verbrennung von 0,5 g Ethylalkohol (M = 46,1 g mol^{-1}). Dabei werde die Temperatur im Kalorimetergefäß von 22,5 °C auf 27,5 °C erhöht (ΔT = 5,0 K). Die gleiche Temperaturänderung im Kalorimeter kann auch durch elektrische Heizung mit Hilfe eines Widerstandsdrahtes (R = 4 MΩ) erreicht werden, durch den für Δt = 10 min ein Strom der Amplitude I = 2,5 mA fließt. Es gilt also: $\Delta H = \Delta W_{el} = R I^2 \Delta t = -15,0$ kJ für n = 0,5 g / (46,1 g mol^{-1}) = 1,1·10^{-2} mol; damit erhalten wir $\Delta_r H = \Delta H/n = -1364$ kJ mol^{-1}.

Es ist nahe liegend, dass Reaktionsenthalpien nach einem ähnlichen, sicherlich abgewandelten und meist nicht ganz so bequemen Verfahren auch für andere Reaktionen ermittelt werden können, wie z.B. für Neutralisationen von Säuren oder für Dissoziationen von Salzen bei Auflösung in Wasser. Reaktionsenthalpien wurden früher auch als „*Reaktionswärmen*" bezeichnet.

Die Reaktionsenthalpie für einen Formelumsatz der Reaktionspartner im *Standardzustand*, d.h. in ihrem stabilsten Zustand bei T = 298,15 K und P = 1 bar, nennt man *Standardreaktionsenthalpie* und bezeichnet sie in der Regel mit hochgestelltem °, also $\Delta_r H°$. Vielfach sind auch heute noch die Zahlenwerte und Tabellenwerte der Standardgrößen für 1 atm anstelle des Wertes 1 bar angegeben. Glücklicherweise ist dies in praktisch allen Anwendungsfällen, d.h. im Rahmen der üblicherweise geforderten Genauigkeit, quantitativ bedeutungslos. Die Kon-

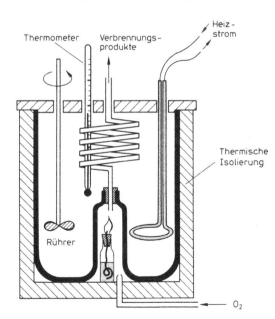

Abb. 2.8. Halbschematische Darstellung eines Flammenkalorimeters zur Messung der Verbrennungsenthalpie von brennbaren Flüssigkeiten (bzw. modifiziert von brennbaren Gasen) bei Atmosphärendruck (1 bar) und vorgegebener (mittlerer) Messtemperatur (z.B. T = 298,15 K)

sequenzen bei höheren Ansprüchen der Genauigkeit sind bei Freeman (1982) ausführlich diskutiert.

Entsprechend den vorstehenden Ausführungen bezieht sich die numerische Angabe einer Reaktionsenthalpie immer auf eine spezifische stöchiometrische Gleichung, z. B. in der Form von Gl. (2.73). Einige Werte von Standardreaktionsenthalpien (meist Standardverbrennungsenthalpien) sind in Tabelle 2.4 aufgeführt. Diese Daten lassen einige interessante Einsichten zu. Die negativen Werte dieser Reaktionsenthalpien bedeuten eine Enthalpieabnahme des Systems bei Ablauf der Reaktion in Richtung des Pfeils; solche Reaktionen nennt man „*exotherm*" ($\Delta_r H^\circ$ < 0). Reaktionen, bei denen $\Delta_r H^\circ > 0$ ist, heißen entsprechend „*endotherm*". Falls man in Tabelle 2.4 die Pfeilrichtung umkehren würde, also den Anfangszustand jeweils mit dem Endzustand vertauschen würde, so müssten auch die Vorzeichen von $\Delta_r H^\circ$ umgekehrt werden; in dieser Richtung wären die (dann praktisch kaum direkt durchführbaren) Reaktionen endotherm (s. auch Abschn. 5.1.4).

Die molaren Verbrennungsenthalpien der aliphatischen Kohlenwasserstoffe $C_n H_{2n+2}$ zeigen für die Zunahme von $\Delta n = 1$ mol ein näherungsweise konstantes Inkrement in $\Delta_r H^\circ$ von etwa 650 kJ/mol.

Der biologischen Energiegewinnung liegt die relativ hohe Reaktionsenthalpie von Glucose zugrunde; das sind etwa 15 MJ pro kg Glucose. Allerdings steht dieser Energiebetrag nur für den Fall des oxidativen Abbaus über die Atmungskette zur Verfügung. Bei der Vergärung der Glucose (s. vorletzte Zeile der Tabelle 2.4) ist die Enthalpieabgabe des reagierenden Systems im Vergleich sehr gering.

Tabelle 2.4. Standardreaktionsenthalpien ($T = 298{,}15$ K, $P = 1$ atm)

Reaktion	$\Delta_r H^\circ$/kJ mol^{-1}
$H_2(g) + \frac{1}{2} O_2(g) \rightarrow H_2O(l)$	-285,8
C (Graphit; s) + $O_2(g) \rightarrow CO_2(g)$	-393,5
$CO(g) + \frac{1}{2} O_2(g) \rightarrow CO_2(g)$	-283,1
$CH_4(g) + 2 O_2(g) \rightarrow CO_2(g) + 2 H_2O(l)$	-890,4
$C_2H_6(g) + 3 \frac{1}{2} O_2(g) \rightarrow 2 CO_2(g) + 3 H_2O$ (l)	-1560
n-$C_4H_{10}(g) + 6 \frac{1}{2} O_2 \rightarrow 4 CO_2(g) + 5 H_2O(l)$	-2877
n-$C_6H_{14}(l) + 9 \frac{1}{2} O_2(g) \rightarrow 6 CO_2(g) + 7 H_2O(l)$	-4163
$C_2H_2(g) + 2 \frac{1}{2} O_2(g) \rightarrow 2 CO_2(g) + H_2O(l)$	-1300
$C_6H_6(l) + 7 \frac{1}{2} O_2(g) \rightarrow 6 CO_2(g) + 3 H_2O(l)$	-3268
$C_2H_5OH(l) + 3 O_2(g) \rightarrow 2 CO_2(g) + 3 H_2O(l)$	-1368
$CH_3COOH(l) + 2 O_2(g) \rightarrow 2 CO_2(g) + 2 H_2O(l)$	-874
$C_3H_6O_3$ (Milchsäure; s) + 3 $O_2(g) \rightarrow 3 CO_2(g) + 3 H_2O(l)$	-1344
$C_6H_{12}O_6$ (-D-Glucose; s) + 6 $O_2(g) \rightarrow 6 CO_2(g) + 6 H_2O(l)$	-2802
$C_6H_{12}O_6$ (-D-Glucose; s) $\rightarrow 2 C_2H_5OH(l) + 2 CO_2(g)$	-67,8
$C_{12}H_{22}O_{11}$ (Saccharose; s) + 12 $O_2(g) \rightarrow 12 CO_2(g) + 11 H_2O(l)$	-5645

b) Bildungsenthalpien: Die *molare Bildungsenthalpie* $\Delta_f H$ einer chemischen Verbindung ist die Enthalpieänderung bei der (meist fiktiven) Reaktion der Bildung von 1 mol der Verbindung aus den reinen Elementen. Hier steht der Index f für Formation = Bildung. Im deutschen Sprachraum ist auch die Bezeichnung ΔH_B üblich. Früher wurde diese Größe auch molare „*Bildungswärme*" genannt. Wiederum bezieht man sich zweckmäßig auf den Zustand der Reaktionspartner unter *Standardbedingungen* (25 °C und 1 bar) und bezeichnet die zugehörige (molare) *Standardbildungsenthalpie* mit $\Delta_f H^\circ$ (im deutschsprachigen Schrifttum vielfach: ΔH_B°). Nach dieser Definition ist die Standardbildungsenthalpie der reinen Elemente in ihrem unter Standardbedingungen stabilsten Zustand (z.b. $O_2(g)$, C (Graphit, s) usw.) gleich null.

Die ersten beiden Eintragungen in Tabelle 2.4 stellen Bildungsreaktionen für H_2O bzw. CO_2 dar; die Standardverbrennungsenthalpien sind hier zugleich auch Standardbildungsenthalpien. Ein experimentell praktisch unzugängliches Beispiel ist die Bildungsreaktion: $C(s) + \frac{1}{2} O_2(g) \rightarrow CO(g)$. Bei der praktischen Durchführung dieses Oxidationsvorganges würde immer auch teilweise CO_2 entstehen. Solche experimentell nicht direkt zugänglichen Bildungsenthalpien, wie natürlich auch die experimentell direkt zugänglichen, lassen sich aus bekannten Reaktionsenthalpien berechnen, wenn man die folgenden Eigenschaften der Enthalpie beachtet:

A) H ist eine extensive Zustandsfunktion, d.h. für m Formelumsätze mit $\Delta_r H$ gilt: $\Delta H = m \, \Delta_r H$.
B) Die Reaktionsenthalpie $\Delta_r H$ ist unabhängig vom Weg. Man kann daher einen Endzustand über beliebige Zwischenzustände realisieren, wobei sich die Gesamtreaktionsenthalpie durch Aufsummierung der Reaktionsenthalpien für die durchlaufenden Zwischenschritte ergibt (*Heß'scher Satz der „Wärmesummen"*, Heß 1840).

Für das obige Beispiel seien die folgenden Reaktionsschritte gewählt (vgl. Tabelle 2.4):

(I) $C(s) + O_2(g) \rightarrow CO_2(g)$: $(\Delta_r H)_I = -393{,}7$ kJ mol^{-1}
(II) $CO_2(g) \rightarrow CO(g) + \frac{1}{2} O_2(g)$: $(\Delta_r H)_{II} = +283{,}1$ kJ mol^{-1}

(I) + (II) $C(s) + \frac{1}{2} O_2(g) \rightarrow CO(g)$: $(\Delta_r H) = -110{,}6$ kJ mol^{-1}

Auf analogem Wege lassen sich durch Kombination von bekannten Reaktionsenthalpien (meist Verbrennungsenthalpien) die Reaktionsenthalpien vieler interessierender Reaktionen leicht ermitteln. In Tabelle 3.1 ist eine Auswahl von molaren Standardbildungsenthalpien $\Delta_f H^\circ$ verschiedener Verbindungen aufgeführt, die in der Regel nach diesem Verfahren berechnet wurden. Mit ihrer Hilfe lassen sich Standardreaktionsenthalpien $\Delta_r H^\circ$ z.B. für Reaktionen vom Typ der Gl. (2.73) berechnen gemäß

$$\Delta_r H^0 = \nu_P \Delta_f H_P^0 + \nu_Q \Delta_f H_Q^0 - \nu_A \Delta_f H_A^0 - \nu_B \Delta_f H_B^0, \tag{2.75}$$

wobei gemäß Gl. (2.72) $\Delta_f H_K^0 = 0$ für Elemente K.

Die Standardbildungsenthalpien können positiv oder negativ sein; demgemäß spricht man auch von „*exothermen Verbindungen*" ($\Delta_f H° < 0$) bzw. „*endothermen Verbindungen*" ($\Delta_f H° > 0$). Die Diskussion der Reaktions- und Bildungsenthalpien wird in Abschn. 3.1.3 und Kap. 5 wieder aufgenommen.

2.2 Beschreibung der Richtung von thermodynamischen Zustandsänderungen

Der I. Hauptsatz der Thermodynamik macht Aussagen über die Energiebilanz bei Zustandsänderungen thermodynamischer Systeme. Er gibt aber keine Aussage über die Richtung der natürlichen Zustandsänderungen. Wir betrachten z.b. einen Metallstab, der an einem Ende warm und am anderen Ende kalt ist. Umgibt man den Metallstab mit isolierenden Systemgrenzen, sodass keine Wärme nach außen abgeführt wird, so durchläuft das System Zustandsänderungen, bei denen sich die Temperatur im Stab ausgleicht. Dies entspricht unserer Alltagserfahrung. Nach den Aussagen des I. Hauptsatzes wäre aber auch der umgekehrte Vorgang energetisch möglich. Wie wir wissen, geschieht es jedoch nie, dass sich ein Metallstab von zunächst überall gleicher Temperatur spontan an einem Ende erwärmt und am anderen Ende abkühlt. Dies zeigt, dass nach dem 1. Hauptsatz Vorgänge möglich wären, die in der Natur nicht vorkommen.

In obigem Beispiel ist die natürliche Richtung der Zustandsänderung offensichtlich. Es gibt aber insbesondere in der Biologie und Biochemie Fälle, wo die Richtung des natürlichen Ablaufes von Zustandsänderungen nur nach detaillierter Analyse festzulegen ist. Eine derartige Analyse erfordert eine Systemeigenschaft, die sich bei natürlichen Vorgängen auf charakteristische Weise verändert und dadurch auch geeignet ist, spontane natürliche von reversiblen Vorgängen zu unterscheiden, also Abweichungen vom thermodynamischen Gleichgewicht erkennen zu lassen. Durch den II. Hauptsatz der Thermodynamik wird eine Größe, nämlich die *Zustandsfunktion Entropie*, eingeführt, die diese Eigenschaft besitzt.

Im Folgenden soll der II. Hauptsatz zunächst mit einigen einfachen praktischen Anwendungen sowie Hinweisen auf seine molekularstatistische Interpretation formuliert werden. In den Kapiteln 3-5 folgt dann eine vertiefte und verallgemeinerte Darstellung mit einer Fülle weiterer Anwendungen.

2.2.1 Der II. Hauptsatz der Thermodynamik: Systemtheorie

In der Literatur finden sich eine Reihe von zunächst sehr verschieden anmutenden Formulierungen des II. Hauptsatzes, die wie jene von Lord Kelvin zum Teil bereits im 19. Jahrhundert formuliert wurden. Die zentrale Frage ist hierbei, inwieweit es möglich ist, mechanische Arbeit durch Abkühlung eines Wärmebads zu erzeugen. Nach dem 1. Hauptsatz wäre es z.B. durchaus denkbar, einen Schiffsantrieb zu konstruieren, der seine Energie ausschließlich aus der Wärmeenergie des Meeres (d.h. durch Abkühlung des letzteren) bezieht, ohne sonstige Veränderungen hervorzurufen. Diese prinzipielle Möglichkeit wird durch den 2. Hauptsatz ausgeschlossen, der wie folgt formuliert werden kann:

> Es ist unmöglich, eine Maschine zu konstruieren, die einem Wärmereservoir die Wärme ΔQ entnimmt und diese vollständig in Arbeit ΔW verwandelt.

Der Zusammenhang dieser und ähnlicher Formulierungen mit dem oben beschriebenen Problem der natürlichen Richtung von Zustandsänderungen ist zunächst nicht ersichtlich. Wir werden auf diesen Zusammenhang jedoch später zurückkommen (s. 2.2.1.2).

Der nachfolgende Abschnitt enthält eine mathematisch-physikalische Formulierung des 2. Hauptsatzes. Auf die Beschreibung der historischen Entwicklung der Thermodynamik, die zu dieser Formulierung geführt hat, soll im Rahmen dieser kurzen Einführung verzichtet werden. Wir wollen die, zunächst abstrakt erscheinende, Formulierung quasi als Axiom an den Beginn unserer Ausführungen stellen. Die anschauliche Bedeutung dieses Axioms, das einen Erfahrungssatz von außerordentlicher Allgemeingültigkeit darstellt, wird dann anhand der zahlreichen Anwendungen klar werden.

2.2.1.1 Formulierung des II. Hauptsatzes: Entropie

Die Richtung des Ablaufes natürlicher Prozesse wird durch die Zustandsgröße „*Entropie*" beschrieben. Diese ist wie folgt durch den II. Hauptsatz definiert:

II. Hauptsatz: Für jeden homogenen Bereich existiert eine extensive Zustandsfunktion, die Entropie S des Bereiches, mit den folgenden Eigenschaften:

A) Wählt man als unabhängige Zustandsvariablen des Bereiches die Innere Energie U und das Volumen V, so gilt bei konstanten Stoffmengen n_k für eine infinitesimale Zustandsänderung:

$$TdS = dU + PdV \quad (n_k = const.). \tag{2.76}$$

B) Die Änderung dS der Entropie eines Systems oder Bereiches lässt sich immer in zwei Anteile zerlegen:

$$dS = d_e S + d_i S, \tag{2.77}$$

wobei die Zerlegung wie folgt festgelegt ist:

$$d_e S = 0 \quad \text{für ein thermisch isoliertes System,} \tag{2.78}$$

$$d_e S = \frac{dQ}{T} \quad \text{für ein geschlossenes System mit thermisch leitenden Wänden,} \tag{2.79}$$

$$d_iS = 0 \quad \text{für reversible Zustandsänderung,} \tag{2.80}$$

$$d_iS > 0 \quad \text{für irreversible Zustandsänderung.} \tag{2.81}$$

Negative Werte von d_iS sind unmöglich.

Die Gln. (2.76) bis (2.81) liefern eindeutige Kriterien zur Richtung der in der Natur spontan ablaufenden (irreversiblen) Vorgänge und zur Unterscheidung von reversiblen und irreversiblen Vorgängen. Natürliche Vorgänge zeichnen sich durch $d_iS > 0$ aus, reversible Vorgänge durch $d_iS = 0$. Zur Ermittlung von d_iS ist es nötig, zunächst dS nach Gl. (2.76) zu bestimmen und das Resultat mit d_eS nach Gl. (2.78) oder (2.79) zu vergleichen. Aus der Differenz ergibt sich nach Gl. (2.77) d_iS. Dasselbe Verfahren gilt natürlich auch für die integrierte Form Δ_iS, die auch als *Entropieerzeugung bei irreversiblen Prozessen* bezeichnet wird.

> Als Konsequenz dieser Entropieerzeugung nimmt die Entropie eines thermisch isolierten Systems (für die nach Gl. (2.78) $d_eS = 0$ gilt) bei irreversiblen Prozessen zu. Ohne die Einschränkung der thermischen Isolation kann die Entropie eines Systems bei natürlichen Prozessen sowohl zu- als auch abnehmen oder sich überhaupt nicht ändern (s. 2.2.1.3).

Aus Gl. (2.76) folgt als SI-Einheit der Entropie J K^{-1}.

Bevor wir einfache Anwendungen des II. Hauptsatzes besprechen, sollen noch einige Erläuterungen zu den Grenzen seiner Gültigkeit gegeben werden. Die Gültigkeit erstreckt sich auf alle Zustände eines Bereichs, für die gemäß Gl. (2.76) U, V, n_1, n_2, ..., n_k ein vollständiger Satz von Zustandsvariablen darstellt, wobei die Stoffmengen n_1, n_2, ..., n_k konstant bleiben.

Es können nun Anwendungsfälle auftreten, bei denen weitere extensive Zustandsvariable zur vollständigen Beschreibung des Zustandes des Systems notwendig sind. Beispiele hierfür wären:

a) ein Grenzflächensystem, das neben dem Volumen V durch die geometrische Oberfläche A zu beschreiben ist (dieser Fall wird in Kap. 7 benötigt werden),
b) ein kontrahierender Muskel, der neben seinem Volumen zusätzlich durch seine Länge zu charakterisieren ist.

Beide Fälle wurden bereits in Abschn. 2.1.1.1 diskutiert. Sie zeichnen sich dadurch aus, dass neben der reversiblen Volumenarbeit $-PdV$ weitere reversible Arbeitsterme berücksichtigt werden müssen, die durch die Gln. (2.11) und (2.12) und zusammenfassend durch Gl. (2.13) repräsentiert werden.

In solchen Fällen ist Gl. (2.76) der Teilaussage A des II. Hauptsatzes durch die folgende allgemeinere Beziehung zu ersetzen:

$$TdS = dU - dW_{\text{rev}} = dU - \sum_{k=1}^{r} \lambda_k dl_k , \tag{2.82}$$

wobei die λ_k die zu den l_k jeweils zugehörigen („konjugierten"), intensiven Zustandsvariablen sind (s. Gl. 2.13).
Die Einschränkung auf konstante Stoffmengen (n_k = const.) wird in Abschn. 4.2 aufgegeben (s. auch Gln. 3.4 und 3.40). Dort wird eine Erweiterung der Gl. (2.76) eingeführt werden, die auch für *offene Systeme und chemische Reaktionen* gilt. Der Gültigkeitsbereich dieser derart verallgemeinerten Formen der Gl. (2.76) ist sehr umfassend. Ihre Anwendbarkeit wird erst bei extremen Nicht-Gleichgewichtszuständen hinfällig, z.b. bei der Beschreibung der Ausbreitung von Stoßwellen, von Flammenfronten usw. Eine umfassende Darstellung der *„Thermodynamik der irreversiblen Prozesse"* ist u.a. von Haase (1963) gegeben worden.

2.2.1.2 Thermodynamische Wirkungsgrade von Wärmekraftmaschinen

Unter dem Begriff „Wärmekraftmaschinen" fasst man Anordnungen mit sehr verschiedenen Konstruktionen und Anwendungszwecken zusammen, wie z.b. Kühlschrank, Automotor, Kernkraftwerk, Wärmepumpe u.a. Das Gemeinsame dieser verschiedenen Anlagen ist die Existenz zweier Wärmereservoirs (oder Wärmespeicher) auf verschiedenen Temperaturen, wobei der Wärmeübergang zwischen den Reservoiren durch die eigentliche Wärmekraftmaschine vermittelt wird.
Diese Anordnung soll an Hand eines *Wärmekraftwerkes* (z.B. Kohlekraftwerk) verdeutlicht werden. Ein wesentlicher Teil des konventionellen Wärmekraftwerkes ist die Kesselanlage, in der unter Verbrennung des fossilen Brennstoffes (Kohle, Öle oder Gas) Wasser stark erhitzt wird, sodass es in den Dampfzustand bei hohem Druck und hoher Temperatur ($T \approx 600$ °C) übergeht. Dieser auf hoher Temperatur, der „Arbeitstemperatur", befindliche Dampf stellt das *„Hochtemperaturreservoir"* II dar. Über eine Düse tritt der Dampf aus dem Reservoir II aus und trifft auf die Schaufeln eines Turbinenrotors. Unter Leistung mechanischer (Rotations)-

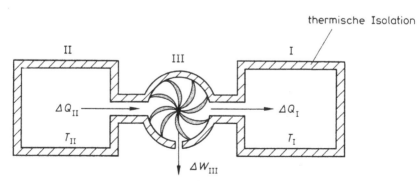

Abb. 2.9. Schema der Energieübergänge zwischen den Teilsystemen einer Wärmekraftmaschine, wobei die Pfeilrichtungen für ein Wärmekraftwerk zutreffen. II: Hochtemperaturreservoir, I: Tieftemperaturreservoir, III: Kraftmaschine. Bei Umkehr der Pfeilrichtungen würde das Schema für den Betrieb einer Wärmepumpe bzw. eines Kühlschrankes zutreffen

Energie (die fast 100prozentig in elektrische Energie umgewandelt wird) entspannt sich der Dampf und kühlt sich zugleich ab. In einem Kondensator wird er durch Kühlung mit Flusswasser (oder Kühltürmen) wieder in den flüssigen Zustand (das Kondensat) bei etwa 100 °C überführt. Der auf etwa 100 °C gehaltene Kondensator stellt das „*Tieftemperaturreservoir*" der Gesamtanlage dar, das mit I bezeichnet werden soll. Im Dauerbetrieb ist jeweils das Hochtemperaturreservoir II und das Tieftemperaturreservoir I bei konstanter Temperatur T_{II} bzw. T_I. Auch der Zustand der dazwischengeschalteten eigentlichen Wärmekraftmaschine III ist zeitlich konstant. Das Wesentliche des Gesamtvorganges können wir daher mit der in Abb. 2.9 dargestellten, vereinfachten Situation erfassen. Wir wollen den *thermodynamischen Wirkungsgrad* der Anlage dadurch ermitteln, dass wir die Abläufe für ein als relativ kurz angesetztes Zeitintervall (z.B. für 5 min) betrachten. Für dieses Zeitintervall können wir uns die gesamte Anlage von *thermisch isolierenden Systemgrenzen* umschlossen denken. In diesem Zeitintervall gehe eine Wärmemenge ΔQ_{II} vom Reservoir II zur Kraftmaschine III über, die währenddessen eine elektrische Arbeit ΔW_{III} an die Umgebung (das „Netz") und eine Wärme ΔQ_I an das Tieftemperaturreservoir I abgibt. Die Reservoire I und II können dabei als so groß angesehen werden, dass ihre Temperaturen durch diese Wärmeübergänge unbeeinflusst bleiben. Das Teilsystem III hat für diesen Zeitabschnitt die Energiebilanz null, d.h. weder gewinnt noch verliert es Energie. Diese Schematisierung der Vorgänge stellt keine wesentliche Abweichung vom wirklichen Ablauf dar. Die wirklich einschneidende Annahme der nachfolgenden Betrachtung ist die Forderung, dass der Gesamtprozess *reversibel* ablaufen soll. Reversible Führung des Prozesses ist der günstigste Grenzfall, der von realen Anlagen höchstens angenähert werden kann. Die Voraussetzungen der nachfolgenden Ableitung des thermodynamischen Wirkungsgrades seien noch einmal kurz zusammengestellt (vgl. auch Abb. 2.9):

a) Gesamtsystem ist thermisch isoliert.
b) Reversible Prozessführung.
c) Der Zustand des Systems III ändere sich nicht während der Zustandsänderung des Gesamtsystems.
d) Die Temperaturen $T_{II} > T_I$ seien ebenfalls während der Zustandsänderung konstant.

Thermodynamische Analyse: Ziel dieser Analyse ist die Ermittlung des *Wirkungsgrads* η der Wärmekraftmaschine, den wir sinnvollerweise als das Verhältnis der von der Wärmekraftmaschine geleisteten Arbeit $|\Delta W_{III}|$ zu der dem Hochtemperaturbad entnommenen Wärmemenge $|\Delta Q_{II}|$ definieren (die dem Tieftemperaturbad zugeführte Wärmemenge ΔQ_I können wir als Abwärme interpretieren):

$$\eta = \frac{|\Delta W_{III}|}{|\Delta Q_{II}|} \qquad (2.83)$$

Die Indizes I, II und III sollen im Folgenden implizieren, dass die entsprechenden Größen sich jeweils auf Teilsystem I, II bzw. III beziehen.

A) Wegen Voraussetzungen a) und b) folgt aus dem II. Hauptsatz:

$$\Delta S_{tot} = \Delta_e S_{tot} + \Delta_i S_{tot} = 0. \tag{2.84}$$

B) Die Entropie S ist eine extensive Zustandsfunktion, also gilt:

$$\Delta S_{tot} = \Delta S_I + \Delta S_{II} + \Delta S_{III} = 0. \tag{2.85}$$

C) Aus der Zeitunabhängigkeit des Zustands des Teilsystems III (Voraussetzung c), s. oben) folgt die Konstanz seiner Zustandsfunktionen S_{III} und U_{III}:

$$\Delta S_{III} = 0, \tag{2.86}$$

$$\Delta U_{III} = 0. \tag{2.87}$$

D) Aus Gln. (2.85) und (2.86) folgt:

$$\Delta S_I + \Delta S_{II} = 0 \tag{2.88}$$

und wegen Reversibilität sowie Konstanz von T_I und T_{II}:

$$\Delta_i S_I = \Delta_i S_{II} = 0, \tag{2.89}$$

$$\Delta S_I = \Delta_e S_I = \frac{\Delta Q_I}{T_I} \; ; \quad \Delta S_{II} = \Delta_e S_{II} = \frac{\Delta Q_{II}}{T_{II}} \tag{2.90}$$

und weiterhin mit Gl. (2.88):

$$\frac{\Delta Q_I}{T_I} + \frac{\Delta Q_{II}}{T_{II}} = 0 \quad \text{oder} \quad \Delta Q_I = -\frac{T_I}{T_{II}} \Delta Q_{II}. \tag{2.91}$$

E) Anwendung des I. Hauptsatzes auf Teilsystem III ergibt:

$$\Delta U_{III} = -\Delta Q_I - \Delta Q_{II} + \Delta W_{III} = 0. \tag{2.92}$$

Die negativen Vorzeichen von ΔQ_I und ΔQ_{II} gelten, weil ΔQ_I und ΔQ_{II} jeweils der Vorzeichenkonvention bezogen auf Teilsystem I bzw. II folgen. Deshalb erhält ΔQ_{II} bei einer Entnahme aus dem Wärmebad II ein negatives Vorzeichen. Die entsprechende (positiv zu wertende) Zufuhr zu Teilsystem III entspricht dann $-\Delta Q_{II}$ (entsprechend ΔQ_I).

F) Eliminiert man aus Gl. (2.92) ΔQ_I mit Hilfe der Gl. (2.91), so folgt

$$\Delta W_{III} = \Delta Q_{II}\left(1 - \frac{T_I}{T_{II}}\right), \tag{2.93}$$

und mit Hilfe von Gl. (2.83) der Wirkungsgrad

$$\eta = \frac{T_{II} - T_I}{T_{II}}. \tag{2.94}$$

Gl. (2.94) lässt erkennen, dass der Wirkungsgrad $\eta = 1$ nur im Grenzfall $T_I \rightarrow 0$ zu verwirklichen wäre. Für Temperaturwerte $T_I > 0$ des Wärmebads I gilt stets $\eta < 1$, d.h. ein Teil der dem Wärmebad II entnommenen Wärmemenge ΔQ_{II} wird als „Abwärme" in das Wärmebad I transferiert. Dies ist nach der Kelvin'schen Formulierung des II. Hauptsatzes (s. oben) auch zu erwarten, nach der eine vollständige Umwandlung von ΔQ_{II} in nutzbringende Arbeit ΔW_{III} nicht möglich ist. Dies zeigt den direkten Zusammenhang der beiden oben angeführten verschiedenen Formulierungen des 2. Hauptsatzes.

In der bisherigen Ableitung ist über das Vorzeichen der Energiegrößen ΔQ_I, ΔQ_{II} und ΔW_{III} noch nicht verfügt worden. Die Gl. (2.93) gilt daher sowohl für den Fall des Wärmekraftwerkes mit $\Delta Q_{II} < 0$, $\Delta Q_I > 0$ und $\Delta W_{III} < 0$ (entsprechend den Pfeilrichtungen der Abb. 2.9) als auch für den Fall mit Energieübergängen, die der Umkehrung der Pfeilrichtungen in Abb. 2.9 entsprechen. Letzterer Fall liegt bei der Funktion einer Wärmepumpe oder eines Kühlschrankes vor; bei beiden wird unter Aufwendung elektrischer Energie $\Delta W_{III} > 0$ Wärme von einem Tieftemperaturreservoir (Außenluft bei der Wärmepumpe bzw. Kühlraum des Kühlschrankes) in ein Hochtemperaturreservoir (Heizungsvorlauf bei der Wärmepumpe bzw. Raumluft beim Kühlschrank) „gepumpt", wobei $\Delta Q_{II} > 0$ und $\Delta Q_I < 0$ ist. Gl. (2.93) soll im Folgenden zur Berechnung von Wirkungsgraden für verschiedene Wärmekraftmaschinen benutzt werden, wobei der Wirkungsgrad η jeweils als das Verhältnis von Nutzenergie zu Energieaufwand definiert wird.

a) Verbrennungskraftwerk: Die Kraftwerke für fossile Brennstoffe arbeiten mit sehr hohen Arbeitstemperaturen: $T_{II} \approx 600\ °C$. Ist die Kondensattemperatur $T_I \approx 100°$, erhalten wir für den Wirkungsgrad unter reversiblen Bedingungen aus Gl. (2.94): $\eta \approx 0{,}57$. Dieser wird allerdings in realen Anlagen nicht erreicht; moderne Kraftwerke für fossile Brennstoffe haben Wirkungsgrade bis zu etwa $\eta_{real} \approx 0{,}45$.

b) Kernkraftwerk: Im Kernkraftwerk wird die zur Erzeugung von Heißdampf erforderliche Wärmeenergie ΔQ_{II} durch kontrollierte Kernspaltung in den Brennelementen des Kernreaktors bereitgestellt. Die dabei auftretende ionisierende Strahlung führt zusammen mit der Hochtemperaturumgebung zur Korrosion der Brennelementhüllen. Um diese Strahlenkorrosion in tolerablen Grenzen zu halten, werden in Kernkraftwerken die Heißdampftemperaturen niedriger gewählt als z.B. in Kohlekraftwerken; typische Werte liegen bei $T_{II} \approx 350\ °C$. Zusammen mit $T_I \approx 100\ °C$ ergibt sich der reversible Wirkungsgrad eines Kernkraftwerkes zu $\eta \approx 0{,}40$. Moderne Kernkraftwerke erreichen etwas geringere reale Werte: $\eta_{real} \approx 0{,}34$. Der Wirkungsgrad bestimmt infolge von Gl. (2.91) den Bruchteil an Abwärme ΔQ_I. Mit den obigen Werten von η_{real} für Verbrennungskraftwerke bzw. Kernkraftwerke ergibt sich die Abwärmebelastung der Umwelt durch Kernkraftwerke (bezogen auf gleiche elektrische Leistung) um ca. 60% höher als durch Verbrennungskraftwerke (vgl. Aufg. 2.10).

c) Elektrische Wärmepumpe zur Wohnraumheizung: Hier ist die Nutzenergie die dem Hochtemperaturreservoir (Heizungsvorlauf) zugeführte Wärme ΔQ_{II}, während der Energieaufwand die zum Betreiben der Wärmepumpe notwendige elektrische Arbeit ΔW_{III} ist (Umkehrung der Pfeile in Abb. 2.9). Dementsprechend ist der reversible Wirkungsgrad definiert als:

$$\eta' = |\Delta Q_{\mathrm{II}}| \,/\, |\Delta W_{\mathrm{III}}| = T_{\mathrm{II}}/(T_{\mathrm{II}} - T_{\mathrm{I}}). \tag{2.95}$$

Mit $T_{\mathrm{II}} \approx 60\ ^{\circ}\mathrm{C}$ (Heizungsvorlauftemperatur) und $T_{\mathrm{I}} \approx 0\ ^{\circ}\mathrm{C}$ (Außenluft) hätten wir $\eta' \cong 5,5$. Unter realen Betriebsbedingungen wird je nach Außentemperatur T_{I} $\eta'_{\mathrm{real}} \approx 1,5 - 3$ erreicht.

d) Gesamtwirkungsgrad der Heizung mit Wärmepumpen, deren elektrische Energie durch Wärmekraftwerke erzeugt wird: Wie vorstehend ausgeführt, haben die elektrischen Wärmepumpen zwar überraschend günstige reale Wirkungsgrade. Ihr Gesamtwirkungsgrad ist jedoch zu definieren als das Verhältnis der Nutzwärme $\Delta Q'_{\mathrm{II}}$ zum Energieaufwand in Form von Hochtemperaturwärme ΔQ_{II}, die im Wärmekraftwerk zur Bereitstellung der elektrischen Arbeit ΔW_{III} benötigt wird, mit welcher die Wärmepumpe betrieben wird:

$$\eta'_{\mathrm{gesamt}} = \frac{|\Delta Q'_{\mathrm{II}}|}{|\Delta Q_{\mathrm{II}}|} = \frac{|\Delta Q'_{\mathrm{II}}|}{|\Delta W_{\mathrm{III}}|} \cdot \frac{|\Delta W_{\mathrm{III}}|}{|\Delta Q_{\mathrm{II}}|} = \eta'_{\mathrm{real}}\eta_{\mathrm{real}}. \tag{2.96}$$

Mit einem (Kern-)Kraftwerkswirkungsgrad von $\eta = 0{,}34$ und einem (optimistischen) Wirkungsgrad der Wärmepumpe von $\eta'_{\mathrm{real}} \approx 2{,}5$ erhalten wir: $\eta'_{\mathrm{gesamt}} \approx 0.85$. Das liegt im Bereich des Wirkungsgrads von Ölheizungen, der etwa $\eta'_{\mathrm{gesamt}} \approx 0{,}75$ bis 0,92 beträgt. Wärmepumpen würden also erst dann einen wesentlichen Fortschritt bei der Wohnraumheizung bringen, wenn außerdem die Abwärme der Kraftwerke über Heizleitungen zur Raumheizung ausgenützt würde.

2.2.1.3 Temperaturausgleich zwischen zwei Teilsystemen

Die vorstehende Ableitung behandelte den reversiblen Wärmeübergang zwischen zwei Wärmereservoiren verschiedener Temperatur, wobei der unter reversiblen Bedingungen maximale Arbeitsbetrag vom System geleistet wird. Hier soll nun der entgegengesetzte Fall, der irreversible Wärmeübergang ohne Arbeitsleistung, behandelt werden. Hier entfällt also das Teilsystem III. Das verbleibende System ist in Abb. 2.10 schematisch dargestellt. Das wiederum thermisch von der Umgebung isolierte Gesamtsystem sei durch eine thermisch leitende Trennwand in zwei Teilsysteme I und II geteilt, die jedes für sich im inneren Gleichgewicht sein sollen,

Abb. 2.10. Temperaturausgleich zwischen zwei homogenen Teilsystemen eines heterogenen Gesamtsystems

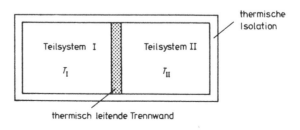

also durch Temperaturen T_I und $T_{II} > T_I$ beschrieben werden können. Im Laufe der Zeit soll sich der Temperaturunterschied durch Wärmeübergang von II nach I ausgleichen.

Zur Beschreibung dieses Vorganges nach dem II. Hauptsatz beachtet man zunächst, dass die Entropie eine extensive Zustandsfunktion ist. Die Entropie des Gesamtsystems ist also die Summe der Entropien der Teilsysteme:

$$S = S_I + S_{II}, \quad \text{d.h.} \quad dS = (dS)_I + (dS)_{II}. \tag{2.97}$$

Wegen der thermischen Isolation des Gesamtsystems ist:

$$d_e S = 0, \quad \text{also} \quad dS = d_i S. \tag{2.98}$$

Weil inneres Gleichgewicht zu jedem Zeitpunkt für jedes der Teilsysteme vorausgesetzt war, durchläuft jedes derselben reversible Zustandsänderungen, also

$$(d_i S)_I = (d_i S)_{II} = 0. \tag{2.99}$$

Für die Teilsysteme beruht also die jeweilige Entropieänderung auf dem Wärmeübergang zwischen den Teilsystemen:

$$(dS)_I = (d_e S)_I = \frac{dQ}{T_I} \tag{2.100}$$

$$(dS)_{II} = (d_e S)_{II} = -\frac{dQ}{T_{II}}, \tag{2.101}$$

wobei $dQ > 0$ der vom Teilsystem I aufgenommene und $-dQ < 0$ der vom Teilsystem II abgegebene differentielle Wärmebetrag ist.

Aus Gln. (2.97), (2.100) und (2.101) folgt:

$$dS = (dS)_I + (dS)_{II} = (d_e S)_I + (d_e S)_{II} = \frac{dQ}{T_I} - \frac{dQ}{T_{II}}. \tag{2.102}$$

Andererseits ist nach Gl. (2.98) $dS = d_i S$, sodass nach Gl. (2.102):

$$d_i S = dQ \left(\frac{T_{II} - T_I}{T_I T_{II}} \right). \tag{2.103}$$

Da entsprechend den Voraussetzungen $T_{II} > T_I$ und $dQ > 0$ ist, folgt aus Gl. (2.103): $d_i S > 0$, wie es auch die Teilaussage B) des II. Hauptsatzes fordert. Ein Wärmefluss von niederer zu höherer Temperatur ($dQ < 0$) würde also den II. Hauptsatz verletzen und stünde selbstverständlich auch im Widerspruch zu jeglicher Erfahrung.

Das obige Beispiel zeigt, dass das Glied $d_i S$ der Gln. (2.77) und (2.81) tatsächlich auf Prozessen im Inneren eines Systems beruht und bei irreversiblen Zustandsänderungen (im obigen Beispiel: Temperaturausgleich) positiv ist.

Weiterhin sieht man an Gl. (2.101) für das Teilsystem II, dass für ein System (oder einen Bereich) mit thermisch leitenden Wänden $d_e S < 0$ sein kann. Das ist z.B. dann der Fall, wenn das System Wärme an die Umgebung abgibt. Wenn zusätzlich (wie im Teilsystem II) $d_i S < |d_e S|$, so nimmt nach Gl. (2.77) die Entropie des Systems ab; $dS < 0$. Allgemein kann – trotz der Entropieerzeugung bei irreversiblen Prozessen – die Entropieänderung ΔS einer Phase oder eines Systems positiv, negativ oder gleich null sein.

2.2.2 Praktische Ermittlung der Entropieänderungen von Stoffen

2.2.2.1 Zusammenhang zwischen Entropie und Wärmekapazität

Wie im Falle der Inneren Energie und der Enthalpie kann man auch die Entropie aus kalorimetrischen Daten ermitteln. Dies gilt sowohl unter der Bedingung konstanten Volumens als auch unter der Bedingung konstanten Drucks.

Bei konstantem Volumen ($dV = 0$) und konstanten Stoffmengen ($dn_k = 0$) ergibt sich aus Gl. (2.76) der Teilaussage A des II. Hauptsatzes mit der Definitionsgleichung (2.25) für C_V:

$$T dS = dU = C_V\, dT, \quad \text{also} \tag{2.104}$$

$$dS = \frac{C_V(T)}{T}\, dT \quad \text{oder} \tag{2.105}$$

$$C_V = T \left(\frac{\partial S}{\partial T}\right)_{V, n_k}. \tag{2.106}$$

Man kann also Entropieänderungen bei konstantem Volumen aus Messdaten für C_V berechnen, indem man Gl. (2.105) integriert:

$$\Delta S = S_e - S_a = \int_{T_a}^{T_e} \frac{C_V(T)}{T}\, dT, \quad V = \text{const.}, \; n_k = \text{const.} \tag{2.107}$$

In praktischer Hinsicht noch wichtiger ist der Zusammenhang zwischen der Entropie und der Wärmekapazität C_P unter konstantem Druck. Aus dem Differential der Enthalpie (Gl. 2.52) ergibt sich in Verbindung mit Gl. (2.76)

$$dH = T dS + V dP, \quad n_k = \text{const.} \tag{2.108}$$

Hieraus folgt mit Gl. (2.59) für $dP = 0$:

$$dS = \frac{C_P}{T}\, dT \quad \text{und} \tag{2.109}$$

$$C_P = T \left(\frac{\partial S}{\partial T}\right)_{P, n_k}. \tag{2.110}$$

Durch Integration von Gl. (2.108) gelangt man zur Änderung der Entropie S mit der Temperatur bei konstantem Druck:

$$P = \text{const.}, \, n_k = \text{const.:} \quad \Delta S = S_e - S_a = \int_{T_a}^{T_e} \frac{C_P(T)}{T} dT .$$

(2.111)

Die Entropie ist nach Gl. (2.107) bzw. (2.111) nur bis auf eine additive Konstante bestimmt.

Nach Planck (1911) setzt man zweckmäßig die Entropie einer reinen Phase im inneren Gleichgewicht am Nullpunkt der absoluten Temperatur gleich null.

Die allgemeinen Aussagen, die auf die *Planck'sche Normierung* der *Nullpunktsentropie* geführt haben, bezeichnet man häufig auch als „*Nernst'schen Wärmesatz*". Da wir die Details des Verhaltens der Stoffe in der Nähe des Nullpunkts der absoluten Temperaturskala für das Folgende nicht benötigen, sei hierfür auf die Literatur verwiesen (Haase 1956 sowie Haase 1972, S. 129-137).

Mit der Planck'schen Normierung $S = 0$ für $T \rightarrow 0$ gilt also für eine reine Phase im inneren Gleichgewicht:

$$S(T_i) = \int_0^{T_i} \frac{C_P(T)}{T} dT.$$

(2.112)

Die molare Entropie S ist definiert als

$$\bar{S} = S/n.$$

(2.113)

Wie in Abschn. 3.2.2 begründet wird, hat die molare Entropie (ähnlich wie die molare Enthalpie) bei einer Phasenumwandlung einen Sprung um den Betrag der *molaren Umwandlungsentropie* $\Delta_u \bar{S} = \Delta_u \bar{H} / T_u$. Man kann also die Integration nach Gl. (2.112) nur bis zur Umwandlungstemperatur T_u ausführen, addiert die Umwandlungsentropie und setzt dann die Integration von der Umwandlungstemperatur ausgehend fort:

$$\bar{S}(T_i) = \int_0^{T_u} \frac{\bar{C}_P(T)}{T} dT + \Delta_u \bar{S} + \int_{T_u}^{T_i} \frac{\bar{C}_P(T)}{T} dT .$$

(2.114)

Für den Fall, dass im Integrationsbereich weitere Umwandlungspunkte liegen (z.B. der Siedepunkt), ist auch hier die Integration zu unterbrechen, der jeweilige Betrag der Umwandlungsentropie (z.B. *Verdampfungsentropie*) zu addieren und dann die Integration am Umwandlungspunkt fortzusetzen. Entropiewerte von Stoffen, die nach diesem Verfahren berechnet wurden, nennt man auch „*absolute Entropien*".

2.2.2.2 Berechnung von „absoluten" Entropien und Reaktionsentropien aus kalorimetrischen Daten

Das durch Gl. (2.114) beschriebene Verfahren erlaubt es, die („absolute") molare Entropie $\overline{S}(T)$ aus der Temperaturabhängigkeit von $\overline{C}_P(T)$ zu berechnen, wobei allerdings zusätzlich die molaren Umwandlungsenthalpien $\Delta_u \overline{H}$ für alle Umwandlungen im überstrichenen Temperaturbereich bekannt sein müssen. In Abb. 2.7 ist das Ergebnis für H_2O bei 1 bar im Temperaturbereich zwischen $T = 0$ K und $T = 360$ K dargestellt.

Eine praktische Schwierigkeit dieser Prozedur liegt vielfach im Mangel an Daten für $\overline{C}_P$ bei sehr tiefen Temperaturen. In der Regel sind nämlich die $\overline{C}_P$-Messungen nur bis zu Temperaturen des flüssigen Wasserstoffes, d.h. bis zu etwa $T_i = 20$ K herab, durchgeführt worden. Um trotzdem über die Planck'sche Normierung zu „absoluten" Entropien zu gelangen, wird in solchen Fällen die Debye'sche Formel Gl. (2.68) zur Extrapolation bis $T \to 0$ K verwendet:

$$\overline{S}(T_i) = \int_0^{T_i} \frac{\overline{C}_P}{T} dT = \int_0^{T_i} \frac{aT^3}{T} dT = \frac{aT_i^3}{3} = \frac{C_P(T_i)}{3}. \qquad (2.115)$$

Für Tetrachlorkohlenstoff wurde beispielsweise bei 1 bar und 20 K gemessen: $\overline{C}_P = 21{,}13$ J mol^{-1} K^{-1}. Nach Gl. (2.115) erhalten wir hieraus: $\overline{S}$ (20 K) = 7,04 J $\text{mol}^{-1}\text{K}^{-1}$. Aus Tabellenwerken (wie D'Ans-Lax 1967 oder Landolt-Börnstein 1961) sind viele weitere Beispiele für die Verläufe $\overline{C}_P(T)$, $\overline{H}(T)$ und $\overline{S}(T)$ über einen breiten Temperaturbereich zu entnehmen.

Für das Folgende sind die Entropiewerte unter *Standardbedingungen* ($T = 298{,}15$ K und $P = 1$ bar) besonders wichtig; sie werden als *molare Standardentropien* $\overline{S}^0$ bezeichnet. Eine Auswahl von Zahlenwerten für $\overline{S}^0$ verschiedener Verbindungen ist in Tabelle 3.1. zusammengestellt.

In völliger Analogie zu den Ausführungen in Abschn. 2.1.3.3 über Reaktions- und Bildungsenthalpien können *Reaktionsentropien* $\Delta_r S$ definiert werden. Für die bei konstantem T und P ablaufende Reaktion:

$$\nu_A A + \nu_B B \to \nu_P P + \nu_Q Q$$

ergibt sich die *Standardreaktionsentropie* $\Delta_r S^0$ aus der Bilanz der (absoluten) molaren Standardentropien der Reaktionspartner:

$$\Delta_r S^0 = \nu_P \overline{S}_P^0 + \nu_Q \overline{S}_Q^0 - \left(\nu_A \overline{S}_A^0 + \nu_B \overline{S}_B^0 \right). \qquad (2.116)$$

Aus der Eigenschaft der Entropie, eine extensive Zustandsfunktion zu sein, folgen die gleichen allgemeinen Rechenregeln (wie in Abschn. 2.1.3.3 erläutert), nach denen bekannte Reaktionsentropien kombiniert werden, um die Reaktionsentropien für unbekannte oder experimentell schwierig zugängliche Reaktionen zu ermitteln. So können z.B. auch Entropien für Reaktionen der Bildung von Verbindungen aus den reinen Elementen berechnet werden. Der Begriff der Reaktionsentropie wird in den Kap. 3 und 5 zur Beschreibung chemischer Reaktionen angewandt werden.

2.2.2.3 Entropieänderung bei isothermer, reversibler Volumenänderung

Für das Differential der Entropie in den Variablen U und V gilt nach Gl. (2.76) der Teilaussage A des II. Hauptsatzes:

$$dS = \frac{dU}{T} + \frac{P}{T} dV . \qquad (2.117)$$

Nach dieser Beziehung ist S eine Funktion der Zustandsvariablen U und T. Für eine isotherme Volumenänderung sind aber T und V die zweckmäßigeren unabhängigen Zustandsvariablen. Nach den Ausführungen des Abschn. 2.1.2.2, Gl. (2.36) können wir jedoch das Differential von U durch die unabhängigen Variablen T und V ausdrücken, sodass wir für Gl. (2.117) erhalten:

$$dS = \frac{C_V}{T} dT + \left[\frac{1}{T} \left(\frac{\partial U}{\partial V} \right)_T + \frac{P}{T} \right] dV . \qquad (2.118)$$

Unter isothermen Bedingungen gilt:

$$T = \text{const.:} \quad dS = \left[\frac{1}{T} \left(\frac{\partial U}{\partial V} \right)_T + \frac{P}{T} \right] dV . \qquad (2.119)$$

Für ideale Gase ist $(\partial U / \partial V)_T = 0$ (s. 2.1.2.2). Allgemein kann man $(\partial U / \partial V)_T$ nach Gl. (2.41) durch $(\partial P / \partial T)_V$ ausdrücken. Unter Verwendung dieser Beziehung ergibt sich:

$$T = \text{const.:} \quad dS = \left(\frac{\partial P}{\partial T} \right)_V dV. \qquad (2.120)$$

Bei Kenntnis der mechanisch-thermischen Zustandsgleichung $P = f(T,V)$ lässt sich diese Beziehung leicht integrieren. Wir führen dies im Folgenden für die Zustandsgleichung idealer Gase $P = n\,RT / V$ durch und erhalten damit nach Gl. (2.120):

$$\text{ideales Gas: } T = \text{const.,} \quad dS = \frac{nR}{V} dV. \qquad (2.121)$$

Die Integration zwischen dem Ausgangsvolumen V_a und dem Endvolumen V_e ergibt schließlich:

$$\text{ideales Gas, } T = \text{const.:} \quad \Delta S = S(V_e,T) - S(V_a,T) = nR \ln \frac{V_e}{V_a} . \qquad (2.122)$$

Danach hängt ΔS unter isothermen und reversiblen Bedingungen nur von Ausgangs- und Endvolumen des idealen Gases ab. Wir werden diese einfache Beziehung im Rahmen der nachfolgend beschriebenen molekular-statistischen Deutung der Entropie verwenden.

2.2.3 Anmerkungen zur statistischen Deutung der Entropie

2.2.3.1 Zusammenhang zwischen Entropie und Systemwahrscheinlichkeit

Nach Abschn. 2.2.1.1 nimmt die Entropie eines thermisch isolierten Systems (für die nach Gl. (2.78) $d_e S = 0$ gilt) infolge der durch Gl. (2.81) repräsentierten Entropieerzeugung bei irreversiblen Prozessen zu. Hierdurch ist eine Vorzugsrichtung für natürlich ablaufende Vorgänge in Richtung des thermodynamischen Gleichgewichts definiert. Letzteres hatten wir in Abschn. 1.3 als den wahrscheinlichsten thermodynamischen Makrozustand charakterisiert, der sich durch eine maximale Zahl von Mikrozuständen auszeichnet. Andere weniger wahrscheinliche Makrozustände führen zu Systemveränderungen in Richtung des wahrscheinlichsten Makrozustandes. Auch die statistische Thermodynamik gestattet somit eine Richtungsangabe natürlicher Vorgänge und es erscheint naheliegend zu vermuten, dass zwischen beiden Beschreibungsweisen, der klassischen über die Entropie und dem Formalismus der statistischen Thermodynamik, ein Zusammenhang besteht.

Dieser Zusammenhang ist durch die fundamentale ***Boltzmann-Beziehung*** gegeben. Sie korreliert die Entropie S mit der Zahl der Mikrozustände W, die wir in Kap. 1.3 kennen gelernt haben. Wir werden W der Einfachheit halber als ***thermodynamische Wahrscheinlichkeit des makroskopischen Systemzustands*** bezeichnen (obwohl W im strengen Sinne keine echte Wahrscheinlichkeit, sondern das „statistische Gewicht" des Systemzustands bedeutet). Wählt man als makroskopische Zustandsvariablen die Molekülzahl N, das Volumen V und die Innere Energie U, so lautet die Beziehung, auf deren Ableitung wir hier verzichten wollen,

$$S(N, V, U) = k_B \ln W(N, V, U). \qquad (2.123)$$

Danach ist die Entropie proportional zum Logarithmus der thermodynamischen Wahrscheinlichkeit des Systemzustands. Der Proportionalitätsfaktor $k_B = R/L = 1{,}38 \cdot 10^{-23}$ J K^{-1} ist die bereits durch Gl. (1.54) eingeführte „***Boltzmann-Konstante***". Die Ermittlung von $W(N, V, U)$ ist der eigentliche Inhalt der molekular-statistischen Behandlung und erfordert in der Regel die Annahme eines vereinfachten Modells für das betrachtete System. Bevor wir uns die Vorgehensweise an einem einfachen Beispiel ansehen, wollen wir uns über die anschauliche Bedeutung von W klar werden.

In Abschn. 1.3.1 hatten wir W als Zahl der zu einem gegebenen Makrozustand gehörenden Mikrozustände definiert. Man kann W als Maß für den Ordnungsgrad eines Systems interpretieren. Dies ist wie folgt zu verstehen: Je geringer die Zahl der Mikrozustände (s. Abb. 1.10), desto definierter ist der Zustand des Systems. Eine kleine Zahl von Mikrozuständen entspricht deshalb einer vergleichsweise hohen Ordnung des Systems. Den Grenzfall eines Makrozustands mit einem einzelnen Mikrozustand kann man als ein wohldefiniertes System mit perfekter Ordnung verstehen, bei dem die Zugehörigkeit der einzelnen Atome zu den Teilvolumina exakt festgelegt ist.

Demnach entspricht das Gleichgewicht (mit seiner maximalen Zahl an Mikrozuständen) dem Zustand größter Unordnung des Systems.

Da nach Gl. (2.123) S mit W zunimmt, sollte ein Zustand hoher Entropie mit einem großen W, d.h. vergleichsweise großer Unordnung verknüpft sein. Dieser Zusammenhang wird durch die nachfolgend beschriebenen Experimente gestützt.

Mit Hilfe von Röntgenstreuungsmessungen (Röntgenstrukturanalyse) kann man den Ordnungszustand einer Substanz in verschiedenen Zuständen untersuchen. Tut man dies z.B. für reines Wasser bei Atmosphärendruck für verschiedene Temperaturen, so findet man bei sehr tiefen Temperaturen (im Eis) scharfe Röntgenreflexe, die auf eine gute kristalline Fernordnung der Moleküle schließen lassen. Bei Temperaturerhöhung setzt eine graduelle Verbreiterung der Reflexe ein, die auf den Schwingungen der Moleküle um Gleichgewichtslagen im Kristall sowie auf dem zunehmenden Auftreten von Punktdefekten im Kristallgitter beruht. Am Schmelzpunkt $T_s = 273,2$ K bricht der Fernordnungszustand des kristallinen Eises zusammen; oberhalb T_s entnimmt man den Röntgenreflexen nur noch eine Nahordnung der Moleküle. Gemäß Abb. 2.7 ist mit der Abnahme der strukturellen Ordnung eine entsprechende Zunahme der Entropie korreliert. Vereinfacht kann deshalb man sagen:

Die Entropie ist ein Maß für die strukturelle Unordnung des betrachteten Systems.

2.2.3.2 Molekular-statistische Berechnung der Entropieänderung bei reversibler isothermer Kompression eines idealen Gases

Entsprechend den Ausführungen in Abschn. 1.2.3.1 üben ideale Gasmoleküle keine Wechselwirkungen aufeinander aus und besitzen kein Eigenvolumen. Unter diesen Annahmen sind die Gasmoleküle voneinander unabhängig und völlig zufällig über das ihnen zur Verfügung stehende Volumen verteilt.

Nach Gl. (2.123) erhält man als Entropiedifferenz ΔS bei isothermer reversibler Kompression vom Ausgangsvolumen V_a auf das Endvolumen V_e:

$$\Delta S = S(N, V_e, U) - S(N, V_a, U) = k_B \ln \frac{W(N,V_e,U)}{W(N,V_a,U)}. \qquad (2.124)$$

Die Molekülzahl N und die Innere Energie U sind hierbei als konstant anzusehen. Bei idealen Gasen gilt nach Gl.(2.39) $(\partial U / \partial V)_T = 0$, sodass sich U nach Gl. (2.40) bei isothermen Vorgängen nicht ändert. Wir müssen deshalb nur die Veränderung von W ins Auge fassen, die mit der Volumenreduktion von V_a nach V_e verbunden ist. Das Problem besteht somit darin, das Wahrscheinlichkeitsverhältnis zu berechnen, alle Gasmoleküle N statt im Ausgangsvolumen V_a im kleineren Endvolumen V_e vorzufinden, das als Teilvolumen von V_a aufgefasst werden kann.

Dazu betrachten wir zunächst das Wahrscheinlichkeitsverhältnis für die durch V_e und V_a charakterisierten Zustände für ein einziges Molekül im Gasvolumen. Die relative Wahrscheinlichkeit, das Molekül in einem Teilvolumen V_e des Gesamtvolumens V_a zu finden, ist proportional dem Volumenverhältnis V_e/V_a. Für zwei Moleküle ist das Verhältnis der Wahrscheinlichkeit, beide Moleküle zugleich in V_e zu finden, zu derjenigen, beide zugleich in V_a zu finden, gleich $(V_e/V_a)^2$. Für n mol eines idealen Gases ist daher die relative Wahrscheinlichkeit der Beschränkung aller nL Moleküle auf das Volumen V_e, bezogen auf das größere Volumen V_a:

$$\frac{W(N,U,V_e)}{W(N,U,V_a)} = \left(\frac{V_e}{V_a}\right)^N = \left(\frac{V_e}{V_a}\right)^{nL}. \tag{2.125}$$

Aus Gln. (2.124) und (2.125) erhalten wir also:

$$\Delta S = k_B \ln\left(\frac{V_e}{V_a}\right)^{nL} = nk_B L \ln\left(\frac{V_e}{V_a}\right) = nR \ln\left(\frac{V_e}{V_a}\right). \tag{2.126}$$

Dieses Ergebnis stimmt mit der Beziehung (2.122) überein, die aus dem II. Hauptsatz gewonnen wurde. Dies zeigt die Gleichwertigkeit der Betrachtungsweisen der klassischen Thermodynamik und der statistischen Thermodynamik, die in der Boltzmann-Beziehung (2.123) zum Ausdruck kommt.

Wir wollen das Resultat durch ein Zahlenbeispiel veranschaulichen. Nach Gl. (2.125) kann man das Verhältnis w der Wahrscheinlichkeiten dafür berechnen, dass N Gasmoleküle entweder in einer Hälfte eines vorgegebenen Gasvolumens V versammelt sind oder dass sie das gesamte Volumen V einnehmen:

$$w = \frac{W(V/2)}{W(V)} = \left(\frac{1}{2}\right)^N. \tag{2.127}$$

Wenn nur zwei Gasmoleküle vorhanden wären, hätte man $w = (1/2)^2 = 0{,}25$. Hier ist die relative Wahrscheinlichkeit für die gleichzeitige Anwesenheit der beiden Moleküle auf der einen Hälfte des Volumens erheblich. Doch handelt es sich hier nicht um ein makroskopisches System. In einem Kubikzentimeter Gas bei Normalbedingungen sind $N = 2{,}7 \cdot 10^{19}$ Moleküle enthalten. Hier ergibt die Anwendung von Gl. (2.127) eine verschwindend kleine Zahl für w; es ist also praktisch ausgeschlossen, dass sich die Moleküle eines makroskopischen Gasvolumens zufällig in dieser asymmetrischen Weise anordnen.

Nach Gl. (2.126) erhält man für $V_e < V_a$ eine mit der Molekülzahl $N = nL$ zunehmende (negative) Entropieänderungen ΔS. Zusammenfassend lässt sich daher feststellen, dass die isotherme reversible Kompression eines idealen Gases sowohl mit einer Abnahme der Entropie als auch mit einer Abnahme der thermodynamischen Wahrscheinlichkeit W des Systems verknüpft ist. Dies entspricht dem im letzten Abschnitt dargestellten und durch Gl. (2.127) repräsentierten Zusammenhang. Die Reduktion des Volumens durch Kompression führt zu einer genaueren

Festlegung der Molekülpositionen und damit zu einer größeren strukturellen Ordnung.

Auf prinzipiell ähnliche Weise berechnet man auch die thermodynamische Wahrscheinlichkeit W im Fall von realen Gasen, Flüssigkeiten oder Festkörpern; es ist dann in der Regel jedoch die Wechselwirkung zwischen den Molekülen und ihre Raumerfüllung modellmäßig zu erfassen.

2.2.3.3 Nullpunktsentropie von Kristallen mit eingefrorener Fehlordnung

In Abschn. 2.2.2.1 war die *Planck'sche Normierung* ($T = 0$ K: $S = 0$) für alle reinen Phasen im inneren Gleichgewicht besprochen worden. Im Lichte der Boltzmann-Beziehung (Gl. 2.123) entspricht diese Normierung einer thermodynamischen Wahrscheinlichkeit von $W = 1$ an $T = 0$. Nach den Ausführungen zur statistischen Thermodynamik (s. Abschn. 1.3) erfordert dies einen Makrozustand, der aus einem einzelnen Mikrozustand besteht. Danach sollten reine Phasen bei $T = 0$ eine perfekte Ordnung aufweisen, d.h. bei idealen Kristallen sollte die Position jedes Atoms eindeutig festgelegt sein, sodass nur eine Möglichkeit der Atomanordnung existiert. Die experimentelle Überprüfung dieser Aussage ergab bei einigen Systemen Unstimmigkeiten. Nach den in Abschn. 2.2.2.2 gegebenen Grundlagen zur Ermittlung von Reaktionsentropien durch Kombination von (absoluten) Entropien der reagierenden Stoffe gemäß Gl. (2.116) müsste bei Gültigkeit der Planck'schen Normierung die Reaktionsentropie von kristallinen Verbindungen am Nullpunkt $T = 0$ K verschwinden. Beispiele für Ausnahmefälle, bei denen dies nicht der Fall ist, stellen Reaktionen unter Beteiligung von CO dar. Hier fand man stets eine Reaktionsentropie bei $T = 0$ K von $\Delta_r S \approx 4{,}2$ J mol^{-1} K^{-1}. Man kann daher im Widerspruch zur Planck'schen Normierung auf eine Nullpunktsentropie für CO von $\bar{S}_0 = 4{,}2$ J mol^{-1} K^{-1} schließen. Diese (wie auch weitere) Ausnahmen von der Planck'schen Normierung können durch Baufehler in Kristallen (wie unbesetzte Gitterplätze, Vertauschung von Molekülrichtungen usw.) erklärt werden, die beim Einfrieren erhalten bleiben, so dass eine Nichtgleichgewichtsverteilung vorliegt. Dies führt zu einer Verletzung der Planck'schen Normierung, die vom inneren Gleichgewicht der Phasen ausgeht. Im Falle von CO ist die Fehlordnung des Kohlenmonoxidkristalls

O-C C-O C-O O-C O-C C-O

energetisch wenig von der idealen Ordnung

O-C O-C O-C O-C O-C O-C

verschieden und nur durch relativ umfangreiche molekulare Umlagerungen im Kristall zu beseitigen, sodass bei tieferen Temperaturen der Zustand der idealen Ordnung, d.h. des inneren Gleichgewichtes, nicht mehr eingenommen wird.

Die Anwendung von Gl. (2.123) erlaubt eine einfache Abschätzung der Nullpunktsentropie. Wir nehmen (entsprechend den oben gezeigten Molekülanordnungen) an, dass jedes CO-Molekül zwei verschiedene Anordnungsmöglichkeiten im Kristall zur Verfügung hat (nämlich O „links" oder „rechts" vom zugehörigen C). Dann gibt es für Systeme aus 1 Molekül 2^1 Anordnungsmöglichkeiten, aus 2 Molekülen 2^2 Anordnungen usw., für Systeme aus L Molekülen schließlich 2^L Möglichkeiten für verschiedene Anordnungen. Sie entsprechen den Mikrozuständen unserer statistisch-thermodynamischen Analyse von Abschn. 1.3 und damit der thermodynamischen Wahrscheinlichkeit W. Wir erhalten daher mit Gl. (1.123):

$$\overline{S}_0 = k_B \ln 2^L = R \ln 2 = 5{,}76 \ \text{J mol}^{-1}\text{K}^{-1}. \tag{2.128}$$

Dies stimmt recht gut mit dem oben erwähnten experimentellen Resultat überein.

Eine ähnliche Interpretation ist für die Nullpunktsentropie von Eis und N_2O möglich. Die Nullpunktsentropie von kristallinem H_2 beruht auf Kernspineffekten (Guggenheim 1959, S. 184f.).

2.3 Zur Anwendung der Hauptsätze der Thermodynamik auf biologische Systeme

Die Gültigkeit des I. Hauptsatzes der Thermodynamik für die Beschreibung von Zustandsänderungen an lebenden Systemen wurde kaum je bezweifelt. So hat bereits der Entdecker des I. Hauptsatzes J.R. von Mayer (1842) gegenüber Einwänden J. von Liebigs die Anwendbarkeit auf biologische Systeme betont.

Für die explizite Anwendung muss man allerdings beachten, dass ein lebender Organismus ein offenes System darstellt. Der Einfachheit halber wollen wir diesen Umstand an einem erwachsenen Organismus diskutieren. Wenn man kurzfristige Fluktuationen der Zustandsvariablen aufgrund von Tagesrhythmik, Nahrungszyklen usw. vernachlässigt, kann ein erwachsener Organismus in guter Näherung durch zeitunabhängige Zustandsgrößen beschrieben werden. Wie wir bereits bei der Definition von Gleichgewichtszuständen in Abschn. 1.1 festgestellt haben, ist ein Organismus mit zeitunabhängigen Zustandsvariablen nicht im thermodynamischen Gleichgewicht, sondern in einem stationären Nicht-Gleichgewichtszustand. Im stationären Zustand des adulten Organismus muss natürlich auch die Innere Energie näherungsweise zeitunabhängig sein. Wegen der Wärmeabgabe des Organismus an die Umwelt und der möglichen Leistung mechanischer Arbeit fordert der I. Hauptsatz die *Zufuhr* einer weiteren Energieform. Diese ist für einen lebenden Organismus nur durch die chemische Energie der aufgenommenen Nahrung gegeben; elektrische, mechanische oder andere Energieformen können nicht in nennenswertem Umfang aufgenommen werden.

Die tägliche Energieabgabe eines erwachsenen Menschen mit geringer Tätigkeit ist etwa 10^7 J. Die zur Erhaltung des stationären Zustandes täglich zuzuführende Energie von 10^7 J ist in etwa 300 g Kohlenhydraten, 100 g Fett und 100 g Protein enthalten.

Im Gegensatz zum I. Hauptsatz schien zunächst die Gültigkeit des II. Hauptsatzes für lebende Systeme nicht gegeben. Die genaue Fassung des II. Hauptsatzes für offene Systeme und die Entwicklung der „Thermodynamik irreversibler Prozesse" haben jedoch alle Zweifel an seiner Gültigkeit für Organismen beseitigt. Wir betrachten wieder einen adulten Organismus im (näherungsweise) stationären Nicht-Gleichgewichtszustand. Da auch die Entropie des Systems zeitunabhängig sein muss, ist nach Gl. (2.77) zu fordern, dass die **Entropieerzeugung** $d_i S$ im Innern des Systems gerade durch den Ausfluss an Entropie $d_e S$ aufgrund von Wärme- und Stoffaustausch mit der Umgebung kompensiert ist:

$$dS = 0: \quad d_i S = -d_e S. \tag{2.129}$$

Der Anteil $d_i S > 0$ beruht vor allem auf chemischen Reaktionen im Innern des Organismus. Für den Anteil $d_e S < 0$ kommt neben der Wärmeabgabe durch den Organismus vor allem der Nettoentropieexport durch den Stoffaustausch mit der Umgebung auf. Die Lebewesen nehmen ja in Form ihrer Nahrung Stoffe hoher struktureller Ordnung, d.h. relativ niedriger Entropie auf, bauen diese dann in biochemischen Reaktionen im Körper zu Formen mit höherer struktureller Unordnung (d.h. höherer Entropie) ab, die schließlich durch die Körperausscheidungen an die Umgebung abgegeben werden. Diesen Nettoexport von Entropie durch Stoffaustausch mit der Umgebung hat **Schrödinger (1944)** mit dem berühmten Satz umschrieben:

„Der Organismus nährt sich von negativer Entropie".

Auch die Vorgänge der Strukturbildung während der ontogenetischen Entwicklung der Lebewesen stehen nicht im Widerspruch zum II. Hauptsatz der Thermodynamik. Bei oberflächlicher Betrachtung könnte man die Zunahme von struktureller Ordnung, d.h. die Abnahme der Entropie des Systems als unvereinbar mit dem II. Hauptsatz ansehen. Man muss aber auch hier beachten, dass die Organismen offene Systeme darstellen und die Abnahme von Entropie im System durch Entropiezunahme in der Umgebung ermöglicht wird. Dieser Aspekt ist bereits bei Vorgängen an unbelebten Systemen zu beachten. Betrachten wir etwa die Bildung eines Kristalls aus der Schmelze im Zweiphasengleichgewicht. Wenn der Kristall als System angesehen wird, nimmt für dieses die strukturelle Ordnung zu, d.h. die Entropie des Systems ab. Der Kristall führt aber zugleich die Erstarrungswärme und damit Entropie an die Umgebung ab, so dass für System *und* Umgebung eine Entropiezunahme vorliegt, der Kristallisationsvorgang also thermodynamisch möglich ist.

Für tiefergehende Darstellungen zur Anwendung der Thermodynamik bei der Beschreibung der ontogenetischen Entwicklung der Organismen, einschließlich der interessanten Aspekte der Embryogenese sowie der Carcinogenese, sei auf die Literatur verwiesen (Lamprecht u. Zotin 1978).

Weiterführende Literatur zu „Hauptsätze der Thermodynamik"

Adamson AW (1973) Textbook of physical chemistry. Academic Press, New York, S 115-194

D'Ans-Lax (1964) Taschenbuch für Chemiker und Physiker, 3. Aufl, Bd 2. Springer, Berlin Göttingen Heidelberg New York, S 1258-1377

Freeman RD (1982) Conversion of standard (1 atm) thermodynamic data to the new standard-state pressure, 1 bar (10^5 Pa). Bulletin of Chemical Thermodynamics 25:523-530

Guggenheim EA (1959) Thermodynamics. North Holland, Amsterdam, S 16-39

Haase R (1956) Thermodynamik der Mischphasen. Springer, Berlin Göttingen Heidelberg, S 302-307

Haase R (1963) Thermodynamik der irreversiblen Prozesse. Steinkopff, Darmstadt

Hinz HJ, Sturtevant JM (1972) Calorimetric studies of dilute aqueous suspensions of bilayer formed from synthetic L-a-Lecithins. J Biol Chem 247:6071-6075

Lamprecht I, Zotin AI (1978) Thermodynamics of biological processes. de Gruyter, Berlin

Landolt-Börnstein (1961) Zahlenwerte und Funktionen aus Physik, Chemie, Astronomie, Geophysik, Technik, Bd 2/4. Springer, Berlin Göttingen Heidelberg, S 15-474

Moore WJ, Hummel DO (1986) Physikalische Chemie, 4. Aufl. de Gruyter, Berlin New York, S.41-130

Übungsaufgaben zu „Hauptsätze der Thermodynamik"

2.1 Welche Arbeit in Joule leistet 1 mol eines idealen Gases, wenn seine Temperatur bei konstantem Außendruck von 0 °C auf 200 °C erhöht wird?
(Beachten Sie das Vorzeichen des Arbeitsbetrages!)

2.2 Eine Flüssigkeit im thermodynamischen Gleichgewicht sei bei konstanter Temperatur durch folgende Zustandsgleichung beschrieben:

$$V = V_0 - aP,$$

wobei $V_0 = 20$ cm^3 und $a = 10^{-3}$ cm^3 bar^{-1}.
Ein Ausgangsvolumen von $V_0 = 20$ cm^3 werde isotherm und reversibel auf $V_e = 19{,}5$ cm^3 komprimiert.
a) Berechnen Sie die isotherme reversible Volumenarbeit bei dieser Kompression in Joule (und vorzeichenrichtig)! Hinweis: Bei der Integration kann man zweckmäßig verwenden $dV = d(V - V_0)$!
b) Welcher maximale Druck in bar tritt bei dieser Kompression auf?

2.3 2 g Argongas ($M = 40$ g mol^{-1}) sind in einem dünnen Stahlgefäß von 50 g und der spezifischen Wärmekapazität $\tilde{C}_{Stahl} = 0{,}5$ J g^{-1} K^{-1} eingeschlossen. Dieser Behälter ist von der Außenwelt thermisch isoliert.

Wenden Sie den I. Hauptsatz der Thermodynamik auf folgendes Experiment an: Durch Leistung einer elektrischen Arbeit von 51,24 J am Gesamtsystem (Gas + Stahlbehälter) wird dessen Temperatur unter adiabatischen Bedingungen um ΔT = 2 °C erhöht. Dabei kann für das Gas wie für den Stahl des Gefäßes konstantes Volumen und temperaturunabhängige Wärmekapazität angenommen werden. Wie groß sind für das Argongas:

    a) die spezifische Wärmekapazität?

    b) die molare Wärmekapazität?

2.4 In einem thermisch isolierten Gefäß werde das Volumen eines *realen* Gases durch Expansion gegen das Vakuum vergrößert. Für das Gas seien die Koeffizienten $C_V > 0$ und $(\partial U/\partial V)_T > 0$ unabhängig von Temperatur und Volumen. Nimmt bei dieser Zustandsänderung die Temperatur des Gases zu oder ab?

2.5 Die molare Innere Energie der idealen Gase ist als Zustandsfunktion in den Variablen T und $\bar{V}$ wie folgt gegeben (vgl. Abschn. 2.1.2):

$$\bar{U}(T,\bar{V}) = U_0 + 3/2 \, RT \ .$$

Geben Sie die molare Innere Energie $\bar{U}$ und die molare Enthalpie $\bar{H}$ der idealen Gase als Funktion der Zustandsvariablen P und $\bar{V}$ an. Wie lauten $\bar{U}$ und $\bar{H}$ als Funktion der Zustandsvariablen P und T?

2.6 Beim Rühren einer thermisch von der Umgebung isolierten Flüssigkeit der Masse m = 100 g wird eine Reibungsarbeit ΔW_{reib} = 50 Nm aufgewendet (Joule'scher Versuch). Berechnen Sie die Temperaturerhöhung in der Flüssigkeit unter der Annahme konstanten Druckes P und einer temperaturunabhängigen spezifischen Wärmekapazität $\tilde{C}_p$ = 4,2 J g^{-1} K^{-1}. Wie groß ist die Änderung der Enthalpie ΔH in Joule der Flüssigkeit bei diesem Vorgang?

2.7 Ähnlich wie unter 2.6 werde eine Flüssigkeit der Masse m = 100 g gerührt, wobei eine Reibungsarbeit ΔW_{reib} = 50 Nm am System geleistet wird. Dabei soll wiederum der Druck P konstant bleiben. Im Unterschied zu Aufgabe 2.6 soll aber die Flüssigkeit von thermisch leitenden Wänden umschlossen und in einem Thermostaten *(T = const.)* eingebettet sein.

Wie groß ist in diesem Fall die Enthalpieänderung der Flüssigkeit? Welche Energieformen werden in welchen Beträgen über die Systemgrenzen im- bzw. exportiert?

2.8 Ein Metallblock werde unter konstantem Druck von P = 1 bar von 0 °C auf 500 °C erwärmt. Dabei vergrößert sich sein Volumen von 20 cm^3 bei 0 °C auf 20,4 cm^3 bei 500 °C. Seine Wärmekapazität bei konstantem Druck P = 1 bar kann zwischen 0 °C und 500 °C beschrieben werden durch

$$C_p = a + bT,$$

wobei $a = 15$ cal K^{-1} und $b = 2 \cdot 10^{-3}$ cal K^{-2}. Wie groß in Joule ist die Änderung der Enthalpie ΔH und der Inneren Energie ΔU bei der oben genannten Zustandsänderung? Um wie viel Prozent weicht die Enthalpieänderung von derjenigen der Inneren Energie ab?

2.9 Gegeben seien die Verbrennungsenthalpien $\Delta_r H^0$ unter Standardbedingungen für die folgenden Reaktionen

	$\Delta_r H^0$ / kJ mol^{-1}
(I) $C(s) + O_2 (g) \rightarrow CO_2 (g)$	$-393,5$
(II) $H_2 (g) + 1/2\ O_2 (g) \rightarrow H_2O (l)$	$-285,8$
(III) $C_2H_5OH (l) + 3\ O_2 (g) \rightarrow 2\ CO_2 (g) + 3\ H_2O (l)$	$-1366,8$

Berechnen Sie hieraus die Standardbildungsenthalpie des Ethylalkohols C_2H_5OH (l).

2.10 Der reale Wirkungsgrad eines modernen Kohlekraftwerkes sei $\eta^{Ko} = 0,45$, der eines Kernkraftwerkes $\eta^{Ke} = 0,34$. Berechnen Sie, um welchen Faktor die Abwärme (d.h. die dem tieferen Temperaturreservoir zugeführte Wärme) bezogen auf die gleiche elektrische Kraftwerksleistung beim Kernkraftwerk höher ist als beim Kohlekraftwerk.

Lösungshinweis: Auch im realen, nicht voll reversiblen Fall gilt für die Kraftmaschine (d.h. für Teilsystem III der Abb. 2.9) der I. Hauptsatz der Thermodynamik sowie Konstanz des thermodynamischen Zustandes für Teilsystem III. Am einfachsten ist es, bei der Formulierung des I. Hauptsatzes für Teilsystem III alle Energiebeträge auf dieses zu beziehen.

2.11 Einem Gas wird adiabatisch und bei konstantem Volumen eine elektrische Arbeit $\Delta W_{el} = 50$ J zugeführt. Berechnen Sie in J K^{-1} und cal K^{-1} die Änderung ΔS der Entropie des Systems, die zu- oder abgeführte Entropie $\Delta_e S$ sowie die im Inneren des Systems erzeugte Entropie $\Delta_i S$, wenn die elektrische Arbeit bei $T = 300$ K dem System zugeführt wurde und dabei die Temperaturänderung des Systems klein bleibt (z.B. $\Delta T \leq 0,2$ K).

Hinweis: Formulieren Sie den I. Hauptsatz mit allen mechanischen Arbeitsbeträgen und vergleichen Sie diesen mit dem Differential für die Entropie nach dem II. Hauptsatz.

2.12 Ähnlich wie unter 2.11 wird an einem gasförmigen System bei konstantem Volumen eine elektrische Arbeit $\Delta W_{el} = 50$ J geleistet. Im Unterschied zu Aufgabe 2.11 soll aber jetzt das (gasförmige) System von thermisch leitenden Wänden umschlossen und in einem Thermostaten eingebettet sein, sodass die Zustandsänderung bei $T = 300$ K isotherm durchgeführt werden kann. Wie groß ist ΔS, $\Delta_e S$ und $\Delta_i S$ in J K^{-1} und cal K^{-1} für diesen Fall?

2.13 Bei der reversiblen isothermen Kompression einer Flüssigkeit von 20 cm^3 auf 19,5 cm^3 sei eine reversible Volumenarbeit von $\Delta W_{rev} = 12,5$ J am System zu leisten (s. Aufgabe 2.2). Dabei gebe das System eine Wärmemenge von 58 J an die Umgebung ab. Berechnen Sie die Änderung der Inneren Energie ΔU sowie die

Entropieänderungen ΔS, $\Delta_e S$ und $\Delta_i S$ für diesen Vorgang. Dabei soll die Temperatur bei 17 °C liegen.

2.14 Berechnen Sie für 1 g Wasser die Größen ΔS, $\Delta_e S$ und $\Delta_i S$ bei der isobaren reversiblen Temperaturänderung von 15 °C auf 25 °C. Dabei ist die spezifische Wärmekapazität $\tilde{C}_P = 4{,}20$ J g^{-1} K^{-1} als temperaturunabhängig anzusehen.

2.15 Berechnen Sie die Standardreaktionsentropie $\Delta_r S^0$ für die Verbrennung des Ethylalkohols nach folgender Reaktionsgleichung:

$$C_2H_5OH \text{ (l)} + 3\,O_2 \text{ (g)} \rightarrow 2\,CO_2 \text{ (g)} + 3\,H_2O \text{ (l)}.$$

Lösungshinweis: Die molaren Standardentropien der Reaktionspartner sind in Tabelle 3.1 gegeben.

3 Thermodynamische Potentiale und Gleichgewichte

Mit dem II. Hauptsatz der Thermodynamik wurde die Zustandsfunktion Entropie eingeführt, die es erlaubt, die Richtung von natürlichen (irreversiblen) Zustandsänderungen zu charakterisieren. Die fundamentale Aussage des II. Hauptsatzes in Form der Gl. (2.76) gilt aber nur, wenn U und V als unabhängige Zustandsvariablen (bei konstanten Stoffmengen n_k) gewählt werden.

In dieser Form ist aber die Verwendung der Aussagen des II. Hauptsatzes sehr unhandlich, weil ja die üblichen experimentellen Bedingungen, insbesondere bei biologischen und biochemischen Systemen, die Benutzung der Zustandsvariablen T und P erfordern. Praktisch alle biochemischen Reaktionen laufen unter konstantem T und P ab, machen also die Benutzung der unabhängigen Zustandsvariablen T, P und n_k notwendig, um beispielsweise zu einer brauchbaren Formulierung des biochemischen Gleichgewichtes zu gelangen. Die Situation hier ist ähnlich der bei der Anwendung des I. Hauptsatzes für Zwecke der Kalorimetrie unter konstantem Druck. Dort erwies es sich als notwendig, von der Inneren Energie U zur Enthalpie H überzugehen, die für adiabatische Vorgänge unter konstantem Druck die zweckmäßige Zustandsfunktion ist.

Um die Aussage (2.76) des II. Hauptsatzes für die zweckmäßigen Zustandsvariablen T und P umzuschreiben, soll im Folgenden eine neue Energiefunktion, die *Freie Enthalpie* $G(T,P)$ eingeführt werden. Diese Zustandsfunktion wird in fast allen praktischen Anwendungen benutzt, weil sie in besonders übersichtlicher Form die Systemeigenschaften in Abhängigkeit von T und P beschreibt und insbesondere die Gleichgewichtsbedingungen und damit die Richtung von Zustandsänderungen bei konstantem T und P festlegt. Wie später genauer erläutert wird, werden all diese nützlichen Eigenschaften der Freien Enthalpie dadurch umschrieben, dass man sagt: Die Freie Enthalpie G ist *thermodynamisches Potential* in den Zustandsvariablen T und P.

3.1 Thermodynamische Potentiale, Fundamentalgleichungen

3.1.1 Freie Enthalpie, Gibbs'sche Fundamentalgleichung

Ausgehend von der früher eingeführten Energiefunktion, der Enthalpie H, erhalten wir die Freie Enthalpie G durch folgende Definitionsgleichung:

$$G \overset{def}{=} H - TS \tag{3.1}$$

Die so definierte Energiefunktion wird in der englischsprachigen Literatur auch als „*Gibbs-function*" oder „*Gibbs' free energy*" bezeichnet (nach J. W. Gibbs, der sie 1875 eingeführt hat). Durch Ausdifferenzieren erhält man aus Gl. (3.1):

$$dG = dH - SdT - TdS \tag{3.2}$$

Andererseits hatten wir schon gemäß Gl. (2.108) die Teilaussage A des II. Hauptsatzes wie folgt in die Zustandsfunktion Enthalpie H umgeschrieben:

$$dH = TdS + VdP \quad (n_k = \text{const.}).$$

Aus den letzten beiden Gleichungen ergibt sich sofort:

$$dG = -SdT + VdP \quad (n_k = \text{const.}). \tag{3.3}$$

Wie die Gl. (2.76) der Teilaussage A des II. Hauptsatzes, aus der sie hervorgegangen ist, gilt diese Gleichung für ein homogenes System oder für eine (homogene) Phase in einem heterogenen System. Für einen solchen Bereich mit konstanten Stoffmengen ist sie eine *Fundamentalgleichung*, d.h. sie ermöglicht es, durch Integration zunächst die Freie Enthalpie als Funktion von T und P zu bestimmen und hieraus alle thermodynamischen Eigenschaften des betrachteten Systems abzuleiten.

Die verbleibende Einschränkung konstanter Stoffmengen wird in Abschn. 4.2 behoben werden. Dort wird gezeigt, dass die Gl. (3.3) im Fall veränderlicher Stoffmengen (z.B. aufgrund chemischer Reaktionen) durch Terme $\mu_1 dn_1 + \mu_2 dn_2 + ... + \mu_r dn_r$ zu ergänzen ist, die jeweils die differentiellen Änderungen $dn_1, dn_2, ... dn_r$ der Stoffmengen enthalten, wobei die μ_k als „*chemische Potentiale*" der entsprechenden Stoffe definiert sind.

Damit lautet dann die umfassend gültige Gibbs'sche Fundamentalgleichung:

$$dG = -SdT + VdP + \sum_{k=1}^{r} \mu_k dn_k . \tag{3.4}$$

Für diesen und die nächsten beiden Abschnitte kehren wir jedoch wieder zur Annahme konstanter Stoffmengen zurück und setzen im Folgenden $n_k = $ const. voraus, ohne dies immer explizit aufzuschreiben.

Gemäß ihrer Definition durch Gl. (3.1), als Summe zweier extensiver Zustandsfunktionen, ist auch die Freie Enthalpie G eine (extensive) Zustandsfunktion. Wie bereits im Zusammenhang mit der Inneren Energie erwähnt (siehe Gl. 2.24), ist deshalb das durch Gl. (3.3) gegebene Differential dG ein vollständiges Differential der freien Enthalpie $G(T, P)$, das sich in allgemeiner Form durch

$$dG = \left(\frac{\partial G}{\partial T}\right)_P dT + \left(\frac{\partial G}{\partial P}\right)_T dP \quad (n_k = \text{const.}) \tag{3.5}$$

ausdrücken lässt. Aus dem Vergleich (der Koeffizienten vor den Differentialen dT bzw. dP) der fundamentalen Beziehung Gl. (3.3) mit der allgemeinen Form (3.5) erhält man daher:

$$S = -\left(\frac{\partial G}{\partial T}\right)_P \quad \text{und} \tag{3.6}$$

$$V = \left(\frac{\partial G}{\partial P}\right)_T. \tag{3.7}$$

Bei Kenntnis der Funktion $G(T, P)$ lassen sich somit sowohl die Entropie $S(T, P)$ wie auch das Volumen $V(T, P)$ als Funktion der Zustandsvariablen T und P angeben. Dies kennzeichnet die Möglichkeiten (das „Potential") der Freien Enthalpie G. Die **Potentialeigenschaften** dieser thermodynamischen Funktion werden auch durch die nachfolgenden Ableitungen weiterer wichtiger thermodynamischer Systemgrößen deutlich.

Infolge der Identitäten Gl. (2.109) bzw. Gl. (1.26) erhält man durch nochmaliges Differenzieren:

$$C_\mathrm{P}(T, P) = T\left(\frac{\partial S}{\partial T}\right)_P = -T\left(\frac{\partial^2 G}{\partial T^2}\right), \tag{3.8}$$

$$\kappa(T, P) = \frac{1}{V}\left(\frac{\partial V}{\partial P}\right)_T = -\frac{1}{V}\left(\frac{\partial^2 G}{\partial P^2}\right)_T = -\left(\frac{\partial^2 G}{\partial P^2}\right)_T \bigg/ \left(\frac{\partial G}{\partial P}\right)_T. \tag{3.9}$$

Eine weitere wichtige Beziehung ergibt sich aus Gl. (3.3) bzw. Gl. (3.6) und (3.7) durch Anwendung des Schwarz'schen Satzes (Gl. 1.24):

$$\left(\frac{\partial S}{\partial P}\right)_T = -\left(\frac{\partial V}{\partial T}\right)_P. \tag{3.10}$$

Auch die Enthalpie H lässt sich aus der Freien Enthalpie G wie folgt ermitteln. Aus der Definitionsgleichung (3.1) für G erhält man:

$$H = G + TS \tag{3.11}$$

Setzen wir hier S nach Gl. (3.6) ein, so folgt:

$$H = G - T\left(\frac{\partial G}{\partial T}\right)_P. \tag{3.12}$$

In der Form der Abhängigkeit $G(T,P)$ hat man also das gesamte thermodynamische Verhalten eines homogenen Einstoffsystems in kompaktester Form zusammengefasst. Man sagt:

> Die Freie Enthalpie ist *thermodynamisches Potential* in den Zustandsvariablen T und P.

Man tabelliert daher Stoffeigenschaften zweckmäßig in der Form der *molaren Freien Enthalpie*

$$\bar{G}(T,P) = G(T,P)/n \tag{3.13}$$

und kann daraus alle interessierenden thermodynamischen Eigenschaften durch bloßes Differenzieren ableiten.

Interessiert man sich beispielsweise für die Zustandsgleichung des Stoffes $\bar{V} = f(T, P)$, so erhält man diese aus $\bar{G}(T, P)$ gemäß Gl. (3.7) durch Differenzieren:

$$\bar{V} = \left(\frac{\partial \bar{G}(T,P)}{\partial P} \right)_T = f(T,P). \tag{3.14}$$

Als ein Beispiel sei eine kondensierte Phase bei nicht zu tiefen Temperaturen, nicht zu hohen Drucken und weitab vom kritischen Punkt betrachtet. In einem beschränkten Temperaturintervall ($T \pm 20$ K) und einem beschränkten Druckintervall ($P \approx 0$-100 bar) lässt sich die Druck- und Temperaturabhängigkeit der molaren Freien Enthalpie in vielen Fällen durch folgende Näherungsformel beschreiben:

$$\bar{G}(T,P) = k_0 + k_1 P - k_2 T + k_3 PT - k_4 P^2 - k_5 T \ln(T/T^*), \tag{3.15}$$

wobei $T^* = 1$ K ist und die Koeffizienten k_i unabhängig von T und P sein sollen. Mit Hilfe der vorstehend aufgeführten Gleichungen und der Definition des Ausdehnungskoeffizienten β nach Gl. (1.25) erhalten wir also:

$$\bar{V} = k_1 + k_3 T - 2k_4 P \tag{3.16}$$

$$\kappa = 2k_4/(k_1 + k_3 T - 2k_4 P) \tag{3.17}$$

$$\beta = k_3/(k_1 + k_3 T - 2k_4 P) \tag{3.18}$$

$$\bar{S} = k_2 + k_5 - k_3 P + k_5 \ln(T/T^*) \tag{3.19}$$

$$\bar{H} = k_0 + k_1 P - k_4 P^2 + k_5 T \tag{3.20}$$

$$\bar{C}_P = k_5. \tag{3.21}$$

Die Freie Enthalpie in der Form der Gl. (3.15) enthält also für eine kondensierte Phase sowohl das mechanisch-thermische Verhalten – wobei Gl. (3.16) praktisch identisch mit der in Gl. (1.59) gegebenen Zustandsgleichung kondensierter Phasen ist – als auch das kalorische Verhalten in Form einer nach Gl. (3.21) konstanten molaren Wärmekapazität, wie sie häufig (z.B. für Metalle bei Raumtemperatur oder flüssiges Wasser) beobachtet wird.

3.1.2 Praktische Ermittlung von molaren Freien Enthalpien für Einstoffsysteme

Hier soll dargestellt werden, wie molare Freie Enthalpien von Einstoffsystemen aus kalorimetrischen Messdaten gewonnen werden. Wir gehen von Gl. (3.1) aus, die in molaren Größen lautet:

$$\bar{G} = \bar{H} - T\bar{S} . \tag{3.22}$$

Wie in Abschn. 2.1.3.2 dargestellt ist, ermittelt man die molare Enthalpie $\bar{H}$ aus Messdaten für $\bar{C}_P(T)$ und den Umwandlungsenthalpien $\Delta_u \bar{H}$.

Wir wählen als explizites Beispiel Benzol ($M = 78{,}1$ g mol^{-1}), dem am Schmelzpunkt $T_s = 278{,}7$ K eine molare Schmelzenthalpie $\Delta_s \bar{H} = 9{,}88 \cdot 10^3$ J mol^{-1} zugeführt werden muss, bevor es in den flüssigen Zustand übergeht. Das flüssige Benzol geht bei $T_v = 353{,}3$ K in den gasförmigen Zustand über, wozu eine Verdampfungsenthalpie von $\Delta_v \bar{H} = 3{,}08 \cdot 10^4$ J mol^{-1} notwendig ist. Somit berechnet sich die molare Enthalpie von Benzol (im gasförmigen Zustand) bei der Temperatur T und $P = 1$ bar gemäß Gl. (2.69) als:

$$\bar{H} = \bar{H}_0 + \int_0^{T_s} \bar{C}_P dT + \Delta_s \bar{H} + \int_{T_s}^{T_v} \bar{C}_P dT + \Delta_v \bar{H} + \int_{T_v}^{T} \bar{C}_P dT . \tag{3.23}$$

Hier ist $\bar{H}_0$ eine willkürliche additive Konstante. Das Ergebnis dieser Prozedur ist im oberen Teilbild der Abb. 3.1 aufgetragen, wobei $\bar{H}_0 = 50$ kJ mol^{-1} gewählt wurde.

Ganz analog berechnet man mit der molaren Schmelzentropie $\Delta_s \bar{S} = 35{,}2$ J mol^{-1} K^{-1} und der molaren Verdampfungsentropie $\Delta_v \bar{S} = 87{,}1$ J mol^{-1} K^{-1} die Entropie für gasförmiges Benzol bei $P = 1$ bar und der Temperatur T gemäß Gl. (2.114) als:

$$\bar{S} = \int_0^{T_s} \frac{\bar{C}_P}{T} dT + \Delta_s \bar{S} + \int_{T_s}^{T_v} \frac{\bar{C}_P}{T} dT + \Delta_v \bar{S} + \int_{T_v}^{T} \frac{\bar{C}_P}{T} dT . \tag{3.24}$$

Das Produkt $T\bar{S}$ ist ebenfalls im oberen Teilbild der Abb. 3.1 in Abhängigkeit von der Temperatur aufgetragen. Die Differenz zwischen oberer und unterer Kurve in diesem Teilbild ist die molare Freie Enthalpie $\bar{G}$, die (im verdoppelten Ordinatenmaßstab) im unteren Teilbild zu sehen ist.

Wie alle Energiefunktionen ist auch $\bar{G}$ nur bis auf eine additive Konstante $\bar{G}(T = 0 \text{ K}) = \bar{G}_0$ bestimmt. Infolge der Gültigkeit der Planck'schen Normierung der Entropie ($\bar{S}(T = 0 \text{ K}) = 0$, s. 2.2.2.1) ergibt sich die additive Konstante für $\bar{G}$ als $\bar{G}_0 = \bar{H}(T = 0 \text{ K}) = \bar{H}_0$. Die in Abb. 3.1 dargestellten Phänomene, insbe-

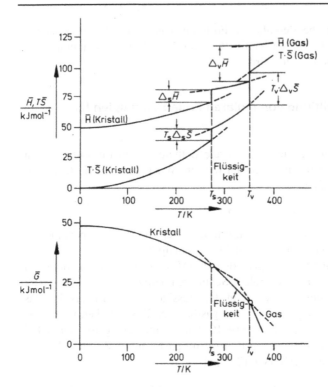

Abb. 3.1. Thermodynamische Funktionen für Benzol bei 1 bar (halbschematisch)

sondere die Aspekte der Phasenumwandlungen, werden in Abschn. 3.2.2 näher erörtert werden.

Die Abb. 3.1 gibt die thermodynamischen Funktionen von Benzol nur für den (konstanten) Druck von 1 bar wieder. Zur Ermittlung der Abhängigkeit der thermodynamischen Funktionen von der zweiten unabhängigen Zustandsvariablen P könnten $\overline{C}_P$-Messungen bei anderen Drucken durchgeführt werden. Im Gaszustand würde sich infolge der dort relativ großen Kompressibilitäten und Volumenausdehnungskoeffizienten (und der damit verknüpften großen Volumenarbeit) eine erhebliche Druckabhängigkeit von $\overline{H}$, $\overline{S}$ und $\overline{G}$ ergeben. Dies ist aus der Tatsache ersichtlich, dass die Bestimmung aller drei Zustandsfunktionen über $\overline{C}_P$ verläuft und dass in $\overline{C}_P$ Druck-Volumenarbeit enthalten ist (s. Abschn. 2.1.3.2). Dagegen haben die kondensierten Phasen relativ kleine Werte der isothermen Kompressibilität und des isobaren Ausdehnungskoeffizienten, sodass die Druckabhängigkeit ihrer thermodynamischen Funktionen bei nicht zu hohen Drucken vernachlässigbar bleibt. Das stellt eine erfreuliche Vereinfachung dar, weil damit die Kenntnis der Umwandlungsenthalpien und der Temperaturabhängigkeit von $\overline{C}_P$ bei Normaldruck ausreicht, um den Energiezustand von Flüssigkeiten und Festkörpern auch bei (mäßig) abweichenden Drucken zu erfassen.

3.1.3 Freie Reaktionsenthalpie, Freie Bildungsenthalpie

Wir nehmen hier noch einmal die in den Abschn. 2.1.3.3 und 2.2.2.2 erörterten Fragestellungen auf und betrachten wieder die bereits als Gl (2.73) bezeichnete chemische Reaktion (T = const., P = const.):

$$\nu_A A + \nu_B B \rightarrow \nu_P P + \nu_Q Q.$$

Infolge der Voraussetzung konstanter Temperatur gilt für die Änderung der Freien Enthalpie bei dieser Reaktion gemäß Gl. (3.1):

$$\Delta G = \Delta H - T\Delta S, \tag{3.25}$$

wobei man sich wie zuvor praktischerweise auf einen Formelumsatz der stöchiometrischen Beziehung (2.73) bezieht. Dann können wir die Größen der rechten Seite von Gl. (3.25) mit den bereits in den Abschn. 2.1.3.3 und 2.2.2.2 besprochenen Größen der Reaktionsenthalpie $\Delta H = \Delta_r H$ bzw. der Reaktionsentropie $\Delta S = \Delta_r S$ identifizieren und für die *Freie Reaktionsenthalpie* schreiben:

$$\Delta G = \Delta_r H - T\Delta_r S \tag{3.26}$$

Wir verzichten bezüglich der Freien Reaktionsenthalpie auf die Indizierung mittels eines kleinen tiefgestellten r (= Reaktion), weil Verwechslungen mit anderen Freien Enthalpieänderungen kaum möglich sind und hierdurch die Schreibweise vereinfacht wird. Die Kenntnis der Freien Reaktionsenthalpien ist grundlegend für die Beschreibung von chemischen Reaktionen, insbesondere der Richtung, in welche eine Reaktion bei gegebenen Konzentrationen läuft. Diese Aspekte werden in Kap. 5 gründlich erörtert werden, sodass hier der Hinweis auf diese wichtige Rolle der Freien Reaktionsenthalpie genügen möge. Für praktische Rechnungen und Zwecke der Tabellierung gibt man die Zahlenwerte der Freien Reaktionsenthalpie bezogen auf den Standardzustand (T = 298,15 K und P = 1 bar $\approx$ 1 atm) an und bezeichnet die entsprechende *Freie Standardreaktionsenthalpie* mit:

$$\Delta G^0 = \Delta_r H^0 - T\Delta_r S^0, \text{ wobei } T = 298,15 \text{ K.} \tag{3.27}$$

Nach den Ausführungen der Abschn. 2.1.3.3 und 2.2.2.2 ist es klar, wie die Freie Standardreaktionsenthalpie gemäß Gl. (3.27) ermittelt werden kann; man gewinnt $\Delta_r H^0$ meist nach dem Heß'schen Satz aus kalorimetrischen Daten, während $\Delta_r S^0$ in der Regel aus kalorimetrisch ermittelten Daten der (absoluten) Standardentropien der Reaktionspartner gemäß Gl. (2.116) bestimmt wird.

Es existieren jedoch weitere Verfahren, diese grundlegend wichtige Größe aus experimentellen Daten zu gewinnen; so kann ΔG^0 auch direkt aus Gleichgewichtskonstanten (vgl. Kap. 5) oder elektrochemischen Messungen (vgl. Kap. 6) ermittelt werden.

Die Freien Standardreaktionsenthalpien ΔG^0 für experimentell möglicherweise nicht oder nur schwierig zugängliche Reaktionen können aber auch berechnet werden, indem man die bekannten ΔG^0-Werte anderer, die interessierende Reaktion konstituierender (Teil-)Reaktionen, miteinander kombiniert, ähnlich wie es im Abschn.

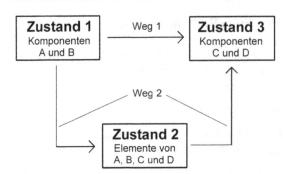

Abb. 3.2. Zur alternativen Berechnung von Standardreaktionsenthalpien $\Delta_r H^0$ und Freien Standardreaktionsenthalpien ΔG^0 (Weg 1) über die Standardbildungsenthalpien $\Delta_f H^0$ bzw. Freien Standardbildungsenthalpien $\Delta_f G^0$ (Weg 2) für Reaktionen vom Typ der Gl. (2.73)

2.1.3.3b für die Standardreaktionsenthalpien $\Delta_r H^0$ dargestellt wurde. Wir wollen hier den Weg über die molaren Standardbildungsenthalpien beschreiten. Das Prinzip ist in Abb. 3.2 illustriert. Da sowohl H wie auch G (extensive) Zustandsfunktionen darstellen, die nur vom Systemzustand abhängen, kann man anstelle eines chemischen Reaktionsweges 1, der von den Ausgangsprodukten A und B zu den Endprodukten P und Q führt, auch den „Umweg" 2 über die Standardbildungsenthalpien bzw. Freien Standardbildungsenthalpien betrachten. Hierbei werden die Reaktionspartner A und B zunächst in ihre konstituierenden Elemente überführt, wobei die Summe der Bildungsenthalpien $-(v_A \Delta_f H_A^0 + v_B \Delta_f H_B^0)$ frei wird. Anschließend werden die nach Art und Menge identischen Elemente in die Produkte P und Q überführt, wobei die Summe der Bildungsenthalpien $(v_P \Delta_f H_P^0 + v_Q \Delta_f H_Q^0)$ aufgebracht werden mus Man kann somit Gl. (2.74) durch

$$\Delta_r H^0 = v_P \Delta_f H_P^0 + v_Q \Delta_f H_Q^0 - v_A \Delta_f H_A^0 - v_B \Delta_f H_B^0 \tag{3.28}$$

ersetzen, d.h. $\Delta_r H^0$ über die (molaren) Standardbildungsenthalpien $\Delta_f H_A^0$ usw. berechnen.

Eine ähnliche Vorgehensweise für die Freie Standardreaktionsenthalpie ΔG^0 ergibt zunächst in völliger Analogie zu Gln. (2.74) und (2.116):

$$\Delta G^0 = v_P G_P^0 + v_Q G_Q^0 - v_A G_A^0 - v_B G_B^0 \tag{3.29}$$

wobei die hochgestellte Null wieder den Standardzustand (25 °C, 1 bar) bezeichnet. In völlig analoger Weise zu ΔH^0 kann auch die Freie Standardreaktionsenthalpie ΔG^0 über die (molare) Freie Standardbildungsenthalpie $\Delta_f G^0$ (in der deutschsprachigen Literatur auch mit ΔG_B^0 bezeichnet) der einzelnen Komponenten berechnet werden. Sie ist definiert als die Änderung der Freien Enthalpie bei der (möglicherweise fiktiven) Bildungsreaktion von 1 mol einer Verbindung aus ihren konstituierenden Elementen, wobei alle Reaktionspartner in ihrem stabilsten Zustand unter Standardbedingungen (25 °C, 1 bar) vorliegen sollen. Der Sonderfall der Gl. (2.73) mit $v_P = 1$ und $v_Q = 0$ wäre also eine „Bildungsreaktion", wenn A und B die Verbindung P bildenden Elemente darstellen. Nach dieser Definition ist die Freie Standardbildungsenthalpie eines Elementes gleich null.

Für eine Reaktion vom Typ der Gl. (2.73) folgt dann:

Tabelle 3.1. Molare Standardwerte der Entropie $\overline{S}^0$, der Bildungsenthalpie $\Delta_f H^0$ und der Freien Bildungsenthalpie $\Delta_f G^0$ für verschiedene Stoffe (25 °C, 1 atm.)

Stoff (stab. Zust.)	$\overline{S}^0$ $\mathrm{Jmol^{-1}K^{-1}}$	$\Delta_f H^0$ $\mathrm{kJ\,mol^{-1}}$	$\Delta_f G^0$ $\mathrm{kJ\,mol^{-1}}$
H_2(g)	130,58	0	0
O_2(g)	205,02	0	0
N_2(g)	191,48	0	0
C (Graphit, s)	5,69	0	0
CH_4(g)	186,1	-74,85	-50,8
C_2H_6(g)	229,5	-84,67	-32,89
C_2H_2(g)	200,73	226,74	209,20
CO_2(g)	213,63	-393,51	-394,4
CO(g)	197,90	-110,52	-137,26
NH_3(g)	192,5	-46,19	-16,6
NO_2(g)	240,5	33,85	51,3
N_2O_4(g)	304,3	9,66	97,8
H_2O(l)	69,94	-285,83	-237,2
CH_3OH(l)	126,8	-238,63	-166,4
C_2H_5OH(l)	161,0	-277,63	-174,1
C_6H_6(l)	124,5	49,04	124,3
$C_3H_8O_3$ (Glycerin, l)	204,6	-670,7	-479,9
CH_3COOH(l)	159,8	-487,0	-392
NaCl(s)	72,38	-411,0	-384,0
$NaHCO_3$ (s)	102,1	-947,7	-851,9
$C_3H_6O_3$(L(+)Milchsäure, s)	143,5	-694,0	-523,3
$C_6H_{12}O_6$(-D-Glucose, s)	212,1	-1274,4	-910,54
$C_{12}H_{22}O_{11}$ (Saccharose, s)	360,2	-2222	-1544
CH_4ON_2 (Harnstoff, s)	104,6	-333,0	-196,9

$$\Delta G^0 = \nu_P \Delta_f G_P^0 + \nu_Q \Delta_f G_Q^0 - \nu_A \Delta_f G_A^0 - \nu_B \Delta_f G_B^0. \tag{3.30}$$

Die Gln. (3.28) und (3.30) liefern ein sehr einfaches und praktisch wichtiges Verfahren, die Standardreaktionsenthalpie $\Delta_r H^0$ bzw. die Freie Standardreaktionsenthalpie ΔG^0 für irgendeine Reaktion aus den Werten der Standardbildungsenthalpien $\Delta_f H^0$ bzw. der Freien Standardbildungsenthalpien $\Delta_f G^0$ der in der stöchiometrischen Gleichung (2.73) vorkommenden Reaktionsteilnehmer zu berechnen. Falls ein Element in der stöchiometrischen Gleichung vorkommt, ist für dieses $\Delta_f H^0$ sowie $\Delta_f G^0$ gleich null zu setzen. Die erforderlichen Werte $\Delta_f H^0$ und

$\Delta_j G^0$ für Verbindungen sind in umfangreichen Tabellenwerken zusammengestellt (z.B. Landolt-Börnstein 1961 oder D'Ans-Lax 1971). In unserer Tabelle 3.1. ist eine kleine Auswahl von solchen Zahlenwerten zusammengestellt.

3.1.4 Weitere thermodynamische Potentiale und Fundamentalgleichungen

Die Potentialeigenschaften der Energiefunktion G ergaben sich aus der Existenz der Fundamentalgleichung (3.3) bzw. (3.4), die ihrerseits auf die Gl. (2.76) der Teilaussage A des II. Hauptsatzes zurückzuführen sind. Fasst man in Gl. (2.76) die Innere Energie U als Funktion von S und V auf, so ist Gl. (2.76) in der folgenden Form ebenfalls Fundamentalgleichung:

$$n_k = \text{const.}: \quad dU = TdS - PdV. \tag{3.31}$$

Dasselbe gilt für die Enthalpie H in den unabhängigen Variablen S und P. Hier hatten wir Gl. (2.76) zu Gl. (2.108) umformuliert, die ebenfalls eine Fundamentalgleichung bei konstanten Stoffmengen darstellt. Dies zeigt die detaillierte Analyse, bei der für die Funktionen $U(S,V)$ und $H(S,P)$ im Wertebereich ihrer Variablen die gleiche Argumentation wie für $G(T,P)$ durchgeführt wird: Durch Vergleich der Gln. (2.108) und (3.31) mit den vollständigen Differentialen von $H(S,P)$ bzw. $U(S,V)$ ergeben sich alle interessierenden mechanisch-thermischen und kalorischen Eigenschaften des Systems, d.h. H ist in den Variablen S und P, sowie U in den Variablen S und V thermodynamisches Potential. Wie bei der Einführung der Freien Enthalpie G bereits ausgeführt, sind jedoch die Potentialeigenschaften von $H(S,P)$ und $U(S,V)$ in der Praxis kaum anwendbar, da die experimentelle Kontrolle der Variablen S extrem schwierig ist. Ihre Konstanz würde gemäß der Teilaussage B des II. Hauptsatzes eine adiabatisch-reversible Führung des Prozesses erfordern.

Dagegen hat sich die Einführung der **Freien Energie** F als Energiefunktion, die von den experimentell gut zu kontrollierenden Variablen T und V abhängt (s. unten), für viele Zwecke sehr bewährt. F ist durch die Zustandsfunktionen U und S definiert durch:

$$F \stackrel{def}{=} U - TS \tag{3.32}$$

Im englischsprachigen Schrifttum wird diese Größe meist als „Helmholtz-function" oder „Helmholtz free energy" bezeichnet (nach Helmholtz, der sie 1882 unabhängig von Gibbs (1875) eingeführt hat), während die Freie Enthalpie häufig „free energy" genannt wird (und teilweise mit dem Buchstaben F abgekürzt wird.). Die Bezeichnungsweise im vorliegenden Text orientiert sich an der deutschen Tradition. Der Leser möge die verwirrende Vielfalt der Bezeichnungsweisen zum Anlass nehmen, in **inhaltlichen Begriffen und nicht in Bezeichnungen** zu denken!

Durch Ausdifferenzieren von F erhält man aus Gl. (3.32):

$$dF = dU - TdS - SdT, \tag{3.33}$$

Dies ergibt zusammen mit Gl. (3.31) wiederum eine Fundamentalgleichung:

$$n_k = \text{const.:} \quad dF = -SdT - PdV. \tag{3.34}$$

Die Potentialeigenschaften der (extensiven) Zustandsfunktion $F(T, V)$ ergeben sich in völlig analoger Weise zu $G(T, P)$. Wir beschränken uns auf die Ableitung von Entropie und Druck: Durch Vergleich des vollständigen Differentials dF der Funktion $F(T, V)$ mit Gl. (3.34) erhält man:

$$S = -\left(\frac{\partial F}{\partial T}\right)_V \quad \text{und} \tag{3.35}$$

$$P = -\left(\frac{\partial F}{\partial V}\right)_T. \tag{3.36}$$

Die Analogie zu den Gln. (3.6) und (3.7) ist offensichtlich.

Die Freie Energie kann mit Vorteil bei Prozessen an Systemen eingesetzt werden, die mit großen Volumenänderungen verbunden sind (Expansion von Gasen). Ihre Hauptbedeutung liegt aber im Vergleich molekularstatistischer Rechnungen mit thermodynamischen Daten, den sie in besonders einfacher Weise erlaubt.

Wir fassen die von der Inneren Energie U ausgehenden Definitionen thermodynamischer Potentiale noch einmal zusammen:

$$H \stackrel{def}{=} U + PV \tag{3.37}$$

$$F \stackrel{def}{=} U - TS \tag{3.38}$$

$$G \stackrel{def}{=} U + PV - TS \tag{3.39}$$

Wie in Abschn. 4.2 genauer ausgeführt, lautet die für variable Stoffmengen erweiterte Teilaussage A des II. Hauptsatzes anstelle von Gl. (2.76):

$$TdS = dU + PdV - \sum_{i=1}^{r} \mu_i \, dn_i, \tag{3.40}$$

sodass die umfassend gültigen Fundamentalgleichungen für die vier Energiefunktionen folgendermaßen lauten:

$$dU = TdS - PdV + \sum_{i=1}^{r} \mu_i \, dn_i \tag{3.41}$$

$$dH = TdS + VdP + \sum_{i=1}^{r} \mu_i \, dn_i \tag{3.42}$$

$$dF = -SdT - PdV + \sum_{i=1}^{r} \mu_i \, dn_i \tag{3.43}$$

$$dG = -SdT + VdP + \sum_{i=1}^{r} \mu_i \, dn_i \, . \tag{3.44}$$

Die vier Energiefunktionen unterscheiden sich in den jeweiligen unabhängigen Zustandsvariablen. Im Sinne einer Merkhilfe ordnet man die Zustandsvariablen in einem Quadrat an und lässt sie jeweils paarweise die Zustandsfunktion einschließen, die in ihnen Potentialeigenschaften hat:

$$\begin{array}{ccc} T & G & P \\ F & & H \\ V & U & S \end{array}$$

Für praktische Anwendungen ist die Freie Enthalpie G die bei weitem wichtigste Energiefunktion. Sie hat in T und P Potentialeigenschaften.

3.2 Phasengleichgewichte von Einstoffsystemen

3.2.1 Gleichgewichtsbedingungen, Reversible Arbeit

Der zeitunabhängige Endzustand, auf den alle natürlichen Zustandsänderungen hinlaufen, wird als thermodynamischer Gleichgewichtszustand bezeichnet. Um die Richtung eines natürlichen Vorgangs festlegen zu können, muss man also den thermodynamischen Gleichgewichtszustand charakterisieren. In der Regel ist dann die Geschwindigkeit der Zustandsänderung auf das Gleichgewicht hin proportional zur Abweichung des Systemzustands vom Gleichgewicht. Im Folgenden sollen die Bedingungen für thermodynamisches Gleichgewicht für den allgemeinen Fall eines Systems mit variablen Stoffmengen hergeleitet werden. Hierbei werden uns die im letzten Abschnitt eingeführten thermodynamischen Potentiale sehr hilfreich sein. In Übereinstimmung mit den Potentialeigenschaften zieht man bei konstantem Druck und konstanter Temperatur die Freie Enthalpie zur Charakterisierung des thermodynamischen Gleichgewichts heran, während bei konstantem Volumen und konstanter Temperatur die Freie Energie die entscheidende Größe ist.

3.2.1.1 Formulierung der Gleichgewichtsbedingungen mit Hilfe der Entropie

Nach Abschn. 1.1.1.2 war thermodynamisches Gleichgewicht eines Systems oder Systembereiches dann gegeben, wenn nach Umschließung mit isolierenden Systemgrenzen keine Zustandsänderungen mehr abliefen. An einem isolierten System kann keine Volumenarbeit geleistet werden, also $dV = 0$. Nach dem I. Hauptsatz ist für ein isoliertes System $dU = 0$. Eine weitere Aussage ist aus dem II. Hauptsatz möglich, der für thermisch isolierte Systeme feststellt:

adiabatisch-reversible Zust.-Änd.: $d_e S = 0$; $d_i S = 0$: $dS = 0$ \hfill (3.45) adiabatisch-irreversible Zust.-Änd.: $d_eS = 0$; $d_iS > 0$: $dS > 0$.   (3.46)

Da ein isoliertes System ein Sonderfall des thermisch isolierten Systems ist, muss für eine reversible Zustandsänderung in einem isolierten System ebenfalls gelten: $dS = 0$. Da eine reversible Zustandsänderung über eine Folge von Gleichgewichtszuständen verläuft, muss für jeden Gleichgewichtszustand gelten:

$$dV = 0; \; dU = 0; \; dS = 0. \qquad (3.47)$$

Gl. (3.47) ist also eine **notwendige Bedingung für thermodynamisches Gleichgewicht**. Ist bei gegebenem Volumen und gegebener Innerer Energie das System nicht im Gleichgewicht, so gilt für seine Zustandsänderung:

$$dV = 0; \; dU = 0: \; dS = d_iS > 0 \, , \qquad (3.48)$$

d.h. die Entropie nimmt bei der Zustandsänderung zu. Den Inhalt der Gln. (3.47) und (3.48) kann man daher folgendermaßen formulieren:

Ein beliebiges System ist genau dann im thermodynamischen Gleichgewicht, wenn die Entropie des Systems den höchsten Wert erreicht hat, der mit der Bedingung der vollständigen Isolierung von der Außenwelt verträglich ist.

Diese Aussagen folgen aus den Hauptsätzen der Thermodynamik und sind daher allgemein gültig.

Für praktische Anwendungen ist es jedoch zweckmäßig, eine Formulierung anzugeben, die das Verhalten der Freien Enthalpie im thermodynamischen Gleichgewicht beschreibt.

3.2.1.2 Formulierung der Gleichgewichtsbedingungen mit Hilfe der Freien Enthalpie

Zur Herleitung der Gleichgewichtsbedingungen für die Freie Enthalpie gehen wir von Gl. (3.39) aus und beschränken uns für das Folgende auf geschlossene Systeme. Gl. (3.39) gilt (wie die durch die Gln. 2.76 bis 2.81 definierte Entropie) zunächst nur für homogene Bereiche eines heterogenen System Wenn z.B. ein heterogenes System aus den mit 1 und 2 bezeichneten homogenen Phasen besteht, muss man (wegen des extensiven Charakters von G) aufsummieren:

$$G = G_1 + G_2 = U_1 + U_2 + P_1V_1 + P_2V_2 - T_1S_1 - T_2S_2. \qquad (3.49)$$

Wenn aber die Phasen des heterogenen Systems alle den gleichen Druck $P = P_1 = P_2$ und die gleiche Temperatur $T = T_1 = T_2$ haben, erhält man:

$$G = U_1 + U_2 + P(V_1 + V_2) - T(S_1 + S_2) = U + PV - TS \qquad (3.50)$$

Wir setzen also im Folgenden gleichförmige Temperatur T und gleichförmigen Druck P im heterogenen Gesamtsystem vorau Wie eine weiterführende Analyse zeigt (s. z.B. Haase (1972)), ist dies eine notwendige Bedingung für das Gleichgewicht zwischen zwei Phasen. Wir betrachten weiterhin das System bei einer Zustandsänderung unter konstantem Druck und konstanter Temperatur. Damit dann überhaupt noch eine Zustandsänderung ablaufen kann, sind jedoch Änderungen der Stoffmengen n_k (z.B. durch chemische Reaktionen oder durch Stoffaustausch zwischen 2 Phasen) zugelassen. Durch Ausdifferenzieren der Gl. (3.50) erhalten wir:

$$dG = dU + PdV + VdP - SdT - TdS \qquad (3.51)$$

Wir verwenden wieder die Formulierung des I. Hauptsatzes, in der alle Nicht-Volumenarbeiten dW^* (z.B. Längenänderungsarbeit eines Muskels oder elektrische Arbeit einer Batterie usw.) getrennt von der Volumenarbeit $-PdV$ geschrieben sind:

$$dU = dQ + dW^* - PdV \qquad (3.52)$$

und erhalten nach Einsetzen dieser Gleichung in Gl. (3.51)

$$dG = dW^* + VdP - SdT + dQ - TdS \qquad (3.53)$$

In dieser vollkommen allgemeingültigen Gleichung spezialisieren wir nunmehr auf konstantes T und P:

$$dT = 0, dP = 0: dG = dW^* + dQ - TdS \qquad (3.54)$$

Mit Hilfe der Teilaussagen B des II. Hauptsatzes (d.h. $dQ = Td_eS$ und $dS = d_eS + d_iS$) erhalten wir schließlich:

$$dT = 0, dP = 0: dG = dW^* - Td_iS \qquad (3.55)$$

Wir wollen nun drei wichtige Spezialfälle dieser Gleichung behandeln:

I) Reversible Arbeitsleistung bei konstantem T und P: Bei einer reversiblen Zustandsänderung ist $d_iS = 0$, d.h.

$$dT = 0, dP = 0: dG = dW^*_{rev} \text{ oder } \Delta G = \Delta W^*_{rev}. \qquad (3.56)$$

Bei reversibler, isobar-isothermer Zustandsänderung ist also die Änderung der Freien Enthalpie gleich der vom oder am System geleisteten Nicht-Volumenarbeit. Man bezeichnet diese Arbeit als *„maximale (Nichtvolumen-)Arbeit"*. Diese Bezeichnung wird durch die nachfolgende Betrachtung einer irreversiblen Zustandsänderung erläutert.

II) Irreversible Zustandsänderung bei konstantem T und P: Für diese gilt nach Gl. (3.55):

$$dT = 0, dP = 0: dG = dW^*_{irr} - Td_iS \qquad (3.57)$$

Wir betrachten insbesondere eine Arbeitsleistung $\Delta W^*_{irr} < 0$ vom System unter Abnahme der Freien Enthalpie $\Delta G < 0$. Für gegebenes ΔG ist der Betrag dieser vom System geleisteten irreversiblen Arbeit $\left|\Delta W_{irr}^*\right|$ immer kleiner als der unter reversiblen Bedingungen geleistete Arbeitsbetrag $\left|\Delta W_{rev}^*\right|$:

$$\left|\Delta W_{irr}^*\right| = \left|\underbrace{\Delta G}_{<0} + \underbrace{T\Delta_i S}_{>0}\right| < \left|\Delta G\right| = \left|\Delta W_{rev}^*\right|. \tag{3.58}$$

Wegen der teilweisen Kompensation von ΔG durch $T\Delta_i S$ aufgrund der verschiedenen Vorzeichen ist also $\Delta W_{rev}^* < 0$ die maximale Arbeit, die ein System bei gegebenem $\Delta G < 0$ zu leisten imstande ist. Die aus den Beziehungen (3.57) und (3.58) folgenden Aussagen zur maximalen Arbeit sind für spätere, insbesondere elektrochemische Anwendungen wichtig, wo man an elektrischen Arbeitsbeträgen ohne Volumenarbeit interessiert ist (s. Abschn. 6).

III) Gleichgewichtsbedingungen für konstantes T und P: Nach diesen Vorbetrachtungen können wir die Gleichgewichtsbedingung für G unmittelbar formulieren. Überlässt man das System sich selbst, d.h. schließt alle Arbeiten aus, so gilt für eine isotherm-isobare reversible Zustandsänderung nach Gl. (3.55):

$$dT = 0, \, dP = 0: dG = 0 \tag{3.59}$$

und für eine irreversible Zustandsänderung:

$$dT = 0, \, dP = 0: dG = -T\,d_i S < 0. \tag{3.60}$$

Da bei einer reversiblen Zustandsänderung nur Gleichgewichtszustände durchlaufen werden, muss für jeden Gleichgewichtszustand Gl. (3.59) erfüllt sein. Gleichung (3.59) stellt also einen Satz notwendiger Bedingungen für thermodynamisches Gleichgewicht dar. Bei einer unter T = const. und P = const. ablaufenden irreversiblen Zustandsänderung muss die Freie Enthalpie hingegen nach Gl. (3.60) abnehmen.

Die Summe der Aussagen beider Gleichungen besagt somit, dass in der Natur spontan ablaufende Prozesse (unter den genannten Bedingungen) zu einer Abnahme der freien Enthalpie des Systems führen. Letzteres erreicht schließlich einen Gleichgewichtszustand, der sich durch ein (relatives) Minimum von G (daher $dG = 0$) auszeichnet. Oder anders ausgedrückt:

Für gegebenes T und P hat die Freie Enthalpie im thermodynamischen Gleichgewicht ein relatives Minimum.

Der Leser möge zur Illustration (im Vorgriff auf die Grundlagen der chemische Energetik, s. Abschn. 5.1.1) Abb. 5.5 einschließlich des zugehörigen Textes studieren.

Im folgenden Abschn. 3.2.2 wird die Gleichgewichtsbedingung (3.59) auf Zweiphasengleichgewichte in Einstoffsystemen angewandt. Später werden auf ihrer Basis die Beziehungen für chemische und elektrochemische Gleichgewichte formuliert (s. 5.1.5 und 6.3.6).

3.2.1.3 Formulierung der Gleichgewichtsbedingungen mit Hilfe der Freien Energie

Wir fügen hier noch ohne Ableitung die Gleichgewichtsbedingungen bei konstanter Temperatur T und bei konstantem Volumen V an. Wie aus Abschn. 3.1.4 hervorgeht, wird man hier die freie Energie F zur Analyse heranziehen, die unter diesen Bedingungen ein thermodynamisches Potential darstellt. Die Herleitung verläuft praktisch analog zu jener unter konstantem T und P und führt zu den folgenden Resultaten:

Für isotherme Zustandsänderungen ($dT = 0$) gilt:

$$dF = dW - Td_iS, \qquad (3.61)$$

sodass wegen Gl. (2.80):

$$\text{reversible Zust.-Änderung und } dT = 0: dF = dW_{rev}, \qquad (3.62)$$

$$\text{irreversible Zust.-Änderung und } dT = 0: dF = dW_{irr} - Td_iS \qquad (3.63)$$

Hier schließen dW_{rev} und dW_{irr} alle Arbeitsbeträge, d.h. auch die Volumenarbeit $-PdV$ ein. In analoger Argumentation zur Freien Enthalpie (s. Gl. 3.58) ist die **maximale Arbeit**, die ein System (bei gegebener Abnahme $-|\Delta F|$ seiner Freien Energie) zu leisten imstande ist, durch $\Delta W_{rev} = \Delta F$ gegeben.

Der Leser möge beachten, dass wir für die Ableitung dieser Aussage nur konstante Temperatur vorausgesetzt haben. Die Aussage gilt deshalb natürlich auch bei konstanten T und P, d.h. bei den üblichen experimentellen Bedingungen biologischer Experimente, bei denen die maximale (Nichtvolumen-)Arbeit durch $\Delta W_{rev}^{*} = \Delta G$ bestimmt ist (s. Gl. 3.56).

Wenn wir nun **alle** Arbeitsleistungen vom oder am System während der Zustandsänderung ausschließen und insbesondere zusätzlich keine Volumenänderung zulassen, so ist $dV = 0$ und $dW_{rev} = 0$ bzw. $dW_{irr} = 0$; also gilt:

$$\text{reversible Zust.-Änderung, } dT = 0 \text{ und } dV = 0: dF = 0, \qquad (3.64)$$

$$\text{irreversible Zust.-Änderung, } dT = 0 \text{ und } dV = 0: dF = -Td_iS < 0. \qquad (3.65)$$

Wegen $d_iS > 0$ nimmt nach Gl. (3.65) die Freie Energie bei spontan ablaufenden Prozessen ab und erreicht schließlich das durch Gl. (3.64) charakterisierte thermodynamische Gleichgewicht. Dieses zeichnet sich (wegen $dF = 0$) durch ein relatives Minimum von F aus.

> Bei gegebenen Werten für V und T ist es also die Freie Energie, die im thermodynamischen Gleichgewicht ein relatives Minimum einnimmt.

3.2.2 Zweiphasengleichgewichte in Einstoffsystemen

Wir konzentrieren uns in diesem Abschnitt auf Systeme, die aus einer einzelnen Stoffkomponente bestehen, die aber in zwei verschiedenen Phasen vorliegen können, zwischen denen Gleichgewicht besteht. Das Gleichgewichtsverhalten von Systemen mit mehreren Komponenten wird dann in Abschn. 4.5 folgen.

Zweiphasengleichgewichte sowie temperaturabhängige Übergänge zwischen zwei Phasen wurden im Zusammenhang mit der Kondensation der Gase (Abb. 1.4), mit dem Schmelzen des Eises (Abb. 2.7) und dem Schmelzen sowie Verdampfen des Benzols (Abb. 3.1) bereits mehrfach diskutiert. Wir wollen diese Erscheinungen hier von einem übergeordneten Standpunkt aus behandeln und auf der Basis der vorangehenden Abschnitte zu ihrer quantitativen Beschreibung gelangen.

3.2.2.1 Experimentelle Befunde zu Phasengleichgewichten

Wir betrachten noch einmal die Kondensation von Gasen zu Flüssigkeiten. Wie in Abschn. 1.2.2.2 beschrieben, findet der Übergang vom gasförmigen zum flüssigen Aggregatzustand bei scharfen Werten von T und P statt. Ist beispielsweise die Temperatur festgelegt (vgl. Abb. 1.4), so ändert sich bei der Umwandlung der Druck nicht mehr, bis der Umwandlungsvorgang abgeschlossen ist (s. z.B. das horizontale Geradenstück der Kurve 0 °C in Abb. 1.4). Bei diesem Druck koexistieren zwei Phasen (hier Dampf und Flüssigkeit). Durch die Angabe der einen Variablen (z.B. Temperatur) ist die zweite Variable (Druck) eindeutig festgelegt. Das gleiche allgemeine Phänomen der Koexistenz zweier Phasen findet man auch beim *Schmelzgleichgewicht* (vgl. Abb. 2.7 und 3.1), beim *Sublimationsgleichgewicht* (Übergang zwischen festem und gasförmigem Zustand) sowie auch bei Gleichgewichten anderer Art, etwa zwischen zwei verschiedenen Kristallmodifikationen.

Jedes dieser Zweiphasengleichgewichte ist durch ein Wertepaar der unabhängigen Zustandsvariablen T und P festgelegt, die man allgemein mit *Gleichgewichtstemperatur* (oder *Koexistenztemperatur*) bzw. *Gleichgewichtsdruck* (oder *Koexistenzdruck*) bezeichnet. Für die Umwandlungen zwischen den Aggregatzuständen und die zugehörigen Koexistenzgrößen sind spezielle Bezeichnungen gebräuchlich, die in Tabelle 3.2 zusammengestellt sind.

Von besonderem Interesse ist die gegenseitige Abhängigkeit der Koexistenzparameter T und P. Beispielsweise siedet Wasser auf Meeresniveau (P_0 = 1 bar) bei 100 °C. Infolge der barometrischen Höhenformel (Gl. 1.169) ist der Luftdruck P auf dem Gipfel des Mt. Everest (h ≈ 8900 m) nur etwa $P_0/3$ ≈ 1/3 bar. Dementsprechend siedet das Wasser dort bei nur etwa 70 °C (derartige Phänomene haben den frühen Extrembergsteigern in den Hochlagern im Himalaja vor der Erfindung des Instant-Tees die Extraktion der Inhaltsstoffe beim Teekochen erschwert). Ein anderes Beispiel zur gegenseitigen Abhängigkeit der *Koexistenzparameter* gibt Abb. 1.4, wo die Temperaturabhängigkeit des Dampfdruckes (= Druck der horizontalen Kurvenstücke) angegeben ist.

Tabelle 3.2. Bezeichnung für Phasenumwandlungen und Zustandsgrößen bei Zweiphasengleichgewichten

Phasengleichgewicht	Kristall $\xrightarrow[\text{Kristallisation}]{\text{Schmelzen}}$ Flüssigkeit (Schmelze) $\xrightarrow[\text{Kondensation}]{\text{Verdampfen}}$ Dampf $\xrightarrow[\text{Sublimation}]{\text{Desublimation}}$ Kristall		
Koexistenztemperatur	Schmelzpunkt	Siedepunkt	Sublimationspunkt
Koexistenztemperatur bei 1 bar	Normal-Schmelzpunkt	Normal-Siedepunkt	(Normal)-Sublimationspunkt
Koexistenzdruck	(keine spezielle Bezeichnung)	Dampfdruck	Dampfdruck

Allgemein wird die Abhängigkeit der Koexistenzdrucke von der Temperatur und damit die Abgrenzung der Stabilitätsbereiche der verschiedenen Phasenzustände zweckmäßig im *Phasendiagramm* dargestellt. Abbildung 3.3 gibt ein Beispiel für eine solche Darstellung. Die Kurven dieses Diagramms geben die Werte von T und P für das Gleichgewicht zwischen jeweils zwei koexistierenden Phasen an; man bezeichnet sie daher als *Koexistenzkurven*. Am Schnittpunkt t der Koexistenzkurven liegt ein Dreiphasengleichgewicht (fest, flüssig, gasförmig) vor; der Schnittpunkt t heißt daher *Tripelpunkt*. Die *Tripelpunktsdaten für Wasser* lauten: $T_t = 0{,}0098\ °C$; $P_t = 6{,}11 \cdot 10^{-3}$ bar. Wenn der *Tripelpunktsdruck* P_t oberhalb von 1 bar liegt, so gibt es bei Normaldruck keinen flüssigen Zustand, d.h. man beobachtet dann nur Sublimation. Ein solcher Fall liegt im Kohlendioxid vor, das bei Atmosphärendruck nur den Übergang fest $\rightleftarrows$ gasförmig (Trockeneis $\rightleftarrows$ Dampf) aufweist. Die Tripelpunktsdaten für CO_2 sind: $T_t = -56{,}5\ °C$, $P_t = 5{,}18$ bar.

Der Punkt k bezeichnet den im Abschn. 1.2.2.2 besprochenen kritischen Punkt. Er liegt für Wasser bei $T_k = 374\ °C$, $P_k = 220{,}6$ bar. Für CO_2 liegt er bei $T_k = 31{,}1\ °C$, $P_k = 74{,}0$ bar. Oberhalb der *kritischen Temperatur* kann ein Gas auch bei Anwendung beliebig hoher Drucke nicht mehr zur Flüssigkeit kondensiert werden. In solch stark verdichteten Gasen gibt es keine Unterscheidung zwischen flüssigem und gasförmigem Zustand, weil beide ohne scharfe Grenzfläche nebeneinander koexistieren können.

Die bisher besprochenen Zweiphasengleichgewichte sind mit vergleichsweise drastischen Veränderungen des Phasenzustands verknüpft (Änderung des Aggregatzustandes). Weniger drastische Phasenumwandlungen zeigen sog. flüssige Kristalle, von denen Abb. 2.6 ein biologisch interessantes Beispiel darstellt, das in Abschn. 7.3.3 genauer besprochen werden wird.

Bestimmte, meist sehr zähflüssige Schmelzen können unter den Schmelzpunkt „unterkühlt" werden und zeigen dann bei weiterer Abkühlung keine Kristallisationsvorgänge mehr, sondern ein graduelles Einfrieren zum Glas. Dieser Einfrierbereich der unterkühlten Schmelze wird durch eine „mittlere" Glastemperatur T_G charakterisiert und erstreckt sich über einen Temperaturbereich von etwa

Abb. 3.3. Phasendiagramm für Einstoffsysteme (schematisch). Die Kurven stellen Trennungslinien zwischen den Phasen fest, flüssig und gasförmig dar. An den Phasengrenzlinien sind die angrenzenden Phasen miteinander im Gleichgewicht. *Kurve at*: Sublimationsgleichgewicht, *Kurve tb*: Schmelzgleichgewicht, *Kurve tk*: Verdampfungsgleichgewicht, *Punkt t*: Tripelpunkt, *Punkt k*: kritischer Punkt

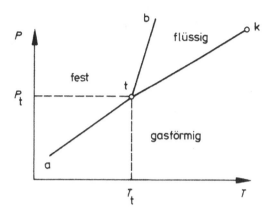

$T_G \pm 10\,°C$. Diese Form eines Erstarrungsvorgangs ist sowohl wissenschaftlich wie technisch (Fensterglas, Kunststoffgläser usw.) hochinteressant. Gläser besitzen eine Nullpunktsentropie, befolgen also die Planck'sche Normierung nicht (vgl. Abschn. 2.2.2.1 und 2.2.3.3).

3.2.2.2 Verlauf der thermodynamischen Funktionen bei der Phasenumwandlung

Wie aus den P-$\bar{V}$ -Isothermen von Gasen ersichtlich (vgl. Abb. 1.4, Isotherme $T =$ 0 °C), nimmt das Volumen beim Übergang flüssig $\rightleftarrows$ gasförmig sprunghaft zu. Das Volumen weist somit beim Phasenübergang eine Unstetigkeit auf. Das Gleiche würde man bei einer Auftragung Volumen gegen Temperatur beobachten. Auch Enthalpie H und Entropie S weisen am Schmelzpunkt wie am Siede- bzw. Sublimationspunkt eine Unstetigkeit auf (Abb. 3.1). An der gleichen Stelle findet man bei der Freien Enthalpie in Abhängigkeit von T oder P einen Knick (d.h. eine Unstetigkeit der ersten Ableitungen von $G(T,P)$ nach T oder P).

Die innere Konsistenz dieser Beobachtungen erweist sich anhand der Potentialeigenschaften von G. Danach folgt aus dem Knick in G zwangsläufig eine Unstetigkeit in V, S, und H, denn die Zustandsfunktionen V und S lassen sich als erste Ableitungen von G nach P bzw. T interpretieren (s. Gln. 3.6 und 3.7) und die Enthalpie H hängt wegen Gl. (3.12) ebenfalls von $(\partial G / \partial T)_P$ ab. Wegen der Unstetigkeit der ersten Ableitungen von $G(T,P)$ beim Phasenübergang haben nach den Regeln der Differentialrechnung die zweiten Ableitungen Unendlichkeitsstellen. Die zweiten Ableitungen von G nach T und P ergeben nach Gln. (3.8) und (3.9) die Wärmekapazität $C_p(P,T)$ bzw. die Kompressibilität $\kappa(T,P)$; C_p und κ haben somit Unendlichkeitsstellen an der Umwandlung. Die Abb. 2.7 und 3.1 veranschaulichen das Verhalten einiger wesentlicher physikalischer Größen bei der Phasenumwandlung eines Systems.

Wir wollen nun unter Verwendung der in Abschn. 3.2.1 hergeleiteten allgemeinen Gleichgewichtsbedingungen den Verlauf der thermodynamischen Funktionen bei der Umwandlung quantitativ beschreiben; insbesondere war die Natur und Größe der Umwandlungsentropie $\Delta_u \bar{S}$ offen geblieben.

Wir betrachten dazu ein Einstoffsystem mit zwei koexistierenden Phasen $'$ und $''$. Bei fester Temperatur und festem Druck muss für das Gesamtsystem im thermodynamischen Gleichgewicht Gl. (3.59) $dG = 0$ gelten. Wir führen nun eine isotherm-isobare Zustandsänderung am System im Zweiphasengleichgewicht dadurch aus, dass wir $dn > 0$ Mol der Phase $'$ in die Phase $''$ überführen. Infolge der infinitesimal kleinen Änderungen wird hierbei der thermodynamische Gleichgewichtszustand nicht verletzt. Deshalb gilt nach Gl. (3.59) unter Verwendung von $dn' = -dn'' = dn$:

$$dG = dG' + dG'' = \bar{G}'dn' + \bar{G}''dn'' = \left(\bar{G}'' - \bar{G}' \right)dn = 0 , \qquad (3.66)$$

wobei mit $\bar{G}'$ und $\bar{G}''$ die molaren Freien Enthalpien der Phasen $'$ bzw. $''$ bezeichnet werden.

Im Zweiphasengleichgewicht muss also gelten:

$$\bar{G}' = \bar{G}'' \qquad (3.67)$$

oder nach Gl. (3.1):

$$\bar{H}' - T_u \bar{S}' = \bar{H}'' - T_u \bar{S}'', \qquad (3.68)$$

wobei T_u die **Koexistenztemperatur** (Siedepunkt, Schmelzpunkt oder Sublimationspunkt) für den vorgegebenen Druck darstellt.

Man bezeichnet $\Delta_u \bar{H} = \bar{H}'' - \bar{H}'$ als **molare Umwandlungsenthalpie** und $\Delta_u \bar{S} = \bar{S}'' - \bar{S}'$ als **molare Umwandlungsentropie**. Gl. (3.68) lautet mit diesen Bezeichnungen:

$$\Delta_u \bar{H} = T_u \Delta_u \bar{S}. \qquad (3.69)$$

Misst man also beispielsweise die **molare Schmelzenthalpie** $\Delta_u \bar{H}$ kalorimetrisch, so kann man die **molare Schmelzentropie** $\Delta_u \bar{S}$ am Schmelzpunkt nach Gl. (3.69) berechnen. Erfahrungsgemäß sind $\Delta_u \bar{H}$ und $\Delta_u \bar{S}$ positiv, wenn man vom Kristall zur Schmelze oder zum Dampf übergeht, wie auch beim Übergang von der Schmelze zum Dampf (s. z.B. Abb. 3.1).

Experimentelle Werte für $\Delta_u \bar{H}$ und $\Delta_u \bar{S}$ am Schmelz- sowie am Siedepunkt für verschiedene Substanzen bei Normaldruck sind in der folgenden Tabelle 3.3 dargestellt. Hierbei sind die Stoffe nach zunehmendem Siedepunkt angeordnet. Während die Werte $\Delta_u \bar{H}$ und $\Delta_u \bar{S}$ für das Schmelzgleichgewicht keine unmittelbar erkennbare Regelmäßigkeit aufweisen, ist die Verdampfungsenthalpie für eine Vielzahl verschiedener Flüssigkeiten proportional zum Normalsiedepunkt, sodass sich die Verdampfungsentropie als nahezu konstant ergibt. Diese Regel wurde 1884 von **Trouton** erkannt und erlaubt es, mit Hilfe des durchschnittlichen Wertes $\Delta_V \bar{S} = 88{,}8 \text{ J mol}^{-1} \text{ K}^{-1}$ aus den Normalsiedepunkten die Verdampfungsenthalpien abzuschätzen. Allerdings bilden tiefsiedende Stoffe (z.B. He, H_2, O_2, CH_4) sowie

Tabelle 3.3. Umwandlungsenthalpien und -entropien für Schmelz- und Verdampfungs-gleichgewichte bei 1 bar

Stoff	fest $\rightleftharpoons$ flüssig			flüssig $\rightleftharpoons$ gasförmig		
	$\dfrac{T_s}{K}$	$\dfrac{\Delta_s \bar{H}}{kJmol^{-1}}$	$\dfrac{\Delta_s \bar{S}}{Jmol^{-1}K^{-1}}$	$\dfrac{T_v}{K}$	$\dfrac{\Delta_v \bar{H}}{kJmol^{-1}}$	$\dfrac{\Delta_v \bar{S}}{Jmol^{-1}K^{-1}}$
He	3,45	0,021	6,28	4,206	0,084	19,7
H_2	13,95	0,117	8,37	20,38	0,904	44,4
N_2	63,14	0,720	11,38	77,33	5,579	72,15
O_2	54,39	0,444	8,16	90,18	6,822	75,62
CH_4	190,67	0,942	10,38	111,66	8,182	73,28
C_2H_6	89,88	2,858	31,81	184,52	14,72	79,77
HCl	158,95	1,992	12,51	188,10	16,15	85,8
Cl_2	172,15	6,407	37,20	239,09	20,41	85,37
NH_3	195,39	5,654	28,94	239,72	23,36	97,43
SO_2	197,67	7,403	37,46	263,13	24,92	94,71
n-C_4H_{10}	134,80	4,662	34,58	272,65	22,40	82,15
CH_3OH	175,25	3,168	18,08	337,9	35,28	104,4
CCl_4	250,25	2,50	10,04	349,9	30,0	85,8
C_2H_5OH	185,55	5,022	31,68	351,7	38,6	109,7
C_6H_6	278,68	9,88	35,30	353,25	30,77	87,09
H_2O	273,15	6,011	22,00	373,15	40,666	108,98
$Fe(CO)_5$	252	13,60	54,0	378	37,2	98,35
CH_3COOH	289,76	11,72	40,43	391,5	24,36	61,9
Hg	234,28	2,33	9,92	629,72	58,13	92,32
Cs	301,85	2,09	6,70	963	68,30	70,94
Zn	692,65	6,675	9,64	1180	114,8	97,26
NaCl	1081	27,2	26,37	1738	170,7	99,6
Pb	600,55	5,11	8,50	2023	180,0	89,1
Ag	1233,95	11,30	9,17	2466	254,1	103,03

stark assoziierende Flüssigkeiten (z.B. H-Brückenbildner wie H_2O oder CH_3COOH) Ausnahmen.

In Abb. 3.4 ist der Verlauf von $\bar{G}(T)$ für Benzol in der Nähe des Schmelzpunktes noch einmal vergrößert herausgezeichnet (vgl. hierzu auch Abb. 3.1). Wir wollen anhand der Abb. 3.4 die Vorgänge des Schmelzens und Kristallisierens etwas detaillierter betrachten. Wir bezeichnen den Ast der kristallinen Phase mit $\bar{G}_{kr}(T)$ und den der flüssigen Phase mit $\bar{G}_{fl}(T)$. Dann kann man für jede Temperatur die Differenz der molaren Freien Enthalpie bilden:

$$\Delta \bar{G}\,(T) = \bar{G}_\text{fl} - \bar{G}_\text{kr}\,. \tag{3.70}$$

Gemäß Abb. 3.4 schneiden sich am Schmelzpunkt die beiden Äste $\bar{G}_\text{kr}\,(T)$ und $\bar{G}_\text{fl}\,(T)$, d.h. nach Gl. (3.67) oder (3.70) ist dort $\Delta \bar{G} = 0$. Genau das ist aber die Bedingung für thermodynamisches Gleichgewicht (s. Gl. 3.59), hier angewandt auf das *Schmelzgleichgewicht*.

Auch die Beziehung (3.60) können wir an den Vorgängen der Phasenumwandlung verdeutlichen. Man kann nämlich durch schnelles Abkühlen der Schmelze unter Fernhalten von Kristallisationskeimen den Ast der Flüssigkeit unterhalb von T_s verwirklichen. Diese *metastabilen Zustände* werden als *unterkühlte Flüssigkeit* bezeichnet. Unterhalb von T_s ist aber der Ast des Kristalls thermodynamisch stabil. Wie Abb. 3.4 zeigt, führt unterhalb von T_s nur eine Abnahme von $\bar{G}$, d.h. $d\bar{G} < 0$ spontan und irreversibel vom Zustand der unterkühlten Flüssigkeit in den Gleichgewichtszustand des Kristall Das entspricht völlig der Forderung der Gl. (3.60). Umgekehrt kann man durch schnelles Aufheizen des Kristalls oberhalb von T_s die *metastabilen Zustände* des *überhitzten Kristalls* verwirklichen. Auch von ihnen führt nur eine Abnahme von $\bar{G}$ als spontane irreversible Zustandsänderung in den dort stabilen Gleichgewichtszustand der Schmelze.

Entsprechend den Forderungen der Thermodynamik gemäß Gl. (3.60) ist jedoch der spontane Übergang der Schmelze oberhalb von T_s in den überhitzten Kristall thermodynamisch unmöglich, weil dabei $\bar{G}$ zunehmen müßte. Das Gleiche gilt für den thermodynamisch verbotenen Übergang des Kristalls unterhalb von T_s in die unterkühlte Flüssigkeit.

Anhand der Gl. (3.70) können wir auch eine qualitative molekulare Interpretation der Vorgänge beim Schmelzen und Kristallisieren geben. Wir benutzen dazu die Definition $\bar{G} = \bar{H} - T\bar{S}$ und können anstelle von Gl. (3.70) schreiben:

$$\Delta \bar{G} = (\bar{H}_\text{fl} - \bar{H}_\text{kr}) - T(\bar{S}_\text{fl} - \bar{S}_\text{kr}) = \Delta \bar{H} - T\Delta \bar{S}\,. \tag{3.71}$$

Die Enthalpiedifferenz $\Delta \bar{H}$ ist die Summe zweier Terme:

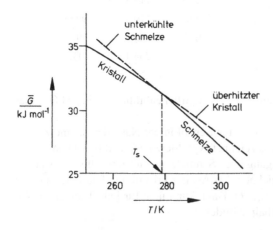

Abb. 3.4. Verlauf der freien Enthalpie von Benzol in der Nähe des Schmelzpunktes $T_\text{s} = 278{,}7$ K (halbschematisch)

$$\Delta \bar{H} = \Delta \bar{U} + P\Delta \bar{V} , \qquad (3.72)$$

wovon der Term $P\Delta \bar{V}$ im Fall des Schmelzgleichgewichtes (in Anbetracht vergleichsweise kleiner Volumenänderungen) in der Regel vernachlässigbar gegen $\Delta \bar{U}$ ist. Damit gilt in guter Näherung:

$$\Delta \bar{G} \approx \Delta \bar{U} - T\Delta \bar{S} . \qquad (3.73)$$

Hier ist der Term $\Delta \bar{U} = \bar{U}_{fl} - \bar{U}_{kr}$ immer positiv, weil die Bindungskräfte zwischen den Molekülen aufgrund der besseren molekularen Packung im Kristall immer stärker sind als die in der schlecht geordneten Flüssigkeit. Man muss deshalb Energie zuführen, um den Übergang *kristallin* → *flüssig* zu verwirklichen. Wir wissen andererseits schon von der molekularen Interpretation der Entropie (als Maß der strukturellen Unordnung in einem System, s. Abschn. 2.2.3), dass die Entropie der Schmelze größer ist als die des wohlgeordneten Kristalls. Der Term $-T\Delta \bar{S} = -T(\bar{S}_{fl} - \bar{S}_{kr})$ in Gl. (3.73) ist also immer negativ. Am Schmelzpunkt ist nun der Energiebeitrag $\Delta \bar{U}$ (der das System im kristallinen Zustand halten möchte) exakt ausbalanciert durch den Entropiebeitrag $-T\Delta \bar{S}$ (der aufgrund des Entropiegewinns durch größere Unordnung das System in den Zustand der Flüssigkeit bringen möchte). Daher können beide Phasen am Schmelzpunkt T_s koexistieren. Oberhalb von T_s wird aber der Energiebeitrag $\Delta \bar{U}$ durch den „Unordnungsbeitrag" $-T\Delta \bar{S}$ (vor allem durch die Veränderung von T) soweit überkompensiert, dass $\Delta \bar{G}$ negativ wird und damit der Kristall spontan schmilzt.

Die gleiche Betrachtung kann man auch für die Zustände unterhalb von T_s anstellen. Hier überwiegt nach der vorstehenden Argumentation der Energiebeitrag $\Delta \bar{U}$, so dass $\Delta \bar{G} = \bar{G}_{fl} - \bar{G}_{kr}$ positiv wird. Hier ist also der Übergang *flüssig* → *kristallin* aufgrund von $(\bar{G}_{kr} - \bar{G}_{fl}) = -\Delta \bar{G} < 0$ der spontan und irreversibel ablaufende Prozess.

Wir haben hier die molekularen Aspekte des Phasengleichgewichts *fest* ↔ *flüssig* diskutiert. Sehr ähnliche Betrachtungen lassen sich auch für den **Verdampfungsvorgang** anstellen (Abb. 3.1). Allerdings ist hier der Faktor $P\Delta \bar{V}$ nicht mehr vernachlässigbar gegen $\Delta \bar{U}$. Da aber das Volumen des Dampfes immer sehr viel größer ist als das der Flüssigkeit, bleibt auch hier der Term $\Delta \bar{H}$ positiv:

$$\Delta \bar{H} = \bar{H}_{gas} - \bar{H}_{fl} = (\bar{U}_{gas} - \bar{U}_{fl}) + P(\bar{V}_{gas} - \bar{V}_{fl}) > 0. \qquad (3.74)$$

Somit lässt sich hier die Bilanz zwischen $\Delta \bar{H}$ und $-T\Delta \bar{S} = -T(\bar{S}_{gas} - \bar{S}_{fl})$ analog diskutieren wie die obige von $\Delta \bar{U}$ und $-T\Delta \bar{S}$ im Fall des Schmelzvorganges.

3.2.2.3 Die wechselseitige Abhängigkeit der Koexistenzparameter T und P: Clausius-Clapeyron-Gleichung

Das Ziel dieses Abschnittes ist die thermodynamische Beschreibung der Steigungen der Koexistenzkurven im Phasendiagramm (z.B. Abb. 3.3), d.h. der Abhängigkeit des Koexistenzdruckes von der Temperatur oder umgekehrt der Koexistenztemperatur vom Druck.

Dazu betrachten wir das Zweiphasengleichgewicht bei leicht geänderten Werten von T und P. Für die beiden Phasen gilt jeweils:

$$d\bar{G}' = \left(\frac{\partial \bar{G}}{\partial T}\right)_P^{'} dT + \left(\frac{\partial \bar{G}}{\partial P}\right)_T^{'} dP = -\bar{S}' dT + \bar{V}' dP \qquad (3.75)$$

$$d\bar{G}'' = \left(\frac{\partial \bar{G}}{\partial T}\right)_P^{''} dT + \left(\frac{\partial \bar{G}}{\partial P}\right)_T^{''} dP = -\bar{S}'' dT + \bar{V}'' dP \qquad (3.76)$$

Wegen Gl. (3.67) muss auch gelten:

$$d\bar{G}'' = d\bar{G}', \qquad (3.77)$$

woraus mit den Gln. (3.75) und (3.76) folgt:

$$(\bar{S}'' - \bar{S}')\, dT = (\bar{V}'' - \bar{V}')\, dP \qquad (3.78)$$

oder mit Gl. (3.69)

$$\frac{dP}{dT} = \frac{\Delta_u \bar{S}}{\Delta_u \bar{V}} = \frac{\Delta_u \bar{H}}{T \Delta_u \bar{V}}. \qquad (3.79)$$

Hier wurde abkürzend geschrieben:

$$\Delta_u \bar{V} = \bar{V}'' - \bar{V}'. \qquad (3.80)$$

Gleichung (3.79) wurde von Clapeyron (1834) empirisch gefunden und von Clausius (1850) thermodynamisch begründet; sie beschreibt die Steigungen der $P(T)$-Kurven im Phasendiagramm (vgl. Abb. 3.3). Ihre Integration ergibt den Druck P als Funktion der Umwandlungstemperatur T des Zweiphasensystem

Man sagt: „*Das System hat nur noch einen Freiheitsgrad*", und meint damit, dass nur noch eine der beiden Zustandsvariablen T oder P unabhängig gewählt werden kann.

Für das Verdampfungsgleichgewicht lässt sich Gl. (3.79) detaillierter formulieren. Hier ist $\bar{V}''$ das molare Volumen des Dampfes (für Wasser bei 1 bar und 100 °C: $\bar{V}'' \approx 3 \cdot 10^4\ \mathrm{cm^3\ mol^{-1}}$) und $\bar{V}'$ das molare Volumen der Flüssigkeit (für Wasser bei 100 °C: $\bar{V}' \approx 19\ \mathrm{cm^3\ mol^{-1}}$).

Dann gilt in guter Näherung:

$$\bar{V}'' - \bar{V}' \approx \bar{V}_{Gas}. \qquad (3.81)$$

Wenn die Gasphase durch die Zustandsgleichung (1.28) der idealen Gase beschrieben werden kann, d.h. $\bar{V}_{Gas} = RT / P$, erhält man mit $\Delta_u \bar{H} = \Delta_v \bar{H}$ (wobei V für Verdampfungsgleichgewicht steht) nach Gln. (3.79) bis (3.81):

$$\frac{dP}{dT} = \frac{\Delta_V \bar{H} \cdot P}{RT^2}. \qquad (3.82)$$

Abb. 3.5. Isoteniskop zur Dampfdruckmessung (siehe Text)

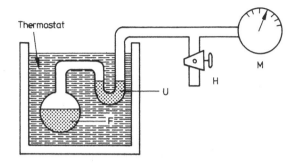

Diese Gleichung lässt sich mit Hilfe der Kettenregel der Differentiation wie folgt umformulieren (mit $y = 1/T$):

$$\frac{d(\ln P)}{d(1/T)} = \frac{1}{P}\frac{dP}{dT}\frac{dT}{dy} = -\frac{\Delta_v \bar{H}}{R}. \tag{3.83}$$

Für temperaturunabhängiges (bzw. zugleich auch druckunabhängiges) $\Delta_v \bar{H}$ lässt sich diese Gleichung für Zwecke praktischer Anwendungen leicht integrieren. In der Auftragung $\ln P$ gegen $1/T$ erhält man dann eine Gerade, deren Steigung $-\Delta_v \bar{H}/R$ ist.

Bei der Messung des Dampfdruckes muss entsprechend seiner Definition darauf geachtet werden, dass der gemessene Druck nicht den Luftdruck oder den irgendeines fremden Gases einschließt. Das kann z.B. nach folgendem Verfahren erreicht werden (Abb. 3.5). Man verdampft einen Teil der Flüssigkeit F, wobei zunächst die Kapillare bis zum Hahn H von Fremdgas freigespült wird. Dann kondensiert man einen Teil der verdampften Flüssigkeit im Hilfsmanometer U und thermostatiert U und F. Mit dem Hahn H kann man nun den Außendruck so einstellen, dass im Hilfsmanometer U die Flüssigkeitssäule in beiden Schenkeln auf gleicher Höhe steht. Der danach vom Manometer M angezeigte Druck ist gleich

Abb. 3.6. Die Temperaturabhängigkeit des Dampfdrucks verschiedener Flüssigkeiten in der Auftragung gemäß Gl. (3.83)

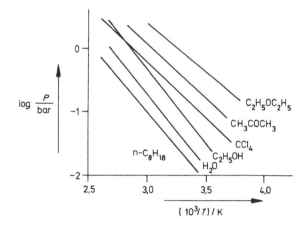

dem Dampfdruck über der Flüssigkeit F. Eine solche Messanordnung bezeichnet man als *Isoteniskop*.
Resultate für verschiedene Flüssigkeiten in logarithmischer Auftragung gemäß Gl. (3.83) sind in Abb. 3.6 dargestellt. Der lineare Zusammenhang über einen breiten Temperaturbereich zeigt, dass $\Delta_v \bar{H}$ in diesem Bereich kaum von der Temperatur abhängt.

Weiterführende Literatur zu „Thermodynamische Potentiale und Gleichgewichte"

Adamson AW (1973) Textbook of physical chemistry. Academic Press, New York, pp 284-304 (zu Phasengleichgewichten)
Wedler G (1997) Lehrbuch der Physikalischen Chemie, 4. Aufl. Wiley-VCH, Weinheim, 271-371
D'Ans-Lax (1964) Taschenbuch für Chemiker und Physiker, 3. Aufl, Bd 1. Springer, Berlin Göttingen Heidelberg New York, S 196-599
Guggenheim EA (1959) Thermodynamics, 4th edn. North Holland, Amsterdam, S 24-39 (Thermodynamische Potentiale und Gleichgewichtsbedingungen)
Haase R (1972) Thermodynamik. Steinkopff, Darmstadt (S 56-70: Thermodynamische Potentiale; S 87-93: Phasengleichgewichte)
Landolt-Börnstein (1961) Zahlenwerte und Funktionen aus Physik, Chemie, Astronomie, Geophysik, Technik, Bd 2/4. Springer, Berlin Göttingen Heidelberg, S 179-372

Übungsaufgaben zu „Thermodynamische Potentiale und Gleichgewichte"

3.1 Die molare Freie Enthalpie $\bar{G}$ einer bestimmten Substanz wurde als Funktion von T und P experimentell ermittelt und konnte durch folgenden funktionalen Zusammenhang dargestellt werden:

$$\bar{G}(T,P) = G_0 + \frac{5}{2}R(T - T_0) - \frac{5}{2}RT \ln \frac{T}{T_0} + RT \ln \frac{P}{P_0}$$

Hier sind G_0, T_0 und P_0 von T und P unabhängige Konstanten; R ist die Gaskonstante. Gewinnen Sie hieraus mit Hilfe thermodynamischer Beziehungen die Zustandsfunktionen $\bar{V}$, $\bar{S}$, $\bar{H}$, $\bar{U}$, $\bar{C}_p$ und κ als Funktionen von T und P. Um welche Stoffklasse handelt es sich?

3.2 Die Dichte des flüssigen Methanols ($M = 32$ g mol^{-1}) bei 20 °C ist $\rho = 0{,}793$ g cm^{-3}. Berechnen Sie die Änderung der molaren Freien Enthalpie in Joule bei isothermer Druckänderung von $P_a = 1$ bar auf $P_e = 10$ bar unter der Voraussetzung, dass in diesem Druckbereich sich die Dichte nicht ändert!

3.3 Berechnen Sie die Standardreaktionsenthalpie $\Delta_r H^0$ und die Freie Standardreaktionsenthalpie ΔG^0 für die Oxidation von Ethylalkohol:

$$C_2H_5OH \text{ (l)} + 3\,O_2 \text{ (g)} \rightarrow 2\,CO_2 \text{ (g)} + 3\,H_2O \text{ (l)} .$$

(*Lösungshinweis:* Verwenden Sie die Daten für Standardwerte der thermodynamischen Funktionen in Tabelle 3.1).

3.4 Die Reaktion in Aufgabe 3.3 soll in einer Brennstoffzelle ablaufen, d.h. in einer Anlage, die reversibel (auf elektrochemischem Wege) aus der chemischen Reaktion direkt elektrische Arbeit leistet. Um welchen Faktor ist die reversible elektrische Arbeit dieser Anlage größer als die einer Wärmekraftmaschine, die ein Hochtemperaturreservoir durch Verbrennung von Ethanol auf $T_{II} = 600\ °C$ aufheizt und reversibel durch Wärmeübergang auf ein Tieftemperaturreservoir der Temperatur $T_I = 100\ °C$ elektrische Arbeit erzeugt?

(*Lösungshinweis:* Im Fall der Wärmekraftmaschine steht die gesamte Reaktionsenthalpie dem Hochtemperaturreservoir als Wärmebetrag ΔQ_{II} zur Übertragung auf die Kraftmaschine zur Verfügung.)

3.5 Wie groß in Joule wäre die Änderung der Freien Energie und die der Freien Enthalpie, wenn von einem Muskel unter isotherm-isobaren Bedingungen 5,0 J reversible Kontraktionsarbeit und 1,0 J reversible Volumenarbeit geleistet würden?

3.6 Der Normalsiedepunkt von Methyljodid ist 42,4 °C. Benutzen Sie die Trouton-Regel und berechnen Sie die molare Verdampfungsenthalpie für diese Verbindung.

3.7 Ein Kristall sei durch schnelle Temperaturerhöhung bei konstantem Druck um 5 °C über seinen Schmelzpunkt überhitzt worden *und werde in einem Thermostaten bei dieser Temperatur und konstantem Druck gehalten.*

Beantworten Sie die folgenden Fragen und geben Sie eine qualitative Begründung Ihrer Antworten.
a) Welche Zustandsänderung läuft nunmehr spontan ab?
b) Welches Vorzeichen hat die Änderung der molaren Freien Enthalpie bei diesem Vorgang?
c) Welches Vorzeichen hat die Änderung der molaren Enthalpie bei diesem Vorgang?
d) Welches Vorzeichen hat die Änderung der molaren Entropie bei diesem Vorgang?
e) Ist bei diesem Vorgang der Betrag der molaren Enthalpieänderung größer oder kleiner als der mit der Temperatur multiplizierte Betrag der Änderung der molaren Entropie?
f) Beantworten Sie die Fragen **a)** –bis **e)** für den Fall einer Überhitzung des Kristalls um 1/10 °C über den Schmelzpunkt.

Geben Sie dabei unter e) eine Abschätzung der relativen Größe der genannten Beträge.

Lösungshinweis: vgl. Abschn. 3.2.2.2, Diskussion von Abb. 3.4.

3.8 Beim Druck von $P_0 = 1$ bar hat Wasser einen Siedepunkt von $T = 100$ °C. Berechnen Sie die Siedetemperatur in °C bei $P = 0,5$ bar mit Hilfe der Clausius-Clapeyron-Gleichung, wobei für den Dampf die Zustandsgleichung idealer Gase benutzt und das molare Volumen des flüssigen Wassers gegenüber dem des Dampfes vernachlässigt werden kann. Die molare Verdampfungsenthalpie des Wassers $\Delta_v \bar{H} = 4 \cdot 10^4$ J mol^{-1} kann dabei als druck- und temperaturunabhängig angesehen werden.

4 Mehrkomponentensysteme

4.1 Partielle molare Größen

Zur Behandlung von Systemen mit mehreren Komponenten (z.b. das Cytoplasma der Zelle mit einer Vielzahl verschiedener gelöster Substanzen) benutzt man die „partiellen molaren Größen", welche die thermodynamischen Eigenschaften der einzelnen Komponenten in der Mischung beschreiben. Die Eigenschaften einer Mischung setzen sich hierbei nur in Ausnahmefällen in einfacher, additiver Weise aus den Eigenschaften der einzelnen Komponenten zusammen. Diese Ausnahmen betreffen die idealen Mischungen, die sich durch die Abwesenheit molekularer Wechselwirkungen der verschiedenen Komponenten auszeichnen. So ließ sich der Druck einer Mischung idealer Gase durch Addition der Partialdrucke ihrer Komponenten beschreiben (Gl. 1.33). Bereits bei realen Gasen versagt diese einfache Beschreibungsweise. Reale Mischungen zeichnen sich durch unterschiedliche Kräfte zwischen den Molekülen der einzelnen Komponenten aus. Deshalb hängen die Eigenschaften dieser Mischungen in nicht-additiver Weise von den Stoffmengen n_i der einzelnen Komponenten ab.

Wir betrachten im Folgenden *extensive Zustandsgrößen* wie das Volumen V, die Enthalpie H, die Entropie S oder die freie Enthalpie G als Funktion ihrer Zustandsvariablen. Hierzu zählen im Falle einer Mischung, neben den intensiven Zustandsvariablen T und P, die Stoffmengen n_i der verschiedenen Komponenten. Eine extensive Zustandsgröße A zeichnet sich nach Abschn. 1.1.1.2 dadurch aus, dass sich (bei konstanten T und P) ihr Wert um den Faktor a vervielfacht, wenn man das System entsprechend vervielfacht, d.h. wenn alle Stoffmengen n_i (i = 1 ... k) mit demselben Faktor a multipliziert werden. Es gilt also:

$$A(a\,n_1,\, a\,n_2,\, ...a\,n_k) = a\,A(n_1, n_2, ...n_k). \qquad (4.1)$$

Funktionen dieser Art werden in der Mathematik als **homogen** (vom Grade 1) bezeichnet. Für sie
gilt der *Satz von Euler*:

$$n_1 \frac{\partial A}{\partial n_1} + n_2 \frac{\partial A}{\partial n_2} + ... + n_k \frac{\partial A}{\partial n_k} = A(n_1, n_2, ...n_k) \qquad (4.2)$$

Der (durch Differentiation von Gl. 4.1 nach dem Faktor a) vergleichsweise einfach zu beweisende Satz von Euler besagt, dass sich extensive Zustandsgrößen durch ihre partiellen Ableitungen nach den Stoffmengen ausdrücken lassen. Letztere stellen die nachfolgend definierten partiellen molaren Größen dar, die ihrerseits wieder Funktionen der Stoffmengen n_i sind.

4.1.1 Partielles Molvolumen

Gegeben sei eine homogene Mischung von k Komponenten mit den Stoffmengen $n_1, n_2, ..., n_k$. Die Molvolumina der *reinen* Komponenten seien $\overline{V}_1^0$, $\overline{V}_2^0$, ..., $\overline{V}_k^0$. Wie setzt sich das Gesamtvolumen V der Mischung aus den Beiträgen der einzelnen Komponenten zusammen?

Empirisch stellt man zunächst fest, dass V sich keineswegs additiv aus den $\overline{V}_i^0$ ergibt.

Beispiel: Beim Auflösen von 1 mol NaCl (Molvolumen von NaCl: $\overline{V}_{NaCl}^0 = 26{,}9$ cm^3 mol^{-1}) in 1 l Wasser ist die Volumenänderung $\Delta V = 16{,}3$ cm^3. Es ist also gewissermaßen Volumen „verschwunden". Dieses nicht-additive Verhalten ergibt sich im Wesentlichen daraus, dass Wassermoleküle in der Umgebung der Ionen Na$^+$ und Cl$^-$ dichter gepackt sind als in reinem Wasser (Elektrostriktion).

Zur allgemeinen Beschreibung der Volumeneffekte in Lösungen betrachtet man das Gesamtvolumen V der Lösung als Funktion der Variablen n_i:

$$V = V(n_1, n_2, ..., n_k).$$

Druck und Temperatur sollen im Folgenden als konstant angenommen werden. Fügt man dem Volumen V, das die Substanzmengen $n_1, n_2, ..., n_k$ enthält, dn_1 Mole der Substanz 1, dn_2 Mole der Substanz 2 usw. zu, so ändert sich das Volumen um den Betrag dV. dV ist gegeben durch das totale Differential der Funktion $V(n_1, n_2, ..., n_k)$:

$$dV = \left(\frac{\partial V}{\partial n_1}\right) dn_1 + \left(\frac{\partial V}{\partial n_2}\right) dn_2 + ... + \left(\frac{\partial V}{\partial n_k}\right) dn_k \,. \tag{4.3}$$

Bei der Bildung der partiellen Ableitung des Volumens nach der Stoffmenge n_i sind Druck, Temperatur sowie alle übrigen Stoffmengen $n_j \neq n_i$ konstant zu halten. Die Ableitung $\partial V/\partial n_i$ wird als **partielles Molvolumen** $\overline{V}_i$ der Substanz i bezeichnet:

$$\frac{\partial V}{\partial n_i} = \left(\frac{\partial V}{\partial n_i}\right)_{P,T,n_j} = \overline{V}_i \,. \tag{4.4}$$

Die anschauliche Bedeutung des partiellen Molvolumens ergibt sich aus der Definitionsgleichung (4.4): Fügt man der Mischung 1 mol der Komponente i zu, so ist die Volumenänderung ΔV gerade gleich $\overline{V}_i$. Das Ausgangsvolumen V muss dabei so groß sein, dass die Molenbrüche in der Mischung bei der Zugabe der Komponente i sich nicht wesentlich ändern. Diese Bedingung ist deshalb wichtig, weil die partiellen Molvolumina $\overline{V}_i$ von der Zusammensetzung der Mischung abhängen. Man findet z.B., dass bei Zugabe von 1 mol KCl zu einer großen Menge von reinem Wasser die Volumenänderung $\Delta V = 26{,}7 \ cm^3$ beträgt, während man bei Zugabe von 1 mol KCl zu einer nahezu gesättigten Lösung von KCl in Wasser $\Delta V = 31{,}3 \ cm^3$ erhält.

Unter Einführung der durch Gl. (4.4) definierten Größen $\overline{V}_i$ lässt sich Gl. (4.3) in folgender Form schreiben:

$$dV = \overline{V}_1 dn_1 + \overline{V}_2 dn_2 + ... + \overline{V}_k dn_k \ . \tag{4.5}$$

Wir machen nun von der Tatsache Gebrauch, dass das Volumen V eine extensive Größe ist, d.h. dass sich V bei Verdoppelung aller Stoffmengen ebenfalls verdoppelt. Mit anderen Worten, das Volumen des Systems ist eine *homogene* Funktion der Stoffmengen n_i:

$$V(an_1, an_2, ..., an_k) = aV(n_1, n_2, ..., n_k). \tag{4.6}$$

Anwendung des Satzes von Euler (Gl. 4.2) ergibt dann:

$$V = n_1 \left(\frac{\partial V}{\partial n_1} \right) + n_2 \left(\frac{\partial V}{\partial n_2} \right) + ... + n_k \left(\frac{\partial V}{\partial n_k} \right) \quad \text{oder} \tag{4.7}$$

$$V = n_1 \overline{V}_1 + n_2 \overline{V}_2 + ... + n_k \overline{V}_k \ .$$

Diese Gleichung beschreibt, wie das Gesamtvolumen einer Mischung von den Stoffmengen der einzelnen Komponenten abhängt; bei ihrer Anwendung ist zu beachten, dass die partiellen Molvolumina $\overline{V}_i$ (wie oben erwähnt) selbst wieder Funktionen der Stoffmengen sind.

Betrachtet man in Gl. (4.7) $n_1, n_2 ... n_k$ und $\overline{V}_1, \overline{V}_2 ... \overline{V}_k$ als Variable, bildet das totale Differential dV und vergleicht das Resultat mit Gl. (4.5) (s. Übungsaufgabe 4.3), so erhält man

$$n_1 d\overline{V}_1 + n_2 d\overline{V}_2 + ... + n_k d\overline{V}_k = 0 \ . \tag{4.8}$$

Dieser Ausdruck – in der Literatur als **Gibbs-Duhem-Gleichung** bezeichnet – zeigt, dass man die partiellen Molvolumina der Komponenten einer Lösung nicht unabhängig voneinander variieren kann. In einer (binären) Mischung zweier Stoffe 1 und 2 ist mit einer Zunahme des partiellen Molvolumens eines Stoffes eine Abnahme des partiellen Molvolumens des zweiten Stoffes verbunden, d.h.

$$d\overline{V}_1 = -(n_2 / n_2) \, d\overline{V}_2 \ .$$

Alle diese Aussagen gelten, wie bereits oben erwähnt, bei konstanter Temperatur und konstantem Druck.

4.1.2 Weitere partielle molare Größen

In völlig analoger Weise, wie oben für das partielle Molvolumen gezeigt, lassen sich für eine Mischung weitere partielle molare Größen definieren, wie z.B. die partielle molare Enthalpie der Komponente i:

$$\bar{H}_i = \left(\frac{\partial H}{\partial n_i} \right)_{P,T,n_j} \tag{4.9}$$

oder die partielle molare Entropie:

$$\bar{S}_i = \left(\frac{\partial S}{\partial n_i} \right)_{P,T,n_j} . \tag{4.10}$$

Bei der Bildung der partiellen Ableitung nach n_i sind wieder alle übrigen Stoffmengen $n_j \neq n_i$ konstant zu halten.

4.1.3 Chemisches Potential μ_i

Die wichtigste partielle molare Größe ist das chemische Potential μ. Im Falle einer reinen Substanz ist μ einfach die auf 1 mol bezogene Freie Enthalpie:

$$\mu = \frac{G}{n} \tag{4.11}$$

(G ist die gesamte Freie Enthalpie und n die Stoffmenge).

Bei einer Mischung ist das chemische Potential der Komponente i definiert als partielle Ableitung von G nach der Stoffmenge n_i bei konstantem Druck, konstanter Temperatur und konstanten übrigen Stoffmengen $n_j \neq n_i$:

$$\mu_i = \left(\frac{\partial G}{\partial n_i} \right)_{P,T,n_j} . \tag{4.12}$$

Mit (4. 12) folgt (bei konstantem P und T) in Analogie zur Gl. (4.5) die Beziehung:

$$dG = \mu_1 dn_1 + \mu_2 dn_2 + \ldots + \mu_k dn_k. \tag{4.13}$$

In Anbetracht des extensiven Charakters von G gilt analog Gl. (4.7)

$$G = n_1 \mu_1 + n_2 \mu_2 + \ldots + n_k \mu_k \tag{4.14}$$

und analog Gl.(4.8) eine Gibbs-Duhem-Gleichung der Form

$$n_1 d\mu_1 + n_2 d\mu_2 + \ldots + n_k d\mu_k = 0 . \tag{4.15}$$

Die Ableitung der Gln. (4.13) bis (4.15) ist Wort für Wort identisch mit der Ableitung der Gln. (4.5) bis (4.8), wenn dort „Volumen" durch „Freie Enthalpie" und „partielles Molvolumen" durch „chemisches Potential" ersetzt wird.

Das chemische Potential ist eine der wichtigsten Größen der Thermodynamik. Seine Bedeutung ergibt sich aus den in späteren Abschnitten zu besprechenden Anwendungen. Dabei wird sich zeigen, dass das chemische Potential μ_i ein Maß für die Fähigkeit der Substanz i darstellt, chemische Reaktionen einzugehen oder elektrische, mechanische und osmotische Arbeit zu leisten.

Wie aus den Gln. (4.11) und (4.12) ersichtlich ist, besitzt das chemische Potential die Dimension einer Energie/mol. Wie jede thermodynamische Energiegröße ist das chemische Potential einer gegebenen Substanz nur bis auf eine willkürliche, additive Konstante bestimmt. Da bei allen Anwendungen nur Differenzen chemischer Potentiale vorkommen, ist die Natur dieser additiven Konstanten belanglos.

4.2 Erweiterung der Hauptsätze der Thermodynamik

In den Kap. 2 und 3 wurden die Änderungen der Inneren Energie U und der Freien Enthalpie G eines Systems in folgender Form angegeben:

$$dU = TdS - PdV \qquad (4.16)$$

$$dG = -SdT + VdP. \qquad (4.17)$$

Es ist wichtig, sich vor Augen zu halten, dass diese beiden Gleichungen nur für **geschlossene** (mit der Umgebung nicht in Substanzaustausch stehende) **Systeme** und nur für **Systeme ohne chemische Reaktionen** gelten. Dies lässt sich an folgendem Beispiel zeigen. Ein System, in dem eine chemische Reaktion spontan abläuft, sei nach dem Start der Reaktion von der Umgebung isoliert worden. Da für ein isoliertes System $dU = 0$ und $dV = 0$ gelten, würde man nach Gl. (4.16) $dS = 0$ erwarten; dies stände aber im Widerspruch zum II. Hauptsatz, welcher fordert, dass in einem isolierten System ein spontan ablaufender Prozess mit einer Entropievermehrung verbunden ist.

Eine Beziehung, welche die Änderung dG der Freien Enthalpie für offene Systeme mit oder ohne chemische Reaktionen beschreibt, wird durch folgende Überlegung erhalten. Gl. (4.17) gibt dG an für den Fall, dass sich der Druck P und die Temperatur T ändern, aber sämtliche Stoffmengen n_i im System konstant bleiben. Andererseits beschreibt Gl. (4.13) die Änderung von G bei konstantem P und T, aber variablen Stoffmengen n_i. Dementsprechend wird dG im allgemeinen Fall ($dT \neq 0$, $dP \neq 0$, $dn_i \neq 0$) erhalten, indem man die rechten Seiten der Gln. (4.13) und (4.17) addiert:

$$dG = -SdT + VdP + \sum_{i=1}^{k} \mu_i dn_i . \qquad (4.18)$$

Die hiermit erhaltene **Gibbs'sche Fundamentalgleichung** (s. Gl. 3.4 in Abschn. 3.1.1) fasst die Aussagen des I. und II. Hauptsatzes **für homogene offene Systeme mit und ohne chemische Reaktionen** zusammen. Sie bildet den Ausgangspunkt für viele Anwendungen der Thermodynamik.

Aus Gl. (4.18) lässt sich auch eine allgemeine Beziehung für dU ableiten. Aus der für beliebige Systeme gültigen Definitionsgleichung für G (Gl. 3.1), d.h. $G = H - TS = U + PV - TS$, folgt:

$$dG = dU + PdV + VdP - TdS - SdT. \qquad (4.19)$$

Einsetzen von Gl. (4.18) für dG liefert dann die Beziehung:

$$dU = TdS - PdV + \sum_{i=1}^{k} \mu_i dn_i \,,$$ (4.20)

welche eine Verallgemeinerung der Gl. (4.16) darstellt. In analoger Weise werden Beziehungen für dH und dF für den Fall variabler Stoffmengen erhalten. Die Fundamentalgleichungen für die vier Energiefunktionen U, H, F, und G wurden bereits in Abschn. 3.1.4 zusammengestellt (s. Gln. (3.41) bis (3.44)).

4.3 Chemisches Potential eines idealen Gases

Wir betrachten n Mole eines idealen Gases, das in einem Thermostaten der Temperatur T eingeschlossen ist (Abb. 4.1).

Um die Abhängigkeit des chemischen Potentials μ vom Druck zu berechnen, gehen wir von der bei konstanter Stoffmenge n gültigen Gl. (4.17) aus, welche unter der Bedingung $dT = 0$ die Form

$$dG = VdP$$ (4.21)

annimmt. Aus der Definitionsgleichung (4.11) für das chemische Potential einer reinen Substanz folgt dann:

$$d\mu = \frac{dG}{n} = \frac{V}{n} dP \,.$$ (4.22)

Für ein ideales Gas gilt $VP = nRT$ oder $V/n = RT/P$. Damit erhält man aus Gl. (4.22):

$$d\mu = RT \frac{dP}{P} \,.$$ (4.23)

Um die Abhängigkeit des chemischen Potentials vom Druck zu erhalten, integrieren wir diese Gleichung zwischen dem Anfangsdruck P_0 und dem Enddruck P, wobei wir den Wert des chemischen Potentials beim Druck P mit μ und beim Druck P_0 mit μ_0^* bezeichnen:

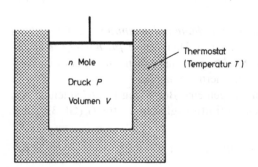

Abb. 4.1. Ideales Gas bei der Temperatur T und dem Druck P

$$\int_{\mu_0^*}^{\mu} d\mu = RT \int_{P_0}^{P} \frac{dP}{P} \; ; \; \mu - \mu_0^* = RT(\ln P - \ln P_0)$$

Wir erhalten somit:

$$\mu = \mu_0^* + RT \ln \frac{P}{P_0} \; . \tag{4.24}$$

Meist wird P_0 gleich 1 bar gesetzt, sodass Gl. (4.24) die folgende Form annimmt:

$$\mu = \mu_0^* + RT \ln P \; . \tag{4.25}$$

In dieser Gleichung ist P eine reine Zahl, nämlich die Maßzahl des in bar angegebenen Druckes. Von jetzt an soll die Vereinbarung gelten, dass immer dann, wenn nach dem Logarithmus das Symbol einer physikalischen Größe steht, die Maßzahl dieser Größe zu nehmen ist; dabei muss natürlich die betreffende Einheit vorher festgelegt werden.

Gleichung (4.25) zeigt, dass das chemische Potential eines Gases mit steigendem Druck P zunimmt. Dies bedeutet: Ein hochkomprimiertes, zu großer Arbeitsleistung befähigtes Gas besitzt ein hohes chemisches Potential. Aus Gl. (4.25) ist ferner ersichtlich, dass das chemische Potential (wie bereits erwähnt) nur bis auf eine Konstante μ_0^* festgelegt ist. μ_0^* hängt vom Referenzdruck P_0 sowie von der Temperatur T und von der chemischen Natur des Gases ab.

4.4 Eigenschaften von Lösungen

4.4.1 Chemisches Potential einer ideal verdünnten Lösung

In einer Lösung, z.B. einer Aminosäure in Wasser, stehen die gelösten Moleküle im Allgemeinen in Wechselwirkung miteinander (Anziehungs- und Abstoßungskräfte). Ist die Lösung sehr verdünnt, wird diese Wechselwirkung vernachlässigbar klein. Man spricht dann von einer ideal verdünnten Lösung. Diese verhält sich in vielen Eigenschaften analog den idealen Gasen, bei denen ebenfalls, wie früher dargelegt wurde, keine Wechselwirkung der Moleküle untereinander besteht.

Um das chemische Potential der ideal verdünnten Lösung zu berechnen, betrachten wir noch einmal Gl. (4.25) für das ideale Gas, die wir mit Hilfe der Beziehung $P = (n/V)\, RT = c\, RT$ etwas umformen ($n/V = c$ ist die molare Konzentration des idealen Gases). Damit erhalten wir:

$$\mu = \mu_0^* + RT \ln (RT) + RT \ln c. \tag{4.26}$$

Die beiden von c unabhängigen Terme μ_0^* und $RT \ln RT$ fassen wir zu einer neuen Konstanten μ_0 zusammen, die dann nicht nur vom Referenzdruck, sondern auch von der Temperatur abhängt:

$$\mu = \mu_0 + RT \ln c. \tag{4.27}$$

Wegen der oben erwähnten Analogie gilt diese Gleichung auch für eine ideal verdünnte Lösung.

Experimentell findet man, dass Gl. (4.27) stets gültig ist, sofern die Konzentration c genügend klein ist. Wie klein man c wählen muss, um innerhalb der Messgenauigkeit Übereinstimmung mit Gl. (4.27) zu erhalten, hängt von der chemischen Zusammensetzung der Lösung ab.

4.4.2 Aktivität, Aktivitätskoeffizient

Bei konzentrierteren Lösungen kann man die Wechselwirkung der gelösten Moleküle nicht mehr vernachlässigen. Deshalb weicht die Funktion $\mu(c)$ von der durch Gl. (4.27) gegebenen Form ab. Um den Anschluss an die Grenzgesetze verdünnter Lösungen zu erleichtern, behält man die Form der Gl. (4.27) bei und schreibt:

$$\mu = \mu_0 + RT \ln [f(c)c]. \tag{4.28}$$

Die Größe f, die man als *Aktivitätskoeffizient* der gelösten Substanz bezeichnet, ist eine Funktion der Konzentration c. Man schreibt weiter:

$$f(c)\, c = a \tag{4.29}$$

und bezeichnet a als *Aktivität* der gelösten Substanz. a hat die Dimension einer Konzentration, während f eine reine Zahl ist. Da in der Grenze $c \to 0$ Gl. (4.28) in Gl. (4.27) übergehen muss, gilt:

$$f \to 1, \text{ wenn } c \to 0. \tag{4.30}$$

Die Aktivitätskoeffizienten vieler Substanzen sind als Funktion der Konzentration (vor allem von wässrigen Lösungen) Tabellenwerken zu entnehmen. Ihre Bestimmung erfolgt über eine Vielzahl verschiedener Methoden, die auf experimentell beobachteten Abweichungen vom theoretisch erwarteten idealen Verhalten (ohne molekulare Wechselwirkungen) beruhen. Hierzu gehört das Raoult'sche Gesetz der Dampfdruckerniedrigung (s. Abschn. 4.4.5). Für Ionen werden elektrochemische Verfahren (s. Kap. 6) eingesetzt.

Wir müssen uns hier auf die Darstellung einiger wesentlicher Ergebnisse beschränken (s. Abb. 4.2). Die Aktivitätskoeffizienten aller geladenen Teilchen (Elektrolyte) fallen mit zunehmender Konzentration zunächst ab. Die Ursache hierfür besteht in der elektrostatischen Wechselwirkung der Ionen, die zu einer Verringerung des chemischen Potentials führt. Der Abfall von f wird durch die Debye-Hückel'sche Theorie der starken Elektrolyte (zumindest bei kleinen Konzentrationen) quantitativ beschrieben (s. Lehrbücher der physikalischen Chemie).

Bei Lösungen ungeladener Substanzen ohne elektrostatische Wechselwirkung (z.B. Saccharose) fehlt die Abnahme von f bei kleinen Konzentrationen. Hier fin-

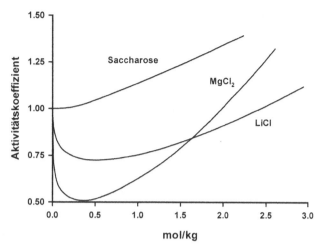

Abb. 4.2. Abhängigkeit der Aktivitätskoeffizienten von LiCl, MgCl$_2$ und Saccharose von der jeweiligen Konzentration in Wasser. Letztere ist in mol/kg Gesamtmasse angegeben. Hierfür hat sich die Bezeichnung *Molalität* eingebürgert, auf die im Rahmen des vorliegenden Buches ansonsten verzichtet wird. Im Falle vollständig dissoziierter Salze (wie LiCl und MgCl$_2$) kann nur ein mittlerer Aktivitätskoeffizient für beide Ionen angegeben werden, da Einzelionenaktivitäten experimentell nicht bestimmt werden können (nach Moore 1990)

det man bei höheren Konzentrationen eine Zunahme von f. Dieses Phänomen macht sich häufig auch bei größeren Konzentrationen geladener Teilchen in Form eines Wiederanstiegs von f nach Durchlaufen eines Minimums bemerkbar.

Die Zunahme von f resultiert aus der Wechselwirkung der gelösten Moleküle mit den Lösungsmittelmolekülen (Wasser). Im Falle geladener Partikel ist dies die elektrostatische Wechselwirkung mit den Dipolen der Wassermoleküle, die zur Bildung der Hydrathülle der Ionen Anlass gibt. Bei hohen Konzentrationen gelöster Stoffe führt die Bindung von Wasser in der Hydrathülle des Stoffes zu einer merklichen Reduktion der Konzentration freier Wassermoleküle und damit zu einer Abnahme des chemischen Potentials des Wassers und der Wasseraktivität. Wie man mit Hilfe der Gibbs-Duhem-Gleichung (4.15) zeigen kann (s. auch Text zu Gl. 4.8), folgt hieraus unmittelbar eine Zunahme der Aktivität des gelösten Stoffes.

4.4.3 Verteilungsgleichgewicht

Gewisse Lösungsmittel bilden nicht-mischbare Zweiphasensysteme. Überschichtet man z.B. Wasser mit Benzol, so löst sich etwas Benzol in der wässrigen Phase und umgekehrt etwas Wasser in der Benzolphase, doch bleiben nach Einstellen des Gleichgewichtes zwei getrennte Phasen bestehen. Bringt man eine weitere, in beiden Lösungsmitteln lösliche Substanz A in das System, so verteilt sich A zwischen beiden Phasen, wobei nach Gleichgewichtseinstellung die Konzentrationen c' und c'' von A in den beiden Phasen ' und '' i. A. **verschieden** sind (Abb. 4.3).

Wie sind die beiden Gleichgewichtskonzentrationen c' und c'' miteinander verknüpft? Dieses Problem führt auf eine weitere Anwendung des chemischen Potentials.

Wir betrachten ein Gedankenexperiment, bei dem dn Mole der Substanz A von der Phase ' in die Phase '' überführt werden. Die gesamte Änderung dG der Freien Enthalpie bei diesem Prozess ist die Summe der entsprechenden Änderungen in den beiden Phasen:

$$dG = dG' + dG''. \tag{4.31}$$

Nach Gl. (4.18) gilt bei konstantem Druck und konstanter Temperatur:

$$dG' = \mu' dn', \text{ sowie } dG'' = \mu'' dn''. \tag{4.32}$$

μ' und μ'' sind die chemischen Potentiale von A in den beiden Phasen; $dn'' = dn$ ist die Änderung der Stoffmenge von A in Phase ''; entsprechend gilt $dn' = -dn$. Damit erhält man aus Gl. (4.31):

$$dG = \mu' dn' + \mu'' dn'' = (\mu'' - \mu') \, dn. \tag{4.33}$$

Ein Kriterium dafür, ob das System im Gleichgewicht ist, liefert die Größe von dG. In Abschn. 3.2.1 wurde folgendes für geschlossene Systeme bei konstantem Druck und konstanter Temperatur gültige Kriterium aufgestellt:

$$dG < 0 \quad \text{bei spontanem Ablauf des Prozesses} \tag{3.60}$$

$$dG = 0 \quad \text{im Gleichgewicht.} \tag{3.59}$$

Aus dem Vergleich der Gln. (4.33) und (3.60) ergibt sich sofort (da dn eine positive Größe ist), dass ein spontaner Übertritt von A aus Phase ' in Phase '' dann erfolgt, wenn $\mu' > \mu''$ ist. Mit anderen Worten: Die gelöste Substanz wandert spontan von der einen in die andere Phase, wenn sie dabei von einem höheren auf ein niedrigeres chemisches Potential übergehen kann (Abb. 4.4).

Bei diesem Vorgang (Übertritt von A aus Phase ' in Phase '') nimmt c' ab und c'' zu; entsprechend Gl. (4.27) nimmt dabei μ' ebenfalls ab und μ'' zu. Aus den Gln. (4.33) und (3.59) lässt sich entnehmen, dass das Gleichgewicht dann erreicht ist, wenn

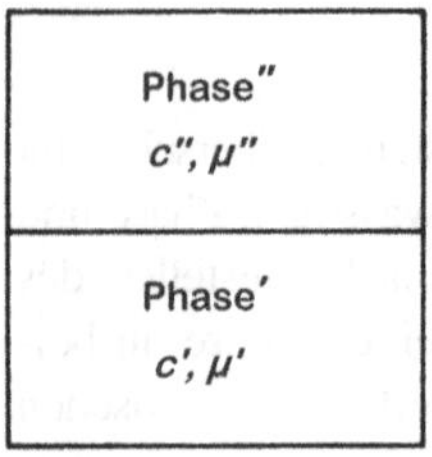

Phase'' c'', μ''
Phase' c', μ'

Abb. 4.3. Verteilungsgleichgewicht einer Substanz A zwischen zwei Phasen. c', c'' Konzentrationen von A; μ', μ'' chemische Potentiale von A in den Phasen ' und '' (T, P konstant)

Abb. 4.4. Spontaner Übertritt einer Substanz A von großem auf kleineres chemisches Potential

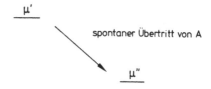

spontaner Übertritt von A

$$\mu' = \mu'' \tag{4.34}$$

gilt. Das soeben Gesagte unterstreicht die große Bedeutung des chemischen Potentials. Das chemische Potential bestimmt die Richtung spontan ablaufender Transportvorgänge (Abb. 4.4); es liefert ferner ein Kriterium für das Gleichgewicht zwischen verschiedenen Phasen.

Die Gleichgewichtsbedingung (4.34) gestattet die Berechnung der Gleichgewichtskonzentrationen c' und c''. Entsprechend Gl. (4.27) gilt für hinreichend verdünnte Lösungen:

$$\mu' = \mu_0' + RT \ln c' \text{ und } \mu'' = \mu_0'' + RT \ln c''. \tag{4.35}$$

Die Standardwerte μ_0' und μ_0'' des chemischen Potentials sind im Allgemeinen verschieden, da sich die Moleküle der Substanz A in beiden Phasen in einer unterschiedlichen Umgebung befinden. Gleichsetzen von μ' und μ'' liefert :

$$(\mu_0' - \mu_0'')/RT = \ln c'' - \ln c' = \ln (c''/c') \text{ oder:}$$

$$\frac{c''}{c'} = e^{(\mu_0' - \mu_0'')/RT} . \tag{4.36}$$

Die rechts stehende Größe ist zwar eine Funktion der Temperatur, hängt aber nicht von den Konzentrationen c' and c'' ab; man bezeichnet sie als **Verteilungskoeffizient γ**.

$$\gamma = e^{(\mu_0' - \mu_0'')/RT} = e^{-\Delta G_0/RT} . \tag{4.37}$$

Unter Einführung von γ lässt sich Gl. (4.36) in der folgenden einfachen Form schreiben:

$$\frac{c''}{c'} = \gamma . \tag{4.38}$$

Es ergibt sich also, dass im Verteilungsgleichgewicht das Verhältnis der Konzentrationen der gelösten Substanz in den beiden Phasen eine (temperaturabhängige) Konstante ist. (Dagegen können natürlich die Absolutwerte der Konzentrationen je nach der im System vorhandenen Gesamtmenge von A in einem weiten Bereich variieren.)

Transferiert man eine Stoffmenge von 1 mol von Phase ′ nach Phase ″, so ist dies mit einer Änderung der Freien Enthalpie ΔG verknüpft, die durch Integration von Gl. (4.33) erhalten wird. Nimmt man an, dass sich die Konzentrationen c' und c'' hierbei nur unwesentlich ändern (die Stoffmengen n' und n'' der Substanz A in den Phasen $'$ und $''$ also hinreichend groß sind), so bleiben die chemischen Potentiale μ' und μ'' praktisch konstant und man erhält unter Beachtung von Gl. (4.35):

$$\Delta G = \mu'' - \mu' = (\mu_0'' - \mu_0') + RT \ln\left(\frac{c''}{c'}\right). \tag{4.39}$$

Für $c' = c''$ verschwindet der konzentrationsabhängige Anteil von ΔG. Die Differenz $(\mu_0'' - \mu_0') = \Delta G^0$ in Gl. (4.37) stellt somit die Änderung der Freien Enthalpie beim Transfer von 1 mol der Substanz A unter der Bedingung $c' = c''$ dar. Bei positivem ΔG^0, d.h. $\mu_0'' > \mu_0'$, ist der Verteilungskoeffizient $\gamma < 0$, d.h. die Substanz reichert sich in der Phase $'$ an.

Anwendungsbeispiele für das Verteilungsgleichgewicht

a) Durchtritt lipidlöslicher Substanzen durch die Zellmembran

Die Lipidbezirke der Zellmembran haben im Inneren die Eigenschaft einer Kohlenwasserstoffphase (s. Abb. 4.5 sowie Abschn. 9.1.1).

Eine Substanz (z.B. ein Arzneistoff) tritt dann leicht aus dem extrazellulären wässrigen Medium durch die Zellmembran hindurch ins Cytoplasma, wenn ihr Verteilungskoeffizient

$$\gamma = \frac{c_{\text{Kohlenwasserstoff}}}{c_{\text{Wasser}}}$$

genügend groß ist (s. Abschn. 9.3.2). Überlegungen dieser Art sind für die gezielte Synthese pharmakologisch aktiver Substanzen wichtig.

b) Analytische und präparative Stofftrennungen

Ein Gemisch zweier Substanzen, die sich in ihren Verteilungskoeffizienten, z.B. für das Zweiphasensystem Wasser/n-Hexan, unterscheiden, kann durch „Ausschütteln" getrennt werden: Die eine Substanz reichert sich in der Hexanphase, die andere in der Wasserphase an. Zur weitgehenden Trennung ist oft eine mehrfache Wiederholung des Verteilungsprozesses notwendig.

Bei den *chromatographischen Verfahren* laufen kontinuierlich eine Vielzahl von Verteilungsschritten hintereinander ab. *Beispiel*: Gaschromatographie (Abb. 4.6). Ein Substanzgemisch wird verdampft und dem Trägergas (Phase $'$) zugege-

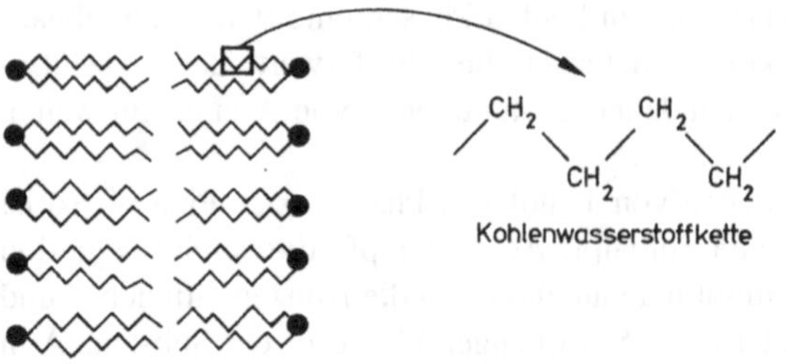

Abb. 4.5. Lipidbezirk einer Zellmembran

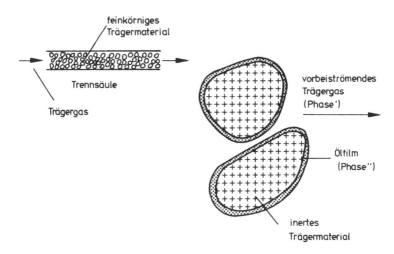

Abb. 4.6. Gaschromatische Trennung eines Substanzgemisches

ben. Eine Substanz, die einen hohen Verteilungskoeffizienten zugunsten der Ölphase (Phase ″) besitzt, hält sich vorwiegend in der Ölphase auf und wandert
langsamer durch die Trennsäule als eine Substanz mit einem kleineren Verteilungskoeffizienten.

4.4.4 Löslichkeit von Gasen in Flüssigkeiten

Bringt man eine Flüssigkeit mit einem Gasgemisch ins Gleichgewicht, so lösen
sich die einzelnen Komponenten der Gasmischung in unterschiedlichem Maß in
der Flüssigkeit auf. Hier stellt sich die Frage, in welcher Beziehung die Konzentration c der in der Flüssigkeit gelösten gasförmigen Komponente A zum Partialdruck P von A in der Gasphase steht (Abb. 4.7). Die Gasphase könnte z.B. Luft,
die flüssige Phase Wasser und die gasförmige Komponente A Sauerstoff sein. Für
die Komponente A gilt im Verteilungsgleichgewicht nach Gl. (4.38):

$$\frac{c''}{c'} = \gamma,$$

wobei $c' = c$ zu setzen ist. Die Konzentration c'' des Gases A im Gasraum (Volumen V) lässt sich leicht berechnen, wenn man die Gültigkeit der idealen Gasgleichung voraussetzt. Mit der Stoffmenge n von A im Gasraum gilt:

$$PV = nRT; \quad c'' = \frac{n}{V} = \frac{P}{RT}.$$

Somit erhält man aus $\gamma = c''/c$:

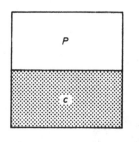

Abb. 4.7. Verteilungsgleichgewicht zwischen Gasraum und Flüssigkeit

Gasgemisch (Phase'')

Flüssigkeit (Phase')

$$c = \frac{c''}{\gamma} = \frac{P}{\gamma RT} \, . \tag{4.40}$$

Für die vom Partialdruck P unabhängige Größe $1/\gamma RT$ führen wir die Abkürzung K ein und erhalten:

$$c = K P \quad (\textbf{\textit{Henry'sches Gesetz}}). \tag{4.41}$$

Das von Henry 1803 empirisch gefundene Gesetz besagt, dass die Löslichkeit eines Gases seinem Partialdruck über der Flüssigkeit proportional ist. Der Koeffizient K gibt die Konzentration c beim Partialdruck $P = 1$ bar an. Zahlenbeispiele für K sind in Tabelle 4.1. aufgeführt.

Anwendungen des Henry'schen Gesetzes

a) Ein Taucher, der mit einem Pressluftgerät auf 20 m Tiefe hinabtaucht, atmet dort Luft von etwa dreifachem Atmosphärendruck ein. Entsprechend ist in seinem Blut das dreifache der normalen Menge an Stickstoff gelöst. Bei raschem Auftauchen besteht die Gefahr der Luftembolie (Bildung von Gasblasen im Blut). Nach dem Henry'schen Gesetz steigt die im menschlichen Gewebe gelöste Luft mit zunehmender Tiefe ($\equiv$ Druck). In großen Tiefen (> 40 m) kann es zu narkotischen Erscheinungen infolge eines merklichen Volumenanteils der Stickstoffmoleküle im Inneren von Nervenmembranen kommen (Inertgasnarkose).

b) Der Partialdruck von O_2 in Luft beträgt etwa 0,20 bar; mit Hilfe der idealen Gasgleichung berechnet sich hieraus die O_2-Konzentration in Luft zu 8,3 mM. Andererseits ergibt sich nach dem Henry'schen Gesetz die O_2-Konzentration in luftgesättigtem Wasser bei 25 °C zu 0,25 mM. Ein mit Lungen atmendes Tier hat also im gleichen Volumen eine etwa 30-mal größere Sauerstoffmenge zur Verfügung als ein mit Kiemen atmendes Tier.

Tabelle 4.1. Zahlenwerte des Henry'schen Koeffizienten K für Wasser bei 25°C

Gas	K/mM bar^{-1}
O_2	1,25
N_2	0,65
CH_4	1,32

Der O_2-Gehalt von 0,25 mM in luftgesättigtem Wasser ist recht gering. Durch die Gegenwart des O_2-bindenden Hämoglobins wird im Innern von Erythrocyten die O_2-Konzentration auf ein Vielfaches erhöht.

4.4.5 Dampfdruckerniedrigung

Wir betrachten die Lösung einer nicht-flüchtigen Substanz A in einem Lösungsmittel L (Abb. 4.8). Über der Lösung soll sich eine Gasphase befinden, die mit dem Dampf des Lösungsmittels erfüllt ist (z.b. Wasserdampf über einer wässrigen Rohrzuckerlösung). Die Erfahrung lehrt, dass der Partialdruck P des Lösungsmitteldampfes stets *kleiner* ist als der Dampfdruck P_0 des reinen Lösungsmittels bei derselben Temperatur. Empirisch konnte Raoult (1890) zeigen, dass P bei verdünnten Lösungen dem Molenbruch x_L des Lösungsmittels proportional ist, der mit zunehmender Konzentration der Substanz A abnimmt:

$$P = x_L P_0. \tag{4.42}$$

Das *Raoult'sche Gesetz* ist ein Grenzgesetz, das in der Nähe von $x_L \approx 1$ gilt (Abb. 4.9); bei konzentrierteren Lösungen (x_L wesentlich kleiner als 1) ergeben sich Abweichungen von Gl. (4.42).

Unter Einführung des Molenbruchs $x_A = 1 - x_L$ der gelösten Substanz lässt sich Gl. (4.42) umschreiben:

$$P = (1 - x_A)P_0 \text{ oder}$$

$$x_A = 1 - \frac{P}{P_0} = \frac{P_0 - P}{P_0}.$$

$\Delta P = P_0 - P$ ist die Dampfdruckerniedrigung durch die gelöste Substanz A. Man erhält daher:

$$\frac{\Delta P}{P_0} = x_A. \tag{4.43}$$

Das *Raoult'sche Gesetz* lässt sich also so formulieren:

> Die relative Dampfdruckerniedrigung $\Delta P/P_0$ ist gleich dem Molenbruch der gelösten Substanz.

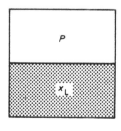

Gasraum mit Dampf
des Lösungsmittels
(Partialdruck P)

Abb. 4.8. Gleichgewicht zwischen Lösungsmittel und Lösungsmitteldampf

Lösung einer Substanz A
(x_L= Molenbruch des
Lösungsmittels)

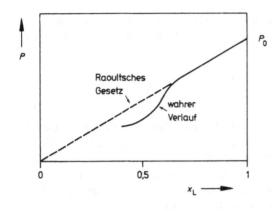

Abb. 4.9. Dampfdruck P des Lösungsmittels L (Molenbruch x_L) über einer Lösung. P_0 ist der Dampfdruck des reinen Lösungsmittels

Die Gln. (4.42) und (4.43), welche gleichberechtigte Formen des Raoult'schen Gesetzes darstellen, besitzen eine bemerkenswerte Eigenschaft: Sie enthalten keinerlei spezifische Stoffgrößen, sind also von der Natur des Lösungsmittels und der gelösten Substanz unabhängig. Die Tatsache, dass man aus der experimentell zugänglichen Größe $\Delta P/P_0$ direkt den Molenbruch erhält, kann man zur **Bestimmung der Molmasse** einer Substanz ausnützen: Löst man m_A Gramm einer Substanz A der (unbekannten) Molmasse M_A in der Stoffmenge n_L des Lösungsmittels L auf, so ist der Molenbruch von A gegeben durch:

$$x_A = \frac{n_A}{n_A + n_L} \approx \frac{n_A}{n_L} = \frac{m_A / M_A}{n_L}$$

(in verdünnten Lösungen ist $n_A \ll n_L$). Somit gilt:

$$\frac{\Delta P}{P_0} \approx \frac{m_A}{n_L M_A} . \qquad (4.44)$$

In dieser Gleichung sind $\Delta P/P_0$, m_A sowie n_L direkt aus dem Experiment erhältlich, so dass M_A durch Dampfdruckmessungen bestimmt werden kann. Die Werte von $\Delta P/P_0$ sind jedoch in den meisten Fällen sehr klein.

Beispiel: In einer 0,1-molaren wässrigen Lösung ist $x_A \approx n_A/n_L \approx 0{,}1/55 \approx 2 \cdot 10^{-3}$; die relative Dampfdruckerniedrigung $\Delta P/P_0$ beträgt also nur etwa 0,2%.

Daher verwendet man in der Praxis indirekte Verfahren, wie z.B. die **Dampfdruckosmometrie** (Abb. 4.10). Diese Methode basiert auf einer hochempfindlichen Messung von Temperaturdifferenzen mit Hilfe eines Paares von Thermistoren (temperaturabhängigen Widerstandselementen). An den Thermistor 1 bringt man einen Tropfen der Lösung der unbekannten Substanz, an den Thermistor 2 einen Tropfen des reinen Lösungsmittels. Da der Dampfdruck des reinen Lösungsmittels größer ist als der Dampfdruck der Lösung, verdampft Lösungsmittel vom einen Tropfen und kondensiert am anderen. Dadurch kühlt Thermistor 2 sich ab, während Thermistor 1 sich erwärmt. Nach Einstellung eines Quasi-

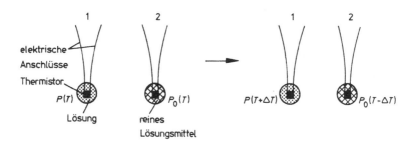

Abb. 4.10. Prinzip der Dampfdruckosmometrie

Gleichgewichtes ist $P(T + \Delta T) \approx P_0(T - \Delta T)$. Um aus der gemessenen Temperaturdifferenz $2\ \Delta T$ die Molmasse zu erhalten, muss das Gerät mit einer Substanz bekannter Molmasse geeicht werden.

4.4.6 Chemisches Potential des Lösungsmittels in der Lösung

Wir betrachten noch einmal das in Abb. 4.8 dargestellte System. Um das chemische Potential μ_L des Lösungsmittels L in der Lösung zu berechnen, nützen wir die Gleichgewichtsbedingung (4.34) aus, welche in diesem Fall besagt, dass das chemische Potential des Lösungsmittels in der Lösung und in der mit der Lösung im Gleichgewicht stehenden Gasphase gleich groß sein muss. Bezeichnen wir das chemische Potential von L im Dampf mit μ_D, so gilt also:

$$\mu_L = \mu_D. \tag{4.45}$$

μ_D lässt sich unter der Annahme, dass sich der Lösungsmitteldampf (Druck P) annähernd wie ein ideales Gas verhält, sofort mit Hilfe von Gl. (4.25) angeben:

$$\mu_D = \mu_D^0 + RT \ln P.$$

Unter Einführung der Raoult'schen Beziehung $P = x_L P_0$ (Gl. 4.42) für verdünnte Lösungen ergibt sich:

$$\mu_D = \mu_D^0 + RT \ln P_0 + RT \ln x_L = \mu_L.$$

Die Größe $\mu_D^0 + RT \ln P_0$, die vom Molenbruch x_L unabhängig ist, kann zu einer neuen Konstanten μ_L^0 zusammengefasst werden. Somit erhält man:

$$\mu_L = \mu_L^0 + RT \ln x_L = \mu_L^0 + RT \ln (P/P_0). \tag{4.46}$$

Die Bedeutung der Größe μ_L^0 ergibt sich folgendermaßen. Für das reine Lösungsmittel gilt $x_L = 1$, $\ln x_L = 0$ und daher $\mu_L = \mu_L^0$. μ_L^0 ist also das chemische Potential des reinen Lösungsmittels. Nach Gl. (4.46) ist das chemische Potential μ_L des Lösungsmittels in der Lösung kleiner als μ_L^0, da in einer Lösung $x_L < 1$ gilt. Durch das Auflösen einer Substanz in Wasser wird das chemische Potential des Wassers herabgesetzt.

4.4.7 Osmotische Erscheinungen

Unter dieser Bezeichnung fasst man eine bestimmte Klasse von Transporterscheinungen an Membranen zusammen. Zum Beispiel wird das Volumen von Zellen durch den osmotischen Transport von Wasser durch die Zellmembran hindurch geregelt. Unter einer *Membran* wollen wir hier ganz allgemein eine Trennwand zwischen zwei Phasen verstehen. Befinden sich beidseits einer Membran Lösungen unterschiedlicher Zusammensetzung, so wird es entsprechend der Durchlässigkeit (Permeabilität) der Membran für die einzelnen Komponenten zu einem Stofftransport von der einen in die andere Lösung kommen. Betrachtet man z.B. eine wässrige Glucoselösung, so kann die Membran, je nach ihrer Struktur, für Glucose und für Wasser stark verschiedene Durchlässigkeiten besitzen. Ein Grenzfall ist dann erreicht, wenn die Membran für die eine Komponente (hier: das Lösungsmittel Wasser) durchlässig, für die andere Komponente (den gelösten Stoff) undurchlässig ist. Eine derartige Membran bezeichnet man als *semipermeable* (teildurchlässige) *Membran*. Einige in der Praxis verwendete Membrantypen kommen dem idealen Grenzfall einer semipermeablen Membran ziemlich nahe. So verwendet man heute zur Entsalzung von Meerwasser Membranen, die für Wasser durchlässig, für die gelösten Salze aber undurchlässig sind. Es handelt sich dabei um Kunststoff-Folien, in die kleine Nicht-Elektrolytmoleküle wie H_2O leicht eindringen können, nicht aber geladene Teilchen wie Na^+, Mg^{2+}, Cl^-.

Der Grundversuch zur Beschreibung der osmotischen Erscheinungen ist in Abb. 4.11 dargestellt. Eine starre semipermeable Membran trennt ein Gefäß in zwei Kammern. In der einen Kammer befindet sich Lösungsmittel L (Phase ′), in der anderen Kammer Lösungsmittel und ein gelöster Stoff A (Phase ″). Die Membran ist definitionsgemäß für L durchlässig, für A undurchlässig. Die Enden des Gefäßes sind durch verschiebbare Stempel abgeschlossen.

Hält man in den beiden Kammern denselben Druck $P' = P''$ aufrecht, so beobachtet man, dass durch die Membran hindurch Lösungsmittel aus der Phase ′ (reines Lösungsmittel) in Phase ″ (Lösung) eintritt, d.h. das Volumen der Phase ″ vergrößert sich auf Kosten des Volumens der Phase ′. Dieser Vorgang, den man als *Osmose* bezeichnet, ist aufgrund früherer Betrachtungen (Abschn. 4.4.3 und 4.4.6)

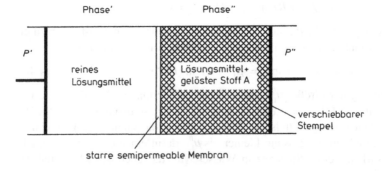

Abb. 4.11. Anordnung zur Untersuchung osmotischer Erscheinungen

sofort verständlich: Das Lösungsmittel besitzt in der Lösung ein kleineres chemisches Potential als in der reinen Lösungsmittelphase; der Übertritt von Lösungsmittel vom höheren auf ein niedrigeres chemisches Potential ist ein spontan ablaufender Prozess, bei dem die Freie Enthalpie des Systems abnimmt.

Man kann diesen osmotischen Lösungsmitteltransport dadurch unterbinden, dass man auf der Seite der Lösung einen äußeren Überdruck anlegt ($P'' > P'$). Diesen Überdruck $P'' - P'$, bei dem der osmotische Lösungsmitteltransport gerade verschwindet, bezeichnet man als *osmotischen Druck π der Lösung*:

$$\pi = (P'' - P'). \tag{4.47}$$

Um einen Zusammenhang zwischen dem osmotischen Druck und der Konzentration der Lösung zu finden, gehen wir von der Tatsache aus, dass sich das System nach Anlegen des Überdruckes π im *Gleichgewicht* befindet. Daher muss das chemische Potential des Lösungsmittels L in beiden Phasen gleich groß sein (s. Abschn. 4.4.3):

$$\mu'_L = \mu''_L. \tag{4.48}$$

Diese Gleichgewichtsbedingung gilt natürlich nur für die permeable Komponente L, nicht aber für die nicht durchtrittsfähige Komponente A. Bezeichnen wir den Molenbruch x''_L des Lösungsmittels in der Lösung mit x_L, so gilt wegen $x'_L = 1$ entsprechend Gl. (4.46):

$$\mu'_L = \mu^0_L(P') + RT \ln x'_L = \mu^0_L(P') \tag{4.49}$$

$$\mu''_L = \mu^0_L(P'') + RT \ln x_L. \tag{4.50}$$

μ^0_L ist wie früher das chemische Potential des reinen Lösungsmittels; hier ist jedoch zu berücksichtigen, dass μ^0_L vom Druck abhängt und daher in Phase ' und Phase " verschiedene Werte $\mu^0_L(P')$ und $\mu^0_L(P'')$ besitzt. Es gilt also nach Gln. (4.48) und (4.50):

$$-RT \ln x_L = \mu^0_L(P'') - \mu^0_L(P'). \tag{4.51}$$

Die rechts in Gl. (4.51) stehende Differenz kann in folgender Weise berechnet werden: Für n Mole der reinen Komponente L gilt entsprechend Gl. (4.11) bei konstanter Temperatur ($dT = 0$):

$$d\mu^0_L = \frac{dG}{n} = \frac{1}{n}(-SdT + VdP) = \frac{V}{n}dP.$$

V/n ist das Molvolumen $\overline{V}^0_L$ des reinen Lösungsmittels:

$$d\mu^0_L = \overline{V}^0_L dP. \tag{4.52}$$

Diese Beziehung ist zu integrieren zwischen dem Anfangsdruck P' und dem Enddruck P''. $\overline{V}^0_L$ ist im Allgemeinen eine Funktion des Druckes P; da jedoch die Kompressibilität einer kondensierten Phase sehr gering ist (es ändert sich z.B. das

Molvolumen von Wasser bei 25 °C zwischen 1 und 10 bar nur um etwa 0,05%), können wir $\overline{V}_L^0$ näherungsweise als Konstante betrachten:

$$\int_{\mu_L^0(P')}^{\mu_L^0(P'')} d\mu_L^0 = \int_{P'}^{P''} \overline{V}_L^0 dP \approx \overline{V}_L^0 \int_{P'}^{P''} dP$$

$$\mu_L^0\left(P''\right) - \mu_L^0\left(P'\right) = \overline{V}_L^0\left(P'' - P'\right) = \overline{V}_L^0 \pi \qquad (4.53)$$

Einsetzen in Gl. (4.51) liefert:

$$\pi = -\frac{RT}{\overline{V}_L^0} \ln x_L. \qquad (4.54)$$

Diese Gleichung stellt eine sehr allgemein gültige Beziehung für den osmotischen Druck π einer Lösung dar. Für verdünnte Lösungen kann man Gl. (4.54) vereinfachen: Unter Einführung des Molenbruchs x_A des gelösten Stoffes gilt zunächst $\ln x_L = \ln(1 - x_A)$. Da x_A für verdünnte Lösungen klein gegen 1 ist, erhält man unter Verwendung der bekannten Näherung für die Logarithmusfunktion:

$$\ln x_L = \ln(1 - x_A) \approx -x_A$$

$$\pi = \frac{RT}{\overline{V}_L^0} x_A = \frac{RT}{\overline{V}_L^0} \frac{n_A}{n_A + n_L} \approx \frac{RT}{\overline{V}_L^0} \frac{n_A}{n_L}. \qquad (4.55)$$

Hierbei wurde berücksichtigt, dass in verdünnten Lösungen die Stoffmenge n_A des gelösten Stoffes viel kleiner ist als die Stoffmenge n_L des Lösungsmittels. $\overline{V}_L^0 n_L$ ist näherungsweise gleich dem Gesamtvolumen V der Lösung; ferner ist n_A/V die Konzentration c des gelösten Stoffes:

$$\frac{n_A}{\overline{V}_L^0 n_L} \approx \frac{n_A}{V} = c.$$

Einsetzen in Gl. (4.55) liefert schließlich:

$$\pi = cRT. \qquad (4.56)$$

Das ist die von Van't Hoff (1886) angegebene Beziehung für den osmotischen Druck einer verdünnten Lösung.

Die **Van't Hoff'sche Gleichung** ist formal analog zur idealen Gasgleichung $P = (n/V)RT = cRT$. Hierbei handelt es sich jedoch um eine **rein formale** Analogie, die, wie die obenstehende Ableitung gezeigt hat, nichts mit den physikalischen Ursachen des osmotischen Druckes zu tun hat. Die osmotischen Erscheinungen basieren auf der Tatsache, dass das chemische Potential des Lösungsmittels in einer Lösung kleiner ist als in der reinen Lösungsmittelphase, und auf der daraus resultierenden Tendenz des Lösungsmittels, durch die Membran hindurch in die Lösung einzudringen. Wird dieser Lösungsmitteltransport dadurch unterbunden, dass das Volumen der Lösung konstant gehalten wird, so baut sich ein kompensierender Gegendruck auf, der „osmotische Druck".

Für eine 0,1M Lösung folgt aus Gl. (4.56) bei 25 °C ($T = 298$ K) $\pi = 2{,}48$ bar. Dies bedeutet, dass der osmotische Druck bereits bei geringen Konzentrationen beträchtliche Werte annimmt.

Nichtideales Verhalten konzentrierter Lösungen

Bei konzentrierten Lösungen ergeben sich Abweichungen von der Van't Hoff'schen Gleichung. Diese kann man durch Einführung eines Korrekturfaktors, des *osmotischen Koeffizienten* f_0, berücksichtigen, wobei Gl. (4.56) die folgende Form annimmt:

$$\pi = f_0\, cRT. \tag{4.57}$$

f_0 ist eine Funktion der Konzentration c, die im Grenzfall $c \to 0$ den Wert 1 annimmt. Eine Alternative zur Einführung von f_0 stellt die Reihenentwicklung von π nach Potenzen von c dar:

$$\frac{\pi}{cRT} = (1 + Bc + Cc^2 + ...) \tag{4.58}$$

Diese auch als *Virialentwicklung* bezeichnete Vorgehensweise haben wir bereits bei der Beschreibung der Zustandsgleichung realer Gase (s. Abschn. 1.2.2.4) kennen gelernt. Für $c \to 0$ geht Gl. (4.58) in die Van't Hoff'sche Gleichung (4.56) über.

Osmolarität

Wir kehren zu verdünnten Lösungen zurück, die jedoch mehrere impermeable Komponenten (d.h. Komponenten, für welche die Membran undurchlässig ist) in den Konzentrationen $c_1, c_2, ..., c_k$ enthalten. In diesem Falle gilt in offensichtlicher Erweiterung von Gl. (4.56):

$$\pi = RT \sum_{i=1}^{k} c_i\,. \tag{4.59}$$

Die Größe Σc_i wird als *Osmolarität* der Lösung bezeichnet.

Bei der Berechnung der Osmolarität kommt es, wie aus der Ableitung von Gl. (4.56) hervorgeht, auf die *gesamte Teilchenzahl* in der Lösung an. Stellt man z.B. eine wässrige Lösung (Konzentration c) des Salzes Na_2SO_4 her, das in Wasser völlig in die Ionen Na^+ und SO_4 dissoziiert, so ist die Osmolarität dieser Lösung dreimal so groß wie ihre Konzentration:

$$\sum c_i = c_{Na^+} + c_{SO_4^{2-}} = 2c + c = 3c\,.$$

Trennt eine semipermeable Membran eine Lösung $'$ (Osmolarität $\sum c_i'$) von einer Lösung $''$ (Osmolarität $\sum c_i''$), so tritt bei verschwindendem Lösungsmitteltransport wiederum eine Druckdifferenz auf. Bezeichnet man den Überdruck von Lösung $''$ gegenüber von Lösung $'$ als $\Delta\pi$, so gilt:

$$\Delta\pi = (\sum c_i'' - \sum c_i')\, RT. \tag{4.60}$$

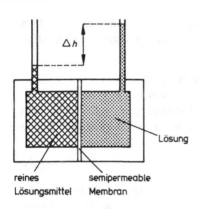

Abb. 4.12. Osmometer zur Messung des osmotischen Druckes einer Lösung

Messung des osmotischen Druckes

Ein einfaches Verfahren zur Messung des osmotischen Druckes ist in Abb. 4.12 dargestellt (*Osmometer*). Man misst nach Gleichgewichtseinstellung die Höhendifferenz Δh zwischen dem Flüssigkeitsstand auf der Seite der Lösung und der Seite des reinen Lösungsmittels. Ist ρ die Dichte der Lösung und g die Erdbeschleunigung, so ist der osmotische Druck n gegeben durch:

$$\pi = \rho\, g\, \Delta h. \tag{4.61}$$

Bei einer Konzentration von $c = 1$ mM und einer Dichte von $\rho = 1$ g cm^{-3} würde die Steighöhe $\Delta h \cong 25$ cm betragen; Messungen des osmotischen Druckes lassen sich also noch bei recht kleinen Konzentrationen empfindlich durchführen. Meerwasser besitzt eine Osmolarität von etwa 1 M und würde eine Steighöhe von etwa 250 m ergeben.

Ultrafiltration

Legt man auf der Seite der Lösung einen äußeren Überdruck ΔP an, der größer als der osmotische Druck π der Lösung ist, so wird durch die semipermeable Membran hindurch reines Lösungsmittel ausgepresst (Abb. 4.13). Diesen Vorgang bezeichnet man als *Ultrafiltration* oder als *umgekehrte Osmose* (Anwendung: Meerwasserentsalzung).

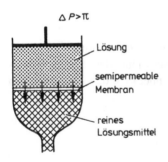

Abb. 4.13. Ultrafiltration

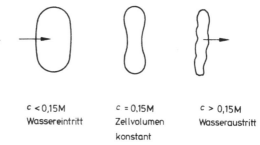

Abb. 4.14. Osmotisches Verhalten von Erythrocyten in wässrigen NaCl–Lösungen der Konzentration *c*

c < 0,15M
Wassereintritt

c = 0,15M
Zellvolumen
konstant

c > 0,15M
Wasseraustritt

Biologische Bedeutung osmotischer Erscheinungen

Die Membranen der meisten Zellen sind für Wasser verhältnismäßig gut permeabel und für viele gelöste Stoffe nahezu impermeabel. In vielen Fällen verhält sich daher eine Zelle wie ein (fast) ideales Osmometer. Die Osmolarität des Cytoplasmas menschlicher Erythrocyten beträgt etwa 0,30 M. Bringt man einen Erythrocyten in eine wässrige NaCl-Lösung der Konzentration 0,15 M (Osmolarität etwa 0,30 M), so behält die Zelle ihre Gestalt bei (die Erythrocytenmembran ist für NaCl nahezu impermeabel); in einer konzentrierteren Lösung schrumpft die Zelle, in einer verdünnteren Lösung schwillt sie an bis zur Hämolyse (Abb. 4.14). Eine Lösung, in welcher der Wassergehalt der Zelle konstant bleibt, nennt man *isotonisch*. Die Tatsache, das die Osmolarität isotonischer Salzlösungen meist von der Osmolarität des Cytoplasmas etwas abweicht, hängt mit sekundären Effekten zusammen, die hier ohne Belang sind.

Die Wasserpermeabilität der Zellmembran stellt Süßwasser-Organismen vor erhebliche Probleme. Pflanzenzellen und Bakterien besitzen außerhalb der eigentlichen Zellmembran eine weitmaschige, mechanisch sehr stabile Stützmembran, welche Druckdifferenzen von mehreren bar standhalten kann (Turgor). Manche Süßwasser-Protozoen (z.B. Amöben) scheiden unter Aufwand von Stoffwechselenergie das ins Cytoplasma eingedrungene Wasser mit Hilfe von Flüssigkeitsvakuolen wieder ins Medium aus.

Höhere Organismen besitzen komplizierte osmotische Regelsysteme (Konstanthaltung des Blutvolumens und des Wassergehaltes von Geweben, Konzentrierungsvorgänge in der Niere usw.). So enthält die Plasmamembran der Sammelrohrzellen in der Niere eine variable Anzahl von speziellen Proteinen, die als Wasserkanäle (Aquaporine) die Durchlässigkeit der Membran für Wasser (Wasserpermeabilität) erhöhen. Die Konzentration dieser Kanäle wird durch das im Hypothalamus gebildete antidiuretische Hormon ADH gesteuert (s. Lehrbücher der Physiologie).

4.4.8 Wasserpotential Ψ und Wasserhaushalt von Pflanzen

Das chemische Potential μ_w des Wassers spielt beim Wasserhaushalt der Pflanzen eine wichtige Rolle (vgl. Schopfer u. Brennicke 1999). Bei den folgenden Erörterungen gehen wir von den Abschn. 4.4.6 und 4.4.7 aus und schreiben sinngemäß $\mu_L = \mu_w$. Entsprechend Gl. (4.46) ist das chemische Potential des Wassers in einer verdünnten Lösung gegeben durch:

$$\mu_w \equiv \mu_w^0 + RT \ln(P_w / P_w^0) = \mu_w^0 + RT \ln x_w \,. \tag{4.62}$$

μ_w^0 ist das chemische Potential von reinem Wasser, P_w der Wasserdampfdruck über der Lösung, P_w^0 der Wasserdampfdruck über reinem Wasser und x_w der Molenbruch von Wasser in der Lösung.

Das *Wasserpotential* Ψ ist definiert als das auf den Referenzwert μ_w^0 (bei 1 bar und 298 K) bezogene chemische Potential μ_w des Wassers, dividiert durch das Molvolumen $\bar{V}_w^0$ von reinem Wasser:

$$\psi \stackrel{def}{=} \frac{\mu_w - \mu_w^0}{\bar{V}_w^0} \,. \tag{4.63}$$

Ψ hat, wie man sich leicht überlegt, die Dimension eines Druckes. Entsprechend der Definition von μ_w^0 ist der Nullpunkt der Ψ-Skala durch reines Wasser bei 25 °C und 1 bar gegeben. Ersetzt man in Gl. (4.63) die Differenz $(\mu_w - \mu_w^0)$ der chemischen Potentiale unter Verwendung von Gl. (4.62) durch $RT \ln x_w$ sowie $\ln x_w$ gemäß Gl. (4.54) durch $-\bar{V}_L^0 \pi / RT$, so folgt:

$$\Psi = -\pi. \tag{4.64}$$

Für eine unter Atmosphärendruck ($P = 1$ bar) stehende Lösung entspricht das Wasserpotential Ψ somit dem negativen osmotischen Druck π der Lösung.

Steht die Lösung nicht unter Atmosphärendruck, sondern unter dem Überdruck ΔP, so folgt aus Gl. (4.63) der allgemeinere Zusammenhang:

$$\Psi = -\pi + \Delta P. \tag{4.65}$$

Die Ableitung dieser Gleichung erfolgt analog zu jener von Gl. (4.64), wobei zu beachten ist, dass für die Differenz der chemischen Potentiale des reinen Lösungsmittels beim Überdruck ΔP bzw. bei 1 bar:

$$[\mu_w^0(\Delta P) - \mu_w^0(1\,\text{bar})] = \bar{V}_w^0 \Delta P$$

gilt (s. Gl. 4.53).

Ist (bei $T = 298$ K) der Überdruck gleich dem osmotischen Druck ($\Delta P = \pi$), so besitzt das Wasserpotential nach Gl. (4.65) den Wert null. Hieraus folgt nach Gl. (4.63) $\mu_w = \mu_w^0$, d.h. die Lösung steht im Gleichgewicht mit reinem Wasser. Dies ist in Abb. 4.11 dann der Fall, wenn die Lösung rechts unter dem Überdruck $P'' - P' = \pi$ steht (wobei $P = 1$ bar). $\Psi = 0$ charakterisiert somit den Gleichgewichtszustand der Lösung in Kontakt mit reinem Wasser unter Standardbedingungen.

Abb. 4.15. Pflanzenzelle im Gleichgewicht mit Wasser. Der osmotische
Druck π des Zellsaftes wird kompensiert durch den Turgordruck ΔP, sodass das Wasserpotential im Zellinneren in der Nähe von 0 liegt.
Vakuole und Cytoplasma besitzen
denselben osmotischen Druck

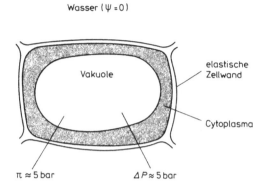

Steht die Lösung unter Atmosphärendruck ($\Delta P = 0$), so ist das Wasserpotential
negativ, und zwar umso stärker, je konzentrierter die Lösung ist. Dies folgt direkt
aus Gl. (4.64) in Verbindung mit Gl. (4.56). Danach hat eine Lösung der Osmolarität 1 M bei 25 °C ein Wasserpotential von $\Psi = -24{,}8$ bar.

Der Zellsaft der Süßwasseralge Nitella besitzt einen osmotischen Druck von
$\pi \approx 5{,}1$ bar. Dieser osmotische Druck wird durch einen Turgordruck (so wird der
in der Vakuole herrschende Überdruck bezeichnet) von $\Delta P \approx 5{,}1$ bar kompensiert,
sodass der Zellsaft gemäß Gl. (4.65) ein Wasserpotential in der Nähe von 0 bar
besitzt und somit im Gleichgewicht mit dem Außenmedium steht (vgl. Abb. 4.15).

Bedingt durch Kapillarkräfte und durch das Quellverhalten von Bodenkolloiden
(Ton) liegt Wasser im Boden zum Teil in gebundener Form vor. Es besitzt daher ein
kleineres chemisches Potential μ_w und (nach Gl. 4.63) einen stärker negativen Ψ-
Wert, als man aufgrund der Konzentration gelöster Stoffe erwarten würde. Man berücksichtigt dies durch Einführung eines *Matrixpotentials* $-\tau$ und schreibt:

$$\Psi = -\pi + \Delta P - \tau. \tag{4.66}$$

Das Matrixpotential $-\tau$ kann (wenigstens im Prinzip) durch Messung des
Gleichgewichts-Dampfdruckes P_w über der betreffenden Bodenprobe bestimmt
werden (s. unten, Gl. 4.67).

Stark negative Werte des Matrixpotentials können vorliegen, wenn ein Wasser-
bindendes Material wesentlich weniger als die maximal mögliche Menge an Wasser enthält. So kann das Restwasser in einem fast trockenen Samen ein Wasserpotential von $\Psi \leq -1000$ bar besitzen. In Kontakt mit Wasser gebracht, quillt der
Samen unter Wasseraufnahme stark auf.

Die Bedeutung des Wasserpotentials bei der Beschreibung des Wasserhaushal-
tes von Pflanzen ergibt sich daraus, dass im System Boden/Pflanze/Atmosphäre
das Wasser sich stets in Richtung abnehmender Ψ-Werte bewegt (Abb. 4.16). Gut
durchfeuchteter Boden besitzt ein Wasserpotential in der Gegend von -1 bar. Bei
Austrocknung des Bodens sinkt Ψ ab. Unterhalb von etwa -15 bar können Wurzeln
kein Wasser mehr aufnehmen; die Blätter welken dann selbst bei feuchter Atmo-

sphäre. Dies deutet darauf hin, dass das Wasserpotential in den Blattzellen etwa −15 bar beträgt. (Die Blätter von Wüstenpflanzen können Wasserpotentiale bis herab zu −100 bar aufweisen.) Bei einem Wasserpotential von −15 bar enthält ein Tonboden immer noch etwa 20 Gewichtsprozent an Wasser, ein Sandboden 2-3%. Ein großer Sprung des Wasserpotentials tritt meist beim Übergang von den Parenchymzellen des Blattes zur Atmosphäre auf. Für Luft von 50% relativer Feuchtigkeit ($P_w / P_w^0 = 0,5$) erhält man $\Psi \approx -940$ bar (vgl. Abb. 4.16). Dies folgt unmittelbar unter Anwendung der nachfolgenden Gl. (4.67), die aus den Gln. (4.62) und (4.63) hervorgeht:

$$\Psi = \frac{RT}{\overline{V}_w^0} \ln \frac{P_w^0}{P_w} , \qquad (4.67)$$

d.h. für $T = 298$ K: $\Psi = -(1370 \text{ bar}) \ln(P_w / P_w^0)$.

Die *Messung* des Wasserpotentials eines pflanzlichen oder tierischen Gewebes kann nach verschiedenen Methoden erfolgen. Das genaueste Verfahren (das aber einen hohen Messaufwand erfordert) besteht in der Anwendung von Gl. (4.67), d.h. in der Bestimmung des Wasserdampf-Partialdrucks P_w über dem Gewebe. Hierzu wird die Gewebeprobe in einen auf mindestens 0,01 °C genau thermostatierten Metallblock eingeschlossen und P_w in der mit der Probe im Gleichgewicht stehenden Gasphase gemessen (durch Bestimmung der Kondensationstemperatur mit Hilfe eines Mikro-Thermoelements).

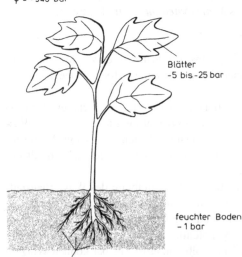

Luft von 50% relativer Feuchtigkeit
$\psi = -940$ bar

Blätter
−5 bis −25 bar

feuchter Boden
−1 bar

Wurzeln
−2 bis −4 bar

Abb. 4.16. Typische Werte des Wasserpotentials Ψ im System Boden/Pflanze/Luft. (Nach Schopfer u. Brennicke 1999)

4.4.9 Gefrierpunktserniedrigung und Siedepunktserhöhung

Dampfdruckerhöhung ΔP und osmotischer Druck π sind Eigenschaften von Lösungen, die nur von der Teilchenzahl des gelösten Stoffes abhängen (*kolligative Eigenschaften*). Weitere kolligative Eigenschaften von Lösungen sind die *Gefrierpunktserniedrigung* ΔT_F und die *Siedepunktserhöhung* ΔT_B. Der Zusammenhang zwischen ΔP, ΔT_F und ΔT_B wird ersichtlich anhand der Dampfdruckkurven des Lösungsmittels. In Abb. 4.17 ist als Beispiel der Dampfdruck über Eis, Wasser und wässriger Lösung schematisch als Funktion der Temperatur dargestellt. Am Schnittpunkt der Dampfdruckkurve $P_s(T)$ von Eis mit der Dampfdruckkurve $P_0(T)$ von Wasser befinden sich Eis und Wasser im Gleichgewicht; die entsprechende Temperatur ist der Gefrierpunkt T_F von reinem Wasser. Wie sich allgemein zeigen lässt, verläuft in der Nähe von T_F die Dampfdruckkurve des Festkörpers (Eis) steiler als die Dampfdruckkurve der Flüssigkeit (Wasser). Ferner ist, wie wir früher (s. 4.4.5) gesehen hatten, der Dampfdruck $P(T)$ über der Lösung um den Betrag der Dampfdruckerniedrigung (ΔP) kleiner als $P_0(T)$. Dementsprechend schneidet $P(T)$ die Kurve $P_0(T)$ bei einer Temperatur, die unterhalb von T_F liegt; anders ausgedrückt: *der Gefrierpunkt* einer Lösung ist um einen Betrag ΔT_F gegenüber dem Gefrierpunkt des reinen Lösungsmittels *erniedrigt*.

Der *Siedepunkt* T_B des reinen Lösungsmittels ist die Temperatur, bei der $P_0(T)$ den Wert des Atmosphärendrucks (1 bar) erreicht. Wegen $P(T) < P_0(T)$ ist der Siedepunkt der Lösung um einen Betrag ΔT_B gegenüber T_B *erhöht* (Abb. 4.17). ΔT_B hängt vom Molenbruch x_A der gelösten Substanz sowie von der molaren Verdampfungsenthalpie $\Delta_V \bar{H}$ des Lösungsmittels ab. Es gilt:

$$\Delta T_B = x_A \frac{R T_B^2}{\Delta_V \bar{H}} . \tag{4.68}$$

(Für den Beweis dieser Beziehung s. Lehrbücher der Thermodynamik.)

Ganz entsprechend kann die Gefrierpunktserniedrigung ΔT_F mit Hilfe der molaren Schmelzenthalpie $\Delta_V \bar{H}$ berechnet werden:

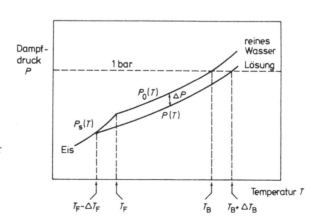

Abb. 4.17. Dampfdruck von Eis $P_s(T)$, von Wasser $P_0(T)$ und von wässriger Lösung $P(T)$ als Funktion der Temperatur T (schematisch)

$$\Delta T_F = x_A \frac{RT_F^2}{\Delta_S H} . \tag{4.69}$$

Gefrierpunktserniedrigung ΔT_F, Siedepunktserhöhung ΔT_B, Dampfdruckerniedrigung ΔP und osmotischer Druck π sind Eigenschaften von Lösungen, die in einem engem, inneren Zusammenhang stehen. Um dies zu verdeutlichen, vergleichen wir die Beziehung (4.68) und (4.69) noch einmal mit den früher hergeleiteten Ausdrücken für ΔP und π [Gln. (4.43) und (4.55)]:

$$\Delta P = x_A P_0 , \quad \pi = x_A \frac{RT}{\overline{V}_L^0}$$

Alle vier Größen ΔT_F, ΔT_B, ΔP und π sind dem Molenbruch x_A des gelösten Stoffes proportional. In ähnlicher Weise, wie eine Messung von $\Delta P/P_0$ zur Bestimmung der Molmasse M_A der gelösten Substanz herangezogen werden kann, lässt sich M_A auch durch Messung einer der anderen Größen ΔT_F, ΔT_B oder π bestimmen. Zum Vergleich geben wir die Größen der einzelnen Effekte für 1-molare wässrige Lösungen bei 25 °C an (unter der Annahme idealen Verhaltens):

$\Delta P/P_0$	π	ΔT_F	ΔT_B
$2 \cdot 10^{-2}$	25 bar	1,9 °C	0,51 °C.

Wie man sieht, sind $\Delta P/P_0$, ΔT_F und ΔT_B bei verdünnten Lösungen sehr klein, während sich der osmotische Druck π mit wesentlich höherer Empfindlichkeit messen lässt.

4.5 Phasengleichgewichte von Mehrstoffsystemen

Wir haben in Abschn. 3.2 Phasengleichgewichte von Einstoffsystemen betrachtet wie z.B. das Gleichgewicht zwischen Flüssigkeit und Dampf. In den folgenden Abschnitten sollen diese Erkenntnisse, dem Thema des vorliegenden Kapitels entsprechend, auf Phasengleichgewichte von Mehrkomponentensystemen erweitert werden.

4.5.1 Phasenregel

Wir betrachten im Folgenden heterogene Systeme, die aus mehreren homogenen Bereichen, den Phasen, bestehen. Ein Stoff, dessen Menge im System unabhängig von der Menge anderer Stoffe variiert werden kann, nennt man **Komponente**. Eine wässrige NaCl-Lösung enthält demnach die beiden Komponenten H_2O und NaCl. Na^+ und Cl^- sind keine getrennten Komponenten, weil ihre Mengen wegen der Elektroneutralitätsforderung nicht unabhängig eingestellt werden können. Das in

Abb. 4.18. Gleichgewicht
eines Systems aus 2 Komponenten (Wasser und Benzol)
und 4 Phasen (Feststoff Eis,
Flüssigkeiten Benzol und
Wasser, sowie Gasphase aus
Wasserdampf u. Benzol-
dampf)

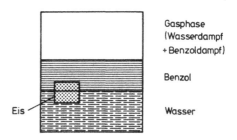

Gasphase
(Wasserdampf
+ Benzoldampf)

Benzol

Eis

Wasser

Abb. 4.18 dargestellte System enthält vier Phasen (eine feste, zwei flüssige und eine gasförmige Phase) und zwei Komponenten (Wasser und Benzol). Zur Beschreibung derartiger Mehrphasensysteme wählt man die folgenden intensiven Zustandsvariablen: Druck P, Temperatur T und die Molenbrüche x_i der einzelnen Komponenten in jeder Phase. Unter der Zahl der Freiheitsgrade versteht man die Zahl der Zustandsvariablen, die man unabhängig voneinander variieren kann, ohne dass eine der Phasen verschwindet.

Beispiel: Bei dem in Abb. 4.19 dargestellten Einkomponentensystem kann man die Temperatur T frei wählen, wobei aber dann der Druck P festgelegt ist (würde man versuchen, bei festem T den Druck zu variieren, so würde entweder die flüssige oder die gasförmige Phase verschwinden); das System hat also *einen* Freiheitsgrad. Fordert man, dass das System zusätzlich noch Eis enthalten soll, so sind T und P festgelegt (Tripelpunkt des Wassers), das System hat *keinen* Freiheitsgrad.

Während in diesen einfachen Fällen das Verhalten des Systems leicht überschaubar ist, werden bei Systemen mit mehreren Phasen und Komponenten die Verhältnisse oft recht unübersichtlich. Kann man z.B. ein System aufbauen, in welchem Eis, festes NaCl, gesättigte wässrige NaCl-Lösung und Wasserdampf miteinander im Gleichgewicht stehen? Hier hilft die von **J. W Gibbs** hergeleitete allgemeingültige *Phasenregel*:

$$v = N - \alpha + 2; \qquad (4.70)$$

v: Zahl der Freiheitsgrade,
N: Zahl der Komponenten,
α: Zahl der Phasen.

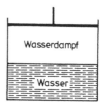

Wasserdampf

Wasser

Abb. 4.19. Gleichgewicht zwischen Wasser
und Wasserdampf

Beispiele:

a) Bei der Anwendung der Gibbs'schen Phasenregel auf das in Abb. 4.19 skizzierte System wäre $N = 1$ und $\alpha = 2$ zu setzen, sodass die Zahl der Freiheitsgrade sich zu $v = 1 - 2 + 2 = 1$ ergibt, wie zu erwarten war. Verlangt man, dass Eis als weitere Phase im System vorkommt, so ist $v = 1 - 3 + 2 = 0$.

b) Bei der oben gestellten Frage (Gleichgewicht zwischen Eis, festem NaCl, gesättigter NaCl-Lösung, Wasserdampf) wäre $N = 2$ (H_2O, NaCl) und $\alpha = 4$ (Eis, festes NaCl, gesättigte Lösung, Dampf), sodass $v = 2 - 4 + 2 = 0$. Das System ist also existenzfähig, allerdings nur bei einem einzigen Wertepaar von P und T.

Die thermodynamische Begründung der Gibbs'schen Phasenregel soll hier nur kurz skizziert werden:
Die Gesamtzahl Z der Variablen des Systems entspricht $2 + N\alpha$. Sie setzt sich aus Temperatur, Druck sowie den Molenbrüchen x_i^k der N Komponenten ($i = 1 - N$) in den α Phasen ($k = 1 - \alpha$) zusammen. Die Zahl der **unabhängigen** Zustandsvariablen (d.h. die Zahl der Freiheitsgrade v) ergibt sich aus der Gesamtzahl Z der Variablen minus der Zahl an Beziehungen zwischen den Variablen des Systems. Hierzu zählen α Gleichungen vom Typ der Gl. (1.13) (Summe der Molenbrüche aller Komponenten in einer Phase gleich 1) sowie $N(\alpha-1)$ Gleichgewichtsbedingungen vom Typ der Gl. (4.34). Diese Gleichung muss für jede der N Komponenten und für jedes Paar i und k der α Phasen gelten. Insgesamt hat man somit $\alpha + N(\alpha-1)$ Gleichungen zwischen den Variablen, sodass sich die Zahl der Freiheitsgrade zu $v = (2 + N\alpha) - (\alpha + N(\alpha-1)) = N - \alpha + 2$ ergibt (s. Gl. 4.70).

4.5.2 Phasengleichgewichte einfacher Zweikomponentensysteme

Selbst bei Systemen aus nur zwei Komponenten können die Phasengleichgewichte recht kompliziert werden. Wir beschränken uns im Folgenden auf drei einfache Fälle.

Zwei flüssige Phasen

Methanol und n-Hexan sind zwei Flüssigkeiten, die oberhalb von 32 °C in jedem Verhältnis mischbar sind. Kühlt man eine Mischung der beiden Komponenten ab, so beobachtet man bei einer bestimmten Temperatur eine Entmischung in eine methanolreiche und in eine hexanreiche Phase. Die Zusammensetzung der beiden Phasen ist allein durch die Temperatur gegeben, doch hängt das **Volumenverhältnis** der Phasen von der Zusammensetzung der Ausgangsmischung ab. Diese Verhältnisse gibt man im **Phasendiagramm** wieder (Abb. 4.20), welches das Verhalten des Systems bei konstantem Druck mit Hilfe zweier Variablen, der Temperatur T und des Molenbruches $x = x_B$ der einen Komponente (B) beschreibt (der Molenbruch der zweiten Komponente A ist natürlich durch $x_A = 1 - x_B$ festgelegt).

Abb. 4.20. Isobares Entmischungsdiagramm eines flüssigen Zweikomponentensystems ($x = x_B$ ist der Molenbruch der Komponente B)

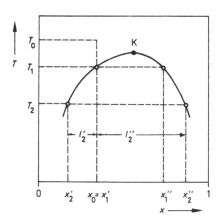

Kühlt man, ausgehend von der Temperatur T_0, eine Mischung der Zusammensetzung x_0 ab, so trennt sich bei der Temperatur T_1 das System in zwei Phasen. Die eine Phase ($''$), die zunächst (bei T_1) nur als Spur vorhanden ist, hat die Zusammensetzung x_1'', die andere Phase ($'$) ist in Zusammensetzung und Volumen praktisch noch mit der Ausgangsmischung identisch ($x_1' = x_0$). Kühlt man weiter ab auf T_2, so wächst die Phase $''$ auf Kosten der Phase $'$, wobei die Zusammensetzung der beiden Phasen durch x_2' und x_2'' gegeben ist. Im Laufe weiterer Abkühlung wird Phase $'$ immer reicher an A, Phase $''$ immer reicher an B. Die Abszisse des Phasendiagramms dient also gleichzeitig zur Angabe des mittleren Molenbruches x des Gesamtsystems wie auch zur Angabe der Molenbrüche x' und x'' der beiden koexistierenden Phasen. Den Punkt K im Phasendiagramm, in dem die beiden Äste der Entmischungskurve zusammenstoßen, nennt man den *kritischen Entmischungspunkt*. In der Nähe dieses Punktes unterscheiden sich die beiden koexistierenden Phasen nur minimal in ihrer Zusammensetzung.

Die *Mengen* der beiden Phasen beschreibt man zweckmäßigerweise durch Einführung der Stoffmengen n' (Phase $'$) und n'' (Phase $''$):

$$n' = n_A' + n_B' \; ; \; n'' = n_A'' + n_B'' \, .$$

Wie man zeigen kann, ist das Mengenverhältnis der Phasen gegeben durch das „*Hebelarmprinzip*" (Abb. 4.20; Temperatur T_2): $n_2' / n_2'' = l_2'' / l_2'$. Bei einer beliebigen Temperatur T gilt entsprechend:

$$\frac{n'}{n''} = \frac{l''}{l'} \tag{4.71}$$

Schmelzgleichgewicht bei vollständiger Mischbarkeit in beiden Phasen

Hier betrachten wir ein Zweikomponentensystem, das sowohl in flüssigem wie in festem Zustand in allen Verhältnissen mischbar ist. Ein derartiger Fall ist z.B. durch das System Silber/Gold gegeben. Das entsprechende Phasendiagramm ist in Abb. 4.21 dargestellt.

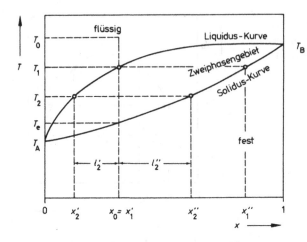

Abb. 4.21. Isobares Schmelzdiagramm eines Zweikomponentensystems bei völliger Mischbarkeit in beiden Phasen (T_A, T_B = Schmelzpunkte der reinen Komponenten A und B; x = Molenbruch der Komponente B)

Wir nehmen an, dass bei der Temperatur T_0 eine flüssige Mischung von A und B der Zusammensetzung x_0 vorliegt. Kühlt man die Mischung ab, so scheidet sich bei T_1 die erste Spur einer festen Phase ab; diese hat die Zusammensetzung x_1''. Bei weiterer Abkühlung auf T_2 nimmt die Menge der festen Phase zu; sie hat jetzt die Zusammensetzung x_2'', während die verbleibende flüssige Phase die Zusammensetzung x_2' aufweist, usw. Die Temperatur T_e markiert das Ende des Erstarrungsvorgangs; dort liegt nämlich die feste Phase wieder in der Ausgangszusammensetzung x_0 vor. Man nennt die obere Kurve, welche die Zusammensetzung der koexistierenden Flüssigkeit angibt, die **Liquidus-Kurve**; die untere Kurve beschreibt die Zusammensetzung der koexistierenden Festkörper und heißt **Solidus-Kurve**. Die Stoffmengen n' und n'' sind wieder durch das Hebelarmprinzip gegeben (Abb. 4.21): $n'/n'' = l''/l'$.

Entmischungsvorgänge der hier geschilderten Art wurden für Lipide nachgewiesen, die im Aufbau biologischer Membranen beteiligt sind.

Schmelzgleichgewicht bei vollständiger Mischbarkeit in der flüssigen Phase und völliger Entmischung in der festen Phase

Das Schmelzdiagramm für diesen Fall, der z.B. bei dem System Blei/Silber vorliegt, ist in Abb. 4.22 dargestellt.

Kühlt man, ausgehend von der Temperatur T_0, eine flüssige Mischung der Zusammensetzung x_0 ab, so bilden sich bei der Temperatur T_1 die ersten Kristalle der Komponente A. Bei weiterem Abkühlen auf T_2 scheidet sich mehr festes A aus, wobei die verbleibende Flüssigkeit an A verarmt und die Zusammensetzung x_2' annimmt. Das Verhältnis der Stoffmenge n_A der festen Phase zur gesamten Stoffmenge $n' = n_A' + n_B'$ der flüssigen Phase ist wieder durch das Hebelarmprinzip gegeben (Abb. 4.22):

$$n_A / n' = l^A / l'.$$

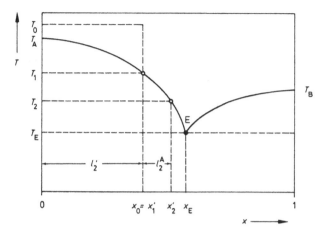

Abb. 4.22. Isobares Schmelzdiagramm eines Zweikomponentensystems bei völliger Mischbarkeit in der flüssigen Phase und völliger Entmischung in der festen Phase (T_A, T_B = Schmelzpunkte der reinen Komponenten A und B; x = Molenbruch der Komponente B). E ist der eutektische Punkt

Durch die Ausscheidung von festem A ist der Molenbruch von B in der Flüssigkeit so angestiegen, dass bei der *„eutektischen Temperatur"* T_E nun auch B sich ausscheidet. Am eutektischen Punkt E stehen daher drei Phasen (festes A, festes B und eine flüssige Phase) miteinander im Gleichgewicht. Aus der Phasenregel ($N = 2$, $a = 3$) folgt, dass dort das System nur *einen* Freiheitsgrad hat, d.h. bei gegebenem Druck sind die Temperatur T_E und die eutektische Zusammensetzung x_E festgelegt. Weiterer Wärmeentzug führt dann dazu, dass sich aus der Flüssigkeit bei konstant bleibendem T_E und x_E festes A und festes B in konstantem Verhältnis abscheiden. Unterhalb von T_E liegt das System als Gemenge von A- und B-Kristallen vor. Für $x_0 > x_E$ erfolgt zuerst eine Ausscheidung von Kristallen der Komponente B, wobei die obige Überlegung analog anzuwenden ist.

Weiterführende Literatur zu „Mehrkomponentensystemen"

Florey E (1970) Lehrbuch der Tierphysiologie. Thieme, Stuttgart, Kap. 5 (Osmoregulation)

Haase R (1956) Thermodynamik der Mischphasen. Springer, Berlin Göttingen Heidelberg

Klinke R, Silbernagl S (2000) Lehrbuch der Tierphysiologie. Thieme, Stuttgart, Kap. 13 (Osmoregulation,)

Moore WJ (1990) Grundlagen der Physikalischen Chemie. de Gruyter, Berlin 1990 (Aktivitätskoeffizient)

Schopfer P Brennicke A (1999) Pflanzenphysiologie, 5. Aufl. Springer, Berlin Göttingen Heidelberg. Kap. 3 und 26 (Wasserpotential)

Wedler G (2004) Lehrbuch der Physikalischen Chemie. Wiley-VCH, Weinheim (Phasengleichgewichte)

Übungsaufgaben zu „Mehrkomponentensysteme"

4.1 Wie groß ist der Molenbruch x_g der Glucose in einer 10^{-3}-molaren wässrigen Glucoselösung? (In einer hochverdünnten Lösung ist die molare Konzentration des Lösungsmittels nahezu gleich wie im reinen Lösungsmittel.) Molmasse von Wasser: 18 g mol^{-1}; Dichte von Wasser: 1,0 g cm^{-3}.

4.2 Beim Auflösen von 0,1 mol NaCl in 1 kg reinem Wasser bei 20 °C erhält man ein Endvolumen von 1003,9 cm^3. Wie groß ist das partielle Molvolumen $\overline{V}_2$ von NaCl in der Lösung? Das partielle Molvolumen des Wassers in der verdünnten Lösung kann näherungsweise dem partiellen Molvolumen $\overline{V}_1^0$ von reinem Wasser gleichgesetzt werden. Dichte von Wasser bei 20 °C: $\rho = 0,998$ g cm^{-3}.

4.3 Bei einer Änderung der Zusammensetzung einer Lösung ändern sich die partiellen Molvolumina $\overline{V}_i$. Zeigen Sie, dass für eine infinitesimalen Änderung ($n_1 \rightarrow n_1 + dn_1, n_2 \rightarrow n_2 + dn_2, ..., n_k \rightarrow n_k + dn_k$) folgende Beziehung gilt:

$$n_1 d\overline{V}_1 + n_2 d\overline{V}_2 + ... + n_k d\overline{V}_k = 0.$$

4.4 Man leite mit Hilfe der Gibbs'schen Fundamentalgleichung für Systeme mit variablen Stoffmengen eine Beziehung für die Änderung dH der Enthalpie des Systems ab.

4.5 Wie groß ist die Änderung (in J mol^{-1}) des chemischen Potentials von reinem Wasser bei isothermer Kompression von 1 auf 2 bar? (Wasser kann hier als inkompressibel angenommen werden.) Molvolumen von Wasser: 18 cm^3 mol^{-1}.

4.6 Eine wässrige Saccharoselösung der Konzentration 1 M wird auf die Endkonzentration $2,5 \cdot 10^{-3}$ M verdünnt. Um welchen Betrag ändert sich dabei das chemische Potential der Saccharose? Der Aktivitätskoeffizient der Saccharose bei der Konzentration 1 M beträgt 1,25; bei der Endkonzentration von $2,5 \cdot 10^{-3}$ M kann die Lösung als ideal verdünnt angenommen werden ($T = 300$ K).

4.7 In ein flüssiges Zweiphasensystem, das aus 1000 cm^3 Wasser und 100 cm^3 Benzol besteht, wird 1 g Phenol gebracht. Der Verteilungskoeffzient von Phenol beträgt $\gamma = c_{Benzol}/c_{Wasser} = 2,0$. Wie viel Gramm Phenol befinden sich nach Gleichgewichtseinstellung in der Benzolphase? Volumenänderungen durch die Zugabe und Verteilung des Phenols sind vernachlässigbar.

4.8 Bei der Überführung von 1 mol n-Butan [$CH_3(CH_2)_2CH_3$] von einer Kohlenwasserstoff-Phase in eine wässrige Phase muss dem Zweiphasensystem unter Standardbedingungen ($T = 298$ K, $P = 1$ bar) eine freie Enthalpie von $\Delta G_0 = 25,2$ kJ/mol zugeführt werden. Für jede weitere CH_2-Gruppe des n-Alkans steigt ΔG_0 um etwa 3,7 kJ/mol an. Stellen Sie den Verteilungskoeffizienten $\gamma = c_{Wasser}/c_{Kohlenstoff}$ für die

Reihe der n-Alkane als Funktion der Zahl der Kohlenstoffatome des n-Alkans graphisch dar.

Hinweis: Es ist günstig, für γ eine logarithmische Ordinaten-Skala zu wählen.

4.9 Blutplasma besitzt gegenüber reinem Wasser einen osmotischen Druck von etwa 7,7 bar. Wie viel Gramm NaCl muss man (unter der Annahme idealen Verhaltens) in 1 l Wasser auflösen, um eine mit Blutserum isoosmolare Lösung zu erhalten? (Molmasse von NaCl: 58,4 g mol^{-1}; $T = 300$ K).

4.10 Eine wässrige Lösung, welche 5 g/l eines Polysaccharids gelöst enthält, besitzt bei 278 K einen osmotischen Druck von $3,24 \cdot 10^3$ Pa. Man berechne unter der Annahme idealen Verhaltens die Molmasse M des Polysaccharids. Um wie viel Prozent ist der Dampfdruck der Lösung gegenüber dem Dampfdruck von reinem Wasser erniedrigt?

4.11 Man wende die Gibbs'sche Phasenregel auf folgende Systeme an und bestimme die Zahl der unabhängig variierbaren intensiven Zustandsvariablen des Systems:
a) eine gasförmige Mischung von Wasser und Ethanol;
b) Eis in einer Lösung von Ethanol und Wasser;
c) Eis und festes NaCl in Kontakt mit einer gesättigten wässrigen NaCl-Lösung.

5 Chemische Gleichgewichte

5.1 Massenwirkungsgesetz und Energetik chemischer Reaktionen

5.1.1 Grundlagen

Eine chemische Reaktion, die von den Ausgangsprodukten A, B, ... zu den Endprodukten P, Q, ... führt, läuft im Allgemeinen nicht vollständig ab, sondern es stellt sich im Laufe der Zeit ein Gleichgewicht ein, wobei neben den Endprodukten auch noch die Anfangsprodukte in endlicher Konzentration vorhanden sind. Dieses „chemische" Gleichgewicht kann auch durch Zusammenfügen der reinen „Endprodukte" P, Q, ... erreicht werden. In diesem Fall bildet sich eine gewisse Menge der „Ausgangsprodukte" A, B, ... Dies lässt darauf schließen, dass neben der **Hinreaktion** zwischen den Ausgangsprodukten die **Rückreaktion** zwischen den Endprodukten i.A. nicht vernachlässigt werden darf. Man deutet diesen Sachverhalt durch Verwendung eines Doppelpfeils in der Reaktionsgleichung an:

$$v_A A + v_B B \rightleftarrows v_P P + v_Q Q. \tag{5.1}$$

Hier und im Folgenden betrachten wir zunächst Reaktionen mit zwei Ausgangsprodukten A, B und zwei Endprodukten P, Q. In Gl. (5.1) werden die stöchiometrischen Koeffizienten v_A, v_B, v_P und v_Q eingeführt. Man versteht darunter den Satz der kleinsten ganzen Zahlen, mit welchem man den gegebenen Reaktionstyp beschreiben kann. Beispielsweise sind für die Reaktion

$$H_2SO_4 \rightleftarrows 2H^+ + SO_4^{2-}$$

die stöchiometrischen Koeffizienten durch $v_A = 1$, $v_B = 0$, $v_P = 2$, $v_Q = 1$ gegeben.

Eine wesentliche Voraussetzung thermodynamischen Gleichgewichts ist nach Abschn. 1.1.1.2 die zeitliche Konstanz der Zustandsgrößen eines Systems. Im vorliegenden Fall gehören hierzu die Konzentrationen der Reaktionsteilnehmer. Ihre zeitliche Konstanz bedeutet, dass Hin- und Rückreaktion sich im chemischen Gleichgewicht gerade „die Waage halten". Diese Aussage gilt natürlich nur im zeitlichen Mittel. Auch für das chemische Gleichgewicht gelten naturgemäß die Gesetze der statistischen Thermodynamik (s. 1.3.1).

Bei der thermodynamischen Beschreibung chemischer Reaktionen möchte man unter anderem folgende Fragen beantworten: Bei welchen Konzentrationen der Reaktionspartner läuft in Gl. (5.1) die Reaktion spontan von links nach rechts ab?

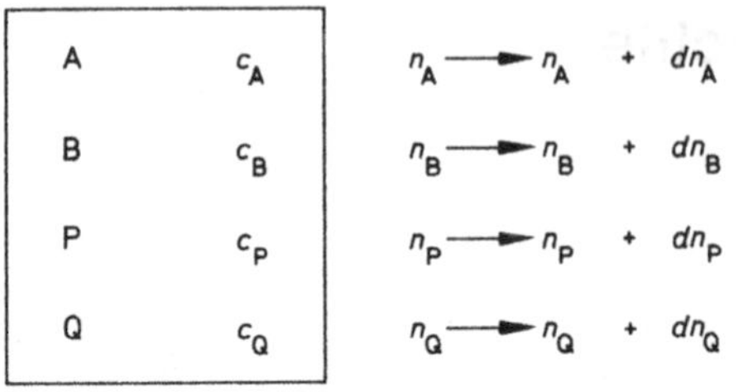

A	c_A	$n_A \longrightarrow n_A + dn_A$
B	c_B	$n_B \longrightarrow n_B + dn_B$
P	c_P	$n_P \longrightarrow n_P + dn_P$
Q	c_Q	$n_Q \longrightarrow n_Q + dn_Q$

Abb. 5.1. Infinitesimaler Umsatz der Reaktion A + B → P + Q in einem geschlossenen Volumen V bei konstanter Temperatur T und konstantem Druck P

Wie hängen die Gleichgewichtskonzentrationen von den Enthalpie- und Entropieänderungen bei der Reaktion ab?

Zur Behandlung dieser Probleme betrachten wir ein geschlossenes Reaktionsgefäß vom Volumen V, das die Ausgangs- und Endprodukte in den Stoffmengen n_A, n_B, n_P, n_Q enthält; entsprechend betragen die Konzentrationen $c_A = n_A/V$, $c_B = n_B/V$, $c_P = n_P/V$, $c_Q = n_Q/V$ (Abb. 5.1). Zunächst soll noch kein Gleichgewicht vorliegen. Lässt man die Reaktion bei konstantem Druck und konstanter Temperatur gemäß Gl. (5.1) ein Stück weit von links nach rechts ablaufen, so ändern sich die Stoffmengen um dn_A, dn_B, dn_P, dn_Q. Die Änderung dG der Freien Enthalpie, die mit diesem Vorgang verbunden ist, ist nach Gl. (4.18) gegeben durch:

$$dG = \mu_A\, dn_A + \mu_B\, dn_B + \mu_P\, dn_P + \mu_Q\, dn_Q. \tag{5.2}$$

Die Stoffmengenänderungen dn_A, dn_B, ... sind natürlich über die stöchiometrischen Koeffizienten miteinander verknüpft. Wir nehmen im Folgenden an, dass das Volumen V des Reaktionsgefäßes sehr groß ist, sodass man endliche Stoffumsätze durchführen kann, ohne dass sich dabei die Konzentrationen c_A, c_B, ... nennenswert ändern; dann können wegen Gl. (4.27) die chemischen Potentiale der Reaktionspartner als konstant betrachtet werden.

Man redet von einem *Formelumsatz*, wenn gerade v_A Mole A mit v_B Molen B unter Bildung von v_P Molen P und v_Q Molen Q umgesetzt werden. Die damit verbundene Änderung der freien Enthalpie bezeichnen wir mit ΔG:

ΔG: Änderung der freien Enthalpie pro Formelumsatz.

ΔG wird aus Gl. (5.2) erhalten, wenn man dort dn_A, dn_B, dn_P und dn_Q durch $-v_A$, $-v_B$, v_P und v_Q ersetzt (das negative Vorzeichen bei v_A und v_B ergibt sich daraus, dass die Ausgangsprodukte A und B bei der Reaktion verschwinden):

$$\Delta G = (v_P\, \mu_P + v_Q\, \mu_Q) - (v_A\, \mu_A + v_B\, \mu_B). \tag{5.3}$$

Liegen alle Reaktionspartner in ideal verdünnter Lösung vor, so können die chemischen Potentiale aus Gl. (4.27) entnommen werden. Es gilt also z.B. für den Stoff P: $\mu_P = \mu_P^0 + RT \ln c_P$.

Einsetzen in Gl. (5.3) liefert:

$$\Delta G = (v_P\, \mu_P^0 + v_Q\, \mu_Q^0) - (v_A\, \mu_A^0 + v_B\, \mu_B^0)$$
$$+ RT\,(v_P \ln c_P + v_Q \ln c_Q) - RT\,(v_A \ln c_A + v_B \ln c_B). \tag{5.4}$$

Für den in den beiden ersten Klammern von Gl. (5.4) enthaltenen konzentrationsunabhängigen Teil von ΔG führt man als Abkürzung die Bezeichnung ΔG^0 ein. Umformung der Gleichung liefert dann (wegen $a \ln x = \ln x^a$):

$$\Delta G = \Delta G^0 + RT \ln \frac{\left(c_P\right)^{\nu_P} \left(c_Q\right)^{\nu_Q}}{\left(c_A\right)^{\nu_A} \left(c_B\right)^{\nu_B}} . \tag{5.5}$$

Diskussion der Gl. 5.5:

1) Gleichung (5.5) beschreibt ΔG in Abhängigkeit von den Konzentrationen der Reaktionspartner bei konstanter Temperatur und konstantem Druck. Hierbei wollen wir uns noch einmal daran erinnern, dass sich ΔG auf einen Formelumsatz von Gl. (5.1) bezieht, wobei die Reaktion von „links" nach „rechts" läuft.

2) Setzt man $c_A = c_B = c_P = c_Q = 1$ M, so wird (wegen $\ln 1 = 0$) $\Delta G = \Delta G^0$. Es ist ΔG^0 also der Wert, den ΔG annimmt, wenn sämtliche Reaktionspartner in der Konzentration 1 M vorliegen. Man nennt daher ΔG^0 die **Änderung der Freien Enthalpie unter Standardbedingungen** (vgl. 3.1.3).

3) In Abschn. 3.2.1 hatten wir gesehen, dass für spontane (irreversible) Vorgänge die Bedingung $\Delta G < 0$ gelten muss (Gl. 3.60). Angewandt auf Gl. (5.3) heißt dies, dass Reaktion (5.1) dann spontan von links nach rechts abläuft, wenn die Summe der chemischen Potentiale der Ausgangsprodukte größer ist als die Summe der chemischen Potentiale der Endprodukte (Abb. 5.2). Selbst bei positivem ΔG^0 kann man jedoch einen spontanen Ablauf der Reaktion in der oben genannten Richtung erzwingen, indem man die Konzentrationen der Endprodukte klein hält (z.B. dadurch, dass die Endprodukte in einer nachfolgenden Reaktion verbraucht werden); dann wird der logarithmische Term in Gl. (5.5) stark negativ, sodass auch ΔG negativ werden kann.

4) *Gleichgewicht* liegt nach Gl. 3.59 dann vor, wenn $\Delta G = 0$ gilt. Gleichung (5.5) nimmt dann folgende Form an:

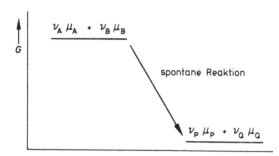

Abb. 5.2. Spontaner Übergang $\nu_A A + \nu_B B \longrightarrow \nu_P P + \nu_Q Q$

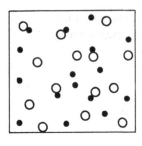

Abb. 5.3. Bindungsgleichgewicht zwischen Protein und Substrat

O Proteinmolekül

● Substratmolekül

$$-\Delta G^0 = RT \ln \left[\frac{\left(\overline{c}_P\right)^{\nu_P} \left(\overline{c}_Q\right)^{\nu_Q}}{\left(\overline{c}_A\right)^{\nu_A} \left(\overline{c}_B\right)^{\nu_B}} \right]. \tag{5.6}$$

Hierbei soll das Querzeichen andeuten, dass es sich um die Konzentrationen im Gleichgewichtszustand handelt.

Da ΔG^0 gemäß seiner Definition nicht von den Konzentrationen der Reaktionsteilnehmer abhängt, ist der Klammerausdruck in Gl. (5.6) eine konzentrationsunabhängige Konstante, die wir mit K bezeichnen wollen:

$$-\Delta G^0 = RT \ln K \tag{5.7}$$

$$K = \frac{\left(\overline{c}_P\right)^{\nu_P} \left(\overline{c}_Q\right)^{\nu_Q}}{\left(\overline{c}_A\right)^{\nu_A} \left(\overline{c}_B\right)^{\nu_B}}. \tag{5.8}$$

Gleichung (5.8) ist ein Ausdruck für das *Massenwirkungsgesetz*. Die Größe K ist die *Gleichgewichtskonstante* der Reaktion; sie hängt von der chemischen Natur der Reaktionspartner sowie von Temperatur und Druck ab. Das Massenwirkungsgesetz sagt aus, dass unabhängig von der Vorgeschichte des Systems die auf der rechten Seite von Gl. (5.8) stehende Kombination von Konzentrationen im Gleichgewicht stets den Wert K besitzen muss.

Stört man z.B. ein bereits eingestelltes Gleichgewicht dadurch, dass man eine gewisse Menge des Ausgangsproduktes A dem Reaktionsgefäß zufügt, so stellt sich im Laufe der Zeit wieder ein Gleichgewicht ein, wobei die neuen Gleichgewichtskonzentrationen von den ursprünglichen verschieden sind, insgesamt aber die Beziehung (5.8) erfüllen.

Beispiel: Wir nehmen an, dass ein Proteinmolekül P ein Substratmolekül S unter Bildung eines Komplexes PS bindet (Abb. 5.3). Der Komplex steht mit freiem P und freiem S im Gleichgewicht gemäß:

$$PS \rightleftarrows P + S. \tag{5.9}$$

Das Massenwirkungsgesetz (Gl. 5.8) nimmt in diesem Fall folgende Form an:

$$K = \frac{\overline{c}_P \overline{c}_S}{\overline{c}_{PS}}. \tag{5.10}$$

Die Gleichgewichtskonstante K hat hier die Dimension einer Konzentration. Macht man $\bar{c}_S$ im Zahlenwert gerade gleich groß wie K, so gilt nach Gl. (5.10) $\bar{c}_P = \bar{c}_{PS}$.

Hieraus ergibt sich die anschauliche Bedeutung der Gleichgewichtskonstanten für den hier betrachteten Reaktionstyp: K ist gleich der Konzentration an freiem Substrat, bei der gerade die Hälfte des gesamten Proteins als Protein-Substrat-Komplex vorliegt. Erhöht man c_S, so nimmt c_P ab und c_{PS} zu, und zwar in der Weise, dass im Gleichgewicht das Verhältnis $\bar{c}_P \bar{c}_S / \bar{c}_{PS}$ wieder gleich K wird.

Verallgemeinerung:

Das Massenwirkungsgesetz (Gl. 5.8) wurde für den konkreten Fall einer Reaktion von der Art der Gl. (5.1) hergeleitet, wobei außerdem ideal verdünnte Lösungen angenommen wurden. Handelt es sich um eine allgemeine Reaktion vom Typ

$$v_A A + v_B B + ... + v_X X \rightleftarrows v_P P + v_Q Q + ... + v_Y Y, \qquad (5.11)$$

so ist Gl. (5.8) zu ersetzen durch:

$$K = \frac{\left(\bar{c}_P\right)^{v_P} \left(\bar{c}_Q\right)^{v_Q} ...\left(\bar{c}_Y\right)^{v_Y}}{\left(\bar{c}_A\right)^{v_A} \left(\bar{c}_B\right)^{v_B} ...\left(\bar{c}_X\right)^{v_X}} . \qquad (5.12)$$

Sind ferner die Lösungen nicht ideal verdünnt, so sind in Gl. (5.12) die Konzentrationen c_i durch die Aktivitäten a_i (Abschn. 4.4.2) zu ersetzen.

Weitere Eigenschaften chemischer Gleichgewichte

a) Das Gleichgewicht kann von beiden Seiten her eingestellt werden. Zum Beispiel ergeben sich für die Reaktion

$$\text{Glucose-1-Phosphat} \xrightleftharpoons{\text{Enzym}} \text{Glucose-6-Phosphat}$$
$$\text{(G1P)} \qquad\qquad\qquad \text{(G6P)}$$

folgende Verhältnisse (Abb. 5.4): Löst man reines G1P in der Konzentration 0,02 M in Wasser auf, so liegen nach Gleichgewichtseinstellung 0,001 M G1P und 0,019 M G6P vor. Dieselbe Gleichgewichtsmischung erhält man aber auch, wenn man von 0,02 M G6P ausgeht.

b) Wie bereits eingangs erwähnt, laufen Hin- und Rückreaktion selbst im Gleichgewicht ständig nebeneinander her ab. Betrachtet man z.B. die Reaktion

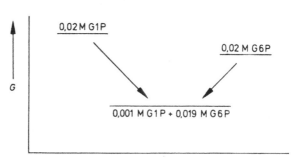

Abb. 5.4. Einstellung des Gleichgewichts zwischen G1P und G6P, ausgehend von reinem G1P oder reinem G6P

$$A + B \rightleftarrows AB,$$

so spielen sich in der Gleichgewichtsmischung von A, B und AB ständig die Prozesse

$$A + B \rightarrow AB \text{ (,,Hinreaktion'')}$$

$$AB \rightarrow A + B \text{ (,,Rückreaktion'')}$$

ab, jedoch so, dass stets gleich viel AB dissoziiert, wie durch Assoziation von A und B entsteht. Wie in Kap. 10 genauer ausgeführt werden wird, lässt sich die Gleichgewichtskonstante einer einstufigen chemischen Reaktion durch den Quotienten der Geschwindigkeitskonstanten der Hin- und Rückreaktion ausdrücken [(Gl. (10.17)].

c) Die Thermodynamik gestattet lediglich Aussagen darüber, bei welchen Konzentrationen der Reaktionspartner Gleichgewicht vorliegt. Wie *rasch* sich das Gleichgewicht einstellt, hängt jedoch von *kinetischen Faktoren* ab (s. Kap. 10). Viele biochemisch wichtige Reaktionen laufen erst in Anwesenheit eines Katalysators (Enzym) mit messbarer Geschwindigkeit ab.

d) Ein *Enzym* ändert die Lage des Gleichgewichts (d.h. den Zahlenwert der Gleichgewichtskonstanten) nicht; es beschleunigt daher Hin- und Rückreaktion in gleichem Maße.

5.1.2 Bedeutung der Standardänderung ΔG^0 der Freien Enthalpie

Aus Gl. (5.7) oder aus der damit äquivalenten Beziehung

$$K = e^{-\Delta G^0 / RT} \tag{5.13}$$

entnimmt man, dass die Gleichgewichtskonstante K eindeutig durch ΔG^0 gegeben ist. Entsprechend den im Anschluss an Gl. (4.25) gemachten Bemerkungen geben die Gln. (5.7) und (5.13) die *Maßzahl* von K an unter der Festsetzung, dass die Konzentrationen als Molaritäten ausgedrückt werden und dass der Standardzustand durch die Konzentration 1 M definiert ist. Je stärker negativ ΔG^0 ist, um so größer ist K, d.h. um so mehr liegt das Gleichgewicht auf der Seite der Endprodukte. Reaktionen mit sehr stark negativem ΔG^0, die innerhalb der experimentellen Nachweisempfindlichkeit vollständig nach der Seite der Endprodukte hin ablaufen, bezeichnet man gelegentlich als „irreversible" Reaktionen. Man erkennt aus Gl. (5.13), dass auch bei positivem ΔG^0 immer noch ein Teil der Ausgangsprodukte sich in die Endprodukte umwandeln wird (K hat dann einen kleinen, aber jedenfalls endlichen Wert).

Zahlenwerte von ΔG^0 sind für eine Vielzahl chemischer Reaktionen tabelliert (s. z.B. Tabelle 5.1). *Bei biochemischen Reaktionen, an denen Wasserstoffionen beteiligt sind, wird in der Regel als Standardzustand eine Wasserstoffio-*

nenkonzentration von 10^{-7} M (pH 7,0) gewählt; der entsprechende Wert der Freien Standardenthalpie wird mit $\Delta G^{0}{}'$ bezeichnet.

Für komplizierte Reaktionen kann ΔG^{0} oft aus den ΔG^{0}-Werten einfacher Reaktionen zusammengesetzt werden, in ähnlicher Weise wie in Abschn. 2.1.3.3 für die Bildungsenthalpien chemischer Verbindungen diskutiert wurde.

Beispiel: Adenosintriphosphat (ATP) reagiert mit Kreatin (Kr) zu Adenosindiphosphat (ADP) und Kreatinphosphat (KrP):

$$ATP + Kr \rightarrow ADP + KrP + H^+ \quad -\Delta G^0. \tag{5.14}$$

Addiert man, wie es in Gl. (5.14) geschehen ist, auf der rechten Seite der Reaktionsgleichung $-\Delta G^0$, so kann die Gleichung als Energiebilanz gelesen werden (die Freie Enthalpie der rechts stehenden Endprodukte ist um $-\Delta G^0$ niedriger als die Freie Enthalpie der Ausgangsprodukte).

Der ΔG^0-Wert der Reaktion (5.14) kann aus den ΔG^0-Werten der zwei folgenden Teilreaktionen erhalten werden:

$$ATP + H_2O \rightarrow ADP + P_i + H^+ \quad -(\Delta G^0)_1 \tag{5.15}$$

$$Kr + P_i \rightarrow KrP + H_2O \quad -(\Delta G^0)_2 \tag{5.16}$$

$$\overline{ATP + Kr \rightarrow ADP + KrP + H^+ \quad -(\Delta G^0)_1 - (\Delta G^0)_2.} \tag{5.17}$$

Gleichung (5.17) ist die Summe der Teilreaktionen (5.15) und (5.16). Ein Vergleich mit der Reaktionsgleichung (5.14) ergibt:

$$\Delta G^0 = (\Delta G^0)_1 + (\Delta G^0)_2. \tag{5.18}$$

ΔG^0 ist somit aus den Beträgen der beiden Teilreaktionen berechenbar.

Tabelle 5.1 entnimmt man, dass Reaktion 5.17 unter Standardbedingungen aufgrund ihres stark positiven $\Delta G^{0}{}'$ Wertes nicht ablaufen würde (nach Gl. (5.18) ist $\Delta G^{0}{}' = -30,5$ kJ/mol + 43,1 kJ/mol = 12,6 kJ/mol). In Muskelzellen dient diese Reaktion zur Aufrechterhaltung einer möglichst hohen ATP-Konzentration. Die Reaktion läuft in diesem Fall in umgekehrter Richtung spontan ab (s. Lehrbücher der Biochemie).

5.1.3 Gekoppelte Reaktionen; exergone und endergone Reaktionen

Gegeben sei eine Reaktion 1 mit positivem ΔG^0, die daher für sich allein nur zu einem sehr geringen Teil nach der Seite der Endprodukte hin ablaufen würde. Eine derartige Reaktion kann jedoch durch Kopplung an eine zweite Reaktion mit stark negativem ΔG^0 thermodynamisch begünstigt werden.

Tabelle 5.1. Freie Enthalpien der Hydrolyse einiger phosphorylierter Verbindungen (nach Stryer: Biochemie)

Verbindung	$\Delta G^{0\prime}$/kJ/mol
Phosphoenolpyruvat	-61,9
Carbamylphosphat	-51,5
Acetylphosphat	-43,1
Kreatinphosphat	-43,1
Pyrophosphat	-33,5
ATP (in ADP)	-30,5
Glucose-1-Phosphat	-20,9
Glucose-6-Phosphat	-13,8
Glucose-3-Phosphat	-9,2

Beispiel:

Die Phosphorylierung von Glucose gemäß

$$\text{Glucose} + P_i \rightarrow \text{Glucose-6-Phosphat} + H_2O \tag{5.19}$$

$$(\Delta G^{0\prime})_1 = 13,8 \text{ kJ mol}^{-1}$$

ist mit einem $\Delta G^{0\prime}$-Wert von +13,8 kJ mol^{-1} thermodynamisch äußerst ungünstig, d.h. das Gleichgewicht würde fast ganz auf der Seite der Ausgangsprodukte liegen. Durch Kopplung an die Reaktion

$$\text{ATP} + H_2O \rightarrow \text{ADP} + P_i + H^+ \tag{5.20}$$

$$(\Delta G^{0\prime})_2 = -30,5 \text{ kJ mol}^{-1}$$

ergibt sich die Gesamtreaktion:

$$\text{Glucose} + \text{ATP} \rightarrow \text{Glucose-6-Phosphat} + \text{ADP} + H^+ \tag{5.21}$$

$$\Delta G^{0\prime} = (\Delta G^{0\prime})_1 + (\Delta G^{0\prime})_2 = -16,7 \text{ kJ mol}^{-1}.$$

Die Gesamtreaktion besitzt ein negatives $\Delta G^{0\prime}$, ist also energetisch günstig. Wesentlich ist, dass die beiden Teilreaktionen gemeinsame Komponente P_i (anorganisches Phosphat) beim Ablauf der Gesamtreaktion in freier Form überhaupt nicht auftritt; P_i wird nämlich durch das die Reaktion katalysierende Enzym Hexokinase direkt von ATP auf Glucose übertragen.

Man nennt Reaktionen mit $\Delta G < 0$, welche spontan ablaufen können, *exergone* Reaktionen. Ist $\Delta G > 0$, so spricht man von *endergonen* Reaktionen.

5.1.4 Enthalpie- und Entropieänderungen bei chemischen Reaktionen; exotherme und endotherme (entropiegetriebene) Reaktionen

Entsprechend der Beziehung $G = H - TS$ (Gl. 3.1) kann man für eine bei konstanter Temperatur T ablaufende Reaktion die Änderung ΔG der Freien Enthalpie pro Formelumsatz in folgender Weise in Enthalpie- und Entropieänderungen aufteilen, s. Gl. (3.26):

$$\Delta G = \Delta_r H - T\Delta_r S. \tag{3.26}$$

Wir verwenden hier also die bereits in den Abschn. 2.1.3.3 und 2.2.2.2 eingeführten Größen

$\Delta_r H$: Reaktionsenthalpie (= Enthalpieänderung pro Formelumsatz) und

$\Delta_r S$: Reaktionsentropie (= Entropieänderung pro Formelumsatz).

Gleichung (3.26) wird als **Gibbs-Helmholtz-Gleichung** bezeichnet. Die Größe $\Delta_r H$ kann man messen, indem man die Reaktion bei konstantem Druck in einem Kalorimeter durchführt (s. 2.1.3.3). Nach Gl. (2.55) ist ja die Enthalpieänderung gleich der bei einem isobaren Prozess dem System zugeführten Wärme ($dH = dQ$, für $dP = 0$ und $dW^* = 0$). Man führt weiter folgende Bezeichnungen ein:

$\Delta_r H > 0$: endotherme Reaktionen

$\Delta_r H < 0$: exotherme Reaktionen.

Eine *endotherme* Reaktion ist also eine Reaktion, die bei konstant gehaltenen P und T Wärme aus der Umgebung aufnimmt, während eine *exotherme* Reaktion unter denselben Bedingungen Wärme an die Umgebung abgibt. Findet die Reaktion unter adiabatischen Bedingungen statt (d.h. $dQ = 0$), so führt eine endotherme Reaktion zu einer Temperaturerniedrigung des Systems, während eine exotherme Reaktion zu einer Temperaturerhöhung Anlass gibt. Somit wird ein Behälter, in dem eine vergleichsweise schnelle Reaktion abläuft, während der der Temperaturausgleich mit der Umgebung vernachlässigt werden kann, im Falle einer exothermen Reaktion erwärmt und im Falle einer endothermen Reaktion abgekühlt.

Die Enthalpieänderung $\Delta_r H$ und die Änderung $\Delta_r U$ der Inneren Energie unterscheiden sich nach Gl. (2.51) um den Term $\Delta(PV)$. Für Reaktionen in Lösungen bei Atmosphärendruck ist (infolge der vergleichsweise kleinen Volumenänderungen) der Term $\Delta(PV)$ vernachlässigbar. In diesem Fall können für alle praktischen Bedürfnisse $\Delta_r H$ und $\Delta_r U$ als identisch angesehen werden, d.h.

$$\Delta_r H \approx \Delta_r U. \tag{5.22}$$

Wie früher erörtert wurde, kann eine Reaktion nur dann spontan ablaufen, wenn $\Delta G < 0$ gilt. Ein negatives ΔG kann nach Gl. (3.26) dadurch entstehen, dass $\Delta_r H < 0$ und/oder $\Delta_r S > 0$ ist. Die meisten spontan und einigermaßen vollständig ablaufenden biochemischen Reaktionen sind exotherm, d.h. bei ihnen rührt das negative Vorzeichen von ΔG von einem negativen $\Delta_r H$ her. Doch gibt es auch Reaktionen, bei denen $\Delta_r H > 0$ ist (die also Wärme aus der Umgebung aufnehmen) und bei denen eine große positive Entropieänderung ΔS bewirkt, dass ΔG negativ wird. Reaktionen dieser Art nennt man *entropiegetrieben*. Es ist also jede spontan ablaufende endotherme Reaktion notwendigerweise entropiegetrieben.

Ein bekanntes Beispiel für eine entropiegetriebene Reaktion ist die Polymerisation des Tabakmosaikvirus-Proteins in wässriger Lösung. In diesem Fall rührt die starke Entropiezunahme bei der Reaktion davon her, dass die Wassermoleküle in unmittelbarer Umgebung der über 2000 Proteinuntereinheiten einen hohen Ordnungsgrad aufweisen. Bei der Zusammenlagerung der Untereinheiten wird das geordnete Wasser freigesetzt, wobei die Entropie des Systems zunimmt. Diese Zunahme wirkt als Triebkraft für die Selbstorganisation dieser biologischen Struktur (s. Lehrbücher der Biochemie).

Angewendet auf eine Reaktion unter Standardbedingungen lautet Gl. (3.26):

$$\Delta G^0 = \Delta_r H^0 - T\Delta_r S^0; \; T = 298{,}15 \text{ K}. \tag{3.27}$$

$\Delta_r H^0$ und $\Delta_r S^0$ sind die pro Formelumsatz auftretenden Änderungen der Enthalpie bzw. Entropie unter Standardbedingungen (vgl. 3.1.3). Bei verdünnten Lösungen ist $\Delta_r H$ nahezu konzentrationsunabhängig, d.h. es gilt dann $\Delta_r H \approx \Delta_r H^0$. Mit Gl. (3.27) kann man die Beziehung (5.13) für die Gleichgewichtskonstante K in folgender Form schreiben:

$$K = e^{-\Delta_r H^0 / RT} \cdot e^{\Delta_r S^0 / R}. \tag{5.23}$$

Diese Gleichung sagt Folgendes aus: Günstig für eine große Gleichgewichtskonstante sind ein stark negativer Wert von $\Delta_r H^0$ (stark exotherme Reaktion) sowie ein großer positiver Wert von $\Delta_r S^0$ (große Entropiezunahme bei der Reaktion). Allgemein kann man feststellen:

Thermodynamische Triebkräfte für chemische Reaktionen in einem geschlossenen System sind die Verminderung der Energie (bzw. Enthalpie) und die Vermehrung der Entropie des Systems.

5.1.5 Maximale Reaktionsarbeit

Eine spontan ablaufende Reaktion mit einem negativen ΔG-Wert kann zur Arbeitsleistung ausgenützt werden (s. Abschn. 3.2.1). Wir wollen uns deshalb die Frage stellen, welcher Energiebetrag aus dem Ablauf der Reaktion für biologische Arbeitsleistungen zur Verfügung steht und wie viel Wärme an die Umgebung abgegeben wird. Beispiele für Arbeitsleistungen biologischer Systeme sind: Muskelarbeit, osmotische Arbeit bei der Harnkonzentrierung in der Niere, die Ausscheidung konzentrierter Salzsäure im Magenepithel, elektrische Arbeit bei der Entladung des elektrischen Organs gewisser Fische.

Viele biologische Arbeitsleistungen werden durch die von der ATP-Hydrolyse zur Verfügung gestellte Freie Enthalpie ermöglicht (Gl. 5.20). Die Standardänderung der Freien Enthalpie bei der ATP-Hydrolyse beträgt $\Delta G^{0\prime} = -30{,}5$ kJ mol^{-1}, die Änderung der Enthalpie ΔH^0 der ATP-Hydrolyse etwa -20 kJ/mol. Der tatsächliche Wert von ΔG bei der Reaktion (5.20) muss nach Gl. (5.5) mit Hilfe der in der Zelle vorliegenden Konzentrationen berechnet werden:

$$\Delta G = \Delta G^0 + RT \ln \frac{[\text{ADP}][\text{P}_i]\left[\text{H}^+\right]}{[\text{ATP}][\text{H}_2\text{O}]} = \Delta G^{0\prime} + RT \ln \frac{[\text{ADP}][\text{P}_i]}{[\text{ATP}]}, \qquad (5.24)$$

mit $\Delta G^{0\prime} = \Delta G^0 + RT \ln ([\text{H}^+]/[\text{H}_2\text{O}])$, wobei $[\text{H}^+] = 10^{-7}$ M.

Die Konzentration von H_2O bleibt bei der Reaktion (aufgrund des großen Überschusses an Wasser) praktisch konstant und wird deshalb in $\Delta G^{0\prime}$ eingeschlossen. Der Wert für $\Delta G^{0\prime}$ ist Tabelle 5.1. zu entnehmen. Ist z.B. [ADP] = [ATP] und [P$_i$] = 1 mM, so ist ΔG um den Betrag RT $\ln(10^{-3}) \approx -17{,}1$ kJ mol^{-1} negativer als $\Delta G^{0\prime}$, und entsprechend größer ist auch die thermodynamisch mögliche Arbeitsleistung.

Wie in Abschn. 3.2.1 gezeigt wurde, hängt die Änderung der Freien Enthalpie zusammen mit der am System geleisteten Arbeit ΔW^*, d.h. es gilt nach Gl. 3.55 (bei konstanten T und P):

$$\Delta G = \Delta H - T\Delta S = \Delta W^* - T\Delta_i S \qquad (5.25)$$

woraus bei reversibler Prozessführung (d.h. $\Delta_i S = 0$)

$$\Delta G = \Delta W^*_{\text{rev}} \qquad (5.26)$$

folgt. Wegen $T\Delta_i S \geq 0$ [s. Gln. (2.80) u. (2.81)] stellt $-\Delta W^*_{\text{rev}}$ die maximale Arbeit (ohne Volumenarbeit) dar, die das System nach außen abgeben kann. Bei irreversiblem Ablauf des Prozesses wird dieser Maximalwert unterschritten.

Die gesamte durch die chemische Reaktion zur Verfügung stehende Enthalpieänderung ΔH setzt sich nach Gl. (2.55) (bei konstantem Druck P) aus der geleisteten Arbeit ΔW^* und aus der nach außen transferierten (nutzlosen) Wärme ΔQ zusammen:

$$\Delta H = \Delta W^* + \Delta Q. \qquad (5.27)$$

In Abb. 5.5 sind zur Verdeutlichung der Situation zwei verschiedene Arten der ATP-Hydrolyse dargestellt:

a) *Irreversibel*, indem man ATP zusammen mit einem geeigneten Katalysator in Wasser auflöst. Dabei wird nach Gl. (5.27) (wegen $\Delta W^* = 0$) der gesamte Betrag von $-\Delta H$ in Form von „wertloser" Wärme an die Umgebung abgegeben.

b) *Reversibel*, indem ein Generator mechanischer oder elektrischer Arbeit mit der Reaktion gekoppelt wird. Hiermit wird nach Gl. (5.26) von der zur Verfügung stehenden Enthalpie $-\Delta H$ der Betrag $-\Delta G = -\Delta W^*_{\text{rev}}$ in nutzbare Arbeit umgewandelt, während nach Gl. (5.27) nur ein Rest $\Delta Q = \Delta H - \Delta W^*_{\text{rev}} = \Delta H - \Delta G$ als Wärme mit der Umgebung ausgetauscht wird.

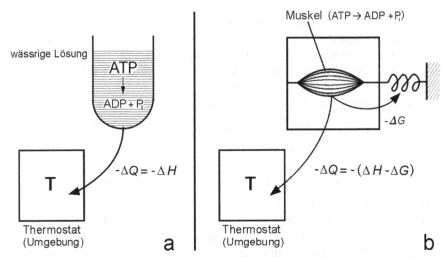

Abb. 5.5 a,b. Wärmeabgabe an die Umgebung bei der ATP-Hydrolyse mit und ohne reversible Arbeitsleistung

Da chemische Reaktionen in biologischen Organismen jedoch nicht völlig reversibel ablaufen, ist die Umwandlung von $-\Delta G$ in Arbeit unvollständig, die Wärmeabgabe somit erhöht. Eine detaillierte Beschreibung der molekularen Maschinerie, mit der Organismen die Energie chemischer Reaktionen für mechanische, elektrische oder osmotische Arbeitsleistungen nutzbar machen, ist heute erst teilweise möglich.

5.1.6 Temperaturabhängigkeit der Gleichgewichtskonstanten

Bei Veränderung der Temperatur verschiebt sich im Allgemeinen die Lage der chemischen Gleichgewichte. Die Temperaturabhängigkeit der Gleichgewichtskonstanten K bei konstantem Druck ist mit der Reaktionsenthalpie $\Delta_r H^0$ verknüpft (s. Lehrbücher der Thermodynamik):

$$\left(\frac{d \ln K}{dT} \right)_P = \frac{1}{K} \frac{dK}{dT} = \frac{\Delta_r H^0}{RT^2} . \tag{5.28}$$

Ist $\Delta_r H^0$ kalorimetrisch bestimmt worden, so kann dK/dT nach Gl. (5.28) berechnet werden. In vielen Fällen wird aber umgekehrt die leichter messbare Größe dK/dT dazu benutzt, um $\Delta_r H^0$ mit Hilfe von Gl. (5.28) zu bestimmen.

Wird bei der Reaktion Wärme aus der Umgebung aufgenommen ($\Delta_r H^0 > 0$), so wächst K mit der Temperatur an, d.h. das Gleichgewicht verschiebt sich nach der Seite der Endprodukte hin. Man kann sich diesen Sachverhalt durch folgende Regel merken: Einer erzwungenen Temperaturerhöhung sucht sich das System dadurch zu entziehen, dass die Reaktion in der Richtung fortschreitet, bei der Wärme verbraucht wird. Einem $\Delta_r H^0$-Wert von 10 kJ mol^{-1} entspricht bei 25 °C eine Änderung von K um 1,4 %/Grad.

5.2 Löslichkeitsprodukt

Die in Wasser gut löslichen Salze NaCl und AgNO$_3$ sind in verdünnter wässriger Lösung völlig in ihre Ionen dissoziiert (NaCl $\rightarrow$ Na$^+$+ Cl$^-$; AgNO$_3$ $\rightarrow$ Ag$^+$+ NO$_3^-$). Vereinigt man eine wässrige NaCl-Lösung mit einer wässrigen AgNO$_3$-Lösung, so fällt festes AgCl aus. Im Gegensatz zu NaCl und AgNO$_3$ ist AgCl kaum wasserlöslich.

Zur thermodynamischen Beschreibung von Lösungsgleichgewichten schwerlöslicher Salze betrachten wir ein Salz der allgemeinen Zusammensetzung A$_r$B$_s$, das in Lösung teilweise dissoziiert ist:

$$A_r B_s \rightleftarrows rA + sB. \tag{5.29}$$

Beispiel: Ag$_2$SO$_4$ $\rightleftarrows$ 2 Ag$^+$ + SO$_4^{2-}$.

Die Gleichgewichtskonstante (Dissoziationskonstante) der Reaktion (5.29) ist gegeben durch:

$$K = \frac{[A]^r [B]^s}{[A_r B_s]}, \tag{5.30}$$

wobei [A], [B] und [A$_r$B$_s$] die Konzentrationen von A, B und A$_r$B$_s$ in der Lösung sind. Wir betrachten im Folgenden das in Abb. 5.6 dargestellte System, bei dem eine gesättigte Lösung von A$_r$B$_s$ (die außerdem die Ionen A und B enthält) im Gleichgewicht mit festem A$_r$B$_s$ steht. Aufgrund des Gleichgewichts zwischen festem und gelöstem A$_r$B$_s$ gilt:

$$[A_r B_s] = \text{const.} \quad \text{(gesättigte Lösung).}$$

Es würde also z.B. [A$_r$B$_s$] konstant bleiben, wenn man die Konzentration von A durch Zusatz eines weiteren löslichen Salzes AX ändern würde. Daher ist in Gl. (5.30) das Produkt $K \cdot$[A$_r$B$_s$] seinerseits wieder eine konzentrationsunabhängige Konstante, die man als Löslichkeitsprodukt des schwerlöslichen Salzes A$_r$B$_s$ bezeichnet und die sich mit Gl. (5.30) folgendermaßen schreiben lässt:

Abb. 5.6. Gleichgewicht zwischen Bodenkörper und gesättigter Lösung

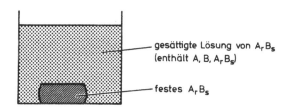

gesättigte Lösung von A$_r$B$_s$ (enthält A, B, A$_r$B$_s$)

festes A$_r$B$_s$

$$[A]^r \, [B]^s = K \, [A_r B_s] = K_L. \tag{5.31}$$

Gleichung (5.31) bedeutet: Gleichgültig wie groß die Einzelkonzentrationen von A und B sind, muss das Produkt $[A]^r[B]^s$ den Wert K_L besitzen, sofern ein fester Bodenkörper von $A_r B_s$ vorhanden ist. K_L hängt im Allgemeinen von der Temperatur ab.

Beispiel: Das Löslichkeitsprodukt von AgCl in Wasser beträgt bei 18 °C:

$$K_L = [Ag^+] \, [Cl^-] \cong 10^{-10} \, M^2. \tag{5.32}$$

Gibt man festes AgCl zu reinem Wasser, so löst sich eine geringe Menge davon auf, wobei die Ionen Ag^+ und Cl^- in gleicher Konzentration gebildet werden. Es gilt also hier:

$$[Ag^+] = [Cl^-]$$

$$K_L = [Ag^+][Cl^-] = [Ag^+]^2$$

$$[Ag^+] = [Cl^-] = \sqrt{K_L} \cong 10^{-5} \, M.$$

Fügt man der so hergestellten Lösung so viel einer konzentrierten NaCl-Lösung zu, dass die Cl^--Konzentration jetzt 10^{-1} M beträgt, so berechnet sich die Ag^+-Konzentration nach Gl. (5.32) zu:

$$\left[Ag^+ \right] = \frac{K_L}{\left[Cl^- \right]} = \frac{10^{-10} \, M^2}{10^{-1} \, M} = 10^{-9} \, M$$

Durch Zusatz von 0,1 M Cl^- wurde also die Ag^+-Konzentration von 10^{-5} M auf 10^{-9} M herabgesetzt.

Anwendungen:

a) Analytische Bestimmung von Ionen durch spezifische Fällungsreaktionen.

b) Aufrechterhaltung definierter kleiner Ionenkonzentrationen. Soll z.B. eine wässrige Lösung mit einer Ag^+-Konzentration von 10^{-9} M hergestellt werden, so wäre es unzweckmäßig, einfach die betreffende sehr geringe Menge eines Silbersalzes in Wasser aufzulösen, da derart geringe Konzentrationen wegen Adsorption von Ionen an die Gefäßwände niemals stabil wären. Gibt man dagegen in eine 0,1-molare NaCl-Lösung festes AgCl als Bodenkörper, so stellt sich eine Konzentration von $[Ag^+] = 10^{-9}$ M stabil ein (s. oben), da jetzt bei Verbrauch von Ag^+ weitere Ag^+-Ionen aus dem Bodenkörper nachgeliefert werden können („Pufferung").

Tabelle 5.2 zeigt, dass das Löslichkeitsprodukt um viele Größenordnungen variieren kann.

Tabelle 5.2. Das Löslichkeitsprodukt K_L für einige schwerlösliche Salze. Die Dimension von K_L ergibt sich jeweils aus der chemischen Formel der Verbindung [s. Gln. (5.29) und (5.31)], wobei die Konzentrationen der jeweiligen Ionen in molaren Einheiten angegeben werden. Die Daten beziehen sich auf eine Temperatur von 25 °C (nach Lide (ed), CRC Handbook of Chemistry and Physics 1999)

Verbindung	Chemische Formel	K_L
Calciumcarbonat	$CaCO_3$	$3{,}36 \cdot 10^{-9}$
Calciumhydroxid	$Ca(OH)_2$	$5{,}02 \cdot 10^{-6}$
Calciumphosphat	$Ca_3(PO_4)_2$	$2{,}07 \cdot 10^{-33}$
Calciumsulfat	$CaSO_4$	$4{,}93 \cdot 10^{-5}$
Eisen(II)hydroxid	$Fe(OH)_2$	$4{,}87 \cdot 10^{-17}$
Eisen(III)hydroxid	$Fe(OH)_3$	$2{,}79 \cdot 10^{-39}$
Quecksilber(I)chlorid	Hg_2Cl_2	$1{,}43 \cdot 10^{-18}$
Silber(I)chlorid	$AgCl$	$1{,}77 \cdot 10^{-10}$
Silber(I)sulfid	Ag_2S	$6 \cdot 10^{-30}$

5.3 Säure-Base-Gleichgewichte

5.3.1 Einleitung

Frühe Überlegungen (Arrhenius 1887) gingen davon aus, dass Säuren in wässrigen Lösungen H^+-Ionen und Basen OH^--Ionen abgeben. Ein einfaches Beispiel zeigt jedoch, dass diese Definition zu speziell ist. Löst man z.B. Ammoniakgas NH_3 in Wasser, so findet man eine Zunahme der OH^--Konzentration, die offensichtlich nicht durch eine Abgabe erklärt werden kann, sondern vielmehr gemäß der Gleichung

$$NH_3 + H_2O \rightarrow NH_4^+ + OH^- \tag{5.33}$$

durch einen Übergang von Protonen von Wasser auf Ammoniak zustande kommt. Man definiert heute nach Brönsted (1923) eine Säure als eine Verbindung, die Protonen (Wasserstoffionen) abgibt, eine Base als eine Verbindung, die Protonen bindet:

Säure: Protonendonator

Base: Protonenakzeptor.

Entsprechend der Gleichung

$$\text{Säure} \rightleftarrows \text{Base} + H^+ \tag{5.34}$$

treten Säuren und Basen stets in *konjugierten Paaren* auf. Dies wird an folgenden Beispielen illustriert:

Säure		konjugierte Base	
CH_3COOH	$\rightleftarrows$	CH_3COO^-	$+ H^+$
NH_4^+	$\rightleftarrows$	NH_3	$+ H^+$
H_2SO_4	$\rightleftarrows$	HSO_4^-	$+ H^+$
HSO_4^-	$\rightleftarrows$	SO_4^{2-}	$+ H^+$
H_3O^+	$\rightleftarrows$	H_2O	$+ H^+$
H_2O	$\rightleftarrows$	OH^-	$+ H^+$

Verbindungen wie HSO_4^- oder H_2O, die sowohl als Säure wie auch als Base auftreten können, bezeichnet man als *Ampholyte*. Säuren, die (wie z.b. CH_3COOH) nur in einer Stufe dissoziieren können, nennt man *einbasische Säuren*; Säuren, die in mehreren Stufen dissoziieren (H_2SO_4, H_3PO_4) *mehrbasische Säuren*.

Wichtig ist, dass das Proton bei den oben angegebenen Reaktionen in freier Form überhaupt nicht auftritt. Das Proton besitzt nämlich unter den Ionen eine Sonderstellung: Es ist ein Elementarteilchen. Während der Radius eines Na^+-Ions etwa 0,1 nm beträgt, ist der Radius des Protons wegen völligen Fehlens einer Elektronenhülle etwa 10^5mal kleiner (ca 10^{-15} m). Nach dem Coulomb'schen Gesetz der Elektrostatik ist die elektrische Feldstärke $\vec{E}$ umgekehrt proportional zum Quadrat des Abstandes von einer geladenen Kugeloberfläche. Entsprechend herrscht an der Oberfläche eines Protons im Vergleich zur Oberfläche eines Na^+-Ions eine um den Faktor 10^{10} höhere Feldstärke. Als Folge hat ein freies Proton eine starke Tendenz, sich in die Elektronenhülle eines benachbarten Moleküls einzulagern. In wässriger Lösung liegt das Proton in Form des *Oxoniumions* H_3O^+ (früher *Hydroniumion* genannt) vor. Die Dissoziation einer Säure HA gemäß

$$HA \rightarrow A^- + H^+ \qquad (5.35)$$

spielt sich also in Wasser in Wirklichkeit in der Weise ab, dass das Molekül HA sein Proton direkt auf ein benachbartes H_2O-Molekül überträgt (Abb. 5.7). Die Reaktion (5.35) ist also genauer folgendermaßen zu formulieren:

$$HA + H_2O \rightarrow A^- + H_3O^+. \qquad (5.36)$$

Man behält jedoch in der Regel die Gleichungsform (5.35) als *abgekürzte Schreibweise* bei. Für das Säure-Basen-Gleichgewicht ist der Unterschied zwischen der eigentlichen Reaktionsgleichung (5.36) und ihrer abgekürzten Form (5.35) unbedeutend, da die Konzentration c_{H_2O} in großem Überschuss (ca 55 M) vorliegt und sich durch die Reaktion praktisch nicht verändert.

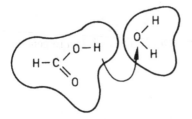

Abb. 5.7. Direkter Übertritt des Protons aus der Elektronenhülle eines Säuremoleküls (Ameisensäure) in die Elektronenhülle eines Wassermoleküls

In ähnlicher Weise reagiert eine Base B mit Wasser, nur dass hier gemäß

$$B + H_2O \rightarrow HB^+ + OH^- \qquad (5.37)$$

das Proton vom Wassermolekül auf die Base übergeht.

5.3.2 Protolyse und Hydrolyse

Reaktionen vom Typ der Gl. (5.36) nennt man protolytische Reaktionen. Sie spielen sich nach dem allgemeinen Schema ab:

$$\text{Säure I + Base II} \rightleftarrows \text{Base I + Säure II.} \qquad (5.38)$$

Im Falle der Reaktion (5.36) wird das konjugierte Säure-Base-Paar II (H_3O^+/H_2O) vom Lösungsmittel (Wasser) gestellt. Man unterscheidet verschiedene Typen protolytischer Reaktionen:

Protolyse (in engerem Sinn). Unter dieser Bezeichnung fasst man Reaktionen zusammen, bei denen sich Ausgangs- und Endprodukte in der Anzahl der elektrischen Ladungen unterscheiden.

Beispiele:

$$CH_3COOH + H_2O \rightleftarrows CH_3COO^- + H_3O^+ \qquad (5.39)$$

$$H_2O \quad\;\; + NH_3 \rightleftarrows OH^- \quad\;\; + NH_4^+. \qquad (5.40)$$

Hydrolyse. Hier ändert sich die Anzahl der elektrischen Ladungen bei der Reaktion nicht.

Beispiele:

$$H_2O \;\; + CH_3COO^- \rightleftarrows OH^- + CH_3COOH \qquad (5.41)$$

$$NH_4^+ + H_2O \qquad \rightleftarrows NH_3 + H_3O^+. \qquad (5.42)$$

In einer wässrigen Essigsäurelösung laufen die Reaktionen (5.39) und (5.41) ständig nebeneinander ab, in einer wässrigen Ammoniaklösung die Reaktionen (5.40) und (5.42). Die Dissoziation eines Protons von der Essigsäure CH_3COOH kann somit entweder durch Übertragung auf ein Wassermolekül unter Bildung von H_3O^+ erfolgen oder alternativ durch Übertragung auf ein OH^--Anion unter Bildung von H_2O.

5.3.3 Ionenprodukt des Wassers

In Wasser werden durch *Autoprotolyse* Oxoniumionen (H_3O^+) und Hydroxidionen (OH^-) gebildet:

$$H_2O + H_2O \rightleftharpoons OH^- + H_3O^+. \tag{5.43}$$

Abgekürzt schreibt man an Stelle von Gl. (5.43):

$$H_2O \rightleftharpoons OH^- + H^+. \tag{5.44}$$

Die Gleichgewichtskonstante K dieser Reaktion ist gegeben durch:

$$K = \frac{c_H \cdot c_{OH}}{c_{H_2O}}. \tag{5.45}$$

Wie im letzten Abschnitt bereits bemerkt, ist die Konzentration c_{H_2O} in verdünnten wässrigen Lösungen nahezu konstant. Man kann daher das Produkt $K \cdot c_{H_2O}$ zu einer neuen Konstanten K_w zusammenfassen:

$$c_H \cdot c_{OH} = K \cdot c_{H_2O} = K_w. \tag{5.46}$$

Der Wert von K_w bleibt unverändert, wenn man von der allgemeinen Gleichung (5.43) ausgeht. Die (quasi-konstante) Konzentration c_{H_2O} geht dann quadratisch in den Nenner von Gl. (5.45) ein. Die Relation (5.46) bleibt jedoch in der Form $K_w = c_{H_2O} c_{OH}$ erhalten.

Die Konstante K_w wird als das **Ionenprodukt des Wassers** bezeichnet; ihr Zahlenwert beträgt bei 25 °C:

$$K_w = 1{,}0 \cdot 10^{-14} \ M^2. \tag{5.47}$$

Unabhängig davon, wie groß die Einzelkonzentrationen von H^+ und OH^- sind, besitzt Produkt ihr stets den Wert K_w.

Anwendungen: In reinem Wasser ist nach Gl. (5.44) die Oxoniumionenkonzentration gleich der Hydroxidionenkonzentration. Es gilt also nach Gl. (5.47):

$$c_H = c_{OH} \ \text{(reines Wasser)}$$

$$K_w = c_H \cdot c_{OH} = c_H^2$$

$$c_H = c_{OH} = \sqrt{K_W} = 10^{-7} \ M.$$

Setzt man reinem Wasser so viel Säure HCl zu, dass die Konzentration von H^+ z.B. 10^{-1} M beträgt (HCl dissoziiert in Wasser zu H^+ und Cl^-), so gilt:

$$c_H = 10^{-1} \ M \ \text{und mit Gl. (5.47)}$$

$$c_{OH} = K_w/c_H = 10^{-13} \ M$$

Setzt man andererseits reinem Wasser die Base NaOH zu ($NaOH \rightarrow Na^+ + OH^-$) bis zu einer Konzentration von 10^{-2} M, so gilt:

$$c_{OH} = 10^{-2} \ M, \ \text{sowie}$$

$$c_H = K_w/c_{OH} = 10^{-12} \text{ M}.$$

Anschaulich ergibt sich die Konstanz des Produktes $c_H \cdot c_{OH}$ durch folgende Überlegung. In reinem Wasser werden konstante Konzentrationen von H^+ und OH^- dadurch aufrechterhalten, dass je Zeiteinheit gleichviel H^+- und OH^--Ionen durch die Dissoziationsreaktion $H_2O \rightarrow H^+ + OH^-$ entstehen, wie durch den Rekombinationsprozeß $H^+ + OH^- \rightarrow H_2O$ verschwinden. Erhöht man die H^+-Konzentration durch Zugabe von HCl, so steigt anfänglich die Zahl der Rekombinationen durch vermehrte Zusammenstöße zwischen H^+ und OH^- stark an, wodurch die Konzentration von OH^- herabgesetzt wird. Nach sehr kurzer Zeit hat sich erneut ein Gleichgewicht eingestellt, bei dem wieder Dissoziations- und Rekombinationsreaktion einander die Waage halten. Die Kinetik derartiger chemischer Reaktionen wird in Kap. 10 ausführlich behandelt.

5.3.4 pH-Skala

Da Wasserstoffionenkonzentrationen über viele Größenordnungen variieren können (s. 5.3.3), ist es zweckmäßig, eine *logarithmische Skala* einzuführen. Der *pH-Wert* einer Lösung ist definiert als der negative Zehnerlogarithmus der Wasserstoffionenaktivität (pH = *pondus hydrogenii,* wörtlich „Gewicht des Wasserstoffs"):

$$pH = -\log a_H, \text{ oder } a_H = 10^{-pH}. \tag{5.48}$$

Da Einzelionenaktivitäten thermodynamisch nicht definiert sind (s. auch Legende zu Abb. 4.2), muss a_H durch eine geeignete Messvorschrift festgelegt werden. Meistens begnügt man sich aber damit, die Aktivität von H^+ der H^+-Konzentration gleichzusetzen. Dies stellt bei verdünnten Lösungen eine gute Näherung dar:

$$pH \approx -\log c_H. \tag{5.49}$$

Der pH-Wert wässriger Lösungen kann mit elektrochemischen Methoden (Glaselektrode) bestimmt werden (s. 6.4.3).

Beispiele: pH-Werte wässriger Lösungen bei 25 °C

Lösung	c_H/M	c_{OH}/M	pH
0,1 M HCl	10^{-1}	10^{-13}	1
1 mM HCl	10^{-3}	10^{-11}	3
reines Wasser	10^{-7}	10^{-7}	7
1 mM NaOH	10^{-11}	10^{-3}	11

Die Tabellenwerte kommen durch vollständige Dissoziation von HCl und NaOH zustande (s. oben). In Anwesenheit relativ hoher Konzentrationen kann die Autoprotolyse des Wassers vernachlässigt werden. Die angegebenen Protonenkonzentrationen ergeben sich daher einfach aus der zugegebenen Säurekonzentration. Ähnliches gilt für die Hydroxidkonzentration bei Zugabe der Base NaOH.

5.3.5 pK-Wert von Säuren und Basen, Henderson-Hasselbalch-Gleichung

Es sei HA/A ein konjugiertes Säure-Base-Paar. Die Gleichgewichtskonstante der Reaktion

$$HA \rightleftarrows A^- + H^+$$

bezeichnet man als *Acidititätskonstante* (Säurekonstante) K_a:

$$K_a = \frac{c_A c_H}{c_{HA}} . \qquad (5.50)$$

Man nennt K_a auch die Dissoziationskonstante der Säure HA. Da die Acidititätskonstante je nach der chemischen Struktur von HA um viele Größenordnungen variieren kann, ist es auch hier zweckmäßig, eine logarithmische Skala einzuführen. Man bezeichnet den negativen Zehnerlogarithmus der Acidititätskonstanten als *pK_a-Wert* der betreffenden Säure oder auch (unter Weglassung des Index „a") als *pK-Wert*:

$$pK_a = -\log K_a . \qquad (5.51)$$

In logarithmischer Form lautet Gl. (5.50):

$$\log K_a = \log c_H + \log \frac{c_A}{c_{HA}} .$$

Einführung der Gl. (5.49) und (5.51) ergibt:

$$pH = pK_a + \log \frac{c_A}{c_{AH}} . \qquad (5.52)$$

Diese Beziehung, die als *Henderson-Hasselbalch-Gleichung* bezeichnet wird, gestattet es, bei gegebenem pH-Wert der Lösung das Konzentrationsverhältnis von protonierter (HA) und unprotonierter Form (A$^-$) einer Säure HA zu berechnen.

***Beispiele*:**

a) Essigsäure (CH$_3$COOH) besitzt in Wasser bei 25 °C einen pK$_a$-Wert von 4,76. In einer 10^{-3}-molaren wässrigen Essigsäurelösung misst man einen pH-Wert von 3,91. Das Konzentrationsverhältnis von dissoziierter zu undissoziierter Säure berechnet sich daher nach Gl. (5.52) zu:

$$\frac{c_A}{c_{HA}} = \frac{[CH_3 COO^-]}{[CH_3 COOH]} = 10^{pH-pK_a} = 10^{-0,85} \cong 0,14 .$$

Gibt man dieser Lösung so viel der Base NaOH zu, dass der pH-Wert gleich dem pK_a-Wert wird ($pH = pK_a = 4,76$), so ergibt sich nach Gl. (5.52) $\log (c_A/c_{HA}) = 0$ oder $c_A = c_{HA}$. Daraus ergibt sich die anschauliche Bedeutung des pK_a-Wertes:

> Der pK_a-Wert ist derjenige pH-Wert, bei dem die Konzentrationen von Säure HA und konjugierter Base A^- gleich groß sind.

Für $pH > pK_a$ liegt die Säure hauptsächlich in der deprotonierten Form (als konjugierte Base A^-) vor, für $pH < pK_a$ hauptsächlich in der protonierten Form HA, wie man Gl. (5.52) unschwer entnimmt.

b) Bei einem bestimmten pH-Wert der Größe pH′ liege 1% der Gesamtmenge eines Säure-Basen-Paares HA/A^- in der Form A^- vor. Um welchen Betrag muss man den pH-Wert erhöhen (auf pH″), damit 99% der Gesamtmenge als A^- vorliegen?

Ist $c = c_{HA} + c_A$ die Gesamtkonzentration, so gilt:

$$pH = pH': c_A = 0,01\ c,\quad c_{HA} = 0,99\ c$$

$$pH = pH'': c_A = 0,99\ c,\quad c_{HA} = 0,01\ c$$

$$\Delta(pH) = pH'' - pH' = pK_a + \log\frac{0,99}{0,01} - \left(pK_a + \log\frac{0,01}{0,99}\right)$$

$$= -2\log\frac{0,01}{0,99} \approx -2\log 0,01 = 4.$$

Schwache Säuren, d.h. Säuren mit geringer Dissoziationstendenz, haben einen großen pK_a-Wert, starke (leicht dissoziierende) Säuren einen kleinen (oder sogar negativen pK_a-Wert). Negative pK_a-Werte ergeben sich, wenn die Aciditätskonstante K_a größer als 1 M wird (Gl. 5.51). Tabelle 5.3. zeigt einige ausgewählte Beispiele.

In ähnlicher Weise wie bei Säuren kann man bei Basen vorgehen. Ausgehend von Gl. (5.37) erhält man die Gleichgewichtskonstante (*Basekonstante*) K_b:

$$K_b = \frac{c_{HB}c_{OH}}{c_B} \tag{5.53}$$

Hierbei enthält K_b bereits die im Nenner erscheinende, bei der Reaktion praktisch konstant bleibende H_2O-Konzentration, die mit der „eigentlichen" Gleichgewichtskonstante multipliziert wurde.

Wiederum analog zur Vorgehensweise bei Säuren definiert man einen *pK_b-Wert* gemäß

$$pK_b = -\log K_b, \tag{5.54}$$

der ein Maß für die Stärke der Base B darstellt.

Tabelle 5.3. pK_a-Werte einiger Säuren bei 25 °C (nach Lide (ed) CRC Handbook of Chemistry and Physics 1999. Werte in Klammern aus anderen Quellen)

Bezeichnung	Formel	Stufe	pK_a
Salzsäure	HCl	1	(-6)
Schwefelsäure	H_2SO_4	1	(-3)
		2	1,99
Phosphorsäure	H_3PO_4	1	2,16
		2	7,21
		3	12,32
Kohlensäure	H_2CO_3	1	6,35
		2	10,33
Ammonium	NH_4^+	1	9,25
Anilinium	$C_6H_5NH_3^+$	1	4,63
Methylamonium	$CH_3NH_3^+$	1	10,63
Trichloressigsäure	CCl_3COOH	1	0,7
Chloressigsäure	$CH_2ClCOOH$	1	2,85
Essigsäure	CH_3COOH	1	4,76
Benzoesäure	C_6H_5COOH	1	4,19
Phenol (20°C)	C_6H_5OH	1	9,89

Da HB^+ und B in Gl. (5.37) ein konjugiertes Säure-Basen-Paar darstellen, sind die Säurekonstante K_a von HB^+ und die Basekonstante K_b von B miteinander verknüpft. Wir zeigen dies unter Verwendung des nachfolgende Schemas und der Gln. (5.50) und (5.53).

Verhalten der Säure HB^+	**Verhalten der Base B**
$HB^+ + H_2O \rightleftharpoons B + H_3O^+$	$B + H_2O \rightleftharpoons HB^+ + OH^-$
$$K_a = \frac{c_B c_{H_3O}}{c_{HB}}$$	$$K_b = \frac{c_{HB} c_{OH}}{c_B}$$

Hieraus folgt mit Gl. (5.46):

$$K_a K_b = c_{H_3O} c_{OH} = K_w. \tag{5.55}$$

Durch Logarithmieren dieser Beziehung erhält man unter Beachtung der Gln. (5.51) und (5.54):

$$pK_a + pK_b = pK_w, \tag{5.56}$$

mit $pK_w = -\log K_w = 14$ ($T = 25$ °C).

Gl. (5.56) erlaubt die Berechnung des pK_b-Wertes der Base aus dem pK_a-Wert der konjugierten Säure. Es genügt somit, sich (wie in Tabelle 5.3 geschehen) auf die Angabe des pK_a-Wertes der Säurespezies zu beschränken, der häufig (unter Weglassen des Index) vereinfachend als pK-Wert bezeichnet wird.

5.3.6 Bestimmung von pK-Werten durch Titration

Titration ist ein analytisches Verfahren, das vor allem zur Bestimmung des pK-Wertes einer Säure dient. Das Prinzip der Methode besteht darin (Abb. 5.8), einer Lösung der Säure mit unbekanntem pK_a-Wert steigende Mengen einer starken Base zuzusetzen und dabei laufend den pH-Wert der Lösung zu messen. Wie die nachfolgende Überlegung zeigt, kann der pK_a-Wert aus dem pH und der zugeführten Basenmenge berechnet werden.

Unter Einführung des Dissoziationsgrades α der Säure:

$$\alpha = \frac{c_A}{c}, \ c = c_{HA} + c_A \tag{5.57}$$

kann man die Henderson-Hasselbalch-Gleichung in folgender Form schreiben:

$$pH = pK_a + \log \frac{c_A}{c - c_A} = pK_a + \log \frac{c_A / c}{1 - c_A / c}, \text{ d.h.}$$

$$pH = pK_a + \log \frac{\alpha}{1 - \alpha}. \tag{5.58}$$

Eine alternative Schreibweise erhält man durch Delogarithmieren von Gl. (5.58):

$$\alpha = \frac{10^{pH - pK_a}}{1 + 10^{pH - pK_a}} \tag{5.59}$$

c ist die eingewogene Gesamtkonzentration der Säure, welche in der Lösung z.T. in der Form HA, z.T. in der Form A⁻ vorliegt (wir betrachten hier den Fall, dass die protonierte Form HA der Säure elektrisch neutral ist, sodass die deprotonierte Form A⁻ eine negative Ladung trägt).

Der Dissoziationsgrad kann aus den Titrationsdaten berechnet werden. Hierzu

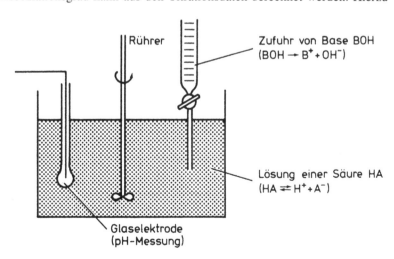

Abb. 5.8. Prinzip der Titration einer Säure HA mit einer starken Base BOH

muss man die Wasserstoffionenkonzentration c_H sowie die Konzentration c_B der zugeführten starken Base BOH kennen (als starke Base dissoziiert BOH vollständig in B^+ und OH^-; Beispiel: NaOH). Zur Berechnung von α geht man von der Elektroneutralitätsbedingung aus, welche fordert, dass die Lösung insgesamt gleiche Mengen Kationen (B^+, H^+) und Anionen (OH^-, A^-) enthält:

$$c_B + c_H = c_{OH} + c_A = \frac{K_W}{c_H} + c_A$$

$$c_A = c_B + c_H - K_W/c_H$$

$$\alpha = \frac{c_A}{c} = \frac{1}{c}\,(c_B + c_H - K_W/c_H). \tag{5.60}$$

In dieser Gleichung für α sind auf der rechten Seite alle Größen experimentell zugänglich: c aus der eingewogenen Gesamtmenge der Säure, c_B aus der zugesetzten Basenmenge und c_H aus dem gemessenen pH-Wert. Man trägt α als Funktion des pH-Wertes auf und erhält dabei das in Abb. 5.9 wiedergegebene Diagramm.

Anhand der in Abb. 5.9 dargestellten *Titrationskurve* lässt sich der pK_a-Wert in einfacher Weise ablesen als derjenige pH-Wert, bei dem $\alpha = 0{,}5$ wird. Für pH = pK_a erhält man nämlich aus Gl. (5.59) $\alpha = 0{,}5$. Im übrigen erkennt man aus Gl. (5.59), dass die Titrationskurven aller einbasischen Säuren dieselbe Gestalt besitzen. Sie hängen nur von der Differenz pH – pK_a ab und sind lediglich entlang der pH-Achse gegeneinander verschoben .

Im Einzelnen spielt sich bei einer Titration, z.B. von 10^{-2}-molarer Essigsäure (CH_3COOH) mit Natriumhydroxid (NaOH), Folgendes ab: Vor Zusatz von NaOH liegt in einer 10^{-2}-molaren Essigsäurelösung ein pH von 3,4 vor. Entsprechend Gl. (5.59) berechnet sich (mit $pK_a = 4{,}8$) der Dissoziationsgrad α zu 0,04; dies bedeu-

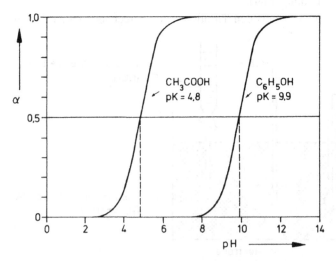

Abb. 5.9. Dissoziationsgrad α von Essigsäure (CH_3COOH) und Phenol (C_6H_5OH) in Abhängigkeit vom pH-Wert

tet, dass von der eingewogenen Säuremenge nur 4 % in dissoziierter Form A^- (CH_3COO^-) vorliegen. Setzt man jetzt steigende Mengen der Base NaOH zu, so spielt sich die Reaktion $CH_3COOH + OH^- \rightarrow CH_3COO^- + H_2O$ ab, wodurch der Dissoziationsgrad α ansteigt. Gleichzeitig nimmt die OH^--Konzentration zu und entsprechend auch der pH-Wert. Bei Zusatz von sehr viel Base liegt nahezu die gesamte Säuremenge als A^- vor ($\alpha \cong 1$), wobei der pH-Wert größer als der pK_a-Wert der Säure geworden ist.

5.3.7 Puffer

Blut besitzt einen pH-Wert von 7,4. Dieser Wert wird trotz Ablauf von Protonen liefernden und Protonen verbrauchenden chemischen Reaktionen sehr genau konstant gehalten. Für die Konstanz des pH-Wertes im Blut und in anderen Körperflüssigkeiten sind *Puffersysteme* verantwortlich. Unter einem Puffer versteht man ein Lösungssystem, dessen pH-Wert gegenüber Zugabe von Säuren oder Basen unempfindlich ist.

Ein wirkungsvolles Puffersystem erhält man, wenn man eine ungefähr *äquimolare Mischung einer Säure HA und ihrer konjugierten Base A^-* in möglichst hoher Konzentration herstellt. Nach der Henderson-Hasselbalch-Gleichung (5.52) gilt für $c_{HA} \approx c_A$:

$$pH \approx pK_a.$$

Um eine Lösung bei einem bestimmten pH-Wert zu puffern, sucht man sich also eine Säure aus, deren pK_a-Wert in der Nähe des gewünschten pH-Wertes liegt. Der genaue pH-Wert wird durch Titration der Säure mit einer Base BOH eingestellt. (Umgekehrt kann man natürlich auch von einer Base A^- ausgehen, wobei die Lösung durch Titration mit einer Säure HX auf den gewünschten pH-Wert gebracht wird.)

Die Wirkung einer äquimolaren Mischung HA/A^- als Puffer lässt sich qualitativ in folgender Weise verstehen: Bei Zugabe einer kleinen Menge an Säure zur Pufferlösung wird H^+ durch die Reaktion

$$A^- + H^+ \rightarrow HA \tag{5.61}$$

weggefangen. Umgekehrt spielt sich bei Zugabe von Base die Reaktion

$$HA + OH^- \rightarrow A^- + H_2O \tag{5.62}$$

ab, sodass auch hier die pH-Änderung minimal ist.

Beispiel: Gibt man zu einer 0,2-molaren wässrigen Lösung von Essigsäure (HA) soviel NaOH, dass $c_{HA} = c_A$ wird (hierzu ist auf 1l Lösung etwa 0,1 mol NaOH erforderlich), so gilt:

$$c_{HA} = c_A = 0,1 \text{ M}, \quad pH = pK_a = 4,8.$$

Tabelle 5.4. Kleine Auswahl von Puffersubstanzen mit pK_a-Werten im Bereich 6-8. Die jeweiligen pK_a-Werte gelten für 25 °C (genaue Substanznamen s. Lide (ed), CRC Handbook of Chemistry and Physics 1999)

Bezeichnung	Molmasse g/mol	pK_a	Pufferbereich
MES	195,2	6,1	5,5-6,7
ADA	190,2	6,6	6-7,2
PIPES	302,4	6,8	6,1-7,5
MOPS	209,3	7,2	6,5-7,9
HEPES	238,3	7,5	6,8-8,2
TRICINE	179,2	8,1	7,4-8,8

Fügt man zu 1l dieser Pufferlösung 1 cm³ Salzsäure (HCl) der Konzentration 1 M zu, so stellt sich ein neuer pH-Wert der Größe pH′ ein:

$$pH' = pK_a + \log \frac{c'_A}{c'_{HA}}$$

Das nach HCl-Zugabe vorliegende Konzentrationsverhältnis c'_A / c'_{HA} lässt sich näherungsweise berechnen zu:

$$\frac{c'_A}{c'_{HA}} \approx \frac{0,1-0,001}{0,1+0,001} \approx 0,98$$

(die ursprünglich in 1l vorhandene Menge von 0,1 mol CH_3COO^- wird durch die Zugabe von 0,001 mol HCl entsprechend der Reaktion (5.61) etwa um den Betrag 0,001 mol vermindert, wobei eine gleich große Menge an CH_3COOH entsteht). Die pH-Änderung beträgt also:

$$\Delta(pH) = pH' - pH = pK_a + \log \frac{c'_A}{c'_{HA}} - pK_a \approx \log 0,98 \approx -0,01.$$

Gibt man andererseits dieselbe Menge von 1 cm³ 1 M HCl auf 1l reines Wasser, so gilt:

$$\Delta(pH) = pH' - pH = -\log(10^{-3}) - (-\log 10^{-7}) = 3 - 7 = -4.$$

Dieselbe Menge an HCl, die den pH-Wert von reinem Wasser um 4 Einheiten verschiebt, ändert den pH der oben angegebenen Pufferlösung nur um 0,01!

Tabelle 5.4. zeigt die Trivialbezeichnungen und die Puffereigenschaften einiger im Rahmen biochemischer Forschung häufig verwendeten organischen Substanzen (Good-Puffer).

5.3.8 pH-Indikatoren

Ein pH-Indikator ist ein konjugiertes Säure-Base-Paar HA/A^-, bei dem die optischen Absorptionsspektren der Säure- und Base-Form stark verschieden sind, z.B.:

Tabelle 5.5. Einige Säure-Basen-Indikatoren (nach Lide (ed), CRC Handbook of Chemistry and Physics 1999)

Bezeichnung	Umschlagsgebiet	Farbwechsel
Malachitgrün	0,2-1,8	gelb-blaugrün
Thymolblau	1,2-2,8	rot-gelb
Bromphenolblau	3-4,6	gelb-blau
Alizarinrot S	4,6-6,0	gelb-rot
Bromthymolblau	6-7,6	gelb-blau
Phenolrot	6,6-8,0	gelb-rot
Thymolblau	8-9,6	gelb-blau
Alizaringelb R	10,1-12,0	gelb-rot

$$HA \text{ (farblos) } \rightleftharpoons H^+ + A^- \text{ (farbig)}$$

In diesem Falle gilt:

$$pH \ll pK_a: \text{ Lösung farblos}$$
$$pH \gg pK_a: \text{ Lösung gefärbt.}$$

Der „Farbumschlag" erfolgt in der Nähe von $pH = pK_a$. pH-Indikatoren werden bei der visuellen oder spektralphotometrischen Verfolgung (s. Kap. 10) von pH-Änderungen verwendet. Der Indikator wird in so kleiner Konzentration zugegeben, dass das zu untersuchende Säure-Base-Gleichgewicht nicht merklich gestört wird. Einige Beispiele sind in Tabelle 5.5. aufgeführt.

5.3.9 Protolytische Gleichgewichte von Aminosäuren

Aufgrund des Vorhandenseins von NH_2- und COOH-Gruppen können Aminosäuren in Wasser in mehreren verschiedenen Formen vorliegen; dies wird im Folgenden am Beispiel der einfachsten Aminosäure, Glycin, gezeigt:

$$(5.63)$$

$$pK_1 = 2,35 \qquad pK_2 = 9,78$$

Die einzelnen Formen werden mit den (unmittelbar verständlichen) Symbolen H_2G^+, $HG^\pm$, G^- und HG bezeichnet. Die im Schema angegebenen pK-Werte entsprechen den Gleichungen:

$$K_1 = \frac{\left[HG^\pm\right]\left[H^+\right]}{\left[H_2G^+\right]} = 10^{-2,35} \text{ M} \qquad (5.64)$$

$$K_2 = \frac{\left[G^-\right]\left[H^+\right]}{\left[HG^{\pm}\right]} = 10^{-9,78} \text{ M.} \qquad (5.65)$$

Neben diesen beiden pH-abhängigen Gleichgewichten existiert ein weiteres pH-unabhängiges Gleichgewicht zwischen dem „*Zwitterion*" $HG^{\pm}$ und der Neutralform HG; man findet experimentell:

$$\frac{\left[HG\right]}{\left[HG^{\pm}\right]} \approx 4 \cdot 10^{-6}. \qquad (5.66)$$

Die Neutralform tritt also neben dem Zwitterion $HG^{\pm}$ völlig zurück.

In stark saurer Lösung liegt zunächst fast nur die zweifach protonierte Form H_2G^+ vor. Bei Erhöhung des pH-Wertes nimmt die Zahl der Zwitterionen $HG^{\pm}$ auf Kosten von H_2G^+ zu. Bei noch stärkerer pH-Erhöhung nimmt die Konzentration von $HG^{\pm}$ wieder ab, und es dominiert schließlich die Form G^-. Diese Verhältnisse sind in Abb. 5.10 dargestellt.

Isoelektrischer Punkt einer Aminosäure. Unter dem isoelektrischen Punkt versteht man denjenigen pH-Wert, bei dem die Konzentrationen der positiv und negativ geladenen Formen gleich groß werden, bei dem also $[H_2G^+] = [G^-]$ gilt. Durch Multiplikation der Gln. (5.64) und (5.65) erhält man:

$$K_1 K_2 = \left[H^+\right]\frac{\left[G^-\right]}{\left[H_2G^+\right]}$$

Für $[H_2G^+] = [G^-]$ gilt:

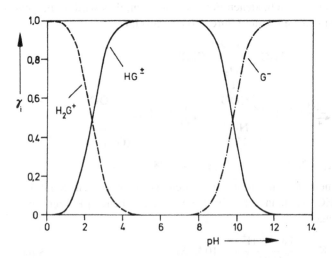

Abb. 5.10. Relativer Anteil γ_i der einzelnen Molekülspezies in einer wässrigen Lösung der Aminosäure Glycin

$$K_1 K_2 = [H^+]^2$$

$$\log K_1 + \log K_2 = 2\log[H^+]$$

$$(pH)_{isoel.\ P.} = \tfrac{1}{2}(pK_1 + pK_2). \tag{5.67}$$

Der isoelektrische Punkt lässt sich also in einfacher Weise aus den beiden pK-Werten der Aminosäure berechnen.

Weiterführende Literatur zu „Chemische Gleichgewichte"

Massenwirkungsgesetz und Energetik chemischer Reaktionen:
Kortüm G (1981) Einführung in die chemische Thermodynamik, 7. Aufl. VCH, Weinheim
Lehninger AL (1974) Bioenergetik, 2. Aufl. Thieme, Stuttgart
Stryer L (1999) Biochemie, 4. Aufl. Spektrum, Heidelberg
Säure-Base-Gleichgewichte:
Kortüm G (1972) Lehrbuch der Elektrochemie, 5. Aufl. VCH, Weinheim
Morris JG (1976) Physikalische Chemie für Biologen. VCH, Weinheim
Tabellen:
Lide DR (ed) (1998-99) Handbook of chemistry and physics, 79th ed. CRC Press, Boca Raton

Übungsaufgaben zu "Chemische Gleichgewichte"

5.1 Aus Colibakterien wurde ein Galactose bindendes Protein der Molmasse $4 \cdot 10^4$ g mol^{-1} isoliert. Die Dissoziationskonstante des Komplexes PG zwischen Protein (P) und Galactose (G) beträgt

$$K = \frac{\overline{c}_P \overline{c}_G}{\overline{c}_{PG}} = 2 \cdot 10^{-7}\ M.$$

10 mg des Proteins seien in $V = 100$ cm^3 Wasser gelöst. Wie viel mol Galactose muss man dieser Lösung zugeben, damit 90 % des Proteins als Komplex vorliegen?

5.2 Für die Reaktion ATP $\rightarrow$ ADP + P$_i$ gilt unter Standardbedingungen ($c_{ATP} = c_{ADP} = c_{Pi} = 1$M) bei pH 7: $\Delta G^{0'} = -30$ kJ mol^{-1}. Wie groß ist ΔG unter der Bedingung $c_{ATP} = 10^{-3}$ M, $c_{ADP} = 10^{-3}$ M, $c_{Pi} = 10^{-2}$ M? ($T = 300$ K)

5.3 Gegeben ist eine 10^{-3} molare Lösung des gut löslichen, völlig dissoziierten Salzes MgCl$_2$ (MgCl$_2$ $\rightarrow$ Mg^{2+} + 2 Cl$^-$). Bis zu welcher Konzentration muss man der Lösung Natriumfluorid NaF (in wässriger Lösung völlig dissoziiert: NaF $\rightarrow$ Na$^+$ + F$^-$) zusetzen, damit festes MgF$_2$ ausfällt? Das Löslichkeitsprodukt von MgF$_2$ beträgt $K_L = 6{,}4 \cdot 10^{-9}$ M^3.

5.4 Das Ionenprodukt von Wasser bei 0 °C beträgt $1{,}2 \cdot 10^{-15}$ M^2. Wie groß ist der pH-Wert von reinem Wasser bei 0 °C?

5.5 Wie groß ist der pH-Wert einer 10^{-4}-molaren Lösung von Essigsäure in Wasser? (Dissoziationskonstante der Essigsäure: $K = 1{,}8 \cdot 10^{-5}$ M).

Hinweis: Man benütze die Tatsache, dass hier $c_{H^+} \gg c_{OH^-}$ ist, und wende die Elektroneutralitätsbedingung an.

5.6 In ein Titrationsgefäß werden auf 1 l Lösung 0,61 g einer Säure der Molmasse 122 g mol^{-1} eingewogen. Nach Zugabe von $7{,}5 \cdot 10^{-4}$ mol der Base NaOH beträgt der pH-Wert der Lösung 3,60. Wie groß ist der pK-Wert der Säure? (Ionenprodukt des Wassers: $K_w = 10^{-14}$ M^2).

5.7 Oxalsäure (HOOC-COOH) kann in zwei Stufen dissoziieren (Bildung von HOOC-COO$^-$ bzw. von $^-$OOC-COO$^-$). Der pK-Wert von HOOC-COO$^-$ ist um 2,96 Einheiten größer als der pK-Wert von HOOC-COOH. Wie ist dieser große Unterschied in den Dissoziationskonstanten der beiden strukturell gleichwertigen Carboxylgruppen zu erklären?

6 Elektrochemie

Unter dem Begriff Elektrochemie versteht man die Verknüpfung elektrischer Phänomene (wie Strom und Spannung) mit chemischen Prozessen. Elektrochemische Prinzipien sind für das Verständnis zahlreicher biologischer Erscheinungen wesentlich, wie Membranpotentiale, Nervenerregung, oxidative Phosphorylierung und Photosynthese. Von der Elektrochemie sind daher für die Biologie vor allem diejenigen Teilgebiete wichtig, die sich mit den Eigenschaften von Ionen sowie mit Redoxprozessen befassen.

Die Elektrochemie baut auf den grundlegenden Gesetzmäßigkeiten der Elektrizitätslehre auf, die als bekannt vorausgesetzt werden. Hierbei werden wir die folgenden *Bezeichnungen* verwenden:

Vektorgrößen (wie Kraft $\vec{K}$, Geschwindigkeit $\vec{v}$ oder elektrisches Feld $\vec{E}$) werden durch einen Pfeil gekennzeichnet. Der Betrag eines Vektors $\vec{G}$ wird entweder durch Betragszeichen, $\left|\vec{G}\right|$, oder durch dasselbe Symbol ohne Pfeil, G, bezeichnet. Eine Ausnahme bildet der Betrag des elektrischen Feldes. Hier wird stets das Betragszeichen $\left|\vec{E}\right|$ verwandt, da das Symbol E im Bereich der Elektrochemie üblicherweise zur Bezeichnung von Elektroden- oder Zellspannungen im Gleichgewichtsfall dient. Wir werden an dieser internationalen Gepflogenheit festhalten.

6.1 Elektrolytische Leitung

6.1.1 Grundbegriffe, Gesetz von Faraday

Elektrolyte sind Stoffe, die in Wasser in frei bewegliche Ionen dissoziieren. Eine Elektrolytlösung ist daher ein elektrischer Leiter. Man kann den Leitungsvorgang dadurch untersuchen, dass man Drähte oder Platten („Elektroden") aus einem inerten Metall (z.B. Platin) in die Lösung eintaucht. Bei Anlegen einer Spannung V fließt ein elektrischer Strom I durch die Lösung (Abb. 6.1). Der Ladungstransport kommt dadurch zustande, dass in der wässrigen Lösung positive Ionen (*Kationen*) zur Elektrode mit negativem elektrischen Potential (*Kathode*), negative Ionen (*Anionen.*) zur Elektrode mit positivem elektrischen Potential (*Anode*) wandern.

Merkregel:

> *Kathode*: Elektrode, zu der das Kation wandert

> *Anode*: Elektrode, zu der das Anion wandert.

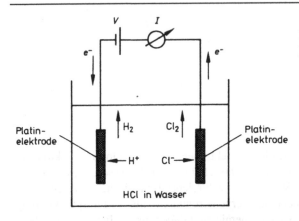

Abb. 6.1. Grundversuch zur Demonstration der elektrolytischen Leitung

Im Innern der Metallelektroden besteht der Ladungstransport in einer Wanderung von Elektronen (e^-). An der Grenzfläche Elektrode/Lösung findet also ein Übergang von einem *elektronischen* zu einem *ionischen Leitungsmechanismus* statt. Dies hat zur Folge, dass sich an den Elektroden chemische Reaktionen abspielen („*Elektrolyse*"). In dem in Abb. 6.1 dargestellten System laufen folgende Reaktionen ab (Abb. 6.2):

Kathode: $2\,H^+$ (Lösung) $+ 2\,e^-$ (Metall) $\rightarrow H_2$ (Gas)

Anode: $2\,Cl^-$ (Lösung) $\rightarrow 2\,e^-$ (Metall) $+ Cl_2$ (Gas).

Die Kathode gibt somit Elektronen ab (Elektronendonator), während die Anode Elektronen aufnimmt (Elektronenakzeptor). Fließt während der Zeit t ein konstanter Strom I so wird insgesamt die Ladung $Q = I\,t$ transportiert. Q wird in der Einheit Coulomb angegeben (Abkürzung: C; 1 C = 1 A s). Die an den Elektroden umgesetzten Stoffmengen sind der transportierten Ladung Q proportional. Für die Abscheidung von 1 mol einer einwertigen Ionensorte (wie H^+) benötigt man $e_0\,L =$ 96 485 C mol^{-1} (L = Avogadro-Konstante). Diese Größe bezeichnet man als

Faraday-Konstante $F = e_0\,L = 96\,485$ C mol^{-1}.   (6.1)

Die Verallgemeinerung dieser Beziehung wird als das *Gesetz von Faraday* be-

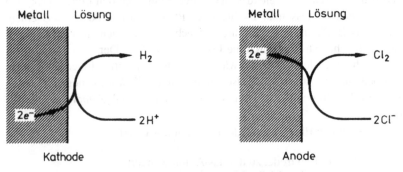

Abb. 6.2. Chemische Reaktionen an einer inerten Metallelektrode

zeichnet: Für eine Ionensorte der Ladungszahl z (z.b. $z = 3$ für Al^{3+}, $z = -2$ für SO_4^{2-} usw.) benötigt man zur Abscheidung von n mol die Ladung

$$Q = n\,z\,F. \tag{6.2}$$

6.1.2 Theorie der Ionenwanderung im elektrischen Feld, Ionenbeweglichkeit und Leitfähigkeit

Wie hängt die Leitfähigkeit einer Elektrolytlösung von der Konzentration und den Eigenschaften der gelösten Ionen ab? Zur Diskussion dieser Frage betrachten wir die in Abb. 6.3 dargestellte zylindrische Leitfähigkeitszelle vom Querschnitt A und der Länge l, die eine verdünnte Lösung eines völlig dissoziierten 1 : 1-wertigen Elektrolyten AB enthalten soll:

$$AB \rightarrow A^+ + B^-$$

Die von außen angelegte (üblicherweise als Spannung bezeichnete) Potentialdifferenz $V = \varphi_1 - \varphi_2$ (φ_1, φ_2 sind die elektrischen Potentiale an den Elektroden 1 und 2) erzeugt in der Lösung ein elektrisches Feld in x-Richtung, mit dem Betrag

$$\left|\vec{E}\right| = \left|E_x\right| = \left|-\frac{d\varphi}{dx}\right| = \left|\frac{(\varphi_1 - \varphi_2)}{l}\right| = \left|\frac{V}{l}\right| \tag{6.3}$$

Hierbei haben wir eine lineare Abhängigkeit des elektrischen Potentials $\varphi(x)$ von der Ortskoordinate x angenommen, d.h. $\varphi(x) = \varphi_1 + (\varphi_2 - \varphi_1)(x/l)$, so dass

$$d\varphi/dx = (\varphi_2 - \varphi_1)/l.$$

Gl. (6.3) folgt aus den grundlegenden Gesetzmäßigkeiten der Elektrizitätslehre, die wir – wie oben erwähnt – als bekannt voraussetzen. Im elektrischen Feld wirkt auf das einwertige Kation (Ladung e_0) eine Kraft $\vec{K}_+$:

$$\vec{K}_+ = e_0\vec{E} \tag{6.4}$$

Entsprechend wirkt auf das Anion (Ladung $-e_0$) die Kraft $\vec{K}_-$:

$$\vec{K}_- = -e_0\vec{E} \tag{6.5}$$

Schaltet man das Feld $\vec{E}$ plötzlich ein, so nehmen die Ionen A^+ und B^- in sehr kurzer Zeit konstante Geschwindigkeiten $\vec{v}_+$ und $\vec{v}_-$ an (s. 8.1.4). Im Zustand der gleichförmigen Bewegung ist die auf das Ion von der umgebenden Flüssigkeit ausgeübte Reibungskraft entgegengesetzt gleich der elektrischen Kraft $\vec{K}$ (Analogie: eine in einer viskosen Flüssigkeit fallende Kugel erreicht im Laufe der Zeit eine konstante Fallgeschwindigkeit). Die Geschwindigkeit $\vec{v}_+$ ist dann proportional zur Kraft $\vec{K}$ und daher [wegen der Gln. (6.4) und (6.5)] auch proportional zum Feld $\vec{E}$:

$$\vec{v}_+ = u_+\vec{E} \tag{6.6}$$

$$\vec{v}_- = -u_-\vec{E}. \tag{6.7}$$

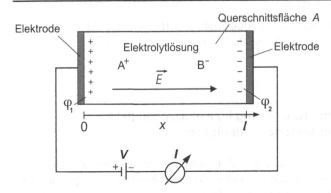

Abb. 6.3. Anordnung zur Messung der elektrolytischen Leitfähigkeit. Die Elektrolytlösung enthält ein vollständig dissoziiertes Salz A^+B^- der Konzentration c. Durch Anlegen einer Potentialdifferenz $V = \varphi_1 - \varphi_2$ wird ein elektrisches Feld erzeugt, das als Triebkraft für Ionenbewegungen fungiert

Die Vorzeichen von $\vec{v}_+$ und $\vec{v}_-$ ergeben sich daraus, dass das Kation *in* Richtung des Feldes, das Anion *entgegen* der Richtung des Feldes wandert. Die (positiv definierten) Proportionalitätskoeffizienten u_+ und u_- bezeichnet man als *Ionenbeweglichkeiten*.

Die Ionenbeweglichkeit, die meist in der Einheit $cm^2V^{-1}s^{-1}$ angegeben wird, ist nach Gln. (6.6) und (6.7) die Geschwindigkeit, die das Ion unter der Wirkung der Feldstärke 1 Vcm^{-1} annimmt. Die Beweglichkeit kleiner Ionen, wie etwa Na^+ in Wasser, ist bei Zimmertemperatur von der Größenordnung 10^{-3} $cmV^{-1}s^{-1}$. Bei einer Feldstärke von 1 Vcm^{-1} würde demnach ein solches Ion in 1 s die Strecke 10^{-3} cm zurücklegen. Bei den üblichen Feldstärken ist also die Ionenbewegung in Wasser sehr langsam (zum Vergleich: Die mittlere thermische Molekülgeschwindigkeit in einem Gas ist von der Größenordnung 10^5 cm s^{-1}; s. Abb. 1.14 und Tabelle 1.7).

Zur Berechnung der Leitfähigkeit nehmen wir an, dass die Elektrolytlösung in der Volumeneinheit N_+ Kationen und N_- Anionen enthält. Der durch die Bewegung der positiv geladenen Kationen im elektrischen Feld erzeugte elektrische Strom I_+ ist als Ladung Q pro Zeitintervall Δt definiert, die durch eine senkrecht zur Bewegungsrichtung anzunehmende Querschnittsfläche A hindurchtritt. Da ein Kation in der Zeit Δt die Wegstrecke $v_+ \Delta t$ zurücklegt, treten in Δt durch die Querschnittsfläche A alle Kationen hindurch, die in einem Zylinder des Volumens $A v_+ \Delta t$ enthalten sind (Abb. 6.4), insgesamt also $\Delta N = N A v_+ \Delta t$ Kationen. Es ergibt sich somit ein Strombeitrag der Größe $I_+ = \Delta Q/\Delta t = e_0 \Delta N/\Delta t$. Somit ist:

$$I_+ = e_0 N_+ A v_+. \tag{6.8}$$

Bei der Berechnung des Strombeitrags I_- der Anionen ist zu berücksichtigen, dass die Richtung des Geschwindigkeitsvektor $\vec{v}_-$ nach Gl. (6.7) entgegengesetzt zum Vektor des elektrischen Feldes $\vec{E}$ steht. Eine derartige Bewegung eines negativ geladenen Teilchens kann von der Bewegung eines positiv geladenen Teilchens

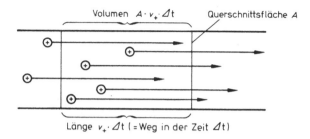

Abb. 6.4. Zur Beziehung zwischen Stromstärke und Wanderungsgeschwindigkeit von Ionen

in Feldrichtung nicht unterschieden werden und ist deshalb ebenfalls als positiver Strombeitrag zu werten:

$$I_- = e_0 N_- A v_-. \tag{6.9}$$

Der gesamte Strom I setzt sich additiv aus den Beiträgen der Kationen und Anionen zusammen, d.h.:

$$I = I_+ + I_- = e_0 A (N_+ v_+ + N_- v_-). \tag{6.10}$$

Hierbei ist zu beachten, dass v_+ und v_- die Beträge der Geschwindigkeitsvektoren darstellen und deshalb ein positives Vorzeichen besitzen.

Ist c die Konzentration des 1 : 1-wertigen Elektrolyten, so gilt (L = Avogadro-Konstante):

$$N_+ = N_- = c L. \tag{6.11}$$

Führt man schließlich noch die Gln. (6.1), (6.6) und (6.7) ein, so erhält man:

$$I = c A F (u_+ + u_-) \left| \vec{E} \right|, \tag{6.12}$$

oder alternativ (mit $\left| \vec{E} \right| = |V| / l$)

$$I = c A F (u_+ + u_-) \frac{|V|}{l}. \tag{6.13}$$

Der elektrische Strom I ist somit proportional zur elektrischen Feldstärke $\vec{E}$ (oder zur angelegten Spannung V), die als Triebkraft für die Ionenbewegung wirkt. Das Verhältnis $|I/V|$ des Betrags von Strom durch Spannung wird als *elektrischer Leitwert* bezeichnet und üblicherweise in der Einheit *Siemens* (S) angegeben (1 S = 1 A/V). Der Proportionalitätsfaktor zwischen I und $|V|$ hängt von den Dimensionen A und l der Leitfähigkeitszelle sowie von den charakteristischen Eigenschaften der Elektrolytlösung ab. Letztere werden unter dem Begriff *elektrische Leitfähigkeit* λ zusammengefasst. Sie ist für beliebige Materialien (Elektrolytlösungen, Metalle usw.) wie folgt definiert:

Der Strom I ist nach Gl. (6.13) proportional zur Fläche A und umgekehrt proportional zur Länge l der Messzelle. Die *elektrische Leitfähigkeit* λ ist der auf Flächeneinheit und Längeneinheit bezogene Leitwert. Die Leitfähigkeit entspricht somit dem Leitwert einer Einheitszelle (z.B. mit der Fläche A = 1 cm^2 und der Länge l = 1 cm). Es gilt daher:

$$\lambda = \left| \frac{(I/V)l}{A} \right| = c\, F\, (u_+ + u_-). \tag{6.14}$$

λ wird in der Regel in der Einheit A V^{-1} cm^{-1} = S cm^{-1} angegeben. Anstelle des Leitwerts und der elektrischen Leitfähigkeit werden auch die hierzu reziproken Größen **elektrischer Widerstand** (Einheit:1 Ω = 1 V/A =1/S) und **spezifischer elektrischer Widerstand** (Einheit: V A^{-1} cm) verwendet.

> Die elektrische Leitfähigkeit λ eines 1:1- Elektrolyten ist nach Gl. (6.14) proportional zur Elektrolytkonzentration c und hängt im Übrigen von den Ionenbeweglichkeiten ab; sie setzt sich additiv aus den Beiträgen des Kations ($c\, F\, u_+$) und Anions ($c\, F\, u_-$) zusammen.

Eine **Anwendung** von Gl. (6.14) besteht in der Bestimmung von Elektrolytkonzentrationen c durch Messung der elektrischen Leitfähigkeit λ (**Konduktometrie**).

Molare elektrische Leitfähigkeit. Um eine von der Konzentration möglichst unabhängige Größe zu erhalten, mit deren Hilfe verschiedene Ionen verglichen werden können, führt man die molare Leitfähigkeit Λ ein:

$$\Lambda \overset{\text{def}}{=} \frac{\lambda}{c}. \tag{6.15}$$

Im oben betrachteten Fall eines 1 : 1-wertigen Elektrolyten gilt:

$$\Lambda = F\, (u_+ + u_-). \tag{6.16}$$

Zahlenwerte: Für eine wässrige KCl-Lösung der Konzentration 1 M gilt bei 25 °C: $\lambda = 0{,}11$ S cm^{-1}, für gut leitende Metalle dagegen $\lambda \cong 10^6$ S cm^{-1}. Im Unterschied zu Elektrolytlösungen (**Ionenleitung**) wird in Metallen der elektrische Strom durch Elektronentransport bewerkstelligt (**Elektronenleitung**). Zahlenwerte für die Beweglichkeit einwertiger Ionen in Wasser sind Tabelle 6.1 zu entnehmen.

Ladungszahl z: Wir haben uns bisher auf 1:1-wertige Elektrolyten, d.h. auf Kationen der Ladungszahl $z = +1$ und Anionen der Ladungszahl $z = -1$ beschränkt. Ein mehrwertiges Salz der Konzentration c, das gemäß

$$K_{n_+}^{z_+} A_{n_-}^{z_-} \rightarrow n_+ K^{z_+} + n_- A^{z_-}$$

in Wasser vollständig in n^+ Kationen K^{z_+} und n^- Anionen A^{z_-} mit den Ladungszahlen z^+ bzw. z^- dissoziiert, enthält die Kationenkonzentration $n_+ c$ und die Anionenkonzentration $n_+ c$. Eine zu Gl.(6.14) analoge Herleitung ergibt das Resultat

$$\lambda = cF(n_+ z_+ u_+ + n_- \left| z_- \right| u_-). \tag{6.16a}$$

Tabelle 6.1. Elektrische Beweglichkeit $u_\pm$ sowie Diffusionskoeffizient D für einige einwertige Kationen und Anionen bei 25 °C in Wasser. Die Daten gelten für hinreichend kleine Ionenkonzentrationen ($c \to 0$), d.h. unter Vernachlässigung der interionischen Wechselwirkung (nach Robinson u. Stokes 1959)

Ion	$u_\pm/(10^{-4}\ cm^2/Vs)$	$D/(10^{-5}\ cm^2)$
H^+	36,25	9,31
Li^+	4,01	1,03
Na^+	5,19	1,33
K^+	7,62	1,96
Rb^+	8,06	2,07
Cs^+	8,01	2,06
NH_4^+	7,63	1,96
$N(CH_3)_4^+$	4,65	1,19
F^-	5,74	1,47
Cl^-	7,92	2,03
Br^-	8,09	2,08
I^-	7,96	2,04
NO_3^-	7,41	1,90
CH_3COO^-	4,24	1,09

6.1.3 Interionische Wechselwirkung

Bei den vorangegangenen Überlegungen hatten wir implizit vorausgesetzt, dass Ionen in der Lösung unabhängig voneinander wandern. Dies trifft jedoch nur im Grenzfall großer mittlerer Abstände zwischen den Ionen (hochverdünnte Lösungen) streng zu. Bei konzentrierteren Lösungen ist die „interionische Wechselwirkung" zu berücksichtigen, die zu Abweichungen bei bisher genannten Gleichungen führt.

Als Beispiel betrachten wir die bereits oben genannte 1M KCl-Lösung mit einem spezifischen Widerstand von $\lambda = 0,11$ S cm^{-1}. Nach Gl. (6.14) und den in Tabelle 6.1 aufgeführten Daten für die Beweglichkeit von K^+ und Cl^- (die für kleine Ionenkonzentrationen gelten), würde man einen Wert von $\lambda = 0,15$ S cm^{-1} erwarten. Die interionische Wechselwirkung führt somit in diesem Fall zu einer Abnahme der elektrischen Leitfähigkeit von 36%.

Wir gehen hierzu noch einmal an den Anfang zurück und fragen, warum Elektrolyte in Wasser überhaupt in Ionen dissoziieren? Zwei entgegengesetzt geladene Ionen der Ladung q_+ und q_-, die sich im Abstand r voneinander befinden, ziehen sich bekanntlich mit der Coulomb-Kraft an:

$$\vec{K}_{\text{Coulomb}} = \frac{q_+ q_-}{4\pi\varepsilon\varepsilon_0 r^2}\,\vec{r}_0, \tag{6.17}$$

wobei $\varepsilon_0 = 8{,}85 \cdot 10^{-12}$ CV^{-1}m^{-1} die elektrische Feldkonstante und ε die Dielektrizitätskonstante des die Ionen umgebenden Mediums darstellt. $\vec{r}_0$ bezeichnet den Einheitsvektor (Vektor vom Betrag 1) in Verbindungsrichtung der beiden Ladungen.

Würde nur die Coulomb-Kraft auf die Ionen wirken, so könnte es auch in Wasser niemals zu einer Trennung von Kationen und Anionen kommen. Die Ursache der elektrolytischen Dissoziation ist letztlich die *thermische Molekularbewegung*. Aufgrund der Temperaturbewegung besitzt ein Teilchen (Wassermolekül, Ion usw.) im Mittel eine „thermische" Energie der Größenordnung (vgl. auch Abschn. 1.2.3.1):

$$W_{\text{th}} \simeq k_{\text{B}}T \tag{6.18}$$

($k_{\text{B}} = 1{,}38 \cdot 10^{-23}$ J K^{-1} ist die Boltzmann-Konstante).

Bei $T = 298$ K ist $k_{\text{B}}T = 4{,}1 \cdot 10^{-21}$ J. Diese Energie ist zu vergleichen mit der Coulomb-Energie zweier Ionen im Abstand r:

$$W_{\text{Coulomb}} = -\frac{q_+ q_-}{4\pi\varepsilon\varepsilon_0 r} . \tag{6.19}$$

Im Abstand $r = 0{,}5$ nm (etwa das 5fache des Radius eines Na$^+$-Ions) würde in Wasser ($\varepsilon = 80$) die Coulomb-Energie zweier einwertiger Ionen ($q_+ = -q_- = e_0$) $5{,}8 \cdot 10^{-21}$ J, d.h. $2{,}9 \cdot 10^{-21}$ J pro Ion betragen. Der Vergleich mit $W_{\text{th}} \simeq 4{,}1 \cdot 10^{-21}$ J zeigt, dass die thermische Energie zwar ausreicht, um die Ionen voneinander zu trennen, dass jedoch $W_{\text{th}}/W_{\text{Coulomb}}$ nicht groß genug ist, um eine völlige Unabhängigkeit von Kationen und Anionen in der Lösung zu gewährleisten. Die interionische Wechselwirkung führt dazu, dass die Aufenthaltswahrscheinlichkeit eines Kations in der Nähe eines Anions größer ist, als man es bei regelloser Verteilung erwarten würde. Dementsprechend stören sich Kationen und Anionen gegenseitig bei ihrer Wanderung im elektrischen Feld. Dies führt weiter dazu, dass die molare Leitfähigkeit Λ von der Elektrolytkonzentration c abhängig wird. Die Theorie liefert für verdünnte Lösungen die Beziehung:

$$\Lambda(c) = \Lambda_0 - a\sqrt{c} , \tag{6.20}$$

Λ_0 ist der Grenzwert von Λ bei unendlicher Verdünnung ($c \to 0$) und a eine positive Konstante.

Für eine KCl-Lösung der Konzentration $c = 1$ mM beträgt der Korrekturterm $a\sqrt{c}$ nur etwa 2% von Λ_0. Bei höheren Konzentrationen kann die Korrektur jedoch beachtliche Ausmaße annehmen.

Die Reduktion der molaren Leitfähigkeit aufgrund der interionischen Wechselwirkung entspricht (dem zugrunde liegenden physikalischen Phänomen nach) einer Reduktion der effektiven Konzentration der Ionen, die wir in Abschn. 4.4.2 als Aktivität a bezeichnet haben. Hierbei ist der Zusammenhang zwischen Konzentration c und Aktivität a gemäß Gl. (4.29) durch $a = f(c)\, c$, d.h. durch den konzentrationsabhängigen Aktivitätskoeffizienten $f(c)$ gegeben.

Da wir uns im vorliegenden Kap. 6 ausschließlich mit Aspekten beschäftigen, bei denen Ionen eine zentrale Rolle spielen, wird in allen wesentlichen Gleichungen der Begriff der Aktivität anstelle der Konzentration verwendet werden. Hierbei behalten wir jedoch im Gedächtnis, dass in der Grenze $c \rightarrow 0$, $f(c) \rightarrow 1$ gilt. Dies besagt, dass bei hinreichend großen Abständen der beteiligten Ionen die interionische Wechselwirkung vernachlässigt werden kann.

6.1.4 Beziehung zwischen Ionenbeweglichkeit und Ionenradius

Bei den bisherigen Betrachtungen hatten wir die Ionenbeweglichkeiten u_+ und u_- als rein phänomenologische Größen eingeführt. Es ergibt sich hier die Frage, inwieweit u_+ und u_- auf bekannte Eigenschaften der Ionen und des Lösungsmittels zurückgeführt werden können. Wir gehen hierzu von der früheren Feststellung aus, dass sich im Zustand gleichförmiger Bewegung des Ions die elektrische Kraft $\vec{K}_\pm$ und die Reibungskraft $\vec{K}_r$ gerade gegenseitig aufheben. $\vec{K}_r$ kann näherungsweise berechnet werden, wenn man das Ion als Kugel vom Radius r betrachtet, die sich mit der Geschwindigkeit $\vec{v}$ in einem Medium der Viskosität η bewegt. Für diesen Fall lässt sich (bei laminarer, d.h. nicht-turbulenter Strömung) $\vec{K}_r$ näherungsweise angeben (Gesetz von Stokes; s. 8.1.4):

$$\vec{K}_r = -6\pi \, \eta \, r \, \vec{v} \, .\tag{6.21}$$

Angewendet auf das Kation lautet Gl. (6.21):

$$\vec{K}_r = -6\pi \, \eta \, r_+ \vec{v}_+\tag{6.22}$$

Besitzt das Kation die Ladungszahl z_+, so beträgt die elektrische Kraft:

$$\vec{K}_+ = z_+ e_0 \vec{E}\tag{6.23}$$

Mit $\vec{K}_r = -\vec{K}_+$ ergibt sich aus den Gln. (6.6), (6.22) und (6.23):

$$z_+ e_0 \vec{E} = 6\pi \, \eta \, r_+ \vec{v}_+ = 6\pi \, \eta \, r_+ u_+ \vec{E} \, , \text{ oder}$$

$$u_+ = \frac{z_+ e_0}{6\pi \eta r_+} \, .\tag{6.24}$$

Die analoge Beziehung für das Anion lautet:

$$u_- = -\frac{z_- e_0}{6\pi \eta r_-} \, .\tag{6.25}$$

Bei der Ableitung der Gln. (6.24) und (6.25) wurde das Stokes'sche Gesetz im Bereich mikroskopischer Teilchen angewandt. Dieses Gesetz gilt in strenger Form jedoch nur für makroskopische Kugeln (etwa eine Stahlkugel). Die beiden Gleichungen stellen daher nur eine grobe Näherung dar.

Gemäß Gln. (6.24) und (6.25) sollte die Ionenbeweglichkeit umgekehrt proportional zum Ionenradius sein. Dies scheint im Widerspruch zu den experimentellen

Daten (s. Tabelle 6.1.) zu stehen. So hat das Li^+-Ion eine kleinere Beweglichkeit als das K^+-Ion, obwohl der Radius des „nackten" Li^+-Ions kleiner ist als jener des K^+-Ions. Bei der Anwendung obiger Gleichungen ist jedoch zu beachten, dass Ionen eine Hülle gebundener Wassermoleküle (Hydrathülle) mit sich führen. Als Ionenradius r_+ bzw. r_- ist daher der **Radius des hydratisierten Ions** einzusetzen. Hier gilt $r_+(Li^+) > r_+(K^+)$, so dass das Verhältnis der Beweglichkeiten mit den theoretischen Erwartungen qualitativ übereinstimmt. Eine Sonderrolle nimmt das Proton H^+ ein, das eine außerordentlich hohe Beweglichkeit besitzt. Dies liegt in der besonderen Struktur des Wassers begründet, das auch im flüssigen Zustand einen hohen Ordnungsgrad aufweist und einen effizienten Protonentransport längs Wasserstoffbrückenbindungen erlaubt (s. 9.1.2).

6.1.5 Überführungszahlen

Da Kation und Anion im Allgemeinen unterschiedliche Beweglichkeiten besitzen, sind auch die Beiträge I_+ und I_- zum Gesamtstrom $I = I_+ + I_-$ ungleich groß. Man definiert folgende Größen:

$$t_+ = \frac{I_+}{I} : \text{Überführungszahl des Kations,} \tag{6.26}$$

$$t_- = \frac{I_-}{I} : \text{Überführungszahl des Anions.} \tag{6.27}$$

t_+ und t_- geben also die relativen Anteile des Kations und Anions am Gesamtstrom an. Aus der Definition von t_+ und t_- ist ersichtlich, dass die Relation

$$t_+ + t_- = 1 \tag{6.28}$$

gilt. Mit Gln. (6.8) und (6.9) erhält man für einen 1:1-wertigen Elektrolyten:

$$t_+ = \frac{N_+ v_+}{N_+ v_+ + N_- v_-} \tag{6.29}$$

und weiter mit $N_+ = N_-$, $v_+ = u_+ |\vec{E}|$ und $v_- = u_- |\vec{E}|$ (hierbei werden die Beträge der Gln. (6.6) und (6.7) gebildet):

$$t_+ = \frac{u_+}{u_+ + u_-} . \tag{6.30}$$

Beispiele: HCl $t_+ = 0{,}82$
KCl $t_+ = 0{,}49$
LiCl $t_+ = 0{,}33$.

In einer HCl-Lösung wird der Strom zu 82% durch H^+ getragen; in einer KCl-Lösung sind dagegen die Beiträge von Kation und Anion nahezu gleich groß.

6.2 Ionengleichgewichte an Membranen; das elektrochemische Potential

6.2.1 Ionenselektive Membranen

Wir betrachten in Abb. 6.5 zwei wässrige Phasen, die durch eine Membran getrennt sind. Die beiden Phasen enthalten unterschiedliche Konzentrationen (c' bzw. c'') an NaCl, das vollständig in Na^+ und Cl^- dissoziiert ist. Die Membran besitze die Eigenschaft der Ionenselektivität (s. 9.6) d.h. sie sei nur für eine Ionensorte, z.b. für die Kationen Na^+, permeabel (durchlässig).

Derartige *ionenselektive* Membranen lassen sich z.b. in Form der *Ionenaustauscher-Membranen* realisieren. Diese bestehen aus einem hochpolymeren porösen Netzwerk, das eine hohe Konzentration fixierter elektrischer Ladungen trägt. Eine *kationenselektive* Membran entsteht dann, wenn das Netzwerk negative Ladungen trägt (z.b. COO^--Gruppen). Die Porenräume im Netzwerk enthalten neben Wasser bewegliche positive Ladungen (im obigen Beispiel Na^+-Ionen), welche die fixierten negativen Ladungen neutralisieren (Abb. 6.6). Die Konzentration beweglicher Anionen in den porösen Netzwerken ist dagegen sehr gering.

Als Folge der unterschiedlichen Konzentration auf beiden Seiten der Membran besteht eine natürliche Tendenz für Na^+-Ionen, von der Seite höherer Konzentration (z.b. c'') zur Seite niedrigerer Konzentration (c') zu wandern. Trotz dieser Tendenz kommt es jedoch nicht zum Konzentrationsausgleich. Die Ursache hierfür ist die Entstehung einer elektrischen Spannung, die der Potentialdifferenz $\varphi' - \varphi''$ über der Membran entspricht und die in der physiologischen Literatur (abgekürzt und vereinfacht) als *Membranpotential* V_m bezeichnet wird. V_m wirkt wie folgt der Wanderung von Na^+-Ionen entgegen: Zunächst wird wegen dieser Wanderung von rechts nach links $\varphi > \varphi''$ sein (s. Abb. 6.7). Dies ist insofern leicht einzusehen, da die Membran einem Plattenkondensator entspricht (s. 9.2.2.2), die positiven Na^+-Ionen somit die linke Platte positiv aufladen. Der Aufbau eines

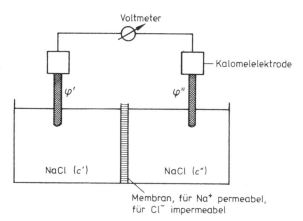

Abb. 6.5. Anordnung zur Messung von Membran-spannungen mit Hilfe zweier Kalomelelektroden (s. 6.4.1.2) und eines Voltmeters. Im Falle einer semipermeablen Membran und unterschiedlichen NaCl Konzentrationen c' und c'' kommt es zur Entstehung eines Membranpotentials (s. Abb. 6.7)

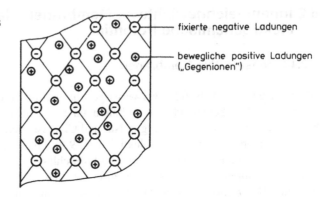

Abb. 6.6. Ausschnitt aus einer Kationenaustauschermembran

fixierte negative Ladungen

bewegliche positive Ladungen („Gegenionen")

Membranpotentials führt zu einem elektrischen Feld im Inneren der Membran, dessen Vektor von links nach rechts orientiert ist. Hierdurch wird nach Gl. (6.4) eine Kraft in Gegenrichtung der wandernden, positiv geladenen Teilchen ausgeübt, die den Transport von Na^+-Ionen zur Seite ' letztlich zum Erliegen bringt. Der *Gleichgewichtszustand* dieser Anordnung zeichnet sich somit nicht durch einen Konzentrationsausgleich, sondern durch die Existenz eines hinreichend großen Membranpotentials E aus.

Wir verwenden im Folgenden das Symbol E für Gleichgewichtspotentiale, während das Symbol V_m in der Regel Nichtgleichgewichtspotentiale charakterisiert.

6.2.2 Elektrochemisches Potential; Membranpotential unter Gleichgewichtsbedingungen

Obwohl in dem in Abschn. 6.2.1 betrachteten System sich ein echter Gleichgewichtszustand einstellt, ist die für ungeladene Teilchen gültige Gleichgewichtsbedingung $\mu' = \mu''$ (Gleichheit der chemischen Potentiale in beiden Phasen, s. 4.4.3)

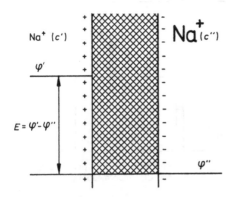

Na^+ (c')

φ'

$E = \varphi' - \varphi''$

$Na^+_{(c'')}$

φ''

Abb. 6.7. Kationenselektive Membran in Kontakt mit Na^+-Lösungen ungleicher Konzentration $c'' > c'$ (ausgedrückt durch die unterschiedlich großen Symbole von Na^+)

für das permeable Kation nicht mehr gültig (wegen $c' \neq c''$ gilt ja $\mu'_{Na^+} \neq \mu''_{Na^+}$), da hier der Beitrag der elektrischen Potentialdifferenz berücksichtigt werden muss.

Die Beschreibung von Gleichgewichten, an denen **Ionen** beteiligt sind, macht die Einführung einer neuen Größe notwendig, des **elektrochemischen Potentials** $\tilde{\mu}$. Unter dem elektrochemischen Potential $\tilde{\mu}_i$ der Ionensorte i versteht man folgende Größe:

$$\tilde{\mu}_i \overset{def}{=} \mu_i + z_i F \varphi \tag{6.31}$$

oder mit Gl. (4.28)

$$\tilde{\mu}_i = \mu_i^0 + RT \ln a_i + z_i F \varphi \tag{6.32}$$

μ_i: chemisches Potential der Ionensorte i,

z_i: Ladungszahl der Ionensorte i,

a_i: Aktivität der Ionensorte i,

F: Faraday-Konstante,

φ: elektrisches Potential in der betreffenden Phase.

Nach den Gesetzen der Elektrostatik ist $z_i F \varphi$ die elektrostatische Energie, die aufgewendet werden muss, um 1 mol Ionen (der Ladungszahl z_i, d.h. der Gesamtladung $z_i F$) vom „Unendlichen" (Potential null) an einen Ort des Potentials φ zu transferieren. $\tilde{\mu}_i$ ist also die Summe der „chemischen" partiellen molaren freien Enthalpie μ_i und der elektrostatischen Energie $z_i F \varphi$. Für Nicht-Elektrolyte ($z_i = 0$) wird $\tilde{\mu}_i$ mit μ_i identisch.

Die früher benützte Gleichgewichtsbedingung (Gl. 4.34) lässt sich nun für geladene Teilchen dahin gehend erweitern, dass für das **permeable** Ion die Beziehung

$$\tilde{\mu}' = \tilde{\mu}'' \tag{6.33}$$

gilt. Wenn wir das elektrochemische Potential des Na^+-Ions mit $\tilde{\mu}_+$ bezeichnen, so gilt in dem in Abb. 6.7 dargestellten Fall $\tilde{\mu}'_+ = \tilde{\mu}''_+$. Unter Einführung des chemischen Potentials in verdünnter Lösung [$\mu_+ = \mu_+^0 + RT \ln c_+$, Gl. (4.27)] gilt weiter (mit $z_+ = 1$):

$$\mu'_+ + F\varphi' = \mu''_+ + F\varphi''$$

$$\mu_+^0 + RT \ln c'_+ + F\varphi' = \mu_+^0 + RT \ln c''_+ + F\varphi'';$$

$$F(\varphi' - \varphi'') = RT \ln \frac{c''_+}{c'_+}$$

$$E = \varphi' - \varphi'' = \frac{RT}{F} \ln \frac{c''_+}{c'_+}. \tag{6.34}$$

Bei $T = 25\ °C$ und unter Berücksichtigung der Tatsache, dass aus Gründen der Elektroneutralität auf beiden Seiten der Membran $c_+ = c_- = c$ gilt, kann man Gl. (6.34) auch wie folgt schreiben:

$$E = (59\ \text{mV})\ \log_{10} \frac{c''}{c'}. \tag{6.35}$$

In Verallgemeinerung von Gl. (6.34) gilt, wenn z die Ladungszahl der in der Membran permeablen Ionensorte ist:

$$E = \varphi' - \varphi'' = \frac{RT}{zF} \ln \frac{c''}{c'} \tag{6.36}$$

Wäre die Membran nicht für Na^+, sondern für Cl^- selektiv permeabel ($z = -1$), so würde E somit zwar den gleichen Betrag, aber das entgegengesetzte Vorzeichen besitzen.

Gleichungen dieser Art, die *Membranpotentiale im Gleichgewichtszustand* beschreiben, werden auch als *Nernst-Gleichungen* bezeichnet. Membranpotentiale spielen an biologischen Membranen eine wichtige Rolle (s. 9.3.9).

6.2.3 Donnan-Gleichgewicht

Interessante Verhältnisse liegen vor, wenn eine für kleine Kationen und Anionen durchlässige Membran auf der einen Seite mit der Lösung eines impermeablen *Polyelektrolyten* in Kontakt steht (Donnan 1911). Unter einem Polyelektrolyten versteht man eine hochmolekulare, ionisierte Verbindung; z.B. können Proteine, je nach der Zahl der freien COO^-- oder NH_3^+-Gruppen, eine negative oder positive Überschussladung besitzen. In Lösung werden die auf dem Polyelektrolytmolekül fixierten Ladungen durch eine entsprechende Zahl gelöster kleiner Gegenionen kompensiert.

Als konkretes Beispiel (Abb. 6.8) betrachten wir eine für Na^+ und Cl^- permeable Membran, die zwei wässrige Lösungen voneinander trennt. Zunächst sollen die Lösungen nur den niedermolekularen Elektrolyten NaCl enthalten. Da sowohl Na^+ wie Cl^- durch die Membran hindurchtreten können, müssen im Gleichgewicht die Konzentrationen auf beiden Seiten gleich groß sein, d.h. es gilt $c'_+ = c''_+$ und $c'_- = c''_-$. Entsprechend ist auch das Membranpotential E gleich null. Fügt man jetzt auf der einen Seite (Lösung $''$) ein Protein zu, das (durch Aufnahme und Abgabe von Ionen aus der Lösung, s. oben) z_p überschüssige fixierte Ladungen enthält (Abb. 6.8), so stellt sich ein neues Gleichgewicht ein, bei dem aber die Bedingungen $c'_+ = c''_+$ und $c'_- = c''_-$ nicht mehr länger gelten. Außerdem stellt man fest, dass in Gegenwart des Proteins ein von null verschiedenes Membranpotential E auftritt.

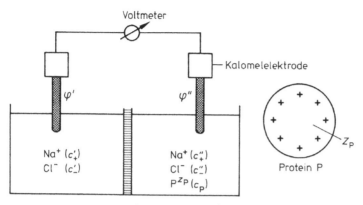

Abb. 6.8. Zum Donnan-Gleichgewicht an Membranen

Zur Berechnung der Ionenkonzentrationen beidseits der Membran gehen wir von den Gleichgewichtsbedingungen für die permeablen Ionen Na$^+$ und Cl$^-$ aus:

$$\tilde{\mu}'_+ = \tilde{\mu}''_+ \tag{6.37}$$

$$\tilde{\mu}'_- = \tilde{\mu}''_- \tag{6.38}$$

Einführung der Gln. (6.32) liefert (für verdünnte Lösungen):

$$\mu^0_+ + RT \ln c'_+ + F\varphi' = \mu^0_+ + RT \ln c''_+ + F\varphi''$$

$$\mu^0_- + RT \ln c'_- - F\varphi' = \mu^0_- + RT \ln c''_- - F\varphi''.$$

Durch Addition dieser beiden Gleichungen erhält man:

$$RT \ln (c'_+ c'_-) = RT \ln (c''_+ c''_-),$$

was gleichbedeutend ist mit:

$$c'_+ c'_- = c''_+ c''_- . \tag{6.39}$$

Diese als **Donnan-Gleichung** bezeichnete Beziehung ergibt also das überraschend einfache Resultat, dass in beiden Lösungen das Produkt der Konzentration von permeablen Kationen und Anionen gleich groß sein muss. In der Lösung ', die kein Protein enthält, gilt die Elektroneutralitätsbedingung $c'_+ = c'_- = c'$, sodass die Donnan-Gleichung die Gestalt

$$(c')^2 = c''_+ c''_- \tag{6.40}$$

annimmt. Enthält die Lösung '' ein positiv geladenes Protein , so ist $c''_- > c''_+$, da ja die Ladung des Proteins durch einen Cl$^-$-Überschuss kompensiert werden muss.

Sind c_p die Konzentration des Proteins und z_p seine Ladungszahl, so gilt die Elektroneutralitätsbedingung:

$$c''_- = z_p c_p + c''_+.$$ (6.41)

Die Konzentrationen c''_+ und c''_- können durch Einsetzen von c''_- aus Gl. (6.41) in Gl. (6.40) und Auflösung der resultierenden quadratischen Gleichung berechnet werden. Es ergibt sich:

$$c''_+ = \sqrt{(c')^2 + \left(\frac{z_p c_p}{2}\right)^2} - \frac{z_p c_p}{2}$$ (6.42)

$$c''_- = \sqrt{(c')^2 + \left(\frac{z_p c_p}{2}\right)^2} + \frac{z_p c_p}{2}.$$ (6.43)

Gln. (6.42) und (6.43) liefern für $c_p = 0$ (kein Proteinzusatz) oder $z_p = 0$ (Protein am isoelektrischen Punkt) erwartungsgemäß $c''_+ = c''_- = c'$. Für ein positiv geladenes Protein ($z_p > 0$) ergibt sich die Aussage $c''_+ < c''_-$ (was natürlich bereits aus der Elektroneutralitätsbedingung geschlossen werden kann). Es ist also die Konzentration der „*Gegenionen*" in der Proteinlösung erhöht, die Konzentration der „*Co-Ionen*" erniedrigt im Vergleich zur proteinfreien Lösung (als „Co-Ion" bezeichnet man ein Ion vom gleichen, als „Gegenion" ein Ion vom entgegengesetzten Ladungsvorzeichen wie das Protein). Im Übrigen nehmen die Gln. (6.42) und (6.43) in bestimmten Grenzfällen eine wesentlich einfachere Form an:

a) Ist die Salzkonzentration hoch, sodass $c' \gg |z_p c_p|$ gilt, so kann der zweite Term unter der Wurzel vernachlässigt werden:

$$c''_+ \approx c' - \frac{z_p c_p}{2},$$ (6.44)

$$c''_- \approx c' + \frac{z_p c_p}{2}.$$ (6.45)

b) Ist umgekehrt die Salzkonzentration sehr klein, sodass $c' \ll |z_p c_p|$ gilt, so reduzieren sich (für $z_p > 0$) die Gln. (6.42) und (6.43) auf:

$$c''_+ \approx \frac{c'^2}{z_p c_p} \ll c',$$ (6.46)

$$c''_- \approx z_p c_p.$$ (6.47)

[Gl. (6.46) wird durch Entwicklung der Wurzel in Gl. (6.42) für $2c'/z_p c_p \ll 1$ erhalten.] Obwohl das Co-Ion Na^+ durch die Membran hindurchtreten kann, ist die Proteinlösung in diesem Fall praktisch frei von Na^+-Ionen.

Zur Berechnung des bei Donnan-Gleichgewicht vorliegenden Membranpotentials E können wir die bereits in Abschn. 6.2.2 beschriebene Vorgehensweise anwenden. Für die beiden permeablen Ionen Na^+ und Cl^- gilt Gl. (6.33) und deshalb auch Gl. (6.36). Somit berechnet sich E unter Verwendung von Gl. (6.40) zu:

$$E = \varphi' - \varphi'' = \frac{RT}{F} \ln \frac{c_+''}{c'} = -\frac{RT}{F} \ln \frac{c_-''}{c'}. \tag{6.48}$$

Für $z_p > 0$ ist nach Gl. (6.43) $c_-'' > c'$. Bei einem positiv geladenen Protein nimmt also die proteinfreie Lösung ein negatives Potential an. Man kann dies folgendermaßen verstehen: Für $z_p > 0$ ist nach Gl. (6.41) $c_-'' > c_+''$. Der Überschuss an permeablen Anionen würde einen Nettotransport in die proteinfreie Lösung bewirken. Dieser wird durch das Membranpotential verhindert. Das Membranpotential E wird im vorliegenden Fall als **Donnan-Potential** bezeichnet.

Ein Donnan-Gleichgewicht liegt auch zwischen dem Innern einer *Ionenaustauscherphase* (Abb. 6.6) und der angrenzenden Elektrolytlösung vor. Die Grenzfläche zwischen Ionenaustauscher und Lösung spielt hier die Rolle der Membran, welche das Polyelektrolyt-Netzwerk von der Lösung abtrennt, während kleine Kationen und Anionen frei durch die Grenzfläche hindurchtreten können.

6.2.4 Kolloidosmotischer Druck

Beim Donnan-Gleichgewicht muss neben dem Transport von Ionen auch der Wassertransport durch die Membran verschwinden. Dies ist nur möglich, wenn die Proteinlösung unter einem Überdruck $\Delta\pi$ steht, der als **kolloidosmotischer Druck** bezeichnet wird.

Obwohl das Protein die einzige impermeable Komponente ist, gilt *nicht* $\Delta\pi = c_p RT$, wie man vielleicht aufgrund von Gl. (4.56) erwarten würde. Vielmehr gilt in Analogie zu Gl. (4.60):

$$\Delta\pi = [(c_+'' + c_-'' + c_p) - (c_+' + c_-')] RT. \tag{6.49}$$

Einsetzen der Beziehungen (6.42) und (6.43) für c_+'' und c_-'' sowie Berücksichtigung von $c_+' = c_-' = c'$ ergibt:

$$\Delta\pi = c_p RT + 2c' RT \left[\sqrt{1 + \left(\frac{z_p c_p}{2c'}\right)^2} - 1 \right]. \tag{6.50}$$

Der erste Term ($c_p RT$) beschreibt den Beitrag des Proteins, der zweite Term den Beitrag des niedermolekularen Elektrolyten. Nur für $z_p = 0$ (isoelektrischer Punkt des Proteins, s. 5.3.9) ist $\Delta\pi = c_p RT$. Sonst gilt $\Delta\pi > c_p RT$. Dieses Resultat ist verständlich, da zu jedem elektrisch geladenen Proteinmolekül eine Anzahl von Gegenionen gehört, die ebenfalls zum osmotischen Druck beitragen.

6.3 Redoxprozesse und elektrochemische Zellen

6.3.1 Problemstellung und Definitionen

Gewisse Ionen können in zwei (oder mehr) verschiedenen Oxidationsstufen vorkommen, die durch Aufnahme oder Abgabe eines Elektrons (e^-) ineinander übergehen.

Beispiele:

$$Fe^{3+} + e^- \underset{\text{Oxidation}}{\overset{\text{Reduktion}}{\rightleftharpoons}} Fe^{2+} \tag{6.51}$$

$$Ce^{4+} + e^- \underset{\text{Oxidation}}{\overset{\text{Reduktion}}{\rightleftharpoons}} Ce^{3+}. \tag{6.52}$$

Im Reaktionsablauf treten jedoch freie Elektronen nie in Erscheinung. Deshalb finden derartige Reaktionen entweder unter Beteiligung von Metallelektroden statt (s. unten) oder es liegen gekoppelte Reaktionen vor vom Typ:

$$Fe^{3+} + Ce^{3+} \rightleftharpoons Fe^{2+} + Ce^{4+}. \tag{6.53}$$

Derartige Prozesse werden als *Redoxreaktionen* bezeichnet. Bei der Reaktion (6.53) wirkt Fe^{3+} als *Elektronenakzeptor* oder *Oxidationsmittel* (Ox), Ce^{3+} als *Elektronendonator* oder *Reduktionsmittel* (Red).

Allgemein spielen sich Redoxreaktionen nach folgendem Schema ab:

$$(Ox)_1 + (Red)_2 \rightleftharpoons (Red)_1 + (Ox)_2. \tag{6.54}$$

Völlig entsprechend einem konjugierten Säure-Base-Paar HA/A$^-$ treten Reduktions- und Oxidationsmittel stets als konjugierte *Redox-Paare* auf; der Reaktionsgleichung HA $\rightleftharpoons$ A$^-$ + H$^+$ entspricht also die Gleichung:

$$Red \rightleftharpoons Ox + e^-. \tag{6.55}$$

6.3.2 Vorgänge an Elektrodenoberflächen; die elektromotorische Kraft *E*

Eine spezielle Art eines Redoxpaares ist ein Metall in Kontakt mit einer Lösung seiner Ionen.

Beispiel:

$$Ag^+ \text{ (Lösung)} + e^- \text{ (Metall)} \rightleftharpoons Ag \text{ (Metall)}$$

$$\text{(Ox)} \qquad\qquad\qquad \text{(Red)}$$

Taucht man einen Ag-Stab in eine Lösung von Ag^+-Ionen, so spielt sich an der Grenzfläche Metall/Lösung je nach der Ag^+-Konzentration in der Lösung einer der beiden folgenden Vorgänge ab:

a) Anlagerung von Ag^+ an die Metalloberfläche unter positiver Aufladung des Metalls,

b) Auflösung von Ag zu Ag^+ unter Zurücklassung von e^- und negativer Aufladung des Metalls.

In beiden Fällen baut sich zwischen Metall und Lösung eine elektrische Potentialdifferenz

$$\Delta\varphi = \varphi_M - \varphi_L \qquad (6.56)$$

(φ_M = elektrisches Potential des Metalls, φ_L = elektrisches Potential der Lösung) auf, die schließlich eine weitere Auflösung bzw. Abscheidung von Ionen verhindert (Abb. 6.9). Für die Entstehung einer derartigen Potentialdifferenz genügt die Auflösung (oder Abscheidung) äußerst geringer, analytisch kaum nachweisbarer Ionenmengen.

Die Ermittlung der Potentialdifferenz $\Delta\varphi$ erfordert eine elektrische Verbindung zwischen Metall bzw. Lösung und einem geeigneten Voltmeter. Hierbei stellt sich das Problem des elektrischen Kontaktes zwischen Lösung und Voltmeter. Dieser ist nur mit Hilfe einer zweiten Metallelektrode herstellbar, die in die Lösung eingeführt wird. Auch diese zweite Elektrode wird jedoch eine Potentialdifferenz gegenüber der Lösung aufweisen, sodass das Voltmeter die Differenz zweier Potentialdifferenzen anzeigt. Die gesamte Anordnung (s. Abb. 6.10) wird als elektrochemische Zelle bezeichnet. Die beiden Elektroden tauchen entweder in dieselbe oder aber in verschiedene Lösungen, die über eine *Salzbrücke* verbunden sind, um einen elektrischen Kontakt zwischen ihnen zu gewährleisten. Die Salzbrücke besteht häufig aus einer konzentrierten KCl-Lösung. Bei Wahl dieses Elektrolyten sind die am Übergang Salzbrücke/Lösung auftretenden Diffusionspotentiale, die als Störfaktoren wirken, gering (s. 8.4.2). Der Vorteil der Salzbrücke besteht darin, dass die beiden Lösungen eine verschiedener Zusammensetzung besitzen können. So kann z.B. eine Zn-Elektrode in eine Lösung mit Zn^+-Ionen und eine Cu-Elektrode in eine Lösung mit Cu^+-Ionen tauchen (s. Abb. 6.10).

Die beiden Elektroden sind mit einem hochohmigen Voltmeter verbunden, welches die Differenz E der elektrischen Potentiale zwischen der rechten (Index „r") und der linken Elektrode (Index „l") anzeigt. E ist wie folgt definiert:

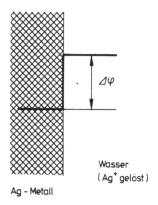

Ag - Metall

Wasser
(Ag^+ gelöst)

Abb. 6.9. Elektrochemisches Gleichgewicht an der Grenzfläche Metall/Lösung

$$E \overset{def}{=} \varphi_M^r - \varphi_M^l, \tag{6.57}$$

Vernachlässigt man etwaige Störpotentiale (s. oben), so sind (bei genügend hoher Leitfähigkeit der wässrigen Lösungen) die elektrischen Potentiale der Lösungen identisch, d.h. $\varphi_L^r = \varphi_L^l = \varphi_L$. Deshalb gilt wegen $E = \varphi_M^r - \varphi_M^l = (\varphi_M^r - \varphi_L) - (\varphi_M^l - \varphi_L)$:

$$E = \Delta\varphi_r - \Delta\varphi_l, \tag{6.58}$$

wobei $\Delta\varphi_r$ und $\Delta\varphi_l$ den beiden Klammerausdrücken entsprechen, d.h. jeweils gemäß Gl. (6.56) definiert sind.

Bei unendlich hohem Innenwiderstand des Voltmeters würde die Spannungsmessung stromlos erfolgen, d.h. die gesamte Messzelle würde sich im thermodynamischen Gleichgewicht befinden. Die derart beobachtete Spannung E wird (aus historischen Gründen) als *elektromotorische Kraft (EMK)* der elektrochemischen Zelle bezeichnet. Auch die an den einzelnen Elektroden auftretenden Potentialdifferenzen $\Delta\varphi_r$ und $\Delta\varphi_l$ stellen in diesem Sinne elektromotorische Kräfte dar.

Ersetzt man in Abb. 6.10 das Voltmeter durch einen Widerstand R, so fließt ein elektrischer Strom I durch die Zelle und den äußeren Stromkreis. Wir wollen einmal annehmen, dass sich hierbei die Elektronen von der linken Elektrode über den Widerstand zur rechten Elektrode bewegen. Dies entspricht einer konventionell definierten Stromrichtung (als Bewegung positiver Ladungen) von rechts nach links. Die Erzeugung der Elektronen müsste sich dann an der linken Elektrode durch Auflösung des Elektrodenmaterials in Form positiv geladener Ionen abspielen. Die zurückbleibenden Elektronen wandern zur rechten Elektrode, wo sie mit den positiv geladenen Ionen des zweiten Metalls reagieren. Als Folge wird sich somit an der rechten Elektrode neutrales Metall abscheiden.

Bei diesen Vorgängen gibt die elektrochemische Zelle nach außen elektrische Energie ab (in Form des Stromes, der durch den Widerstand R fließt). Diese Energie wird von den an den Elektroden ablaufenden chemischen Reaktionen geliefert.

> Eine elektrochemische Zelle stellt also eine Vorrichtung zur Umwandlung von chemischer in elektrische Energie dar.

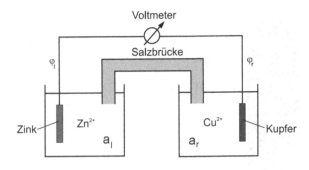

Abb. 6.10. Elektrochemische Zelle zur Messung der Potentialdifferenz (elektromotorischen Kraft) zwischen zwei Metallelektroden

6.3.3 Zusammenhang zwischen elektromotorischer Kraft E und Ionenkonzentration c

Wir konzentrieren uns jetzt auf eine einzelne Elektrode und nehmen der Allgemeinheit halber an, dass das Elektrodenmetall A unter Bildung eines z-wertigen Kations in Lösung gehen kann. Wir betrachten also das Gleichgewicht

$$A^{+z} \text{ (Lösung)} + ze^- \text{ (Metall)} \rightleftarrows A \text{ (Metall)} \tag{6.59}$$

Zur Berechnung der elektrischen Potentialdifferenz $\Delta\varphi = \varphi_M - \varphi_L$ nach Gl. (6.56) gehen wir wie in Abschn. 5.1.1 vor und berechnen zunächst mit Hilfe von Gl. (5.3) die Änderung ΔG der freien Enthalpie pro Formelumsatz. Hierbei berücksichtigen wir, dass (infolge des unterschiedlichen elektrischen Potentials von Elektrode und Lösung) anstelle der chemischen Potentiale μ_i die entsprechenden elektrochemischen Potentiale $\tilde{\mu}_i$ zu verwenden sind (s. 6.2.2). Wir erhalten dann für die Reaktion 6.59:

$$\Delta G = \tilde{\mu}_A - (\tilde{\mu}_{A^{+z}} + z\tilde{\mu}_{e^-}) . \tag{6.60}$$

Die Konzentrations- und Potentialabhängigkeit von $\tilde{\mu}_{A^{z+}}$ geht aus Gl. (6.32) hervor. $\tilde{\mu}_{e^-}$ können wir mit Hilfe von Gl. (6.31) durch das chemische Potential μ_{e^-} der freien Elektronen im Metall und ihre elektrostatische Energie $-F\varphi_M$ ersetzen. Das elektrochemische Potential $\tilde{\mu}_A$ des reinen Metalls entspricht wegen der Neutralität von A (d.h. $z_A = 0$) dem chemischen Potential μ_A. Hiermit erhalten wir aus Gl. (6.60):

$$\Delta G = \mu_A - (\mu^0_{A^{+z}} + RT \ln a_{A^{+z}} + zF\varphi_L) - z(\mu_{e^-} - F\varphi_M) . \tag{6.61}$$

Im Gleichgewichtsfall (d.h. $\Delta G = 0$) erhält man hieraus nach Umformung

$$\Delta\varphi = \varphi_M - \varphi_L = \frac{(\mu^0_{A^{+z}} + z\mu_{e^-} - \mu_A)}{zF} + \frac{RT}{zF} \ln a_{A^{+z}} .$$

Wir sind hier an der Konzentrationsabhängigkeit von $\Delta\varphi$ interessiert. Deshalb können wir den ersten Term der Gleichung, der zwar von Druck P und Temperatur T nicht jedoch von der Aktivität $a_{A^{+z}}$ der Ionen in Lösung abhängt, durch das Potential φ_0 abkürzen ($\varphi = \varphi_0$ falls $a_{A^{+z}} = 1$) und schreiben:

$$\Delta\varphi = \varphi_M - \varphi_L = \varphi_0 + \frac{RT}{zF} \ln a_{A^{+z}} , \tag{6.62}$$

$$\text{mit} \quad \varphi_0 = \frac{(\mu^0_{A^{+z}} + z\mu_{e^-} - \mu_A)}{zF} .$$

$\Delta\varphi$ steigt somit mit dem Logarithmus der Ionenaktivität im Wasser an. Anschaulich betrachtet bedeutet dieses Resultat, dass eine Erhöhung von $a_{A^{+z}}$ im Wasser nach Gl. (6.59) dem Metall Elektronen entzieht und deshalb für ein positives elektrisches Potential im Metall sorgt.

Wir wenden uns nun der elektrochemischen Zelle in Abb. 6.10 zu und fragen nach der Abhängigkeit der Zellspannung E von der Ionenkonzentration in der Lösung der rechten Elektrode, wobei wir die Verhältnisse der linken Elektrode (insbesondere die betreffende Ionenkonzentration) als konstant ansehen. Die linke Elektrode wird somit als *Referenz* betrachtet.

$\Delta\varphi_r$ ergibt sich dann durch Anwendung der Gl. (6.62), während $\Delta\varphi_l$ konstant bleibt. Somit folgt aus Gl. (6.58):

$$E = (\varphi_r^0 + \frac{RT}{zF} \ln a_{A^{+z}}^r) - \Delta\varphi_l).$$

Diese Gleichung kann man durch

$$E = E_0 + \frac{RT}{zF} \ln a_{A^{+z}}^r, \tag{6.63}$$

mit $E_0 = \varphi_r^0 - \Delta\varphi_l$ abkürzen. Auch hier gilt wieder $E = E_0$ für $a_{A^{+z}}^r = 1$. Wählt man als Referenzelektrode die *Normal-Wasserstoffelektrode* (s. unten, Abkürzung H) so nennt man E_0 das *Standard-Elektrodenpotential* des Systems A/A^{+z}. Wir wollen hierfür künftig die Abkürzung E_H^0 wählen. Für Ag/Ag$^+$ z.B. ist $E_H^0 = 0,8$V. Standardpotentiale für weitere Systeme sind Tabelle 6.2 zu entnehmen. Bei kleinen Ionenkonzentrationen kann $a_{A^{+z}}$ durch die Konzentration $c_{A^{+z}}$ ersetzt werden.

Die Beziehung (6.63) kann dazu verwendet werden, um Ionenaktivitäten durch Spannungsmessungen zu bestimmen: *potentiometrische Konzentrationsbestimmung*.

6.3.4 Berechnung von elektromotorischen Kräften elektrochemischer Zellen

Die Angabe von Standardpotentialen gemäß Tabelle 6.2 erlaubt die Berechnung von Zellspannungen unterschiedlicher Metalle in Lösungen ihrer jeweiligen Ionen.

Beispiel: Wir betrachten gemäß Abb. 6.10 links eine Zn-Elektrode in einer Zn^{2+}-Lösung, die über eine Salzbrücke mit einer Cu-Elektrode (rechts) verknüpft ist (die in eine Cu^{2+}-Lösung taucht). Wir fragen nach der elektromotorischen Kraft E dieser Zelle.

Tabelle 6.2. Standardpotentiale E_H^0 verschiedener Elektrodenreaktionen bei 25 °C. Sie beziehen sich auf die Normal-Wasserstoffelektrode. Deshalb ist der E_H^0-Wert für die vorletzte Reaktion gleich null (nach Lide (ed), CRC Handbook of Chemistry and Physics 1999)

Elektrodenreaktion	E_H^0/V
Na$^+$ + e$^-$ $\rightleftarrows$ Na	-2,71
Zn^2 + 2 e$^-$ $\rightleftarrows$ Zn	-0,76
Fe^2 + 2 e$^-$ $\rightleftarrows$ Fe	-0,45
Pb^{2+} + 2 e$^-$ $\rightleftarrows$ Pb	-0,13
H$^+$ + e$^-$ $\rightleftarrows$ (1/2)H$_2$	0,00
Cu^{2+} + 2 e$^-$ $\rightleftarrows$ Cu	0,34

Gemäß Gl. (6.57) stellt E die Differenz der elektrischen Potentiale der Elektroden dar. Wir können diese Gleichung auch wie folgt schreiben:

$$E = (\varphi_M^r - \varphi_H) - (\varphi_M^l - \varphi_H)$$ (6.64)

Hierbei stellt φ_H das elektrische Potential der Normal-Wasserstoffelektrode dar, welches wir einmal subtrahiert und einmal addiert haben. Die beiden Klammerausdrücke stellen die elektromotorische Kräfte E_H^r und E_H^l der rechten (r) und linken (l) Elektrode jeweils gegen die Normal-Wasserstoffelektrode dar. Für beide können wir Gl. (6.63) anwenden und erhalten

$$E = [(E_H^0)_r + \frac{RT}{z_r F} \ln a_{A^{+z}}^r] - [(E_H^0)_l + \frac{RT}{z_l F} \ln a_{A^{+z}}^l].$$ (6.65)

Für das oben gewählte Beispiel (links das Zn-System, rechts das Cu-System) erhalten wir mit den jeweiligen Standardpotentialen aus Tabelle 6.2:

$$E = 1,1 \text{ V} + \frac{RT}{2F} \ln \frac{a_{Cu^{2+}}}{a_{Zn^{2+}}}.$$ (6.66)

Gl. (6.66) stellt die Zellspannung für die **Daniell-Zelle** dar. Für $a_{Cu^{2+}} = a_{Zn^{2+}}$ beträgt sie somit 1,1 V.

Besonders einfach gestaltet sich die Berechnung von **Konzentrationsketten**. Hierunter versteht man die in Abb. 6.11 dargestellte Anordnung, bei der in beiden Halbzellen dasselbe Elektrodenmaterial im Kontakt mit Lösungen des entsprechenden Kations steht, wobei die Lösungen jedoch unterschiedliche Konzentrationen c_r und c_l aufweisen. Hier gilt $(E_H^0)_r = (E_H^0)_l$. Deshalb folgt aus Gl. (6.65):

$$E = \varphi_r - \varphi_l = \frac{RT}{zF} \ln \frac{a_{A^{+z}}^r}{a_{A^{+z}}^l}.$$ (6.67)

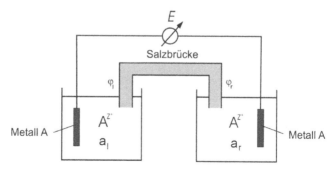

Abb. 6.11. Schema einer Konzentrationskette. In beiden Halbzellen steht das Elektrodenmetall A mit der Lösung des entsprechenden Kations A^{+z} im Kontakt, jedoch mit unterschiedlichen Aktivitäten a_r und a_l

Für das Vorzeichen von E ist die nachfolgende Konvention der *International Union for Pure and Applied Chemistry* von Bedeutung: Hiernach bezieht sich E stets auf die *Potentialdifferenz der rechten minus der linken Elektrode.* Eine weitere Konvention betrifft die Schreibweise der Elektrodenreaktion. *So sollten Formelumsätze als Reduktionen formuliert werden* [s. Gln. (6.51), (6.52) oder (6.59)].

6.3.5 Redoxreaktionen an Edelmetallelektroden

Im Gegensatz zu den bisher betrachteten Elektroden lösen sich Edelmetalle (wie Platin) praktisch nicht in Wasser. Reaktionen vom Typ der Gl. (6.59) sind daher nicht möglich. Edelmetalle können jedoch, wie in Abb. 6.12 dargestellt, mit Ionen anderer chemischer Elemente Elektronen austauschen. Edelmetalle wirken vor allem als Partner der in Abschn. 6.3.1 genannten Redoxreaktionen. Das *Elektronengas* des Metalls wirkt hier gewissermaßen als Reservoir, welches Elektronen an ein Oxidationsmittel abgeben oder Elektronen von einem Reduktionsmittel aufnehmen kann. Steht z.B. eine Platinelektrode mit einer wässrigen Lösung von Fe^{2+} und Fe^{3+} in Kontakt, so überwiegt je nach der Größe des Konzentrationsverhältnisses $[Fe^{2+}]/[Fe^{3+}]$ der eine oder andere der in Abb. 6.12 dargestellten Vorgänge. Dementsprechend lädt sich das Metall stärker positiv oder negativ gegenüber der Lösung auf.

Platinelektroden stellen auch eine wichtige Komponente der Normal-Wasserstoffelektrode dar, die wir als Referenzelektrode bereits erwähnt haben.

In Abb. 6.13 kombinieren wir beide Anwendungen von Platinelektroden im Rahmen einer elektrochemischen Zelle. Die rechte Messzelle enthält eine Lösung des zu untersuchenden Redoxsystems (Ox/Red). Hier vermittelt die Platinelektrode den Übergang des Elektronendonors Red zum Elektronenakzeptor Ox und umgekehrt. Die linke Referenzzelle zeigt die Normal-Wasserstoffelektrode. Hier wird eine Platinelektrode, die in eine Wasserstoffionenlösung der Aktivität $a = 1$ M eintaucht, mit Wasserstoffgas von $P = 1$ bar bespült.

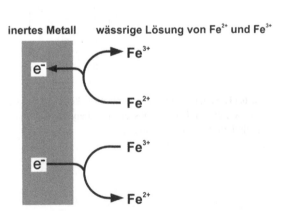

inertes Metall   **wässrige Lösung von Fe^{2+} und Fe^{3+}**

Abb. 6.12. Redoxgleichgewichte an einer Edelmetallelektrode

In der Referenzzelle spielt sich folgender Redoxprozess ab:

$$2H^+ \text{ (Lösung)} + 2e^- \text{ (Metall)} \rightleftarrows H_2\text{(Gas).} \tag{6.68}$$

Die beiden Halbzellen sind durch eine elektrisch leitende *Salzbrücke* miteinander verbunden.

Je *stärker oxidierend* das in der rechten Halbzelle vorhandene Redoxpaar ist, ein um so *stärker positives* Potential nimmt die Messelektrode gegenüber der Referenzelektrode an. Dies ergibt sich daraus, dass ein starkes Oxidationsmittel eine große Tendenz besitzt, dem Pt-Metall Elektronen zu entreißen und damit der Elektrode ein positives Potential zu erteilen. Besitzt das Voltmeter in Abb. 6.13 einen unendlich hohen Innenwiderstand, so wird sich in beiden Halbzellen Gleichgewicht einstellen, d.h. das Voltmeter wird die elektromotorische Kraft E der Zelle anzeigen. Ersetzt man in Abb. 6.13 das Voltmeter durch einen elektrischen Widerstand R, so fließt durch R ein elektrischer Strom. Ist das Oxidationsmittel stark oxidierend, das Reduktionsmittel dagegen nur schwach reduzierend (sodass das Potential der rechten Halbzelle positiv ist), so spielen sich bei diesem Stromfluss an den Elektroden die folgenden Vorgänge ab:

$$Ox + e^- \text{ (Metall)} \rightarrow Red \quad \text{(Messelektrode)}$$

$$\tfrac{1}{2}H_2 \rightarrow H^+ + e^- \text{ (Metall)} \quad \text{(Referenzelektrode).}$$

Dabei fließen Elektronen im äußeren Kreis von der Referenzelektrode zur Messelektrode (wo sie an das Oxidationsmittel abgegeben werden).

Ist umgekehrt Red ein starkes Reduktionsmittel, Ox nur ein schwaches Oxidationsmittel, so laufen die inversen Prozesse ab:

$$Red \rightarrow Ox + e^- \text{ (Metall)} \quad \text{(Messelektrode)}$$

$$H^+ + e^- \text{ (Metall)} \rightarrow \tfrac{1}{2}H_2 \quad \text{(Referenzelektrode),}$$

d.h. es fließen Elektronen im äußeren Kreis von der Messelektrode zur Referenzelektrode.

Bei diesen Vorgängen gibt die elektrochemische Zelle nach außen elektrische Energie ab (in Form des Stromes, der durch den Widerstand R fließt). Diese Energie wird von der in der Zelle ablaufenden chemischen Gesamtreaktion $Ox + \tfrac{1}{2}H_2 \rightarrow Red + H^+$ (bzw. $Red + H^+ \rightarrow Ox + \tfrac{1}{2}H_2$) geliefert. Die elektrochemische Zelle stellt deshalb – wie bereits in Abschn. 6.3.2 erwähnt – eine Vorrichtung zur Umwandlung von chemischer in elektrische Energie dar. Der Vorteil dieser Vorrichtung besteht darin, dass bei hinreichend großem R, d.h. bei sehr kleinen Strömen I, das System sehr nahe am Gleichgewicht bleibt. Dies ist gleichbedeutend mit einer *quasi-reversiblen* Führung der chemischen Reaktion. Würde man hingegen gemäß Gl. (6.53) eine Fe^{2+}-Lösung mit einer Ce^{4+}-Lösung vermischen, so würde der Redoxprozess *irreversibel* ablaufen.

6.3.6 Redoxpotential, Nernst-Gleichung

Im Falle des in Abb. 6.13 gezeigten Redoxsystems wird E meist als **Redoxpotential** bezeichnet und gemäß der nachfolgenden **Vorzeichenkonvention** definiert:

$$E = (\varphi)_{\text{Me}} - (\varphi)_{\text{Re}} \quad (I = 0), \tag{6.69}$$

mit den Abkürzungen Me = Messelektrode, Re = Referenzelektrode.

Ein stark oxidierendes Redoxpaar (welches eine große Tendenz hat, der Messelektrode Elektronen zu entziehen) ergibt also einen stark positiven Wert von E.

Zur Berechnung des Redoxpotentials E betrachten wir noch einmal die in Abb. 6.13 dargestellte elektrochemische Zelle, wobei wir der Allgemeinheit halber annehmen, dass n mol Elektronen beim Umsatz von 1 mol Ox in 1 mol Red ausgetauscht werden (Beispiel: bei der Redoxreaktion $Tl^{3+} + 2e^- \rightarrow Tl^+$ ist $n = 2$). Wir betrachten also die Reaktion

$$\text{Ox (Lösung)} + n\, e^- \text{(Metall)} \rightleftarrows \text{Red (Lösung)}. \tag{6.70}$$

Wir gehen analog Abschn. 6.3.3 vor und betrachten einen Formelumsatz dieser Reaktion, für den wir nach Gl. (6.60)

$$\Delta G_{\text{Me}} = \tilde{\mu}_{\text{red}} - (\tilde{\mu}_{\text{ox}} + n\tilde{\mu}_{e^-}) \tag{6.71}$$

erhalten. Wie in Abschn. 6.3.3 setzen wir nun die Konzentrations- und Potentialabhängigkeit der elektrochemischen Potentiale ein. Hierbei ist zu beachten, dass die Spezies „Red" z_{red} Ladungen trägt und die Spezies „Ox" z_{ox} Ladungen, wobei $z_{\text{ox}} = z_{\text{red}} + n$. Man erhält dann:

$$\begin{aligned}
\Delta G_{\text{Me}} = &(\mu_{\text{red}}^0 + RT \ln a_{\text{red}} + z_{\text{red}} F\varphi_{\text{L}}) \\
&- (\mu_{\text{ox}}^0 + RT \ln a_{\text{ox}} + (z_{\text{red}} + n)F\varphi_{\text{L}}) - n(\mu_{e^-} - F\varphi_{\text{M}}),
\end{aligned} \tag{6.72}$$

wobei φ_{M} das elektrische Potential des Platinmetalls und φ_{L} das elektrische Potential der Lösung darstellen. Für die Differenz $\Delta\varphi_{\text{Me}} = \varphi_{\text{M}} - \varphi_{\text{L}}$ folgt dann im Gleichgewichtsfall ($\Delta G_{\text{Me}} = 0$):

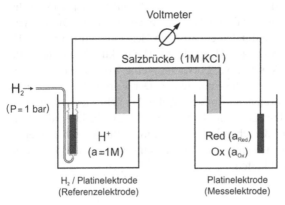

Abb. 6.13. Anordnung zur Messung von Redoxpotentialen an Edelmetallelektroden

$$\Delta\varphi_{Me} = \varphi_M - \varphi_L = \frac{(\mu_{ox}^0 + n\mu_{e^-} - \mu_{red}^0)}{nF} + \frac{RT}{nF}\ln\frac{a_{ox}}{a_{red}}, \tag{6.73}$$

oder

$$\Delta\varphi_{Me} = \varphi_M - \varphi_L = \varphi_0 + \frac{RT}{nF}\ln\frac{a_{ox}}{a_{red}}, \tag{6.74}$$

$$\text{mit } \varphi_0 = \frac{(\mu_{ox}^0 + n\mu_{e^-} - \mu_{red}^0)}{nF}.$$

Aus Gl. (6.74) folgt mit Gl. (6.69) und unter Beachtung von $(\varphi_L)_{Me} = (\varphi_L)_{Re}$ direkt das Redoxpotential E:

$$E = \varphi_{Me} - \varphi_{Re} = \Delta\varphi_{Me} - \Delta\varphi_{Re} = \varphi_0 + \frac{RT}{nF}\ln\frac{a_{ox}}{a_{red}} - \Delta\varphi_{Re}. \tag{6.75}$$

Infolge der Konstanz von $\Delta\varphi_{Re}$ kann man hierfür

$$E = E_0 + \frac{RT}{nF}\ln\frac{a_{ox}}{a_{red}} \tag{6.76}$$

mit $E_0 = \varphi_0 - \Delta\varphi_{Re}$ schreiben.

Diese Gleichung charakterisiert einen Gleichgewichtszustand und wird als **Nernst-Gleichung für das Redoxpotential E** bezeichnet. Sie beschreibt die Abhängigkeit des Redoxpotentials von den Konzentrationen der oxidierten und reduzierten Form des Redoxpaares. Sie zeigt, dass E um so stärker positiv ist, je größer die Aktivität a_{Ox} des Oxidationsmittels und je kleiner die Aktivität a_{Red} des dazu konjugierten Reduktionsmittels ist. Dies entspricht auch der Erwartung: Wenn a_{Ox} groß ist, besteht eine starke Tendenz, der Messelektrode Elektronen zu entziehen und das Elektrodenpotential stark positiv zu machen; ist dagegen a_{Red} groß, so besteht die Tendenz, durch Elektronenabgabe an das Metall das Potential negativ zu machen (für $a_{Red} > a_{Ox}$ wird $\ln(a_{Ox}/a_{Red})$ negativ).

Bei 25 °C ($T = 298$ K) gilt:

$$\frac{RT}{F} = \frac{8,31 \cdot 298}{96500}\frac{J\,K\,mol}{K\,mol\,C} = 0,0257\,V. \tag{6.77}$$

Unter Übergang auf den Zehnerlogarithmus ($\ln x = 2,30 \log_{10} x$) wird Gl. (6.76) schließlich in folgender Form erhalten:

$$E = E_0 + \left(\frac{0,0592V}{n}\right)\log_{10}\frac{a_{ox}}{a_{red}} \quad (T = 298\ K). \tag{6.78}$$

Demnach führt (für $n = 1$) eine Vergrößerung von a_{Ox}/a_{Red} um das Zehnfache zu einer Erhöhung von E um 59,2 mV. Die Konzentrationsabhängigkeit des Redoxpotentials E ist in Abb. 6.14 für das Redoxpaar $Fe(CN)_6^{4-}/Fe(CN)_6^{3-}$ dargestellt.

Abb. 6.14. Konzentrationsabhängigkeit des Redoxpotentials E für das Redoxpaar $Fe(CN)_6^{4-}/Fe(CN)_6^{3-}$. Als Abszisse wurde die Größe $c_{Red}/(c_{Ox} + c_{Red})$ gewählt

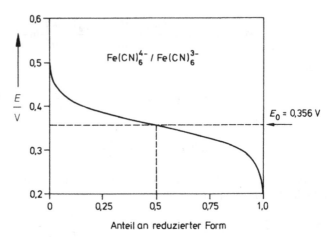

Anteil an reduzierter Form

Standard-Redoxpotential. Macht man die Aktivitäten der oxidierten und der reduzierten Form des Redoxpaares gleich groß, so nimmt nach Gl. (6.76) das Redoxpotential den Wert E_0 an:

$$E = E_0 \qquad (a_{ox} = a_{red}).\tag{6.79}$$

E_0 hängt nach Gl. (6.76) von der Natur der Referenzelektrode ab, ist aber im Übrigen eine für das Redoxpaar charakteristische Konstante. Bei Verwendung der Normal-Wasserstoffelektrode als Referenzelektrode (Abb. 6.13) wird E_0 als **Standard-Redoxpotential** (E_0^H) bezeichnet. Je stärker positiv E_0 ist, um so stärker oxidierend ist das betreffende Redoxsystem.

Beispiel:

$$\text{Red 1/Ox 1:} \quad Fe^{2+}/Fe^{3+} \quad E_0^H = 0{,}771 \text{ V}$$

$$\text{Red 2/Ox 2:} \quad Ce^{3+}/Ce^{4+} \quad E_0^H = 1{,}610 \text{ V}.$$

Die oben stehenden E_0-Werte bedeuten, dass das Redoxpaar Ce^{3+}/Ce^{4+} stärker oxidierend ist als das Redoxpaar Fe^{2+}/Fe^{3+}. Beim Vermischen einer äquimolaren Fe^{2+}/Fe^{3+}-Lösung mit einer äquimolaren Ce^{3+}/Ce^{4+}-Lösung wird Fe^{2+} zu Fe^{3+} oxidiert, Ce^{4+} zu Ce^{3+} reduziert.

6.3.7 Redoxpotential und Freie Enthalpie

Wir bleiben bei dieser Reaktion, die man in allgemeiner Form durch Gl. (6.54), d.h. durch

$$(Ox)_1 + (Red)_2 \rightleftarrows (Red)_1 + (Ox)_2 \tag{6.54}$$

ausdrücken kann. Beim Vermischen der Reaktanden Ox1, Red1, Ox2 und Red2 würde diese Reaktion irreversibel ablaufen. Eine reversible Prozessführung lässt

sich durch Verwendung der in Abb. 6.15 gezeigten elektrochemischen Zelle erreichen, bei der in der linken Halbzelle das Redoxpaar Ox1/Red1 und in der rechten
Halbzelle das zweite Redoxpaar Ox2/Red2 jeweils mit einer Platinelektrode
Elektronen austauschen. Durch Wahl geeigneter Ausgangskonzentrationen kann
man z.B. erreichen, dass Ox1 unter Verbrauch von Elektronen zu Red1 reagiert,
wobei die Elektronen aus der Reaktion der zweiten Halbzelle, d.h. von Red2 zu
Ox2 stammen und über den äußeren Kreis von Platinelektrode 2 zu Platinelektrode 1 transportiert werden. Bei Wahl eines Messinstruments mit hinreichend hohem Innenwiderstand R_i wird die Reaktion sehr langsam ablaufen. Für $I \rightarrow 0$ messen wir die elektromotorische Kraft E, die den Gleichgewichtszustand des
Gesamtsystems charakterisiert. Dieser ist jedoch verschieden vom chemischen
Gleichgewicht, das bei Vermischung der Reaktanden gemäß Gl. (6.54) beobachtet
wird. Für $R_i \rightarrow \infty$ kann kein Elektronentransfer über den äußeren Kreis der Zelle
stattfinden. Deshalb bleibt der Ablauf der Reaktion (nach Einstellung der Potentialdifferenz an den beiden Elektroden) gehemmt.

Wir berechnen zunächst das Zellpotential $E = \varphi_M^2 - \varphi_M^1 = \Delta\varphi_2 - \Delta\varphi_1$ für diesen
Fall, wobei $\Delta\varphi_2$ und $\Delta\varphi_1$ jeweils durch das entsprechende $(\varphi_M - \varphi_L)$ der beiden
Halbzellen definiert sind [s. Gln. (6.74) und (6.75)]. Wir können E aber auch
durch $E = (\Delta\varphi_2 - \Delta\varphi_{Re}^H) - (\Delta\varphi_1 - \Delta\varphi_{Re}^H)$ ausdrücken, wobei wir die Potentialdifferenz $\Delta\varphi_{Re}^H$ der Normal-Wasserstoffelektrode Re einmal addiert und dann subtra-
hiert haben. Die beiden Klammerausdrücke stellen die Redoxpotentiale E_2 bzw. E_1
der beiden Redoxpaare gegenüber derselben Referenzelektrode dar, sodass wir
unter Anwendung von Gl. (6.76) erhalten:

$$E = E_2 - E_1 = E_0 + \frac{RT}{nF} \ln \frac{a_{ox2} a_{red1}}{a_{red2} a_{ox1}} , \qquad (6.80)$$

mit $E_0 = (E_0^H)_2 - (E_0^H)_1$.

Wie oben erwähnt, beschreibt Gl. (6.80) das Resultat für den Grenzfall $I \rightarrow 0$.
Erniedrigt man den Innenwiderstand des Messinstruments, so fließt ein endlicher
Strom I, der die Reaktion (6.54) schließlich in das chemischen Gleichgewicht
überführt. Letzteres zeichnet sich durch $I = 0$ aus, jetzt aber bei beliebigem (endlichen) Widerstand des äußeren Stromkreises. Wegen $I = 0$ gilt auch $E = R_i \cdot I = 0$ (R_i
= Innenwiderstand des Messinstruments). Das chemische Gleichgewicht zeichnet
sich somit durch $I = 0$ und $E = 0$ aus, sodass aus Gl. (6.80)

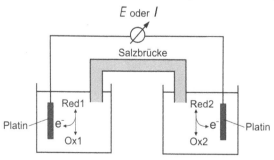

Abb. 6.15. Elektrochemische
Zelle zum reversiblen Ablauf
der Reaktion Red 1 + Ox 2
→ Ox 1 + Red 2 mit Hilfe
zweier Edelmetallelektroden

$$E_0 = (E_0^H)_2 - (E_0^H)_1 = -\frac{RT}{nF} \ln \frac{\overline{a}_{ox2}\overline{a}_{red1}}{\overline{a}_{red2}\overline{a}_{ox1}} \tag{6.81}$$

folgt, wobei die Querzeichen über den Aktivitäten deren Wert im Gleichgewichtszustand symbolisieren. Letzterer wird auch durch die Gleichgewichtskonstante der Reaktion (6.54), nämlich durch

$$K = \frac{\overline{a}_{ox2}\overline{a}_{red1}}{\overline{a}_{red2}\overline{a}_{ox1}} \tag{6.82}$$

beschrieben. Die Gln. (6.81) und (6.82) ergeben den wichtigen Zusammenhang:

$$\ln K = -\frac{[(E_0^H)_2 - (E_0^H)_1]}{RT/nF}, \tag{6.83}$$

d.h. bei 25 °C:

$$\ln K = -\frac{n[(E_0^H)_2 - (E_0^H)_1]}{0,0257\,\text{V}}. \tag{6.84}$$

Die Gleichgewichtskonstante K ist nach Gl. (5.7) über $\ln K = -\Delta G_0/RT$ mit der Freien Enthalpie ΔG_0 der Reaktion unter Standardbedingungen verknüpft. Wir erhalten daher aus Gl. (6.83):

$$\Delta G_0 = nF[(E_0^H)_2 - (E_0^H)_1]. \tag{6.85}$$

Die für die Praxis wichtigen Gln. (6.82) bis (6.85) zeigen, dass Gleichgewichtskonstanten sowie Freie Standardenthalpien von Redoxreaktionen durch Messung von Redoxpotentialen bestimmt werden können. Dies ist deshalb praktisch wichtig, weil Standard-Redoxpotentiale für viele Redoxpaare tabelliert sind.

Ist Red 1/Ox 1 stärker oxidierend als Red 2/Ox 2, so ist $(E_0^H)_1 > (E_0^H)_2$, d.h. $\Delta G_0 < 0$. Dies ist nach Abschn. 3.2.1 die allgemeine Bedingung für einen spontanen Ablauf der Reaktion (6.54) unter Standardbedingungen von links nach rechts.

Wir haben bei der Ableitung der obigen Gleichungen an keiner Stelle die Eigenschaft der Referenzelektrode verwendet. Wir können daher die Differenz $[(E_0^H)_2 - (E_0^H)_1]$ auch durch eine entsprechende Differenz $[(E_0)_2 - (E_0)_1]$ einer anderen Referenzelektrode ersetzen.

6.3.8 pH-abhängige Redoxreaktionen

An vielen biologischen Redoxreaktionen sind H^+-Ionen beteiligt.

Beispiel:

$$\begin{array}{ccc} CH_2COO^- & & CHCOO^- \\ | & \rightleftarrows & \| & +2H^+ + 2e^- \\ CH_2COO^- & & CHCOO^- \\ \text{Succinat} & & \text{Fumarat} \end{array}$$

Im allgemeinen Fall gilt:

$$Ox + vH^+ + n\,e^- \rightleftarrows Red \tag{6.86}$$

An Stelle von Gl. (6.71) folgt dann:

$$\Delta G_{Me} = \tilde{\mu}_{red} - (\tilde{\mu}_{ox} + v\tilde{\mu}_H + n\tilde{\mu}_{e^-}) \tag{6.87}$$

Die zu Abschn. 6.3.6 analoge weitere Durchführung ergibt, dass Gl. (6.76) zu ersetzen ist durch:

$$E = E_0 + \frac{RT}{nF}\ln\frac{a_{Ox}\cdot a_H^v}{a_{Red}}. \tag{6.88}$$

Das Standard-Redoxpotential E_0 ist hier gleich dem Wert des Redoxpotentials E unter der Bedingung $a_{Ox} = a_{Red}$; $a_H = 1$ M. Aus praktischen Gründen bezieht man das Standard-Redoxpotential jedoch meist auf pH 7 ($a_H = 10^{-7}$ M) und verwendet dann die Bezeichnung E_0':

$$E_0' = (E)_{pH=7, a_{Red}=a_{Ox}} = E_0 + \frac{RT}{F}\frac{v}{n}\ln 10^{-7} \tag{6.89}$$

Aus Gl. (6.88) ist ersichtlich, dass eine *Erniedrigung des pH-Wertes* (Erhöhung von a_H) das Redoxpotential E stärker positiv macht, d.h. das Redoxpaar wirkt dann *stärker oxidierend*.

6.3.9 Bedeutung des Redoxpotentials, biologische Redoxsysteme

Die Bedeutung des Redoxpotentials liegt vor allem darin, dass es eine *Skala* liefert, welche die Stärke von Oxidations- bzw. Reduktionsmitteln zu vergleichen erlaubt. Damit ergibt sich eine enge Analogie zur pK-Skala, mit der die Stärke von Säuren und Basen verglichen werden kann.

Wichtige biologische Redoxsysteme sind die *photosynthetische Elektronentransportkette und die Atmungskette in den Mitochondrien*. In der Atmungskette

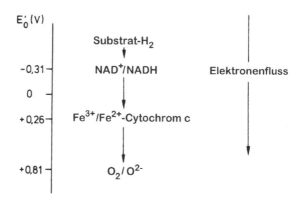

Abb. 6.16. Standard-Redoxpotentiale E_0' von Komponenten der Atmungskette

werden Elektronen von oxidierbaren Substanzen bei negativem Redoxpotential zur Verfügung gestellt und über mehrere Zwischenstufen auf Sauerstoff (O_2) übertragen (Abb. 6.16). Dabei bewegen sich die Elektronen in Richtung positiverer Werte des Standard-Redoxpotentials E_0'. Bildlich gesprochen besitzt ein Redoxsystem mit einem stark negativen E_0'-Wert einen hohen „*Elektronendruck*", ein Redoxsystem mit einem stark positiven E_0'-Wert einen starken „*Elektronensog*". Die beim Elektronenübergang von negativem auf positives E_0' freigesetzte Energie wird (mindestens zum Teil) zur Umwandlung von ADP in ATP benützt (oxidative Phosphorylierung).

Gehen n mol Elektronen in der Atmungskette von einem Redoxsystem mit einem Standard-Redoxpotential $(E_0')_1$ auf ein zweites Redoxsystem mit einem Potential $(E_0')_2$ über, so wird nach Gl. (6.85) eine Freie Enthalpie der Größe

$$\Delta G_0 = nF[(E_0')_1 - (E_0')_2] \qquad (6.90)$$

freigesetzt. Hierbei ist zu beachten, dass dies einem Reaktionsablauf der Gl. (6.54) von rechts nach links entspricht (d.h. entgegen der üblichen Konvention). Dies bedeutet einen Vorzeichenwechsel bei Anwendung von Gl. (6.85).

Für $n = 1$ und $[(E_0')_1 - (E_0')_2] = -0,1$ V ist:

$$\Delta G \simeq -10^4 \text{ J mol}^{-1} \simeq -2,4 \text{ kcal mol}^{-1}.$$

6.4 Elektroden spezieller Art

6.4.1 Referenzelektroden

An Stelle der Normal-Wasserstoffelektrode werden oft einfacher zu handhabende Referenzelektroden verwendet, wie z.B. die Silber-Silberchlorid-Elektrode oder die Kalomelelektrode. Beide Arten von Elektroden werden als *Elektroden zweiter Art* bezeichnet. Darunter versteht man Elektroden, bei denen die Konzentration des potentialbestimmenden Metallions (Ag^+ bzw. Hg_2^{++}) über das Löslichkeitsprodukt durch die Konzentration eines Anions (hier Cl^-) festgelegt ist. Wir werden sehen, dass sich $Ag/AgCl$- und Hg/Hg_2Cl_2-Elektroden wie Chloridelektroden verhalten.

6.4.1.1 Silber-Silberchlorid-Elektrode

Die in Abb. 6.17 im Prinzip dargestellte Elektrode enthält das schwerlösliche Salz AgCl als Bodenkörper. Entsprechend enthält die Lösung eine konstante (sehr kleine) Ag^+-Konzentration c_{Ag^+}. Die Lösung enthält weiterhin eine relativ hohe (z.B. 1 M) Konzentration an KCl, das vollständig in K^+ und Cl^- dissoziiert ist. In diese Lösung taucht eine Silberelektrode, deren Potential (z.B. gegenüber der Normal-Wasserstoffelektrode) durch Gl. (6.63) gegeben ist:

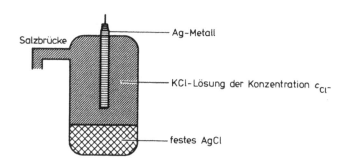

Salzbrücke — Ag-Metall

KCl-Lösung der Konzentration c_{Cl^-}

festes AgCl

Abb. 6.17. Prinzip der Silber-Silberchlorid-Elektrode

$$E = E_0 + \frac{RT}{F} \ln c_{Ag^+} . \qquad (6.91)$$

Hierbei haben wir (wegen der sehr kleinen Ag^+-Konzentration) die Aktivität a_{Ag^+} durch die Konzentration c_{Ag^+} ersetzt.

In Abwesenheit von Cl^- wäre c_{Ag^+} (und damit das Potential E) durch Adsorption von Ag^+ an die Gefäßwände relativ großen Schwankungen unterworfen. Die Gegenwart von Chloridionen hoher Konzentration und des Bodenkörpers an festem AgCl dient dazu (wie in Abschn. 5.2 beschrieben), die Konzentration an Silberionen zu stabilisieren. Unter Einführung des Löslichkeitsproduktes K_L von AgCl (Gl. 5.32) lässt sich c_{Ag^+} durch die Chloridionenkonzentration c_{Cl^-} in der KCl-Lösung ausdrücken:

$$K_L = c_{Ag^+} \cdot c_{Cl^-} \; ; \; c_{Ag^+} = \frac{K_L}{c_{Cl^-}} . \qquad (6.92)$$

Einsetzen in Gl. (6.91) liefert:

$$E = E_0 + \frac{RT}{F} \ln K_L - \frac{RT}{F} \ln c_{Cl^-}$$

und weiter, unter Einführung der Abkürzung $E_0 + (RT/F) \ln K_L = E_0^*$:

$$E = E_0^* - \frac{RT}{F} \ln c_{Cl^-} . \qquad (6.93)$$

Wie man Gl. (6.93) entnimmt, hängt das Potential der Ag/AgCl-Elektrode von der Chloridionenkonzentration ab. Obwohl für die Potentialeinstellung am Ag-Metall die gelösten Ag^+-Ionen verantwortlich sind, verhält sich die Elektrode somit wie eine **Chloridelektrode**. Der Grund dafür liegt darin, dass in Gegenwart von festem AgCl die Konzentrationen von Ag^+ und Cl^- über das Löslichkeitsprodukt miteinander verknüpft sind.

Das Standardpotential E_0^* der Ag/AgCl-Elektrode gegenüber der Normal-Wasserstoffelektrode beträgt $E_0^* = 0,222$ V ($T = 25\ °C$).

In der Praxis werden Ag/AgCl-Elektroden meist durch elektrolytische Abscheidung einer AgCl-Schicht auf einer Ag-Schicht hergestellt (Abb. 6.18). Diese übernimmt die Funktion des Bodenkörpers.

Abb. 6.18. Praktische Ausführung einer Silber-Silberchlorid-Elektrode

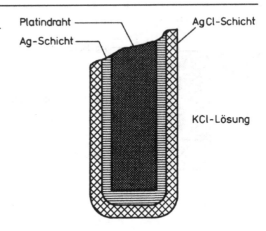

6.4.1.2 Kalomelelektrode

Die Kalomelelektrode (Abb. 6.19) ist in ihrer Wirkungsweise der Silber-Silberchlorid-Elektrode sehr ähnlich.

In der Lösung liegen folgende Gleichgewichte vor:

$$Hg_2Cl_2 \text{ (fest)} \rightleftarrows Hg_2Cl_2 \text{ (gelöst)} \rightleftarrows Hg_2^{++} + 2\,Cl^-$$

An der Quecksilberoberfläche spielt sich der Prozess

$$2\,Hg \rightleftarrows Hg_2^{++} + 2e^-$$

ab. Entsprechend Gl. (6.63) wird das Potential E der Kalomelelektrode gegenüber der Normal-Wasserstoffelektrode beschrieben durch:

$$E = E_0 + \frac{RT}{2F} \ln c_{Hg_2^{++}} . \tag{6.94}$$

Unter Einführung des Löslichkeitsproduktes K_L von Hg_2Cl_2:

$$K_L = c_{Hg_2^{++}} c_{Cl^-}^2$$

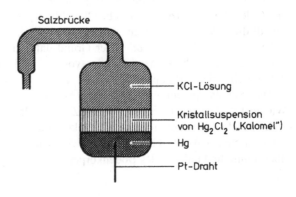

Abb. 6.19. Aufbau einer Kalomelelektrode

erhält man in Analogie zu Gl. (6.93):

$$E = E_0^* - \frac{RT}{F} \ln c_{Cl^-}, \quad E_0^* = E_0 + \frac{RT}{2F} \ln K_L. \tag{6.95}$$

Ebenso wie bei der Ag/AgCl-Elektrode zeigt die Kalomelelektrode ein von der Chloridkonzentration abhängiges Potential. Das auf die Normal-Wasserstoffelektrode bezogene Standardpotential beträgt $E_0^* = 0{,}268$ V.

6.4.2 Mikroelektroden

Beide Arten von Elektroden, die Kalomelelektrode und die Silber-Silberchloridelektrode, werden neben ihrer Funktion als Referenzelektroden auch zur Vermittlung des elektrischen Kontaktes zwischen Chlorid-haltigen wässrigen Lösungen und einem äußeren Schaltkreis verwendet (s. 6.4.3).

Im Rahmen neurophysiologischer Untersuchungen vermitteln Ag/AgCl-Elektroden den Kontakt mit dem Inneren fein ausgezogener Glaskapillaren, die als Mikroelektroden (mit einem Durchmesser von einigen Zehntel Mikrometer bis zu einigen Mikrometer) dazu dienen, elektrische Potentialdifferenzen über Zellmembranen nachzuweisen oder elektrische Ströme in Zellen zu injizieren (s. Abb. 6.20 sowie Kap. 9). Hierbei ist zu beachten, dass am Ausgang der Mikroelektrode (bei unterschiedlichen Diffusionskoeffizienten von Anionen und Kationen) Diffusionspotentiale auftreten können. Zu ihrer weitgehenden Vermeidung enthalten Mikroelektroden häufig konzentrierte KCl-Lösungen mit annähernd gleichem Diffusionskoeffizient von K^+ und Cl^- (s. Abschn. 8.4.2).

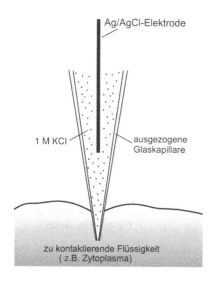

Ag/AgCl-Elektrode

1 M KCl

ausgezogene Glaskapillare

zu kontaktierende Flüssigkeit (z.B. Zytoplasma)

Abb. 6.20. Schematische Darstellung einer Mikroelektrode

6.4.3 Glaselektrode

Glaselektroden dienen in erster Linie zur Messung von pH-Werten. Sie können aber auch zur Bestimmung von Na^+- oder K^+- Konzentrationen verwendet werden (s. unten). Die Messanordnung ist in Abb. 6.21 skizziert. Eine Ag/AgCl-Elektrode taucht in eine HCL Lösung, die von der Messlösung durch eine Glasmembran getrennt ist. Letztere ist für die Bestimmung der Messgröße entscheidend, während die Ag/AgCl-Elektrode dazu dient, den elektrischen Kontakt mit der HCl-Lösung zu vermitteln.

Empirisch findet man folgenden Zusammenhang zwischen der gemessenen Spannung E und der Wasserstoffionenaktivität a_{H^+} :

$$E = E^* + \frac{RT}{F} \ln a_{H^+} \, . \tag{6.96}$$

Der Wert der Konstanten E^* wird durch Eichung mit Pufferlösungen von bekanntem pH-Wert bestimmt. Gl. (6.96) kann folgendermaßen umgeschrieben werden:

$$E = E^* + \frac{RT}{F} 2{,}30 \log a_{H^+}$$

$$= E^* - (0{,}0592 \text{ V}) \, \text{pH} \ (T = 25 \text{ °C}). \tag{6.97}$$

Die gemessene Spannung ist also eine lineare Funktion des pH-Wertes.

Entscheidend für die Wirkungsweise der Glaselektrode ist die Existenz von wasserhaltigen Quellschichten in beiden Grenzflächen der Glasmembran. Diese entstehen bei Kontakt von Glas mit wässrigen Lösungen durch einen Austausch von Na^+ gegen H^+ unter Aufnahme von Wasser (Quellung):

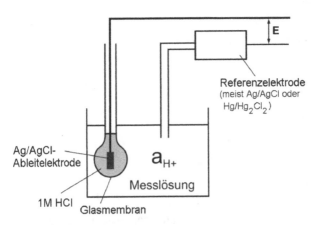

Abb. 6.21. pH-Messung mit der Glaselektrode. In vielen Fällen wird die Referenzelektrode mit der Glaselektrode vereinigt („Einstab-Messkette")

$$\underbrace{\equiv SiONa}_{Glas} + H^+ \text{ (Lösung)} + H_2O \rightarrow \underbrace{\equiv SiO^-H^+/H_2O}_{Quellschicht} + Na^+ \text{ (Lösung)}.$$

Die innere Quellschicht steht mit einer wässrigen Referenzlösung von konstantem pH (z.b. 1 M HCl), die äußere Quellschicht mit der Messlösung in Kontakt (Abb. 6.21). Entsprechend bilden sich in jeder Grenzfläche Quellschicht/Lösung pH-abhängige Potentialsprünge aus (Abb. 6.22). Dies rührt daher, dass ein Teil der SiO⁻-Gruppen in deprotonierter Form vorliegen. Die messbare Zellspannung E ist (bis auf eine additive Konstante) gleich der Differenz $\Delta\varphi$ der beiden Potentialsprünge.

Bei großer Na⁺-(oder K⁺-)Konzentration in der Lösung tritt Na⁺ (oder K⁺) in Konkurrenz zu H⁺, was zu einer fehlerhaften pH-Messung führt („Alkalifehler" der pH-Elektrode). Dieser Effekt kann umgekehrt mit Hilfe von speziell alkaliempfindlichen Gläsern zur analytischen Bestimmung von Na⁺ und K⁺ ausgenützt werden: *Alkaliionen-selektive Glaselektroden.*

Eine Besonderheit der Glaselektrode ist der hohe elektrische Widerstand der Glasmembran, der die Verwendung eines Voltmeters mit hohem Innenwiderstand erforderlich macht.

Neben den oben erwähnten Applikationen existieren zahlreiche weitere Anwendungen von Metallelektroden in Wissenschaft und Technik deren Darstellung den Rahmen dieses Buches überschreitet. Erwähnt sei hier nur der Nachweis der O_2-Konzentration in biologischen Flüssigkeiten und Geweben (Sauerstoffelektrode).

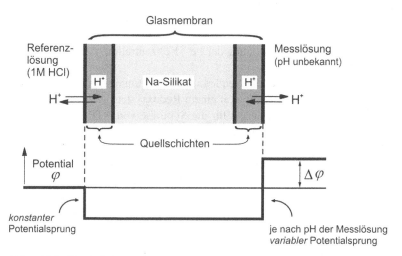

Abb. 6.22. Vereinfachte Darstellung des Potentialverlaufs über die Glasmembran. In Wirklichkeit existieren weitere Potentialsprünge zwischen den Quellschichten und der Silikatschicht

Weiterführende Literatur zu „Elektrochemie"

Atkins PW (2001) Physikalische Chemie. Wiley/VCH, Weinheim

Bockris JO'M, Reddy AKN (1998) Modern electrochemistry, Vol 1/2A/2B. Plenum, New York

Kortüm G (1972) Lehrbuch der Elektrochemie, 5. Aufl. VCH, Weinheim

Robinson RA, Stokes RH (1959) Electrolyte solutions, 2nd ed. Butterworths, London

Wedler G (2004) Lehrbuch der Physikalischen Chemie. Wiley-VCH, Weinheim

Übungsaufgaben zu „Elektrochemie"

6.1 Die Walden'sche Regel enthält die Aussage, dass für Lösungen eines (völlig dissoziierten) Elektrolyten in verschiedenartigen Lösungsmitteln das Produkt von molarer Leitfähigkeit und Viskosität des Lösungsmittels in erster Näherung eine vom Lösungsmittel unabhängige Konstante ist. Wie ist diese Regel theoretisch zu begründen?

6.2 Bei 0 °C besitzt Eis eine ähnlich große Leitfähigkeit wie Wasser. Welche Ladungsträger könnte man für die Elektrizitätsleitung in Eis verantwortlich machen? Welcher Mechanismus könnte dieser Leitfähigkeit zugrunde liegen?

6.3 Das Standardpotential des Redoxpaares Fe^{2+}/Fe^{3+} beträgt $E_0 = +0,77$ V. Man gebe Konzentrationsverhältnisse $[Fe^{2+}]$ zu $[Fe^{3+}]$ in einer Lösung von Fe^{2+} und Fe^{3+} an, bei denen das Redoxpotential $E = +0,67$ V beträgt ($T = 298K$). Man begründe qualitativ, warum E bei Erhöhung der Fe^{3+}-Konzentration positiver wird!

6.4 Das Prinzip der in den Mitochondrien lokalisierten Atmungskette besteht darin, dass die beim Elektronenübergang von einem Redoxsystem A zu einem zweiten Redoxsystem B freigesetzte Energie für die Synthese von ATP aus ADP und P_i ausgenützt wird. Die Reaktion ADP + P_i → ATP benötigt unter Standardbedingungen eine Freie Enthalpie von $\Delta G^0 = 30$ kJ mol^{-1}. Welche Potentialdifferenz muss beim Übergang von zwei Elektronen pro synthetisiertem ATP-Molekül mindestens durchlaufen werden, um obige Reaktion zu ermöglichen?

6.5 Lactat und Pyruvat bilden ein Redoxsystem entsprechend der Reaktionsgleichung

$$\text{Pyruvat} + 2H^+ + 2e^- \rightleftarrows \text{Lactat}$$
$$\text{(P)} \qquad\qquad\qquad \text{(L)}$$

Das Standard-Redoxpotential ($c_L = c_P = c_H = 1$ M) beträgt $E_0 = +0,21$ V. Man stelle für das Lactat-Pyruvat-System unter der Bedingung $c_L = c_P$ die Abhängigkeit des Redoxpotentials E vom pH-Wert der Lösung graphisch dar ($T = 298$ K).

6.6 Ähnlich wie pH-Indikatoren kann man beim Studium von Redoxprozessen Redox-Indikatoren verwenden. Beschreiben Sie, ausgehend von der Analogie zum pH-Indikator, die Wirkungsweise und praktische Anwendung von Redox-Indikatoren.

6.7 Eine für die Ionen K^+ und Cl^- durchlässige Membran trennt eine reine KCl-Lösung von einer Lösung ab, die neben K^+ und Cl^- ein negativ geladenes Protein P in der Konzentration 10^{-3} M enthält; dieses besitzt pro Molekül 20 überschüssige COO^--Gruppen. In der proteinfreien Lösung beträgt (nach Einstellung des Gleichgewichts) die KCl-Konzentration 10^{-1} M. Man berechne die Gleichgewichtskonzentrationen von K^+ und Cl^- in der Proteinlösung, sowie das Membranpotential (Donnan-Potential) bei 25 °C.

7 Grenzflächenerscheinungen

Alle Mehrphasensysteme haben naturgemäß *Phasengrenzen*, an denen die physikalischen Eigenschaften der Materie verschieden von denen im Innern der Phase sind. In der Regel sind jedoch die Stoffmengen in den einzelnen Phasen des heterogenen Systems so groß, dass die Materiemenge an den Phasengrenzen nur einen verschwindenden Bruchteil der Gesamtstoffmenge darstellt. Wir hatten bereits in Abschn. 1.1.1.1 Abschätzungen des relativen Anteils der Atome gegeben, die in der Oberfläche von einfachen kubischen Kristallen gelegen sind. Für einen makroskopischen Kristall $(N = 6 \cdot 10^{23})$ ergab sich ein sehr kleiner Bruchteil $x_{Oberfl.} \approx 7 \cdot 10^{-8}$ der Atome auf den 6 Würfelflächen. Der Gesamteffekt der vom Inneren des Kristalls abweichenden physikalischen Bedingungen in der Oberfläche ist also hier vernachlässigbar. Falls die Materie aber sehr fein zerkleinert ist, sind die abweichenden Oberflächeneffekte nicht mehr zu vernachlässigen: Für Kristallite von etwa 0,5 μm Kantenlänge und einer Gesamtzahl von 10^9 Atomen ergab sich $x_{Oberfl.} \approx 1\%$. Tatsächlich werden die speziellen Oberflächeneffekte von fein zermahlenen Feststoffen (z. B. Aktivkohle) für technische Zwecke, wie zum Beispiel die Reinigung von Gasen, häufig genutzt.

Auch wenn die *Grenzfläche* einer Phase durch Deformation stark vergrößert ist, werden die abweichenden Eigenschaften der Grenzfläche merklich. Insbesondere an biologischen Systemen findet man in der Regel eine feine Kompartmentierung der Lösungsräume (= Phasen) sowie, infolge der spezifischen („oberflächenaktiven") Eigenschaften wichtiger Baustoffe der Zelle, die Ausbildung von deformierten, flächenhaften Strukturen, den zellulären Membranen.

Gerade in der Biologie sind daher die speziellen Eigenschaften der Grenzflächen nicht mehr unerheblich gegenüber denen der Volumenphase, im Gegenteil: Das Phänomen „Leben" beruht wesentlich auf speziellen Grenzflächenvorgängen.

7.1 Kapillarität

Unter dem Begriff Kapillarität wird eine Reihe von Erscheinungen zusammengefasst, bei denen es um Gleichgewichte von Grenzflächen geht. Hierbei muss (zumindest) eine Grenzfläche so beweglich sein, dass sie ihre Gleichgewichtsform einnehmen kann. Dies ist zum Beispiel bei Tropfen von Flüssigkeiten oder bei Seifenblasen der Fall. Der Begriff Kapillarität wird sofort verständlich, wenn wir an das Verhalten von Flüssigkeiten in engen Kapillaren denken. Hier weist die Flüssigkeitsoberfläche charakteristische Krümmungen auf, die wir weiter unten diskutieren werden und die mit dem Kapillaranstieg oder der Kapillardepression von Flüssigkeiten zusammenhängen. Bei Kapillaren wird der Physiker und Chemiker eher an Glaskapillaren denken, mit deren Hilfe diese Erscheinungen sichtbar gemacht werden können. Der Biologe und Mediziner hingegen wird eher an dünne Blutgefäße oder an das für den Wassertransport höheren Pflanzen verantwortliche Xylem in den Leitbündeln erinnert.

Zur Beschreibung der Phänomene der Kapillarität gehören Begriffe wie Oberflächenspannung und Kontaktwinkel, die wir zunächst kennen lernen werden.

7.1.1 Oberflächenspannung von Flüssigkeiten

Besonders übersichtlich beschreibbar sind die Eigenschaften der Grenzfläche einer kondensierten Phase zu ihrer Dampfphase; hier spricht man von *„Oberflächeneigenschaften"*.

Ein anschauliches Beispiel für Oberflächenerscheinungen bietet der Quecksilbertropfen, der normalerweise fast kugelförmig ist. Versucht man, ihn unter Vergrößerung seiner Oberfläche zu deformieren, so muss man Arbeit aufwenden. Bei der Deformation ändert sich das Volumen des Tropfens praktisch nicht. Es scheint also, als würde seine Oberfläche wie von einer Gummihaut unter Spannung gehalten. Diese unten genauer definierte *„Oberflächenspannung"* hat das Bestreben, eine minimale Oberfläche aufrechtzuerhalten. Die molekularen Ursachen hierfür kann man qualitativ wie folgt verstehen (Abb. 7.1).

Der Zusammenhalt einer Phase wird durch die Molekülanziehung bewirkt. Teilchen an der Oberfläche (1) haben weniger nächste Nachbarn, erfahren also eine geringere Anziehungsenergie als die Teilchen im Innern (2). Sie sind daher energetisch ungünstiger angeordnet; ein Minimum an Oberfläche hat daher ein Maximum an Anziehungsenergie zur Folge.

Eine ähnliche Betrachtung kann man auch für die molekulare Wechselwirkung an der Grenzfläche zweier kondensierter Phasen und über die dort herrschende *Grenzflächenspannung* anstellen.

Wir benutzen ein anschaulichen Beispiel, um die Oberflächenspannung exakt zu definieren und Wege zu ihrer quantitativen Bestimmung aufzuzeigen.

Die in Abb. 7.2 dargestellte Seifenlamelle zieht sich spontan zusammen, um ih-

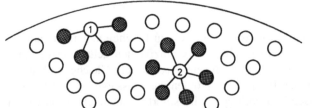

Abb. 7.1. Molekulare Wechselwirkungen eines Moleküls an der Oberfläche und im Inneren einer kondensierten Phase

Abb. 7.2. Vergrößerung einer Seifenlamelle in einem Drahtrahmen mit verschiebbarer Seite

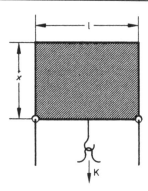

re Oberfläche A zu verkleinern. Um das zu verhindern, muss eine Kraft K an der verschiebbaren Seite des Rahmens angreifen. Die Oberfläche A der Lamelle ist gegeben durch $A = 2\,lx$. Die bei einer Verschiebung dx der beweglichen Seite geleistete Arbeit ist also:

$$dW = Kdx = \frac{K}{2l}2ldx = \frac{K}{2l}dA = \gamma dA \,. \tag{7.1}$$

Die Größe $\gamma = K/2l$ wird *Oberflächenspannung* der Seifenlösung genannt. Aus Gl. (7.1) folgt auch $\gamma = dW/dA$.

Die Oberflächenspannung stellt somit eine *Kraft pro Länge* oder alternativ eine *Energie pro Flächeneinheit* dar.

Hieraus folgen die Einheiten N m^{-1} oder auch dyn cm^{-1} (es ist 1 dyn cm^{-1} = 10^{-3} N m^{-1}) oder alternativ J m^{-2} bzw. erg cm^{-2}.

Die Behandlung gekrümmter Oberflächen ist etwas komplizierter, eröffnet aber eine Reihe von praktisch wichtigen Messmöglichkeiten der Oberflächenspannung. Wir benutzen wieder das Beispiel einer Seifenlamelle, hier das einer *Seifenblase*.

Man drückt, etwa mit Hilfe der Anordnung der Abb. 7.3, eine Seifenblase S des

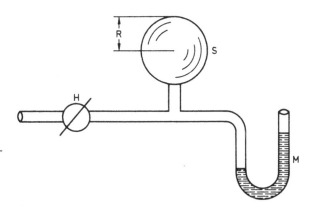

Abb. 7.3. Messung der Druckdifferenz zwischen dem Inneren und dem Äußeren einer Seifenblase S mit Hilfe eines Manometers M

Radius R aus der Öffnung und schließt dann den Hahn H. Dann stellt man am Manometer M fest, dass im Inneren der Seifenblase ein um ΔP höherer Druck herrscht als außen. Für eine wirkliche Seifenblase von 1 cm Durchmesser hat man etwa $\Delta P = 0,4$ mm H_2O. Der Druck ΔP wirkt der spontanen Kontraktion der Seifenblase entgegen, die – aufgrund der Existenz der Oberflächenspannung – die Oberfläche zu verkleinern sucht.

Zur Ableitung des quantitativen Zusammenhanges beachten wir, dass die Seifenlamelle eine innere und eine äußere Oberfläche besitzt. Ist die Dicke der Lamelle klein gegen den Radius, so gilt für die Gesamtoberfläche A:

$$A = 8\pi R^2 \text{ und } dA = 16\pi R\, dR \qquad (7.2)$$

Die bei einer infinitesimalen Veränderung dR des Radius geleistete Oberflächenarbeit dW_S (S = *surface*) ist also nach Gl. (7.1) und Gl. (7.2):

$$dW_S = \gamma dA = \gamma 16\pi R\, dR. \qquad (7.3)$$

Die Volumenarbeit dW_G des eingeschlossenen Gases bei der infinitesimalen Expansion der Lamelle um dR gegen die Druckdifferenz ΔP ergibt sich als:

$$dW_G = \Delta P dV = \Delta P\, d\left(\frac{4\pi}{3} R^3\right) = \Delta P 4\pi R^2\, dR \qquad (7.4)$$

Weitere mechanische Einwirkungen sind nicht zu berücksichtigen. Für das mechanische Gleichgewicht muss daher gelten:

$$dW_G = dW_S, \qquad (7.5)$$

also

$$\Delta P = \frac{4\gamma}{R}. \qquad (7.6)$$

Im Fall eines ebenen Grenzflächensystems ist $R \to \infty$, also $\Delta P = 0$.

Wenn an Stelle der Seifenlamelle mit zwei Grenzflächen eine Flüssigkeitskugel aus der Öffnung der Abb. 7.3 gedrückt würde, hätte man nur eine Grenzfläche Flüssigkeit/Gasraum. Die zu Gl. (7.6) analoge Ableitung würde dann ergeben:

$$\Delta P = \frac{2\gamma}{R}. \qquad (7.7)$$

Auch die Oberflächenspannung von Dampfblasen in einer Flüssigkeit kann durch Gl. (7.7) beschrieben werden. Sie bildet die Grundlage für die meisten experimentellen Methoden zur Bestimmung von Oberflächenspannungen von Flüssigkeiten, aber auch von *Grenzflächenspannungen zwischen zwei Flüssigkeiten*. Ein relativ genaues Verfahren zur Bestimmung der Oberflächenspannung einer Flüssigkeit misst z.B. den Druck, der notwendig ist, um aus einer in die Flüssigkeit eingetauchten Kapillare eine halbkugelförmige Gasblase mit dem Durchmesser der Kapillare herauszudrücken (vgl. Adamson 1997); zur Berechnung von γ benutzt man auch hier die Gl. (7.7).

Tabelle 7.1. Oberflächenspannungen von Flüssigkeiten

Flüssigkeit	$T/°C$	$\gamma/mJ\ m^{-2}$
He	-270,7	0,308
N_2	-198	9,71
n-Heptan	20	19,7
Ethanol	20	22,75
Benzol	20	28,88
H_2O	20	72,75
$NaNO_3$	308	116,6
Na	97	202
Hg	20	476
Fe	1535	1880

Die Tabellen 7.1 und 7.2 geben Zahlenwerte der Oberflächenspannungen von Flüssigkeiten bzw. Grenzflächenspannungen von flüssigen Systemen, die nach diesem oder einem verwandten Verfahren ermittelt wurden.

7.1.2 Kontaktwinkel

In diesem und den folgenden Abschnitten sollen die Eigenschaften der Grenzflächen in Systemen aus drei Phasen behandelt werden. Dafür ist es zweckmäßig, den Aggregatzustand zweier sich berührender Phasen zu indizieren. Man wählt etwa die Indizes S = fest, L = flüssig und V = gasförmig. Dementsprechend kann man die Grenzflächenspannungen zwischen zwei Phasen verschiedenen Aggregatzustandes mit γ_{SV}, γ_{LV}, γ_{SL} bezeichnen.

In den vorangehenden Abschnitten haben wir vor allem die Oberflächenspannungen γ_{LV} von Flüssigkeiten sowie die Grenzflächenspannungen $\gamma_{L'L''}$ zwischen zwei flüssigen Phasen L′ und L″ behandelt.

In einem *Dreiphasensystem* können nun Bereiche existieren, in denen alle drei

Tabelle 7.2. Grenzflächenspannungen Flüssigkeit/Flüssigkeit (bei 20 °C)

Flüssigkeiten	$\gamma/mJ\ m^{-2}$
n-Butanol/H_2O	1,8
n-Heptansäure/H_2O	7,0
n-Oktanol/H_2O	8
Diethylether/H_2O	10,7
n-Hexan/H_2O	31,1
Benzol/H_2O	35,0
Tetrachlorkohlenstoff/H_2O	45,0
n-Heptan/H_2O	50,2
H_2O/Hg	415
Ethanol/Hg	389
n-Heptan/Hg	378

Phasen einander berühren. Ein einfaches Beispiel ist der Kontakt zweier nicht mischbarer Flüssigkeiten L′ und L″ (z.B. Öl und Wasser), die ihrerseits im Kontakt zu einer Gasphase stehen (Abb. 7.4). Der aufgebrachte, schwimmende Tropfen nimmt etwa die Gestalt einer Linse an. In den Grenzflächen zwischen Gasphase und den Flüssigkeiten L′ und L″ wirken die Oberflächenspannungen $\gamma_{L'V}$ bzw. $\gamma_{L''V}$, während in der Grenzfläche zwischen den beiden Flüssigkeiten L′ und L″ die Grenzflächenspannung $\gamma_{LL'}$ vorhanden ist. Die **Randlinie** R des Tropfens bilde einen Kreis des Durchmessers d. Auf dieser Randlinie stehen alle drei Phasen miteinander in Kontakt. Zur Analyse der Situation betrachten wir das Gleichgewicht der auf einem Linienelement der Länge Δl (z.B. $\Delta l = \pi d/30$) des Tropfenrandes angreifenden Kräfte, die sich jeweils als das Produkt aus Δl und der betreffenden Grenzflächenspannung ergeben. Dies folgt aus Gl. (7.1), nach der die Grenzflächenspannung eine Kraft pro Länge darstellt. Wir zerlegen die Kräfte in ihre horizontalen und vertikalen Komponenten und addieren sie auf.

Die Bilanz der Kraftkomponenten in horizontaler Richtung liefert (vgl. Abb. 7.4):

$$\Delta l\,\gamma_{L'V}\cos\theta_{L'V} = \Delta l\,\gamma_{L''V}\cos\theta_{L''V} + \Delta l\,\gamma_{L'L''}\cos\theta_{L'L''}, \text{ d.h.}$$

$$\gamma_{L'V}\cos\theta_{L'V} = \gamma_{L''V}\cos\theta_{L''V} + \gamma_{L'L''}\cos\theta_{L'L''}, \qquad (7.8)$$

während sich für die vertikalen Kraftkomponenten ergibt:

$$\Delta l\,\gamma_{L'L''}\sin\theta_{L'L''} = \Delta l\,\gamma_{L''V}\sin\theta_{L''V} + \Delta l\,\gamma_{L'V}\sin\theta_{L'V}, \text{ d.h.}$$

$$\gamma_{L'L''}\sin\theta_{L'L''} = \gamma_{L''V}\sin\theta_{L''V} + \gamma_{L'V}\sin\theta_{L'V}. \qquad (7.9)$$

Falls also die Oberflächenspannungen $\gamma_{L'V}$ und $\gamma_{L''V}$ der Flüssigkeiten L′ bzw. L″ bekannt sind und die Winkel $\theta_{L'V}$, $\theta_{L''V}$ und $\theta_{LL'}$ vermessen werden, lässt sich die unbekannte Grenzflächenspannung $\gamma_{L'L''}$ aus Gl. (7.8) oder (7.9) errechnen. Derartige Messungen sind vor allem Ende des 19. Jahrhunderts durchgeführt worden und haben die Gln. (7.8) und (7.9) bestätigen können. Die Winkel $\theta_{L'V}$, $\theta_{L''V}$ und $\theta_{L'L''}$ eines Flüssigkeitstropfens auf einer Flüssigkeitsoberfläche sind jedoch schwierig zu messen. Daher hat das durch Abb. 7.4 und Gln. (7.8) und (7.9) beschriebene Phänomen gegenüber den in Abschn. 7.1.1 erwähnten Messverfah-

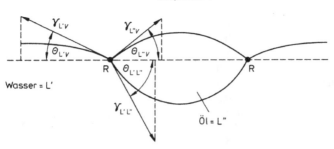

Abb. 7.4. Gestalt und Kontaktwinkel eines Öltropfens auf einer Wasseroberfläche

ren zur Ermittlung von Grenzflächenspannungen zwischen zwei Flüssigkeiten keine praktische Bedeutung erlangen können.

Der Sonderfall einer „*Spreitung*" der Flüssigkeit L″ auf der Flüssigkeitsoberfläche L′ tritt auf, falls $\gamma_{L'V} \geq \gamma_{L'L'} + \gamma_{L'V}$; dabei verschwinden alle *Randwinkel*, d.h. $\theta_{L'V} = \theta_{L''V} = \theta_{L'L'} = 0$. Anschaulich bedeutet dies, dass sich die Flüssigkeit L″ – zur Vermeidung der vergleichsweise hohen Oberflächenspannung $\gamma_{L'V}$ der Flüssigkeit L′ gegenüber der Gasphase – völlig auf L′ ausbreitet.

Praktisch und theoretisch viel wichtiger ist das in Abb. 7.5 dargestellte 3-Phasensystem. Hier ruht ein Flüssigkeitstropfen auf einer ebenen, glatten und vollkommen starren Festkörperoberfläche. Die Tangente am Tropfenrand bildet mit der ebenen Festkörperoberfläche den *Kontaktwinkel* θ (auch *Randwinkel* genannt). Für ein gegebenes Paar von Festkörper und Flüssigkeit ist der Kontaktwinkel θ unabhängig von der Form und Position des Festkörpers. Der gleiche Winkel θ wird z.B. am aufliegenden Tropfen (Abb. 7.5), an einer vertikalen, eingetauchten Wand (vgl. Abb. 7.8), oder in einer eingetauchten Kapillare (vgl. Abb. 7.9) gemessen. Obwohl dieser Grenzfall einer starren Festkörperoberfläche auf den ersten Blick viel einfacher erscheint als die in Abb. 7.4 dargestellte Situation und zudem alle Zwischenzustände zwischen den in Abb. 7.4 und 7.5 dargestellten Situationen (z.B. an ebenen wässrigen Silicagelen bei ihrer allmählichen Erhärtung) beobachtet werden konnten, ist die befriedigende thermodynamische Analyse des Kontaktwinkels θ ein relativ schwieriges Unterfangen (vgl. Neumann 1974). Die direkte Messung von γ_{SV} und γ_{SL} in der Form einer Grenzflächen-Spannung (d.h. Kraft pro Längeneinheit) erweist sich für starre Festkörperoberflächen als unmöglich.

Es ist daher zweckmäßig, die alternative Interpretation der Grenzflächenspannungen als spezifische Grenzflächenenergien zu verwenden. Dieser Standpunkt wurde von C.F. Gauß eingenommen. Er verwendete die Methode „der virtuellen Verschiebung aus dem Gleichgewicht", die wir bereits in Abschn. 3.2.1 zur Formulierung der allgemeinen thermodynamischen Gleichgewichtsbedingungen benutzt haben. Damit leitete Gauß 1830 die Bedingungen für das Gleichgewicht am Tropfenrand her und zeigte zugleich das Prinzip einer molekulartheoretischen Berechnung von Grenzflächenenergien auf. Wir werden in Abschn. 7.1.4 unter Anlehnung an das von ihm verwendete Verfahren eine Ableitung seiner Bedingung

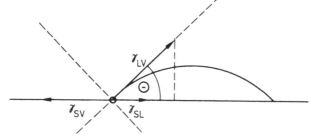

Abb. 7.5. Kontaktwinkel θ eines Flüssigkeitstropfens auf einer ebenen festen Oberfläche

für das thermodynamische Gleichgewicht am Tropfenrand geben, die in unserer Schreibweise lautet:

$$\gamma_{SV} - \gamma_{SL} = \gamma_{LV} \cos \theta \qquad (7.10)$$

Diese Beziehung wird meist als **Young'sche Gleichung** oder auch als **Young-Gauß-Gleichung** bezeichnet (wenngleich sie von Young noch nicht formelmäßig angegeben und als Kräftegleichgewicht unzutreffend interpretiert wurde).

Eine der Gl. (7.9) entsprechende Beziehung für die Vertikalkomponente $\gamma_{LV} \sin\theta$ macht für die Situation der Abb. 7.5 keinen Sinn, weil durch die Starrheit der Festkörperoberfläche keine Verformung beobachtet werden kann.

Der Kontaktwinkel θ kann leicht experimentell bestimmt werden: Ein kleiner (ca. 5 µl) Tropfen wird mit einem monokularen Fernrohr beobachtet, das mit einem Goniometerokular ausgestattet ist. An dem (umgekehrten) optischen Bild des Tropfens wird die Winkeldifferenz zwischen der Horizontalen (Festkörperoberfläche) und der Tangente an den Tropfenrand mit Hilfe eines Fadenkreuzes am Goniometer (Winkelmesser) vermessen (vgl. Abb. 7.5).

Ziel einer Bestimmung des Kontaktwinkels θ ist die Ermittlung der beiden unbekannten Grenzflächenspannungen γ_{SL} und γ_{SV}. Hierzu reicht die Anwendung von Gl. (7.10) allein nicht aus. Wie eine detaillierte thermodynamische Analyse gezeigt hat, existiert jedoch eine zweite Beziehung zwischen den 3 Grenzflächenspannungen γ_{SV}, γ_{SL} und γ_{LV}, die den Charakter einer Zustandsgleichung besitzt. Sie lautet für eine Vielzahl von Grenzflächensystemen (Neumann 1974):

$$\gamma_{SL} = \frac{\left(\sqrt{\gamma_{SV}} - \sqrt{\gamma_{LV}} \right)^2}{1 - a\sqrt{\gamma_{SV}\gamma_{LV}}}, \text{ mit } a = 15 \text{ m}^2 \text{ J}^{-1}. \qquad (7.11)$$

Zusammen mit der Young'schen Beziehung Gl. (7.10) gestattet Gl. (7.11), aus experimentell ermittelten Werten für θ und γ_{LV} die unbekannten Größen γ_{SV} und γ_{SL} zu berechnen. An Stelle einer eigenen Rechnung kann auch eine umfangreiche Tabellierung der Wertequadrupel θ, γ_{LV}, γ_{SV} und γ_{SL} benutzt werden, die alle Wertebereiche praktischen Interesses abdeckt (Neumann et al. 1980).

Derartige Untersuchungen sind an einer Reihe von Festkörpern durchgeführt worden (Neumann 1974). Experimentelle Daten für ein solches System sind in der Übungsaufgabe 7.3 angegeben. Hier erweist sich die Oberflächenspannung γ_{SV} des Festkörpers als unabhängig von der Oberflächenspannung γ_{LV} der zur Messung des Randwinkels θ benutzten Flüssigkeit, wie es die thermodynamische Theorie auch fordert. Die experimentellen Daten dieser Übungsaufgabe bestätigen außerdem die Erwartung, dass die Grenzflächenspannung γ_{SL} um so kleiner sein sollte, je ähnlicher die molekularen Eigenschaften von Festkörper und Flüssigkeit sind.

Das gleiche Verfahren wurde auch zur Kennzeichnung der Grenzflächeneigenschaften von ebenen biologischen Oberflächen als Festkörper S angewandt (z.B. des Zellrasens einer Säugerzellkultur); es erlaubt die Ermittlung der zellulären Grenzflächenspannungen γ_{SV} und γ_{SL} (van Oss et al. 1975). Bei solchen Anwendungen auf biologische Systeme wird meist der Kontaktwinkel von Tropfen einer

Abb. 7.6. Diagramm zur Auswertung von Messungen des
Kontaktwinkels θ nach der
Youngschen Beziehung Gl.
(7.10) und der „Zustandsgleichung" nach Neumann, Gl.
(7.11), für die Oberflächenspannungen $\gamma_{LV} = 70, 72,8$ und
75 mN m^{-1} (s. Kurvenparame-
ter)

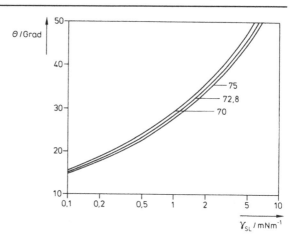

wässrigen Lösung (physiologischer NaCl-Lösung) vermessen. Für derartige Mess-
Situationen gibt Abb. 7.6 den durch Gln. (7.10) und (7.11) beschriebenen Zusammenhang zwischen θ und γ_{SL} wieder; er ist dort für die Oberflächenspannungen $\gamma_{LV} = 70, 72,8$ und 75 mJ m^{-2} aufgetragen, die für Wasser (oder in sehr guter
Näherung auch für physiologische Salzlösung) bei 37 °C, 20 °C bzw. 4 °C gelten.

Als Beispiel einer biologischen Anwendung sind in Tabelle 7.3 Daten aus dem
Labor eines der Autoren zu Grenzflächenparametern von Säugerzellen und von
Zellkultursubstraten angegeben. Diese wurden im Zusammenhang einer Charakterisierung der Zelladhäsion am Substrat ermittelt. Die Messung des Kontaktwinkels von Tropfen physiologischer Kochsalzlösung wurde an einer kontinuierli-
chen Zellmonoschicht (Werte γ_{ZL} und γ_{ZV}) und alternativ an Zellkulturpetrischalen

Tabelle 7.3. Grenzflächenparameter einer Zellmonoschicht sowie zweier Kultursubstrate
aus Messungen des Kontaktwinkels θ von Tropfen physiologischer Salzlösung *(T = 20 °C,*
$\gamma_{LV} = 72,8$ mJ m^{-2})

Oberfläche	$\dfrac{\theta}{\text{Grd}}$	$\dfrac{\gamma_{ZL}}{\text{mJ m}^{-2}}$	$\dfrac{\gamma_{SL}}{\text{mJ m}^{-2}}$	$\dfrac{\gamma_{ZV}}{\text{mJ m}^{-2}}$	$\dfrac{\gamma_{SV}}{\text{mJ m}^{-2}}$	$\dfrac{\gamma_{ZS}}{\text{mJ m}^{-2}}$	$\dfrac{\Delta G_{Adh}}{\text{mJ m}^{-2}}$
3T3-Mauszellen[a]	23,0	0,48		67,7			
Kulturschale[b]							
unbehandelt	38,7		2,89		59,9	0,94	−2,4
RSA-präink.	16,4		0,13		70,2	0,10	−0,5

Die „unbehandelte" Kulturschale wurde nur mit Methanol gespült. Die Kulturschale „RSA-
präink." wurde für 30 min bei 37 °C mit 10 mg/ml Rinderserumalbumin in Kulturmedium
(ohne Serum) präinkubiert. Alle Oberflächen wurden vor der Messung nacheinander kurz
mit physiologischer Salzlösung und destilliertem Wasser gespült und danach 30 min bei
30-40% relativer Luftfeuchte getrocknet. Der Kontaktwinkel wurde 1 min nach Aufsetzen
eines 5 µl Tropfens physiologischer Kochsalzlösung gemessen
a Adam G, Schumann Ch (1981) Cell Biophysics 3:189-209
b Steiner U, Adam G (1984) Cell Biophysics 6:279-299
  Adam G, Bauer K: unveröffentlicht

(Wertepaare γ_{SL} und γ_{SV}) mit und ohne Oberflächenbehandlung (Adsorption von Rinderserumalbumin) vorgenommen. Hierbei wurde der Zellrasen (Index Z) als Festkörperoberfläche behandelt.

Von besonderem Interesse ist die freie Enthalpie ΔG_{Adh} der Zelladhäsion (s. Abschn. 7.1.4). Zu ihrer Bestimmung wird die Grenzflächenspannung γ_{ZS} zwischen den Säugerzellen und ihrem Kultursubstrat (dem Boden der Petrischale) benötigt. Diese kann jedoch nicht auf direkte Weise durch Messung eines Kontaktwinkels bestimmt werden. Hier machen wir von der Tatsache Gebrauch, dass die Zustandsgleichung (7.11) allgemein auf 3-Phasensysteme angewandt werden kann, somit also auch auf Säugerzellen (Z), Festkörper (S) sowie die angrenzende Gasphase (V). Falls die Grenzflächenspannungen γ_{ZV} (zwischen Zelle und Gasphase) und γ_{SV} (zwischen Substratoberfläche und Gasphase) bekannt sind, erlaubt Gl. (7.11) die Berechnung der gesuchten Grenzflächenspannung γ_{ZS}. Hierzu ist die „flüssige" Phase L mit den Zellen Z zu identifizieren. Die Daten von Tabelle 7.3 werden in Abschn. 7.1.3 diskutiert.

7.1.3 Thermodynamische Beschreibung von Grenzflächensystemen

Das Ziel dieses Abschnittes ist es, die energetische Interpretation der Grenzflächenspannung auf der Grundlage einer thermodynamischen Beschreibung der Grenzflächen genauer zu fassen. Auf dieser allgemeinen und umfassenden Formulierung aufbauend, soll dann in den nachfolgenden Abschnitten die Young-Gauß-Gleichung (7.10), die quantitative Beschreibung der Adhäsion sowie die der Adsorptionsphänomene an Grenzflächen hergeleitet werden.

A) Thermodynamische Beschreibung einer Grenzfläche zwischen zwei Phasen.
Zur thermodynamischen Behandlung von Grenzflächenerscheinungen betrachtet man zweckmäßig die Grenzflächenphase als gesondertes thermodynamisches System, das mit den angrenzenden Volumenphasen im thermodynamischen Gleichgewicht steht (vgl. Abb. 7.7). Die Dicke der Grenzflächenphase wird so gewählt, dass die angrenzenden Volumenphasen ohne Berücksichtigung der spezifischen Grenzflächeneffekte beschrieben werden können. Ansonsten kann die Dicke der

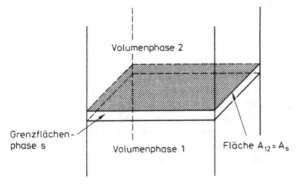

Volumenphase 2

Grenzflächen-
phase s

Volumenphase 1

Fläche $A_{12} = A_s$

Abb. 7.7. Schematische Darstellung der Abtrennung einer dünnen Grenzflächenphase S der Fläche A_s von den (durch Grenzflächeneffekte) ungestörten angrenzenden Volumenphasen 1 und 2

Grenzflächenphase offen bleiben. Allerdings erstrecken sich die Störungen durch die Grenzflächeneffekte in der Regel nur über wenige Moleküllängen, sodass das Grenzflächensystem nur eine sehr dünne Schicht zwischen den Volumenphasen einnehmen muss.

Wir ziehen hierzu die bereits bekannten Beziehungen zur thermodynamischen Beschreibung einer Volumenphase heran; für sie gilt die verallgemeinerte *Gibbs'sche Fundamentalgleichung* (Gl. 4.18):

$$dG = -SdT + VdP + \sum_{i=1}^{r} \mu_i dn_i \qquad (7.12)$$

Hier sind n_1, n_2, ..., n_r die in der Volumenphase vorkommenden Stoffmengen und μ_1, μ_2, ..., μ_r die zugehörigen chemischen Potentiale.

Diese Beziehung kann für konstante T und P integriert werden; das Ergebnis ist (Gl. 4.14):

$$G = \sum_{i=1}^{r} \mu_i n_i \qquad (7.13)$$

Alle thermodynamischen Größen für das Grenzflächensystem bezeichnen wir mit dem Index s (s = *surface*).

Wir betrachten das Grenzflächensystem zunächst bei konstanten Stoffmengen n_{si}. Dann fordert der II. Hauptsatz in der Form der Gl. (2.82):

$$T_s dS_s = dU_s + P_s dV_s - \sum_{i=1}^{n} \lambda_{si} \, dl_{si} \quad (n_{si} = \text{const.}). \qquad (7.14)$$

Hier sind die Größen l_{si} (zusätzlich zu U_s, V_s und den n_{si}) zur vollständigen thermodynamischen Beschreibung des Systems notwendige extensive Zustandsvariable.

Im Fall einer Grenzflächenphase ist zur vollständigen thermodynamischen Charakterisierung des Systems die Berücksichtigung der Oberfläche A_s der Grenzflächenphase notwendig; es ist also anstelle der Summe in Gl. (7.14) nur der Term der *Grenzflächenarbeit* $-\gamma dA_s$ anzuschreiben:

$$T_s dS_s = dU_s + P_s dV_s - \gamma dA_s \quad (n_{si} = \text{const.}) . \qquad (7.15)$$

Wir benutzen weiterhin die Freie Enthalpie G_s als zweckmäßiges thermodynamisches Potential der Grenzflächenphase (s. Gl. 3.39):

$$G_s = U_s - T_s S_s + P_s V_s. \qquad (7.16)$$

Durch vollständige Differentiation der Gl. (7.16) und Einsetzen von Gl. (7.15) erhält man:

$$dG_s = -S_s dT_s + V_s dP_s + \gamma dA_s \quad (n_{si} = \text{const.}). \qquad (7.17)$$

Wie in Gl. (4.18) werden Veränderungen der Stoffmengen n_{si} durch Ergänzung von Gl. (7.17) mit dem Term $\Sigma \mu_{si} \, dn_{si}$ erfasst:

$$dG_s = -S_s dT_s + V_s dP_s + \gamma dA_s + \sum_{i=1}^{r} \mu_{si} \, dn_{si} \qquad (7.18)$$

Hier sind n_{s1}, n_{s2}, ..., n_{sr} die Stoffmengen der in der Grenzflächenphase vorkommenden Verbindungen und μ_{s1}, μ_{s2}, ..., μ_{sr} die zugehörigen chemischen Potentiale.

Gleichung (7.18) stellt die **Gibbs'sche Fundamentalgleichung für das Grenzflächensystem** in einer allgemein gültigen Formulierung dar. Für spezifische Aussagen müssen nun die einschränkenden Bedingungen des speziell betrachteten Systems benannt werden.

Im thermodynamischen Gleichgewicht zwischen Grenzflächenphase und Volumenphase(n) müssen die intensiven Zustandsgrößen der Systeme einander gleich sein (vgl. Abschn. 3.2.1 und 4.4.3):

$$T_s = T; \quad P_s = P; \quad \mu_{si} = \mu_i . \qquad (7.19)$$

Damit haben wir für Gl. (7.18):

$$dG_s = -S_s dT + V_s dP + \gamma dA + \sum_{i=1}^{r} \mu_i \, dn_{si} \qquad (7.20)$$

Aus Gl. (7.20) ergibt sich die **thermodynamische Definition für die Grenzflächenspannung** γ:

$$\gamma = \left(\frac{\partial G_s}{\partial A_s} \right)_{T,P,n_{si}} . \qquad (7.21)$$

Ganz analog zur Integration der verallgemeinerten Gibbs'schen Fundamentalgleichung für die Volumenphase ergibt der Euler'sche Satz für homogene Funktionen (Gl. 4.2) die folgende integrierte Beziehung für die Grenzflächenphase (T = const., P = const.):

$$G_s = \gamma A_s + \sum_{i=1}^{r} \mu_i n_{si} . \qquad (7.22)$$

Für die Zwecke dieses und des folgenden Abschnittes sollen nur Zustandsänderungen betrachtet werden, bei denen

$$T = \text{const.}, \quad P = \text{const. sowie } n_{si} = \text{const.} \qquad (7.23)$$

Dann folgt aus Gl. (7.20):

$$dG_s = \gamma dA_s . \qquad (7.24)$$

B) Thermodynamische Beschreibung der Grenzflächenphänomene an Dreiphasensystemen unter konstanten Konzentrationen.
Wir betrachten nun ein Grenzflächensystem mit den koexistierenden Phasen 1, 2 und 3 und den Flächenabmessungen A_{12}, A_{23} und A_{13} der Grenzflächen zwischen den drei Phasen. Die Konzentrationen aller Stoffe in den drei Volumenphasen wie in den drei Grenzflächensystemen sollen konstant sein; damit entfallen in den Dif-

ferentialen der Freien Enthalpien die Summenterme $\Sigma \mu_i dn_i$ sowie $\Sigma \mu_i dn_{si}$. Die Freie Enthalpie G_s des gesamten (sich aus den drei einzelnen Grenzflächen zusammensetzenden) Grenzflächensystems wird also durch die unabhängigen Zustandsvariablen T, P, A_{12}, A_{23} und A_{13} beschrieben:

$$G_s = f(T, P, A_{12}, A_{23}, A_{13}). \tag{7.25}$$

Für konstantes T und P gilt also das vollständige Differential:

$$dG_s = \left(\frac{\partial G_s}{\partial A_{12}}\right) dA_{12} + \left(\frac{\partial G_s}{\partial A_{23}}\right) dA_{23} + \left(\frac{\partial G_s}{\partial A_{13}}\right) dA_{13}. \tag{7.26}$$

Völlig analog zu Gl. (7.21) definiert man die Grenzflächenspannungen γ_{lk} durch:

$$\gamma_{lk} = \left(\frac{\partial G_s}{\partial A_{lk}}\right)_{T,P,n_{si},A_{ik},A_{il}}. \tag{7.27}$$

Damit folgt für Gl. (7.26):

$$dG_s = \gamma_{12}\, dA_{12} + \gamma_{23}\, dA_{23} + \gamma_{13}\, dA_{13}. \tag{7.28}$$

Diese Gleichung wird im folgenden Abschnitt angewandt werden.

7.1.4 Freie Enthalpie der Adhäsion und Kontaktwinkel

A) Herleitung der Gleichung von Young-Gauß.
Wir hatten in Abschn. 7.1.2 festgestellt, dass der Kontaktwinkel in den drei in Abb. 7.5, 7.8 und 7.9 dargestellten experimentellen Situationen für ein gegebenes Paar von Flüssigkeit und Festkörper gleiche Werte annimmt, obwohl z.B. die Schwerkraftwirkungen sehr verschieden sind. Tatsächlich bestimmt die Schwerkraft infolge der Messgeometrie die **makroskopische** Form des Flüssigkeitsmeniskus. Ihre Einwirkung ist jedoch für die geringen Materiemassen in der Nähe der Kontaktlinie zwischen den drei Phasen, insbesondere für den dort anliegenden letzten Flüssigkeitszipfel, vernachlässigbar. Das Gleiche gilt natürlich allgemein für das sehr dünne Grenzflächensystem, d.h. Gl. (7.28) ist anwendbar, obwohl Schwerkrafteffekte darin nicht berücksichtigt sind. Gl. (7.28) lautet für die Situation der Abb. 7.8:

$$dG_s = \gamma_{SV}\, dA_{SV} + \gamma_{SL}\, dA_{SL} + \gamma_{LV}\, dA_{LV}. \tag{7.29}$$

Wir betrachten zunächst die Gleichgewichtslage der Kontaktlinie (mit dem Kontaktwinkel θ), die eine Länge l (senkrecht zur Zeichenebene der Abb. 7.8) haben möge. Davon ausgehend führen wir eine virtuelle (d.h. gedachte, kleine) Verschiebung der Kontaktlinie um den Betrag $dz > 0$ aus dem Gleichgewicht durch. Dabei möge sich der Kontaktwinkel auf den Wert $\theta - d\theta$ verringern (vgl. Abb.

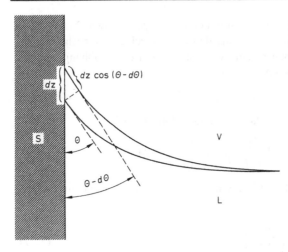

Abb. 7.8. Kapillaranstieg an einer ebenen Wand: Differentielle Verschiebung aus dem Gleichgewicht mit dem Kontaktwinkel θ (schematisch)

7.8). Die mit dieser Auslenkung aus dem Gleichgewicht verknüpften (differentiellen) Flächenänderungen sind dann (s. Abb. 7.8):

$$dA_{SV} = -ldz, \quad dA_{SL} = ldz, \quad dA_{LV} = ldz \cos (\theta - d\theta) . \tag{7.30}$$

Infolge des Additionstheorems für $\cos (\theta - d\theta)$ und der Kleinheit von $d\theta$ (d.h. $\cos d\theta \approx 1$, $\sin d\theta = 0$) gilt für dA_{LV}:

$$dA_{LV} = ldz \, (\cos \theta \cos d\theta - \sin \theta \sin d\theta) \approx ldz \cos \theta. \tag{7.31}$$

Einsetzen der virtuellen Flächenänderungen nach Gln. (7.30) und (7.31) in Gl. (7.29) liefert:

$$dG_s = ldz \, (-\gamma_{SV} + \gamma_{SL} + \gamma_{LV} \cos \theta). \tag{7.32}$$

Im thermodynamischen Gleichgewicht bei T = const., P = const., μ_i = const. muss nach Gl. (3.59) auch $dG_s = 0$ gelten, also muss bei willkürlichen dz nach Gl. (7.32) die Beziehung

$$-\gamma_{SV} + \gamma_{SL} + \gamma_{LV} \cos \theta = 0 \tag{7.33}$$

erfüllt sein, die mit der Young-Gauß-Gleichung (7.10) identisch ist.

B) Freie Enthalpie der Adhäsion.

Die tägliche Erfahrung zeigt, dass die Größe des Kontaktwinkels θ eine enge Korrelation mit dem Ausmaß der Haftung oder Adhäsion der Flüssigkeit auf der ebenen Festkörperoberfläche aufweist. Quecksilber auf Glas ($\theta \approx 150°$) oder Wasser auf Paraffin ($\theta = 105°$, vgl. Aufgabe 7.2) haften kaum, rollen bei Neigung der Festkörperoberfläche leicht herunter, während Wasser auf hochgereinigtem Glas ($\theta \approx 0°$) breit fließt und kaum abzustreifen ist. Diese Phänomene können mit Hilfe der Freien Enthalpie als Energiefunktion des Grenzflächensystems quantitativ beschrieben werden. Dazu gehen wir von der Formulierung der differentiellen Änderung der Freien Enthalpie des Grenzflächensystems nach Gl. (7.28) aus.

Die „*Freie Enthalpie der Adhäsion*" ΔG_{Adh}, z.B. zwischen den Phasen 2 und 3, wird definiert als die Änderung der Freien Enthalpie des Grenzflächensystems bei der Bildung der Einheitsfläche (also z.b. 1 m^2) des Kontaktes zwischen den Phasen 2 und 3 unter Beseitigung des Ausgangszustandes, in dem die beiden Phasen jeweils mit der dritten Phase 1 in Kontakt gestanden haben. Diese freie Adhäsionsenthalpie ΔG_{Adh} steht in enger Analogie zu der in Abschn. 3.1.3 definierten Freien Reaktionsenthalpie ΔG. Bei der oben definierten „Adhäsionsreaktion" ist:

$$dA_{23} = -dA_{12} = -dA_{13} = dA. \tag{7.34}$$

Daher gilt für Gl. (7.28):

$$dG_S = (\gamma_{23} - \gamma_{12} - \gamma_{13})\, dA. \tag{7.35}$$

Entsprechend der oben gegebenen Definition ist die Freie Adhäsionsenthalpie gleich der Änderung der Freien Enthalpie pro Flächeneinheit, d.h.

$$\Delta G_{Adh} = \left(\frac{dG_S}{dA}\right) \quad \text{(Einheit: J m}^{-2}\text{).} \tag{7.36}$$

Unter Verwendung von Gl. (7.35) erhalten wir hieraus (bei konstanten Grenzflächenspannungen) schließlich die *Beziehung von Dupré* (1869):

$$\Delta G_{Adh} = \gamma_{23} - \gamma_{12} - \gamma_{13} \tag{7.37}$$

Wir wollen diese Beziehung zunächst auf die in Abb. 7.5 dargestellte Situation anwenden und die Freie Adhäsionsenthalpie zwischen Flüssigkeit und Festkörper ermitteln. In diesem Fall ist 1 = V (Gasphase), 2 = L (Flüssigkeit) und 3 = S (Festkörper), also nach Gl. (7.37):

$$\Delta G_{Adh} = \gamma_{SL} - \gamma_{LV} - \gamma_{SV} \tag{7.38}$$

Setzen wir in dieser Gleichung noch die Young'sche Beziehung ein, so erhalten wir die bereits von *A. Pockels* (1914) angegebene Beziehung:

$$\Delta G_{Adh} = -\gamma_{LV}\,(1 + \cos\theta) \tag{7.39}$$

Sie gibt den Zusammenhang zwischen ΔG_{Adh} und dem Kontaktwinkel θ explizit an. Für $\theta = 0$ ergibt sich $\Delta G_{Adh} = -2\gamma_{LV}$, d.h. die optimale Adhäsion, während sich für steigende Kontaktwinkel die (negativen) Freien Adhäsionsenthalpien verringern, um bei $\theta = 180°$ zu verschwinden. Positive Werte von ΔG_{adh} würden einer Abstoßung zwischen den Phasen L und S entsprechen.

Als zweite Anwendung der Dupré'schen Gl. (7.37) soll die Freie Adhäsionsenthalpie zwischen Säugerzellen und ihrem Wachstumssubstrat nach Tabelle 7.3 beschrieben werden. Hier sei 1 = L (physiologische Salzlösung), 2 = Z (3T3-Mauszellen) und 3 = S (Oberfläche der Kulturschale). Nach Gl. (7.37) gilt also:

$$\Delta G_{Adh} = \gamma_{ZS} - \gamma_{ZL} - \gamma_{SL} \tag{7.40}$$

Mit den Zahlenwerten für γ_{ZS}, γ_{ZL} und γ_{SL} aus Tabelle 7.3 ergeben sich die in der letzten Spalte der Tabelle 7.3 aufgeführten Werte für die Freie Adhäsionsenthalpie ΔG_{Adh} der 3T3-Mauszellen an den verschieden präparierten Wachstumssubstraten. Die Freien Adhäsionsenthalpien erweisen sich als negativ; nach den Ausführungen in Abschn. 3.2.1 ist also der Kontakt zwischen Zellen und Substrat gegenüber deren Kontakt zur physiologischen Salzlösung thermodynamisch begünstigt. Eine „Abstoßung" der Zellen vom Substrat würde $\Delta G_{Adh} > 0$ bedeuten. Wir erkennen weiterhin, dass die Präinkubation des Kultursubstrates mit Rinderserumalbumin den Betrag von ΔG_{Adh} stark verringert. Nach diesem Ergebnis der Analyse ist die Adhäsion der Zellen am RSA-behandelten Substrat thermodynamisch ungünstiger als am unbehandelten Substrat. Damit korreliert gut das Ergebnis von unabhängigen Studien der frühen Stadien der Anheftung von suspendierten 3T3-Mauszellen an diesen Substraten (Bauer u. Adam, unveröffentlicht). Nach 90 min Inkubation bei 37 °C haften nur 50% der Zellen am RSA-behandelten Substrat so fest, dass sie sich auch nach einmaliger Spülung mit physiologischer Salzlösung nicht ablösen, während unter gleichen Bedingungen mehr als 95% der Zellen am unbehandelten Substrat fest haften. Studien dieser Art (vgl. auch van Oss et al. 1975) geben interessante Aufschlüsse über Adhäsionsphänomene an Substraten bzw. zwischen biologischen Oberflächen (wie zwischen Granulocyten und Bakterien).

Einschränkend sei bemerkt, dass die obige Analyse der Zelladhäsion glatte und homogene Oberflächen voraussetzt. Diese Voraussetzungen sind jedoch nicht immer oder oft nur in grober Näherung erfüllt: Die Zellen beeinflussen das Substrat durch (lokal) sezernierte oberflächenaktive Verbindungen („Mikroexsudate"); weiterhin stellen die Zellen den Kontakt mit dem Substrat meist nur über lokalisierte und spezialisierte Zelloberflächenstrukturen („Adhäsionsplaques") her (Grinnell 1978). Diese Effekte werden mit dem geschilderten makroskopischen Verfahren, das über größere Oberflächenbereiche mittelt, im Allgemeinen nicht erfasst; es ist daher als eine erste Näherung und Basis für weitere, detailliertere Studien anzusehen.

In neuerer Zeit hat man spezialisierte Kontakte zwischen Proteinen der extrazellulären Matrix (z.B. Fibronectin) mit Rezeptoren der Plasmamembran (Integrine) gefunden. Sie geben zu einer Signaltransduktion im Zellinneren Anlass, die letztlich zu einer Kopplung des Actin-Cytoskeletts über Linker-Proteine (z.B. Vinculin) an die Integrine führt. Hierdurch können Kräfte, die in der Zelle erzeugt werden, lokal auf die extrazelluläre Matrix übertragen werden (Geiger et al. 2001).

Außer den erwähnten Phänomenen der Zelladhäsion und der Phagocytose konnten viele weitere Grenzflächenerscheinungen wie Antigen/Antikörper-Dissoziation, hydrophobe bzw. Reversed-Phase-Chromatographie u.a. nach dem oben skizzierten thermodynamischen Ansatz erfolgreich analysiert werden (van Oss et al. 1983).

7.1.5 Kapillarwirkung

Flüssigkeiten in Kapillaren bilden gekrümmte Oberflächen aus. Dieser Effekt geht wiederum auf die Wechselwirkung zwischen den Flüssigkeitsmolekülen zurück, ist also mit ihrer Oberflächenspannung verknüpft. Allerdings kommt hier auch die Wechselwirkung zwischen Flüssigkeit und Kapillare (= Festkörper) ins Spiel. Es können dabei zwei Fälle auftreten:

a) Der Kontaktwinkel θ zwischen Flüssigkeitsmeniskus und Kapillaroberfläche ist kleiner als 90° (Abb. 7.9). Man sagt dann: die Flüssigkeit „benetzt" die Kapillare. Dann beobachtet man einen Anstieg der Flüssigkeit in der Kapillare (***Kapillaranstieg***).

b) Der Kontaktwinkel θ zwischen Flüssigkeit und Kapillare ist größer als 90°, d.h. die Flüssigkeit „benetzt nicht". Man beobachtet eine Abnahme des Flüssigkeitsspiegels (***Kapillardepression***).

Bei vollständiger Benetzbarkeit (Spreitung) ist $\theta = 0$, bei vollständiger Unbenetzbarkeit ist $\theta = 180°$; in beiden Fällen hat der Flüssigkeitsmeniskus die Gestalt einer Halbkugel. Die genannten Kapillareffekte sind in engen Röhren leicht messbar.

Zur quantitativen Beschreibung dieser Erscheinungen benutzt man Gl. (7.7). Danach ist die Krümmung des Meniskus mit einem Druckunterschied $\Delta P = P_a - P_i$ verknüpft, wobei immer die konkave Seite den höheren Druck hat. Es gilt also für den Kapillaranstieg:

$$P_a - P_i = \frac{2\gamma}{R} = \frac{2\gamma\cos\theta}{r} \qquad (7.41)$$

wobei r = Kapillarradius (Abb. 7.9). Hierbei haben wir den Zusammenhang $r/R = \cos\theta$ verwendet, der aus geometrischen Überlegungen anhand von Abb. 7.9 folgt.

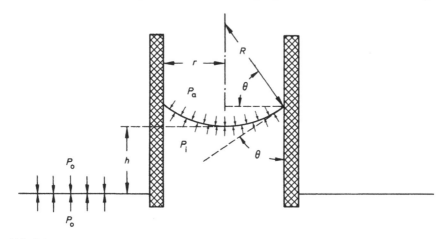

Abb. 7.9. Anstieg einer benetzenden Flüssigkeit in einer Kapillare (Kapillaranstieg)

Die Größen P_i und P_a hängen mit dem Druck P_0 auf dem ebenen Flüssigkeits-spiegel wie folgt zusammen:

$$P_a = P_0 - \rho_{\text{Luft}}\, g\, h \approx P_0 \tag{7.42}$$

$$P_i = P_0 - \rho g h\,, \tag{7.43}$$

wobei ρ die Dichte der Flüssigkeit, ρ_{Luft} die Dichte der Luft, g die Erdbeschleunigung und h die Steighöhe ist.
Gln. (7.41) bis (7.43) ergeben also:

$$\gamma = \frac{ghr\left(\rho - \rho_{\text{Luft}}\right)}{2\cos\theta} \approx \frac{ghr\rho}{2\cos\theta}\,. \tag{7.44}$$

Bei maximaler Benetzbarkeit ist $\theta = 0°$. Wie man unschwer durch Umformung von Gl. (7.44) erkennt, erhält man für diesen Fall die maximale Steighöhe

$$h_{\text{max}} = 2\gamma/\rho\, gr.$$

Wasser benetzt (sauberes!) Glas ($\theta \approx$ 0-20°) und steigt in einer Kapillare von 1 mm Durchmesser etwa 3 cm hoch.

Dagegen ist Quecksilber an Glas ($\theta \approx 140°$) nicht benetzend. In einem solchen Falle der Kapillardepression ist $P_i > P_a$, $r/R = \cos(180° - \theta)$ und die Gln. (7.41) bis (7.43) sind zu ersetzen durch:

$$P_i - P_a = \frac{2\gamma}{R} = \frac{2\gamma\cos(180° - \theta)}{r} \tag{7.41a}$$

$$P_i = P_0 + \rho g h \tag{7.42a}$$

$$P_a = P_0 + \rho_{\text{Luft}}\, g\, h\,. \tag{7.43a}$$

Es ergibt sich also (unter Vernachlässigung von $\rho_{\text{Luft}}\, g\, h$):

$$\rho g h = \frac{2\gamma\cos\left(180° - \theta\right)}{r} \tag{7.45}$$

und infolge der Eigenschaften der Cosinusfunktion (d.h. $\cos(180° - \theta) = -\cos\theta$):

$$\gamma = -\frac{\rho g h r}{2\cos\theta}\,. \tag{7.44a}$$

Nach den Gln. (7.44) bzw. (7.44a) ist also die Oberflächenspannung γ unabhängig vom Material der Kapillare aus der Steighöhe h und dem Kontaktwinkel θ zu ermitteln. Für Quecksilber ($\rho = 13,55$ g/cm^3) ergibt sich bei einer Kapillare von 1 mm Durchmesser eine Höhe h von etwa 1,1 cm.

Kapillarwirkungen spielen bei vielen biologischen Erscheinungen eine Rolle. Der Wassertransport der höheren Pflanzen beispielsweise findet im Xylem der Leitbündel statt. Die eigentlichen, das Wasser führenden Gefäße sind ununterbrochene, kapillare Röhren, die von der Wurzel bis in die Blätter führen. Der Innendurchmesser der Gefäße ist je nach Art 10-200 μm (bis zu 500 μm). Die innere

Auskleidung der Gefäße kann als völlig benetzend ($\theta \approx 0°$) angenommen werden. Dann ergeben sich mit den obigen Durchmessern Steighöhen im Bereich von 3 bzw. 0,15 m. Das Überwinden von erheblichen Höhen des Wassertransportes (z.b. in Bäumen) muss also auf zusätzlich wirkenden Kräften beruhen; tatsächlich kann man den Wassertransport durch die Kapillargefäße im Wesentlichen durch den *„Transpirationssog"* erklären (vgl. 4.4.8, sowie Schopfer u. Brennicke 1999).

Wir wollen in diesem Zusammenhang noch die Freie Adhäsionsenthalpie ΔG_{Adh} des Wasserfadens an der Gefäßwand für verschwindenden Kontaktwinkel quantifizieren.

Nach der Beziehung Gl. (7.39) gilt bei $\theta = 0°$ für Wasser bei 20 °C ($\gamma_{LV} = 72{,}8$ mJ m^{-2}):

$$\Delta G_{Adh} = -2\gamma_{LV} = -0{,}146 \text{ J m}^{-2}. \tag{7.46}$$

Die bei $\theta \approx 0°$ gegebene optimale Adhäsion des Wasserfadens an den Wänden der Kapillargefäße wirkt der Ablösung und einem dadurch möglichen Kollabieren entgegen. Begrenzend für die Steighöhe ist vielmehr die Zugfestigkeit des Wasserfadens (vgl. Schopfer u. Brennicke 1999).

Kapillareffekte sind weiterhin wichtig für die Erscheinungen der Blutzirkulation sowie für praktische Aspekte wie das Füllen von Mikrokapillaren für elektrophysiologische Messungen.

7.2 Adsorption an Grenzflächen

In diesem Abschnitt sollen Grenzflächen zwischen Mischphasen und den ihnen benachbarten Phasen betrachtet werden. Als Beispiele seien eine flüssige Mischung zweier Komponenten (etwa eine wässrige Lösung eines Stoffes) im Kontakt zu einer festen, ebenen Oberfläche oder zu einem (wasserunlöslichen) Öl oder zu einer Gasphase genannt. Natürlich sind auch die biologischen Membranen wichtige, wenn auch relativ komplexe Beispiele solcher Grenzflächen, weil sie Phasen verschiedener Zusammensetzung begrenzen.

Im Allgemeinen sind die Mischungskomponenten in den einander berührenden Phasen nicht gleichförmig verteilt. Die Grenzfläche kann im Vergleich zu den angrenzenden Volumenphasen an einer oder mehreren Mischungskomponenten angereichert oder verarmt sein. Wie wir im Folgenden sehen werden, führt das zu drastischen Effekten auf die Grenzflächenspannung. Wissenschaftlich und praktisch besonders wichtig sind die Fälle, bei denen sich eine gelöste Substanz in der Grenzfläche anreichert und dabei die Grenzflächenspannung gegenüber der des Lösungsmittels erniedrigt. Man spricht dann auch von einer *Adsorption* der Substanz an die Grenzfläche und bezeichnet diese Klasse gelöster Substanzen nach internationaler Vereinbarung als *„grenzflächenaktive Verbindungen"* (im Englischen auch *„surfactant"*) oder auch als *„Tenside"*.

In vielen praktischen Anwendungen von grenzflächenaktiven Verbindungen ist eine der aneinandergrenzenden Phasen eine wässrige Lösung des Tensids. Wir werden daher im Folgenden vor allem wässrige Lösungen grenzflächenaktiver Verbindungen als experimentelle Beispiele heranziehen, wobei wiederum deren Grenzfläche zum Gasraum, d.h. deren Oberfläche, einen besonders übersichtlichen Sonderfall darstellt.

7.2.1 Das Studium oberflächenaktiver Verbindungen: die Filmwaage

Wie in Abschn. 7.1.1 beschrieben, ist eine Flüssigkeit bestrebt, eine minimale Oberfläche einzunehmen. Die Triebkraft für diesen Prozess ist die Oberflächenspannung γ. Wir wollen im Folgenden die Oberflächenspannung einer reinen Flüssigkeit als γ_0 bezeichnen. γ kann durch Zumischung einer weiteren Komponente drastisch verändert werden (d.h. $\gamma \ll \gamma_0$). Insbesondere führen – wie bereits oben erwähnt – die „oberflächenaktiven" Beimischungen (Tenside) zu einer Erniedrigung der Oberflächenspannung. Das für biologische Systeme besonders wichtige Lösungsmittel Wasser hat eine relativ hohe Oberflächenspannung gegen seinen Dampf bzw. Luft. Die für Wasser oberflächenaktiven Substanzen sind in der Regel *amphiphil*, d.h. sie tragen sowohl polare als auch unpolare Molekülgruppen. Erstere nennt man *hydrophil* („wasserliebend"), weil sie in der Regel hydratisiert vorliegen, während letztere „wasserabstoßend" wirken und daher *hydrophob* oder auch *lipophil* („fettliebend") bezeichnet werden (s. auch Abschn. 9.1.1).

Beispiel einer oberflächenaktiven Substanz ist Hexanol (n-Hexylalkohol, s. Abb. 7.10). Es löst sich bei Raumtemperatur bis zu 0,058 M in Wasser. Bis zu dieser Grenzkonzentration überwiegt der hydrophile Charakter der OH-Gruppe gegenüber der „wasserabstoßenden" Wirkung der Kohlenwasserstoffkette. Die Hexanolmoleküle an der Lösungsoberfläche sind energetisch besonders günstig angeordnet, weil sich dort der hydrophile Teil des Moleküls mit Wassermolekülen umgeben kann, während sich die Kohlenwasserstoffschwänze in die Gasphase ausrichten können. Die Hexanolmoleküle akkumulieren deshalb aus energetischen Gründen in der Oberfläche. Nach der molekularen Interpretation der Oberflächenspannung ist dies gleichbedeutend mit einer Erniedrigung der Oberflächenspannung mit zunehmender Hexanolkonzentration in der Lösung. Die energetisch ungünstige Anordnung der Oberflächenmoleküle des reinen Wassers wird durch die

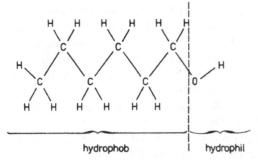

hydrophob   hydrophil

Abb. 7.10. Hexanol als Beispiel einer oberflächenaktiven Verbindung

energetisch günstigere, gerichtete Einlagerung von Hexanolmolekülen in die Oberfläche ersetzt.

Bei einer Lösung von 0,03 M Hexanol in Wasser ist beispielsweise die Oberflächenspannung des reinen Wassers von γ_0 = 72,8 mN m^{-1} (s. Tabelle 7.1) auf γ =
38,5 mN m^{-1}, d.h. auf etwa die Hälfte erniedrigt. Die Oberflächenkonzentration
der Hexanolmoleküle entspricht unter diesen Bedingungen einer mittleren Flä-
che/Molekül von 0,28 nm^2. Dies kommt fast der dichtestmöglichen Packung mit
Längsausdehnung der Moleküle senkrecht zur Lösungsoberfläche gleich. Zwi-
schen $5 \cdot 10^{-3}$ M und $5 \cdot 10^{-2}$ M Hexanol in Wasser ändert sich die Oberflächenkonzentration praktisch nicht. Dies steht im Einklang mit der Annahme, dass sich in
diesem Konzentrationsbereich durch Adsorption von Hexanol an die Wasseroberfläche eine monomolekulare Schicht herausgebildet hat, die die Wasseroberfläche
fast vollständig bedeckt.

Die Veränderung der Oberflächenspannung bei Einlagerung einer oberflächenaktiven Substanz in die Wasseroberfläche kann zweckmäßig in einer Anordnung
gemessen werden, wie sie in Abb. 7.11 schematisch dargestellt ist. Dieses Messverfahren ist das Ergebnis einer Entwicklung von fast hundert Jahren. Die wesentlichen Bestandteile des Verfahrens wurden von Agnes Pockels etwa 1891 entwickelt und zunächst nur in einem Brief an den bekannten Physiker Rayleigh
beschrieben, weil sie „aus verschiedenen Gründen" nicht den Zugang zur Veröffentlichung ihrer Ergebnisse in wissenschaftlichen Periodika hatte. Rayleigh ver-
anlasste die Veröffentlichung dieses Briefes 1891 in der Zeitschrift Nature. Diese
frühen Untersuchungen von A. Pockels sind nicht nur der Ausgangspunkt eines
noch immer aktuellen Forschungsgebietes, sondern stellen auch deswegen eine
hervorragende wissenschaftliche Leistung dar, weil die Ergebnisse mit beschei-
densten (häuslichen) Mitteln erarbeitet wurden. Nach den wesentlichen Beiträgen
zur Etablierung und Fortentwicklung des Pockelschen Messverfahrens (Langmuir
1917; Adam 1926, Wilson u. McBain 1936) wird diese Messanordnung als
„PLAWM-Trog" oder *„Pockels-Langmuir-Waage"* oder *„Langmuir-Trog"* oder
auch nur als *„Filmwaage"* bezeichnet.

Die Filmwaage besteht aus einem (üblicherweise flachen) Gefäß, welches mit
Hilfe einer auf der Oberfläche schwimmenden Barriere und einer daran befestigten

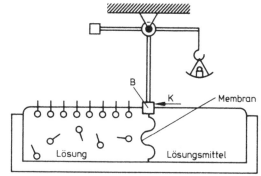

Abb. 7.11. Filmwaage zur Messung der Oberflächenspannung einer oberflächenaktiven amphiphilen
Substanz. Diese ist durch einen
hydrophilen Kopf und einen hydrophoben Schwanz charakterisiert

flexiblen Membran die Lösung einer zu untersuchenden Substanz vom reinen Lösungsmittel trennt. Die adsorbierte monomolekulare Schicht an der Lösungsoberfläche erzeugt – wie oben beschrieben – eine gegenüber dem reinen Lösungsmittel reduzierte Oberflächenspannung γ. Die unterschiedlichen Oberflächenspannungen auf beiden Seiten der Barriere, γ bzw. γ_0, sorgen für eine Nettokraft auf die bewegliche Barriere, die durch eine Gegenkraft vom Betrag K kompensiert wird. Letztere kann z.B. durch die in Abb. 7.11 dargestellte Waage aufgebracht werden.

Zur Veranschaulichung des Messprinzips beachte man, dass – infolge der Existenz der Oberflächenspannung – beide Oberflächen die Tendenz besitzen, sich zu verkleinern. Gemäß Gl. (7.1) wirkt eine Kraft $l\gamma$ von links nach rechts auf die Barriere B der Länge l und eine Kraft $l\gamma$ von rechts nach links. Der Betrag der zu kompensierende Nettokraft auf die Barriere beträgt somit $K = l(\gamma_0 - \gamma)$. Wegen $\gamma_0 > \gamma$ wirkt diese Nettokraft von links nach rechts, die Gegenkraft somit von rechts nach links. Die Differenz

$$\pi = \gamma_0 - \gamma \qquad (7.47)$$

wird als **Spreitungsdruck** bezeichnet. π stellt somit eine Kraft pro Länge oder alternativ eine Energie pro Fläche dar. Die mit der Filmwaage gemessene Kraft vom Betrag $K = l\pi$ erlaubt die direkte Bestimmung von π als Funktion der Konzentration c der gelösten Substanz. Hieraus kann dann die Oberflächenspannung $\gamma(c) = \gamma_0 - \pi(c)$ ermittelt werden.

In der Literatur sind zahlreiche methodische Variationen beschrieben worden, die den Rahmen dieser Darstellung überschreiten. Dies betrifft auch den Nachweis der Oberflächenkonzentration der adsorbierten Schicht durch Verwendung radioaktiv markierter oberflächenaktiver Substanzen oder (alternativ) durch Messung des „elektrischen Oberflächenpotentials". Wir werden die Methode der Filmwaage in Abschn. 7.3 zur Charakterisierung der außerordentlich oberflächenaktiven monomolekularen Lipidschichten verwenden.

Es zeigt sich jedoch, dass es neben den „oberflächenaktiven Substanzen", die in der Oberfläche angereichert sind und die Oberflächenspannung erniedrigen, auch solche gibt, die die Oberfläche meiden und daher die Oberflächenspannung der Lösung gegenüber dem reinen Lösungsmittel erhöhen. Beispiele hierfür sind wässrige Lösungen von Salzen wie NaCl bei 20 °C, das zwischen 0 und 5 M eine lineare Erhöhung der Oberflächenspannung von 72,8 auf 81,0 mN m^{-1} zeigt.

Obwohl diese die Oberflächenspannung erhöhenden Substanzen eigentlich auch als „oberflächenaktiv" hätten bezeichnet werden können, weil sie Oberflächeneffekte bewirken, verwendet man den Begriff „oberflächenaktiv" nur in seiner eingeengten Bedeutung, d.h. für den Fall $\gamma < \gamma_0$, der einer Anreicherung der gelösten Substanz in der Oberfläche entspricht.

Im Allgemeinen bleibt γ für Lösungen oberflächenaktiver Substanzen groß genug, um die Kohärenz der Lösungsphase durch Ausbildung einer minimalen Oberfläche aufrechtzuerhalten. Wenn aber $\pi \approx \gamma_0$, also $\gamma \approx 0$ ist, kann die kleinste Störung des Systems zu Ausstülpungen (d.h. zu einer Vergrößerung) der Oberfläche führen, die ja dann keinen wesentlichen Energieaufwand benötigen. Eine ähnliche

Argumentation wie für Oberflächen gilt allgemein für Grenzflächen, z.b. zwischen flüssigen Phasen. Biologische Zellen beherbergen bekanntlich eine Vielzahl intrazellulären Grenzflächen, die in Form der Zellorganellen wie Mitochondrien, Chloroplasten, endoplasmatischem Retikulum, Golgi-Apparat usw. vorliegen. Der Energieaufwand zur Bildung dieser Organellen-Oberflächen ist infolge der amphiphilen Struktur ihrer Bausteine und der daraus folgenden vergleichsweise geringen Grenzflächenspannung erheblich reduziert (s. Abschn. 7.3.2).

Die Reduktion der Oberflächenspannung ist auch eine Voraussetzung für die Existenz der Lungenbläschen. Diese sind für den Sauerstoffaustausch zwischen der eingeatmeten Luft und den Blutgefäßen der Lunge verantwortlich. Die für einen effizienten Austausch benötigte große Oberfläche der Lungenbläschen wird durch oberflächenaktive Stoffe (auch als „*Surfactant-Moleküle*" bezeichnet) erreicht, die von speziellen Lungenbläschenzellen des Typs II gebildet werden und in die Grenzfläche zwischen dem gasförmigen Inneren der Lungenbläschen und dem Feuchtigkeitsfilm, der die Lungenbläschen auskleidet, eingebaut werden (s. Lehrbücher der Physiologie).

7.2.2 Eigenschaften und Verwendung von Tensiden

In diesem Abschnitt beschreiben wir das Verhalten der stark grenzflächenaktiven Tenside in wässrigen Lösungen, die eine Vielzahl von Anwendungen in Wissenschaft und Technik aufweisen. Abbildung 7.12 zeigt jeweils ein Beispiel für vier verschiedene Klassen von Tensiden. In Tabelle 7.4 sind weitere Beispiele zusammen mit einigen Eigenschaften aufgeführt.

All diesen Verbindungen ist der ausgeprägte amphiphile Charakter der Molekülstruktur gemeinsam, d.h. das Vorhandensein von stark hydrophilen neben stark hydrophoben Molekülteilen, wie es in weniger ausgeprägtem Maße bereits für Hexanol besprochen wurde. Die Verbindungen werden nach der Natur (Ladung) der hydrophilen Kopfgruppe in anionische, kationische, zwitterionische (d.h. ladungstragende, jedoch elektrisch neutrale) und nichtionische Tenside eingeteilt. Solche hochaktiven Tenside reichern sich stark in der Oberfläche ihrer wässrigen Lösungen

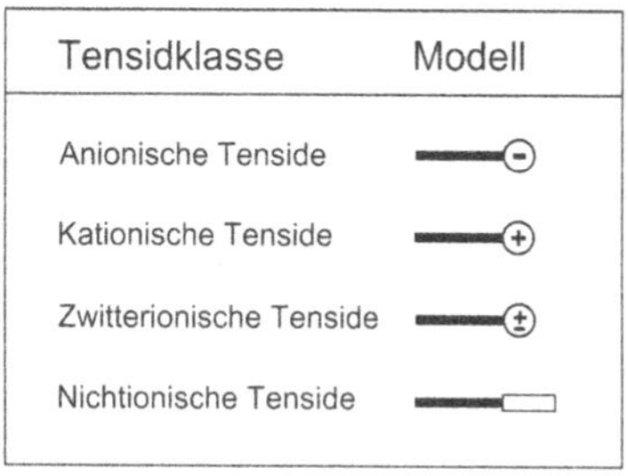

Tensidklasse	Modell
Anionische Tenside	▬▬(−)
Kationische Tenside	▬▬(+)
Zwitterionische Tenside	▬▬(±)
Nichtionische Tenside	▬▬▭

Abb. 7.12. Tensidklassen

(bzw. in deren Grenzfläche zu einer Kohlenwasserstoff-(Öl-)Phase) an und erniedrigen die Oberflächenspannung des Wassers häufig auf Werte von ca. 25 mJ m^{-2} oder gar auf noch sehr viel kleinere Werte.

Neben diesem Gleichgewicht zwischen gelöstem und oberflächengebundenem Tensid tritt mit zunehmender Konzentration an Tensid das Phänomen der *Mizellbildung* auf (s. Abb. 7.13). Wenn nämlich die Lösungsoberfläche mit einer Monoschicht von orientierten Tensidmolekülen „besetzt" ist, wird ihre weitere, energetisch begünstigte Einlagerung in der Grenzfläche praktisch unmöglich. Ab einer relativ scharfen Konzentration, der *kritischen Mizellkonzentration* (CMC, engl.: *critical micelle concentration*), bilden die Tensidmoleküle „*Mizellen*", d.h. Assoziate von typischerweise 50-200 Molekülen. Dabei weisen die hydrophoben Molekülteile ins Innere der Mizelle, während die hydrophilen Molekülteile in die wässrige Lösung „eintauchen". Mit dieser energetisch relativ günstigen Anordnung kann eine erhebliche Menge der an sich sehr schlecht löslichen Tensidmoleküle in der wässrigen Phase „untergebracht werden". Das Auftreten dieser neuen Struktur äußert sich in einer scharfen Veränderung vieler physikalischer Parameter der Lösung, wenn mit zunehmender Tensidkonzentration die CMC überschritten wird: Die bei kleinen Tensidkonzentrationen beobachtete Erniedrigung der Oberflächenspannung mit zunehmender Tensidkonzentration geht dann über in eine näherungsweise Unabhängigkeit von der Tensidkonzentration; die molare elektrische Leitfähigkeit der Lösung nimmt oberhalb der CMC stark ab; die Lichtstreuung der Lösung nimmt dann scharf zu usw.

In Tabelle 7.4 ist für einige Beispiele von Tensiden die CMC und die mittlere Tensidmolekülzahl pro Mizelle angegeben. Diese Kenngrößen hängen bei ionischen Tensiden deutlich von der Konzentration der (meist anorganischen) Gegenionen ab, wie aus den Wertepaaren der Tabelle 7.4 für Experimente in An- bzw. Abwesenheit von NaCl ersichtlich ist. Die negativ geladenen Tensidkopfgruppen unterliegen einer abstoßenden elektrostatischen Wechselwirkungen. Die Kompensation dieser negativen Ladungen durch die Gegenwart anorganischer Kationen fördert offensichtlich die Assoziation der Tenside.

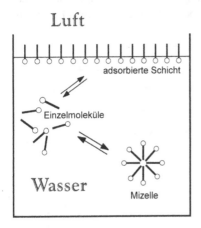

Luft

adsorbierte Schicht

Einzelmoleküle

Wasser

Mizelle

Abb. 7.13. Gleichgewichte in Tensidlösungen: Einzelmoleküle, Monoschichten und Mizellen

Tabelle 7.4. Tenside verschiedener Strukturklassen mit kritischer Mizellkonzentration (CMC) und mittlerer Zahl N der Tensidmoleküle pro Mizelle in wässriger Lösung bei 25 °C

Tenside/Chemische Formel	$\dfrac{CMC}{mol/l}$	N
A) *Anionische Tenside*		
Natriummyristat (Seife)	$8 \cdot 10^{-3}$	-
$CH_3(CH_2)_{12}COO^- Na^+$		
Natriumoleat	$1{,}09 \cdot 10^{-3}$	-
$CH_3(CH_2)_7CH=CH(CH_2)_7COO^-Na^+$		
Natriumdodecylsulfat (SDS)	$8{,}1 \cdot 10^{-3}$	80
$CH_3(CH_2)_{11}OSO_3^- Na^+$	$1{,}39 \cdot 10^{-3}$	112 (in 0,1 M NaCl)
Natriumdesoxycholat	$5 \cdot 10^{-3}$	4-10
B) *Kationische Tenside*		
Dodecylammoniumchlorid	$1{,}31 \cdot 10^{-2}$	56
$CH_3(CH_2)_{11}NH_3^+ Cl^-$	$7{,}23 \cdot 10^{-3}$	142 (in 0,046 M NaCl)
Dodecyltrimethylammoniumbromid	$1{,}53 \cdot 10^{-2}$	50
$CH_3(CH_2)_{11}N(CH_3)_3^+ Br^-$	$1{,}07 \cdot 10^{-2}$	56 (in 0,013 M NaCl)
C) *Zwitterionische Tenside*		
3-(3-Cholamidopropyl)-dimethylammonio-	$5 \cdot 10^{-3}$	10
3-propan-sulfonat (CHAPS)		
Lysophosphatidylcholin	10^{-4}	180
D) *Nichtionische Tenside*		
4-Tert.-Octylphenylpolyethylenglycol-[9/10]-ether	$3{,}1 \cdot 10^{-4}$	142
(Triton X-100 oder Nonidet P-40)		
Polyoxyethylen(20)-sorbitanmonooleat (Tween 80)	10^{-5}	-
Digitonin	$7 \cdot 10^{-4}$	60
Octylglucosid	$2{,}5 \cdot 10^{-2}$	-
$CH_3(CH_2)_7C_6O_6H_{11}$		

Daten aus: Pfüller U (1986) Mizellen-Vesikel-Mikroemulsionen. Springer, Berlin Heidelberg New York, S 26ff. sowie Hunter RJ (1987) Foundations of Colloid Science, vol 1. Clarendon, Oxford, S 598 f.

Mizellenartige Strukturen werden auch durch die in Abschn. 9.1 näher betrachteten amphiphilen Phospholipide gebildet, die wichtige Bausteine biologischer Membranen darstellen.

Für weitere Einzelheiten dieser interessanten *Assoziationsphänomene* müssen wir auf die Literatur verweisen (Hiemenz 1997, Hunter 2000).

Auf diesen und weiteren Grenzflächeneffekten beruht die Vielzahl der praktischen Anwendungen solcher Verbindungen, die im Folgenden nur kurz angedeutet werden kann.

7.2.2.1 Schaumbildung einer wässrigen Tensidlösung

Die kleinen Werte der Oberflächenspannung γ von Tensidlösungen erleichtern die Vergrößerung der Oberfläche. Deshalb kann es beim mechanischem Rühren einer Tensidlösung (z.B. Badewasser) zu Schaumbildung kommen.

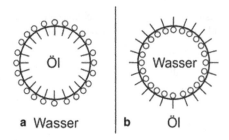

Abb. 7.14 a, b. Orientierung der Tensid-Moleküle an den Grenzflächen der Tropfen einer Öl-Wasser (**a**) und einer Wasser-Öl Emulsion (**b**)

7.2.2.2 Emulsionen nicht mischbarer Flüssigkeiten

Nichtmischbare Flüssigkeiten wie Öl und Wasser bilden separate Phasen, die durch eine Grenzfläche miteinander in Kontakt stehen. Durch hinreichende mechanische Agitation (Schütteln oder Rühren) kann man eine Verteilung von Öltropfen in Wasser oder von Wassertropfen in Öl erreichen, die jedoch nicht stabil ist. Nach Beendigung des Rührvorganges bilden sich die separaten Phasen zurück.

In Gegenwart von Tensiden beobachtet man eine Stabilisierung der Tropfenverteilung. Unter Emulsionen versteht man feine Verteilungen (Dispersionen) von Tropfen (Durchmesser ca. 0,1-10 µm) der einen Flüssigkeit in der anderen. Abhängig von der Art des Systems können Öl/Wasser-Emulsionen (d.h. Öltropfen in der wässrigen Phase) oder Wasser/Öl-Emulsionen (d.h. Wassertropfen in der Ölphase) gebildet werden. In beiden Fällen kommt es zu einer erheblichen Vergrößerung der Grenzfläche zwischen beiden Phasen. Der hierzu notwendige Energieaufwand wird durch die Gegenwart der Tensidmoleküle erheblich reduziert. Dies kommt durch deren Adsorption an die Grenzfläche zustande, wobei der hydrophobe Teil der Moleküle mit dem Öl und der hydrophile Teil mit dem Wasser im Kontakt steht (Abb. 7.14).

7.2.2.3 Tenside als Detergentien

Die Anwendung von Tensiden als *Detergentien*, d.h. als Wasch- oder Reinigungsmittel, beruht auf ganz ähnlichen Vorgängen. Die Wechselwirkung der hydrophoben Molekülteile des Tensids mit öligen oder „Pigment"-Verschmutzungen führt zur Verdrängung der Verschmutzungen von Fasern oder sonstigen Festkörperoberflächen und zur Suspendierung der Verschmutzungen in der wässrigen Lösung (ähnlich einer Emulsion) durch die in die Lösung weisenden hydrophilen Molekülteile des Tensids (Abb. 7.15). Hierbei wird die Faser oder Festkörperoberfläche „umgenetzt", d.h. es bleibt auf ihr eine Tensidmonoschicht zurück, die mit den hydrophoben Molekülteilen an der Festkörper-(oder Faser-) Oberfläche haftet und mit den hydrophilen Molekülteilen in die wässrige Lösung orientiert ist.

Abb. 7.15. Phasen der Abtrennung von Schmutzpartikeln von einer Wollfaser durch Tenside einer Waschmittellösung

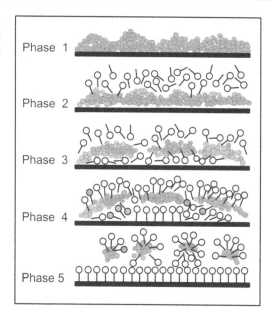

Das führt dann zu einer hohen Benetzbarkeit des Festkörpers (der Faser) durch wässrige Lösungen.

Der Prototyp eines hochaktiven Tensids ist die langkettige Fettsäure (wie Natriummyristat), die wegen ihrer speziellen Grenzflächeneigenschaften bereits vor 4500 Jahren (gemäß sumerischen Keilschrifttafeln) hergestellt und als Reinigungsmittel (Seife) benutzt wurde. Allgemein sind die Anionentenside Hauptbestandteile der modernen Wasch- und Reinigungsmittel.

7.2.2.4 Solubilisierung von hydrophoben Molekülen

Die geringe Löslichkeit (relativ kleiner) hydrophober Moleküle in Wasser kann durch Zusatz von Tensid-Mizellen deutlich gesteigert werden. Das Phänomen ist eindeutig mit der Gegenwart der Mizellen verknüpft, da es unterhalb der CMC des Tensids nicht beobachtet wird. Es wird durch Einbau der Moleküle in das Innere der Mizelle interpretiert (*„Solubilisierung"*, Abb. 7.16). Das Phänomen kann zur Ermittlung der CMC durch Messung des Auftretens verstärkter Fluoreszenz von in die Mizellen eingelagerten (hydrophoben) Farbstoffen, wie z.B. Diphenylhexatrien, ausgenützt werden (Pfüller 1986).

7.2.2.5 Solubilisierung biologischer Membranen

Die Proteine biologischer Membranen sind wegen ihres hydrophoben Charakters (s. Abschn. 9.1) in Wasser praktisch unlöslich. Andererseits erfordert ihre genaue biochemische Charakterisierung häufig ein Herauslösen aus der Membran und ihre Überführung in eine wässrige Phase. Zu diesem Zweck wird die Membran durch

Mizelle

Abb. 7.16. Solubilisierung kleiner hydrophober Moleküle im Inneren von Tensid-Mizellen

■ hydrophobes Molekül

Zugabe geeigneter Detergentien aufgelöst (solubilisiert). Hierbei werden die Membranlipide in Tensid-haltige mizellenartige Strukturen überführt. Die Tensidmoleküle lagern sich mit ihrem hydrophoben Molekülteil auch an die hydrophoben Bereiche der Membranproteine und machen diese hierdurch – ähnliche wie hydrophobe Schmutzpartikel beim Waschvorgang (s. Abb. 7.15) – wasserlöslich. Zur Vermeidung einer Denaturierung der Proteine werden hierbei die (schonenderen) zwitterionischen und vor allem die nichtionischen Tenside (bei Konzentrationen, die oberhalb der CMC liegen) eingesetzt.

Weiterhin verwendet man die nichtionischen Tenside vielfach zur schonenden *Permeabilisierung der Plasmamembran,* um (im Rahmen physiologischer Studien oder um Immunmarkierungen von cytoplasmatischen Proteinen zu erzielen) Zugang zum Cytoplasma der Zelle zu erreichen. Hierbei wird die Plasmamembran nicht solubilisiert, aber in ihren Barriereeigenschaften erheblich beeinträchtigt.

7.2.2.6 Molmassenbestimmung von Proteinen: SDS-Polyacrylamid-Gelelektrophorese

Auch das Anionentensid *Natriumdodecylsulfat* (SDS, engl.: *sodium dodecyl sulfate*) wird vielfach zur Solubilisierung biologischer Membranen benutzt. Allerdings werden Proteine durch SDS denaturiert, sodass es zur Präparation von intakten Membranproteinen nicht geeignet ist. Umgekehrt ist die Denaturierung der Proteine durch SDS die Grundlage eines sehr wichtigen Verfahrens zur Analyse der Größe von Proteinen und ihrer Zusammensetzung aus Untereinheiten, der *SDS-Polyacrylamid-Gel-Elektrophorese* (SDS-PAGE). Bei diesem auch für Membranproteine einsetzbaren Verfahren zur Molmassen-Bestimmung werden die Proteine in Gegenwart von SDS und einem reduzierenden Agens wie β-Mercaptoethanol ($HOCH_2CH_2SH$; zur Spaltung von S-S Brücken) denaturiert. Dabei binden die hydrophoben Bereiche der Tensidmoleküle am Protein ($\approx$ 1,4 mg SDS pro mg Protein) und verleihen ihm infolge der vollständig dissoziierten Sulfonatgruppen eine erhebliche negative Nettoladung, gegen die die Eigenladung des Proteins vernachlässigbar ist. Der negativ geladene SDS-Protein-Komplex wandert im elektrischen Feld der Polyacrylamid-Gel-Elektrophorese (s. Abschn. 8.5.5.2). Die Wanderungsgeschwindigkeit ist in hervorragender Näherung proportional zur Molmasse, sodass nach Eineichung mit bekannten Proteinen Molmassen-Bestimmungen an unbekannten Proteinen möglich sind (Ostermann 1984, S. 44 ff.).

7.2.3 Thermodynamische Beschreibung der Adsorption an Grenzflächen: Die Gibbs'sche Adsorptionsisotherme

Die zentralen Fragen der Grenzflächenadsorption betreffen die Anreicherung bzw. Verarmung einer Substanz in der Grenzfläche sowie (damit direkt zusammenhängend) die Abhängigkeit $\gamma(c)$ der Grenzflächenspannung von der Konzentration c der Substanz in der Volumenphase.

Zur Beschreibung dieser Zusammenhänge beschränken wir uns auf eine flüssige Mischung zweier Komponenten 1 und 2 (z.B. 1 = Wasser, 2 = Hexanol) und beschreiben ihre Oberfläche A_s, d.h. ihre Grenzfläche zum Gasraum (vgl. Abb. 7.17). Wir ordnen der Oberflächenphase eine gewisse (endliche) Dicke d zu, die groß genug ist, alle oberflächenspezifischen Phänomene zu beinhalten, und führen zur Beschreibung der Oberflächenphase die *Oberflächenkonzentrationen* Γ_1 und Γ_2 ein, die jeweils über die Stoffmengen n_{s1} und n_{s2} der beiden Komponenten 1 und 2 pro *Flächeneinheit* definiert sind, d.h.

$$\Gamma_1 = n_{s1}/A_s; \quad \Gamma_2 = n_{s2}/A_s. \tag{7.48}$$

Die derart definierten Oberflächenkonzentrationen (die sich somit nicht auf die Volumeneinheit der Grenzflächenphase beziehen und damit die genaue Angabe der Dicke vermeiden) gestatten die Beschreibung von Anreicherungs- und Verarmungsphänomenen der Komponente 2 in der Oberflächenphase. Bei Abwesenheit von oberflächenspezifischen Phänomenen würde man erwarten, dass das Verhältnis Γ_2/Γ_1 der Oberflächenkonzentrationen identisch ist zum Verhältnis c_2/c_1 der Volumenkonzentrationen, also:

$$\frac{\Gamma_2}{\Gamma_1} = \frac{c_2}{c_1}. \tag{7.49}$$

Für eine Verarmung der Oberfläche an Komponente 2 wird

$$\frac{\Gamma_2}{\Gamma_1} < \frac{c_2}{c_1}, \tag{7.50}$$

und für eine Anreicherung an Komponente 2

Abb. 7.17. Grenzflächen- und Volumenphase einer flüssigen Mischung zweier Komponenten 1 und 2

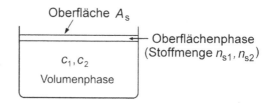

$$\frac{\Gamma_2}{\Gamma_1} > \frac{c_2}{c_1} \qquad (7.51)$$

gelten.

Ziel der nachfolgenden Analyse ist die Beschreibung der Abhängigkeiten $\Gamma_1(c_2)$, $\Gamma_2(c_2)$, $\gamma(c_2)$ oder $\pi(c_2) = \gamma_0 - \gamma(c_2)$ von der Konzentration c_2 der gelösten Substanz in der Volumenphase. Hierbei soll thermodynamisches Gleichgewicht bei konstantem Druck P und Temperatur T angenommen werden.

Wir wählen die Konzentration c_2 relativ niedrig, sodass für das chemische Potential μ_2 die Gültigkeit der Beziehung für eine ideal verdünnte Lösung vorausgesetzt werden kann (vgl. Abschn. 4.4.1):

$$\mu_2 = \mu_{20} + RT \ln c_2 . \qquad (7.52)$$

Wir erinnern uns daran, dass im thermodynamischen Gleichgewicht alle intensiven Zustandsvariablen im Grenzflächensystem und im Volumensystem gleich sein müssen (vgl. Abschn. 3.2.1 und 4.4.3):

$$T_s = T, \quad P_s = P, \quad \mu_{s1} = \mu_1, \quad \mu_{s2} = \mu_2. \qquad (7.53)$$

Hierbei kennzeichnet der Buchstabe „s" die Oberflächenphase.

Ziel der folgenden Ableitungsschritte sind zunächst der Gibbs-Duhem-Gleichung (4.15) entsprechende Gleichungen. Hierbei werden Volumenphase und Grenzflächenphase völlig analog behandelt; wir schreiben daher die entsprechenden Gleichungen unmittelbar nebeneinander. Für nur 2 Mischungskomponenten und unter Verwendung der Gleichgewichtsbedingungen (7.53) gilt gemäß Gln. (7.12) und (7.13) bzw. Gln. (7.19) und (7.22) für T,P = const.:

Volumenphase	*Oberflächenphase*	

$$dG = \mu_1 dn_1 + \mu_2 dn_2 \qquad\qquad dG_s = \mu_1 dn_{s1} + \mu_2 dn_{s2} + \gamma dA_s \qquad (7.54)$$

$$G = \mu_1 n_1 + \mu_2 n_2 \qquad\qquad G_s = \mu_1 n_{s1} + \mu_2 n_{s2} + \gamma A_s \qquad (7.55)$$

Differenziert man die beiden letzteren Gleichungen aus, so ergibt sich:

$$dG = \mu_1 dn_1 + n_1 d\mu_1 + \mu_2 dn_2 \qquad dG_s = \mu_1 dn_{s1} + n_{s1} d\mu_1 + \mu_2 dn_{s2}$$
$$+ n_2 d\mu_2 \qquad\qquad\qquad + n_{s2} d\mu_2 + \gamma dA_s + A_s d\gamma \qquad (7.56)$$

Der Vergleich mit den Gln. (7.54) liefert:

$$n_1 d\mu_1 = -n_2 d\mu_2 \qquad\qquad A_s d\gamma = -n_{s1} d\mu_1 - n_{s2} d\mu_2. \qquad (7.57)$$

Beide Gleichungen entsprechen der Gibbs-Duhem-Gleichung (4.15). Die linke, die Volumenphase beschreibende Gleichung dividieren wir durch das Volumen und erhalten

$$c_1 d\mu_1 = -c_2 d\mu_2, \text{ d.h.:}$$

$$d\mu_1 = -\frac{c_2}{c_1}d\mu_2 .\tag{7.58}$$

In die rechte, die Oberflächenphase beschreibende Gleichung (7.57) führen wir die Oberflächenkonzentrationen Γ_1 und Γ_2 nach Gl. (7.48) ein und erhalten als Ergebnis die *Gibbs'sche Adsorptionsgleichung*:

$$d\gamma = -\Gamma_1 d\mu_1 - \Gamma_2 d\mu_2 .\tag{7.59}$$

Falls man (anstelle von nur 2) insgesamt r Komponenten in der Mischung zugelassen hätte, würde eine analoge Ableitung die *allgemeine Gibbs'sche Adsorptionsgleichung* ergeben haben:

$$T = \text{const.}, \ P = \text{const.}: \ d\gamma = -\sum_{i=1}^{r} \Gamma_i d\mu_i .\tag{7.60}$$

Um die Gl. (7.59) für praktische Anwendungen geeignet umzuformen, führen wir Gl. (7.58) in sie ein:

$$d\gamma = -\left(\Gamma_2 - \frac{c_2}{c_1}\Gamma_1 \right)d\mu_2 \tag{7.61}$$

und ersetzen hierin noch $d\mu_2$ gemäß Differenzieren von Gl. (7.52) durch $d\mu_2 = RT\,dc_2/c_2$ und erhalten schließlich die gewünschte, praktisch wichtige Beziehung:

$$\frac{d\gamma}{dc_2} = -\frac{RT}{c_2}\left(\Gamma_2 - \frac{c_2}{c_1}\Gamma_1 \right)\tag{7.62}$$

Die Größe $\Gamma_2 - \Gamma_1\, c_2/c_1$ wird als *Oberflächenüberschuss* bezeichnet. Es lässt sich zeigen (Übungsaufgabe 7.6), dass diese Größe unabhängig von der Dicke d der Oberflächenphase ist, solange diese die speziellen Oberflächeneffekte ganz einschließt, d.h. eine ungestörte Volumenphase abgrenzt.

Die Bezeichnung Oberflächenüberschuss erschließt sich zwanglos aus den Gln. (7.49) bis (7.51). Bliebe nach Gl. (7.49) das Konzentrationsverhältnis der Lösungsmittelmoleküle zu denen des Gelösten in der Grenzflächenphase das gleiche wie in der Volumenphase, so wäre der Oberflächenüberschuss null. In diesem Falle würde – wegen $d\gamma/dc_2 = 0$ – die Grenzflächenspannung γ nach Gl. (7.62) nicht von der Volumenkonzentration c_2 des Gelösten abhängen.

Im Fall einer Verarmung der Oberfläche an gelöster Substanz, d.h. bei Gültigkeit von Gl. (7.50), ist der Oberflächenüberschuss negativ und die Grenzflächenspannung γ nimmt mit der Volumenkonzentration c_2 des Gelösten zu. Wie in Abschn. 7.2.1 diskutiert wurde, liegt dieser Fall bei wässrigen Lösungen von NaCl vor.

Im praktisch wichtigsten Falle, einer oberflächenaktiven Substanz 2, reichert sich diese gemäß Gl. (7.51) in der Grenzflächenphase an. Hier ist der Oberflächenüberschuss positiv und es gilt nach Gl. (7.62) $d\gamma/dc_2 < 0$. Es folgt deshalb eine Erniedrigung von γ mit zunehmender Volumenkonzentration c_2.

Als Beispiele verweisen wir auf die in Abschn. 7.2.1 diskutierten oberflächenaktiven Substanzen Ethanol und Hexanol. Nach den dort genannten Messverfahren ist die Gültigkeit der Gl. (7.62) ausführlich getestet und im Rahmen der Messgenauigkeit auch voll bestätigt worden.

Für Hexanol bei $c_{Hex} = 0,03$ M und Zimmertemperatur wurde etwa gemessen:

$$\frac{d\gamma}{dc_{Hex}} = -0,5 \frac{Nm^{-1}}{mol\,l^{-1}} , \qquad (7.63)$$

woraus sich nach Gl. (7.62) berechnen lässt:

$$\Gamma_2 - \frac{c_2}{c_1}\Gamma_1 = 3,6 \cdot 10^{14} \frac{Moleküle}{cm^2} = \frac{1\,Molekül}{28 Å^2} . \qquad (7.64)$$

Das ist zunächst das Ergebnis der thermodynamischen Beschreibung des Versuchs. Ohne weitere (nicht-thermodynamische) Information erhält man aus dem
Experiment nur diese Kombination der Oberflächenkonzentrationen; die Größen
Γ_1 und Γ_2 sind auf diesem Wege also nicht getrennt gewinnbar. Man kürzt daher
die Schreibweise des Oberflächenüberschusses gern mit Γ ab und hat anstelle von
Gl. (7.62), wenn man auch den Index bei c_2 der einfacheren Schreibweise halber
fallen lässt:

$$\frac{d\gamma}{dc} = -\frac{RT}{c}\Gamma(c); \quad \Gamma(c) = \Gamma_2 - \frac{c}{c_1}\Gamma_1 . \qquad (7.65)$$

Zusätzliche (molekulare) Kenntnisse über das Grenzflächensystem können aber
in vielen Fällen herangezogen werden, um die interessierende Größe Γ_2 getrennt
zu ermitteln. In Abschn. 7.2.1 wurden bereits die molekularen Abmessungen des
Hexanols in die Betrachtung einbezogen. Hieraus und aus Daten an homologen
langkettigen Alkoholen kann auf eine Packung der Moleküle in Form einer Monoschicht mit Ausrichtung der Moleküllängsachsen senkrecht zur Lösungsoberfläche geschlossen werden. Hier ist also der Oberflächenüberschuss sehr einfach
als die Oberflächenkonzentration des Tensids in der Monoschicht zu interpretieren. Die Heranziehung derartiger zusätzlicher Informationen über den molekularen Aufbau von Grenzflächen mit stark oberflächenaktiven Verbindungen ergibt
allgemein, dass (in einem Grenzflächensystem mit einer Schichtdicke von etwa
molekularen Abmessungen) die Größe $\Gamma_1 c_2/c_1$ vernachlässigbar klein gegen Γ_2 ist.
Dann kann man den Oberflächenüberschuss in guter Näherung als Oberflächenkonzentration des Tensids interpretieren:

$$\Gamma(c) = \Gamma_2 - \frac{c}{c_1}\Gamma_1 \approx \Gamma_2 . \qquad (7.66)$$

Bei der Verwendung dieser Näherung geht man also über die thermodynamische Definition des Grenzflächensystems (mit nicht festgelegter Dicke) hinaus,
indem man aufgrund der Reichweite der zwischenmolekularen Wechselwirkungen seine Dicke auf 1-2 Moleküllängen festlegt. Nur dann gilt für Lösungen stark

oberflächenaktiver Verbindungen die (außerordentlich nützliche, weil anschauliche) Näherung der Gl. (7.66).

In der obigen Ableitung wurden an keiner Stelle die spezifischen Eigenschaften der angrenzenden Gasphase benutzt. Daher sind die gewonnenen Beziehungen auch für die Beschreibung der Adsorption aus einer flüssigen Volumenphase an einer Grenzfläche flüssig/fest oder flüssig/flüssig gültig, wobei allerdings die adsorbierende Substanz nicht in der zweiten angrenzenden Volumenphase auftreten darf. Naturgemäß sind Grenzflächensysteme zwischen zwei flüssigen oder einer flüssigen und einer festen Phase für biologische Anwendungen besonders wichtig. So kann man nach den in Abschn. 7.1.2 dargestellten Verfahren die äußere Grenzflächenspannung der Zelloberfläche gegen eine physiologische Salzlösung messen. Diese Grenzflächenspannung nimmt beispielsweise mit zunehmender Konzentration von Serumalbumin im äußeren Medium drastisch ab. Durch Differentiation der experimentell bestimmten Abhängigkeit $\gamma(c)$, wobei c die Volumenkonzentration von Serumalbumin ist, lässt sich nach Gl. (7.65) die Abhängigkeit $\Gamma(c)$ der Adsorption des Serumalbumins an der Zelloberfläche quantifizieren.

Zusammenfassend lässt sich feststellen, dass die Gibbs'sche Adsorptionsisotherme in Form von Gl. (7.62) oder (7.65) in recht umfassender Weise den Zusammenhang zwischen Grenzflächenspannung sowie Volumen- und Grenzflächenkonzentration beschreibt und zwar an Grenzflächen zwischen einer 2-Komponenten-Mischung und einer reinen Phase. Sie gestattet, bei Kenntnis der Abhängigkeit $\gamma(c)$, die Berechnung des Oberflächenüberschusses $\Gamma(c)$, wie im folgenden Abschnitt am Beispiel der Langmuir-Isotherme gezeigt wird.

7.2.4 Anwendungen und Sonderfälle der Gibbs'schen Adsorptionsgleichung

7.2.4.1 Die Langmuir-Isotherme

Die Abhängigkeit der Oberflächenspannung γ von der Zusammensetzung ist für viele flüssige Zweikomponentensysteme untersucht worden. Im Falle einer wässrigen Lösung einer oberflächenaktiven Komponente findet man häufig eine Abhängigkeit des Spreitungsdruckes π von der Konzentration c des gelösten Stoffes, die von Szyszkowski (1908) durch folgende empirische Beziehung beschrieben wurde:

$$\pi = \gamma_0 - \gamma = RT\, \Gamma_\infty \ln\left(1 + Kc\right). \tag{7.67}$$

Hier sind Γ_∞ und K zunächst als empirische Konstanten anzusehen, die nicht von der Konzentration c abhängen, aber im Allgemeinen temperaturabhängig sind.

Mit Hilfe der im vorigen Abschnitt hergeleiteten *Gibbs'schen Adsorptionsgleichung* in der Form der Gl. (7.65) kann man unter Beachtung von Gl. (7.66) die zugehörige Abhängigkeit der Oberflächenkonzentration Γ von c berechnen. Die Differentiation unter Verwendung von Gl. (7.67) ergibt unmittelbar:

$$\Gamma(c) = \Gamma_\infty \frac{Kc}{1 + Kc}.\qquad(7.68)$$

Es hat sich herausgestellt, dass Gl. (7.68) für viele Systeme eine gute Beschreibung der Adsorption eines Liganden an einer Grenzfläche unter isothermen Bedingungen (d.h. bei festem K) darstellt. Sie wurde von Langmuir (1916) auf anderem Wege theoretisch abgeleitet und auf Adsorptionsgleichgewichte angewandt. Sie wird daher als *Langmuir'sche Adsorptionsisotherme* bezeichnet.

Das theoretische Modell von Langmuir setzt voraus, dass in der Grenzfläche maximal N_∞ Bindungsplätze vorhanden sind, auf denen je eines der oberflächenaktiven Moleküle gebunden werden kann (s. Abb. 7.18). Das entsprechende Bindungsgleichgewicht kann als dynamisches Gleichgewicht der Adsorption und der Desorption von Molekülen auf den Bindungsplätzen betrachtet werden. Zur Beschreibung dieses Gleichgewichts wenden wir Überlegungen an, die im Detail in Kap. 10 behandelt werden.

Danach zeichnet sich das dynamische Gleichgewicht dadurch aus, dass die Geschwindigkeit der Adsorption von Molekülen (im zeitlichen Mittel) der Geschwindigkeit der Desorption entspricht.

Wenn gerade N Moleküle gebunden sind, ist – nach dem Formalismus der chemischen Kinetik – die Geschwindigkeit v_a der Adsorption von Molekülen aus der Lösung an die Oberfläche proportional zu ihrer Volumenkonzentration c und zur Zahl $(N_\infty - N)$ der freien Bindungsplätze:

$$v_a = k_a (N_\infty - N)\, c\,,\qquad(7.69)$$

wobei die Proportionalitätskonstante k_a als Geschwindigkeitskonstante der Adsorption bezeichnet wird. Die Geschwindigkeit v_d der Desorption von der Oberfläche in die Volumenphase ist proportional der Zahl N der gebundenen Moleküle:

$$v_d = k_d N\,,\qquad(7.70)$$

wobei k_d die Geschwindigkeitskonstante der Desorption ist. Im Gleichgewicht muss $v_a = v_d$ sein, also muss gelten:

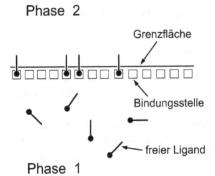

Phase 2

Grenzfläche

Bindungsstelle

freier Ligand

Phase 1

Abb. 7.18. Langmuir-Isotherme: Feste Zahl an besetzbaren Bindungsstellen in der Grenzfläche für einen Liganden

$$\frac{N}{N_\infty - N} = Kc \,, \tag{7.71}$$

wobei K die Gleichgewichtskonstante der Bindung angibt (s. Abschn. 10.1.3) :

$$K = k_a/k_d \,. \tag{7.72}$$

Anstelle von N und N_∞ können wir molare Oberflächenkonzentrationen Γ bzw. Γ_∞ einführen:

$$\Gamma = \frac{N}{L A_s} \,; \quad \Gamma_\infty = \frac{N_\infty}{L A_s} \,, \tag{7.73}$$

wobei L die Avogadro-Konstante und A_s die Oberfläche ist. Damit lässt sich Gl. (7.71) schließlich in Gl. (7.68) überführen, d.h.:

$$\Gamma = \Gamma_\infty \frac{Kc}{1 + Kc} \,.$$

Nach dieser Deutung ist Γ_∞ die Gesamtkonzentration an Bindungsplätzen an der Oberfläche und K die Gleichgewichtskonstante für die Bindung der oberflächenaktiven Moleküle an diese Bindungsplätzen.

Die Konzentrationsabhängigkeiten von Γ/Γ_∞ nach Gl. (7.68) und von $\pi/(RT\Gamma_\infty)$ nach Gl. (7.67) wird in Abb. 7.19 illustriert. Man erkennt das nach dem Langmuir'schen Modell zu erwartende Sättigungsverhalten der Oberflächenkonzentration Γ. Im Gegensatz hierzu weist der Spreitungsdruck π kein Sättigungsverhalten auf. Wenn also in einem gegebenen Fall experimentell eine Abhängigkeit der Oberflächenspannung γ von der Volumenkonzentration c einer gelösten oberflächenaktiven Substanz vom Typ der Gl. (7.67) gefunden wurde, kann man auf die Sättigungskonzentration Γ_∞ und die Bindungskonstante K zurückschließen.

Die Langmuir'sche Adsorptionsisotherme nach Gl. (7.68) wird vielfach zur Beschreibung der Adsorption an biologische Grenzflächen verwandt. Sie ist formal analog zur Gl. (10.162) für die Substratbindung im Rahmen der Enzymkinetik nach Michaelis und tritt weiterhin in Form der Gl. (10.195) bei der Ligandenbindung an Proteine als inhaltlich und formal äquivalente Beziehung auf. Als praktisches Beispiel sei die Bindung von Hormonen oder anderen Signalmolekülen an Rezeptoren der Plasmamembran genannt. Wesentlich für die Gültigkeit der Langmuir-Isotherme ist hierbei die gegenseitige Unabhängigkeit der Rezeptoren (d.h. die Abwesenheit von kooperativen Effekten beim Bindungsvorgang; s. Abschn. 10.7.4).

7.2.4.2 Das zweidimensionale ideale Oberflächengas

In vielen Fällen ist die Oberflächenkonzentration Γ unmittelbar gegeben, aber die Konzentration c in der Volumenphase uninteressant oder unmessbar klein. Dies gilt z.B. für die im folgenden Abschnitt beschriebenen Lipidmonoschichten, die durch Aufbringen einer definierten Lipidmenge auf eine Wasseroberfläche herges-

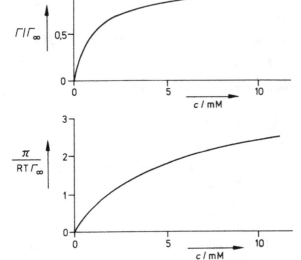

Abb. 7.19. Konzentrationsabhängigkeit der Oberflächenkonzentration und des Spreitungsdruckes in normierten Ordinateneinheiten gemäß der Langmuir-Isotherme Gl, (7.74) für $K = 10^3 \text{ M}^{-1}$

tellt werden. In solchen Fällen ist es zweckmäßig, die Oberflächenspannung γ unmittelbar als Funktion der bekannten Oberflächenkonzentration Γ darzustellen.

Wir wollen dies am Beispiel der Langmuir-Isotherme formulieren. Dazu lösen wir Gl. (7.68) nach Kc auf und erhalten:

$$Kc = \frac{\Gamma}{\Gamma_\infty - \Gamma} \, . \tag{7.74}$$

Kombination der Gl. (7.67) und (7.74) ergibt dann:

$$\pi(\Gamma) = \gamma_0 - \gamma(\Gamma) = RT\Gamma_\infty \ln \frac{\Gamma_\infty}{\Gamma_\infty - \Gamma} \, . \tag{7.75}$$

Wenn sich nur wenig oberflächenaktive Substanz in der Grenzfläche befindet, d.h. weit unterhalb der Sättigungskonzentration der Grenzfläche, ergibt sich unter Beachtung der Näherungsformel für den Logarithmus, d.h. $\ln(1 - x) \approx -x$ für $|x| \ll 1$, der folgende Grenzfall der Gl. (7.75) für $\Gamma/\Gamma_\infty \ll 1$:

$$\pi(\Gamma) = -RT\,\Gamma_\infty \ln(1 - \Gamma/\Gamma_\infty) \approx RT\,\Gamma. \tag{7.76}$$

Die asymptotisch gültige Beziehung $\pi = RT\,\Gamma$ lässt sich wegen $\Gamma = n_s/A_s$ schreiben als:

$$\pi A_s = n_s\,RT. \tag{7.77}$$

Diese Gleichung stellt ein zweidimensionales Analogon zur Zustandsgleichung (1.28) der idealen Gase dar, wenn π als ein zweidimensionaler Druck und die Oberfläche A_s als die zweidimensionale extensive Zustandsgröße analog zum dreidimensionalen Volumen aufgefasst werden. Gl. (7.77) kann auch auf entsprechende Weise zum dreidimensionalen Fall interpretiert werden: Bei sehr kleinen Oberflächenkonzentrationen $\Gamma/\Gamma_\infty \ll 1$, d.h. bei großen Abständen der an die Oberfläche adsorbierten Moleküle, können die gegenseitigen Wechselwirkungen vernachlässigt werden. Die adsorbierten Moleküle bewegen sich daher infolge der Wärmebewegung auf analoge Weise über die zweidimensionale Oberfläche wie ein ideales Gas im dreidimensionalen Raum.

Das zweidimensionale Analogon zum Molvolumen $\bar{V}$ ist die molare Oberfläche $\bar{A}_s = A_s/n_s$. Für praktische Zwecke wird aber meist die pro Molekül zur Verfügung stehende **molekulare Oberfläche** a_s bevorzugt:

$$a_s = \frac{A_s}{L\, n_s} . \tag{7.78}$$

Gleichung (7.77) lässt sich damit auch in der nachfolgend verwendeten Form schreiben:

$$\pi = \frac{k_B T}{a_s} , \tag{7.79}$$

wobei $k_B = R/L$ die Boltzmann-Konstante ist. Wir werden diese Gleichung im Zusammenhang mit den (wasser)unlöslichen Monoschichten diskutieren (s. Abb. 7.20).

7.3 Monomolekulare und bimolekulare Lipidschichten

Die Grundbausteine biologischer Membranen, wie die Membranlipide und viele Membranproteine, sind stark oberflächenaktiv für Wasser. Ein solches Verhalten erleichtert die Ausbildung von Aus- bzw. Einstülpungen der Membranen von Zellen und ihren Organellen. Wie bereits für die Tenside der Tabelle 7.4 diskutiert, beruht die Oberflächenaktivität der Membranbausteine auf der Existenz hydrophiler und hydrophober Molekülteile. In der Regel überwiegt bei den molekularen Bestandteilen biologischer Membranen die Wirkung der hydrophoben Molekülgruppen, so dass sie praktisch wasserunlöslich sind. Im Folgenden sollen daher die Strukturen besprochen werden, die von den amphiphilen, aber praktisch in Wasser unlöslichen Verbindungen ausgebildet werden.

7.3.1 Lipidmonoschichten

Die Alkalisalze der langkettigen Fettsäuren können durchaus in nennenswerten Konzentrationen gelöst werden, wie die CMC-Werte der Tabelle 7.4 andeuten. Dagegen sind die undissoziierten Formen der Fettsäuren, wie sie bei etwa pH 2 vorliegen, praktisch wasserunlöslich. Das gilt auch für die langkettigen aliphatischen Alkohole und die durch die beiden Kohlenwasserstoffketten sehr stark hydrophoben Phospholipide (s. Abb. 7.22). Sie bilden also nur eine Monoschicht auf der Wasseroberfläche aus, ohne nennenswert in die Volumenphase einzutreten.

Zu Monoschichtuntersuchungen solcher Verbindungen bringt man eine sehr geringe Menge (als Lösung in einem leicht verdampfenden Lösungsmittel) auf der einen Seite der Barriere der Filmwaage (Abb. 7.11) auf und beginnt die Messung nach Verdampfen des Lösungsmittels und Ausbreitung des Tensids auf der Oberfläche. Dabei kann man wegen der geringen Wasserlöslichkeit auf die Trennmembran verzichten, die den „Lösungsraum" von dem des reinen Lösungsmittels trennt.

Die ausführlichsten Monoschichtstudien existieren für lange, undissoziierte Fettsäuren. Wir wollen die wichtigsten Phänomene anhand der Arbeiten von Adam und Jessop (1926) an Myristinsäure erläutern. Danach sollen einige Ergebnisse für die biologisch interessanten Phospholipide besprochen werden.

Die Strukturformel von Myristinsäure ist

$$CH_3-(CH_2)_{12}-C\underset{\searrow OH}{\overset{\nearrow O}{}}\quad.$$

Sie wurde bei den Versuchen von Adam und Jessop (1926) bei etwa pH 2 und $T = 14\ °C$ auf eine Wasseroberfläche aufgebracht und ergab die nachfolgend diskutierten Zustandskurven der Monoschicht, die bei sehr kleinen (Abb. 7.20) und vergleichsweise hohen (Abb. 7.21) Spreitungsdrücken π gefunden wurden. Kurven dieser Art werden bei konstanter, auf die Oberfläche aufgebrachter Stoffmenge durch Komprimierung der Monoschicht, d.h. durch Reduzierung der zur Verfügung stehenden Oberfläche gemessen. Dies wird mit Hilfe einer über die gesamte Fläche beweglich angeordneten Barriere B (durch Modifizierung der in Abb. 7.11 dargestellten Anordnung) erreicht.

In Abb. 7.20 ist auch die (zweidimensionale) Zustandsgleichung (7.79), die aus der Langmuir-Isotherme für sehr kleine Oberflächenkonzentrationen $\Gamma \ll \Gamma_\infty$ gewonnen wurde, gestrichelt eingezeichnet. Sie beschreibt – wie oben dargestellt – das Verhalten der adsorbierten Moleküle als zweidimensionales ideales Gas. Wie

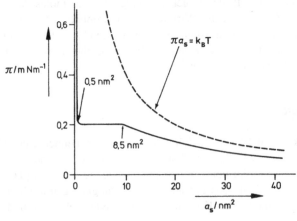

Abb. 7.20. Spreitungsdruck π gegen Oberfläche pro Molekül, a_s, bei 14 °C und pH 2 für Myristinsäure an der Grenzfläche Luft/Wasser (kleine Werte von π)

Abb. 7.21. Spreitungsdruck π gegen Oberfläche pro Molekül, a_s, bei 14 °C und pH 2 für Myristinsäure an der Grenzfläche Luft/Wasser (große Werte von π)

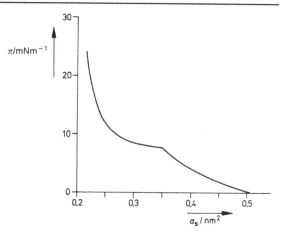

man der Abbildung entnimmt, werden die Abweichungen zwischen den experimentellen Daten und der theoretischen Kurve mit zunehmender Fläche pro Molekül, a_s, kleiner. Man ordnet deshalb der Monoschicht bei sehr kleinen Werten des Spreitungsdrucks π das Verhalten als zweidimensionales ideales Gases zu.

Bei kleineren Werten a_s hingegen treten deutliche Abweichungen zwischen Theorie und Experiment auf, die wir vom Verhalten dreidimensionaler realer Gase her kennen, und die entsprechend interpretiert werden (vgl. Abb. 1.4 und 1.5). Danach beobachtet man bei $\pi = 0{,}2$ mN m^{-1} und $a_s = 8{,}50$ nm^2 eine „Kondensation des zweidimensionalen Gases". Unterhalb von $a_s = 0{,}50$ nm^2 liegt dann eine Art zweidimensionaler Flüssigkeit vor, die man als *flüssig-expandierte* (*liquid-expanded*) *Monoschicht* bezeichnet. Dieses Verhalten kann man näherungsweise durch eine Gleichung beschreiben, die der dreidimensionalen Van-der-Waals-Gleichung (Gl. 1.39) völlig analog ist:

$$\left(\pi + \frac{\alpha}{a_s^2}\right)(a_s - \beta) = k_B T \ . \tag{7.80}$$

Hier sind α und β die „zweidimensionalen Van-der-Waals-Konstanten".

Man kann für Myristinsäure bei 14 °C und pH = 2 auch den Übergang *„flüssig-expandiert"* $\rightleftarrows$ *„kondensiert"* beobachten, der dem dreidimensionalen Kristallisieren einer Substanz analog ist (Abb. 7.21). Dieser Erstarrungsvorgang bei $\pi = 8$ mN m^{-1} führt von einer Oberfläche pro Molekül von etwa 0,35 nm^2 auf eine solche von 0,22-0,25 nm^2, die einer kristallinen Packung von Paraffinketten nahe kommt. Bei 14 °C liegen also oberhalb von $\pi \approx 15$ mN m^{-1} die Kohlenwasserstoffketten der Myristinsäure gestreckt in dichtester Packung und im Wesentlichen senkrecht zur Wasseroberfläche vor.

Besonderes Interesse kommt dem Phasenverhalten von zweidimensionalen Systemen aus *Phospholipiden* zu, die ja wesentliche Strukturbestandteile der biologischen Membranen sind. Ein typisches Phospholipid ist das *Dipalmitoylphospha-*

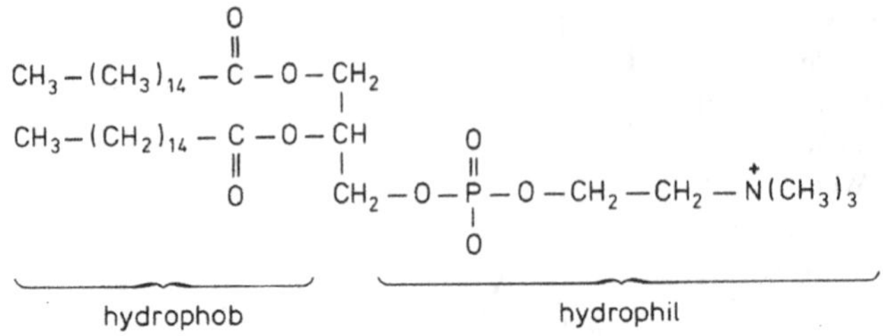

$$CH_3 - (CH_3)_{14} - \overset{\overset{\textstyle O}{\|}}{C} - O - CH_2$$

$$CH_3 - (CH_2)_{14} - C - O - CH$$

hydrophob   hydrophil

Abb. 7.22. Strukturformel für das Lipid Dipalmitoylphosphatidylcholin

tidylcholin (oder *Dipalmitoyllecithin*), dessen chemische Formel in Abb. 7.22 dargestellt ist.

Auch hier überwiegt die hydrophobe Wirkung der Kohlenwasserstoffketten, sodass das Molekül praktisch wasserunlöslich ist. Es bildet nur eine Monoschicht auf der Oberfläche der wässrigen Volumenphase aus, ohne nennenswert in diese einzutreten. An diesem und anderen Phospholipiden ist das Phasenverhalten von Monoschichten eingehend untersucht worden. Abb. 7.23 zeigt die Abhängigkeit des Spreitungsdruckes π von der molekularen Oberfläche a_s für verschiedene, gesättigte Lecithine bei 22 °C nach Untersuchungen von Phillips und Chapman (1968).

Die Kurven unterscheiden sich durch ihre Steilheit. Während das Druck-Flächen-Diagramm für Dimyristoyllecithin verhältnismäßig flach verläuft, ist es für Distearoyllecithin vergleichsweise steil. Für Dipalmitoyllecithin findet man einen Übergang zwischen zwei verschiedenen Steilheitsbereichen. Analog zur Interpretation bei der Myristinsäure nimmt man an, dass sich Distearoyllecithin bei $T = 22$ °C bei allen gemessenen Spreitungsdrücken π im kondensierten Zustand und Dimyristoyllecithin (im gleichen Bereich der Spreitungsdrücke) im flüssig-

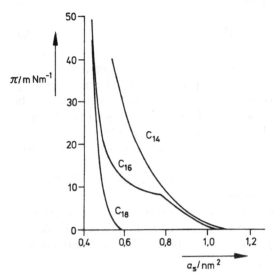

Abb. 7.23. Spreitungsdruck π gegen Fläche a_s pro Molekül für verschiedene gesättigte Lecithine an der Grenzfläche 0,1 M NaCl/Luft bei 22 °C: C_{14} = Dimyristoyl-, C_{16} = Dipalmitoyl-, C_{18} = Distearoyllecithin

expandierten Zustand befindet. Das Verhalten von Dipalmitoyllecithin bei der gewählten Temperatur interpretiert man als einen Phasenübergang „flüssig-expandiert" $\rightleftarrows$ „kondensiert", der bei etwa 8 mN/m mit einer molekularen Fläche von $a_s \approx 0,75$ nm^2 beginnt und auf $a_s \approx 0,48$ nm^2 bei hohen Spreitungsdrücken führt. Hier sind also die molekularen Oberflächen a_s im flüssig-expandierten Zustand wie auch im kondensierten Zustand etwa doppelt so groß wie im Fall der vorstehend diskutierten Myristinsäure. Da die Phospholipide zwei Kohlenwasserstoffketten haben (Abb. 7.22), kann man auch hier den kondensierten Zustand durch eine dichte Packung gestreckter paralleler Kohlenwasserstoffketten senkrecht zur Wasseroberfläche charakterisieren.

7.3.2 Lipid-Doppelschichtsysteme

Die Anordnung der Lipide in biologischen Membranen kann im Wesentlichen durch eine **bimolekulare Struktur** beschrieben werden (s. Abschn. 9.1). Neben den im vorhergehenden Abschnitt dargestellten Monoschichtuntersuchungen hat man daher eingehende Untersuchungen an Lipid-Modellsystemen mit bimolekularer Anordnung durchgeführt. Hierbei sind vor allem wässerige Suspensionen von mikroskopisch-kleinen Lipid-Vesikeln und planare Lipidmembranen zu nennen (Abb. 7.24).

Bringt man Phospholipide mit Wasser in Kontakt, so bilden sich in der Regel lamellare Strukturen aus, wobei jede Lamelle eine bimolekulare Anordnung von Phospholipid-Molekülen darstellt (Abb. 7.24). Voraussetzung für diese lamellare

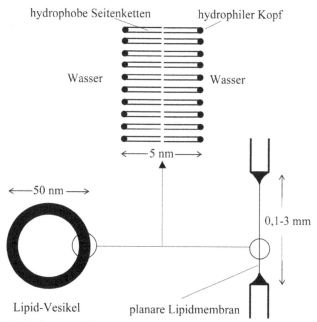

Abb. 7.24. Lipid-Doppelschicht-Systeme: Suspensionen aus mikroskopisch kleinen Vesikeln (Liposomen) und kreisförmige, planare Lipidmembranen

Struktur ist ein erheblicher Überschuss an Wasser, den wir im Folgenden immer voraussetzen. Unter geeigneten experimentellen Bedingungen findet man – als einfachst mögliche Struktur – kugelförmige *Vesikel*, deren bimolekulare Membran die wässrige Innenphase von der wässrigen Außenphase trennt. Der Durchmesser der Vesikel kann – je nach Herstellungsmethode – etwa 20 nm bis über 100 nm betragen.

Unter anderen experimentellen Bedingungen erhält man zwiebelartige mikroskopische Strukturen, bei denen mehrere bimolekulare Lipidlamellen übereinander geschichtet sind und die als *Liposomen* bezeichnet werden (in Abb. 7.24 nicht gezeigt).

Suspensionen von Vesikeln und Liposomen werden vor allem beim Studium der Phaseneigenschaften von Lipiddoppelschichten (s. unten) sowie beim Studium des Molekültransports über Lipidmembranen eingesetzt (s. Kap. 9).

Ein weiteres vor allem zum Transport von Ionen über biologische Membranen verwendetes Modellsystem stellen die *planaren Lipidmembranen* dar. Sie können mit Hilfe verschiedener Techniken über ein kreisförmiges Loch (mit einem Durchmesser im Bereich einiger Zehntel mm bis einigen mm) gespannt werden (vgl. Abb. 7.24). Das Loch befindet sich in einer dünnen Festkörperschicht, die zwei wässrige Phasen von einander trennt. Üblicherweise ist die Festkörperschicht Teil einer Küvette aus einem elektrisch gut isolierenden Material (z.B. Polytetrafluorethylen). Sie bildet eine trennende Wand zwischen zwei mit wässrigen Lösungen gefüllten Kompartimenten (s. Abb. 9.36). Der Stofftransport zwischen den beiden Lösungen funktioniert dann ausschließlich über die planare Lipidmembran. Mit Hilfe zweier Elektroden, einer Spannungsquelle und einem Strommessgerät erlaubt diese Anordnung auf einfache Weise, über eine Strommessung den Transport von Ionen über Lipiddoppelschichten zu detektieren. Wie in Abschn. 9.3.7 näher ausgeführt, stellen Lipidmembranen hervorragende Barrieren für den Ionentransport dar, sodass der Einbau eines einzelnen porenartigen Ionenkanals zu einer signifikanten Erhöhung des elektrischen Stromes führt.

Der relativ große Durchmesser der kreisförmigen Membran erlaubt auch optische Untersuchungen. So konnte (durch Messung der Intensität des reflektierten Lichts) die Membrandicke von etwa 5 nm bestätigt werden. Planare Lipidmembranen erscheinen im reflektierten Licht (fast) schwarz, da sich die an der Vorder- und Rückseite der Membran reflektierten Lichtanteile durch Interferenz beinahe auslöschen. Planare Lipidmembranen werden daher gelegentlich auch als „schwarze Lipidmembranen" (engl. „*black lipid membranes*", Abkürzung BLM) bezeichnet.

Planare Lipidmembranen können auch dazu verwendet werden, die Oberflächenspannung von Lipiddoppelschichten zu messen. Hierzu wird die Membran (z.B. durch Erhöhung des Wasserspiegels auf einer Seite) einseitig zur Halbkugel ausgebeult und die hierzu nötige Druckdifferenz ΔP ermittelt (s. Übungsaufgabe 7.1). Das Ergebnis in Form des überraschend kleinen Wertes von $\gamma = 0,9$ mJ/m² lässt die Bedeutung der Evolution amphiphiler Stoffe (wie der betrachteten Lipide) für die Reduktion der Oberflächenspannung zellulärer Grenzflächen erkennen.

Würde die hydrophobe Barriere der Membran nicht durch die amphiphilen Lipide, sondern z.b. durch das vollständig hydrophobe n-Heptan gebildet, so würde die Grenzflächenspannung der Heptanbarriere $2*50{,}2$ mJ/m^2 ≈ 100 mJ/m² betragen (s. Tabelle 7.2).

> Man kann somit davon ausgehen, dass die amphiphilen Lipide mit ihren polaren Kopfgruppen die Oberflächenspannung biologischer Membranen um etwa 2 Größenordnungen reduzieren.

7.3.3 Phaseneigenschaften von Lipiddoppelschichten

An den lamellaren Phospholipid-Wasser-Systemen kann man Phasenübergänge beobachten, die in vielen Einzelheiten den *Monoschichtumwandlungen* „flüssig-expandiert" $\rightleftarrows$ „kondensiert" entsprechen. Die lamellaren Systeme eignen sich besser als die Monoschichten zur Untersuchung der *Phaseneigenschaften* mit kalorimetrischen oder spektroskopischen Methoden. Man beobachtet in der Regel relativ scharfe Änderungen der Messgrößen (wie z.B. der Wärmekapazität) in Abhängigkeit von der Temperatur, die jenen beim Schmelzen/Kristallisieren (d.h. bei dreidimensionalen Phasenumwandlungen) ähnlich sind. Wir hatten bereits im Abschn. 2.1.3.2 die Ergebnisse kalorimetrischer Messungen an Dipalmitoylphosphatidylcholin wiedergegeben (vgl. Abb. 2.6). Sie zeigen für die spezifische Wärmekapazität $\tilde{C}_P$ des Phospholipids ein nur 1-2 Celsiusgrade breites Maximum bei der charakteristischen Temperatur $T_c = 41$ °C. Entsprechend dem durch Gl. (2.67) vermittelten thermodynamischen Zusammenhang zeigt dort die spezifische Enthalpie $\tilde{H}$ eine drastische Zunahme. Auf den ersten Blick ähnelt diese Umwandlung einem „Phasenübergang 1. Ordnung", wie die scharfe Schmelzumwandlung dreidimensionaler Kristalle (vgl. Abb. 2.7) in der Fachsprache bezeichnet wird. Die etwas weniger scharfe Zustandsänderung der Abb. 2.6 deutet jedoch bereits an, dass die Verhältnisse bei der Umwandlung von Lipid-Doppelschichten komplizierter sind.

Die molekularen Vorgänge bei dieser *mesomorphen Umwandlung* sind durch Untersuchungen mit einer Vielzahl von Methoden (Röntgenstreuung, Kernresonanzspektroskopie u.a.) aufgeklärt worden. Es hat sich herausgestellt, dass die molekulare Anordnung der Kohlenwasserstoffketten unterhalb der Umwandlungstemperatur T_c einer quasikristallinen Packung der gestreckten Ketten entspricht. Oberhalb der Umwandlungstemperatur T_c hingegen nehmen die Ketten (durch Rotationen um die C-C Bindungen) sehr verschiedene Konformationen ein. Dies führt zu einer erheblichen Abnahme der Ordnung in der Packung (vgl. Abb. 7.25), die von einer deutlichen Zunahme der Fluidität der Doppelschicht (s. Abschn. 9.2.4) begleitet wird. Der Zustand oberhalb T_c gleicht somit eher dem einer Flüssigkeit. Anstelle eines echten Schmelzvorganges liegt also bei der *mesomorphen Umwandlung* von Lipid-Doppelschichtsystemen ein Übergang aus einer erstarrten

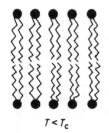

Abb. 7.25. Schematische Darstellung der Packung der Kohlenwasserstoffketten von gesättigten Phospholipiden (z.B. Lecithinen) im quasikristallinen Zustand ($T < T_c$) und im flüssig-kristallinen Zustand ($T > T_c$)

quasikristallinen (oder „*Gel*"-)*Phase* in eine *flüssig-kristalline Phase* unter Erhaltung der Doppelschichtstruktur vor.

Die Lage der Umwandlungstemperatur hängt bei gegebener hydrophiler Kopfgruppe empfindlich von der Art und Länge der Kohlenwasserstoffketten ab. Bei den gesättigten Diacylphosphatidylcholinen steigt die Umwandlungstemperatur T_c mit zunehmender Kettenlänge wie folgt an:

$$C_{14}: T_c = 24\ °C; \quad C_{16}: T_c = 41\ °C; \quad C_{18}: T_c = 55\ °C.$$

Hierbei wird die Kettenlänge durch die Zahl der C-Atome charakterisiert. Die Bezeichnung C_{14} kennzeichnet somit einen Kohlenwasserstoffrest aus 14 C-Atomen.

Die Einführung von Doppelbindungen in die Kohlenwasserstoffketten erniedrigt den Grad der Ordnung in der quasikristallinen Packung unterhalb von T_c. Dies führt zu einer erheblichen Reduktion der Umwandlungstemperatur. Für Dioleoylphosphatidylcholin (bestehend aus 18 C-Atomen und einer Doppelbindung) findet man $T_c = -22\ °C$ im Vergleich zu $T_c = 55\ °C$ für das vollständig gesättigte Distearoyllecithin gleicher Kettenlänge (s. oben).

Zusammenfassend lässt sich somit feststellen, dass die vorstehend beschriebenen *Phasenübergänge von Mono-* und *Doppelschichtsystemen* aus reinen Phospholipiden trotz aller Unterschiede ein Phasenverhalten zeigen, das einem Schmelzgleichgewicht eines (zweidimensionalen) Einkomponentensystems sehr ähnlich ist. Man kann daher erwarten, dass auch das *Phasenverhalten von Lipidmischungen* in guter Näherung analog zu den Phasengleichgewichten von Mehrkomponentensystemen (s. Abschn. 4.5.2) beschrieben werden kann. Diese Annahme wird – wie im Folgenden beschrieben – durch die Experimente voll bestätigt.

In Abb. 7.26 sind Phasendiagramme *von lamellaren Mischsystemen* aus Diacylphosphatidylcholinen verschiedener Kettenlängen in wässriger Suspension nach kalorimetrischen Untersuchungen von Phillips et al. (1970) dargestellt. In der Teilabbildung (a) ist das Phasendiagramm einer binären Mischung von zwei Diacylphosphatidylcholinen (Dipalmitoyllecithin und Distearoyllecithin) aufgetragen, deren (gesättigte) Kohlenwasserstoffketten sich jeweils nur um zwei CH_2-Gruppen unterscheiden. Dieses Phasendiagramm entspricht völlig dem Schmelzdiagramm eines (dreidimensionalen) binären Systems mit vollständiger Mischbarkeit der beiden Komponenten in der flüssigen und in der festen Phase (Abb. 4.21). Aus den

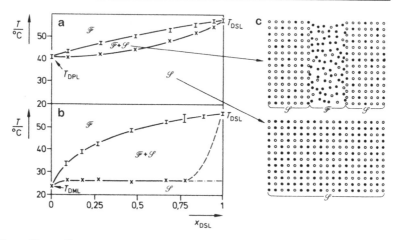

Abb. 7.26 a-c. Phasendiagramme für lamellare Mischsysteme aus je zwei Diacylphosphatidylcholinen (nach Daten aus Philips 1972): (**a**) Dipalmitoyllecithin (DPL)/Distearoyllecithin (DSL), (**b**) Dimyristoyllecithin (DML)/Distearoyllecithin (DSL). x_{DSL} ist der Molenbruch des DSL der (eingewogenen) binären Mischung; T_{DML}, T_{DPL} und T_{DSL} sind die Temperaturen der mesomorphen Umwandlungen der reinen Lipidkomponenten. F indiziert das Gebiet der flüssig-kristallinen Phase; S das der quasikristallinen Phase sowie $F + S$ das Zweiphasengebiet. In der Teilabbildung (**c**) ist schematisch die molekulare Anordnung der Lipidmoleküle (in Aufsicht auf die Lamelle) für das Zweiphasengebiet $F + S$ (*oben*) und für die vollständig erstarrte Phase S (*unten*) angegeben. ((**c**) aus Shimshick EJ, Hubell WL, Mc Connell HM (1973), J. Supramol. Structure 1: 285-294)

kalorimetrischen und weiteren physikalischen Daten konnte man auch für das binäre System der Abb. 7.26 (a) auf eine (zweidimensionale) Mischbarkeit von Dipalmitoyllecithin und Distearoyllecithin in der kristallin-flüssigen sowie in der quasikristallinen Grenzflächenphase schließen. Die Struktur der Lipidlamelle (in Aufsicht) ist in Abb. 7.26c für das Zweiphasengebiet (F + S) und das Einphasengebiet der festen Mischung (S) schematisch dargestellt. Im Zweiphasengebiet (F + S) liegen also fluide Bereiche (F) und „erstarrte" Bereiche (S) nebeneinander (d.h. insel- oder streifenförmig) in der gleichen Lamelle vor. Den Übergang aus einem Einphasengebiet (F oder S) in das Zweiphasengebiet (F + S) bezeichnet man als „*laterale Phasentrennung*" oder „*laterale Phasenseparation*". Für die Zusammensetzungen und Mengen der sich trennenden Phasen im Zweiphasengebiet gelten die in Abb. 4.21 erläuterten graphischen Auswerteprinzipien.

Das Phasendiagramm der Abb. 7.26b zeigt ein binäres lamellares System aus Diacylphosphatidylcholinen (Dimyristoyllecithin, DML, und Distearoyllecithin, DSL), deren (gesättigte) Kohlenwasserstoffketten sich jeweils um 4 CH_2-Gruppen unterscheiden. Das Phasendiagramm in diesem Fall unterscheidet sich deutlich von 7.26a, das eine vollständige Mischbarkeit auch der erstarrten Phase aufweist. Tatsächlich ähnelt Teilabbildung 7.26b einer Hälfte des Phasendiagramms der Abb.

4.22 für *eutektisches Verhalten*; dementsprechend bezeichnet man den Typ von Phasendiagrammen wie Abb. 7.26b als *„monotektisches Phasendiagramm"*. Es zeigt eine beschränkte Mischbarkeit der beiden Komponenten in der „erstarrten" (d.h. genauer DSL-reichen) Phase an. Obwohl eine gewisse Unbestimmtheit im Bereich des Phasendiagramms $x_{DSL} \to 1$ verbleibt, entnimmt man der Abb. 7.26b, dass die sich aus der fluiden Mischung abtrennende „erstarrte" Phase entweder reines DSL ist (strichpunktierte Extrapolation der Soliduslinie für $x_{DSL} \to 1$) oder zumindest eine sehr DSL-reiche Phase darstellt (gestrichelte Extrapolation $x_{DSL} \to 1$). Unterhalb von T_{DML} liegen dann schließlich im Fall des reinen „monotektischen Verhaltens" (strichpunktierte Extrapolation) lateral separierte „erstarrte" Bereiche von reinem DML neben solchen von DSL vor. Die Koexistenz von zwei separierten Phasen in der gleichen Phospholipidlamelle im Zweiphasengebiet des DML/DSL-Systems konnte elektronenmikroskopisch unmittelbar sichtbar gemacht werden (Shimshick et al. 1973).

Im Hinblick auf Plasmamembranen, in denen Cholesterin in relativ hoher Konzentration ($x_{Chol} \approx 0,3$) vorkommt, wurden Mischsysteme aus Cholesterin und Phospholipid intensiv untersucht. Auch diese zeigen ein interessantes Phasenverhalten mit ausgedehnten Zweiphasengebieten (für Details s. Phillips 1972; Shimshick et al. 1973).

Das *Phasenverhalten der natürlichen Membranen* ist sicherlich wesentlich komplizierter, weil sie aus vielen Lipid- und Proteinkomponenten aufgebaut sind und daher eine wesentlich größere Zahl von thermodynamischen Freiheitsgraden aufweisen als ein binäres System. Trotzdem geben Phasendiagramme von *Lipid-Modellsystemen*, wie die in Abb. 7.26, wichtige prinzipielle Informationen über das Verhalten der natürlichen Membranen ab. Auch bei letzteren sind Bereiche des Phasendiagramms zu erwarten, wo zwei oder mehrere Phasen miteinander im Gleichgewicht stehen. Es wird vermutet, dass wichtige membrangebundene Regulationsvorgänge der lebenden Membran auf *zweidimensionalen Phasentrennungen*, d. h. auf Übergängen zwischen verschiedenen Phasenbereichen beruhen. Solche Veränderungen des Phasenzustands der Plasmamembran könnten durch Umsteuerungen der relevanten Einflussgrößen (wie der Temperatur und, vor allem bei homöothermen Organismen, der Konzentrationen stark oberflächenaktiver Membranbestandteile) im Verlaufe physiologischer Regulationsvorgänge induziert werden. Es ist denkbar, dass bestimmte membrangebundene Enzym- oder Transportfunktionen an- oder abgeschaltet werden, wenn der zugehörige Membranbereich bei einer Phasentrennung erstarrt oder fluidisiert wird, oder wichtiger noch, wenn sich entsprechend dem Phasenverhalten (Hebelprinzip, vgl. Abb. 4.21) seine Zusammensetzung in Bezug auf funktionswichtige Membranbestandteile (wie z.B. spezielle Lipide) verschiebt.

Als Bestätigung dieser grundsätzlichen Überlegungen können die in neuester Zeit beschriebenen, floßartigen, mikroskopischen Lipidbereiche (engl. *„membrane rafts"*) angesehen worden, die sich hinsichtlich ihrer Zusammensetzung und ihres Ordnungsgrades deutlich vom Rest der Membran unterscheiden (s. z.B. Brown u. London 2000). Angereichert an Sphingolipiden und Cholesterin scheinen sie zur

Verankerung und Aggregation spezieller Membranproteine zu dienen. Bildlich gesprochen „schwimmen" diese floßartigen (eher festkörperähnlichen) Strukturen im „flüssig-kristallinen See" der Membran. Der Zusammenhang ihrer Entstehung mit dem oben beschrieben Phänomen der lateralen Phasenseparation ist offensichtlich.

Weiterführende Literatur zu „Grenzflächenerscheinungen"

Adam G, Schumann C (1981) Dependence of interfacial properties of normal and transformed 3T3 cell membranes on treatment with factors modifying proliferation. Cell Biophysics 3:189-209

Adam NK, Jessop G (1926) The structure of thin films, part 7. Proc Royal Soc (Lond) A110: 423-441; part B. Proc Royal Soc (Lond) A112:362-375

Adamson AW (1997) Physical chemistry of surfaces, 6th edn. Wiley, New York

Aveyard R, Haydon DA (1973) An introduction to the principles of surface chemistry. Cambridge Univ Press, Cambridge

Birdi KS (1989), Lipid and biopolymer monolayers at liquid interfaces, Plenum, New York

Brown DA, London E (2000) Structure and function of sphingolipid- and cholesterol-rich membrane rafts. J Biol Chem 275:17221-17224

Cevc G, Marsh D (1987) Phospholipid bilayers. Physical principles and models. Wiley-Interscience, New York

Cevc G (1993) Phospholipid Handbook. Dekker, New York

Dörfler HD (2002) Grenzflächen und kolloid-disperse Systeme. Springer, Berlin Heidelberg New York

Geiger B., Bershadsky A, Pankov R, Yamada KM (2001) Transmembrane extracellular matrix-cytoskeleton crosstalk. Nature Reviews (Mol Cell Biol) 2:793-805

Grinnell F (1978) Cellular adhesiveness and extracellular substrata. Intern Rev Cytol 53:65-144

Hiemenz PC, Rajagopalan R (1997) Principles of colloid and surface chemistry, 3rd edn. Dekker, New York

Hunter RJ (2000) Foundations of colloid science, vol. 1. Oxford Univ Press, Oxford

Jones MN, Chapman D (1995) Micelles, monolayers, and biomembranes, Wiley-Liss, New York

Marsh D (1990) CRC handbook of lipid bilayers, CRC Press, Boca Raton

Neumann AW (1974) Contact angles and their temperature dependence: thermodynamic status, measurement, interpretation, and application. Adv Colloid and Interface Sci 4:105-191

Neumann AW, Absolom DR, Francis DW, van Oss CJ (1980) Conversion tables of contact angles to surface tensions. Separation and purification methods 9 (1):69-163

van Oss CJ, Gillman CF, Neumann AW (1975) Phagocytic engulfment and cell adhesiveness. Dekker, New York

van Oss CJ, Visser J, Absolom DR, Omenyi SN, Neumann AW (1983) The concept of negative Hamaker coefficients. II. Thermodynamics, experimental evidence and applications. Adv Colloid Interface Sci 18:133-148

Osterman LA (1984) Methods of protein and nucleid acid research, vol 1. Springer, Berlin Heidelberg New York

Pfüller U (1986) Mizellen-Vesikel-Mikroemulsionen. Springer, Berlin Heidelberg New York

Phillips MC (1972) The physical state of phospholipids and cholesterol in monolayers, bilayers, and membranes. Progress in Surface and Membrane Science 5:139-221

Schopfer P, Brennicke A.(1999) Pflanzenphysiologie, 5. Aufl. Springer, Berlin Göttingen Heidelberg

Shimshick EJ, Kleemann W, Hubbell WL, McConnell HM (1973) Lateral phase separations in membranes. J Supramolec Structure 1:285-294

Steiner U, Adam G (1984) Interfacial properties of hydrophilic surfaces of phospholipid films as determined by the method of contact angles. Cell Biophysics 6:279-299

Übungsaufgaben zu „Grenzflächenerscheinungen"

7.1 Eine Lipid-Doppelschichtmembran aus Eilecithin ist über eine kreisförmige Öffnung vom Radius $r = 0,15$ cm gespannt und wird auf beiden Seiten von einer Salzlösung umgeben. Diese Membran bildet eine Halbkugelform, wenn der Druck auf einer Seite der Membran um $\Delta P = 2,4 \cdot 10^{-5}$ bar erhöht wird. Wie groß ist die Oberflächenspannung der Lipid-Doppelschicht?

7.2 Es sei ein Wassertropfen des Volumens von 2,2 µl auf eine ebene, glatte Glasoberfläche aufgebracht und bedecke dort eine kreisförmige Oberfläche mit dem Randdurchmesser von 4 mm, wobei der Kontaktwinkel 20° beträgt.
Mit welcher vertikalen Kraft wirkt der Tropfenrand auf die unterliegende Glasoberfläche? Vergleichen Sie nach Größe und Richtung diese vom Tropfenrand ausgeübte vertikale Kraft mit der Schwerkraft, die der Wassertropfen auf die Glasoberfläche ausübt. Warum hebt der Tropfen trotzdem nicht von der Oberfläche ab und fliegt davon? ($T = 20$ °C, $\gamma_{LV} = 73$ mJ m^{-2}, $\rho_L = 1,00$ g cm^{-3}).

7.3 In der folgenden Tabelle sind die Oberflächenspannungen γ_{LV} verschiedener Flüssigkeiten angegeben. Weiterhin sind experimentelle Ergebnisse angegeben für den Kontaktwinkel θ, der sich beim Aufsetzen eines Tropfens dieser Flüssigkeiten auf festes n-Hexatriacontan (n-C$_{36}$H$_{74}$, eine wachsartige Substanz) bei 20 °C einstellt, sowie für die Oberflächenspannung γ_{SV} des festen n-Hexatriacontan.
Ergänzen Sie die Tabelle durch Berechnung der Grenzflächenspannung γ_{SL} zwischen Festkörper und Flüssigkeit!

Flüssigkeit	$\chi_{LV}/mJ\ m^{-2}$	θ/Grad	$\chi_{SV}/mJ\ m^{-2}$
Wasser	72,8	104,6	20,1
Glycerin	63,4	95,4	20,1
Ethylenglycol	47,7	79,2	19,8
Hexadekan	27,6	46	20,1
Dodekan	25,4	38	20,4
Dekan	23,9	28	21,2
Nonan	22,9	25	20,8

7.4 Typischer Innendurchmesser eines Xylem-Gefäßes ist etwa 100 μm. Wie hoch kann Wasser in einem solchen Gefäß allein auf der Grundlage der Kapillarwirkung ansteigen? Welchen (hypothetischen) Innendurchmesser müssten solche Gefäße haben, damit Wasser allein durch Kapillarwirkung in den Wipfel eines 30 m hohen Baumes steigen kann? Bei der Beantwortung dieser Fragen kann vollständige Benetzbarkeit, d.h. $\theta = 0°$ angenommen werden. Verwenden Sie $g = 9,81\ ms^{-2}$, $\gamma = 73\ mJ\ m^{-2}$, $\rho = 10^3\ kg\ m^{-3}$.

7.5 In einem Langmuir-Trog trenne eine Barriere von 10 cm Länge mit eingeklebter Trennmembran eine 5 mol/l NaCl-Lösung von reinem Wasser. Die Oberflächenspannung der NaCl-Lösung bei 20 °C ist 81 mJ m^{-2}. Geben Sie nach Größe und Richtung die aufgrund der Oberflächenspannungen auf die trennende Barriere ausgeübte Kraft an.

7.6 Es ist zu zeigen, dass der Oberflächenüberschuss $\Gamma_2 - \Gamma_1 c_2 / c_1$ unabhängig von der Wahl der Systemgrenze zwischen Oberflächenphase und Volumenphase ist, solange alle Oberflächeneffekte in der Oberflächenphase einbegriffen sind, also die Systemgrenze in der ungestörten Volumenphase verläuft.
(*Lösungshinweis*: Formulieren Sie den Oberflächenüberschuss $\Gamma_2' - \Gamma_1' c_2 / c_1$ für den Fall, dass die Systemgrenze um den Betrag Δx in die Volumenphase hineinverschoben wurde, und vergleichen Sie diese Größe mit dem ursprünglichen Oberflächenüberschuss $\Gamma_2 - \Gamma_1 c_2 / c_1$!)

7.7 Für die stark oberflächenaktive Verbindung Kresol wurde die Abhängigkeit der Oberflächenspannung γ von der Konzentration c des Kresols in der wässrigen Volumenphase gemessen. Bei 20 °C fand man für die beiden Konzentrationen c' und c'':

$$c' = 0,04\text{M} : \left(\frac{d\gamma}{dc}\right)_{c'} = -2,7 \cdot 10^{-4}\ J\ m\ mol^{-1}$$

$$c'' = 0,2\text{M} : \left(\frac{d\gamma}{dc}\right)_{c''} = -5,4 \cdot 10^{-5}\ J\ m\ mol^{-1}.$$

Zeigen Sie mit Hilfe der Gibbs'schen Adsorptionsgleichung, dass der Oberflächenüberschuss Γ des Kresols für die Volumenkonzentrationen c' und c'' näherungsweise gleich ist, und ermitteln Sie den Zahlenwert von Γ bis auf etwa 1% Genauigkeit. Bei Interpretation des Oberflächenüberschusses als Oberflächenkonzentration: Wie viele Kresolmoleküle befinden sich auf 1 cm^2 der Oberflächenphase? Geben Sie eine Abschätzung für den Moleküldurchmesser des Kresols!

7.8 An wässrigen Lösungen der n-Valeriansäure bei 20 °C wurde für kleine Konzentrationen c in der Volumenphase die folgende Abhängigkeit des Oberflächenüberschusses Γ von c gemessen:

$$\Gamma = Kc \quad \text{mit} \quad K = 2 \cdot 10^{-7}\,\text{m}, \quad \text{wobei } c \leq 4 \cdot 10^{-3}\,\text{M}.$$

Die Oberflächenspannung für reines Wasser bei 20 °C ist $\gamma_0 = 72{,}8$ mJ m^{-2}. Berechnen Sie mit Hilfe der Gibbs'schen Adsorptionsgleichung für stark oberflächenaktive Substanzen den Spreitungsdruck π und die Oberflächenspannung γ bei 20 °C und bei den Konzentrationen $c' = 2 \cdot 10^{-3}$ M und $c'' = 4 \cdot 10^{-3}$ M!

7.9 Berechnen Sie mit Hilfe der Gibbs'schen Adsorptionsgleichung und der Voraussetzung einer Oberflächenphase von molekularer Dicke die Oberflächenspannung γ in Abhängigkeit von der Konzentration c der oberflächenaktiven Substanz in der wässrigen Subphase, wobei die folgende Beziehung zur Beschreibung der Abhängigkeit der in der Oberflächenphase absorbierten Konzentration Γ der oberflächenaktiven Substanz von c erfüllt sei:

$$\Gamma = \Gamma_\infty \frac{Kc}{1 + Kc}.$$

Wie groß ist γ bei $c = 5$ mM, wenn $K = 10^3$ M^{-1}, $T = 293$ K, $\Gamma_\infty = 5 \cdot 10^{-6}$ mol m^{-2} und $\gamma_0 = 72{,}8$ mJ m^{-2}?

(Hinweis: Zur Lösung des Integrals substituiert man zweckmäßigerweise $u = 1 + Kc$ und $du = Kdc$.)

8 Transporterscheinungen in kontinuierlichen Systemen

Unter diesem Überbegriff wollen wir eine Reihe von irreversiblen Prozessen zusammenfassen, die mit dem Transport von Materie verknüpft sind. Hierzu gehören Erscheinungen wie Diffusion, Sedimentation und Elektrophorese. Die Geschwindigkeit von Diffusionsvorgängen ist für den spontanen Ablauf vieler Lebensvorgänge von wesentlicher Bedeutung. Sedimentation und Elektrophorese bilden die Grundlage für viele experimentelle Techniken der molekularen Biologie. Die Beschränkung auf kontinuierliche Systeme betrifft vor allem den Membrantransport. Materietransport in diskontinuierlichen Systemen – etwa durch eine Membran, die zwei wässrige Phasen voneinander trennt – werden wir wegen ihrer besonderen biologischen Bedeutung in einem separaten Kapitel (Kap. 9) behandeln.

Die Geschwindigkeit von Transportprozessen ist eng mit der Viskosität des betreffenden Mediums verknüpft. Wir werden deshalb unsere Ausführungen mit einer kurzen Einführung in diese wichtige Eigenschaft der Materie beginnen.

8.1 Viskosität

8.1.1 Definition, Einheiten und Zahlenwerte der Viskosität

Der Begriff der Viskosität hängt eng mit der von Isaak Newton entwickelten Beschreibung der Vorgänge der inneren Reibung zusammen. Seiner Darstellung folgend betrachten wir die Verschiebung einer ebenen Platte mit der Geschwindigkeit v_0 gegen eine im Abstand d parallel angeordnete, jedoch ruhende Platte (Abb. 8.1). Zwischen beiden Platten befinde sich eine Flüssigkeit. Infolge der natürlichen Rauigkeit der Platten haftet die Flüssigkeit an den Plattenoberflächen. Die Flüssigkeit zwischen den Platten kann man sich in ebene Schichten zerlegt denken, die sich bei der Bewegung der oberen Platte gegeneinander verschieben. Die an die Platten angrenzenden Flüssigkeitsschichten werden die Geschwindigkeit der jeweiligen Platte annehmen, d.h. in Ruhe sein bzw. sich mit der Geschwindigkeit v_0 bewegen. Bei der gegenseitigen Verschiebung der Platten haben die unteren Flüssigkeitsschichten das Bestreben, die oberen Schichten zu verzögern. Diese Wechselwirkung wird mit dem Begriff *innere Reibung* umrissen. Als Folge bildet sich ein Geschwindigkeitsprofil $v(z)$ der Flüssigkeitsschichten in Abhängigkeit vom vertikalen Abstand z von der ruhenden unteren Platte heraus, das in Abb. 8.1

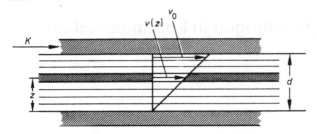

Abb. 8.1. Lineares Geschwindigkeitsprofil einer Flüssigkeit zwischen einer durch die Kraft K bewegten *oberen* Platte und einer ruhenden Platte (*unten*)

skizziert ist. Hierbei gibt die Länge des Pfeils den Betrag des Geschwindigkeits-vektors an.

Die *Viskosität* ist über die Kraft K definiert, die notwendig ist, um die obere Platte mit gleichbleibender Geschwindigkeit gegen die untere zu verschieben. K erweist sich als proportional zur Plattenfläche A und zum Geschwindigkeitsgefälle dv/dz an der Stelle $z = d$:

$$K = \eta A \frac{dv}{dz} .$$
(8.1)

Die Proportionalitätskonstante η bezeichnet man als *Viskosität*. Sie gibt den Widerstand an, den die Flüssigkeitsschichten gegen ihre relative Verschiebung aufbringen. Der Zusammenhang in Gl. (8.1) wurde 1687 von Newton wie folgt formuliert: „*Viscosity is a lack of slipperiness between adjacent layers of fluid.*"

In vielen Fällen, insbesondere bei nicht zu großer Geschwindigkeit v_0, ist (wie in Abb. 8.1 gezeichnet) das Geschwindigkeitsprofil $v(z)$ bei kleinem Plattenab-stand d als eine lineare Funktion von z darstellbar, d.h.

$$v(z) = \frac{v_0}{d} z .$$
(8.2)

Damit liefert Gl. (8.1) den einfachen Zusammenhang:

$$K = \eta A v_0 / d.$$
(8.3)

Hieraus ergeben sich unmittelbar die Einheiten der Viskosität:

$$\eta = \frac{Kd}{Av_0} \quad \left[\frac{Ns}{m^2} = \frac{kg}{m\,s} = Pa\,s \right].$$
(8.4)

Vielfach wird auch die in cm, g und s formulierte Einheit verwendet:

$$1\,P\,(Poise) = 1\,\frac{g}{cm\,s} = 0{,}1\,\frac{kg}{m\,s} = 0{,}1\,Pa\,s.$$
(8.5)

Sehr gebräuchlich ist hierbei das Zentipoise (1 cP = 0,01 P). Weitere, gelegent-lich benutzte Kenngrößen im Zusammenhang mit der Viskosität sind: die Größe

Tabelle 8.1. Zahlenwerte der Viskosität

	$T/°C$	$\eta/\text{g cm}^{-1}\text{ s}^{-1}$
Wasser	0	0,01789
	20	0,01005
	40	0,00653
	100	0,00282
Ethylether	20	0,00243
Glycerin	0	121,1
	20	14,99
n-Heptan	20	0,00409
n-Nonan	20	0,00711
n-Tetradekan	20	0,0218
n-Hexadekan	20	0,0334
Luft	0	0,000171
	40	0,000190
Wasserstoff (H_2)-Gas	0	0,0000835
Helium-Gas	0	0,000186
Neon-Gas	0	0,000297

$1/\eta$ = *Fluidität* (Einheit m s/kg) sowie die Größe η/ρ = *kinematische Viskosität* (ρ = Dichte).

Der Gültigkeitsbereich der Gln. (8.2) und (8.3) ist auf *laminare* (wirbelfreie) Strömungen beschränkt, die wir im Folgenden ausschließlich betrachten wollen. Hiermit wird ausgedrückt, dass die Flüssigkeitsbewegung (im Gegensatz zu *turbulenten* Strömungen) ausschließlich durch die innere Reibung bestimmt ist (s. Lehrbücher der Physik). Dies erfordert – wie bereits oben erwähnt – die Beschränkung auf hinreichend kleine Geschwindigkeiten. Nur in diesem Fall verhält sich die Viskosität η als eine Materialkonstante, die unabhängig von v_0 ist (Bereich der „*Newton'schen Flüssigkeit*").

Zahlenwerte für die Viskosität verschiedener Flüssigkeiten und Gase finden sich in Abhängigkeit von der Temperatur in Tabelle 8.1. Mit zunehmender Temperatur nimmt die Viskosität im Allgemeinen ab (Beispiel aus dem Alltag: Honig). Die Änderung der Viskosität der Körperflüssigkeiten mit der Temperatur kann erhebliche physiologische Bedeutung haben. Beispielsweise ist die Viskosität des Blutes in unterkühlten Gliedmaßen erheblich höher als normal.

Bei Gasen nimmt die Viskosität mit zunehmender Temperatur zu. Dies beruht auf der zunehmenden „Verzahnung" benachbarter Gasschichten durch die zunehmende kinetische Wärmebewegung der Gasmoleküle bei Temperaturerhöhung.

8.1.2 Viskoses Fließen in einer Kapillare

Wie bereits in Abschn. 7.1 erwähnt, spielt das Verhalten von Flüssigkeiten in engen Kapillaren bei verschiedenen biologischen Erscheinungen eine bedeutende

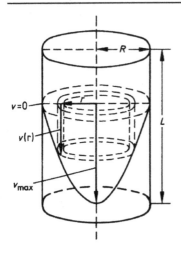

Abb. 8.2. Geschwindigkeitsprofil der Flüssigkeit in einer Kapillare. Die Kapillare verbindet zwei Reservoire der Flüssigkeit (nicht gezeigt)

Rolle. Im vorliegenden Abschnitt wollen wir uns mit dem Flüssigkeitstransport durch Kapillaren beschäftigen. Speziell soll uns die Frage beschäftigen, wie das transportierte Volumen vom Radius der Kapillare abhängt. Der Zusammenhang dieses Problems mit der Blutversorgung tierischer Gewebe ist offensichtlich. Darüber hinaus werden wir hierbei eine grundlegende Methode der Viskositätsmessung kennen lernen.

Gemäß unserer Alltagserfahrung nimmt die Flüssigkeitsmenge, die pro Zeiteinheit durch ein zylinderförmiges Rohr fließen kann, mit zunehmender Viskosität der Flüssigkeit ab (Honig fließt langsamer als Wasser). Die grundlegenden experimentellen Untersuchungen zum viskosen Fließen in einer Kapillare wurden unabhängig voneinander von Hagen (1839) im Zusammenhang mit physikalisch-technischen Fragestellungen und von Poiseuille (1840/41) im Rahmen seiner Arbeiten zur Aufklärung des Bluttransportes in den Blutgefäßen durchgeführt. Lässt man eine Flüssigkeit der Dichte ρ von einem höheren Reservoir in ein tieferes hinabfließen, so treibt der Druckunterschied

$$\Delta P = \rho \, g \, h \tag{8.6}$$

diesen Vorgang (Abb. 8.2). Hier ist h die Höhendifferenz zwischen dem oberen und dem unteren Niveau der Flüssigkeit. Aufgrund der natürlichen Rauigkeit der inneren Oberfläche der durchströmten Kapillare haftet auch hier die Flüssigkeit an der Kapillarwand, hat dort also die Geschwindigkeit $v = 0$. Im Zentrum der Kapillare hingegen ist die Geschwindigkeit maximal. Wie Hagen und Poiseuille empirisch feststellten, bildet sich bei zeitlich konstanter (stationärer) Strömung im Inneren der Kapillare das in Abb. 8.2 dargestellte parabolische Geschwindigkeitsprofil aus, d.h.

$$v(r) = v_{\max} \left(1 - \frac{r^2}{R^2} \right), \tag{8.7}$$

wobei

$$V_{max} = \frac{\Delta P R^2}{4 \eta L} . \tag{8.8}$$

Hier sind R der Kapillarradius, L die Länge der Kapillare und r der Abstand von der zentralen Kapillarachse. Gl. (8.7) kann auch vergleichsweise einfach durch Anwendung von Gl. (8.1) unter Beachtung der zylindrischen Geometrie der Kapillare abgeleitet werden (s. Lehrbücher der Experimentalphysik). Wir interessieren uns für das gesamte Flüssigkeitsvolumen ΔV, das in einer vorgegebenen Zeit Δt durch die Kapillare strömt. Hierzu betrachten wir zunächst Bereiche gleicher Geschwindigkeit v. Dies sind jeweils Flächen zwischen konzentrischen Kreisen mit den Radien r und $r+dr$. Das Volumen dV, das in der Zeit Δt durch einen derartigen Kreisring mit der Fläche $2\pi r \, dr$ strömt, beträgt

$$dV = v(r) \, \Delta t \, 2\pi \, r \, dr . \tag{8.9}$$

Durch Aufintegrieren der Flüssigkeitsvolumina dV von $r = 0$ bis $r = R$ erhält man das pro Zeitintervall Δt durch die Kapillare fließende Gesamtflüssigkeitsvolumen ΔV (Hagen 1839). Mit Hilfe der Gln. (8.7) und (8.8) ergibt sich :

$$\Delta V = \frac{\pi}{2} \frac{\Delta P \Delta t}{\eta L} \int_0^R \left(R^2 - r^2 \right) r \, dr$$

$$= \frac{\pi \Delta P \Delta t}{2 \eta L} \left[\frac{R^2 r^2}{2} - \frac{r^4}{4} \right]_0^R = \frac{\pi}{8} \frac{\Delta P R^4}{\eta L} \Delta t , \tag{8.10}$$

oder mit Gl. (8.6):

$$\Delta V = \frac{\pi}{8} \frac{\rho g h R^4}{\eta L} \Delta t . \tag{8.11}$$

Diese Beziehung bezeichnet man als **Hagen-Poiseuille'sche Gleichung**. Danach hängt das transportierte Flüssigkeitsvolumen ΔV von der 4. Potenz des Radius R der Kapillare ab. Eine Verdopplung von R ergibt somit ein 16fach größeres Volumen. Die starke Abhängigkeit des transportierten Flüssigkeitsvolumens vom Kapillarradius erlaubt eine effektive Regulation der Durchblutung von tierischem Gewebe. Diese Regulation geschieht über die Variation des Radius der die Gewebe versorgenden Blutgefäße mit Hilfe der die Gefäße umgebenden glatten Muskulatur (s. Lehrbücher der Physiologie).

Gl. (8.11) bildet auch die Grundlage zur Messung der Viskosität von Flüssigkeiten im **Kapillarviskosimeter** nach Ostwald (Abb. 8.3). Dabei füllt man ein bestimmtes Volumen der zu messenden Flüssigkeit in das Ablaufgefäß A und saugt dann die Flüssigkeit durch die Kapillare K bis zur oberen Eichmarke. Man lässt dann das zwischen den Eichmarken befindliche Volumen ΔV durch die Kapillare K fließen, wobei die Zeit Δt bestimmt wird, welche das Absinken des Flüssigkeitsmeniskus von der oberen zur unteren Eichmarke benötigt. Dabei ändert sich jedoch die Höhendifferenz h während des Volumendurchflusses zwischen dem

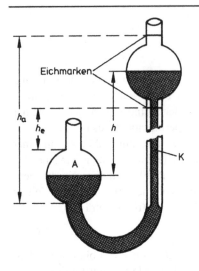

Abb. 8.3. Kapillarviskosimeter nach Ostwald

Anfangswert h_a und dem Endwert h_e (vgl. Abb. 8.3). Damit ist die treibende Druckdifferenz $\Delta P = \rho \, g \, h(V)$ und damit die Geschwindigkeit des Volumenflusses $\Delta V/\Delta t$ im Verlauf des Flüssigkeitsdurchlaufes nicht strikt konstant. Es ist daher zweckmäßig, Gl. (8.11) zunächst nur für ein kurzes Zeitelement dt mit zugehörigem Volumenfluss dV zu betrachten (in dem $h(V)$ einen Wert hat, der durch das bis dahin durchgelaufene Volumen V bestimmt ist) und über dt und dV zu integrieren:

$$\int_0^{t^*} dt = t^* = \left[\frac{8L}{\pi g R^4} \int_0^{V^*} \frac{dV}{h(V)} \right] \frac{\eta}{\rho} = \frac{1}{K} \frac{\eta}{\rho} \, . \tag{8.12}$$

In der eckigen Klammer sind alle Größen entweder physikalische Konstanten (g) oder von der Geometrie der gewählten Messanordnung abhängig. Man fasst sie daher als *Viskosimeterkonstante K* zusammen und ermittelt diese durch Eichung der Messanordnung, indem man die Durchlaufzeit t^* für eine Flüssigkeit bekannter Dichte ρ_0 und Viskosität η_0 ermittelt:

$$K = \frac{\eta_0}{\rho_0 t_0^*} \, . \tag{8.13}$$

Die Viskosität einer unbekannten Flüssigkeit ergibt sich dann bei bekannter Dichte ρ und Viskosimeterkonstante K aus der gemessenen Durchlaufzeit t^* als:

$$\eta = K \rho \, t^* = \frac{\eta_0}{\rho_0 t_0^*} \rho \, t^* \, . \tag{8.14}$$

Nach dieser Gleichung ergibt die Viskosimeterkonstante K und die Durchlaufzeit zunächst nur die „kinematische Viskosität" η/ρ. Mit der unabhängig zu bestimmenden Dichte ρ erhält man dann die interessierende Viskosität η. Viskositätsmessungen nach diesem oder anderen Verfahren (vgl. van Holde 1971) werden bei biophysikalischen Untersuchungen häufig benötigt. Wie im folgenden Abschnitt erläutert, geben Viskositätsmessungen interessante Informationen über Eigenschaften von Makromolekülen. Weitere Beispiele für die Bedeutung der Viskosität sind die Ermittlung der Oberflächenladungsdichte von Teilchen aus ihrer Wanderungsgeschwindigkeit im elektrischen Feld (s. 8.5.6) sowie gewisse Anwendungen im Rahmen von Sedimentationsuntersuchungen (s. 8.3).

8.1.3 Viskosität von makromolekularen Lösungen

Viskositätsmessungen können zur Untersuchung der *Größe und Form von Makromolekülen* herangezogen werden. Man hat nämlich gefunden, dass die Viskosität von makromolekularen Lösungen gegenüber der des reinen Lösungsmittels wesentlich verändert ist. Zur quantitativen Analyse dieser Erscheinungen wählt man die Massenkonzentration c der gelösten makromolekularen Komponente, die in $g \, cm^{-3}$ angegeben wird. Im Allgemeinen findet man eine Abhängigkeit $\eta(c)$, wie in Abb. 8.4 dargestellt.

Für verdünnte Lösungen kann man die *Konzentrationsabhängigkeit* $\eta(c)$ der Viskosität in eine Potenzreihe entwickeln und sich in der Umgebung von $c = 0$ auf das erste Glied der Entwicklung beschränken:

$$\eta = \eta_0 \, (1 + [\eta]c + a_2 c^2 + a_3 c^3 + ...) \approx \eta_0 (1 + [\eta]c). \tag{8.15}$$

Hierbei haben wir die Viskosität η_0 des reinen Lösungsmittels ausgeklammert und den Koeffizienten a_1 durch $[\eta]$ ersetzt. Dieser Koeffizient wird als *Intrinsic-Viskosität* (früher auch Viskositätszahl oder Grenzviskosität) bezeichnet. Die Beziehung $\eta = \eta_0(1 + [\eta]c)$ ist die Gleichung der Grenztangente für $c \to 0$ an die allgemeine Beziehung $\eta(c)$ (Abb. 8.4). Die Steigung dieser Grenztangente ist $\eta_0[\eta]$. Als Einheit der Intrinsic-Viskosität benutzt man $cm^3 \, g^{-1}$ entsprechend der gewählten Einheit $g \, cm^{-3}$ für die Massenkonzentration c. Die Einheit der Intrinsic-Viskosität, wie auch ihre Definition über die Anfangssteigung $(d\eta/dc)_{c=0} = \eta_0[\eta]$, macht deutlich, dass diese Größe keine echte Viskosität ist. Sie beschreibt vielmehr die Veränderung der Viskosität durch die gelöste makromolekulare Komponente und lässt daher Rückschlüsse auf Größe und Form des Makromoleküls zu.

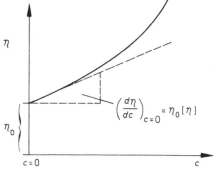

Abb. 8.4. Schematische Darstellung der Abhängigkeit der Viskosität η einer makromolekularen Lösung von ihrer Konzentration c

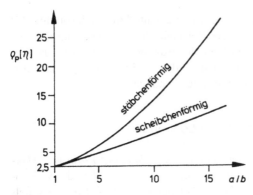

Abb. 8.5. Viskositätsfaktor ρ_P $[\eta]$ in Abhängigkeit vom Halbachsenverhältnis a/b für stäbchen- und scheibenförmige Rotationsellipsoide

Einstein (1906) konnte zeigen, dass starre kugelförmige Teilchen der Dichte ρ_P die folgende Beziehung erfüllen:

$$[\eta]\,\rho_P = 2{,}5. \tag{8.16}$$

Diese Beziehung gilt unabhängig von der Größe der Teilchen, solange diese sehr viel größer als die Lösungsmittelmoleküle sind.

Simha (1940) hat die entsprechenden Beziehungen für Ellipsoide angegeben. In Abb. 8.5 sind die theoretischen Kurven für Rotationsellipsoide in Abhängigkeit vom Verhältnis a/b der größeren zur kleineren Halbachse aufgetragen. Stäbchenförmige Teilchen erhöhen die Viskosität wesentlich stärker als scheibchenförmige Teilchen. Die Ursache hierfür liegt in einer stärkeren Störung der Strömung des Lösungsmittels durch die stäbchenförmigen Teilchen. Wenn man die Gestalt eines Makromoleküls näherungsweise kennt (z.B. scheibchenförmiges Rotationsellipsoid), kann man aus der experimentell ermittelten Größe ρ_P $[\eta]$ das Halbachsenverhältnis a/b nach Abb. 8.5 bestimmen.

Auch für langgestreckte Fadenmoleküle kann man wertvolle Informationen über Größe und Gestalt aus der experimentell ermittelten Größe $[\eta]$ gewinnen. Die Abhängigkeit von $[\eta]$ von der Molmasse M der gelösten langkettigen Makromoleküle kann beschrieben werden durch (Staudinger 1930; Mark 1938):

$$\eta = C\left(\frac{M}{M^+}\right)^a. \tag{8.17}$$

Hier sind C und a für Lösungsmittel und makromolekulare Komponente charakteristische Konstanten, die beide unabhängig von der Molmasse M sind. Weiterhin ist mit M^+ ein Normierungsfaktor bezeichnet, der die Exponentialfunktion dimensionslos macht; in der Regel verwendet man $M^+ = 1$ g mol^{-1}. Damit hat C die gleichen Einheiten wie $[\eta]$.

Nach experimentellen Daten und theoretischen Analysen kann man die **linearen Makromoleküle** allgemein wie folgt klassifizieren:

$a \approx 0{,}5$-$0{,}8$ für flexible Fadenmoleküle (z.B. denaturierte Proteine),

$a \approx 1{,}8$ für langgestreckte starre (evtl. etwas biegsame) Stäbchen (z.B. helikale Biopolymere).

Man kann also aus einer experimentell ermittelten Molmassenabhängigkeit von $[\eta]$ Aussagen über die Form eines Fadenmoleküls in Lösung machen.

8.1.4 Reibungskoeffizient

In vielen Fragestellungen der Biologie bewegen sich Teilchen (Zellen, Eiweißmoleküle o.ä.) in einem Medium der Viskosität η, das auf diese Bewegung einen **Reibungswiderstand** ausübt. Wir haben diesen Reibungswiderstand bereits in Abschn. 6.1.4 im Zusammenhang mit der Ionenbeweglichkeit kennen gelernt. Er wird durch den im Folgenden einzuführenden **Reibungskoeffizienten** f charakterisiert.

Die Bewegung eines Teilchens im freien Raum wird durch die Newton'sche Bewegungsgleichung beschrieben:

$$\vec{K}_\mathrm{S} = \mu \frac{d\vec{v}}{dt} \, . \tag{8.18}$$

Hierbei sind $\vec{K}_\mathrm{S}$ die Summe der auf das Teilchen einwirkende Kräfte, μ seine Masse und $\vec{v}$ seine Geschwindigkeit.

Die Bewegung des Teilchens wird durch (mindestens) eine Kraft $\vec{K}$ ausgelöst. Dies kann z.B. eine elektrische Kraft $\vec{K}_\mathrm{el}$ sein, die ein Teilchen mit der Ladung q in einem elektrischen Feld $\vec{E}$ erfährt ($\vec{K}_\mathrm{el} = q\vec{E}$).

Befindet sich das Teilchen in einer reibenden Flüssigkeit, so greift eine weitere Kraft am bewegten Teilchen an. Diese Reibungskraft $\vec{R}$ ist im Sinne der Newton'schen Gl. (8.3) zu verstehen. Sie ist proportional zu seiner Geschwindigkeit $\vec{v}$ und wirkt der auslösenden Kraft $\vec{K}$ entgegen:

$$\vec{R} = -f \vec{v} \tag{8.19}$$

Der Proportionalitätsfaktor f wird als **Reibungskoeffizient** bezeichnet. Seine durch diese Gleichung definierte Einheit lautet:

$$f = -\frac{R}{v} \quad \left[\frac{Ns}{m} = \frac{kg}{s} \right] \tag{8.20}$$

Für makroskopische Teilchen definierter Geometrie lässt sich der Reibungskoeffizient f mit den Hilfsmitteln der Hydrodynamik berechnen. Für makroskopische Kugeln gilt das **Gesetz von Stokes**, das wir bereits in Abschn. 6.1.4 kennen gelernt haben. Unter Verknüpfung von Gl. (8.19) mit Gl. (6.21) erhalten wir

$$f = 6\pi \, \eta \, r \, , \tag{8.21}$$

r = Teilchenradius.

Obwohl für Kugeln makroskopischen Durchmessers abgeleitet, kann Gl. (8.21) auch für mikroskopische Teilchen, wie kugelförmige Moleküle oder zelluläre Partikel, näherungsweise verwendet werden.

Die durch die beiden Kräfte $\vec{K}$ und $\vec{R}$ bestimmte Bewegungsgleichung des Teilchens lautet nach Gl. (8.18):

$$\vec{K} + \vec{R} = \vec{K} - f\vec{v} = \mu\frac{d\vec{v}}{dt} \ . \tag{8.22}$$

Diese Gleichung erlaubt es, die Geschwindigkeit $\vec{v}$ in Abhängigkeit von der Zeit t nach Einschalten einer konstanten Kraft $\vec{K} = \vec{K}_0$ zu berechnen. Ein Beispiel ist etwa das Einschalten eines elektrischen Feldes, das auf ein geladenes Teilchen wirkt. Dazu müssen wir die folgende durch Umformung von Gl. (8.22) erhaltene Differentialgleichung lösen:

$$\frac{dv}{dt} + \frac{f}{\mu}v = \frac{K_0}{\mu} \ . \tag{8.23}$$

Hierbei haben wir die Vektoren $\vec{K}_0$ und $\vec{v}$ durch ihre Beträge K_0 und v ersetzt. Wie man durch Differenzieren und Einsetzen in Gl. (8.23) leicht bestätigt, lautet die Lösung:

$$v(t) = \frac{K_0}{f}\left(1 - e^{-ft/\mu}\right) \ . \tag{8.24}$$

Diese Zeitabhängigkeit ist in Abb. 8.6 aufgetragen. Sie beschreibt die Zunahme von v bis zur Endgeschwindigkeit $v_{\max} = K_0/f$. Diese ist durch die Bedingung $\vec{K} = -\vec{R}$ charakterisiert, sodass gemäß Gl. (8.22) die Beschleunigung $d\vec{v}/dt$ gleich null wird.

Der Beschleunigungsvorgang kann durch die Zeit τ charakterisiert werden, zu der das Teilchen bis auf $1/e$ (e = Euler'sche Zahl), d.h. bis auf $1/2{,}718$ ($\hat{=}36{,}8\%$) seine Endgeschwindigkeit $v_{\max}$ erreicht hat. Die Geschwindigkeit beträgt zu diesem Zeitpunkt τ somit 63,2% der Endgeschwindigkeit oder $v(\tau) = v_{\max}(1 - 1/e)$. Mit dieser Bedingung erhält man aus Gl. (8.24):

$$\tau = \mu/f \tag{8.25}$$

Das derart definierte τ wird als **Relaxationszeit** bezeichnet (s. Abschn. 10.5.3).

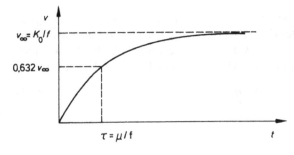

Abb. 8.6. Zeitabhängigkeit der Geschwindigkeit eines Teilchens in einer reibenden Flüssigkeit nach Einschalten einer konstanten Kraft $\vec{K}_0$ zum Zeitpunkt $t = 0$

τ kann unter Verwendung des Stokes´schen Gesetzes für kugelförmige Teilchen leicht abgeschätzt werden. Wir wollen dies anhand von zwei Beispielen demonstrieren:

a) Bewegung eines elektrisch geladenen Eiweißmoleküls nach Einschalten eines elektrischen Feldes:
Wir betrachten ein kugelförmiges Protein der Molmasse $M = 10^5$ g mol^{-1} und der Dichte $\rho = 1$ g cm^{-3} in Wasser der Viskosität $\eta = 0{,}01$ g cm^{-1} s^{-1}.
Aus diesen Angaben ergibt sich die Teilchenmasse zu $\mu = M/L = 1{,}67 \cdot 10^{-19}$ g und das Teilchenvolumen zu $V = \mu / \rho = 1{,}67 \cdot 10^{-19}$ cm^3.
Mit $V = 4\pi\, r^3/3$ erhält man den Teilchenradius

$$r = \sqrt[3]{\frac{3\mu}{4\pi\rho}} = 3{,}4 \cdot 10^{-7}\,\text{cm}$$

und mit den Gln. (8.21) und (8.25)

$$\tau = \mu / 6\pi\, \eta\, r = 1{,}6 \cdot 10^{-11}\ \text{s}.$$

b) Bewegung einer kugelförmigen Zelle nach Einschalten eines elektrischen Feldes:
Auf analoge Art und Weise erhalten wir unter Annahme eines Zellradius von $r = 10^{-3}$ cm, der Dichte $\rho = 1$ g cm^{-3} und der Viskosität $\eta = 0{,}01$ g cm^{-1} s^{-1} des wässrigen Mediums

$$\mu = \frac{4\pi}{3} r^3 \rho = 4{,}2 \cdot 10^{-9}\, g \quad \text{und } \tau = 22\ \mu s.$$

Mikroskopische, molekulare und zelluläre Teilchen in wässriger Lösung erreichen also nach Einschalten einer bewegenden Kraft überaus schnell ihre konstante Endgeschwindigkeit. Diese Aussage gilt trotz der stark vereinfachten Behandlung der oben angeführten Beispiele. Wir haben nämlich – wie in Abschn. 8.5.6 näher ausgeführt wird – die Wirkung des elektrisches Feldes auf die (die geladenen Teilchen umgebende) Raumladungswolke an Gegenionen vernachlässigt.

8.1.5 Brown'sche Molekularbewegung und Reibungskoeffizient

Beobachtet man in einer Flüssigkeit suspendierte kleine Teilchen (wie Pollenkörper, Pilzsporen oder nicht-motile Bakterien) unter dem Mikroskop, dann stellt man an ihnen unregelmäßige Verschiebungen fest, die mit zunehmender Temperatur stärker werden. Diese *Zufallsbewegungen* wurden 1827 von R. Brown, einem Botaniker, an Pollenkörnern entdeckt. Sie werden heute als *Brown'sche Molekularbewegung* bezeichnet. Die Ursache dieser Verschiebungen sind thermisch bedingte Zusammenstöße mit Molekülen der umgebenden Flüssigkeit. Aufgrund der ungeordneten Wärmebewegung der Moleküle kommt es zu den oben erwähnten Zufallsbewegungen der Teilchen.

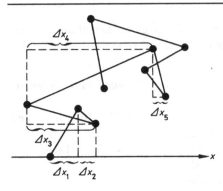

Abb. 8.7. „Bahn" eines Teilchens bei der Brown'schen Bewegung. Die Verschiebungen $\Delta x_1, \Delta x_2, \Delta x_3, \cdots$ in x-Richtung wurden zu den Zeiten 0, Δt, 2 Δt, 3 $\Delta t, \cdots$ ermittelt

Man kann die Teilchenverschiebung dieser Zitterbewegung wie folgt quantitativ erfassen (Abb. 8.7).

Man ermittelt die Verschiebungen Δx_i in Richtung der vorgegebenen Koordinatenachse x nach gleichen Zeitintervallen Δt.

Infolge des Zufallscharakters der Bewegung ergibt die Mittelung über eine große Zahl n dieser Verschiebungen eine verschwindende mittlere Verschiebung $\overline{\Delta x}$ (Verschiebungen in positiver Richtung sind gleich wahrscheinlich wie Verschiebungen in negativer Richtung):

$$\overline{\Delta x} = \frac{\Delta x_1 + \Delta x_2 + \Delta x_3 + \dots + \Delta x_n}{n} = 0 . \tag{8.26}$$

Das *mittlere Verschiebungsquadrat* $\overline{(\Delta x)^2}$ in x-Richtung ist jedoch von null verschieden, da nun ausschließlich über positive Summanden gemittelt wird:

$$\overline{\Delta x^2} = \frac{(\Delta x_1)^2 + (\Delta x_2)^2 + (\Delta x_3)^2 + \dots + (\Delta x_n)^2}{n} . \tag{8.27}$$

Es stellt sich heraus, dass $\overline{\Delta x^2}$ um so größer ist, je höher die Temperatur T, je länger die Beobachtungszeiten Δt und je kleiner der Reibungskoeffizient f der Teilchen ist.

Die Ableitung des genauen Zusammenhangs ist kompliziert; wir geben nur das recht einfache Endergebnis an:

$$\overline{\Delta x^2} = \frac{2 k_B T}{f} \Delta t . \tag{8.28}$$

Hier ist $k_B = R/L$ die *Boltzmann-Konstante* [$k_B = 1{,}38 \cdot 10^{23}$ J K^{-1}, Gl. (1.54)].

Gl. (8.28) besagt, dass das mittlere Verschiebungsquadrat proportional zur mittleren thermischen Energie (vgl. Gl. 1.54) und umgekehrt proportional zum (die Bewegung bremsenden) Reibungskoeffizienten ist. Aus Messungen des mittleren Verschiebungsquadrats $\overline{(\Delta x)^2}$ kann man also den Reibungskoeffizienten f eines suspendierten Teilchens ermitteln.

Da die Auswahl der x-Richtung für die Ermittlung des mittleren Verschiebungsquadrats willkürlich ist und die Zufallsbewegungen in den Richtungen der Achsen eines rechtwinkligen Koordinatensystems völlig unabhängig voneinander sind, gelten für die mittleren quadratischen Verschiebungen in der y- sowie der z-Richtung zu Gl. (8.28) analoge Beziehungen:

$$\overline{\Delta y^2} = \frac{2\,k_{\mathrm{B}}T}{f}\Delta t \; ; \quad \overline{\Delta z^2} = \frac{2\,k_{\mathrm{B}}T}{f}\Delta t \; . \tag{8.29}$$

Für das Verschiebungsquadrat Δs_i^2 im dreidimensionalen Raum gilt die geometrische Beziehung (Satz des Pythagoras im Dreidimensionalen):

$$\Delta s_i^2 = \Delta x_i^2 + \Delta y_i^2 + \Delta z_i^2 \; . \tag{8.30}$$

Das zugehörige *mittlere* Verschiebungsquadrat ist völlig analog zu Gl. (8.27) definiert. Beachtet man weiterhin, dass über Δx_i^2, Δy_i^2 und Δz_i^2 getrennt summiert werden darf, so ergibt sich:

$$\overline{\Delta s^2} = \frac{1}{n}\sum_{i=1}^{n}\Delta s_i^2 = \frac{1}{n}\sum_{i=1}^{n}\left(\Delta x_i^2 + \Delta y_i^2 + \Delta z_i^2\right) = \overline{\Delta x^2} + \overline{\Delta y^2} + \overline{\Delta z^2} \; . \tag{8.31}$$

Mit den Gln. (8.28) und (8.29) hat man also für die mittlere quadratische Verschiebung $\overline{\Delta s^2}$ bei einer dreidimensionalen Brown'schen Bewegung:

$$\overline{\Delta s^2} = \frac{6\,k_{\mathrm{B}}T}{f}\Delta t \; . \tag{8.32}$$

Um diese Gleichung zu erläutern, betrachten wir die Brown'sche Bewegung eines ursprünglich im Mittelpunkt einer Kugel befindlichen Teilchens. Nach der Zeit $\Delta t = f\overline{\Delta s^2}/(6\,k_{\mathrm{B}}T)$ befindet es sich irgendwo auf einer Kugelschale mit dem Radius $d = \sqrt{\overline{\Delta s^2}}$ um den Kugelmittelpunkt. Diese Zeit ist ein Drittel derjenigen, die nach Gl. (8.28) zur Zurücklegung der gleichen Entfernung $d = \sqrt{\overline{\Delta x^2}}$ in vorgegebener x-Richtung notwendig ist.

8.2 Diffusion

Unter Diffusion versteht man Materietransport, der durch Konzentrationsunterschiede hervorgerufen wird. Sie beinhaltet ein grundlegend wichtiges Transportphänomen in der belebten und unbelebten Natur. Die Darstellung einer Reihe von physikalisch-chemischen und biophysikalischen Sachverhalten in den nachfolgenden Abschnitten setzt die Kenntnis der Diffusionsphänomene und ihrer quantitativen Beschreibung voraus. Da die Diffusion ganz wesentlich mit der ungeordneten Brown'schen Zufallsbewegung der diffundierenden Teilchen zusammenhängt, wollen wir zunächst diesen (mechanistischen) Zusammenhang besprechen und daran anschließend die phänomenologische Beschreibung der Diffusion sowie einige praktische Anwendungen behandeln.

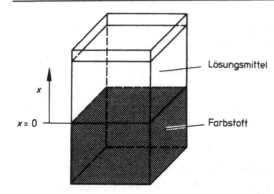

Abb. 8.8. Diffusion eines Farbstoffes in einer Glasküvette: Eine Farbstofflösung wird zu Beginn des Diffusionsvorganges mit dem reinen Lösungsmittel überschichtet

8.2.1 Diffusion und Brown'sche Molekularbewegung

Wir wollen zunächst den Diffusionsfluss durch eine phänomenologische Beziehung beschreiben. Dazu betrachten wir als anschauliches Beispiel den in Abb. 8.8 illustrierten Vorgang. Hier wird eine Farbstofflösung der Ausgangskonzentration c_0 zur Zeit $t = 0$ mit dem reinen Lösungsmittel überschichtet. Im Laufe der Zeit erfolgt ein Konzentrationsausgleich, bis schließlich in der gesamten Flüssigkeit die gleiche Konzentration vorliegt.

Um den Diffusionsvorgang quantitativ zu beschreiben, definieren wir den *Diffusionsfluss* J_x als die Stoffmenge pro Zeiteinheit, die netto und in positiver x-Richtung durch einen senkrecht zur x-Richtung angeordneten ebenen Querschnitt der Fläche A hindurchtritt. Die Einheit des Diffusionsflusses J_x ist also mol s^{-1}. Bezieht man den Diffusionsfluss auf einen Querschnitt der Einheitsfläche, so spricht man von dem *spezifischen Diffusionsfluss* oder der *Diffusionsflussdichte* $\Phi_x = J_x/A$ in der vorgegebenen x-Richtung; die zugehörigen Einheiten sind hier beispielsweise mol cm^{-2}s^{-1}.

Die mathematisch-physikalische Beschreibung von Diffusionsvorgängen geht wesentlich auf den Physiologen Fick (1855) zurück. Ihm folgend setzen wir den Fluss J_x proportional zur betrachteten Querschnittsfläche A und zum Konzentrationsgefälle $-(\partial c/\partial x)_t$ in x-Richtung, welches als Triebkraft für den Fluss J_x wirkt:

$$\textit{1. Fick'sches Gesetz:} \ J_x = -DA\left(\frac{\partial c}{\partial x}\right)_t . \tag{8.33}$$

Die Diffusion ist ein orts- und zeitabhängiger Vorgang, der durch die beiden Variablen x und t beschrieben wird; d.h. $c(x,t)$ ist eine Funktion dieser beiden Variablen. Deshalb enthält das 1. Fick'sche Gesetz die *partielle* Ableitung der Konzentration c nach der Ortskoordinate x. Gl. (8.33) gilt unabhängig vom Wert der Variablen t, obwohl es (über $\partial c/\partial x$) von der Zeit abhängt. Die Ermittlung der Zeit- und Ortsabhängigkeit $c(x,t)$ der Konzentration ist Gegenstand des

$$2. \textit{ Fick'schen Gesetzes}: \left(\frac{\partial c}{\partial t}\right)_x = D\left(\frac{\partial^2 c}{\partial x^2}\right)_t. \qquad (8.34)$$

Gl. (8.34) stellt eine partielle Differentialgleichung dar, die wir in Abschn. 8.2.4 betrachten werden. Wir wollen hier zunächst das 1. Fick'sche Gesetz näher diskutieren:

Der Proportionalitätsfaktor D in den Gln. (8.33) und (8.34) wird als **Diffusionskoeffizient** bezeichnet. Seine aus Gl. (8.33) folgende Einheit ist z.B. $cm^2 s^{-1}$. Der Diffusionsfluss in Abb. 8.8 vollzieht sich in positive x-Richtung, d.h. in Richtung abnehmender Farbstoffkonzentration. Um J_x und D positiv zu definieren, wird das negative $\partial c / \partial x$ in Gl. (8.33) durch das vorgesetzte Minuszeichen kompensiert.

Der Diffusionskoeffizient beschreibt wesentlich die Geschwindigkeit der Diffusion. Er ist eine wichtige Eigenschaft sowohl der diffundierenden Molekülart als auch des Mediums, in dem sich der Diffusionsvorgang abspielt. D hängt mit der inneren Reibung zusammen, die das Teilchen während seiner Bewegung vom umgebenden Medium erfährt. Es ist deshalb von Viskosität des Mediums abhängig (s. Gl. 8.40).

Der Diffusionsfluss stellt einen gerichteten Materietransport dar und entspricht deshalb einer **Vektorgröße**. Einem vielfach geübten Gebrauch folgend wollen wir jedoch von einer entsprechenden Bezeichnung durch einen Pfeil absehen und statt dessen die Komponenten dieses Vektors, z.B. in x-Richtung, verwenden, die dann die Bezeichnung J_x und Φ_x tragen (s. oben).

Obwohl die Fick'schen Gesetze einen **gerichteten** Materie- oder Teilchenstrom beschreiben, beruht dieser trotzdem allein auf der **ungerichteten Brown'schen Molekularbewegung** der einzelnen diffundierenden (z.B. Farbstoff-)Teilchen. Um das zu verdeutlichen, soll im Folgenden das 1. Fick'sche Gesetz unter Verwendung von Gl. (8.28) hergeleitet werden.

Wir betrachten den in Abb. 8.8 illustrierten Diffusionsvorgang zu irgendeinem Zeitpunkt t. Dann möge der Konzentrationsverlauf in Abhängigkeit von x den in Abb. 8.9 angegebenen Verlauf haben (hier ist im Gegensatz zu Abb. 8.8 die x-Achse in horizontaler Richtung gezeichnet).

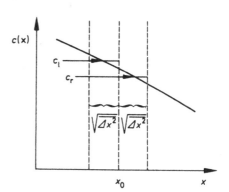

Abb. 8.9. Zum Zusammenhang zwischen gerichteter Diffusion und ungerichteter Brown'scher Molekularbewegung (s. Text)

Die Brown'sche Molekularbewegung aller Farbstoffteilchen ist unabhängig voneinander. In einem gegebenen kleinen Zeitintervall Δt erleiden also die Farbstoffteilchen unabhängig von der lokalen Konzentration eine mittlere quadratische Verschiebung von $\overline{\Delta x^2}$.

Wir betrachten nun zum gewählten Zeitpunkt t während des Konzentrationsausgleiches eine Ebene der Querschnittsfläche A an der Stelle x_0 und die daran angrenzenden Flüssigkeitsschichten von der Dicke $[\overline{\Delta x^2}]^{1/2}$. Die zur Zeit t in der linken Schicht vorliegende mittlere Farbstoffkonzentration sei c_l, die in der rechten sei c_r. Wir ermitteln nun die Stoffmengen $n_\rightarrow$ und $n_\leftarrow$, die innerhalb der Zeit Δt von links nach rechts bzw. von rechts nach links durch die Querschnittsfläche A an der Stelle x_0 hindurchtreten. Da innerhalb des Zeitintervalls Δt im Mittel gerade die Hälfte der Teilchen aus der linken Schicht nach rechts wandern können (die andere Hälfte wandert nach links), gilt:

$$n_\rightarrow = \frac{c_l A \sqrt{\overline{\Delta x^2}}}{2}. \tag{8.35}$$

Analoges gilt für die rechte Schicht:

$$n_\leftarrow = \frac{c_r A \sqrt{\overline{\Delta x^2}}}{2}. \tag{8.36}$$

Der Nettoteilchenfluss J_x in die positive x-Richtung (d.h. nach rechts) ist also:

$$J_x = \frac{n_\rightarrow - n_\leftarrow}{\Delta t} = \frac{(c_l - c_r) A \sqrt{\overline{\Delta x^2}}}{2\Delta t}. \tag{8.37}$$

Die Konzentrationsänderung $(\partial c / \partial x)_{x_0}$ an der Stelle x_0 können wir ebenfalls durch die Differenz der Konzentrationen c_l und c_r und das mittlere Verschiebungsquadrat $[\overline{\Delta x^2}]^{1/2}$ ausdrücken:

$$\left(\frac{\partial c}{\partial x}\right)_{x_0} \approx \frac{\Delta c}{\Delta x} = \frac{(c_r - c_l)}{\sqrt{\overline{\Delta x^2}}}. \tag{8.38}$$

Unter Verwendung von Gl. (8.38) kann Gl. (8.37) wie folgt formuliert werden:

$$J_x = -\left(\frac{\overline{\Delta x^2}}{2\Delta t}\right) A \frac{\partial c}{\partial x}. \tag{8.39}$$

Der Klammerausdruck in Gl. (8.39) entspricht nach Gl. (8.28) der zeitlich und örtlich konstanten Größe $(k_B T / f)$. Infolge dieser Konstanz ist Gl (8.39) formal identisch zum 1. Fick'schen Gesetz (Gl. 8.33), wenn man setzt:

$$D = \frac{k_B T}{f} = \frac{\overline{\Delta x^2}}{2\Delta t}. \tag{8.40}$$

Diese Betrachtung zeigt also, dass die ungerichtete Brown'sche Molekularbewegung bei Vorliegen von Konzentrationsunterschieden im System zu gerichteten Diffusionsflüssen führt.

Mit Hilfe der sehr wichtigen Beziehung (8.40) kann man aus dem Diffusionskoeffizienten D das mittlere Verschiebungsquadrat $\overline{\Delta x^2}$ (d.h. die mögliche Verschiebung $\sqrt{\overline{\Delta x^2}}$) eines Teilchens innerhalb eines Zeitintervalls Δt berechnen. Der erste Teil der Gl. (8.40) stellt die auf Einstein (1908) zurückgehende wichtige *Beziehung* zwischen *Diffusionskoeffizient D* und dem *Reibungskoeffizienten f* dar. Beschreibt man f durch die Stokes'sche Beziehung (8.21), so gilt für den Diffusionskoeffizient eines starren, kugelförmigen Teilchens des Radius r im Medium der Viskosität η :

$$D = \frac{k_B T}{6\pi \eta r} . \qquad (8.41)$$

Der Zähler dieser Gleichung lässt erkennen, dass die Wärmebewegung der Moleküle als Triebkraft der Diffusion wirkt ($D = 0$ für $T = 0$), während die im Nenner enthaltene Viskosität η als bremsende Kraft fungiert.

Die Gln. (8.28) und (8.40) stellen außerordentlich nützliche Beziehungen dar, um beispielsweise bei einem Substrattransport in einer Zelle die notwendige Diffusionszeit Δt für eine vorgegebene Weglänge $\sqrt{\overline{\Delta x^2}}$ aus der Kenntnis des Diffusionskoeffizienten D oder des Reibungskoeffizienten f abschätzen zu können. Handelt es sich um näherungsweise kugelförmige Teilchen, so genügt nach Gl. (8.41) die Kenntnis der Viskosität η und des Teilchenradius r für eine Abschätzung des Diffusionskoeffizienten, falls dieser nicht Tabellenwerken entnommen werden kann.

8.2.2 Anwendung des 1. Fick'schen Gesetzes

Die bisherige Behandlung von Diffusionsvorgängen beschränkte sich auf den Spezialfall der eindimensionalen Diffusion aufgrund eines Konzentrationsgefälles $-(\partial c/\partial x)$ in der x-Richtung. Häufig ist eine abgewandelte Formulierung des *1. Fick'schen Gesetzes* zweckmäßiger, die den (auf die Flächeneinheit bezogenen) spezifischen Diffusionsfluss $\Phi_x = J_x/A$ verwendet:

$$\Phi_x = -D \frac{\partial c}{\partial x} . \qquad (8.42)$$

In vielen praktisch wichtigen Fällen genügt die eindimensionale Behandlung der Diffusionsvorgänge nicht. Um eine zylindrische Zelle (z.B. Muskelfaser) kann sich beispielsweise eine zylindrische Konzentrationsverteilung herausbilden. In solchen Fällen ist Φ_x als x-Komponente des vektoriellen Diffusionsflusses Φ durch ein beliebig angeordnetes Flächenelement aufzufassen. Die Vektorkomponenten von Φ in y- und z-Richtung können analog zu Gl. (8.42) geschrieben werden:

$$\Phi_y = -D\frac{\partial c}{\partial y}; \quad \Phi_z = -D\frac{\partial c}{\partial z}. \tag{8.43}$$

Sehr häufig lässt sich ein dreidimensionales Diffusionsproblem durch geeignete Koordinatenwahl sehr vereinfachen. Bei einer völlig kugelsymmetrischen Konzentrationsverteilung um eine kugelförmige Zelle kann man beispielsweise die lokale Formulierung Gl. (8.42) zweckmäßig wie folgt anwenden. Hier ist die Konzentration nur vom radialen Abstand r vom Zellmittelpunkt abhängig (wenn man von der Zeitabhängigkeit absieht). Da die Wahl des rechtwinkligen Koordinatensystems x, y, z willkürlich ist, können wir seinen Ursprung im Zellmittelpunkt anordnen. Jede Wahl der x-Richtung ist dann gleichwertig, sodass der Diffusionsfluss in radialer Richtung in völliger Allgemeinheit geschrieben werden kann als:

$$\Phi_r = -D\frac{\partial c}{\partial r}. \tag{8.44}$$

Für alle weiteren Diffusionsprobleme beschränken wir uns auf die *eindimensionale Diffusion* in einer vorgegebenen x-Richtung. Als einfache Anwendung des 1. Fick'schen Gesetzes in Form der Gl. (8.33) soll im Folgenden die stationäre Diffusion eines Stoffes S zwischen zwei Lösungsräumen beschrieben werden, die durch eine feinporige Wand (z.B. eine Glasfritte) getrennt sind (vgl. Abb. 8.10). Wenn jeder der beiden Lösungsräume gut durchmischt wird (z.B. durch einen Magnetrührer), kann man in jedem der beiden Räume eine ortsunabhängige Konzentration annehmen. Das gesamte Konzentrationsgefälle erstreckt sich dann über die feinporige Trennwand (genauer gesagt über die mit Lösungsmittel gefüllten Poren der Wand).

Wir wollen uns bei der Beschreibung des Diffusionsvorganges durch die Poren auf einen praktisch wichtigen Fall beschränken, nämlich auf das Vorliegen eines *linearen Konzentrationsgefälles* in den Poren. Dieser Fall wird sich (wie eine nähere Betrachtung zeigt) bei hinreichend langer Diffusionszeit und genügend großen Lösungsmittelreservoiren stets einstellen. Dies bedeutet, dass die Konzentration des Stoffes S in den Poren linear von c^{II} auf c^{I} abfällt, d.h.

$$c(x) = c^{II} - \frac{\left(c^{II} - c^{I}\right)}{d}x \quad \text{(mit } 0 \le x \le d\text{), und} \tag{8.45}$$

$$\frac{\partial c}{\partial x} = -\frac{\left(c^{II} - c^{I}\right)}{d}. \tag{8.46}$$

Unter Verwendung von Gl. (8.46) erhält man aus Gl. (8.33) den folgenden positiven Diffusionsfluss (d.h. in positiver x-Richtung):

$$J_x = +A\,D\frac{\left(c^{II} - c^{I}\right)}{d}. \tag{8.47}$$

Gl. (8.47) gilt auch bei Abnahme von c^{II} und Zunahme von c^{I}, solange das lineare Konzentrationsgefälle innerhalb der Trennwand eingestellt bleibt. Als Folge

Abb. 8.10. Schematische Versuchsanordnung und Konzentrationsverlauf bei Diffusion durch eine feinporige Wand, die zwei gut gerührte Lösungsräume trennt

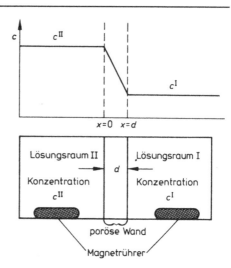

der kleiner werdenden Konzentrationsdifferenz $(c^{II} - c^{I})$ wird J_x im Laufe der Zeit abnehmen.

Wenn jedoch die Lösungsräume I und II sehr groß sind, so werden sich die Konzentrationen c^{I} und c^{II} durch den Stoffübertritt über einen längeren Zeitabschnitt nur unwesentlich ändern . In diesem Falle ist das Konzentrationsgefälle und damit der Fluss J_x stationär, d.h. zeitlich konstant. Man kann eine solche Anordnung zur Messung des Diffusionskoeffizienten D benutzen. Hierzu verfolgt man die im Zeitintervall Δt durch die Trennwand diffundierte Stoffmenge Δn und erhält mit $J_x = \Delta n / \Delta t$ aus Gl. (8.47):

$$D = \frac{\Delta n}{\Delta t} \frac{d}{A \left(c^{II} - c^{I} \right)} . \qquad (8.48)$$

Hier sind A der effektive Querschnitt (d.h. die Summe der Querschnittsflächen aller Poren in der Wand) und d die effektive Dicke der Trennwand. Der Quotient d/A wird zweckmäßig durch Eichung der Anordnung mit einer Substanz des bekannten Diffusionskoeffizienten D_0 bestimmt.

8.2.3 Zeitabhängigkeit der Diffusion in einem einfachen Fall

Wir wollen uns nun der Zeitabhängigkeit des im letzten Abschnitt behandelten Falls der Diffusion durch eine poröse Trennwand zuwenden (s. Abb. 8.10). Dieser nicht-stationäre Fall kann vergleichsweise einfach berechnet werden.

Wir bezeichnen die (zeitabhängige) Konzentrationsdifferenz zwischen den beiden gerührten Lösungsräumen als:

$$\Delta c = c^{II} - c^{I} . \qquad (8.49)$$

Die Änderungen der Stoffmengen n^I und n^{II} in den beiden Lösungsräumen I und II sind nach dem *1. Fick'schen Gesetz:*

$$\frac{dn^I}{dt} = V^I \frac{dc^I}{dt} = DA \frac{\Delta c}{d} \tag{8.50}$$

$$\frac{dn^{II}}{dt} = V^{II} \frac{dc^{II}}{dt} = DA \frac{\Delta c}{d} . \tag{8.51}$$

Für die zeitliche Änderung der Konzentrationsdifferenz lässt sich nach Kombination der Gln. (8.50) und (8.51) schreiben:

$$\frac{d\Delta c}{dt} = -\frac{DA}{d} \left(\frac{1}{V^{II}} + \frac{1}{V^I} \right) \Delta c \tag{8.52}$$

oder

$$\frac{d\Delta c}{dt} = -\beta D \Delta c , \tag{8.53}$$

wobei β die „Apparate-Konstante" der Anordnung bezeichnet:

$$\beta = \frac{A}{d} \left(\frac{1}{V^{II}} + \frac{1}{V^I} \right) . \tag{8.54}$$

Wenn $(\Delta c)_0$ die Ausgangskonzentrationsdifferenz über die poröse Wand darstellt, ergibt die Integration von Gl. (8.53) (Integrationen dieser Art werden wir in Kap. 10 üben):

$$\Delta c = (\Delta c)_0 \, e^{-\beta D t} . \tag{8.55}$$

Misst man die Konzentrationsdifferenz Δc zur Zeit t, so lässt sich gemäß Gl. (8.55) der Diffusionskoeffizient D ermitteln als:

$$D = \frac{\ln(\Delta c_0 / \Delta c)}{\beta t} . \tag{8.56}$$

Der wesentliche Schritt zur Beschreibung der Zeitabhängigkeit der Diffusion war die Berücksichtigung der *Stoffmengenbilanzen* der verschiedenen Lösungsräume nach Gln. (8.50) und (8.51). Im nachfolgenden Abschnitt wird eine allgemeine Formulierung der Stoffmengenbilanzen bei Diffusionsvorgängen gegeben werden.

Mit Hilfe der in Abb. 8.10 beschriebenen Messanordnung können (nach Eichung durch eine Substanz mit bekanntem Diffusionskoeffizienten D_0) unbekannte Diffusionskoeffizienten gemäß den Gln. (8.48) oder (8.56) ermittelt werden. In den Tabellen 8.2. und 8.4. sind Werte des Diffusionskoeffizienten verschiedener niedermolekularer und makromolekularer Substanzen zusammengestellt, die nach einem solchen Verfahren oder dem im nächsten Abschnitt zu besprechenden Verfahren der Diffusion in freier Lösung gemessen wurden. Der Diffusionskoeffizient

Tabelle 8.2. Zahlenwerte des Diffusionskoeffizienten in Wasser

Substanz	Molmasse	$D \cdot 10^6$	T
	$\mathrm{g\ mol}^{-1}$	$\mathrm{cm}^2\,\mathrm{s}^{-1}$	$^\circ\mathrm{C}$
Harnstoff	60	13,83	25
KCl	75	19,96	25
Glycin	75	9,335	20
Glucose	180	6,78	25
Saccharose	342	4,586	20
Adenosintriphosphat	507	3,0	20
Flavinmononucleotid (Dimer)	995	2,86	20
Rinderserumalbumin	66.500	0,603	20
Menschl. Fibrinogen	330.000	0,197	20
Myosin	440.000	0,105	20

Alle Zahlenwerte des Diffusionskoeffizienten D in dieser Tabelle sind extrapoliert auf
Konzentration $c \to 0$

zeigt sich, wie bereits Gl. (8.41) erwarten lässt, als stark abhängig von der Größe der diffundierenden Teilchen.

Wir haben den Diffusionskoeffizienten bisher als material- und stoffabhängige Konstante betrachtet. In der Regel nimmt der Diffusionskoeffizient jedoch mit zunehmender Konzentration des betrachteten Stoffes ab. Der Effekt ist aber relativ klein; als Faustformel für niedermolekulare wie für hochmolekulare Stoffe kann gelten: In einer Lösung von $c = 1$ Massenprozent ist der Diffusionskoeffizient um 1-2% gegenüber dem Wert bei $c = 0$ erniedrigt.

8.2.4 2. Fick'sches Gesetz, Diffusion in freier Lösung

In den komplizierteren, aber praktisch wichtigen Fällen des *Konzentrationsausgleiches in freier Lösung* (d.h. ohne poröse Trennwand) kommt man nicht mehr mit dem 1. Fick'schen Gesetz aus. Man muss das *2. Fick'sche Gesetz* in Form der Gl. (8.34) verwenden, das im Folgenden hergeleitet werden soll.

Wir betrachten die Konzentrationsbilanz in einer dünnen Scheibe der Dicke dx und der ebenen Querschnittsfläche A an der Stelle x (Abb. 8.11).

Die Änderung dn/dt der Stoffmenge $n = A\,dx\,c$ der diffundierenden Teilchen in der flachen Scheibe des Volumens $A\,dx$ beruht auf der Differenz der Flüsse $J(x)$ (Zufluss) und $J(x + dx)$ (Abfluss) durch die Stirnflächen:

$$\frac{dn}{dt} = A\,dx \left(\frac{\partial c}{\partial t} \right)_x = J(x) - J(x + dx). \tag{8.57}$$

Dabei werden beide Flüsse in positiver x-Richtung als positiv gerechnet.

Gleichung (8.57) kann man umformen und unter Verwendung der Definition des Differentialquotienten folgendermaßen schreiben:

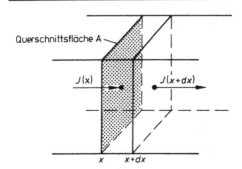

Abb. 8.11. Stoffbilanz bei freier Diffusion in x-Richtung

$$A\left(\frac{\partial c}{\partial t}\right)_x = -\left(\frac{J(x+dx)-J(x)}{dx}\right) = -\left(\frac{\partial J}{\partial x}\right)_t. \qquad (8.58)$$

Setzt man hierin für J das 1. Fick'sche Gesetz nach Gl. (8.33) ein, so erhält man das *2. Fick'sche Gesetz* in Form der Gl. 8.(34):

$$\left(\frac{\partial c}{\partial t}\right)_x = D\left(\frac{\partial^2 c}{\partial x^2}\right)_t. \qquad (8.34)$$

Hier wurde D als ortsunabhängig, d.h. auch als unabhängig von der Konzentration c vorausgesetzt.

Wenn drei Raumdimensionen an Stelle nur einer zu berücksichtigen sind (d.h. bei dreidimensionaler Diffusion), lautet die entsprechende Gleichung für $c(x, y, z, t)$:

$$\frac{\partial c}{\partial t} = D\left(\frac{\partial^2 c}{\partial x^2}+\frac{\partial^2 c}{\partial y^2}+\frac{\partial^2 c}{\partial z^2}\right). \qquad (8.59)$$

Wie bereits früher erwähnt, stellen die Gln. (8.34) und (8.59) partielle Differentialgleichungen dar, die zur Beschreibung der Orts- und Zeitabhängigkeit der Konzentration c herangezogen werden.

Als Beispiel wollen wir den in Abb. 8.8 skizzierten Diffusionsvorgang heranziehen. Hier ist das Problem eindimensional, sodass wir von Gl. (8.34) ausgehen müssen. Diese Differentialgleichung beschreibt alle existierenden eindimensionalen Diffusionsproblem. Ihre *allgemeine* Lösung muss daher notwendigerweise vieldeutig sein. Eine *eindeutige* Lösung für ein spezielles eindimensionales Problem (wie jenes in Abb. 8.8) ergibt sich unter Beachtung der speziellen Anfangsbedingung und der speziellen Randbedingung des Problems. Hierbei dient die Anfangsbedingung zur Charakterisierung des Konzentrationsverlaufes zum Zeitpunkt $t = 0$. Für das Problem in Abb. 8.8 ist die Anfangsbedingung eingezeichnet:

$$t = 0: c = c_0 \text{ für } x < 0, \text{ sowie } c = 0 \text{ für } x > 0 \qquad (8.60)$$

Unter Randbedingung versteht man die Angabe der Konzentration an den geometrischen Grenzen (dem „Rand") des Diffusionsproblems. Der Einfachheit halber wollen wir von einer unendlich großen Diffusionsküvette ausgehen und wollen annehmen, dass die Konzentrationen für $x \to \infty$ und für $x \to -\infty$ während des Diffusionsvorganges konstant bleiben, d.h. wir gehen von der Randbedingung

$$t \geq 0: c = c_0 \text{ für } x = -\infty:, \text{ und } c = 0 \text{ für } x = \infty \text{ aus.} \tag{8.61}$$

Wir werden sehen, dass diese Bedingung konstanter Konzentrationen am Küvettenrand bereits bei Küvettenabmessungen von wenigen Zentimetern erfüllt ist, solange man die Diffusionszeiten auf den Bereich mehrerer Tage beschränkt (vgl. Abb. 8.12). Die folgende Lösung gilt somit mit hinreichender Genauigkeit auch für das in Abb. 8.8 illustrierte Diffusionsproblem endlicher Küvettenabmessungen.

Unter den Bedingungen der Gln. (8.60) und (8.61) lautet die vollständige Lösung der Gl. (8.34):

$$c(x,t) = \frac{c_0}{2} \left[1 - \phi(u) \right] \text{ mit } u = \frac{x}{2\sqrt{Dt}} . \tag{8.62}$$

Hierbei ist $\phi(u)$ die sogenannte **Fehlerfunktion:**

$$\phi(u) = \frac{2}{\sqrt{\pi}} \int_0^u e^{-y^2} dy . \tag{8.63}$$

Dieses Integral lässt sich nicht geschlossen lösen; der Integralwert ist aber auf numerischem Wege ermittelt worden. In Tabelle 8.3 sind für einige Zahlenwerte u die zugehörigen Werte $\phi(u)$ angegeben. Außerdem sind in Tabelle 8.3 einige Zahlenwerte der Ableitung $d\phi/du$ eingetragen:

$$\frac{d\phi}{du} = \frac{2}{\sqrt{\pi}} e^{-u^2} . \tag{8.64}$$

Für praktische Anwendungen ist noch die folgende Symmetriebeziehung der Fehlerfunktion wichtig:

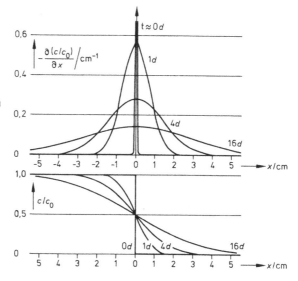

Abb. 8.12. Eindimensionaler Konzentrationsausgleich durch freie Diffusion (gemäß Abb. 8.8, jedoch unter Annahme unendlich großer Küvettendimensionen): Konzentrationsverlauf c/c_0 (*unten*) sowie Konzentrationsgradient $\partial(c/c_0)/\partial x$ (*oben*) für Zeiten $t = 0$, 1 d, 4 d und 16 d bei Annahme eines Diffusionskoeffizienten von $D = 2{,}9 \cdot 10^{-6}$ cm^2 s^{-1}

Tabelle 8.3. Zahlenwerte der Fehlerfunktion $\phi(u)$ und ihrer Ableitung

u	$\phi(u)$	$d\phi/du$
0	0	1,1284
0,05	0,056372	1,1256
0,10	0,1125	1,1172
0,20	0,2227	1,0841
0,30	0,3286	1,0313
0,40	0,4284	0,9615
0,50	0,5205	0,8788
0,75	0,7112	0,6429
1,00	0,8427	0,4151
1,50	0,9661	0,1189
2,00	0,99532	0,02066
3,00	1,0000	$1,3925 \cdot 10^{-4}$

$$\phi(-u) = -\phi(u) \,. \tag{8.65}$$

Durch Differenzieren der Fehlerfunktion nach der oberen Grenze und Beachtung der Kettenregel der Differentiation erhält man aus Gln. (8.62) und (8.63):

$$\frac{\partial c}{\partial x} = -\frac{c_0}{\sqrt{4\pi Dt}} e^{-x^2/(4Dt)} \,. \tag{8.66}$$

Durch weitere Ableitung nach x sowie durch Ableitung von Gl. (8.62) mit Gl. (8.63) nach t kann man leicht zeigen, dass diese Lösung tatsächlich die Differentialgleichung (8.34) erfüllt.

Um an einem praktischen Beispiel das Verhalten der Lösung zu veranschaulichen, wählen wir als diffundierende Verbindung ein Nucleotid in wässriger Lösung mit $D = 2,9 \cdot 10^{-6}$ cm^2 s^{-1} (dieser Zahlenwert trifft etwa zu für ATP = Adenosintriphosphat sowie für (FMN)$_2$ = Flavinmononucleotid-Dimer). Damit wird $4 \cdot D$ = 1 cm^2/d, was für die numerischen Rechnungen bequem ist. Der Verlauf von c/c_0 und $\partial(c/c_0)/\partial x$ ist in Abb. 8.12 für verschiedene Zeiten angegeben. Man sieht, dass die Diffusion über makroskopische Entfernungen (einige cm) ein sehr langsamer Vorgang ist. Man sieht außerdem, dass $(\partial c/\partial x)_{x=0}$ besonders starke Änderungen zeigt. Auch experimentell ist $\partial c/\partial x$ besonders leicht durch die **schlierenoptische Methode** erfassbar. Dieses Messverfahren kann hier nicht im Einzelnen dargestellt werden (s. z.B. van Holde 1971, S. 91 ff.). Für das Folgende genügt jedoch, dass schlierenoptisch der Gradient $\partial n/\partial x$ des **Brechungsindex** gemessen werden kann. Für die bei Messungen des Diffusionskoeffizienten verwendeten verdünnten Lösungen ist der Brechungsindex n proportional zur Konzentration c:

$$n = \kappa c \,. \tag{8.67}$$

Man ermittelt experimentell die Höhe h_{max} des Maximums von $|\partial n/\partial x|$, das nach Gln. (8.66) und (8.67) folgendermaßen geschrieben werden kann:

$$h_{max} = \left|\left(\frac{\partial n}{\partial x}\right)_{x=0}\right| = \frac{\kappa c_0}{\sqrt{4\pi D\, t}}. \tag{8.68}$$

Außerdem bestimmt man die Fläche A' unter der Glockenkurve $\partial n/\partial x$; für diese Fläche gilt:

$$A' = \int_{-\infty}^{+\infty}\left(\frac{\partial n}{\partial x}\right) dx = \kappa \int_{-\infty}^{+\infty}\left(\frac{\partial c}{\partial x}\right) dx = \kappa \int_{c(-\infty)}^{c(\infty)} dc = -\kappa c_0. \tag{8.69}$$

Auch hier interessiert nur der Absolutbetrag $A = |A'|$. Damit erhält man den Diffusionskoeffizienten D aus den drei gemessenen Größen t, h_{max} und A wie folgt:

$$D = \frac{(A/h_{max})^2}{4\pi t}. \tag{8.70}$$

Nach diesem (oder äquivalenten) Verfahren sind die in den Tabellen 8.2 und 8.4 angegebenen Zahlenwerte für D ermittelt worden.

8.3 Sedimentation

Als **Sedimentation** bezeichnet man die Verschiebung von Teilchen aufgrund von Kräften, die der Teilchenmasse proportional sind.

Sedimentationserscheinungen bilden die Grundlage wichtiger Anwendungen physikalischer Techniken in der Zellbiologie und molekularen Biologie. Man benutzt die Sedimentation entweder zur Auftrennung gemischter Teilchenpopulationen oder zur Charakterisierung von reinen Teilchenpräparationen nach Größe, Form und Dichte der Teilchen.

Hierzu werden in den meisten Anwendungen die hohen Zentrifugalkräfte ausgenützt, die mit den modernen Hochgeschwindigkeits- bzw. Ultrazentrifugen erreicht werden können. Ohne den Einsatz solcher Zentrifugen ist die tägliche Arbeit in den Laboratorien mit molekularbiologischen Fragestellungen heutzutage nicht mehr denkbar. Entsprechend den vielfältigen Einsatzzwecken dieser Methoden wurde eine große Zahl von speziellen Varianten der allgemeinen Methodik entwickelt. Ihre Darstellung sowie die der praktischen Aspekte kann hier nicht gegeben werden. Wir wollen uns im Folgenden auf die physikalisch-chemischen Grundprinzipien der Sedimentationsmethoden beschränken. Für weiterführende Details wird jeweils auf Spezialliteratur verwiesen.

8.3.1 Sedimentation im Schwerefeld der Erde

Wir betrachten Partikel der Masse μ_p, der Dichte ρ_p und des Volumens v_p in einem flüssigen Medium der Dichte ρ und der Viskosität η. Falls $\rho_p > \rho$, wird das

Teilchen aufgrund der *Schwerebeschleunigung* g in dem Medium nach unten sinken. Wir fragen nach der Geschwindigkeit $\vec{v}$, mit der dies geschieht. Die Bewegungsgleichung der Teilchen wird durch Gl. (8.22) beschrieben. Die auslösende Kraft $\vec{K}$ ist die Schwerkraft $\vec{G}$, die unter Berücksichtigung des Auftriebs, die das Teilchen im flüssigen Medium erfährt

$$\vec{G} = (\mu_\mathrm{P} - \mu_\mathrm{L})\,\vec{g} = \upsilon_\mathrm{P}\,(\rho_\mathrm{P} - \rho)\,\vec{g} \tag{8.71}$$

lautet, wobei μ_L die Masse des durch das Teilchen verdrängten flüssigen Mediums darstellt. Der die Bewegung auslösenden Schwerkraft wirkt die Reibungskraft $\vec{R} = -f\vec{v}$ (Gl. 8.19) entgegen. Wie in Abschn. 8.1.4 dargestellt, erreichen die Teilchen nach „Anschalten" der Schwerkraft sehr schnell ihre zeitunabhängige Endgeschwindigkeit v der Bewegung im Suspensionsmedium der Viskosität η. Diese wird durch

$$\vec{G} = -\vec{R} = f\vec{v} \tag{8.72}$$

charakterisiert, d.h. die Reibungskraft kompensiert bei der stationären Sedimentation gerade die wirksame Schwerkraft. Die Kombination der Gln. (8.71) und (8.72) ergibt den Betrag v der Endgeschwindigkeit zu

$$v = g\,(\rho_\mathrm{P} - \rho)\,\upsilon_\mathrm{P}/f. \tag{8.73}$$

Unter Verwendung der *Stokes'schen Reibungsformel* (8.21) ergibt sich für makroskopische, kugelförmige Teilchen des Radius r (d.h. $\upsilon_\mathrm{P} = (4/3)\,r^3\,\pi$):

$$v = \frac{2}{9}g\left(\rho_\mathrm{P} - \rho\right)r^2/\eta. \tag{8.74}$$

Wir wollen diese Beziehung benutzen, um die Sedimentationsgeschwindigkeit v von Zellen im Erdschwerefeld abzuschätzen. Unter physiologischen Bedingungen haben Säugetierzellen Radien zwischen 2,5 und 12 μm und Dichten zwischen 1,05 und 1,10 g cm^{-3}. Bei einer Suspensionsmitteldichte von ρ = 1,0 g cm^{-3} kann also nach Gl. (8.74) die Größe v aufgrund der Dichtevariation nur um etwa einen Faktor 2 variieren, während die Größenvariation im obigen Bereich der Zellradien Unterschiede in v um den Faktor 20 ergibt.

Unterschiede der Zellsedimentation im Erdschwerefeld beruhen also im Wesentlichen auf Größenunterschieden der Zellen. Für 3T3-Mausfibroblasten in Suspension gilt etwa r = 10 μm und ρ_P = 1,05 g cm^{-3}. Bei Sedimentation im Medium der Dichte ρ = 1,0 g cm^{-3} und der Viskosität η = 10^{-2} g cm^{-1} s^{-1} (T = 20 °C) ergibt sich $v \approx$ 1 mm min^{-1} = 6 cm h^{-1}. Das ist eine experimentell durchaus brauchbare Sedimentationsgeschwindigkeit. So wurde das Verfahren der Zellsedimentation im Erdschwerefeld zu einem wertvollen Hilfsmittel der Zellbiologie entwickelt und vor allem zur präparativen Auftrennung von Lymphozytenpopulationen eingesetzt (für Details zu diesem Verfahren s. Miller 1973). Größere Teilchen sedimentieren sehr viel schneller; Sephadex-Kügelchen für Säulenchromatographie ($r \approx$ 100 μm) z.B. in Sekunden bis Minuten. Proteine ($r \approx$ 5 nm) zeigen dagegen im Erdschwerefeld praktisch keine Sedimentation.

8.3.2 Physikalische Grundlagen der Sedimentation im Zentrifugalfeld

Mit Hilfe der heutzutage verfügbaren kommerziellen Ultrazentrifugen können Zentrifugalbeschleunigungen von etwa dem 500.000-fachen der Erdschwerebeschleunigung erzielt werden. Solche Beschleunigungen sind völlig ausreichend, um biologische Makromoleküle, wie Proteine oder Nukleinsäuren, zu sedimentieren.

Für den Beginn eines Sedimentationsexperimentes in einer *Zentrifuge* setzen wir zunächst die Füllung der Zentrifugenzelle mit einer homogenen Suspension gleich großer Partikel voraus. Nach Einschalten der Zentrifuge wird die Teilchensuspension mit konstanter Winkelgeschwindigkeit $\omega = 2\pi\nu$ auf einer Kreisbahn bewegt, wobei ν (Einheit: s^{-1}) die Drehfrequenz oder Drehzahl der Zentrifuge ist. Dabei wirkt auf ein Teilchen der Masse μ_p die radial gerichtete *Zentrifugalbeschleunigung* vom Betrag b_z:

$$b_z = \omega^2 r = (2\pi\nu)^2 r, \qquad (8.75)$$

sodass es die ebenfalls radial gerichtete Zentrifugalkraft vom Betrag Z erfährt:

$$Z = \mu_p \omega^2 r. \qquad (8.76)$$

Hierbei ist r der Abstand des Teilchens von der Rotationsachse .

Auch hier wirkt, wie im Falle der Sedimentation im Schwerefeld, eine *Auftriebskraft A*, die dem Betrage nach gleich der Zentrifugalkraft auf die verdrängte Flüssigkeitsmasse μ_L ist und der Richtung nach der Zentrifugalkraft auf das Teilchen entgegengerichtet ist:

$$A = \mu_L \omega^2 r. \qquad (8.77)$$

Die Resultierende (Z – A) dieser beiden Kräfte wirkt auf das Teilchen ein und setzt es in radialer Richtung in Bewegung. Dabei unterliegt es dem Reibungswiderstand der umgebenden Lösung, wobei die Reibungskraft vom Betrag R der bewegenden Kraft (Z – A) entgegengerichtet ist. Wir interessieren uns nur für die stationäre (zeitunabhängige) Sedimentationsgeschwindigkeit, die gemäß unserer Abschätzungen des Abschn. 8.1.4 sehr schnell nach Einschalten des Zentrifugalfeldes erreicht wird. Für *stationäre Sedimentation* gilt dann das Kräftegleichgewicht $\vec{Z} + \vec{A} + \vec{R} = 0$, oder unter Verwendung der Beträge dieser Kräfte

$$Z - A - R = 0. \qquad (8.78)$$

Hieraus folgt mit Hilfe der Gln. (8.19), (8.75) und (8.76)

$$\omega^2 r \mu_P - \omega^2 r \mu_L - f\,\frac{dr}{dt} = 0, \qquad (8.79)$$

wobei $v = dr/dt$ die Geschwindigkeit des Teilchens in radialer Richtung darstellt.

Durch Umordnung von Gl. (8.79) fasst man die experimentell unmittelbar zugänglichen Größen ω, r, dr/dt auf einer Seite der Gleichung und die das Teilchen kennzeichnenden Größen μ_p, μ_L und f auf der anderen zusammen:

$$s = \frac{(dr)/(dt)}{\omega^2 r} = \frac{\mu_P - \mu_L}{f}. \tag{8.80}$$

Die Größe s ist der **Sedimentationskoeffizient** der Teilchen. Er hat die Einheit s (Sekunde) und stellt die Sedimentationsgeschwindigkeit $v = dr/dt$ bezogen auf die wirksame Zentrifugalbeschleunigung $b_z = \omega^2 r$ dar.

Da in praktischen Anwendungen meist sehr kleine s-Werte (von der Größenordnung 10^{-13} s) auftreten, benutzt man die praktische Einheit 1 S = 1 **Svedberg** = 10^{-13} s. Sie ist nach T. Svedberg benannt, der die Technik der Hochgeschwindigkeitszentrifugation ab 1923 entwickelt und zur Charakterisierung der Eigenschaften von biologischen Makromolekülen eingesetzt hat.

Die Zentrifugalbeschleunigung wird praktischerweise als Vielfaches der **Erdschwerebeschleunigung** g angegeben. Man teilt den nach Gl. (8.75) berechneten Wert der Größe b_z durch den **Zahlenwert** von g und gibt g als Einheit an (z.B. b_z = 1200 g = 1200 · 9,81 m/s^2). In dieser Einheitenangabe g wird die Zentrifugalbeschleunigung (besonders im englischsprachigen Schrifttum) gern als **g-Wert** (engl.: **g-value**) oder relatives Zentrifugalfeld RCF (engl.: *relative centrifugal field*) bezeichnet. Bei obigem Beispiel liegt somit ein g-Wert von 1200 vor.

In Abb. 8.15 sind halbschematisch die Formen von verschiedenen gebräuchlichen Zentrifugenrotoren wiedergegeben. Aus dieser Abbildung ist ersichtlich, dass r zwischen r_{min}, der Position des Meniskus der Teilchensuspension, und r_{max}, der Position des der Drehachse abgewandten Endes der Zentrifugenzelle variieren kann. Zumindest im Fall des Schwenkbecher- und des Festwinkel-Rotors ist $r_{max}/r_{min} \approx 2$, sodass r, und damit gemäß Gl. (8.75) auch die Zentrifugalbeschleunigung, über die radialen Abmessungen der Zentrifugenzelle um den Faktor 2 variieren kann. Dieser Umstand ist bei der Auswertung von Sedimentationsexperimenten zu berücksichtigen.

Die Messanordnung zur Ermittlung des Sedimentationskoeffizienten einer Teilchensorte in anfänglich homogener Suspension ist in Abb. 8.13 halbschematisch wiedergegeben. Im Verlaufe des Sedimentationsvorganges bildet sich vom Meniskus der Füllung der Zentrifugenzelle ausgehend ein Bereich teilchenfreier Lösung heraus. Die Grenze zwischen diesem Bereich und der restlichen Teilchensuspension kann schlierenoptisch (oder mit anderen optischen Verfahren) sichtbar gemacht werden. In einer geeigneten Anordnung (vgl. Abb. 8.13) kann die zentrifugale Wanderung dieser Grenze (der schlierenoptischen „Bande") während der Zentrifugation kontinuierlich zeitlich verfolgt werden, sodass bei gegebenem ω die Größen r und dr/dt zur Ermittlung von s wie folgt ausgewertet werden können. Gemäß der rechten Seite von Gl. (8.80) ist der Sedimentationskoeffizient s durch die Partikeleigenschaften und das Suspensionsmedium bestimmt, also von r bzw. t unabhängig. Man verwendet daher zur Auswertung von Sedimentationsexperimenten zweckmäßig die integrierte Form der (linken Seite der) Gl. (8.80). Durch Trennung der Variablen erhält man

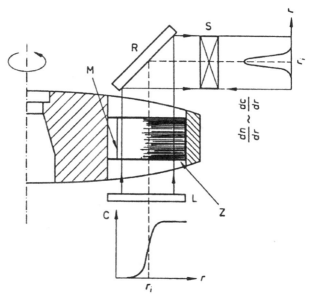

Abb. 8.13. Messprinzip einer analytischen Ultrazentrifuge. Die Zentrifugationszelle ist bis zum Meniskus M mit der Partikelsuspension gefüllt. Während der Zentrifugation kann die Sedimentationsgrenze über eine Lichtquelle L, einen Spiegel R und das schlierenoptische System S als eine „Bande" im Diagramm dn/dr gegen r [n = Brechungsindex, s. Gl. (8.67)] abgebildet werden (*oben rechts*). Die Position dieser Bande kann zu verschiedenen Zeiten t_i aufgezeichnet und ausgewertet werden. Der Konzentrationsverlauf $c(r)$ an der Sedimentationsgrenze ist im unteren Teilbild zur Erläuterung angegeben; er wird bei der schlierenoptischen Methode nicht direkt gemessen

$$s \int_{t_a}^{t_e} dt = \int_{r_a}^{r_e} \frac{dr}{\omega^2 r} \quad \text{und nach Ausführung der Integration} \tag{8.81}$$

$$s = \frac{\ln\left(r_e / r_a\right)}{\omega^2\left(t_e - t_a\right)}, \tag{8.82}$$

wobei r_a und r_e die Positionen der schlierenoptischen Bande zu den Zentrifugationszeiten t_a bzw. t_e sind. Die graphische Auftragung der experimentellen Daten $\ln r_i$ gegen $\omega^2 t_i$ für die einzelnen Messwerte i sollte also eine (Ausgleichs-)Gerade ergeben, als deren Steigung sich der Sedimentationskoeffizient unmittelbar entnehmen lässt.

Für Proteine findet man Sedimentationskoeffizienten zwischen 1 und 100 S (in Tabelle 8.4 sind einige experimentelle Werte angegeben). Für Zellorganellen ergeben sich (ihrer Größe entsprechend) wesentlich höhere Werte: Glycogen $\leq 10^5$ S, Mitochondrien $(1-7) \cdot 10^4$ S, Kerne $(1-10) \cdot 10^6$ S, ganze Zellen $(1-10) \cdot 10^7$ S.

In den nachfolgenden Abschn. 8.3.3 bis 8.3.6 soll die grundlegende Gl. (8.80) zur Beschreibung verschiedener Zentrifugationstechniken angewandt werden. Für praktische Details der modernen Zentrifugationsmethoden sei hier auf einige umfassende Darstellungen hingewiesen (Sheeler 1981; Osterman 1984; Rickwood 1987; Graham 2001).

8.3.3 Differentielle Zentrifugation zur Präparation von zellulären Partikelfraktionen

Nach Homogenisierung eines Gewebes durch Zerreiben oder Zerschlagen und Aufschwemmung in einer physiologischen Pufferlösung unterwirft man das Homogenat (meist im Festwinkelrotor) sukzessiven Zentrifugationsschritten mit zunehmender Zentrifugalbeschleunigung. Bei jedem Zentrifugationsschritt trennt man sorgfältig (durch Absaugen oder Dekantieren) den *Überstand* (engl. *supernatant*) vom *Sediment* (engl. *pellet*). Der Überstand wird der nächsthöheren Zentrifugalbeschleunigung unterworfen, während das Sediment in der Regel noch 1- bis 2-mal „gewaschen" wird, d.h. mit Puffer suspendiert und ein weiteres Mal mit der gleichen Zentrifugalbeschleunigung zentrifugiert wird. Die üblicherweise angewandte (aber häufig variierte) Prozedur liefert die folgenden Fraktionen:

1) Die „*Kernfraktion*" (Sediment nach 10 min bei ca. 600 g) enthält Kerne, Anteile der Plasmamembran und häufig nicht-fragmentierte Zellen.
2) Die „*mitochondriale Fraktion*" (Sediment nach 10 min bei ca. 10^4 g) enthält Mitochondrien, Lysosomen und Peroxisomen.
3) Die „*Mikrosomen-Fraktion*" (Sediment nach 60 min bei ca. 10^5 g) enthält Ribosomen und Polysomen, endoplasmatisches Retikulum, Golgikomplex u.a.
4) Das *Cytosol,* d.h. die „löslichen" Komponenten des Cytoplasmas (Überstand nach 60 min bei ca. 10^5 g) enthält lösliche Proteine (Enzyme), Lipide und vor allem Stoffe niedriger Molmasse, wie Salze, Zucker usw.

Wie bereits der oben genannte Schritt des „Waschens" der Sedimente andeutet, sind die verschiedenen Partikelfraktionen infolge der breiten Größenverteilungen der Partikel und gemäß den mechanistischen Abläufen bei der Zentrifugation (z.B. vergleichbare Sedimentationszeiten kleiner und großer Partikel je nach Ausgangsposition relativ zu r_{max}) nie völlig rein. Die „Reinigung" der genannten groben Fraktionen wird daher häufig mit Hilfe der später behandelten Verfahren der Gradientenzentrifugation vorgenommen (vgl. Abschn. 8.3.6).

Im Zusammenhang mit Fragen der Gewebefraktionierung kann Gl. (8.80) benutzt werden, um überschlagsmäßig die notwendigen Sedimentationszeiten zu errechnen.

Bei kleinen Teilchen sind die Größen μ_p, μ_L und f nicht unmittelbar gegeben, weil sie durch die detaillierte Form der Teilchen, ihre Hydrathülle und andere Faktoren bestimmt sind.

Bei relativ großen Zellpartikeln, wie Mitochondrien, Ribosomen u.ä., sind dagegen Teilchenmasse μ_p und Teilchenvolumen v_p recht gut definierbar. Aus *Viskosität* η des Suspensionsmediums sowie Form und Größe des Teilchens kann man daher gute Abschätzungen für die Größe f erhalten.

Wir wollen diesen Fall für eine einheitliche Partikelfraktion diskutieren, um beispielsweise die notwendigen Zeiten zur Sedimentation bestimmter Partikel aus einem Zellhomogenat abschätzen zu können. Hierzu können wir die integrierte Form (8.82) der Gl. (8.80) verwenden.

Die maximale Sedimentationszeit t_{max} benötigen diejenigen Teilchen, die vom oberen Meniskus bei $r = r_a$ bis zum Boden bei $r = r_e$ des Zentrifugenröhrchens wandern müssen. Wir setzen $t_a = 0$, ersetzen s durch $(\mu_P - \mu_L)/f$ und erhalten durch Umformung von Gl. (8.82)

$$t_{max} = \frac{f}{(\mu_P - \mu_L)\,\omega^2} \ln \frac{r_e}{r_a} .$$

(8.83)

Mit dieser Gleichung kann man beispielsweise die Sedimentationszeit kugelförmiger Teilchen des Radius R berechnen. Für diese ist: $v_p = 4\pi R^3/3$ und $f = 6\pi\,\eta\,R$ (Gl. 8.21)). Mit $\mu_P = \rho_P\,v_p$ und $\mu_L = \rho\,v_p$ erhalten wir für Gl. (8.83):

$$t_{max} = \frac{9}{2} \frac{\eta}{(\rho_P - \rho)R^2\omega^2} \ln \frac{r_e}{r_a} .$$

(8.84)

wobei ρ_P die Dichte eines Teilchens, ρ die Dichte der Suspension und η seine Viskosität ist.

Diese Gleichung ist recht brauchbar, weil eine Kugelgestalt in sehr vielen Fällen wenigstens näherungsweise vorausgesetzt werden kann.

Ribosomen ($R \approx 8$ nm, $\rho_P = 1{,}6$ g cm^{-3}) benötigen also nach Gl. (8.84) in einem Suspensionsmedium der Dichte $\rho_L = 1$ g cm^{-3} und der Viskosität $\eta = 0{,}01$ g cm^{-1} s^{-1} für die Sedimentation von $r_a = 5$ cm bis $r_e = 10$ cm bei $\omega/2\pi = 3 \cdot 10^4$ min^{-1} eine Zeit $t_{max} = 8230$ s $\approx 2{,}3$ h.

Durch Vergleich solcher Rechnungen für Fraktionen von Partikeln verschiedener Größe (und Anteile dieser Fraktionen in verschiedenen Bereichen des Sedimentationsraumes) kann man auch das Ausmaß möglicher gegenseitiger Kontaminationen der Fraktionen bei verschiedenen g-Werten und Zeiten abschätzen.

8.3.4 Analyse der Sedimentationsgeschwindigkeit von Makromolekülen im homogenen Suspensionsmedium, Molmasse

Bei der hier zu besprechenden analytischen Anwendung der Gl. (8.80) beabsichtigt man die Charakterisierung einer möglichst reinen Fraktion von Partikeln (oder Makromolekülen) nach ihrer Molmasse, Form und Dichte. Für diesen Zweck wurde ein spezialisierter Typ einer Zentrifuge entwickelt, die *analytische Ultrazentrifuge*. Das Messprinzip einer solchen ist in Abb. 8.13 schematisch wiedergegeben und in der Legende dazu erläutert. Nach diesem Verfahren wird der Sedimentationskoeffizient der Partikel ermittelt (vgl. Abschn. 8.3.2).

Eine wichtige Voraussetzung der folgenden Analyse ist die Homogenität des Suspensionsmediums. Seine niedermolekularen Bestandteile erfahren vernachlässigbare Zentrifugalbeschleunigungen, d.h. sie sedimentieren nicht. Zur Auswertung der Eigenschaften der gelösten (makromolekularen) Komponente benutzen wir die rechte Seite der Gl. (8.80), die nach Erweiterung mit der Avogadro-Konstanten L lautet:

$$s = \frac{1}{Lf}\left(L\mu_P - L\mu_L\right).$$ (8.85)

Hier können wir die Terme in der Klammer wie folgt durch makroskopische Größen ausdrücken. Nach Gl. (1.8) gilt für die Molmasse $M_P = L\mu_P$. Weiterhin können wir schreiben:

$$L\,\mu_L = L\,v_P\,\rho = \bar{V}_P\,\rho\,,$$ (8.86)

weil das von einem mol gelöster makromolekularer Substanz verdrängte Volumen $L\,v_P$ (der Dichte ρ) gerade gleich dem partiellen molaren Volumen $\bar{V}_P$ der makromolekularen Komponente P in der Lösung ist. Da das partielle molare Volumen aber die Kenntnis der Molmasse voraussetzt, ist es für unsere Zwecke weniger geeignet; es kann aber wie folgt in das *partielle spezifische Volumen* $\tilde{V}_P = (\partial V / \partial m_P)_{T,P,m_L}$ umgeschrieben werden, das sich – wie weiter unten ausgeführt – experimentell bestimmen lässt:

$$\bar{V}_P = \left(\frac{\partial V}{\partial n_P}\right)_{T,P,m_L} = \left(\frac{\partial V}{\partial m_P}\right)_{T,P,m_L}\left(\frac{\partial m_P}{\partial n_P}\right)_{T,P,m_L} = M_P\,\tilde{V}_P\,.$$ (8.87)

Wir erhalten also mit den Gln. (8.86) und (8.87) für Gl. (8.85):

$$s = \frac{M_P}{Lf}\left(1 - \tilde{V}_P\,\rho\right).$$ (8.88)

Die letzte in dieser Gleichung verbliebene mikroskopische Größe ist f; sie kann nach Gl. (8.40) durch den Diffusionskoeffizienten D, die Temperatur T und die Gaskonstante $R = Lk_B$ ausgedrückt werden:

$$Lf = \frac{Lk_B T}{D} = \frac{RT}{D}\,.$$ (8.89)

Die Kombination der beiden letzten Gleichungen ergibt schließlich:

$$s = \frac{D}{RT}M_P\left(1 - \tilde{V}_P\,\rho\right) \quad \text{oder} \quad M_P = \frac{sRT}{D\left(1 - \tilde{V}_P\,\rho\right)}\,.$$ (8.90)

Hier ist also die Molmasse durch die experimentell unabhängig bestimmbaren Größen s, D, ρ und $\tilde{V}_P$ ausgedrückt. Man ermittelt s nach Gl. (8.82) aus der Sedimentationsgeschwindigkeit und D aus Diffusionsmessungen in freier Lösung (vgl. Abschn. 8.2.4). Mit der nachfolgend beschriebenen Bestimmung von $\tilde{V}_P$ und ρ hat man dann die Möglichkeit, M_P aus Gl. (8.90) zu berechnen.

Bestimmung von $\tilde{V}_P$

Die Größe ρ ist die Dichte der zu sedimentierenden makromolekularen Lösung. Diese Größe und das partielle spezifische Volumen $\tilde{V}_P$ müssen durch unabhängige

Dichtemessungen ermittelt werden. Zur Erläuterung dieses Verfahrens erinnern wir an die wichtige integrierte Beziehung Gl. (4.7) für das partielle molare Volumen, die für eine binäre Mischung aus makromolekularer Komponente (1 = P) und dem Lösungsmittel Wasser (2 = L) lautet:

$$V = \bar{V}_\mathrm{P}\, n_\mathrm{P} + \bar{V}_\mathrm{L}\, n_\mathrm{L}\,. \tag{8.91}$$

$\bar{V}_\mathrm{P}$ und $\bar{V}_\mathrm{L}$ können gemäß Gl. (8.87) in die partiellen spezifischen Volumina $\tilde{V}_\mathrm{P}$ und $\tilde{V}_\mathrm{L}$ umgeschrieben werden. Mit $n_\mathrm{P}\, M_\mathrm{P} = m_\mathrm{P}$ und $n_\mathrm{L}\, M_\mathrm{L} = m_\mathrm{L}$ ergibt sich dann aus Gl. (8.91):

$$V = \tilde{V}_\mathrm{P}\, m_\mathrm{P} + \tilde{V}_\mathrm{L}\, m_\mathrm{L}\,. \tag{8.92}$$

Hier sind m_P und m_L die in der Lösung des Volumens V enthaltenen Massen der Komponenten P bzw. L, die natürlich additiv die Gesamtmasse $m_\mathrm{t} = m_\mathrm{P} + m_\mathrm{L}$ ergeben. Nach Division des Gesamtvolumens V durch die Gesamtmasse m_t erhalten wir aus Gl. (8.92) :

$$\frac{V}{m_t} = \tilde{V} = \frac{1}{\rho} = \tilde{V}_\mathrm{P}\chi_\mathrm{P} + \tilde{V}_\mathrm{L}\chi_\mathrm{L}\,, \tag{8.93}$$

wobei $\tilde{V}$ das spezifische Volumen (oder die reziproke Dichte) der Lösung und χ_P bzw. χ_L die Massenbrüche der Komponenten P bzw. L darstellen. Letztere waren bereits in Abschn. 1.1.2 durch Gl. (1.15) eingeführt worden und schreiben sich in unserem Fall als:

$$\chi_\mathrm{P} = \frac{m_\mathrm{P}}{m_\mathrm{t}} = \frac{m_\mathrm{P}}{m_\mathrm{P} + m_\mathrm{L}}\,; \quad \chi_\mathrm{L} = \frac{m_\mathrm{L}}{m_\mathrm{t}} = \frac{m_\mathrm{L}}{m_\mathrm{P} + m_\mathrm{L}} = 1 - \chi_\mathrm{P}\,. \tag{8.94}$$

Die in Gl. (8.93) enthaltenen partiellen spezifischen Volumina $\tilde{V}_\mathrm{P}$ und $\tilde{V}_\mathrm{L}$ sind natürlich im Allgemeinen abhängig von der Zusammensetzung der Mischung (wie bereits in Abschn. 4.1.1 für die partiellen Molvolumina erläutert). Bei den Sedimentationsexperimenten wird jedoch (schon allein aus Gründen der Verfügbarkeit der makromolekularen Komponente) bei sehr kleinen Konzentrationen gearbeitet und schließlich auf $\chi_\mathrm{P} \to 0$ extrapoliert. Wir können daher $\tilde{V}_\mathrm{P}$ als näherungsweise konstant ansehen und $\tilde{V}_\mathrm{L} \approx \tilde{V}_\mathrm{L}^0$ setzen. Wir erhalten dann aus Gl. (8.93) unter Beachtung von $\chi_\mathrm{L} = 1 - \chi_\mathrm{P}$:

$$\tilde{V} \approx \left(\tilde{V}_\mathrm{P} - \tilde{V}_\mathrm{L}^0\right)\chi_\mathrm{P} + \tilde{V}_\mathrm{L}^0\,. \tag{8.95}$$

Diese Situation ist in Abb. 8.14 halbschematisch dargestellt. Die ausgezogene Kurve $\tilde{V}(\chi_\mathrm{P})$ stellt die tatsächlichen Verhältnissen dar. Gl. (8.95) entspricht der Anfangstangente an die Kurve $\tilde{V}(\chi_\mathrm{P})$, d.h. für den Bereich $\chi_\mathrm{P} \ll 1$ (vgl. die gestrichelte Gerade in Abb. 8.14). Extrapoliert man diese Tangente bis zu $\chi_\mathrm{P} \to 1$, so gibt der Achsenabschnitt der Ordinate (bei $\chi_\mathrm{P} = 1$) das gesuchte partielle spezifische Volumen der makromolekularen Komponente in verdünnter Lösung.

Zur experimentellen Ermittlung von $\tilde{V}_\mathrm{P}$ sind also die Dichten ρ von Lösungen mit kleinen Konzentrationen χ_P der makromolekularen Komponente zu messen,

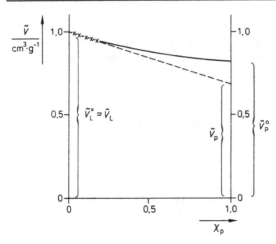

Abb. 8.14. Graphische Ermittlung des partiellen spezifischen Volumens $\tilde{V}_P$ (z.B. von Proteinen in wässriger Lösung) aus dem spezifischen Volumen der Lösung $\tilde{V} = 1/\rho$ (ρ = Dichte) in Abhängigkeit vom Massenbruch χ_P des Gelösten (halbschematische Darstellung). $\tilde{V}_P^0$ und $\tilde{V}_L^0$ sind die spezifischen Volumina (= reziproken Dichten) der reinen Komponente P (Protein) bzw. L (Lösungsmittel Wasser)

die reziproken Dichten $1/\rho = \tilde{V}$ gemäß Abb. 8.14 gegen die Massenanteile χ_P aufzutragen und diese Messwerte schließlich linear gegen $\chi_P \to 1$ zu extrapolieren.

Wenn genügend makromolekulare Substanz zur Verfügung steht, kann die Dichtemessung in einem Pyknometer durchgeführt werden. Das ist ein kleines Glasgefäß (z.B. mit 1 ml), dessen Volumen sehr genau geeicht wurde und reproduzierbar (über eine Füllkapillare) gefüllt werden kann. Man wiegt ein solches Gefäß leer sowie mit der makromolekularen Lösung gefüllt und erhält die Dichte der Lösung als den Quotienten aus Massendifferenz und Eichvolumen des Pyknometers (vgl. Aufgabe 8.9). Dichten von sehr verdünnten Lösungen, d.h. unter Verwendung sehr kleiner Substanzmengen, lassen sich mit hoher Genauigkeit nach anderen Verfahren ermitteln, z.B. aus der Abhängigkeit der Frequenz von Biegeschwingungen eines Röhrchens von der Dichte seiner Flüssigkeitsfüllung (vgl. Kratky et al. 1973). Nach diesen oder ähnlichen Verfahren wurden die partiellen spezifischen Volumina $\tilde{V}_P$ ermittelt, die in Tabelle 8.4 angegeben sind. Man entnimmt der Tabelle, dass $\tilde{V}_P$ für Proteine im Wesentlichen zwischen 0,70 und 0,75 cm^{3}g^{-1} variiert. Mittelwert und Standardabweichung der 11 Werte für Proteine in der Tabelle 8.4 betragen $\langle \tilde{V}_P \rangle = 0,73 \pm 0,02$ cm^3 g^{-1}.

Abhängigkeit der experimentellen Parameter von der Art des Lösungsmittels und der Temperatur

Die in Tabelle 8.4 enthaltenen Daten beziehen sich auf wässrige Lösungen (Index w) und auf eine Temperatur von 20 °C. Die erforderlichen Daten wurden jedoch teilweise unter anderen experimentellen Bedingungen gewonnen. Sehr häufig schreiben nämlich die Forderungen der Stabilität des Makromoleküls (d.h. Vermeiden von Denaturierung) und des Messverfahrens spezielle experimentelle Bedingungen (Temperatur, Salzkonzentration, Art und Konzentration des Puffers u.a.) vor, die für verschiedene Experimente sehr unterschiedlich sein können. Im Interesse der Vergleichbarkeit der Daten ist es gebräuchlich, dieselben auf die

Tabelle 8.4. Sedimentationsdaten für Proteine und Viren bei 20 °C

	$\dfrac{s_{20,W}}{S}$	$\dfrac{D_{20,W} \cdot 10^7}{cm^2 s^{-1}}$	$\dfrac{(\tilde{V}_P)}{cm^3 g^{-1}}$	$\dfrac{M_P}{g\,mol^{-1}}$
Ribonuclease	1,64	11,9	0,728	12 400
Lysozym	1,87	10,4	0,688	14 100
Chymotrypsin	2,54	9,5	0,721	23 200
β-Lactoglobulin	2,83	7,82	0,751	35 000
Ovalbumin	3,55	7,76	0,748	45 000
Serumalbumin	4,31	5,94	0,734	66 000
Hämoglobin	4,31	6,9	0,749	60 000
Katalase	11,3	4,1	0,73	250 000
Fibrinogen	7,9	2,02	0,706	330 000
Urease	18,6	3,46	0,73	480 000
Myosin	6,4	1,0	0,728	570 000
Tabakmosaikvirus	170	0,3	0,73	50 000 000
G-Phage von B. megatherium	321	0,26	0,667	89 990 000

Temperatur $T = 293,2$ K (20 °C) und auf die Konzentration $\chi_P = 0$ in (reinem) Wasser zu beziehen.

Die Umrechnung auf diesen Standardzustand folgt zwanglos aus den Gln. (8.41) und (8.88), wenn man beachtet, dass der Reibungskoeffizient f proportional zur Viskosität η der Lösung ist (Gl. 8.21). Wenn die tatsächlichen Messwerte in irgendeiner Lösung L bei einer Temperatur T durch die Indizes (T,L), und die in Wasser bei der Temperatur T bzw. 20 °C durch (T,W) bzw. (20,W) bezeichnet werden, gilt nach Gl. (8.41) für den Diffusionskoeffizienten die Umrechnung:

$$D_{20,W} = \frac{293,2}{T} \cdot \frac{\eta_{T,L}}{\eta_{T,W}} \cdot \frac{\eta_{T,W}}{\eta_{20,W}} D_{T,L} . \tag{8.96}$$

Hierbei wurde der experimentell gemessene Wert $D_{T,L}$ zunächst bezüglich der in Gl. (8.41) explizit enthaltenen Temperatur T korrigiert (Quotient $293,2/T$), dann wurde die Viskosität bei der Temperatur T vom Lösungsmittel L auf Wasser W (Quotient $\eta_{T,L}/\eta_{T,W}$) und schließlich auf die Temperatur 20 °C (Quotient $\eta_{T,W}/\eta_{20,W}$) korrigiert.

Analog gilt für den Sedimentationskoeffizienten gemäß Gl. (8.88) und Gl.(8.21):

$$s_{20,W} = \frac{\eta_{T,L}}{\eta_{T,W}} \cdot \frac{\eta_{T,W}}{\eta_{20,W}} \cdot \frac{(1 - \tilde{V}_P \rho)_{20,W}}{(1 - \tilde{V}_P \rho)_{T,L}} s_{T,L} . \tag{8.97}$$

Für den Sedimentationskoeffizienten soll diese Umrechnung am nachfolgenden Beispiel der β-Galactosidase numerisch explizit durchgeführt werden. Für dieses Protein wurde bei $T = 1,2$ °C, pH = 5,8, in 0,05 M Natriumphosphatpuffer bei der Konzentration von $c_P = 0,0054$ g/ml der Sedimentationskoeffizient $s_{T,L} = 9,23$ S gemessen (Elias 1961, S. 82 f.) Die Umrechnungsfaktoren in Gl. (8.94) sind: $\eta_{T,L}/\eta_{T,W} = 1{,}03$; $\eta_{T,W}/\eta_{20,W} = 1{,}706$; $(\tilde{V}_P)_T = 0{,}740$ ml/g; $(\tilde{V}_P)_{20} = 0{,}749$ ml/g; $\rho_T = 1{,}000$ g/ml; $\rho_{20} = 0{,}998$ g/ml. Nach Gl. (8.97) ergibt sich also:

$$s_{20,W} = 1{,}03 \cdot 1{,}706 \frac{1 - 0{,}749 \cdot 0998}{1 - 0{,}740 \cdot 1{,}000} \cdot 9{,}23\,S = \underline{\underline{15{,}75\,S}}$$

Diese Rechnung zeigt, dass der Hauptanteil des Umrechnungsfaktors von der Temperaturabhängigkeit der Viskosität des Wassers herrührt. Die Umrechnung auf verschwindende makromolekulare Konzentration wurde im obigen Beispiel nicht vorgenommen; sie würde eine Messung bei mindestens zwei verschiedenen Konzentrationen c_P und davon ausgehend Extrapolation auf $c_P \to 0$ erfordern. Auf diesem oder ähnlichem Wege sind sehr viele Daten für $D_{20,W}$, $s_{20,W}$ und $(\tilde{V}_P)_{20}$ ermittelt oder tabelliert worden (vgl. Sober 1970, S. C3-C42). Ein kleiner Auszug solcher Daten ist in Tabelle 8.4 wiedergegeben.

Das in diesem Abschnitt geschilderte Verfahren der analytischen Geschwindigkeitszentrifugation aus homogener Lösung stellt eine Entwicklung dar, die für die modernen Zentrifugationstechniken die Grundlage geliefert hat. In unserer auf die physikalisch-chemischen Grundprinzipien ausgerichteten Darstellung wurde sie daher relativ ausführlich dargestellt, obwohl sie in der täglichen Praxis weitgehend durch Verfahren der Gelelektrophorese sowie der in Abschn. 8.3.6 behandelten Gradientenzentrifugation verdrängt worden ist.

8.3.5 Gleichgewichtszentrifugation der makromolekularen Komponente im homogenen Suspensionsmedium

Wir haben bisher die Sedimentationsgeschwindigkeit im Zentrifugalfeld studiert, d.h. wir haben uns mit dem Verfahren der *Geschwindigkeitszentrifugation* beschäftigt. Die Sedimentationsvorgänge erreichen jedoch nach langer Zeit einen Gleichgewichtszustand, in dem sich die Verteilung der makromolekularen Partikel in der Zentrifugenzelle nicht mehr mit der Zeit ändert. Bei hohen Zentrifugalbeschleunigungen (die in den vorstehenden Abschnitten meist impliziert waren) kann der Gleichgewichtszustand durch den partikelfreien Überstand und das Partikelsediment am distalen (von der Drehachse abgewandten) Teil der Zentrifugenzelle gegeben sein. Wählt man jedoch die Winkelgeschwindigkeit ω des Rotors niedriger als bei der Geschwindigkeitszentrifugation, so stellt sich im Gleichgewicht eine räumlich kontinuierliche Konzentrationsverteilung der makromolekularen Komponente in der Zentrifugenzelle ein, aus der sich – wie unten gezeigt wird – ebenfalls deren molare Masse mit hoher Genauigkeit ermitteln lässt (*Gleichgewichtszentrifugation*).

Hierbei wollen wir zunächst davon ausgehen, dass das Suspensionsmedium homogen bleibt, d.h. nicht an der Sedimentation teilnimmt. Wir betrachten also den Gleichgewichtszustand der makromolekularen Komponente in einem Zentrifugalfeld unter Annahme eines homogen bleibenden Mediums. Erst im nächsten

Abschnitt werden wir diese Einschränkung aufgeben und Dichteänderungen des Mediums einschließen (***Dichtegradientenzentrifugation***).

Im Sedimentationsgleichgewicht sedimentiert durch die Zentrifugalwirkung ebensoviel des gelösten Stoffes durch einen Querschnitt der Zentrifugenzelle wie entsprechend der Diffusion zurückwandert. Wir haben bisher diesen Diffusionsfluss gegenüber dem Sedimentationsfluss vernachlässigt. Dies ist jedoch nur dann zulässig, wenn wir uns weit vom Gleichgewichtszustand entfernt befinden. Wenn die Sedimentationsgeschwindigkeit $v = dr/dt$ und die Konzentration c an einem herausgegriffenen Querschnitt der Fläche A gegeben sind, lässt sich der Sedimentationsfluss J_{sed} wie folgt schreiben:

$$J_{sed} = c\,A\,v. \tag{8.98}$$

Hierbei stellt J_{sed} die Stoffmenge n der makromolekularen Komponente dar, die (infolge des Zentrifugalfeldes) mit der Sedimentationsgeschwindigkeit v pro Zeiteinheit durch die Fläche A bewegt wird. Die Begründung dieser Gleichung verläuft analog jener, die wir bei der Ableitung des durch Ionen getragenen elektrischen Stroms verwendet haben (s. Abschn. 6.1.2).

Der entsprechende Diffusionsfluss J_{diff} in (negativer) r-Richtung ist nach dem 1. Fick'schen Gesetz:

$$J_{diff} = -A D\,\frac{dc}{dr}. \tag{8.99}$$

Im Gleichgewicht gilt unter Beachtung des Vektorcharakters von J_{sed} und J_{diff} (s. Erläuterung zum 1. Fick'schen Gesetz, Abschn. 8.2.1):

$$J_{sed} + J_{diff} = 0 \text{ , d.h.}$$

$$c\,v = D\frac{dc}{dr}. \tag{8.100}$$

Nach Gln. (8.80) kann die Geschwindigkeit v durch $s\,\omega^2 r$ ausgedrückt werden. Ersetzt man hierin den Sedimentationskoeffizienten s durch Gl. (8.90), so kann man für v schreiben:

$$v = D\omega^2 r M_P \left(1 - \tilde{V}_P \rho\right)/ RT . \tag{8.101}$$

Hieraus ergibt sich mit Gl. (8.100):

$$\frac{1}{c}\frac{dc}{dr} = \frac{\omega^2 r M_P \left(1 - \tilde{V}_P \rho\right)}{RT} . \tag{8.102}$$

Diese Gleichung kann zwischen zwei Positionen $r = r'$ und $r = r''$ in der Zentrifugenzelle integriert werden. Das Ergebnis lautet:

$$\ln\left[\frac{c(r')}{c(r'')}\right] = \frac{\omega^2 M_P \left(1 - \tilde{V}_P \rho\right)\left(r'^2 - r''^2\right)}{2RT} . \tag{8.103}$$

Durch Messung der Konzentrationen $c(r')$ und $c(r'')$ sowie der Dichte ρ und des partiellen spezifischen Volumens $\tilde{V}_\text{p}$ ergibt sich also die Molmasse M_p. Bei diesem Verfahren muss der Diffusionskoeffizient nicht unabhängig ermittelt werden.

Mit Hilfe der *Gleichgewichtssedimentation* wurden Molmassen von Zuckern und Makromolekülen ermittelt, die um weniger als 1% von der Molmasse gemäß der chemischen Formel abweichen.

8.3.6 Zentrifugation im Dichtegradienten

Die meisten heutzutage im molekularbiologischen Labor angewandten Zentrifugationstechniken verwenden einen Dichtegradienten im Suspensionsmedium. Hierbei wird dem Medium eine zusätzliche Substanz zugesetzt, deren Konzentration vom Abstand r abhängt. Hierdurch wird eine variierende, ortsabhängige Dichte (ein Dichtegradient) innerhalb des Zentrifugenröhrchens erzeugt, die die zu untersuchende makromolekulare Komponente während des Zentrifugationsvorganges erfährt. Der Vorteil der *Dichtegradientenzentrifugation* liegt vor allem in der besseren Trennung von verschiedenen (makromolekularen) Fraktionen, die sowohl für präparative wie analytische Zwecke ausgenützt werden kann. Im Folgenden können nur die Grundprinzipien dieser Techniken dargestellt werden; für weiterführende Information und praktische Details muss auf die Speziallitteratur verwiesen werden (Sheeler 1981; Price 1982; Osterman 1984, Graham 2001).

Bevor wir die wichtigsten Typen der Dichtegradientenzentrifugation skizzieren, sollen zunächst einige allgemeine Aspekte der verwendeten Dichtegradienten erläutert werden.

In Tabelle 8.5 sind die wichtigsten, für Dichtegradienten verwendeten Verbindungen mit einigen charakteristischen Eigenschaften ihrer wässrigen Lösungen zusammengestellt. Es handelt sich meist um Stoffe mit durchaus ansehnlicher Molmasse, die sich zudem in hohen Konzentrationen in Wasser lösen lassen. Die hochkonzentrierten wässrigen Lösungen haben relativ hohe Dichten, die in den praktisch wichtigen Fällen mit den reziproken partiellen spezifischen Volumina $\tilde{V}_\text{p}$ von Makromolekülen vergleichbar sind. Allerdings muss hierbei beachtet werden, dass $\tilde{V}_\text{p}$ von Makromolekülen von der Art des Suspensionsmediums stark abhängig ist. Gradienten aus wässrigen Lösungen der Gradientenbildner können entweder mit einem Gradientenmischer vorgeformt werden, oder aber sie stellen sich selbst als Sedimentationsgleichgewicht ein. Beispiele für den ersteren Typ sind gefertigte Gradienten aus Saccharose-, Ficoll- oder Metrizamidlösungen. Solche vorgefertigten Gradienten sind infolge der meist hohen Viskositäten über mehrere Stunden stabil (bevor sie durch Diffusion und Mikrokonvektion eingeebnet werden), sodass bequem Sedimentationsexperimente unter näherungsweise konstantem Gradienten durchgeführt werden können. Für Gleichgewichtsgradienten werden vor allem die Cäsiumsalze, aber neuerdings auch vielfach Metrizamid benutzt.

Die Dichten der Gradienten sind über weite Bereiche dem Brechungsindex proportional, sodass die Charakterisierung der Dichten von Gradienten und den zu

Tabelle 8.5. Eigenschaften wässriger Lösungen von Substanzen, die für Dichtegradienten verwendet werden: M = Molmasse, ρ_{max} = maximale (Sättigungs-)Dichte, ρ = Dichte, η = Viskosität, n = Brechungsindex. Die Daten für ρ, η, und n beziehen sich auf wässrige Lösungen von 20 Massenprozent bei 25 °C (Ausnahme Dextran, s. unten)

Substanz	$\dfrac{M}{\text{g/mol}}$	$\dfrac{\rho_{max}}{\text{g/cm}^3}$	$\dfrac{\rho}{\text{g/cm}^3}$	$\dfrac{\eta}{\text{cP}}$	n
Cäsiumchlorid	168	1,92	1,17	2	1,350
Cäsiumsulfat	362	2,02	1,19	2	1,432
Natriumbromid	103	1,51	1,17	2	1,363
Glycerin	92	1,26	1,05	4	1,356
Saccharose	342	1,35	1,08	2	1,363
Ficoll-400[a]	$4 \cdot 10^5$	1,23	1,07	27	1,356
Dextran[b]	$7,2 \cdot 10^4$	1,05	1,04*	5*	1,345*
Metrizamid[c]	789	1,4	1,10	2	1,362

* Daten beziehen sich auf (die maximal mögliche) Konzentration von 10 Massenprozent.
[a] Hochverzweigtes Copolymer aus Saccharose und Epichlorhydrin.
[b] Verzweigte Ketten von α-1,6-verknüpften Glucosylresten.
[c] 2-[3-Acetamido-5-(N-methylacetamido)-2,4,6-triiodbenzamido]-2-desoxy-D-glucose.
Daten überwiegend entnommen aus: Sheeler P (1981) Centrifugation in Biology and Medical Science. Wiley, New York, p 77.

ihrer Herstellung verwendeten Lösungen in der Regel über Messungen des Brechungsindex der Lösungen vorgenommen wird, die mit Hilfe eines *Refraktometers* leicht durchgeführt werden können.

In der Abb. 8.15 sind halbschematisch drei verschiedene Rotortypen wiedergegeben, die auch für Zentrifugation im Dichtegradienten verwendet werden. Der dort nicht gezeigte Typ von *Zonalrotoren* ist als eine spezielle Form des Vertikalrotors für Sedimentation von relativ großen Flüssigkeitsmengen unter minimaler Störung des Sedimentationsvorganges durch Wandeffekte entwickelt worden; er wird auch mit großem Vorteil bei Gradientenzentrifugationen eingesetzt (s. angegebene Literatur).

Eine wichtige Voraussetzung für die Durchführbarkeit von Gradientenzentrifugationen ist die mit dem Anhalten der Zentrifuge (vgl. in Abb. 8.15 A mit B) ablaufende Reorientierung der Gradienten ohne erhebliche Störung der erreichten Partikeltrennungen, sodass schließlich die Partikelfraktionen entnommen bzw. analytisch vermessen werden können.

Es sollen nun die wichtigsten Typen der Zentrifugation im Dichtegradienten hinsichtlich der zugrundeliegenden physikalisch-chemischen Prinzipien erläutert werden.

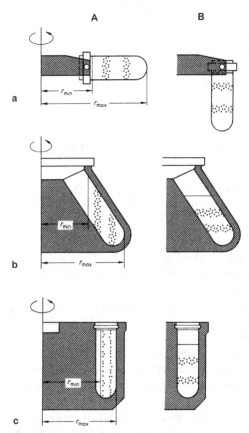

Abb. 8.15 a-c. Halbschematische Darstellung der Gradientenzentrifugation in drei verschiedenen Rotortypen: **(a)** Schwenkbecherrotor, **(b)** Festwinkelrotor, **(c)** Vertikalrotor. Die *linken Abbildungen (A)* geben die Lage der Partikelbanden während der Rotation wieder, während die *rechten Abbildungen (B)* die Reorientierung der Banden mit dem Gradienten nach Stillstand der Rotoren wiedergeben. r_{min} bezeichnet die Position des Meniskus während der Zentrifugation, r_{max} das distale Ende der Zentrifugationszelle. Beachte die kleinen Werte der Trennstrecke ($r_{max} - r_{min}$) des Vertikalrotors im Vergleich zum Schwenkbecherrotor

8.3.6.1 Sedimentationsgeschwindigkeit im Dichtegradienten, Zonensedimentation

Die Auftrennung von Partikelfraktionen aufgrund ihrer unterschiedlichen Sedimentationsgeschwindigkeit wird bei Verwendung eines Dichtegradienten wesentlich verbessert. Hierzu werden präformierte Gradienten, meist aus Saccharoselösungen, neuerdings auch Metrizamidlösungen, eingesetzt. Obwohl das reziproke partielle spezifische Volumen der Makromoleküle größer ist als die Dichten der Gradienten (d.h. $\rho_{\text{Partikel}} > \rho_{\text{Gradient}}$), liegt die zu analysierende bzw. zu trennende Suspension in ihrer Dichte niedriger als die Gradientdichten. Bei der *Zonensedimentation* (engl.: *rate zonal centrifugation*) wird daher der Gradient mit der Partikelsuspension überschichtet. Bei der anschließenden Zentrifugation wandern die Banden (Zonen) unterschiedlicher Partikel mit relativ guter Separation und können nach einer geeigneten Sedimentationszeit geerntet werden.

Warum ist der Dichtegradient für die Herausbildung bzw. Erhaltung der Zonen förderlich? Die Zentrifugalbeschleunigung $b_z = \omega^2 r$ nimmt proportional mit dem Abstand r von der Drehachse zu. Bei Zentrifugation ohne Dichtegradient führt das zu einem Auseinanderlaufen der einzelnen Banden und damit zu einem Überschneiden verschiedener Banden. Diese Zunahme der Sedimentationsgeschwindigkeit mit zunehmendem r wird durch den Gradienten aus den folgenden Gründen kompensiert.

a) Mit r nimmt die Dichte ρ und zugleich die Viskosität η im Gradienten stark zu (vor allem bei Saccharose- und Ficollgradienten, weniger bei jenen aus Metrizamidlösungen). Dies führt zu einem Anstieg des Reibungskoeffizienten und wirkt damit der Zunahme der Sedimentationsgeschwindigkeit mit r entgegen.

b) Mit zunehmender Dichte $\rho(r)$ steigt der Auftrieb der Partikel im Gradienten. Dies führt nach Gl. (8.88) zu einer Abnahme des Sedimentationskoeffizienten und wirkt ebenfalls einer Zunahme der Sedimentationsgeschwindigkeit mit r entgegen.

Schließlich werden die Störungen der Banden (aufgrund von Strömungen in der Zentrifugenzelle) durch die meist erheblichen Viskositäten der Gradienten wesentlich verringert.

Man benutzt bei der Zonensedimentation meist relativ flache Gradienten (d.h. Suspensionsmedien mit relativ geringen Dichteunterschieden zwischen dem oberen und unteren Ende des Zentrifugenröhrchens). Für diese Art der Gradientenzentrifugation werden vor allem Schwenkbecherrotoren, aber auch Vertikalrotoren verwendet. Bei Festwinkelrotoren können sich infolge der Kollision der Makromoleküle mit der Wand der Zentrifugenzelle kaum ungestört wandernde Banden herausbilden.

Typisches Anwendungsbeispiel der Zonensedimentation ist die Trennung der ribosomalen Untereinheiten in Saccharose-Dichtegradienten. Ficoll-Gradienten werden vor allem zur Trennung von verschiedenen Zelltypen (z. B. verschiedene Spezies von Lymphocyten) oder von Zellorganellen angewandt. Metrizamid kann auch mit Vorteil für diese Zwecke eingesetzt werden, weil es die Herstellung isotonischer Gradienten mit hohen Dichten zulässt (Rickwood 1976).

8.3.6.2 *Isopyknische Zentrifugation*

Bei den hier zu besprechenden Verfahren verwendet man Gradienten, deren Dichten $\rho(r)$ die Partikeldichte ρ_P (oder genauer: ihr reziprokes partielles spezifisches Volumen $1/\tilde{V}_P$) einschließen. In solchen Dichtegradienten wird bis zum Erreichen eines Sedimentationsgleichgewichtes für die makromolekularen Komponenten zentrifugiert, d. h. bis der Zustand erreicht ist, bei dem für jede makromolekulare Spezies der Term $(1-\tilde{V}_P\,\rho(r))$ in Gl. (8.88) und damit die Sedimentationsgeschwindigkeit zu null wird. Je nach der Größe von $\tilde{V}_P$ wird also eine gegebene makromolekulare Spezies bei einem bestimmten Wert $\rho(r_0)=1/\tilde{V}_P$ und damit bei einer bestimmten Position r_0 im Gradienten zur Ruhe kommen. Man nennt diese Dichte $\rho(r_0)$ die *Schwebedichte* oder auch (weniger treffend) die Schwimmdichte (engl. *buoyant density*) der makromolekularen Partikel. Die Bedeutung der Bezeichnung isopyknische Zentrifugation ist danach offensichtlich (griech.: *pyknós* = dicht).

Es gibt zwei prinzipiell verschiedene Ausführungsformen der isopyknischen Zentrifugation je nachdem, ob auch das Suspensionsmedium im Sedimentationsgleichgewicht ist (d. h. auch der Dichtegradient selbst durch ein Sedimentationsgleichgewicht zustande gekommen ist) oder ob sich das Sedimentationsgleichgewicht der makromolekularen Komponente an einem präformierten Dichtegradienten einstellt, der selbst nicht im Sedimentationsgleichgewicht ist.

Das letztgenannte Verfahren kann etwa zur Trennung der Partikel in einem Homogenat angewandt werden. Man gibt dazu einen meist linearen Dichtegradienten (z. B. aus Saccharoselösungen) vor und überschichtet diesen mit der zu trennende Mischung von Partikeln. In Abb. 8.16 ist die isopyknische Auftrennung einer Mischung aus zwei Teilchenarten mit den partiellen spezifischen Volumina $\tilde{V}_{P_1}=1/\rho_1$ und $\tilde{V}_{P_2}=1/\rho_2$ in einem linearen Gradienten mit der minimalen Dichte ρ_o und der maximalen Dichte ρ_u (halbschematisch) dargestellt. Wie bereits

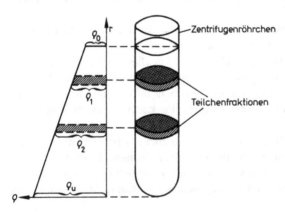

Abb. 8.16. Isopyknische Zentrifugation mit zwei Teilchenfraktionen der Schwebedichten ρ_1 bzw. ρ_2 in einem linearen Dichtegradienten
(o = oben, u = unten)

oben erwähnt, sind die mit einem Gradientenmischer vorgefertigten Gradienten nicht beliebig lange stabil. Immerhin sind die Ausgleichsvorgänge in den meist hochviskosen Gradienten so langsam, dass Zentrifugationsläufe von mehreren Stunden Dauer leicht möglich sind. Gleichzeitig verhindern die relativ hohen Viskositäten der Gradientenlösungen, dass im Rahmen solcher Sedimentationszeiten nennenswerte Dichteänderungen in Richtung auf ein Sedimentationsgleichgewicht des Gradientenmaterials eintreten.

Bei dem zweiten Typ der isopyknischen Zentrifugation erfolgt die Trennung der (makromolekularen) Partikel in einem Gradienten, der selbst durch ein Sedimentationsgleichgewicht entstanden ist. Diese Gleichgewichtsdichtegradienten haben eine außerordentliche praktische Bedeutung zur Trennung von Nucleinsäuren gewonnen. Ein bekanntes frühes Experiment nach diesem Verfahren war der Nachweis der semikonservativen Replikation der DNA (Meselson et al. 1957). Dabei wurde im Gleichgewichtsdichtegradienten aus Cäsiumchlorid die DNA von Bakterien aufgetrennt, die in ^{15}N- und ^{14}N-Medien gewachsen waren. Neben CsCl wird auch vielfach Cs_2SO_4 zur Herstellung von Gleichgewichtsgradienten benutzt. Letzteres bietet die Möglichkeit zur Trennung von RNA-Fraktionen.

Das partielle spezifische Volumen von Makromolekülen in wässrigen Lösungen ist sehr stark von der Anwesenheit einer dritten Komponente wie CsCl, Cs_2SO_4 oder Metrizamid abhängig. Daher sind die Schwebedichten von Makromolekülen für verschiedene Gradientenmaterialien sehr verschieden. So hat beispielsweise reine wasserfreie Cs-DNA eine Dichte von 2,12 g/cm^3, während ihre Schwebedichte in wässrigen Lösungen von CsCl: 1,7 g/cm^3, Cs_2SO_4: 1,45 g/cm3 und Metrizamid: 1,12 g/cm^3 ist. Der letztere Wert entspricht etwa dem völlig hydratisierten Zustand der DNA, während in den Salzlösungen Ionenbindung an der DNA vorliegt.

Die zur Herstellung des Gleichgewichtsgradienten notwendigen Zentrifugationszeiten können je nach dem Typ des verwendeten Rotors (bei gleicher Drehzahl) sehr unterschiedlich sein (vgl. Abb. 8.15). Im Schwenkbecherrotor können infolge der langen Zentrifugationswege (r_{max} -r_{min}) sehr große Zeiten (120-400 h) bis zum Erreichen des Gleichgewichtes notwendig sein (vgl. u. a. Osterman 1984, S. 279 f). Eine Abhilfe dieser Schwierigkeit kann durch Verringerung der Füllmengen im Schwenkbecher erzielt werden. Im Interesse der Verkürzung der notwendigen Zentrifugationszeiten auf im Laboralltag praktikable 24-48 h werden jedoch für Gleichgewichtsgradienten vor allem Festwinkel- und Vertikalrotoren eingesetzt. Vor allem beim Vertikalrotor verkürzt sich die Trennstrecke ($r_{max} - r_{min}$) durch Umorientierung des Gradienten während der Zentrifugation (vgl. Abb. 8.15c). Ein weiterer Vorteil dieses Rotortyps besteht in der Verringerung der Bandenbreite durch Verteilung des Materials auf eine größere Fläche während des Umorientierungsvorganges.

Im Vergleich zur Einstellzeit des Gradientengleichgewichtes ist das Sedimentationsgleichgewicht der makromolekularen Komponente(n) in der Regel viel schneller (d.h. in wenigen Stunden) erreicht. Daher werden praktisch brauchbare

Trennungen auch schon bei nicht vollständig ins Gleichgewicht gekommenen Gradienten erzielt.

Wir wollen uns im Folgenden mit der Güte der Auftrennung makromolekularer Komponenten bei der isopyknischen Zentrifugation beschäftigen und zu diesem Zwecke eine vereinfachte quantitative Beschreibung des Sedimentationsgleichgewichtes einer makromolekularen Spezies im Dichtegradienten vornehmen. Diese soll sowohl für den Fall des präformierten als auch für den des Gleichgewichtsgradienten gelten. Dabei soll die Form des Gradienten in der Nähe der Gleichgewichtsposition r_0 der makromolekularen Partikel als lineare Funktion in r beschrieben werden. Dies ist auch im Falle eines Gleichgewichtsgradienten näherungsweise erfüllt:

$$\rho(r) = \frac{1}{\tilde{V}_P} + b(r - r_0) \,, \tag{8.104}$$

wobei $b = (d\rho/dr)$ die (konstante) Steigung des Gradienten angibt. Das Sedimentationsgleichgewicht für makromolekulare Partikel war bereits in Gl. (8.102) quantitativ formuliert worden. Setzen wir dort die spezielle Ortsabhängigkeit von ρ nach Gl. (8.104) ein, so ergibt sich:

$$\frac{1}{c}\frac{dc}{dr} = \frac{\omega^2 r M_P}{RT}\left[1 - \tilde{V}_P\left\{\frac{1}{\tilde{V}_P} + b(r - r_0)\right\}\right] \text{ oder}$$

$$\frac{1}{c}\frac{dc}{dr} = -\frac{\omega^2 r M_P b}{RT}\tilde{V}_P(r - r_0) \,. \tag{8.105}$$

Da wir uns auf die Umgebung der Gleichgewichtsposition r_0 beschränken, können wir in Gl. (8.105) $r(r - r_0)$ näherungsweise durch $r_0(r - r_0)$ ersetzen. Die Integration dieser Differentialgleichung nach dem Verfahren „Trennung der Variablen" ergibt den Verlauf $c(r)$ der makromolekularen Komponente in der Umgebung der Gleichgewichtsposition r_0:

$$\int_{c(r_0)}^{c(r)} \frac{dc}{c} = -\frac{\omega^2 r_0 M_P b \tilde{V}_P}{RT}\int_{r_0}^{r}(r - r_0)\,dr \,, \tag{8.106}$$

$$\ln\left[c(r) - c(r_0)\right] = -\frac{1}{2\sigma^2}(r - r_0)^2 \,, \text{ mit} \tag{8.107}$$

$$\sigma^2 = \frac{RT}{M_P \omega^2 r_0 \tilde{V}_P b} \,. \tag{8.108}$$

Nach Delogarithmieren von Gl. (8.107) erhält man schließlich das Resultat

$$c(r) = c(r_0)\exp\left[-\frac{(r - r_0)^2}{2\sigma^2}\right] \,. \tag{8.109}$$

$c(r)$ spiegelt die Form der Bande einer makromolekularen Komponente bei der isopyknischen Zentrifugation wider. Die mathematische Form der Gl. (8.109) haben wir bereits in Abschn. 1.1.1 als Gl. (1.1) kennen gelernt. Sie weist eine symmetrische Gauß-Verteilung auf, die in Abb. 1.1 dargestellt ist. Die Breite der Kurve (und damit der Teilchenbande) wird durch den Parameter σ charakterisiert. σ ist nach Gl. (8.108) umso kleiner, d.h. die Bande ist umso schärfer, je höher die Molmasse M_P der Makromoleküle ist. Weiterhin wird die Schärfe der Bande von der Steilheit b des Gradienten und von der Zentrifugalbeschleunigung $\omega^2 r_0$ bestimmt. Da die Möglichkeit, zwei Banden voneinander zu unterscheiden, mit der Schärfe der Banden zunimmt, bestimmen diese Parameter somit auch die Güte der Auftrennung eines Proteingemisches in die verschiedenen Komponenten.

8.4 Diffusion von Ionen: Nernst-Planck-Gleichung und Diffusionspotential

Zur Beschreibung der Diffusion geladener Teilchen betrachten wir die in Abb. 8.17 dargestellte Versuchsanordnung. Eine Kapillare verbindet zwei Flüssigkeitsreservoire, in denen ungleich konzentrierte Lösungen eines vollständig dissoziierten Elektrolyten $M^+ X^-$ enthalten sind. Wir nehmen an, dass in jedem Reservoir die Lösung durch eine Rührvorrichtung ständig durchmischt wird und dass beide Volumina genügend groß sind, sodass die Konzentration c an den Enden der Kapillare zeitlich nahezu konstant bleibt und mit der Konzentration in dem betreffenden Reservoir übereinstimmt:

$$c(x = 0) = c'; \quad c(x = l) = c''.$$

Ferner soll sich in der Kapillare ein quasi-stationärer (d.h. annähernd zeitunabhängiger) Zustand des Konzentrationsprofils $c(x)$ eingestellt haben,

Da in verdünnter Lösung M^+ und X^- sich nahezu unabhängig voneinander bewegen und da die Diffusionskoeffizienten von Kation (D_+) und Anion (D_-) im Allgemeinen verschieden voneinander sind, würde man zunächst erwarten, dass die Flüsse von M^+ und X^- durch die Kapillare verschieden groß sind. Wie die nachfolgende einfache Überlegung zeigt, ist dies jedoch nicht der Fall. Ist z. B. $D_+ > D_-$,

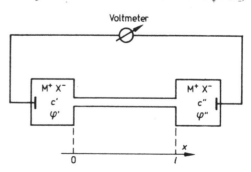

Abb. 8.17. Anordnung zur Messung von Diffusionspotentialen

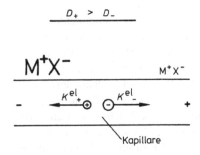

Abb. 8.18. Aufbau eines Diffusionspotentials. Im Falle $D_+ > D_-$ nimmt die verdünnte Lösung ein positives Potential gegenüber der verdünnten Lösung an. Dadurch wirkt auf das Kation eine nach der konzentrierten, auf das Anion eine nach der verdünnten Lösung gerichtete elektrische Kraft $\vec{K}^{el}_+$ bzw. $\vec{K}^{el}_-$

hat also das Kation die Tendenz, dem Anion bei der Diffusion vorauszueilen, so wandern zu Versuchsbeginn geringfügig mehr Kationen als Anionen aus der konzentrierten in die verdünnte Lösung. Dadurch nimmt die verdünnte Lösung gegenüber der konzentrierten ein positives elektrisches Potential an. Das so in der Kapillare entstehende elektrische Feld vermindert den Fluss von Kationen und erhöht den Fluss von Anionen in dem Maße, dass die Flüsse beider Ionensorten schließlich gerade gleich groß werden (Abb. 8.18).

Man bezeichnet die Wanderung von Ionen unter der gleichzeitigen Wirkung eines Konzentrationsgradienten und eines elektrischen Potentialgradienten als *Elektrodiffusion*. Die längs der Diffusionsstrecke sich aufbauende Spannung $V_D = \varphi' - \varphi''$ (Abb. 8.17) nennt man *Diffusionspotential*.

8.4.1 Nernst-Planck-Gleichung

Zur quantitativen Behandlung der Diffusion von Ionen verwenden wir die bereits in Abschn. 8.2.1 eingeführte *Flussdichte* Φ_i der Ionensorte i. Φ_i ist gleich dem Fluss J_i, dividiert durch die Querschnittsfläche A der Kapillare:

$$\Phi_i = \frac{J_i}{A} . \tag{8.110}$$

Φ_i ist also der auf die Einheitsfläche bezogene Fluss, meist in der Einheit mol $cm^{-2}s^{-1}$ angegeben.

Aufgrund der oben durchgeführten Überlegungen ist es naheliegend, die gesamte Flussdichte Φ_i als Summe eines Diffusionsanteiles und eines durch das elektrische Feld zustande kommenden Anteiles darzustellen:

$$\Phi_i = \left(\Phi_i\right)_{\text{Diff}} + \left(\Phi_i\right)_{\text{el}} . \tag{8.111}$$

Nach dem 1. Fick'schen Gesetz (Gl. 8.42) ist $\left(\Phi_i\right)_{\text{Diff}}$ gegeben durch den Diffusionskoeffizienten D_i der Ionensorte i und durch den Gradienten der Konzentration c_i in der Kapillare:

$$\left(\Phi_i\right)_{\text{Diff}} = -D_i \frac{dc_i}{dx} . \tag{8.112}$$

Bei der Berechnung von $(\Phi_i)_{el}$ gehen wir – in Verallgemeinerung der Gln. (6.3) und (6.4) – davon aus, dass auf ein Ion der Sorte i (Ladungszahl z_i) eine der elektrischen Feldstärke $\vec{E}$ proportionale Kraft $\vec{K}_i^{el}$ wirkt. Für die Komponenten dieser beiden Vektoren in x-Richtung gilt der Zusammenhang:

$$\left(K_x\right)_i^{el} = z_i e_0 E_x = -z_i e_0 \frac{d\varphi}{dx}. \tag{8.113}$$

e_0 ist die Elementarladung und $\varphi(x)$ das elektrische Potential in der Kapillare. Wie in Abschn. 8.1.4 ausgeführt, erteilt $\vec{K}_i^{el}$ dem Ion entsprechend seinem Reibungskoeffizienten f_i eine Geschwindigkeit $\vec{v}_i$. Diese ist (nach einer sehr kurzen Einstellzeit) durch die Bedingung $\vec{K}_i^{el} = -\vec{R}$ ($\vec{R}$ = Reibungskraft) gegeben und lautet mit Gl. (8.19):

$$v_x^i = \frac{z_i e_0}{f_i} E_x = -\frac{z_i e_0}{f_i} \frac{d\varphi}{dx}. \tag{8.114}$$

Hierbei haben wir $\vec{v}_i$ und $\vec{E}$ durch ihre Komponenten in x-Richtung ersetzt. Der Reibungskoeffizient f_i ist mit dem Diffusionskoeffizienten D_i durch die Einstein'-sche Beziehung (Gl. 8.40) verknüpft:

$$D_i = \frac{k_B T}{f_i}. \tag{8.40}$$

Mit $e_0 = F/L$, $k_B = R/L$ (F = Faraday-Konstante, R = Gaskonstante und L = Avogadro-Konstante) erhält man aus den Gln. (8.40) und (8.114):

$$v_x^i = -D_i \frac{z_i e_0}{k_B T} \frac{d\varphi}{dx} = -D_i \frac{z_i F}{RT} \frac{d\varphi}{dx}. \tag{8.115}$$

Diese Beziehung ist eine Verallgemeinerung der Gln. (6.6) und (6.7) [s. auch Gln. (6.24) und (6.25)], wenn man die Beweglichkeit u_i durch die Größe

$$u_i = |z_i| D_i F / RT \text{ ersetzt.} \tag{8.116}$$

Gl. (8.116) besagt, dass sich die gerichtete Bewegung von Ionen im elektrischen Feld (beschrieben durch die Beweglichkeit u_i) durch den Diffusionskoeffizienten D_i ausdrücken lässt, der – wie in Abschn. 8.2.1 dargestellt – direkt mit der Geschwindigkeit der ungerichteten Brown'schen Molekularbewegung zusammenhängt.

Die Kenntnis der Geschwindigkeit v_x^i geladener Teilchen nach Gl. (8.115) erlaubt auf einfache Weise die Berechnung der Flussdichte $(\Phi_i)_{el}$ im elektrischen Feld $\vec{E}$. In Analogie zur Ableitung von Gl. (6.8) (s. auch Abb. 6.4) gilt:

$$\left(\Phi_i\right)_{el} = c_i v_x^i \tag{8.117}$$

und mit Gl. (8.115):

$$\left(\Phi_i\right)_{el} = -c_i D_i \frac{z_i F}{RT} \frac{d\varphi}{dx}. \tag{8.118}$$

Durch Kombination von Gl. (8.111), (8.112) und (8.118) erhält man schließlich die **Nernst-Planck-Gleichung** für den Gesamtfluss:

$$\Phi_i = -D_i\left(\frac{dc_i}{dx} + z_i c_i \frac{F}{RT}\frac{d\varphi}{dx}\right).$$ (8.119)

Diese grundlegende Gleichung der „**Elektrodiffusion**" beschreibt die Wanderung von Ionen unter dem gleichzeitigen Einfluss von zwei „Triebkräften", nämlich von Konzentrations- und Potentialgradienten. Die Nernst-Planck-Gleichung gilt unabhängig davon, ob die elektrische Feldstärke $E_x = -d\varphi/dx$ durch die Ionendiffusion selbst erzeugt wird (Diffusionspotential) oder durch eine von außen angelegte Spannung entsteht.

8.4.2 Diffusionspotential

Als Anwendung der Nernst-Planck-Gleichung berechnen wir das Diffusionspotential eines 1:1-wertigen Elektrolyten, das sich als Potentialdifferenz der in Abb. 8.17 angegebenen Versuchsanordnung im stationären Zustand zwischen der Lösung ' und der Lösung " einstellt.

Da durch die Kapillare kein elektrischer Strom fließt, müssen gleichviel Kationen wie Anionen pro Sekunde von links nach rechts wandern:

$$\Phi_+ = \Phi_-.$$ (8.120)

Ferner gilt in der Kapillare die **Elektroneutralitätsbedingung**, d. h. jedes Volumenelement enthält (von verschwindend kleinen Abweichungen abgesehen) gleichviel Kationen wie Anionen:

$$c_+(x) = c_-(x) = c(x).$$ (8.121)

Mit Hilfe der Nernst-Planck-Gleichung (Gl. 8.119) erhalten wir dann (mit $z_+ = 1$, $z_- = -1$):

$$\Phi_+ - \Phi_- = 0 = -\left(D_+\frac{dc}{dx} + cD_+\frac{F}{RT}\frac{d\varphi}{dx}\right) + \left(D_-\frac{dc}{dx} - cD_-\frac{F}{RT}\frac{d\varphi}{dx}\right).$$

Durch eine einfache Umformung ergibt sich weiter:

$$\frac{d\varphi}{dx} = -\frac{D_+ - D_-}{D_+ + D_-}\frac{RT}{F}\frac{1}{c}\frac{dc}{dx}.$$ (8.122)

Diese Gleichung integrieren wir zwischen den Grenzen $x = 0$ und $x = 1$ (Abb. 8.17), wobei wir die Abkürzung

$$\frac{D_+ - D_-}{D_+ + D_-}\frac{RT}{F} = \alpha$$ (8.123)

einführen:

$$\int_0^l \frac{d\varphi}{dx}\,dx = -\alpha\int_0^l \frac{1}{c(x)}\frac{dc}{dx}\,dx = -\alpha\int_0^l \frac{d(\ln c)}{dx}\,dx$$

$$\varphi(l)-\varphi(0) = -\alpha\big|\ln c\big|_0^l = -\alpha\ln\frac{c(l)}{c(0)}.$$

(8.124)

Da die Werte von φ und c an den Enden der Kapillare gleich groß sind wie im Innern des betreffenden Reservoirs, gilt:

$$\varphi(0) = \varphi';\quad \varphi(l) = \varphi''$$

$$c(0) = c';\quad c(l) = c''.$$

Somit erhält man aus Gl. (8.124):

$$\varphi''-\varphi' = -\alpha\ln\frac{c''}{c'}.$$

Für das *Diffusionspotential* V_D ergibt sich schließlich mit Gl. (8.123) die folgende Beziehung:

$$V_D = \varphi'-\varphi'' = \frac{D_+ - D_-}{D_+ + D_-}\frac{RT}{F}\ln\frac{c''}{c'}.$$

(8.125)

Wir entnehmen Gl. (8.125), dass das Diffusionspotential verschwindet, wenn die Diffusionskoeffizienten von Kation und Anion gleich groß sind ($D_+ = D_-$). Ist $D_+ > D_-$, so ist $\varphi' - \varphi'' > 0$ für $c'' > c'$, d.h. die verdünnte Lösung nimmt gegenüber der konzentrierten ein positives Potential an; dies hatten wir bereits früher aufgrund qualitativer Überlegungen geschlossen.

Im Grenzfall $D_+ \gg D_-$ geht V_D in das Nernst-Potential für das Kation, im Fall $D_+ \ll D_-$ in das Nernst-Potential für das Anion über [s. Gl. (6.36)]:

$$V_D \approx \frac{RT}{F}\ln\frac{c''}{c'},\quad D_+ \gg D_-$$

(8.126)

$$V_D \approx -\frac{RT}{F}\ln\frac{c''}{c'}\quad D_+ \ll D_-$$

(8.127)

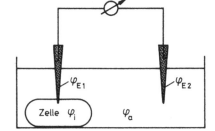

Abb. 8.19. Messung des Membranpotentials einer Zelle mit Hilfe von Mikroelektroden (s. auch Abb. 6.20)

Anwendung

Diffusionspotentiale machen sich bei elektrochemischen Messungen oft störend bemerkbar. Als Beispiel betrachten wir die **Bestimmung des Membranpotentials** V_m einer Zelle mit Hilfe von Mikroelektroden. Hierbei führt man in die Zelle eine fein ausgezogene Glaskapillare ein, die mit einer konzentrierten KCl-Lösung gefüllt ist und über einen chlorierten Silberdraht an den äußeren Messkreis angeschlossen ist (Abb. 8.19, s. auch Abb. 6.20). Das Spannungsmessgerät zeigt die Potentialdifferenz V zwischen den Elektrolytfüllungen der beiden Elektroden an:

$$V = \varphi_{E1} - \varphi_{E2} \, . \tag{8.128}$$

V lässt sich durch gleichzeitige Subtraktion und Addition von φ_i und von φ_a folgendermaßen schreiben:

$$V = (\varphi_{E1} - \varphi_i) + (\varphi_i - \varphi_a) + (\varphi_a - \varphi_{E2}) \quad . \tag{8.129}$$

Hierbei ist $V_{D1} = \varphi_{E1} - \varphi_i$ das Diffusionspotential an der Spitze von Elektrode 1 und $V_{D2} = \varphi_{E2} - \varphi_a$ jenes an Elektrode 2. Die Differenz $V_m = \varphi_i - \varphi_a$ stellt das gesuchte Membranpotential dar. Die gemessene Spannung V ist also die Summe aller einzelnen Potentialdifferenzen:

$$V = V_m + (V_{D1} - V_{D2}). \tag{8.130}$$

V_{D1} und V_{D2} werden durch die in der Übergangszone zwischen Elektrodenlösung und Außenmedium vorhandenen Ionen-Konzentrationsgradienten verursacht. Um V_{D1} und V_{D2} möglichst klein zu machen, wählt man für die Elektrodenfüllung ein Salz, für das $D_+ \approx D_-$ gilt. In den meisten Fällen verwendet man KCl (D_+ = $1.95 \cdot 10^{-5}$ cm^{2}s^{-1}, D_- = $2.02 \cdot 10^{-5}$ cm^{2}s^{-1}). Außerdem wählt man eine hohe KCl-Konzentration, um zu erreichen, dass in der Übergangszone K$^+$ und Cl$^-$ die vorherrschenden Ionen sind, die das Diffusionspotential bestimmen.

8.5 Elektrisch geladene Grenzflächen und Elektrophorese

Während wir bisher die Elektrodiffusion relativ kleiner Ionen betrachtet haben, wenden wir uns jetzt der Wanderung großer, elektrisch geladener Teilchen (Proteine, ganze Zellen) im elektrischen Feld zu. Zelloberflächen (wie auch Proteine) tragen in der Regel negative oder positive Ladungen. Diese rühren von Carboxylatgruppen und protonierten Aminogruppen her, die im Allgemeinen in ungleicher Zahl vorhanden sind, sodass die Zelloberfläche eine elektrische Nettoladung trägt (Abb. 8.20). Im Folgenden wollen wir die Zelloberfläche durch eine elektrisch ge-

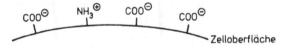

Abb. 8.20. Elektrische Ladungen an der Zelloberfläche

ladene, ebene Wand ersetzen. Wenn wir uns nahe genug an eine gekrümmte Wand heranbewegen, wird uns diese trotz ihrer Krümmung als ebene Fläche erscheinen.

8.5.1 Elektrisches Potential in der Nähe einer geladenen Wand

Wir betrachten eine ebene Wand, die fixierte positive Ladungen trägt und in Kontakt mit einer Lösung eines vollständig dissoziierten Elektrolyten $M^+ X^-$ steht (Abb. 8.21). Da das Gesamtsystem (Wand plus Lösung) elektrisch neutral sein muss, werden die positiven Wandladungen durch negative Ladungen in der Lösung neutralisiert. Wie wir noch sehen werden, geschieht dies dadurch, dass in der Nähe der Wand ein Überschuss beweglicher Gegenionen und ein Defizit beweglicher Co-Ionen vorhanden sind. Als Gegenion bezeichnet man ein Ion von entgegengesetztem, als Co-Ion ein Ion von gleichem Ladungsvorzeichen wie die Wand; in dem hier betrachteten Fall ist M^+ das Co-Ion und X^- das Gegenion.

Die Schicht der fixierten positiven Ladungen und die diffuse Schicht negativer Raumladungen in der Lösung bilden zusammen eine *„elektrische Doppelschicht"*.

Wir bezeichnen den Abstand von der Wand mit x und fragen nach dem Verlauf der Konzentrationen $c_+(x)$ und $c_-(x)$ von M^+ und X^- in der Nähe der Wand. Dieser wird – wie in 8.5.3 dargestellt – durch den Verlauf des elektrischen Potentials $\varphi(x)$ bestimmt, dem wir uns zunächst zuwenden wollen.

Die positiven Festladungen erzeugen in der Nähe der Wand ein positives elektrisches Potential φ. Der Wert des Potentials in der Grenze $x \to \infty$ wird üblicherweise gleich null gesetzt (Referenz). Unmittelbar an der Wand ($x = 0$) besitzt φ dann einen endlichen Wert φ_0, den man als Grenzflächenpotential (Abb. 8.21) bezeichnet. Der Verlauf von $\varphi(x)$ kann mit Hilfe einer von Gouy und Chapman entwickelten Theorie berechnet werden, die auf der Debye-Hückel'schen Theorie der

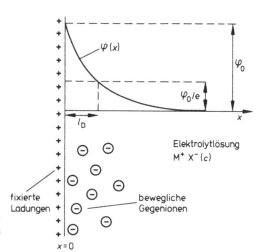

Abb. 8.21. Verlauf des elektrischen Potentials $\varphi(x)$ in der Nähe einer geladenen Wand

starken Elektrolyte aufbaut. Wir haben letztere bereits im Zusammenhang mit der Einführung des Aktivitätskoeffizienten erwähnt (Abschn. 4.4.2). Während die Debye-Hückel'sche Theorie die gegenseitige Wechselwirkung der Ionen einer Elektrolytlösung beschreibt, beschäftigt sich die *Gouy-Chapman Theorie* mit den Wechselwirkungen zwischen den fixierten Ionen einer Wand und den Ionen der angrenzenden Lösung. Die genaue Darstellung dieser Theorien bleibt den Lehrbüchern der Elektrochemie vorbehalten (s. Literatur zu Kap. 6). Wir wollen uns hier auf das Ergebnis beschränken.

Unter der Voraussetzung kleiner Werte von $|\varphi_0|$, nämlich für

$$|\varphi_0| \ll \frac{RT}{F} \approx 25\,\text{mV}$$

ist das Resultat der Gouy-Chapman-Theorie besonders einfach; es gilt dann:

$$\varphi(x) = \varphi_0 \cdot e^{-x/l_D} . \tag{8.131}$$

Der Abstand l_D, in dem φ auf den e-ten Teil von φ_0 abgefallen ist, bezeichnet man als *Debye-Länge*. Die Gouy-Chapman-Theorie zeigt, dass l_D von der Konzentration c des Elektrolyten sowie von der Dielektrizitätskonstanten ε der Lösung abhängt:

$$l_D = \frac{1}{F} \sqrt{\frac{\varepsilon_0 \varepsilon\, RT}{2c}} , \tag{8.132}$$

$\varepsilon_0 = 8.85 \cdot 10^{-12}\,\text{CV}^{-1}\text{m}^{-1}$ ist die elektrische Feldkonstante.

Die Debye-Länge l_D nimmt also mit zunehmender Elektrolytkonzentration ab. Dies bedeutet, dass der durch Gl. (8.131) beschriebene Abfall von φ sich innerhalb kleinerer Wandabstände vollzieht. Unter physiologischen Bedingungen ($c \approx$ 0,1 M) beträgt l_D etwa 1 nm (Tabelle 8.6); zum Vergleich: der Durchmesser eines Wassermoleküls beträgt etwa 0,2-0,3 nm.

Tabelle 8.6. Werte der Debye-Länge in wässrigen Lösungen ($\varepsilon \approx 80$) eines 1:1-wertigen Elektrolyten bei $T = 298$ K

c / M	10^{-3}	10^{-}	10^{-1}	1
l_D / nm	9,6	3,0	0,96	0.30

Gleichung (8.131), die streng nur in der Grenze $|\varphi_0| \ll RT/F$ gilt, stellt auch in Fällen, wo $|\varphi_0|$ von der Größenordnung RT/F ist, meist noch eine gute Näherung dar.

8.5.2 Ionenstärke

Enthält die Lösung n verschiedene Ionensorten (Wertigkeiten $z_1, z_2, ..., z_n$), die in den Konzentrationen $c_1, c_2, ..., c_n$ vorliegen, so ist in Gl. (8.132) die Konzentration c durch die Ionenstärke J zu ersetzen. J ist definiert durch die Beziehung:

$$J = \frac{1}{2} \sum_{i=1}^{n} z_i^2 \, c_i \, . \tag{8.133}$$

Die Ionenstärke ist also eine mittlere Konzentration, bei der die einzelnen Ionensorten entsprechend dem Quadrat ihrer Wertigkeit gewichtet werden. Bei einem 1:1-Elektrolyt der Konzentration c gilt $z_1 = 1$, $z_2 = -1$ und $c_1 = c_2$, sodass Gl. (8.133) $J = c$ liefert. Im allgemeinen Fall ist Gl. (8.132) für die Debye-Länge l_D zu ersetzen durch:

$$l_D = \frac{1}{F} \sqrt{\frac{\varepsilon_0 \, \varepsilon \, RT}{2J}} \, . \tag{8.134}$$

8.5.3 Ionenkonzentrationen in der Nähe einer geladenen Wand

Wir kehren zu Abb. 8.21 zurück. Die in der Nähe der Wand befindlichen Ionen besitzen je nach Vorzeichen ihrer Ladung eine erhöhte oder erniedrigte potentielle Energie $\varepsilon(x)$. Diese ist nach den Gesetzen der Elektrostatik durch das Produkt aus Ladung und elektrischem Potential gegeben. Mit Wertigkeit z und Ladung ze_0 des Ions gilt:

$$\varepsilon(x) = ze_0 \, \varphi(x). \tag{8.135}$$

Wir fragen nach der Wahrscheinlichkeit des Aufenthalts der Ionen an Orten höherer potentieller Energie? Der hierzu erforderliche Energieaufwand stammt aus der Wärmebewegung der Moleküle. Im thermischen Gleichgewicht liegen somit exakt die Voraussetzungen der nach L. Boltzmann benannten Verteilung vor (s. Abschn. 1.3.2). Diese beschreibt die Verteilung von Molekülen (Atomen, Ionen) auf unterschiedliche Energiezustände ε_i im thermischen Gleichgewicht. Nach Gl. (1.68) ist das Verhältnis der Konzentrationen c_2/c_1 der Moleküle, denen 2 unterschiedliche Energiezustände ε_1 und ε_2 (mit $\varepsilon_2 > \varepsilon_1$) zur Verfügung stehen durch die Beziehung

$$\frac{c_2}{c_1} = \exp\left[-\frac{(\varepsilon_2 - \varepsilon_1)}{k_B T} \right] \tag{8.136}$$

gegeben (k_B = Boltzmann-Konstante).

Wir verwenden die Verhältnisse in hinreichend großem Abstand zur Wand als Referenzwerte, d.h. wir setzen $\varepsilon_1 = 0$ und $c_1 = c$. Wie aus Gl. (8.131) in Verbindung mit Tabelle 8.6 hervorgeht, ist $\varphi(x)$ und damit nach Gl. (8.135) auch $\varepsilon(x)$ typischerweise bereits nach wenigen nm Abstand von der geladenen Wand auf sehr kleine Werte abgeklungen, sodass dort die Werte praktisch mit den eigentlichen Referenzwerten für $x \to \infty$ übereinstimmen. Wir setzen außerdem $\varepsilon_2 = \varepsilon(x)$. Aus Gl. (8.135) folgt dann

für das Kation M$^+$: $\varepsilon(x) = e_0 \, \varphi(x)$ und

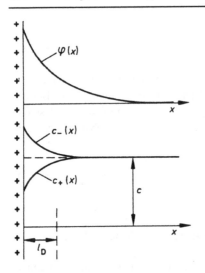

Abb. 8.22. Ionenkonzentrationen $c_+(x)$, $c_-(x)$ und elektrisches Potential $\varphi(x)$ in der Nähe einer positiv geladenen Wand

für das Anion X^-: $\varepsilon(x) = - e_0 \, \varphi(x)$.

Hiermit ergibt sich aus der Boltzmann'schen Beziehung (Gl. 8.136) für die Konzentrationen $c_+(x)$ und $c_-(x)$ von M^+ und X^- in der Nähe der Wand und dem Verlauf des elektrischen Potentials $\varphi(x)$ der Zusammenhang:

$$c_+(x) = c \cdot \exp\left[-\frac{e_0 \varphi(x)}{k_B T}\right] = c \cdot \exp\left[-\frac{F \varphi(x)}{RT}\right], \qquad (8.137)$$

$$c_-(x) = c \cdot \exp\left[\frac{F \varphi(x)}{RT}\right], \qquad (8.138)$$

wobei c die Elektrolytkonzentration in großer Entfernung von der Wand darstellt (sowie $F = L \, e_0$ und $R = L \, k_B$ ihre übliche Bedeutung haben).

Man entnimmt den Gln. (8.137) und (8.138), dass bei einer positiv geladenen Wand ($\varphi > 0$) die Kationenkonzentration in Wandnähe erniedrigt, die Anionenkonzentration dagegen erhöht ist (Abb. 8.22). Die dadurch entstehende negative (Überschuss)Ladung in der Lösung kompensiert die fixierten positiven Ladungen der Wand. Die ungefähre Ausdehnung der diffusen Raumladungszone in der Lösung entspricht in etwa dem Bereich des Abfalls von $\varphi(x)$ und ist damit durch die Debye-Länge l_D gegeben.

Eine interessante Folgerung von Gl. (8.137) besteht darin, dass an einer elektrisch geladenen Grenzfläche der pH-Wert verschieden ist vom pH-Wert der Lösung (s. Aufgabe 8.12).

Bei dem hier behandelten System liegt ein Fall vor, wo in einer elektrisch leitenden Phase (der wandnahen Elektrolytlösung) ein elektrisches Feld $E_x = -d\varphi/dx$ vorhanden ist, ohne dass gleichzeitig ein Strom fließt. Wie man sich leicht überlegt, erklärt sich dieser scheinbare Widerspruch dadurch, dass der feldinduzierte Ladungstransport exakt kompensiert wird durch Diffusion von Kationen und Anionen entsprechend den Konzentrationsgradienten dc_+/dx und dc_-/dx.

Mit anderen Worten: Potential- und Konzentrationsgradienten sind an jeder Stelle x gerade so groß, dass in der Nernst-Planck-Gleichung (Gl. 8.119) die Einzelflüsse Φ des Kations und Anions verschwinden.

8.5.4 Zusammenhang zwischen Flächenladungsdichte und Grenzflächenpotential

Es fehlt noch der Zusammenhang zwischen der Größe des Grenzflächenpotentials φ_0 und der Zahl der auf der Flächeneinheit der Wand fixierten elektrischen Ladungen (Abb. 8.21). Wir beschreiben letztere durch die Flächenladungsdichte σ (Einheit: $C\,m^{-2}$). Um eine Beziehung zwischen σ und φ_0 zu erhalten, gehen wir aus von der in Abb. 8.23 dargestellten Analogie zwischen einer elektrischen Doppelschicht und einem Plattenkondensator. In beiden Fällen entspringen die elektrischen Feldlinien auf (jeweils gleich vielen) positiven und enden auf negativen Ladungen. Deshalb ist die Dichte der Feldlinien der Doppelschicht bei dem unmittelbar an die Wand angrenzendes Gebiet der Lösung gleich groß wie bei einem Plattenkondensator gleicher Ladungsdichte. Die für einen Plattenkondensator gültige Beziehung zwischen der Komponente E_x der Feldstärke in x-Richtung und der Ladungsdichte σ der linken Kondensatorplatte

$$\sigma = \varepsilon_0 \varepsilon\, E_x \tag{8.139}$$

kann daher auf die Doppelschicht übertragen werden, sofern für $E_x = -\, d\varphi / dx$ die Feldstärke unmittelbar an der Wand ($x = 0$) eingesetzt wird:

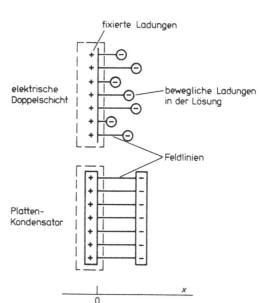

Abb. 8.23. Analogie zwischen einer elektrischen Doppelschicht und einem Plattenkondensator

$$\sigma = -\varepsilon_0 \varepsilon \left(\frac{d\varphi}{dx} \right)_{x=0} . \tag{8.140}$$

Unter Benützung der für kleine Grenzflächenpotentiale $|\varphi_0|$ gültigen Beziehung

$$\varphi(x) = \varphi_0 \cdot e^{-x/l_D}$$

(Gl. 8.131) erhält man:

$$\sigma = -\varepsilon_0 \varepsilon \left[\varphi_0 \, e^{-x/l_D} \left(-\frac{1}{l_D} \right) \right]_{x=0} = \frac{\varepsilon_0 \varepsilon \varphi_0}{l_D} .$$

Die gesuchte Beziehung zwischen *Grenzflächenpotential* φ_0 und *Ladungsdichte* σ lautet also:

$$\varphi_0 = \frac{\sigma \, l_D}{\varepsilon_0 \varepsilon} . \tag{8.141}$$

Setzt man schließlich noch die Debye-Länge l_D aus Gl. (8.134) ein, so ergibt sich:

$$\varphi_0 = \frac{\sigma}{F} \sqrt{\frac{RT}{2\varepsilon_0 \varepsilon J}} = C \frac{\sigma}{\sqrt{J}} , \tag{8.142}$$

wobei C eine von der Ionenstärke unabhängige Konstante ist.

Diese Beziehung enthält die wichtige Aussage, dass bei gegebener Ladungsdichte der Betrag des Grenzflächenpotentials mit zunehmender Ionenstärke abnimmt. In ähnlicher Weise verkleinert sich mit zunehmender Ionenstärke auch der Bereich des Abfalls von $\varphi(x)$ (s. Abb. 8.21), der nach Gl. (8.131) ebenfalls durch die Debye-Länge bestimmt wird. Die elektrostatischen Wirkungen, die von einer geladenen Grenzfläche ausgehen, verringern sich deshalb deutlich mit zunehmender Ionenstärke der Lösung.

In quantitativer Hinsicht wird dies durch die Kraft $\left(K_x \right)_i^{el}$, hervorgerufen durch die elektrische Feldstärke E_x, beschrieben, die nach Gl. (8.113) gemäß $\left(K_x \right)_i^{el} = z_i e_0 E_x = -z_i e_0 \, d\varphi/dx$ auf ein Teilchen mit der Ladung $z_i e_0$ wirkt. Aus den Gln. (8.131) und (8.141) folgt

$$E_x = -\frac{d\varphi}{dx} = \frac{\varphi_0}{l_D} \exp(-x/l_D) = \frac{\sigma}{\varepsilon \varepsilon_0} \exp(-x/l_D) . \tag{8.143}$$

Danach ist die wirksame Feldstärke $E_x(0) = \sigma/(\varepsilon \varepsilon_0)$ am Ort $x = 0$ unabhängig von der Ionenstärke. Für $x > 0$ hingegen nimmt E_x mit zunehmender Ionenstärke ab. Die Abnahme ist (wie beim elektrischen Potential $\varphi(x)$) durch die charakteristische Debye-Länge l_D bestimmt Gl. (8.134). Die Ladungsdichte σ hingegen ist in der Regel durch die Struktur der Grenzfläche und den pH-Wert der Lösung vorgegeben und bleibt bei einer Variation von J konstant (solange wir spezifische Bindungen von Ionen außer acht lassen).

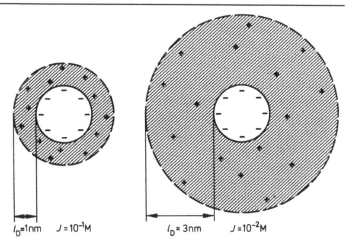

l_D≈1nm $J = 10^{-1}$M l_D= 3nm $J = 10^{-2}$M

Abb. 8.24. Die Ausdehnung der Ionenwolke in der Umgebung eines geladenen Proteinmoleküls ist etwa gleich der Debye-Länge l_D

Wir halten somit fest, dass Effekte von Grenzflächenladungen durch Erhöhung der Ionenstärke stark vermindert werden können und dass dies auf einer Abnahme von l_D, d.h. einer Reduktion des Abstandes zwischen den angenommenen Festladungen der Wand und den beweglichen Gegenionen im Wasser beruht.

Dies gilt (in qualitativer Hinsicht) nicht nur für das hier vorgestellte Modell einer geladenen Wand sondern für Grenzflächen beliebiger Geometrie.

Wir wollen zwei *Anwendungsbeispiele* betrachten:

a) Elektrostatische Bindung von Proteinen an biologische Membranen
Gewisse positiv geladene Proteine werden durch elektrostatische Wechselwirkung an die (üblicherweise) mit einer negativen Überschussladung versehenen biologischen Membranen gebunden. Dies gilt z.B. für das an die innere Mitochondrienmembran gebundene Enzym Cytochrom c. Durch Waschen mit konzentrierter NaCl-Lösung wird die elektrostatische Wechselwirkung reduziert, sodass das Protein von der Membran abgelöst werden kann.

b) Elektrostatische Wechselwirkung von Proteinen
Die Oberfläche eines Proteins trägt je nach der Lage des isoelektrischen Punktes eine positive oder negative Nettoladung. Zwei gleichartige Proteinmoleküle in Lösung stoßen sich ab, sobald die Raumladungszonen an Gegenionen („Ionenwolken"), die jedes geladene Protein umgeben, sich merklich durchdringen. Da die Dicke der Ionenwolke, die etwa gleich l_D ist (Abb. 8.24), mit zunehmender Ionenstärke abnimmt, können sich geladene Proteinmoleküle bei hoher Elektrolytkonzentration u. U. so weit nähern, dass Anziehungskräfte vorherrschend werden und eine Aggregation der Proteinmoleküle eintritt.

8.5.5 Elektrophorese

8.5.5.1 Prinzip

Als Elektrophorese bezeichnet man die Wanderung großer geladener Teilchen (Proteine, ganze Zellen) unter dem Einfluss eines elektrischen Feldes. Sie hat sich zu einer Standardmethode zur Auftrennung von Teilchengemischen entwickelt, deren Prinzip darin besteht, dass die Wanderungsgeschwindigkeit der Teilchen von ihrer Ladung abhängt.

Die quantitative Behandlung dieses Vorganges wird durch die Tatsache erschwert, dass das elektrische Feld nicht nur auf die geladenen Teilchen selbst, sondern auch auf die in Abb. 8.24 dargestellte Raumladungswolke an Gegenionen wirkt. Ohne Beachtung der Gegenionen wäre der Betrag der Wanderungsgeschwindigkeit nach Einschalten des Feldes durch Gl. (8.24) gegeben, d.h. es würde nach sehr kurzer Zeit eine zeitlich konstante Geschwindigkeit

$$\vec{v} = ze_0 \frac{\vec{E}}{f} = u\,\vec{E} \tag{8.144}$$

(f = Reibungskoeffizient des Teilchens, $u = ze_0/f$ Beweglichkeit, s. 6.1.4) erreicht werden, wobei $\vec{K} = ze_0\vec{E}$ die Kraft auf ein Teilchen mit z Einheitsladungen darstellt, die das elektrisches Feld $\vec{E}$ ausübt. Im Falle kugelförmiger Teilchen ließe sich der Reibungskoeffizient durch das Stokes'sche Gesetz (Gl. 8.21), d.h. durch $f = 6\pi\,\eta\,r$ annähern, sodass die Geschwindigkeit $\vec{v}$ der Teilchen (abgesehen vom elektrischen Feld) nur durch ihre Ladung ze_0, ihren Radius r und durch die Viskosität η des Mediums bestimmt wäre.

Die Berechnung der elektrophoretischen Wanderungsgeschwindigkeit gestaltet sich dadurch kompliziert, dass das Teilchen und die (entgegengesetzt geladene) Ionenwolke in entgegengesetzte Richtungen wandern (Abb. 8.25). Die Ionenwolke wird dabei an der Vorderseite des Teilchens ständig wieder neu gebildet. Auf diese Weise kommt es zu einer zusätzlichen hydrodynamischen Bremsung des Teilchens durch die umgebende Ionenwolke. Eine weitere Erschwernis der quantitativen Behandlung besteht darin, dass im allgemeinen Fall die Wanderungsgeschwindigkeit von der Form des Teilchens abhängt.

Wie Smoluchowski (1914) gezeigt hat, wird das Resultat der Theorie jedoch recht einfach, wenn der kleinste Krümmungsradius des Teilchens größer ist als die

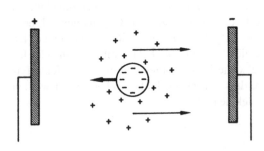

Abb. 8.25. Bei der Elektrophorese wandern Teilchen und Ionenwolke in entgegengesetzte Richtungen

Abb. 8.26. Krümmungsradius r und Debye-Länge l_D

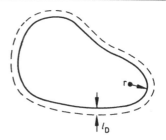

Dicke l_D der Doppelschicht (Abb. 8.26). In diesem Fall ergibt sich für die Wanderungsgeschwindigkeit $\vec{v}$ folgende Beziehung:

$$\vec{v} = \frac{\sigma_E \, l_D}{\eta} \, \vec{E} \,. \tag{8.145}$$

Wie in Gl. (8.144), d.h. bei Vernachlässigung der Ionenwolke, ist die Wanderungsgeschwindigkeit proportional zur Feldstärke $\vec{E}$ und umgekehrt proportional zur Viskosität η des Mediums. Die Tatsache, dass $\vec{v}$ linear mit der Debye-Länge l_D anwächst, erklärt sich daraus, dass bei kleinem l_D, d.h. bei eng dem Teilchen anliegender Ionenwolke, die hydrodynamische Bremsung groß wird. An die Stelle der Gesamtladung ze_0 tritt die „elektrophoretisch wirksame" Ladungsdichte σ_E auf der Teilchenoberfläche. σ_E ist im Allgemeinen verschieden von der eigentlichen Ladungsdichte σ des Teilchens. Dies hängt u.a. damit zusammen, dass wegen Oberflächenrauigkeiten ein Teil der Gegenionen bei der Wanderung des Teilchens mitgeschleppt wird, wodurch der Absolutbetrag der wirksamen Ladungsdichte verkleinert wird (Abb. 8.27).

In Analogie zu der früher angegebenen Beziehung zwischen der Ladungsdichte σ und dem Grenzflächenpotential φ_0 (Gl. 8.141) führt man das ***Zeta-Potential*** ζ ein:

Abb. 8.27. Beziehung zwischen Ladungsdichte σ, elektrophoretisch wirksamer Ladungsdichte σ_E, Grenzflächenpotential φ_0 und ζ-Potential

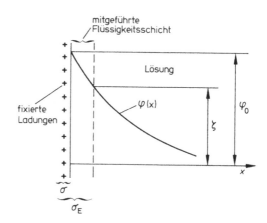

$$\zeta = \frac{\sigma_E \, l_D}{\varepsilon_0 \varepsilon} . \tag{8.146}$$

Damit kann man Gl. (8.145) für die Wanderungsgeschwindigkeit in folgender Weise schreiben:

$$\vec{v} = \frac{\varepsilon_0 \varepsilon \zeta}{\eta} \, \vec{E} . \tag{8.147}$$

Diese Gleichung kann zur experimentellen Bestimmung des Zeta-Potentials verwendet werden. Der Unterschied zwischen φ_0 und ζ ist in Abb. 8.27 verdeutlicht.

Wir wollen jedoch im Gedächtnis behalten, dass die oben dargestellte quantitative Behandlung der Wanderungsgeschwindigkeit im elektrischen Feld ausschließlich für vergleichsweise große Teilchen herangezogen werden darf, wobei als Maßstab das Verhältnis von kleinstem Krümmungsradius r zur Debye-Länge l_D gilt. So können Messungen der elektrophoretischen Wanderungsgeschwindigkeit zur Charakterisierung von Zelloberflächen verwendet werden. Dabei wird die Wanderung ganzer Zellen im elektrischen Feld direkt unter dem Mikroskop in einer Mikroelektrophoresekammer beobachtet.

8.5.5.2 Gel-Elektrophorese

Ausgedehnte Anwendung findet die Elektrophorese bei der Auftrennung von Proteinmischungen in die einzelnen Komponenten und bei der Molmassen-Bestimmung von Proteinen. In Anbetracht der (im Vergleich zu Zellen) um etwa 3 Größenordungen kleineren Teilchendurchmesser (nm statt μm) verzichtet man dabei in der Regel auf eine detaillierte quantitative Beschreibung und verwendet eine an den praktischen Erfordernissen orientierte Vorgehensweise. Dabei werden die interessierenden Größen, wie die Molmasse der Teilchen, durch Eichung mit bekannten Proteinen bestimmt. In unserer der quantitativen physikalisch-chemischen Analyse gewidmeten Darstellung können die dabei angewandten Verfahren nur relativ kurz angesprochen werden.

In Abb. 8.28 ist der prinzipielle Aufbau einer vertikalen Elektrophorese-Apparatur zu sehen, wie sie bei der *SDS-Polyacrylamid-Gel-Elektrophorese* (SDS-PAGE) verwendet wird. Wie in Abschn. 7.2.2 im Zusammenhang mit Tensidanwendungen bereits beschrieben, werden hierbei negativ geladene SDS-Protein-Komplexe einer Elektrophorese unterzogen. Da die Ladung der Komplexe (weitestgehend) durch das Anionentensid SDS bestimmt ist, wandern die Komplexe in Richtung der positiven Anode, wobei die Wanderungsgeschwindigkeit von der Molmasse abhängt.

Dies gilt jedoch nur für Elektrophorese in Gelen. Führt man ein derartiges Experiment in einer wässrigen Lösung durch, so beobachtet man keine Auftrennung von Proteinen verschiedener Molmasse, d.h. die Komplexe wandern in diesem Fall etwa gleich schnell. Die Ursache hierfür liegt in der nahezu identischen Beweglichkeit $u = ze_0/f$ im elektrischen Feld (vgl. Gl. 8.144), da – wie eine genauere Analyse zeigt – Ladung ze_0 und Reibungskoeffizient f weitgehend gleichartig mit der Molmasse M zunehmen. Lässt man die Komplexe hingegen in einem Gel wandern, so nimmt die Beweglichkeit u gemäß der Gleichung

$$u = b - a \log M \qquad (8.148)$$

proportional zum Logarithmus der Molmasse ab, wobei a und b konstante (d.h. von M unabhängige) Parameter darstellen, die jedoch von den Eigenschaften des Gels abhängen.

Wodurch unterscheiden sich die Ionenbewegungen in einem Gel von jener in einer homogenen Flüssigkeit? Die hier betrachteten Gele stellen dreidimensionale Netzwerke polymerer Substanzen dar, die von Lösungsmittel-gefüllten porenartigen Strukturen durchzogen sind. Dabei hängen die Durchmesser dieser Strukturen von der Art und Konzentration des Polymers ab. Die Diffusion von Makromolekülen innerhalb dieser Strukturen unterscheidet sich grundsätzlich von der freien (d.h. ungehinderten) Diffusion in einer homogenen Lösung, da die Makromoleküle bei ihrer Wanderung durch das Gel mit den Gefäßwänden der Poren kollidieren. Das Ausmaß der hierdurch erzeugten Behinderung nimmt mit dem Durchmesser der Makromoleküle zu, sodass die Wanderungsgeschwindigkeit mit zunehmender Molmasse verzögert wird.

Zum Vergleich: Die mittlere Porengröße in einem Gel von 10% Polyacrylamid in Wasser liegt im Bereich von 2-3 nm (Cooper 1981, S. 183). Dies entspricht (un-

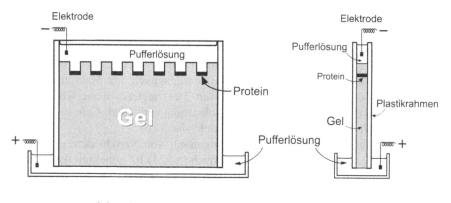

Vorderseite   **Seitenansicht**

Abb. 8.28. Aufbau einer vertikalen Gel-Elektrophorese-Apparatur. Die Aussparungen im Gel dienen zur Aufnahme der zu trennenden Proben. Nach der Elektrophorese, die zur Auftrennung der verschiedenen Teilchenarten führt (s. Abb. 8.29), wird das Gel aus dem Rahmen entfernt, die Teilchenbanden durch geeignete Farbstoffe (wie Coomassie-Blau) angefärbt oder durch immunologische Methoden (Western Blot) sichtbar gemacht

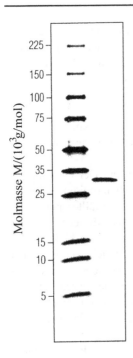

Abb. 8.29. Polyacrylamid-Gel-Elektrophorese verschiedener „Marker-Proteine" (*linke Spur*) mit Molmassen im Bereich $(5\text{-}225)\cdot10^3$ g/mol (s. Skala). Sie dienen zur Eichung bei der Molmassenbestimmung unbekannter Proteine. Auf der *rechten Spur* ist die Bande eines aus dem Bakterium *E. coli* stammenden Proteins zu sehen, dessen Molmasse bestimmt werden soll (mit freundlicher Genehmigung der Firma BioWhittaker Molecular Application, A Cambrex Company)

ter Annahme eines mittleren spezifischen Volumens der Proteine von 0.73 cm³/g, s. Tabelle 8.4) in etwa dem Durchmesser von relativ kleinen, kugelförmigen Proteinen mit einer Molmasse im Bereich $(3\text{-}12)\cdot10^3$ g/mol.

Auch wenn Proteine in der Regel von der Kugelform abweichen (Protein-SDS-Komplexe scheinen eher gestreckte Rotationsellipsoide darzustellen) und die Porengröße stark nach oben und unten vom Mittelwert abweicht, so wird durch diesen Vergleich doch deutlich, dass Gele die Beweglichkeit von Makromolekülen abhängig von deren Größe stark beeinflussen. Bei vergleichsweise sehr großen Proteinen wird das Eindringen in das Gel vollständig verhindert. Gele stellen deshalb in ihrer Wirkung eine Art „*Molekularsieb*" dar.

Abb. 8.29 zeigt als Beispiel die Auftrennung von verschiedenen Marker-Proteinen mit bekannten Molmassen im Bereich $(5\text{-}225)\cdot10^3$ g/mol mit deren Hilfe die Molmasse unbekannter Proteine abgeschätzt werden kann. Die logarithmische Skala lässt die Übereinstimmung mit Gl. (8.148) erkennen.

Auf analoge Weise können auch Nukleinsäuren voneinander getrennt werden. Die Phosphatgruppen der Nucleotide tragen negative Ladungen, sodass sich die Verwendung von SDS erübrigt. Die Molmasse doppelsträngiger DNA ist häufig zu groß für die Porengröße von Polyacrylamid-Gelen. Man verwendet in diesem Fall Agarose-Gele und erreicht dabei die Trennung von Molekülen, die sich nur um etwa 1% in der Molmasse unterscheiden. Die verschiedenen Methoden der Gel-Elektrophorese spielen eine bedeutende Rolle bei der Sequenzierung von DNA-Molekülen (s. Lehrbücher der Genetik).

8.5.5.3 Isoelektrische Fokussierung

Bei dem oben beschriebenen Verfahren der SDS-PAGE wird die Nettoladung der Proteine im Wesentlichen durch die Ladung des adsorbierten Anionentensids SDS bestimmt. Dessen Gegenwart bewirkt jedoch eine Denaturierung der Proteine. Aufgrund ihrer Eigenladung (s. unten) können Proteine jedoch auch in Abwesenheit von SDS, d.h. in ihrem nativen Zustand, durch Elektrophorese voneinander separiert werden. Eine spezielle Methode dieser Art stellt die *isoelektrische Fokussierung* dar, bei der Proteine durch Gel-Elektrophorese in einem pH-Gradienten mit sehr guter Trennschärfe wie folgt voneinander separiert werden können.

Proteine sind Ampholyte, d.h. sie wirken – dank einer Vielzahl von protonierbaren Gruppen mit verschiedenen pK-Werten – sowohl als Säure als auch als Base. Als Folge dieser Tatsache tragen Proteine – abhängig vom pH-Wert der Lösung – entweder positive oder negative Überschussladungen. Bei einem bestimmten pH-Wert der Lösung, dem *isoelektrischen Punkt des Proteins* pI, kompensieren sich jedoch positive und negative Ladungen zu null (s. auch isoelektrischen Punkt von Aminosäuren, Abschn. 5.3.9). Bei diesem pH-Wert erscheint das Proteinmolekül nach außen als elektrisch neutral, d.h. $z = 0$ in Gl. (8.144), und besitzt daher im elektrischen Feld die Beweglichkeit null. Für pH > pI trägt das Protein eine negative Überschussladung, wandert also bei der Elektrophorese in Richtung Anode. Entsprechend ist das Protein für pH < pI positiv geladen und wandert in Richtung Kathode.

Diese Tatsache kann man wie folgt zur Trennung von Proteinen mit unterschiedlichem isoelektrischen Punkt verwenden. Während bei der „normalen" Gel-Elektrophorese von Proteinen der pH-Wert der Lösung (unabhängig vom Ort)

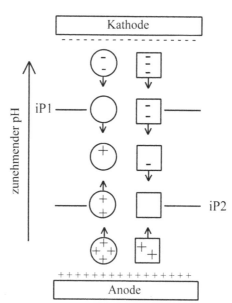

Abb. 8.30. Isoelektrische Fokussierung zweier Proteine mit unterschiedlichem isoelektrischem Punkt iP1 und iP2 in einem pH-Gradient. Die Skizze zeigt den Zustand der Nettoladung der Proteine in Abhängigkeit vom pH-Wert. Die Pfeile geben die Bewegungsrichtung des jeweiligen Moleküls an. Die Proteine bewegen sich auf die isoelektrischen Punkte iP1 und iP2 zu. Dort sind sie elektrisch neutral und werden somit vom elektrischen Feld nicht beeinflusst. Sie bilden zwei deutlich getrennte Banden

durch Zugabe einer Puffersubstanz stabilisiert wird, führt man bei der isoelektrischen Fokussierung die Elektrophorese in einem pH-Gradienten durch, d.h. der pH-Wert steigt zwischen Anode und Kathode an (s. unten, sowie Abb. 8.30). Als Folge wird ein gegebenes Protein in der Nähe der Kathode (genauer: für pH > pI) negativ geladen sein und in der Nähe der Anode (genauer: für pH < pI) positiv. Die Proteinmoleküle werden sich daher in einem pH-Gradienten im elektrischen Feld so lange aufeinander zu bewegen bis sie an den Ort gelangen, dessen pH-Wert dem isoelektrischen Punkt pI des Proteins entspricht. Proteine mit unterschiedlichen pI-Werten werden somit voneinander getrennt.

Das Trennprinzip entspricht jenem der Dichtegradientenzentrifugation, bei der die Triebkraft für die Teilchenwanderung dann verschwindet, wenn die Teilchendichte mit jener des umgebenden Mediums übereinstimmt (s. 8.3.5.2).

Der pH-Gradient wird durch ein Gemisch von niedermolekularen, synthetischen Ampholyten mit sehr unterschiedlichen pI-Werten erzeugt. Auch diese Substanzen wandern gemäß ihres Ladungszustandes im elektrischen Feld. Ein niedriger isoelektrischer Punkt bedeutet dabei, dass die Substanz vergleichsweise sauer, ein hoher pI-Wert, dass sie vergleichsweise basisch reagiert. Deshalb reichern sich Ampholyte mit niedrigem pI (aufgrund ihrer vergleichsweise großen negativen Nettoladung) nach Einschalten des elektrischen Feldes in der Nähe der (positiven) Anode, jene mit hohem pI (aufgrund ihrer vergleichsweise großen positiven Ladung) in der Nähe der (negativen) Kathode an. Dies führt letztlich zur oben erwähnten Zunahme des pH-Wertes zwischen Anode und Kathode. Die Einstellung des pH-Gradienten erfolgt wegen der niedermolekularen Natur dieser Puffersubstanzen erheblich schneller als die Wanderung der hochmolekularen Proteine, sodass letztere (nach einer gewissen Einstellzeit) einen quasi-stationären pH-Gradienten vorfinden.

Die Methode der isoelektrischen Fokussierung erlaubt die Trennung von Proteinen mit pI-Unterschieden bis zu 0,01 pH-Einheiten.

In der Literatur ist eine Vielzahl von Varianten der hier aufgezeigten Methoden der Gelelektrophorese beschrieben, die den Rahmen dieser Darstellung überschreiten. Hierzu gehört auch die zweidimensionale Gelelektrophorese, bei der die Proteine in der einen Dimension einer isolektrischen Fokussierung in einem pH-Gradienten (Trennung nach pI-Wert der Proteine) und in der anderen Dimension einer SDS-Gel-Elektrophorese (Trennung nach Molmasse der Proteine) unterzogen werden.

Weiterführende Literatur zu „Transporterscheinungen in kontinuierlichen Systemen"

Allen RC, Budowle B (1994) Gel electrophoresis of proteins and nucleic acids. de Gruyter, Berlin New York
Bull HB (1964) An introduction to physical biochemistry. Davies, Philadelphia

Cantor CR, Schimmel PR (1980) Biophysical chemistry, Part II: Techniques for the study of biological structure and function. Freeman, New York

Cooper T.G. (1981) Biochemische Arbeitsmethoden. de Gruyter, Berlin New York

Crank J (1990), The mathematics of diffusion, Clarendon Press, Oxford

Elias H-G (1961) Ultrazentrifugenmethoden, Beckman Instruments, München

Freifelder D (1982) Physical biochemistry. Applications to biochemistry and molecular biology. Freeman, New York. Kap. 9 (Elektrophorese), Kap. 11 (Sedimentation), Kap. 12 (Partielles spezifisches Volumen und Diffusionskoeffizient)

Graham J (2001) Biological centrifugation. Springer, Berlin Heidelberg New York

van Holde KE (1971) Physical biochemistry. Prentice Hall, Englewood Cliffs

Kratky 0, Leopold H, Stabinger H (1973) The determination of the partial specific volume of proteins by the mechanical oscillator technique. In: Grossman L, Moldave K (eds) Methods in enzymology, vol. 27. Academic Press, New York

Miller RG (1973) Separation of cells by velocity sedimentation. In: Pain RH, Smith BJ (eds) New techniques in biophysics and cell biology, vol 1. John Wiley, London, pp 87 - 112

Osterman LA (1984) Methods of protein und nucleic acid research, vol. 1, Part 1 (Elektrophoresis), Part III (Ultracentrifugation). Springer, Berlin Heidelberg New York

Price CA (1982) Centrifugation in density gradients. Academic Press, New York

Rickwood D (ed) (1976) Biological separations in iodinated density gradient Media. IRL Press, London

Rickwood D (ed) (1987) Centrifugation - a practical approach, 2nd edn. IRL Press, Oxford

Sheeler P (1981) Centrifugation in biology and medical science. Wiley-Interscience, New York

Sober HA (ed) (1970) Handbook of biochemistry, 2nd edn. The Chemical Rubber, Cleveland

Tanford C (1961) Physical chemistry of macromolecules. John Wiley, New York

Westermeier R (2001) Electrophoresis in practice. Wiley-VCH, Weinheim

Übungsaufgaben zu „Transporterscheinungen in kontinuierlichen Systemen"

8.1 Ein Kapillarviskosimeter wurde zur Bestimmung der Viskosität von Lösungen von Poly-γ-benzylglutamat in Dimethylformamid bei 25 C$^\circ$ verwendet. Dieses Lösungsmittel hat die Dichte $\rho_0 = 0{,}950$ g cm^{-3} und die Viskosität $\eta_0 = 0{,}0330$ g cm^{-1} s^{-1}. Bestimmen Sie hieraus und aus der Durchlaufzeit von $t_0 = 20$ s für das Lösungsmittel die Apparatekonstante K des Viskosimeters! Die Messungen mit Lösungen zweier verschiedener Molmassen des Polybenzylglutamates haben für je zwei verschiedene Konzentrationen c des Makromoleküls im Lösungsmittel folgende Durchlaufzeiten ergeben:

$$M_1 = 1{,}00 \cdot 10^5 \text{ g mol}^{-1}: \quad c_1' = 2{,}00 \cdot 10^{-4} \text{ g cm}^{-3}; \quad t_1' = 20{,}4 \text{ s}$$
$$c_1'' = 4{,}00 \cdot 10^{-4} \text{ g cm}^{-3}; \quad t_1'' = 20{,}8 \text{ s}$$
$$M_2 = 5{,}00 \cdot 10^5 \text{ g mol}^{-1}: \quad c_2' = 2{,}00 \cdot 10^{-4} \text{ g cm}^{-3}; \quad t_2' = 26{,}8 \text{ s}$$
$$c_2'' = 4{,}00 \cdot 10^{-4} \text{ g cm}^{-3}; \quad t_2'' = 33{,}6 \text{ s}$$

Berechnen Sie heraus die Viskositäten der vier Lösungen, wobei in jedem Falle $\rho = 0,950$ g cm^{-3} verwendet werden kann!

8.2 Tragen Sie die nach Aufgabe 8.1 ermittelten Werte $\eta - \eta_0$ für jede der beiden Molmassen des Benzylglutamates gegen c auf und ermitteln Sie die jeweilige Intrinsic-Viskosität $[\eta]$ durch Anwendung der Gl. (8.15) im Bereich kleiner Werte von c.

Entscheiden Sie mit Hilfe der Gleichung $[\eta] = C(M / M^+)^a$, ob die Makromoleküle in dem obigen Lösungsmittel als starre Stäbchen ($a \approx 1,8$) oder als flexibles Zufallsknäuel ($a \approx 0,5$-$0,8$) vorliegen! Wie groß ist die Konstante C für Poly-γ-benzylglutamat in Dimethylformamid?

8.3 Aus der mikroskopischen Beobachtung von Suspensionen der Sporen von Lycoperdon (ein reifer, trockener Pilz dieser Art entlässt eine Wolke von Sporenstaub, wenn man auf ihn tritt) ergibt sich für 1 min Beobachtungsdauer bei 20 °C ein mittleres Verschiebungsquadrat der Sporen in x-Richtung von $\overline{\Delta x^2} = 1,67 \cdot 10^{-7}$ cm^2. Der Durchmesser der kugelförmig zu denkenden Sporen ist $d = 3,4$ μm.

Wie groß sind der Reibungs- sowie der Diffusionskoeffizient der Sporen in der Suspension? Wie groß ist die Viskosität des Suspensionsmittels?

8.4 Zwei Gefäße sind durch eine kreiszylindrische Kapillare von 1 cm Länge und 2 mm Durchmesser miteinander verbunden. In dem einen Gefäß befindet sich eine Zuckerlösung der Konzentration $c = 1$ M, im anderen Gefäß ist reines Wasser. Der Diffusionskoeffizient des Zuckers beträgt $D = 1,0 \cdot 10^{-5}$ cm^2 s^{-1}.

Wie viele Mole Zucker diffundieren in der Versuchszeit von $t = 10$ h durch die Kapillare?

Nehmen Sie an, dass sich zur Zeit $t = 0$ in der Kapillare bereits eine lineare Ortsabhängigkeit der Konzentration eingestellt hat. Ferner sollen die Volumina der Gefäße sehr groß sein, so dass die Konzentrationen während des Versuchs näherungsweise als konstant betrachtet werden können.

8.5 Eine 4 cm lange Muskelfaser der Querschnittsfläche $A = 10^{-4}$ cm^2 werde auf etwa halber Länge mit Hilfe einer Glaskapillare mit feiner Spitze angestochen. Zur Zeit $t = 0$ wird durch diese $Q = 1$ nmol eines Indikatorfarbstoffes lokal in die Faser injiziert. Wählt man die x-Richtung längs der Muskelfaser, so kann die Ausbreitung des Farbstoffes als eindimensionaler Diffusionsvorgang nach folgender Beziehung beschrieben werden:

$$c(x,t) = \frac{Q}{A\sqrt{\pi 4 D t}} \, e^{-\left[x^2/(4Dt)\right]},$$

wobei $D = 2,5 \cdot 10^{-5}$ cm^2 s^{-1} der Diffusionskoeffizient des Farbstoffes im Innern der Faser ist und die Injektionsstelle mit $x = 0$ bezeichnet wurde.

Geben Sie eine Skizze der Konzentrationsverteilung zur Zeit $t' = 2$ h 47 min. Berechnen Sie für diesen Zeitpunkt den Fluss J_x an Farbstoff durch eine Querschnittsfläche A der Faser, die 1 cm von der Einstichstelle entfernt ist.

8.6 Bei einem Diffusionsexperiment mit eindimensionalem Konzentrationsausgleich in freier Lösung war zu Beginn bei $x = 0$ ein Konzentrationssprung von $c_0 =$ 5 mM (für $x < 0$) auf $c = 0$ (für $x > 0$) vorgegeben. Berechnen Sie die Konzentrationen c an den Stellen $x = 0$, $x = +1$ und $x = -1$ cm nach 1 d Diffusionszeit für den Fall, dass der Diffusionskoeffizient $D = 1{,}16 \cdot 10^{-5}$ cm^2 s^{-1} beträgt! Wie groß ist $(\partial c / \partial x)_{x=0}$ zu diesem Zeitpunkt? (Tabelle der Fehlerfunktion s. Abschn. 8.2.4)

8.7 Es wurde eine Suspension von subzellulären Partikeln bei 20 °C in einem geeigneten Puffer bei 27 700 U min^{-1} zentrifugiert. Es wurden folgende Abstände r der Bande von der Rotationsachse in Abhängigkeit von der Sedimentationszeit gemessen:

t/min	0	4	8	12	16
r/cm	6,157	6,258	6,360	6,460	6,566

Berechnen Sie nach einem graphischen Verfahren den Sedimentationskoeffizienten in Svedberg! Wie groß ist die Zentrifugalbeschleunigung (als Vielfaches der Erdbeschleunigung) bei $r = 6{,}36$ cm?

8.8 In einer bei 20 °C eingewogenen 0,25 M Sucroselösung werden Rattenlebermitochondrien suspendiert.

Bei $T = 0$ °C hat diese Sucroselösung eine Dichte von $\rho_S = 1{,}035$ g cm^{-3} und eine Viskosität von $\eta = 2{,}31 \cdot 10^{-2}$ g cm^{-1} s^{-1}. Die Dichte der Mitochondrien in dieser Lösung bei 0 °C ist $\rho_M = 1{,}100$ g cm^{-3}. Wie lange muss man mindestens bei 0 °C und 8000 U min^{-1} zentrifugieren, damit die Mitochondrien vom oberen Meniskus ($r_a = 5$ cm von der Rotationsachse) auf den Boden des Zentrifugenröhrchens ($r_e =$ 10 cm von der Rot.-Achse) absinken? Die Mitochondrien können näherungsweise als kugelförmige Teilchen mit dem Radius $R_M = 1$ μm angesehen werden, die das Stokes'sche Reibungsgesetz befolgen.

8.9 Zur Ermittlung des partiellen spezifischen Volumens $\tilde{V}_p$ eines Proteins werden 200,0 mg des Proteins in 1,8000 g des (wässrigen) Lösungsmittels aufgelöst. Von dieser Lösung wird bei 20 °C genau 1 cm^3 in Pyknometer gefüllt und gewogen, wobei sich bei einem Leergewicht des Pyknometers von 2,1000 g das Gewicht des gefüllten Pyknometers zu 3,1255 g ergibt. Die Dichte des Lösungsmittels bei 20 °C ist $\rho_0 = 0{,}9982$ g cm^{-3}.

Berechnen Sie das partielle spezifische Volumen des Proteins bei 20 °C, wobei Sie angesichts der geringen eingewogenen Proteinkonzentration annehmen können, dass das partielle spezifische Volumen des Lösungsmittels in der Lösung näherungsweise durch das spezifische Volumen des reinen Lösungsmittels gegeben ist.

8.10 In einer KCl-Lösung sei in x-Richtung ein Konzentrationsgradient vorhanden. An einer Stelle x betragen die KCl-Konzentration 0,1 M und der Konzentrationsgradient von KCl 1 M cm^{-1}. Wie groß müsste man am Ort x die elektrische Feldstärke machen, damit dort der Transport von K$^+$ verschwindet? (RT/F = 25,6 mV).

8.11 Wie groß ist die Ionenstärke einer Lösung, die 0,1 M NaCl und 0,1 M CaCl$_2$ enthält?

8.12 Das Kulturmedium einer Zellkultur besitze einen pH-Wert von 7,0 und eine Ionenstärke von 0,1 M. Die Zelloberfläche ist negativ geladen mit der Ladungsdichte von einer Elementarladung pro 10 nm^2. Man berechne den pH-Wert an der Zelloberfläche! (Debye-Länge l_D = 1,0 nm, Dielektrizitätskonstante des Wassers ε = 80, Elementarladung e_0 = 1.6·10^{-19} C, elektrische Feldkonstante ε_0 = 8,85·10^{-12} CV^{-1} m^{-1}, T = 298 K.)

8.13 Unter den in Aufgabe 8.12 genannten Bedingungen wird die elektrophoretische Beweglichkeit der Zellen gemessen. Welchen Weg legt eine Zelle bei einer Feldstärke von 10 V/cm in 1 min zurück?
(Man setze hier das elektrophoretische ζ-Potential näherungsweise dem Grenzflächenpotential φ_0 gleich; Viskosität des Mediums η = 1,0·10^{-2} g cm^{-1} s^{-1} = 1,0·10^{-3} J m^{-3} s.)

9 Biologische Membranen

Jede Zelle ist von einer etwa 10 nm dicken Membran, der *Plasmamembran*, umgeben, die im Elektronenmikroskop dargestellt werden kann. Die Funktion der Plasmamembran besteht zunächst darin, den Austausch wasserlöslicher Stoffe (Ionen, polare Nicht-Elektrolytmoleküle wie Zucker, Aminosäuren usw.) zwischen Cytoplasma und extrazellulärem Raum weitgehend einzuschränken. Wichtiger als diese *passive Barriereneigenschaft* ist die Tatsache, dass in die Zellmembran Transportsysteme eingebaut sind, die *selektiv* den Durchtritt gewisser Verbindungen *steuern*. Eine weitere Funktion biologischer Membranen tritt uns in den Membranen von Zellorganellen, wie Mitochondrien oder Chloroplasten, entgegen. Die Membranen dieser Organellen dienen u. a. dazu, Enzyme und andere funktionelle Moleküle räumlich zu orientieren. Die Funktionsweise der *Atmungskette* in der inneren Mitochondrienmembran sowie der Ablauf der Primärprozesse bei der *Photosynthese* in der Thylakoidmembran der Chloroplasten beruht in entscheidender Weise auf einer asymmetrischen Orientierung der beteiligten funktio-

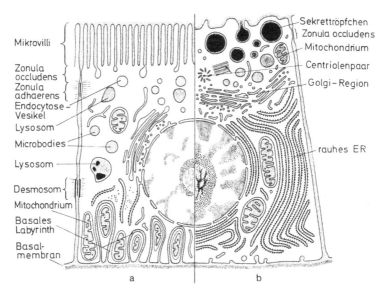

Abb. 9.1 a, b. Schnitt durch eine resorbierende Epithelzelle (s. Mikrovilli des sog. Bürstensaums, Teilbild **a** und eine sezernierende Epithelzelle (s. Sekrettröpfchen, Teilbild **b**). (Aus Czihak G, Langer H, Ziegler H (Hrsg) (1981) Biologie. Springer, Berlin)

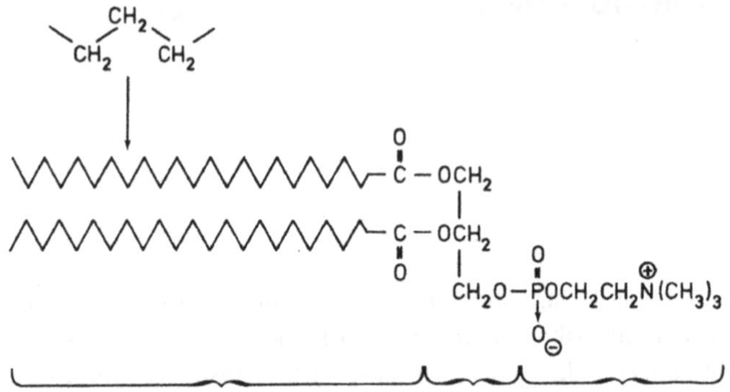

Abb. 9.2. Struktur von Lecithin (Phosphatidylcholin). Das in biologischen Membranen sehr häufig vorkommende Lipid weist eine große Variabilität hinsichtlich der Kettenlänge der Fettsäurereste und der Anzahl der Doppelbindungen (nicht gezeigt) auf

nellen Moleküle.

Die große Bedeutung biologischer Membranen verdeutlicht am besten ein Blick auf den Querschnitt einer Zelle mit ihrer Vielzahl an Membranstrukturen (Abb. 9.1). Sie lassen erkennen, dass ein entscheidender Teil der Lebensprozesse an den biologischen Grenzflächen abläuft.

9.1 Membranstruktur

9.1.1 Chemische Bausteine, Anordnung in der Membran

Biologische Membranen bestehen im Wesentlichen aus *Lipiden und Proteinen*. Die Grundstruktur der Lipide haben wir bereits in Abschn. 7.3 kennen gelernt. Sie kommen in der Natur in außerordentlicher Vielfalt vor. Abb. 9.2 illustriert dies anhand eines typischen Membranlipids, des Lecithins, dessen apolarer (hydrophober) Teil aus den Kohlenwasserstoffketten der beiden Fettsäurereste gegeben ist. Diese unterscheiden sich sowohl hinsichtlich der Kettenlänge (C_{14} bis C_{24}) als auch hinsichtlich der Zahl der Doppelbindungen (0 bis 6). Aus den Lipiden biologischer Membranen wurden bisher über 200 verschiedene Fettsäuren isoliert.

Groß ist auch die Vielfalt der polaren (hydrophilen) Reste, welche ungeladen, zwitterionisch oder elektrisch geladen sein können. Bei Lecithin ist dies der zwitterionische Glycerylphosphorylcholin-Rest.

Lipide stellen *amphiphile* Moleküle dar, die – wie in Abschn. 7.3 beschrieben – eine starke Tendenz besitzen, in wässriger Umgebung *geordnete Aggregate* zu bilden (Abb. 9.3). So bilden Fettsäure-Anionen in Wasser schon bei kleinen Konzentrationen kugelförmige Mizellen, bei denen die hydrophoben Kohlenwasser-

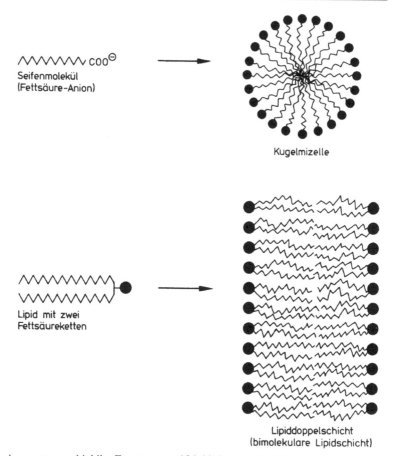

Abb. 9.3. Aggregate amphiphiler Fettsäuren und Lipide in wässriger Phase

stoffketten ins Innere der Mizelle verdrängt werden, während die hydrophilen Carboxylgruppen in Kontakt mit dem Wasser stehen. Bei Lipiden mit zwei Fettsäureketten ist eine andere Struktur energetisch günstiger. Hier bilden sich Doppelschichtstrukturen aus (s. auch Abb. 7.24), bei denen wiederum die apolaren Ketten das Innere bilden. Diese *bimolekulare Lipidschicht* bildet die Grundstruktur biologischer Membranen (Abb. 9.4).

Für die Entstehung von Seifenmizellen und Lipid-Doppelschichten ist die *„hydrophobe Wechselwirkung"* verantwortlich, die wir im nächsten Abschnitt kennen lernen werden (s. 9.1.2).

Die am Aufbau der Plasmamembran beteiligten Proteine (Abb. 9.4) können entweder an die Oberfläche der Membran gebunden (*periphere Proteine*) oder in die Lipid-Doppelschicht eingelagert sein (*integrale Proteine*). Die peripheren Proteine können durch milde Methoden (z. B. Behandlung mit konzentrierten Salzlösungen, s. 8.5.5) von der Membran abgelöst werden; sie sind im Wesentlichen elektrostatisch gebunden. Die meisten integralen Proteine lassen sich nur

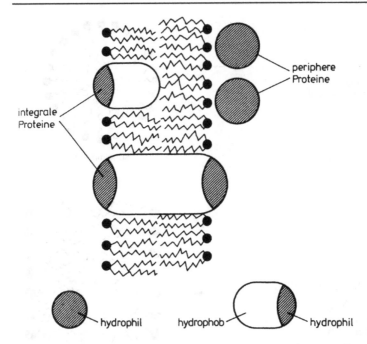

Abb. 9.4. Grundstruktur biologischer Membranen aus Lipiden und Proteinen (schematisch)

bei gleichzeitiger Zerstörung der Membranstruktur isolieren (z. B. durch Behandlung mit Detergentien, s. 7.2.2). Bei einigen integralen Membranproteinen ist nachgewiesen, dass sie die Membran ganz durchdringen, wobei der zentrale Teil des Proteins hydrophob, die äußeren Teile aber hydrophil sind (Abb. 9.4). Insgesamt lässt sich die Membranstruktur beschreiben als ein *Mosaik* aus Lipidbezirken und eingelagerten Proteinen.

9.1.2 Hydrophobe Wechselwirkung

Mit dem Begriff *hydrophobe Wechselwirkung* umschreibt man die Tatsache, dass Kohlenwasserstoffketten den Kontakt mit Wasser zu vermeiden suchen und daher in Wasser zur *Selbstaggregation* neigen. Hydrophobe Verbindungen sind in apolaren Lösungsmitteln, wie Ether, Hexan und Benzol, gut löslich, in Wasser dagegen sehr wenig löslich.

Leider ist die Bezeichnung „hydrophobe Wechselwirkung" nicht sehr glücklich gewählt. Die Antipathie von Kohlenwasserstoffen gegen Wasser rührt nämlich weder von einer Abstoßung zwischen Wasser- und Kohlenwasserstoffmolekülen, noch von einer besonders starken gegenseitigem Wechselwirkung zwischen einzelnen Kohlenwasserstoffresten her. Ausschlaggebend ist vielmehr die *starke*

Wechselwirkung Wasser - Wasser, die beträchtlich größer ist als die Wechselwirkung Wasser - Kohlenwasserstoff oder Kohlenwasserstoff - Kohlenwasserstoff.

Experimentelle Grundlagen: Verteilungsgleichgewicht von n-Alkanen zwischen Wasser und einem apolaren Lösungsmittel

Bei einer Reihe von n-Alkanen, d. h. geradkettigen Kohlenwasserstoffen vom Typ $H-(CH_2)_v-H$ wurde das Verteilungsgleichgewicht zwischen Wasser und einem apolaren Lösungsmittel (z. B. Benzol) untersucht. Seien c_w die Konzentration des Alkans in Wasser, c_a die Konzentration im apolaren Lösungsmittel, so gilt für den Verteilungskoeffizienten γ [s. Gl. (4.37)]:

$$\gamma = \frac{c_a}{c_w} = e^{-\Delta G^0 / RT} . \tag{9.1}$$

ΔG^0 ist die Änderung der Freien Enthalpie bei der Überführung von 1 mol n-Alkan aus Wasser in das apolare Lösungsmittel unter Standardbedingungen. Experimentell ergibt sich, dass ΔG^0 linear von der Zahl v der Kohlenstoffatome im Alkan abhängt:

$$\Delta G^0 = -A - B v \quad (A, B > 0, v \geq 4). \tag{9.2}$$

A und B sind Konstanten. ΔG^0 ist somit negativ, d. h. der Übertritt des Alkans von Wasser in das apolare Lösungsmittel erfolgt unter Standardbedingungen spontan. Ferner wird ΔG^0 für jede CH_2-Gruppe des n-Alkans um etwa denselben Betrag (ca. 4 kJ mol^{-1}) negativer. Angewendet auf Gl. (9.1) bedeutet dies, dass der Verteilungskoeffizient $\gamma = c_a/c_w$ für jede zusätzliche CH_2-Gruppe um einen konstanten Faktor größer wird.

Aus der Beziehung

$$\Delta G^0 = \Delta H^0 - T\Delta S^0$$

(Gl. 3.27) folgt, dass ΔG^0 dann stark negativ wird, wenn die Enthalpieänderung ΔH^0 stark negativ oder wenn die Entropieänderung ΔS^0 stark positiv ist (oder wenn beides gleichzeitig zutrifft). $\Delta H^0 < 0$ würde bedeuten, dass beim Übertritt des Alkans vom Wasser in das apolare Lösungsmittel Wärme freigesetzt wird. Aus Messungen der Temperaturabhängigkeit von γ (s. Gl. 5.28) hat sich Folgendes ergeben: Für den Übertritt von 1 mol n-Butan ($CH_3CH_2CH_2CH_3$) von Wasser in einen Kohlenwasserstoff ist $\Delta H^0 = + 3,4$ kJ mol^{-1}, d. h. dieser Prozess ist bezüglich der Enthalpie überhaupt nicht begünstigt! (Bei längerkettigen Alkanen kann ΔH^0 allerdings auch leicht negative Werte annehmen.) Die Tatsache, dass ΔG^0 trotzdem stark negativ ist, zeigt, dass ΔS^0 für den Übertritt von Wasser in den Kohlenwasserstoff positiv ist, d.h. dass dieser Prozess mit einer Entropievermehrung verbunden ist. Treibende Kraft für die Selbstaggregation von Kohlenwasserstoffketten in Wasser ist also weniger ein Energie-(Enthalpie-)Gewinn als vielmehr ein *Entropieeffekt*.

Dieser Entropieeffekt kann so gedeutet werden, dass in der Umgebung einer Kohlenwasserstoffkette in Wasser die Wassermoleküle eine *erhöhte Ordnung*

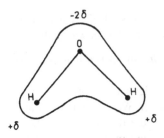

Abb. 9.5. Das Wassermolekül trägt am Sauerstoff negative, in der Nähe der Wasserstoffatome positive Partialladungen

aufweisen. Entzieht sich der Kohlenwasserstoff dem Kontakt mit dem Wasser, so bricht dieser Ordnungszustand zusammen, wobei die Entropie zunimmt.

Diese Vorstellung steht im Einklang mit der Struktur des Wassermoleküls (Abb. 9.5), das am Sauerstoffende einen Elektronenüberschuss, in der Nähe der Wasserstoffatome dagegen ein Elektronendefizit aufweist. Diese Ladungsstruktur führt zur Ausbildung eines tetraedrischen Gitters von *Wasserstoffbrücken* (H-Brücken) in *Eis*, wobei das O-Ende jedes H_2O-Moleküls Akzeptor für zwei H-Brücken von benachbarten H_2O-Molekülen ist (Abb. 9.6).

Beim Übergang zu flüssigem Wasser bleibt die mittlere Zahl der H-Brücken annähernd erhalten, doch ist ihre Orientierung nicht mehr optimal (Abb. 9.7).

Verschiedene Beobachtungen sprechen dafür, dass eine Kohlenwasserstoffkette einen orientierenden Effekt auf die umgebenden Wassermoleküle hat, d. h. in unmittelbarer Umgebung der Kette bilden sich H-Brückenstrukturen aus, die *einen erhöhten Ordnungsgrad* besitzen. Dadurch wäre eine Erklärung gegeben für die Abnahme der Entropie beim Einbringen eines Kohlenwasserstoffs in Wasser.

Die hydrophobe Wechselwirkung zwingt Lipidmoleküle zur Ausbildung von

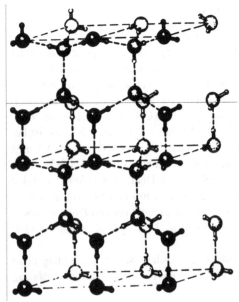

Abb. 9.6. Struktur von Eis. Die größeren Kugeln repräsentieren Sauerstoffatome, die kleinen Wasserstoffatome. (Aus Linus Pauling (1960) The Nature of the Chemical Bond, 3rd edn. Cornell University Press, Ithaca/NY)

Abb. 9.7. Wasserstoffbrückenstruktur in Wasser

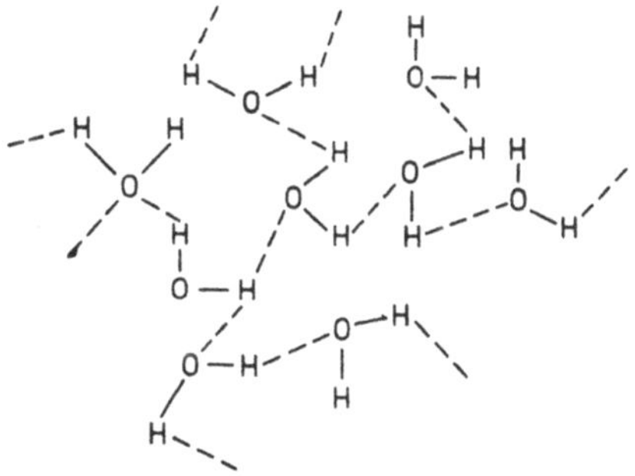

Doppelschichtmembranen, bei denen die Kohlenwasserstoffketten ins Innere der Membran verdrängt werden, sodass nur die polaren Köpfe in Kontakt mit dem Wasser stehen.

Hydrophobe Wechselwirkungen spielen auch eine große Rolle bei der Ausbildung von *Proteinstrukturen* in Wasser: Hydrophobe Aminosäuren bilden hauptsächlich den inneren Kern des Proteins, während geladene (und allgemein hydrophile) Aminosäuren vorwiegend an der Oberfläche des Proteins zu finden sind.

9.2 Eigenschaften der Plasmamembran

9.2.1 Geometrische Dimensionen

Die Dicke der Plasmamembran kann elektronenmikroskopisch sowie mit Hilfe von Elektronen- oder Röntgenbeugungs-Experimenten bestimmt werden. Für Doppelschichten aus Eilecithin (hauptsächlich C_{16}- und C_{18}-Fettsäureketten) beträgt der Abstand der polaren Gruppen etwa 4 nm (= 40 Å). Die doppelte Länge einer völlig gestreckten C_{18}-Kette würde $2 \cdot 18 \cdot 0{,}125$ nm = 4.5 nm betragen (Abb. 9.8). Der etwas geringere experimentelle Wert rührt daher, dass bei physiologischen Temperaturen die CH_2-Ketten nicht völlig gestreckt und parallel sind, sondern mehr oder weniger ungeordnet.

Die Gesamtdicke der Plasmamembran ist durch an- und eingelagerte Proteine auf 6-10 nm erhöht.

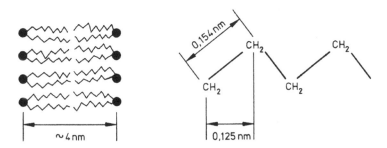

Abb. 9.8. Geometrische Parameter von Membranlipiden

9.2.2 Elektrische Eigenschaften: Ersatzschaltbild

Die elektrischen Eigenschaften der Plasmamembran lassen sich im Rahmen eines *Ersatzschaltbildes* verstehen, das auf der im letzten Abschnitt dargestellten Membranstruktur beruht. Das Kohlenwasserstoff-ähnliche Innere einer Lipid-Doppelschicht stellt ein Medium hohen elektrischen Widerstandes R dar (experimentelle Werte s. unten), das zwei Elektrolytlösungen niedrigen Widerstandes voneinander trennt. Dies ist mit Hilfe der in Abschn. 7.3.2 (s. auch Abb. 7.24) geschilderten Anordnung der planaren Lipidmembranen gezeigt worden. Membran und Elektrolytlösungen lassen sich als Plattenkondensator der Kapazität C interpretieren, wobei die elektrisch leitenden Lösungen die Rolle der Metallplatten spielen, die durch das Membraninnere als Dielektrikum niedriger Leitfähigkeit voneinander getrennt sind (Abb. 9.9). Wie wir später sehen werden, wird der tatsächliche Widerstand der Membran durch porenartige Ionenkanäle bestimmt, die durch einen Teil der integralen Membranproteine gebildet werden.

9.2.2.1 Elektrischer Widerstand

Der elektrische Widerstand R einer Membran, definiert als das Verhältnis von angelegter elektrischer Spannung V und Strom I, erweist sich als umgekehrt proportional zur Membranfläche A:

$$R = \frac{R_{\mathrm{m}}}{A} . \qquad (9.3)$$

R_{m} ist der (auf die Einheitsfläche bezogene) *spezifische Membranwiderstand*. Da R die Dimension eines Widerstandes hat, hat R_{m} entsprechend Gl. (9.3) die Dimension Widerstand·Fläche. Man gibt R_{m} meist in der Einheit Ω cm^2 an.

Gl. (9.3) ist unmittelbar verständlich, wenn man berücksichtigt, dass der Strom I nach Gl. (6.13) direkt proportional zur Fläche A ist. Die in Abschn. 6.1.2 hierzu

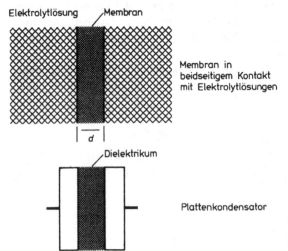

Elektrolytlösung   Membran

Membran in
beidseitigem Kontakt
mit Elektrolytlösungen

d

Dielektrikum

Plattenkondensator

Abb. 9.9. Zur Analogie zwischen Zellmembran und Plattenkondensator

Abb. 9.10. Messung von Membranwiderständen mit Hilfe von Mikroelektroden (s. auch Abb. 6.20) durch Anlegen einer Spannung V und Messung des elektrischen Stroms I

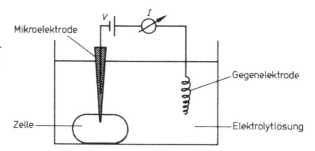

gemachten Ausführungen betreffen zwar homogene Phasen, gelten prinzipiell aber auch für Membranen.

Anstelle von Widerstand R und spezifischem Membranwiderstand R_m werden jedoch häufig die reziproken Größen **Membranleitfähigkeit** $g = 1/R$ und **spezifische Membranleitfähigkeit** $g_m = 1/R_m$ verwendet. Hierbei ist zu beachten, dass sich die in Abschn. 6.1.2 eingeführte elektrische Leitfähigkeit homogener Lösungen, λ, auf die Einheitszelle bezieht (Einheit: S cm^{-1}), während g_m auf die Flächeneinheit bezogen ist und somit die Einheit S cm^{-2} besitzt.

Bei genügend großen Zellen kann R bzw. R_m durch Einführen einer Mikroelektrode direkt ermittelt werden. Man misst dabei die aus einer Spannungsänderung ΔV resultierende Stromänderung ΔI (Abb. 9.10). Bei dieser Messung muss unter Umständen der elektrische Widerstand der Elektroden und der Lösung berücksichtigt werden. Eine Alternative zu dieser klassischen Methode der Elektrophysiologie stellt die sog. Ganzzellableitung der Saugpipettentechnik (engl. „patch-clamp-technique) dar, die wir in Abschn. 9.5 kennen lernen werden.

Die R_m-Werte verschiedener Zellmembranen liegen zwischen 1 und 10^5 Ω cm^2. Bei künstlichen, proteinfreien Lipid-Doppelschichten findet man Werte von R_m in der Gegend von 10^8 Ωcm^2 (in 0,1 M NaCl). Daraus ist zu schließen, dass bei der Plasmamembran die reinen Lipidbezirke zur elektrischen Leitfähigkeit wenig beitragen. Selbst ein Wert von R_m = 1 Ω cm^2 stellt in Anbetracht der sehr geringen Membrandicke noch einen sehr hohen Widerstand dar, wie folgender Vergleich zeigt. Würde man aus einer 0,1-molaren wässrigen NaCl-Lösung einen Film von der Dicke der Plasmamembran ($d \cong 10$ nm) herstellen, so hätte dieser Film einen (auf die Einheitsfläche bezogenen) Widerstand der Größenordnung $R_m \cong 10^{-4}$ Ω cm^2.

Die Zellmembran hat somit einen um den Faktor 10^4-10^9 höheren spezifischen Widerstand als eine gleich dicke wässrige Lösung und wirkt wie eine **elektrische Isolatorschicht**.

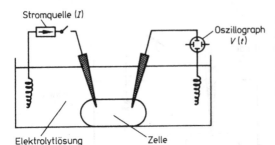

Stromquelle (I)

Oszillograph
V (t)

Elektrolytlösung   Zelle

Abb. 9.11. Bestimmung der elektrischen Membrankapazität durch Applikation eines konstanten Stroms I und Messung des Zeitverlaufs V(t) der Potentialänderung über der Zellmembran

9.2.2.2 Elektrische Kapazität

Wie oben ausgeführt, hat die Plasmamembran die Eigenschaft eines Plattenkondensators, wobei das Membraninnere ein Dielektrikum der Dicke d und der Dielektrizitätskonstante ε darstellt (Abb. 9.9). Die entsprechende elektrische Kapazität C der Plasmamembran ist deshalb durch die bekannte Beziehung

$$C = \varepsilon_0 \varepsilon \frac{A}{d} \qquad (9.4)$$

gegeben, wobei $\varepsilon_0 = 8{,}85 \cdot 10^{-12} \, \text{CV}^{-1} \, \text{m}^{-1}$ die elektrische Feldkonstante und A die Membranfläche darstellt. Bezieht man die Kapazität auf die Flächeneinheit, so erhält man die *spezifische Membrankapazität* C_m, die sich mit Gl. (9.4) zu

$$C_m = \frac{C}{A_m} = \frac{\varepsilon_0 \varepsilon}{d} \qquad (9.5)$$

ergibt. C_m hat hiernach die Dimension Kapazität/ Fläche und wird meist in der Einheit $\mu\text{F cm}^{-2}$ angegeben (1 $\mu\text{F} = 10^{-6}$ Farad $= 10^{-6} \, \text{CV}^{-1}$).

In Fällen, in denen es gelingt, zwei Mikroelektroden in die Zelle einzuführen, kann die spezifische Membrankapazität mit der in Abb. 9.11 skizzierten Anordnung bestimmt werden. Hierzu wird zum Zeitpunkt $t = 0$ mit Hilfe einer „Stromquelle" ein konstanter Strom zwischen den beiden Stromelektroden eingeschaltet und die zeitliche Veränderung der Potentialdifferenz $V(t)$ zwischen den beiden Spannungselektroden mit Hilfe eines Oszillographen verfolgt.

Die Messung wird dann wie folgt interpretiert. Da die Membran gleichzeitig die Eigenschaft eines Widerstandes (R) und einer Kapazität (C) besitzt, kann die gesamte Anordnung durch das in Abb. 9.12 angegebene *elektrische Ersatzschaltbild* dargestellt werden. Wird zur Zeit $t = 0$ der Strom I eingeschaltet, so steigt die Spannung V von ihrem Ausgangswert 0 allmählich auf den Endwert $V_\infty = I\,R$ an:

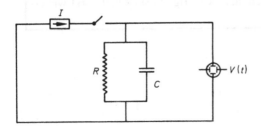

I

R   C   V (t)

Abb. 9.12. Elektrisches Ersatzschaltbild der Anordnung nach Abb. 9.11

$$V(t) = I R \left(1 - e^{-t/\tau_{\mathrm{m}}}\right).$$ (9.6)

Die Ursache für den verzögerten Anstieg von V ist die Aufladung der Membrankapazität C mit der Ladung $Q = C V_\infty$, die eine gewisse Zeit erfordert. Die in Abb. 9.13 dargestellte Beziehung lässt sich auf relativ einfache Weise anhand des Ersatzschaltbildes aus den Kirchhoff'schen Gesetzen der Elektrizitätslehre ableiten. Die Zeitkonstante τ_{m} ist gegeben durch:

$$\tau_{\mathrm{m}} = R C = \frac{R_{\mathrm{m}}}{A} C_{\mathrm{m}} A = R_{\mathrm{m}} C_{\mathrm{m}}.$$ (9.7)

Wie man Gl. (9.6) entnimmt, wird für $t \gg \tau_{\mathrm{m}}$ der Endwert $V_\infty = I R$ erreicht. τ_{m} ist die Zeit, nach welcher der Endwert V_∞ der Spannung bis auf $1/e$ erreicht ist (Abb. 9.13). Da R aus $V_\infty = I R$ erhältlich ist, kann C aus der experimentell ermittelten Zeitkonstanten $\tau_{\mathrm{m}} = R \cdot C$ berechnet werden. Für die Bestimmung der spezifischen Membrankapazität $C_{\mathrm{m}} = C/A$ ist die Kenntnis der Membranfläche A erforderlich.

Messungen mit verschiedenen Zelltypen ergaben ziemlich übereinstimmend eine Membrankapazität von etwa

$$C_{\mathrm{m}} \approx 1\,\mu\mathrm{F}\,\mathrm{cm}^{-2}.$$

Während also R_{m} bei verschiedenen Membrantypen in weiten Grenzen variiert (s. oben), ist C_{m} nahezu konstant.

Es ist interessant, diesen Wert von C_{m} mit den Voraussagen des *Plattenkondensator-Modells* der Zellmembran zu vergleichen: Setzt man als Membrandicke $d = 4$ nm ein und als Dielektrizitätskonstante $\varepsilon = 2$ (entsprechend dem Wert eines Kohlenwasserstoffs), so ergibt sich:

$$C_{\mathrm{m}} = \frac{\varepsilon_0 \varepsilon}{d} \approx 0.44\,\mu\mathrm{F}\,\mathrm{cm}^{-2}.$$

Der experimentelle Wert und der mit Hilfe des Modells berechnete Wert von C_{m} stimmen also im Rahmen eines Faktors 2-3 überein. Die Tatsache, dass der wahre Wert von C_{m} etwas größer ist als der berechnete, rührt wahrscheinlich davon her, dass die mittlere Dielektrizitätskonstante der Membran durch die Gegenwart von Proteinen größer ist als der angenommene Wert von 2.

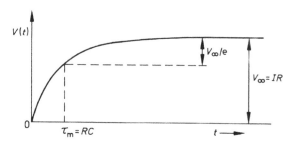

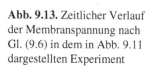

Abb. 9.13. Zeitlicher Verlauf der Membranspannung nach Gl. (9.6) in dem in Abb. 9.11 dargestellten Experiment

9.2.3 Membranfluidität

Obwohl die Lipidmoleküle in der Membran mehr oder weniger geordnet sind, besitzt die Membran bei physiologischen Temperaturen keine starre Struktur; sie befindet sich vielmehr in einem „*flüssig-kristallinen*" Zustand. Dieser fluide (flüssige) Zustand der Lipid-Doppelschicht ermöglicht eine verhältnismäßig *rasche Diffusion* von Lipidmolekülen. Spektroskopische Methoden ergeben für Lipidmoleküle laterale Platzwechselzeiten von etwa 10^{-7} s. Als *laterale Platzwechselzeit* bezeichnet man die Zeit, die im Mittel vergeht, bis zwei Lipidmoleküle aufgrund der thermischen Bewegung ihre Plätze tauschen. Dagegen besitzt die *transversale Austauschzeit*, die den Austausch zwischen den beiden Monoschichten der Doppelschicht beschreibt, in vielen Fällen mindestens die Größenordnung von Stunden oder Tagen (Abb. 9.14).

Die laterale Platzwechselzeit von 10^{-7} s entspricht einem *Diffusionskoeffizienten* der Lipidmoleküle in der Membranebene von etwa 10^{-8}-10^{-7} cm^2 s^{-1}.

Durch verschiedene Methoden ist es auch gelungen, die *Diffusion von Proteinmolekülen* in der Plasmamembran nachzuweisen. Bei dem von Edidin und Fambrough beschriebenen Verfahren werden bestimmte Membranareale auf einem kleinen Fleck der Membran durch Bindung fluoreszierender Antikörper markiert (Abb. 9.15). Der fluoreszierende Fleck hat sich nach einer Zeit τ auf den Durchmesser 2 a vergrößert, sodass der Diffusionskoeffizient D des Membranproteins nach der Beziehung

$$\tau = \frac{a^2}{2\,D}$$

(Gl. 8.40) abgeschätzt werden kann. Diese Methode ergibt Werte von etwa $D \approx 10^{-9}$ cm^2 s^{-1}. Ein Protein von vergleichbarer Größe würde in Wasser einen 100- bis 1000-fach höheren Diffusionskoeffizienten besitzen. (Aus diesem Grund wird die Messung von D durch den in die wässrige Phase herausragenden Antikörper nur unwesentlich verfälscht.)

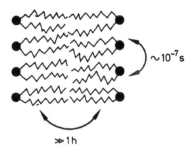

~10^{-7}s

≫1 h

Abb. 9.14. Laterale und transversale Platzwechselzeiten von Lipidmolekülen

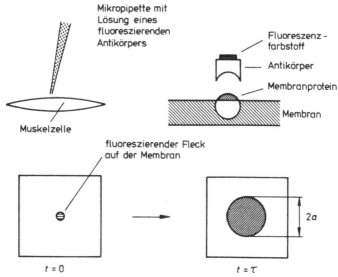

Mikropipette mit
Lösung eines
fluoreszierenden
Antikörpers

Fluoreszenz-
farbstoff

Antikörper

Membranprotein

Membran

Muskelzelle

fluoreszierender Fleck
auf der Membran

$2a$

$t = 0$ $t = \tau$

Abb. 9.15. Nachweis der Diffusion von Membranproteinen nach Edidin u. Fambrough (1973)

Aufgrund dieser und anderer Beobachtungen wurde 1972 von Singer und Nicolson für die Plasmamembran das Modell eines *mosaikartig* aus Lipiden und Proteinen zusammengesetzten *fluiden* Films vorgeschlagen (Abb. 9.16). Dieses Modell ist jedoch nur eingeschränkt gültig. Insbesondere hat es sich herausgestellt, dass manche Proteine mit dem Cytoskelett verbunden und daher nicht frei diffusibel sind.

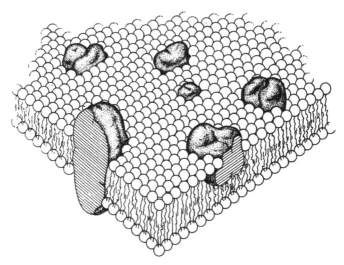

Abb. 9.16. Modell
der Plasmamembran
nach Singer u.
Nicholson (1972)
Science 175:720

9.3 Transport durch Membranen

Eine wichtige Aufgabe biologischer Membranen ist die selektive Steuerung des Molekültransports, d.h. der Abhängigkeit der *Membranpermeabilität* (der Durchlässigkeit von Membranen) von der Art der verschiedenen Moleküle. Zur Beschreibung ihrer Funktionsweise betrachten wir zunächst den Membrantransport durch einfache Diffusion und seine Abhängigkeit von den Moleküleigenschaften. Wir wenden uns dann den verschiedenen Mechanismen zu, die die Natur gefunden hat, um eine Erhöhung der Membranpermeabilität für gewisse Molekülarten zu erreichen, und werden in diesem Zusammenhang die physikalisch-chemischen Prinzipien des *Carriertransports*, des Transports durch *porenartige Kanäle* sowie des Transports durch *Pumpen* besprechen. Eine weitere wichtige Eigenschaft biologischer Membranen ist die Kopplung des Transports verschiedener Molekülarten, ein Phänomen, das mit dem Begriff *Flusskopplung* umschrieben wird.

9.3.1 Permeabilitätskoeffizient

Eine elektrisch neutrale Substanz S sei beidseits einer Membran in verschiedenen Konzentrationen c' und c'' vorhanden (Abb. 9.17). Die Membran sei nur für S permeabel, d.h. wir lassen eine etwaige Diffusion des Lösungsmittels außer Acht. Der unter diesen Bedingungen auftretende Transport von S lässt sich beschreiben durch Angabe der *Flussdichte* Φ, die meist in der Einheit mol cm^{-2} s^{-1} ausgedrückt wird (s. 8.2.1 und 8.4.1).

Das Vorzeichen von Φ wird so festgelegt, dass $\Phi > 0$ gilt, wenn der Transport von Lösung ' nach Lösung '' gerichtet ist (Abb. 9.17). Empirisch findet man, dass dann, wenn c'' nicht zu sehr verschieden von c' ist, die Flussdichte proportional zur Konzentrationsdifferenz $(c' - c'') = \Delta c$ wird:

$$\Phi = P_d \left(c' - c'' \right) = P_d \Delta c \qquad (9.8)$$

Die Größe P_d bezeichnet man als *Permeabilitätskoeffizienten* der Membran für die Substanz S. Gibt man Φ in mol cm^{-2} s^{-1} und Δc in mol cm^{-3} an, so ergibt sich für P_d die Einheit mol cm^{-2} s^{-1} / mol cm^{-3} = cm s^{-1}. P_d ist unabhängig von Δc, kann jedoch eine Funktion der mittleren Konzentration $c = (c' + c'')/2$ sein.

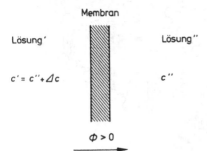

Membran

Lösung'   Lösung''

$c' = c'' + \Delta c$ c''

$\Phi > 0$

Abb. 9.17. Durch eine Konzentrationsdifferenz Δc hervorgerufene Flussdichte Φ

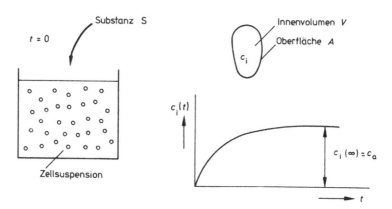

Abb. 9.18. Messung von Permeabilitätskoeffizienten an Zellsuspensionen

Experimentelle Bestimmung des Permeabilitätskoeffizienten P_d
Bei einer ***Zellsuspension*** kann der Permeabilitätskoeffizient P_d der Zellmembran für einen Nichtelektrolyten S in folgender Weise bestimmt werden (Abb. 9.18): Zur Zeit $t = 0$ wird S in der Konzentration c_a ins Außenmedium gegeben. Sodann werden in bestimmten Zeitabständen Zellen durch Filtration oder Zentrifugation vom Medium abgetrennt und die in die Zellen aufgenommene Menge an S bestimmt. In den meisten Fällen sind bei einem solchen Experiment folgende Voraussetzungen erfüllt:

a) Das Außenvolumen ist sehr viel größer als das gesamte Zellvolumen, sodass die Außenkonzentration c_a während des Versuches praktisch konstant bleibt.
b) Die Geschwindigkeit der Aufnahme von S ist durch die Permeation des Moleküls durch die Membran bestimmt; die Diffusion von S im Cytoplasma und im Außenmedium ist vergleichsweise schnell.

Unter diesen Annahmen ergibt sich bei rein passiver (d. h. nur durch den Konzentrationsgradienten getriebener) Aufnahme einer nicht-metabolisierbaren (d.h. nicht durch Stoffwechselvorgänge veränderten) Substanz folgendes Zeitgesetz für die Innenkonzentration c_i:

$$c_i = c_a \left(1 - e^{-t/\tau}\right), \qquad (9.9)$$

$$\tau = \frac{V}{A \cdot P_d};$$

bezüglich der Ableitung dieser Beziehung s. Abschn. 10.2. Die Innenkonzentration $c_i(t)$ steigt nach Gl. (9.9) nach einer Sättigungskurve von 0 auf den Endwert $c_i(\infty) = c_a$ an (Abb. 9.18), wobei die Zeitkonstante τ vom Permeabilitätskoeffizienten P_d, dem (mittleren) Volumen V und der (mittleren) Zelloberfläche A abhängt. Die anschaulichen Bedeutung der Zeitkonstanten wurde bereits in Zusammenhang mit Gl. (9.6) diskutiert, die dasselbe Zeitgesetz widerspiegelt.

Beispiel: Kugelförmige Zellen vom Radius $r = 3$ µm; $P_d = 10^{-7}$ cm s^{-1}. Hier gilt:

$$\tau = \frac{V}{A \cdot P_d} = \frac{(4\pi/3)\, r^3}{4\pi r^2 P_d} = \frac{r}{3 P_d} = \frac{10^{-4}\ \mathrm{cm}}{10^{-7}\ \mathrm{cm\ s^{-1}}} = 10^3\ \mathrm{s}$$

Oft sind allerdings weder das Zellvolumen V noch die Zelloberfläche A genügend genau bekannt. In diesem Fall ist eine Bestimmung von P_d nicht möglich; man begnügt sich dann damit, für eine Reihe verschiedener Substanzen S die Zeitkonstante τ zu messen und daraus relative Werte des Permeabilitätskoeffizienten zu berechnen.

Eine Variante des oben geschilderten Experimentes besteht darin, die Zellen vor dem Versuch mit S zu beladen und den Ausstrom von S zu messen. Im Übrigen verwendet man zur Bestimmung von Membranpermeabilitäten in den meisten Fällen *radioaktiv markierte Verbindungen* (s. 9.3.3).

9.3.2 Transport lipidlöslicher Substanzen

Der Transport vieler physiologisch wichtiger Stoffe (Zucker, Aminosäuren, anorganische Ionen) durch die Plasmamembran unterliegt recht komplexen Mechanismen unter Beteiligung spezifischer Transportproteine. Eine Ausnahme bilden *lipidlösliche Substanzen*, deren Transport man in erster Näherung durch einen *einfachen Diffusionsmechanismus* beschreiben kann. Lipidlösliche Substanzen sind Stoffe, die einen großen Verteilungskoeffizienten

$$\gamma = \frac{c_m}{c_w}$$

zwischen Membranphase (m) und Wasser (w) besitzen (s. 4.4.3).

Beispiele:

gut lipidlöslich	wenig lipidlöslich
$CHCl_3$	Ionen, z. B. Na^+, K^+, Cl^-
CH_3CH_2OH	Aminosäuren (Zwitterionen!)
$CH_3CH_2OCH_2CH_3$	Zucker (viele Hydroxylgruppen!)
(H_2O)	(H_2O)
CH_3COOH	CH_3COO^-
NH_3	NH_4^+

Ionen, wie Na^+, K^+, Cl^-, sind extrem lipidunlöslich, da die *elektrostatische Energie* für die Überführung einer Ladung aus einem Medium hoher Dielektrizitätskonstanten (Wasser) in ein Medium kleiner Dielektrizitätskonstanten (Membran) sehr groß ist. Bei Verbindungen, die viele *Wasserstoffbrücken* zu Wasser ausbilden können (Beispiel: Zuckermolekül mit zahlreichen Hydroxylgruppen), ist ebenfalls die Energie für die Überführung ins Membraninnere hoch, γ also klein.

Das H_2O-Molekül nimmt eine mittlere Stellung zwischen lipidlöslichen und lipidunlöslichen Verbindungen ein.

Gewisse Verbindungen kommen in einer gut lipidlöslichen, neutralen Form (CH_3COOH, NH_3) und einer wenig lipidlöslichen, ionisierten Form (CH_3COO^-, NH_4^+) vor.

Einfaches Transportmodell
Der Transport einer lipidlöslichen Substanz S durch die Plasmamembran kann näherungsweise durch folgende vereinfachende Annahmen beschrieben werden:

a) Die Membran wird als *homogener Flüssigkeitsfilm* aufgefasst; entsprechend besitzt S einen ortsunabhängigen Verteilungskoeffizienten γ und einen ebenfalls ortsunabhängigen Diffusionskoeffizienten D in der Membran.
b) Der Austausch von S zwischen Membran und Wasser erfolgt so rasch, dass an der Grenzfläche Wasser/Membran stets ein *Verteilungsgleichgewicht* eingestellt ist.

Unter diesen Bedingungen stellt sich in der Membran im stationären Zustand ein linearer Konzentrationsverlauf $c(x)$ ein (Abb. 9.19). Die Flussdichte Φ von S im Inneren der Membran ist dann durch das 1. Fick'sche Gesetz gegeben (Gl. 8.42):

$$\Phi = -D\frac{dc_m}{dx} = -D\frac{c_m'' - c_m'}{d}.$$ (9.10)

$c_m' = c_m(0)$ und $c_m'' = c_m(d)$ sind die Konzentrationen von S in der Membran in den beiden Grenzflächen (Abb. 9.19) und D ist der Diffusionskoeffizient von S in der Membran. Wegen Annahme b) sind c_m' und c_m'' über den Verteilungskoeffizienten γ mit den äußeren Konzentrationen c_w' und c_w'' verknüpft:

$$\gamma = \frac{c_m'}{c_w'} = \frac{c_m''}{c_w''}.$$ (9.11)

Einsetzen von $c_m' = \gamma\, c_w'$ und $c_m'' = \gamma c_w''$ in Gl. (9.10) ergibt mit $c_w' - c_w'' = \Delta c$:

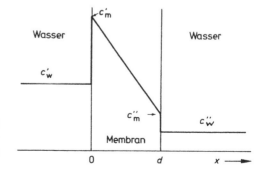

Abb. 9.19. Konzentrationsprofil einer lipidlöslichen Substanz in der Membran (unter der Annahme $\gamma = c_m/c_w = 2$)

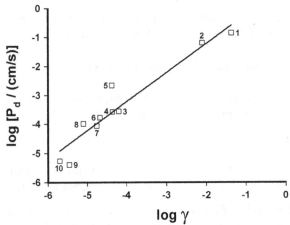

Abb. 9.20. Zusammenhang zwischen den experimentellen Werten von P_d für Lipidmembranen aus Lecithin und dem Verteilungskoeffizienten γ zwischen Hexadekan und Wasser für die folgenden Verbindungen: (*1*) Codein, (*2*) n-Buttersäure, (*3*) 1,2-Propandiol, (*4*) 1,4-Butandiol, (*5*) Wasser, (*6*) 1,2-Ethandiol, (*7*) Acetamid, (*8*) Formamid, (*9*) Harnstoff, (*10*) Glycerin (nach Orbach E u. Finkelstein A (1980) J. Gen. Physiol. 75:427). Die eingezeichnete Gerade entspricht einer linearen Regression mit der Steigung 1

$$\Phi = -\gamma D \frac{c_w'' - c_w'}{d} = \gamma D \frac{\Delta c}{d}. \tag{9.12}$$

Vergleicht man den rechten Teil dieser Beziehung mit Gl. (9.8), so erkennt man, dass die Größe $\gamma D/d$ gleich dem Permeabilitätskoeffizienten P_d sein muss:

$$P_d = \frac{\gamma D}{d}. \tag{9.13}$$

Bei lipidlöslichen Substanzen kann der Permeabilitätskoeffizient P_d also in einfacher Weise auf den Verteilungskoeffizienten γ und den Diffusionskoeffizienten D, zurückgeführt werden.

Untersuchungen mit vielen verschiedenen Substanzen ergaben, dass D wenig, γ dagegen stark von der chemischen Struktur der Substanz abhängt; der Permeabilitätskoeffizient lipidlöslicher Substanzen ist also im Wesentlichen durch den Verteilungskoeffizienten Lipid/Wasser bestimmt. Der Grund für den starken Einfluss von γ auf P_d ist leicht einzusehen: Je größer γ ist, um so steiler ist bei gegebener äußerer Konzentrationsdifferenz ($c_w' - c_w''$) der Konzentrationsgradient ($c_m' - c_m''$)/d in der Membran (Abb. 9.19).

Die Proportionalität zwischen P_d und γ (Gl. 9.13) konnte für zahlreiche Nichtelektrolyte annähernd bestätigt werden. Eine Ausnahme bilden jedoch kleine hydrophile Moleküle, wie Wasser oder Harnstoff. Hier findet man größere Abweichungen von dieser **Regel**, die **nach E. Overton** benannt ist, der sie um die Wende zum 20. Jahrhundert anhand seiner Studien zur Wirkung von Narkotika aufstellte. Abb. 9.20 illustriert diese Regel anhand der Permeabilität von planaren Lipidmembranen für verschiedener Substanzen. Wie in der Praxis allgemein üblich, wurden P_d mit dem (experimentell leichter zugänglichen) Verteilungskoeffizienten zwischen einer Kohlenwasserstoff-Phase (anstelle der Membran) und Wasser in Beziehung gesetzt.

9.3.3 Unidirektionale Flüsse, Flussmessungen mit Isotopen

Wir betrachten noch einmal die Flussdichte Φ einer Substanz S, die durch eine Ungleichheit in den Konzentrationen c' und $c'' < c'$ links und rechts der Membran hervorgerufen wird (Abb. 9.21).

Es ist naheliegend, die Gesamtflussdichte Φ darzustellen als Differenz einer von links nach rechts gerichteten Teilflussdichte Φ' und einer von rechts nach links gerichteten Teilflussdichte Φ'' (Abb. 9.21):

$$\Phi = \Phi' - \Phi''. \tag{9.14}$$

(Ein ähnlicher Fall liegt bei der Diffusion in freier Lösung vor: Dort treten durch einen gedachten Querschnitt senkrecht zum Konzentrationsgradienten jederzeit Moleküle von links nach rechts wie auch von rechts nach links hindurch; der messbare Diffusionsfluss ist die Differenz dieser beiden Teilflüsse.)

Φ wird in diesem Zusammenhang als *Nettoflussdichte*, Φ' und Φ'' werden als *unidirektionale Flussdichten* bezeichnet.

Wenn Phase ' das Außenmilieu einer Zelle ist, Phase '' das Cytoplasma, so lässt sich Gl. (9.14) ausdrücken durch die Beziehung:

Nettoeinstrom = Einstrom − Ausstrom.

Aus den obenstehenden Betrachtungen ergibt sich eine wichtige Folgerung: Selbst dann, wenn die Nettoflussdichte Φ von S bei Konzentrationsgleichheit ($c' = c''$) verschwindet, sind die unidirektionalen Flussdichten Φ' und Φ'' von null verschieden, wenn die Membran für S permeabel ist. In diesem Falle gilt $\Phi' = \Phi'' \neq 0$, $\Phi = \Phi' - \Phi'' = 0$.

Die unidirektionalen Flussdichten Φ' und Φ'' können mit Hilfe von *Isotopen* experimentell bestimmt werden. Im einfachsten Fall würde man die Substanz S auf

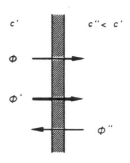

Abb. 9.21. Nettofluss Φ und unidirektionale Flüsse Φ' und Φ''

der linken Seite der Membran als reines Isotop S_1, auf der rechten Seite als reines Isotop S_2 vorgeben. Dann wäre einfach:

$$\Phi' = \Phi_1' \quad \text{(Fluss des Isotops } S_1 \text{ von links nach rechts)}$$

$$\Phi'' = \Phi_2'' \quad \text{(Fluss des Isotops } S_2 \text{ von rechts nach links).}$$

Hier, wie bei allen Isotopenfluss-Messungen nimmt man an, dass S_1 und S_2 *für die Membran ununterscheidbar* sind. Dagegen existieren *analytische Methoden*, mit denen S_1 und S_2 getrennt bestimmt werden können (meist durch die Kernstrahlung beim radioaktiven Zerfall eines Isotops; s. 11.1.2). Für eine Messung des Natriumionenflusses kann man z. B. $S_1 = {}^{23}\text{Na}^+$ (natürliches Isotop), $S_2 = {}^{22}\text{Na}^+$ (radioaktives Isotop) wählen.

Aus preislichen Gründen verwendet man meist keine reinen Isotope, sondern *Isotopenmischungen* (z.B. das normale ${}^{23}\text{Na}^+$ mit einer Beimengung des radioaktiven ${}^{22}\text{Na}^+$). Für die Gesamtkonzentration c' von S in der Phase ' gilt dann:

$$c' = c_1' + c_2'. \tag{9.15}$$

c_1' ist die Konzentration des stabilen Isotops S_1, c_2' die Konzentration des radioaktiven Isotops S_2 in Phase '.

Die Verhältnisse lassen sich am besten übersehen, wenn man den relativen Anteil α' des Isotops 2 an der Gesamtkonzentration von S in Phase ' einführt:

$$\alpha' = \frac{c_2'}{c'}. \tag{9.16}$$

Ist z.B. $\alpha' = 10^{-2}$, so ist jedes hundertste Molekül (oder Ion) S radioaktiv markiert.

Die gesamte unidirektionale Flussdichte Φ' ist dann gegeben durch

$$\Phi' = \Phi_1' + \Phi_2', \tag{9.17}$$

wobei Φ_1' und Φ_2' die unidirektionalen Flussdichten der Isotope S_1 und S_2 von Phase ' nach Phase '' darstellen.

Häufig verwendet man die in Abb. 9.22 dargestellte Versuchsanordnung, bei der das stabile Isotop S_1 auf beiden Seiten vorhanden ist, während das radioaktive Isotop nur in Phase ' zugesetzt wird, sodass zu Beginn des Versuchs $c_2'' = 0$ gilt. Die Flussdichte Φ_2' kann durch Analyse der Radioaktivität von Phase '' am Ende des Versuchs bestimmt werden.

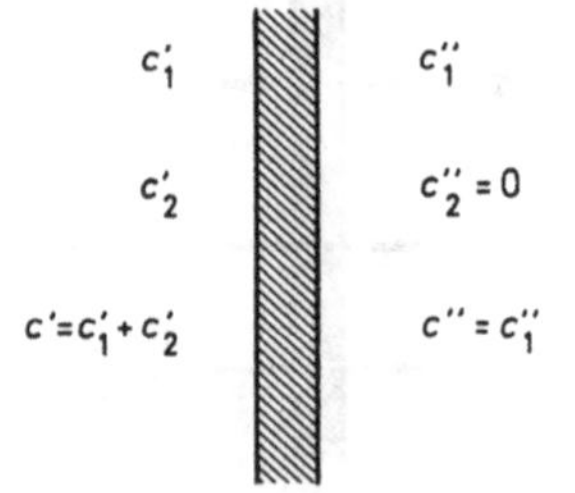

c_1' c_1''

c_2' $c_2'' = 0$

$c' = c_1' + c_2'$ $c'' = c_1''$

Abb. 9.22. Konzentrationsbedingungen bei Isotopenfluss-Experimenten. Index 1: stabiles Isotop; Index 2: radioaktives Isotop

Da wir angenommen haben, dass die Membran die beiden Isotope S_1 und S_2 nicht unterscheiden kann, muss das Verhältnis der gesamten unidirektionalen Flussdichte Φ' zur Isotopenflussdichte Φ_2' gleich dem Verhältnis der entsprechenden Konzentration sein:

$$\frac{\Phi'}{\Phi_2'} = \frac{c'}{c_2'} = \frac{1}{\alpha'} \text{ , d.h.} \tag{9.18}$$

$$\Phi' = \frac{\Phi_2'}{\alpha'}. \tag{9.19}$$

Gleichung (9.19) zeigt, wie die unidirektionale Flussdichte Φ' aus der gemessenen Isotopenflussdichte Φ_2' erhalten werden kann. Es ist also jedes radioaktive Molekül S_2, das von links nach rechts durch die Membran tritt, *stellvertretend* für insgesamt $1/\alpha'$ transportierte Moleküle S.

Die Bestimmung von P_d gestaltet sich besonders einfach, da (in Anbetracht von $\Phi_2'' = 0$) die Beziehung

$$\Phi_2 = \Phi_2' = P_d \cdot c_2' \tag{9.20}$$

gilt, sodass P_d (bei Kenntnis von c_2' und Messung von Φ_2') über $P_d = \Phi_2' / c_2'$ erhalten wird.

Vorteile von Isotopenfluss-Messungen:
a) Hohe Empfindlichkeit, d. h. es sind geringste Flüsse messbar.
b) Der Permeabilitätskoeffizient P_d kann im stationären Zustand (Gesamtkonzentrationen c' und c'' zeitunabhängig) bestimmt werden, falls die zur Phase ' zugeführte Konzentration klein ist gegenüber der bereits vorher vorhandenen Konzentration an S.
c) Aus dem Flussdichteverhältnis Φ'/Φ'' der Substanz S können Hinweise darauf gewonnen werden, ob S aktiv oder passiv transportiert wird (s. 9.3.8).

9.3.4 Flusskopplung

Treten gleichzeitig mehrere Teilchensorten durch die Membran, so können sich die einzelnen Flüsse gegenseitig beeinflussen. Wir betrachten im Folgenden den Transport zweier verschiedener Molekülsorten A und B durch die Membran (Abb. 9.23). Es könnte z.B. A das Lösungsmittel (Wasser) sein, B seine gelöste Subs-

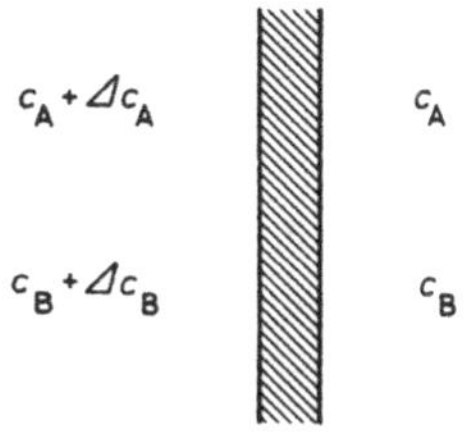

$c_A + \Delta c_A$ c_A

$c_B + \Delta c_B$ c_B

Abb. 9.23. Messung der Flüsse zweier Substanzen A und B durch eine Membran

tanz; oder es könnten (bei verschwindender Wasserpermeabilität) A und B gelöste Substanzen sein.

Sind die Flussdichten von A und B voneinander unabhängig, so gilt entsprechend Gl. (9.8) unter Einführung der Permeabilitätskoeffizienten P_A und P_B:

$$\Phi_A = P_A \, \Delta c_A \tag{9.21}$$

$$\Phi_B = P_B \, \Delta c_B \, . \tag{9.22}$$

Die experimentelle Erfahrung lehrt, dass diese einfachen Beziehungen vielfach nicht erfüllt sind. Mit Hilfe der **Thermodynamik irreversibler Prozesse** kann man zeigen, dass obige Gleichungen folgendermaßen zu erweitern sind (hier und im Folgenden wird vorausgesetzt, dass a) die Differenzen Δc_A und Δc_B hinreichend klein sind und b) die Gesetze verdünnter Lösungen gelten, sodass alle Aktivitätskoeffizienten gleich 1 gesetzt werden können):

$$\Phi_A = P_A \, \Delta c_A + P_{AB} \, \Delta c_B \tag{9.23}$$

$$\Phi_B = P_B \, \Delta c_B + P_{BA} \, \Delta c_A \, . \tag{9.24}$$

Es hängt also im allgemeinen Fall der Fluss etwa von A nicht nur von Δc_A, sondern auch von Δc_B ab. Dieser Sachverhalt wurde durch Einführung der „**Kreuzkoeffizienten**" P_{AB} und P_{BA} berücksichtigt.

Die thermodynamische Theorie der irreversiblen Prozesse führt auf die Aussage, dass P_{AB} und P_{BA} nicht unabhängig voneinander sind. Sie sind vielmehr durch die „**Onsager-Relation**" miteinander verknüpft, die hier folgende Gestalt annimmt:

$$P_{AB} \, c_B = P_{BA} \, c_A \, . \tag{9.25}$$

(Näheres s. Lehrbücher der irreversiblen Thermodynamik.)

In Spezialfällen, wo A und B unabhängig voneinander durch die Membran wandern, gilt $P_{AB} = P_{BA} = 0$, sodass Φ_A und Φ_B durch die vereinfachten Gln. (9.21) und (9.22) gegeben sind.

Zur weiteren Diskussion ist es vorteilhaft, die Gln. (9.23) und (9.24) etwas umzuformen. Elimination von Δc_B aus Gl. (9.24):

$$\Delta c_B = -\frac{P_{BA}}{P_B} \, \Delta c_A + \frac{\Phi_B}{P_B}$$

und Einsetzen in Gl. (9.23) liefert:

$$\Phi_A = \left(P_A - \frac{P_{AB} P_{BA}}{P_B} \right) \Delta c_A + \frac{P_{AB}}{P_B} \, \Phi_B \tag{9.26}$$

(eine entsprechende Gleichung kann auch für Φ_B erhalten werden).

Die Beziehung (9.26) beschreibt das Phänomen der **Flusskopplung**: Der Fluss einer Molekülsorte A wird im Allgemeinen nicht nur durch die Konzentrationsdifferenz Δc_A bestimmt, sondern kann auch durch einen gleichzeitig vorhandenen

Abb. 9.24. Positive und negative Kopplung der Flüsse zweier Molekülsorten A und B im Fall $\Delta c_A = 0$. Die Neigung der Pfeile deutet die Richtung der Konzentrationsgradienten an. *Oben*: Positive Flusskopplung (Φ_B induziert einen gleichgerichteten Transport von A). *Unten*: Negative Flusskopplung (Φ_B induziert einen entgegengesetzt gerichteten Transport von A)

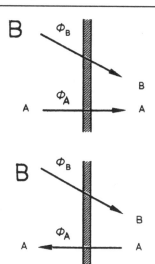

Fluss einer zweiten Molekülsorte B beeinflusst werden. Dies wird besonders deutlich, wenn man den Fall $\Delta c_A = 0$, $\Delta c_B \neq 0$ betrachtet (Abb. 9.24). In diesem Fall sollte ohne Flusskopplung der Fluss von A verschwinden. Gl. (9.26) zeigt aber, dass auch dann noch ein endlicher Fluss Φ_A auftritt, sofern $P_{AB} \neq 0$ ist.

Beispiele von Transportmechanismen, bei denen Flusskopplung auftritt, werden wir später kennen lernen. Gemäß Abb. 9.24 unterscheidet man *positive* Flusskopplung (engl.,,*symport*") von *negativer* Flusskopplung (,,*antiport*"). Positive Flusskopplung ist z. B. möglich beim Transport durch porenartige Kanäle (s. 9.3.7), positive oder negative Flusskopplung beim Carriertransport (s. 9.3.6).

9.3.5 Osmotische Erscheinungen an nicht-semipermeablen Membranen, Staverman-Gleichungen

Eine erste Anwendung des Prinzips der Flusskopplung betrifft osmotische Erscheinungen an Membranen, die außer für das Lösungsmittel auch für den gelösten Stoff durchlässig sind. Damit erweitern wir die frühere, auf *semipermeable Membranen* beschränkte Theorie der Osmose (s. 4.4.7).

Ähnlich wie in Abschn. 4.4.7 betrachten wir ein System Lösung '/Membran/Lösung ", das neben dem Lösungsmittel (Wasser) eine gelöste Substanz S in den Konzentrationen $c' = c + \Delta c$ und $c'' = c$ enthält (Abb. 9.25). Als weitere experimentelle Variablen treten hier die hydrostatischen Drücke $P' = P + \Delta P$ und $P'' = P$ auf. In diesem System werden im Allgemeinen sowohl eine Flussdichte Φ der gelösten Substanz S als auch eine Flussdichte Φ_w des Lösungsmittels Wasser durch die Membran hindurch auftreten. Wie in Abschn. 9.3.1 setzen wir fest, dass die Flussdichten Φ und Φ_w positiv sein sollen, wenn sie von Lösung ' nach Lösung " gerichtet sind.

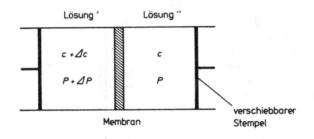

Abb. 9.25. Gedankenexperiment zur Untersuchung osmotischer Erscheinungen

Wäre die Membran *semipermeabel*, d. h. für Wasser durchlässig, für S undurchlässig, so würde Folgendes gelten (s. 4.4.7): Bei Anlegen eines Überdrucks $\Delta P = RT\Delta c \equiv \Delta\pi$ (*osmotischer Druck*) verschwindet der Wassertransport Φ_w; das System ist dann im thermodynamischen Gleichgewicht. Im Folgenden betrachten wir jedoch den für biologische Membranen wichtigen Fall, dass die Membran auch für S permeabel ist. Unter diesen Umständen lässt sich durch Anlegen eines Überdrucks ΔP überhaupt kein Gleichgewichtszustand mehr erreichen; entsprechend muss zur Beschreibung dieses Systems die Gleichgewichtsthermodynamik durch die Thermodynamik irreversibler Prozesse ersetzt werden. Eine einfache Beschreibung ist allerdings nur dann möglich, wenn Δc und ΔP hinreichend klein sind, was wir im Folgenden voraussetzen wollen.

Zweckmäßigerweise führt man an Stelle der Wasserflussdichte Φ_w die experimentell leichter zugängliche *Volumenflussdichte* J_V ein:

$$J_V = \bar{V}_w \Phi_w + \bar{V}\Phi . \qquad (9.27)$$

$\bar{V}_w$ und $\bar{V}_s = \bar{V}$ sind die partiellen Molvolumina von Wasser und gelöster Substanz S (s. 4.1.1). J_V ist das pro Flächeneinheit und Zeiteinheit durch die Membran hindurchtretende Flüssigkeitsvolumen; entsprechend ergibt sich die Einheit von J_V zu m^3/m^{2}s = m s^{-1}. Gl. (9.27) ist dadurch zu begründen, dass mit dem Transport von Φ_w Molen Wasser (pro Zeit und Fläche) eine Volumentransportdichte $\bar{V}_w \Phi_w$ und mit dem Transport von Φ Molen S eine Volumentransportdichte $\bar{V}\Phi$ verbunden ist. Bei Zellen ist die Volumenflussdichte J_V direkt korreliert mit der Geschwindigkeit des Schwellens oder Schrumpfens der Zelle.

Die Beziehung, welche die experimentellen Größen Δc, ΔP, Φ und J_V miteinander verknüpft und die für hinreichend kleine Werte von $|\Delta c|$ und $|\Delta P|$ gültig ist, wurde 1952 von Staverman abgeleitet:

$$\Phi = P_d \Delta c + c(1-\sigma)J_V \qquad (9.28)$$

$$J_V = L_p (\Delta P - \sigma RT\Delta c). \qquad (9.29)$$

(Für eine theoretische Begründung s. z. B. Katchalsky u. Curran 1967.)

Die „*Staverman-Gleichungen*" (9.28) und (9.29) gelten für Membranen beliebiger Struktur. Sie enthalten die drei *phänomenologische Koeffizienten* P_d, σ und L_p, welche charakteristisch für ein gegebenes Membran-Lösungs-System sind. P_d,

σ und L_p hängen im Allgemeinen von der mittleren Konzentration c (sowie vom Druck P und der Temperatur T) ab, sind aber unabhängig von Δc und ΔP.

Die Bedeutung der Koeffizienten P_d, σ und L_p wird ersichtlich bei Betrachtung folgender experimenteller Spezialfälle:

a) $\Delta c = 0$, $\Delta P \neq 0$

Hier wird angenommen, dass bei identischer Zusammensetzung der beiden Lösungen eine hydrostatische Druckdifferenz ΔP angelegt ist. Gl. (9.29) reduziert sich in diesem Fall auf die Beziehung:

$$J_v = L_p \, \Delta P \qquad (\Delta c = 0). \qquad (9.30)$$

Gl. (9.30) bedeutet, dass die Volumenflussdichte J_v der angelegten Druckdifferenz ΔP proportional ist. Den Proportionalitätskoeffizienten L_p bezeichnet man als *„hydraulische Permeabilität"*. In der Praxis wird bei Zellmembranen L_p meist auf osmotischem Weg unter der Bedingung $\Delta P = 0$ bestimmt unter Verwendung einer gelösten Substanz, für die $\sigma = 1$ ist (s. unten); dann gilt nämlich nach Gl. (9.29) sowie Gl. (4.56) $J_v = -L_p \, RT \, \Delta c = -L_p \, \Delta \pi$.

Beispiel:
Für die Membran menschlicher Erythrocyten findet man: $L_p = 10^{-5}$ cm bar^{-1} s^{-1}.
Dieser Wert bedeutet, dass bei einer Membranfläche von $A = 1$ m^2 durch eine Druckdifferenz von $\Delta P = 1$ bar ein Volumen von $10^{-5} \cdot 10^4 \cdot 3600 = 360$ cm^3/h durch die Membran hindurchgepresst wird.

Bei dem hydraulischen Experiment ($\Delta c = 0$, $\Delta P \neq 0$) tritt neben einer Volumenflussdichte $J_v \neq 0$ im Allgemeinen auch eine Flussdichte $\Phi \neq 0$ der gelösten Substanz S auf (Abb. 9.26). Nach Gl. (9.28) gilt nämlich:

$$\Phi = c(1-\sigma)\, J_v \qquad (\Delta c = 0). \qquad (9.31)$$

Für $J_v \neq 0$ und $\sigma < 1$ gilt daher $\Phi \neq 0$, d.h. die gelöste Substanz kann bei dem hydraulischen Experiment mehr oder weniger stark mit dem Lösungsmittel mitgeführt werden (Flusskopplung).

Aus Gl. (9.31) geht hervor, dass das Verhältnis Φ / J_v die Dimension einer Konzentration hat (σ muss die Dimension von 1, also einer reinen Zahl einnehmen). Ihrer Bedeutung nach gibt Φ / J_v die Anzahl Mole von S in der transportierten Volumeneinheit an, und kann daher als *„Konzentration der transportierten Mischung"* (c^*) aufgefasst werden:

$$\frac{\Phi}{J_v} \equiv c^* . \qquad (9.32)$$

(Natürlich würde sich unter der oben angenommenen Versuchsbedingung $\Delta c = 0$ die aus der Membran austretende Lösung der Konzentration c^* mit der vorgegebenen Lösung (Konzentration c) vermischen.) Nach Gl. (9.31) gilt:

$$c^* = c(1-\sigma). \qquad (9.33)$$

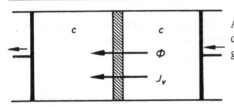

Abb. 9.26. Kopplung der Flussdichte Φ und der Volumenflussdichte J_v unter der Bedingung $\Delta c = 0$, $\Delta P \neq 0$

Um die Bedeutung der Größe σ anschaulich zu machen, betrachten wir zwei Grenzfälle von Gl. (9.33):

Grenzfall 1: Die Membran sei impermeabel für S, sodass $\Phi = 0$ und daher nach Gl. (9.32) auch $c^* = 0$ gilt. Das bedeutet nach Gl. (9.33), dass in diesem Fall die Beziehung

$$\sigma = 1$$

erfüllt sein muss.

Grenzfall 2: Die Membran verhalte sich hinsichtlich Lösungsmittel und gelöster Substanz völlig unselektiv; dies wäre z. B. der Fall bei einer Membran mit porenartigen Strukturen großen Durchmessers, durch welche die Lösung bei einer angelegten Druckdifferenz ΔP unverändert hindurchtritt. Hier wäre also $c^* = c$, was nach Gl. (9.33) gleichbedeutend ist mit

$$\sigma = 0 \, .$$

Die beiden Grenzfälle zeigen, dass σ zwischen $0 \leq \sigma \leq 1$ variieren kann. σ ist ein Maß dafür, wie stark die gelöste Substanz von der Membran zurückgehalten („reflektiert") wird. σ wird deshalb als **Reflexionskoeffizient** der gelösten Substanz bezeichnet.

Die Erscheinung, dass beim Hindurchpressen einer Lösung durch eine Membran die austretende Lösung im Allgemeinen eine von der vorgelegten Lösung verschiedene Zusammensetzung aufweist (und im Extremfall völlig frei von gelöster Substanz ist), wird als **Ultrafiltration** bezeichnet (s. 4.4.7).

b) $J_v = 0$, $\Delta c \neq 0$

Hier nehmen wir an, dass von außen ein Überdruck ΔP angelegt ist, dessen Größe gerade ausreicht, um den Volumenfluss zu null zu machen (ein derartiger Überdruck stellt sich natürlich automatisch ein, wenn man die beiden Außenphasen der Membran in starre Wände einschließt). Aus Gl. (9.28) folgt dann:

$$\Phi = P_d \, \Delta c \qquad (J_v = 0) \, . \tag{9.34}$$

Dies ist die früher hergeleitete Beziehung (9.8) für die Flussdichte Φ der gelösten Substanz, wobei P_d den **Permeabilitätskoeffizienten** bedeutet.

Der für $J_v = 0$ notwendige Überdruck ΔP kann leicht aus Gl. (9.29) entnommen werden:

$$\Delta P = \sigma RT \Delta c \quad (J_V = 0) \, . \tag{9.35}$$

Die Größe von ΔP hängt also vom Reflexionskoeffizienten σ ab. Wie wir bereits sahen, gilt für eine semipermeable Membran $\sigma = 1$. Unter diesen Bedingungen geht Gl. (9.35) über in die Van't-Hoff-Beziehung $\Delta P = RT \Delta c = \Delta \pi$ (Gl. 4.56). Dies ist natürlich zu erwarten, denn bei einer semipermeablen Membran ist der für $J_V = 0$ notwendige Druck gerade gleich dem osmotischen Druck $\Delta \pi$. Die Bedeutung von Gl. (9.35) liegt darin, dass sie das osmotische Verhalten *beliebig permeabler* Membranen beschreibt. Bei Membranen, die nicht nur für das Lösungsmittel, sondern auch für den gelösten Stoff durchlässig sind, liegt σ meist zwischen 0 und 1; hier gilt dann:

$$(\Delta P)_{J_V = 0} < \Delta \pi \, . \tag{9.36}$$

Unter Einführung von $RT \Delta c = \Delta \pi$ erhält man aus Gl. (9.35):

$$\sigma = \frac{(\Delta P)_{J_V = 0}}{\Delta \pi} \, . \tag{9.37}$$

Der Reflexionskoeffizient σ ist somit gleich dem Verhältnis des an einer realen Membran unter der Bedingung $J_V = 0$ auftretenden Überdrucks ΔP, dividiert durch den an einer ideal semipermeablen Membran beobachteten osmotischen Druck $\Delta \pi$.

Beispiel:

Am ***Epithel der Gallenblase*** wurden folgende Werte des Reflexionskoeffizienten σ gemessen (Lösungsmittel: Wasser):

Substanz	σ
Methanol	0,04
Harnstoff	0,53
Glycerin	0,95

Hat man σ aus einem Ultrafiltrationsexperiment bestimmt (Gl. 9.33), so lässt sich das osmotische Verhalten des Systems voraussagen (und umgekehrt).

9.3.6 Carriertransport

In diesem und im nächsten Abschnitt wollen wir uns mit Mechanismen beschäftigen, die es erlauben, hydrophile Verbindungen (Ionen, Zucker, Aminosäuren), die in einer reinen Lipidmembran nur eine verschwindend kleine Permeabilität besitzen, selektiv durch die Membran zu schleusen. Dabei heißt „selektiv" (oder spezifisch), dass eine relativ kleine strukturelle Modifikation eines betrachteten Moleküls unter Umständen zu einer merklichen Veränderung der Membranpermeabilität führen kann (s. unten). Man bezeichnet den nachfolgend vorgestellten Transportmechanismus auch als „*erleichterte Diffusion*" (engl. „*facilitated diffu-*

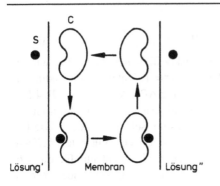

Abb. 9.27. Transport einer Substanz S durch einen translatorischen Carrier C

sion"), weil die normale Diffusion über die Membran vergleichsweise unbedeutend ist.

Wir definieren zunächst einen **Carrier** als ein in der Membran enthaltenes Molekül, das mit einer Substanz S einen Komplex bilden und auf diese Weise S durch die Membran transportieren kann. Der durch einen Carrier vermittelte Transport einer Substanz S vollzieht sich (im einfachsten Fall) in vier Teilschritten (Abb. 9.27):

1. Bindung von S an den Carrier C in der einen Grenzfläche
2. Translokation der Bindungsstelle zur gegenüberliegenden Grenzfläche
3. Freisetzung von S in die wässrige Phase
4. Rückführung der Bindungsstelle in die Ausgangsposition.

In Abb. 9.27 wurde angenommen, dass das Carriermolekül sich während des Transportes als Ganzes von der einen Grenzfläche der Membran zur anderen durch „translatorische" Diffusion bewegt. Man spricht deshalb in diesem Fall von einem „*translatorischen Carrier*". Ein Transport, der den formalen Kriterien eines Carriermechanismus entspricht, könnte aber auch darin bestehen, dass sich nur ein Teil des Carriermoleküls relativ zur Membran bewegt, wobei aufgrund einer **Konformationsänderung** die Bindungsstelle abwechselnd in Kontakt mit der linken oder rechten Lösung kommt.

Der in Abb. 9.27 dargestellte Transport ist rein *passiv*, d. h. ein Nettotransport von S findet nur statt, wenn das elektrochemische Potential von S beiderseits der Membran verschieden ist, wobei sich S von der Seite höheren zur Seite niedrigeren elektrochemischen Potentials bewegt (zur Unterscheidung zwischen passivem und aktivem Transport s. 9.3.8).

Im Gleichgewichtszustand (verschwindender Nettotransport) sind die Konzentrationen des Komplexes CS, des freien Carriers C und der transportierten Substanz S durch das Massenwirkungsgesetz verknüpft:

$$K = \frac{[CS]_m}{[C]_m [S]_w}, \qquad (9.38)$$

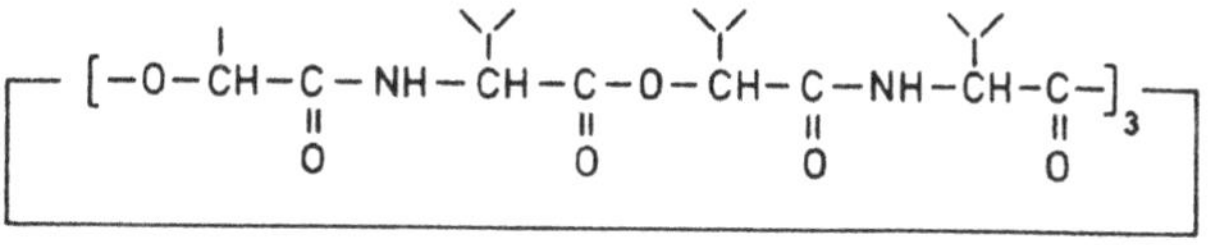

$$\left[-O-\overset{|}{\underset{\underset{O}{\|}}{CH}}-C-NH-\overset{\vee/}{CH}-\underset{\underset{O}{\|}}{C}-O-\overset{\vee/}{CH}-\underset{\underset{O}{\|}}{C}-NH-\overset{\vee/}{CH}-\underset{\underset{O}{\|}}{C}-\right]_3$$

Abb. 9.28. Der Ionencarrier Valinomycin. Die makrozyklische Struktur besteht aus einer kontinuierlichen Aufeinanderfolge von hydrophoben α-Aminosäuren und α-Hydroxysäuren, die abwechselnd durch Amid- und Esterbindungen verknüpft sind. Das Äußere der Struktur besteht aus den hydrophoben Seitenketten. CH_3- und CH_2-Gruppen sind durch Striche angedeutet (s. auch Abb. 9.29)

wobei sich der Index m auf die Membran und der Index w auf die wässrige Phase bezieht. K ist die Gleichgewichtskonstante der Komplexbildung. Wie man Gl. (9.38) unschwer entnimmt, ist $1/K$ diejenige Konzentration von S, bei der gerade die Hälfte der Carriermoleküle als Komplex CS vorliegt (d.h. $[CS]_m = [C]_m$).

Aus biologischen Membranen sind eine Reihe von passiven Transportsystemen („*Permeasen*") bekannt, welche die formalen Kriterien des Carriermodells erfüllen. Hierzu zählt insbesondere die unten besprochene Sättigungskinetik. Die Aufklärung des genauen Transportmechanismus erwies sich jedoch in all diesen Fällen als schwierig. Für gewisse antibiotisch aktive chemische Verbindungen einfacherer Art, wie *Valinomycin* (Abb. 9.28), die K^+ (und andere Alkaliionen) passiv durch Lipidmembranen transportieren, konnte hingegen ein Abb. 9.27 entsprechender Carriermechanismus im Detail nachgewiesen werden. Bei Valinomycin bilden sechs der insgesamt 12 Carbonyl-Sauerstoffatome einen Käfig, in den ein K^+-Ion eingeschlossen werden kann (Abb. 9.29). Die Außenseite des so entstehenden Komplexes ist stark hydrophob. Valinomycin wirkt sehr spezifisch; die Transportrate ist (bei gleichen Ionenkonzentrationen) für K^+ mehr als 1000-mal höher als für Na^+. In der Grenze hoher K^+-Konzentration transportiert ein einzelnes Valinomy-

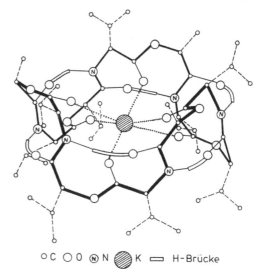

Abb. 9.29. Konformation des K^+-Komplexes des Valinomycins. Das zentrale K^+-Ion steht in elektrostatischer Wechselwirkung mit den Dipolmomenten der Carbonyl-Sauerstoffatome (*gepunktete Linien*). Die gesamte Struktur ist durch Wasserstoffbrücken stabilisiert (nach Shemyakin et al. (1969) J Membrane Biol 1: 402)

○ C   ◯ O   Ⓝ N   ▨ K   ▭ H-Brücke

cinmolekül etwa 10^4 K^+-lonen/s durch die Membran (Stark 1978, Läuger 1985).

Eigenschaften von Carriersystemen

a) Spezifität
Ähnlich wie die Wechselwirkung zwischen Enzym und Substrat ist die Bindung der zu transportierenden Substanz an den Carrier oft sehr spezifisch. Das hohe Unterscheidungsvermögen des Ionencarriers Valinomycin zwischen K^+ und Na^+ wurde bereits erwähnt. Viele biologische Transportsysteme unterscheiden scharf zwischen strukturell sehr ähnlichen Verbindungen, wie etwa D-Glucose und L-Glucose.

b) Sättigungskinetik
Auch die Eigenschaft der Sättigungskinetik haben Carrier mit Enzymen gemeinsam (s. Abschn. 10.7). Wir nehmen an, dass die zu transportierende Substanz S im Außenmedium einer Zelle in der Konzentration $[S]_a$ vorliegt, während im Innern der Zelle $[S]_i = 0$ ist (Abb. 9.30). Bei Variation von $[S]_a$ steigt der (auf die einzelne Zelle bezogene) Gesamtfluss J zunächst linear mit $[S]_a$ an und nähert sich schließlich asymptotisch einem Maximalwert J_{max}. Der Grund für die Sättigung von J liegt darin, dass bei hohen Konzentrationen von S nahezu alle Carriermoleküle auf der Membranaußenseite in Form des Komplexes CS vorliegen, sodass eine weitere Steigerung von $[S]_a$ keine weitere Zunahme von J zur Folge hat.

Ist die Gesamtzahl N der Carriermoleküle in der Zellmembran bekannt, so kann man, ähnlich wie bei einem Enzym, die Wechselzahl (*turnover-number*) w des Carriers berechnen:

$$w = \frac{J_{max}}{N}.$$

(9.39)

w gibt an, wie viele Moleküle S ein einzelnes Carriermolekül pro Sekunde durch die Membran transportieren kann. Für das Valinomycin/K^+-System findet man $w \approx 10^4$ s^{-1}; andere biologische Transportsysteme besitzen Wechselzahlen in der Größenordnung von 100 s^{-1}.

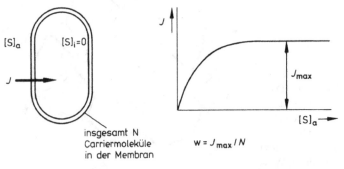

Abb. 9.30. Zur Sättigungskinetik und Wechselzahl w eines Carriers

Abb. 9.31. Carrier C und transportierte Substanz S bei gleicher Konzentration von S in den Außenphasen. Die Höhe der *schraffierten Balken* deutet die Größe der Konzentration des Komplexes CS in den beiden Membrangrenzflächen an

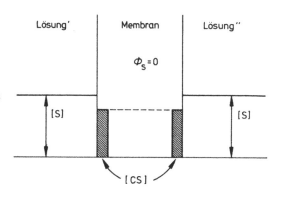

Die Halbsättigungskonzentration eines Carriersystems ist diejenige Konzentration von S, bei der $J = J_{max}/2$ gilt (unter den in Abb. 9.30 angegebenen Bedingungen). Die Halbsättigungskonzentration hängt außer von der Komplexbildungskonstante K (Gl. 9.38) auch von den kinetischen Parametern des Carriersystems ab (s. Übungsaufgabe 9.8).

c) Negative Flusskopplung
Negative Flusskopplung (s. 9.3.4) kann dann auftreten, wenn zwei Verbindungen R und S in Konkurrenz um dieselbe Bindungsstelle eines Carriers treten. Es könnte z. B. im Falle eines Zuckercarriers R = Glucose und S = Methylglucose sein. In Abb. 9.31 ist zunächst angenommen, dass beiderseits der Membran die transportierte Substanz S in gleicher Konzentration vorhanden ist, sodass der Fluss Φ_s von S verschwindet. Im Übrigen soll [S] so groß sein, dass der Carrier sich nahezu in der Sättigung befindet. Setzt man jetzt auf der rechten Seite (Lösung ″) eine zweite Substanz R zu, die ebenfalls vom Carrier transportiert wird, so ergibt sich die in Abb. 9.32 dargestellte Situation.

In der rechten Membrangrenzfläche tritt jetzt R bezüglich des Carriers in Konkurrenz zu S, sodass ein Teil des Carriers in die Form CR übergeht. Dadurch ent-

Abb. 9.32. Dem in Abb. 9.31 dargestellten System, bei dem der Carrier bereits nahezu mit S gesättigt ist, wird auf der rechten Seite (Lösung ″) eine weitere Verbindung R zugesetzt, die ebenfalls vom Carrier C transportiert wird. Hierdurch wird ein Teil des gebundenen S von R verdrängt

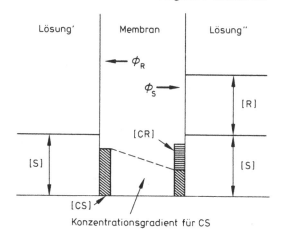

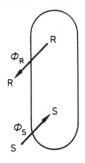

Abb. 9.33. R = Alanin (wird von der Zelle in hoher Konzentration synthetisiert); S = Serin (wird durch Kopplung an $\varPhi_R$ entgegen dem Konzentrationsgefälle aus dem Medium aufgenommen)

steht in der Membran ein Konzentrationsgradient hinsichtlich CS (obwohl die Konzentrationen von S in den Außenphasen gleich groß sind!). Dies führt zu einem von links nach rechts gerichteten Fluss von S. Gleichzeitig tritt R in entgegengesetzter Richtung durch die Membran.

Die hier vorliegende *negative Flusskopplung* wird bei Carriersystemen gelegentlich auch als *Gegentransport* bezeichnet. Es ist leicht einzusehen, dass unter diesen Bedingungen ein Transport von S von Lösung ′ nach Lösung ″ auch dann noch auftreten kann, wenn [S]″ > [S]′ ist. Ein derartiger, dem äußeren Konzentrationsgefälle entgegengerichteter Transport wird thermodynamisch dadurch ermöglicht, dass gleichzeitig eine zweite Substanz (R) von großer auf kleine Konzentration übergeht. An biologischen Membranen sind zahlreiche Fälle von Gegentransport beobachtet worden, beispielsweise beim Aminosäurentransport bei Streptokokken (Abb. 9.33).

d) Austauschtransport
Das Phänomen des Austauschtransports wird beobachtet, wenn die Beweglichkeit des unkomplexierten Carriers in der Membran gering ist. Diese Situation kann z. B. dann eintreten, wenn der unkomplexierte Carrier elektrisch geladen, der Komplex dagegen neutral ist (so etwa im Falle der Reaktion $C^{2-} + S^{2+} \rightleftarrows CS$). Die hier vorliegende Behinderung des Rücktransports des unkomplexierten Carriers kann dadurch aufgehoben werden, dass man auf der Gegenseite (wo die Verbindung S nur in kleiner Konzentration vorliegen soll) eine zweite Verbindung R zusetzt, die ebenfalls transportiert wird (Abb. 9.34).

Beispiele für Austauschtransportsysteme sind das Bikarbonat/Chlorid-Austauschsystem in der Erythrocytenmembran sowie das ATP/ADP-Austauschsystem in der inneren Mitochondrienmembran.

e) Positive Flusskopplung
Dieses auch als Cotransport bezeichnete Transportphänomen kann mit Hilfe eines Carriermechanismus interpretiert werden, bei dem der Carrier zwei verschiedene Bindungsstellen für die beiden zu transportierenden Molekülarten S und R besitzt, wobei angenommen wird, dass nur der freie Carrier C sowie der ternäre Komplex CSR die Membran überqueren kann. Wir werden dieses Reaktionsschema im Rahmen eines Beispiels für sekundär aktiven Transport behandeln (Na^+-

Abb. 9.34. Austauschtransport bei einem Carriersystem. *Oben:* Durch Behinderung des Rücktransports des unkomplexierten Carriers wird der Gesamttransport blockiert. *Unten:* Durch Zusatz einer zweiten, ebenfalls vom Carrier transportierten Substanz R auf der Gegenseite wird der Transport von S ermöglicht. Jetzt ist kein Transport von freiem Carrier mehr nötig. Der Carrier wandert in der Form CS in der einen Richtung, in der Form CR in der anderen Richtung

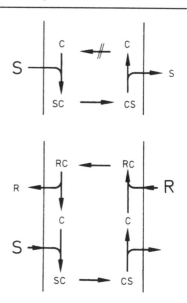

gekoppelter Glucosetransport in den Epithelzellen des Dünndarms, s. Abb. 9.39 und 9.40).

9.3.7 Transport durch Kanäle

Neben Carriern kommen als Transportwege für hydrophile Substanzen durch biologische Membranen porenartige Kanäle in Frage. Ein *Carrier* ist definiert als ein Transportsystem mit einer Bindungsstelle, die *abwechselnd* von der einen und von der anderen Seite her zugänglich ist, aber nicht von beiden Seiten her gleichzeitig. Ein *Kanal* stellt dagegen einen Transportweg dar, der *gleichzeitig* nach beiden Seiten offen ist. Ein Kanal kann in einem die Membran völlig durchdringenden Proteinmolekül bestehen, das im Innern einen mit polaren Gruppen ausgekleideten „Tunnel" besitzt.

Während die Wechselzahl eines translatorischen Carriers (Abb. 9.27) durch die Viskosität der Membran beschränkt ist, können in Poren viel höhere Transportraten auftreten. Zum Beispiel treten durch den offenen Na^+-Kanal der Nervenmembran etwa 10^7 Na^+-Ionen/s (s. Abschn. 9.4). Ähnlich hohe Durchtrittsraten findet man bei dem durch Acetylcholin aktivierten Ionenkanal in der subsynaptischen Membran der Muskelendplatte.

Bestimmte Peptide, wie z. B. das aus 15 fast ausschließlich hydrophoben Aminosäuren bestehende Gramicidin A (Abb. 9.35), bilden in Lipidmembranen kationenspezifische Kanäle, die aus helicalen Dimeren gebildet werden. In einer NaCl-Lösung der Konzentration 1 M treten bei einer Membranspannung von $V = 100$ mV etwa 10^7 Na^+-Ionen pro Sekunde durch den Kanal.

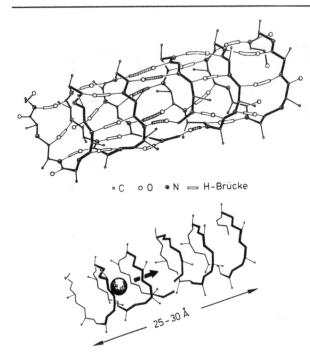

° C   ○ O   ● N   ⟨⟩ H-Brücke

25–30 Å

Abb. 9.35. Struktur des Gramicidin -Kanals nach Urry. Der Kanal ist für monovalente Kationen permeabel und wird durch Kopf-an-Kopf-Assoziation zweier helicaler Gramicidin-Monomere gebildet. Die hydrophoben Reste der Aminosäuren, die für ein hydrophobes Äußeres des Kanals sorgen sind in der Zeichnung weggelassen (Nach Ovchinnikov YA (1974) FEBS Letters 44:1)

Die Zahl der transportierten Ionen pro Zeiteinheit dient zur Charakterisierung der Transporteffizienz eines Ionenkanals. Sie kann durch sog. *Einzelkanalexperimente* bestimmt werden. Wie in Abschn. 7.3.2 beschrieben, stellen Lipidmembranen (in Abwesenheit spezieller Transportsysteme) hervorragende Barrieren für den Transport von Ionen dar. Dies kann vor allem mit Hilfe planarer Lipidmembranen durch Leitfähigkeitsmessungen einfach festgestellt werden (s. Abb. 9.36). Wie von Bean, Shepherd und Chan (1969) erstmalig gezeigt, führt der Einbau einzelner Ionenkanäle zu einer signifikanten Zunahme der Leitfähigkeit einer Lipidmembran.

Ionenkanäle sind dynamische Strukturen, die zwischen verschiedenen Leitfähigkeitszuständen (z.B. zwischen einem offenen (O) und einem geschlossenen Kanalzustand (G)) fluktuieren:

$$G \rightleftharpoons O. \tag{9.40}$$

Dementsprechend zeigt der elektrische Strom (bei konstanter Membranspannung) charakteristische, stufenförmige Fluktuationen (s. Abb. 9.36) aus deren Amplitude i die Anzahl n an Ionen (der Ladung ze_0) pro Zeiteinheit ermittelt werden kann. Gemäß der Definition des elektrischen Stroms als Ladung pro Zeit gilt

$$i = \frac{n}{t} z e_0, \tag{9.41}$$

woraus n/t durch einfache Umformung erhalten wird.

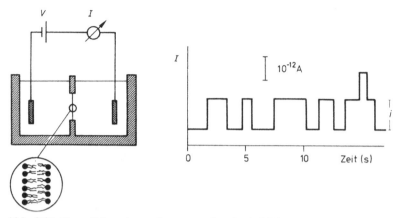

Abb. 9.36. Stromfluktuationen, hervorgerufen durch Bildung und Zerfall einzelner Ionenkanäle (wie Gramicidin A) in einer planaren Lipidmembran (1 M NaCl, $V = 100$ mV). Die bimolekulare Lipidmembran überspannt die kreisrunde Öffnung (Fläche ca 1 mm²) in einer dünnen Trennwand aus Teflon (s. auch Abb. 7.24). Auf beiden Seiten der Membran befinden sich wässrige Salzlösungen, die durch Elektroden kontaktiert werden. Sie sind mit einer Spannungsquelle (V) und einem Strommessgerät (I) verbunden

Die geschilderten Experimente an planaren Lipidmembranen müssen als der wesentliche Schritt zur Entwicklung der Einzelkanalmethode an biologischen Membranen angesehen werden, die im Rahmen der ***Patch-Clamp-Technik*** zur biophysikalischen Charakterisierung von zellulären Ionenkanälen geführt hat (s. Abschn. 9.5). Das Auftreten charakteristischer Stromfluktuationen wird im Rahmen der Zellphysiologie heute als experimentelle Evidenz für das Vorliegen eines Kanalmechanismus angesehen. Dies ist insofern gerechtfertigt, als bei Vorliegen eines Carriermechanismus der Strombeitrag einzelner Carriermoleküle um mehrere Größenordnungen kleiner ist als jener von Ionenkanälen und bei „Einzelkanalexperimenten" nicht aufgelöst werden kann.

Wir kehren zur Flusskopplung zurück und fragen uns, ob dieses Phänomen auch bei Kanälen vorhanden ist. In engen Kanälen, in denen sich gleichzeitig mehrere Teilchen aufhalten, die ihre Plätze nicht (oder nur selten) vertauschen können, sind die Flüsse verschiedener Teilchensorten notwendigerweise miteinander gekoppelt (Abb. 9.37). Würde ein solcher Kanal z. B. Na⁺-Ionen und Wassermoleküle enthalten, so würden mit einem durch eine äußere Spannung hervorgerufenen Na⁺-Transport gleichzeitig Wassermoleküle in derselben Richtung mitgeführt.

In diesem Fall tritt somit positive Flusskopplung auf, die z. B. im K⁺-Kanal der Nervenmembran nachgewiesen wurde.

9.3.8 Aktiver Transport

In Abschn. 9.3.6 wurde bereits ein System erwähnt (Aminosäurentransport bei Streptokokken), in dem eine Substanz entgegen dem Konzentrationsgefälle trans-

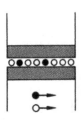

Abb. 9.37. Positive Flusskopplung in engen Kanälen

portiert wird. Der Transport von Stoffen entgegen der natürlichen Diffusionsrichtung gehört zu den wichtigsten Funktionen der Plasmamembran. Colibakterien können z. B. gewisse Zucker aus dem Medium bis zu einem Konzentrationsverhältnis $c_{innen}/c_{außen}$ von 10^3 im Cytoplasma anreichern. Das Epithel der Magenschleimhaut sezerniert Wasserstoffionen aus dem Zellinnern mit einem pH-Wert von 7 in den Magensaft, dessen pH-Wert etwa 1 beträgt; das Konzentrationsverhältnis ist hier 10^6.

Einen derartigen Prozess bezeichnet man als *aktiven Transport*. Im Falle von Nichtelektrolyten ist aktiver Transport definiert als **Transport von kleiner auf große Aktivität** (bzw. Konzentration). Für sich allein genommen wäre ein solcher Prozess thermodynamisch unmöglich. Er kann nur dann ablaufen, wenn der Transport an einen zweiten, energieliefernden Prozess gekoppelt werden kann, sodass der Gesamtvorgang mit einer Abnahme der Freien Enthalpie verbunden ist.

Die oben gegebene Definition des aktiven Transports wird sofort unbrauchbar, wenn es sich um den Transport von *Ionen* handelt. Dies zeigt das folgende Beispiel: Wir nehmen an, es seien die Konzentrationen von K^+ im Innern einer Zelle und im Außenmedium gleich groß, und es sei im Zellinnern ein elektrisches Potential von -100 mV gegenüber dem Außenmedium vorhanden. Entsprechend der oben gegebenen Definition wäre ein K^+-Transport von innen nach außen *kein* aktiver Transport; andererseits ist ganz offensichtlich ein Transport positiver Ionen von negativem auf positives Potential mit einem Energieaufwand verbunden.

Um beim Transport von Ionen den elektrostatischen Energieanteil zu berücksichtigen, verwendet man die nachfolgende allgemeinere *Definition des aktiven Transportes*, die auf dem in 6.2.2 eingeführten elektrochemischen Potential beruht und die der gesamten Änderung der Freien Enthalpie pro mol transportierter Moleküle entspricht:

> Unter aktivem Transport versteht man einen Transport entgegen dem Gefälle des elektrochemischen Potentials.

Entsprechend bezeichnet man einen Transport von großem auf kleines elektrochemisches Potential, bei dem Energie freigesetzt wird, als *passiven* Transport.

Sind a' und a'' die Aktivitäten der zu transportierenden Substanz in Lösung ' und Lösung '' (Abb. 9.38), φ' und φ'' die elektrischen Potentiale in beiden Lösungen, so sind die elektrochemischen Potentiale $\tilde{\mu}'$ und $\tilde{\mu}''$ gegeben durch Gl. (6.32):

$$\tilde{\mu}' = \mu_0 + RT \ln a' + zF\varphi' \tag{9.42}$$

$$\tilde{\mu}'' = \mu_0 + RT \ln a'' + zF\varphi'' . \tag{9.43}$$

z ist die Ladungszahl des zu transportierenden Teilchens und F die Faraday-Konstante.

Entscheidend ist die Größe der Differenz $\Delta\tilde{\mu} = \tilde{\mu}' - \tilde{\mu}''$, welche den Aufwand an Freier Enthalpie G beim Transport von 1 mol der Substanz von Lösung '' nach Lösung ' angibt:

$$\Delta\tilde{\mu} = \tilde{\mu}' - \tilde{\mu}'' = RT \ln \frac{a'}{a''} + zF\left(\varphi' - \varphi''\right) \tag{9.44}$$

$$\Delta\tilde{\mu} = \left(\Delta G\right)_{\text{Transport}} . \tag{9.45}$$

Vom Vorzeichen von $\Delta\tilde{\mu}$ nach Gl. (9.44) hängt es ab, ob es sich bei einem gegebenen Transportprozess um einen aktiven oder passiven Transport handelt. Da wir vereinbarungsgemäß einen Fluss Φ als positiv zählen, wenn er von Lösung ' nach Lösung '' gerichtet ist (s. Abschn. 9.3.1 sowie Abb. 9.38), so gilt:

$$\Phi \cdot \Delta\tilde{\mu} < 0 : \text{aktiver Transport} \tag{9.46}$$

$$\Phi \cdot \Delta\tilde{\mu} > 0 : \text{passiver Transport.} \tag{9.47}$$

So ist bei dem in Abb. 9.38 dargestellten Prozess $\Phi > 0$, $\Delta\tilde{\mu} < 0$, also $\Phi \cdot \Delta\tilde{\mu} < 0$ (d.h. es liegt aktiver Transport vor). Wie man sich leicht anhand der Einheiten überlegt, stellt das Produkt $\Phi \cdot \Delta\tilde{\mu}$ die Änderung der Freien Enthalpie dar, die mit dem betrachteten Transportvorgang pro Flächen- und Zeiteinheit verknüpft ist.

Handelt es sich um den Transport eines Nichtelektrolyten, so ist $z = 0$, sodass Gl. (9.44) übergeht in:

$$\Delta\tilde{\mu} = RT \ln \frac{a'}{a'} \quad (z = 0). \tag{9.48}$$

Bei verdünnten Lösungen kann in Gl. (9.44) die Aktivität a durch die Konzentration c ersetzt werden.

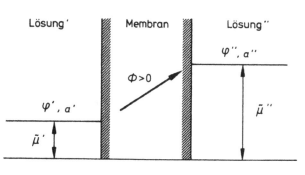

Abb. 9.38. Aktiver Transport definiert als Transport einer Substanz entgegen dem Gefälle des elektrochemischen Potentials $\tilde{\mu}$

9.3.8.1 Primärer und sekundärer aktiver Transport

Wie erwähnt, ist aktiver Transport nur möglich, wenn er an einen weiteren, energieliefernden Prozess gekoppelt ist. Je nach der Art des energieliefernden Prozesses unterscheidet man zwischen primärem und sekundärem aktiven Transport:

> *Primärer aktiver Transport* ist ein Transport, der durch eine „*primäre*" Energiequelle wie ATP-Hydrolyse, Licht oder Redoxenergie getrieben wird. *Sekundärer aktiver Transport* liegt vor, wenn der energetisch „bergauf" gerichtete Transport eines Substrates S thermodynamisch ermöglicht wird durch Kopplung an einen „bergab" gerichteten Transport eines zweiten Substrates R (vgl. 9.3.4).

Beispiele für ATP-getriebene Transportsysteme sind die (weiter unten zu besprechende) Natrium-Kalium-Pumpe in der Plasmamembran tierischer Zellen, die Calcium-Pumpe im sarkoplasmatischen Retikulum und die Protonen-Kalium-Pumpe der Magenschleimhaut. Halobakterien bauen unter sauerstoffarmen Wachstumsbedingungen in die Zellmembran Bakteriorhodopsin ein. Dies ist ein Protein, welches die Energie von Lichtquanten ausnützt, um Protonen entgegen dem Gradienten des elektrochemischen Potentials zu transportieren. Ein durch Redoxenergie getriebener Transport von H^+ wird durch die Cytochromoxidase in Mitochondrien bewerkstelligt.

Ein Beispiel für sekundär aktiven Transport stellt der unten beschriebene Cotransport von Na^+ und Glucose in den Epithelzellen des Dünndarms dar, der zu einer Anreicherung an Glucose führt, wobei Na^+ von hohem auf niedriges elektrochemisches Potential wandert.

Energiebilanz des primär aktiven Transports

Um die Energiebilanz des primären aktiven Transportes zu diskutieren, nehmen wir an, dass pro Mol hydrolysiertes ATP ν Mole der Substanz S von Phase ' nach Phase " transportiert werden. Wir fragen nach dem maximal möglichen Anreicherungsverhältnis a''/a'. Sind $\Delta\tilde{\mu}'$ und $\Delta\tilde{\mu}''$ die elektrochemischen Potentiale von S in den Phasen ' und ", so ist für den Transport ein Betrag an Freier Enthalpie G der Größe $\nu(\tilde{\mu}'' - \tilde{\mu}')$ erforderlich. Andererseits liefert die Hydrolyse von 1 mol ATP einen Betrag an Freier Enthalpie der Größe $-\Delta G$. Soll der Gesamtvorgang spontan ablaufen, so muss G insgesamt abnehmen:

$$\Delta G + \nu(\tilde{\mu}'' - \tilde{\mu}') < 0 \,. \tag{9.49}$$

Unter Einführung von Gl. (9.44) ergibt sich:

$$\nu RT \ln\frac{a''}{a'} + \nu zF(\varphi'' - \varphi') < -\Delta G \,. \tag{9.50}$$

Diese Gleichung ist für die Energetik des aktiven Transportes fundamental; sie legt fest, bis zu welchem Aktivitätsverhältnis a''/a' eine Substanz bei gegebenem Membranpotential ($\varphi'' - \varphi'$) akkumuliert werden kann.

Beispiel: Es sei S elektrisch neutral ($z = 0$), und der Transport gehorche einer 1:1-Stöchiometrie ($\nu = 1$). Ersetzt man (für verdünnte Lösungen) die Aktivitäten a durch Konzentrationen c, so folgt aus Gl. (9.50):

$$\frac{c''}{c'} < e^{-\Delta G / RT}. \tag{9.51}$$

Mit $\Delta G = \Delta G^{0\prime} = -30$ kJ mol^{-1} (ATP-Hydrolyse unter Standardbedingungen) und $RT = 2{,}5$ kJ mol^{-1} folgt:

$$\frac{c''}{c'} < e^{12.0} \simeq 2 \cdot 10^5.$$

Unter optimaler Ausnützung der Energie der Hydrolyse von ATP könnte also unter Standardbedingungen ein Nichtelektrolyt bei 1:1-Stöchiometrie bis zu einem Konzentrationsverhältnis von $2 \cdot 10^5$ in der Zelle akkumuliert werden. Die tatsächlich erzielte Anreicherung ist jedoch wegen unvollständiger Kopplung und passivem Rücktransport von S stets kleiner. Außerdem ist zu berücksichtigen, dass unter den realen Konzentrationsverhältnissen in der Zelle ΔG verschieden ist von $\Delta G^{0\prime}$.

Energiebilanz des sekundär aktiven Transports
Wir gehen von einem bergauf gerichteten Transport eines Substrats S und eines daran gekoppelten bergab gerichteten Transports eines zweiten Substrats R aus.
Für den Transport von S entgegen dem thermodynamischen Gefälle ist pro Zeiteinheit und Flächeneinheit der Membran die Freie Enthalpie $-\Phi_S \Delta \tilde{\mu}_S > 0$ aufzuwenden. Damit der *Gesamtprozess* spontan abläuft, muss gelten:

$$\Phi_R \Delta \tilde{\mu}_R + \Phi_S \Delta \tilde{\mu}_S > 0. \tag{9.52}$$

Im hier betrachteten Beispiel gilt $\Phi_R \Delta \tilde{\mu}_R > 0$ („bergab"-Transport von R), aber $\Phi_S \Delta \tilde{\mu}_S < 0$ („bergauf"-Transport von S). Ein Beispiel für einen gekoppelten Transport zweier Substrate wird im folgenden Abschnitt diskutiert.

9.3.8.2 Cotransport von Na$^+$ und organischen Substraten

Die Epithelzellen des Dünndarms akkumulieren Glucose aus dem Darmlumen entgegen einem Konzentrationsgradienten. Dieser Glucosetransport ist an einen Na$^+$-Transport vom Lumen ins Zellinnere gekoppelt. Na$^+$ geht dabei von hohem auf niedriges elektrochemisches Potential über; die dabei zur Verfügung gestellte Freie Enthalpie wird für die Glucoseakkumulation ausgenützt (Abb. 9.39).
Bezeichnen wir die Flüsse von Glucose und Na$^+$ mit Φ_G und Φ_{Na} und die entsprechenden Differenzen der elektrochemischen Potenziale mit $\Delta \tilde{\mu}_G$ und $\Delta \tilde{\mu}_{Na}$, so gilt, da der Gesamtvorgang spontan abläuft, nach Gl. (9.52):

$$\Phi_G \Delta \tilde{\mu}_G + \Phi_{Na} \Delta \tilde{\mu}_{Na} > 0. \tag{9.53}$$

Unter der Annahme, dass die Kopplung vollständig ist und dass pro Glucosemolekül *ein* Na$^+$-Ion transportiert wird, gilt:

$$\Phi_G = \Phi_{Na} > 0 \, , \qquad (9.54)$$

sodass sich Gl. (9.53) reduziert auf:

$$\Delta \tilde{\mu}_G + \Delta \tilde{\mu}_{Na} > 0 \, . \qquad (9.55)$$

Bezeichnet man die Außenphase mit dem Index a, die Innenphase mit dem Index i (Abb. 9.39), so erhält Gl. (9.55) die Form:

$$\tilde{\mu}_G^a - \tilde{\mu}_G^i > -\left(\tilde{\mu}_{Na}^a - \tilde{\mu}_{Na}^i \right) . \qquad (9.56)$$

Ersetzt man näherungsweise Aktivitäten durch Konzentrationen und berücksichtigt, dass für Glucose $z = 0$ ist, so ergibt Gl. (9.56) zusammen mit Gl. (9.44):

$$RT \ln \frac{[G]_a}{[G]_i} > -RT \ln \frac{[Na^+]_a}{[Na^+]_i} - F\left(\varphi_a - \varphi_i \right) .$$

Hieraus erhält man durch Zusammenfassung der beiden Terme des natürlichen Logarithmus und Delogarithmieren schließlich:

$$\frac{[G]_i}{[G]_a} < \frac{[Na^+]_a}{[Na^+]_i} \, e^{-F(\varphi_i - \varphi_a)/RT} . \qquad (9.57)$$

Gl. (9.57) gibt das bei gegebenen Na^+-Konzentrationen und gegebenem Membranpotential ($\varphi_i - \varphi_a$) *maximal mögliche Anreicherungsverhältnis* $[G]_i/[G]_a$ für Glucose an. Ist z. B.

$$\frac{[Na^+]_a}{[Na^+]_i} = 10 \, , \quad \varphi_i - \varphi_a = -60 \, mV,$$

so kann Glucose bis zu einem Konzentrationsverhältnis von maximal

$$\frac{[G]_i}{[G]_a} \simeq 100$$

im Zellinnern angereichert werden. Bei nicht vollständiger Kopplung wird dieser Wert unterschritten.

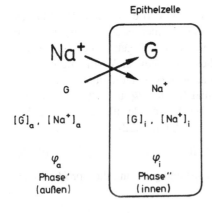

Abb. 9.39. Energetische Kopplung der Flüsse von Glucose (G) und Na^+ in Epithelzellen des Dünndarms. Die Größe der Symbole entspricht der relativen Größe der jeweiligen Konzentrationen

Abb. 9.40. Cotransport von Na$^+$ und Glucose (G); a = Außenmedium, i = Innenmedium (Cytoplasma)

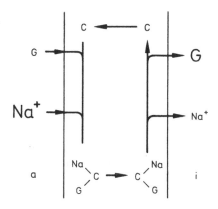

Ein möglicher Transportmechanismus für den Na$^+$-gekoppelten Glucosetransport besteht in einem Carrier, der je eine Bindungsstelle für Na$^+$ und für Glucose (G) besitzt (Abb. 9.40). Eine Kopplung zwischen Glucose- und Na$^+$-Fluss kann dadurch zustande kommen, dass der Carrier nur dann mit Glucose durch die Membran treten kann, wenn er gleichzeitig auch Na$^+$ gebunden hat.

Ähnliche Cotransportmechanismen werden für Na$^+$ und andere organische Substrate diskutiert.

9.3.8.3 Die Natrium-Kalium-Pumpe

Durch den in 9.3.8.2 diskutierten gekoppelten Transport von Na$^+$ und Glucose entsteht für die Zelle ein neues Problem: der Natrium-Einstrom müsste nämlich $\Delta\tilde{\mu}_{Na}$ allmählich zum Verschwinden bringen. Es muss also ein Prozess existieren, der die Na$^+$-Konzentration im Zellinnern dauernd niedrig hält. Hierfür ist die Natrium-Kalium-Pumpe zuständig.

Die meisten tierischen Zellen besitzen im Cytoplasma eine hohe K$^+$- und eine niedrige Na$^+$-Konzentration, während im extrazellulären Medium das Konzentrationsverhältnis umgekehrt ist. Die cytoplasmatischen Konzentrationen von K$^+$ und Na$^+$ sind entscheidend wichtig für die Konstanthaltung des Zellvolumens, für die Erregbarkeit von Nervenzellen und für die Akkumulierung von Zuckern und Aminosäuren über Cotransportsysteme.

Ionenkonzentrationen bei menschlichen Erythrocyten

	[Na$^+$]	[K$^+$]
innen (Cytoplasma)	19 mM	136 mM
außen (Serum)	120 mM	5 mM

Versuche mit radioaktiven Ionen zeigen, dass die Zellmembran eine *merkliche passive Permeabilität für Na$^+$ und K$^+$* besitzt. Daraus ist zu schließen, dass die Konzentrationsunterschiede hinsichtlich K$^+$ und Na$^+$ durch einen *energieverbrauchenden Prozess* ständig aufrechterhalten werden müssen. Tatsächlich führt eine Blockierung des energieliefernden Stoffwechsels durch Vergiftung oder Temperaturerniedrigung zu einem Ausgleich der Konzentrationsdifferenzen von K^+ und Na^+ zwischen Cytoplasma und extrazellulärem Medium. Nach Auswaschen des Giftes bzw. Temperaturerhöhung bauen sich die ursprünglichen Konzentrationsdifferenzen langsam wieder auf.

Wie **J. Skou** 1957 gezeigt hat, enthält die Plasmamembran tierischer Zellen ein Protein, das unter Spaltung von ATP K^+-Ionen ins Zellinnere und Na^+-Ionen nach außen transportiert. Dieses Protein, das als Na,K-ATPase oder Na,K-Pumpe bezeichnet wird, ist für die Aufrechterhaltung der Konzentrationsunterschiede von Na^+ und K^+ zwischen Cytoplasma und Außenmedium verantwortlich. Im stationären Zustand heben sich der durch die Pumpe bewirkte, aktive Na^+-Ausstrom und der durch passive Permeabilitäten bedingte Na^+-Einstrom gegenseitig gerade auf (Abb. 9.41); entsprechendes gilt für die K^+-Flüsse.

Die Na,K-Pumpe besteht aus zwei Untereinheiten der Molmassen 110.000 und 55.000 g/mol. Das Protein, das aus Plasmamembranen mit Hilfe von Detergentien isoliert werden kann, hydrolysiert in wässriger Lösung ATP, sofern gleichzeitig Na^+ und K^+ anwesend sind:

$$ATP \xrightarrow{\ Na^+,\, K^+\ } ADP + P_i .$$

Liegt das Protein in homogener Lösung vor, so kann man zwar seine enzymatischen Eigenschaften noch studieren, der *vektorielle* Charakter der Reaktion ist jedoch verloren gegangen. Untersucht man das in die Erythrocytenmembran eingebaute Protein, so ergeben sich folgende Befunde:

1) ATP wirkt nur auf der *cytoplasmatischen Seite* und zwar in Form von MgATP.
2) In Gegenwart von *intrazellulärem* Na^+ wird das Enzym durch ATP an einem Aspartylrest phosphoryliert.

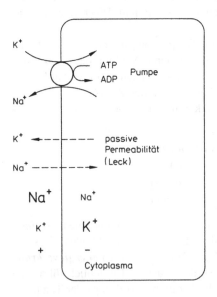

Abb. 9.41. Die Na,K-Pumpe transportiert unter ATP-Spaltung K^+-Ionen nach innen und Na^+-Ionen nach außen. Im stationären Zustand heben sich aktive und passive Flüsse gegenseitig auf

3) Das phosphorylierte Protein wird in Gegenwart von *extrazellulärem* K^+ dephosphoryliert.

4) Für jedes hydrolysierte ATP werden 2 K^+-Ionen nach innen und 3 Na^+-Ionen nach außen transportiert (Abb. 9.41).

Hier liegt also der interessante Fall vor, dass eine enzymatische Reaktion an einen Transportprozess gekoppelt ist. Würde man (in einem Gedankenexperiment) zu Anfang völlig symmetrische Verhältnisse vorgeben (gleiche Konzentrationen von ATP, K^+ und Na^+ innen und außen), so würden sich durch Wirkung der Na,K-ATPase Konzentrationsdifferenzen hinsichtlich Na^+ und K^+ „spontan" über der Membran aufbauen. Diese vektorielle Reaktion erfordert, dass das Enzym *orientiert* in die Membran eingebaut ist.

Die Kopplung zwischen chemischer Reaktion und Transport kommt auch dadurch zum Ausdruck, dass man die Pumpe rückwärts laufen lassen kann. Vergrößert man künstlich die transmembranären Konzentrationsgradienten von K^+ und Na^+, so wird ATP aus dem vorgegebenen ADP und anorganischem Phosphat synthetisiert.

Ein weiterer interessanter Aspekt der Na,K-Pumpe ist die *elektrogene Natur* des Transportprozesses. Da die Pumpe ungleich viel Na^+- und K^+-Ionen in entgegengesetzter Richtung durch die Membran befördert, ergibt sich ein Netto-Transport von elektrischer Ladung. Die Na,K-Pumpe wirkt somit als *Stromquelle*. Umgekehrt ist daher zu erwarten, dass die Transportrate durch die über der Membran abfallende elektrische Spannung beeinflusst wird. Diese Voraussage konnte durch Messung der Spannungsabhängigkeit von Pumpströmen bestätigt werden. Die Na,K-ATPase ist somit ein Enzym, dessen Aktivität durch das elektrische Feld gesteuert werden kann.

Der Reaktionsmechanismus der Na, K-Pumpe ist heute bereits in vielen Details verstanden. Das Protein durchläuft einen Zyklus von Konformationsänderungen, Ionenbindungs- und Ionenfreisetzungs-Reaktionen (Abb. 9.42). Entscheidend ist ein Übergang zwischen einer Konformation E_1 mit einwärts (zum Cytoplasma hin) gerichteten und einer Konformation E_2 mit auswärts gerichteten Ionenbindungsstellen. Das Auftreten eines derartigen Konformationsübergangs wird durch spektroskopische Experimente nahegelegt.

Entsprechend Abb. 9.42 kann im Zustand E_1 das Protein Na^+ auf der Zellinnenseite mit hoher Affinität binden. Wenn 3 Na^+-Ionen gebunden haben, induziert die Phosphorylierung einen Übergang in die Konformation E_2, in der die Bindungsstellen nach außen orientiert sind und die Affinität für Na^+ gering ist. Na^+ wird nach außen abgegeben und durch K^+ ersetzt. Die Bindung von K^+ katalysiert die Dephosphorylierung des Proteins, die mit einem Übergang in die ursprüngliche Konformation E_1 verbunden ist. Experimente mit radioaktiven Ionen haben ergeben, dass die E_1/E_2-Übergänge über Zwischenzustände verlaufen, in denen die gebundenen Ionen „okkludiert", d.h. im Protein eingeschlossen sind (Zustände $(Na_3)E_1$-P und $E_2(K_2)$ in Abb. 9.42).

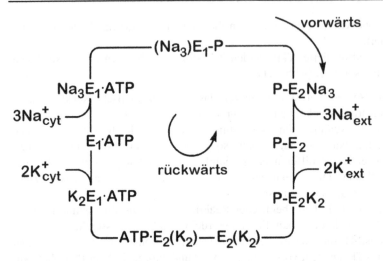

Abb. 9.42. Reaktionsmodell der Na,K-ATPase. In Konformation E_1 sind die Ionenbindungsstellen nach innen (zum Cytoplasma hin), in Konformation E_2 nach außen orientiert. In den Zuständen $(Na)_3E_1\text{-}P$ und $E_2(K_2)$ sind die Ionenbindungsstellen „okkludiert", d.h. weder von außen noch von innen zugänglich

Im Vergleich zu einem Ionenkanal ist die *Transportrate* der Na,K-Pumpe sehr klein; bei 37 °C wird der in Abb. 9.42 dargestellte Zyklus etwa 100-mal in der Sekunde durchlaufen, was einem (auf das einzelne Pumpmolekül bezogenen) Auswärtstransport von 300 Na⁺-Ionen und einem Einwärtstransport von 200 K⁺-Ionen entspricht. Erythrocyten besitzen etwa 50 Kopien der Na,K-ATPase je Zelle, Zellen der Nierentubuli bis zu $4 \cdot 10^6$ Kopien.

Energetik der Na,K-ATPase:
Unter physiologischen Konzentrationsbedingungen liefert die Hydrolyse von ATP in einer Zelle mit oxidativem Stoffwechsel typischerweise einen Betrag an Freier Enthalpie von $-\Delta G_{chem} \approx 60$ kJ/mol. Der Transport von 3 mol Na⁺-Ionen nach außen und von 2 mol K⁺-Ionen nach innen erfordert einen Energiebetrag von

$$-(\Delta G)_{\text{Transport}} = 3(\tilde{\mu}_{Na}^a - \tilde{\mu}_{Na}^i) + 2(\tilde{\mu}_K^i - \tilde{\mu}_K^a).$$

Die Indices i und a beziehen sich auf das Innen- und Außenmedium der Zelle. Mit $c_{Na}^i = 10$ mM, $c_{Na}^a = 140$ mM, $c_K^i = 150$ mM, $c_K^a = 5$ mM und $V_m \equiv \varphi_i - \varphi_a = -60$ mV ergibt sich somit bei 25 °C folgende *Energiebilanz* (vgl. 9.3.8.1):

Zur Verfügung gestellte chemische Energie:

$$-(\Delta G)_{chem} \approx 60 \text{ kJ/mol}$$

Energieaufwand für den Transport von Na⁺:

$$3\,RT \ln(c_{Na}^a / c_{Na}^i) + 3\,F(\varphi_a - \varphi_i) = (19{,}6 + 17{,}4) \text{ kJ/mol} = 37{,}0 \text{ kJ/mol}$$

Energieaufwand für den Transport von K⁺:

$$2\,RT\,\ln(c_k^i / c_k^a) + 2\,F(\varphi_i - \varphi_a) = (16{,}8 - 11{,}6)\ \text{kJ/mol} = 5{,}2\ \text{kJ/mol}.$$

Von der insgesamt für den Transport benötigten Freien Enthalpie von 42,2 kJ/mol entfällt somit der größte Teil auf die Extrusion von Na⁺. Dies ergibt sich daraus, dass Na⁺ entgegen den Konzentrationsgradienten und gleichzeitig auch entgegen den elektrischen Potentialgradienten transportiert werden muss. Die Tatsache, dass die ATP-Hydrolyse wesentlich mehr (60 kJ/mol) an Freier Enthalpie zur Verfügung stellt als die für den Transport benötigten 42,2 kJ/mol, bedeutet, dass die Na,K-Pumpe fern des elektrochemischen Gleichgewichts arbeitet. Die Bedingung $-(\Delta G)_{\text{chem}} > (\Delta G)_{\text{Transport}}$ muss natürlich stets erfüllt sein, wenn der Transportprozess mit endlicher Geschwindigkeit ablaufen soll.

9.3.8.4 Chemiosmotische Theorie der oxidativen Phosphorylierung und Photophosphorylierung

Wie wir bei der Behandlung von Cotransportsystemen gesehen haben, kann ein Gradient des elektrochemischen Potentials von Na⁺ oder H⁺ als *Energiequelle* für den (sekundären) aktiven Transport von Molekülen dienen. Heute weiß man, dass ein Gradient von $\Delta\tilde{\mu}_H$ auch direkt zur Synthese von ATP aus ADP und anorganischem Phosphat (P_i) verwendet werden kann. Der ATP-Syntheseprozess, der für die gesamte Bioenergetik von zentraler Bedeutung ist, spielt sich in den Mitochondrien (oxidative Phosphorylierung) sowie in den Chloroplasten grüner Pflanzen (Photophosphorylierung) ab.

In den Mitochondrien wird die durch Oxidation von Substraten zur Verfügung gestellte Freie Enthalpie zur ATP-Synthese ausgenützt. Früher nahm man an, dass ein Zwischenschritt bei diesem Prozess die Bildung einer energiereichen chemischen Verbindung ist, die dann ihrerseits Energie auf die Reaktion ADP + P_i → ATP überträgt. Angesichts der vielen erfolglosen Versuche, ein derartiges energiereiches Zwischenprodukt nachzuweisen, schlug *P. Mitchell* (1961) vor, dass Redoxenergie intermediär in Form einer *Differenz des elektrochemischen Potentials von H⁺* gespeichert wird. Die über der inneren Mitochondrienmembran aufgebaute Differenz von $\Delta\tilde{\mu}_H$ könnte dann die unmittelbare Energiequelle der ATP-Synthese sein. Diese „chemiosmotische" Theorie der ATP-Synthese ist inzwischen durch viele Experimente bestätigt worden.

In der Elektronentransportkette der Mitochondrien wird am Anfang der Kette ein wasserstoffreiches Substrat (RH_2) oxidiert. Die bei der Oxidation dem Substrat entzogenen Elektronen werden am Ende der Kette auf Sauerstoff (O_2) übertragen:

$$RH_2 \rightarrow 2e^- + 2H^+ + R \tag{9.58}$$

$$\tfrac{1}{2}\,O_2 + 2e^- + 2H^+ \rightarrow H_2O. \tag{9.59}$$

Die meisten der beteiligten Redoxenzyme sind integrale Proteine der inneren Mitochondrienmembran. Zu einem gerichteten transmembranären Protonentransport kommt es dann, wenn die Komponenten der Elektronentransportkette in der inneren Mitochondrienmembran so orientiert sind, dass bei Reaktion (9.58) H^+ **nach außen abgegeben**, bei Reaktion (9.59) dagegen **von innen aufgenommen** wird. Eine weitere Möglichkeit für eine Kopplung zwischen Elektronenfluss und Protonentransport besteht darin, dass ein Protein abwechselnd ein Elektron aufnimmt und abgibt und dabei gleichzeitig Protonen durch die Membran transportiert (Abb. 9.43). Eine derartige **redoxgetriebene Protonenpumpe** durchläuft (ähnlich dem in 9.3.8.3 diskutierten Mechanismus der Na,K-Pumpe) einen Zyklus, bei dem Elektronen-Aufnahme und -Abgabe gekoppelt sind an Übergänge zwischen Konformationen mit einwärts und auswärts orientierten Protonenbindungsstellen. Eine Reihe von experimentellen Befunden deutet darauf hin, dass die **Cytochromoxidase** in der inneren Mitochondrienmembran als redoxgetriebene Protonenpumpe wirkt.

Da mit einem H^+-Ion gleichzeitig eine elektrische Ladung durch die Membran transferiert wird, baut sich als Folge des Redoxprozesses über der inneren Mitochondrienmembran nicht nur eine **pH-Differenz** ($\Delta pH = pH_i - pH_a$), sondern auch eine **elektrische Potentialdifferenz** ($\Delta\varphi = \varphi_i - \varphi_a$) auf. Der Mitochondrien-Innenraum (Matrixraum) nimmt dabei ein negatives Potential an ($\varphi_i - \varphi_a < 0$). Entsprechend der Beziehung

$$\Delta\tilde{\mu}_H = RT \ln\frac{a_H^i}{a_H^a} + F\left(\varphi_i - \varphi_a\right) = -2{,}30\, RT\, \Delta pH + F\Delta\varphi, \qquad (9.60)$$

die aus Gl. (9.44) (unter Verwendung von $pH = -\log a = -2{,}30 \ln a$) hervorgeht, tragen sowohl ΔpH als auch $\Delta\varphi$ zur Differenz des elektrochemischen Potentials $\Delta\tilde{\mu}_H = \tilde{\mu}_H^i - \tilde{\mu}_H^a$ bei.

Unter Einführung des „**Protonenpotentials**" $\Delta p \equiv \Delta\tilde{\mu}_H / F$, im Englischen häufig als **protonmotive force** bezeichnet, schreibt man Gl. (9.60) meist in der folgenden Form:

$$\Delta p \equiv \frac{\Delta\tilde{\mu}_H}{F} = -2{,}30\frac{RT}{F}\Delta pH + \Delta\varphi. \qquad (9.61)$$

Das Protonenpotential Δp hat die Dimension einer elektrischen Spannung (beachte: Energie = Ladung×Spannung). Man kann Δp als die gesamte effektive Po-

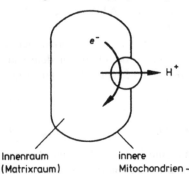

Innenraum
(Matrixraum)

innere
Mitochondrien-
membran

Abb. 9.43. Durch Redoxenergie getriebene Protonenpumpe

tentialdifferenz interpretieren, die auf das Proton wirkt. Hierbei wird die pH-Differenz (durch Multiplikation mit RT/F) in eine elektrische Potentialdifferenz umgerechnet und zur tatsächlich vorhandenen Potentialdifferenz addiert. Bei $T = 298$ K, d.h. $2,30 \ RT/F \approx 59$ mV folgt aus Gl. (9.61):

$$\Delta p \approx -(59 \ mV)\Delta \mathrm{pH} + \Delta \varphi. \qquad (9.62)$$

Wie groß die relativen Anteile von $-(59\mathrm{mV}) \ \Delta\mathrm{pH}$ und $\Delta\varphi$ in Δp sind, hängt von den physiologischen Bedingungen ab. Wenn, ausgehend von einem Gleichgewichtszustand ($\Delta\mathrm{pH} = 0$, $\Delta\varphi = 0$), der Redoxprozess in Gang gesetzt wird und Protonen durch die Membran transportiert werden, so baut sich rasch unter Aufladung der elektrischen Membrankapazität eine Potentialdifferenz $\Delta\varphi$ auf. $\Delta\mathrm{pH}$ bleibt dagegen wegen der hohen Pufferkapazität der wässrigen Medien beiderseits der Membran noch klein. Ist die Membran für andere Ionen (K^+, Na^+, Ca^{2+}, Cl^-) permeabel, so induziert $\Delta\varphi$ einen passiven Ladungstransport, der die Tendenz hat, $\Delta\varphi$ im Betrag zu verkleinern. Zum Ausgleich für diesen Ladungstransport dauert der redoxgetriebene H^+-Transport weiter an, sodass $|\Delta\mathrm{pH}|$ allmählich ansteigt.

Die Größe von $\Delta\varphi$ und $\Delta\mathrm{pH}$ im stationären Zustand hängt von der passiven Membranpermeabilität für H^+ und andere Ionen ab, sowie von der ATP-Syntheserate und von der Gegenwart anderer energetischer Kopplungen (s. unten).

ATP-Synthese

Die Reaktion $ADP + P_i \rightarrow ATP$ benötigt unter Standardbedingungen eine freie Enthalpie von $\Delta G^{0\prime} \approx 30$ kJ mol^{-1}, die nach der chemiosmotischen Theorie durch Transport von Protonen von hohem elektrochemischen Potential (außen) auf niedrigeres elektrochemisches Potential (innen) aufgebracht wird (Abb. 9.44). Nimmt man eine Stöchiometrie von 3 H^+:1 ATP an (wofür eine Reihe von Experimenten sprechen), so muss, damit die ATP-Synthese unter Standardbedingungen durch $\Delta\tilde{\mu}_H$ getrieben werden kann, $|3 \ \Delta\tilde{\mu}_H| > |\Delta G^{0\prime}|$ gelten oder

$$|\Delta p| = |\Delta\tilde{\mu}_H / F| > |\Delta G^{0\prime}/3F| \approx 3{\cdot}10^4 \ \mathrm{J \ mol^{-1}}/(3{\cdot}9{,}65{\cdot}10^4 \ \mathrm{C \ mol^{-1}}) \approx 0{,}1 \ \mathrm{V}.$$

Es ergibt sich somit als Energiebilanz für eine durch $\Delta\tilde{\mu}_H$ getriebene ATP-Synthese die Forderung

$$|\Delta p| = |-(59\,\mathrm{mV})\Delta\mathrm{pH} + \Delta\varphi| > 100\,\mathrm{mV}. \qquad (9.63)$$

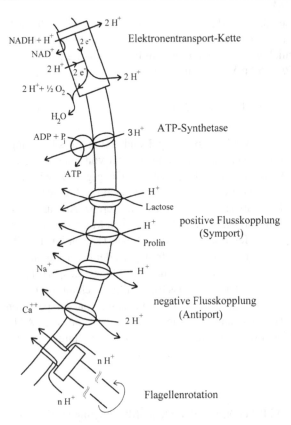

Abb. 9.44. Energetische Kopplungen an der Plasmamembran des Bakteriums *E. coli*. Die durch die Elektronentransportkette erzeugte Differenz $\Delta\tilde{\mu}_H$ des elektrochemischen Potentials für Protonen wird durch positive oder negative Flusskopplung zur Anreicherung oder zum Heraustransport verschiedener Moleküle sowie zum Antrieb der Flagellenrotation verwendet

ATP kann daher nach dem vorgeschlagenen Mechanismus nur dann synthetisiert werden, falls diese Bedingung durch entsprechend hohes ΔpH und/oder $\Delta\varphi$ erfüllt ist.

Bei den in der Zelle tatsächlich vorhandenen Konzentrationen von ATP, ADP und P_i ist das erforderliche Δp größer als 100 mV. Abschätzungen anhand geeigneter Experimente an Mitochondrien haben gezeigt, dass das vorhandene Δp im Bereich von 200 mV liegt und dass die ATP-Synthese in der Tat thermodynamisch möglich ist. Die chemiosmotische Theorie der ATP-Erzeugung wurde durch Experimente bestätigt, bei denen, durch Anwendung eines dem System von außen künstlich aufgeprägten Δp, ATP erzeugt werden konnte.

Es gibt viele experimentelle Hinweise, dass die *Photophosphorylierung* in den Chloroplasten nach einem ähnlichen Mechanismus wie die oxidative Phosphorylierung in den Mitochondrien abläuft, allerdings mit dem Unterschied, dass beim lichtgetriebenen Elektronentransport *H⁺-Ionen* ins Innere der Thylakoide *hineingepumpt werden*.

Energetische Kopplungen an biologischen Membranen
Der durch die Oxidation von Substraten durch die Elektronentransportkette aufgebaute Protonengradient ΔpH und die ihn begleitende Änderung $\Delta\varphi$ des elektrischen Potentials können – neben der ATP-Synthese – als Energiequelle einer Reihe weiterer energieverbrauchender Prozesse verwendet werden. Abb. 9.44 zeigt dies anhand von Vorgängen an der Plasmamembran des Bakteriums *E. coli*. So dient $\Delta\tilde{\mu}_H$ zur Anreicherung des Zuckers Lactose und der Aminosäure Prolin im Cytoplasma durch positive Flusskopplung mit H^+ sowie zum Heraustranport von Na^+ und Ca^{2+} durch negative Flusskopplung mit H^+. Darüber hinaus wird die beim Hinein-Transport von H^+ frei werdende Energie zum Antrieb der Flagellenrotation verwendet.

9.3.9 Membranpotentiale, Goldman-Gleichung

Im Allgemeinen ist das elektrische Potential φ_i des Zellinneren verschieden vom elektrischen Potential φ_a des Außenmediums. Die Differenz

$$V_m = \varphi_i - \varphi_a \tag{9.64}$$

wird als *Membranspannung* oder *Membranpotential* (eigentlich „Potentialdifferenz") bezeichnet.

Berechnung von V_m unter Gleichgewichtsbedingungen
Zunächst sei der einfache Fall betrachtet, dass die Membran nur für K^+-Ionen permeabel ist (Abb. 9.45). Falls die Innenkonzentration c_K^i von K^+ größer ist als die Außenkonzentration c_K^a, so besteht eine Tendenz für einen passiven K^+-Transport durch die Membran von innen nach außen. Dadurch lädt sich das Zellinnere negativ gegen die Außenphase auf, wobei das so entstehende Membranpotential schließlich einen weiteren K^+-Transport verhindert. Das elektrische Feld in der Membran wirkt hierbei als rücktreibende Kraft, die die zweite Triebkraft, nämlich den Konzentrationsgradienten über der Membran, kompensiert.

Hier stellt sich also an der Membran ein Gleichgewichtszustand ein. Für das diesem Gleichgewichtszustand entsprechende Membranpotential wurde in Abschn. 6.2.2 folgende Beziehung abgeleitet (Nernst-Gleichung):

$$V_m = \varphi_i - \varphi_a = \frac{RT}{F} \ln \frac{c_K^a}{c_K^i} \approx (59,2 \text{ mV}) \log \frac{c_K^a}{c_K^i} \equiv E_K \,, \tag{9.65}$$

T = 298 K. Die Membranspannung V_m wird in diesem Fall als *Kalium-Gleichgewichtspotential* E_K bezeichnet.

In Wirklichkeit ist die Zellmembran *für mehrere Ionensorten permeabel* (in vielen Fällen im Wesentlichen für K^+, Na^+ und Cl^-). Jede Ionensorte besitzt außer-

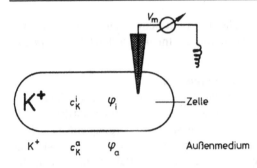

Abb. 9.45. Messung der Membranspannung $V_m \equiv \varphi_i - \varphi_a$ unter der Bedingung, dass K^+ die einzige permeable Ionensorte darstellt. Die Größe des „K^+"-Symbols zeigt die Größe der jeweiligen Konzentration an

dem ein anderes Konzentrationsverhältnis c^a / c^i. Wie wir in Abschn. 9.3.8.3 gesehen haben, stellen sich diese Konzentrationsverhältnisse durch ein Zusammenspiel von Pumpe und passiver Permeabilität ein. Es ist einleuchtend, dass unter diesen Bedingungen an der Membran ein Gleichgewichtszustand *nicht* mehr möglich ist. Denn wäre z. B. hinsichtlich K^+ Gleichgewicht vorhanden (entsprechend Gl. 9.65), so könnte beim selben Membranpotential Na^+ *nicht* im Gleichgewicht sein, da im Allgemeinen $c^a_{Na} / c^i_{Na} \neq c^a_K / c^i_K$ ist. Das tatsächlich vorhandene Membranpotential V_m stellt sich auf einen Wert ein, der *zwischen* den verschiedenen Gleichgewichtspotentialen liegt. Entsprechend ist das Membranpotential auch nicht mehr thermodynamisch definiert; zur Berechnung von V_m muss man vielmehr, wie es im Folgenden geschieht, ein geeignetes *Modell* einführen.

Berechnung von V_m unter Nicht-Gleichgewichtsbedingungen

Im Folgenden setzen wir voraus, dass die Membran nur für die Ionensorten K^+, Na^+ und Cl^- permeabel ist (Abb. 9.46). Im Übrigen machen wir für die Berechnung von V_m folgende *Annahmen:*

1) Die Membran befindet sich im *stationären Zustand*, d. h. bei konstant gehaltenen Außenkonzentrationen sind die Ionenkonzentrationen im Membraninnern zeitlich konstant.

2) Die Membran wird als homogene Phase aufgefasst. Die Ionensorte ν besitzt in

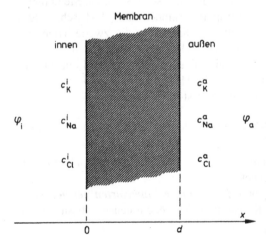

Abb. 9.46. Membran als homogener Flüssigkeitsfilm. Die betrachteten Ionen K^+, Na^+ und Cl^- lösen sich nur mit sehr kleiner Konzentration im Membraninneren (nicht gezeigt). Hieraus folgt die in Abb. 9.47 dargestellte konstante Feldstärke in der Membran

der Membran einen ortsunabhängigen Diffusionskoeffizienten D_v, und einen ebenfalls ortsunabhängigen Verteilungskoeffizienten χ_v. Die Ionen wandern unabhängig voneinander durch die Membran.
3) In der Grenzfläche Membran/Wasser soll für alle Ionen stets Verteilungsgleichgewicht herrschen. Dies bedeutet, dass die Diffusion über das Membraninnere die Geschwindigkeit des Ionentransports über die Gesamtmembran bestimmt.
4) Die elektrische Feldstärke in der Membran soll konstant sein, d. h. das elektrische Potential φ soll linear von x abhängen (Abb. 9.47). Diese Annahme würde exakt zutreffen, wenn die Membran ein ideales Dielektrikum wäre (Ionenkonzentrationen in der Membran gleich null). Bei endlichen, aber kleinen Ionenkonzentrationen stellt die Annahme konstanter Feldstärke immer noch eine gute Näherung dar.

Zu beachten ist ferner, dass für die nur etwa 10 nm dicke Membran das Prinzip der makroskopischen Elektroneutralität nicht mehr angewendet werden kann, da die Membrandicke d kleiner ist als die Debye-Länge l_D in der Membran (s. 8.5.1).
Die Flussdichte der Ionensorte v (Ladungszahl z_v) in der Membran ist im stationären Zustand gegeben durch die Nernst-Planck-Gleichung Gl. (8.119):

$$\Phi_v = -D_v\left(\frac{dC_v}{dx} + z_v C_v \frac{F}{RT}\frac{d\varphi}{dx}\right), \tag{9.66}$$

$C_v(x) = $ Konzentration der Ionensorte v in der Membran,
$D_v = $ Diffusionskoeffizient der Ionensorte v in der Membran,
$\varphi(x) = $ elektrisches Potential in der Membran.

Wegen Annahme 4) gilt mit Gl. (9.64):

$$\frac{d\varphi}{dx} \approx \frac{\varphi_a - \varphi_i}{d} = -\frac{V_m}{d}. \tag{9.67}$$

Im Folgenden führen wir zur Abkürzung die Größe u ein:

$$u = \frac{F V_m}{RT}; \tag{9.68}$$

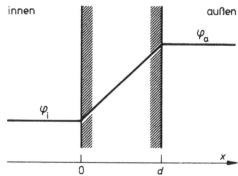

Abb. 9.47. Annahme konstanter Feldstärke in der Membran. Das elektrische Potential $\varphi(x)$ hängt linear von x ab

u ist das „*reduzierte Membranpotential*", ausgedrückt in Einheiten von $RT/F{\approx}25$ mV (T = 298 K). Damit erhält Gl. (9.66) in Verbindung mit Gl. (9.67) die Gestalt:

$$\Phi_{\mathrm{v}} = -D_{\mathrm{v}}\left(\frac{dC_{\mathrm{v}}}{dx} - z_{\mathrm{v}}C_{\mathrm{v}}\frac{u}{d}\right). \tag{9.69}$$

Gleichung (9.69) stellt eine Differentialgleichung für die zunächst unbekannte Funktion $C_{\mathrm{v}}(x)$ dar. Die **Randbedingungen** bei der Integration von Gl. (9.69) ergeben sich folgendermaßen: Annahme 3) bedeutet, dass an den Grenzflächen Membran/Lösung ($x = 0$ und $x = d$) das Verhältnis $C_{\mathrm{v}}/c_{\mathrm{v}}$ gleich dem Verteilungskoeffizienten χ ist (c_{v} ist die Konzentration der Ionensorte v in der Außenphase):

$$\gamma_{\mathrm{v}} = \frac{C_{\mathrm{v}}(0)}{c_{\mathrm{v}}^{\mathrm{i}}} = \frac{C_{\mathrm{v}}(d)}{c_{\mathrm{v}}^{\mathrm{a}}}. \tag{9.70}$$

Mit dieser Randbedingung ergibt die (vergleichsweise einfach auszuführende) Integration:

$$C_{\mathrm{v}}(x) = (\gamma_{\mathrm{v}}c_{\mathrm{v}}^{\mathrm{i}} - A_{\mathrm{v}})\, e^{z_{\mathrm{v}}ux/d} + A_{\mathrm{v}},$$
$$A_{\mathrm{v}} = \frac{\Phi_{\mathrm{v}}d}{z_{\mathrm{v}}uD_{\mathrm{v}}} \tag{9.71}$$

$C_{\mathrm{v}}(x)$ ist also [im Gegensatz zu $\varphi(x)$] eine nicht-lineare Funktion von x. Anwendung von Gl. (9.71) auf $x = d$ liefert:

$$C_{\mathrm{v}}(d) = \gamma_{\mathrm{v}}c_{\mathrm{v}}^{\mathrm{a}} = (\gamma_{\mathrm{v}}c_{\mathrm{v}}^{\mathrm{i}} - A_{\mathrm{v}})\, e^{z_{\mathrm{v}}u} + A_{\mathrm{v}}. \tag{9.72}$$

Diese Gleichung kann nach dem (in A_{v} enthaltenen) Fluss Φ_{v} aufgelöst werden:

$$\Phi_{\mathrm{v}} = \frac{\gamma_{\mathrm{v}}D_{\mathrm{v}}}{d}z_{\mathrm{v}}u\frac{c_{\mathrm{v}}^{\mathrm{i}}\, e^{z_{\mathrm{v}}u} - c_{\mathrm{v}}^{\mathrm{a}}}{e^{z_{\mathrm{v}}u} - 1}. \tag{9.73}$$

Es ist interessant, Gl. (9.73) auf den Fall verschwindenden Membranpotentials anzuwenden ($V_{\mathrm{m}} = 0$, $u = 0$). Für $u = 0$ gilt:

$$e^{z_{\mathrm{v}}u} = 1,$$

$$\lim_{u \to 0}\left[\frac{z_{\mathrm{v}}u}{e^{z_{\mathrm{v}}u} - 1}\right] = \frac{z_{\mathrm{v}}u}{(1 + z_{\mathrm{v}}u) - 1} = 1.$$

Damit reduziert sich Gl. (9.73) für $V_{\mathrm{m}} = 0$ auf:

$$\Phi_{\mathrm{v}} = \frac{\gamma_{\mathrm{v}}D_{\mathrm{v}}}{d}\left(c_{\mathrm{v}}^{\mathrm{i}} - c_{\mathrm{v}}^{\mathrm{a}}\right) = \frac{\gamma_{\mathrm{v}}D_{\mathrm{v}}}{d}\Delta c_{\mathrm{v}}. \tag{9.74}$$

Der Vergleich mit der Beziehung

$$\Phi = P_{\mathrm{d}}\Delta c$$

(Gl. 9.8) zeigt, dass die Größe $\chi_v D_v/d$ der Permeabilitätskoeffizient der Ionensorte v bei verschwindender Spannung ist:

$$P_v = \frac{\chi_v D_v}{d}. \tag{9.75}$$

Damit erhält Gl. (9.73) die Form:

$$\Phi_v = P_v \, z_v \, u \frac{c_v^i \, e^{z_v u} - c_v^a}{e^{z_v u} - 1}. \tag{9.76}$$

Diese wichtige Gleichung beschreibt die **Ionenflussdichte** Φ_v in Abhängigkeit von den **Ionenkonzentrationen** c_v^i und c_v^a und **vom Membranpotential** $V_m = uRT/F$. Gleichung (9.76) kann dazu verwendet werden, um den Permeabilitätskoeffizienten P_v unter beliebigen Bedingungen ($V_m \neq 0$) mit Hilfe von Isotopenflussmessungen zu bestimmen.

Wir betrachten nun den Ruhezustand des Systems, der sich durch ein konstantes Membranpotential V_m auszeichnet. Dies bedeutet, dass der elektrische Strom I durch die Membran gleich null sein muss, da ein endlicher Strom zu einer weiteren Aufladung der Membrankapazität und damit zu einer zeitlichen Veränderung von V_m führen würde. Aus den Flussdichten Φ_v der verschiedenen Ionensorten erhält man die Stromdichte $j = I/A_m$ (A_m = Membranfläche) durch Summation wie folgt:

$$j = F \sum_v z_v \, \Phi_v. \tag{9.77}$$

Gl. (9.77) ist unschwer anhand einer Dimensionsbetrachtung zu verifizieren (Stromdichte = Ladung/(Zeit·Fläche). Aus der Ladung ergibt sich auch die Berücksichtigung der Ladungszahl z_v der Ionen, deren Vorzeichen den Vektorcharakter von Φ_v und j berücksichtigt (Flüsse von Kationen und Anionen in gleicher Richtung entsprechen einer elektrischen Stromdichte entgegengesetzten Vorzeichens, s. Kap. 6). Die Summation ist über alle permeablen Ionensorten v zu erstrecken.

Angewendet auf eine Membran, in der als einzige permeable Ionen K$^+$, Na$^+$ und Cl$^-$ vorkommen, erhält man aus Gl. (9.77) für den Ruhezustand des Systems ($j = 0$):

$$\Phi_K + \Phi_{Na} - \Phi_{Cl} = 0. \tag{9.78}$$

Einsetzen von Gl. (9.76) liefert:

$$P_K \, u \frac{c_K^i \, e^u - c_K^a}{e^u - 1} + P_{Na} \, u \frac{c_{Na}^i \, e^u - c_{Na}^a}{e^u - 1} + P_{Cl} \, u \frac{c_{Cl}^i \, e^{-u} - c_{Cl}^a}{e^{-u} - 1} = 0.$$

Multiplikation mit $\dfrac{e^u - 1}{u}$ und Berücksichtigung der Identität

$$\frac{e^u - 1}{e^{-u} - 1} = -e^u$$

ergibt:

$$P_K (c_K^i e^u - c_K^a) + P_{Na} (c_{Na}^i e^u - c_{Na}^a) - P(c_{Cl}^i - c_{Cl}^a e^u) = 0 .$$

Auflösen nach $e^u = e^{V_m F/RT}$ liefert schließlich:

$$V_m = \varphi_i - \varphi_a = \frac{RT}{F} \ln \frac{P_K c_K^a + P_{Na} c_{Na}^a + P_{Cl} c_{Cl}^i}{P_K c_K^i + P_{Na} c_{Na}^i + P_{Cl} c_{Cl}^a} . \tag{9.79}$$

Diese Gleichung geht auf Arbeiten von D. E. Goldman (1943) sowie von A. L. Hodgkin und B. Katz (1949) zurück. *Die Goldman-Gleichung* (9.79) stellt gewissermaßen eine *verallgemeinerte Nernst-Gleichung* (Gl. 9.65) dar, wobei die Beiträge der einzelnen Ionensorten nach dem Permeabilitätskoeffizienten P_v gewichtet sind. Im Grenzfall $P_K \gg P_{Na}$, $P_K \gg P_{Cl}$ (Membran überwiegend K^+-permeabel), geht Gl. (9.79) über in die Nernst-Gleichung:

$$V_m = \frac{RT}{F} \ln \frac{c_K^a}{c_K^i} .$$

Die Gültigkeit der Goldman-Gleichung kann experimentell dadurch überprüft werden, dass die Permeabilitätskoeffizienten P_K, P_{Na} und P_{Cl} in unabhängigen Experimenten durch Isotopenflussmessungen bestimmt werden. Trotz der bei ihrer Ableitung eingeführten einschränkenden Annahmen hat sich die Goldman-Gleichung in den meisten der bisher untersuchten Fälle gut bewährt.

Liegt hinsichtlich einer Ionensorte v an der Membran Gleichgewicht vor (sodass das Verhältnis c_v^a / c_v^i durch die Nernst-Gleichung gegeben ist), so hebt sich der Beitrag der Ionensorte v in der Goldman-Gleichung heraus. Dies ergibt sich daraus, dass für diese Ionensorte der Fluss Φ_v verschwindet und daher in Gl. (9.79) nicht berücksichtigt zu werden braucht.

Die *allgemeine Form der Goldman-Gleichung* für ein System mit beliebig vielen einwertigen Ionensorten lautet (Index v für Kationen, Index μ für Anionen):

$$V_m = \frac{RT}{F} \ln \frac{\sum P_v c_v^a + \sum P_\mu c_\mu^i}{\sum P_v c_v^i + \sum P_\mu c_\mu^a} . \tag{9.80}$$

Man beachte, dass hier (wie auch in Gl. 9.79) im Zähler des Bruches die *Außenkonzentration* der *Kationen* und die *Innenkonzentrationen der Anionen* auftreten (im Nenner umgekehrt).

Die Goldman-Gleichung wurde unter ausschließlicher Berücksichtigung der passiven Ionenströme, d.h. unter Vernachlässigung des Strombeitrags von Ionenpumpen, abgeleitet. Eine Diskussion der Gesamtproblematik unter Einschluss des aktiven Transports findet sich bei Läuger (1991) und Jäckle (2007).

Abb. 9.48. Dimensionen des Riesenaxons von Tintenfischen

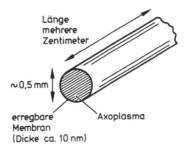

9.4 Elektrisch erregbare Membranen

Viele Untersuchungen zum *Mechanismus der Nervenerregung* wurden am Riesenaxon von Tintenfischen durchgeführt (Abb. 9.48). Diese Untersuchungen haben gezeigt, dass sich der Erregungsvorgang im Wesentlichen an der Nervenmembran abspielt, die in ihrer Grundstruktur anderen Zellmembranen sehr ähnlich ist. Das Innere des Axons, das Axoplasma, wirkt hauptsächlich als passiver elektrischer Leiter und als Ionenreservoir.

Ionenkonzentrationen beim Tintenfischaxon in mM

	$[Na^+]$	$[K^+]$	$[Cl^-]$
Axoplasma	50	400	70
extrazelluläres Medium	460	10	540

Die Tabelle lässt erkennen, dass im Axoplasma die für die meisten tierischen Zellen charakteristischen Konzentrationsbedingungen vorliegen (hohe K^+-Konzentration, niedrige Na^+-Konzentration), während im extrazellulären Medium umgekehrt die K^+-Konzentration niedrig, die Na^+-Konzentration hoch ist. Diese Konzentrationsunterschiede zwischen innen und außen werden durch ATP-getriebene *Ionenpumpen* dauernd aufrechterhalten.

9.4.1 Ruhepotential der Axonmembran

Im *unerregten* Zustand des Tintenfischaxons findet man:

$$V_m = \varphi_{innen} - \varphi_{außen} \approx -60 \text{ mV}.$$

Das Ruhepotential wird im Wesentlichen durch K^+ bestimmt, in geringerem Maße durch Na^+. Die Goldman-Gleichung Gl. (9.79) kann hier näherungsweise in der vereinfachten Form:

$$V_{m} \approx \frac{RT}{F} \ln \frac{P_{K} c_{K}^{a} + P_{Na} c_{Na}^{a}}{P_{K} c_{K}^{i} + P_{Na} c_{Na}^{i}} \qquad (9.81)$$

angewendet werden. Aus den bekannten Werten der Ionenkonzentrationen und aus $V_{m} = -60$ mV ergibt sich $P_{K}/P_{Na} = 15$. Dieses den Ruhezustand der Nervenfaser charakterisierende Permeabilitätsverhältnis steht im Einklang mit den Ergebnissen von Isotopenflussmessungen.

9.4.2 Aktionspotentiale

Das Grundphänomen der Nervenerregung kann durch die in Abb. 9.49 dargestellte Versuchsanordnung demonstriert werden. Die Nervenfaser wird an einem Ende

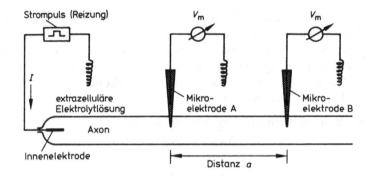

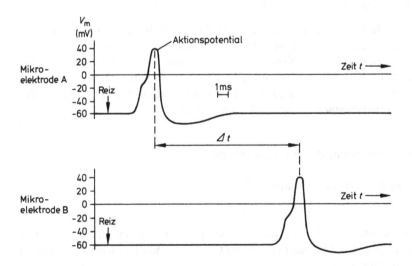

Abb. 9.49. Registrierung fortgeleiteter Aktionspotentiale

durch einen kurzen Strompuls gereizt. Die Richtung des Strompulses wird so gewählt, dass in der Nähe der Reizstelle die Ladung der Membrankapazität im Betrag vermindert wird. Dadurch wird das Membranpotential von seinem Ruhewert
von etwa –60 mV auf einen weniger stark negativen Wert (z.B. –30 mV) verschoben. Mit der Mikroelektrode A registriert man etwas später ein wenige Millisekunden dauerndes *„Aktionspotential"*, d.h. eine vorübergehende Veränderung
der Membranspannung von negativen auf positive Werte. An der Mikroelektrode
B erscheint das Aktionspotential mit einer zeitlichen Verzögerung Δt (Abb. 9.49).
Aus Δt und der Distanz a zwischen den Mikroelektroden lässt sich die *Fortleitungsgeschwindigkeit* $v = a/\Delta t$ des Nervenimpulses berechnen.

Die Fortleitungsgeschwindigkeit steigt mit dem Durchmesser der Nervenfaser
an; bei einer Riesenfaser mit einem Durchmesser von 0,5 mm kann v Werte von
etwa 50 m s^{-1} annehmen.

9.4.3 Kabeleigenschaften des Axons

Ein Nervenaxon besitzt einen elektrisch gut leitenden Kern (Axoplasma) und eine
schlecht leitende Hülle (Membran); es ist damit einem Kabel ähnlich. Diese Analogie endet aber sehr bald. Ein Kabel ist ein rein passives Element, während die
Signalfortleitung an der Nervenfaser ein Prozess ist, der einem komplexen Steuerungsmechanismus unterliegt. Trotzdem ist es interessant, die Kabeleigenschaften
des Axons näher zu betrachten.

Wir nehmen an, dass am einen Ende eines Kabels die Spannung V_0 zwischen
dem leitenden Kern und der ebenfalls leitenden Außenphase aufrechterhalten wird
(Abb. 9.50). Da ein elektrischer Strom vom Kern durch die Hülle in die Außenphase fließen kann, nimmt die am Ende des Kabels angelegte Spannung V längs
des Kabels ab. Dies gilt infolge des mit zunehmender Kabellänge ansteigenden
Widerstands, der durch den Kabelkern gebildet wird und an dem ein immer größerer Teil der angelegten Spannung abfällt. Die abnehmende Spannung ist somit
eine Folge der Spannungsteilung zwischen Kern und Hülle.

Im Folgenden soll x die Entfernung vom Kabelende, r der Radius des Kerns, R_i
der spezifische Widerstand des Kerns und R_m der spezifische Flächenwiderstand
der Hülle sein (Abb. 9.50). Die quantitative theoretische Behandlung des Problems, auf die wir hier nicht eingehen, ergibt eine exponentielle Abnahme von V
gemäß

$$V = V_0\, e^{-x/l}, \quad l = \sqrt{\frac{r\, R_m}{2R_i}}. \qquad (9.82)$$

Die *Längskonstante* l ist die Strecke, nach welcher die Spannung V auf den e-
ten Teil von V_0 abgesunken ist. Ein hochwertiges Kabel besitzt eine große Längskonstante l; z.B. muss ein Transatlantik-Kabel eine Längskonstante von der Größenordnung 100-1000 km besitzen. Nach Gl. (9.82) ist l um so größer, je höher
der Hüllwiderstand R_m und je niedriger der Kernwiderstand R_i sind.

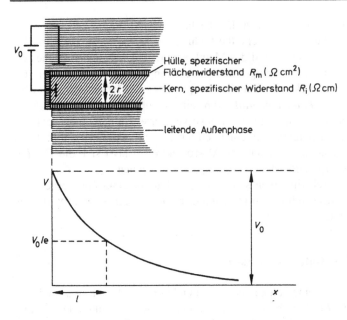

Abb. 9.50. Zu den Kabeleigenschaften eines Axons

Beim *Tintenfischaxon* liegen folgende Werte vor:

$$r \approx 0{,}25 \text{ mm} \; ; \quad R_m \approx 700 \; \Omega \text{ cm}^2 \; ; \quad R_i \approx 30 \; \Omega \text{ cm}.$$

Dies ergibt eine Längskonstante von $l \approx 5$ mm. Würde sich das Axon als passives Kabel verhalten, so wäre das Signal schon nach einer Strecke von 5 mm auf den e-ten Teil abgesunken! Man findet jedoch, dass das Signal längs des gesamten Axons nahezu dieselbe Amplitude aufweist. Dies kann auf der Basis der passiven Kabeleigenschaften nicht erklärt werden.

Für den Erregungsmechanismus ist die Axonmembran allein verantwortlich: Wird nach Entfernen des Axoplasmas der „Membranschlauch" mit einer geeigneten Elektrolytlösung durchströmt (*Perfusion*), so kann das Axon noch über längere Zeit normale Impulse leiten.

Damit die Impulsamplitude bei der Erregungsleitung auf der ganzen Faserlänge konstant bleibt, muss eine Energiequelle zur Verfügung stehen. Diese Energiequelle ist – wie im Folgenden ausgeführt wird (s. 9.4.5) – gegeben durch die Differenz der elektrochemischen Potentiale von Na^+ und K^+ zwischen Axoplasma und extrazellulärem Medium.

9.4.4 Schwellenwertverhalten des Aktionspotentials

Bei Verwendung kurzer Stücke des Riesenaxons und einer geeigneten Form der Elektroden kann erreicht werden, dass sich die elektrischen Ereignisse längs des Axonstücks praktisch gleichzeitig abspielen, was die Interpretation der Versuche bedeutend erleichtert.

Abb. 9.51. Prinzip der Messung von Aktionspotentialen am Riesenaxon des Tintenfisches. Bei der praktischen Ausführung besitzt die Außenelektrode die Form eines koaxialen Zylinders

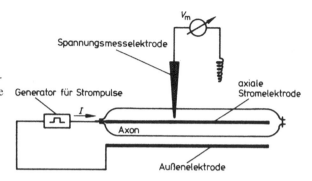

Mit der in Abb. 9.51 skizzierten Anordnung kann durch kurze Strompulse das im Ruhezustand auf der Innenseite negative Membranpotential in Richtung auf positive Werte verschoben werden (*Depolarisation*) oder es kann umgekehrt noch stärker negativ gemacht werden (*Hyperpolarisation*).

Bei *hyperpolarisierenden* Strompulsen (Kurven 1 und 2 in Abb. 9.52) beobachtet man in erster Näherung ein rein passives Verhalten der Axonmembran, d. h. die Membran verhält sich wie eine Parallelkombination eines Widerstands und einer Kapazität (s. Abb. 9.12 und 9.13). Dasselbe gilt auch für schwach *depolarisierende* Strompulse (Kurve 3). Bei stärkerer Depolarisation über einen bestimmten Schwellenwert von V_m hinaus antwortet dagegen die Axonmembran mit einem *Aktionspotential*, d.h. das Membranpotential steigt rasch an, erreicht positive Werte und kehrt wieder zum Ruhepotential von –60 mV zurück (Kurve 4). Die Form des Aktionspotentials ist von der Stärke des auslösenden Reizes fast unabhängig.

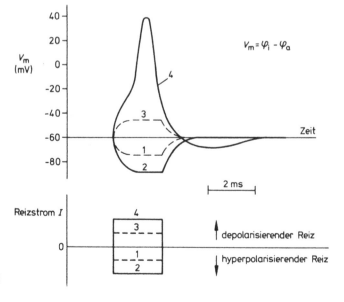

Abb. 9.52. Schwellwertverhalten des Aktionspotentials. Aktionspotentiale werden nur nach depolarisierender Reizung hinreichender Stromamplitude (*Kurve 4*) beobachtet

Die ein Aktionspotential auslösende Depolarisation kann durch verschiedenartige Prozesse hervorgerufen werden. An sensorischen Zellen kann ein mechanischer oder chemischer Reiz eine Änderung von Ionenpermeabilitäten bewirken, die ihrerseits (entsprechend der Goldman-Gleichung) eine Depolarisation der Axonmembran zur Folge hat. Oder es kann an Synapsen durch Ausschüttung einer Transmittersubstanz die Ionenpermeabilität der Axonmembran so verändert werden, dass eine genügend starke Depolarisation zustande kommt.

9.4.5 Ionenströme bei der Nervenerregung

Während eines Aktionspotentials zeigen sowohl das Membranpotential wie auch der Strom durch die Membran ein kompliziertes Zeitverhalten. Eine wesentliche Vereinfachung der Versuchsbedingungen lässt sich mit der von Cole, Hodgkin und Huxley entwickelten Methode der *Spannungsklemme* (engl. *„voltage clamp"*) erzielen (Abb. 9.53). Dabei werden in das Axon eine stromzuführende Elektrode sowie eine Spannungsmesselektrode eingeführt. Mit Hilfe einer Regelschaltung (Operationsverstärker) wird der durch die Membran fließende Strom I so reguliert, dass das Membranpotential V_m einen vorgewählten, zeitlich konstanten Wert beibehält. Dabei wird V_m durch eine externe Spannung (V_e) gesteuert, d.h. der Operationsverstärker schickt gerade soviel Strom durch die Axonmembran, dass $V_m = V_e$ gilt. Mit dieser Anordnung kann V_m über einen als V_e eingegebenen „Befehl" nahezu sprunghaft (in weniger als 0,1 ms) um einen vorgewählten Betrag verändert und dann zeitlich konstant gehalten („*geklemmt*") werden.

Zur Beschreibung von Spannungsklemm-Experimenten verwendet man die in Abb. 9.54 angegebene *Vorzeichenkonvention* für den Membranstrom I ($I > 0$, wenn positive Ladungen von innen durch die Membran nach außen fließen).

Das Ergebnis eines Spannungsklemm-Experimentes für eine Depolarisation vom Ruhepotential ($V = -60$ mV) auf $V = 0$ mV ist in Abb. 9.55 dargestellt. Beim

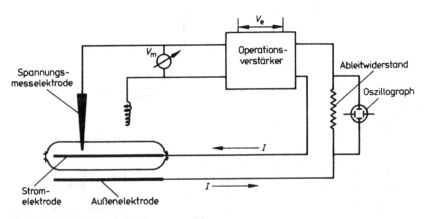

Abb. 9.53. Die Methode der Spannungsklemme

Abb. 9.54. Vorzeichenkonvention für Membranströme I

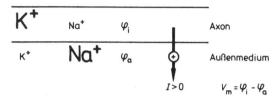

Ruhepotential ist der Membranstrom I definitionsgemäß gleich null. Bei sehr rascher Änderung von V_m tritt zunächst eine kapazitative Stromspitze (I_{kap}) auf, die von der Entladung der sehr hohen Membrankapazität ($C_m \simeq 1\ \mu F\ cm^{-2}$) herrührt (Abb. 9.55). Nach Abklingen von I_{kap} beobachtet man vorübergehend einen *nach innen* gerichteten Strom, der nach etwa 1 ms in einen *nach außen* gerichteten Strom übergeht. Die Richtung des frühen Einwärtsstroms ist der Stromrichtung entgegengesetzt, die man erwarten würde, wenn die Membran einfach ein Ohmscher Widerstand wäre; in diesem Fall müsste nämlich bei Verschiebung von φ_i nach positiveren Werten ein *Auswärtsstrom* fließen.

Die Natur des Membranstroms bei der Nervenerregung wurde von Hodgkin und Huxley in eingehenden Versuchen geklärt. Sie konnten 1952 zeigen, dass der Gesamtstrom I sich additiv aus einem durch *Natrium-* und einem durch *Kaliumionen* getragenen Strom zusammensetzt. Ferner kommt noch ein geringfügiger Leckstrom (I_L) hinzu, der im Wesentlichen durch einen Transport von Cl⁻ bewirkt wird:

$$I = I_{Na} + I_K\ (+ I_L).\qquad(9.83)$$

Es zeigte sich, dass die relativen Anteile von I_{Na} und I_K am Gesamtstrom I zeitlich stark variieren (Abb. 9.56). Der frühe Einwärtsstrom besteht fast ausschließlich in einem Natriumstrom, während der späte Auswärtsstrom im Wesentlichen durch Kaliumionen getragen wird.

Die oben beschriebene Aufteilung des Gesamtstroms I in I_{Na} und I_K beruht auf Experimenten, in denen die Ionenzusammensetzung des Außenmediums systema-

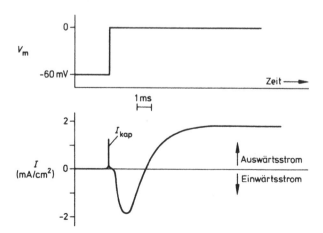

Abb. 9.55. Membranstrom I bei einem Spannungsklemm-Experiment

tisch variiert wurde. Ersetzt man z.B. das normalerweise im Außenmedium vorhandene Na^+ durch $HOCH_2CH_2N^+(CH_3)_3$ (Cholin), so bleibt nur der im mittleren Teil von Abb. 9.56 gezeigte Strom übrig. Beim perfundierten Axon können auch die Ionenkonzentrationen innen verändert werden. Ferner existieren eine Reihe spezifischer Gifte, mit denen man I_{Na} bzw. I_K selektiv blockieren kann:

Tetrodotoxin (TTX), das Gift des japanischen Pufferfisches, blockiert selektiv den Natriumstrom. TTX ist ein kompliziert aufgebautes Molekül mit einer positiv geladenen Guanidinium-Gruppe.

Tetraethylammonium (TEA), $N^+(CH_2CH_3)_4$, blockiert I_K, lässt dagegen I_{Na} unbeeinflusst. Im Gegensatz zu TTX, das nur an der Außenseite des Axons wirkt, wirkt TEA an der axoplasmatischen Seite der Membran.

Die in Abb. 9.56 dargestellten Befunde deuten darauf hin, dass der frühe Einwärtsstrom ein passiver Einstrom von Na^+ aus dem Außenmedium ins Axoninnere ist; dabei folgt Na^+ seinem von außen nach innen gerichteten Konzentrationsgefälle.

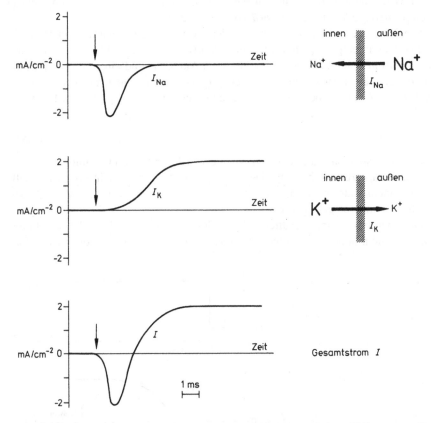

Abb. 9.56. Aufteilung des Gesamtstroms I in einen Natrium- und einen Kaliumstrom. Der Zeitpunkt der Depolarisation von -60 mV (Ruhepotential) auf 0 mV ist durch einen Pfeil markiert. Der kapazitive Strom wurde in der Zeichnung weggelassen

Der späte Auswärtsstrom kann als ein ebenfalls passiver K^+-Strom gedeutet werden, wobei K^+ dem von innen nach außen gerichteten Konzentrationsgefälle folgt (s. rechte Seite von Abb. 9.56).

Die Vorstellung, dass die bei der Nervenerregung auftretenden Flüsse von Na^+ und K^+ rein passiver Natur sind, steht im Einklang mit Versuchen am perfundierten Riesenaxon. Perfundiert man das Axon nach Entfernen des Axoplasmas, so bleibt die Erregbarkeit auch in Abwesenheit metabolischer Energiequellen (ATP, Glucose usw.) über längere Zeit erhalten, sofern man die normalen Konzentrationsdifferenzen für Na^+ und K^+ zwischen innen und außen aufrechterhält.

9.4.6 Umkehrpotential

Wenn, wie oben behauptet, der bei TEA-Einwirkung übrigbleibende Strom ein passiver Na^+-Strom ist, so muss dieser Strom verschwinden, wenn man bei der Depolarisation die Spannung gleich dem Gleichgewichtspotential E_{Na} von Na^+ macht. Aufgrund der Nernst-Gleichung (Gl. 6.36) ergibt sich:

$$E_{Na} = \frac{RT}{F} \ln \frac{[Na^+]_{außen}}{[Na^+]_{innen}} = \frac{RT}{F} \ln \frac{460\,mM}{50\,mM} \approx +55\,mV. \qquad (9.84)$$

Ist nämlich $V_m = E_{Na}$, dann herrscht definitionsgemäß für Na^+ an der Membran Gleichgewicht, d.h. die Tendenz der Na^+-Ionen, in Richtung des Konzentrationsgefälles von außen nach innen zu wandern, wird exakt kompensiert durch ein innen um +55 mV gegen außen positives elektrisches Potential.

Das Ergebnis eines Experiments, bei dem ausgehend vom Ruhepotential (−60

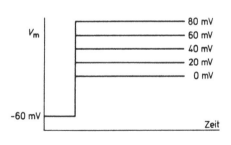

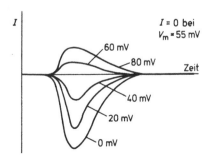

Abb. 9.57. Bestimmung des Umkehrpotentials von Na^+ mit einer Serie von depolarisierenden Spannungssprüngen. Der K^+-Strom ist durch Zusatz von TEA blockiert

mV) depolarisierende Spannungssprünge auf verschiedene Endspannungen (0, 20, 40, 60, 80 mV) ausgeführt wurden, ist in Abb. 9.57 dargestellt. Der Versuch ergibt, dass ziemlich genau bei $V_m = + 55$ mV der Strom verschwindet; bei $V_m > 55$ mV beobachtet man einen Auswärtsstrom, bei $V_m < 55$ mV einen Einwärtsstrom. Dieser Befund liefert eine weitere starke Stütze für die Vorstellung, dass der frühe Einwärtsstrom ein passiver Na^+-Strom ist.

Das Membranpotential, bei dem der Strom (wie oben am Beispiel des Na^+-Stroms geschildert) seine Richtung umkehrt, wird in der Elektrophysiologie als *„Umkehrpotential"* bezeichnet.

9.4.7 Flussmessungen mit Isotopen

Experimente mit radioaktiven Isotopen ($^{24}Na^+$ und $^{42}K^+$) ergaben, dass bei einem einzelnen Aktionspotential etwa

$$\Delta n = 3 \cdot 10^{-12} \text{ mol/cm}^2$$

Na^+-Ionen in das Axon eintreten und etwa gleichviel K^+-Ionen aus dem Axon austreten. (Diese Werte wurden durch Summierung über viele einzelne Aktionspotentiale gewonnen.)

Ausgehend von diesen Daten ist es interessant, sich zu überlegen, wie viele Na^+-Ionen notwendig sind, um die **Membrankapazität** vom Ruhepotential (–60 mV) auf den Maximalwert des Aktionspotentials (etwa +40 mV) umzuladen. Betrachtet man die Einheitsfläche der Membran (Kapazität C_m), so benötigt man für eine Spannungsänderung ΔV_m die Ladung ΔQ:

$$\Delta Q = C_m \, \Delta V_m .$$

ΔQ entspricht einer Menge von Δn Molen einwertiger Kationen:

$$\Delta n = \frac{\Delta Q}{F} = \frac{C_m \Delta V_m}{F} .$$

Mit $F \simeq 10^5$ C mol^{-1}, $C_m \simeq 1$ μF cm^{-2} und $\Delta V_m = 100$ mV erhält man:

$$\Delta n \simeq 10^{-12} \text{ mol cm}^{-2}.$$

Der berechnete Betrag von Δn stimmt somit in der Größenordnung mit dem gemessenen Na^+-Einstrom pro Aktionspotential überein. Es strömt also nur ungefähr soviel Na^+ ein, wie zur **Umladung der Membrankapazität** notwendig ist. Die Tatsache, dass der gemessene Einstrom um den Faktor 3 größer ist als der berechnete Wert von Δn, erklärt sich daraus, dass sich Na^+-Einstrom und K^+-Ausstrom zeitlich teilweise überlagern.

Die durch das Aktionspotential im Axoplasma eingetretenen (sehr geringen) Veränderungen der Na^+- und K^+-Konzentrationen werden durch die ATP-getriebene Na,K-Pumpe langsam wieder rückgängig gemacht.

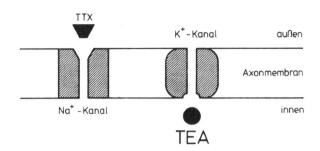

Abb. 9.58. Natrium-
und Kalium-Kanäle
in der Axonmembran

9.4.8 Natrium- und Kaliumkanäle in der Nervenmembran

Die unabhängige Blockierbarkeit von I_{Na} und I_K durch TTX bzw. TEA legt den Schluss nahe, dass Na^+ und K^+ *getrennte Transportwege* durch die Membran benützen (Abb. 9.58). Diese Vermutung hat sich dadurch bestätigt, dass aus elektrisch erregbaren Membranen Proteine isoliert werden konnten, die die Eigenschaft von Natrium- bzw. Kaliumkanälen besitzen.

Der aus dem elektrischen Organ von *Electrophorus electricus* isolierte *Natriumkanal* ist ein stark hydrophobes Protein, das aus 1820 Aminosäuren besteht. Die Sequenz weist vier Wiederholungseinheiten auf, die unter sich eine Homologie zeigen. Das durch Detergentien solubilisierte Protein bindet TTX mit hoher Affinität. Baut man das Protein in künstliche bimolekulare Lipidmembranen ein, so können spannungsinduzierte Kanal-Öffnungs- und Schließungs-Ereignisse beobachtet werden (vgl. Abb. 9.36). Eine direkte Untersuchung der Einzelkanaleigenschaften des Natriumkanals in der Zellmembran ist mit Hilfe der Saugpipetten-Technik möglich geworden (Abschn. 9.5.1).

9.4.9 Analyse des Erregungsvorganges

Eine wesentliche Eigenschaft der Natrium- und Kaliumkanäle besteht darin, dass sie *durch das elektrische Feld gesteuert* werden können. Aus dem Zeitverlauf von I_{Na} und I_K nach einem depolarisierenden Spannungssprung (Abb. 9.56) ergibt sich folgende Vorstellung: Der Na-Kanal, der im Ruhezustand der Membran geschlossen ist, öffnet sich nach der Depolarisation für kurze Zeit (*Aktivierung*) und schließt sich dann wieder (*Inaktivierung*). Der K^+-Kanal, der ebenfalls zunächst geschlossen ist, öffnet sich nach der Depolarisation zeitlich verzögert und bleibt so lange geöffnet, wie die Depolarisation aufrechterhalten wird.

Es gibt experimentelle Hinweise darauf, dass beim Natriumkanal der Inaktivierungsmechanismus vom Aktivierungsmechanismus getrennt ist; z. B. kann man durch Perfusion des Riesenaxons mit proteolytischen Enzymen den Inaktivierungsmechanismus ausschalten, ohne den Aktivierungsmechanismus zu beeinträchtigen. Ferner existieren Gifte, welche die Inaktivierung hemmen, nicht aber die Aktivierung.

Ein hypothetisches Modell für den Erregungsvorgang nach einem depolarisierenden Spannungssprung ist in Abb. 9.59 dargestellt. Den Punkten A, B und C der Membranstrom/Zeit-Kurve entsprechen die Kanalzustände A, B und C im unteren Teil der Abbildung. Beim Ruhepotential (Zustand A) ist das Aktivierungstor des Na-Kanals geschlossen, das Inaktivierungstor geöffnet. Im Zustand B (maximaler Einwärtsstrom) sind beide Tore des Natriumkanals geöffnet, während das Tor des Kaliumkanals noch geschlossen ist. Im Zustand C (maximaler Auswärtsstrom) hat sich das Inaktivierungstor des Natriumkanals geschlossen, während der Kalium-

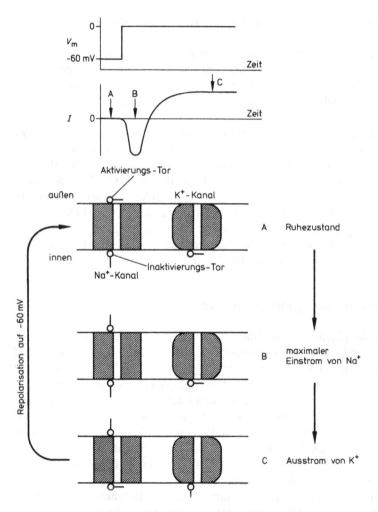

Abb. 9.59. Hypothetisches Schema für die zeitliche Folge der Membranzustände nach einem depolarisierenden Spannungssprung. Die Zustände A, B und C des Kanalsystems entsprechen den Punkten A, B und C in der Strom/Zeit-Kurve

kanal in den „offen"-Zustand übergegangen ist. Bringt man die Membranspannung wieder auf den Ruhewert von ca. −60 mV zurück, so stellt sich der Ausgangszustand A mit einer zeitlichen Verzögerung wieder ein.

9.4.10 Mechanismus des Aktionspotentials

Bisher hatten wir hauptsächlich die Vorgänge beim Spannungsklemm-Experiment betrachtet, bei dem das Membranpotential sprunghaft verändert und dann konstant gehalten wird. Mit Hilfe der so gewonnenen Erkenntnisse können nun die bei einem Aktionspotential sich abspielenden Prozesse genauer beschrieben werden. Wir betrachten dabei zunächst das Experiment von Abb. 9.51, bei dem längs des gesamten Axonstücks die zeitliche Änderung des Membranpotentials synchron erfolgt.

a) Eine *Depolarisation* von $V_m = \varphi_i - \varphi_a = -60$ mV (Ruhepotential) auf −40 mV (Schwellenwert) *öffnet* einige Na^+-Kanäle. Dadurch strömt Na^+ ins Axoplasma ein und verschiebt damit V_m noch weiter in Richtung auf positive Werte. Dies führt zur Öffnung weiterer Kanäle und zu vermehrtem Natriumeinstrom. Auf diese Weise wird ein sich selbst verstärkender, lawinenartiger Prozess in Gang gesetzt (Abb. 9.60). Maximal könnte dabei das Membranpotential V_m bis zum Gleichgewichtspotential von Na^+ ansteigen, welches +55 mV beträgt (Gl. 9.84). Tatsächlich erreicht das Aktionspotential aber nur eine Gipfelhöhe von etwa +40 mV.

b) Mit einer zeitlichen Verzögerung setzt der *Inaktivierungsmechanismus* des Na^+-Kanals ein, sodass der Kanal nach etwa 2 ms wieder geschlossen wird.

c) Etwa gleichzeitig mit b), d.h. verzögert gegenüber a), öffnen sich die K^+-Kanäle. Dies führt zu einem *Ausstrom* von K^+, welcher das Membranpotential V_m wieder auf negative Werte absinken lässt.

d) Nachdem V_m wieder negativ geworden ist, schließen sich die K^+-Kanäle allmählich wieder. Ebenso kehren die Na^+-Kanäle wieder in den Ausgangszustand zurück, bei dem die Inaktivierung aufgehoben, der Kanal aber geschlossen ist.

Ohne die verzögerte Öffnung von K^+-Kanälen (Schritt c) würde nach Reizung das Membranpotential V_m auf einen positiven Wert ansteigen und nur sehr langsam

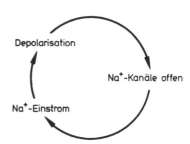

Abb. 9.60. Selbstverstärkungsvorgang in der Anstiegsphase des Aktionspotentials

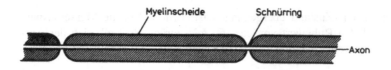

Abb. 9.61 Myelinierte Nervenfaser

wieder zum Ruhepotential zurückkehren.

Die Na⁺-Inaktivierung (Schritt b) ist prinzipiell für das Aktionspotential unnötig (V_m würde bereits durch Öffnen von genügend vielen K⁺-Kanälen nach negativen Werten zurückkehren). Die Inaktivierung ist jedoch von Vorteil, weil auf diese Weise der Na⁺-Einstrom auf ein Minimum beschränkt wird.

Während einiger Millisekunden nach dem Aktionspotential ist das Axon unerregbar. Die Ursache für diese sog. *Refraktärperiode* liegt einerseits darin, dass die Na⁺-Kanäle noch inaktiviert sind; andererseits ist, solange die K⁺-Permeabilität hoch ist, das Membranpotential auf einem negativen Wert (in der Nähe des Gleichgewichtspotentials von K⁺) stabilisiert. Dadurch erklärt sich auch das negative Nachpotential am Ende des Aktionspotentials (Abb. 9.49).

Die *Ausbreitung des Aktionspotentials* entlang des Axons kommt dadurch zustande, dass die durch ein Aktionspotential lokal erzeugte Depolarisation aufgrund der Kabeleigenschaften des Axons auf benachbarte Teile des Axons übergreift. Auf diese Weise wird auch dort die Schwelle zum Aktionspotential erreicht.

Bei Nerven- und Muskelzellen werden Aktionspotentiale in der Regel dadurch ausgelöst, dass ein *Überträgerstoff (Transmitter)* aus einer Nachbarzelle ausgeschüttet wird. Moleküle des Transmitters binden an Rezeptoren in der Zellmembran und öffnen dadurch Ionenkanäle. Durch die Öffnung dieser „*chemisch*" *gesteuerten Ionenkanäle* werden die Ionenpermeabilitäten der Membran so verändert, dass entsprechend der Goldman-Gleichung das Membranpotential weniger negative Werte annimmt. Auf diese Weise kann der Schwellenwert des Aktionspotentials überschritten werden.

Besondere Verhältnisse liegen bei *myelinierten Fasern* vor (Abb. 9.61), bei denen große Teile des Axons von einer Isolationshülle, der *Myelinscheide* umgeben sind. Bei diesen Fasern spielt sich der eigentliche Erregungsvorgang an den *Schnürringen* ab, welche die Myelinscheiden in regelmäßigen Abständen unterbrechen. Die Schnürringe stellen schmale Zonen dar, an denen die Axonmembran in Kontakt mit dem extrazellulären Medium steht. Wird an einem Schnürring ein Aktionspotential ausgelöst, so breitet sich die damit verbundene Depolarisation *passiv* (d.h. entsprechend den Kabeleigenschaften des Axons) aus. Da die Längskonstante (Gl. 9.82) der myelinierten Faser wegen der guten Isolation ziemlich groß ist, ist die Depolarisation am nächsten Schnürring noch genügend hoch, um auch dort wiederum ein Aktionspotential auszulösen. Die Erregung „springt" also von einem Schnürring zum nächsten über (*saltatorische Erregungsleitung*). Wegen der niedrigen elektrischen Kapazität der Myelinscheiden werden an myelinierten Fasern ähnlich hohe Leitungsgeschwindigkeiten erreicht wie an den viel dickeren Riesenaxonen.

9.4.11 Spannungsabhängige Steuerung von Ionenkanälen; Torströme

Entsprechend dem in Abb. 9.59 dargestellten Modell können die Kalium- und Natriumkanäle in der Nervenmembran in zwei Zuständen, „offen" und „geschlossen" vorliegen (wobei beim Na-Kanal noch ein weiterer, inaktiver Zustand existiert). Das Besondere dabei ist, dass Übergänge zwischen diesen Zuständen durch die Membranspannung gesteuert werden. Es wird allgemein angenommen, dass der Steuerungsmechanismus in einer durch das elektrische Feld induzierten *Konformationsänderung* des Kanalproteins besteht. Diese Annahme wird durch die in der Membran vorhandene, sehr hohe elektrische Feldstärke gestützt: Bei einer Membrandicke von 5 nm ergibt eine transmembranäre Spannung von 100 mV eine Feldstärke von $0,1$ V$/5 \cdot 10^{-7}$ cm $= 2 \cdot 10^{5}$ V cm^{-1}. Dieser Wert kommt der Durchbruchsfeldstärke vieler Materialien nahe.

Elektrische Felder greifen an Ladungen an. Man stellt sich daher vor, dass eine spannungsabhängige Konformationsänderung eines Kanalproteins durch eine feldinduzierte Verschiebung geladener Gruppen oder durch eine Rotation elektrischer Dipole (z. B. Carbonylgruppen) eingeleitet wird. Das Prinzip ist in Abb. 9.62 anhand eines einfachen mechanischen Modells illustriert.

Übergänge zwischen dem „geschlossen"- und dem „offen"-Zustand eines Kanals C kann man wie eine monomolekulare chemische Reaktion beschreiben (vgl. 10.1.2):

$$C(\text{geschlossen}) \rightleftarrows C(\text{offen}) . \qquad (9.85)$$

Bezeichnet man die Zahl der Kanäle im „geschlossen"- und im „offen"-Zustand mit N_g bzw. N_o, so ist die Gleichgewichtskonstante K der Reaktion (9.85) gegeben durch

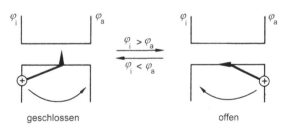

geschlossen   offen

Abb. 9.62. Einfache mechanische Vorstellung zum Tormechanismus eines spannungsabhängigen Ionenkanals. Die Veränderung des Membranpotentials führt zu einer Verschiebung einer elektrischen Ladung über die Membran. Die positive Ladung bewegt sich aus energetischen Gründen zur jeweils elektrisch negativen Seite der Membran. Die Ladung ist mit einer mechanischen Barriere gekoppelt, die den Kanal für Ionen öffnet oder schließt

$$\frac{N_o}{N_g} = K = e^{-\Delta G^0/RT}. \tag{9.86}$$

Entsprechend Gl. (9.86) ist ΔG^0 die Änderung der Freien Enthalpie beim Übergang von 1 mol Kanalprotein vom „geschlossen"- in den „offen"-Zustand. Werden bei diesem Übergang Ladungen im elektrischen Feld verschoben, so enthält ΔG^0 einen elektrostatischen Anteil ΔG^0_{el}. Nimmt man an, dass im einzelnen Kanalprotein z Elementarladungen (Gesamtladung ze_o) über die gesamte Membrandicke verschoben werden, so ist der elektrostatische Energieanteil gegeben durch $\Delta G^0_{el} = -ze_oLV_m$ (elektr. Energie = Ladung · Spannung), wobei L die Avogadro-Konstante darstellt. Das Minuszeichen rührt von der Definition des Membranpotentials $V_m = \varphi_i - \varphi_a$ her (negatives V_m erhöht gemäß Abb. 9.62 die Zahl geschlossener Kanäle und muss daher nach Gl. (9.86) mit einem positiven ΔG^0_{el} korreliert sein). Man erhält somit den Ausdruck

$$\Delta G_0 = \Delta \tilde{G}_0 + \Delta G^0_{el} = \Delta \tilde{G}_0 - ze_0LV_m, \tag{9.87}$$

wobei $\Delta \tilde{G}_0$ die Änderung der Freien Enthalpie ΔG^0 unter der Bedingung $V_m = 0$ darstellt.

Gl. (9.86) lässt sich unter Verwendung von Gl. (9.87) wie folgt ausdrücken:

$$\frac{N_o}{N_g} = e^{-\Delta \tilde{G}_0/RT} \cdot e^{ze_0LV_m/RT} = \tilde{K} \cdot e^{zV_m/(RT/F)}, \tag{9.88}$$

wobei $F = Le_0$ die Faradaykonstante und $\tilde{K} = e^{-\Delta \tilde{G}_0/RT}$ die Gleichgewichtskonstante K unter der Bedingung $V_m = 0$ darstellen.

Da der Natriumstrom I_{Na} proportional zur Zahl N_o offener Natriumkanäle ist, kann man aus der Spannungsabhängigkeit von I_{Na} nach Gl. (9.88) die Zahl z der verschobenen Ladungen pro Kanal bestimmen. Entsprechende Experimente ergaben $z = 6$ für den Natriumkanal und $z = 4,5$ für den Kaliumkanal.

Wie man zeigen kann, bedeutet der Wert $z = 6$ nicht, dass notwendigerweise 6 Elementarladungen über die gesamte Membrandicke verschoben werden. Ebenso gut könnte eine entsprechend größere Ladung sich über eine geringere Distanz in der Membran bewegen. Wesentlich ist die Vorstellung, dass das Kanalprotein verschiebbare elektrische Ladungen besitzt, die als **Spannungs-Sensoren** wirken und den Übergang zwischen den „offen"- und „geschlossen"-Zuständen des Kanals steuern.

Die mit dem Kanalöffnungs-Prozess gekoppelte, im Millisekundenbereich stattfindende Ladungsverschiebung stellt einen kurzzeitigen elektrischen Strom dar. Die Existenz derartiger „*Torströme*" (engl. „*gating currents*") konnte am Tintenfischaxon nachgewiesen werden. Die entsprechenden Experimente sind schwierig, weil die sehr kleinen, transienten Torströme normalerweise überdeckt werden von dem viel größeren Ionenstrom durch den Kanal. Außerdem tritt nach einem Spannungssprung ein kapazitiver Aufladestrom auf, der im selben Zeitbereich liegt wie der Torstrom. Trotz dieser Schwierigkeiten gelang es, Torströme am Na-Kanal zu messen, wie in Abb. 9.63 dargestellt ist. Der kapazitive Strom wurde hierbei

Abb. 9.63. Messung des Torstroms von Natrium-Kanälen im Tintenfischaxon nach einem depolarisierenden Spannungssprung von -70 mV auf 0 mV. Der Torstrom I_T ergibt sich als Differenz der transienten Membranströme nach einem depolarisierenden (-70 mV $\rightarrow$ 0 mV) und einem hyperpolarisierenden ($-70 \rightarrow -140$ mV) Spannungssprung. Bei Messung von I_T wurde Na^+ durch das impermeable Cholin$^+$ ersetzt. Beachte: Die Stromskalen bei I_T und I_{Na} unterscheiden sich um den Faktor 50 (Nach Armstrong und Bezanilla (1974) J. Gen Physiol 63:533-552)

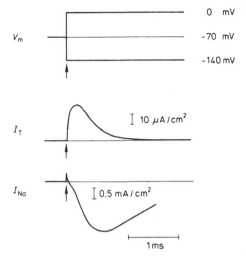

durch einen entsprechenden Strom entgegengesetzten Vorzeichens (ausgelöst durch einen hyperpolarisierenden Spannungssprung gleicher Amplitude) kompensiert.

Die Zeitabhängigkeit der Ladungsverschiebung kann näherungsweise nach dem in Abschn. 10.5.3 (3) behandelten Modell beschrieben werden.

9.4.12 Die Hodgkin-Huxley-Gleichungen

Hodgkin und Huxley haben im Jahre 1952 eine formale mathematische Beschreibung ihrer beim Studium des Aktionspotentials gewonnenen experimentellen Daten vorgenommen mit dem Ziel einer exakten mechanistischen Interpretation der Erregungsvorgänge. Ein Vorteil der mathematischen Modellierung des Aktionspotentials besteht darin, dass neue mechanistische Vorstellungen zu den Erregungsvorgängen in Bezug auf ihre Übereinstimmung mit dieser mathematischen Beschreibung (und damit mit den experimentellen Daten) getestet werden können.

Wir betrachten zunächst das Strom-Spannungsverhalten einer selektiv K^+-permeablen Membran, die zwei verschieden konzentrierte KCl-Lösungen voneinander trennt (Abb. 9.64).

Wir nehmen dabei an, dass die K^+-Permeabilität unabhängig von der angelegten Spannung und zeitlich konstant ist. Variiert man die von außen angelegte Spannung V_m so fließt ein von V_m abhängiger Strom I durch die Membran (Abb. 9.64). Ist V_m gleich dem Nernst-Potential (Gleichgewichtspotential) für K^+:

$$E_K = \frac{RT}{F} \ln \frac{c_K^a}{c_K^i},$$

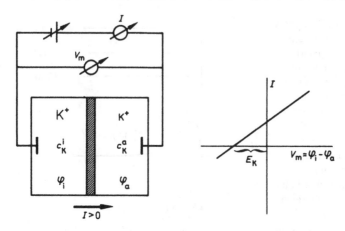

Abb. 9.64. Messung der Strom-Spannungs-Charakteristik einer selektiv für K$^+$ permeablen Membran. Gemäß der dargestellten Schaltung entspricht $V_m = \varphi_i - \varphi_a$ der von außen angelegten Spannung, die durch ein hochohmiges Voltmeter gemessen wird

so wird I zu null, da sich dann V_m und E_K gerade kompensieren. Eine Auftragung von I als Funktion von V_m ergibt in vielen Fällen einen annähernd linearen Zusammenhang. Man kann daher dieses in Abb. 9.64 dargestellte Strom-Spannungs-Verhalten der Membran durch ein einfaches *Ersatzschaltbild* wiedergeben, das aus einer Serienschaltung einer Spannungsquelle (E_K) und einer Leitfähigkeit (g_K) besteht (Abb. 9.65).

Die Leitfähigkeit g_K ist durch die Steigung der Strom-Spannungs-Kurve bestimmt. Die Spannungsabhängigkeit von I wird nach Abb. 9.64 beschrieben durch die Beziehung:

$$I = I_K = g_K \left(V_m - E_K \right). \tag{9.89}$$

Um von diesem einfachen Ersatzschaltbild zum Ersatzschaltbild der Nervenmembran (Abb. 9.66) zu gelangen, muss man neben g_K und E_K auch die das Na$^+$-System charakterisierenden Größen g_{Na} und E_{Na} sowie die Membran-Kapazität C_m einführen. Außerdem berücksichtigt man die Leckleitfähigkeit (die vor allem durch einen Transport von Cl$^-$ zustande kommt) durch Hinzufügen entsprechender Elemente g_L und E_L. Die Tatsache, dass die Permeabilitäten von Na$^+$ und K$^+$ beim Erregungsvorgang zeitabhängig sind, ist im Ersatzschaltbild durch Einzeichnen variabler Leitfähigkeiten g_{Na} und g_K wiedergegeben. g_L kann dagegen als zeitunabhängig angenommen werden.

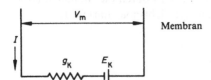

Abb. 9.65. Ersatzschaltbild einer selektiv K$^+$-permeablen Membran

Abb. 9.66. Ersatzschaltbild der Axonmembran. C_m ist die Membrankapazität. Die Pfeile kennzeichnen zeitlich variable Leitfähigkeiten g_{Na} und g_K. Die übrigen Bezeichnungen sind im Text erklärt

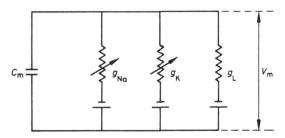

Entsprechend Gl. (9.83):

$$I = I_{Na} + I_K + I_L$$

kann der Strom I durch die Axonmembran beschrieben werden durch eine Verallgemeinerung von Gl. (9.89):

$$I = g_{Na} (V_m - E_{Na}) + g_K (V_m - E_K) + g_L (V_m - E_L). \tag{9.90}$$

Während eines Aktionspotentials ändert sich die Zahl der offenen Na⁺- und K⁺-Kanäle und damit auch g_{Na} und g_K im Laufe der Zeit; außerdem ist natürlich auch V_m zeitabhängig. Gleichung (9.90) beschreibt also den ***Momentanwert*** von I, wenn die im betreffenden Zeitpunkt gültigen Werte von g_{Na}, g_K und V_m eingesetzt werden.

Für das Tintenfischaxon gilt:

$$E_{Na} \simeq +55 \text{ mV}, \, E_K \simeq -90 \text{ mV}.$$

Im Ruhezustand überwiegt g_K gegenüber g_{Na} und g_L, sodass das Ruhepotential V_m^0, das sich für $I = 0$ nach Gl. (9.90) ergibt, in der Nähe von E_K liegt ($V_m^0 = -60$mV). Bei Erregung wird dagegen g_{Na} vorübergehend größer als g_K und g_L, sodass V_m in die Nähe von E_{Na} kommt (beim Gipfel des Aktionspotentials ist $V_m \simeq +40$ mV).

A. L. Hodgkin und A. F. Huxley zeigten, dass sich der experimentell beobachtete Zeitverlauf von g_{Na} und g_K nach einem Spannungssprung durch folgende Gleichungen wiedergeben lässt:

$$g_{Na}(t) = \overline{g}_{Na} \left[m(t) \right]^3 h(t) \tag{9.91}$$

$$g_K(t) = \overline{g}_K \left[n(t) \right]^4 . \tag{9.92}$$

$\overline{g}_{Na}$ und $\overline{g}_K$ sind die zeitunabhängigen Maximalwerte von g_{Na} und g_K, die einem Zustand entsprechen, bei dem alle Kanäle offen sind. Die Größen $m(t)$, $h(t)$ und $n(t)$ sind dimensionslose Funktionen, die Werte zwischen 0 und 1 annehmen können und exponentiell von der Zeit t abhängen:

$$m(t) = m_\infty + \left(m_0 - m_\infty \right) e^{-t/\tau_m} . \tag{9.93}$$

Nach einem depolarisierenden Spannungssprung steigt m asymptotisch von einem Anfangswert m_0 auf den Endwert m_∞ an. m beschreibt deshalb die Aktivierung der Na-Kanäle. m_0 hängt von der Ausgangsspannung V_m^0, m_∞ von der Endspannung V_m^∞ (nach dem Sprung) ab. Die Zeitkonstante τ_m ist ebenfalls eine Funktion von V_m. Entsprechende Gleichungen gelten für $h(t)$ und $n(t)$. $n(t)$ beschreibt die Aktivierung des K-Kanals, $h(t)$die Inaktivierung des Natriumkanals. $h(t)$ nimmt nach einem depolarisierenden Spannungssprung von einem Anfangswert h_0 auf einen *kleineren* Endwert h_∞ ab.

Die durch Gl. (9.93) wiedergegebene exponentielle Form der Funktionen $m(t)$, $h(t)$ und $n(t)$ entspricht dem Zeitverlauf der Konzentration bei einer monomolekularen chemischen Reaktion (vgl. 10.1.2). Es liegt dabei die Vorstellung zugrunde, dass ein elektrisch geladenes „Torteilchen", ähnlich wie dies in Abschn. 10.5.3 für hydrophobe Ionen beschrieben wird, in der Membran spannungsabhängig zwischen zwei Positionen hin- und herspringen kann (Abb. 9.62). Die Tatsache, dass man den Aktivierungsprozess des Natriumkanals am besten durch die dritte Potenz von $m(t)$ beschreibt, könnte bedeuten, dass für die Öffnung des Kanals drei unabhängige Torteilchen sich bewegen müssen. Ob dieses einfache Bild der Realität entspricht, lässt sich voraussichtlich erst entscheiden, wenn die Struktur des Kanalproteins in atomaren Details bekannt ist.

9.5 Messung von Einzelkanal-Strömen mit der Saugpipetten-Technik

Wir haben die **Methode der Einzelkanalanalyse** bereits im Abschn. 9.3.7 kennen gelernt. Sie wurde zunächst für Ionenkanälen in Lipidmembranen entwickelt. Ihre Übertragung auf biologische Membranen brachte eine Reihe technischer Schwierigkeiten mit sich. Im Jahre 1976 wurde schließlich von Neher und Sakmann eine Methode entwickelt, die es gestattet, auch elektrische Ströme durch einzelne Ionenkanäle in der Zellmembran direkt zu registrieren. Die Methode besteht darin, die hitzepolierte Spitze einer Glas-Mikropipette (innerer Durchmesser 1-2 μm)

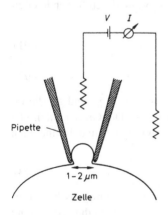

Abb. 9.67 Die Methode der Einzelkanal-Ableitung (engl. *patch-clamp technique*)

auf die Zellmembran aufzusetzen und durch einen leichten Unterdruck einen kleinen Fleck (engl. *patch*) der Membran in die Pipette einzusaugen (Abb. 9.67). Dabei bildet sich ein enger Kontakt zwischen Membrangrenzfläche und Glaswand aus, der zu einem extrem hohen elektrischen Abdichtwiderstand R_a zwischen Pipette und Medium führt $(R_a \approx 10^{10} - 10^{11}\ \Omega)$. Die Pipette ist mit einer wässrigen Elektrolytlösung gefüllt und über eine Ag/AgCl-Elektrode an eine Spannungsquelle und einen hochempfindlichen Stromverstärker angeschlossen (Abb. 9.67). Auf diese Weise kann das Öffnen und Schließen einzelner Ionenkanäle, die sich im Membranfleck unter der Pipette befinden, direkt nachgewiesen werden (Abb. 9.68). Da der außerhalb der Pipette befindliche Teil der Zellmembran wegen seiner sehr viel größeren Fläche praktisch einen elektrischen Kurzschluss darstellt, bleibt die Spannung über dem Membranfleck zeitlich konstant, unabhängig vom Öffnen und Schließen von Kanälen. Dementsprechend wird die Saugpipetten-Methode in der englischsprachigen Literatur als „*patch-clamp technique*" bezeichnet (also als eine Technik, bei der an einem Membranfleck die Spannung „geklemmt" erscheint, d.h. zeitlich konstant bleibt).

Die Methode wird in verschiedenen Messkonfigurationen angewandt. Bei der *Ganzzellableitung* (engl. „*whole cell configuration*") wird durch Zerstörung des eingesaugten Membranflecks ein direkter elektrischer Kontakt zwischen Pipettenlösung und Cytoplasma erreicht. Auf diese Weise kann das Gesamtverhalten aller Ionenkanäle der betreffenden Zelle untersucht werden. In anderen Varianten der Methode wird der Membranfleck mitsamt Pipette durch Abziehen von der Zelle entfernt und in eine Lösung frei wählbarer Zusammensetzung transferiert („*excised patch*"). Hierdurch kann das Verhalten einzelner Ionenkanäle unter definierten Bedingungen untersucht werden, wobei entweder die Innenseite der Membran der neuen Lösung ausgesetzt wird („*inside-out patch*") oder die Außenseite („*outside-out patch*").

Die auf diese Weise messbaren Einzelkanalströme liegen (bei Membranspan-

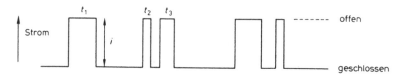

Abb. 9.68. Elektrischer Strom durch einen einzelnen Ionenkanal, der zwischen einem geöffneten und einem geschlossenen Zustand fluktuiert. Aus dem Stromsignal lässt sich die Größe des Einzelkanalstroms (*i*) und hieraus die Einzelkanalleitfähigkeit $\Lambda = i/V$ (*V* = angelegte Spannung) ermitteln. Sie liegt bei vielen Ionenkanälen im Bereich 10-100 pS (1 pS = 10^{-12} A/V) unter physiologischen Ionenkonzentrationen. Ferner kann die mittlere Lebensdauer $\tau = (t_1 + t_2 + \cdots + t_n)/n$ des „offen"-Zustandes des Kanals bestimmt werden (*n* ist die Zahl der registrierten Öffnungsereignisse)

nungen von etwa 100 mV) im Bereich von einigen pA (1 pA = 10^{-12} A). Eine Stromamplitude von 1 pA entspricht nach Gl. (9.41) einem Durchtritt von i/ze_0 = 10^{-12} A/$1,6 \cdot 10^{-19}$ C $\approx 5 \cdot 10^6$ einwertigen Ionen je Sekunde. Bei Stromamplituden von 1 pA können kurzzeitige Kanalöffnungs-Ereignisse bis herab zu etwa 0,1 ms Dauer registriert werden. Die Methode gestattet es also, bereits den Durchtritt von etwa 500 Ionen durch einen Kanal nachzuweisen.

Neben den Amplituden der Einzelkanalströme liefert die Saugpipetten-Technik Information über *das statistische Öffnungs- und Schließungsverhalten von Ionenkanälen*. Aus einer möglichst großen Zahl von Einzelereignissen bestimmt man statistische Parameter, wie z.B. die mittlere Offenzeit τ des Kanals, oder die Wahrscheinlichkeit, $f(t)\,dt$, dass die Offenzeit t eines Kanals in einem vorgegebenen Intervall $(t, t+dt)$ liegt. Aus den statistischen Parametern versucht man, kinetische Modelle für den Kanal abzuleiten (vgl. 10.5.3). Eine Reihe von Kanälen kann man durch Annahme eines Übergangs zwischen einem „geschlossen"-Zustand (G) und einem „offen"-Zustand (O) beschreiben:

$$G \rightleftarrows O. \qquad (9.94)$$

In anderen Fällen muss man mehrere „geschlossen"-Zustände $(G_1, G_2, \ldots G_n)$ annehmen:

$$G_1 \rightleftarrows G_2 \rightleftarrows \ldots G_n \rightleftarrows O. \qquad (9.95)$$

Bei vielen Kanälen hängt die Übergangswahrscheinlichkeit zwischen den einzelnen Zuständen von der Membranspannung ab. In anderen Fällen kann sich der Kanal erst dann öffnen, wenn ein „Aktivator" an das Kanalmolekül bindet. Als Aktivatoren können intrazelluläre Ca^{2+}-Ionen wirken (Calcium-aktivierte Kalium-Kanäle) oder Transmitter, wie Acetylcholin oder γ-Aminobuttersäure.

Bei einer Membran, die N Kanäle eines bestimmten Typus enthält, lässt sich der mittlere elektrische Strom I durch diese Kanäle beschreiben durch:

$$I = N\,p\,i. \qquad (9.96)$$

p ist die Wahrscheinlichkeit, dass der Kanal sich im „offen"-Zustand befindet, und i ist der elektrische Strom durch den offenen Kanal. (Der Gleichung liegt die Annahme zugrunde, dass der Kanal einen einzigen „offen"-Zustand annehmen kann.) Während der Einzelkanalstrom i in vielen Fällen ein nahezu Ohmsches Verhalten zeigt, kann der makroskopische Strom I eine nicht-lineare Funktion der Membranspannung sein, dann nämlich, wenn die Offen-Wahrscheinlichkeit p spannungsabhängig ist.

Die Saugpipettenmethode wird häufig in Verbindung mit genetischen Methoden verwandt, um die Funktion spezifischer Aminosäuren eines Ionenkanals zu studieren. Hierzu wird der zu untersuchende Ionenkanal kloniert und durch Mutagenese gezielt verändert. Die dem veränderten Protein entsprechende RNA wird in eine Zelle eingebracht, die den Kanal natürlicherweise nicht exprimiert. Der proteinsynthetische Apparat der Zelle setzt die eingebrachte RNA in Protein um und baut dieses in die Zellmembran ein. Dort kann die Funktion des veränderten Ionenkanals mit Hilfe der Saugpipettenmethode analysiert werden. Ein beliebtes zelluläres Objekt zur Durchführung derartiger Experimente stellen unbefruchtete Oocyten des südafrikanischen Krallenfrosches *Xenopus laevis* dar.

9.5.1 Einzelkanalexperimente am Natrium-Kanal der Nervenmembran

Die in Abb. 9.68 dargestellten Einzelkanalfluktuationen werden üblicherweise bei konstanter Membranspannung detektiert. Dies ist beim spannungsabhängigen Na-Kanal der Nervenmembran (wegen seines Inaktivierungsverhaltens) nicht möglich. Man kann in diesem Fall, unter Verwendung der in Abb. 9.67 gezeigten Anordnung, wie folgt vorgehen: Man führt an dem unter der Pipette befindlichen Membranfleck, der einen bis mehrere Na-Kanäle enthält, depolarisierende Spannungssprünge aus, die zur vorübergehenden Öffnung der Kanäle führen. Ausgehend von der Ruhespannung (–100 mV) lässt man die Membranspannung V_m auf –20 mV springen und registriert während etwa 20 ms den Pipettenstrom I (Abb. 9.69). Dann hält man V_m für eine Erholzeit von 1 s wieder auf dem Ruhewert von –100 mV. Dieses Spannungssprung-Experiment wird oft hintereinander wiederholt. Die einzelnen Stromspuren (I_1, I_2, ..., I_n) zeigen Kanalöffnungsereignisse, wobei sowohl die Latenzzeit zwischen Spannungssprung und Kanalöffnung als auch die Lebens-

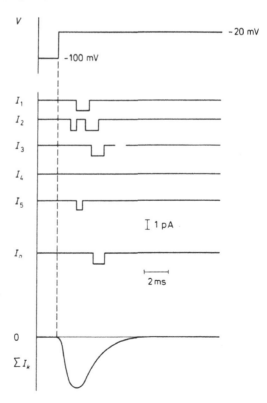

Abb. 9.69. Einzelkanalströme durch den Na-Kanal der Nervenmembran nach einem depolarisierenden Spannungssprung. Das summierte Stromsignal am unteren Ende der Abbildung ist mit einem Normierungsfaktor multipliziert. (Nach Aldrich et al.(1983) Nature 306:436)

dauer des „offen"-Zustandes des Kanals statistisch verteilt sind. Ferner besteht eine endliche Wahrscheinlichkeit dafür, dass nach dem Spannungssprung *keine* Kanalöffnung beobachtet wird (vgl. I_4 in Abb. 9.69).

Summiert man eine große Zahl einzelner Stromspuren, so ergibt sich der im unteren Teil von Abb. 9.69 gezeigte mittlere Strom, der in seinem Zeitverhalten mit dem in einem konventionellen Spannungssprung-Experiment beobachteten makroskopischen Na-Einwärtsstrom (Abb. 9.56) übereinstimmt.

Abb. 9.69 zeigt in eindrucksvoller Weise, dass Einzelkanalexperimente wesentlich detailliertere Informationen über das kinetische Verhalten von Ionenkanälen liefern als makroskopische Strommessungen an Vielkanalsystemen. Unter der Annahme, dass bei dem in Abb. 9.69 dargestellten Experiment der Membranfleck unter der Pipette nur einen einzigen Na-Kanal enthält, lassen sich die Ergebnisse durch folgendes kinetisches Schema näherungsweise beschreiben:

$$G \rightleftarrows O$$
$$\searrow \downarrow \qquad (9.97)$$
$$I$$

Nach dem depolarisierenden Spannungssprung geht der „geschlossen"-Zustand (G) nach einer statistisch verteilten Latenzzeit in den „offen"-Zustand (O) über. Nach einer wiederum statistisch verteilten Wartezeit geht O in den inaktivierten Zustand (I) über. Gelegentlich kann der Kanal von O in G zurückspringen und dann wieder in O übergehen (mehrfache Öffnungsereignisse). Aus dem Auftreten von Stromspuren ohne Öffnungsereignisse folgt, dass auch direkte Übergänge $G \rightarrow I$ möglich sind. Bei der im Experiment gewählten Spannung sind die Übergänge $G \rightarrow I$ und $O \rightarrow I$ praktisch irreversibel (Fehlen von Kanalöffnungs-Ereignissen bei langen Zeiten).

9.6 Zur Struktur von Kanälen biologischer Membranen

Kanalartige Strukturen dienen als passive Transportwege für Ionen durch den hydrophoben Innenbereich biologischer Membranen. Sie spielen aber auch für den Transport ungeladener hydrophiler Substanzen eine bedeutende Rolle. Als Beispiel seien die „*Aquaporine*" genannt, eine Klasse von Membranproteinen, die den Transport von Wasser über biologische Membranen katalysiert. Ein weiteres Beispiel stellen die *Porine* der Außenmembran gramnegativer Bakterien dar, die für viele niedermolekulare Substanzen (z.B. Zucker) permeabel sind. Kanäle hinreichenden Durchmessers dienen auch zum Transport von (entfalteten) Proteinen über Membranen. Schließlich werden kanalartige Strukturen auch im Zusammenhang mit aktivem Transport (Pumpen) diskutiert. Hier überbrücken sie als *hydrophile Zugangskanäle* einen Teilbereich der Membran und erlauben hierdurch den Zugang der zu transportierenden Substanz zu den Bindungsstellen einer Pumpe oder sie stellen den Ausgang zur gegenüberliegenden wässrigen Phase dar.

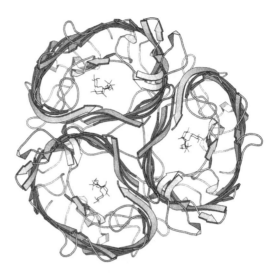

Abb. 9.70. Grundstruktur des Saccharose-spezifischen Porins aus der äußeren Membran des gramnegativen Bakteriums *Salmonella typhimurium*. Das Protein liegt als Trimer vor. Die Darstellung zeigt einen Blick von außerhalb der Zelle auf die Öffnungen der drei parallel angeordneten, jeweils aus 18 β-Strängen bestehenden Kanäle. In den Kanälen ist jeweils ein Saccharose-Molekül gebunden (dankenswerterweise zur Verfügung gestellt von K. Diederichs, Konstanz; D. Forst, W. Welte, T. Wacker, K. Diederichs (1998) Nature Struct. Biol. 5: 37)

Dies gilt für die Na,K-ATPase (s. Reaktionsschema in Abb. 9.42) ebenso wie für das in Abschn. 9.3.8.1 erwähnte Bakteriorhodopsin, eine gut untersuchte, lichtgetriebene Protonenpumpe, bei der Protonen über eine Bindungsstelle zu der lichtabsorbierenden Retinal-Gruppe, die für den Pumpvorgang entscheidend ist, und über weitere Bindungsstellen zur transmembranären Seite gelangen.

Das grundsätzliche Bauprinzip dieser Kanäle oder Teilkanäle kann man sich am Beispiel des vergleichsweise einfachen Peptids Gramicidin A klar machen (Abb. 9.35). Ein hydrophobes Äußeres sorgt für den energetisch günstigen Kontakt mit der hydrophoben Innenphase der Membran, während die durch den Kanal diffundierenden Ionen einen hydrophilen Transportpfad vorfinden.

Ein ähnliches Bauprinzip wird auch für die erheblich komplexeren zellulären Kanäle diskutiert. Als Beispiele betrachten wir in den Abb. 9.70–9.72 zwei Kanalproteine aus der äußeren Membran gramnegativer Bakterien sowie den K⁺-Kanal erregbarer Membranen. Sie repräsentieren zwei verschiedene Grundstrukturen von Kanälen. Während die Außenmembranproteine aus β-Faltblattstrukturen aufgebaut sind, sind die Ionenkanäle erregbarer Membranen aus α-helikalen Teilelementen zusammengesetzt (Abb. 9.72). Die Seitenansicht des in Abb. 9.70 in der Aufsicht dargestellten Saccharose-spezifischen Porins entspricht in ihrem Aussehen dem transmembranären Teil des in Abb. 9.71 gezeigten TolC. Diese auch als Kanal-Tunnel (engl. „*channel-tunnel*") bezeichnete Struktur besteht aus einem in die äu-

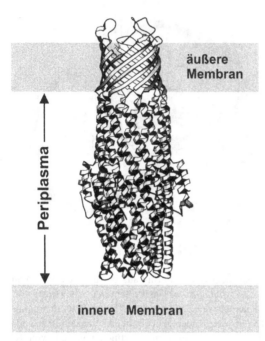

Periplasma

äußere Membran

innere Membran

Abb. 9.71. Struktur des TolC-Kanal-Tunnels aus *E. coli* (nach Koronakis et al. (2000) Nature 405: 914). Die Abbildung zeigt eine in die äußere Membran eingelagerte aus 12 antiparallelen β-Strängen bestehende, 4 nm lange Kanalstruktur, an die sich der aus 12 α-Helices bestehende, 10 nm lange „Tunnel" anschließt, der den periplasmatischen Raum überbrückt. TolC entspricht einem Trimer, das jedoch im Gegensatz zum Saccharose-spezifischen Porin (s. Abb. 9.70) nur *eine* (erheblich größere) Kanalöffnung aufweist

ßere Membran gramnegativer Bakterien (*E. coli*) eingelagerten, porinartigen Kanal und einem daran anschließenden aus α-Helices bestehenden Tunnel, der den periplasmatischen Raum zwischen äußerer Membran und cytoplasmatischer Membran der Bakterien überbrückt. Im TolC-Kanal-Tunnel sind somit beide Grundstrukturen, d.h. β-Faltblatt und α-Helix, verwirklicht. Er entspricht annähernd einem Zylinder mit einem inneren Durchmesser von 3,5 nm, durch den verschiedene Moleküle (darunter auch Proteine) transportiert werden können (Koronakis et al. 2001).

Im Gegensatz zu TolC weisen die Ionenkanäle der Plasmamembran tierischer Zellen in der Regel einen erheblich geringeren Innendurchmesser im Bereich von einigen Zehntel nm auf. Dies erlaubt ihnen, zwischen Ionen verschiedenen Durchmessers und/oder verschiedener Ladung zu diskriminieren. Sie zeigen somit (wie der Na^+- und K^+-Kanal erregbarer Membranen) das Phänomen der *Ionenselektivität*.

Wesentliche Charakteristika der Struktur spannungsabhängiger Ionenkanäle sind in Abb. 9.72 skizziert. Die Struktur bestehen aus 4 Untereinheiten, die im Falle des K^+-Kanals identisch, im Falle des Na^+-Kanals verschieden sind. Alle Untereinheiten bestehen aus 6 transmembranären α-Helices (S1–S6). Die Helix S4 trägt eine Reihe positiver Ladungen. Sie ist für die spannungsabhängige Steuerung der Kanäle (s. 9.4.11) verantwortlich. Zwischen den Helices S5 und S6 befindet sich eine ausgeprägte Schleife, die den Kanaleingang (von der Außenseite her gesehen) bildet. Durch Zusammenlagerung der 4 Untereinheiten entsteht ein Kanal, der durch die S5- und S6-Helices gebildet wird, mit einer Engstelle im Bereich der

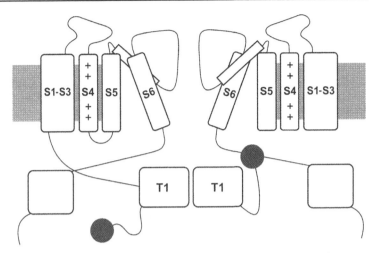

Abb. 9.72. Wesentliche Charakteristika der Struktur eines spannungsabhängigen K$^+$-Kanals (Nach Yi B. and Jan L. (2000) Neuron 27:423). Der Kanal besteht aus 4 identischen Untereinheiten, von denen 2 gezeigt werden. Jede Untereinheit besteht aus 6 transmembranären α-Helices (S1–S6). Weitere Details s. Text

4 Schleifen, welche für die Ionenselektivität verantwortlich ist. An der mit T1 bezeichneten Domäne jeder Untereinheit ist über eine flexible Kette eine kugelförmige Struktur (der „Ball") geknüpft. Nach gängigen Vorstellungen ist es möglich, dass der Ball in den Kanal eindringt, ihn auf diese Weise blockiert und inaktiviert.

Diese strukturellen Charakteristika stimmen mit einer Vielzahl von Experimenten – darunter eine detaillierte Röntgenstrukturanalyse eines einfachen K$^+$-Kanals bakteriellen Ursprungs (Doyle et al. 1998) – überein. Auch 50 Jahre nach den bahnbrechenden Arbeiten von Hodgkin und Huxley warten jedoch weiterhin eine Reihe wesentlicher struktureller und funktioneller Details der spannungsabhängigen Ionenkanäle auf ihre Aufklärung.

Weiterführende Literatur zu „Biologische Membranen"

Cevc G, Marsh D (1987) Phospholipid bilayers. Physical principles and models. Wiley, New York

Doyle DA, Morais Cabral J, Pfuetzner RA, Kuo A, Gulbis JM, Cohen SL, Chait BT, MacKinnon R (1998) The structure of the potassium channel: Molecular basis of K$^+$ conduction and selectivity. Science 280: 69-77

Hanke W, Schlue WR (1993) Planar lipid bilayers. Methods and applications. Academic Press, London

Hille B (2001) Ionic channels of excitable membranes. Sinauer, Sunderland/MA

Jäckle J (2007) The causal theory of the resting potential of cells. J Theoret Biol 249: 445-463

Katchalsky A, Curran PF (1967) Nonequilibrium thermodynamics in biophysics. Harvard Univ Press, Cambridge/MA

Koronakis V, Andersen C, Hughes C (2001) Channel-tunnels. Curr Opin Struct Biol 11: 403-407

Läuger P (1985) Mechanismen des biologischen Ionentransports - Carrier, Kanäle und Pumpen in künstlichen Lipidmembranen. Angew Chem 97: 939-959

Läuger P (1991) Electrogenic ion pumps. Sinauer, Sunderland/MA

Lakshminarayanaiah N (1984) Equations of membrane biophysics. Academic Press, Orlando

Nicholls DG, Ferguson SJ (2002) Bioenergetics. Academic Press, London

Numberger M, Draguhn A (1996) Patch-Clamp-Technik. Spektrum, Heidelberg

Silver BL (1985) The physical chemistry of membranes. An introduction to the structure and dynamics of biological membranes. Allen & Unwin, Boston

Stein W.D. (1986) Transport and diffusion across cell membranes. Academic Press, New York

Stark G (1978) Carrier-mediated ion transport across thin lipid Membranes. In: Giebisch G, Tosteson DC, Ussing H (eds) Membrane transport in biology, vol 1, 447-473. Springer, Berlin

Tanford C (1980) The hydrophobic effect: formation of micelles and biological membranes. Wiley, New York

Übungsaufgaben zu "Biologische Membranen"

9.1 Bei der Nervenerregung ändert sich die Potentialdifferenz über der Nervenmembran um ΔV_m = 100 mV, was hauptsächlich auf einen Einstrom von Na^+ in die Nervenfaser zurückzuführen ist. Wie viel Na^+-Ionen/cm^2 der Nervenmembran sind nötig, um die Membrankapazität (C_m = 1 µF cm^{-2}) um den Betrag ΔV_m umzuladen?

9.2 Die Platzwechselzeit von Lipidmolekülen in der Membranebene beträgt etwa 10^{-7} s, der mittlere seitliche Abstand zweier Lipidmoleküle etwa 0,8 nm. Wie groß ist der Diffusionskoeffizient des Lipids in der Membranebene? Wie lange dauert es, bis ein Lipidmolekül die Strecke 10 µm ($\approx$ Linearausdehnung einer Zelle) in der Membran durch Diffusion zurückgelegt hat?

(Hinweis: Man verwende die Beziehung zwischen der mittleren quadratischen Verschiebung und dem Diffusionskoeffizienten.)

9.3 Man schätze die Größenordnung des Permeabilitätskoeffizienten P_d einer Lipidmembran für Tritium-markiertes Wasser (HTO) ab unter der Annahme, dass sich die Lipidmembran wie ein homogener Kohlenwasserstoff-Film (KWF) verhält (Dicke: 10 nm, Verteilungskoeffizient von HTO zwischen Wasser und Kohlenwasserstoff $\gamma = c_{KWF}/c_{Wasser} \approx 10^{-4}$, Diffusionskoeffizient von HTO: 10^{-6} cm^2 s^{-1}).

9.4 Um die Permeabilität von Zellen für Harnstoff zu messen, wird für Zeit t = 0 radioaktiver Harnstoff zur Zellsuspension gegeben. Nach 1200 s hat die Radioaktivität im Innern der Zellen 50% des Endwertes erreicht. Man berechne den Permeabilitätskoeffizienten der Zellmembran für Harnstoff unter der Annahme, dass die Zellen Kugelgestalt (Radius = 3 μm) besitzen.

9.5 Bei Permeabilitätsstudien an Zellmembranen findet man, dass der Permeabilitätskoeffizient P_d von Essigsäure (pK ≈ 4,7) stark vom pH-Wert des Mediums abhängt. Wie ist dieser pH-Effekt qualitativ zu erklären? Zeichnen Sie (unter Verwendung der Henderson-Hasselbalch-Gleichung) den Verlauf von P_d als Funktion des pH-Wertes auf! (Der Einfachheit halber soll angenommen werden, dass intra- und extrazelluläres Medium denselben pH-Wert besitzen.)

9.6 Beidseits einer Membran der Fläche A = 10 cm^2 befinden sich Lösungen einer Substanz S, deren Konzentration links c' = 0, rechts c'' = 0,1 M beträgt. In Abwesenheit einer Druckdifferenz beobachtet man einen Volumentransport von 3 cm^3/h. Um diesen Volumenfluss zu unterbinden, muss auf der rechten Seite ein Überdruck von 2 bar angelegt werden. Wie groß ist der Reflexionskoeffizient und die hydraulische Permeabilität der Membran (T = 300 K)?

9.7 Eine fiktive Membran der Dicke d enthalte pro Einheitsfläche (etwa pro cm^2) n gerade, kreiszylindrische Poren vom Radius r, die senkrecht zur Membranoberfläche orientiert sind. Die Viskosität der die Poren erfüllenden Flüssigkeit sei η. Man leite eine allgemeine Beziehung für die hydraulische Permeabilität L_p der Membran her unter der Annahme, dass der Flüssigkeitstransport in den Poren durch das Poiseuille'sche Gesetz beschrieben wird. Der Porenradius soll so groß sein, dass der Reflexionskoeffizient gleich 0 angenommen werden kann.

9.8 In vielen Fällen kann bei Carriersystemen die Annahme gemacht werden, dass die Komplexbildungsreaktion in den Membrangrenzflächen im Gleichgewicht ist, sodass folgende Beziehung gilt:

$$K = \frac{[CS]'}{[C]'[S]'} = \frac{[CS]''}{[C]''[S]''}.$$

Unter dieser Bedingung wird der Transport des Substrates S durch folgende Gleichung beschrieben:

$$\Phi_S = \frac{N}{d^2} \cdot \frac{K D_C D_{CS}\left([S]' - [S]''\right)}{D_C + D_{CS}K^2[S]'[S]'' + (K/2)(D_C + D_{CS})\left([S]' + [S]''\right)};$$

Φ_S = Flussdichte von S,
N = Gesamtmenge an Carrier in der Membran (mol cm^{-2}),
d = Membrandicke,

D_C, D_{CS} = Diffusionskoeffizienten des freien und des komplexierten Carriers in der Membran.

a) Wie groß ist die Wechselzahl (*turnover-number*) des Carriers? (Hinweis: für die Berechnung der Wechselzahl ist $[S]'' = 0$ zu setzen, sowie der Grenzübergang $[S]' \to \infty$ zu betrachten.)
b) Bei welcher Konzentration $[S]'$ ist für $[S]'' = 0$ der Transport halbmaximal?

9.9 In der Zellmembran sei ein (hypothetisches) Carriersystem für Ca^{2+} enthalten. Belädt man das Zellinnere mit radioaktivem $^{45}Ca^{2+}$ und misst den Ausstrom von $^{45}Ca^{2+}$, so stellt man fest, dass der Ausstrom in Abwesenheit von extrazellulärem Ca^{2+} sehr klein ist, aber stark ansteigt, wenn dem Außenmedium Ca^{2+} (z.b. nicht-radioaktives $^{20}Ca^{2+}$) zugesetzt wird. Geben Sie einen Transportmechanismus an, der diese Beobachtung erklärt !

9.10 In einer Zelle werden K^+-Ionen von außen nach innen transportiert. Die Innenkonzentration ist $c_i = 150$ mM, die Außenkonzentration $c_a = 5$ mM; das Membranpotential $V_m = \varphi_i - \varphi_a$ beträgt -100 mV. Handelt es sich dabei um einen aktiven oder passiven Transport ($T = 300$ K)?

9.11 Im Innern einer Zelle beträgt die Na^+-Konzentration 50 mM, im Außenmedium 500 mM. Die Zellmembran enthält ein Transportprotein, das Na^+ von innen nach außen pumpt, wobei gleichzeitig ATP in ADP + P_i gespalten wird. Wie viele Mole ATP pro Mol transportiertes Na^+ werden mindestens benötigt, wenn man annimmt, dass durch die ATP-Spaltung eine Freie Enthalpie von 30 kJ mol^{-1} ATP zur Verfügung gestellt wird? (Das Membranpotential soll hier gleich null angenommen werden, T = 300 K.)

9.12 Die Na^+-Permeabilität der Membran einer Muskelzelle wurde unter folgenden Bedingungen bestimmt: Das extrazelluläre Medium enthielt 120 mM Na^+; das Membranpotential $V_m = \varphi_i - \varphi_a$ betrug -90 mV. Dem extrazellulären Medium wurde radioaktives $^{22}Na^+$ zugesetzt, wobei das Verhältnis $[^{22}Na^+]/[Na^+]_{total}$ gleich 10^{-2} war. Unmittelbar danach wurde ein Fluss von $^{22}Na^+$ im Betrag von $3{,}5 \cdot 10^{-14}$ mol cm^{-2} s^{-1} ins Innere der Zelle beobachtet. Man berechne aus diesen Daten den Permeabilitätskoeffizienten von $^{22}Na^+$ ($RT/F = 25$ mV)!

9.13 Aus dem Riesenaxon des Tintenfisches treten bei einem einzelnen Aktionspotential ca. $3 \cdot 10^{-12}$ mol K^+/cm^2 Membran aus. Der Axondurchmesser beträgt 0,5 mm, die K^+-Konzentration im Axoplasma 0,4 M. Wie viele Aktionspotentiale können bei blockierter Na^+, K^+-Pumpe fortgeleitet werden, bevor die K^+-Konzentration im Axon um 1% abgenommen hat?
(Lösungshinweis: Formulieren Sie etwa das Problem für 1 cm Länge des Axons!)

9.14 Das Ruhepotential der Axonmembran wird im Wesentlichen durch die intra- und extrazellulären Konzentrationen von K^+ und Na^+ bestimmt. Aus Isotopenflussmessungen ergab sich für die Axonmembran ein Permeabilitätsverhältnis P_K/P_{Na} = 15. Wie groß ist das Ruhepotential, wenn das Axon sich in einer Lösung der Zusammensetzung 10 mM K^+ + 460 mM Na^+ befindet und mit einer Lösung, die 400 mM K^+ und 80 mM Na^+ enthält, perfundiert (durchströmt) wird (RT/F = 25 mV)?

9.15 Die Membranen von Muskelzellen enthalten einen Ionenkanal, der durch Bindung von Acetylcholin geöffnet wird und der für K^+ und Na^+ nahezu gleich permeabel und für alle anderen noch vorhandenen Ionensorten impermeabel ist. Die intra- und extrazellulären Konzentrationen sind c_{Na}^i = 10 mM, c_{Na}^a = 120 mM, c_K^i = 140 mM, c_K^a = 5 mM. Wie groß ist das Umkehrpotential V_0 dieses Kanals? Vergleichen Sie V_0 mit dem Umkehrpotential eines Na^+-spezifischen bzw. eines K^+-spezifischen Kanals!

10 Kinetik

Die vorhergehenden Kapitel über Transporterscheinungen in homogenen Phasen und durch Membranen, insbesondere das Phänomen der Nervenerregung, haben deutlich gemacht, welche Bedeutung dem Studium des zeitlichen Verhaltens physikalischer Größen bei der Aufklärung der Lebensvorgänge zukommt. Erscheinungen wie die Diffusion beruhen auf der Existenz von Nichtgleichgewichten. Sie konnten deshalb nicht im Rahmen der klassischen Thermodynamik beschrieben werden, die sich mit Gleichgewichten befasst, sondern wurden phänomenologisch (d.h. aus dem Phänomen, etwa einem Experiment heraus) entwickelt. Die Lehre von der Dynamik molekularer und zellulärer Prozesse sowie der Dynamik von tierischen Populationen wird häufig zusammenfassend als *Kinetik* bezeichnet. Das Gemeinsame dieser inhaltlich zum Teil völlig verschiedenen Gebiete ist die *Beschreibung von Zeitabhängigkeiten* der jeweils interessierenden Größen (etwa einer Molekülzahl bei molekularen Vorgängen oder der Zahl der Individuen in einer Population). Es hat sich gezeigt, dass auf der Basis gewisser Differentialgleichungen ein gemeinsamer mathematischer Formalismus existiert, der zur Behandlung der genannten Phänomene eingesetzt werden kann.

Ein Hauptanwendungsgebiet stellt die chemische Kinetik dar, die sich mit der Geschwindigkeit chemischer Reaktionen und mit den Faktoren, die sie beeinflussen, befasst (*Reaktionskinetik*). Ihre Bedeutung beruht vorwiegend in der Aufklärung von Reaktionsmechanismen. Deshalb spielt sie auch bei denjenigen Fragestellungen der modernen Biologie, die sich mit dem Studium molekularer Elementarprozesse lebender Organismen auseinandersetzen, häufig eine wichtige Rolle (Enzymforschung, Nervenerregung, Photosynthese). Die klassische Thermodynamik bevorzugt eine statische Betrachtungsweise. Sie betrachtet nur den Anfangs- und Endzustand eines Systems. So beschreibt sie z.B. die energetischen Verhältnisse (1. Hauptsatz = Energiesatz) sowie die Richtung (2. Hauptsatz) einer chemischen Reaktion. Sie interessiert sich jedoch nicht für den Reaktionsmechanismus sowie für die Zeit, die für einen Reaktionsablauf nötig ist. Die Zeit ist keine Variable der Thermodynamik. Die Kinetik hingegen behandelt den Zeitverlauf einer Reaktion, der empfindlich vom Reaktionsmechanismus abhängen kann und daher Rückschlüsse auf ihn gestattet. Deshalb erlaubt die Anwendung kinetischer Methoden häufig die *Unterscheidung von Reaktionstypen.*

Wie erwähnt, kann der mathematische Formalismus der Kinetik über die Reaktionskinetik hinaus mit Vorteil zur quantitativen Beschreibung vieler zeitabhängiger Phänomene eingesetzt werden. Als Beispiel sei einmal die *Populationskinetik*

genannt, die sich mit der Analyse des zeitlichen Verhaltens der Größe von tierischen und pflanzlichen Populationen und Gesellschaften befasst. Ein weiteres um-
fangreiches Anwendungsgebiet stellen Stoffwechseluntersuchungen am lebenden
Organismus dar, die häufig unter Verwendung radioaktiver Isotope durchgeführt
werden (Stoffwechselkinetik). Dieses Gebiet beinhaltet auch viele Verfahren der
medizinischen Diagnostik zum Studium von Organfunktionen (Beispiel: Schilddrüsenfunktionstest mit Hilfe von radioaktivem ^{131}I oder ^{99m}Tc im Rahmen der
Nuklearmedizin). Auch die *Pharmakokinetik* lässt sich hier einordnen. Sie befasst sich mit dem zeitlichen Verhalten der Konzentration pharmakologischer
Wirkstoffe im menschlichen Organismus. Hierfür ist die Resorption des Wirkstof-
fes, seine Verteilung im Organismus, sein metabolischer Abbau sowie seine Ausscheidung (Exkretion) von Bedeutung. Zur mathematischen Beschreibung wird in
der Regel die *Kompartmenttheorie* angewandt, die wir in Abschn. 10.2 näher
kennen lernen werden. Diese Theorie wird mit Vorteil auch zur Beschreibung von
Transportprozessen in der Biosphäre angewandt. Sie kann als Verallgemeinerung
der Reaktionskinetik aufgefasst werden.

> Zusammenfassend lässt sich für den Biologen die Kinetik wohl am ein-
> fachsten als die Lehre von der Dynamik der Lebensprozesse bezeichnen.

Wir wollen im Folgenden den mathematischen Formalismus der Kinetik am
Beispiel der Reaktionskinetik entwickeln, darüber hinaus aber stets die Bedeutung
für andere Gebiete im Auge behalten.

10.1 Empirische Beschreibung der Geschwindigkeit chemischer Reaktionen

In Kap. 5 wurde die Energetik chemischer Reaktionen auf thermodynamischer
Grundlage behandelt. In ihrem Rahmen ergab sich die Richtung einer chemischen
Reaktion als Veränderung der Reaktandenkonzentrationen zu kleinerer freier
Enthalpie G. Die Geschwindigkeit dieser Veränderung hingegen ist unabhängig
von der Größe der Änderung ΔG der freien Enthalpie und kann somit nicht aus ihr
gefolgert werden.

Wir wollen in diesem Abschnitt eine formale Beschreibung der Reaktionsgeschwindigkeit einführen und uns qualitativ überlegen, von welchen Faktoren ihr
Absolutwert abhängt.

Zunächst soll ein einfaches Beispiel zeigen, dass kinetische Untersuchungen im
Gegensatz zu thermodynamischen dazu dienen können, Reaktionsmechanismen
voneinander zu unterscheiden. Hierzu betrachten wir die Umwandlung einer Substanz A in eine Substanz B, und zwar einmal auf direkte Art und Weise (Fall a)
und dann katalysiert durch ein Enzym E (Fall b).

$$\text{a) A} \rightleftarrows \text{B}$$

Abb. 10.1. Zur Unterscheidung einer enzymkatalysierten (*b*) und einer nichtkatalysierten (*a*) Umsetzung einer Substanz A in eine Substanz B durch Messung der Reaktionsgeschwindigkeit als Funktion der Konzentration c_A (unter der Bedingung $c_B \to 0$)

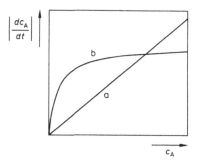

b) $A + E \rightleftarrows EA$

$$EA \rightleftarrows E + B.$$

Da ein Katalysator nichts an der Energetik einer Reaktion ändert, sind die Aussagen der Thermodynamik für beide Fälle identisch, nämlich:

Im Gleichgewicht ist das Konzentrationsverhältnis $\bar{c}_B/\bar{c}_A$ durch das Massenwirkungsgesetz [Gln. (5.7) und (5.8)] gegeben, d.h.

$$\bar{c}_B/\bar{c}_A = K \, ,$$

$$K = e^{-\Delta G^0/RT} \, ,$$

wobei ΔG^0 die (für beide Fälle identische) Freie Reaktionsenthalpie unter Standardbedingungen (d.h. $c_A = c_B = 1$ M) darstellt.

Nun lenken wir durch starke Reduktion der Konzentration c_B (d.h. $c_B \to 0$) die beiden Systeme weit aus dem Gleichgewicht und beobachten die auftretenden Stoffumsätze, die in einer Abnahme von c_A und einer Zunahme von c_B bestehen. Wir erwarten, dass der Umsatz des Stoffes A pro Zeiteinheit (die Konzentrationsänderung dc_A/dt) proportional ist zur vorhandenen Konzentration c_A (d.h. $dc_A/dt \sim c_A$). Im Falle a) gilt dies unabhängig von der Größe von c_A, solange c_B hinreichend klein bleibt, sodass die Rückreaktion vernachlässigt werden kann. Im Fall b) gilt diese Aussage jedoch nur bei hinreichend kleinen Konzentrationen c_A. Bei großen Konzentrationen c_A wird das Enzym E fast ausschließlich als Enzym-Substrat-Komplex EA vorliegen. Die Umsatzgeschwindigkeit von A wird dann ausschließlich durch die Zerfallsgeschwindigkeit von EA in das Produkt B limitiert. Letztere nimmt jedoch aufgrund der konstanten Enzymkonzentration einen endlichen Grenzwert an. Trägt man deshalb die Umsatzgeschwindigkeit $|dc_A/dt|$ (wir werden diese Größe im Folgenden als Reaktionsgeschwindigkeit definieren) als Funktion von c_A auf, so erhält man das in Abb. 10.1 dargestellte unterschiedliche Verhalten der beiden Reaktionstypen *a* und *b*, das zu ihrer Unterscheidung herangezogen werden kann.

10.1.1 Zur Definition der Reaktionsgeschwindigkeit

Wir betrachten ein geschlossenes Reaktionsgefäß, in dem eine chemische Reaktion abläuft. Man definiert dann die Reaktionsgeschwindigkeit v als zeitliche Änderung der Konzentration einer an der Reaktion beteiligten Substanz. Dabei kann man wegen der stöchiometrischen Beziehung zwischen den Reaktanden jeden beliebigen Reaktionspartner heranziehen. Man wird jedoch das Vorzeichen der Konzentrationsänderung jeweils so wählen, dass v positiv wird. Für die Reaktion

$$A + B \rightarrow C + D \qquad (10.1)$$

mit den zeitabhängigen Konzentrationen c_A, c_B, c_C, und c_D gilt aufgrund der Stöchiometrie:

$$v = -\frac{dc_A}{dt} = -\frac{dc_B}{dt} = \frac{dc_C}{dt} = \frac{dc_D}{dt}. \qquad (10.2)$$

Der Vorzeichenwechsel in dieser Gleichung rührt daher, dass eine Abnahme von c_A und c_B (d.h. $dc_A/dt < 0$, $dc_B/dt < 0$) mit einer Zunahme von c_C und c_D (d.h. $dc_C/dt > 0$, $dc_D/dt > 0$) verbunden ist.

Bei der Reaktion

$$A + 2\,B \rightarrow 3\,P \qquad (10.3)$$

reagiert jedes Molekül A gleichzeitig mit 2 Molekülen B zu 3 Molekülen der Spezies P. Deshalb gilt hier $dc_B/dt = 2\,dc_A/dt$ und $dc_P/dt = -3\,dc_A/dt$ oder :

$$-\frac{dc_A}{dt} = -\frac{1}{2}\frac{dc_B}{dt} = \frac{1}{3}\frac{dc_P}{dt}. \qquad (10.4)$$

Analog findet man für die allgemeine Reaktion

$$v_A A + v_B B \rightarrow v_P P + v_Q Q \qquad (10.5)$$

mit den stöchiometrischen Koeffizienten v_A, v_B, v_P und v_Q:

$$-\frac{1}{v_A}\frac{dc_A}{dt} = -\frac{1}{v_B}\frac{dc_B}{dt} = \frac{1}{v_P}\frac{dc_P}{dt} = \frac{1}{v_Q}\frac{dc_Q}{dt}. \qquad (10.6)$$

Gemäß der eingangs gegebenen Definition kann der Absolutwert der Reaktionsgeschwindigkeit von der Wahl des Reaktionspartners abhängen, den man zur Messung heranzieht. Verwendet man jedoch an der Stelle der Konzentration c_K der Komponente K mit dem stöchiometrischen Koeffizienten v_K die sog. *reduzierte Konzentration* $\zeta = c_K / v_K$, so ist nach Gl. (10.6)

$$v = \left| \frac{d\xi}{dt} \right| \qquad (10.7)$$

unabhängig von der Art der Komponente K.

Als Reaktionsgeschwindigkeit kann aber auch die zeitliche Änderung einer physikalischen Größe verwandt werden, die in einer direkten Beziehung zur Konzentration einer oder mehrerer Komponenten der betrachteten Reaktion steht (z.b. Druck bei Gasreaktionen, Leitfähigkeitsänderungen bei Ionenreaktionen, Absorptions- oder Fluoreszenzänderungen, s. 10.5.1).

Die obigen Beispiele stellen undirektionale Reaktionen dar. Grundsätzlich muss jedoch neben der Hin- stets auch die Rückreaktion betrachtet werden. Die Reaktionsgeschwindigkeit ist dann die Differenz zwischen beiden (s. 10.1.3). Im chemischen Gleichgewicht sind Hin- und Rückreaktion identisch und die Reaktionsgeschwindigkeit ist null. Befindet man sich jedoch weit entfernt vom Gleichgewicht, so kann die Rückreaktion gegenüber der Hinreaktion vernachlässigt werden. Dies führt häufig zu einer erheblichen Vereinfachung der mathematischen Behandlung, die dann aber nur in einem beschränkten Konzentrationsbereich gültig ist.

10.1.2 Molekularität und Reaktionsordnung

Chemische Reaktionen bestehen in der Regel aus mehreren Schritten. So besteht etwa der oben skizzierte einfachste Mechanismus einer Enzymreaktion aus der Bildung eines Komplexes zwischen dem freien Enzym E und dem umzusetzenden Substrat A (1. Schritt) und der darauf folgenden Umsetzung in das Produkt B unter gleichzeitiger Freisetzung des Enzyms E (2. Schritt).

Viele Reaktionen, die zunächst als einfache Reaktionsschritte erscheinen, stellen sich später durch Nachweis von Zwischenprodukten als komplizierter heraus. Ein wesentliches Ziel kinetischer Untersuchungen ist die Ermittlung der einzelnen Reaktionsschritte, deren Summe gerne als *Reaktionsmechanismus* bezeichnet wird.

10.1.2.1 Die Molekularität

Beschränkt man sich auf einen einzelnen Reaktionsschritt, so ist die Zahl der daran beteiligten Moleküle von wesentlichem Interesse. Man bezeichnet sie als Molekularität.

Beispiele:

a) $A \rightarrow P$
   $A \rightarrow P + Q$ monomolekulare Reaktionen (Molekularität 1)

b) $A+B \rightarrow P$
   $A+A \rightarrow P$ bimolekulare Reaktionen (Molekularität 2)

c) $A+B+C \rightarrow P$
   $A+A+A \rightarrow Q$ trimolekulare Reaktionen (Molekularität 3)

Die Molekularität gibt somit an, wie viele Moleküle *gleichzeitig* miteinander in Wechselwirkung treten müssen, damit der Reaktionsschritt erfolgt. Da das gleichzeitige Zusammentreffen von mehr als 3 Molekülen ein sehr seltenes Ereignis darstellt, ist die Existenz von höhermolekularen Reaktionen als trimolekular un-

wahrscheinlich. Auch bei gewissen trimolekularen Reaktionen gilt es als nicht ge-
sichert, ob sie nicht aus zwei aufeinanderfolgenden bimolekularen Reaktionen bestehen und damit aus 2 Reaktionsschritten. So lässt sich das erste unter c) aufge-
führte Beispiel unter Einschaltung eines Zwischenproduktes Z in die folgenden
zwei bimolekulare Reaktionsschritte auflösen:

$$A + B \rightarrow Z$$

$$Z + C \rightarrow P.$$

Der Nachweis von Zwischenprodukten, die häufig mit sehr geringer Konzentration auftreten, ist jedoch nicht immer einfach.

Die Aufklärung eines Reaktionsmechanismus besteht in der Ermittlung der
Molekularität der einzelnen Reaktionsschritte. Die *Molekularität* ist somit eine
theoretische Größe und ein Ziel kinetischer Untersuchungen. Im Gegensatz dazu
ist die *Reaktionsordnung* eine *experimentell direkt zugängliche Größe*.

10.1.2.2 Die Reaktionsordnung

Sie beschreibt die empirisch ermittelte Abhängigkeit der Reaktionsgeschwindigkeit von den Konzentrationen der Reaktionsteilnehmer.

Wir wollen uns diesen Sachverhalt an den Beispielen einer mono- und einer
bimolekularen Reaktion veranschaulichen.

a) Monomolekulare Reaktion A → P
In diesem Fall reagieren die Moleküle A unabhängig von einander, d.h. jedes Molekül A besitzt eine gewisse Wahrscheinlichkeit, pro Zeiteinheit umgesetzt zu werden, die unabhängig ist von der Gesamtzahl der vorhandenen Moleküle dieser
Spezies. Die Änderung der Molekülzahl pro Volumeneinheit und damit die Änderung dc_A der Konzentration c_A im Zeitintervall dt ist somit proportional zur Zahl
der Moleküle A pro Volumeneinheit, d.h. zur Konzentration c_A:

$$v = -\frac{dc_A}{dt} = k c_A . \tag{10.8}$$

Das Minuszeichen berücksichtigt das negative Vorzeichen von dc_A (Konzentra-
tionsabnahme) und sorgt für einen positiven Wert des Proportionalitätsfaktors k.
Gemäß Gl. (10.8) ist die Reaktionsgeschwindigkeit proportional zur 1. Potenz von
c_A. Man spricht von einer *Reaktion 1. Ordnung*.

b) Bimolekulare Reaktion A + B → P
Die Zahl der umgesetzten Moleküle A (wie auch der von B) ist hier abhängig von
der Zahl der Zusammenstöße zwischen Molekülen der beiden Spezies A und B.
Denn eine chemische Umsetzung verlangt in diesem Falle eine starke Wechselwirkung, d.h. einen „Zusammenstoß", beider Moleküle. Jeder Zusammenstoß wird
mit einer mehr oder weniger großen Wahrscheinlichkeit zur Reaktion führen.
Deshalb ist die Reaktionsgeschwindigkeit proportional zur „Stoßzahl" von Molekülen A mit Molekülen B. Die Zahl der Zusammenstöße ist aber ihrerseits sowohl

proportional zur Zahl der Moleküle A als auch proportional zur Zahl der Moleküle B pro Volumeneinheit, d.h. zu den Konzentrationen c_A und c_B. Zusammenfassend gilt deshalb eine Proportionalität zwischen Reaktionsgeschwindigkeit und dem Produkt aus c_A und c_B:

$$-\frac{dc_A}{dt} = k c_A c_B \, . \tag{10.9}$$

Die Summe der Exponenten aller Konzentrationen auf der rechten Seite von Gl. (10.9) ist 2. Man spricht von einer **Reaktion 2. Ordnung**.

c) Allgemeine Definition
Studiert man allgemein eine Reaktion zwischen zwei Komponenten A und B und findet den experimentellen Zusammenhang

$$-\frac{dc_A}{dt} = k \, c_A^{n_A} c_B^{n_B} \, . \tag{10.10}$$

so ist die Ordnung n der Reaktion gegeben durch $n = n_A + n_B$, wobei n_A (bzw. n_B) die Ordnung der Reaktion hinsichtlich des Reaktanden A (bzw. B) darstellt.

Die Proportionalitätskonstante k wird als **Geschwindigkeitskonstante** der Reaktion (oder **spezifische Reaktionsgeschwindigkeit**) bezeichnet. Ihre Dimension ist abhängig von der Ordnung n der Reaktion. Gemäß Gl. (10.10) gilt

$$\dim k = \dim \frac{-dc_A / dt}{c_A^{n_A} c_B^{n_B}} = \frac{1}{\left(\text{Konz.}\right)^{n-1} \cdot \text{Zeit}} \, . \tag{10.11}$$

Nach Gl. (10.11) ist die Geschwindigkeitskonstante einer Reaktion 1. Ordnung unabhängig von der Konzentration und kann z.B. in der Einheit s^{-1} angegeben werden. Die Dimension der Geschwindigkeitskonstante einer Reaktion 2. Ordnung ist hingegen 1/(Konz. · Zeit). k kann z.B. in den Einheiten $M^{-1} s^{-1}$ oder $cm^3 s^{-1}$ angegeben werden, je nach Wahl von molaren Konzentrationen c oder Teilchenkonzentrationen N. Wie man mit Hilfe von Gl. (10.9) leicht zeigt, ist die Umrechnung der Geschwindigkeitskonstanten bei Wahl der beiden verschiedenen Konzentrationseinheiten gegeben durch:

$$k_{\text{mol. Konz.}} = L \, k_{\text{Teilchenkonz.}} \, . \tag{10.12}$$

Gleichung (10.12) gilt für Reaktionen 2. Ordnung. Reaktionen nullter Ordnung zeichnen sich durch Unabhängigkeit der Reaktionsgeschwindigkeit von den Reaktandenkonzentrationen aus (d.h. $v = k$). Die Dimension von k ist in diesem Falle z.B. $mol \cdot l^{-1} s^{-1}$.

Die Größe der jeweiligen Geschwindigkeitskonstante ist somit ein wesentliches Maß für die Geschwindigkeit, mit der eine chemische Reaktion abläuft.

Das Vorgehen bei kinetischen Untersuchungen geschieht nun im Prinzip wie folgt:

(nicht eindeutig)

Kinetisches Experiment → Reaktionsordnung → Molekularität

Aus den experimentellen Daten über die Konzentrationsabhängigkeit der Reaktionsgeschwindigkeit ermittelt man die Ordnungen der Reaktion hinsichtlich der einzelnen Reaktanden; s. Gl. (10.10). Aus den so ermittelten Ordnungen schließt man auf die Molekularität der Reaktion. Gemäß den Gln. (10.8) und (10.9) verhält sich eine monomolekulare Reaktion wie eine Reaktion 1. Ordnung und eine bimolekulare Reaktion wie eine Reaktion 2. Ordnung. Dieser Schluss ist jedoch nicht immer eindeutig. Ist bei einer bimolekularen Reaktion einer der beiden Reaktionspartner im Überschuss vorhanden (z.B. B), so wird man im Rahmen der Messgenauigkeit keine Abnahme von c_B feststellen. c_B ist quasi-konstant. Man erhält dann aus Gl. (10.9)

$$v = k'c_A, \qquad (10.13)$$

mit $k' = k\, c_B$. Die bimolekulare Reaktion verhält sich somit unter dieser Bedingung wie eine Reaktion 1. Ordnung oder *quasi-monomolekular* (auch „pseudomonomolekular" genannt). Dies ist vor allem bei Hydrolysereaktionen in wässrigen Lösungen der Fall, bei denen Wasser in der Regel in großem Überschuss vorhanden ist (s. Saccharose-Spaltung, Abschn. 10.1.4.1).

Auch eine mehrstufige Reaktion kann sich unter Umständen im Experiment wie eine monomolekulare Reaktion verhalten (s. Beispiele in 10.1.4)). In anderen Fällen hat man bei mehrstufigen Reaktionen nicht-ganzzahlige Reaktionsordnungen gefunden, oder aber die Geschwindigkeitsgleichung gehorchte nicht mehr dem einfachen Gesetz [Gl. (10.10)], sodass der Begriff der Reaktionsordnung nicht angewendet werden konnte (siehe Brom-Wasserstoffreaktion in Abschn. 10.6). Bei Enzymreaktionen findet man einen Übergang von Kinetik 1. Ordnung bei kleinen Substratkonzentrationen zu Kinetik 0. Ordnung bei hohen Substratkonzentrationen (s. Abschn. 10.7 sowie Abb. 10.1), ebenfalls ein Hinweis auf eine mehrstufige Reaktion.

> Der Schluss von der experimentellen Größe „Reaktionsordnung" auf die gesuchte Größe „Molekularität" ist also nur dann sinnvoll, wenn sichergestellt ist, dass es sich um einen einzelnen Reaktionsschritt handelt.

Kinetische Methoden bedürfen deshalb bei der Aufklärung eines Reaktionsmechanismus häufig der Ergänzung durch andere Methoden der Chemie.

10.1.3 Kinetische Gleichungen mit Rückreaktion

Während wir bisher unidirektionale Reaktionsschritte betrachtet haben, wollen wir jetzt auch die Rückreaktion einschließen.

a) Die Rückreaktion sei in beiden Richtungen monomolekular

$$A \underset{k_{-1}}{\overset{k_1}{\rightleftarrows}} P \,.$$

Die Geschwindigkeitskonstanten k_1 und k_{-1}, beschreiben die Geschwindigkeit der Hin- und Rückreaktion. Analog Gl. (10.8) lautet die Differentialgleichung für diese Reaktion:

$$\frac{dc_A}{dt} = -k_1 c_A + k_{-1} c_P .$$
(10.14)

Der zusätzliche Term $k_{-1} c_P$ berücksichtigt die Zunahme von c_A aufgrund der Rückreaktion.

b) Bimolekulare Hin- und monomolekulare Rückreaktion

$$A + B \underset{k_{-1}}{\overset{k_1}{\rightleftarrows}} Q .$$

Hier muss Gl. (10.9) durch die Rückreaktion ergänzt werden:

$$\frac{dc_A}{dt} = -k_1 c_A c_B + k_{-1} c_Q .$$
(10.15)

Im Gleichgewicht ist die Reaktionsgeschwindigkeit null. Dies bedeutet für *a)*

$$\frac{dc_A}{dt} = 0 \text{ oder } \frac{\overline{c}_P}{\overline{c}_A} = \frac{k_1}{k_{-1}} = K$$
(10.16)

und analog für *b)*

$$\frac{\overline{c}_Q}{\overline{c}_A \overline{c}_B} = \frac{k_1}{k_{-1}} = K .$$
(10.17)

Die Gln. (10.16) und (10.17) stellen das Massenwirkungsgesetz in kinetischer Schreibweise dar und gleichzeitig eine Verbindung zur Thermodynamik. Denn für die Gleichgewichtskonstante K einer chemischen Reaktion gilt (Gl. 5.7):

$$K = e^{-\Delta G^0 / RT} ,$$

wobei ΔG^0 (nach Gl. 5.5) die Änderung der Freien Enthalpie unter Standardbedingungen darstellt.

In Beispiel *b)* sollen noch einige Bezeichnungen ergänzt werden, die sich häufig in der chemischen und biochemischen Literatur finden. Die *Assoziation* (oder *Rekombination*) zweier Reaktionspartner A und B zu einem Komplex Q wird durch die *Assoziations(Rekombinations)geschwindigkeitskonstante* k_1 (häufig auch als k_A oder k_R bezeichnet) beschrieben. Entsprechend wird k_{-1} häufig *Dissoziationsgeschwindigkeitskonstante* (k_D) genannt.

Für die Gleichgewichtskonstante K findet man die Bezeichnung *Assoziations-Gleichgewichtskonstante* K_A, d.h.

$$k_1 / k_{-1} = k_A / k_D = K_A .$$
(10.18)

Die inverse Größe (k_D im Zähler) wird als *Dissoziations-Gleichgewichtskonstante* bezeichnet:

$$k_D / k_A = K_D = 1/K_A.$$ (10.19)

Beachte: Die Dimension von K_A ist M^{-1}, jene von K_D ist M.

Nicht nur für die Spezialfälle a) und b), sondern allgemein (auch für mehrstufige Reaktionen) gilt:

> Die Gleichgewichtskonstante einer chemischen Reaktion lässt sich durch die Geschwindigkeitskonstanten der einzelnen Reaktionsschritte ausdrücken.

10.1.4 Integration kinetischer Gleichungen

Die Ermittlung der Ordnung einer chemischen Reaktion aus der Konzentrationsabhängigkeit der Reaktionsgeschwindigkeit kann im Prinzip durch Verifizierung einer Gleichung vom Typ (10.10) erfolgen. Da man in der Praxis i. Allg. jedoch direkt eine Konzentration als Funktion der Zeit misst, empfiehlt es sich, um einen Differentiationsprozess der experimentellen Daten zu vermeiden, kinetische Gleichungen [wie z.B. die Gln. (10.8), (10.9) oder (10.14)] zu integrieren und das Resultat direkt mit den Messergebnissen zu vergleichen. Die Information über einen vorgegebenen Reaktionsmechanismus ist dann in der Zeitabhängigkeit der Konzentration eines (oder mehrerer) Reaktionspartner enthalten.

Die Abb. 10.2 illustriert ein Beispiel. Der Abbau einer Substanz A gemäß der monomolekularen Reaktion A → Produkt oder gemäß der bimolekularen Reaktion A + A → Produkte unterscheidet sich auf charakteristische Weise im Zeitverhalten $c_A(t)$. Die beiden Mechanismen können deshalb voneinander separiert werden. Zur weiteren Erläuterung betrachten wir eine Reihe von Beispielen.

10.1.4.1 Reaktionen 1. Ordnung

Kinetische Gleichung:

$$\frac{dc}{dt} = -kc.$$ (10.20)

Wir wollen annehmen, dass wir die Konzentration c zum Zeitpunkt $t = 0$ ken-

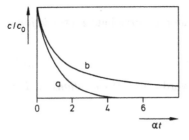

Abb. 10.2. Der Zerfall einer Substanz A. *a)* Monomolekular gemäß Gl. (10.23) ($\alpha = k$). *b)* Bimolekular gemäß Gl. (10.33) ($\alpha = kc_0$). Der bimolekulare Mechanismus zeigt bei großen Zeiten (d.h. kleinen Konzentrationen) eine sehr geringe Reaktionsgeschwindigkeit aufgrund des seltenen Aufeinandertreffens zweier Reaktionspartner

nen; d.h. die experimentell festgelegte Anfangsbedingung lautet:

$$c(t = 0) = c^0. \tag{10.21}$$

Die Integration der Differentialgleichung (10.20) muss somit unter Berücksichtigung von (10.21) erfolgen. Wir wenden das bekannte Verfahren **Trennung der Variablen** an und erhalten aus Gl. (10.21)

$$\int \frac{dc}{c} = - \int k\,dt \ .$$

Die Integration liefert: $\ln c = -kt + C$.

Die Konstante C wird durch die Anfangsbedingung (10.21) bestimmt:

$$\ln c^0 = C.$$

Deshalb lautet die Lösung:

$$\ln c = \ln c^0 - kt \tag{10.22}$$

oder nach Delogarithmieren:

$$c = c^0\,e^{-kt}. \tag{10.23}$$

Eine Auftragung der experimentellen Daten im Diagramm $\ln c$ gegen die Zeit t muss nach Gl. (10.22) eine Gerade ergeben, falls es sich um eine Reaktion 1. Ordnung handelt. In Abb. 10.3 gilt dies nur in einem Fall.

Aus der Steigung der Geraden erhält man die Geschwindigkeitskonstante k. Diese kann alternativ auch aus 2 charakteristischen Zeiten ermittelt werden:

a) Die Zeit τ, in der die Ausgangskonzentration c^0 auf c^0/e (e = Basis des natürlichen Logarithmus) abgesunken ist, errechnet sich aus Gl. (10.23) zu

$$\tau = 1/k. \tag{10.24}$$

Im Falle einer monomolekularen Reaktion A → B entspricht die Zeit τ der **mittleren Lebenszeit** der Moleküle A. Dies geht aus der folgenden Betrachtung hervor. Zum Zeitpunkt t nach Reaktionsbeginn zerfallen nach Gl. (10.20) pro Zeiteinheit $|dc/dt| = kc$ Moleküle A, deren Lebenszeit somit identisch mit t ist. Die mittlere Lebenszeit ist deshalb durch

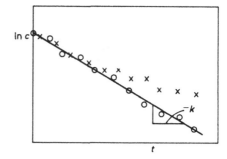

Abb. 10.3. Halblogarithmische Darstellung der Kinetik einer Reaktion 1. Ordnung. Die Daten entsprechen in einem Fall (o) Gl. (10.22), im zweiten Fall (×) nicht

$$\frac{1}{c_0} \int\limits_0^\infty \left|\frac{dc}{dt}\right| t\, dt = \int\limits_0^\infty k e^{-kt} t\, dt$$

gegeben.

Die rechte Seite dieser Gleichung erhält man durch Betrachtung der Gln. (10.20) und (10.23). Ihre Lösung (durch partielle Integration) ergibt direkt Gl. (10.24).

b) Die *Halbwertszeit* $t_{1/2}$, definiert als die Zeit der Abnahme von c^0 auf $c^0/2$, errechnet sich auf einfache Weise aus Gl. (10.23) zu

$$t_{1/2} = \ln 2/k. \tag{10.25}$$

Beispiele für Reaktionen 1. Ordnung

a) **Radioaktiver Zerfall.** So wird der Zerfall instabiler Isotope chemischer Elemente bezeichnet, der unter Emission energiereicher Strahlung vor sich geht (s. Kap. 11.1.2). Der zeitliche Verlauf gehorcht Gl. (10.23), weil der Zerfall der einzelnen Atomkerne streng unabhängig von der Gegenwart anderer Kerne verläuft. Wir haben deshalb hier Paradebeispiele monomolekularer Reaktionen vorliegen.

b) **Thermischer Zerfall chemischer Verbindungen.** Während der radioaktive Zerfall unabhängig von der Temperatur erfolgt, ist dies bei Zerfallsreaktionen chemischer Verbindungen nicht der Fall. Sie laufen häufig erst bei erhöhter Temperatur mit nennenswerter Geschwindigkeit ab. Die folgenden Abschnitte werden zeigen, dass hierfür die mit der Temperatur zunehmende kinetische Energie der Moleküle maßgebend ist. Bei höheren Temperaturen ist die Möglichkeit der Übertragung größerer Energiebeträge beim Zusammenstoß zweier Moleküle gegeben. Hieraus ist bereits ersichtlich, dass es sich bei diesen Reaktionen im strengen Sinne nicht um monomolekulare Prozesse handeln kann, sondern dass kompliziertere (mehrstufige) Mechanismen vorliegen, die auf einem Zusammenwirken mehrerer Moleküle beruhen. Letztere können in gewissen Fällen ein einfaches kinetisches Verhalten zeigen und sich *„quasi-monomolekular"* verhalten, d.h. Kinetik 1. Ordnung aufweisen. Ein Beispiel stellt der Zerfall von gasförmigem Di-t-butylperoxid zu Aceton und Ethan dar, der formal monomolekular verläuft:

$$(CH_3)_3COOC(CH_3)_3 \rightarrow 2(CH_3)_2CO + C_2H_6.$$

Bei diesem Zerfall wird die Gesamtzahl der Gasmoleküle verdreifacht. Deshalb nimmt der Druck im Reaktionsgefäß, der von der Gesamtzahl aller Gasmoleküle abhängt (s. Kap. 1) im Laufe der Reaktion zu. Die Reaktionsgeschwindigkeit kann somit aus der Zeitabhängigkeit des Drucks bestimmt werden. Bei 155 °C ergab sich ein Wert für die Geschwindigkeitskonstante k von etwa $3 \cdot 10^{-4} s^{-1}$[*].

---

[*] Genauere Behandlung dieser Reaktion siehe Frost AA, Pearson RG (1964) Kinetik und Mechanismen homogener chemischer Reaktionen. VCH, Weinheim, S. 340

Wie oben erwähnt, verläuft die Reaktion in Wirklichkeit komplizierter. Lindemann und Hinshelwood haben zum detaillierten Ablauf von Gasreaktionen einen Mechanismus vorgeschlagen, der sich quasi-monomolekular verhält. Wir werden ihre Überlegungen später im Rahmen einer Übungsaufgabe (10.16) behandeln.

c) Hydrolytische Spaltung von Saccharose in Fructose und Glucose. Sie ist ein klassisches Beispiel für eine quasi-monomolekulare Reaktion. Experimentell wird sie durch Messung des Zeitverlaufs der optischen Drehung verfolgt. Saccharose dreht die Ebene des polarisierten Lichtes nach rechts, während die Mischung der beiden Monosen linksdrehend ist. Man findet, dass der Logarithmus der Saccharosekonzentration linear mit der Zeit abnimmt (s. Abb. 10.4), nach Gl. (10.22) kennzeichnend für eine Reaktion 1. Ordnung. Die folgenden Befunde zeigen jedoch, dass es sich nicht um eine monomolekulare Reaktion handeln kann:

1) Die Reaktion verbraucht Wasser.

2) Die Reaktionsgeschwindigkeit nimmt mit abnehmendem pH-Wert zu, ohne dass bei der Reaktion Protonen verbraucht werden.

Offensichtlich wirken Protonen bei dieser Reaktion katalytisch. Die Gesamtbilanz der Reaktion lautet somit:

$$C_{12}H_{22}O_{11} + H_2O \xrightarrow{\;H^+\text{-katalysiert}\;} C_6H_{12}O_6 + C_6H_{12}O_6 .$$
$$\text{(Saccharose S)} \qquad\qquad \text{(Glucose G)} \quad \text{(Fructose F)}$$

Für diese Reaktion wurde der folgende zweistufige Mechanismus vorgeschlagen:

1) Protonenanlagerung:

$$S + H^+ \underset{k_{-1}}{\overset{k_1}{\rightleftarrows}} SH^+$$

2) Hydrolyse unter Freisetzung eines Protons:

$$SH^+ + H_2O \xrightarrow{\;k_2\;} G + F + H^+ .$$

Wir wollen im Folgenden zeigen, dass dieser Mechanismus unter gewissen Annahmen mit der beobachteten Kinetik 1. Ordnung im Einklang steht:

Wir postulieren, dass Schritt 2 erheblich langsamer verläuft als Hin- und Rückreaktion von Schritt 1. Dann ist Schritt 2 der *geschwindigkeitsbestimmende Schritt* der Gesamtreaktion. Außerdem wird Schritt 1 durch die Zerfallsreaktion 2 nur geringfügig gestört und kann als annähernd im Gleichgewicht befindlich angesehen werden.

Dies bedeutet nach Gl. (10.17)

$$\frac{c_{SH^+}}{c_S c_{H^+}} \approx \frac{k_1}{k_{-1}} . \tag{10.26}$$

Weiterhin wollen wir voraussetzen, dass die Konzentration des Zwischenprodukts SH^+ vergleichsweise klein ist, d.h. $c_{SH^+} \ll c_S$ oder

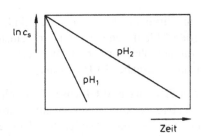

Abb. 10.4. Kinetik der Saccharose-Spaltung bei unterschiedlichem pH ($pH_1 < pH_2$)

$$c_S + c_{SH^+} \approx c_S. \tag{10.27}$$

Dies bedeutet, dass wir das Zwischenprodukt bei der Bilanz unserer Reaktion vernachlässigen können. Die zeitliche Abnahme der Saccharose-Konzentration entspricht daher annähernd der Zunahme eines der beiden Endprodukte

$$-\frac{dc_S}{dt} \approx \frac{dc_G}{dt} = \frac{dc_F}{dt}. \tag{10.28}$$

Die Endprodukte entstehen durch den bimolekularen 2. Schritt der Reaktion. Daher gilt

$$\frac{dc_G}{dt} = k_2\, c_{SH^+} \cdot c_{H_2O}. \tag{10.29}$$

Hieraus folgt unter Verwendung von Gl. (10.26) und (10.28)

$$\frac{dc_S}{dt} = -k\, c_S, \tag{10.30}$$

mit

$$k = k_2\, \frac{k_1}{k_{-1}}\, c_{H_2O}\, c_{H^+}.$$

k kann als Konstante betrachtet werden. Die Konzentration c_{H_2O} ändert sich nur unwesentlich, da Wasser im Überschuss vorhanden ist (vgl. Gl. 10.13). H^+ wirkt als Katalysator, sodass c_{H^+} ebenfalls zeitlich unverändert bleibt.

Ein Vergleich der beiden Gln. (10.20) und (10.30) zeigt die Übereinstimmung zwischen Theorie und experimentellem Befund (Kinetik 1. Ordnung für die Abnahme der Saccharose-Konzentration). Das zweistufige Reaktionsschema verhält sich unter den gemachten Annahmen wie eine monomolekulare Reaktion (quasi-monomolekular).

d) S_N1-Reaktionen. So werden in der organischen Chemie nucleophile Substitutionsreaktionen genannt, die sich kinetisch gemäß einer Reaktion 1. Ordnung verhalten. Hierzu zählt die sog. *Solvolyse*, bei der eine Verbindung mit dem Lösungsmittel L reagiert. Das allgemeine Reaktionsschema kann wie folgt formuliert werden:

$$A \underset{}{\overset{langsam}{\rightleftharpoons}} B$$

$$B + L \xrightarrow{schnell} Pr\,odukte\;.$$

Der geschwindigkeitsbestimmende Schritt ist hier die monomolekulare Umsetzung von A in B. Die darauf folgende Reaktion mit dem (im Überschuss vorhandenen) Lösungsmittel L erfolgt schnell, sodass die Konzentration des Zwischenproduktes klein bleibt. Der Konzentrationsverlauf $c_A(t)$ erfolgt daher gemäß Gl. (10.23), d.h. das Reaktionsschema verhält sich quasi-monomolekular.

10.1.4.2 Reaktionen 2. Ordnung

a) Beteiligung einer einzelnen Komponente A. Die kinetische Gleichung der Reaktion A + A → Produkte lautet unter Beachtung von Gl. (10.6):

$$\frac{1}{2}\frac{dc}{dt} = -kc^2\;. \tag{10.31}$$

Sie ist zu lösen unter der experimentell festgelegten Anfangsbedingung:

$$c(t=0) = c^0\;. \tag{10.32}$$

Wir integrieren Gl. (10.31) unter Beachtung von Gl. (10.32) und erhalten, indem wir wie im letzten Abschnitt verfahren (Trennung der Variablen), als Resultat:

$$\frac{1}{c} - \frac{1}{c^0} = 2\,kt\;. \tag{10.33}$$

Eine Auftragung der experimentellen Daten im Diagramm $1/c$ gegen t sollte somit eine Gerade ergeben (Abb. 10.5). Eine Auftragung von Gl. (10.23) hingegen würde in diesem Diagramm starke Abweichungen von der Geradenform erkennen lassen. Hieraus ergibt sich die Möglichkeit einer Unterscheidung von Reaktionsmechanismen, wie wir in Verbindung mit Abb. 10.2 bereits gesehen haben.

b) Beteiligung zweier Komponenten A und B. Wir betrachten eine bimolekulare Reaktion vom Typ

$$A + B \xrightarrow{k} Produkte\;.$$

Ihre kinetische Gleichung lautet nach Gl. (10.9):

$$\frac{dc_A}{dt} = -k\,c_A c_B\;. \tag{10.34}$$

Die bekannten Anfangskonzentrationen seien:

$$c_A(t=0) = c_A^0,$$
$$c_B(t=0) = c_B^0. \tag{10.35}$$

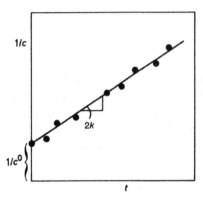

Abb. 10.5. Darstellung von experimentellen Daten nach Gl. (10.33)

Die Gl. (10.34) enthält die zwei zeitabhängigen Konzentrationen $c_A(t)$ und $c_B(t)$. Sie sind jedoch aufgrund der Stöchiometrie der Reaktion gekoppelt. Um diese Kopplung zu beschreiben, führen wir eine **Umsatzvariable** x ein, die den Ablauf der Reaktion als Funktion der Zeit beschreibt.
Wir definieren:

$$x(t) = c_A^0 - c_A(t) \, . \tag{10.36}$$

Dann gilt wegen der Stöchiometrie auch:

$$x(t) = c_B^0 - c_B(t) \, . \tag{10.37}$$

Die Geschwindigkeitsgleichung (10.34) lautet bei Ersatz von c_A und c_B durch x:

$$-\frac{d\left(c_A^0 - x\right)}{dt} = \frac{dx}{dt} = k\left(c_A^0 - x\right)\left(c_B^0 - x\right) . \tag{10.38}$$

Analog gilt anstelle der Anfangsbedingung (10.35):

$$x(t = 0) = 0 . \tag{10.39}$$

Wir lösen die Differentialgleichung (10.38) wieder durch Trennung der Variablen:

$$\int \frac{dx}{\left(c_A^0 - x\right)\left(c_B^0 - x\right)} = \int k\, dt \, . \tag{10.40}$$

Wir betrachten zunächst den Fall $c_A^0 \neq c_B^0$.
Die Lösung des Integrals der linken Seite von Gl. (10.32) entnimmt man einer Integraltafel (Lösung durch Partialbruchzerlegung). Man findet unter Berücksichtigung der Anfangsbedingung (10.39):

$$\frac{1}{\left(c_A^0 - c_B^0\right)} \ln \frac{c_B^0\left(c_A^0 - x\right)}{c_A^0\left(c_B^0 - x\right)} = kt \tag{10.41}$$

oder nach Eliminierung von x:

Abb. 10.6. Zum Test von Gl. (10.42)

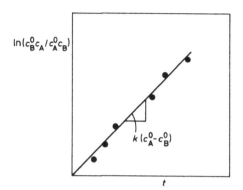

$$\frac{1}{\left(c_A^0 - c_B^0\right)} \ln \frac{c_B^0 \, c_A}{c_A^0 \, c_B} = kt \, . \tag{10.42}$$

Ein Test von Gl. (10.42) kann z.b. im Diagramm $\ln(c_B^0 \, c_A / c_A^0 \, c_B)$ gegen die Zeit t erfolgen (Abb. 10.6).

Man erhält auf diese Weise eine Gerade mit der Steigung $k(c_A^0 - c_B^0)$. Geraden sind in der Regel am besten geeignet, Abweichungen des Experiments von vorgegebenen mathematischen Beziehungen aufzuzeigen.

Auf analoge Weise zeigt man, dass der Spezialfall $c_A^0 = c_B^0 = c^0$ zur Lösung

$$\frac{1}{c} - \frac{1}{c^0} = kt \tag{10.43}$$

führt mit ($c = c_A = c_B$).

Einige Beispiele für Reaktionen 2. Ordnung

a) Die Jodwasserstoffreaktion

$$H_2 + J_2 \rightleftarrows 2\,HJ$$

erfolgt in beiden Richtungen nach Kinetik 2. Ordnung und wird häufig als Beispiel für eine bimolekulare Gasreaktion angeführt. Nach neueren Untersuchungen soll die Hinreaktion jedoch komplizierter verlaufen (s. auch Bromwasserstoffreaktion Abschn. 10.6).

b) Gewisse Veresterungs- und Verseifungsreaktionen wie die Alkalihydrolyse des Essigsäureethylesters:

$$CH_3COOC_2H_5 + Na^+OH^- \rightarrow CH_3COO^-Na^+ + C_2H_5OH.$$

c) Metallkomplexbildungen wie z.B. die Reaktion der Ionencarrier Valinomycin und Monactin mit Alkaliionen (s. Abschn. 9.3.6 und Tabelle 10.3).

d) Antigen-Antikörper-Reaktionen, die im Zuge der Immunantwort mit außerordentlicher Spezifität und zum Teil mit sehr großen Geschwindigkeitskonstanten ablaufen.

e) Radikal-Radikal-Reaktionen wie sie z.B. im Rahmen der *Strahlenchemie des Wassers* beobachtet werden. Die Wechselwirkung energiereicher Strahlung mit Wasser führt zur Entstehung der primären Radikale $H^\bullet$, $OH^\bullet$, $H_2O^{\bullet+}$ sowie des aquatisierten Elektrons e^-_{aq}. Die Konzentration dieser Radikale ist besonders hoch längs der Bahnspuren energiereicher Teilchen (z.B. α- oder β-Teilchen). Reaktionen wie die unten angegebenen führen zu einer erheblichen Reduktion der jeweiligen Konzentration.

$$H^\bullet + OH^\bullet \xrightarrow{\;3\cdot10^{10}\,M^{-1}s^{-1}\;} H_2O$$

$$H^\bullet + H^\bullet \xrightarrow{\;1\cdot10^{10}\,M^{-1}s^{-1}\;} H_2$$

$$OH^\bullet + OH^\bullet \xrightarrow{\;5\cdot10^{9}\,M^{-1}s^{-1}\;} H_2O_2$$

$$e^-_{aq} + OH^\bullet \xrightarrow{\;3\cdot10^{10}\,M^{-1}s^{-1}\;} OH^-$$

$$H_2O^{\bullet+} + H_2O \xrightarrow{\;9\cdot10^{11}\,M^{-1}s^{-1}\;} H_3O^+ + OH^\bullet .$$

Die Reaktionen erfolgen mit außerordentlich großer Geschwindigkeit (diffusionskontrolliert, s. Abschn. 10.4.3). Trotz dieser „Selbstvernichtung" der Radikale finden sich hinreichende Möglichkeiten zur Reaktion mit wichtigen zellulären Bestandteilen (z.B. der genetischen Substanz). Diese sog. *indirekten Strahleneffekte* bilden eine wichtige Ursache der zellulären Strahlenwirkung (vgl. Kap. 11).

f) Die Kinetik der Reassoziation von DNA-Einzelsträngen. Sie erlaubt einen Vergleich der Genomgröße verschiedener Spezies.[*] Wir müssen uns hier auf die Erläuterung des Prinzips beschränken. Doppelsträngige DNA einer Spezies (Gesamtlänge L pro Zelle) wird durch geeignete Behandlung in kurzkettige Einzelstränge (der Länge l) zerlegt und die Geschwindigkeit der Reassoziation zu kurzkettigen Doppelsträngen experimentell verfolgt. Die Assoziation kann nur zwischen zueinander komplementären Einzelsträngen erfolgen.

Es sei c_0^t die totale Ausgangskonzentration an Einzelsträngen zu Reaktionsbeginn in einem Versuchsansatz mit vorgegebener DNA-Menge (entsprechend der DNA einer Zellzahl c_Z pro Volumeneinheit). Dann ist:

$$c_0^t = 2\frac{L}{l}c_Z . \tag{10.44}$$

Die Konzentrationen zueinander komplementärer (d.h. jeweils miteinander reagierender) Einzelstränge wollen wir mit c bezeichnen. Vernachlässigt man die Existenz repetitiver Nucleotidsequenzen, so gilt:

$$c(t = 0) = c_0 = c_Z \tag{10.45}$$

(beachte: $c_0 \ll c_0^t$ für $l \ll L$).

---

[*] S. Knippers R (2001) Molekulare Genetik. Thieme, Stuttgart, S. 15).

Abb. 10.7. Zur Reassoziationskinetik einsträngiger DNA-Stücke gemäß Gl. (10.46) mit den Parametern $k = 10^3$ M^{-1} s^{-1}, $l = 500$ Nucleotidpaare, $L = 5 \cdot 10^6$ (a) bzw. $L = 5 \cdot 10^3$ (b) Nucleotidpaare. Die Genomgröße L entspricht etwa jener von E. coli (a) bzw. jener des RNA-Phagen MS 2 (b)

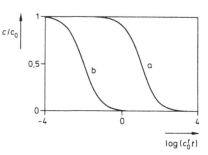

Die Zeitabhängigkeit von c wird durch Gl. (10.43) beschrieben, die sich unter Verwendung von Gl. (10.44) und (10.45) folgendermaßen ausdrücken lässt:

$$\frac{c}{c_0} = \frac{1}{1 + \left(kl/2L\right)c_0^{t}\,t} \tag{10.46}$$

Hierbei beschreibt k die Geschwindigkeit der Assoziation zueinander komplementärer Einzelstränge. Für die Halbwertszeit $t_{1/2}$ der Reaktion erhält man aus Gl. (10.46):

$$c_0^{t}\,t_{1/2} = 2L/lk. \tag{10.47}$$

Das Produkt $c_0^{t}\,t_{1/2}$ ist somit proportional zur Genomgröße L. Die starke Abhängigkeit der Assoziationskinetik von der Genomgröße ist auch aus Abb. 10.7 ersichtlich.

g) S_N2-Reaktionen. Hierunter versteht der organische Chemiker nucleophile Substitutionsreaktionen, die sich im kinetischen Experiment gemäß einer Reaktion 2. Ordnung verhalten. Als Beispiel seien Reaktionen von Alkylhalogeniden genannt, wie etwa die Umwandlung von 2-Bromoctan in 2-Iodoctan:

$$I^- + \begin{array}{c} C_6H_{13} \\ \backslash \\ C-Br \\ / \quad | \\ H \quad CH_3 \end{array} \rightleftharpoons \left[\begin{array}{c} C_6H_{13} \\ \backslash \\ I\cdots\cdots C-Br \\ / \quad \backslash \\ H \quad CH_3 \end{array} \right] \longrightarrow \begin{array}{c} C_6H_{13} \\ \backslash \\ I-C \\ / \quad \backslash \\ CH_3 \quad H \end{array} + Br^-$$

Die Reaktion erfolgt somit nach dem allgemeinen Schema

$$A + B \underset{k_{-1}}{\overset{k_1}{\rightleftharpoons}} Z \overset{k_2}{\longrightarrow} C + D \,.$$

Die Konzentration des Zwischenprodukts Z ist vergleichsweise klein, da Z sehr schnell in die Endprodukte C und D oder in die Ausgangsprodukte A und B zerfällt. In Abschn. 10.6 wird gezeigt, dass sich das Reaktionsschema in diesem Falle „quasi-bimolekular" verhält, d.h.

$$\frac{dc_C}{dt} = -\frac{dc_A}{dt} = k^* c_A c_B \,, \tag{10.48}$$

mit $k^* = k_1 k_2 / (k_{-1} + k_2)$.

10.1.4.3 Monomolekulare Reaktion mit Rückreaktion

Wir haben bisher ausschließlich unidirektionale Reaktionen behandelt und die Rückreaktion vernachlässigt. Dies spielte beim radioaktiven Zerfall oder beim thermischen Zerfall gewisser chemischer Verbindungen keine Rolle, da sie nur in einer Richtung verlaufen. Im allgemeinen Fall ist es jedoch nur zulässig, solange sich die Konzentration der Reaktanden hinreichend von den Gleichgewichtskonzentrationen unterscheiden. Wir wollen den Einfluss der Rückreaktion am einfachst möglichen Beispiel studieren, an der Reaktion

$$A \underset{k_{-1}}{\overset{k_1}{\rightleftharpoons}} B \,. \tag{10.49}$$

Ihre Reaktionsgeschwindigkeit ist durch Gl. (10.14) gegeben:

$$\frac{dc_A}{dt} = -k_1 c_A + k_{-1} c_B \,. \tag{10.50}$$

Wir starten die Reaktion mit den Anfangskonzentrationen

$$c_A(t=0) = c_A^0 \text{ und } c_B(t=0) = c_B^0 \,. \tag{10.51}$$

Wie im letzten Abschnitt führen wir eine Umsatzvariable x ein, die die Kopplung zwischen c_A und c_B beschreibt:

$$x(t) = c_A^0 - c_A(t). \tag{10.52}$$

Wegen der Stöchiometrie der Reaktion gilt dann auch:

$$x(t) = c_B(t) - c_B^0 \,. \tag{10.53}$$

Führt man diese Beziehungen in die Gln. (10.50) und (10.51) ein, so erhält man:

$$\frac{d\left(c_A^0 - x\right)}{dt} = x \underbrace{\left(k_1 + k_{-1}\right)}_{a} + \underbrace{k_{-1} c_B^0 - k_1 c_A^0}_{b}$$

oder

$$-\frac{dx}{dt} = ax + b \tag{10.54}$$

und die Anfangsbedingung

$$x(t=0) = 0. \tag{10.55}$$

Die Lösung des Problems (wiederum nach der Methode „Trennung der Variablen") führt zu der Beziehung

$$\frac{1}{a}\left(\ln\left(ax+b\right) - \ln b\right) = -t$$

oder nach Umformung:

$$x = \frac{b}{a}\left(e^{-at} - 1\right). \tag{10.56}$$

Anstelle von b/a sollen nun die Gleichgewichtskonzentrationen $\bar{c}_A$ und $\bar{c}_B$ eingeführt werden, denen sich die Reaktion bei langen Zeiten ($t \to \infty$) nähert. Mit den Gleichungen (10.56) und (10.52) erhält man

$$x(t \to \infty) = -\frac{b}{a} = c_A^0 - \bar{c}_A = \bar{c}_B - c_B^0. \tag{10.57}$$

Durch Einsetzen der Bedeutung von x (Gl. 10.52) und Berücksichtigung von Gl. (10.57) erhält man aus Gl. (10.56)

$$c_A = \bar{c}_A + \left(c_A^0 - \bar{c}_A\right)e^{-at} \tag{10.58}$$

und

$$c_B = \bar{c}_B + \left(c_B^0 - \bar{c}_B\right)e^{-at}, \tag{10.59}$$

wobei $a = (k_1 + k_{-1})$,

$$\bar{c}_A = \frac{k_{-1}}{k_1 + k_{-1}}\left(c_A^0 + c_B^0\right) \text{ und } \bar{c}_B = \frac{k_1}{k_1 + k_{-1}}\left(c_A^0 + c_B^0\right).$$

Die Ausdrücke für $\bar{c}_A$ und $\bar{c}_B$ findet man durch Einsetzen der Bedeutung von b/a in Gl. (10.57).

Wie in Abb. 10.8 dargestellt, beschreiben die Gleichungen (10.58) und (10.59) das „Einlaufen" der Ausgangskonzentrationen c_A^0 und c_B^0 in die Gleichgewichtskonzentrationen $\bar{c}_A$ und $\bar{c}_B$. Die Messung des Zeitverlaufes von c_A oder c_B erlaubt die Bestimmung von $(k_1 + k_{-1})$.

Dazu formt man Gl. (10.58) zweckmäßigerweise um:

$$\ln\left(\frac{c_A^0 - \bar{c}_A}{c_A - \bar{c}_A}\right) = \left(k_1 + k_{-1}\right)t. \tag{10.60}$$

Trägt man die linke Seite dieser Gleichung gegen die Zeit auf, so erhält man eine Gerade mit der Steigung $(k_1 + k_{-1})$. Der Quotient der beiden Geschwindigkeitskonstanten k_1/k_{-1} ist andererseits durch die Gleichgewichtskonstante K der Reaktion gegeben. Gemäß Gl. (10.16) (oder Gl. 10.58) gilt: $\bar{c}_B / \bar{c}_A = k_1/k_{-1} = K$. Aus Zeitabhängigkeit und Gleichgewichtsverhalten ergeben sich somit 2 Gleichungen, mit deren Hilfe die einzelnen Geschwindigkeitskonstanten k_1 und k_{-1} bestimmt werden können.

Vernachlässigung der Rückreaktion

Aus der Geschwindigkeitsgleichung (10.50) geht hervor, dass die Rückreaktion nur vernachlässigt werden kann, solange $k_{-1}c_B \ll k_1 c_A$ gilt, oder

$$c_B/c_A \ll k_1/k_{-1} = K = \bar{c}_B / \bar{c}_A. \tag{10.61}$$

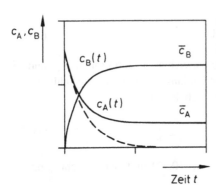

Abb. 10.8. Zeitverlauf einer monomolekularen Hin- und Rückreaktion nach Gl. (10.58). Die gestrichelte Linie erhält man bei Vernachlässigung der Rückreaktion (Gl. 10.23)

Diese Bedingung kann nur bei kurzen Zeiten erfüllt sein, d.h. solange man sich weit weg vom Gleichgewicht befindet. Beschränkt man sich auf dieses Zeitintervall, so kann die allgemeine Lösung (10.58) hinreichend genau durch (Gl. 10.23) angenähert werden (s. Abb. 10.8).

10.1.5 Die Temperaturabhängigkeit der Reaktionsgeschwindigkeit

Bei der Bestimmung der Reaktionsordnung wurde stillschweigend angenommen, dass die Reaktionen bei konstanter Temperatur ablaufen. Dies ist eine sehr wesentliche Voraussetzung, da die Reaktionsgeschwindigkeit i. Allg. mehr oder weniger stark von der Temperatur abhängt. Wir wollen diese Temperaturabhängigkeit im Folgenden etwas genauer betrachten, da sie erste Hinweise zu einer physikalischen Interpretation der Reaktionsgeschwindigkeit liefert. Abb. 10.9 zeigt häufig beobachtete Abhängigkeiten. Fall a ist typisch für viele Reaktionen, Fall b wird bei explosionsartig verlaufenden Reaktionen beobachtet, während Fall c vielfach bei Enzymreaktionen auftritt (bei hohen Temperaturen wird das Enzym inaktiviert).

Zur Charakterisierung der Größe der Temperaturabhängigkeit wird häufig die Zunahme der Reaktionsgeschwindigkeit v bei einer Temperaturänderung um 10 Grad betrachtet. In der englischsprachigen Literatur wird das Verhältnis $v(T+10)/v(T)$ als Q_{10} bezeichnet.

Eine alte **Faustregel** besagt, dass eine Temperaturerhöhung von 10 Grad zu einer Verdoppelung der Reaktionsgeschwindigkeit führt ($Q_{10} = 2$).

Wir wollen nun anstelle der Temperaturabhängigkeit der Reaktionsgeschwindigkeit diejenige der die Reaktion charakterisierenden Geschwindigkeitskonstante betrachten. Eine Analyse entsprechender Experimente ergab für viele Reaktionen (Fall a, Abb. 10.9) in einem begrenzten Temperaturbereich die folgende Abhängigkeit (Van't Hoff 1887, Arrhenius 1889):

$$\ln k = -\frac{B}{T} + C \,. \tag{10.62}$$

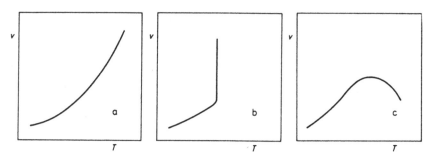

Abb. 10.9 a-c. Zur Temperaturabhängigkeit der Reaktionsgeschwindigkeit. **a** entspricht dem Regelfall

B und C sind temperaturunabhängige Konstanten. Trägt man nach Gl. (10.62) ln k gegen $1/T$ auf (**Arrhenius-Diagramm**), so erhält man eine Gerade, aus deren Steigung man die Konstante B bestimmen kann (Abb. 10.10).

Zur Interpretation dieses experimentellen Befundes formen wir Gl. (10.62) um:

$$k = e^C \cdot e^{-B/T} = A\,e^{-E_a/RT} .$$

Die rechte Seite dieser Gleichung erhält man durch Einführung der Bezeichnungen $e^C = A$ und $B = E_a/R$. Dabei soll R die Gaskonstante darstellen ($R = 8{,}31$ J/K mol). Der Ersatz von B durch E_a/R erscheint zunächst als Formalität. Seine inhaltliche Bedeutung wird im Folgenden klar werden. Da RT von der Dimension her eine Energie ist und der Exponent der Exponentialfunktion dimensionslos ist, muss E_a ebenfalls eine Energiegröße darstellen. Man nennt sie **Aktivierungsenergie.**

Die Temperaturabhängigkeit von Geschwindigkeitskonstanten lässt sich somit durch zwei (weitgehend) temperaturunabhängige Größen, den präexponentiellen Faktor A sowie durch die Aktivierungsenergie E_a beschreiben, gemäß

$$k = A\,e^{-E_a/RT} \quad (\textbf{Arrhenius-Gleichung}). \tag{10.63}$$

Wie man aus der mathematischen Form der Gl. (10.63) erkennt, ist es vor allem die Aktivierungsenergie E_a im Exponenten der Gleichung, die den Absolutwert von k und damit die Geschwindigkeit des Reaktionsablaufes bestimmt. Mit größer werdendem E_a nimmt k exponentiell ab.

Einen Eindruck über die typische Größe der Aktivierungsenergie chemischer Reaktionen erhält man aus der oben angeführten Faustregel $Q_{10} = 2$. Die Anwendung von Gl. (10.63) ergibt für diesen Fall $E_a = 53{,}6$ kJ/mol ($T = 300$ K).

Die anschauliche Deutung der Aktivierungsenergie soll am Beispiel einer bimolekularen Reaktion A + B → AB gegeben werden: Damit Moleküle A und B miteinander reagieren können, müssen sie miteinander wechselwirken, d.h. ihre „Wirkungssphären" müssen sich überlappen. Dies ist, wie in Abb. 10.11 schematisch dargestellt, mit einer Veränderung der Elektronenhülle der reagierenden Moleküle verbunden und bedeutet daher einen Energieaufwand. Nachdem eine hinrei-

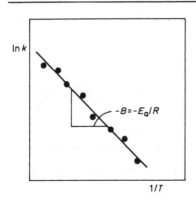

Abb. 10.10. Das Arrhenius-Diagramm zur Ermittlung der Aktivierungsenergie von Geschwindigkeitskonstanten chemischer Reaktionen (Gl. 10.62)

chende Überlappung der Elektronenhüllen erfolgt ist (Energieaufwand E_a, A und B bilden eine Art Übergangskomplex), kann die Reaktion zum Endprodukt erfolgen.

Abb. 10.11 illustriert die energetischen Verhältnisse beim Reaktionsablauf. Dabei stellt die Reaktionskoordinate eine Größe dar, die den Reaktionsfortgang formal beschreibt. Die aufgetragene Energie stellt gewissermaßen eine Art potentielle Energie der Moleküle dar. Bei der Bildung des Übergangskomplexes erfolgt eine Umwandlung von kinetischer Energie von A und B (im Rahmen deren thermischer Bewegung) in die potentielle Energie des Komplexes AB. RT stellt ein Maß für die mittlere kinetische Energie der Moleküle dar (vgl. Abschn. 1.2.3.1). Je größer der Energieaufwand E_a im Vergleich zu der zur Verfügung stehenden thermischen Energie ist, um so kleiner ist die Chance, den Energieberg zu überwinden, d.h. um so kleiner ist die Geschwindigkeitskonstante k. Dies ist die physikalische Bedeutung der Arrhenius-Gleichung, die letztlich aus der Boltzman-Gleichung (1.66) folgt, mit der sie die exponentielle Abhängigkeit von der jeweils charakteristischen Energiegröße gemeinsam hat.

Eine genauere Behandlung der Bedeutung des Übergangskomplexes erfolgt im Rahmen der Theorie des Übergangszustandes (Abschn. 10.4.2).

Die Anwendung der Gl. (10.63) auf chemische Gleichgewichte weist gewisse Parallelen zur thermodynamischen Beschreibung der Temperaturabhängigkeit der Gleichgewichtskonstanten K auf. Dort galt (Gl. 5.23)

$$K = e^{-\Delta G^0 / RT} = e^{\Delta S^0 / R} e^{-\Delta H^0 / RT} .$$ (10.64)

Andererseits ließ sich K als Quotient der Geschwindigkeitskonstanten der Hin- und Rückreaktion ausdrücken (Gl. 10.17), d.h. $K = k_1/k_{-1}$. Hieraus folgt durch Anwendung der Arrhenius-Gleichung (10.63)

$$K = \frac{A_1}{A_{-1}} e^{-\left(E_a^1 - E_a^{-1}\right)/RT} ,$$ (10.65)

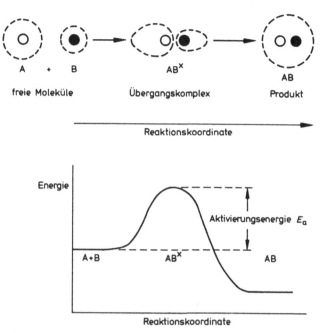

Abb. 10.11. Zur Deutung der Aktivierungsenergie (siehe Text)

wobei die Indices 1 und −1 die Hin- und Rückreaktion kennzeichnen.

Ein Vergleich der Gln. (10.64) und (10.65) zeigt die grundsätzliche formale Übereinstimmung der streng thermodynamischen Behandlung mit der phänomenologischen Beschreibung kinetischer Experimente. Nimmt man (vereinfachend) an, dass Standardenthalpie ΔH^0 und Standardentropie ΔS^0 temperaturunabhängig sind, so ergibt der Vergleich der beiden temperaturabhängigen und temperaturunabhängigen Terme:

$$\frac{A_1}{A_{-1}} = e^{-\Delta S^0/R}, \text{ und } \Delta H^0 = \left(E_a^1 - E_a^{-1} \right).$$
(10.66)

Die Standardenthalpie ΔH^0 entspricht danach der Differenz der Aktivierungsenergien $\left(E_a^1 - E_a^{-1} \right)$ für die Hin- und Rückreaktion.

10.2 Kompartment-Analyse

Wie bereits einleitend zu diesem Kapitel erwähnt, hat der mathematische Formalismus der Kinetik auf verschiedenen biologischen Gebieten Anwendung gefunden. Wir wenden uns zunächst der Kompartment-Analyse zu, die im Grunde eine Verallgemeinerung der Reaktionskinetik darstellt.

Wir definieren ein *Kompartment* (auch Kompar*ti*ment genannt) als eine makroskopische Materiemenge, die sich *kinetisch* wie eine gut durchmischte homo-

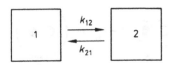

Abb. 10.12. Stoffaustausch zwischen zwei Kompartimenten 1 und 2

gene Phase verhält. Weiterhin wollen wir unter einem *Kompartment-System* eine Anzahl von Kompartimenten verstehen, die miteinander durch Stoffaustausch in Verbindung stehen.

Beispiele für Kompartment-Systeme sind beliebige chemische Reaktionen. So kann man die Reaktionspartner A und B der Reaktion A $\rightleftarrows$ B jeweils als einzelne Kompartimente auffassen. Wir wollen im Folgenden jedoch den Begriff homogene Phase wörtlich nehmen und speziell räumlich voneinander abgegrenzte Kompartimente betrachten. Dies ist in Abb. 10.12 illustriert. Die Kompartimente 1 und 2 stehen durch die *Stofftransferkoeffizienten* k_{12} bzw. k_{21} miteinander in Verbindung. Bezeichnet man mit n_1 (n_2) die Stoffmengen in den beiden Kompartimenten, so gibt k_{12} den Bruchteil dn_1/n_1 an, der pro Zeiteinheit dt unidirektional von Kompartment 1 nach 2 transferiert wird (entsprechend k_{21}). Für die zeitlichen Veränderungen von n_1 und n_2 gilt daher:

$$\frac{dn_1}{dt} = -k_{12}\, n_1 + k_{21}\, n_2 \tag{10.67}$$

$$\frac{dn_2}{dt} = -\frac{dn_1}{dt}. \tag{10.68}$$

Die Differentialgleichungen (10.67) und (10.68) sind unter der Anfangsbedingung

$$n_1(t = 0) = n_1^0 \text{ und } n_2(t = 0) = n_2^0 \tag{10.69}$$

zu lösen. Das mathematische Problem ist völlig identisch zu jenem, das wir in Abschn. 10.1.4.3 betrachtet haben [monomolekulare Reaktion mit Rückreaktion, Gln. (10.50) und (10.51)]. Das Resultat ist daher durch die Gln. (10.58) und (10.59) gegeben, wobei sinngemäß c_A durch n_1 sowie c_B durch n_2 zu ersetzen ist. Die Lösung ist in Abb. 10.8 illustriert.

Um zu einem anschaulicheren Verständnis der Kompartment-Analyse zu gelangen, behandeln wir nun eine Reihe von Beispielen.

a) Suspension von Einzellern. Wir betrachten zunächst – wie in Abschn. 9.3.1 – eine Suspension von Einzellern in einer Lösung. Jede Zelle besitze ein Zellvolumen V_1 und sei von einer Membran der Oberfläche A umgeben (vgl. Abb. 9.18). Wir interessieren uns für die Permeabilität dieser Membran bezüglich einer elektrisch neutralen Substanz S. Dazu beladen wir die Zellen mit der Substanz S durch lange Inkubation in einer Lösung, die eine hohe Konzentration von S enthält. Anschließend separieren wir die Zellen von der Lösung durch Ultrafiltration (oder Zentrifugation), bringen sie in eine neue Lösung, die frei von S ist, und verfolgen die Abnahme der Konzentration von S im Inneren der Zellen durch Diffusion in die äußere Lösung als Funktion der Zeit. Dazu entnehmen wir in gewissen Zeitabständen Proben aus der Suspension, separieren die Zellen von der Lösung und messen die in den Zellen verbliebene Stoffmenge.

Zur mathematischen Beschreibung dieses Experiments betrachten wir die Stoffmenge n_1 im Inneren einer einzelnen Zelle, wobei wir das Cytoplasma als eine gut durchmischte homogene Phase (Kompartment 1) ansehen. Das Außenmedium (Volumen V_2) stellt dann Kompartment 2 dar. Der Gesamtfluss J von S über die Zellmembran ist unter Berücksichtigung von Gl. (9.8) gegeben durch

$$J = A\Phi = \frac{AP_d}{V_1} n_1 - \frac{AP_d}{V_2} n_2 \,. \tag{10.70}$$

Aufgrund der nachfolgenden Beziehung zwischen Gesamtfluss J und Stoffmengenänderung dn_1/dt

$$J = -dn_1/dt, \tag{10.71}$$

erhält man durch Vergleich der Gln. (10.67) und (10.70):

$$k_{12} = \frac{AP_d}{V_1} \quad \text{und} \quad k_{21} = \frac{AP_d}{V_2} \,. \tag{10.72}$$

Die Lösung von Gl. (10.67) ist, wie oben erwähnt, durch die Gln. (10.58) und (10.59) gegeben, d.h.

$$n_1(t) = \bar{n}_1 + \left(n_1^0 - \bar{n}_1 \right) e^{-at} \,, \tag{10.73}$$

wobei

$$a = k_{12} + k_{21} \quad \text{und} \quad \bar{n}_1 = \frac{k_{21}}{k_{12} + k_{21}} \left(n_1^0 + n_2^0 \right) .$$

Analoge Ausdrücke gelten für $n_2(t)$. Die Lösung vereinfacht sich erheblich, falls man die Rückdiffusion in das Zellinnere vernachlässigt. Experimentell erreicht man dies durch Wahl eines sehr großen Außenvolumens V_2 im Vergleich zum gesamten Innenvolumen aller Zellen. Bei der oben geschilderten Versuchsdurchführung ($n_2^0 \approx 0$) gilt daher für den gesamten Versuchszeitraum $c_2(t) = n_2(t)/V_2 \approx 0$. Aus Gl. (10.73) erhält man im Grenzfall $V_2 \to \infty$ (d.h. $k_{21} \ll k_{12}$ sowie $\bar{n}_1 \to 0$)

$$n_1(t) = n_1^0 e^{-k_{12} t} \,. \tag{10.74}$$

Die Lösung entspricht völlig derjenigen einer monomolekularen Reaktion unter Vernachlässigung der Rückreaktion (Gl. 10.23). Die charakteristische Zeit $\tau = 1/k_{12} = V_1/AP_d$ erlaubt bei Kenntnis von Volumen V_1 und Oberfläche A die Berechnung des Permeabilitätskoeffizienten P_d. Dies ist in Abschn. 9.3.1 näher ausgeführt. Dort wurde allerdings der Fluss von S aus dem Außenmedium in das Zellinnere betrachtet, eine Art der Versuchsdurchführung, die häufig mit geringerem experimentellen Aufwand verbunden ist. Die mathematische Behandlung dieses Falles geht ebenfalls von Gl. (10.73) aus. Wir betrachten wieder den Grenzfall $V_2 \to \infty$. Dies ist gleichbedeutend mit $c_2(t) = n_2(t)/V_2 \approx c_2^0$, da die Konzentration c_2

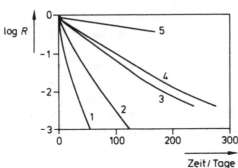

Abb. 10.13. Retention R von ^{137}Cs (und ^{134}Cs) in verschiedenen Säugetierspezies. (*1*) Maus ($t^{b}_{1/2} = 1{,}2$ d); (*2*) Ratte ($t^{b}_{1/2} = 6{,}5$ d); (*3*) Rhesus-Affe ($t^{b}_{1/2} = 19$ d); (*4*) Beagle-Hund ($t^{b}_{1/2} = 25$ d); (*5*) Mensch ($t^{b}_{1/2} = 110$ d). (Nach Richmond CR (1980) Health Physics 38:1111-1153)

im Kompartment 2 durch den Stofftransport in das Zellinnere nur unwesentlich geändert wird. Man erhält unter Beachtung von $n^0_1 = 0$, $k_{21} \ll k_{12}$ sowie Gl. (10.72):

$$n_1 = \overline{n}_1 \left(1 - e^{-k_{12}t}\right), \text{ mit} \tag{10.75}$$

$$\overline{n}_1 = V_1 c_2 \, .$$

Gl. (10.75) entspricht Gl. (9.9), wobei $1/\tau = k_{12}$.

b) Der Säugetierorganismus. Wir wenden uns nun höheren Organismen zu. Im Rahmen der Stoffwechselphysiologie interessiert häufig die **Umsatzrate körpereigener oder körperfremder Substanzen** (z.B. von Pharmaka oder Umweltgiften). Zu ihrer Bestimmung kann man die betreffende Substanz radioaktiv markieren, nach Applikation im Versuchstier die aufgenommene Stoffmenge n^0 messen und dann das Zeitverhalten $n(t)$ verfolgen. Es zeigt sich, dass $n(t)$ in manchen Fällen angenähert durch Gl. (10.74) beschrieben werden kann. Offenbar verhält sich der Organismus dann ähnlich wie eine Einzelzelle (wie ein einzelnes Kompartiment), d.h. die Ausgleichsvorgänge im Inneren des Organismus verlaufen schneller als der Ausscheidungsprozess, der dann geschwindigkeitsbestimmend ist.

Abbildung 10.13 illustriert als Beispiel die Retention der radioaktiven Cäsiumisotope ^{137}Cs und ^{134}Cs, die als langlebige Komponenten des von nuklearen Testexplosionen herrührenden Fallouts bekannt sind. Hierbei stellt die **Retention R** das zeitabhängige Verhältnis

$$R(t) = n_1(t)/n^0_1 \tag{10.76}$$

der Stoffmenge $n(t)$ zur Ausgangsstoffmenge n^0 dar.

Zur Charakterisierung der Schnelligkeit der Ausscheidung hat man den Begriff der **biologischen Halbwertszeit** $t^{b}_{1/2}$ eingeführt. Sie gibt an, – unabhängig, ob es sich um eine einfache Exponentialfunktion (Gl. 10.74) oder um eine Summe handelt (Gl. 10.78) – nach welcher Zeit die zugeführte Substanzmenge im Organismus auf die Hälfte abgesunken ist.

Im Falle einer exponentiellen Retention (Gl. 10.74) gilt:

$$t^{b}_{1/2} = \ln 2 / k_{12} \,. \tag{10.77}$$

Interessiert man sich für die Zeit, nach der die ursprüngliche Menge auf den Bruchteil $1/2^n$ des Ausgangswertes abgenommen hat, so ist diese im Falle von einfach exponentiellen Ausscheidungsfunktionen durch $nt_{1/2}$ gegeben. Dieser einfache Zusammenhang gilt jedoch nicht für kompliziertere Ausscheidungsfunktionen (wie z.B. Gl. 10.78), wie man einfach zeigen kann.

Die in Abb. 10.13 halblogarithmisch dargestellten Kurven stellen leichtgekrümmte Geraden dar. Dies lässt erkennen, dass die Anwendung von Gl. (10.74) im vorliegenden Falle nur eine Näherung darstellt. In der Regel benötigt man eine Summe von mehreren Exponentialfunktionen gemäß

$$R(t) = \sum_{i=1}^{n} a_i \, e^{-k_i t} \,, \tag{10.78}$$

um eine bessere Beschreibung der experimentellen Daten zu erzielen. Im vorliegenden Falle (^{137}Cs) wurde beim Menschen

$$R(t) = 0,16 \, e^{-0,23 \, t/d} + 0,84 \, e^{-0,0045 \, t/d} \,, \tag{10.79}$$

(d = 1 Tag) gefunden.

Eine Deutung derartiger Befunde ergibt sich durch Einführung mehrerer Kompartimente, wobei ein Kompartiment aus einem einzelnen Organ, einem Teil eines Organs (gewissen Zellen oder Zellorganellen) oder aus Gruppen von Organen bestehen kann. So vollzieht sich z.B. der Substanzaustausch zwischen Blut und Weichteilen i. A. erheblich schneller als der zwischen Blut und Knochen. Die mathematische Behandlung von *Multikompartment-Systemen* führt zu Systemen von linearen Differentialgleichungen, als deren Lösung Gl. (10.78) auftritt. Die Analogie zu komplexen Schemata chemischer Reaktionen ist auch hier gegeben.

Die Retention von ^{137}Cs wird weitgehend durch die zweite Exponentialfunktion in Gl. (10.79) bestimmt und zeigt somit ein verhältnismäßig einfaches zeitliches Verhalten. Dies gilt auch für die übrigen Alkalien. Im Falle der Erdalkalien benötigt man hingegen eine Summe vieler Exponentialfunktionen, um $R(t)$ adäquat zu beschreiben. Die Beteiligung stark unterschiedlicher Zeitkonstanten ist an dem außerordentlich großen Zeitraum ersichtlich, über den sich $R(t)$ erstreckt (s. Abb. 10.14). Dies ist eine Konsequenz des sehr langsamen Austausches zwischen Knochen und Blut. Der weit überwiegende Anteil des im menschlichen Organismus vorhandenen Calciums (und ein vergleichbar großer Anteil der chemisch verwandten Elemente Strontium und Radium) sind Bestandteil der mineralischen Komponente des Knochens (vorzugsweise Hydroxylapatit), die in Form von Mikrokristalliten in die organische Phase des Knochens eingelagert sind und seine mechanische Stabilität mit gewährleisten. Der sehr komplexe Ionenaustausch zwischen den Mikrokristalliten und ihrer Umgebung stellt einen begrenzenden Faktor für die gesamte Ausscheidung aus dem Organismus dar. Man hat festgestellt, dass sich $R(t)$ anstelle einer Summe von Exponentialfunktionen einfacher (näherungsweise) durch eine Potenzfunktion beschreiben lässt:

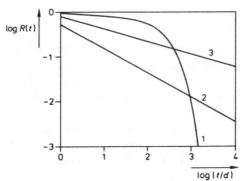

Abb. 10.14. Vergleich der Retention $R(t)$ von ^{137}Cs (1), ^{226}Ra (2) und ^{90}Sr (3) im Menschen nach Gl. (10.79) bzw. nach Gl. (10.80) in doppellogarithmischer Auftragung (für $t \geq 1$ Tag). Für ^{226}Ra gilt $b \approx 0{,}5$, für ^{90}Sr $b \approx 0{,}3$

$$R(t) = At^{-b}, \; t > 0. \tag{10.80}$$

Letztere ergibt bei doppellogarithmischer Auftragung eine Gerade (vgl. Abb. 10.14). Im Falle von ^{226}Ra hat man entsprechende experimentelle Untersuchungen über einen Zeitraum von mehr als 25 Jahren durchgeführt.[*] Die lange Aufenthaltsdauer einmal inkorporierter Radioisotope wie ^{226}Ra oder ^{90}Sr im Knochen führt zu sehr großen Strahlendosiswerten in diesem Organ (vgl. Kap. 11). Als Folge hiervon wurden bereits bei sehr kleinen inkorporierten Mengen Knochentumore beobachtet.

Im Gegensatz zu den „Knochensuchern" ^{226}Ra und ^{90}Sr verteilt sich ^{137}Cs einigermaßen gleichförmig im Säugetierorganismus. Es zeigt deshalb das oben besprochene einfachere Retentionsverhalten, bei dem in erster Näherung der gesamte Organismus als einheitliches Kompartment aufgefasst werden kann. ^{137}Cs und ^{90}Sr gehören zu den gefährlichsten langlebigen Komponenten im radioaktiven Fallout, der als Folge nuklearer Testexplosionen in der Atmosphäre über die gesamte Erde verteilt wurde.

Wir wollen den Themenkomplex *„Strahlenbelastung durch Radioisotope in der menschlichen Umwelt"* noch etwas fortführen, steht er doch stellvertretend für eine Reihe weiterer Anwendungen der Kompartment-Analyse.

Für die Abschätzung der Strahlendosis durch ein inkorporiertes Radioisotop ist neben der Ausscheidung aus dem betroffenen Organismus auch der radioaktive Zerfall von Bedeutung. Zur Veranschaulichung des Sachverhalts wollen wir – wie im Fall von ^{137}Cs – den Organismus angenähert als einheitliches Kompartment ansehen. Die Abnahme der Stoffmenge n im Organismus ist dann durch

$$\frac{dn}{dt} = -k_b n - k_r n \tag{10.81}$$

---

[*] International Commission on Radiological Protection (1972) Alkaline earth metabolism in adult man. Publication 20, Pergamon, Oxford.

gegeben. Die Konstanten k_b und k_r beschreiben biologische Ausscheidung sowie radioaktiven Zerfall. Ihre Summe entspricht der Konstanten k_{12} in Gl. (10.74), die wir als Lösung von Gl. (10.81) erhalten. Hierbei haben wir von der Annahme Gebrauch gemacht, dass eine Zufuhr des Radioisotops in das Kompartment nur zum Zeitpunkt $t = 0$ erfolgt ist (Anfangsmenge n^0).

Die *effektive Halbwertszeit* der Ausscheidung $t_{1/2}^{\mathrm{eff}}$ ist analog Gl. (10.77)

$$t_{1/2}^{\mathrm{eff}} = \ln 2 / \left(k_b + k_r \right).\qquad(10.82)$$

Für $k_b \gg k_r$ gilt $t_{1/2}^{\mathrm{eff}} \approx \ln 2 / k_b = t_{1/2}^b$. Analog folgt für $k_b \ll k_r$: $t_{1/2}^{\mathrm{eff}} \approx \ln 2/k_r = t_{1/2}^r$. In den angegebenen Grenzfällen entspricht die effektive Halbwertszeit somit entweder der biologischen Halbwertszeit oder der Halbwertszeit $t_{1/2}^r$ des radioaktiven Zerfalls. Unter Verwendung dieser Beziehungen erhält man aus Gl. (10.82)

$$t_{1/2}^{\mathrm{eff}} = \frac{t_{1/2}^b \cdot t_{1/2}^r}{t_{1/2}^b + t_{1/2}^r}.\qquad(10.83)$$

Tabelle 10.1 enthält eine Reihe von Ergebnissen für den menschlichen Organismus. Die Werte für die „*Knochensucher*" ^{45}Ca, ^{90}Sr, ^{226}Ra sowie ^{239}Pu stellen nur grobe Richtwerte dar, da in diesen Fällen die Gültigkeit von Gl. (10.74) nicht gegeben ist. Es ist offensichtlich, dass bei einem Teil der Radioisotope ($^3_1$H, $^{14}_6$C oder $^{226}_{88}$Ra) $t_{1/2}^{\mathrm{eff}}$ durch die biologische Ausscheidung bestimmt ist, während für einen anderen Teil (z.B. $^{24}_{11}$Na, $^{32}_{15}$P oder $^{131}_{53}$I) der radioaktive Zerfall limitierend wirkt.

Auf ganz analoge Weise wird im Rahmen der *Pharmakokinetik* die Elimination pharmakologischer Wirkstoffe aus dem menschlichen Organismus beschrieben. Letztere erfolgt einerseits durch Ausscheidung (Ausscheidungskonstante k_b), ande-

Tabelle 10.1. Halbwertszeiten einiger Radioisotope*

Radioisotop	Vorwiegend betroffenes Organ	$t_{1/2}^{\mathrm{eff}}$ /Tage	$t_{1/2}^{r}$ /Tage	$t_{1/2}^{b}$ /Tage
$^{3}_{1}$H	Ganzkörper	12	$4{,}5 \cdot 10^3$	12
$^{14}_{6}$C	Ganzkörper	10	$2 \cdot 10^6$	10
$^{24}_{11}$Na	Ganzkörper	0,6	0,63	11
$^{32}_{15}$P	Ganzkörper	13,5	14,3	257
$^{42}_{19}$K	Ganzkörper	0,52	0,52	58
$^{45}_{20}$Ca	Knochen	162	164	$1{,}6 \cdot 10^4$
$^{90}_{38}$Sr	Knochen	$6{,}4 \cdot 10^3$	10^4	$1{,}8 \cdot 10^4$
$^{131}_{53}$I	Schilddrüse	7,6	8	138
$^{226}_{88}$Ra	Knochen	$1{,}6 \cdot 10^4$	$5{,}9 \cdot 10^5$	$1{,}6 \cdot 10^4$
$^{239}_{94}$Pu	Knochen	$7{,}2 \cdot 10^4$	$8{,}9 \cdot 10^6$	$7{,}3 \cdot 10^4$

* Aus Report der ICRP (1960) Committee II, Health Physics, Vol. 3

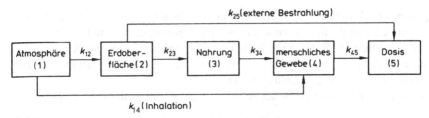

Abb. 10.15. Kompartment-Modell zur Abschätzung der Strahlendosis im Menschen nach einer Emission von Radionukliden in die Atmosphäre

rerseits durch metabolischen Abbau (Abbaukonstante k_m). Die Gln. (10.74), (10.81) bis (10.83) gelten entsprechend (Ersatz von k_r durch k_m, von $t_{1/2}^r$ durch $t_{1/2}^m$ und von k_{12} durch $k_b + k_m$, vgl. Übungsaufgabe 10.7).

Wir fahren in der Behandlung der Thematik „Strahlenexposition durch Radioisotope" fort und versuchen, die *Strahlendosis* abzuschätzen, die *nach Emission von Radioisotopen in die Atmosphäre* zu erwarten ist. Die Gesamtdosis setzt sich aus einer externen Komponente (Bestrahlung von außen) sowie einer internen Komponente (durch inkorporierte Radionuklide) zusammen. Letztere kommt durch den Transfer über die Nahrungskette zustande, deren einzelne Glieder als Kompartimente beschrieben werden (s. Abb. 10.15).

Die Abschätzung der Dosis im menschlichen Gewebe beruht somit auf der Messung und/oder der Berechnung der Transferkoeffizienten k_{ij} sowie der in die Atmosphäre gelangten Menge an Radionukliden. Auf diese Weise konnte die Strahlenexposition der Bevölkerung durch die nuklearen Testexplosionen zwischen 1945 und 1980 abgeschätzt werden.[*]

Auf ähnliche Weise erhält man auch Vorhersagen über die Strahlenexposition nach Reaktorunfällen wie etwa jenem von Tschernobyl im Jahre 1986.

Die angeführten Beispiele aus den unterschiedlichsten naturwissenschaftlichen Gebieten wie Chemie, Zellbiologie, Stoffwechselphysiologie, Pharmakologie sowie Radioökologie zeigen den weiten Anwendungsbereich der Kompartment-Analyse.

10.3 Populationsdynamik

Die Populationsdynamik studiert die Zeitabhängigkeit der Individuenzahl einer Art, die einen gemeinsamen Lebensraum besitzen (einer Population). Diese Individuen können sowohl direkt untereinander als auch indirekt über ihren Lebensraum miteinander in Wechselwirkung treten (z.B. über die Begrenztheit des Nah-

---

[*] Report of the United Nations Scientific Committee on the Effects of Atomic Radiation (1982) Ionizing Radiation: Sources and Biological Effects. United Nations, New York.

rungsmittelangebotes). Verallgemeinernd beschreibt die Populationsdynamik auch das zeitliche Verhalten der Populationsgrößen verschiedener Arten eines Ökosystems, die miteinander in Wechselwirkung stehen. Diese gegenseitige Beeinflussung (Konkurrenz um möglichst optimale Lebensbedingungen) kann zum Verschwinden (Exklusion) von Arten führen, aber auch ihre gegenseitige Koexistenz stabilisieren. Die mathematische Modellierung auch verhältnismäßig einfacher Ökosysteme ist sehr aufwändig und überschreitet den Rahmen dieser Darstellung. Wir verweisen diesbezüglich auf Lehrbücher der theoretischen Ökologie und beschränken uns an dieser Stelle auf die Beschreibung zweier einfacher, praktisch bedeutsamer Fälle der Dynamik einer einzelnen Population.

Wir beginnen mit einer Zahl von Individuen N, deren Wechselwirkung wir zunächst vernachlässigen. Wir beschreiben ihr Wachstum durch den Geburtenkoeffizienten g und durch den Sterbekoeffizienten s, die wir zunächst als unabhängig von der Populationsgröße N ansehen:

$$\frac{dN}{dt} = \underbrace{(g-s)}_{r} N \, . \tag{10.84}$$

Diese Gleichung ist formal identisch mit einer Reaktion 1. Ordnung. Ihre Lösung ist deshalb analog Gl. (10.23) gegeben durch

$$N = N_0 \, e^{rt} \quad \text{(Gleichung von \textbf{\textit{Malthus}}),} \tag{10.85}$$

wobei $r = $ **_Wachstumskoeffizient_** und $N_0 = N(t = 0)$. Sie beschreibt für $r > 0$ das exponentielle Wachstum, wie es z.B. in den Anfangsstadien der Entwicklung einer Bakterienkolonie beobachtet wird, aber auch manchmal bei höheren Tieren auftritt. So fand man bei Feldmäusen, die man 14 Monate lang beobachtete, eine befriedigende Übereinstimmung mit Gl. (10.85) ($r = 0,4$/Monat). Mit der Zunahme der Individuenzahl wird jedoch eine Nahrungsmittelverknappung auftreten, die zu einer Verminderung des Wachstumskoeffizienten führen kann. Um diese Auswirkung zu beschreiben, nehmen wir näherungsweise an, dass die Abnahme von r proportional zur Individuenzahl N verläuft, d.h.

$$r = r_0 - mN, \tag{10.86}$$

wobei $r_0 = $ Wachstumskoeffizient bei sehr kleinen Individuenzahlen. Dann folgt mit Gl. (10.84):

$$\frac{dN}{dt} = (r_0 - mN) N \, . \tag{10.87}$$

Die Lösung dieser Differentialgleichung nach dem bereits häufig angewandten Verfahren der Trennung der Variablen ergibt

$$N = \frac{N_0 r_0 e^{r_0 t}}{r_0 + mN_0 \left(e^{r_0 t} - 1\right)} \quad \text{(Gleichung von \textbf{\textit{Verhulst}}).} \tag{10.88}$$

Bei hinreichend kleinen Zeiten t (d.h. solange $mN_0(e^{r_0 t}-1) \ll r_0$ stimmt Gl. (10.88) mit der Gleichung von Malthus überein (Gl. 10.85). Bei großen Zeiten t (d.h. $mN_0 e^{r_0 t} \gg r_0 - mN_0$), strebt N dem Grenzwert r_0/m zu, der auch als die *Kapazität K* des Systems bezeichnet wird. Dieses Verhalten ist bereits aus Gl. (10.86) ersichtlich. Für $r_0 = mN$ wird $r = 0$, d.h. für $N = K$ verschwindet das Wachstum der Population.

Der entscheidende Inhalt der in Abb. 10.16 dargestellten Verhulst-Gleichung (manchmal auch als *logistisches Populationswachstum* bezeichnet) ist somit das Erreichen einer zeitunabhängigen (stationären) Population. Gl. (10.88) wurde verschiedentlich experimentell verifiziert, so z.B. am Wachstum von Populationen von *Paramecium aurelia* wie auch an jenen von *Drosophila*. Für Letztere fand man $r_0 = 2{,}37$ d^{-1} und $m = 0{,}068$ d^{-1}.

Im Falle des Wachstums der menschlichen Erdbevölkerung ist eine derartige „vernünftige" Entwicklung erst seit wenigen Jahren in Ansätzen erkennbar. Wie aus Abb. 10.16b hervorgeht, befand sich die Menschheit bis gegen Ende des 20. Jahrhunderts in einem unkontrollierten Wachstum. Der Wachstumskoeffizient r hat bis zum Jahre 1970 ständig zugenommen. Während die Erdbevölkerung nach Christi Geburt mehr als 1600 Jahre benötigte, um sich zu verdoppeln, lag die Verdopplungszeit t_d um das Jahr 2000 bei etwa 50 Jahren. Der Zusammenhang zwischen Verdopplungszeit t_d und Wachstumskoeffizient r ergibt sich aus Gl. (10.85) zu $t_d = \ln 2/r$. Ein Wachstumskoeffizient r von nur 0,013/Jahr (entsprechend einer Zunahme der Bevölkerung von 1,3%/Jahr) führt danach zu einer Verdopplungszeit von 53 Jahren. Die Belastung unseres Lebensraumes mit Müll und Umweltgiften sowie die bedrohliche Abnahme der Rohstoffvorräte stellen Probleme dar, die mit einer weiteren Zunahme der Erdbevölkerung naturgemäß anwachsen. Dies hat

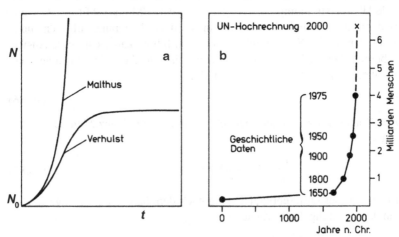

Abb. 10.16 a, b. Zur Populationsdynamik. **a** Darstellung der Gleichungen von Malthus und Verhulst; **b** Wachstum der Erdbevölkerung nach Christi Geburt. (Nach Mesarovic M, Pestel E (1974) Menschheit am Wendepunkt. 2. Bericht an den Club of Rome zur Weltlage. Deutsche Verlagsanstalt, Stuttgart)

zu düsteren Zukunftsprognosen Anlass gegeben (Mesarovic u. Pestel 1974). Nach Hochrechnungen der Vereinten Nationen (1987) könnte sich die Weltbevölkerung um das Jahr 2100 bei etwa 10 Milliarden stabilisieren. Diese Aussage wird durch Studien aus dem Jahre 2001, die ein Ende des Wachstums der Weltbevölkerung vorhersagen, weiter gestützt[*].

Die mathematische Beschreibung komplexerer Systeme kann hier nur angedeutet werden. Ein Ökosystem bestehend aus zwei miteinander konkurrierenden Arten 1 und 2 lässt sich – ausgehend von Überlegungen, die zur Verhulst-Gleichung führten – folgendermaßen beschreiben:

$$\frac{dN_1}{dt} = \left(r_1^0 - a_{11} N_1 - a_{12} N_2 \right) N_1 \tag{10.89}$$

$$\frac{dN_2}{dt} = \left(r_2^0 - a_{21} N_1 - a_{22} N_2 \right) N_2 . \tag{10.90}$$

Hierbei beinhalten die Koeffizienten a_{11} und a_{22} die Wechselwirkungen von Individuen derselben Art, a_{12} (sowie a_{21}) hingegen drücken den Einfluss von Art 2 auf das Wachstum von Art 1 (sowie umgekehrt) aus. Auf der Basis der gekoppelten Differentialgleichungen (10.89) und (10.90) lassen sich ökologische Begriffe wie Exklusion und Koexistenz oder die periodischen Populationsschwankungen des Räuber-Beute-Problems verstehen (s. Lehrbücher der Ökologie).

10.4 Physikalische Interpretation der Geschwindigkeit chemischer Reaktionen

Die Temperaturabhängigkeit der Reaktionsgeschwindigkeit (Abschn. 10.1.5) hat gezeigt, dass der Aktivierungsenergie E_a eine zentrale Bedeutung beim zeitlichen Ablauf chemischer Reaktionen zukommt. Wir wollen in diesem Abschnitt versuchen, eine quantitative Beschreibung von Geschwindigkeitskonstanten durchzuführen. Wir werden uns dabei zunächst auf Gasreaktionen beschränken, die eine besonders anschauliche Deutung erlauben. Daran schließt sich ein kurzer Überblick über die erheblich allgemeinere Theorie des Übergangszustandes an, die unter Beachtung quantenmechanischer Erkenntnisse zumindest im Prinzip die Berechnung von Geschwindigkeitskonstanten gestattet. Schließlich wollen wir uns die Frage stellen, wie schnell chemische Reaktionen maximal ablaufen können.

---

[*]Lutz W, Sanderson W, Scherbov S (2001) The end of world population growth. Nature 412: 543-545

10.4.1 Stoßtheorie

Sie geht von der kinetischen Gastheorie aus und ist somit streng nur auf Gasreaktionen anwendbar. Ihr liegt die anschauliche Vorstellung zugrunde, dass zwei Moleküle nur dann miteinander reagieren können, wenn sie zusammenstoßen. Beim Zusammenstoß findet eine Übertragung von kinetischer Energie statt. Diese kann im Falle einer Reaktion in die Energie einer chemischen Bindung umgewandelt werden (unelastischer Stoß). Damit eine Reaktion erfolgen kann, muss jedoch die Aktivierungsenergie überwunden werden (s. Abb. 10.11). Von den vielen zusammenstoßenden Molekülen reagieren somit nur diejenigen, deren gegenseitige kinetische Energie E_t größer ist als die Aktivierungsenergie E_a. Darüber hinaus kann der Erfolg einer Reaktion noch davon abhängen, ob die Moleküle im Moment des Zusammenstoßes eine geeignete gegenseitige Orientierung besitzen.

Wir wollen uns die Verhältnisse am Beispiel einer **bimolekularen Gasreaktion** verdeutlichen, d.h. die Reaktion A + B → Produkte studieren. Nach der Stoßtheorie sind für die Reaktionsgeschwindigkeit die folgenden Faktoren von Bedeutung:

a) Die Stoßzahl Z_{AB}, definiert als Zahl der Zusammenstöße zwischen Molekülen A und B pro Volumen- und Zeiteinheit.

b) Die Aktivierungsenergie E_a: Nur ein Bruchteil Q aller Stöße kann zur Reaktion führen, bei dem gilt $E_t \geq E_a$ (E_t = gegenseitige kinetische Energie der zusammenstoßenden Moleküle).

c) Der sterische Faktor p, definiert durch p = Zahl sterisch günstiger Stöße/ Gesamtzahl der Zusammenstöße.

Die Reaktionsgeschwindigkeit v lässt sich durch die Zahl erfolgreicher Stöße, d.h. durch das Produkt $Z_{AB}Q\,p$ ausdrücken. Andererseits wurde sie durch Gl. (10.9) formal beschrieben. Es gilt somit die Identität

$$-\frac{dN_A}{dt} = k N_A N_B = Z_{AB} Q p \,. \qquad (10.91)$$

Hierbei wurden an Stelle der molaren Konzentrationen c_A und c_B die Teilchenkonzentrationen N_A und N_B (Teilchen/Volumeneinheit) verwendet.

Bei Kenntnis der Größen auf der rechten Seiten dieser Gleichung kann somit die Geschwindigkeitskonstante k angegeben werden, d.h.

$$k = \frac{Z_{AB} Q p}{N_A N_B} \,. \qquad (10.92)$$

Der sterische Faktor p ist eine Zahl ≤ 1, die stark von der Art der Reaktion abhängt. Wir wollen uns mit einer einfachen Veranschaulichung dieses Sachverhalts begnügen und zu diesem Zwecke die Reaktion $2AB \rightarrow A_2 + B_2$ betrachten (Abb. 10.17). Hier ist es naheliegend anzunehmen, dass die Bildung von A_2 und B_2 sehr von der Art des Übergangszustandes (d.h. von der Orientierung der Moleküle beim Zusammenstoß) abhängen wird und durch engen Kontakt der beiden Moleküle A

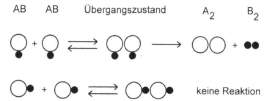

Abb. 10.17. Zur Abhängigkeit des sterischen Faktors p von der gegenseitigen Orientierung der Moleküle AB bei der Reaktion 2AB → A_2 + B_2. Im zweiten Fall wird der Ablauf der Reaktion durch mangelnden Kontakt der Moleküle A bzw. B behindert

bzw. B gefördert wird. Wir wollen im Folgenden den sterischen Faktor als freie Variable $p \leq 1$ unserer Theorie betrachten, über die wir vergleichsweise wenig Information haben.

Die Größen Z_{AB} und Q lassen sich auf der Grundlage der **kinetischen Gastheorie** angeben. Letztere behandelt Moleküle wie elastische Kugeln, die beim Zusammenstoß Impuls und Energie miteinander austauschen. Dies führt – wie wir in Abschn. 1.3.2.2 gesehen haben – zu einer nicht einheitlichen Geschwindigkeit der Gasmoleküle, d.h. zu einer temperaturabhängigen Geschwindigkeitsverteilung, die auf der Grundlage des Boltzmannschen Energieverteilungsprinzips berechnet werden kann.

Wie in Abschn. 1.3.2.2 betrachten wir ein abgeschlossenes System einheitlicher Gasmoleküle der Gesamtzahl N_0 bei konstanter Temperatur T. Die **Maxwell-Boltzmann'sche Geschwindigkeitsverteilung** gibt den Bruchteil dN/N_0 der Gasmoleküle pro Geschwindigkeitsintervall du als Funktion der Geschwindigkeit u an. Die Größe $(dN/du)/N_0$ sagt somit aus, welcher Bruchteil der Moleküle sich mit Geschwindigkeiten zwischen u und $u + du$ bewegt. Bezeichnet man mit M die Molmasse der Gasmoleküle und mit R die Gaskonstante, so gilt nach Gl. (1.74):

$$\frac{1}{N_0}\frac{dN}{du} = 4\pi\left(\frac{M}{2\pi RT}\right)^{3/2} e^{-Mu^2/2RT} u^2 .$$

Wie in Abb. 1.14 dargestellt, ist eine Erhöhung der Temperatur mit einer Zunahme der mittleren thermischen Translationsenergie der Moleküle verbunden (3/2 RT bezogen auf 1 Mol Moleküle, s. Kap. 1). Deshalb ist die Verteilung für $T_2 > T_1$ zu größeren Geschwindigkeiten hin verschoben. Als mittlere Geschwindigkeit hatten wir nach Gl. (1.75) $\bar{u} = \sqrt{8RT/\pi M}$ erhalten.

Wir kehren nun zu unserem Gemisch von Gasmolekülen der Spezies A und B zurück. Jede dieser Spezies besitzt eine Verteilung nach Gl. (1.74) und eine mittlere Geschwindigkeit nach Gl. (1.75). Für das Zustandekommen der Reaktion wird dann die mittlere Relativgeschwindigkeit $\bar{u}_r = u_A - u_B$ der Moleküle A und B beim Zusammenstoß bedeutsam sein. Eine kompliziertere Betrachtung, auf die wir hier verzichten wollen, ergibt einen zu Gl. (1.75) analogen Ausdruck:

$$\bar{u}_r = \sqrt{\frac{8RT}{\pi\mu}} \text{ mit } \mu = \frac{M_A M_B}{M_A + M_B}. \tag{10.93}$$

Ein Vergleich der beiden Gln. (1.75) und (10.93) zeigt, dass anstelle der Molmasse M eine Art „reduzierte Molmasse μ" tritt.

Die Kenntnis der Geschwindigkeitsverteilung und der mittleren Geschwindigkeit erlaubt sowohl die Berechnung des Faktors Q wie auch der Stoßzahl Z_{AB}.

Faktor Q: Gemäß seiner Definition führen nur diejenigen Zusammenstöße zur Reaktion, bei denen die Bedingung $(1/2)\mu u_r^2 \geq E_a$ erfüllt ist (anstelle der effektiven Molekülmasse steht hier wiederum die effektive Molmasse μ, da die Aktivierungsenergie E_a häufig auf ein Mol Moleküle bezogen ist). Eine komplizierte Integration über die Geschwindigkeitsverteilung führt unter Beachtung dieser Bedingung zu dem überraschend einfachen Ergebnis[*]:

$$Q = e^{-E_a/RT}. \tag{10.94}$$

Stoßzahl Z_{AB}: Zur Berechnung der Gesamtzahl der Zusammenstöße zwischen Molekülen A und B verfolgen wir den Weg eines einzelnen Moleküls A, das sich mit der Geschwindigkeit u bewegt (s. Abb. 10.18).

Es trifft pro Zeiteinheit alle Moleküle B, deren Zentrum sich im Zylindervolumen $((d_A + d_B)/2)^2 \pi u$ befindet. Dabei ist $(d_A + d_B)$ die Summe der Moleküldurchmesser von A und B. Die Stoßzahl z_{AB} eines Einzelmoleküls ist somit durch das Produkt Zylindervolumen × Teilchenkonzentration N_B gegeben, d.h. durch $z_{AB} = [(d_A + d_B)/2]^2 \pi u N_B$. Die Gesamtstoßzahl Z_{AB} pro Volumeneinheit ergibt sich durch Multiplikation dieses Ausdrucks mit der Teilchenkonzentration N_A, d.h.

$$Z_{AB} = z_{AB} N_A = \left(\frac{d_A + d_B}{2}\right)^2 \pi \bar{u}_r N_A N_B. \tag{10.95}$$

Dabei haben wir anstelle von u die mittlere Relativgeschwindigkeit $\bar{u}_r$ der Molekülsorten A und B eingesetzt, die die Bewegung von B mit berücksichtigt und

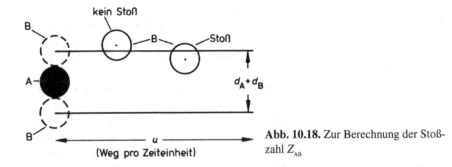

Abb. 10.18. Zur Berechnung der Stoßzahl Z_{AB}

---

[*] Ableitung s. z. B. Frost AA, Pearson RG (1964) Kinetik und Mechanismen homogener chemischer Reaktionen. VCH, Weinheim.

die durch Gl. (10.93) gegeben ist.

Geschwindigkeitskonstante: Unter Beachtung der Gln. (10.93), (10.94) und (10.95) können wir nun die Geschwindigkeitskonstante k aus Gl. (10.92) berechnen. Wir erhalten:

$$k = p(d_A + d_B)^2 \sqrt{\frac{\pi RT}{2\mu}}\, e^{-E_a/RT}. \qquad (10.96)$$

Wir haben bei der Ableitung Teilchenkonzentrationen gewählt. Man erhält deshalb aus Gl. (10.96) k z.B. in der Einheit m³/s, falls d_A und d_B in m, R in J/K mol und M_A bzw. M_B in kg/mol eingesetzt werden. Wählt man dagegen die Konzentrationen in molaren Einheiten, so sind in den Gln. (10.91) und (10.95) die Teilchenkonzentrationen N_A und N_B durch $N_A = L\, c_A$ und $N_B = L\, c_B$ zu ersetzen (L = Avogadrokonstante). Die die Reaktion beschreibende Geschwindigkeitskonstante ergibt sich dann als $k' = kL$ (z.B. in der Einheit m³/s mol).

Die sich aus Gl. (10.96) ergebende Temperaturabhängigkeit von k sollte mit jener der experimentell gefundenen Arrhenius-Gleichung (10.63) übereinstimmen. Durch Vergleich beider Beziehungen erhält man:

$$A = p(d_A + d_B)^2 \sqrt{\frac{\pi R}{2\mu}}\, \sqrt{T}. \qquad (10.97)$$

Es ergibt sich also eine gewisse Temperaturabhängigkeit des präexponentiellen Faktors A. Dies scheint zunächst auf einen Widerspruch zu den experimentellen Daten hinzudeuten, zu deren Beschreibung Gl. (10.63) mit den temperaturunabhängigen Parametern A und E_a eingeführt wurde. Die experimentell gefundene Temperaturunabhängigkeit von A gilt jedoch nur in einem begrenzten Temperaturbereich. Beschränkt man sich hierauf, so zeigt eine genauere Analyse von Gl. (10.96), dass der Beitrag der Temperaturabhängigkeit des präexponentiellen Faktors A unbedeutend ist im Vergleich zum Exponentialterm, der durch die Aktivierungsenergie E_a bestimmt wird.

Tabelle 10.2. Temperaturabhängigkeit der Geschwindigkeitskonstanten von einigen Gasreaktionen 2. Ordnung

Reaktion	$A/(\text{l mol}^{-1}\,\text{s}^{-1})$	$E_a/(\text{kJ mol}^{-1})$
$H_2 + J_2 \to 2\,HJ$	$1 \cdot 10^{11}$	168
$2\,HJ \to H_2 + J_2$	$6 \cdot 10^{10}$	184
$2\,NOCl \to 2\,NO + Cl_2$	$9 \cdot 10^9$	100
$NO + Cl_2 \to NOCl + Cl$	$1{,}7 \cdot 10^9$	83
$2\,C_2H_4 \to \text{cyclo-}C_4H_8$	$7{,}1 \cdot 10^7$	158
$CH_3 + CH_3 \to C_2H_6$	$2 \cdot 10^{10}$	≈ 0
$C_2H_5 + C_2H_5 \to C_4H_{10}$	$1{,}6 \cdot 10^{11}$	8,4

Wir wollen nun ein *Zahlenbeispiel* betrachten: Für die Werte $M_A = M_B = 50$ g/mol, $d_A = d_B = 0,3$ nm, $p = 1$ und $T = 300$ K erhält man aus Gl. (10.97)

$$A = 8,7 \cdot 10^{10} \text{ l/mol s.}$$

Dieser Wert stimmt häufig zumindest größenordnungsmäßig mit empirischen Daten überein (vgl. Tabelle 10.2). Werte, die stark nach unten abweichen, lassen sich durch einen kleineren sterischen Faktor deuten. Die beiden letzten Beispiele stellen Radikalrekombinationen dar, bei denen eine außerordentlich niedrige Aktivierungsschwelle zu überwinden ist, d.h. die Rekombination erfolgt praktisch bei jedem Stoß.

10.4.2 Die Theorie des Übergangszustandes

Die Stoßtheorie der Reaktionsgeschwindigkeit behandelt Moleküle als Teilchen mit einer gewissen kinetischen Energie. Sie vernachlässigt jedoch die innere Energie der Moleküle wie Rotations- und Schwingungsenergie oder elektronische Anregung. Sie ist außerdem streng nur auf Gasreaktionen anwendbar und bietet keine befriedigende Deutung der Aktivierungsenergie im Sinne der Thermodynamik. Eine Theorie, die diese Nachteile vermeidet und die Erkenntnisse der Quantenmechanik berücksichtigt, soll im Folgenden in ihren wesentlichen Postulaten und Ergebnissen dargestellt werden.

Die Theorie des Übergangszustandes richtet ihr Hauptaugenmerk auf den *energiereichsten Zustand*, den die an der Reaktion beteiligten Spezies während des Reaktionsablaufes einnehmen. Wir haben diesen Zustand bereits in Abschn. 10.1.5 betrachtet und ihn dort als *Übergangskomplex* (oder aktivierten Komplex) bezeichnet (s. Abb. 10.11). Wir wollen auch jetzt wieder die bimolekulare Reaktion

$$A + B \xrightarrow{\ k\ } \text{Produkte}$$

näher ins Auge fassen. Nach der Theorie des Übergangszustandes handelt es sich um einen Vorgang, der sich aus zwei elementaren Reaktionsschritten zusammensetzt:

$$A + B \underset{\ }{\overset{K^*}{\rightleftharpoons}} AB^* \xrightarrow{\ k^*\ } \text{Produkte.}$$

Verfolgt man den Gesamtverlauf der Reaktion entlang der Reaktionskoordinate, so wird somit gemäß obigem Reaktionsschema dem energiereichsten Zustand die Funktion eines Zwischenzustandes zugeordnet, der sich durch eine längere Lebensdauer als alle übrigen „Zustände" während des Reaktionsablaufes auszeichnet.

Die Existenz von kurzlebigen Zwischenzuständen wurde im Rahmen von Molekularstrahlexperimenten in der Gasphase direkt nachgewiesen. Als weiteres Beispiel sei die Umwandlung von 2-Bromoctan in 2-Iodoctan genannt, die wir bereits früher in Zusammenhang mit S_N2-Reaktionen betrachtet haben (s. Abschn. 10.1.4.2).

Im molekularen Bilde folgt auf den Übergangszustand – wie in Abb. 10.11 schematisch dargestellt – die Umorientierung der Bindungsverhältnisse im Inneren des Komplexes, die zum Produkt führt. Diese Veränderung der Bindungsverhältnisse ist der geschwindigkeitsbestimmende Schritt im Reaktionsablauf. Man nimmt deshalb an, dass die Ausgangsstoffe A und B mit dem aktivierten Komplex AB^* in einem thermodynamischen Gleichgewicht stehen, das durch den Zerfall von AB^* in das Produkt nur unwesentlich gestört wird und schreibt

$$\frac{c_{AB^*}}{c_A \cdot c_B} = K^* = e^{-\Delta G_0^* / RT} . \tag{10.98}$$

Hierbei stellt K^* die Gleichgewichtskonstante für den Übergangskomplex dar und $\Delta G_0^* = \Delta H_0^* - T\Delta S_0^*$ die Änderung der freien Enthalpie unter Standardbedingungen für den Übergang vom Ausgangszustand in den aktivierten Zustand.

Die Geschwindigkeit v der Entstehung des Produktes hängt von der Konzentration c_{AB^*} des Übergangskomplexes und von der Geschwindigkeitskonstante k^* seiner Umwandlung in das Produkt ab:

$$v = -\frac{dc_{AB^*}}{dt} = k^* c_{AB^*} . \tag{10.99}$$

Die weitere Behandlung des Problems erfolgt analog jener, die wir bereits bei der Beschreibung der Saccharose-Spaltung (Abschn. 10.1.4.1) angewandt haben. Wir vernachlässigen die Konzentration des Zwischenprodukts AB^* gegenüber jener der Ausgangsprodukte A und B und erhalten unter Verwendung der Gln. (10.98) und (10.99):

$$v = -\frac{dc_A}{dt} = k c_A c_B , \tag{10.100}$$

mit

$$k = k^* \frac{c_{AB^*}}{c_A c_B} = k^* K^* . \tag{10.101}$$

Gleichung (10.101) erlaubt eine physikalische Deutung der Geschwindigkeitskonstanten k einer bimolekularen Reaktion. Die Gleichgewichtskonstante K^* ist durch Gl. (10.98) bereits thermodynamisch korrekt definiert. Man kann nun – unter Zuhilfenahme quantenmechanischer Erkenntnisse – zeigen, dass die Geschwindigkeitskonstante k^* eine universelle Konstante (von der Dimension einer Frequenz) darstellt, die unabhängig von der Art der Reaktion ist. Man findet

$$k^* = \frac{k_B T}{h} . \tag{10.102}$$

Dabei ist k_B die Boltzmann-Konstante ($k_B = 1{,}38 \cdot 10^{-23}$ J/K), T die absolute Temperatur und h die Planck'sche Konstante ($h = 6{,}61 \cdot 10^{-34}$ Js).

Diese allgemeine Beziehung kann man sich wie folgt veranschaulichen: k^* ist eine Art „*Zerfallsfrequenz*" **des aktivierten Komplexes**. Daher stellt das Produkt

$k^* \cdot h$ eine Schwingungsenergie dar. Gl. (10.102) besagt nun, dass die Schwingungsenergie des Zerfalls gleich der mittleren thermischen Energie $k_B T$ ist. Die Amplitude der Molekülschwingung entlang der Reaktionskoordinate und damit die Wahrscheinlichkeit für den Zerfall des Komplexes AB^* in das Produkt steigt daher mit zunehmender Temperatur T.

Der Zahlenwert von k^* beträgt bei $T = 300$ K etwa $6 \cdot 10^{12}$ s^{-1}. Zusammenfassend erhält man nun aus Gl. (10.101) unter Beachtung von Gl. (10.98) und (10.102) das Resultat:

$$k = \frac{k_B T}{h} e^{\Delta S_0^*/R} \cdot e^{-\Delta H_0^*/RT} . \tag{10.103}$$

Die Bedeutung der Theorie des Übergangszustandes liegt in der prinzipiellen Möglichkeit der **Absolutberechnung von Reaktionsgeschwindigkeiten**. Die beschreibenden Größen sind nach Gl. (10.101) die universelle Frequenz k^* sowie die Gleichgewichtskonstante K^*. Letztere lässt sich mit Methoden der statistischen Mechanik unter relativ großem Aufwand berechnen. Dies ist für einige einfache Reaktionen geschehen.

Die Gl. (10.103) erlaubt darüber hinaus eine thermodynamische Beschreibung des Übergangszustandes durch die Möglichkeit der experimentellen Bestimmung von ΔH_0^* und ΔS_0^*: Durch direkten Vergleich von Gl. (10.103) mit der experimentellen Arrhenius-Gleichung (10.63) folgt

$$E_a = \Delta H_0^* \text{ sowie} \tag{10.104}$$

$$A = \frac{k_B T}{h} e^{\Delta S_0^*/R} . \tag{10.105}$$

(Eine genauere Analyse zeigt, dass für Reaktionen in Lösungen $\Delta H_0^* = E_a - RT$ gilt.) Die Analyse der Temperaturabhängigkeit von k nach Arrhenius ergibt somit ΔH_0^* sowie ΔS_0^*. Wie im Falle der Stoßtheorie ist die Temperaturabhängigkeit von A gegenüber jener des Exponentialterms in Gl. (10.103) unbedeutend.

Gleichung (10.103) entspricht formal weitgehend Gl. (10.64), besitzt aber eine grundsätzlich andere Bedeutung. Während die Gleichgewichtskonstante K durch die Differenz $\Delta_r S_0$ und $\Delta_r H_0$ zwischen Ausgangs- und Endprodukt bestimmt wird, ist für die Geschwindigkeitskonstante k die Differenz ΔS_0^* und ΔH_0^* zwischen dem Übergangszustand und dem Ausgangszustand entscheidend. Der Unterschied zwischen ΔG_0 und ΔG_0^* wird uns in Zusammenhang mit der Katalysatorwirkung wieder begegnen (s. Abb. 10.33).

Die Theorie des Übergangszustandes besitzt einen sehr großen Anwendungsbereich. Sie wurde über die Beschreibung der Geschwindigkeit chemischer Reaktionen hinaus auch zur Interpretation von Liganden-Bindungen an Oberflächen (Adsorption) und zur molekularen Beschreibung von Diffusionsvorgängen in homogenen Phasen und in Membranen angewandt.

10.4.3 Diffusionskontrollierte Reaktionen in Lösungen

Wir wollen uns jetzt auf bimolekulare Reaktionen in Lösungen beschränken und uns die Frage stellen, wie schnell derartige Reaktionen maximal ablaufen können. Wir stellen fest, dass hier der „eigentlichen Reaktion" die Diffusion der Reaktanden zueinander durch das Lösungsmittel vorausgeht. Die Gesamtreaktion lässt sich somit formal in zwei Schritte einteilen:

1) Diffusion der Reaktanden zueinander,
2) Ablauf der eigentlichen Reaktion beim Zusammentreffen.

Dann lassen sich zwei Grenzfälle unterscheiden:

a) Schritt 2 erfolgt viel langsamer als Schritt 1. Dies bedeutet, dass die Begegnung der Reaktanden nur selten zur Reaktion führt.

b) Schritt 2 erfolgt viel schneller als Schritt 1. In diesem Falle kann jede Begegnung zur Reaktion führen, d.h. die Diffusion der Reaktanden ist geschwindigkeitsbestimmend für die Gesamtreaktion. Man nennt derartige Reaktionen *diffusionskontrolliert*. Sie stellen offensichtlich die schnellstmöglichen Reaktionen in Lösungen dar.

Wir wollen im Folgenden die Geschwindigkeitskonstante k_{diff} der diffusionskontrollierten bimolekularen Reaktion A + B → Produkte berechnen:

Wir beschränken uns zunächst auf neutrale Moleküle A und B mit den Radien r_A und r_B und nehmen an, dass die Reaktion im kleinstmöglichen Abstand r_{AB} erfolgt. Dieser ist durch die Summe $r_{AB} = r_A + r_B$ der Radien gegeben.

Wir denken uns nun ein Koordinatensystem im Zentrum eines typischen Moleküls A und interessieren uns für die Konzentration c_B des Reaktanden B als Funktion des Abstandes r vom Koordinatenursprung (s. Abb. 10.19).

Im Falle a) erfolgt nur selten eine Reaktion. Die Konzentration c_B^∞, die man weit entfernt vom betrachteten Molekül A vorfindet, wird daher annähernd konstant bleiben bis zum Abstand r_{AB}, da die Diffusion rasch genug erfolgt, um die reagierenden Moleküle B zu ersetzen. Beim Vorliegen einer diffusionskontrollierten Reaktion hingegen führt jede Begegnung zur Reaktion. Deshalb gilt jetzt

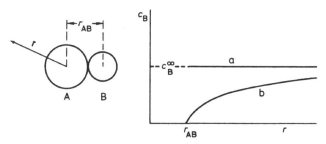

Abb. 10.19. Zur Ableitung der Beziehung von Smoluchowski für die Geschwindigkeitskonstante k_{diff} einer diffusionskontrollierten Reaktion. Konzentrationsverlauf des Reaktanden B in der Umgebung eines Moleküls A. *b*) entspricht dem diffusionskontrollierten Fall

$c_B(r_{AB}) = 0$. c_B erfährt daher – wie in der Skizze dargestellt – eine kontinuierliche Abnahme mit kleiner werdendem Abstand r. Der Konzentrationsgradient dc_B/dr treibt den Fluss J_B von Molekülen B in Richtung des Moleküls A und wirkt damit als Triebkraft der Reaktion. Der Zusammenhang zwischen Fluss und Konzentrationsgradient wird durch das 1. Fick'sche Gesetz beschrieben. Es lautet im eindimensionalen Fall (Gl. 8.33):

$$J = -AD\frac{dc}{dx}.$$

Wir haben es hier mit einem kugelsymmetrischen (isotropen) Problem zu tun. Wie man durch Transformation in Kugelkoordinaten zeigen kann (s. auch Gl. 8.44), erhält man das Fick'sche Gesetz in diesem Spezialfall durch Ersatz von x durch den Radius r sowie durch Einsetzen der Kugeloberfläche $4\pi r^2$ für die Fläche A:

$$|J_B| = 4\pi r^2 D_B \frac{dc_B}{dr}. \qquad (10.106)$$

Hierbei deutet der Index B an, dass sich die Gleichung auf den Fluss des Moleküls B bezieht.

Wir wollen uns im Folgenden auf eine vereinfachte Darstellung des Sachverhaltes beschränken, die jedoch zum richtigen Resultat führt. Unmittelbar nach Mischung der Reaktionspartner A und B liegt der Konzentrationsverlauf a) in Abb. 10.19 vor. Die Beschreibung des Überganges zum Verlauf b) erfolgt auf der Grundlage der zeitabhängigen Diffusionsgleichung (8.34). Wir nehmen jedoch an, dass der Verlauf b) bereits eingestellt ist und während des gesamten Reaktionsablaufes eingestellt bleibt. Wir verzichten somit auf die Beschreibung des Einstellvorganges.

Der Konzentrationsverlauf b) zeichnet sich dadurch aus, dass der Fluss J_B unabhängig vom Abstand r ist, d.h. J_B ändert sich – ausgehend vom Verlauf a) – so lange, bis dieser Zustand erreicht ist. Die allgemeinere Behandlung zeigt, dass diese Bedingung dann während des gesamten folgenden Reaktionsablaufes (d.h. trotz Abnahme von c_B) erfüllt bleibt.

Da J_B nicht von r abhängt, können wir Gl. (10.106) durch Trennung der Variablen integrieren:

$$\int dc_B = \frac{|J_B|}{4\pi D_B}\int\frac{dr}{r^2}.$$

Die Integration ergibt unter der Nebenbedingung $c_B (r \rightarrow \infty) = c_B^\infty$ das Resultat

$$c_B(r) = c_B^\infty - \frac{|J_B|}{4\pi D_B r}. \qquad (10.107)$$

Gleichung (10.107) spiegelt den Konzentrationsverlauf b) in Abb. 10.19 wider. Sie gilt unabhängig vom absoluten Wert des Flusses J_B (d.h. auch für nichtdiffusionskontrollierte Reaktionen). Der diffusionskontrollierte Fall zeichnet sich durch maximalen Teilchenfluss J_B^{max} aus. Er wird erreicht, falls $c_B(r_{AB}) = 0$. Durch Einführung dieser Bedingung in Gl. (10.107) erhält man:

$$\left| J_B^{max} \right| = 4\pi r_{AB} D_B c_B^\infty . \tag{10.108}$$

J_B^{max} bezieht sich auf ein einzelnes Molekül A. Da alle auf ein beliebiges Molekül A treffenden Moleküle B reagieren, erhält man die Reaktionsgeschwindigkeit v durch Multiplikation von J_B^{max} mit der Teilchenkonzentration N_A. Die Ableitung vernachlässigt die Bewegung von A. Eine Berücksichtigung der gegenseitigem Bewegung von A und B führt zum Ersatz des Diffusionskoeffizienten D_B von B durch die Summe $(D_A + D_B)$. Daher gilt mit Gl. (10.108) für v_{diff} in molaren Konzentrationseinheiten pro Zeit:

$$v_{diff} = \left| J_B^{max} \right| N_A^\infty = 4\pi r_{AB} \left(D_A + D_B \right) c_B^\infty N_A^\infty . \tag{10.109}$$

Hieraus erhält man unter Berücksichtigung von $N_A^\infty = c_A L$:

$$v_{diff} = k_{diff} c_A^\infty c_B^\infty$$

mit

$$k_{diff} = L \, 4\pi \, r_{AB} \, (D_A + D_B). \tag{10.110}$$

Diese Gleichung wurde zum ersten Mal vom *Smoluchowski* (1916) angegeben. Wählt man für r_{AB} die Einheit cm und für D_A bzw. D_B die Einheit cm²/s, so erhält man k_{diff} in den molaren Einheiten cm³/mol s.

Zahlenbeispiel:

Für $r_{AB} = 0,5$ nm sowie $D_A = D_B = 10^{-5}$ cm²/s errechnet man aus Gl. (10.110): $k_{diff} = 7,2 \cdot 10^9$ l/mol s.

Die obige Ableitung bezog sich auf neutrale Moleküle, bei denen als treibende Kraft für den Nettofluss nur die Diffusion wirkt. Im Fall von Ionenreaktionen werden die Ionen zusätzlich durch ihr elektrisches Feld beeinflusst. Die Behandlung erfolgt dann auf der Grundlage der Nernst-Planck-Gleichung. Die Anschauung sagt uns, dass k_{diff} bei gleichem Ladungsvorzeichen von A und B (Abstoßung) verkleinert und bei entgegengesetztem Vorzeichen (Anziehung) vergrößert wird.

Wir wollen uns auf das Ergebnis beschränken. Man findet für eine diffusionskontrollierte Ionenreaktion folgende Geschwindigkeitskonstante k_{diff}^I :

$$k_{diff}^I = k_{diff}^n \frac{W_{AB}}{k_B T \left(e^{W_{AB} / k_B T} - 1 \right)} . \tag{10.111}$$

Dabei stellt k_{diff}^n die Geschwindigkeitskonstante einer diffusionskontrollierten Reaktion neutraler Moleküle (Gl. 10.110), k_B die Boltzmann-Konstante und W_{AB} die elektrostatische Wechselwirkungsenergie zwischen zwei Ionen A und B im Abstand r_{AB} dar, d.h.

$$W_{AB} = \frac{z_A z_B e_0^2}{4\pi \varepsilon \varepsilon_0 r_{AB}} \tag{10.112}$$

(z_A, z_B = Ladungszahlen, e_0 = Einheitsladung, ε_0 = Elektrische Feldkonstante, ε = Dielektrizitätskonstante).

Zahlenbeispiel:
Für $z_A = -z_B = 1$, $\varepsilon = 80$ (H_2O), $r_{AB} = 0,5$ nm und $T = 298$ K erhält man aus Gl. (10.111):

$$k_{diff}^I / k_{diff}^n = 1,8.$$

Tabelle 10.3 enthält einige Beispiele für typische diffusionskontrollierte Prozesse. Diese umfassen vor allem Rekombinationsreaktionen unter Beteiligung der Ionen H^+ und OH^-. Die Werte für k_R übersteigen die des obigen Zahlenbeispiels zum Teil beträchtlich. Dies kann durch einen höheren Wert des Reaktionsabstandes r_{AB} erklärt werden, impliziert jedoch, dass die Reaktionspartner in anderer Form vorliegen als in der Tabelle angegeben (s. Dissoziationsreaktion von Wasser, Abschn. 10.5.3).

Als weitere Beispiele sind die Metall-Komplexbildner Monactin und Valinomycin aufgeführt, aus gewissen Streptomyces-Arten isolierte antibiotisch wirkende makrozyklische Verbindungen (Struktur von Valinomycin s. Abb. 9.28 und 9.29). Ihr Einbau in biologische Membranen führt zu einer drastischen Erhöhung der K^+-Permeabilität. Untersuchungen an künstlichen Lipidmembranen haben gezeigt, dass sie offensichtlich als sehr effektive Ionencarrier wirken. Dies setzt (nach Abschn. 9.3.6) eine schnelle Komplexbildung mit dem zu transportierenden Ion voraus. Die Daten für die beiden Substanzen gelten für Methanol und unterscheiden sich um höchstens 1-2 Größenordnungen von diffusionskontrollierten Reaktionen. Wir können vermuten, dass auch viele Transportproteine biologischer Membranen mit hoher Geschwindigkeit mit ihrem „Transport-Substrat" in Wechselwirkung treten.

Tabelle 10.3. Geschwindigkeitskonstanten einiger schneller Reaktionen (MON = Monactin, VAL = Valinomycin)

Reaktion	T/K	$k_R/M^{-1}s^{-1}$	k_D/s^{-1}
$H^+ + OH^- \rightleftarrows H_2O$	298	$1,4 \cdot 10^{11}$	$2,5 \cdot 10^{-5}$
$H^+ + OH^- \rightleftarrows H_2O$ (Eis)	263	$8,6 \cdot 10^{12}$	
$H^+ + F^- \rightleftarrows HF$	298	$1 \cdot 10^{11}$	$7 \cdot 10^7$
$H^+ + HCO_3^- \rightleftarrows H_2CO_3$	298	$4,7 \cdot 10^{10}$	$\approx 8 \cdot 10^6$
$H^+ + NH_3 \rightleftarrows NH_4^+$	298	$4,3 \cdot 10^{10}$	25
$OH^- + NH_4^+ \rightleftarrows NH_3 + H_2O$	293	$3,4 \cdot 10^{10}$	$6 \cdot 10^5$
$Na^+ + MON \rightleftarrows MON\text{-}Na^+$	298	$3 \cdot 10^8$	$6 \cdot 10^5$
$K^+ + VAL \rightleftarrows VAL\text{-}K^+$	298	$4 \cdot 10^7$	$1,3 \cdot 10^3$

Als weiteres Beispiel für diffusionskontrollierte Reaktionen haben wir bereits eine Reihe von Radikal-Radikal-Reaktionen kennen gelernt, wie sie im Rahmen der Strahlenchemie des Wassers auftreten (s. Abschn. 10.1.4.2).

> Zusammenfassend lässt sich feststellen, dass für die Reaktionsgeschwindigkeit beliebiger bimolekularer Reaktionen in Lösungen die Ungleichung $0 \leq k \leq k_{diff}$ gilt. Hierbei ist k_{diff} durch Gl. (10.110) (oder 10.111) gegeben und im Wesentlichen durch Diffusionskoeffizient und Reaktionsabstand bestimmt.

10.5 Praktische Durchführung kinetischer Untersuchungen

Wie wir gesehen haben, beruht die experimentelle Bestimmung der Geschwindigkeit chemischer Reaktionen auf der Messung der Zeitabhängigkeit der Konzentration eines oder mehrerer Reaktionsteilnehmer. Ein besonderes Problem kinetischer Untersuchungen stellt häufig die möglichst schnelle und homogene Mischung der Ausgangsstoffe zu Beginn der Reaktion dar, wodurch die Anfangsbedingung der jeweiligen kinetischen Gleichung festgelegt wird. Zugeschnitten auf die Geschwindigkeit des Zeitverlaufes der Reaktion hat man besondere Methoden entwickelt, die es gestatten, schnelle und sehr schnelle Reaktionen zu verfolgen. Dabei hängt die Zeitskala des Reaktionsablaufes häufig nicht nur von der Größe der die Reaktion beschreibenden Geschwindigkeitskonstanten ab. Nur bei monomolekularen Reaktionen ist die Halbwertszeit $t_{1/2}$ ausschließlich eine Funktion von k (Gl. 10.25), während sie bei bimolekularen Reaktionen auch von den Ausgangskonzentrationen der Reaktionsteilnehmer abhängt, wie man aus den Gleichungen (10.33) und (10.43) unschwer ableitet. Im letzteren Fall kann man die Reaktion durch Wahl kleinerer Ausgangskonzentrationen verlangsamen. Da die Genauigkeit der Konzentrationsmessung aber mit abnehmender Konzentration kleiner wird, sind hier jedoch apparative Grenzen gesetzt.

Die Klassifizierung von Reaktionen nach ihrer Schnelligkeit hängt somit häufig von den Messbedingungen ab. Wir wollen im Folgenden zunächst die beiden Problemkreise „Konzentrationsmessungen" und „Mischmethoden" behandeln. Daran anschließend folgt eine Einführung in die Relaxationsmethoden, bei denen das Mischproblem auf elegante Weise umgangen wird und die heute zu den schnellsten kinetischen Methoden zählen.

10.5.1 Konzentrationsmessungen

Die klassischen chemischen Verfahren der Gravimetrie und Volumetrie werden im Rahmen kinetischer Untersuchungen nur sehr selten angewandt, da sie i. Allg. einen wesentlich größeren Zeitbedarf erfordern, als dies der Reaktionsablauf gestattet. Ihre Anwendung würde daher zumeist ein „Einfrieren" der Reaktion nach festgelegten Zeiten erfordern (etwa durch plötzliche Temperaturerniedrigung oder Zugabe eines Inhibitors). Diesen Nachteil vermeiden die heute zumeist angewandten physikalischen Verfahren, die über eine *konzentrationsabhängige physikalische Größe* erfolgen. Die wichtigsten dieser Methoden wollen wir kurz zusammenfassen:

a) Druckänderungen bei Gasreaktionen. Der Gasdruck hängt von der Gesamtkonzentration aller Gasmoleküle ab. Falls sich also bei einer Reaktion die Gesamtzahl der Gasmoleküle ändert, kann diese über die Zeitabhängigkeit der Druckänderung im Reaktionsgefäß verfolgt werden. Die Analyse der Daten kann bei nicht zu hohen Drucken auf der Grundlage des idealen Gasgesetzes (Gl. 1.20) erfolgen, wobei sich die Gesamtkonzentration des Gases aus der Stöchiometrie der Reaktion berechnen lässt (vgl. Übungsaufgabe 10.3).

b) Leitfähigkeitsänderungen bei Ionenreaktionen in Lösung. Nach Abschn. 6.1.2 hängt die elektrische Leitfähigkeit einer homogenen Lösung von der Zahl und der Natur der vorhandenen Ladungsträger ab. Falls sich diese durch eine Reaktion zwischen den vorhandenen Ionen ändern, kann die resultierende Leitfähigkeitsänderung zum Konzentrationsnachweis Verwendung finden. So kann man z.B. im Falle der Reaktion $A^+B^- \rightarrow A^+ + B^-$ bei Kenntnis der Ionenbeweglichkeiten von A^+ und B^- direkt die Konzentrationen $c = c_A = c_B$ aus der elektrischen Leitfähigkeit ermitteln (Gl. 6.14).

c) Optische Methoden. Führt eine Reaktion zur Erzeugung oder Vernichtung lichtabsorbierender (chromophorer) Gruppen, so kann der Konzentrationsnachweis über Absorptions- oder (bei hinreichender Ausbeute) über Fluoreszenzmessungen erfolgen. Das Messprinzip ist in Abb. 10.20 dargestellt.

Die Messprobe wird mit monochromatischem Licht der Intensität I_0 bestrahlt. Die absorbierte Intensität $I_a = I_0 - I$ hängt nach dem *Lambert-Beer'schen-Gesetz* (Abschn. 11.2.2) von der Konzentration c einer lichtabsorbierenden Substanz ab:

$$I = I_0 10^{-\varepsilon cd} . \tag{10.113}$$

Hierbei ist d die Dicke der Messprobe. ε wird als Extinktionskoeffizient (oder Absorptionskoeffizient) bezeichnet. Die Wellenlängenabhängigkeit von ε (das Spektrum) ist charakteristisch für die jeweilige Substanz. Sie wird im Spektralphotometer bestimmt. Dieses erlaubt i. Allg. die Darstellung der Wellenlängenabhängigkeit der *Transmission* I/I_0 oder der *Extinktion* A (häufige synonym verwendete Ausdrücke: Absorption oder optische Dichte), definiert durch

$$A = {}^{10}\log (I_0/I) . \tag{10.114}$$

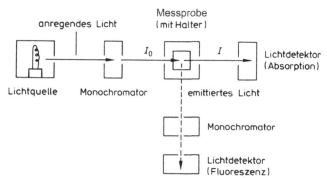

Abb. 10.20. Prinzip eines Absorptions- und Fluoreszenz-Spektralphotometers

Hieraus erhält man unter Verwendung von Gl. (10.113):

$$A = \varepsilon\, c\, d\,. \tag{10.115}$$

Die Extinktion A gestattet somit bei Kenntnis von ε und der Schichtdicke d die Angabe der Konzentration c der absorbierenden Substanz. Abbildung 10.21 zeigt als Beispiel das Spektrum des Pyridinnucleotids Nicotinamidadenin-dinucleotid in der oxidierten Form NAD^+ und der reduzierten Form NADH. Es ist als Coenzym bei vielen enzymatisch kontrollierten Oxidations- und Reduktionsprozessen beteiligt. Letztere werden daher häufig über die Umsatzgeschwindigkeit von NADH verfolgt. Nach Abb. 10.21 absorbiert im Bereich um 340 nm nur die reduzierte Form des Coenzyms. Sie kann daher bequem von der oxidierten Form unterschieden werden. Hierauf beruhen eine Reihe optischer Tests von Enzymen, die unter Beteiligung dieses Coenzyms verlaufen und die direkt im Spektralphotometer durchgeführt werden.

Empfindlicher als Absorptionsmessungen sind häufig Fluoreszenzmessungen, die meistens unter einem Winkel von 90° zum „erregenden Licht" erfolgen (vgl. Abb. 10.20). Während die Absorption im Grunde als Differenzmessung zwischen einfallender Intensität I_0 und „Restintensität" I am Ausgang der Messzelle erhalten wird (und daher bei kleinen Extinktionen mit einer erheblichen Messungenauigkeit

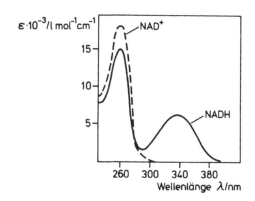

Abb. 10.21. Absorptionsspektrum von NAD^+ und NADH

behaftet ist), gewinnt man die Fluoreszenz durch eine Absolutmessung. Andererseits ist die Fluoreszenz häufig von einer Vielzahl von Faktoren beeinflusst, die eine Umrechnung in absolute Konzentrationswerte erschweren. Nur im Spezialfall geringer Lichtabsorption gelangt man zu einfachen Beziehungen, die nachfolgend dargestellt werden.

Wir definieren die Intensität I als Zahl der Lichtquanten einheitlicher Wellenlänge pro Zeit- und Flächeneinheit. Die Zahl der in der Messprobe (Oberfläche O) absorbierten Quanten ist $(I_0 - I)O$. Wie in Abschn. 11.2.2.1 näher ausgeführt, wird nur ein Bruchteil der absorbierten Quanten als Fluoreszenzlicht emittiert (Quantenausbeute ϕ_{FL}). Die von der Messprobe emittierte Fluoreszenz(rate) FR (Quanten/Zeit) ist somit [unter Berücksichtigung von Gl. (10.113)]:

$$FR = O(I_0 - I)\phi_{FL} = OI_0\,\phi_{FL}(1-10^{-\varepsilon cd}).$$ (10.116)

Bei geringer Lichtabsorption, d.h. kleiner optischer Dichte εcd, kann die Exponentialfunktion durch die beiden ersten Glieder der zugehörigen Potenzreihe hinreichend genau approximiert werden ($10^x \approx 1 + x \ln 10$, für $|x| \ll 1$), d.h. für $\varepsilon cd \ll 1$ gilt:

$$FR = gc\varepsilon, \quad \text{mit } g = OI_0\,\phi_{FL}\,d \ln 10.$$ (10.117)

Das im Fluoreszenzlichtdetektor gemessene Signal S ist proportional zur gesamten Fluoreszenzrate FR der Messprobe. Es gilt somit auch eine Proportionalität zwischen S und der Konzentration c, die zur Messung letzterer herangezogen werden kann.

Abbildung 10.22 zeigt ein Absorptionsspektrum sowie ein *Fluoreszenz-Emissionsspektrum* der Aminosäure Tryptophan. Zur Ermittlung des letzteren wurde die Messprobe in Abb. 10.20 mit Strahlung fester Wellenlänge angeregt und die Wellenlängenabhängigkeit der Fluoreszenz-Emission gemessen. Die Ermittlung des Absorptionsspektrums erfolgt auf direkte Art und Weise mit Hilfe des Lichtdetektors für Absorption. Man kann es alternativ aber auch indirekt über ein *Fluoreszenz-Anregungsspektrum* messen. Hierbei wird die Wellenlänge des an-

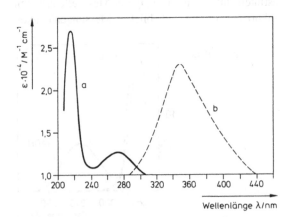

Abb. 10.22. Absorptionsspektrum a und Fluoreszenz-Emissionsspektrum b von Tryptophan (b in willkürlichen Einheiten)

regenden Lichtes (bei konstanter Intensität I_0) variiert und die Fluoreszenz-Emission bei konstanter Wellenlänge verfolgt. Falls die Fluoreszenzausbeute ϕ_{FL} wellenlängenunabhängig ist, kann der Parameter g in Gl. (10.117) bei diesem Versuch als Konstante angesehen werden. Die Wellenlängenabhängigkeit von FR entspricht dann jener des Extinktionskoeffizienten ε. Der Vorteil dieser indirekten Methode liegt in der außerordentlichen Empfindlichkeit der Fluoreszenzmessung.

Ein weiterer großer Vorteil, der beiden optischen Methoden gemeinsam ist, liegt in ihrem außerordentlich großen zeitlichen Auflösungsvermögen. Sie erlauben selbst eine Messung von Konzentrationsänderungen im Zeitbereich zwischen 10^{-6} s und 10^{-9} s (und darunter), wie sie bei der Anwendung von Relaxationsmethoden auftreten können (s. Abschn. 10.5.3). Dies gilt auch für die oben beschriebene Leitfähigkeitsdetektion.

Fluoreszenzmethoden finden über die reinen reaktionskinetischen Probleme hinaus breite Anwendung bei der Analyse der Dynamik von molekularen Bewegungsvorgängen in homogenen Lösungen und Membranen. Dies gilt vor allem für die Zeitabhängigkeit der *Fluoreszenzdepolarisation*, die Aussagen über die Rotationsgeschwindigkeit von Makromolekülen und indirekt über die Mikroviskosität ihrer Umgebung gestattet. Die Darstellung dieser Methoden muss jedoch spezielleren Lehrbüchern vorbehalten bleiben.

10.5.2 Mischmethoden

Der experimentelle Aufwand, der zur homogenen Durchmischung der Reaktionsteilnehmer zu Beginn der Reaktion erforderlich ist, steigt erheblich mit zunehmender Reaktionsgeschwindigkeit. Bei relativ langsamen Reaktionen (mit einer Halbwertszeit von mindestens einigen Sekunden) genügt das klassische Verfahren: Die Reaktionslösung befindet sich in einem Rührgefäß, und die Reaktion wird durch Zugabe eines Reaktanden gestartet. Bei schnellen Reaktionen hingegen muss die Mischung durch spezielle Strömungsmethoden erzielt werden, deren zwei wichtigsten Varianten im Folgenden am Beispiel der Reaktion A + B → Produkte beschrieben werden.

a) Bei der *Continuous-flow-Methode* werden die beiden Lösungen der Ausgangsstoffe A und B mit hoher Geschwindigkeit aufeinander zu bewegt und vermischen sich durch Turbulenz in einer speziellen Mischkammer (im einfachsten Fall ein einfaches T-Rohr, s. Abb. 10.23). Beim kontinuierlichen Durchströmen mit der Geschwindigkeit u bildet sich entlang des horizontalen Rohrteils aufgrund der Reaktion ein stationäres Konzentrationsprofil aus, das optisch untersucht werden kann. So wird der Ausgangsstoff A infolge der Reaktion mit zunehmendem Abstand d vom vertikalen Teil des Rohres abnehmen. Die Konzentration c_A, die man vorfindet, entspricht der Zeit $t = d/u$, die seit dem Durchmischen vergangen ist. Man verwendet Strömungsgeschwindigkeiten von einigen Metern pro Sekunde und erreicht in der Regel damit eine zeitliche Auflösung von etwa 1 ms. Ein Nachteil dieser Methode, die zum ersten Mal beim Studium der Wechselwirkung von

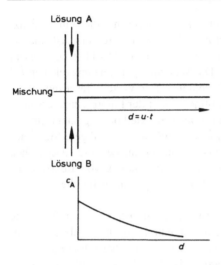

Abb. 10.23. Zur Continuous-flow-Methode: Zwei Lösungen werden mit hoher Geschwindigkeit auf einander zu bewegt und vermischen sich durch Turbulenz

Hämoglobin und Sauerstoff angewandt wurde, besteht im Verbrauch großer Lösungsmengen. Insbesondere für biochemische Anwendungen ist deshalb die folgende Variante, die diesen Nachteil vermeidet, von größerer Bedeutung.

b) Bei der *Stopped-flow-Methode* (s. Abb. 10.24) befinden sich die Lösungen A und B in zwei Spritzen, die (zum Zeitpunkt $t = 0$) schlagartig nach vorne bewegt werden. Dies kann manuell oder durch eine geeignete Mechanik geschehen. Nach Durchmischen der beiden Lösungen in einer Mischkammer (M) wird die Reaktionslösung über eine Glaskapillare in eine Auffangspitze bewegt. Im Gegensatz zur Continuous-flow-Methode erfolgt somit die Mischung der Lösungen nicht kontinuierlich, sondern in einem einmaligen Vorgang. Nach Ablauf dieses Vorganges (in der Regel nach einigen ms) kann der Reaktionsablauf an einer geeigneten Stelle

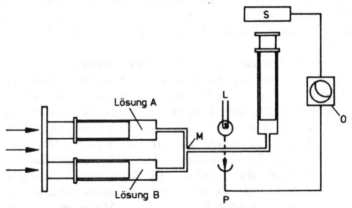

Abb. 10.24. Prinzip der Stopped-flow-Methode (L = Lichtquelle, P = Photozelle, S = Schalter, O = Oscillograph)

der Glaskapillare optisch verfolgt werden (Lichtquelle L, Photozelle P). Die Zeitabhängigkeit der Reaktion wird von einem Oszillographen (O) aufgezeichnet und in einem Computer gespeichert. Der Oszillograph wird vom Schalter (S) getriggert, der durch den Rückstoß der Auffangspritze getätigt wird.

Mit Hilfe dieser schnellen Mischmethoden gelingt häufig der Nachweis von Zwischenprodukten komplexer Reaktionsketten. So konnte in günstigen Fällen die Existenz von Enzym-Substrat-Komplexen bestätigt werden, die im Rahmen eines einfachen Modells der Enzymwirkung vorhergesagt worden waren (s. Abschn. 10.7.1).

10.5.3 Relaxationsverfahren

Bei sehr schnellen Reaktionen versagen die bisher geschilderten Verfahren, die auf einer Mischung der Reaktionspartner zu Reaktionsbeginn beruhen. Hier finden vorwiegend die sog. Relaxationsverfahren Anwendung, die durch eine Vielzahl verschiedener Techniken eine sehr große Zeitskala überdecken und von Picosekunden (und weniger) bis in den Minutenbereich eingesetzt werden können. Relaxationsverfahren gehen von Systemen aus, die sich im Gleichgewicht oder in einem stationären Zustand befinden. Dieser Zustand wird durch eine sprunghafte oder eine periodische Veränderung einer physikalischen Größe gestört und die resultierende „Antwort" des Systems verfolgt. Besondere Bedeutung haben hierbei die „Sprungverfahren" gewonnen, deren Prinzip wir uns am Beispiel der Reaktion

$$A + B \; \underset{k_{-1}}{\overset{k_1}{\rightleftharpoons}} \; AB$$

veranschaulichen wollen. Im Gleichgewicht gilt für diese Reaktion nach Gl. (10.17):

$$\frac{\overline{c}_{AB}}{\overline{c}_A \overline{c}_B} = \frac{k_1}{k_{-1}} = K(T, P) \,. \tag{10.118}$$

Die Gleichgewichtskonstante K ist dabei sowohl eine Funktion der Temperatur T als auch des Druckes P. Wenn man also – wie in Abb. 10.25 skizziert – die Temperatur sprunghaft von T auf $T + \Delta T$ (oder den Druck von P auf $P + \Delta P$) erhöht, so wird das System versuchen, ein neues Gleichgewicht zu erreichen, das der Temperatur $T + \Delta T$ (oder dem Druck $P + \Delta P$) entspricht. Die Konzentrationen der Reaktionspartner *relaxieren* somit von einem Ausgangszustand in einen Endzustand, wie am Beispiel der Konzentration c_A gezeigt ist. Der zeitliche Verlauf dieser Relaxation wird naturgemäß von der Größe der Geschwindigkeitskonstanten k_1 und k_{-1}, abhängen. Die Zeitabhängigkeit der Konzentration lässt sich in der Regel durch eine oder mehrere charakteristische Zeiten beschreiben (s. unten). Diese sog. *Relaxationszeiten* enthalten dann Informationen über die Geschwindigkeitskonstanten.

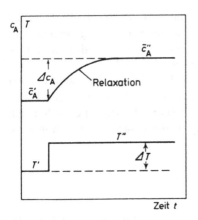

Abb. 10.25. Zum Prinzip der Temperatursprung-Methode

Die sprunghafte Aufheizung des Reaktionsgefäßes wird häufig durch eine Kondensatorentladung erzielt (Abb. 10.26). Ein Hochspannungskondensator C wird von einem Generator bis zur Zündspannung einer Funkenstrecke F aufgeladen. Letztere liegt in Serie mit dem Reaktionsgefäß. Nach ihrer Zündung erfolgt im Reaktionsgefäß die Umwandlung der im Kondensator gespeicherten elektrischen Energie in Wärme. Zur schnellen Entladung des Kondensators muss die Reaktionslösung gut leitend sein (Elektrolyt). Man erreicht relativ bequem eine Aufheizzeit von 1 μs (im Grenzfall etwa 50 ns) und erzielt dabei Temperaturänderungen ΔT von 5-10 °C. Die zeitliche Änderung der Konzentration der Reaktionsteilnehmer nach dem Aufheizen wird mit den erwähnten optischen und elektrischen Methoden verfolgt (s. 10.5.1).

Andere Temperatursprungtechniken verwenden die Absorption eines starken Mikrowellenimpulses oder eines intensiven Lichtblitzes (Laser) zur Temperaturerhöhung. Die erhöhte Temperatur bleibt zumeist über einen Zeitbereich von einigen Sekunden bestehen, da sich der Temperaturausgleich mit den Gefäßwänden sehr langsam vollzieht.

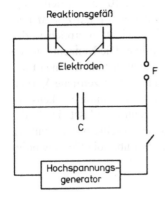

Abb. 10.26. Zur Technik einer Kondensator-Temperatursprung-Anlage

Analyse des Zeitverhaltens. Wir wollen nun im Folgenden das Relaxationsverhalten der obigen Reaktion berechnen. Der Einfachheit halber beschränken wir uns auf den Fall einer kleinen Störung. Dies bedeutet, dass die Amplitude ΔT des Temperatursprungs so klein sein soll, dass die Bedingung

$$|\Delta c_A| \ll c_A \tag{10.119}$$

erfüllt ist. Wir normieren die Zeit t so, dass an $t = 0$ der Temperatursprung erfolgt. Wir erzeugen somit eine sprunghafte Änderung der Geschwindigkeitskonstanten

$$\text{an } t = 0: \quad \begin{matrix} k_1' \to k_1'' \\ k_{-1}' \to k_{-1}''. \end{matrix} \tag{10.120}$$

Nach hinreichend langer Zeit nach dem T-Sprung herrscht Gleichgewicht, d.h.

$$\frac{\overline{c}_{AB}''}{\overline{c}_A'' \overline{c}_B''} = \frac{k_1''}{k_{-1}''} = K'' \quad . \tag{10.121}$$

Ein entsprechender Ausdruck gilt vor dem T-Sprung.

Den Zeitverlauf der Reaktion unmittelbar nach dem T-Sprung beschreibt die Differentialgleichung

$$\frac{dc_A}{dt} = -k_1'' c_A c_B + k_{-1}'' c_{AB} . \tag{10.122}$$

Die zeitlichen Variablen c_A, c_B und c_{AB} sind durch die Stöchiometrie der Reaktion verknüpft. Deshalb führen wir eine Umsatzvariable x ein, die diese Kopplung beschreibt, und definieren:

$$x = \overline{c}_A'' - c_A . \tag{10.123}$$

Dann gilt aufgrund der Stöchiometrie auch:

$$x = \overline{c}_B'' - c_B = c_{AB} - \overline{c}_{AB}'' . \tag{10.124}$$

Wegen der Annahme einer kleinen Störung (Gl. 10.119) erhalten wir eine einschränkende Bedingung für x:

$$|x| \leq |\overline{c}_A'' - \overline{c}_A'| \ll c_A . \tag{10.125}$$

Gl. (10.122) lautet unter Einführung der Umsatzvariablen x:

$$\frac{d(\overline{c}_A'' - x)}{dt} = -k_1'' (\overline{c}_A'' - x)(\overline{c}_B'' - x) + k_{-1}'' (\overline{c}_{AB}'' + x)$$

oder nach Umformung ($d\overline{c}_A''/dt = 0$, da $\overline{c}_A''$ konstant):

$$-\frac{dx}{dt} = \left[-k_1'' \overline{c}_A'' \overline{c}_B'' + k_{-1}'' \overline{c}_{AB}'' \right] - k_1'' x \left[-(\overline{c}_A'' + \overline{c}_B'') + x \right] + k_{-1}'' x .$$

Der linke Klammerausdruck verschwindet wegen Gl. (10.121), der rechte reduziert sich wegen der einschränkenden Bedingung einer kleinen Störung (Gl. 10.125) zu

$$-\left(\overline{c}_A'' + \overline{c}_B''\right) + x \approx -\left(\overline{c}_A'' + \overline{c}_B''\right).$$

Damit vereinfacht sich unsere kinetische Gleichung zu

$$-\frac{dx}{dt} = \frac{x}{\tau}, \tag{10.126}$$

mit

$$\frac{1}{\tau} = k_1''\left(\overline{c}_A'' + \overline{c}_B''\right) + k_{-1}''. \tag{10.127}$$

Wir lösen die Differentialgleichung (10.126) nach dem bereits mehrfach geübten Verfahren „Trennung der Variablen" unter der Anfangsbedingung

$$x(t = 0) = \overline{c}_A'' - \overline{c}_A' = \Delta c_A.$$

Das Resultat lautet $\ln x = \ln \Delta c_A - t/\tau$ oder nach Ersatz von x (Gl. 10.123) und Umformung:

$$c_A(t) = \overline{c}_A''\left(1 - \alpha e^{-t/\tau}\right), \tag{10.128}$$

$$\text{mit } \alpha = \frac{\overline{c}_A'' - \overline{c}_A'}{\overline{c}_A''}.$$

Dies entspricht der Form nach der in Abb. 10.25 dargestellten Kurve. τ ist der Dimension nach eine Zeit (**Relaxationszeit**) und nach Gl. (10.127) ausschließlich eine Funktion der Geschwindigkeitskonstanten k_1 und k_{-1} sowie der Konzentrationen c_A und c_B (wegen der Beschränkung auf kleine Störungen können im Rahmen der Messgenauigkeit die Indices weggelassen werden).

Die Messung von τ als Funktion von $(c_A + c_B)$ erlaubt somit die Bestimmung von k_1 und k_{-1}. Wie in Abb. 10.27 dargestellt, trägt man zweckmäßigerweise $1/\tau$ gegen die Summe $(c_A + c_B)$ auf. Falls die untersuchte Reaktion dann dem Mechanismus A + B $\rightleftharpoons$ AB entspricht, müssen die Messpunkte einer Geradengleichung entsprechen, aus deren Achsenabschnitt und Steigung man nach Gl. (10.127) k_1 und k_{-1} ermittelt.

Man kann zeigen, dass die mathematische Form der Konzentrationsrelaxation für alle Arten einstufiger chemischer Reaktionen identisch ist, falls man sich auf kleine Störungen des Gleichgewichts beschränkt. Gl. (10.128) ist dann stets zu-

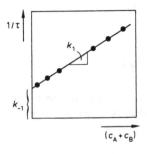

Abb. 10.27. Zum Test von Gl. (10.127)

Tabelle 10.4. Relaxationszeit τ für einige Typen einstufiger Reaktionen

$A \underset{k_{-1}}{\overset{k_1}{\rightleftharpoons}} B$	$1/\tau = k_1 + k_{-1}$
$A + B \underset{k_{-1}}{\overset{k_1}{\rightleftharpoons}} C$	$1/\tau = k_1(c_A + c_B) + k_{-1}$
$2A \underset{k_{-1}}{\overset{k_1}{\rightleftharpoons}} B$	$1/\tau = 4k_1 c_A + k_{-1}$
$A + B \underset{k_{-1}}{\overset{k_1}{\rightleftharpoons}} C + D$	$1/\tau = k_1(c_A + c_B) + k_{-1}(c_C + c_D)$
$A + B \underset{k_{-1}}{\overset{k_1}{\rightleftharpoons}} 2C$	$1/\tau = k_1(c_A + c_B) + 4k_{-1}c_C$

treffend. Die einzelnen Reaktionstypen unterscheiden sich jedoch auf charakteristische Weise in der Konzentrationsabhängigkeit der Relaxationszeit τ (vgl. Tabelle 10.4).

Bei mehrstufigen Reaktionen tritt an Stelle der einzelnen Exponentialfunktion in Gl. (10.128) eine Summe von Exponentialfunktionen (mit jeweils einer charakteristischen Relaxationszeit), wobei die Zahl der Summanden der Zahl der Reaktionsstufen entspricht.

> Das Studium der Form und der Konzentrationsabhängigkeit der Relaxation erlaubt somit neben der Bestimmung von Geschwindigkeitskonstanten vor allem auch Aussagen über die Richtigkeit eines angenommenen Reaktionsmechanismus.

Wegen der Druckabhängigkeit der Gleichgewichtskonstanten chemischer Reaktionen gelten die obigen Ausführungen sinngemäß auch für *Drucksprung-Relaxationsverfahren*. Ein weiteres Verfahren, die *Feldsprungmethode*, beruht auf der Abhängigkeit der Gleichgewichtskonstanten gewisser Reaktionen von der Gegenwart eines starken elektrischen Feldes. Es hat vor allem in der Membranforschung breite Anwendung gefunden. So hat in der Neurophysiologie die Entwicklung der *voltage-clamp*-Methode zur Unterscheidung von zwei ionenspezifischen Leitfähigkeitskanälen in erregbaren Membranen geführt (vgl. Abschn. 9.4).

Der mathematische Formalismus ist bei allen Sprungverfahren identisch. Für die Größe der jeweils auftretenden Effekte ist die durch Gl. (10.128) definierte *Relaxationsamplitude* α entscheidend. Sie hängt vom Ausmaß der Abhängigkeit der Gleichgewichtskonstanten K der Reaktion von der „störenden" physikalischen Größe ab. Die Beschreibung der Abhängigkeit $K(T)$ von der Temperatur T geht von der Van't Hoff'schen Gleichung aus (Gl. 5.28). Letztere lässt sich bei Annahme einer hinreichend kleinen Störung ΔT folgendermaßen schreiben (mit $dK/dT \approx \Delta K/\Delta T$)

$$\frac{\Delta K}{K} = \frac{\Delta_r H_0}{RT^2} \Delta T \ . \tag{10.129}$$

Danach ist die durch einen T-Sprung der Amplitude ΔT induzierte Änderung ΔK der Gleichgewichtskonstanten direkt mit der Reaktionswärme $\Delta_r H_0$ verknüpft.

Man kann zeigen, dass die im Experiment beobachtete Änderung Δc eines der Reaktanden direkt proportional zu ΔK und damit zu $\Delta_r H_0$ ist.

Zur Illustration der Bedeutung der Relaxationsverfahren wollen wir einige Anwendungsbeispiele näher betrachten.

1) Die Dissoziationsreaktion von Wasser. Sie zeigt besonders deutlich den doppelten Aspekt der Anwendung von kinetischen Methoden einerseits für die Messung der Geschwindigkeit von Reaktionsabläufen und andererseits für die Aufklärung des Reaktionsmechanismus.

Vor der Entwicklung von Relaxationsmethoden galt die Rekombination von Protonen und Hydroxidionen zu Wasser als unmessbar schnell. Sie lässt sich formal beschreiben als

$$H^+ + OH^- \underset{k_D}{\overset{k_R}{\rightleftharpoons}} H_2O.$$

Die Gleichgewichtskonstante dieser Reaktion kennt man aus pH-Messungen (s. 5.3.3). Man findet bei 25 °C:

$$K = \frac{c_{H_2O}}{c_{H^+} c_{OH^-}} = \frac{k_R}{k_D} = 5{,}6 \cdot 10^{15} \text{ l/mol}.$$

Relaxationsuntersuchungen ergaben ein zeitliches Verhalten nach Gl. (10.128) sowie eine Konzentrationsabhängigkeit von τ gemäß Gl. (10.127). Bei der Konzentration $c_{H^+} = c_{OH^-} = 10^{-7}$ M (d.h. pH 7) fand man eine Relaxationszeit $\tau = 35$ μs. Sowohl τ als auch die Gleichgewichtskonstante K sind Funktionen der beiden Geschwindigkeitskonstanten k_R und k_D und erlauben daher ihre Bestimmung. Man errechnet aus den angegebenen Werten

$$k_R = 1{,}4 \cdot 10^{11} \text{ l/mol s} \quad \text{und} \quad k_D = 2{,}5 \cdot 10^{-5} \text{ s}^{-1}.$$

Der Wert für die Assoziationsgeschwindigkeitskonstante k_R ist außerordentlich hoch, sodass die Vermutung nahe liegt, dass es sich um einen diffusionskontrollierten Prozess handelt. Die Geschwindigkeitskonstante für eine diffusionskontrollierte Ionenreaktion lässt sich nach Gl. (10.111) berechnen, falls die Summe der Ionenradien r_{AB} und die Summe der Diffusionskoeffizienten $\left(D_{H^+} + D_{OH^-}\right)$ bekannt ist. Letztere kennt man aus Messungen der elektrischen Beweglichkeit von H^+ und OH^- $\left(D_{H^+} + D_{OH^-} = 1{,}45 \cdot 10^{-4} \text{ cm}^2/\text{s}\right)$. Umgekehrt lässt sich aus Gl. (10.111) r_{AB} berechnen, falls man annimmt, dass $k_R = k_{diff}^I$.

Man findet einen Wert von 0,8 nm, der die Summe der Ionenradien von H^+ und OH^- erheblich übertrifft. Man muss daher annehmen, dass freie H^+- und OH^--Ionen in dieser Form nicht existieren. Ein Reaktionsabstand von 0,8 nm ist hingegen im Einklang mit der Annahme von höhermolekularen Komplexen $H_9O_4^+$ und $H_7O_4^-$. Diese Komplexe entstehen bei Assoziation von 4 Wassermolekülen mit einem „Überschussproton" und einem „Defektproton" (fehlendes Proton) und sind im Einklang mit gängigen Vorstellungen über die Wasserstruktur. Danach kann jedes Wassermolekül mit maximal 4 Nachbarn stabile Wasserstoffbrückenbindungen eingehen (s. auch Abb. 9.7). Protonen besitzen innerhalb derartiger Komplexe eine extrem hohe Beweglichkeit. Eine detaillierte Betrachtung der Neutralisationsreaktionen von Wasser zeigt[*], dass die diffusionskontrollierte Begegnung der genannten Komplexe zunächst zu einer losen Assoziation führt, worauf schließlich durch eine schnelle Protonenübertragung die eigentliche Neutralisation erfolgt:

$$H_9O_4^+ + H_7O_4^- \underset{k_{21}}{\overset{k_{12}}{\rightleftharpoons}} \left(H_9O_4^+ \text{-} H_7O_4^-\right) \underset{k_{32}}{\overset{k_{23}}{\rightleftharpoons}} 2H_8O_4 .$$

k_{12} ist unter den gegebenen Umständen annähernd mit k_R gleichzusetzen. Die die Protonenübertragung beschreibende Geschwindigkeitskonstante k_{23} sollte im Wasser ähnlich hoch sein wie im Eis, wo sie zu $k_{23} = 8 \cdot 10^{12}$ s^{-1} bestimmt wurde (Tabelle 10.3). Die „eigentliche" Reaktion erfolgt wesentlich schneller als die Assoziation der Komplexe, eine Voraussetzung für einen diffusionskontrollierten Prozess.

2) Kinetische Analyse eines einfachen Ionenkanals. Die passive Permeabilität biologischer Membranen für Ionen wird in erheblichem Ausmaß durch die Gegenwart spezieller porenartiger Kanäle bestimmt. Die funktionsabhängige Steuerung der Ionenpermeabilität (etwa beim Vorgang der Nervenerregung, s. Abschn. 9.4) obliegt häufig dem in der Membran herrschenden elektrischen Feld. Zur Darstellung des Steuerungsprinzips betrachten wir den in Abb. 10.28 skizzierten einfachen Ionenkanal. Der Kanal kann in den zwei Zuständen O (für Ionen offen) und G (für Ionen geschlossen) vorliegen. Das relative Verhältnis N_O/N_G der Teilchendichten (Teilchen/Membranfläche) N_O und N_G ist spannungsabhängig. In Abwesenheit einer Spannung liegt der Kanal vorwiegend im Zustand G vor (d.h. $N_G' > N_O'$). Das Anlegen einer Spannung mit negativer Polarität gegenüber dem positiv geladenen Kanalende verschiebt das Gleichgewicht in Richtung N_O, d.h. $N_O' / N_G' < N_O'' / N_G''$).
Die Beschreibung der Zeitabhängigkeit $N_O(t)$ nach einem Feldsprungexperiment (synonyme Ausdrücke: Spannungssprung, *voltage clamp*) erfolgt vollkommen analog zu Reaktion Nr. 1 in Tabelle 10.4. Wie man einfach zeigt (s. Übungsaufgabe

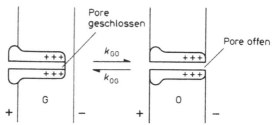

Abb. 10.28. Möglichkeit der Steuerung eines Ionenkanals durch das elektrische Feld. Die vollständige Überbrückung der Membran durch den Kanal wird durch die elektrostatische Wechselwirkung zwischen Feld und Festladungen des Kanals begünstigt. (Die in der Natur tatsächlich vorliegenden Steuerungsmechanismen werden gegenwärtig intensiv studiert)

---

[*] S. z. B. Artikel von Eigen M, De Maeyer L (1968) in: Hartmann H (Hrsg) Chemische Elementarprozesse. Springer, Berlin Heidelberg New York.

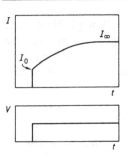

Abb. 10.29. Relaxation der elektrischen Stromdichte $I(t)$ in Gegenwart von spannungsabhängigen Ionenkanälen (s. Abb. 10.28) nach einem Spannungssprung

10.13), ist Gl. (10.128) in diesem Falle nicht auf kleine Störungen beschränkt, sondern stellt die allgemeine Lösung des Problems dar. Anstelle $N_O(t)$ betrachtet man im Experiment die Relaxation der zu N_O proportionalen elektrischen Stromdichte $I(t)$. Es gilt:

$$I(t) = \Lambda \, V \, N_O(t). \tag{10.130}$$

Hierbei stellt Λ die Leitfähigkeit eines einzelnen Ionenkanals dar. Unter Verwendung der Gl. (10.128) und (10.130) sowie Tabelle 10.4 folgt daher:

$$I(t) = I_\infty (1 - \alpha \, e^{-t/\tau}), \tag{10.131}$$

$$\text{mit } \frac{1}{\tau} = k_{GO} + k_{OG} \text{ sowie} \tag{10.132}$$

$$\alpha = (I_\infty - I_0)/I_\infty. \tag{10.133}$$

Die Gln. (10.131) bis (10.133) beschreiben den in Abb. 10.29 dargestellten Zeitverlauf des spannungsinduzierten Öffnens der Ionenkanäle. Hierbei kommt die Spannungsabhängigkeit in den Geschwindigkeitskonstanten k_{GO} und k_{OG} zum Ausdruck, d.h. k_{GO} nimmt mit der Spannung zu, k_{OG} hingegen ab.

Zur Ermittlung der Einzelwerte der Geschwindigkeitskonstanten k_{GO} und k_{OG} sind Relaxationsexperimente in diesem Falle nicht ausreichend, da die Relaxationszeit τ (unabhängig von der Teilchenkonzentration) von der Summe beider Konstanten abhängt. Man kann hierzu wie folgt vorgehen:

Aufgrund der in Abb. 10.28 skizzierten Übergänge zwischen den beiden Kanalzuständen G und O besitzt ein Ionenkanal nur eine endliche Lebensdauer in jedem der beiden Zustände. Betrachtet man daher im Rahmen eines *Einzelkanalexperiments* (s. Darstellung der *patch-clamp*-Methode in Abschn. 9.5) den durch einen einzelnen Kanal fließenden Strom (bei konstanter Spannung V), so beobachtet man das in Abb. 9.68 dargestellte Fluktuationsverhalten. Es erlaubt die Bestimmung der mittleren Lebenszeit τ_O im offenen Kanalzustand. Diese ist nach Gl. (10.24) umgekehrt proportional zur Geschwindigkeitskonstante k_{OG}. Die Kenntnis von k_{OG} erlaubt dann die Bestimmung von k_{GO} mit Hilfe eines Relaxationsexperiments durch Anwendung von Gl. (10.132). Hierbei wird das Relaxationsexperiment gewöhnlich in Gegenwart vieler Ionenkanäle durchgeführt (*Vielkanalexperiment*).

Die Kombination von Einzelkanal-Fluktuationsexperimenten und Vielka-
nal-Relaxationsexperimenten erlaubt somit eine vollständige kinetische
Analyse des in Abb. 10.28 dargestellten, einfachen Kanalmodells.

3) Hydrophobe Ionen in künstlichen Lipidmembranen. Reine Lipidmembranen
weisen in Abwesenheit spezieller Transportproteine einen sehr niedrigen Permeabilitätskoeffizienten für einfache anorganische Ionen wie K^+, Na^+ oder Cl^- auf.
Dies liegt in ihrem äußerst kleinen Verteilungskoeffizienten zwischen Membran
und Wasser begründet (s. 9.3.2). Die hohe elektrostatische Energie, die für die
Überführung einer Ladung aus dem Wasser in die Membran aufgebracht werden
muss, kann durch hinreichend viele hydrophobe Gruppen weitgehend kompensiert
werden. Dies ist z.B. bei den hydrophoben Anionen Dipicrylaminat oder Tetraphenylborat der Fall, bei denen die Ladung ähnlich wie beim K^+-Komplex des Ionencarriers Valinomycin (s. Abb. 9.28 und 9.29) durch hydrophobe Gruppen abgeschirmt wird. Eine genauere Betrachtung der energetischen Verhältnisse zeigt,
dass sich hydrophobe Ionen vorzugsweise an der Membran/Wasser-Grenzfläche
aufhalten. Dies ist eine Folge des in Abb. 10.30a dargestellten Energieprofils in
der Membran, das ein ausgeprägtes Maximum im Membraninneren aufweist.

Die Beschreibung der Ionenbewegung über das Membraninnere kann daher
analog einer monomolekularen chemischen Reaktion erfolgen, bei der Ausgangs-
und Endprodukt durch die Energiebarriere der Aktivierungsenergie getrennt sind
(s. Abb. 10.11). An die Stelle von Volumenkonzentrationen (Teilchen/Volumen)
treten jetzt Grenzflächenkonzentrationen (Teilchen/Fläche). Die Geschwindigkeitskonstante k_i beschreibt die Häufigkeit, mit der ein einzelnes Ion pro Zeiteinheit die Barriere überquert. Der unidirektionale Fluss Φ über die Barriere entspricht der Rate einer unidirektionalen chemischen Reaktion und ist somit durch
das Produkt $N\,k_i$ gegeben.

In Gegenwart eines elektrischen Feldes V_m/d (V_m = Membranspannung, d =
Membrandicke) erfährt ein Ion mit der Ladung ze_0 beim Durchqueren der Memb-

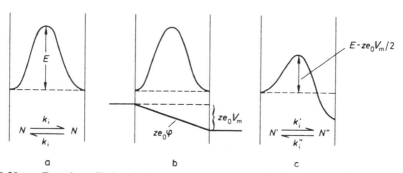

Abb. 10.30 a-c. Energieprofil eines hydrophoben Ions in einer Lipidmembran. **a** Symmetrische Barriere in Abwesenheit eines elektrischen Feldes; **b** und **c** Entstehung einer unsymmetrischen Barriere in Gegenwart eines elektrischen Feldes (φ = elektrisches Potential, V_m
= Membranspannung)

ran insgesamt die elektrostatische Energie ze_0V_m (oder $ze_0L\ V_m = zFV_m$ pro Mol Ionen). Die Überlagerung der ursprünglichen Energiebarriere mit der linear abfallenden elektrostatischen Energie $ze_0\varphi$ (φ = elektrisches Potential) (Abb. 10.30b) führt zu einer unsymmetrischen Energiebarriere (Abb. 10.30c). Die Höhe der zu überquerenden Barriere ist für Ionen der linken Grenzfläche um den Betrag $ze_0V_m/2$ erniedrigt, für Ionen der rechten Grenzfläche um denselben Betrag erhöht.

Durch Anwendung der Arrhenius-Gleichung (10.63) kann man Barrierenhöhe und Geschwindigkeitskonstante miteinander korrelieren:

$$k_i = A\,e^{-E/k_BT} \tag{10.134}$$

$$k_i' = A\,e^{-(E-ze_0V_m/2)/k_BT} = k_i\,e^{zu/2} \tag{10.135}$$

$$k_i'' = A\,e^{-(E+ze_0V_m/2)/k_BT} = k_i\,e^{-zu/2}, \tag{10.136}$$

mit $u = e_0V_m/k_BT$ reduzierte elektrische Potentialdifferenz.

Hierbei ist zu beachten, dass die Höhe der Energiebarriere in den Gln. (10.134) bis (10.136) auf das einzelne Ion bezogen ist. Deshalb erscheint im Nenner der Exponenten anstelle der Gaskonstante R die Boltzmann-Konstante k_B ($R = Lk_B$, L = Avogadro-Konstante).

Das gesamte in Abb. 10.30(a) skizzierte Modell enthält als freie Parameter nur die Grenzflächenkonzentration N sowie die Geschwindigkeitskonstante k_i des Transports über das Membraninnere. Die beiden Größen können mit Hilfe des Spannungssprung-Relaxationsverfahrens (analog Abb. 10.29) wie folgt bestimmt werden:

Zum Zeitpunkt $t = 0$ wird die symmetrische Barriere (Abb. 10.30a) durch Anlegen der Spannung V_m schlagartig in eine unsymmetrische verwandelt (Abb. 10.30c). Dies ist gleichbedeutend mit einer spontanen Änderung der in beiden Transportrichtungen identischen Geschwindigkeitskonstanten k_i (nach Gl. 10.134) in die verschiedenartigen Geschwindigkeitskonstanten k_i' und k_i'' (Gln. 10.135 u. 10.136).

Die weitere Behandlung des Problems erfolgt analog jenem, das zu Gl. (10.128) oder (Bezug nehmend auf die oben diskutierte Analyse eines Ionenkanals) zu den Gln. (10.131) bis (10.133) führte. Der Leser wird ermutigt, die Lösung selbst zu erarbeiten. Lösungshinweise werden unten sowie im Rahmen der Übungsaufgabe 10.14 gegeben.

Man bestimmt zunächst den Zeitverlauf $N'(t)$ sowie $N''(t)$, der – ausgehend von der Gleichgewichtskonzentration N – zu den neuen zeitunabhängigen Konzentrationen $\bar{N}'$ und $\bar{N}''$ führt. Sodann beachtet man, dass sich die elektrische Stromdichte I durch die Differenz der unidirektionalen Flüsse wie folgt ausdrücken lässt:

$$I(t) = ze_0\,[\,N'(t)k_i' - N''(t)k_i''\,]. \tag{10.137}$$

Die Lösung lautet

$$I(t) = I_0\,e^{-t/\tau}, \tag{10.138}$$

$$\text{mit } \frac{1}{\tau} = k_i' + k_i'' \text{ und } I_0 = I(t=0) = z e_0 N (k_i' - k_i'').$$ (10.139)

Bei hinreichend kleinen Spannungen V_m findet man unter Verwendung der Gln. (10.135) und (10.136) sowie der Approximation $e^x \approx 1 + x$

$$1/\tau = 2k_i$$ (10.140)

sowie

$$I_0 = \frac{z^2 e_0^2}{k_B T} k_i N V_m.$$ (10.141)

Abbildung 10.31 illustriert ein experimentelles Resultat. Der Relaxationsstrom $I(t)$ klingt gemäß Gl. (10.138) exponentiell ab. Aus Relaxationszeit τ und Anfangsstrom I_0 können die beiden Modellparameter k_i und N berechnet werden [Gln. (10.140) und (10.141)]. Der Vorgang spiegelt die Umverteilung von Ionen über die zentrale Membranbarriere wider, die durch die spannungsinduzierte Formveränderung der Barriere bewirkt wird.[*] Sie führt zu einem vorübergehenden (transienten) Strom über die Membran.

Ähnliche transiente Ströme wurden beim Einschalten von Ionenkanälen in erregbaren Membranen beobachtet (s. Abb. 9.63). Wie aus den Abb. 9.62 und 10.28 hervorgeht, kann das Öffnen von Poren mit der Bewegung von Festladungen im Innern der Membran verknüpft sein. Der Übergang G → 0 und umgekehrt stellt dann einen kurzzeitigen Strom über die Membran dar. Die Analyse dieser „Kanal-

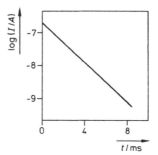

Abb. 10.31. Struktur zweier untersuchter hydrophober Anionen sowie ein experimentelles Resultat (Spannungssprung) für Dipicrylaminat in Lecithin-Membranen ($k_i = 350$ s^{-1}, $N = 1{,}2\cdot10^{11}$/cm^2. [Nach Ketterer B, Neumcke B, Läuger P (1971) J Membrane Biol 5:225-245]

Tetraphenylborat   Dipicrylaminat

---

[*]Bezüglich einer genaueren Darstellung der Problematik, die auch den Austausch mit den wässrigen Phasen einschließt, siehe Stark G (1984) in: Biomembranes. Dynamics and Biology. Burton RM, Guerra FC (eds), Plenum, New York London.

Steuerströme" (engl. *gating currents*, d.h. Torströme) liefert wichtige Hinweise, die Steuerung von Ionenkanälen durch die Membranspannung zu erklären.

Weitere für den Biologen bedeutsame Anwendungen von Relaxationsverfahren betreffen Photosynthese und Lichtsinneserregung. Hier kann die Störung des Systems durch einen ultrakurzen Laserpulses erfolgen, der von den beteiligten Pigmenten absorbiert wird. Auf diese Weise war es möglich, die Geschwindigkeit der Primärprozesse der Photosynthese und von bakteriellen Reaktionszentren zu verfolgen, die sich im Picosekunden- und Femtosekunden-Bereich abspielen (s. z.B. Lutz et al. 2001).

10.6 Mehrstufiger Reaktionen: Der quasi-stationäre Zustand

Anhand vieler Beispiele der vorhergehenden Abschnitte wurde deutlich, dass selbst einfach erscheinende Reaktionen bei genauerer Betrachtungsweise aus mehreren Schritten aufgebaut sind, die sich unter Umständen kinetisch unterscheiden lassen. Wir wollen im Folgenden mehrstufige Reaktionen betrachten, bei denen diese Eigenschaft noch deutlicher zutage tritt. Bei Enzymreaktionen erscheint ein komplexeres Reaktionsverhalten unmittelbar verständlich (s. Abschn. 10.7). Man fand es jedoch auch bereits bei scheinbar einfachen bimolekularen Reaktionen. Die Bildung von Bromwasserstoff, die man formal durch die Gleichung

$$Br_2 + H_2 \rightarrow 2\,HBr$$

beschreiben kann, ist ein solches Beispiel. Man fand, dass die Reaktionsgeschwindigkeit der folgenden relativ komplexen Differentialgleichung genügt (Bodenstein u. Lind 1907):

$$\frac{dc_{HBr}}{dt} = \frac{k\,c_{H_2}\,c_{Br_2}^{1/2}}{1 + k'c_{HBr}\,c_{Br_2}^{-1}} \cdot \qquad (10.142)$$

Sie wurde 13 Jahre später durch einen Radikalkettenmechanismus gedeutet:

Kettenauslösung: $Br_2 \rightarrow 2\,Br$

Folgereaktionen: $Br + H_2 \rightarrow HBr + H$

$H + Br_2 \rightarrow HBr + Br$

$H + HBr \rightarrow H_2 + Br$

Kettenabbruch: $2\,Br \rightarrow Br_2\,.$

Charakteristisch für mehrstufige Reaktionen ist das Auftreten von Reaktionszwischenprodukten (beim obigen Beispiel die Radikale Br und H), die häufig nur in außerordentlich geringer Konzentration vorliegen. Der direkte Nachweis derartiger Zwischenprodukte (etwa durch spektroskopische Methoden) ist daher meist schwierig. Er liefert eine starke Stütze für einen angenommenen Reaktionsmechanismus. Eine indirekte Evidenz für die Gültigkeit eines Mechanismus (auch in Abwesenheit eines direkten Nachweises der Zwischenprodukte) beruht auf der Beschreibung der Zeitabhängigkeit des Reaktionsablaufes.

Die mathematische Analyse der Kinetik mehrstufiger Reaktionen ist i. Allg. sehr komplex. Sie wird jedoch erheblich vereinfacht, falls ein sog. *quasistationärer Bereich* der Konzentration des (oder der) Zwischenprodukte(s) vorliegt. Das Verfahren soll an einem einfachen Beispiel illustriert werden. Wir betrachten den folgenden zweistufigen Mechanismus:

$$1) \; A + B \; \underset{k_{-1}}{\overset{k_1}{\rightleftharpoons}} \; Z$$

$$2) \; Z \; \xrightarrow{k_2} \; C.$$

Die Gesamtreaktion lautet somit A + B → C. Wir nehmen an, dass sich das Zwischenprodukt Z durch eine besondere Absorptionsbande auszeichnet, sodass wir seine Konzentration c_Z bequem optisch verfolgen können. Wir starten die Reaktion zum Zeitpunkt $t = 0$ durch Mischung von A und B und messen die Zeitabhängigkeit der Reaktionsteilnehmer. Die Konzentration c_Z wird zunächst durch Bildung von Z aus A und B zunehmen. Gleichzeitig nimmt c_A und c_B ab. Diese Abnahme führt zu einer reduzierten Bildung von Z, sodass der Zerfall von Z in A und B sowie in C schließlich überwiegt. Deshalb wird auch c_Z nach Durchlaufen eines Maximums wieder abnehmen und bei langen Zeiten sogar dem Wert null zustreben, da wir die Rückreaktion vernachlässigt haben.

Die mathematische Behandlung des allgemeinen Problems besteht in der Lösung von 4 gekoppelten Differentialgleichungen für die Konzentrationen der 4 Reaktanden A, B, Z und C:

$$\frac{dc_A}{dt} = -k_1 c_A c_B + k_{-1} c_Z \tag{10.143}$$

$$\frac{dc_B}{dt} = \frac{dc_A}{dt} \tag{10.144}$$

$$\frac{dc_Z}{dt} = k_1 c_A c_B - c_Z \left(k_{-1} + k_2 \right) \tag{10.145}$$

$$\frac{dc_C}{dt} = k_2 c_Z. \tag{10.146}$$

Die Gln. (10.143) bis (10.146) sind unter der Anfangsbedingung

$$c_A^0 \neq 0, \quad c_B^0 \neq 0, \quad c_C^0 = c_Z^0 = 0 \tag{10.147}$$

zu lösen. 2 der 4 Differentialgleichungen können durch stöchiometrische Beziehungen ersetzt werden. Es gilt:

$$c_A^0 - c_A = c_B^0 - c_B \qquad (10.148)$$

sowie unter Beachtung von Gl. (10.147)

$$c_A^0 - c_A = c_Z + c_C. \qquad (10.149)$$

Die beiden Gleichungen erlauben die Konzentrationen c_B und c_C durch jene der Reaktanden A und Z auszudrücken. Das Problem ist somit auf die Lösung der beiden gekoppelten Differentialgleichungen (10.143) und (10.145) reduziert.

Eine erhebliche Vereinfachung der Problematik tritt dann ein, wenn die Konzentration des Zwischenprodukts wesentlich kleiner ist als jene der übrigen Reaktionsteilnehmer. Dies gilt im betrachteten Fall z.B. dann, wenn eine der beiden Geschwindigkeitskonstanten k_{-1}, oder k_2 (oder beide) hinreichend groß ist. Im Grenzfall hinreichend kleiner Konzentration c_Z gilt über einen weiten Zeitbereich auch $dc_Z/dt \approx 0$. Dies folgt unmittelbar aus dem Zusammenhang

$$c_Z(t) = \int_0^t \left(\frac{dc_Z}{dt} \right) dt \qquad (10.150)$$

(unter Beachtung von $c_Z(t = 0) = 0$). Danach kann dc_Z/dt nur über einen sehr kurzen Zeitraum zu Beginn des Reaktionsablaufes von null wesentlich verschiedene Werte annehmen. Andernfalls würde die Integration zu größeren Werten von c_Z führen. Dies würde jedoch eine Verletzung unserer Eingangsvoraussetzung darstellen.

Die Verwendung der Näherung $dc_Z/dt = 0$ bedeutet somit, dass die Konzentration c_Z „quasi-stationär" auf einem vergleichsweise niedrigen Niveau gehalten wird. Aus Gl. (10.145) folgt ihr Wert zu

$$c_Z = \frac{k_1}{k_{-1} + k_2} c_A c_B. \qquad (10.151)$$

Der Begriff „quasi-stationär" besagt, dass die Konzentration c_Z zwar nicht streng konstant bleibt (c_A und c_B in Gl. 10.151 sind zeitabhängig), dass die im Verlaufe des Experiments auftretende Variation von c_Z jedoch sehr viel kleiner ist als jene von c_A, c_B oder von c_C. *Quasi-stationär* bedeutet somit „*vergleichsweise wenig zeitabhängig*".

Unter Verwendung der Näherung (10.151) folgt aus Gl. (10.143):

$$\frac{dc_A}{dt} = -k^* c_A c_B \text{, mit } k^* = \frac{k_1 k_2}{(k_{-1} + k_2)}. \qquad (10.152)$$

Die Annahme hinreichend kleiner Konzentration des Zwischenproduktes Z reduziert das Gesamtproblem somit auf die Integration der einzelnen Differentialgleichung (10.152), d.h. auf die mathematische Problematik einstufiger Reaktionen. Bei Annahme eines quasi-stationären Bereichs verhält sich die zweistufige Reaktion *quasi-bimolekular*. Die Lösung ist dann durch Gl. (10.42), bei gleichen

Ausgangskonzentrationen c_A und c_B durch Gl. (10.43) gegeben, wobei k jeweils durch k^* zu ersetzen ist. Der Zeitverlauf $c_B(t)$ folgt bei Kenntnis von $c_A(t)$ aus Gl. (10.148), jener von $c_Z(t)$ aus Gl. (10.151).

Wir müssen hierbei jedoch beachten, dass die derart ermittelte Lösung $c_Z(t)$ den Einstellvorgang des quasi-stationären Zustandes nicht beinhaltet, da zu Reaktionsbeginn die Bedingung $dc_Z/dt \approx 0$ verletzt sein kann (s. oben). Der Zeitverlauf des Einstellvorganges kann aus Gl. (10.145) näherungsweise berechnet werden. Für hinreichend kurze Zeit t gilt $c_A \approx c_A^0$ sowie $c_B \approx c_B^0$. Unter Beachtung dieser Bedingung sowie $c_Z(t = 0) = 0$, ergibt die Integration:

$$c_Z = \frac{k_1 c_A^0 c_B^0}{k_{-1} + k_2}\left[1 - e^{-(k_{-1}+k_2)t}\right]. \qquad (10.153)$$

Für $t \gg 1/(k_{-1} + k_2)$ erreicht c_Z den durch Gl. (10.151) gegebenen quasi-stationären Bereich.

Wir haben somit für den Spezialfall kleiner Konzentrationen des Zwischenproduktes Z Näherungslösungen für den gesamten Zeitbereich erarbeitet.

Abbildung 10.32 illustriert ein Zahlenbeispiel. Die Reaktion läuft weitgehend im Zeitbereich $0 \le t \le 1$ min ab. Die Einstellung des quasi-stationären Bereichs erfolgt in weniger als 10^{-3} s. Quasi-stationäres Verhalten von c_Z im Zeitbereich 10^{-3} s $\le t \le \infty$ bedeutet in diesem Falle eine relativ kleine Änderung $\Delta c_Z = 10^{-6}$ M im Vergleich zu einer Änderung $\Delta c_A = -\Delta c_C = 10^{-2}$ M von Ausgangs- und Endprodukt. Während des Einstellvorganges sind die absoluten Änderungen Δc_Z und Δc_A hingegen vergleichbar groß, für die relativen Änderungen gilt sogar

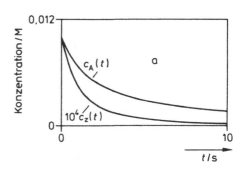

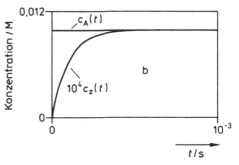

Abb. 10.32 a, b. Zum quasi-stationären Bereich des Zwischenproduktes Z. Den Kurven liegen die folgenden Zahlen zugrunde: $c_A^0 = c_B^0 = 10^{-2}$ M, $k_1 = 10^2$ M^{-1}s^{-1}, $k_{-1} = k_2 = 5 \cdot 10^3$ s^{-1}. Der schnelle Anstieg von c_Z in Diagramm **b** ist im Rahmen des großen Zeitbereiches in Diagramm **a** nicht sichtbar

$\Delta c_Z/c_Z$ (1 ms) = 1 $\gg$ $\Delta c_A/c_A$ (1 ms) $\approx 10^{-4}$. Daher kann Δc_A gegenüber c_A vernachlässigt werden.

In der Praxis beschränkt man sich häufig auf die Angabe von Lösungen im quasi-stationären Bereich. Die Messung des Einstellvorganges ist vor allem dann wichtig, wenn die Geschwindigkeitskonstanten der einzelnen Reaktionsschritte bestimmt werden sollen.

Im Falle der Bromwasserstoffbildung führt der quasi-stationäre Ansatz (für beide Zwischenprodukte H und Br) zu Gl. (10.142). Wir werden diese Methode mit Vorteil im Rahmen der Enzymkinetik anwenden.

10.7 Enzymkinetik

10.7.1 Einführung

Enzyme sind Biokatalysatoren. Ihre Bedeutung besteht in der Erhöhung der Reaktionsgeschwindigkeit biochemischer Reaktionen. Dies geschieht bei einem gegebenen Enzym zumeist mit außerordentlich hoher Spezifität bezüglich der Art der Reaktion.

Das Studium der Temperaturabhängigkeit chemischer Reaktionen hat gezeigt, dass die Reaktionsgeschwindigkeit wesentlich von der Aktivierungsenergie E_a abhängt. Es ist daher zu erwarten, dass die Aktivierungsenergie einer enzymkatalysierten Reaktion reduziert ist. Dies wird durch das Experiment bestätigt. So verläuft z.B. die hydrolytische Spaltung von Saccharose in Fructose und Glucose, die wir bereits in Abschn. 10.1.4 behandelt haben, bei kleinen Protonenkonzentrationen (etwa bei pH 6-8) extrem langsam. Unter der Katalysatorwirkung von H^+-Ionen (etwa bei pH 1) findet man eine Aktivierungsenergie von 109 kJ/mol. Bei Gegenwart des Enzyms Invertase reduziert sie sich zu E_a = 48 kJ/mol. Die Interpretation der Bedeutung von E_a ist in diesem Zusammenhang jedoch recht schwierig. Denn die Erniedrigung von E_a in Gegenwart eines Katalysators erfolgt durch eine Veränderung des Reaktionsmechanismus. Letzterer kann außerordentlich komplex sein. Daher kann man E_a i. Allg. nicht mehr einem einzelnen Reaktionsschritt zuordnen, wie dies in Abschn. 10.1.5 geschehen ist.

Im Gegensatz zur Aktivierungsenergie bleibt jedoch die freie Reaktionsenthalpie ΔG und somit auch die Gleichgewichtskonstante K der Reaktion durch die Katalysatorwirkung unbeeinflusst. Da sich K stets durch die Geschwindigkeitskonstanten der Hin- und Rückreaktion ausdrücken lässt, ist mit einer durch einen Katalysator verursachten Erhöhung der Geschwindigkeit der Hinreaktion zwangsläufig auch eine solche der Rückreaktion verbunden. Für die Reaktion A $\underset{k_{-1}}{\overset{k_1}{\rightleftharpoons}}$ B gilt nach Gl. (10.16) $K = k_1/k_{-1}$. k_1 und k_{-1} werden somit um denselben Faktor verändert. Die Verhältnisse sind in Abb. 10.33 illustriert.

Gemäß der Theorie des Übergangszustandes lässt sich jede Geschwindigkeitskonstante k durch das Produkt aus einer universellen Geschwindigkeitskonstanten

Abb. 10.33. Zur Wirkung eines Katalysators. Die Kurve in Gegenwart des Katalysators ist vereinfacht (vgl. Abb. 10.34). Die Erniedrigung der Energiebarriere ΔG^* führt zu einer Erhöhung der Reaktionsgeschwindigkeit, während die Energetik der Reaktion (bestimmt durch ΔG) unbeeinflusst bleibt

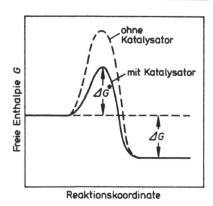

k^* (Gl. 10.102) und der Gleichgewichtskonstanten K^* des Übergangskomplexes darstellen (Gl. 10.101). Eine Vergrößerung von k muss demnach durch eine Erhöhung von K^* verursacht sein, d.h. nach Gl. (10.98) durch eine Verkleinerung von ΔG_0^*. Die Zuordnung von ΔG_0^* zu einem bestimmten Reaktionsschritt ist jedoch bei komplexeren Reaktionsmechanismen schwierig und nur dann möglich, wenn eindeutig ein geschwindigkeitsbestimmender Schritt existiert (s. auch Abb. 10.34).

Enzyme gehören zu den Proteinen. In der Regel ist jedoch nur ein kleiner Bereich dieser Makromoleküle katalytisch wirksam, der **aktives Zentrum** genannt wird. Charakteristische Besonderheiten dieses Zentrums führen häufig zu einer außerordentlich hohen **Substratspezifität**. Diese bedeutet, dass von zwei strukturell verwandten Molekülen eines mit sehr viel größerer Geschwindigkeit umgesetzt wird als das andere. So wird bei Spiegelbildisomeren manchmal nur ein Isomer umgesetzt. Die detaillierten molekularen Mechanismen der Enzymwirkung sind Gegenstand sehr intensiver Untersuchungen. Wir müssen uns hier auf einige allgemeine Aspekte beschränken. Die Existenz von aktiven Zentren mit einer hohen Substratspezifität legt nahe, eine intensive Wechselwirkung zwischen aktivem Zentrum und Substratmolekül zu vermuten. Die katalytische Wirkung der Enzyme wurde daher auch schon frühzeitig durch eine Bindung des Substrates an das aktive Zentrum gedeutet. Auf diese Weise lässt sich zumindest im Prinzip eine Erhöhung der Reaktionsbereitschaft durch eine Lockerung der Bindungen im umzusetzenden Molekül verstehen. Die Grundidee zum enzymatischen Wirkungsmechanismus lautet somit:

Enzym E + Substrat S → Komplex ES → Enzym E + Produkt P .

Die Existenz des Enzym-Substratkomplexes ES konnte mit Hilfe von *Stopped-flow*-Untersuchungen bestätigt werden (s. Abschn. 10.5.2). Verfeinerte Modelle betrachten zusätzliche Zwischenzustände. So erscheint es vernünftig anzunehmen, dass auch das Produkt P unmittelbar nach der Umsetzung von S zunächst an das Enzym gebunden ist. Ein diesbezüglich ergänztes Reaktionsschema, das auch die Rückreaktion einschließt, lautet:

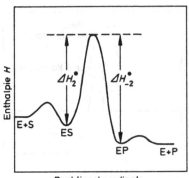

Abb. 10.34. Enthalpieprofil einer Enzym-
katalysierten Reaktion

$$E + S \underset{k_{-1}}{\overset{k_1}{\rightleftharpoons}} ES \underset{k_{-2}}{\overset{k_2}{\rightleftharpoons}} EP \underset{k_{-3}}{\overset{k_3}{\rightleftharpoons}} E + P.$$

Abbildung 10.34 zeigt ein mögliches Energieprofil für dieses Schema. Als Energiegröße wurde die Enthalpie H gewählt, deren Änderung ΔH^* zum Übergangszustand im Falle einer einstufigen Reaktion angenähert der experimentell ermittelten Aktivierungsenergie E_a entspricht (s. 10.4.2). Im Falle einer mehrstufigen Reaktion gilt dies (sofern vorhanden) für den geschwindigkeitsbestimmenden Schritt. In Abb. 10.34 ist es der Übergang $ES \rightleftharpoons EP$, der sich durch die mit Abstand größte Energiebarriere auszeichnet. Die Aktivierungsenergie der Hinreaktion entspricht dann angenähert ΔH_2^*, die der Rückreaktion ΔH_{-2}^*.

Das Enzym E wird bei der Produktbildung wieder frei, kann daher erneut das Reaktionssystem durchlaufen und pro Zeiteinheit viele Substratmoleküle umsetzen.

10.7.2 Enzymkinetik im quasi-stationären Bereich

Wir wollen uns im Folgenden auf das einfachst mögliche Reaktionsschema beschränken und die Bindung des Produktes P an das Enzym vernachlässigen. Dies ist gleichbedeutend mit der Annahme, dass der Zustand EP nur in verschwindend kleiner Konzentration vorliegt, d.h. dass die Höhe der Barriere zwischen EP und E + P in Abb. 10.34 sehr niedrig ist. Außerdem wollen wir annehmen, dass wir uns weit vom Gleichgewicht entfernt befinden, sodass wir die Rückreaktion vernachlässigen können. Diese Annahme gilt, solange

$$c_P \ll K c_s. \tag{10.154}$$

Dies folgt unmittelbar aus der Gleichgewichtsbedingung $c_P = K c_s$. Wir betrachten somit das vereinfachte Reaktionsschema

$$E + S \underset{k_{-1}}{\overset{k_1}{\rightleftharpoons}} ES \overset{k_2}{\longrightarrow} E + P.$$

Wir benutzen dieses Schema, um den folgenden Versuch zu beschreiben: Enzym E (Gesamtkonzentration c_E^t) und Substrat S (Anfangskonzentration c_S^0)

werden zum Zeitpunkt $t = 0$ gemischt und die Entstehung des Produktes P als Funktion der Zeit verfolgt.

Die Behandlung dieses Problems erfolgt analog zu dem in Abschn. 10.6 behandelten und basiert auf der Lösung des nachfolgenden Systems von Differentialgleichungen für die 4 unbekannten Konzentrationen c_S, c_E, c_{ES} und c_P:

$$\frac{dc_S}{dt} = -k_1 c_E c_S + k_{-1} c_{ES} \tag{10.155}$$

$$\frac{dc_E}{dt} = -k_1 c_E c_S + \left(k_{-1} + k_2 \right) c_{ES} \tag{10.156}$$

$$\frac{dc_{ES}}{dt} = k_1 c_E c_S - \left(k_{-1} + k_2 \right) c_{ES} \tag{10.157}$$

$$\frac{dc_P}{dt} = k_2 c_{ES} . \tag{10.158}$$

Die beiden Differentialgleichungen (10.155) und (10.156) können durch die beiden einfachen stöchiometrischen Beziehungen

$$c_S^0 - c_S = c_{ES} + c_P \quad \text{und} \tag{10.159}$$

$$c_E^t = c_E + c_{ES} \tag{10.160}$$

ersetzt werden. Hierbei stellt c_E^t die gesamte (zeitunabhängige) Enzymkonzentration des Versuchsansatzes dar.

Das allgemeine Problem reduziert sich auf die Lösung der einzelnen Differentialgleichung (10.158), falls man sich auf den quasi-stationären Bereich beschränkt. Die Existenz eines derartigen Bereichs ergibt sich aus der Tatsache, dass die Konzentration c_E^t des Enzyms (und damit auch c_E und c_{ES}) verschwindend klein gegenüber der umzusetzenden Substrat-Konzentration c_S ist, denn jedes einzelne Enzymmolekül wird sehr viele (ca. 10^2-10^6 s^{-1}, vgl. Tabelle 10.6) Substratmoleküle umsetzen. Hieraus folgt (s. Abschn. 10.6), dass in einem großen Zeitbereich $dc_{ES}/dt \approx 0$ gilt. Setzt man diese Näherung in Gl. (10.157) ein, so erhält man nach Umformung

$$\frac{c_E c_S}{c_{ES}} = \frac{k_{-1} + k_2}{k_1} = K_M . \tag{10.161}$$

Die Gleichungen (10.160) und (10.161) erlauben die Berechnung von c_{ES} (oder c_E) als Funktion der bekannten Konzentrationen c_S und c_E^t :

$$c_{ES} = \frac{c_E^t c_S}{K_M + c_S} . \tag{10.162}$$

Unter Verwendung dieses Ausdrucks ergibt sich aus Gl. (10.158) die Entstehungsgeschwindigkeit v_P des Produktes P zu:

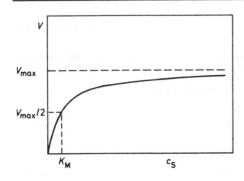

Abb. 10.35. Darstellung der Michaelis-Gleichung (10.163)

$$v_P = \frac{dc_P}{dt} = \frac{k_2 c_E^t c_S}{K_M + c_S} \, . \tag{10.163}$$

Diese Gleichung trägt die Bezeichnung *Michaelis-Menten-Gleichung*. Sie wurde von Henri, Michaelis und Menten zu Beginn des 20. Jahrhunderts unter vereinfachenden Annahmen begründet und von Briggs und Haldane (1925) nach dem oben gewählten allgemeineren Verfahren abgeleitet. Die Konstante K_M wird entsprechend *Michaelis-Konstante* genannt.

Die Michaelis-Menten-Gleichung beschreibt die Abhängigkeit der Reaktionsgeschwindigkeit v_P von der Substratkonzentration c_S bei konstanter Enzymkonzentration c_E^t. Dieser funktionelle Zusammenhang ist in Abb. 10.35 dargestellt. Bei kleinen Substratkonzentrationen ($c_S \ll K_M$) findet man einen Bereich von Kinetik 1. Ordnung bezüglich des Substrates S:

$$v_P = \frac{k_2 c_E^t}{K_M} c_S \, . \tag{10.164}$$

Bei großen Substratkonzentrationen ($c_S \gg K_M$) tritt Sättigung auf, d.h. v_P ist unabhängig von c_S (Bereich von Kinetik 0. Ordnung bezüglich S):

$$v_P = k_2 c_E^t = v_{max} \, . \tag{10.165}$$

Für $c_S = K_M$ folgt aus Gl. (10.163) in Verbindung mit (10.165), dass die Reaktionsgeschwindigkeit halbmaximal ist:

$$v_P = \frac{k_2 c_E^t}{2} = \frac{v_{max}}{2} \, . \tag{10.166}$$

Diese Beziehung hat insofern praktische Bedeutung, als die Kenntnis der Michaelis-Konstanten eine Vorstellung darüber ermöglicht, in welchem Konzentrationsbereich des Substrats S das betreffende Enzym seine katalytische Wirksamkeit entfaltet. Ein kleiner Wert von K_M besagt, dass das betreffende Enzym bereits bei kleinen Substratkonzentrationen wirkt. Typische Werte liegen zwischen 10^{-2} M und 10^{-5} M. Tabelle 10.5 enthält einige Beispiele.

Unter Beachtung von Gl. (10.165) kann man die Gl. (10.163) umschreiben:

Tabelle 10.5. Michaelis-Konstante K_M für einige Enzyme-Substrat-Paare (Nach Nelson DL u. Cox M (2001), Lehninger Biochemie. Springer, Berlin Heidelberg New York)

Enzym	Substrat	K_M/M
Carboanhydrase	HCO_3^-	$2,6 \cdot 10^{-2}$
Chymotrypsin	Glycyltyrosylglycin	$1,1 \cdot 10^{-1}$
	N-Benzoyltyrosinamid	$2,5 \cdot 10^{-3}$
Hexokinase (Hirn)	ATP	$4 \cdot 10^{-4}$
	D-Gucose	$5 \cdot 10^{-5}$
	D-Fructose	$1,5 \cdot 10^{-3}$
β-Galactosidase	D-Lactose	$4 \cdot 10^{-3}$
Katalase	H_2O_2	$1,1$

$$v_P = \frac{v_{max} \, c_S}{c_S + K_M} \, . \tag{10.167}$$

Diese Form der Michaelis-Menten-Gleichung erlaubt ihre Anwendung auch in Fällen, bei denen die Molmasse des Enzyms (und damit die Konzentration c_E^t) nicht bekannt ist.

Zusammenhang mit der Langmuir'schen Adsorptionsisotherme

Die mathematische Form der Michaelis-Menten-Gleichung entspricht einer Sättigungskinetik und ist identisch mit der Langmuir'schen Adsorptionsisotherme Gl. (7.68). Diese Ähnlichkeit ist nicht nur formaler Art, sondern ist inhaltlich begründet. In beiden Fällen handelt es sich um Ligandenbindung an eine experimentell festgelegte Zahl von Bindungsplätzen. Unterschiede bestehen jedoch in der Bedeutung der auftretenden Konstanten. Das Verhältnis k_d/k_a in Gl. (7.72) entspricht einer Gleichgewichtskonstanten für die Bindung an einen einzelnen Bindungsplatz. Dies gilt für die Michaelis-Konstante K_M nur in folgendem Grenzfall: Bei kleinen Umsatzgeschwindigkeiten (genauer, falls $k_2 \ll k_{-1}$) ist $K_M = k_{-1}/k_1 = K_S$ identisch mit der Gleichgewichtskonstanten K_S für die Substratbindung an das Enzym.

Bestimmung von K_M und v_{max}

Will man K_M und v_{max} aus einer Messung von v_P in Abhängigkeit von c_S ermitteln, so wählt man als Auftragungsart zweckmäßigerweise wieder die Form einer Geraden. Hierzu formt man Gl. (10.167) um:

$$\frac{1}{v_P} = \frac{1}{v_{max}} + \frac{K_M}{v_{max}} \frac{1}{c_S} \, . \tag{10.168}$$

Trägt man nach *Lineweaver-Burk* $1/v_P$ gegen $1/c_S$ auf, so erhält man eine Gerade, aus deren Steigung und Achsenabschnitten man die gewünschte Information erhält (Abb. 10.36).

Ein Nachteil dieser Darstellung besteht in der starken Betonung der Messwerte bei kleinen Substratkonzentrationen, die häufig mit einem größeren Fehler behaftet

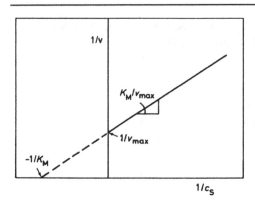

Abb. 10.36. Die Michaelis-Gleichung im Lineweaver-Burk-Diagramm Gl. (10.168)

sind. Will man diesen Nachteil vermeiden, so kann man eine Auftragung nach *Eadie-Hofstee* (Abb.10.37) wählen. Durch Multiplikation von Gl. (10.168) mit $v_P \cdot v_{max}$ erhält man

$$v_P = v_{max} - K_M \frac{v_P}{c_S}. \tag{10.169}$$

Im Diagramm v_P gegen v_P/c_S sollten die Messdaten daher wieder auf einer Geraden liegen, falls der angewandte Mechanismus richtig ist und die gemachten Annahmen (insbesondere Gl. 10.154) im Experiment eingehalten wurden.

In der Tat findet man, dass die Michaelis-Menten-Gleichung häufig eine befriedigende Beschreibung der Kinetik von Enzymreaktionen im quasi-stationären Bereich liefert. Sie gestattet die Bestimmung der praktisch wichtigen Michaelis-Konstanten K_M sowie der Geschwindigkeitskonstanten k_2. Die anschauliche Bedeutung letzterer wird aus Gl. (10.165) ersichtlich: Hiernach stellt

$$k_2 = \frac{v_{max}}{c_E^t} = \frac{(dc_P / dt)_{max}}{c_E^t} = -\frac{(dc_S / dt)_{max}}{c_E^t} \tag{10.170}$$

die maximale Zahl von Substratmolekülen dar, die ein einzelnes Enzymmolekül pro Zeiteinheit umsetzen kann. k_2 wird deshalb auch als *Wechselzahl* (engl. *turnover number*), *Umsatzzahl* oder neuerdings *molekulare Aktivität* bezeichnet. Die

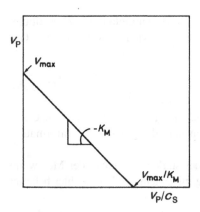

Abb. 10.37. Die Michaelis-Gleichung im Eadie-Hofstee-Diagramm

Tabelle 10.6. Größenordnung der Wechselzahl für einige repräsentative Enzyme. (Nach Hammes GG, 1982)

Enzym	k_2/s^{-1}
Chymotrypsin und einige andere Serin-Proteasen	10^2-10^3
Carboxypeptidase	10^2
Urease	10^4
Fumarase	10^3
Ribonuclease A	10^2-10^4
Transaminasen	10^3
Carboanhydrase	10^6
Acetylcholinesterase	10^4

Beispiele in Tabelle 10.6 zeigen, dass sie je nach Enzym über viele Größenordnungen variieren kann. Die minimale Zeit $1/k_2$, die ein Enzymmolekül für den Umsatz eines einzelnen Substratmoleküls benötigt, liegt typischerweise zwischen 1 µs und 10 ms.

Allgemeine Charakterisierung der Enzymaktivität
Wir haben die Enzymkinetik bisher auf der Grundlage eines einfachen Modells diskutiert, das für viele praktische Zwecke ausreicht. Die Angabe der maximalen Zahl der Substratmoleküle, die pro Zeiteinheit umgesetzt wird (also v_{max}), ist jedoch unabhängig vom detaillierten Mechanismus.

Man hat aus praktischen Erwägungen heraus zusätzliche Begriffe eingeführt, um die katalytische Wirksamkeit eines Enzyms zu beschreiben. Die *Enzymaktivität* A_E in einem Versuchsansatz mit dem Volumen V ist

$$A_E = v_{max} \cdot V. \tag{10.171}$$

Die Angabe einer Enzymaktivität bedarf somit weder der Kenntnis der Molmasse noch der Enzymmasse im Versuchsansatz. Man misst den Substratumsatz bei hohen Substratkonzentrationen und gibt A_E in *Enzymeinheiten* (units) an, wobei 1 unit einem maximalen Substratumsatz von 1 µmol/min bei einer Temperatur von 25 °C unter optimalen Messbedingungen entspricht.

Hat man das Enzym gereinigt, so kann man die Aktivität auch auf die Masseneinheit m_E beziehen und definiert die *spezifische Enzymaktivität* a_E durch

$$a_E = A_E/m_E , \tag{10.172}$$

die in units/mg angegeben werden kann. Neuere Einheiten für A_E und für a_E, die von der „Enzyme Commission" empfohlen werden, sind das Katal (abgekürzt kat) sowie kat/kg. Hierbei entspricht 1 kat einem maximalen Umsatz von 1 Mol Substrat pro Sekunde.

Die Angabe der spezifischen Enzymaktivität stellt ein Kriterium für die Reinheit einer Enzympräparation dar, da der Wert von a_E in Gegenwart von Verunreinigungen gegenüber dem optimalen Wert reduziert ist.

Kennt man schließlich die Molmasse M_E des betreffenden Enzyms, so kann man die Enzymaktivität auch auf ein einzelnes Enzymmolekül beziehen und die bereits oben definierte *molekulare Aktivität* bestimmen. Unter Verwendung der Gln. (10.170) bis (10.172) erhält man den Zusammenhang

$$k_2 = a_E \cdot M_E. \tag{10.173}$$

Experimentelle Bestimmung von v_p

Diese erfolgt am zweckmäßigsten über die Messung der Zeitabhängigkeit $c_p(t)$. Abbildung 10.38 illustriert ihren Verlauf, der sich durch drei verschiedene Bereiche auszeichnet. Bereich II wird zur Bestimmung von v_p herangezogen. Hier findet man einen linearen Anstieg von c_p mit der Zeit, der wie folgt zu interpretieren ist: In der Anfangsphase des Experiments bleibt die Substratkonzentration c_s zunächst näherungsweise konstant (d.h. $c_s \approx c_s^0$). Anders ausgedrückt ist die Summe $c_p + c_{ES}$ in Gl. (10.159) zunächst noch so gering, dass die Abweichung $c_s^0 - c_s$ im Rahmen der Messgenauigkeit vernachlässigt werden kann. Dies bedeutet, dass die rechte Seite von Gl. (10.163) annähernd als zeitunabhängig angesehen werden kann. Ihre Integration liefert (mit $c_p(0) = 0$):

$$c_p(t) = v_p \cdot t , \tag{10.174}$$

wobei v_p durch die Michaelis-Menten-Gleichung gegeben ist und näherungsweise zeitunabhängig ist.

In den Zeitbereichen I und III findet man Abweichungen von Gl. (10.174). Im Bereich I ist die Einstellung des quasi-stationären Zustandes – eine Voraussetzung für die Gültigkeit der Michaelis-Menten-Gleichung – noch nicht beendet. Ferner spielen in diesem Bereich unter Umständen Probleme der nicht-homogenen Durchmischung von Enzym und Substrat noch eine gewisse Rolle (vgl. 10.5.2). Im Bereich III kann die Abnahme der Substratkonzentration nicht mehr vernachlässigt werden. Überdies kann hier die Rückreaktion, die wir bei der Ableitung vernachlässigt haben (Gl. 10.154), einen zusätzlichen Beitrag liefern.

Zusammenfassend lässt sich feststellen, dass nach Abschluss des Zeitbereichs I (typischerweise nach etwa 1 s) ein hinreichend großer Zeitbereich II für die Bestimmung von v_p zur Verfügung steht. Analysiert man v_p als Funktion von c_s, so

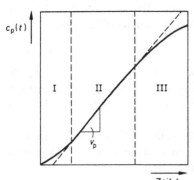

Abb. 10.38. Schematische Darstellung der Entstehung des Produktes P als Funktion der Zeit einer Enzym-katalysierten Reaktion. Die Zeitskala in den Bereichen I, II, und III ist verschieden zu denken. Bereich I ist typischerweise in weniger als 1 s abgeschlossen, während sich Bereich II – abhängig von den experimentellen Bedingungen – über viele Minuten erstrecken kann

erlaubt die Anwendung der Michaelis-Menten-Gleichung die Bestimmung von k_2 und von K_M.

Zur Ermittlung der individuellen Geschwindigkeitskonstanten k_1 und k_{-1} der Substratbindung muss die Einschränkung des quasi-stationären Bereiches aufgegeben werden. Dies bedeutet die genaue Analyse des Zeitbereiches I unter Anwendung der erheblich aufwändigeren Methoden der schnellen Kinetik, wie Stopped-flow-Untersuchungen oder die Anwendung von Relaxationsverfahren. Dies schließt eine entsprechend aufwändigere mathematische Analyse auf der Basis der gekoppelten Differentialgleichungen (10.155) bis (10.158) ein.

In der Regel erlaubt aber auch die experimentell erheblich einfachere Enzymkinetik im quasi-stationären Bereich eine für den praktischen Gebrauch hinreichende Charakterisierung der katalytischen Wirksamkeit (*enzymatischen Aktivität*) eines Enzyms. Darüber hinaus gestattet sie die Unterscheidung von verschiedenen Mechanismen der Enzymhemmung, wie wir in Abschn. 10.7.3 sehen werden.

Effizienzvergleich verschiedener Enzyme

Die Michaelis-Menten-Gleichung (10.163) erlaubt einen Vergleich der katalytischen Wirksamkeit verschiedener Enzyme. Hierfür beschränken wir uns auf vergleichsweise kleine Substratkonzentrationen $c_S \ll K_M$. In diesem Bereich gilt die vereinfachte Beziehung in Form der Gl. (10.164). Die katalytische Effektivität eines Enzyms (auch als *Spezifitätskonstante* bezeichnet) ist dann (bei gleichen Substrat- und Enzymkonzentrationen) offensichtlich durch den Quotienten k_2/K_M bestimmt. Wir fragen nach dem maximalen Wert, den die Spezifitätskonstante annehmen kann. Gemäß der Definition von K_M (Gl. 10.161) gilt unter Berücksichtigung von $k_{-1} + k_2 > k_2$:

$$\frac{k_2}{K_M} = \frac{k_1 k_2}{k_{-1} + k_2} < \frac{k_1 k_2}{k_2} = k_1 \ . \tag{10.175}$$

Der maximale Wert der Spezifitätskonstante ist somit durch die Geschwindigkeitskonstante k_1 der Assoziation zwischen Substrat S und Enzym E gegeben. Diese kann maximal den Wert einer diffusionskontrollierten Reaktion annehmen, der nach Gl. (10.110) durch Stoßabstand und Diffusionskoeffizienten bestimmt ist und im Bereich 10^8-10^9 $M^{-1}s^{-1}$ liegen sollte. Tabelle 10.7 zeigt, dass dieser Wertebereich bei einigen Enzymreaktionen annähernd erreicht wird.

Tabelle 10.7. Enzyme hoher Effizienz mit annähernd diffusionskontrollierter Spezifitätskonstante k_2/K_M (Nach Fersht A, 1999)

Enzym	Substrat	K_M/M	k_2/s^{-1}	k_2/K_M/(s^{-1}M^{-1})
Acetylcholinesterase	Acetylcholin	$9 \cdot 10^{-5}$	$1,4 \cdot 10^4$	$1,6 \cdot 10^8$
Carboanhydrase	CO_2	$1,2 \cdot 10^{-2}$	$1 \cdot 10^6$	$8,3 \cdot 10^7$
	HCO_3^-	$2,6 \cdot 10^{-2}$	$4 \cdot 10^5$	$1,5 \cdot 10^7$
Catalase	H_2O_2	$1,1$	$4 \cdot 10^7$	$4 \cdot 10^7$

Eine höhere Effizienz kann nur dann erzielt werden, wenn die Notwendigkeit der freien Diffusion der Reaktionspartner S und E zueinander unterbunden wird. Dies kann bei Vorliegen von Multienzymkomplexen der Fall sein, bei denen das Produkt eines Enzyms unmittelbar als Substrat an ein zweites Enzym „weitergereicht" wird.

10.7.3 Mechanismen der Enzymhemmung

Stoffe, die die Enzymaktivität positiv oder negativ beeinflussen, werden zusammenfassend als Effektoren und speziell *Aktivatoren und Inhibitoren* (Hemmstoffe) genannt. In der Zelle dienen sie häufig als ein Mittel der Stoffwechselregulation. Das Studium ihrer Wirkungsweise erlaubt Aussagen über funktionelle Gruppen des aktiven Zentrums, über die Existenz spezieller Bindungsstellen für die Effektoren sowie über das Vorliegen von mehr als nur einer Konformation eines gegebenen Enzyms. Im Laufe der Evolution haben sich spezielle regulatorische Enzyme entwickelt, die eine feine Steuerung der zellulären Konzentration wichtiger Metabolite erlauben und die als Schlüsselenzyme komplizierter Stoffwechselketten hinsichtlich ihres Mechanismus von besonderem Interesse sind. Wir wollen uns im Folgenden auf die Enzymhemmung (reversibler Art) beschränken. Nach dem zugrundeliegenden Mechanismus unterscheidet man mehrere Hemmtypen, deren zwei wichtigste nachfolgend beschrieben werden.[*]

a) Kompetitive Hemmung. Dieser Hemmtyp zeichnet sich dadurch aus, dass entweder das Substrat S oder der Inhibitor I an das Enzym gebunden ist, die gleichzeitige Bindung von S und I jedoch ausgeschlossen ist. Es findet somit eine Kompetition um die Bindung an das Enzym statt. Abbildung 10.39 illustriert zwei mechanistische Möglichkeiten. Im Fall A binden beide Molekülarten an dieselbe Bindungsstelle des Enzyms. Im Fall B existieren verschiedene Bindungsstellen für S und I. Die Hemmung kommt in diesem Falle dadurch zustande, dass durch die Bindung von I (oder von S) eine Konformationsänderung des Enzyms induziert wird, die eine Bindung von S (oder von I, in Abb. 10.39 nicht gezeichnet) verhindert. Mit der Konformationsänderung muss daher eine entsprechende Veränderung der Bindungsstellen einhergehen.

Fall A lässt sich als *Konkurrenz um denselben Bindungsplatz* beschreiben. Er bedingt eine weitgehende strukturelle Ähnlichkeit von S und I.

Fall B wird auch als *allosterische Hemmung* bezeichnet. Hierbei drückt der Begriff „allosterisch" eine strukturelle Verschiedenheit von S und I aus, die in den beiden verschiedenartigen Bindungsplätzen zum Ausdruck kommt.

Die beiden Mechanismen lassen sich durch dasselbe Reaktionsschema beschreiben.

---

[*] Ausführlichere Darstellung siehe Lehrbücher der Biochemie.

Abb. 10.39 a, b. Schematische Illustration zweier verschiedener Möglichkeiten der kompetitiven Hemmung. **a** Konkurrenz um den Bindungsplatz, **b** allosterische Hemmung

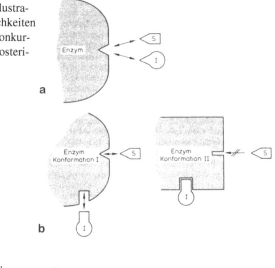

$$E + S \underset{k_{-1}}{\overset{k_1}{\rightleftharpoons}} ES \overset{k_2}{\longrightarrow} E + P \qquad (10.176)$$

$$E + I \underset{l_{-1}}{\overset{l_1}{\rightleftharpoons}} EI \overset{l_2}{\longrightarrow} E + Q .$$

Hier wurde verallgemeinernd angenommen, dass auch der Inhibitor vom Enzym umgesetzt werden kann. Dies ist zumindest im Fall A unmittelbar einsichtig, da beide Spezies an das aktive Zentrum binden. Für $l_2 \neq 0$ ist I dann ein „alternatives Substrat", für $l_2 = 0$ ist I ein „reiner Inhibitor".

Ein bekanntes Beispiel stellt die Hemmung des Umsatzes von Succinat durch das Enzym Succinatdehydrogenase (Krebs-Zyklus) dar. Das aktive Zentrum des letzteren bindet neben Succinat auch andere Dicarbonsäuren, wie z.B. Malonat oder Oxalacetat. Offenbar besitzt das katalytische Zentrum zwei positive Ladungen, die mit den negativen Ladungen der Dicarbonsäuren in Wechselwirkung treten können.

b) Nicht-kompetitive Hemmung. Bei der kompetitiven Hemmung ist die Substratbindung an das Enzym gehemmt, die Substratumsetzung vom Komplex ES in das Produkt P hingegen nicht beeinflusst. Der einfachste Typus nicht-kompetitiver Hemmung lässt die Substratbindung unbeeinflusst, stört jedoch den Substratumsatz. Gleichung (10.177) zeigt ein entsprechendes Reaktionsschema.

$$
\begin{array}{c}
\text{E} \\
\text{I} + l_1 \diagup\diagdown k_1 + \text{S} \\
\diagup l_{-1} \quad k_{1} \diagdown \\
\text{EI} \qquad\qquad \text{ES} \xrightarrow{\;k_{\text{P}}\;} \text{E} + \text{P} \\
\diagdown k_{1} \quad l_{-1} \diagup \\
\text{S} + k_{1}\diagdown \quad \diagup l_{1} + \text{I} \\
\text{ESI}
\end{array}
\qquad (10.177)
$$

Vom Zustand ESI des Enzyms aus ist der Umsatz gehemmt. Der dem Reaktionsschema zugrunde liegende Mechanismus geht somit (analog Abb. 10.39b) von zwei unabhängigen Bindungsstellen für S und I aus. Die Bindung des Inhibitors I führt wieder zu einer Beeinflussung des katalytischen Zentrums, die in diesem Falle jedoch die Bindung von S nicht berührt.

Die verschiedenen Hemmtypen können mit Hilfe von enzymkinetischen Untersuchungen voneinander unterschieden werden. So treten z.B. im Lineweaver-Burk-Diagramm charakteristische Veränderungen nach Zugaben des Inhibitors auf. Wir wollen dies am Beispiel der kompetitiven Hemmung etwas näher untersuchen.

Analyse der kompetitiven Hemmung: Das Reaktionsschema (10.176) wird durch das folgende System von Gleichungen und Differentialgleichungen für die sieben Reaktionspartner beschrieben:

$$
c_{\text{S}}^{0} - c_{\text{S}} = c_{\text{P}} + c_{\text{ES}} \qquad (10.178)
$$

$$
c_{\text{I}}^{0} - c_{\text{I}} = c_{\text{Q}} + c_{\text{EI}} \qquad (10.179)
$$

$$
c_{\text{E}}^{t} = c_{\text{E}} + c_{\text{ES}} + c_{\text{EI}} \qquad (10.180)
$$

$$
\frac{dc_{\text{ES}}}{dt} = k_{1} c_{\text{E}} c_{\text{S}} - \left(k_{-1} + k_{2} \right) c_{\text{ES}} \qquad (10.181)
$$

$$
\frac{dc_{\text{EI}}}{dt} = l_{1} c_{\text{E}} c_{\text{I}} - \left(l_{-1} + l_{2} \right) c_{\text{EI}} \qquad (10.182)
$$

$$
\frac{dc_{\text{P}}}{dt} = k_{2} c_{\text{ES}} \qquad (10.183)
$$

$$
\frac{dc_{\text{Q}}}{dt} = l_{2} c_{\text{EI}} \;. \qquad (10.184)
$$

Hierbei wurden in den Gln. (10.178) bis (10.180) die Differentialgleichungen für c_{S}, c_{I} und c_{E} bereits durch stöchiometrische Beziehungen ersetzt, wie wir dies im letzten Abschnitt kennen gelernt haben, Gln. (10.159) und (10.160).

Wie dort vereinfachen wir das Problem durch Beschränkung auf den quasistationären Bereich, dessen Existenz gewährleistet ist, falls $c_{\text{S}} \gg c_{\text{E}}^{t}$ sowie $c_{\text{I}} \gg c_{\text{E}}^{t}$. Wir setzen daher näherungsweise $dc_{\text{ES}}/dt = 0$ sowie $dc_{\text{EI}}/dt = 0$ und erhalten aus Gl. (10.181) und aus Gl. (10.182):

Abb. 10.40. Zur Wirkung eines kompetitiven Inhibitors

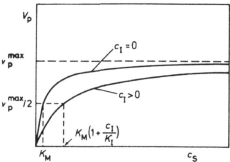

$$\frac{c_S c_E}{c_{ES}} = \frac{k_{-1} + k_2}{k_1} = K_M \tag{10.185}$$

$$\frac{c_I c_E}{c_{EI}} = \frac{l_{-1} + l_2}{l_1} = K_I . \tag{10.186}$$

Dabei bezeichnen K_M und K_I die Michaelis-Konstanten für Substrat S und Inhibitor I. Die drei Gln. (10.180), (10.185) und (10.186) erlauben die Berechnung der drei Unbekannten c_E, c_{ES} und c_{EI} als Funktion von Substrat- und Inhibitorkonzentration. Hiermit erhalten wir aus den Gln. (10.183) und (10.184) die beiden zur einfachen Michaelis-Menten-Gleichung formal analogen Gleichungen

$$v_P = \frac{dc_P}{dt} = \frac{k_2 c_S c_E^t}{c_S + K_M \left(1 + c_I / K_I\right)} \tag{10.187}$$

und

$$v_Q = \frac{dc_Q}{dt} = \frac{l_2 c_I c_E^t}{c_I + K_I \left(1 + c_S / K_M\right)} . \tag{10.188}$$

Zur Diskussion betrachten wir exemplarisch die Gln. (10.187) und variieren die Substratkonzentration c_S bei konstant gehaltener Inhibitorkonzentration c_I. Dabei findet man die folgenden Charakteristika (vgl. Abb. 10.40 und Abb. 10.41):

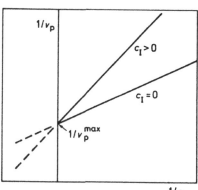

Abb. 10.41. Lineweaver-Burk-Diagramm in Gegenwart eines kompetitiven Inhibitors

a) Die maximale Reaktionsgeschwindigkeit $v_P^{max} = v_P\left(c_S \to \infty\right) = k_2\, c_E^t$ ist durch die Gegenwart des Inhibitors nicht beeinflusst.

b) In Gegenwart eines Inhibitors tritt an Stelle von K_M der Ausdruck $K_M(1 + c_I/K_I)$, wie ein Vergleich der Gln. (10.163) und (10.187) ergibt. Die halbmaximale Reaktionsgeschwindigkeit wird daher in Gegenwart von I erst bei höheren Substratkonzentrationen erreicht.

c) Im Lineweaver-Burk-Diagramm (Abb. 10.41) ergeben sich Geraden, deren Steigung mit c_I zunimmt. Charakteristisch ist der Schnittpunkt aller Geraden auf der $1/v_P$-Achse. Dies steht in Übereinstimmung mit der Tatsache, dass v_P^{max} nicht von der Gegenwart eines kompetitiven Inhibitors abhängt.

Auf analoge Weise kann man zeigen, dass bei Vorliegen nichtkompetitiver Hemmung (unter gewissen Zusatzannahmen) der Schnittpunkt der Geraden im Lineweaver-Burk-Diagramm auf der negativen $1/c_S$-Achse liegt (vgl. Übungsaufgabe 10.18).

10.7.4 Mehrfachbindung und die Regulation biologischer Aktivität

Wie bereits im letzten Abschnitt eingangs erwähnt, dient die Enzymhemmung in der Zelle zur Regulation enzymatischer Aktivität. Ein häufig verwendetes Regulationsprinzip ist die **Feedback-Inhibition**, die in Abb. 10.42 dargestellt ist. Ein Substrat A wird über mehrere Zwischenprodukte Z_i in ein Produkt B umgewandelt.

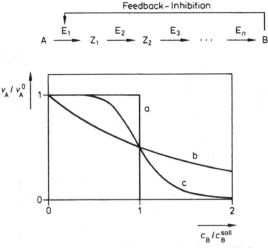

Abb. 10.42. Feedback-Inhibition und ihre Verwirklichung durch ein regulatorisches Enzym mit mehreren Bindungsstellen für die hemmende Substanz B. v_A stellt die Umsatzgeschwindigkeit von A dar (für v_A^0 gilt $c_B = 0$). *a* Ideale Regulation. *b* Fehlende Wechselwirkung der Bindungsstellen (Gl. 10.210) mit $K = (2^{1/n} - 1)/c_B^{soll}$ und $n = 6$. *c* Starke positive Kooperativität der Bindung (Gl. 10.211) mit $K^* = 1/(c_B^{soll})^n$ und $n = 6$)

Die einzelnen Reaktionsschritte sind durch Enzyme E_i katalysiert. Zur Aufrechterhaltung einer konstanten Konzentration c_B wirkt das Produkt B in Form einer Rückkopplung (*feedback* = Rückkopplung) hemmend auf das Enzym E_i. Im Extremfall würde eine geringfügige Überschreitung eines Sollwertes c_B^{soll} zu einem vollständigen Abschalten der Aktivität von E_i führen, während eine kleine Unterschreitung von c_B^{soll} zu einem Einschalten der vollen Enzymaktivität Anlass geben sollte (s. Abb. 10.42). Das Enzym wirkt dann wie ein chemischer Schalter.

Wie aus der nachfolgenden Darstellung hervorgeht, weist das im letzten Abschnitt diskutierte Modell der kompetitiven Hemmung verhältnismäßig schlechte Regulationseigenschaften auf. Dies liegt daran, dass wir bisher nur eine einzelne Bindungsstelle pro Enzymmolekül für die inhibierende Substanz angenommen haben. In Gegenwart mehrerer Bindungsstellen, die auf geeignete Weise miteinander in Wechselwirkung treten, kann eine befriedigende Annäherung an den Idealfall erreicht werden.

10.7.4.1 Mehrfachbindung

Zur Vereinfachung der Problematik soll zunächst die Substratumsetzung vernachlässigt werden. Wir verlassen also das relativ komplexe Reaktionsschema der Feedback-Inhibition und konzentrieren uns ausschließlich auf die Bindung einer niedermolekularen Spezies (Ligand) L an ein Protein P. Das Protein sei aus *n* identischen Untereinheiten aufgebaut. Jede Untereinheit besitze eine Bindungsstelle für ein Molekül L. Ein Proteinmolekül kann somit maximal *n* Moleküle L binden. Wir fragen nach der mittleren Zahl *m* von gebundenen Molekülen L pro Proteinmolekül P.

m ist eine Funktion der Konzentration c_L des freien Liganden L. Ein Teil der in der Lösung vorhandenen Moleküle L wird an das Protein gebunden (Konzentration c_L^{geb}). Unter Einführung der Proteinkonzentration c gilt somit:

$$m = \frac{c_L^{geb}}{c} = f(c_L),\tag{10.189}$$

wobei $0 \le m \le n$.

Zur Berechnung des funktionellen Zusammenhanges $f(c_L)$ müssen wir ein detaillierteres Modell zugrunde legen. Zunächst soll ein Modell vorgestellt werden, das von Adair (1925) und Pauling (1935) zur Erklärung der Sauerstoffbindung an Hämoglobin eingeführt wurde und von Koshland, Nemethy und Filmer (1966) verallgemeinert wurde.

A) Das sequentielle Modell (Abb. 10.43). Wir beschränken uns zunächst auf ein Protein aus 2 Untereinheiten (*n* = 2) und machen die folgenden Annahmen:

1) Jede Untereinheit des Proteins kann in 2 Konformationszuständen T und R vorliegen, die wir durch die Symbole „offener Kreis" (für T) bzw. „offenes Quadrat" (für R) bezeichnen.

2) Untereinheiten mit freien Bindungsstellen liegen stets in der T-Konformation vor. Die Bindung eines Ligandenmoleküls induziert automatisch eine Konformationsumwandlung zum R-Zustand, sodass Untereinheiten mit besetzten Bindungsstellen stets im R-Zustand vorliegen.

3) Zwischen beiden Untereinheiten des Proteins bestehen Wechselwirkungen, die dazu führen, dass die Konformationsumwandlung einer Untereinheit die Affinität der zweiten für die Bindung des Substrats positiv oder negativ beeinflussen kann. D.h. die Gleichgewichtskonstante der Bindung des zweiten Moleküls L kann von jener des ersten Moleküls verschieden sein.

Abbildung 10.43 zeigt das Reaktionsschema. Es zeichnet sich dadurch aus, dass der Übergang von T in den R-Zustand für beide Untereinheiten nicht gleichzeitig (konzertiert) sondern nacheinander (sequentiell) erfolgt (vgl. auch Abb. 10.45). Ein Ligandenmolekül L, das auf ein Proteinmolekül mit zwei freien Bindungsplätzen trifft, hat zwei Bindungsmöglichkeiten. Wir wollen die beiden Untereinheiten schematisch durch „links" und „rechts" unterscheiden und mit c^{L0} die Konzentration der Proteinmoleküle bezeichnen, deren linke Untereinheit besetzt ist (analog c^{0L}, c^{00} und c^{LL}). Aufgrund der Identität beider Bindungsstellen gilt $c^{L0} = c^{0L}$. Die Gleichgewichtskonstanten K_1 und K_2 können sich gemäß Annahme 3 voneinander unterscheiden und sind folgendermaßen definiert:

$$K_1 = \frac{c^{L0}}{c^{00} c_L} = \frac{c^{0L}}{c^{00} c_L} , \qquad (10.190)$$

$$K_2 = \frac{c^{LL}}{c^{L0} c_L} = \frac{c^{LL}}{c^{0L} c_L} . \qquad (10.191)$$

K_1 und K_2 beziehen sich somit auf die einzelne Bindungsstelle und nicht auf das gesamte Proteinmolekül.

Das Reaktionsschema erlaubt die Größe m, Gl. (10.189), durch die Spezies c^{ij} auszudrücken:

$$m = \frac{c^{0L} + c^{L0} + 2 \, c^{LL}}{c^{00} + c^{L0} + c^{0L} + c^{LL}} . \qquad (10.192)$$

Dividiert man Zähler und Nenner von Gl. (10.192) durch c^{00}, so erhält man Verhältnisse c^{ij}/c^{00}, die nach den Gln. (10.190) und (10.191) durch $K_1 c_L$ und durch $K_2 c_L$ ersetzt werden können. Man erhält auf diese Art und Weise die gesuchte Funktion $f(c_L)$ zu

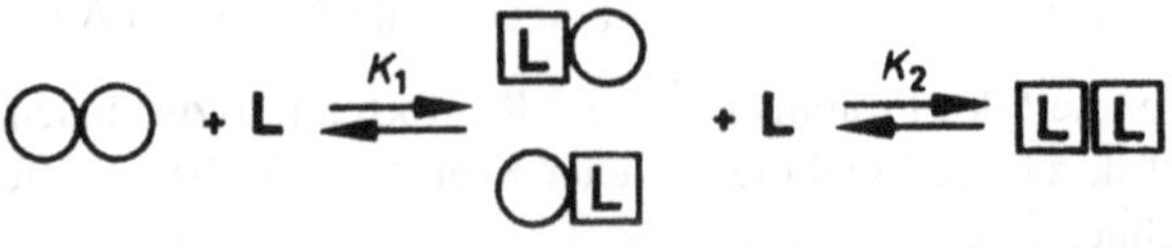

Abb. 10.43. Ein sequentielles Modell der Ligandenbindung an ein Protein. Ein besetzter Bindungsplatz ist durch das Symbol L auf der entsprechenden Untereinheit gekennzeichnet

$$m = \frac{2K_1 c_\mathrm{L} \left(1 + K_2 c_\mathrm{L}\right)}{1 + K_1 c_\mathrm{L} \left(2 + K_2 c_\mathrm{L}\right)} \, , \qquad (10.193)$$

die wir nachfolgend diskutieren.

a) Vernachlässigung der Wechselwirkung bei der Ligandenbindung. Die Nichtberücksichtigung von Modell-Annahme 3 bewirkt, dass die Bindung des zweiten Liganden-Moleküls unabhängig von der Gegenwart des bereits gebundenen ersten Liganden-Moleküls erfolgt, d.h. es gilt $K_1 = K_2 = K$. Dann folgt aus Gl. (10.193):

$$m = \frac{2K c_\mathrm{L}}{1 + K c_\mathrm{L}} \, . \qquad (10.194)$$

Führt man dasselbe Verfahren für n identische Bindungsplätze durch, so findet man das Ergebnis:

$$m = \frac{n K c_\mathrm{L}}{1 + K c_\mathrm{L}} \, . \qquad (10.195)$$

Die Ableitung dieser Gleichung [wie auch der nachfolgenden Gl. (10.198)] erfordern das mathematische Hilfsmittel der Kombinatorik (s. z.B. Zachmann 1994, Bohl 2006), auf das wir hier verzichten wollen.

Gl. (10.195) ist formal und inhaltlich identisch mit der Langmuir'schen Adsorptionsisothermen (Gl. 7.68). Anstelle der Oberflächenkonzentration Γ_∞ an Bindungsstellen steht die Zahl n der Untereinheiten des Proteins. Die mathematische Form ist *unabhängig von der Zahl n der Bindungsstellen* bzw. Proteinuntereinheiten und entspricht einer Hyperbelgleichung. Man spricht daher von einem *hyperbolischen Bindungsverlauf*, der in Abb. 10.44a dargestellt ist. Wir halten somit fest, dass im sequentiellen Modell die Erweiterung von einer auf n Bindungsstellen die Bindungscharakteristik, ausgedrückt durch die Funktion (10.195), nicht verändert, solange wir keine Wechselwirkung der Bindungsstellen annehmen.

b) Starke Wechselwirkung bei der Ligandenbindung. Wir nehmen speziell an, dass durch die Bindung des ersten Ligandenmoleküls die Bindung des zweiten stark erleichtert wird. Dies bedeutet, dass durch die Umwandlung der T-Konformation in die R-Konformation einer Untereinheit die Bindungsstelle der zweiten (noch in der T-Konformation vorliegenden) Untereinheit verändert wird, sodass deren Bindungsbereitschaft wesentlich erhöht wird. Ein Proteinmolekül, das ein Ligandenmolekül gebunden hat, wird somit bereitwillig ein zweites binden, sodass die Konzentrationen c^{L0} und c^{0L} vergleichsweise niedrig sind. Es gilt daher, unter Verwendung der Gln. (10.190) und (10.191), die Ungleichung

$$\frac{c^{\mathrm{LL}}}{c^{\mathrm{L0}}} = \frac{c^{\mathrm{LL}}}{c^{\mathrm{0L}}} = K_2 c_\mathrm{L} \gg 1 \, . \qquad (10.196)$$

Hiermit folgt für m (Gl. 10.193):

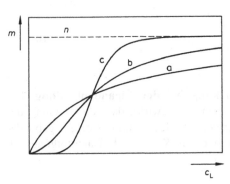

Abb. 10.44. Hyperbolischer (a) und sigmoider Bindungsverlauf gemäß Gl. (10.195) und gemäß Gl. (10.198) für n = 2 (b) und n = 6 (c). Im Falle hyperbolischer Bindung nähert sich m dem Grenzwert n erst bei sehr hoher Konzentration c_L

$$m = \frac{2K^* c_L^2}{1 + K^* c_L^2},$$ (10.197)

mit $K^* = K_1 K_2$.

Gl. (10.196) und damit auch Gl. (10.197) beschreiben den Fall starker positiver kooperativer Bindung. Dies bedeutet, dass die Bindung des zweiten Moleküls L durch die Gegenwart des ersten induziert (d.h. stark erleichtert) wird. Der analog zu behandelnde Fall stark negativer kooperativer Bindung ($K_2 c_L \ll 1$) führt zu Gl. (10.195) mit n = 1 und K = 2 K_1. In diesem Fall verhindert die Bindung eines Moleküls L die Bindung eines zweiten.

Die Behandlung des allgemeinen Falles eines Proteins mit n identischen Untereinheiten ist aufgrund der Vielzahl der Zwischenzustände erheblich aufwändiger. So gibt es bereits für den ersten Bindungsschritt n verschiedene Möglichkeiten, einen Bindungsplatz zu besetzen (n = 2 in Abb. 10.43). Die Durchführung führt jedoch in 2 Grenzfällen zu relativ einfachen Resultaten. Bei Vernachlässigung der Wechselwirkung bei der Ligandenbindung findet man Gl. (10.195). Im Grenzfall starker Wechselwirkung bei der Ligandenbindung (d.h. starke positive Kooperativität) findet man das zu Gl. (10.197) analoge Resultat

$$m = \frac{nK^* c_L^n}{1 + K^* c_L^n},$$ (10.198)

mit $K^* = K_1 \cdot K_2 \dots K_n$.

Gleichung (10.198) repräsentiert einen S-förmigen oder *sigmoiden Bindungsverlauf* (s. b und c in Abb. 10.44). Während sich der hyperbolische Bindungsverlauf über einen großen Bereich der Ligandenkonzentration c_L erstreckt, ist die Sättigung der Bindungsstellen beim sigmoiden Bindungsverlauf in einem wesentlich kleineren Bereich von c_L erreicht. Hierin liegt auch die biologische Bedeutung kooperativen Bindungsverhaltens, wie wir weiter unten sehen werden.

Die Steilheit der sigmoiden Kurve nimmt mit der Zahl n wechselwirkender Bindungsstellen zu. Für große n erreicht man näherungsweise ein „Alles- oder Nichts-Verhalten", d.h. das Protein ist entweder vollkommen unbesetzt (m = 0) oder mit Liganden gesättigt (m = n).

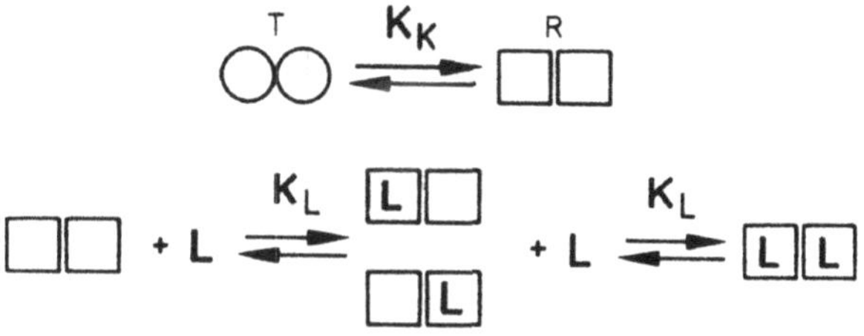

Abb. 10.45. Ein konzertiertes Modell der Ligandenbindung an ein Protein

B) Das konzertierte Modell (Abb. 10.45). Beim sequentiellen Modell ist die Beobachtung sigmoiden Bindungsverhaltens an das Vorliegen stark unterschiedlicher Werte der Gleichgewichtskonstanten der Ligandenbindung gekoppelt. Monod, Wyman und Changeux (1965) haben gezeigt, dass *Sigmoidität auch bei identischen Werten der Gleichgewichtskonstanten* auftreten kann, falls man eine sehr starke Wechselwirkung zwischen den Proteinuntereinheiten annimmt. Hierbei wird gefordert, dass die Wechselwirkungskräfte zwischen den Untereinheiten so stark ausgeprägt sind, dass alle Untereinheiten entweder nur im T- oder nur im R-Zustand vorliegen. Die Umwandlung zwischen den Zuständen erfolgt somit nicht nacheinander (wie beim sequentiellen Modell), sondern gemeinsam (konzertiert). Abb. 10.45 zeigt ein einfaches Reaktionsschema wieder für ein Protein aus 2 identischen Untereinheiten.

Das Modell zeigt folgende Charakteristika:

1) Zwischen den beiden Konformations-Zuständen T und R (ohne gebundenen Ligand) herrscht ein Gleichgewicht, das durch die Konstante K_K charakterisiert ist:

$$\frac{c_T^{00}}{c_R^{00}} = K_K \, . \tag{10.199}$$

2) Die Affinität für den Liganden L ist für beide Konformationen unterschiedlich. Der Einfachheit halber wurde angenommen, dass nur die R-Konformation den Ligand bindet. Die Gleichgewichtskonstante K_L für die Bindung des ersten und zweiten Ligandenmoleküls ist identisch. Analog Gl. (10.190) und (10.191) gilt dann:

$$K_L = \frac{c_R^{L0}}{c_R^{00} c_L} = \frac{c_R^{0L}}{c_R^{00} c_L} = \frac{c_R^{LL}}{c_R^{L0} c_L} = \frac{c_R^{LL}}{c_R^{0L} c_L} \, . \tag{10.200}$$

Trotz der Identität von K_L für beide Bindungsschritte kann dieses Modell sigmoide Bindungskurven liefern, solange die Konstante K_K genügend groß ist. Dies ist folgendermaßen zu verstehen: Für großes K_K liegt der größte Teil der Moleküle in der nicht bindenden T-Form vor. Für $c_L = 0$ ist die Konzentration der Spezies c_R^{0L}, c_R^{L0} und c_R^{LL} ebenfalls gleich null. Ihre Konzentrationen steigen jedoch mit zunehmender Ligandenkonzentration c_L an. Da stets das Gleichgewicht (10.199) gilt, wird dadurch ein zunehmender Teil der Moleküle in den R-Zustand überführt, der neue Liganden binden kann. Bei sehr hohen Ligandenkonzentrationen befindet sich dann der größte Teil der Moleküle im R-Zustand. Die Sigmoidität kommt somit durch die Nachlieferung von bindungsfähigen R-Molekülen aus dem Reservoir der T-Moleküle zustande.

Die mathematische Behandlung erfolgt wie im Falle des sequentiellen Modells. Die Größe m ergibt sich aufgrund des Reaktionsschemas zu

$$m = \frac{c_R^{0L} + c_R^{L0} + 2\,c_R^{LL}}{c_T^{00} + c_R^{00} + c_R^{L0} + c_R^{0L} + c_R^{LL}} \, . \tag{10.201}$$

Hieraus erhält man mit Hilfe der Gln. (10.199) und (10.200) das Ergebnis

$$m = \frac{2K_L c_L \left(1 + K_L c_L\right)}{K_K + \left(1 + K_L c_L\right)^2} \, . \tag{10.202}$$

Das sigmoide Bindungsverhalten (für hinreichend große K_K-Werte) ist aus der quadratischen Abhängigkeit von m bei kleinen Ligandenkonzentrationen c_L und aus dem Sättigungsverhalten bei hohen Ligandenkonzentrationen $(m \to 2)$ ersichtlich.

Die beiden vorgestellten Modelle A und B zeigen einfache Fälle sigmoiden Bindungsverhaltens. Wie Eigen (1968) gezeigt hat, lassen sie sich in ein umfassenderes Reaktionsschema einordnen, das dem komplexen Verhalten vieler allosterischer Proteine näher kommt. Die experimentelle Verifizierung derartiger komplizierter Mechanismen ist jedoch außerordentlich schwierig und bisher nur sehr unvollkommen gelungen.

10.7.4.2 Messung und Auswertung der Ligandenbindung an Proteine

Eine viel verwendete Methode zum Studium der Bindung niedermolekularer Moleküle an Proteine ist die in Abb. 10.46 illustrierte *Gleichgewichtsdialyse*. Eine semipermeable Membran trennt zwei wässrige Kompartimente. Sie erlaubt den freien Austausch der Ligandenmoleküle, verhindert jedoch den Übertritt von Proteinen vom rechten in das linke Kompartiment. Das rechte Kompartiment dient zur Einstellung des Bindungsgleichgewichts, während das linke Kompartiment zur Messung der freien Ligandenkonzentration herangezogen wird. Die Methode benötigt ein möglichst genaues Nachweisverfahren für den Liganden L (z.B. durch Verwendung radioaktiv markierter Liganden). Zur Bestimmung der mittleren Zahl m gebundener Moleküle L pro Proteinmolekül gemäß Gl. (10.189) wird

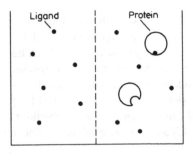

Abb. 10.46. Schematische Darstellung einer Gleichgewichts-Dialysezelle

die Gesamtkonzentration c_L^{total} in der rechten Kammer gemessen, wobei

$$c_L^{total} = c_L + c_L^{geb} .$$ (10.203)

Da die Konzentration c_L des freien Liganden in beiden Kammern identisch ist, kann sie durch eine Konzentrationsmessung der linken Kammer ermittelt werden. Bei Kenntnis von c_L^{total} und c_L kann c_L^{geb} aus Gl. (10.203) ermittelt werden. Hieraus folgt bei bekannter Proteinkonzentration c die Größe m. Durch Variation von c_L wird die Bindungscharakteristik $f(c_L)$ bestimmt.

Die experimentelle Durchführung erfordert eine Reihe von Kontrollen, auf die hier nicht näher eingegangen wird. So führt die elektrische Ladung des Proteins zum Auftreten eines Donnan-Potentials (vgl. Abschn. 6.2.3), das entweder korrigiert oder durch Zusatz inerter Elektrolyte klein gehalten werden muss.

Zur Auswertung der Daten werden in der Regel lineare Darstellungsarten gewählt, die Abweichungen von einem vorgegebenen Modell besonders leicht erkennen lassen und die die Bestimmung der Modellparameter vereinfachen. Tabelle 10.8 zeigt eine Übersicht verschiedener Möglichkeiten, die Bindung eines Liganden L an ein Protein aus n identischen Untereinheiten darzustellen, wobei gemäß Gl. (10.195) die Kooperativität zwischen den Bindungsstellen vernachlässigt wird.

Die beiden zuerst angeführten Diagramme haben wir bereits bei der Diskussion der Michaelis-Menten-Gleichung kennengelernt (s. Abschn. 10.7.2). Die Auftragung nach Scatchard ist weitgehend identisch zu jener nach Eadie-Hofstee. Von besonderer Bedeutung bei der Analyse von Bindungsphänomenen ist die Auftragung nach *Hill*. Die Größe $m/(n - m)$ entspricht dem Quotienten (mittlere Zahl besetzter Bindungsplätze)/(mittlere Zahl freier Bindungsplätze). Die Auftragung von $\log (m/n - m)$ gegen $\log c_L$ ergibt bei Gültigkeit von Gl. (10.195) eine Gerade mit der Steigung 1.

Im Grenzfall starker positiver Kooperativität der Bindungsstellen hingegen entspricht die Steigung der Zahl n der wechselwirkenden Bindungsstellen. Dies geht nach Umformung aus Gl. (10.198) hervor:

Tabelle 10.8. Verschiedene in der wissenschaftlichen Literatur verwendete lineare Darstellungsmöglichkeiten von Daten, die Gl. (10.195) gehorchen. Die jeweiligen Variablen sind in eckige Klammern gesetzt

1) Lineweaver-Burk:	$\left[\dfrac{1}{m}\right] = \dfrac{1}{nK}\left[\dfrac{1}{c_L}\right] + \dfrac{1}{n}$
2) Eadie-Hofstee:	$[m] = n - \dfrac{1}{K}\left[\dfrac{m}{c_L}\right]$
3) Scatchard:	$\left[\dfrac{m}{c_L}\right] = Kn - K[m]$
4) Hill:	$\left[\log \dfrac{m}{n-m}\right] = \log K + \left[\log c_L\right]$

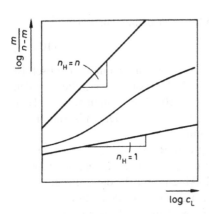

Abb. 10.47. Das Hill-Diagramm. Fehlende ($n_H = 1$) und starke Kooperativität ($n_H = n$) der Bindung sowie Darstellung eines häufigen experimentellen Befundes ($1 < n_H < n$)

$$\log \frac{m}{n-m} = \log K^* c_L^n = \log K^* + n \log c_L . \tag{10.204}$$

Der *Hill-plot* wird häufig auch dann angewandt, wenn die Voraussetzung zur Gültigkeit der Gln. (10.195) und (10.198) – nämlich entweder fehlende Kooperativität oder aber sehr starke Kooperativität – nicht erfüllt ist. In diesen Fällen erhält man bei Auftragung der Messdaten nur näherungsweise eine Gerade, deren effektive Steigung n_H *Hill-Koeffizient* genannt wird. Letzterer entspricht dann nicht der Zahl der wechselwirkenden Bindungsstellen n, sondern stellt lediglich ein „qualitatives Maß" für die Wechselwirkung von Untereinheiten dar. Dies ist insofern gerechtfertigt, als bei Vorliegen von mehreren Untereinheiten ohne Wechselwirkung der Bindungsstellen im Hill-plot stets die Steigung $n = 1$ erwartet werden muss, wie oben gezeigt wurde. Der experimentelle Befund eines Hill-Koeffizienten $n_H > 1$ ist also (zumindest bei Gültigkeit des sequentiellen Modells) ein Indiz für das Vorliegen positiver Kooperativität der Bindungsstellen. Es gilt daher $1 \leq n_H \leq n$ (s. Abb. 10.47). Im Falle negativer Kooperativität findet man im Hill-Diagramm Bereiche mit $n_H < 1$.

10.7.4.3 Zur biologischen Bedeutung sigmoider Bindungskurven

Sie eignen sich vorzüglich zur Regulation auf molekularer Ebene. Dies soll an zwei Beispielen erläutert werden:

a) Die Sauerstoffbindung von Hämoglobin. Hämoglobin besteht aus 4 Polypeptidketten, von denen je zwei identisch sind. Jede Peptidkette entspricht einer Untereinheit und besitzt eine Häm-Gruppe, welche ein Molekül O_2 binden kann. Die Bindungskurve ist sigmoid (s. Abb. 10.48). Die Sigmoidität kommt durch die Wechselwirkung der 4 Untereinheiten zustande. Die Sauerstoffbindung von Myoglobin – das aus einer einzigen Polypeptidkette besteht und nur 1 Molekül O_2 bindet – hat hyperbolischen Charakter und entspricht Gl. (10.195) ($n = 1$). Hämoglobin befindet sich in den roten Blutkörperchen und transportiert Sauerstoff von den al-

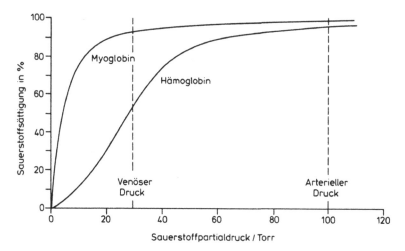

Abb. 10.48. Die Bindung von Sauerstoff an Hämoglobin und Myoglobin

veolaren Kapillaren der Lunge zu den Gewebekapillaren. Der Sauerstoffpartialdruck in den ersteren (ca. 100 Torr = $1{,}33 \cdot 10^4$ Pa) ist ausreichend, um Hämoglobin praktisch zu 100% mit Sauerstoff zu beladen, den es an Stellen niedrigeren Sauerstoffpartialdruckes aufgrund seiner Bindungskurve abgeben kann. Ein Protein wie Myoglobin als Sauerstoffträger wäre hierbei außerordentlich ineffektiv. Es wirkt als Kurzzeit-O_2-Speicher in Muskelzellen. Myoglobin ist bereits bei kleinen Sauerstoffpartialdrücken voll gesättigt, würde somit nur bei sehr kleinen Drücken Sauerstoff abgeben. Auch bei kleinerer Affinität zu Sauerstoff wäre Myoglobin wesentlich ineffektiver als Hämoglobin, da aufgrund der hyperbolischen Bindungscharakteristik die Sauerstoffsättigung nur langsam mit dem Sauerstoffpartialdruck variiert.[*]

b) Regulation von Enzymaktivitäten. Enzyme mit sigmoider Bindungscharakteristik können als chemische Schalter zur Feinregulation von Metabolitkonzentrationen in der Zelle dienen (s. Abb. 10.42). Dies ist eine direkte Konsequenz des steilen Anstiegs der Größe m als Funktion der freien Konzentration des bindenden Liganden (vgl. Abb. 10.44). Zur quantitativen Erläuterung des Prinzips kehren wir zum sequentiellen Modell der Ligandenbindung zurück (Abb. 10.43) und nehmen an, dass das Endprodukt B in Abb. 10.42 als Ligand L für das Enzym E_1 wirkt. E_1 soll neben n Untereinheiten mit Bindungsstellen für B (mindestens) eine weitere katalytische Untereinheit mit einer Bindungsstelle für das Substrat A besitzen, die für den Umsatz von A in Z_1 verantwortlich ist.

---

[*] Ausführlichere Darstellung siehe z. B. Stryer L (1999) Biochemie. Spektrum, Heidelberg.

Wir wollen der Einfachheit halber annehmen, dass die Bindung eines einzigen Moleküls B an eine der n Untereinheiten von E_i die Bindungsstelle(n) der katalytischen Untereinheit für A so verändert, dass A nicht mehr gebunden werden kann. Umgekehrt soll die Bindung von A keine Auswirkungen auf die Bindung des Inhibitors B haben.

Unter dieser Annahme ist der Bruchteil c/c^0 aktiver Enzymmoleküle und damit der Bruchteil v_A/v_A^0 der von E_i katalysierten Umsatzgeschwindigkeit von A eine Funktion $g(c_B)$ (c^0 bzw. v_A^0 sind die entsprechenden Größen für $c_B = 0$):

$$\frac{v_A}{v_A^0} = \frac{c}{c^0} = g(c_B).$$
(10.205)

$g(c_B)$ kann folgendermaßen angegeben werden: Ausgehend von Abb. 10.43 und den in diesem Zusammenhang eingeführten Bezeichnungen gilt:

$$\frac{c}{c^0} = \frac{c^{00}}{c^{00} + c^{B0} + c^{0B} + c^{BB}}.$$
(10.206)

Unter Verwendung der Gln. (10.190) und (10.191) folgt hieraus, analog der Ableitung von Gl. (10.193) aus (10.192):

$$\frac{v_A}{v_A^0} = \frac{c}{c^0} = \frac{1}{1 + K_1 c_B (2 + K_2 c_B)}.$$
(10.207)

Bei fehlender Wechselwirkung der beiden Bindungsstellen für B (d.h. $K_1 = K_2 = K$) folgt:

$$\frac{v_A}{v_A^0} = \frac{1}{(1 + K c_B)^2}.$$
(10.208)

Bei starker positiver Kooperativität der Bindung $K_2 c_B \gg 1$, vgl. Gl. (10.196), folgt aus Gl. (10.207):

$$\frac{v_A}{v_A^0} = \frac{1}{1 + K^* c_B^2},$$
(10.209)

mit $K^* = K_1 K_2$.

Die (nicht triviale) Erweiterung dieses Modells auf n Bindungsstellen für B ergibt bei fehlender Kooperativität analog Gl. (10.195):

$$\frac{v_A}{v_A^0} = \frac{1}{(1 + K c_B)^n}$$
(10.210)

sowie bei starker positiver Kooperativität analog Gl. (10.198):

$$\frac{v_A}{v_A^0} = \frac{1}{1 + K^* c_B^n}.$$
(10.211)

Die Auftragung von Gl. (10.210) und Gl. (10.211) zeigt (s. Abb. 10.42), dass bei starker Kooperativität der Bindung des Inhibitors B eine befriedigende Annäherung an ein ideales Regulationsverhalten des Enzyms E_i erzielt wird, während

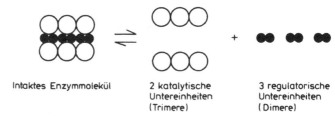

Intaktes Enzymmolekül

Abb. 10.49. Schematische Struktur der Aspartat-Carbamyltransferase [nach Lehninger AL (1985) Biochemie. VCH, Weinheim]

die Regulationseigenschaften bei fehlender Kooperativität nur sehr mäßig sind. Entsprechend weist auch der in Abschn. 10.7.3 diskutierte Mechanismus der kompetitiven Hemmung verhältnismäßig schlechte Regulationseigenschaften auf.

Das oben angewandte Modell stellt eine starke Vereinfachung der wirklichen Verhältnisse bei den in der Natur auftretenden regulatorischen Enzymen dar, ist jedoch zur Erklärung des Regulationsprinzips völlig ausreichend. Abb. 10.49 illustriert die Struktur der Aspartat-Carbamyl-transferase (ACTase), eines relativ gut untersuchten Vertreters dieser Art von (allosterischen) Enzymen. Die ACTase katalysiert die Reaktion

$$\text{Carbamylphosphat} + \text{L-Aspartat} \xrightarrow{\;\text{ACTase}\;} \text{N-Carbamyl-L-Aspartat} + \text{Phosphat}.$$

Diese stellt einen frühen Schritt in der enzymatischen Biosynthese des Pyrimidinnucleotids Cytidintriphosphat (CTP) dar. CTP wirkt als Endprodukt inhibierend auf die ACTase. Detaillierte biochemische Untersuchungen zeigten, dass die ACTase aus dem Bacterium *E. coli* aus zwei identischen katalytischen Untereinheiten sowie drei identischen regulatorischen Untereinheiten besteht. Jede katalytische Untereinheit trägt 3 Bindungsstellen für das Substrat Aspartat. Jede regulatorische Untereinheit kann zwei Moleküle des Inhibitors CTP binden. Jede katalytische bzw. regulatorische Untereinheit stellt somit selbst wieder ein Trimer bzw. Dimer aus identischen Untereinheiten dar.

10.8 Das Prinzip des detaillierten Gleichgewichts

Zum Abschluss des Kapitels Kinetik soll versucht werden, den Begriff des chemischen Gleichgewichts etwas genauer zu fassen und durch ein physikalisches Prinzip zu erweitern.

Zunächst wollen wir zum sequentiellen Modell der Ligandenbindung an Proteine zurückkehren (Abb. 10.43). Ein Ligandenmolekül, das auf ein Proteinmolekül mit zwei (oder mehr) freien Bindungsplätzen trifft, hat zwei (oder mehr) Möglichkeiten der Bindung. Wir haben in den Gln. (10.190) und (10.191) die Gleichgewichtskonstanten K_1 und K_2 auf die einzelne Bindungsstelle bezogen, d.h. gewissermaßen mikroskopisch definiert. In einem physikalisch-chemischen Experiment sind jedoch die Konzentrationen c^{L0} und c^{0L} nicht unabhängig messbar. Da die beiden Bindungsstellen ununterscheidbar sind, ist nur die Summe $c^{L0} + c^{0L}$ der Beobachtung zugänglich. In Ergänzung zu den oben genannten Gleichungen definiert man daher die **makroskopischen** (experimentell bestimmbaren) **Gleichgewichtskonstanten** $\bar{K}_1$ und $\bar{K}_2$ durch

$$\bar{K}_1 = \frac{c^{L0} + c^{0L}}{c^{00} c_L} \text{ sowie } \bar{K}_2 = \frac{c^{LL}}{\left(c^{L0} + c^{0L}\right) c_L}. \tag{10.212}$$

$\bar{K}_1$ und $\bar{K}_2$ sind also nicht auf die einzelne Bindungsstelle (wie K_1 und K_2), sondern auf das Gesamtmolekül bezogen. Die Verknüpfung der Gln. (10.190), (10.191) und (10.212) ergibt

$$\bar{K}_1 = 2K_1 \text{ und } \bar{K}_2 = K_2 / 2 . \tag{10.213}$$

In Abwesenheit kooperativer Bindungseffekte ($K_1 = K_2 = K$) folgt aus Gl. (10.213):

$$\bar{K}_1 = 4\bar{K}_2 , \tag{10.214}$$

d.h. trotz Identität der mikroskopischen Gleichgewichtskonstanten unterscheiden sich die makroskopisch beobachtbaren. Diese Tatsache trägt z.b. mit dazu bei, dass die beiden pK-Werte von Dicarbonsäuren verschieden sind.

Ein Protein mit n Ligandenbindungsstellen weist entsprechend n verschiedene Gleichgewichtskonstanten $\bar{K}_i$ auf. Für den Spezialfall n identischer und voneinander unabhängiger Bindungsstellen (d.h. $K_1 = K_2 = \dots K_n = K$) ergibt eine entsprechende Analyse:

$$\bar{K}_i = K \frac{n - i + 1}{i} . \tag{10.215}$$

Wir wenden uns jetzt einer weiteren Besonderheit komplexerer Reaktionsmechanismen zu, nämlich zyklischen Reaktionsschemen, wie wir sie im Rahmen der nicht-kompetitiven Hemmung kennen gelernt haben (Gl. 10.177). Das einfachst mögliche zyklische Reaktionsschema ist offensichtlich durch ein Drei-Komponenten-System gegeben:

$$\underset{C}{\overset{A \underset{k_{-1}}{\overset{k_1}{\rightleftharpoons}} B}{\underset{k_3 \quad k_{-3} \quad k_{-2} \quad k_2}{}}} \tag{10.216}$$

Das **Prinzip des detaillierten Gleichgewichts** macht Aussagen zum Gleichgewichtszustand derartiger Systeme. Es besagt, dass sich das Gleichgewicht auf alle Teilreaktionen des Zyklus erstreckt. Dies bedeutet insbesondere, dass der nachfolgende Spezialfall endlicher Werte von k_1, k_2 und k_3 sowie verschwindender Werte für k_{-1}, k_{-2} und k_{-3} ausgeschlossen wird:

Eine derartige Reaktion, die ohne Energieverbrauch kontinuierlich (d.h. zeit-unabhängig) ablaufen würde, wäre mit den Gesetzen der klassischen Thermody-namik im Einklang. Das Prinzip des detaillierten Gleichgewichts stellt daher eine Einschränkung thermodynamischer Prinzipien dar.

Die praktische Bedeutung dieses Prinzips liegt bei der Modellierung komplexe-rer chemischer und biochemischer Reaktionen, wie aus der nachfolgenden Be-trachtung hervorgeht. Die Anwendung auf Schema (10.216) ergibt, dass das Gleichgewicht zwischen den Komponenten A und B Weg-unabhängig sein muss. D.h. man erhält dasselbe Resultat, gleichgültig ob man den direkten Weg von A nach B (und umgekehrt) oder den Umweg über die Komponente C wählt. Es gilt:

$$K_1 = \frac{\overline{c}_B}{\overline{c}_A} = \frac{\overline{c}_B}{\overline{c}_C} \cdot \frac{\overline{c}_C}{\overline{c}_A} = \frac{1}{K_2 K_3}, \qquad (10.217)$$

mit $K_1 = k_1/k_{-1}$, $K_2 = k_2/k_{-2}$ und $K_3 = k_3/k_{-3}$. Eine andere Form von Gl. (10.217) lautet:

$$\frac{k_1 k_2 k_3}{k_{-1} k_{-2} k_{-3}} = 1. \qquad (10.218)$$

Die Geschwindigkeitskonstanten eines zyklischen Reaktionsschemas sind somit nicht unabhängig voneinander. Dies bedeutet, dass bei der Anpassung experimen-teller Daten an das Schema (durch Wahl geeigneter Werte für die Geschwindig-keitskonstanten) stets Relationen vom Typ der Gl. (10.218) eingehalten werden müssen. Dies gilt auch für zyklische Reaktionen im Rahmen von Transportphäno-menen über biologische Membranen (z.B. Carriertransport, s. Abschn. 9.3.6).

Wegen der strikten Anwendung der Gleichgewichtsbedingung auf alle (mikro-skopischen) Teilreaktionen eines Schemas wird das *Prinzip des detaillierten Gleichgewichts* auch als *Prinzip der mikroskopischen Reversibilität* bezeichnet.

Weiterführende Literatur zur „Kinetik"

Ahlers J, Arnold A, Döhren R, Peter HW (1982) Enzymkinetik. Fischer, Stuttgart
Bernasconi CF (1976) Relaxation kinetics. Academic Press, New York
Bisswanger H (2002) Enzyme kinetics: principles and methods. Wiley-VCH, Weinheim
Bohl E (2006) Mathematik in der Biologie, 4. Aufl. Springer, Berlin Heidelberg New York
Cantor CR, Schimmel PR (1980) Biophysical chemistry. Freeman, San Francisco
Cornish-Bowden A (1995) Fundamentals of enzyme kinetics. Portland, Colchester
Eigen M (1968) New looks and outlooks on physical enzymology. Quart Rev Biophys 1: 3-33
Fersht A (1999) Structure and mechanism in protein science. A guide to enzyme catalysis and protein folding. Freeman, New York

Frost AA, Pearson RG (1964) Kinetik und Mechanismen homogener chemischer Reaktionen. VCH, Weinheim

Gugeler N, Klotz U (2000) Einführung in die Pharmakokinetik. Govi, Eschborn

Hammes GG (1982) Enzyme catalysis and regulation. Academic Press, New York

Jacquez JA (1972) Compartmental analysis in biology and medicine. Elsevier, Amsterdam

Jordan PC (1981) Chemical kinetics and transport. Plenum, New York

Lutz I, Sieg A, Wegener AA, Engelhard M, Boche I, Otsuka M, Oesterheld D, Wachtveitl J, Zinth W (2001) Primary reactions of sensory rhodopsins. Proc Natl Acad Sci USA 2001: 962-967

Laidler KJ (1987) Chemical kinetics. Harper & Row, New York

May RM (1980) Theoretische Ökologie. VCH, Weinheim

Meier J, Rettig H, Hess H (Hrsg) (1981) Biopharmazie. Theorie und Praxis der Pharmakokinetik. Thieme, Stuttgart

Pfeifer S, Pflegel P, Borchert HU (1995) Biopharmazie. Pharmakokinetik, Bioverfügbarkeit, Biotransformation. Ullstein Mosby, Berlin

Strehlow H, Knoche W (1977) Fundamentals of chemical relaxation. VCH, Weinheim

Wilson EO, Bossert WH (1973) Einführung in die Populationsbiologie. Springer, Berlin Heidelberg New York

Wissel C (1989) Theoretische Ökologie. Eine Einführung. Springer, Berlin Heidelberg New York

Zachmann HG (1994) Mathematik für Chemiker. Wiley-VCH, Weinheim

Übungsaufgaben zu „Kinetik"

10.1 ^{14}C ist ein radioaktives Kohlenstoffisotop mit einer Halbwertszeit $t_{1/2}$ von 5730 Jahren. Es wird in jeden lebenden Organismus in einem festen Verhältnis zum stabilen Isotop ^{12}C (ca. 10^{-10}) eingebaut. Nach dem Tod des Organismus wird kein Kohlenstoff mehr aufgenommen und das vorhandene ^{14}C zerfällt. Aus der Restmenge kann man das Alter des toten Organismus bestimmen.

In einer Mumie fand man, dass der ^{14}C-Gehalt auf 65% des Anfangswertes zurückgegangen war. Wie alt war die Mumie?

10.2 Gegeben sei eine Reaktion 2. Ordnung, die mit der Geschwindigkeitskonstanten k ablaufe:

$$A + B \xrightarrow{\ k\ } \text{Produkte.}$$

a) Man berechne den Zeitverlauf der Reaktion unter der Annahme, dass die Ausgangskonzentrationen c_A^0 und c_B^0 identisch sind!

b) Man gebe die Halbwertszeit $t_{1/2}$ der Reaktion als Funktion von c_A^0 an!

c) Unter Verwendung der gefundenen Beziehung berechne man die Halbwertszeit der Verseifung von Essigsäureethylester durch Natriumhydroxid unter der Annahme, dass beide 0,01 M bei Reaktionsbeginn vorliegen (mit $k = 0{,}66$ l/mol min).

10.3 Die thermische Zersetzung von Acetaldehyd in der Gasphase lässt sich gemäß

$$2\ CH_3CHO \xrightarrow{\ k\ } 2\ CH_4 + 2\ CO$$

durch eine Reaktion 2. Ordnung beschreiben. Die Reaktion werde bei konstantem Volumen und Temperatur durchgeführt und über die Druckzunahme im Reaktionsgefäß zeitlich verfolgt.

Geben Sie den zeitlichen Verlauf des Druckes an unter der Annahme, dass der Druck P der Gesamtkonzentration c_g aller Moleküle proportional ist ($c_g = aP$, wobei a = const.) und dass zu Reaktionsbeginn nur Acetaldehyd vorliegt!

10.4 Wir betrachten die folgende zweistufige Reaktion

$$A + B \underset{k_{-1}}{\overset{k_1}{\rightleftarrows}} Z$$

$$Z \xrightarrow{\ k\ } C.$$

Stellen Sie die kinetischen Gleichungen für die Konzentrationen der vier Reaktionsteilnehmer auf. Zeigen Sie, dass es zwei stöchiometrische Beziehungen zwischen den Reaktionspartnern gibt, sodass sich die Zahl der unabhängigen Konzentrationsvariablen auf zwei reduziert (Anfangsbedingung: $c_A^0 \neq 0$, $c_B^0 \neq 0$, $c_Z^0 = c_C^0 = 0$).

Für die weitere Lösung des Problems (die in Abschn. 10.6 behandelt wird) genügt es daher, sich auf zwei gekoppelte Differentialgleichungen zu beschränken.

10.5 Wir betrachten eine Reaktion vom Typ

$$A + B \underset{k_{-1}}{\overset{k_1}{\rightleftarrows}} AB$$

Ihre Gleichgewichtskonstante sei K = 10^6 l/mol. Eine kinetische Untersuchung mit den Ausgangskonzentrationen $c_A^0 = 10^{-5}$ M, $c_B^0 = 10^{-4}$ M und $c_{AB}^0 = 0$ ergab, dass die Konzentration c_A nach 71,3 s auf die Hälfte der Ausgangskonzentration abgesunken war. Vergewissern Sie sich, dass nach diesem Zeitraum die Rückreaktion noch vernachlässigbar war (d.h. nur wenige Prozent der Rate der Hinreaktion betrug) und berechnen Sie die Geschwindigkeitskonstanten k_1 und k_{-1}!

10.6 Welche Aktivierungsenergie liegt der Faustregel $Q_{10} = 2$ zugrunde (T = 300 K)?

10.7 Ein Versuchstier erhält zum Zeitpunkt $t = 0$ eine einmalige intravenöse Injektion eines Pharmakons (Gesamtmenge m_0). Das Pharmakon verteile sich gleichmäßig im Blutplasma, das daher als ein einheitliches Kompartiment angesehen werden kann. Von der Menge m_P im Plasma wird pro Zeiteinheit ein Bruchteil k_m durch metabolische Prozesse abgebaut, ein weiterer Bruchteil k_b wird über den Urin ausgeschieden.

Berechnen Sie die Zeitabhängigkeit $m_P(t)$ der Menge des Pharmakons im Blutplasma sowie jene der Menge $m_U(t)$, die über den Urin ausgeschieden wird!

Zeigen Sie, wie man bei Kenntnis von m_0 durch Messung von $m_P(t)$ und von $m_U(t)$ die Eliminationskonstanten k_m und k_b ermitteln kann! Weiterhin kann durch Messung der Konzentration des Pharmakons im Blutplasma das Volumen V_P dieses Kompartiments bestimmt werden.

10.8 Wir betrachten eine Population, deren Wachstumskoeffizient r umgekehrt proportional zur Populationsgröße N ist (d.h. $r = a/N$). Berechnen Sie die Zeitabhängigkeit $N(t)$ der Populationsgröße ($N(t = 0) = N_0$).

10.9 Die Spaltung von Saccharose in Fructose und Glucose lässt sich durch eine Reaktion 1. Ordnung beschreiben. Die experimentell ermittelte Geschwindigkeitskonstante k beträgt bei 15 °C $7{,}5 \cdot 10^{-7}$ s^{-1}, bei 25 °C $3{,}42 \cdot 10^{-6}$ s^{-1}.
a) Man berechne die Arrhenius'sche Aktivierungsenergie!
b) Welcher Anteil Q der Moleküle besitzt bei 15 °C eine kinetische Energie, die mindestens der Aktivierungsenergie entspricht?
(Hinweis: Behandlung wie Gasreaktion!)
c) Wie viele Moleküle N in einem Liter einer 0,01 M Saccharose-Lösung besitzen in jedem Augenblick die erforderliche Energie, um bei 15 °C gespalten zu werden.

10.10 Der Zerfall von gasförmigem Jodwasserstoff HJ erfolgt nach einer Reaktion 2. Ordnung. Für die Temperaturabhängigkeit der Geschwindigkeitskonstante k (in l/mol s; T in K) fand man den experimentellen Zusammenhang

$$\ln\left(\frac{k}{1\,\mathrm{mol}^{-1}\mathrm{s}^{-1}}\right) = \frac{-22 \cdot 10^3\,\mathrm{K}}{T} + 0{,}5\ln\left(\frac{T}{\mathrm{K}}\right) + 21{,}4\,.$$

Unter der Annahme, dass die Reaktion bimolekular verläuft (2 HJ $\xrightarrow{\ k\ }$ H$_2$ + J$_2$) berechne man durch Vergleich mit den entsprechenden Gleichungen der Stoßtheorie die Aktivierungsenergie E_a in kJ/mol sowie den Durchmesser d_{HJ} des Jodwasserstoffmoleküls ($p = 1$; Molmasse $M_{HJ} = 128$ g/mol).
(Hinweis: Alle Gleichungen als Größengleichungen behandeln!)

10.11 Wir betrachten eine ruhende kugelförmige Zelle vom Radius 10 µm, die an der Außenseite ihrer Plasmamembran Bindungsstellen für ein Hormon H besitzt (1 Bindungsstelle pro 100 nm^2 Membranoberfläche). Die Hormonkonzentration im extrazellulären Medium werde schlagartig von null auf 10^{-8} M erhöht.
Wie lange dauert es, bis alle Bindungsstellen mit Hormon abgesättigt sind, falls die Reaktion diffusionskontrolliert verläuft (d.h. alle auf die Membranoberfläche stoßenden Hormonmoleküle gebunden werden, solange eine Bindungsstelle unbesetzt ist) und die Rückreaktion vernachlässigt wird? (Radius der Hormonmoleküle 1 nm, Diffusionskoeffizient 10^{-6} cm^2/s).

10.12 Die DNA von 10^{10} E. coli-Zellen wird isoliert und in 3 ml Puffer gelöst. Die Absorption der Nucleotide bei 260 nm wird in einer Küvette mit einem Lichtweg $l = 1$ cm zu $A = 0{,}7$ gemessen.

Wie viel Nucleotide enthält die DNA einer *E. coli*-Zelle, wenn der mittlere dekadische Absorptionskoeffizient der Nucleotide bei 260 nm 7000 l/mol cm beträgt?

10.13 Ein Protein besitze zwei Konformationen, deren Umwandlung ineinander beschrieben werde durch:

$$A \underset{k_{-1}}{\overset{k_1}{\rightleftharpoons}} B \ .$$

Das zum Zeitpunkt $t = 0$ herrschende Gleichgewicht (Konzentrationen $\vec{c}_A$ und $\vec{c}_B$) werde durch einen Temperatursprung gestört. Man berechne den Zeitverlauf $c_A(t)$ einschließlich der Relaxationszeit τ, mit der sich das System in das neue Gleichgewicht ($\vec{c}_A''$ und $\vec{c}_B''$) bewegt (ohne Näherung)!

10.14 In Abschn. 10.5.3 wird in Beispiel 3 die Bewegung von hydrophoben Ionen über die innere Membranbarriere betrachtet. Das in Abb. 10.30 skizzierte Problem entspricht formal dem in Aufgabe 10.13 behandelten Problem. Verwenden Sie die Lösung von 10.13 zur Berechnung des Relaxationsstromes $I(t)$, der bei einem Spannungssprung-Experiment beobachtet wird. Verifizieren Sie unter Beachtung der dort angegebenen Hinweise die Gln. (10.138) bis (10.141).

10.15 Gegeben sei eine Reaktion aus 2 Schritten:

$$A + B \underset{k_{-1}}{\overset{k_1}{\rightleftharpoons}} Z;$$

$$Z + B \overset{k}{\longrightarrow} C.$$

Wir nehmen an, dass die Konzentration c_Z des Zwischenproduktes Z hinreichend klein bleibt, sodass ein quasi-stationärer Bereich für c_Z existiert. Geben Sie einen Ausdruck für die Reaktionsgeschwindigkeit $v = dc_C/dt$ als Funktion von c_A und c_B an und prüfen Sie, unter welchen Umständen man den obigen zweistufigen Mechanismus von der einstufigen trimolekularen Reaktion

$$A + 2B \overset{k}{\longrightarrow} C$$

unterscheiden kann!

10.16 Lindemann und Hinshelwood (1922) haben zum detaillierten Ablauf von Gasreaktionen, die sich kinetisch „quasi-monomolekular" verhalten, die folgende Hypothese vorgeschlagen:
1) Beim Zusammenstoß zweier Gasmoleküle A kann eines der beiden Moleküle in einen aktivierten Zustand A* überführt werden:

$$A + A \overset{k_1}{\longrightarrow} A* + A.$$

2) Das aktivierte Molekül A* besitzt die Chance eines monomolekularen Zerfalls in ein Produkt P:

$$A* \xrightarrow{\;k_2\;} P.$$

3) Außerdem kann A* durch Zusammenstoß mit einem „inaktiven" Molekül A „desaktiviert" werden:

$$A* + A \xrightarrow{\;k_{-1}\;} A + A$$

Die Konzentration c_A^* der aktivierten Moleküle A* kann als sehr klein angesehen werden. Daher kann man in guter Näherung annehmen, dass für c_A^* ein quasistationärer Bereich vorliegt. Zeigen Sie, dass sich unter dieser Annahme (sowie der Zusatzbedingung $k_{-1}c_A \gg k_2$) das Reaktionsschema „quasi-monomolekular" verhält, d.h. die Reaktionsgeschwindigkeit dc_A/dt linear von c_A abhängt!

Bei hinreichend kleinem Gasdruck, d.h. genügend kleiner Konzentration c_A, hingegen gilt: $k_{-1}c_A \ll k_2$. Zeigen Sie, dass sich die Gesamtreaktion in diesem Bereich „quasi-bimolekular" verhält!

Im Experiment wurde die Lindemann'sche Hypothese bestätigt, d.h. mit zunehmendem Gasdruck ein Übergang von quasi-bimolekularem zu quasi-monomolekularem Verhalten beobachtet.

10.17 Acetylcholinesterase katalysiert die Spaltung von Acetylcholin in Acetat und Cholin. Wie groß ist die Wechselzahl dieses Enzyms und wieviel Acetylcholin (mol/l) wird pro Minute bei einer totalen Enzymkonzentration von 10^{-5} g/l und einer Acetylcholinkonzentration von 10^{-2} M gespalten? (spez. Aktivität des Enzyms 10^4 units/mg, $K_M = 9 \cdot 10^{-5}$ M, Molmasse $2,3 \cdot 10^5$ g/mol). Wie lange ist die Reaktionsgeschwindigkeit (nach Ablauf der Mischphase) etwa stationär (bei einer maximal zugelassenen Abweichung von 10%)?

10.18 Wir betrachten ein Enzym E, das ein Substrat S umsetzt. Es wird durch den Inhibitor I nach dem in Gl. (10.177) dargestellten Reaktionsschema nichtkompetitiv inhibiert.

Man findet für die stationäre Reaktionsgeschwindigkeit v_P im Spezialfall kleiner Umsatzrate ($k_P \ll k_{-1}$):

$$v_P = \frac{v_P^{max}}{\left(1 + \dfrac{K_S}{c_S}\right)\left(1 + \dfrac{c_I}{K_I}\right)} \quad \text{mit}$$

$$K_I = l_{-1}/l_1, \; K_S = k_{-1}/k_1, \; v_P^{max} = k_P \cdot c_E^t \;.$$

Diskutieren Sie dieses Resultat in den Diagrammen $v_P = f(c_S)$, $1/v_P = f(1/c_S)$ (Lineweaver-Burk) und $v_P = f(v_P/c_S)$ (Eadie-Hofstee)!

11 Strahlenbiophysik und Strahlenbiologie

Wir haben bereits in vorhergehenden Kapiteln vereinzelt biophysikalische Aspekte der Umweltproblematik angesprochen und wollen uns im letzten Abschnitt dieses Buches den viel diskutierten Problemen der biologischen Wirkungen energiereicher Strahlung zuwenden.

Sichtbares Licht ist für die Energiegewinnung (Photosynthese) und Informationsübermittlung (Photorezeption) lebender Organismen von großer Bedeutung. Energiereiche Strahlung hingegen wird in der Regel zu den Umweltnoxen gezählt. Unter energiereich wird hierbei häufig die Fähigkeit der entsprechenden Strahlung verstanden, Moleküle zu ionisieren. Energiereiche Strahlung wird deshalb (vereinfachend) auch als *ionisierende Strahlung* bezeichnet. Untersuchungen über die Einwirkung energiereicher Strahlung auf lebende Materie werden unter den Oberbegriffen *Strahlenbiophysik und Strahlenbiologie* zusammengefasst. Hierbei beinhaltet der zuerst genannte Begriff vorwiegend die physikalischen und physikalisch-chemischen Aspekte der Strahlenwirkung, während der Strahlenbiologe mehr die biologischen Konsequenzen ins Auge fasst.

Trotz ihrer schädlichen Wirkung auf den menschlichen und tierischen Organismus können energiereiche Strahlen außerordentlich nutzbringend in der Medizin angewandt werden (Röntgendiagnostik, Nuklearmedizin, Strahlentherapie). Ein wesentlicher Teil der Strahlenexposition des modernen Menschen rührt von diesen medizinischen Anwendungen her. Als Emitter energiereicher Strahlen werden radioaktive Isotope auf vielen Gebieten der Forschung und Technik zum Nachweis kleinster Molekülkonzentrationen verwendet.

Bevor wir uns den biologischen Wirkungen energiereicher Strahlen zuwenden, wollen wir uns einen kurzen Überblick über einige physikalische Grundphänomene energiereicher Strahlung verschaffen, deren detailliertere Darstellung jedoch den entsprechenden Lehrbüchern vorbehalten bleiben muss.

11.1 Energiereiche Strahlung

11.1.1 Elektromagnetische Strahlung und Atomstruktur

Nach der Maxwell'schen Theorie des Elektromagnetismus führt jede beschleunigte Bewegung einer elektrischen Ladung zur Abstrahlung von Energie in Form von elektromagnetischen Wellen. Ein oszillierender Dipol emittiert Wellen, die seiner

Schwingungsfrequenz entsprechen. Elektromagnetische Wellen sind Transversalwellen der elektrischen Feldstärke $\vec{E}$ und der magnetischen Feldstärke $\vec{H}$, deren Vektoren senkrecht zueinander und senkrecht zur Ausbreitungsrichtung orientiert sind (Abb. 11.1). Zwischen Frequenz v und Wellenlänge λ der Strahlung besteht der Zusammenhang

$$\lambda v = c \tag{11.1}$$

[c = Ausbreitungsgeschwindigkeit der Strahlung (Lichtgeschwindigkeit), $c = 3 \cdot 10^8$ m/s im Vakuum].

Die Wellennatur elektromagnetischer Strahlung kann durch Interferenz- und Beugungsversuche demonstriert werden. Unter anderen Versuchsbedingungen (z.B. beim photoelektrischen Effekt) verhält sich elektromagnetische Strahlung jedoch wie eine Vielzahl kleinster Energiepakete. Diese *Lichtquanten* oder *Photonen* besitzen eine Energie E und einen Impuls $\vec{P}$, die durch die Frequenz v der Strahlung bestimmt sind:

$$E = hv \tag{11.2}$$

$$P = hv/c. \tag{11.3}$$

Der Proportionalitätsfaktor h wird als *Planck'sches Wirkungsquantum* bezeichnet ($h = 6{,}62 \cdot 10^{-34}$ Js). Die Beziehungen weisen auf die enge Verflechtung von Wellennatur (Frequenz v) und Korpuskelnatur (Energie und Impuls von Lichtquanten) bei der elektromagnetischen Strahlung hin, die man – bildlich ausgedrückt – als zwei Seiten einer Medaille ansehen kann. Man spricht vom *Dualismus Welle-Korpuskel*.

Die Energie von Lichtquanten wird in der Atomphysik in *Elektronenvolt* (eV) angegeben. 1 eV entspricht der Energie, die ein Elektron (Ladung e_0) beim Durchlaufen einer Spannungsdifferenz ΔV von 1 Volt aufnimmt.

Letztere ist durch $e_0 \Delta V = 1{,}6 \cdot 10^{-19}$ VAs (J) gegeben. Häufig benutzte dezimale Vielfache dieser Einheit:

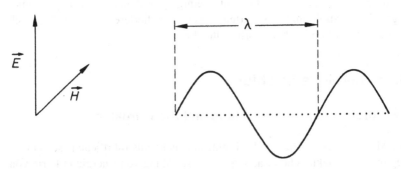

Abb. 11.1. Elektromagnetische Strahlung als Transversalwellen der elektrischen und magnetischen Feldstärke

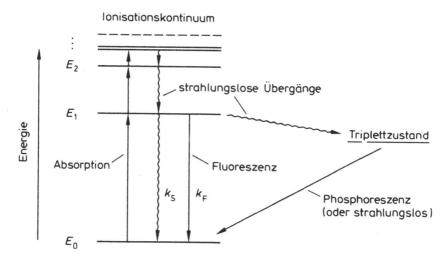

Abb. 11.2. Molekulares Energieschema (vereinfacht) und elektromagnetische Strahlung. k_s und k_F stellen Übergangsraten vom Zustand E_1 in den Grundzustand E_0 dar (s. Abschn. 11.2.2)

$$10^3 \text{ eV} = 1 \text{ keV (k = Kilo)}$$

$$10^6 \text{ eV} = 1 \text{ MeV (M = Mega)}.$$

Die Quantennatur elektromagnetischer Strahlung korrespondiert mit der Struktur der Atome. Bekanntlich können die Elektronen der Atomhülle nur diskrete Energieniveaus einnehmen. Der Übergang zwischen den Energieniveaus kann durch Absorption oder Emission von Lichtquanten erfolgen (Abb. 11.2). Der zuletzt genannte Prozess wird als *Fluoreszenz* oder (falls er von einem Triplettzustand ausgeht) als *Phosphoreszenz* bezeichnet. Der Übergang von einem höheren in ein tieferes Energieniveau kann auch strahlungslos vor sich gehen. In diesem Fall erscheint die frei werdende Energie als Wärme.

Der Abstand der Energieniveaus $\Delta E_{i,j}$ und damit die Energie der emittierten Strahlung beim Übergang von einem angeregten Zustand eines Atoms in den Grundzustand nimmt mit der Ordnungszahl Z des Atoms stark zu.

Wie die Hülle, so weist auch der Atomkern eine diskrete Energiestruktur auf. Auch hier kann der Übergang von einem höheren zu einem tieferen Energieniveau zur Emission elektromagnetischer Strahlung führen. Sie ist jedoch im Vergleich zur Strahlung der Atomhülle erheblich energiereicher. Diese sog. *Gammastrahlung* begleitet häufig den radioaktiven Zerfall (s. 11.1.2). Eine weitere Quelle sehr energiereicher elektromagnetischer Strahlung stellt die Höhenstrahlung aus dem Weltraum dar. Sie bildet einen Teil der natürlichen Strahlenexposition des Menschen (s. Abschn. 11.7).

Tabelle 11.1. Das elektromagnetische Energiespektrum

Energie E/eV	Wellenlänge λ/m	Bezeichnung
$< 10^{-3}$	$> 10^{-3}$	elektrische Wellen (Radiowellen)
$10^{-3}\text{-}10^{2}$	$10^{-3}\text{-}10^{-8}$	infrarotes, sichtbares und ultraviolettes Licht
$> 10^{2}$	$< 10^{-8}$	energiereiche Strahlen (Röntgen- und γ-Strahlung, Höhenstrahlen)

Tabelle 11.1 zeigt einen groben Überblick über das gesamte Spektrum elektromagnetischer Strahlung von den Radiowellen bis zur Höhenstrahlung. Die Grenzen sind jeweils etwas willkürlich gezogen und nicht streng zu definieren. Dies gilt auch für den Begriff *energiereiche Strahlung*. Wir wollen darunter im Folgenden Strahlung mit einer Energie E von etwa 10-100 eV und darüber verstehen. Dies schließt einen Teil des ultravioletten Spektralbereiches mit ein.

Erzeugung energiereicher elektromagnetischer Strahlung
Neben den erwähnten natürlichen Quellen (Gammastrahlung und kosmische Strahlung) bestehen die **Röntgenstrahlen** (in der englischsprachigen Literatur *X-rays*) als künstliche Quelle. Röntgen fand im Jahre 1895, dass bei bestimmten Gasentladungen eine Strahlung entsteht, die in der Lage ist, Materie zu durchdringen und Fluoreszenzstoffe zum Leuchten zu erregen. Die nach ihm benannte Strahlung elektromagnetischer Natur entsteht immer dann, wenn energiereiche Elektronen auf Materie treffen. Man kann sie relativ bequem in einer Vakuumröhre erzeugen, in der Elektronen durch eine Hochspannung auf hohe kinetische Energie gebracht werden (Abb. 11.3).

Die Elektronen „verdampfen" aus einer elektrisch aufgeheizten Kathode (Heizspannung V_H) und werden durch die Hochspannung (ca. $10^4\text{-}3\cdot10^5$ Volt) auf die positive Anode hin beschleunigt, wo sie beim Auftreffen abgebremst werden. Ein Teil ihrer kinetischen Energie wird dabei in elektromagnetische Strahlung verwandelt. Die Abb. 11.4 zeigt schematisch ein Wellenlängenspektrum dieser Strahlung.

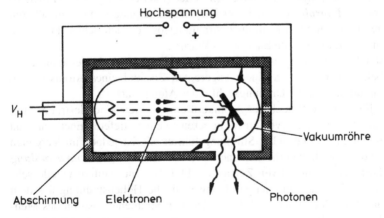

Abb. 11.3. Prinzip einer Röntgenröhre

Abb. 11.4. Wellenlängenspektrum
einer Röntgenröhre (schematisch)

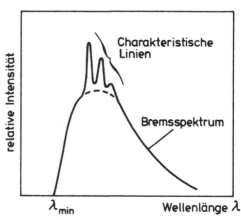

Es besteht aus einer „kontinuierlichen" und einer „diskreten" Komponente. Die **kontinuierliche Bremsstrahlung** entsteht beim Abbremsen der Elektronen im Kernfeld der Anodenatome (häufig Wolfram). Nach der Maxwell'schen Theorie führt jede beschleunigte Bewegung geladener Teilchen (auch bei negativer Beschleunigung) zur Emission elektromagnetischer Strahlung.

Eine einfache Betrachtung erlaubt, die maximale Energie der emittierten Photonen anzugeben. Falls die gesamte kinetische Energie $E = e_0 U$ eines Elektrons in einem einzigen Bremsakt in die Energie eines Photons umgesetzt wird, so gilt nach Gl. (11.2) (U = Röhrenspannung):

$$(h \nu)_{max} = e_0 U \tag{11.4}$$

oder mit Gl. (11.1)

$$\lambda_{min} = \frac{hc}{e_0 U} . \tag{11.5}$$

Bei einer Röhrenspannung von 10^5 Volt beträgt die maximale Photonenenergie nach Gl. (11.4) somit 10^5 eV. In der Regel wird jedoch der größere Teil der kinetischen Energie der Elektronen in Wärme verwandelt (d.h. $h \nu < (h \nu)_{max}$). Die Anode muss daher gekühlt werden.

Dem kontinuierlichen Bremsspektrum sind die diskreten Linien der **charakteristischen Strahlung** überlagert. Diese Bezeichnung soll ausdrücken, dass die Linien für das jeweilige Anodenmaterial charakteristisch sind. Sie rühren von Elektronenübergängen in der Hülle der Anodenatome her. Dies bedeutet, dass beim Abbremsen der Elektronen Übergänge in höhere Energieniveaus stattfinden. Die Rückkehr in den Grundzustand kann unter Emission elektromagnetischer Strahlung vor sich gehen, deren Energie charakteristisch ist für das Energieschema der Atome des Anodenmaterials (Röntgenfluoreszenz, vgl. Abb. 11.2).

Die Röntgenstrahlen werden von der Anode nach allen Seiten emittiert. In der Regel wird jedoch nur ein kleiner Bereich aus einer Abschirmung ausgeblendet.

Man erreicht dadurch bessere Abbildungseigenschaften bei medizinischen Anwendungen und schützt Patient und Personal vor einer unnötigen Strahlenexposition.

11.1.2 Atomkerne und Strahlung

Wir wollen in diesem Abschnitt abrissartig einige Eigenschaften von Atomkernen beschreiben, die für das Verständnis der Eigenschaften energiereicher Strahlen, ihrer Wechselwirkung mit toter und lebender Materie sowie für den Strahlenschutz bedeutsam sind.

Bausteine der Atomkerne sind bekanntlich Protonen (mit einer positiven Einheitsladung) sowie die neutralen Neutronen. Beide besitzen annähernd gleiche Masse und werden als *Nukleonen* bezeichnet. Die Zahl der Protonen entspricht der Zahl der Hüllenelektronen, sodass das Atom als Ganzes neutral erscheint. Man charakterisiert Kerne daher durch die Zahl der Protonen Z_p (= *Ordnungszahl Z*) sowie durch die Gesamtzahl an Protonen und Neutronen (*Massenzahl* oder *Nukleonenzahl* $Z_p + Z_N$) und benutzt die Bezeichnungsweise:

$$^{(Z_p + Z_N)}_{Z_p} X .$$

Beispiel: Der Urankern $^{238}_{92}U$ besteht aus 92 Protonen und 146 Neutronen.

Isotope: So bezeichnet man Kerne mit gleicher Protonenzahl Z_p, die sich in der Zahl der Neutronen unterscheiden. Die entsprechenden Atome weisen somit dieselbe Zahl an Elektronen auf und verhalten sich chemisch weitgehend gleichartig. Natürliche Elemente bestehen häufig aus einem Gemisch verschiedener Isotope.

Beispiel: Natürlich gewonnenes Kalium besteht zu etwa 93% aus dem Isotop $^{39}_{19}K$. Den Rest teilen sich die Isotope $^{40}_{19}K$ (ca. 0,01%) und $^{41}_{19}K$ (ca. 7%).

Der radioaktive Zerfall. Er besteht in einer spontanen Kerntransformation, die unter Aussendung von energiereicher Teilchenstrahlung (radioaktiv = strahlungsaktiv) vor sich geht. Im Gegensatz zur elektromagnetischen Strahlung, die sich mit Lichtgeschwindigkeit ausbreitet, ist die Geschwindigkeit der emittierten Teilchen stets kleiner als die Lichtgeschwindigkeit und hängt von der Teilchenenergie ab. Der transformierte Kern unterscheidet sich in einer charakteristischen Weise, die von der Art der emittierten Teilchen abhängt, vom Ausgangskern in der Zahl der Protonen und Neutronen. Die Kerntransformation führt außerdem häufig nicht zum Grundzustand des Folgekerns, sondern zu einem angeregten Zustand. Letzterer geht dann in der Regel durch Aussendung von energiereicher elektromagnetischer Strahlung, die γ-Strahlung genannt wird, in den Grundzustand über (s. Abb. 11.6). Die erwähnte Teilchenstrahlung wird daher häufig von γ-Strahlung begleitet.

Teilchenstrahlungen können im *Massenspektrometer* charakterisiert werden. Dieses Gerät erlaubt durch Ablenkung der Teilchen in magnetischen und elektrischen Feldern die Bestimmung des Verhältnisses Teilchenmasse/Ladung.

Der radioaktive Zerfall tritt bei den in der Natur vorkommenden Atomkernen fast ausschließlich bei hohen Ordnungszahlen Z auf. Es existiert jedoch eine große Zahl künstlich erzeugter Atomkerne (s. Kernumwandlungen Abschn. 11.1.2), die dieses Phänomen auch bei kleinen Ordnungszahlen zeigen. Die Untersuchung der emittierten Teilchenstrahlung ergab im Wesentlichen 2 Arten von Teilchen, die als α- und β-Teilchen bezeichnet wurden. Der entsprechende Kernzerfall wird α- und β-Zerfall genannt.

Radioaktive Kerne einer bestimmten Atomart mit vorgegebener Massenzahl und Protonenzahl werden allgemein als *Radionuklide* oder *Radioisotope* bezeichnet. Der zuletzt genannte Ausdruck wird vor allem dann gebraucht, wenn neben dem radioaktiven Nuklid natürlich vorkommende stabile Isotope desselben chemischen Elements existieren. Dies ist bei den in der biologischen Forschung verwendeten künstlichen Radioisotopen so gut wie stets der Fall.

α-Strahlen. Ihre Charakterisierung ergab, dass ein α-Teilchen aus zwei Protonen und zwei Neutronen besteht. α-Teilchen entsprechen somit den Kernen von Heliumatomen und sind zweifach positiv geladen. Beim α-Zerfall nimmt daher die Kernladung (= Ordnungszahl Z) um 2 und die Massenzahl um 4 Einheiten ab. Der radioaktive Zerfall kann als monomolekulare Reaktion aufgefasst werden (s. Abschn. 10.1.4.1). Mit der oben eingeführten Kerncharakterisierung kann man ihn daher wie eine chemische Reaktion schreiben.

Beispiele:

$$^{238}_{92}U \rightarrow {}^{234}_{90}Th + {}^{4}_{2}\alpha$$

$$^{226}_{88}Ra \rightarrow {}^{222}_{86}Rn + {}^{4}_{2}\alpha \ .$$

Untersucht man die kinetische Energie E_k der emittierten α-Teilchen bei einer vorgegebenen Kernart, so findet man eine diskrete Verteilung. Dies bedeutet, dass die Zahl dN der α-Teilchen pro Energieintervall dE_k nur bei ganz bestimmten Energiewerten von null verschieden ist (Abb. 11.5). α-Teilchen, die mit einer kleineren als der maximal auftretenden Energie emittiert werden, hinterlassen transformierte Kerne, die sich in angeregten Kernzuständen befinden. Diese können dann durch Emission von γ-Strahlung in den Grundzustand übergehen.

Die Art und Energie der beim radioaktiven Zerfall auftretenden Strahlungen

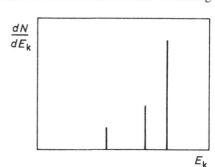

Abb. 11.5. Diskrete Energieverteilung beim α-Zerfall. Im Gegensatz zum β-Zerfall (s. Abb. 11.7) besitzen die emittierten Teilchen eine kleine Zahl von wohl definierten Energiewerten

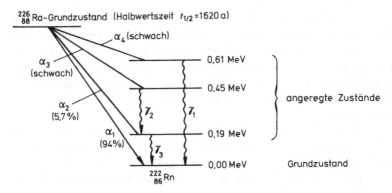

Abb. 11.6. Das Zerfallsschema von $^{226}_{88}$Ra

sind im *Zerfallsschema* zusammengefasst. Ein Beispiel zeigt Abb. 11.6. Beim Radiumisotop $^{226}_{88}$Ra führen 94% aller α-Zerfälle zum Grundzustand von $^{222}_{86}$Rn (Radon). Der Rest verteilt sich auf angeregte Zustände. Die maximale kinetische Energie der α-Teilchen beträgt 4,86 MeV.

β-Strahlen. So bezeichnet man Teilchen mit der Ladung und Masse eines Elektrons. Hierbei kann die Ladung jedoch ein negatives oder ein positives Vorzeichen besitzen.

Teilchen mit einer negativen Einheitsladung werden von Kernen emittiert, deren Instabilität von einem Neutronenüberschuss herrührt. Man kann diesen $_{-1}$β-*Zerfall* (weitere Bezeichnung: β⁻-Zerfall) als Umwandlung eines Neutrons ($^1_0$n) in ein Proton ($^1_1$p) verstehen, wobei ein Elektron ($^0_{-1}$e) und ein weiteres neutrales Teilchen emittiert werden. Letzteres trägt die Bezeichnung Antineutrino ($^0_0\overline{\nu}$).

$$^1_0n \rightarrow\ ^1_1p +\ ^0_{-1}e +\ ^0_0\overline{\nu}. \qquad (11.6)$$

Hierbei deutet die Massenzahl 0 für Elektron und Antineutrino die im Vergleich zu einem Neutron oder Proton sehr viel kleinere Masse ($m_e/m_p \approx 1/2000$) dieser Teilchen an. Das Antineutrino zeigt eine äußerst geringe Wechselwirkung mit Materie. Deshalb kann es hinsichtlich der biologischen Strahlenwirkung vernachlässigt werden. Dies gilt jedoch nicht für die Energiebilanz des Zerfalls. Hier teilen sich Elektron und Antineutrino die beim Zerfall freiwerdende Energie. Der auf das Elektron entfallende Teil ist unterschiedlich und kann zwischen null und der maximalen Energie E_k^{max} variieren. Die β-Teilchen weisen daher im Gegensatz zu den α-Teilchen eine kontinuierliche Energieverteilung auf (vgl. Abb. 11.7).

Atomkerne, die gegenüber stabilen Kernen einen Protonenüberschuss besitzen, emittieren Teilchen mit einer positiven Einheitsladung (***Positronen***). Analog zum $_{-1}$β-Zerfall kann man den $_{+1}$β-Zerfall als Umwandlung eines Protons ($^1_1$p) in ein Neutron ($^1_0$n) beschreiben:

Abb. 11.7. Kontinuierliche Verteilung der kinetischen Energie E_k der Elektronen (oder Positronen) beim β-Zerfall (schematisch)

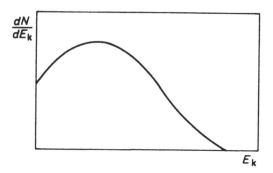

$$_1^1\text{p} \rightarrow \, _0^1\text{n} + \, _{+1}^{0}\text{e} + \, _0^0\nu \,. \tag{11.7}$$

Zum Ablauf dieses Prozesses ist ein Energieaufwand nötig, der aus der Massendifferenz zwischen Mutter- und Tochterkern stammt (s. Energetik von Kernumwandlungen). Für das zusätzlich zum Positron entstehende Neutrino gelten die bereits beim Antineutrino gemachten Aussagen. Der Begriff Antineutrino drückt aus, dass dieses Teilchen der sog. *Antimaterie* angehört. Analog dazu ist das Positron das Antiteilchen zum Elektron. Beim Zusammentreffen eines Elektrons mit einem Positron (d.h. von Materie und Antimaterie) wird die *Vernichtungsstrahlung* emittiert, d.h. Materie wird in elektromagnetische Strahlung umgewandelt:

$$_{-1}^{0}\text{e} + \, _{+1}^{0}\text{e} \rightarrow 2\gamma \,. \tag{11.8}$$

Es entstehen hierbei 2 γ-Quanten mit jeweils einer Energie von 0,511 MeV, die aus Gründen der Impulserhaltung in entgegengesetzte Richtung emittiert werden. 0,511 MeV entspricht nach dem Einstein'schen Äquivalenzprinzip von Masse und Energie (s. Energetik von Kernumwandlungen) gerade der Ruhemasse eines Elektrons oder Positrons. Wegen der allgemeinen Verfügbarkeit von Elektronen ist die Positronenstrahlung daher stets von elektromagnetischer γ-Strahlung begleitet. Dies ist vor allem bei Strahlenschutzmaßnahmen zu beachten.

Zusammenfassend lässt sich feststellen, dass beim β-Zerfall die Massenzahl $Z_p + Z_N$ konstant bleibt. Während sich die Kernladung beim $_{-1}$β-Zerfall um eine Elementarladung erhöht ($Z_p \rightarrow Z_p + 1$, $Z_N \rightarrow Z_N - 1$), wird sie beim $_{+1}$β-Zerfall um eine Elementarladung erniedrigt ($Z_p \rightarrow Z_p - 1$, $Z_N \rightarrow Z_N + 1$).

Eine Besonderheit des $_{+1}$β-Zerfalls stellt die Möglichkeit des *Elektroneneinfangs* (Abkürzung EC = *electron capture)* dar. In diesem Fall vermindert der entsprechende Kern seinen Protonenüberschuss nicht durch Positronenemission, sondern durch Einfang eines Elektrons aus der Hülle. Da das Elektron meist aus der K-Schale stammt, spricht man auch vom K-Einfang (s. Abb. 11.8). Der Prozess wird somit durch die Gleichung

$$_1^1\text{p}\,(\text{Kern}) + \, _{-1}^{0}\text{e}\,(\text{Hülle}) \rightarrow \, _0^1\text{n}\,(\text{Kern}) + \, _0^0\nu \tag{11.9}$$

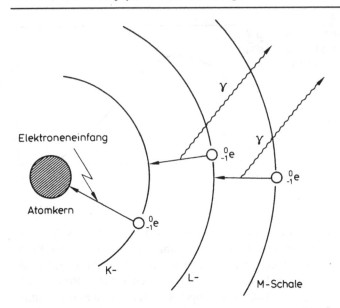

Abb. 11.8. Elektroneneinfang aus der K-Schale (anstelle von Positronenemission). Die entstehende Lücke wird durch Elektronenübergänge aus höher gelegenen Schalen gefüllt, wobei die für das betreffende Atom charakteristische Röntgenstrahlung emittiert wird. (Nach Herzberg B, Scheffler M 1977. In: Stieve FE, Kaul A (Hrsg) Strahlenschutzkurs für Ärzte. Hildegard Hoffmann, Berlin)

beschrieben. Das Neutrino übernimmt die freigesetzte Energie. Als Folge des Elektroneneinfanges tritt eine in der Regel energiereiche Photonenstrahlung (γ-Strahlung) auf, die für den betreffenden Kern charakteristisch ist. Sie rührt von Elektronenübergängen in der Hülle her, die als Folge des Einfanges eines energetisch tief liegenden Elektrons auftreten (vgl. charakteristische Röntgenstrahlung im letzten Abschnitt).

Der größte Teil der in der biologischen Forschung verwendeten Radionuklide sind jedoch $_{-1}\beta$-Strahler (vgl. Tabelle 11.4). Abbildung 11.9 zeigt die Zerfallsschemen für die zu Markierungszwecken häufig verwendeten Isotope $^{3}_{1}\mathrm{H}$ und $^{14}_{6}\mathrm{C}$ sowie für $^{90}_{38}\mathrm{Sr}$ und $^{137}_{55}\mathrm{Cs}$. Letztere sind als langlebige Komponenten (Halbwertszeiten 28a bzw. 30a) des von nuklearen Testexplosionen in der Atmosphäre herrührenden radioaktiven Fallouts bekannt (Abschn. 10.2b). Das Folgeprodukt von $^{90}\mathrm{Sr}$, $^{90}\mathrm{Y}$, ist ebenfalls radioaktiv und zerfällt mit der relativ kurzen Halbwertszeit von 64 h in das stabile $^{90}\mathrm{Zr}$. Die Besonderheit des Zerfalls von $^{137}\mathrm{Cs}$ ist die begleitende γ-Strahlung. Der weit überwiegende Teil der Zerfälle führt zu einem angeregten Zustand des $^{137}\mathrm{Ba}$, der durch γ-Emission in den stabilen Grundzustand übergeht.

Wir halten somit fest, dass auch der β-Zerfall von γ-Strahlung begleitet sein kann. Letztere kann unter Umständen in der Hülle des zerfallenden Atoms selbst absorbiert werden und zur Emission von sog. **Konversionselektronen** Anlass geben (s. Abb. 11.10). Als Folge tritt dann wieder die charakteristische Photo-

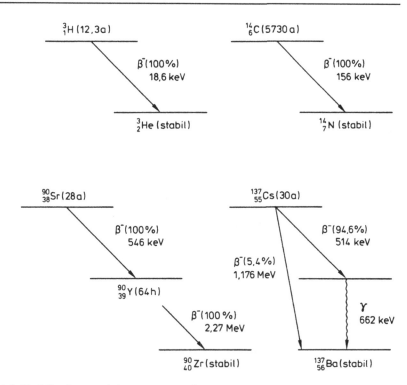

Abb. 11.9. Zerfallsschemen einiger wichtiger $_{-1}\beta$ - Strahler. Die angegebenen Energien der β-Teilchen sind jeweils Maximalenergien (vgl. Abb. 11.7)

nenstrahlung (vgl. oben) auf, oder aber der angeregte Zustand der Elektronenhülle geht durch Emission weiterer Elektronen (***Auger-Elektronen***) in den Grundzustand über (Abb. 11.11). Die detaillierte Darstellung dieser Phänomene überschreitet den Rahmen dieser kurzen Darstellung.

Zur abschließenden Zusammenfassung der Besonderheiten des β-Zerfalls betrachten wir in Abb. 11.12 die Zerfallsschemata der radioaktiven Jodisotope $^{131}_{53}$I und $^{125}_{53}$I. Ersteres weist gegenüber dem natürlich vorkommenden stabilen Isotop $^{127}_{53}$I einen Überschuß an Neutronen auf, letzteres hingegen zeigt einen Neutronenmangel. Folgerichtig findet man bei $^{131}_{53}$I einen $_{-1}\beta$-Zerfall, während $^{125}_{53}$I einen $_{+1}\beta$-Zerfall aufweist. Anstelle einer Positronenemission tritt bei $^{125}_{53}$I ein Hüllenelektron in den Kern ein (***K-Einfang***). Der Zerfall beider Jodisotope führt zu angeregten Zuständen des jeweiligen Folgekerns, die durch γ-Emission in den Grundzustand übergehen. Anstelle der γ-Strahlung wird insbesondere bei $^{125}_{53}$I eine Fülle von Konversionselektronen und Auger-Elektronen beobachtet. Die mittlere Zahl der tatsächlich emittierten γ-Photonen mit der Energie von 35,4 keV beträgt nur 0,06 pro Zerfall (d.h. 6 Photonen pro 100 zerfallenden $^{125}_{53}$I -Atomen).

Die Kenntnis der Art und Energie der emittierten Teilchen ist für die Art der Anwendung und für die zu ergreifenden Strahlenschutzmaßnahmen von Wichtig-

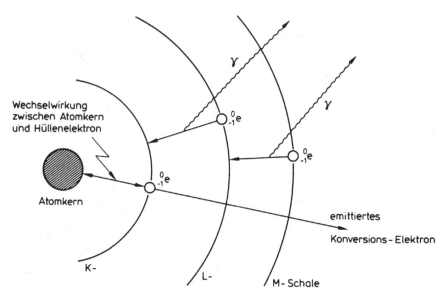

Abb. 11.10. Emission eines Hüllenelektrons (Konversionselektron) anstelle von γ-Strahlung aus dem Kern. Als Folge der entstehenden Lücke wird charakteristische Röntgenstrahlung der Atomhülle emittiert. (Nach Herzberg B, Scheffler M 1977. In: Stieve FE, Kaul A (Hrsg) Strahlenschutzkurs für Ärzte. Hildegard Hoffmann, Berlin)

keit. Die Emission relativ energiereicher γ-Quanten erschwert den Umgang mit ^{131}I. Andererseits erlaubt gerade dieses Charakteristikum den Nachweis von ^{131}I außerhalb des menschlichen Organismus. Diese Tatsache (in Verbindung mit der relativ kurzen Halbwertszeit von 8 Tagen) hat zum verbreiteten Einsatz von ^{131}I bei diagnostischen Organtests im Rahmen der Nuklearmedizin geführt. ^{125}I ist aufgrund der geringen Energie der emittierten Teilchen und Quanten hinsichtlich der zu ergreifenden Strahlenschutzmaßnahmen einfacher zu handhaben. Es wird im Bereich der biochemischen Forschung gerne zur radioaktiven Markierung von Proteinen eingesetzt.

Zerfallsreihen. Die beim radioaktiven Zerfall entstehenden Kerne sind teilweise wiederum radioaktiv (vgl. Zerfall von ^{90}Sr in Abb. 11.9). Bei Elementen mit großen Ordnungszahlen kann dies zu längerkettigen Zerfallsreihen führen, die schließlich in einem stabilen Kern enden. Als Beispiel sei der Zerfall des Uranisotops $^{238}_{92}$U angeführt, der über eine Reihe von α- und β-Zerfällen zum stabilen Bleiisotop $^{206}_{82}$Pb führt. Einige Teilreaktionen dieser Zerfallsreihe haben wir bereits kennen gelernt:

$$^{238}_{92}\text{U} \xrightarrow{\alpha} {}^{234}_{90}\text{Th} \xrightarrow{-1\beta} {}^{234}_{91}\text{Pa} \rightarrow \dots \rightarrow {}^{226}_{88}\text{Ra} \xrightarrow{\alpha} {}^{222}_{86}\text{Rn} \rightarrow \dots \rightarrow {}^{206}_{82}\text{Pb}.$$

Eines der radioaktiven Folgeprodukte von $^{238}_{92}$U stellt das Edelgas $^{222}_{86}$Rn dar. Aufgrund des natürlichen Gehaltes der menschlichen Umgebung an ^{238}U enthält

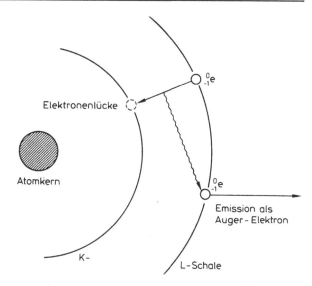

Abb. 11.11. Emission von Auger-Elektronen anstelle von charakteristischer Röntgenstrahlung aus der Atomhülle. (Nach Herzberg B, Scheffler M 1977. In: Stieve FE, Kaul A (Hrsg) Strahlenschutzkurs für Ärzte. Hildegard Hoffmann, Berlin)

die Atemluft eine gewisse Konzentration an ^{222}Rn. Dies trägt wesentlich zur Strahlenexposition des Menschen bei (s. Abschn. 11.7). Weitere Zerfallsreihen gehen von den natürlich vorkommenden Radionukliden $^{235}_{92}$U und $^{232}_{90}$Th aus.

Der Zeitverlauf des radioaktiven Zerfalls. Wir wollen uns auf den Zerfall in einen stabilen Kern beschränken (d.h. Zerfallsreihen außer acht lassen). Wie bereits im Abschn. 10.1.4.1 erwähnt, erfolgt der Zerfall der Kerne streng unabhängig voneinander und entspricht daher einer monomolekularen Reaktion mit dem Zeitgesetz (Gl. 10.23)

$$N = N_0\, e^{-\lambda t}, \tag{11.10}$$

wobei $N(t)$ = Zahl der radioaktiven Kerne zum Zeitpunkt t. Die Zerfallskonstante λ ist entsprechend Gl. (10.25) mit der Halbwertszeit des Zerfalls verknüpft.

Zur statistischen Natur des radioaktiven Zerfalls. Die gegenseitige Unabhängigkeit der zerfallenden Atomkerne bedingt, dass der Zerfallsprozess statistischen Gesetzmäßigkeiten unterworfen ist. Zur Illustration der Problematik betrachten wir die Zahl Z der zerfallenden Kerne einer radioaktiven Probe in einem vorgegebenen Zeitraum T. Führt man zur Bestimmung von Z mehrere identische Experimente nacheinander aus, so erhält man in der Regel verschiedenartige Werte für Z. Trägt man die Häufigkeit $H(Z)$, mit der man das Ergebnis Z findet, gegen Z auf, so erhält man (näherungsweise) die bereits in Abschn. 1.1.1 diskutierte Normalverteilung [s. Abb. 1.1 sowie Gl. (1.1)]. Das Maximum dieser Verteilung entspricht der

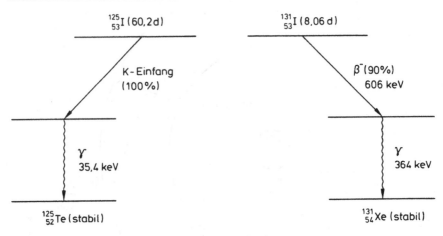

Abb. 11.12. Zerfallsschema zweier radioaktiver Jodisotope (vereinfacht)

am häufigsten beobachteten Zahl $\overline{Z}$. Sie stellt (bei genügend vielen Versuchen) auch

$$\text{den Mittelwert } \overline{Z} = \sum_{j=1}^{n} Z_j / n \qquad (11.11)$$

von n einzelnen Resultaten dar. Die halbe Halbwertsbreite dieser Verteilung entspricht dem mittleren statistischen Fehler, mit dem eine einzelne Messung behaftet ist (*Standardabweichung*). Nach Gl. (1.2) gilt $\sigma = \sqrt{\overline{Z}}$. Diese Gleichung kann in der Regel mit guter Näherung durch $\sigma = \sqrt{Z}$ ersetzt werden, wobei Z den Wert einer Einzelmessung angibt. Der relative Fehler einer Einzelmessung nimmt gemäß $\sigma / Z = 1 / \sqrt{Z}$ mit zunehmender Zahl Z der beobachteten Zerfallsereignisse ab. Für $Z = 100$ beträgt der relative Fehler danach 10%, für $Z = 10^4$ reduziert er sich auf 1%.

Zeitgesetze wie Gl. (11.10) stellen stets Aussagen über das zeitliche Verhalten von Mittelwerten $\overline{Z}$ dar!

Kernumwandlungen. Wir haben bisher die spontanen (natürlichen) Kernumwandlungen des radioaktiven Zerfalls betrachtet. Kernumwandlungen können jedoch auch künstlich induziert werden. So kann z.B. der Beschuss geeigneter Atomkerne mit α-Strahlen zu einer Kernumwandlung des getroffenen Kernes führen. Die α-Teilchen können dabei entweder aus natürlichen Quellen stammen (α-Zerfall eines radioaktiven Kerns) oder in großen Beschleunigern auf hinreichend große Energie gebracht worden sein.

Beispiele:

a) $^{14}_{7}\text{N} + ^{4}_{2}\alpha \rightarrow ^{17}_{8}\text{O} + ^{1}_{1}\text{p}$

b) $^{9}_{4}\text{Be} + ^{4}_{2}\alpha \rightarrow ^{12}_{6}\text{C} + ^{1}_{0}\text{n} + \gamma$.

Im Fall a) entsteht neben einem Sauerstoffisotop ein Proton $_1^1 p$, im Fall b) tritt ein Neutron $_0^1 n$ sowie ein γ-Quant auf. Durch Mischen eines α-Strahlers wie z.B. $_{88}^{226} Ra$ oder $_{82}^{210} Po$ mit Beryllium erhält man somit eine Neutronenquelle. Neutronen entstehen außerdem in großer Zahl in Kernreaktoren (s. unten). Lässt man sie mit geeigneten Kernen reagieren, so kann man „künstliche Kerne" erzeugen, die in der Natur nicht vorkommen. Auf diese Weise hat man auch über 600 künstlich radioaktive Atome hergestellt, die in Forschung und Technik einen großen Anwendungsbereich als *radioaktive Tracer* beim Nachweis kleinster Molekülkonzentrationen gefunden haben und vor allem auch für medizinische Zwecke eingesetzt werden. So erhält man z.B. durch Bestrahlung des stabilen Kobaltisotops $_{27}^{59} Co$ mit Neutronen das radioaktive Isotop $_{27}^{60} Co$ gemäß der Reaktionsgleichung:

$$_{27}^{59} Co + {}_0^1 n \rightarrow {}_{27}^{60} Co + \gamma \,.$$

Beim radioaktiven Zerfall von $_{27}^{60} Co$ entstehen Elektronen und γ-Quanten:

$$_{27}^{60} Co \rightarrow {}_{28}^{60} Ni + {}_{-1}^{0} \beta + \gamma \,.$$

Die γ-Quanten besitzen eine Energie von 1,17 und 1,33 MeV und sind somit energiereicher als Röntgenstrahlen aus konventionellen Röhren (bis zu ca. 300 keV). Sie lassen sich mit Vorteil bei der Krebstherapie einsetzen (Strahlentherapie mit der „Kobaltbombe").

Energetik von Kernumwandlungen. Die bei Kernumwandlungen emittierten Teilchen besitzen stets eine mehr oder weniger große kinetische Energie, auch wenn der Ausgangskern sich in Ruhe befindet. Es muss somit die Umwandlung einer Art potentieller Energie in kinetische Energie erfolgen. Dies lässt sich auf der Grundlage des von Einstein formulierten *Äquivalenzprinzips von Masse m* **und** *Energie E* verstehen. Bezeichnet man mit c die Lichtgeschwindigkeit, so lautet es:

$$E = m c^2 \,. \tag{11.12}$$

Dieses Prinzip beherrscht die Energetik von Kernumwandlungen sowie von Kernspaltung und Kernfusion (s. unten). Wir wollen als Beispiel den α-Zerfall von $_{88}^{226} Ra$ betrachten. Ein (kleiner) Teil seiner Kernmasse wird beim Zerfall in kinetische Energie des emittierten α-Teilchens und des entstehenden $_{86}^{222} Rn$ - Atoms umgewandelt, d.h. $m_{Ra} > (m_\alpha + m_{Rn})$. Die Differenz $\Delta m = m_{Ra} - (m_\alpha + m_{Rn})$ erscheint gemäß Gl. (11.12) als kinetische Energie.

Kernspaltung. Gewisse schwere Kerne wie $_{92}^{235} U$ können durch Neutronen gespalten werden (Hahn u. Straßmann 1939). Dabei entstehen im Durchschnitt auch 2-3 Neutronen als Folgeprodukte, sodass eine Kettenreaktion möglich ist. Außerdem wird pro Kernspaltung etwa 200 MeV an Energie freigesetzt, die bei „langsamer Reaktion" im „*Kernreaktor*" kontrolliert in andere Energieformen umgesetzt werden kann und bei „momentaner Reaktion" in Form der *Kernspaltungsbombe* (Atombombe) ihre bekannte Zerstörungskraft entfaltet.

Kernfusion. Während bei schweren Kernen Energie durch Kernspaltung frei wird, kann man bei leichten Kernen Energie durch Kernverschmelzung gewinnen. Bei der Fusion von Tritium und Deuterium zu Helium werden etwa 17,6 MeV Energie freigesetzt:

$$_1^2H + _1^3H \rightarrow {}_2^4He + {}_0^1n \ .$$

Diese Energie hofft man in der Zukunft in *Fusionsreaktoren* nutzen zu können. In Form der *Fusionsbombe* (Wasserstoffbombe) besitzt sie eine noch erheblich größere Zerstörungspotenz, als sie die Kernspaltungsbombe aufweist.

11.2 Wechselwirkung zwischen Strahlung und Materie

Strahlung überträgt beim Kontakt mit Materie Energie auf letztere. Diese Tatsache macht man sich beim Strahlungsnachweis zunutze (s. Strahlungsmessung). Außerdem ist sie die Ursache für die biologische Strahlenwirkung. Schließlich erlaubt sie, sich vor Strahlen zu schützen (Strahlenschutz). Wir beschränken uns in diesem Abschnitt zunächst auf die physikalischen Elementarprozesse der Wechselwirkung.

Zu ihrer Beschreibung machen wir den in Abb. 11.13 skizzierten Versuch. Wir bestrahlen ein Materiestück der Dicke x mit N_0 Teilchen/Flächeneinheit und messen mit Hilfe eines Detektors die Zahl der Teilchen N, die in der Lage waren, das Materiestück zu durchdringen. Hierbei wollen wir den Teilchenbegriff sehr allgemein fassen, d.h. wir wollen das Experiment sowohl mit Lichtquanten der Energie $h\nu$ als auch mit α- oder β-Teilchen durchführen.

Das Ergebnis dieser Experimente hängt jedoch sehr von der Art der Teilchen ab (vgl. Abb. 11.14). Im Falle geladener Teilchen nimmt N mit zunehmender Schichtdicke x zunächst nur sehr langsam ab, um dann mehr oder weniger abrupt auf null abzusinken. Macht man den Versuch mit elektromagnetischer Strahlung, so findet man eine kontinuierliche Abnahme von N, die einem Exponentialgesetz gehorcht, d.h. der Wert null wird erst bei sehr großen Schichtdicken (exakt für $x \rightarrow \infty$) erreicht. Wir können somit für α- oder β-Teilchen im Gegensatz zu Lichtquanten eine maximale Reichweite in Materie angeben. Dies hat erhebliche Konsequenzen für den Strahlenschutz, wie wir weiter unten sehen werden.

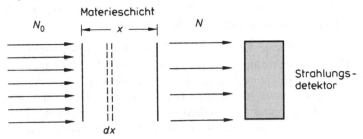

Abb. 11.13. Versuch zur Wechselwirkung zwischen Strahlung und Materie

Abb. 11.14. Resultat des Experiments nach Abb. 11.13 (schematisch). *a* Korpuskularstrahlung (geladener Teilchen), *b* elektromagnetische Strahlung

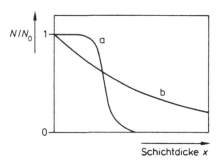

Das unterschiedliche Verhalten von Korpuskularstrahlung einerseits sowie elektromagnetischer Strahlung andererseits beruht auf der verschiedenen Natur ihrer Wechselwirkung mit Materie. α- und β-Teilchen verlieren ihre Energie in Form vieler kleiner Portionen. Lichtquanten hingegen werden durch einen einzelnen Akt der Wechselwirkung mit Materie ihrem Nachweis im Detektor entzogen. Wir wenden uns zunächst den Korpuskularstrahlen zu.

11.2.1 Korpuskularstrahlung geladener Teilchen

Hierunter zählen nach Abschn. 11.1.2 vor allem α- und β-Strahlen, aber auch andere Kernteilchen, die bei Kernumwandlungen entstehen, wie z.b. Protonen.

Die experimentelle Beobachtung zeigt, dass geladene Teilchen mit einer Energie E_k, die sich in Materie bewegen, einen Energieverlust erleiden. Er wird vorwiegend durch die Wechselwirkung der Teilchen mit der Hülle der Atome des betreffenden Mediums hervorgerufen. Diese Wechselwirkung führt zu Anregungen und Ionisationen der Atome, die wir im Folgenden als Elementarereignisse der Wechselwirkung bezeichnen. Ein geringer Teil der Bremswirkung von Materie ist auch durch das Auftreten von elektromagnetischer Bremsstrahlung bedingt (s. Abschn. 11.1.1, Erzeugung von Röntgenstrahlung).

Energiereiche Teilchen verlieren durch ein einzelnes Elementarereignis der Wechselwirkung i. Allg. nur einen geringen Teil ihrer kinetischen Energie. Die bei einer Ionisation entstehenden Elektronen sind aufgrund der auf sie übertragenen kinetischen Energie teilweise selbst zur Ionisation befähigt. Wie in Abschn. 11.6.2 näher ausgeführt wird, besteht die Bahnspur eines energiereichen Teilchens aus einer Folge von unregelmäßig angeordneten Ionisationsereignissen, deren Abstände von der Art und Energie der Teilchen abhängen. Insgesamt ruft die Abbremsung eines Teilchens mit einer Energie von 1 MeV in Luft etwa $3 \cdot 10^4$ Ionisationen hervor. Im Mittel wird somit für eine Ionisation in Luft ein Betrag von 34 eV aufgewendet. In biologischer Materie gilt hier ein Wert von etwa 60 eV. Zu beachten ist hierbei, dass diese Zahlenwerte eine (unbekannte) Anzahl von Anregungen mit beinhalten.

Tabelle 11.2. Zur Reichweite geladener Teilchen in Materie

Materie	α-Teilchen von 10 MeV R/cm	β-Teilchen von 1 MeV R/cm
Luft (Atmosphärendruck)	10	380
Wasser	0,01	0,4
Aluminium	0,007	0,2
Blei	0,004	0,07

Teilchen, die nach Durchquerung einer Materieschicht einen Detektor erreichen, weisen somit einen Energieverlust auf, der von der Schichtdicke x, d.h. von der Zahl der Elementarereignisse abhängt.

Die Reichweite R geladener Teilchen in Materie ist durch die Häufigkeit der Elementarereignisse pro Wegstrecke und durch die zur Verfügung stehende Teilchenenergie bestimmt. Eine Zunahme der Teilchenladung oder der Ordnungszahl Z des Mediums führt (bei gleicher Teilchenenergie) zur Zunahme der Ionisationsdichte entlang der Bahnspur (vgl. Abb. 11.30) und damit zur Abnahme von R.

Tabelle 11.2 zeigt anhand einiger Beispiele, dass R in der Regel sehr kleine Werte besitzt. Geladene Teilchen können somit durch Materie leicht abgeschirmt werden. Dies ist für das Arbeiten mit radioaktiven Isotopen von großem Vorteil, da sich der Strahlenschutz für α- und β-Strahlen (ohne begleitende γ-Strahlung) einfacher gestaltet.

11.2.2 Elektromagnetische Strahlung

Die Art ihrer Wechselwirkung mit Materie hängt sehr von der Quantenenergie $h\nu$ ab, wie unten im Einzelnen dargelegt wird. Die in Abb. 11.14 dargestellte mathematische Form $N(x)$ des Versuchsergebnisses ist jedoch unabhängig von der Quantenenergie und durch das Exponentialgesetz

$$N(x) = N_0 e^{-\mu x} \tag{11.13}$$

gegeben. Zu seiner Ableitung betrachten wir in Abb. 11.13 eine Schicht der infinitesimalen Dicke dx. Aufgrund der geringen Dicke hat jedes Lichtquant nur eine sehr geringe Chance, einen Wechselwirkungsprozess mit Materie einzugehen. Wir wollen annehmen, dass jeder einzelne Wechselwirkungsprozess dazu führt, dass das betreffende Quant vom Detektor nicht mehr nachgewiesen werden kann. In diesem Falle gilt eine Proportionalität zwischen der Änderung dN der Quantenzahl und der Schichtdicke dx, d.h.

$$dN = -\mu N \, dx. \tag{11.14}$$

Der Proportionalitätsfaktor μ (auch als **Schwächungskoeffizient** bezeichnet) bestimmt die Wahrscheinlichkeit der Wechselwirkung auf der Wegstrecke dx. Er ist durch das vorhergehende Minuszeichen positiv definiert. Gleichung (11.14) gilt offensichtlich nur im infinitesimalen Bereich. Bei endlichen Schichtdicken Δx wäre die Proportionalität zwischen ΔN und Δx nicht mehr gewährleistet, da der vordere Bereich der Schicht eine größere Chance der Wechselwirkung besitzt als der hintere Bereich, für den bereits weniger Quanten zur Verfügung stehen.

Zur Ermittlung der Dickenabhängigkeit $N(x)$ muss Gl. (11.14) integriert werden:

$$\int \frac{dN}{N} = -\mu \int dx \ .$$ (11.15)

Mit der Nebenbedingung $N(x = 0) = N_0$ erhält man Gl. (11.13) als Resultat. Wir fragen jetzt nach der physikalischen Natur der dem Schwächungskoeffizienten zugrunde liegenden Elementarereignisse. Sie ist für Quanten niederer Energie sehr verschieden von jener für Quanten hoher Energie.

11.2.2.1 Sichtbares Licht

Wir betrachten zunächst den Wellenlängenbereich des sichtbaren Lichts unter Einschluss der anschließenden Bereiche infraroten sowie ultravioletten Lichts. Hier liegen zwei grundsätzlich verschiedene primäre Wechselwirkungsarten mit Materie vor, nämlich *Streuung* und *Absorption*. Lichtstreuung (elastischer Art) führt zu einer Richtungsänderung des gestreuten Quants. Da sie keinerlei Veränderungen in der streuenden Materie hinterlässt, soll sie im Folgenden nicht weiter betrachtet werden. Lichtabsorption ist nach den Regeln der Quantentheorie dann möglich, wenn die Energie des Quants der Energiedifferenz ΔE_{ij} zweier atomarer oder molekularer Zustände entspricht (vgl. Abb. 11.2):

$$\Delta E_{ij} = E_i - E_j = h\nu.$$ (11.16)

Die Einhaltung dieser Bedingung führt zum Auftreten diskreter Linien im Absorptionsspektrum atomarer Systeme sowie von Absorptionsbanden im Spektrum molekularer Systeme (vgl. Abb. 10.21 und 10.22). Hierbei wollen wir unter Absorptionsspektrum die Wellenlängenabhängigkeit der Absorption verstehen.

Der *Schwächungskoeffizient* μ als Maß für die Wahrscheinlichkeit des Eintreffens der durch Gl. (11.16) beschriebenen Prozesse kann proportional zur Teilchenkonzentration N_z der Wechselwirkungszentren gesetzt werden:

$$\mu = \sigma N_z \ .$$ (11.17)

Da μ die Dimension einer reziproken Länge und N_z die Dimension eines reziproken Volumens besitzt, stellt σ eine Fläche dar, die als *Wechselwirkungsquerschnitt* bezeichnet wird. σ stellt auf Teilchenebene ein geometrisches Maß für die Wechselwirkungswahrscheinlichkeit dar. σ lässt sich anschaulich als diejenige Fläche um ein Teilchen interpretieren, durch die ein Quant hindurchtreten muss, um absorbiert zu werden.

Häufig hat man absorbierende Moleküle der molaren Konzentration c in einem inerten (nichtabsorbierenden) Lösungsmittel vorliegen. Unter Verwendung von Gl.

(11.17), $c = N_z/L$ sowie Einführung der Basis 10 anstelle der Euler'schen Zahl e erhält man dann aus Gl. (11.13):

$$N(x) = N_0 \, 10^{-\varepsilon c x}, \text{ mit} \qquad (11.18)$$

$$\varepsilon = \sigma L/\ln 10 \quad \text{(dekadischer Extinktionskoeffizient).} \qquad (11.19)$$

Gleichung (11.18) entspricht dem **Lambert-Beer'schen Gesetz**, das wir bereits in Abschn. 10.5.1 kennen gelernt haben. Gleichung (10.113) enthält die Intensität I ($I = N$/Zeit) anstelle der Quantendichte N.

Der dekadische Extinktionskoeffizient ε stark absorbierender Substanzen liegt im Bereich 10^4-10^5 M^{-1} cm^{-1}. Hieraus erhält man nach Gl. (11.19) einen Wirkungsquerschnitt von $3,8 \cdot 10^{-17}$-$3,8 \cdot 10^{-16}$ cm^2 oder (bei Annahme einer kreisförmigen Fläche) einen Radius r von $3,5 \cdot 10^{-9}$-$1,1 \cdot 10^{-8}$ cm. Dies entspricht der Größenordnung nach dem Radius einer Elektronenbahn im Wasserstoffatom (Bohrscher Radius $5,3 \cdot 10^{-9}$ cm).

Die beim Absorptionsprozess auf Materie übertragene Energie kann auf verschiedene Art und Weise weitergegeben werden. Zwei wichtige Prozesse sind in Abb. 11.2 dargestellt. Das angeregte Atom (Molekül) kann durch Lichtemission oder „strahlungslos" in den Grundzustand zurückkehren. Der zuerst genannte Fall stellt die bereits in Abschn. 10.5.1 eingeführte **Fluoreszenz** dar. Beim strahlungslosen Übergang wird die überschüssige Energie in Wärmeenergie umgewandelt.

Beide Prozesse entsprechen monomolekularen Reaktionen. Es gelten daher die in Abschn. 10.1.4.1 dargestellten Überlegungen:

Überführt man zum Zeitpunkt $t = 0$ durch Einstrahlung eines Lichtblitzes eine Anzahl N_1^0 von Atomen vom Zustand E_0 in den Zustand E_1, so gilt für die Zeitabhängigkeit $N_1(t)$ entsprechend Gl. (10.23):

$$N_1(t) = N_1^0 e^{-kt} \text{ , mit } k = k_s + k_F. \qquad (11.20)$$

Die Größe $\tau = 1/(k_s + k_F)$ entspricht nach Gl. (10.24) der **mittleren Lebenszeit im angeregten Zustand** E_1.

Die Rate FR der Fluoreszenz (Zahl der emittierten Fluoreszenzquanten pro Zeiteinheit) ist durch das Produkt

$$FR = k_F N_1(t) \qquad (11.21)$$

gegeben. Für die Zeitabhängigkeit von FR nach pulsförmiger Anregung gilt daher entsprechend Gl. (11.20):

$$FR(t) = FR^0 e^{-kt} \text{ , mit } FR^0 = k_F N_1^0. \qquad (11.22)$$

Unter der **Quantenausbeute** Φ_{FL} wird der Bruchteil der Übergänge von E_1 nach E_0 verstanden, der unter Emission von Fluoreszenzlicht vor sich geht. Es gilt daher:

$$\Phi_{FL} = k_F/(k_F + k_s). \qquad (11.23)$$

Φ_{FL} lässt sich auch durch die mittlere Lebenszeit τ ausdrücken:

$$\Phi_{FL} = \tau / \tau_0. \tag{11.24}$$

Hierbei ist $\tau_0 = 1/k_F$ die mittlere Lebenszeit in Abwesenheit strahlungsloser Übergänge (d.h. $k_S \ll k_F$). Für sie wird häufig ein typischer Wert von 10^{-8} s angegeben. Die Existenz strahlungsloser Übergänge führt zu einer Verkürzung der mittleren Lebenszeit ($\tau \le \tau_0$) und zu einer Reduktion der Quantenausbeute ($\Phi_{FL} \le 1$).

Neben den beiden bisher besprochenen Möglichkeiten, die vom Chromophor absorbierte Lichtenergie weiterzugeben, gibt es eine Reihe weiterer Prozesse, die die Grundlage wichtiger biologischer Phänomene darstellen. Hier ist zunächst das „*intersystem crossing*" zu nennen, die Energieübertragung vom angeregten Zustand eines Singulett-Systems in den Grundzustand eines Triplett-Systems (vgl. Abb. 11.2). Bezüglich der genauen Definition dieser atomphysikalischen Begriffe muss auf die entsprechenden Lehrbücher verwiesen werden. Triplettzustände weisen eine vergleichsweise große mittlere Lebensdauer (typischer Wert: 10^{-3} s) auf. Sie können (analog zum ersten Anregungszustand E_1 des Singulett-Systems) entweder durch Lichtemission (**Phosphoreszenz**) oder strahlungslos in den energetisch tiefer gelegenen Grundzustand E_0 übergehen.

Die lange Lebensdauer des Triplettzustands ermöglicht insbesondere auch die Energieübertragung auf andere (nicht lichtabsorbierende) Moleküle, die hierdurch **photochemisch** verändert werden können. Photochemische Reaktionen können aber auch im absorbierenden Molekül selbst ablaufen. So besteht der Primärvorgang der **Lichtsinneserregung** in einer stereochemischen Veränderung des Sehfarbstoffs Rhodopsin, die durch Belichtung hervorgerufen wird. Hierbei wird die chromophore Gruppe Retinal von der 11-cis-Form in die all-trans-Form umgewandelt. Auf diese photochemisch induzierte Lichtreaktion folgt eine Kaskade von Dunkelreaktionen, deren einzelne Schritte mit Hilfe des kinetischen Verfahrens der **Blitzlichtphotolyse** mit einer Zeitauflösung im Picosekundenbereich (1 ps = 10^{-12} s) analysiert wurden. Von vergleichbarer Komplexität ist die unter dem Überbegriff **Photosynthese** ablaufende photochemische Transformation von Lichtenergie in die freie Enthalpie chemischer Verbindungen.

Bei diesen für die menschliche Existenz fundamentalen photochemischen Phänomenen ist die Absorption im sichtbaren Bereich des elektromagnetischen Spektrums entscheidend. Für den daran anschließenden energiereicheren Bereich des ultravioletten Lichtes gelten die gleichen atomphysikalischen Gesetzmäßigkeiten. Unterschiede bestehen jedoch bei den auf die Lichtabsorption folgenden photochemischen Prozessen. Die größere Quantenenergie führt zur Anregung höherer Energiezustände im Molekül. Hierdurch werden chemische Reaktionen ermöglicht, die zur Zerstörung wichtiger Funktionen biologischer Makromoleküle führen können.

Abbildung 11.15 illustriert ein Beispiel. Die Basen Adenin, Guanin, Cytosin und Thymin der Desoxyribonucleinsäuren besitzen ein Absorptionsmaximum im Bereich um 260 nm. Als Folge der Absorption von UV-Quanten wurden bei den Pyrimidinbasen Thymin und Cytosin eine Reihe von Photoprodukten beobachtet wie die in der Abbildung gezeigte Dimerbildung. Bei der DNA-Doppelhelix führt

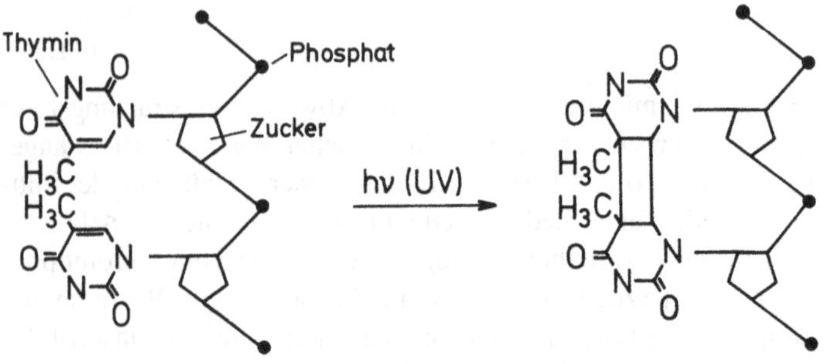

Abb. 11.15. Ausschnitt aus einem DNA-Einzelstrang. Bildung eines Thymin-Dimeren durch UV-Bestrahlung. Der komplementäre Einzelstrang wurde der Einfachheit halber weggelassen

die Dimerisierung der Basen eines Einzelstranges zu einer lokalen Veränderung der räumlichen Struktur, wobei insbesondere die Wasserstoffbindungen zu den Basen des gegenüberliegenden Einzelstranges gelöst werden. Man vermutet, dass die Pyrimidin-Dimeren Stoppstellen während des Vorganges der Transkription darstellen und auch die Replikation blockieren. Die Natur hat effiziente zelluläre Reparaturmechanismen entwickelt, um die Zahl von DNA-Schäden so niedrig wie möglich zu halten (s. z.B. Laskowski 1981, Friedberg et al. 1995). Dies gilt auch für DNA-Strangbrüche. Letztere können zwar durch UV-Bestrahlung nicht induziert werden, stellen aber eine wichtige Konsequenz der nachfolgend beschriebenen Wechselwirkung ionisierender Strahlung mit zellulärer Materie dar.

11.2.2.2 Röntgen- und Gammastrahlen

Die Absorption sichtbaren Lichtes und der daran direkt angrenzenden Bereiche ist an die Existenz spezieller chromophorer (lichtabsorbierender) Gruppen geknüpft. Dies gilt nicht für Quanten höherer Energie, die zur Ionisation aller Zellbestandteile befähigt sind. Auch für sie gilt die mathematische Form des Lambert-Beer'schen Gesetzes (Gl. 11.13), obwohl die Natur der Elementarereignisse völlig verschieden ist von jener, die wir bisher diskutiert haben. Im Einzelnen fand man für energiereiche Quantenstrahlung verschiedene Elementarprozesse der Wechselwirkung mit Materie, deren drei wichtigste nachfolgend aufgeführt sind (s. auch Abb. 11.16).

a) Der Photoeffekt. Das energiereiche Quant überträgt hierbei seine Energie $h\nu_0$ auf ein Elektron aus der Atomhülle, dem es die kinetische Energie $E_{kin} = h\nu_0 - B$ verleiht (B = Bindungsenergie des Elektrons an das Atom).

b) Compton-Effekt. Bei diesem nach seinem Entdecker genannten Effekt wird das mit der Energie $h\nu_0$ einfallende Lichtquant an einem Elektron gestreut. Es überträgt einen gewissen Teil seiner Energie auf das Elektron und wandert unter verminderter Energie $h\nu$ ($\nu < \nu_0$) und veränderter Richtung weiter. Die verbliebene

Energie des gestreuten Lichtquants lässt sich durch Anwendung von Energie- und Impulssatz als Funktion des Streuwinkels berechnen. Die erfolgreiche Deutung des Compton-Effekts war eine starke Stütze für die, neben ihrer Wellennatur, gleichrangig anzusehende korpuskulare Natur elektromagnetischer Strahlung. Das gestreute Lichtquant verminderter Energie kann entsprechend a), b) oder c) weiter mit Materie wechselwirken.

c) Paarbildung. Nach der Wechselwirkung von energiereichen Photonen mit Hüllenelektronen betrachten wir nun jene mit dem Kernfeld. Sie kann zur Umwandlung der elektromagnetischen Strahlung in ein Elektron-Positron-Paar, d.h. zur Entstehung von Materie führen:

$$h\nu_0 \rightarrow {}^{0}_{-1}e + {}^{0}_{+1}e \,. \tag{11.25}$$

Dazu muss das Photon jedoch eine Mindestenergie besitzen, die der doppelten Ruhemasse des Elektrons entspricht, nämlich nach Gl. (11.12) $(h\nu)_{min} = 2\,m_e\,c^2$ (d.h. $h\nu \geq 1{,}02$ MeV). Darüber hinausgehende Photonenenergie wird in kinetische Energie von Elektron und Positron verwandelt. Der Prozess stellt im Prinzip die Umkehrung jenes Vorganges dar, der zur Entstehung von Vernichtungsstrahlung führt (s. Gl. 11.8).

Zusammenfassend lässt sich somit sagen, dass die Wechselwirkung von γ-Strahlung mit Materie letztlich zur Erzeugung von freien Elektronen (und Positronen) führt, die ihrerseits ihre kinetische Energie in Form von *Ionisationen und Anregungen* an die Materie weitergeben (s. Abschn. 11.2.1). Als *physikalische Primärprozesse der Strahlenwirkung* sind diese auch Ausgangspunkte der biologischen Strahlenwirkung, auf die wir später eingehen werden.

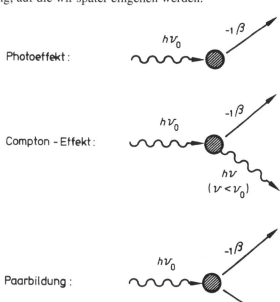

Photoeffekt :

Compton - Effekt :

Abb. 11.16. Primärprozesse der Wechselwirkung energiereicher elektromagnetischer Strahlung mit Materie

Paarbildung :

Wir wollen uns jetzt Aspekten des Strahlenschutzes zuwenden. Wie aus Abb. 11.14 sowie Gl. (11.13) hervorgeht, ist die Abschirmung energiereicher γ-Quanten erheblich komplizierter als jene korpuskularer Strahlung. Der Schwächungskoeffizient μ lässt sich in Anteile der verschiedenen Elementarprozesse der Wechselwirkung aufspalten, d.h.

$$\mu = \mu_{Ph} + \mu_{Co} + \mu_{Pa}, \tag{11.26}$$

wobei μ_{Ph}, μ_{Co} und μ_{Pa} die Schwächung durch Photo-, Compton- und Paarbildungseffekt beschreiben. Der relative Anteil der drei Prozesse ist stark energieabhängig. Bei relativ geringen Quantenenergien herrscht vorwiegend Photoeffekt vor, bei mittleren Quantenenergien überwiegt der Comptoneffekt, während bei sehr hohen Energien die Wahrscheinlichkeit des Paarbildungseffekts stark ansteigt und den totalen Schwächungskoeffizienten μ bestimmt. Die Energieabhängigkeit von μ ist in Abb. 11.17 illustriert. Hier ist anstelle von μ der *Massen-Schwächungskoeffizient* μ/ρ (ρ = Dichte) aufgetragen. Er nimmt mit zunehmender Energie kontinuierlich ab. Bei hohen Energien (nicht gezeigt) ist – bedingt durch μ_{Pa} – ein Wiederanstieg von μ zu verzeichnen. Die Abb. 11.17 enthält neben der Energieabhängigkeit von μ/ρ auch jene der Größe μ_A/ρ. Letztere beschreibt die „wahre" Energieabsorption in Materie und wird auch als *Massen-Energieabsorptionskoeffizient* bezeichnet. Der Unterschied zwischen μ und μ_A ist vorwiegend durch den Comptoneffekt bestimmt. Hier wird nur ein Teil der eingestrahlten Quantenenergie in die kinetische Energie des Elektrons und somit letztlich in Ionisationen und Anregungen umgewandelt. Während μ durch das in Abb. 11.13 skizzierte Messverfahren definiert ist und letztlich die vom Detektor nachgewiesene Reduktion der Zahl N an Quanten durch die Materieschicht beschreibt, ist μ_A für den Energietransfer auf die Materieschicht und damit letztlich für die in Abschn. 11.5 definierte *Energiedosis* verantwortlich. Die genaue Definition von μ_A geht von Gl. (11.14) aus. Die durch die Eliminierung von dN Quanten auf die Materie übertragene Energie dE_{kin} in Form kinetischer Energie von Elektronen und Positronen ist durch

$$dE_{kin} = \mu_A\, N\, h\nu\, dx, \tag{11.27}$$

mit $\mu_A = \alpha\mu$, ($\alpha \le 1$) gegeben.

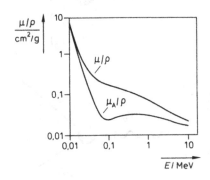

Abb. 11.17. Massen-Schwächungskoeffizient μ/ρ und Massen-Energieabsorptionskoeffizient μ_A/ρ als Funktion der Photonenenergie $E = h\nu$ in Wasser

Tabelle 11.3. Schichtdicke x und Flächendichte ρx zur Reduktion der Ausgangsintensität auf 10% für verschiedene Materialien und verschiedene Quantenenergien. [200 kVR = Röntgenstrahlung mit einer Maximalenergie von 200 keV, ^{60}Co = γ-Strahlung des Radioisotops ^{60}Co (ca. 1,2 MeV)]

Schutzstoff		Wasser	Beton	Blei
Dichte ρ/g cm^{-3}		1	2	11
200 kVR	$\dfrac{x}{\text{cm}}$	24	9,5	0,3
	$\dfrac{\rho x}{\text{g cm}^{-2}}$	24	19	3
^{60}Co	$\dfrac{x}{\text{cm}}$	50	25,5	4
	$\dfrac{\rho x}{\text{g cm}^{-2}}$	50	51	44

Die große Durchdringungsfähigkeit energiereicher elektromagnetischer Strahlung mögen die Zahlenwerte in Tabelle 11.3 illustrieren. Zur Reduktion der Intensität um 90% sind erhebliche Schichtdicken an Materie erforderlich, die mit steigender Quantenenergie zunehmen. Die notwendige Schichtdicke x nimmt mit zunehmender Ordnungszahl Z erheblich ab. Für die **Flächendichte** ρx gilt dies jedoch nur bei relativ niedrigen Energien. Die Bedeutung der Flächendichte ist aus Gl. (11.13) ersichtlich. Der für die Intensitätsreduktion verantwortliche Exponent μx lässt sich gemäß

$$\mu x = (\mu/\rho)\,(\rho x) \tag{11.28}$$

durch Massen-Schwächungskoeffizient und Flächendichte beschreiben. Hierbei bedeutet die Flächendichte ρx anschaulich die Masse pro Flächeneinheit, die zur gewünschten Intensitätsreduktion nötig ist. Für Strahlung um 1 MeV benötigt man nach Tabelle 11.3 unabhängig von der Art des Materials annähernd dasselbe „Gewicht", um den gewünschten Effekt zu erzielen. Bei niedrigeren Quantenenergien ist hingegen die Verwendung von Materialien mit großem Z (wie z.B. Blei) günstiger.

Dieses Verhalten folgt unmittelbar aus der Abhängigkeit der verschiedenen Anteile des Massen-Schwächungskoeffizienten μ/ρ von der Ordnungszahl Z. Es gilt $\mu_{\text{Ph}}/\rho \sim Z^3$ sowie $\mu_{\text{Pa}}/\rho \sim Z$ bei konstanter Quantenenergie $h\nu$. Der bei Energien um 1 MeV vorherrschende Comptoneffekt ist hingegen bezüglich der Größe μ_{Co}/ρ weitgehend unabhängig von Z.

Die aus Tabelle 11.3 hervorgehenden großen Schichtdicken und großen Gewichte an Materialien, die zur Erzielung einer hinreichenden Abschirmung nötig sind, verdeutlichen die Schwierigkeiten des Strahlenschutzes beim Arbeiten mit energiereichen Photonen.

11.2.3 Neutronen

Aufgrund ihrer Fähigkeit, in Materie Ionisationen zu erzeugen, werden energiereiche elektromagnetische Strahlungen (Röntgen- und γ-Strahlung) sowie die Strahlung geladener Teilchen (wie z.b. α- und β-Strahlung) gemeinsam als ionisierende Strahlen bezeichnet.

Neutronen hingegen können als neutrale Teilchen nur auf indirektem Wege ionisieren. Bei kleinen Energien (sog. thermische Neutronen) reagieren sie mit Kernen unter Emission von geladenen Teilchen oder elektromagnetischer Strahlung. Eine besonders hohe Ausbeute haben Kernreaktionen mit Wasserstoff und Stickstoff, zwei in biologischem Material besonders häufigen Elementen:

$$\,^1_1H + \,^1_0n \rightarrow \,^2_1H + \gamma \,.$$

$$\,^{14}_7N + \,^1_0n \rightarrow \,^{14}_6C + \,^1_1H$$

Die entstehende ionisierende Strahlung reagiert dann wie beschrieben mit Materie. Schnelle Neutronen (Neutronen mit großer kinetischer Energie) wechselwirken mit Atomkernen durch elastischen Stoß und übertragen dadurch eine erhebliche kinetische Energie. Nach den Stoßgesetzen ist diese Übertragung besonders effektiv, falls die beiden Stoßpartner gleiche Masse besitzen. Man kann daher schnelle Neutronen durch wasserstoffhaltige Medien (z.b. Paraffin) effektiv abbremsen. Andererseits erzeugt diese Art der Energieübertragung auf Materialbausteine massive Strahlenschäden (Strukturschäden) in belebter und unbelebter Materie. Durch den Abbremsvorgang entstehen die oben genannten thermischen Neutronen mit ihrer besonderen Fähigkeit, Kernreaktionen einzugehen. Hiermit ist teilweise eine Umwandlung in andere chemische Elemente verbunden (s. Reaktion von $\,^{14}_7N$ zu $\,^{14}_6C$). Es ist unschwer vorzustellen, dass dieser auch als *Transmutation* bezeichnete Vorgang von erheblicher Konsequenz für die Funktion biologischer Makromoleküle sein kann. Transmutationen entstehen auch bei der Inkorporation von Radionukliden. So kann die Aufnahme von $\,^{32}_{15}P$ in den menschlichen Organismus zum Einbau in die Erbsubstanz DNA führen. Beim β-Zerfall von $\,^{32}_{15}P$ entsteht $\,^{32}_{16}S$. Dies führt zum Bruch der DNA-Kette (Einzelstrangbruch, mit geringer Wahrscheinlichkeit Doppelstrangbruch).

11.3 Strahlungsmessung

11.3.1 Messgrößen und Einheiten

Strahlungsmessung dient häufig zur Charakterisierung einer radioaktiven Quelle. Letztere erzeugt in ihrer Umgebung ein Strahlungsfeld. Dieses kann einem Materieobjekt durch Strahlungsabsorption Energie zuführen. Wir benötigen daher physikalische Größen zur Beschreibung einer radioaktiven Quelle, eines Strahlungsfeldes sowie der absorbierten Strahlungsenergie (Dosis). Letztere soll wegen ihrer

Bedeutung für die biologische Strahlenwirkung einem besonderen Abschnitt vorbehalten bleiben.

a) **Das Strahlungsfeld.** Es kann auch ohne sichtbare Strahlungsquelle existieren
(z.B. bei der kosmischen Strahlung). Zu seiner Charakterisierung blenden wir
durch eine hinreichend dicke Materiescheibe eine bestimmte Fläche F aus und'
interessieren uns für die Zahl der Teilchen (oder Photonen), die F pro Zeiteinheit
passieren. Sinngemäß definieren wir:

Teilchenflussdichte Φ = Zahl der Teilchen/(Fläche·Zeit).

Entsprechend können wir auch eine Energieflussdichte I (oder Intensität) definieren:

Energieflussdichte I = Energie/(Fläche·Zeit).

Für ein Strahlungsfeld mit einheitlichen Teilchen der Energie E besteht zwischen Teilchenflussdichte und Energieflussdichte der einfache Zusammenhang:

$$I = \Phi E .$$ (11.29)

Sind die Teilchen nach Art und Energie verschieden, so tritt anstelle von Gl.
(11.29) eine entsprechende Summe (oder ein Integral). Die Einheiten für Φ und I
ergeben sich unmittelbar aus der Definition dieser Größen.

Für den Bereich sichtbaren Lichtes sowie für den anschließenden Bereich ultravioletten Lichtes wird Φ gerne in der molaren Einheit „Einstein/(Zeit·Fläche)"
angegeben. Hierbei entspricht *1 Einstein* der Zahl von L Photonen (L = Avogadro-Konstante). Die Bedeutung dieser Einheit für den Bereich der Photochemie
ist aus der Tatsache ersichtlich, dass die Absorption von 1 Einstein Lichtquanten
in einer Lösung von 1 l Volumen zu einer Konzentration von 1 M an angeregten
Molekülen führt.

b) **Charakterisierung einer radioaktiven Quelle.** Sie wird einerseits durch das
Zerfallsschema beschrieben, das über Art und Energie der emittierten Teilchen
Auskunft gibt. Andererseits interessiert die Zahl der zerfallenden Kerne pro Zeit-
einheit, aus der – zusammen mit dem Zerfallsschema – unmittelbar die Zahl der
emittierten Teilchen hervorgeht. Man nennt die Zahl der Zerfälle pro Zeiteinheit
„*Aktivität*" A der Quelle. Da der Zerfall einer monomolekularen Reaktion ent-
spricht, gilt für den Zusammenhang von A mit der Zahl der Quellenatome N die
Beziehung:

$$A = -\frac{dN}{dt} = \lambda N .$$ (11.30)

Mit Gl. (11.10) folgt somit für die Zeitabhängigkeit einer Aktivität A bei einer
Ausgangsatomzahl N_0

$$A = A_0 e^{-\lambda t}$$ (11.31)

mit $A_0 = \lambda N_0$.

Der Zeitverlauf der Aktivität A entspricht somit völlig jenem der Atomzahl N. Die Einheit der Aktivität ist die reziproke Sekunde (1/s), nach dem Entdecker der natürlichen Radioaktivität mit **Becquerel** (Bq) bezeichnet. Das Becquerel hat die früher übliche Einheit **Curie** (Ci) abgelöst. Es gilt somit:

$$1 \text{ Bq} = 1 \text{ s}^{-1} \text{ (1 Zerfall pro Sekunde)}$$

$$1 \text{ Ci} = 3{,}7 \cdot 10^{10} \text{ s}^{-1} = 3{,}7 \cdot 10^{10} \text{ Bq}.$$

Der „krumme" Zahlenwert der Einheit Curie hat historische Wurzeln: 1 Ci entspricht der Aktivität von 1 g $^{226}_{88}\text{Ra}$.

In der Praxis häufig anzutreffende abgeleitete Aktivitätsgrößen:

$1 \text{ mCi} = 10^{-3} \text{ Ci} = 37 \text{ MBq}$ (m = Milli, M = Mega)

$1 \text{ μCi} = 10^{-6} \text{ Ci} = 37 \text{ kBq}$ (μ = Mikro, k = Kilo).

Wir wollen uns nun dem Zusammenhang zwischen der Aktivität einer radioaktiven Quelle und dem resultierenden Strahlungsfeld zuwenden. Er wird besonders einfach für eine isotrope Quelle der Aktivität A, die pro Zerfall nur 1 Teilchen der einheitlichen Energie E emittiert. Im Abstand R von der Quelle passieren alle Teilchen die Kugeloberfläche $4\pi R^2$. Daher erhält man die Teilchenflussdichte Φ zu

$$\Phi = \frac{A}{4\pi R^2} . \tag{11.32}$$

Die Teilchenflussdichte nimmt somit mit $1/R^2$ ab. Dies bedeutet, dass die Intensität einer Strahlung in 1 m Abstand von einer vorgegebenen Quelle nur 1% der Intensität in 10 cm Abstand beträgt. Aus dieser Überlegung heraus wird die Bedeutung einer Faustregel des Strahlenschutzes verständlich, deren Einhaltung beim Umgang mit radioaktiven Isotopen allerdings zu erheblichen technischen Problemen führen kann:

> Bester Strahlenschutz ist Abstand!

11.3.2 Messverfahren

Sie beruhen im Wesentlichen auf drei bereits von Röntgen beschriebenen Eigenschaften energiereicher Strahlen, die sich auf Primärprozesse der Wechselwirkung mit Materie gründen, nämlich deren Fähigkeit zu ionisieren und Anregungen hervorzurufen:

Schwärzung von Filmen
Ionisation der Luft
Fluoreszenzerregung geeigneter Stoffe.

a) Film. Durch energiereiche Strahlen im Filmmaterial ausgelöste Elektronen können Silberbromid zu Silber reduzieren. Dies erscheint nach Entwicklung des Films

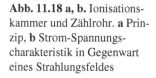

Abb. 11.18 a, b. Ionisationskammer und Zählrohr. **a** Prinzip, **b** Strom-Spannungs-
charakteristik in Gegenwart
eines Strahlungsfeldes

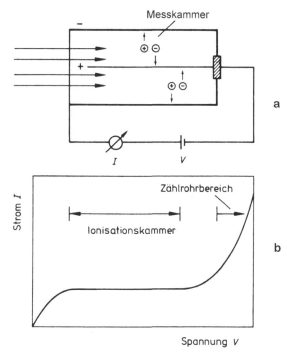

als Schwärzung. Die Schwärzung ist ein Maß für die im Film absorbierte Energie.
Filme werden heute vorwiegend bei der Strahlenschutzüberwachung eingesetzt.

b) Ionisationskammer und Zählrohr. Energiereiche Strahlung ionisiert Luft und
erzeugt damit negative Elektronen sowie positive Ionen. Elektronen und Ionen
würden nach „Abschalten" der Strahlung wieder rekombinieren. Lädt man jedoch
einen Draht im Inneren einer Messkammer z.B. positiv gegenüber dem umgebenden Gehäuse auf durch Anlegen einer Spannung, so tritt eine Ladungstrennung
auf (Abb. 11.18). Die Elektronen bewegen sich auf den Draht zu, fließen über ein
Strommessgerät zum Gehäuse, wo sie mit positiven Ionen rekombinieren können.
Bei genügend hoher Spannung werden alle in der Messkammer erzeugten Ionenpaare zum Strom beitragen, der deshalb einen Sättigungsbereich aufweist (Bereich
der Ionisationskammer). Erhöht man die Spannung weiter, so tritt oberhalb eines
Schwellwertes eine plötzliche Zunahme des Stromes auf. Sie rührt daher, dass die
erzeugten Elektronen durch die angelegte Spannung so viel kinetische Energie
aufgenommen haben, dass sie ihrerseits zur Ionisation befähigt sind. Dadurch entsteht eine Ionenlawine, die mit einer geeigneten Elektronik als elektrischer Impuls
nachgewiesen werden kann. Die Zahl der Impulse entspricht dann der Zahl der im
Gasvolumen absorbierten energiereichen Teilchen (Betrieb als Zählrohr). Abbildung 11.8 illustriert schematisch die Strom-Spannungs-Charakteristik der beschriebenen Anordnung.

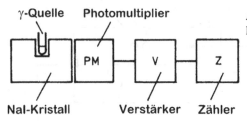

Abb. 11.19. Zum Prinzip eines Szintillationszählers

Ionisationskammer (und Zählrohr) werden heute neben Filmen ebenfalls in der Strahlenschutzüberwachung eingesetzt (s. auch Abschn. 11.5.2). Zählrohre können darüber hinaus zur Messung der Aktivität radioaktiver Substanzen verwendet werden.

c) Szintillationszähler. Die durch energiereiche Strahlung der Materie zugeführte Anregungsenergie wird in manchen Stoffen teilweise als Fluoreszenzlicht im sichtbaren oder UV-Bereich wieder abgestrahlt. Die Absorption eines Teilchens führt dann zur Emission eines Lichtblitzes (Szintillation). Im Szintillationszähler wird der Lichtblitz durch einen Sekundärelektronenvervielfacher (auch als Photomultiplier PM bezeichnet) in einen elektrischen Impuls umgewandelt, der nach Verstärkung (V) in einem Zähler (Z) gespeichert wird. Dies ist die heute gängigste Methode zur Messung der Aktivität radioaktiver Substanzen. Dazu wird im Falle von γ-Strahlern die Quelle häufig in einen fluoreszierenden Kristall versenkt (Bohrloch-Kristall), um eine möglichst hohe Lichtausbeute zu erhalten (Abb. 11.19).

α- und β-Strahler sind aufgrund ihrer starken Wechselwirkung mit Materie i. Allg. nicht in der Lage, die Gefäßwände zu durchdringen. Man mischt sie daher direkt mit einer fluoreszierenden Flüssigkeit, deren Lichtemission vom Photomultiplier gemessen wird (*Liquid Scintillation Counter*).

Radioisotope, die γ-Strahlung emittieren, lassen sich aufgrund der großen Durchdringungsfähigkeit dieser Strahlung auch im Inneren des tierischen oder menschlichen Organismus nachweisen. Im *Ganzkörperzähler* wird die dem Organismus entweichende Strahlung durch speziell angeordnete Szintillationszähler detektiert.

11.4 Zur Anwendung radioaktiver Isotope

Da Strahlung sehr empfindlich nachgewiesen werden kann, ist es möglich, sehr kleine Aktivitäten und damit äußerst geringe Mengen radioaktiver Substanzen zu bestimmen. Dies ist für viele Bereiche naturwissenschaftlicher Forschung von Bedeutung. Radioaktive Isotope werden vor allem auch dort mit großem Vorteil eingesetzt, wo eine Konzentrationsmessung auf andere Weise nur schwer möglich ist. Tabelle 11.4 (s. auch Abb. 11.9 und 11.12) enthält einige für die biologische Forschung besonders wichtige künstliche Radioisotope, die über Kernreaktio-

Tabelle 11.4. Einige in der biologischen Forschung häufig verwendete Radioisotope (Energie von β-Teilchen = Maximalenergie)

Isotop	Halbwertszeit	emittierte Strahlung	vorwiegend auftretende Energie
$^{3}_{1}H$	12,26 a	β^-	18 keV
$^{14}_{6}C$	5730 a	β^-	156 keV
$^{22}_{11}Na$	2,6 a	β^+	540 keV
		γ	1,27 MeV
		γ	511 keV
$^{32}_{15}P$	14,3 d	β^-	1,7 MeV
$^{35}_{16}S$	87 d	β^-	167 keV
$^{45}_{20}Ca$	163 d	β^-	257 keV
$^{125}_{53}I$	60,2 d	γ	35 keV
$^{131}_{53}I$	8,06 d	β^-	606 keV
		γ	364 keV

nen gewonnen werden. Ihre direkte Anwendung sowie auch ihr synthetischer Einbau in biologisch interessante organische Verbindungen haben neue Möglichkeiten von Stoffwechseluntersuchungen eröffnet, die auch auf medizinischem Gebiet intensiv genutzt werden (Nuklearmedizin). So erlaubt z.B. die orale Gabe kleinster Mengen des Jodisotops $^{131}_{53}I$ einen technisch relativ einfachen Schilddrüsenfunktionstest. Die intensive γ-Strahlung dieses Isotops gestattet es, seine Anreicherung in der Schilddrüse außerhalb des Körpers messtechnisch zu verfolgen.

Um die Empfindlichkeit des Konzentrationsnachweises radioaktiver Isotope zu veranschaulichen, wollen wir uns zunächst um eine Beziehung zwischen Masse und Aktivität einer radioaktiven Substanz bemühen.

Die Substanz besitze eine Masse m, eine Molmasse M sowie *ein* radioaktives Atom pro Molekül mit der Halbwertszeit $t_{1/2}$. Die Zahl der Moleküle N der Substanz ist somit

$$N = \frac{mL}{M} \,, \tag{11.33}$$

(L = Avogadro-Konstante).

Durch Verknüpfung der Gln. (11.30) und (10.25) erhält man eine Beziehung zwischen Molekülzahl N und Aktivität A:

$$A = \frac{\ln 2}{t_{1/2}} N \,. \tag{11.34}$$

Hieraus erhält man mit Gl. (11.33) die gesuchte Relation

$$m = \frac{A\,M\,t_{1/2}}{L\ln 2}\ .$$ (11.35)

Gleichung (11.35) gestattet die Berechnung der minimal nachweisbaren Masse m_{min}, aus der kleinsten noch nachweisbaren Aktivität A_{min}.

Die Messgrenze eines Szintillationszählers (oder eines Zählrohres) wird durch die statistische Natur des Zerfallsprozesses sowie durch den Nulleffekt des Gerätes bestimmt. Hierunter ist die gemessene Impulszahl N_I^0 in Abwesenheit einer radioaktiven Messprobe zu verstehen. Der Nulleffekt wird in der Regel durch die Gegenwart der kosmischen Strahlung sowie durch die Umgebungsstrahlung (s. Abschn. 11.7) bestimmt. Er unterliegt somit denselben statistischen Gegebenheiten wie der radioaktive Zerfall (Abschn. 11.1.2). Die von einer radioaktiven Probe stammende Impulszahl N_I^P ist somit

$$N_I^P = N_I - N_I^0\ ,$$ (11.36)

wobei N_I die totale Impulszahl bedeutet, die in Anwesenheit der Probe gemessen wird. Der Fehler der zu bestimmenden Größe N_I^P ist daher durch die mittleren statistischen Fehler σ_I und σ_I^0 der Messgrößen N_I und N_I^0 gegeben. Nach dem *Gauß'schen Fehlerfortpflanzungsgesetz* gilt

$$\sigma_I^P = \sqrt{\sigma_I^{0^2} + \sigma_I^2}\ .$$ (11.37)

Hieraus erhält man unter Verwendung von $\sigma_I^2 = N_I$ und $\sigma_I^{0^2} = N_I^0$ (s. Abschn. 1.1.1 sowie 11.1.2)

$$\sigma_I^P = \sqrt{N_I^0 + N_I}\ .$$ (11.38)

Wir wollen Gl. (11.38) durch ein *Zahlenbeispiel* erläutern. Zu diesem Zwecke betrachten wir eine Probe der Aktivität $A = 10^{-10}$ Ci = 3,7 Bq, die wir in einem ideal arbeitenden Messgerät über eine Messzeit von 1 Minute verfolgen. Hierbei wollen wir unter „ideal" die nachfolgenden Vereinfachungen verstehen: Wir vernachlässigen den Nulleffekt N_0 und nehmen außerdem an, dass das Zählgerät jeden in der Probe stattfindenden Zerfall durch einen einzelnen Impuls registriert. Unter diesen Annahmen wird das Gerät im statistischen Mittel eine Impulszahl N_I = N_I^P = 3,7 s^{-1}·60 s = 222 registrieren. Der mittlere statistische Fehler dieser Messung ist nach Gl. (11.38) σ_I = 14,9, sodass die Messung durch einen prozentualen mittleren statistischen Fehler von 14,9·100/222 = 6,7% behaftet ist. Dieser Fehler wird durch eine Verlängerung der Messzeit oder eine Vergrößerung der Aktivität verkleinert, während eine Verkürzung der Messzeit oder eine Verkleinerung der Aktivität in umgekehrter Richtung wirkt. Hieraus ist ersichtlich, dass bei genügend kleinen Aktivitäten letztlich ein unzulässig großer Messfehler auftreten wird.

Man kann – auch unter realen Messbedingungen – im Allgemeinen recht bequem eine Aktivität von 10^{-10} Ci im Scintillationszähler nachweisen. Dies entspricht (nach Gl. 11.35) beim Radiumisotop $^{226}_{88}$Ra ($t_{1/2}$= 1620 Jahre) einer Masse von 10^{-10} g. Beim Jodisotop $^{131}_{53}$I mit der kurzen Halbwertszeit von 8 Tagen sind es sogar nur $8 \cdot 10^{-16}$ g. Diese Zahlen illustrieren nachdrücklich die Empfindlichkeit dieser Art von Massenbestimmung.

Die obige Abschätzung ging von einem einheitlichen (reinen) Radionuklid aus. Kommerziell erhältliche Radioisotope enthalten jedoch zumeist noch ein (oder mehrere) stabile Isotope des betreffenden chemischen Elements. Im Falle eines Isotopengemisches tritt an Stelle von Gl. (11.35) die vom Hersteller zumeist angegebene

$$\text{spezifische Aktivität} \quad a = \frac{\text{Aktivität } A}{\text{Masse } m_g}.$$

Hierbei ist unter der Masse m_g die Gesamtmasse aller Isotope des betreffenden Elements zu verstehen. Angaben über die spezifische Aktivität erfolgen häufig in Bq/g oder Bq/Mol (früher Ci/g). Bei $^{131}_{53}$I mit einer spezifischen Aktivität von 10^4 Ci/g entspricht eine Aktivität von 10^{-10} Ci somit einer Gesamtmasse aller vorhandenen Jodisotope von $m_g = 10^{-14}$ g.

Beim Arbeiten mit radioaktiven Isotopen sollte man sich stets die damit verbundene Strahlengefahr vergegenwärtigen. Neben der Bestrahlung von außen sollte man vor allem eine Inkorporation dieser Stoffe peinlichst vermeiden. Sie kann zu schweren Strahlenschäden führen, da gewisse Substanzen nur äußerst langsam aus dem menschlichen Körper ausgeschieden werden (s. Abschn. 10.2). So hat die unsachgemäße Verwendung von $^{226}_{88}$Ra in der Uhrenindustrie (Herstellung von Leuchtziffern) in den ersten Jahrzehnten des 20. Jahrhunderts bei vielen tausend Ziffernblattmalern zur Inkorporation erheblicher Aktivitäten dieses Radioisotops geführt. Die lange Aufenthaltsdauer des „Knochensuchers" $^{226}_{88}$Ra im menschlichen Organismus (vgl. Abb. 10.14 sowie Tabelle 10.1) kann zur Akkumulation sehr großer Strahlendosiswerte führen, als deren Folge Osteosarkome (Knochentumore) beobachtet wurden. Ähnliche Wirkungen sind nach Inkorporation von $^{90}_{38}$Sr und $^{239}_{94}$Pu zu erwarten. Demgegenüber ist das Arbeiten mit den in Tabelle 11.4 aufgeführten Radioisotopen wegen ihrer relativ kleinen physikalischen Halbwertszeit oder der geringen Energie der emittierten Strahlung vergleichsweise harmlos. Dennoch sollten auch hier die Vorschriften der Strahlenschutzverordnung unbedingt eingehalten werden.

11.5 Strahlendosimetrie

Man kann davon ausgehen, dass die Wirkung energiereicher (ionisierender) Strahlung in der belebten und unbelebten Natur in einem direkten Zusammenhang mit der Energie steht, die das betreffende Medium durch Absorption der Strahlung erfährt. Die derart absorbierte Energie wird mit dem Begriff *Dosis* charakterisiert. Man kann diese Energie direkt bestimmen (*Energiedosis*, engl. „*absorbed dose*"), aber auch dadurch beschreiben, indem man die Zahl der Ionisationen misst, die durch die Strahlung hervorgerufen werden und von denen die Strahlenwirkung ihren Ausgang nimmt (*Ionendosis*, engl. „*exposure*").

Die photochemischen Wirkungen optischer Strahlung hingegen gehen von angeregten Molekülzuständen aus (vgl. Abschn. 11.2.2.1). Die absorbierte Energie lässt sich in diesem Falle auf der Basis des Lambert-Beer'schen Gesetzes berechnen. Wir wollen uns im Folgenden jedoch ausschließlich auf ionisierende Strahlung beschränken.

11.5.1 Die Energiedosis D_E

Wie einleitend erwähnt, entspricht sie der Energie dW, die einem Massenelement dm durch energiereiche Strahlung zugeführt wird:

$$D_E = dW/dm .\tag{11.39}$$

Die differentielle Schreibweise berücksichtigt eine eventuelle Inhomogenität der Strahlenabsorption in einem Objekt der Masse m.

Die Einheit der Energiedosis ist das Gray (Gy), wobei

$$1 \text{ Gy} = 1 \text{ J/kg.}$$

Eine früher viel benutzte Einheit ist das Rad (rd):

$$1 \text{ rd} = 100 \text{ erg/g} = 10^{-2} \text{ Gy} = 1 \text{ cGy (Centigray).}$$

Die Messung der Energiedosis kann auf direkte Weise im Kalorimeter erfolgen, denn der überwiegende Teil der absorbierten Strahlenenergie wird letztlich in Wärme umgewandelt und erhöht damit die Temperatur des bestrahlten Mediums. Die Temperaturerhöhung ΔT des Kalorimeters ist somit ein Maß für die Energiedosis D_E. Diese Methode ist jedoch sehr unempfindlich, wie die folgende Abschätzung zeigt:

Die Temperaturerhöhung im Kalorimeter (spezifische Wärmekapazität $\tilde{C}_P$) erhält man aus dem Zusammenhang $D_E = \tilde{C}_P \Delta T$. Hieraus errechnet man bei der (relativ großen) Energiedosis von 1 Gy und einer spezifischen Wärmekapazität $\tilde{C}_P$ des betrachteten Mediums von $4{,}18 \cdot 10^3$ J/K kg (Wasser) die sehr kleine Temperaturerhöhung ΔT von $2{,}4 \cdot 10^{-4}$ K. Wie wir im folgenden Abschnitt sehen werden, ist es jedoch aus Gründen des Strahlenschutzes nötig, Dosiswerte nachzuweisen, die viele Größenordnungen unter dem oben gewählten Wert liegen.

Erheblich empfindlicher kann die Bestimmung der Energiedosis über die Ionendosis erfolgen.

11.5.2 Die Ionendosis D_I und ihre Beziehung zur Energiedosis D_E

Sie bezieht sich ausschließlich auf ionisierende Strahlung und geht von der Tatsache aus, dass deren Wirkung auf Gase wesentlich in der Produktion von Ionenpaaren besteht. Die Ionendosis D_I entspricht deshalb der elektrischen Ladung dQ der

Ionen eines Vorzeichens, die in einem mit Luft gefüllten Volumenelement $dV = dm_L/\rho_L$ (ρ_L = Dichte der Luft) erzeugt werden:

$$D_I = \frac{dQ}{dm_L} = \frac{1}{\rho_L}\frac{dQ}{dV} .$$ (11.40)

Die Ionendosis kann somit in C/kg angegeben werden. Eine früher häufig verwendete Einheit ist das Röntgen (R):

$$1 \text{ R} = 2{,}58 \cdot 10^{-4} \text{ C/kg}.$$

Der ungerade Zahlenwert ist historisch bedingt.

Die Messung der Ionendosis erfolgt auf sehr empfindliche Art und Weise mit der Ionisationskammer (Abb. 11.18). Bevor wir uns dies an einem Beispiel klarmachen, wollen wir eine Beziehung zwischen der in einer Ionisationskammer gemessenen Ionendosis und der dem betreffenden Luftvolumen zugeführten Energiedosis herstellen. Hierzu benötigen wir nur den mittleren Energieaufwand $\overline{W}_I$, der zur Erzeugung eines Ionenpaares in Luft erforderlich ist. Entsprechende Messungen ergaben einen Wert von etwa 34 eV. Falls das Kammervolumen homogen durchstrahlt wird (wir vernachlässigen an dieser Stelle störende Einflüsse der Kammerwand), kann man die Differentiale in den Gleichungen (11.39) und (11.40) durch die Absolutwerte ersetzen, d.h.

$$D_I = \frac{Q}{m_L} \quad \text{und}$$ (11.41)

$$D_E = \frac{W}{m_L} .$$ (11.42)

Die Ladung Q steht mit der Zahl der erzeugten Ionenpaare N_I in dem Zusammenhang (e_0 = Einheitsladung)

$$Q = N_I e_0 .$$ (11.43)

Außerdem gilt für die absorbierte Energie W der Zusammenhang

$$W = N_I \overline{W}_I .$$ (11.44)

Die Gleichungen (11.41) bis (11.44) ergeben die gewünschte Beziehung zwischen Energie- und Ionendosis im Luftvolumen einer Ionisationskammer:

$$D_E = D_I \frac{\overline{W}_I}{e_0} .$$ (11.45)

Aus Gl. (11.45) findet man durch Einsetzen der entsprechenden Zahlenwerte, dass eine Ionendosis D_I von 1 R einer Energiedosis D_E in Luft von 0,88 rd = $8{,}8 \cdot 10^{-3}$ Gy entspricht.

Der Einsatz von Ionisationskammern gestattet die Messung kleinster Energiedosen, wie das folgende Beispiel illustriert:

Wir betrachten eine Kammer mit einem Luftvolumen von 100 cm^3 bei einer Dichte $\rho_L = 1{,}3 \cdot 10^{-3}$ g/cm^3. Dies entspricht einer Masse $m_L = 0{,}13$ g. Sie erhalte eine Energiedosis von 1 cGy. Diese erzeugt nach den Gleichungen (11.41) und (11.45) eine Ladung von $Q = D_E \, m_L \, e_0 / \overline{W}_I = 3{,}8 \cdot 10^{-8}$ As. Falls diese Dosis durch eine gleichmäßige Bestrahlung der Kammer über einen Zeitraum von einem Tag zustande käme, so würde in einer Anordnung nach Abb. 11.18 ein gut messbarer Strom $I = Q/t$ von $4{,}4 \cdot 10^{-13}$ A fließen. Ersetzt man die Spannungsquelle und das Strommessgerät durch einen Kondensator C, den man vor der Bestrahlung auf eine hinreichend große Spannung U aufgeladen hat, so erzeugt die Ladung Q bei einer Kapazität $C = 10^{-8}$ F eine Spannungsänderung $\Delta U = Q/C = 3{,}8$ V, die mit besonders einfachen technischen Mitteln verfolgt werden kann. Die geschilderten Methoden erlauben den Nachweis kleinster Energiedosen weit unter 1 mrd $= 10^{-5}$ Gy.

Wir haben uns bisher auf die Bestimmung der Energiedosis in Luft beschränkt. Eine detailliertere Behandlung, die über den Rahmen dieser vereinfachten Darstellung hinausgeht, zeigt jedoch, dass die Energiedosis in beliebigen Medien (und somit auch in biologischen Objekten) unter speziellen Messvoraussetzungen aus der Energiedosis in Luft ermittelt werden kann. So gilt für die Energiedosis nach Photonenbestrahlung eines beliebigen Materials M unter der einschränkenden Bedingung des hier nicht näher diskutierten Begriffes des Sekundärelektronengleichgewichtes:

$$D_E(M) = f_M(E) \, D_E(\text{Luft}), \text{ mit}$$

$$f_M(E) = \frac{(\mu_A / \rho)_M}{(\mu_A / \rho)_{\text{Luft}}}. \tag{11.46}$$

Der Proportionalitätsfaktor f_M hängt von der Strahlenenergie E ab und wird durch das Verhältnis der in Abschn. 11.2.2.2 eingeführten Massen-Energieabsorptionskoeffizienten bestimmt. Abbildung 11.20 zeigt die Abhängigkeit $f_M(E)$ von der Quantenenergie elektromagnetischer Strahlung für verschiedene Gewebearten. Bei Energien oberhalb ca. 200 keV ist $f_M(E)$ weitgehend energieunabhängig, d.h. $f_M(E) \approx 1$. Deshalb ist die Energiedosis in allen Gewebearten annähernd identisch mit der Energiedosis in Luft. Strahlung mit einer Quantenenergie von 30 keV hingegen erzeugt im Knochen eine etwa 5-mal größere Energiedosis als in Luft oder im Muskelgewebe. Dies hängt mit der im Vergleich zu den Weichteilgeweben größeren mittleren Ordnungszahl des Knochengewebes zusammen, das große Mengen von Calciumphosphat-Kristalliten enthält. Die unterschiedliche Strahlenabsorption der verschiedenen Gewebe im Bereich unter 100 keV, die in $f_M(E)$ zum Ausdruck kommt, findet ihre bekannte Anwendung in der *Röntgendiagnostik*, wo sie den Kontrast von Röntgenaufnahmen bestimmt.

Wir wollen diesen Abschnitt mit der Abschätzung der Strahlendosis beschließen, die von einer punktförmigen Quelle eines γ-Strahlers zu erwarten ist. In Abschn. 11.3.1 b) haben wir gesehen, dass die Teilchenflussdichte Φ umgekehrt proportional mit dem Quadrat des Abstandes R abnimmt. Die Anschauung sagt uns, dass die pro Zeiteinheit zu erwartende Ionendosis D_I (*Dosisrate $\dot{D}_I$*) propor-

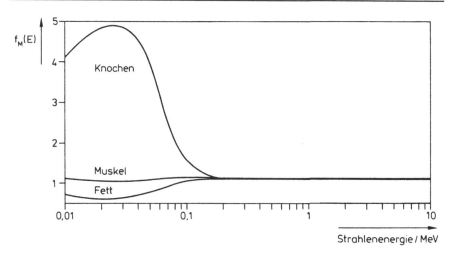

Abb. 11.20. Abhängigkeit des Proportionalitätsfaktors f_M von der Quantenenergie der Photonenstrahlung (vgl. Gl. 11.46)

tional zur Teilchenflussdichte sein wird. Es gilt daher unter Beachtung von Gl. (11.32) der Zusammenhang

$$\dot{D}_1 = \frac{dD_1}{dt} = \Gamma \frac{A}{R^2} \ . \tag{11.47}$$

Der Proportionalitätsfaktor Γ wird als **spezifische Gammastrahlungskonstante** bezeichnet. Seine Dimension, definiert durch Gl. (11.47), ergibt sich zu Cm^2/(kg s Bq). Werte für Γ findet man in weiterführenden Lehrbüchern oder entsprechenden Handbüchern. So gilt z.B.

$$\Gamma(^{137}\text{Cs}) = 6{,}26 \cdot 10^{-19} \text{ Cm}^2/(\text{kg s Bq}) \quad \text{und}$$

$$\Gamma(^{131}\text{I}) \ \ = 4{,}1 \cdot 10^{-19} \text{ Cm}^2/(\text{kg s Bq}).$$

Unter Verwendung dieser Werte findet man aus Gl. (11.47), dass eine punktförmige Aktivität von 1 mCi = 37 MBq ^{137}Cs in 1 m Abstand von der Quelle pro Stunde zu einer Ionendosis $D_1 = 8{,}34 \cdot 10^{-8}$ C/kg = $3{,}24 \cdot 10^{-4}$ R führt. Dies entspricht nach Gl. (11.45) einer Energiedosis von $2{,}84 \cdot 10^{-4}$ rd = $2{,}84 \cdot 10^{-6}$ Gy in Luft pro Stunde. Aufgrund der relativ energiereichen γ-Strahlung von 660 keV (s. Abb. 11.7) gilt $f_M \approx 1$ (vgl. Abb. 11.20), sodass nach Gl. (11.46) mit annähernd derselben Energiedosis in menschlichem Gewebe wie in Luft zu rechnen ist. Hierbei ist jedoch nicht berücksichtigt, dass die Energiedosis für tiefer liegende Organe infolge der Abschwächung durch das darüber liegende Gewebe geringer ist.

Der vorliegende Abschnitt beschränkt sich auf wenige grundlegende physikalische Konzepte der Strahlendosimetrie, deren detaillierte Beschreibung der spezielleren Literatur vorbehalten bleibt (s. z.B. Krieger 2007). Die für den Strahlenschutz wichtigen dosimetrischen Begriffe wie „Äquivalentdosis" und „effektive

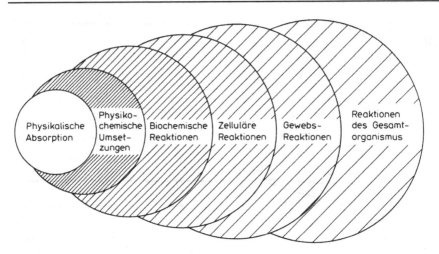

Abb. 11.21. Einfaches Schema der biologischen Strahlenwirkung (Aus J. Kiefer: Biologische Strahlenwirkung. Birkäuser 1989)

Dosis" werden wir in Zusammenhang mit der nachfolgenden Einführung in die biologische Strahlenwirkung definieren.

11.6 Biologische Wirkungen energiereicher Strahlung

Die biologische Strahlenwirkung nimmt ihren Ausgang von den physikalischen Elementarprozessen der Strahlungsabsorption, d.h. insbesondere von Ionisationen und Anregungen. Diese führen über eine Kette äußerst komplexer chemischer und biochemischer Reaktionen zu zellulären Veränderungen. Letztere dokumentieren sich auf der Ebene einzelner Organe oder Gewebe und führen letztlich zu Reaktionen des Gesamtorganismus. Die Strahlenwirkung umfasst somit – wie in Abb. 11.21 schematisch illustriert – alle Ebenen der biologischen Organisation. Die Besonderheit der vorliegenden Problematik offenbart sich vielleicht am eindrucksvollsten in der weithin akzeptierten Erkenntnis, dass ein (oder wenige) physikalische(s) Elementarereignis(se) unter Umständen zur Krebsentstehung Anlass geben können oder aber genetische Veränderungen und damit eine Belastung späterer Generationen bewirken.

Die kausale Analyse der gesamten Wirkungskette ist trotz intensiver Forschung über viele Jahrzehnte noch in wesentlichen Teilen unvollendet. Wir müssen uns an dieser Stelle mit der Beschreibung weniger Aspekte dieser schwierigen Materie begnügen.

11.6.1 Molekulare und zelluläre Wirkungen

11.6.1.1 Direkte und indirekte Wirkungen

Von zentraler Bedeutung für die Strahlenwirkung auf der zellulären Ebene sind strahleninduzierte Veränderungen an den makromolekularen Bausteinen, den Nucleinsäuren und Proteinen. Diese können – wie in Abb. 11.22 dargestellt – auf direkte oder auf indirekte Art und Weise zustande kommen. Unter *direkter Strahlenwirkung* sind hierbei physikalische Elementarereignisse der Strahlungsabsorption zu verstehen, die unmittelbar am betroffenen Makromolekül vor sich gehen und die über intramolekulare Reaktionen zu Änderungen von Struktur und Funktion des Moleküls führen. So kann z.b. die Ionisation eines Enzymmoleküls eine Konformationsänderung nach sich ziehen, die zum Verlust der enzymatischen Aktivität führt. Veränderungen an Makromolekülen, die mit Funktionseinbußen einhergehen, können aber auch durch chemische Reaktionen mit freien Radikalen induziert werden. Letztere entstehen durch Strahlungsabsorption in der Umgebung des Makromoleküls und gelangen durch freie Diffusion an den Ort des Makromoleküls. Aufgrund des hohen Wassergehaltes der Zelle zählen hierzu insbesondere Folgeprodukte der Wasser-Radiolyse (s. unten). Besonders bei Membranproteinen sowie der (bei Eukaryonten) von der Kernmembran umgebenen Erbsubstanz DNA ist auch eine Wechselwirkung mit Lipidradikalen und anderen chemisch reaktiven Produkten der strahlungsinduzierten Lipidperoxidation (s. Vaca et al. 1988, Stark 1991) möglich. Makromolekulare Veränderungen, die auf chemische Wechselwirkung mit frei beweglichen Radikalen und anderen strahlungsinduzierten reaktiven Spezies zurückzuführen sind, werden als *indirekte Strahlenwirkung* bezeichnet.

Für Schäden an der Erbsubstanz haben sich (wie bereits in Abschn. 11.2.2.1 erwähnt) effiziente zelluläre Reparaturmechanismen entwickelt, um die Zahl dieser Schäden so gering wie möglich zu halten. Nicht oder falsch reparierte Strahlenschäden können über einen veränderten Zellstoffwechsel (Metabolismus) letztlich eine Strahlenschädigung der Zelle bewirken. Ihr experimenteller Nachweis erfolgt in der Strahlenbiologie häufig über den Verlust der Fähigkeit zur Zellteilung (*Verlust der Proliferationsfähigkeit*), über das Auftreten von Veränderungen im Erscheinungsbild von Chromosomen (*Chromosomenaberrationen*) sowie über den Nachweis von *Mutationen*. In neuerer Zeit werden auch Veränderungen des Vermehrungsverhaltens der Zellen herangezogen, die als *neoplastische Transformation* bezeichnet werden. Für eine detailliertere Beschreibung dieses Phänomens, das bereits bei relativ kleinen Strahlendosiswerten auftritt, muss auf die entsprechende Literatur verwiesen werden (s. z.B. Chan u. Little 1986).

Dies gilt auch für den *Bystander-Effekt*. Unter diesem Begriff versteht man die überraschende Beobachtung, dass die eben erwähnten strahleninduzierten zellulären Schäden nicht nur an den Zellen auftreten, die direkt von der Strahlung betroffen sind (d.h. die etwa von einem energiereichen α-Teilchen durchquert werden), sondern auch an nicht-bestrahlten Nachbarzellen (Bystander-Zellen). Der

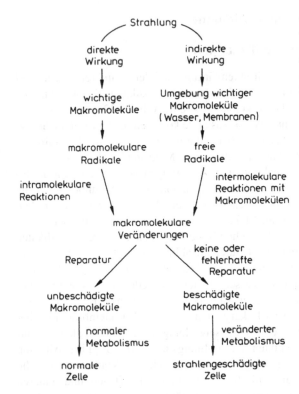

Abb. 11.22. Einfaches Schema der Entwicklung einer zellulären Strahlenschädigung: Direkte und indirekte Strahlenwirkung

Bystander-Effekt wurde erst im letzten Jahrzehnt von unabhängigen Autoren und mit verschiedenen Methoden nachgewiesen. Offensichtlich erzeugen die von Strahlung getroffenen Zellen Signalmoleküle, die über einen noch unverstandenen Mechanismus an den nicht-bestrahlten Nachbarzellen zelluläre Schäden ähnlicher Art hervorrufen, wie sie an der direkt betroffenen Zelle beobachtet werden (s. z.B. Hall 2003, Hamada et al. 2007).

Man kann den Bystander-Effekt im Prinzip unter die indirekten Strahlenwirkungen einordnen, obwohl dieser Begriff durch die oben beschriebenen, seit vielen Jahrzehnten bekannten Wirkungen strahleninduzierter freier Radikale besetzt ist.

11.6.1.2 Dosis-Wirkungsbeziehungen

Beim Studium von Dosis-Wirkungsbeziehungen finden in der strahlenbiologischen Forschung zwei verschiedene Darstellungsweisen Verwendung. Man trägt entweder den Strahleneffekt, d.h. die Zahl der beobachteten Fälle (z.B. Chromosomenaberrationen, Mutationen oder Krebsfälle) gegen die Dosis auf (vgl. Abb. 11.23, 11.31 und 11.32), oder man misst die Zahl der von der Strahlung hinsichtlich der beobachteten Funktion unbeeinflusst gebliebenen Moleküle oder Zellen als Funktion der Dosis („Überlebenskurven", vgl. Abb. 11.24 bis 11.26, 11.29).

Abb. 11.23. Verschiedene Typen von Dosis-Effekt-Beziehungen. Kurve *1*: lineare Beziehung, Kurve *2*: quadratische Beziehung, Kurve *3*: Schwellenwertverhalten

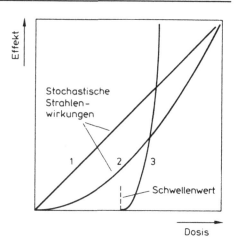

Unabhängig von der Art der Darstellungsweise hat man festgestellt, dass Straleneffekte häufig eine Dosis-Wirkungsbeziehung aufweisen, die sich grundsätzlich von jener unterscheidet, die man bei vielen chemischen Noxen findet. Letztere zeigen in der Regel das in Abb. 11.23 (Kurve 3) skizzierte *Schwellenwertverhalten*, d.h. der Effekt wird erst nach Überschreiten eines Schwellenwertes beobachtet, zeigt dann aber einen sehr steilen Anstieg mit zunehmender Dosis. Gewisse Straleneffekte hingegen weisen einen erheblich flacheren Anstieg mit der Dosis auf. Abbildung 11.23 illustriert zwei vielfach beobachtete funktionelle Zusammenhänge. Sie deuten darauf hin, dass Straleneffekte bereits bei kleinsten Strahlendosiswerten existieren (auch wenn sie aus Gründen der „Messgenauigkeit" erst oberhalb einer Mindestdosis signifikant nachgewiesen werden können, s. 11.6.3). Eine spezielle Klasse mutagen wirkender chemischer Gifte zeigt eine ähnliche Dosis-Wirkungsbeziehung wie die Noxe „energiereiche Strahlung". Derartige Substanzen werden deshalb auch als *Radiomimetika* bezeichnet.

Die Beobachtung von Effekten bis in den Bereich sehr kleiner Dosiswerte steht im Einklang mit der eingangs zu diesem Abschnitt erwähnten Erkenntnis, dass bereits ein (oder wenige) physikalische Elementarereignisse unter Umständen ausreichen, um einen einschneidenden biologischen Effekt zu erzielen. Diese Umstände beinhalten die Forderung, dass der Straleneffekt eine für die Entstehung der Wirkung wesentliche Zellkomponente betrifft, wie die Erbsubstanz DNA. Die Frage, ob eine Strahlenwirkung auftritt oder nicht, hängt in diesen Fällen somit von der Wahrscheinlichkeit ab, mit der die in der Zelle erfolgte Strahlungsabsorption zu einer Veränderung der genetischen Substanz führt.

Straleneffekte, die den Gesetzen der Wahrscheinlichkeit unterliegen (Zufallsprozesse), werden als *stochastische Wirkungen* bezeichnet. Hierzu gehören vor allem die in Abschn. 11.6.3 diskutierten späten Strahlenwirkungen beim Menschen (Krebs und genetische Schäden). Das ebenfalls beim Menschen auftretende akute Strahlensyndrom hingegen wird erst oberhalb einer Mindestdosis beobachtet (ca. 0,5 Gy, s. Tabelle 11.7). Ist sie überschritten, so kommt es mit an Sicherheit gren-

Abb. 11.24. Inaktivierung des Enzyms Ribonuclease durch ^{60}Co γ-Strahlung im trockenen Zustand sowie in wässriger Lösung (5 mg/ml). Die Enzymaktivität A_E (in Prozent der Ausgangsaktivität) stellt ein Maß für die Zahl intakter Enzymmoleküle dar. (Nach Dertinger H, Jung H (1969) Molekulare Strahlenbiologie. Springer, Berlin Heidelberg New York

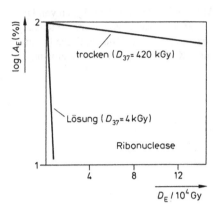

zender Wahrscheinlichkeit zur Strahlenkrankheit. Letztere gehört deshalb zu den nicht-stochastischen Strahlenwirkungen.

Die Komplexität der biologischen Strahlenwirkungen, die in den unterschiedlichen Dosis-Wirkungsbeziehungen zum Ausdruck kommt, wird besonders dadurch deutlich, dass in der Literatur im Bereich kleiner Strahlendosiswerte (neben bionegativen) auch biopositive Wirkungen beschrieben worden sind (z.B. eine Abnahme der Krebsinzidenz). Diese (sehr umstrittenen) Beobachtungen werden als *Hormesis* bezeichnet und über eine strahlungsinduzierte Stimulation der zellulären Reparatursysteme interpretiert.

Beispiele für Überlebenskurven

Die Abb. 11.24 bis 11.26 illustrieren schematisch die Strahlungsinaktivierung des Enzyms Ribonuclease, des Ionenkanals Gramicidin A sowie von Ehrlich-Ascites-Tumorzellen. Trägt man den Bruchteil N/N_0 intakter Moleküle oder Zellen halblogarithmisch als Funktion der Dosis auf, so erhält man verschiedene Typen von Überlebenskurven. Der einfachste Typus ist die exponentielle Inaktivierung, d.h.

$$N/N_0 = \exp(-D_E/D_{37}). \tag{11.48}$$

Der Parameter D_{37} stellt ein Maß für die Strahlenempfindlichkeit des untersuchten Objekts dar. Für $D_E = D_{37}$ gilt $N/N_0 = e^{-1} \approx 0{,}37$.

In vielen Fällen (insbesondere bei zellulären Objekten) werden jedoch „*Schulterkurven*" beobachtet. Sie werden gelegentlich als Evidenz für die Gegenwart von Reparaturvorgängen angesehen. Dies beruht auf experimentellen Befunden, wie sie in Abb. 11.26 dargestellt sind. Hier wurde die Teilungsfähigkeit von Ehrlich-Ascites-Tumorzellen als Funktion der Energiedosis D_E studiert. Unternimmt man den Versuch unmittelbar nach Bestrahlung, so findet man eine exponentielle Inaktivierungskurve. Gibt man den Zellen Gelegenheit zur Reparatur vor Durchführung des Tests auf Teilungsfähigkeit, so erhält man mehr oder weniger ausgeprägte Schulterkurven. Mit zunehmender Reparaturzeit findet man somit eine Abnahme des Strahleneffektes bei gleicher Dosis.

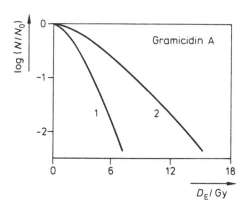

Abb. 11.25. Strahlungsinaktivierung des Gramicidinkanals in künstlichen Lipidmembranen unterschiedlicher Zusammensetzung durch 220 kV Röntgenstrahlung in luftgesättigter wässriger Lösung (s. auch Abb. 9.35 und 9.36). *1*: Fettsäurereste der Lipide ohne Doppelbindung; *2*: eine Doppelbindung pro Fettsäurerest. (Nach Sträßle M, Stark G, Wilhelm M 1987. Int J Rad Biol 51: 265-286)

Schulterkurven können jedoch auch in Abwesenheit von zellulären Reparaturphänomenen auftreten. Dies zeigt die Strahlungsinaktivierung des durch Gramicidin A gebildeten Ionenkanals (s. 9.3.7) in künstlichen Lipidmembranen (Abb. 11.25).

Die Abb. 11.24 und 11.25 demonstrieren eindrucksvoll die Abhängigkeit der Strahlenwirkung von der Umgebung des bestrahlten Objekts. Bestrahlt man das Enzym Ribonuclease in wasserfreiem Zustand und in hinreichend verdünnter wässriger Lösung, so findet man einen um 2 Größenordnungen unterschiedlichen Wert für die Kenngröße D_{37} der Strahlenempfindlichkeit. Dieses Ergebnis ist wie folgt zu verstehen. In Abwesenheit von Wasser erfolgt die Inaktivierung ausschließlich durch direkte Strahlenwirkung auf das Enzym selbst. In Gegenwart von Wasser überwiegt bei weitem der indirekte Strahleneffekt durch „Energietransfer" von der wässrigen Umgebung auf das Enzymmolekül (vgl. Abb. 11.22).

Die Umgebung eines Moleküls kann jedoch auch eine Schutzwirkung ausüben. Der Ionenkanal Gramicidin A wird ebenfalls fast ausschließlich durch strahlungsinduzierte Radiolyseprodukte des Wassers (s. unten) inaktiviert. Der beobachtete

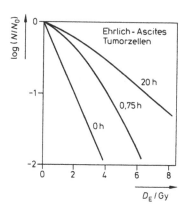

Abb. 11.26. Verlust der Proliferationsfähigkeit von Ehrlich-Ascites-Tumorzellen nach Röntgenbestrahlung (140 kV) und unterschiedlich langer Reparaturzeit. (Nach Pohlit W 1981. In: Glöbel et al. (Hrsg) Umweltrisiko 80. Thieme, Stuttgart)

Strahleneffekt ist geringer, falls die Lipidumgebung des Kanals Doppelbindungen enthält, die eine große Reaktionsbereitschaft für $OH^\bullet$-Radikale aufweisen und den Kanal vor ihren Angriffen schützen.

Der durch Gramicidin A gebildete Ionenkanal stellt auch ein extremes Beispiel für den *Sauerstoffeffekt* dar. Hierunter versteht man die häufig beobachtete Tatsache, dass die Strahlenwirkung durch Gegenwart von Sauerstoff erhöht wird. Im Falle von Gramicidin A ist die Strahlenempfindlichkeit in Abwesenheit von Sauerstoff um mindestens 2 Größenordnungen geringer, als in Abb. 11.25 gezeigt. Üblicherweise beträgt die Sensibilisierung der Strahlenempfindlichkeit durch O_2 etwa den Faktor 2-3.

Zum besseren Verständnis der molekularen Vorgänge wollen wir exemplarisch die Strahlenwirkung auf Wasser sowie auf DNA etwas detaillierter betrachten.

11.6.1.3 Die Strahlenchemie des Wassers

Sie nimmt ihren Ausgang von den nachfolgenden primären Reaktionen der Ionisierung und Spaltung von Wassermolekülen durch Absorption ionisierender Strahlung:

$$H_2O \xrightarrow{\text{Strahlung}} H_2O^+ + e_{aq}^- \quad \text{(Ionisation)}$$

$$H_2O \xrightarrow{\text{Strahlung}} H^\bullet + OH^\bullet \quad \text{(Spaltung)}.$$

Die Produkte $H^\bullet$, $OH^\bullet$, H_2O^+ und e_{aq}^- besitzen ein ungepaartes Elektron und zeichnen sich durch eine außerordentliche Reaktionsfreudigkeit aus. Das bei der Ionisation entstehende Elektron umgibt sich sofort mit einer Hydrathülle und wird als *aquatisiertes* (oder hydratisiertes, auch solvatisiertes) *Elektron* e_{aq}^- bezeichnet. Die hohe Reaktionsbereitschaft dieser *primären Produkte der Wasser-Radiolyse* wird durch die in Abschn. 10.1.4.2e aufgeführten, annähernd diffusionskontrollierten Folgereaktionen beispielhaft demonstriert. Sie führen zur Entstehung von H_2 und H_2O_2. H_2O^+ reagiert mit Wasser zu $OH^\bullet$.

Es hat sich gezeigt, dass die frei beweglichen primären Radikale auch mit praktisch allen wichtigen zellulären Bestandteilen reagieren können und einen *wesentlichen Bestandteil der indirekten Strahlenwirkung* darstellen. Hierbei spielen sekundäre Radikale eine wichtige Rolle. Als Beispiel seien die Sauerstoff-Radikale $O_2^{\bullet-}$ (*Superoxid-Radikal*) und $HO_2^\bullet$ (*Hydroperoxyl-Radikal*) genannt, die durch Reaktion der beiden reduzierenden Radikale $H^\bullet$ und e_{aq}^- mit Sauerstoff entstehen gemäß

$$H^\bullet + O_2 \rightarrow HO_2^\bullet, \text{ und } e_{aq}^- + O_2 \rightarrow O_2^{\bullet-}.$$

$O_2^{\bullet-}$ und $HO_2^\bullet$ stehen in einem pH-abhängigen Gleichgewicht:

$$HO_2^\bullet \rightleftarrows O_2^{\bullet-} + H^+.$$

Die schwache Säure $HO_2^\bullet$ besitzt einen pK-Wert von 4,8. Sie dissoziiert somit für $pH \gg 4{,}8$ vorwiegend in das Superoxid-Radikal $O_2^{\bullet-}$. Dieses Radikal entsteht in sehr kleiner Konzentration auch im Rahmen des normalen zellulären Metabolismus (während des mitochondrialen Elektronentransports) und wird in Zusammenhang mit oxidativen Zellschädigungen häufig diskutiert (s. z.B. Halliwell and Gutteridge 1999).

> Eine Sauerstoff-haltige wässrige Lösung, die bei pH 7 ionisierender Strahlung ausgesetzt wird, enthält somit vorwiegend die beiden Radikal-Spezies $OH^\bullet$ und $O_2^{\bullet-}$ von denen insbesondere das Hydroxyl-Radikal $OH^\bullet$ besonders stark oxidierend wirkt.

Zur Quantifizierung der entstehenden Reaktionsprodukte wird in der Strahlenchemie gerne der nachfolgend definierte **G-Wert** benutzt:

$$G_R = \frac{\text{Zahl gebildeter (oder veränderter) Moleküle } R}{100 \text{ eV absorbierter Energie}} \tag{11.49}$$

Unter Verwendung von Gl. (11.49) sowie der Definition der Energiedosis lässt sich unschwer (am besten durch eine Dimensionsbetrachtung) die folgende Beziehung zwischen Energiedosis D_E und Konzentration c_R des Reaktionsprodukts (z.B. Radikalkonzentration) ableiten:

$$c_R = \alpha_R D_E \ , \tag{11.50}$$

$$\text{mit} \quad \alpha_R = \rho \frac{G_R}{100 \text{ eV}} \frac{1}{L} \ .$$

Hieraus folgt, dass die Bestrahlung eines Mediums der Dichte $\rho = 1$ g/cm^3 mit einer Energiedosis $D_E = 1$ Gy zu einer Konzentration $c = 1{,}04 \cdot 10^{-7}$ M an gebildeten (oder veränderten) Molekülen führt, falls deren G-Wert 1 beträgt.

Für die oben angeführten Produkte der Wasser-Radiolyse, wie die Zersetzung des Wassers durch ionisierende Strahlung auch genannt wird, hat man nach γ-Bestrahlung von Wasser bei pH 7 (in Abwesenheit von Sauerstoff) die folgenden G-Werte gefunden:[*]

$$G_H = 0{,}55 \qquad G_{H_2} = 0{,}45$$
$$G_{OH} = 2{,}72 \qquad G_{H_2O_2} = 0{,}68$$
$$G_{e^-} = 2{,}63 \qquad G_{H_2O} = 4{,}08$$

Die Bestrahlung von Wasser mit einer Dosis von 1 Gy erzeugt demnach Konzentrationen der obigen Spezies im Bereich um 10^{-7} M. Insgesamt werden pro 100 eV absorbierter Energie etwa 4 Wassermoleküle zerstört.

Neuerdings werden G-Werte auch in µmol/J absorbierter Energie angegeben. Der Faktor α_R in Gl. 11.50 reduziert sich in diesem Fall zu $\alpha_R = \rho \, G_R^{neu}$.

Zusammenfassend lässt sich feststellen, dass die Strahlenchemie des Wassers den wichtigsten Beitrag zur indirekten Strahlenwirkung darstellt. Die Wasser-Radiolyse stellt außerdem eine elegante und einfache Methode der Radikalerzeu-

---

[*] Spinks JWT, Woods RJ (1976) Radiation Chemistry. John Wiley, New York, S. 258.

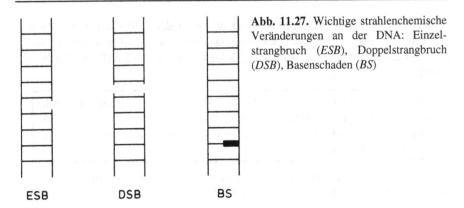

Abb. 11.27. Wichtige strahlenchemische Veränderungen an der DNA: Einzelstrangbruch (*ESB*), Doppelstrangbruch (*DSB*), Basenschaden (*BS*)

gung dar, die zum Studium von Radikalreaktionen mit Zellbestandteilen verwendet werden kann. Der Vorteil dieser Methode besteht vor allem in der genauen Kenntnis der Art und Konzentration der erzeugten Radikale sowie der Möglichkeit des Studiums der Kinetik von Radikalreaktionen durch pulsförmige Erzeugung energiereicher Strahlung unter Verwendung von Elektronenbeschleunigern (*Pulsradiolyse*, s. Lehrbücher der Strahlenchemie).

11.6.1.4 DNA-Schäden

Die bei der Wasser-Radiolyse entstehenden Radikale können auch schwere strukturelle Schäden an der Erbsubstanz DNA hervorrufen. Abbildung 11.27 illustriert schematisch die wichtigsten strahlenchemischen Veränderungen, nämlich Einzelstrangbruch, Doppelstrangbruch sowie Basenschäden. Letztere umfassen sowohl chemische Modifikationen (vgl. die nach UV-Bestrahlung gefundenen Pyrimidindimere in Abb. 11.15) als auch den kompletten Verlust einzelner Basen. Die Doppelhelix der DNA ist der Einfachheit halber als Leiter gezeichnet, wobei die senkrechten „Stangen" die beiden Nucleotidstränge darstellen, die durch Wasserstoffbrücken zwischen gegenüberliegenden Basenpaaren (die Leitersprossen) miteinander verknüpft sind. Die dargestellten Strukturschäden können sowohl durch direkte als auch durch indirekte Strahlenwirkung hervorgerufen werden. Bestrahlt man DNA in wässriger Lösung, so überwiegt wie beim Enzym Ribonuclease der indirekte Strahleneffekt bei weitem. In der Zelle ist die genetische Substanz durch ihre „Verpackung" im Zellkern jedoch den Angriffen der freien Radikale weniger ausgesetzt. Der relative Anteil von direktem und indirektem Effekt ist hier schwer abzuschätzen.

Tabelle 11.5 zeigt eine Zusammenstellung des Ausmaßes verschiedener Primärvorgänge sowie Schadenstypen und ihre Konsequenzen nach Bestrahlung eines Zellkerns mit 1 Gy Energiedosis. Danach ist die Anzahl von Ionisationsvorgängen und Anregungen etwa vergleichbar. Neben Einzelstrangbrüchen, Doppelstrangbrüchen und einem speziellen Basenschaden sind DNA-Protein Quervernetzungen (engl. „cross-links") aufgeführt. Auch wenn der weit überwiegende Anteil aller

Tabelle 11.5. Abschätzung des Ausmaßes an Schäden im Zellkern einer Säugetierzelle, die durch ionisierende Strahlung (niedriger LET, vgl. 11.6.2) der Energiedosis 1 Gy hervorgerufen werden. (Nach Goodhead DT 1994. Int J Rad Biol 65: 7-17)

Primärvorgänge	
Ionisationen im Zellkern	100 000
Ionisationen direkt in DNA	2 000
Anregungen direkt in DNA	2 000
Ausgewählte DNA-Schäden	
Einzelstrangbrüche	1 000
Doppelstrangbrüche	40
8-Hydroxyadenin	700
DNA-Protein Quervernetzung	150
Ausgewählte zelluläre Schäden	
Zelltod	0,2-0,8
Chromosomenaberrationen	1
Hprt Mutationen	10^{-5}

Schäden durch die effizienten Reparatursysteme der Zelle beseitigt wird, so stellen die nicht oder falsch reparierten Schäden vermutlich die wesentliche Ursache für die angeführten zellulären Veränderungen dar, zu denen mit 20-80% Wahrscheinlichkeit der Zelltod (d.h. der Verlust der Proliferationsfähigkeit) gehört. Hierbei stellen nach Meinung vieler Strahlenbiologen die Doppelstrangbrüche den entscheidenden Schadenstyp dar.

11.6.1.5 Die Treffertheorie und ihre Anwendung zur Molmassen-Bestimmung von Makromolekülen

Wir beschließen diesen kurzen Überblick über molekulare und zelluläre Strahlenwirkungen mit dem Versuch einer physikalischen Interpretation der durch Gl. (11.48) beschriebenen exponentiellen Inaktivierungskurven. Hierzu wenden wir eine vereinfachte Form der Treffertheorie an. Sie geht davon aus, dass die durch Strahlung der Materie zugeführte Energie in Form diskreter, winziger Energiepakete vorliegt, die als Treffer bezeichnet werden. Wir wollen der Einfachheit halber im Folgenden einen Treffer mit einer Ionisation gleichsetzen und annehmen, dass zur Erzeugung einer Ionisation im Mittel ein Energiebetrag $\overline{W}_T$ aufgebracht werden muss. Wir bezeichnen mit D_T (*Trefferdosis*) die mittlere Zahl von Treffern pro Massenelement dm. D_T ergibt sich aus der Energiedosis D_E (Gl. 11.39) zu

$$D_T = D_E / \overline{W}_T \qquad (11.51)$$

D_T stellt wie D_E einen Mittelwert dar. Aufgrund der statistischen Natur der Energieabsorption enthalten einzelne gleichgroße Massenelemente Δm eine unterschiedliche Zahl von Treffern (vgl. Abb. 11.28). Falls man annimmt, dass die Tref-

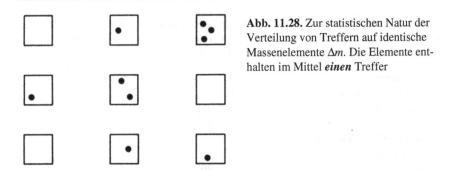

Abb. 11.28. Zur statistischen Natur der Verteilung von Treffern auf identische Massenelemente Δm. Die Elemente enthalten im Mittel *einen* Treffer

fer statistisch gesehen streng unabhängig voneinander erfolgen, so gehorcht die Wahrscheinlichkeit $p(n)$ für das Eintreffen von n Treffern pro Massenelement Δm der *Poisson-Verteilung*,[*] d.h.

$$p(n) = \frac{\bar{n}^n e^{-\bar{n}}}{n!}, \tag{11.52}$$

wobei $\bar{n} = D_T \cdot \Delta m$ die mittlere Trefferzahl pro Massenelement Δm darstellt.

Wir nehmen nun an, dass die Inaktivierung der betrachteten Spezies (dies kann zunächst entweder eine Molekülart oder eine Zellart sein) dann erfolgt, wenn ein besonders strahlenempfindlicher Teilbereich der Masse μ_S (wie z.B. die Masse der genetischen Substanz DNA) einen einzelnen oder mehr (nicht reparierte) Treffer erhält. Dann gilt mit Gl. (11.52) für den Bruchteil N/N_0 der unbeschädigten (überlebenden) Spezies

$$\frac{N}{N_0} = p(0) = \frac{\left(\mu_S D_T\right)^0 e^{-\mu_S D_T}}{0!} = e^{-\mu_S D_T}. \tag{11.53}$$

Hieraus folgt unter Beachtung von Gl. (11.51) direkt das gewünschte Resultat

$$\frac{N}{N_0} = e^{-D_E / D_{37}}, \tag{11.54}$$

mit $D_{37} = \bar{W}_T / \mu_S$.

Kennt man die mittlere Energie $\bar{W}_T$ zur Erzeugung eines Treffers, so kann man aus der experimentell ermittelten Größe D_{37} direkt die Masse μ_S des strahlenempfindlichen Bereichs bestimmen.

Dies hat zu einer interessanten Anwendung bei biologischen Makromolekülen geführt. Man studiert die Inaktivierung von Enzymen durch Röntgen- oder γ-Strahlung unter Bedingungen, bei denen Pfade der indirekten Strahlenwirkung (weitgehend) ausgeschlossen werden. Dies beinhaltet vor allem die Forderung nach Abwesenheit von Wasser, wie wir oben gesehen haben. Es hat sich gezeigt, dass bei Einhaltung dieser Bedingungen und der zusätzlichen Annahme $\bar{W}_T \approx 60$-100 eV die strahlenempfindliche Masse μ_S annähernd identisch ist mit der Ge-

---

[*] S. Lehrbücher der Statistik.

samtmasse μ des Makromoleküls. So ergibt sich aus der in Abb. 11.24 dargestellten Inaktivierung des Enzyms Ribonuclease (im trockenen Zustand) μ_s = 60
eV/4,2·10^5 Gy = 2,28·10^{-20} g. Hieraus erhält man für die Molmasse $M_s = \mu_s L$ des
strahlenempfindlichen Bereiches einen Wert von 1,37·10^4 g/mol, der sehr gut mit
der Molmasse M = 1,368·10^4 g/mol dieses Enzyms übereinstimmt. Da man auch
für eine große Zahl weiterer Proteine eine recht gute Übereinstimmung von M_s
und M festgestellt hat, kann die Strahlungsinaktivierung zur (angenäherten) Molmassen-Bestimmung herangezogen werden. Die Annahme eines Wertes von $\bar{W}_T \approx$
60-100 eV ist im Einklang mit der Vermutung, dass Treffer und Ionisationsereig-
nis annähernd gleichgesetzt werden dürfen. Denn der mittlere Energieaufwand
$\bar{W}_T$ zur Erzeugung einer Ionisation durch Strahlenabsorption in biologischer Materie liegt nach unabhängigen Messungen im Bereich um 60 eV.

Das Verfahren der Molmassen-Bestimmung durch Strahlungsinaktivierung beruht somit auf der durch Experimente gestützten Annahme, dass die Erzeugung
einer einzelnen Ionisation in einem beliebigen Bereich eines Makromoleküls zur
funktionellen Inaktivierung des Moleküls führt.

Die Treffertheorie beschreibt häufig auch zelluläre Inaktivierungskurven hinreichend genau. Dies gilt auch für die Schulterkurven, die sich im Rahmen der
Treffertheorie durch die Annahme beschreiben lassen, dass mehr als ein Treffer
im strahlenempfindlichen Bereich zur Inaktivierung nötig ist. Die Übereinstimmung zwischen Theorie und Experiment ist im Falle von Zellen jedoch zufälliger
Art. Hier schließt die nicht zu umgehende Gegenwart von Wasser sowie insbesondere die Existenz von Reparaturvorgängen eine Bestimmung von M_s aus.

Die Anwendung der Treffertheorie ist somit auf Moleküle beschränkt. Hier
kann die Bedingung wasserfreien Arbeitens durch Einfrieren wässriger Lösungen
von Makromolekülen umgangen werden. Durch den Einfriervorgang wird die
freie Diffusion der Wasser-Radikale zu den Makromolekülen und damit die indirekte Strahlenwirkung (weitgehend) verhindert.

11.6.2 Das Konzept der Äquivalentdosis

Die Einführung der physikalischen Größe „Energiedosis" in Abschn. 11.5 erfolgte
wegen der begründeten Vermutung, dass die Strahlenwirkung in direktem Zusammenhang mit der absorbierten Strahlenenergie steht. Die Ergebnisse zahlreicher strahlenbiologischer Experimente haben jedoch gezeigt, dass die Kenntnis
der Energiedosis allein nicht ausreicht, um den Strahleneffekt eines gegebenen
Organismus vorherzusagen. Zur Illustration dieser Aussage betrachten wir in
Abb. 11.29 den Verlust der zellulären Proliferationsfähigkeit von Ehrlich-Ascites-
Tumorzellen nach Bestrahlung mit unterschiedlichen Strahlenarten. Wir stellen
fest, dass bei gleicher Energiedosis der Strahleneffekt für α-Teilchen (oder Neutronen) erheblich größer ist als nach Bestrahlung mit Elektronen. Offensichtlich
hängt die Strahlenwirkung von einer zusätzlichen Eigenschaft der Teilchen ab, die
wir bisher nicht erfasst haben.

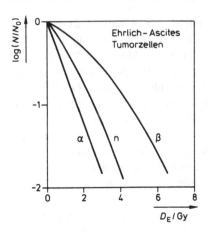

Abb. 11.29. Verlust der Proliferationsfähigkeit von Ehrlich-Ascites-Tumorzellen nach Bestrahlung mit 4 MeV α-Teilchen (α), 14 MeV Neutronen (n) sowie 30 MeV Elektronen (β). (Nach Pohlit W 1981. In: Glöbel et al. (Hrsg) Umweltrisiko 80. Thieme, Stuttgart)

Ein Schlüssel zur Klärung dieses Sachverhaltes liegt in dem großen Unterschied der Teilchenreichweite in Materie (vgl. Tabelle 11.2). So besitzen Elektronen mit einer Energie von 10 MeV in Wasser eine Reichweite von etwa 5 cm, während α-Teilchen derselben Energie nur etwa 0,01 cm in Wasser eindringen können. Als unmittelbare Folge dieses Tatbestandes ergibt sich, dass die pro Wegstrecke auf die Materie übertragene Energie bei α-Teilchen erheblich größer ist.

Zur Illustration des Problems machen wir die stark vereinfachende Annahme, dass die auf Materie übertragene Energie zu einer äquidistanten Erzeugung von Ionisationsereignissen längs der Bahnspur der Teilchen führt und dass zur Erzeugung einer einzelnen Ionisation ein Energieaufwand von 60 eV erforderlich ist. Die resultierenden Unterschiede in der Dichte der Ionisationsereignisse illustriert Abb. 11.30. Bei den α-Teilchen beträgt der Abstand der Ionisationen nur 0,6 nm, während bei den Elektronen 300 nm zwischen 2 Ionisationen liegen. Ein α-Teilchen, das eine kugelförmige Zelle mit dem Durchmesser 10 µm zentral durchquert, hinterlässt hiernach $1{,}67 \cdot 10^4$ Ionisationen, während es beim Elektron nur 33 sind. Wie man leicht zeigt, führt dies in der Zelle (Dichte $\rho \approx 1$ g/cm^3) zu einer Energiedosis von etwa 0,3 Gy bzw. $6 \cdot 10^{-4}$ Gy pro durchquerendem Teilchen.

Die wirkliche Ionisationsspur der Teilchen in Materie ist (u.a. wegen der zusätzlichen Ionisationsfähigkeit der bei einer primären Ionisation entstehenden Elektronen) erheblich komplexer als oben angenomen. Dennoch bleibt festzuhalten, dass die lokal absorbierte Energie, bezogen auf die vom Teilchen durchlaufene Wegstrecke, bei α-Teilchen erheblich größer ist als bei β-Teilchen. In der englischsprachigen Literatur wird diese Größe als *„linear energy transfer"* (**LET**) bezeichnet und zumeist in der Einheit keV/µm angegeben. Es zeigt sich, dass die LET-Werte von der Energie der Teilchen abhängen und sich bei gleicher Teilchenenergie für α- und β-Teilchen um etwa 1-3 Größenordnungen unterscheiden. Als ungefährer Anhaltspunkt darf LET (α-Teilchen) ≈ 100 keV/µm sowie LET (β-Teilchen) ≈ 1 keV/µm gelten. Röntgen- und γ-Strahlung lösen bei Absorption in Materie energiereiche Elektronen aus (s. 11.2.2.2) und besitzen daher ähnliche LET-Werte wie β-Teilchen.

Die unterschiedliche Ionisationsdichte, die die verschiedenen Strahlenarten in Materie hervorrufen, wirkt sich hinsichtlich der beobachteten Strahlenwirkungen sehr verschieden aus. Während bei Säugerzellen eine Zunahme der Strahlenwirkung mit ansteigendem LET-Wert beobachtet wird (vgl. Abb. 11.29), findet man bei der Inaktivierung von Viren und vor allem von biologischen Makromolekülen das umgekehrte Verhalten. Dies kann wie folgt interpretiert werden: Die zuletzt genannten Moleküle oder niederen Organismen werden bereits durch einen einzelnen Treffer inaktiviert. Eine Erhöhung der Ionisationsdichte führt dazu, dass ein innerhalb der Bahnspur eines Teilchens gelegenes Objekt mehrere Treffer erhält. Da bereits ein Treffer zur Inaktivierung ausreicht, nimmt der Effekt pro Treffer (oder pro Ionisation) mit zunehmender Ionisationsdichte ab. Säugerzellen hingegen scheinen – möglicherweise bedingt durch ihre hohe Fähigkeit zur zellulären Reparatur – mehr als einen Treffer zur Inaktivierung zu benötigen. Hierbei bleibt offen, ob die beobachtete Wirkung letztlich nicht ebenfalls von einem einzelnen (nicht reparierten) Treffer ausgeht.

Neuere Untersuchungen deuten darauf hin, dass die größere biologische Wirksamkeit von α- gegenüber β-Teilchen bei Säugerzellen vor allem auf der komplexeren Natur der erzeugten Doppelstrangbrüche beruht. Hiernach ist die Gesamtzahl der erzeugten Doppelstrangbrüche unabhängig von der Art der Strahlung. Die Art der Schädigung ist jedoch bei α-Teilchen erheblich gravierender, sodass sich die Wahrscheinlichkeit einer erfolgreichen Reparatur verringert.

Die Tatsache, dass *dicht ionisierende* Partikel, wie z.B. α-Teilchen, in den Zellen höherer Organismen bei gleicher Energiedosis größere Wirkungen hervorrufen als *dünn ionisierende* Partikel, wie β-Teilchen, ist von erheblicher Bedeutung für den Strahlenschutz. Offensichtlich ist die Kenntnis der Energiedosis alleine nicht ausreichend zur Beurteilung eines gegebenen Strahlenrisikos. Man hat deshalb eine weitere Größe eingeführt, die die unterschiedliche biologische Wirksamkeit der verschiedenen Strahlenarten berücksichtigt. Die *Äquivalentdosis H* (engl. *equivalent dose)* ist keine Dosis im eigentlichen Sinne, sondern eine aus der Dosis abge-

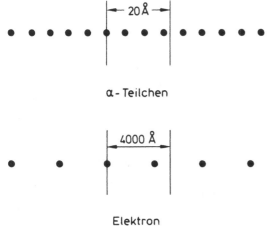

Abb. 11.30. Dichte der Ionisationsereignisse für 10 MeV α-Teilchen bzw. Elektronen unter den im Text genannten Annahmen

Tabelle 11.6. Zur Abhängigkeit des Strahlenrisikos von der Strahlenart (bei gleicher Energiedosis)

Strahlenart	Bewertungsfaktor q
Röntgen- und γ-Strahlung, Elektronen, Positronen	1
Neutronen, Protonen	10
α-Teilchen und andere mehrfach geladene Teilchen	20

leitete Bewertungsgröße. Sie ist folgendermaßen definiert:

$$H = q \cdot D_E. \tag{11.55}$$

Hierbei stellt q einen Bewertungsfaktor (**Qualitätsfaktor** genannt) dar, der im Wesentlichen dem unterschiedlichen LET der verschiedenen Strahlenarten Rechnung trägt. q ist eine reine Zahl, sodass die SI-Einheiten von H und D_E identisch sind (J/kg). Zur Unterscheidung von H und D_E hat man jedoch verschiedene Bezeichnungen eingeführt. Während im Falle der Energiedosis 1 J/kg = 1 Gray genannt wird (vgl. Abschn. 11.5.1), ist der spezifische Name der Äquivalentdosis das **Sievert** (Sv):

$$1 \text{ Sv} = 1 \text{ J/kg Äquivalentdosis.}$$

Parallel zur SI-Einheit Sievert wird weiterhin gelegentlich die alte Einheit Rem verwendet, die sich an der Energiedosiseinheit Rad orientiert:

$$1 \text{ rem} = 10^{-2} \text{ J/kg Äquivalentdosis.}$$

Es gilt also: 1 Sv = 100 rem oder 1 rem = 10^{-2} Sv = 1 cSv (Centisievert).

Im Bereich des Strahlenschutzes werden die in Tabelle 11.6 angegebenen Werte des Bewertungsfaktors verwendet.

Für β- und γ-Strahlung ist somit der Zahlenwert der Energiedosis in Gy und der Äquivalentdosis in Sv identisch, bei α-Strahlung hingegen entspricht 1 Gy Energiedosis einer Äquivalentdosis von 20 Sv.

11.6.3 Die Wirkung auf den Menschen

Energiereiche Strahlung kann selbst bei relativ kleinen Dosiswerten außerordentlich schwerwiegende Schäden beim Menschen hervorrufen. Diese wurden in den vergangenen Jahrzehnten eingehend untersucht. Die heutigen Kenntnisse stammen vorwiegend von den Überlebenden der Atombomben von Hiroshima und Nagasaki, aus medizinischen Anwendungen energiereicher Strahlen und der daraus resultierenden Strahlenexposition sowie aus einer Reihe von Strahlenunfällen beim Umgang mit Strahlungsquellen. Zusätzliche Information hat man aus umfangreichen Tierversuchen erhalten. Man unterscheidet **somatische** und **genetische** Strahlenschäden. Erstere beziehen sich auf das bestrahlte Individuum selbst, letztere auf die Nachkommenschaft. Außerdem kann man die Strahlenwirkungen einteilen in *momentane Wirkungen*, die mehr oder weniger unmittelbar nach einer Strahlenexposition auftreten, und in *späte Wirkungen*, die sich erst nach vielen Jahren manifestieren können.

11.6.3.1 Das akute Strahlensyndrom

Es beinhaltet eine Reihe charakteristischer Krankheitssymptome, die nach einer kurzzeitigen Bestrahlung des gesamten Körpers oder eines wesentlichen Teiles davon auftreten können. Diese Symptome sind dosisabhängig. Einen Überblick über die auftretenden Schäden vermittelt Tabelle 11.7. Sie bezieht sich auf eine Ganzkörperbestrahlung mit γ-Strahlung. Aufgrund der großen Durchdringungsfähigkeit dieser Strahlenart kann sie zu einer mehr oder weniger gleichmäßigen Dosisbelastung des gesamten Körpers führen. Die auftretenden Strahlenschäden betreffen bis zu einer Dosis von etwa 7 Gy vorwiegend das Blut (*Hämatopoetisches Syndrom*). Die strahlungsinduzierte Störung der Zellteilung bei den Stammzellen des blutbildenden Systems im Knochenmark führt zu einer starken Abnahme der Zahl der Blutzellen. Die Abnahme der Lymphocytenzahl beeinträchtigt die Immunabwehr und führt zu einer großen Infektionsgefahr. Die Reduktion der Zahl der Blutplättchen (Thrombocyten) gibt zu Störungen der Blutgerinnung Anlass und führt zum Auftreten von Blutungen. Bei Dosiswerten über 7 Gy tragen zunehmend Schäden

Tabelle 11.7. Das akute Strahlensyndrom nach einer Ganzkörperbestrahlung mit γ- Strahlung. Die angegebenen Dosiswerte beziehen sich auf das menschliche Gewebe etwa in der Körpermitte

Dosisbereich (Gy)	Prodromaleffekte	Beobachtete Organschäden	Überleben
0-0,5	keine	keine	gesichert
0,5-1	mild	geringfügige Abnahme der Zahl der Blutzellen	praktisch gesichert
1-2	mild bis mäßig	beginnende Symptome von Knochenmarkschäden	wahrscheinlich (>90%)
2-3,5	mäßig	mäßige bis ernste Knochenmarkschäden	bei 3 Gy ca. 50% Todesfälle in 60 Tagen
3,5-5,5	ernst	ernste Knochenmarkschäden	50-99% Todesfälle
5,5-7,5	ernst	zusätzlich mäßige Schäden des Verdauungstraktes	Tod innerhalb 2-3 Wochen
7,5-10	ernst	Knochenmarkschäden, verstärkt auftretende Schäden am Verdauungstrakt	Tod innerhalb 1-2 1/2 Wochen

(Nach Young RW (1987) In: Conklin JJ, Walker RI (eds) Military Radiobiology. Academic Press, Orlando)

an den Epithelzellen des Verdauungstraktes zu den Symptomen der Strahlenkrankheit bei (*Gastrointestinales Syndrom*). Oberhalb von etwa 50-100 Gy schließlich führen Schäden an Gefäßen sowie am Zentralnervensystem (*Neurovasculäres Syndrom*) zum schnellen Tod.

Die Strahlenkrankheit beginnt mit einem Vorläuferstadium (*Prodromalstadium*). Einige Stunden nach einer Bestrahlung kommt es zu vorübergehenden Symptomen wie Übelkeit, Erbrechen, Appetitlosigkeit und einer allgemeinen Müdigkeit und Schwäche. Diese Symptome weichen nach 1-2 Tagen einer weitgehend beschwerdefreien Phase von ein bis mehreren Wochen. Hierauf folgt bei Dosiswerten oberhalb 1 Gy die eigentliche Strahlenkrankheit, als deren Ursache zunächst die aufgetretenen Knochenmarkschäden anzusehen sind. Sie führt nach einer Gewebedosis (in der Körpermitte) von etwa 3 Gy (dies entspricht einer Energiedosis in Luft von etwa 4,5 Gy) bei 50% der Betroffenen zum Tode.

Das akute Strahlensyndrom tritt – wie aus Tabelle 11.7 hervorgeht – erst oberhalb einer Dosis von etwa 0,5 Gy auf. Es zeigt ein ausgesprochenes Schwellenwertverhalten und gehört somit zu den nicht-stochastischen Strahlenwirkungen.

11.6.3.2 Späte Wirkungen und Nachkommenschaft

Die akute Strahlenkrankheit ist nur dann von Bedeutung, wenn anlässlich eines Unfalls oder einer kriegerischen Auseinandersetzung Menschen sehr großen Strahlendosiswerten ausgesetzt sind. In eingeschränktem Maße kann dies auch bei gewissen medizinischen Applikationen energiereicher Strahlung der Fall sein (Strahlentherapie in der Krebsbehandlung). Von derartigen Ausnahmesituationen abgesehen kommt im Hinblick auf die Gesamtbevölkerung den späten Strahlenwirkungen eine weitaus größere Bedeutung zu. Hierunter sind Wirkungen zu verstehen, die sich unter Umständen erst nach mehreren Jahren bis Jahrzehnten oder bei der Nachkommenschaft offenbaren. Man muss nach dem heutigen Kenntnisstand davon ausgehen, dass ein wichtiger Teil dieser Wirkungen (mit sehr geringer Wahrscheinlichkeit) möglicherweise bereits von sehr kleinen Dosiswerten, wie sie die natürliche Strahlenexposition darstellt (s. Abschn. 11.7), induziert werden kann. Hier müssen vor allem eine Erhöhung des Krebsrisikos bei dem Bestrahlten sowie genetische Schäden bei der Nachkommenschaft genannt werden. Zu den späten Wirkungen zählen auch die Beobachtung von strahlungsinduzierten Trübungen der Augenlinse (Augenkatarakte), eine Beeinträchtigung der Fruchtbarkeit bei der Fortpflanzung (Fertilitätsstörungen) sowie das Auftreten von Missbildungen nach Bestrahlung im Mutterleib (pränatale Strahlenschäden). Wir wollen im Folgenden versuchen, eine quantitative Beschreibung des Strahlenrisikos vorzunehmen und werden uns hierbei auf das Krebsrisiko sowie das genetische Risiko beschränken.

a) Das Krebsrisiko. Das „normale" Krebsrisiko beträgt etwa 2000 Fälle pro Jahr bezogen auf eine Million Individuen. Bei den Überlebenden der atomaren Explosionen von Hiroshima und Nagasaki sowie bei Patienten, die aus therapeutischen

Gründen [Wirbelsäulenversteifung (Morbus Bechterew)] hohe Röntgenstrahlendosen erhielten, wurde eine Zunahme des Krebsrisikos beobachtet. Abbildung 11.31 illustriert die Zunahme der Todesfälle durch Leukämie. Die Daten entstammen einem Kollektiv von etwa 82.000 Personen, die 24 Jahre lang (von 1950-1974) untersucht wurden[*]. Dies sind insgesamt etwa $24 \cdot 82000 \approx 2 \cdot 10^6$ Personenjahre. Auch bei größeren Dosiswerten ist ein beträchtlicher statistischer Fehler vorhanden, der von der relativ kleinen Personenzahl herrührt, die derartigen Dosiswerten ausgesetzt war (z.B. 370 Personen bei 2 Gy). Trotz des relativ großen Fehlers ist ein eindeutiger Anstieg der Leukämierate mit zunehmender Energiedosis festzustellen. So beträgt das Verhältnis der Fälle $N(2\ \text{Gy})/N(0\ \text{Gy}) = 30$, d.h. bei 2 Gy ist etwa ein 30facher Anstieg zu verzeichnen.

Die Ermittlung einer exakten mathematischen Beziehung zwischen Effekt und Dosis wird durch den großen statistischen Fehler außerordentlich erschwert. Die Kenntnis der mathematischen Beziehung ist sehr wichtig für die Vorhersage des Krebsrisikos bei kleinen Strahlendosiswerten. Während bei großen Dosiswerten das Risiko direkt aus den Daten abgelesen werden kann (s. oben), ist bei kleinen Dosiswerten aufgrund des statistischen Fehlers der Daten eine Risikoabschätzung nur über die mathematische Beziehung zwischen Effekt und Dosis möglich. Die Anwendung verschiedener Beziehungen führt zu außerordentlich großen Unter-

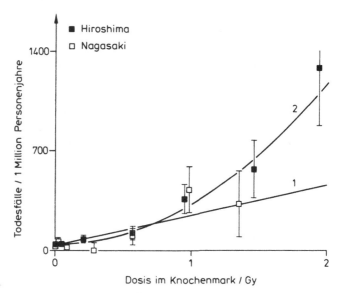

Abb. 11.31. Todesfälle durch Leukämie bei den Überlebenden der atomaren Explosionen von Hiroshima und Nagasaki. Daten nach Straume T, Lowry Dobson R (1981) Health Physics 41: 666. Die Fehlerbalken repräsentieren die Standardabweichung. Kurve _1_: $N = 36{,}5 + 210\ \text{Gy}^{-1}\ D_E$; Kurve _2_: $N = 43{,}6 + 280\ \text{Gy}^{-2}\ D_E^2$

[*] Neuere Daten, die den Zeitraum von 1950–1990 umfassen, s. Pierce DA et al. (1996) Radiat. Res. 146: 1–27

schieden in der Vorhersage des Krebsrisikos. Dies spielt in der Debatte um die Risiken der Kernenergie eine wichtige Rolle.

Zur Illustration des Problems haben wir die in Abb. 11.31 dargestellten Daten durch zwei häufig verwendete Dosis-Wirkungsbeziehungen interpretiert (s. hierzu auch Abb. 11.23). Bevor wir die hieraus resultierenden Unterschiede in der Vorhersage des Krebsrisikos diskutieren, wollen wir zunächst die Anwendung dieser beiden Beziehungen begründen.

Die lineare Beziehung geht davon aus, dass die Zahl der Fälle ausgehend vom „Normalwert" proportional zur Energiedosis zunimmt, während der quadratischen Beziehung der Zusammenhang Effekt ~ (Dosis)^2 zugrunde liegt. Die beiden Beziehungen können mit einfachen reaktionskinetischen Modellen verstanden werden. Der linearen Beziehung liegt die Vorstellung zugrunde, dass der biologische Effekt durch einen einzelnen Treffer bewirkt wird. Die quadratische Beziehung kann durch einen 2-Treffervorgang interpretiert werden, d.h. der Effekt tritt nur ein, wenn zwei statistisch voneinander unabhängig erfolgende Treffer am gleichen Ort ihre Wirkung entfalten. So würde z.B. der in Abb. 11.27 skizzierte DNA-Doppelstrangbruch dann eine quadratische Dosis-Wirkungsbeziehung aufweisen, wenn durch einen einzelnen Treffer nur ein Einzelstrangbruch erzeugt wird.

Diese Aussage ist unabhängig von der Art des Treffers, d.h. unabhängig davon, ob wir einen Treffer im Sinne der direkten Strahlenwirkung (vereinfacht) als „Ionisation" oder im Sinne der indirekten Strahlenwirkung als „Angriff eines Wasserradikals" verstehen.

Resultate strahlenbiologischer Experimente lassen sich wie folgt interpretieren: Nach Bestrahlung mit dicht ionisierenden Partikeln erhält man häufig einen linearen Zusammenhang zwischen Effekt und Dosis, da von einem einzelnen Partikel gleichzeitig mehrere Treffer an einem (einzelnen) Wirkungsort erzeugt werden. Bei dünn ionisierender Strahlung werden beide Arten von Beziehungen gefunden. So erhält man für DNA-Doppelstrangbrüche in Abwesenheit von Wasser eine lineare Beziehung, in Anwesenheit von Wasser hingegen eine quadratische Beziehung zwischen Effekt und Dosis.

Die in Abb. 11.31 dargestellten Daten lassen sich offensichtlich besser durch die quadratische Beziehung beschreiben. Aufgrund der Unsicherheit bei der Abschätzung der von den Überlebenden der atomaren Explosionen erhaltenen Dosiswerte (die in der Abbildung nicht zum Ausdruck kommt) sollte man dieser Tatsache jedoch keine allzu große Bedeutung zumessen. Wir wollen die in der Legende zu Abb. 11.31 angegebenen Beziehungen verwenden, um das Leukämierisiko durch eine Dosis von 1 cGy = 10^{-2} Gy abzuschätzen. In einer Population von der Größe der Bundesrepublik (ca. 80 Mio. Einwohner) würden danach innerhalb von 24 Jahren (d.h. unter Annahme von $80 \cdot 10^6 \cdot 24 = 1{,}92 \cdot 10^9$ Personenjahren) bei Zugrundelegung der verschiedenen Beziehungen die nachfolgend genannten Zahlen von *zusätzlichen* Todesfällen durch Leukämie auftreten:

4032 Fälle (lineare Beziehung)

54 Fälle (quadratische Beziehung).

Häufig lassen sich strahlenbiologische Daten durch eine Kombination von linearer und quadratischer Beziehung am besten interpretieren. Die *linear-quadratische Dosis-Wirkungsbeziehung* geht somit von dem Zusammenhang (N = Zahl der Fälle)

$$N = a_0 + a_1 D_E + a_2 D_E^2 \tag{11.56}$$

aus, wobei a_0 die spontane, d.h. in Abwesenheit zusätzlicher Strahlung gefundene Zahl an Fällen darstellt. Die Anwendung von Gl. (11.56) auf das oben diskutierte Zahlenbeispiel führt zu Werten im Bereich von 100-1000 Fällen (Kurve nicht gezeigt).

Wir halten somit fest, dass allein durch die Unsicherheit über die tatsächlich zutreffende Form der Dosis-Wirkungsbeziehung im Dosisbereich um 1 cGy das Leukämierisiko derzeit bestenfalls auf die Größenordnung genau festgelegt werden kann. Die Ungenauigkeit der Risikoabschätzung nimmt mit abnehmender Dosis weiter zu.

Auch für andere Krebsarten, die insbesondere die Schilddrüse, die weibliche Brust und die Lunge betreffen, ist eine Erhöhung des Risikos mit zunehmender Strahlendosis gefunden worden. Das gesamte zusätzliche Risiko pro Einzelperson, nach einer Ganzkörperexposition (γ-Strahlung) an Krebs zu sterben, liegt nach Meinung vieler Strahlenbiologen im Bereich 10^{-2}-10^{-1} pro Gray Energiedosis. Diese Zahl ist wie folgt zu verstehen:

Setzt man 1 Million Menschen einer einmaligen Energiedosis von 1 Gy aus, so treten im Laufe der folgenden Jahrzehnte vermutlich insgesamt (10^{-2}-10^{-1})·10^6 = 10^4-10^5 zusätzliche Todesfälle durch Krebs auf. Die Internationale Strahlenschutzkommission (ICRP = International Commission on Radiological Protection) sowie ein wissenschaftliches Komitee der Vereinten Nationen (United Nations Scientific Committee on the Effects of Atomic Radiation, UNSCEAR 1988) favorisieren hierbei die obere Grenze dieses Bereiches. Das Leukämierisiko pro Einzelperson wird von der zuerst genannten Organisation mit 10^{-2} pro Gray angegeben. Beide Organisationen legen ihrer Analyse eine lineare Dosis-Wirkungsbeziehung zugrunde.

b) Das genetische Risiko. Ionisierende Strahlung verursacht Genmutationen (Muller 1927). Da die überwiegende Zahl der auftretenden Mutationen schädliche Konsequenzen (für optimal an ihre Umwelt angepasste Organismen) mit sich bringt, kann das Strahlenrisiko unter Umständen zu einer beachtlichen Belastung der folgenden Generationen führen. Die von internationalen und nationalen Gremien aufgestellten Höchstgrenzen für die Strahlenbelastung der Bevölkerung (s. Abschn. 11.7), die von den Regierungen vieler Länder in Form von Gesetzen und Verordnungen übernommen wurden, haben sich lange Zeit an diesem genetischen Risiko orientiert.

Die vorliegenden Risikoabschätzungen basieren vorwiegend auf experimentellen Untersuchungen an der Maus. Abb. 11.32 illustriert beispielhaft die Zunahme von Mutationen mit rezessivem Erbgang mit der Strahlendosis. Den Autoren

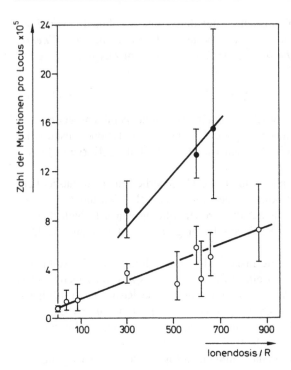

Abb. 11.32. Mutationsraten von 7 spezifischen Loci der männlichen Maus als Funktion der Ionendosis in Luft nach γ-Bestrahlung mit unterschiedlicher Dosisrate: ● 72-90 R/min, o ≤ 0,8 R/min. Die Fehlerbalken repräsentieren den 90%-Vertrauensbereich. (Nach Russell WL, Kelly EM (1982) Proc Nat Acad Sci USA 79: 542-544)

folgend ist anstelle der heute üblichen Energiedosis die Ionendosis aufgetragen. Ihr Zahlenwert kann jedoch nach den in Abschn. 11.5.2 dargestellten Ausführungen annähernd mit dem Zahlenwert der Energiedosis in Centigray im Weichteilgewebe gleichgesetzt werden. Die Experimente, die an einer riesigen Zahl von Labormäusen durchgeführt wurden („Megamausexperimente"), lassen im Rahmen der Fehlergrenzen eine lineare Dosis-Wirkungskurve erkennen. Ein weiteres wichtiges Resultat stellt die Tatsache dar, dass die Strahlenwirkung größer ist, falls die angewandte Dosis mit einer großen Rate vorgenommen wird. Die Steigung der Geraden ist annähernd dreimal so groß, falls die Dosisrate von 0,8 R/min um etwa 2 Größenordnungen erhöht wird. Dieses Ergebnis ist im Einklang mit einer Vielzahl von experimentellen Ergebnissen der klassischen Strahlenbiologie, nach denen der Strahleneffekt bei gleicher Gesamtdosis mit zunehmender Dosisrate ansteigt. Danach ist der Effekt einer einmaligen Bestrahlung (etwa im Rahmen eines Unfalls) größer als die Wirkung einer über lange Zeit andauernden (chronischen) Strahlenexposition. Neuere Erkenntnisse zeigen jedoch, dass es von dieser häufig zitierten Regel (die auch als *normaler Dosisrateneffekt* bezeichnet wird) Abweichungen gibt. So hat man auf zellulärer Ebene sowohl bei den in Abschn. 11.6.1 erwähnten neoplastischen Transformationen (Chan u. Little 1986) als auch bei gewissen Membranphänomenen (strahleninduzierte Lipidperoxidation, s. Stark 1991) das umgekehrte Verhalten gefunden. Der *inverse Dosisrateneffekt* wurde u.a. auch bei epidemiologischen Untersuchungen zum Lungenkrebs an Bergarbeitern beschrieben, der durch die α-Strahlung des Edelgases Radon initiiert wird (Lubin et al. 1995). Neuere Untersuchungen (Kiefer 1989, Vilenchik u. Knudson 2000) haben auch bei den in diesem Abschnitt behandelten genetischen Schäden bei sehr kleinen Dosisraten ein inverses Dosisratenverhalten festgestellt (und damit eine Umkehrung des in Abb. 11.32 dargestellten normalen Dosisrateneffekts).

Inverse Dosisrateneffekte sind insofern für den Strahlenschutz von Bedeutung, als ihre Gegenwart zu einer Unterschätzung des Strahlenrisikos bei chronischer Exposition führen kann. Das Strahlenrisiko wird gegenwärtig (weitgehend) über die Folgen der atomaren Explosionen von Hiroshima und Nagasaki (einer einmaligen Strahlenexposition sehr hoher Dosisrate) abgeschätzt.

Die in Abb. 11.32 dargestellten Daten lassen erkennen, dass bei einer Strahlendosis von 37 R bzw. 110 R (dies entspricht einer Äquivalentdosis von etwa 0,37 Sv bzw. 1,1 Sv) eine Verdopplung der spontanen Mutationsrate bei der Maus auftritt (*Verdopplungsdosis*). Zur Illustration der Bedeutung der Verdopplungsdosis wollen wir im Folgenden von einem Wert von 1 Sv ausgehen. Legt man eine (durch Abb. 11.32 nahegelegte) lineare Dosis-Wirkungsbeziehung zugrunde, so würde durch eine Strahlenexposition mit einer Äquivalentdosis von 1 cSv = 10^{-2} Sv eine Erhöhung der spontanen Mutationsrate um 1% auftreten. Nimmt man weiterhin an, dass die Keimzellen beider Elternteile gleich strahlenempfindlich sind und derselben Strahlendosis von 1 cSv ausgesetzt waren, so würde sich die spontane Rate um 2% ändern. Untersuchungen an der Maus deuten jedoch auf eine erheblich geringere Strahlenempfindlichkeit der weiblichen Keimzellen hin.

Eine weiterführende Analyse der genetischen Konsequenzen[*] zeigt, dass durch eine Strahlenbelastung von 1 cSv (und die hieraus resultierende Erhöhung der Mutationsrate) eine zusätzliche Zahl von etwa 10-100 Erbkranken bezogen auf 1 Million Lebendgeburten in der ersten Generation zu erwarten wäre. Das entsprechende zusätzliche Risiko für die Einzelperson ist hiernach etwa 10^{-5}-10^{-4} pro cSv. Die Abschätzung des strahlengenetischen Risikos der auf die erste Generation folgenden Generationen ist mit weiteren erheblichen Unsicherheiten behaftet, auf die hier nicht eingegangen werden kann.

11.7 Die gegenwärtige Strahlenexposition des Menschen

Man hat zwischen einer aus natürlichen und künstlichen Strahlungsquellen stammenden Exposition der Gesamtbevölkerung zu unterscheiden. Den natürlichen Strahlenquellen sind Flora und Fauna seit Urzeiten ausgesetzt. Sie führen beim Menschen zu einer Exposition von „außen" und einer Exposition von „innen". Erstere besteht zum einen aus der kosmischen Strahlung (extraterrestrischen Ursprungs), zum anderen aus der terrestrischen Strahlung (Umgebungsstrahlung) infolge eines geringfügigen Gehaltes der menschlichen Umgebung an natürlichen

---

[*] S. z. B. Ehling U (1980) Strahlengenetisches Risiko des Menschen. Umschau 80:754-759.

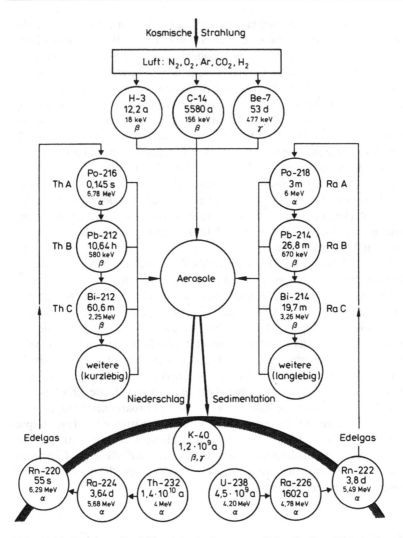

Abb. 11.33. Ursprung, Zerfall und Ausbreitung natürlicher Radionuklide in der menschlichen Umgebung. (Nach Huber O (1977) In: Stieve FE, Kaul A (Hrsg) Strahlenschutzkurs für Ärzte. Hildegard Hoffmann, Berlin)

radioaktiven Isotopen. Die Bestrahlung von „innen" rührt von inkorporierten natürlichen Radioisotopen her, die mit Nahrung und Trinkwasser oder über die Atemluft aufgenommen werden. Die Kenntnis der verschiedenen Komponenten der natürlichen Strahlenbelastung des Menschen bildet eine wichtige Grundlage zur Beurteilung der Auswirkung einer zusätzlichen Strahlenbelastung aus künstlichen (d.h. vom Menschen erzeugten) Quellen.

Die natürlichen Radionuklide der menschlichen Umgebung entstammen vorwiegend der Erdkruste. Ein Teil geht auf die Wechselwirkung der kosmischen

Strahlung mit den Gasmolekülen der Erdatmosphäre zurück (***kosmogene Radionuklide***). Hierzu gehört insbesondere ^{14}C.

Die von ^{238}U und ^{232}Th ausgehenden radioaktiven Zerfallsreihen enthalten je ein gasförmiges Radon-Isotop (vgl. Abb. 11.33). Ein Teil dieser Edelgase entweicht in die Erdatmosphäre. Ihre wiederum radioaktiven Folgeprodukte adsorbieren an Aerosole, die über die Atemluft in Bronchialtrakt und Lunge gelangen. Erhöhte Konzentrationen von Radon (^{222}Rn) sowie Thoron (^{220}Rn) und ihren Folgeprodukten finden sich insbesondere in geschlossenen Räumen. Hier findet eine Zufuhr aus den umgebenden Wänden statt, der Austausch mit der freien Atmosphäre ist jedoch erheblich eingeschränkt. Für die ***mittlere Radonkonzentration in der Bundesrepublik*** sind die folgenden Werte gefunden worden:

$$5{,}9 \text{ Bqm}^{-3} \text{ (Freiluft) sowie } 50 \text{ Bqm}^{-3} \text{ (Wohnräume)}.$$

Ein erheblicher Anteil der natürlichen Strahlenbelastung des Menschen ist deshalb auf das Leben in Häusern zurückzuführen.

Tabelle 11.8 fasst die verschiedenen Komponenten der natürlichen und zivilisatorischen Strahlenexposition und ihre jeweiligen Beiträge zur ***effektiven Dosis E*** (früher „effektive Äquivalentdosis" genannt) zusammen. Dieser Begriff beinhaltet eine Bewertung und Gewichtung der Strahlenempfindlichkeit der verschiedenen Gewebe des Menschen. Dies ist auch deshalb notwendig, weil die einzelnen Gewebe unterschiedliche Äquivalentdosiswerte empfangen. So wird durch Radon und seine Folgeprodukte vorwiegend Lunge und Bronchialtrakt belastet.

Tabelle 11.8. Mittlere effektive Dosis der Bevölkerung der Bundesrepublik Deutschland im Jahre 1995. (Nach Umweltradioaktivität und Strahlenbelastung, Jahresbericht 1995 des Bundesministeriums für Umwelt, Naturschutz und Reaktorsicherheit)

	Mittlere effektive Dosis in Millisievert pro Jahr
1. Natürliche Strahlenexposition	
1.1 durch kosmische Strahlung	ca. 0,3
1.2 durch terrestrische Strahlung von außen	ca. 0,4
1.3 durch Inhalation von Radon u. Folgeprodukten	ca. 1,4
1.4 durch Ingestion natürlich radioaktiver Stoffen	ca. 0,3
Summe der natürlichen Strahlenexposition	**ca. 2,4**
2. Zivilisatorische Strahlenexposition	
2.1 durch medizinische Anwendungen (Röntgendiagnostik, Nuklearmedizin)	ca. 1,5
2.2 durch kerntechnische Anlagen	< 0,01
2.3 durch Anwendungen radioaktiver Stoffe in Forschung, Technik und Haushalt	< 0,01
2.4 durch berufliche Strahlenexposition (Beitrag zur mittleren Strahlenexposition der Bevölkerung)	< 0,01
2.5 durch Fallout von Kernwaffenversuchen	< 0,01
2.6 durch Reaktorunfall von Tschernobyl	< 0,02
Summe der zivilisatorischen Strahlenexposition	**ca. 1,5**

Tabelle 11.9. Wichtungsfaktoren w_T des Strahlenrisikos für einige Körpergewebe (nach den Empfehlungen der ICRP 1991)

Organ oder Gewebe	w_T
Gonaden	0,20
Rotes Knochenmark	0,12
Lunge	0,12
Magen	0,12
Dickdarm	0,12
Summe weiterer Organe	0,32

E ist durch die Gleichung

$$E = \sum_T w_T H_T \qquad (11.57)$$

definiert, wobei $\sum_T w_T = 1$. H_T ist die Äquivalentdosis im Gewebe (Teilkörper) T.

Die internationale Strahlenschutzkommission ICRP hat für die einzelnen Gewebe Wichtungsfaktoren w_T, vorgeschlagen (s. Tabelle 11.9). Danach trägt eine Belastung der Lunge mit einer Äquivalentdosis von 1 cSv nur 0,12 cSv zur effektiven Dosis bei ($w_T = 0{,}12$). Die Einführung dieses Begriffes soll eine Bewertung des Risikos für den gesamten Menschen ermöglichen.

Wie aus Tabelle 11.8 hervorgeht, beträgt die gesamte natürliche Strahlenexposition in der Bundesrepublik etwa 2,4 mSv pro Jahr. In einigen wenigen Gebieten der Erde wurden aufgrund einer erhöhten Umgebungsstrahlung erheblich größere Werte (> 10 mSv/Jahr) gefunden.

Die Verwendung von künstlichen Strahlenquellen in Medizin und Technik hat zu einer mit der natürlichen vergleichbaren zivilisatorischen Strahlenexposition geführt. Letztere wird weitgehend durch die Röntgendiagnostik bestimmt und beträgt etwa 1,5 mSv pro Jahr.

Die gesamte durchschnittliche effektive Dosis des Bundesbürgers liegt somit bei etwa 4 mSv pro Jahr.

Die die Keimdrüsen (Gonaden) betreffende sog. genetische Strahlenexposition ist etwa halb so hoch.

Die in Tabelle 11.8 angeführten Zahlen stellen jeweils Mittelwerte über die Gesamtbevölkerung dar, von denen der Einzelfall erheblich abweichen kann. So wurden nach der Reaktorkatastrophe von Tschernobyl im Jahre 1986 die Bewohner des süddeutschen Raumes erheblich größeren Strahlendosiswerten ausgesetzt als jene des norddeutschen Raumes. In allen Fällen war die Strahlenbelastung jedoch geringer als die natürlichen Strahlenexposition oder die Belastung aus medizinischen Quellen. Ein weiteres Beispiel für die große Variabilität der Strahlenexposition stellt die Inhalation von Radon und seinen Folgeprodukten dar. Die Radonkonzentration im Inneren von Häusern hängt stark von dem geologischen Aufbau

Tabelle 11.10. Einige Grenzwerte der effektiven Dosis für Einzelpersonen empfohlen durch die ICRP (1991) (abzüglich Strahlenexposition aus natürlichen und medizinischen Quellen)

Betroffene Gruppe		Jahresgrenzwert/mSv a^{-1}
Gesamtbevölkerung	im Durchschnitt einer 5-Jahresperiode	1
Beruflich strahlenexponierte Personen	im Durchschnitt einer 5-Jahresperiode	20
	in einzelnen Lebensjahren	50

der Gegend sowie von der Art des Baumaterials des Hauses ab. So erhalten in einigen alpinen Regionen der Schweiz 1% der Bewohner effektive Strahlendosen > 50 mSv/a (Durchschnittswert in der BRD 1,4 mSv/a, s. Tabelle 11.8). Die natürliche Strahlenexposition übertrifft in diesen Fällen die maximal zugelassene Strahlenbelastung aus beruflicher Tätigkeit (20 mSv/a, s. Tabelle 11.10).

Aufgrund der in Abschn. 11.6.3 beschriebenen Strahlenwirkungen ist eine Limitierung der Strahlenbelastung des Menschen unbedingt erforderlich. Andererseits zeigt das Vorhandensein der natürlichen Strahlenbelastung, der die Menschheit von jeher ausgesetzt war, dass eine *begrenzte Belastung* aus künstlichen Quellen ein *tragbares Risiko* darstellt.

Die ICRP gibt aufgrund umfangreicher Überlegungen Grenzwerte für die Gesamtbevölkerung sowie für beruflich strahlenexponierte Personen an, die auszugsweise in Tabelle 11.10 dargestellt sind. Sie lässt sich hierbei von Prinzipien leiten, die (in deutscher Übersetzung) folgendermaßen lauten:

a) Es darf keine Tätigkeit gestattet werden, deren Einführung nicht zu einem positiven Nettonutzen führt.

b) Alle Strahlenexpositionen müssen so niedrig gehalten werden, wie es unter Berücksichtigung wirtschaftlicher und sozialer Faktoren vernünftigerweise erreichbar ist.

Einen positiven Nettonutzen sieht die ICRP insbesondere bei Strahlenexpositionen gegeben, die aus medizinischen Gründen erfolgen. Die in Tabelle 11.10 aufgeführten Grenzwerte schließen daher medizinische Expositionen nicht ein. Es versteht sich jedoch von selbst, dass auch im medizinischen Bereich auf einen optimalen Strahlenschutz geachtet werden sollte. Abschätzungen haben ergeben, dass durch die medizinischen Strahlenanwendungen (trotz deren unbestreitbaren positiven Nettonutzen) jährlich möglicherweise einige Tausend zusätzliche Todesfälle durch Krebs in der Bundesrepublik Deutschland induziert werden.

Nach den Ausführungen in Abschn. 11.6.3 stellen derartige Zahlenangaben jedoch lediglich größenordnungsmäßige Abschätzungen des wahren Risikos dar, die durch mathematische Extrapolation gewonnen wurden. Trotz dieser Unsicherheit gilt das Strahlenrisiko im Vergleich zu chemischen und biologischen Risiken als relativ gut untersucht.

Weiterführende Literatur zu „Strahlenbiophysik und Strahlenbiologie"

Alpen EL (1998) Radiation biophysics. Academic Press, New York

BEIR V (1990). Bericht des „Committee on the Biological Effects of Ionizing Radiation" der National Academy of Sciences (USA). Health effects of exposure to low levels of ionizing radiation. National Academy Press, Washington DC

Chan GL, Little JB (1986) Neoplastic transformation. In: Upton AC, Albert RE, Burns FJ, Shore RE (eds) Radiation carcinogenesis. Elsevier, New York

Friedberg EC, Walker, GC, Siede W (1995) DNA Repair and Mutagenesis. Am Soc Microbiol

Fritz-Niggli H (1997) Strahlengefährdung/Strahlenschutz. Ein Leitfaden für die Praxis. H. Huber, Göttingen

Grupen C (1998) Grundkurs Strahlenschutz. Vieweg, Braunschweig Wiesbaden

Hacke J, Kaul A, Kraus W, Neider R, Rühle H (Hrsg) (1993) Strahlenschutz (Kompendium der Sommerschule Strahlenschutz). Hildegard Hoffmann, Berlin

Hall EJ (2000) Radiobiology for the radiologist. Lippincott Williams & Wilkins, Philadelphia

Hall EJ (2003) The bystander effect. Health Physics 85: 31-35

Halliwell B, Gutteridge JMC (1999) Free radicals in biology and medicine. Oxford Univ Press, Oxford New York

Hamada N, Matsumoto H, Hara T, Kobayashi Y (2007) Intercellular and intracellular pathways mediating ionizing radiation-induced bystander effects. J Radiat Res (Tokyo) 48: 87-95

ICRP Publication 60 (1991) Recommendations of the International Commission on Radiological Protection. Annals of the ICRP 21 (No. 1-3). Pergamon, Oxford

Keller G, Muth H (1985) Strahlengefährdung durch Umwelteinflüsse. 1. Natürliche Strahlenexposition. In: Heuck F, Scherer E (Hrsg) Handbuch der Medizinischen Radiologie, Bd. 20. Springer, Berlin Heidelberg New York, S. 403-437

Kiefer J (1989) Biologische Strahlenwirkung. Birkhäuser, Basel Boston Berlin

Kiefer J, Kranert T, Koenig F, Stoll U (1989) Der Zeitfaktor bei der strahleninduzierten Mutationsauslösung. In: Köhnlein W, Traut H, Fischer M (Hrsg) Die Wirkung niedriger Strahlendosen. Springer, Berlin Heidelberg New York

Krieger H (2007) Grundlagen der Strahlenphysik und des Strahlenschutzes. Teubner, Wiesbaden

Laskowski W (1981) Biologische Strahlenschäden und ihre Reparatur. de Gruyter, Berlin New York

Lubin JH, Boice JD, Edling C, Hornung RW, Howe G, Kunz E, Kusiak RA, Morrison HI, Radford EP, Samet JM, Tirmarche M, Woodward A, Yao SX (1995) Radon-exposed underground miners and inverse dose rate effects. Health Physics 69:494-500

Meissner J (1985) Strahlengefährdung durch Umwelteinflüsse. 2. Berufsrisiko beim Umgang mit radioaktiven Stoffen. In: Heuck F, Scherer E (Hrsg) Handbuch der Medizinischen Radiologie, Bd. 20. Springer, Berlin Heidelberg New York, S. 439-488

Messerschmidt O (1985) Strahlengefährdung durch Umwelteinflüsse. 3. Strahlenkatastrophen aus ärztlicher Sicht. In: Heuck F, Scherer E (Hrsg) Handbuch der Medizinischen Radiologie, Bd. 20, Springer, Berlin Heidelberg New York, S. 489-556

NCRP Report No. 96 (1989) Comparative carcinogenicity of ionizing radiation and chemicals. National Council on Radiation Protection and Measurements, Bethesda (USA)

Stark G (1991) The effect of ionizing radiation on lipid membranes. Biochim Biophys Acta 1071:103-122

von Sonntag C (1987) The chemical basis of radiation biology. Taylor & Francis, London New York Philadelphia

Tubiana M, Dutreix J, Wambersie A (1990) Introduction to radiobiology. Taylor & Francis, London New York Philadelphia

UNSCEAR (1988). Bericht des „United Nations Scientific Committee on the Effects of Atomic Radiation". Sources, Effects and Risks of Ionizing Radiation. Vereinte Nationen, New York

Vaca, CE., Wilhelm J, Harms-Ringdahl M (1988) Interaction of lipid peroxidation products with DNA. A review. Mutation Research 195:137-149

Vilenchik MM, Knudson AG (2000) Inverse radiation dose-rate effects on somatic and germ-line mutations and DNA damage rates. Proc Nat Acad Sci USA 97:5381-5386

Übungsaufgaben zur „Strahlenbiophysik und Strahlenbiologie"

11.1 Wir betrachten eine Suspension von Zellen (Zellvolumen V, Zelloberfläche O), die im Zellinneren eine radioaktive Substanz S (Zerfallskonstante λ_r) enthalten. Die Molekülzahl N_S im Inneren einer Zelle nimmt sowohl durch radioaktiven Zerfall als auch durch Diffusion über die Zellmembran ab (Permeabilitätskoeffizient P_d).
Geben Sie das Zeitgesetz an, nach dem die Abnahme von N_S erfolgt unter der Annahme, dass die Konzentration von S im Zelläußeren vernachlässigt werden kann. Wie hängt die effektive Halbwertszeit (für die Abnahme von N_S) von P_d und λ_r ab?

11.2 Eine isotrope radioaktive Quelle emittiert γ-Quanten mit einer Energie von 1 MeV (1 Quant pro Zerfall). Wie viel Energie in MeV (und Joule) gibt sie innerhalb von 2 Tagen an ihre Umgebung ab, wenn sie eine Halbwertszeit von 1 Tag und zu Beginn eine Aktivität von 37 kBq (1 μCi) besitzt? Berechnen Sie die Zahl der Quanten, die in 2 Tagen in 1 m (10 cm) Abstand von der Quelle ein Flächenstück der Größe 1 cm^2 senkrecht zur Strahlrichtung passieren.

11.3 Die Eintrittsöffnung einer Ionisationskammer (Fläche 4 cm^2) wird mit α-Teilchen von 5 MeV Energie homogen bestrahlt. Letztere werden im Inneren der

Kammer vollständig absorbiert. Der Sättigungsstrom der Ionisationskammer beträgt 1 μA. Wie groß ist die Teilchenflussdichte der α-Strahlung bei einem Energieaufwand pro Ionenpaar von 34 eV?

11.4 Ein Versuchstier mit einer Knochenmasse von 5 kg enthalte nach einer Inkorporation von ^{239}Pu ($t^r_{1/2} = 8,9 \cdot 10^6$ d) eine Aktivität von 37 kBq (1 μCi). Geben Sie die Gesamtmasse an Pu an, die der angegebenen Aktivität entspricht, und berechnen Sie die Energiedosis, die der Knochen in 20 Jahren bei homogener Verteilung von Pu durch die α-Strahlung von 5 MeV pro Zerfall absorbiert! Dabei kann die Ausscheidung aus dem Knochen wegen der großen effektiven Halbwertszeit von Plutonium vernachlässigt werden. (In Wirklichkeit wird Plutonium vorwiegend in die Knochenoberfläche eingelagert, die dementsprechend eine größere Dosis erfährt).

11.5 Eine Maus erhält im Rahmen von Stoffwechseluntersuchungen eine einmalige Injektion von 37 MBq (1 mCi) radioaktivem Tritium. Letzteres verteilt sich im Gesamtorganismus der Maus (Gesamtmasse 20 g) annähernd gleichförmig und befolgt daher mit guter Näherung ein exponentielles Ausscheidungsgesetz mit der biologischen Halbwertszeit von 2 Tagen. Tritium zerfällt mit einer physikalischen Halbwertszeit von 12,6 Jahren durch β-Zerfall (mittlere Zerfallsenergie $\overline{E}_\beta = 5,67$ keV). Um auszuschließen, dass das Stoffwechselexperiment durch die akute Strahlenkrankheit beeinflusst wird, sollte die mit der Tritiumgabe verbundene Energiedosis 1 Gy möglichst nicht überschreiten.
Berechnen Sie die Energiedosis D_E, die die Maus durch die β-Strahlung von Tritium in den ersten sechs Tagen nach der Injektion erhält!

Lösungen der Übungsaufgaben

1.1 a) In beiden Fällen ist es ein geschlossenes System
b) Es ist ein offenes System

1.2 intensiv: Dichte, Molarität, Brechungsindex, Druck, Molvolumen
extensiv: Volumen, Stoffmenge

1.3 $n = 0{,}030$ mol; $c = 0{,}3$ mol l^{-1}; $N = 1{,}8 \cdot 10^{20}$; $\mu = 5{,}7 \cdot 10^{-22}$ g

1.4 $P = 1{,}18 \cdot 10^3$ N m^{-2} = $0{,}0118$ bar = $1{,}18 \cdot 10^4$ dyn cm^{-2} = $0{,}01165$ atm

1.5 $\alpha = \beta/3$

1.6 $n = 4{,}07 \cdot 10^{-3}$ mol

1.7 $(P + an^2/V^2) \cdot (V - nb) = nRT$

1.8 $P = 39{,}2$ bar

1.9 a) $N_2/(N_1 + N_2) = 0{,}141$ (1,41%); b) $T = 782{,}2$ °C

2.1 $\Delta W = -1662$ J mol^{-1}

2.2 a) $\Delta W_{rev} = 12{,}5$ J; b) $P_{max} = 500$ bar

2.3 a) $\tilde{C}_V = 0{,}31$ J g^{-1} K^{-1}; b) $\bar{C}_V = 12{,}4$ J mol^{-1} K^{-1}

2.4 Bei $\Delta V > 0$ ist $\Delta T < 0$

2.5 $\bar{U}(P, \bar{V}) = U_0 + (3/2) \cdot P\bar{V}$; $\bar{H}(P, \bar{V}) = U_0 + (5/2) \cdot P\bar{V}$;
$\bar{U}(P, T) = U_0 + (3/2) \cdot RT$; $\bar{H}(P, T) = U_0 + (5/2) \cdot RT$

2.6 $\Delta T = 0{,}119$ K; $\Delta H = 50$ J

2.7 $\Delta H = 0$; $\Delta W_{reib} = 50$ J; $\Delta Q = -50$ J

2.8 $\Delta H \approx \Delta U = 3{,}36 \cdot 10^4$ J; $(\Delta H - \Delta U)/\Delta U = 1{,}2 \cdot 10^{-4}$%

2.9 $\Delta_f H^0 = -277$ kJ mol^{-1}

2.10 $\left| \Delta Q_1^{Ke} \right| / \left| \Delta Q_1^{Ko} \right| \approx 1{,}6$

2.11 $\Delta_e S = 0$; $\Delta S = \Delta_i S = 0{,}167$ J K^{-1} = $0{,}040$ cal K^{-1}

2.12 $\Delta_e S = -0{,}167 \text{ J K}^{-1} = -0{,}040 \text{ cal K}^{-1}$; $\Delta S = 0$; $\Delta_i S = -\Delta_e S$

2.13 $\Delta U = -45{,}5 \text{ J}$; $\Delta S = -0{,}20 \text{ J K}^{-1}$; $\Delta_i S = 0$; $\Delta_e S = \Delta S$

2.14 $\Delta S = 0{,}143 \text{ J K}^{-1}$; $\Delta_i S = 0$; $\Delta_e S = \Delta S$

2.15 $\Delta_r S^0 = -139{,}0 \text{ J mol}^{-1} \text{ K}^{-1}$

3.1 $\bar{V} = RT/P$; $\bar{S} = (5/2) R \cdot \ln (T/T_0) - R \cdot \ln (P/P_0)$; $\bar{H} = G_0 + (5/2) R \cdot (T - T_0)$; $\bar{U} = (G_0 - (5/2) RT_0) + (3/2) RT$; $\bar{C}_p = (5/2)R$; $\kappa = 1/P$; ideales Gas

3.2 $\Delta \bar{G} = 36{,}2 \text{ J mol}^{-1}$

3.3 $\Delta_r H^0 = -1366{,}9 \text{ kJ mol}^{-1}$; $\Delta G^0 = -1326{,}3 \text{ kJ mol}^{-1}$

3.4 $\left(\Delta W_{rev}^{elektrochem} \right) / \left(\Delta W_{rev}^{W\ddot{a}rmekr.} \right) = 1{,}69$

3.5 $\Delta F = -6 \text{ J}$; $\Delta G = -5 \text{ J}$

3.6 $\Delta_v \bar{H} = 28{,}03 \text{ kJ mol}^{-1}$

3.7 a) Aufschmelzen, b) $\Delta \bar{G} < 0$, c) $\Delta \bar{H} > 0$, d) $\Delta \bar{S} > 0$, e) $\left| \Delta \bar{H} \right| < T \left| \Delta \bar{S} \right|$; f) bei $\Delta T = 0{,}1$ °C a) bis e) wie vorher, nur für e): $\left| \Delta H \right| \leq T \left| \Delta S \right| \approx \left| \Delta_u \bar{H} \right|$

3.8 $T_v = 81$ °C

4.1 $x_g = 1{,}8 \cdot 10^{-5}$

4.2 $\bar{V}_2 = 19 \text{ cm}^3 \text{ mol}^{-1}$

4.3 Es ist Gl. 4.7 abzuleiten

4.4 $dH = TdS + VdP + \Sigma \mu_i \, dn_i$

4.5 $\Delta \mu = 1{,}8 \text{ J mol}^{-1}$

4.6 $\Delta \mu = -1{,}55 \cdot 10^4 \text{ J mol}^{-1}$

4.7 0,17 g

4.8 $\ln \gamma = -\Delta G_0(\text{Butan})/RT - (n-4) \cdot \Delta G_0' /RT = -4{,}2 -1{,}49 \cdot n$

4.9 9,0 g

4.10 $M = 3570 \text{ g mol}^{-1}$; $\Delta P/P_0 = 2{,}5 \cdot 10^{-3} \%$

4.11 a) $v = 3$; b) $v = 2$; c) $v = 1$

5.1 $n = 4{,}05 \cdot 10^{-7} \text{ mol}$

5.2 $\Delta G = -41{,}5 \text{ kJ mol}^{-1}$

5.3 $[F^-] = 2{,}5 \cdot 10^{-3} \text{ M}$

5.4 pH = 7,46

5.5 pH = 4,47

5.6 pK = 4,20

5.7 Wahrscheinlichkeitsfaktor und elektrostatische Wechselwirkung

6.1 Es gilt $\eta\Lambda = \dfrac{Fe_0}{6\pi}\left(\dfrac{z^+}{r^+} - \dfrac{z^-}{r^-}\right) = const.$

6.2 Verschiebung von Protonen längs Wasserstoffbrücken

6.3 $c_{Red}/c_{ox} = 50$. Reduktion von Fe^{3+} entzieht Messelektrode Elektronen.

6.4 $\Delta E = 0,155$ V

6.5 linearer Zusammenhang zwischen pH und E: $E = (0,21 - 0,059 \text{ pH})$ V

6.6 Beispiel Methylenblau (MB): MB(blau), MBH_2 (farblos)

6.7 $[K^+] \approx 0,11$ M, $[Cl^-] \approx 0,09$ M, $E \approx 2,5$ mV

7.1 $\gamma = 0,9$ mJ m^{-2}

7.2 Vertikale Kraft auf Tropfenrand $F_\perp = 3,14\cdot10^{-4}$ N; Schwerkraft $G = 2,16\cdot10^{-5}$ N; Adhäsion: $\Delta G_{Adh} = -0,142$ J m^{-2}

7.3

Flüssigkeit	γ_{SL} /mJ m^{-2}
Wasser	38,5
Glycerin	26,1
Ethylenglykol	10,9
Hexadekan	0,93
Dodekan	0,38
Dekan	0,098
Nonan	0,046

7.4 $h = 30$ cm; d = 1 µm

7.5 $K = -8\cdot10^{-4}$ N; die Kraft wirkt in Richtung auf die Oberfläche der NaCl-Lösung

7.6 $\Gamma_2' - \Gamma_1' c_2 / c_1 = \Gamma_2 - \Gamma_1 c_2 / c_1$

7.7 $\Gamma(c')/\Gamma(c'') = 1$; $\Gamma(c') = 4,44\cdot10^{-6}$ mol m^{-2}; $N = 2,67\cdot10^{14}$ cm^{-2}; $d \approx 0,6$ nm

7.8 $\pi(c) = RTKc$; $\pi(c') = 0,973$ mJ m^{-2}; $\chi(c') = 71,8$ mJ m^{-2}; $\pi(c'') = 1,95$ mJ m^{-2}; $\chi(c'') = 70,9$ mJ m^{-2}

7.9 $\gamma = \gamma_0 - RT\,\Gamma_\infty\,\ln(1+Kc)$; $\gamma = 51,0$ mN m^{-1}

8.1 $K = 1{,}737 \cdot 10^{-3}$ cm^2 s^{-2};
$\eta_1' = 0{,}03366$ g cm^{-1} s^{-1};
$\eta_1'' = 0{,}03432$ g cm^{-1} s^{-1};
$\eta_2' = 0{,}04422$ g cm^{-1} s^{-1};
$\eta_2'' = 0{,}05544$ g cm^{-1} s^{-1}

8.2 $(\eta_1' - \eta_0)/(\eta_0 c_1') = 100$ cm^{3}g^{-1}
$(\eta_2'' - \eta_0)/(\eta_0 c_1'') = 100$ cm^{3}g^{-1}, d.h. $[\eta]_1 = 100$ cm^3 g^{-1};
$(\eta_2' - \eta_0)/(\eta_0 c_2') = 1700$ cm^{3}g^{-1}
$(\eta_2'' - \eta_0)/(\eta_0 c_2'') = 1700$ cm^{3}g^{-1}, d.h. $[\eta]_2 = 1700$ cm^3 g^{-1}
$a = 1{,}76$; $C = 1{,}586 \cdot 10^{-7}$ cm^3 g^{-1} (Stäbchenmoleküle)

8.3 $f = 2{,}91 \cdot 10^{-5}$ g s^{-1}; $D = 1{,}40 \cdot 10^{-9}$ cm^2 s^{-1}; $\eta = 9{,}1 \cdot 10^{-3}$ g cm^{-1} s^{-1}

8.4 $n = 1{,}13 \cdot 10^{-5}$ mol

8.5   Glockenkurve um $x = 0$ mit $c(0,\, t') = 5{,}6$ µM; $J_x = 1{,}05 \cdot 10^{-14}$ mol s^{-1}

8.6 $c(x = 0) = 2{,}5$ mM; $c(x = +1 \text{ cm}) = 1{,}20$ mM; $c(x = -1 \text{ cm}) = 3{,}80$ mM;
$(\partial c/\partial x)_{x=0} = -1{,}41 \cdot 10^{-6}$ mol cm^{-4}

8.7 $dr/dt = 4{,}26 \cdot 10^{-4}$ cm s^{-1}; $s = 79.6$ S; $\omega^2 r = 54551$ g

8.8 $t = 2$ min 37,9 s

8.9 $\tilde{V}_p = 0.735$ cm^3 g^{-1}

8.10 $|\vec{E}| = 0{,}256$ V cm^{-1}

8.11 $J = 0{,}4$ M

8.12   pH(Zelloberfläche) = 6,62

8.13   Weg $|s| = 9{,}6 \cdot 10^{-2}$ cm

9.1 $N = 6{,}3 \cdot 10^{11}$ Na$^+$-Ionen

9.2 $D = 3{,}2 \cdot 10^{-8}$ cm^2 s^{-1}; $t = 15{,}6$ s

9.3 $P_d = 10^{-4}$ cm s^{-1}

9.4 $P_d = 5{,}8 \cdot 10^{-8}$ cm s^{-1}

9.5 $P_d^{HA} \gg P_d^{A^-}$; $P_d = P_d^{HA}[1/(1+10^{(pH-pK)})]$

9.7 $L_p = \pi r^4 n/8\eta d$

9.8 $w = \dfrac{1}{d^2} \cdot \dfrac{2 D_C D_{CS}}{D_C + D_{CS}}$; $[S]' = \dfrac{2}{K} \cdot \dfrac{D_C}{D_C + D_{CS}}$

9.9 vgl. Abb. 9.34

9.10 $\Delta\tilde{\mu} = \mu_i - \mu_a = -1{,}17 \cdot 10^3$ J mol^{-1} ; Bergabtransport

9.11 0,2 mol ATP/mol Na$^+$

9.12 $P_d = 7{,}9 \cdot 10^{-9}$ cm s^{-1}

9.13 16700 Aktionspotentiale

9.14 $V_m = -57{,}5$ mV

9.15 $V_0 = -5$ mV; $V_{Na} = 63$ mV; $V_K = -85$ mV

10.1 $t = 3561$ Jahre

10.2 a) $1/c_A - 1/c_A^0 = kt$
b) $t_{1/2} = 1/(k\,c_A^0)$
c) $t_{1/2} = 152$ min

10.3 $1/(2P_0 - P) - 1/P_0 = 2\,a\,k\,t$

10.4 Lösung entspricht den Gleichungen (10.143) – (10.149)

10.5 $\left[\dfrac{\text{Rate der Hinreaktion}}{\text{Rate der Rückreaktion}} \right]_{t_{1/2}} = 95$;

$k_1 = 10^2$ l/mol s; $k_2 = 10^{-4}$ s^{-1}

10.6 $E_a = 5{,}36 \cdot 10^4$ J/mol

10.7 $m_P(t) = m_0\, e^{-t/\tau}$, mit $1/\tau = k_b + k_m$

$m_U(t) = m_U^\infty (1 - e^{-t/\tau})$, mit $m_U^\infty = k_b\, m_0\, \tau$

Hieraus: $k_b = \dfrac{m_U^\infty}{m_0 \tau}$; $k_m = \dfrac{1}{\tau} - k_b$

$V_P = m_0 / c_P^0$, mit c_P^0 = Anfangskonzentration im Blutplasma

10.8 $N(t) = N_0 + a\,t$

10.9 a) $E_a = 108$ kJ/mol
b) $Q = 2{,}6 \cdot 10^{-20}$
c) $N \approx 155$ Moleküle

10.10 $E_a = 182{,}9$ kJ/mol; $d_{HJ} = 2{,}4 \cdot 10^{-8}$ cm

10.11 $t = 167$ s

10.12 $1{,}8 \cdot 10^7$ Nucleotide/Zelle

10.13 $c_A(t) = \overline{c}_A''\left(1 - \alpha e^{-t/\tau}\right)$ mit $1/\tau = k_1'' + k_{-1}''$ und $\alpha = \left(\overline{c}_A'' - \overline{c}_A'\right)/\overline{c}_A''$

10.14 Gl. (10.138) bis Gl. (10.141)

10.15 $v = \dfrac{k_1 k_2 c_A c_B^2}{\left(k_{-1} + k_2 c_B\right)}$ ist für $k_{-1} \gg k_2 c_B$ formal identisch mit der trimolekularen

Reaktion A + 2B $\rightarrow$ C, d.h. $v \propto c_A c_B^2$

10.16 $\dfrac{dc_A}{dt} = \dfrac{-k_1 k_2 c_A^2}{k_2 + k_{-1} c_A}$

für $k_{-1} c_A \gg k_2$ gilt:

$\dfrac{dc_A}{dt} = -k c_A$, mit $k = k_1 k_2 / k_{-1}$ (d.h. quasi-monomolekulares Verhalten)

für $k_1 c_A \ll k_2$ gilt:

$\dfrac{dc_A}{dt} = -k_1 c_A^2$, (d.h. quasi-bimolekulares Verhalten)

10.17 $k_2 = 2,3 \cdot 10^6$ min^{-1}; $v = v_{max} = 10^{-4}$ M/min;
Reaktionsgeschwindigkeit ist ca. 92 min stationär

10.18 a) $v_P = f(c)$: Halbsättigungskonzentration = K_S;
maximale Reaktionsgeschwindigkeit = $v_P^{max} / \left(1 + c_I / K_I\right)$
b) $1/v_P = f(1/c_S)$: Steigung = $K_S \left(1 + c_I/K_I\right)/ v_P^{max}$;
Achsenabschnitt ($1/v_P$-Achse) = $\left(1 + c_I/K_I\right)/ v_P^{max}$;
Achsenabschnitt ($1/c_S$-Achse) = $- 1/K_S$
c) $v_P = f(v_P/c_S)$: Steigung = $-K_S$;
Achsenabschnitt (v_P-Achse) = $v_P^{max} /(1 + c_I/K_I)$;
Achsenabschnitt (v_P/c_S-Achse) = $v_P^{max} /[K_S(1 + c_I/K_I)]$

11.1 $N_S = N_S^0\, e^{-\lambda_{eff} t}$; $t_{1/2}^{eff} = \dfrac{\ln 2}{\lambda_{eff}} = \dfrac{\ln 2}{\lambda_r + P_d O / V}$

11.2 Emittierte Energie $E = 3,46 \cdot 10^9$ MeV = $5,53 \cdot 10^{-4}$ J;
Zahl der Quanten/cm^2: $2,75 \cdot 10^4$ cm^{-2} (1 m Abstand);
$2,75 \cdot 10^6$ cm^{-2} (0,1 m Abstand)

11.3 $\Phi = 1,06 \cdot 10^7$ α-Teilchen/cm^2 s

11.4 1 μCi ^{239}Pu $\triangleq$ 16,3 μg; $D_E = 373$ rd = 3,73 Gy

11.5 $D_E = 0,366$ Gy = 36,6 rd

Sachverzeichnis

Chemische Elemente – Alphabetische Ubersicht
(nach: Wissenschaftliche Tabellen, Documenta Geigy, Basel 1968, S. 226)

Name	Symbol	Ordnungszahl	Atommasse[1] 1967
Actinium	Ac	89	(227)
Aluminium	Al	13	26,9815
Americium	Am	95	(243)
Antimon	Sb	51	121,75
Argon	Ar	18	39,948
Arsen	As	33	74,9216
Astatin	At	85	(210)
Barium	Ba	56	137,34
Berkelium	Bk	97	(247)
Beryllium	Be	4	9,0122
Blei	Pb	82	207,19
Bor	B	5	10,811
Brom	Br	35	79,904
Cadmium	Cd	48	112,40
Caesium	Cs	55	132,905
Calcium	Ca	20	40,08
Californium	Cf	98	(252)*
Cer	Ce	58	140,12
Chlor	Cl	17	35,453
Chrom	Cr	24	51,996
Cobalt	Co	27	58,9332
Curium	Cm	96	(247)
Dysprosium	Dy	66	162,50
Einsteinium	Es	99	(254)
Eisen	Fe	26	55,847
Erbium	Er	68	167,26
Europium	Eu	63	151,96
Fermium	Fm	100	(257)
Fluor	F	9	18,9984
Francium	Fr	87	(223)
Gadolinium	Gd	64	157,25
Gallium	Ga	31	69,72
Germanium	Ge	32	72,59
Gold	Au	79	196,967
Hafnium	Hf	72	178,49
Helium	He	2	4,0026
Holmium	Ho	67	164,930
Indium	In	49	114,82
Iridium	Ir	77	192,2

Name	Symbol	Ordnungszahl	Atommasse[1] 1967
Jod	I	53	126,9044
Kalium	K	19	39,102
Kohlenstoff	C	6	12,01115
Krypton	Kr	36	83,80
Kupfer	Cu	29	63,546
Lanthan	La	57	138,91
Lawrencium	Lr	103	(256)
Lithium	Li	3	6,939
Lutetium	Lu	71	174,97
Magnesium	Mg	12	24,305
Mangan	Mn	25	54,9380
Mendelevium	Md	101	(257)
Molybdän	Mo	42	95,94
Natrium	Na	11	22,9898
Neodym	Nd	60	144,24
Neon	Ne	10	20,179
Neptunium	Np	93	(237)
Nickel	Ni	28	58,71
Niob	Nb	41	92,906
Nobelium	No	102	(255)
Osmium	Os	76	190,2
Palladium	Pd	46	106,4
Phosphor	P	15	30,9738
Platin	Pt	78	195,09
Plutonium	Pu	94	(244)
Polonium	Po	84	(210)*
Praseodym	Pr	59	140,907
Promethium	Pm	61	(147)*
Protactinium	Pa	91	(231)
Quecksilber	Hg	80	200,59
Radium	Ra	88	(226)
Radon (Radium-emanation)	Rn	86	(222)
Rhenium	Re	75	186,2
Rhodium	Rh	45	102,905
Rubidium	Rb	37	85,47
Ruthenium	Ru	44	101,07
Samarium	Sm	62	150,35
Sauerstoff	O	8	15,9994
Scandium	Sc	21	44,956
Schwefel	S	16	32,064

Name	Symbol	Ordnungszahl	Atommasse[1] 1967
Selen	Se	34	78,96
Silber	Ag	47	107,868
Silicium	Si	14	28,086
Stickstoff	N	7	14,0067
Strontium	Sr	38	87,62
Tantal	Ta	73	180,948
Technetium	Tc	43	(99)*
Tellur	Te	52	127,60
Terbium	Tb	65	158,924
Thallium	Tl	81	204,37
Thorium	Th	90	232,038
Thulium	Tm	69	168,934
Titan	Ti	22	47,90
Uran	U	92	238,03
Vanadium, Vanadin	V	23	50,942
Wasserstoff	H	1	1,00797
Wismut	Bi	83	208,980
Wolfram	W	74	183,85
Xenon	Xe	54	131,30
Ytterbium	Yb	70	173,04
Yttrium	Y	39	88,905
Zink	Zn	30	65,37
Zinn	Sn	50	118,69
Zirkonium	Zr	40	91,22

[1] Atommassen 1967 bezogen auf das Kohlenstoffisotop ^{12}C; Werte in Klammern geben die Massenzahl des stabilsten bekannten Isotops an, Werte mit einem zusätzlichen Stern die Massenzahl des bekanntesten Isotops.

Periodisches System der Elemente

1 IA	2 IIA	3 IIIA	4 IVA	5 VA	6 VIA	7 VIIA	8 VIII	9	10	11 IB	12 IIB	13 IIIB	14 IVB	15 VB	16 VIB	17 VIIB	18 O
1 **H** 1.008																	2 **He** 4.003
3 **Li** 6.941	4 **Be** 9.012											5 **B** 10.81	6 **C** 12.01	7 **N** 14.01	8 **O** 16.00	9 **F** 19.00	10 **Ne** 20.18
11 **Na** 22.99	12 **Mg** 24.31											13 **Al** 26.98	14 **Si** 28.09	15 **P** 30.97	16 **S** 32.06	17 **Cl** 35.45	18 **Ar** 39.95
19 **K** 39.10	20 **Ca** 40.08	21 **Sc** 44.96	22 **Ti** 47.90	23 **V** 50.94	24 **Cr** 52.00	25 **Mn** 54.94	26 **Fe** 55.85	27 **Co** 58.93	28 **Ni** 58.71	29 **Cu** 63.54	30 **Zn** 65.37	31 **Ga** 69.72	32 **Ge** 72.59	33 **As** 74.92	34 **Se** 78.96	35 **Br** 79.91	36 **Kr** 83.80
37 **Rb** 85.47	38 **Sr** 87.62	39 **Y** 88.91	40 **Zr** 91.22	41 **Nb** 92.91	42 **Mo** 95.94	43 **Tc** 98.91	44 **Ru** 101.07	45 **Rh** 102.91	46 **Pd** 106.4	47 **Ag** 107.87	48 **Cd** 112.40	49 **In** 114.82	50 **Sn** 118.69	51 **Sb** 121.75	52 **Te** 127.60	53 **I** 126.90	54 **Xe** 131.30
55 **Cs** 132.91	56 **Ba** 137.34	57 **La*** 138.91	72 **Hf** 178.49	73 **Ta** 180.95	74 **W** 183.85	75 **Re** 186.2	76 **Os** 190.2	77 **Ir** 192.2	78 **Pt** 195.09	79 **Au** 197.97	80 **Hg** 200.59	81 **Tl** 204.37	82 **Pb** 207.19	83 **Bi** 208.98	84 **Po** 210	85 **At** 210	86 **Rn** 222
87 **Fr** 223	88 **Ra** 226.03	89 **Ac*** 227.03	104 **Unq**	105 **Unp**	106 **Unh**	107 **Uns**	108 **Uno**	109 **Une**									

* Lanthaniden

58 **Ce** 140.12	59 **Pr** 140.91	60 **Nd** 144.24	61 **Pm** 146.92	62 **Sm** 150.35	63 **Eu** 151.96	64 **Gd** 157.25	65 **Tb** 158.92	66 **Dy** 162.50	67 **Ho** 164.93	68 **Er** 167.26	69 **Tm** 168.93	70 **Yb** 173.04	71 **Lu** 174.97

* Actiniden

90 **Th** 232.04	91 **Pa** 231.04	92 **U** 238.03	93 **Np** 237.05	94 **Pu** 239.05	95 **Am** 241.06	96 **Cm** 247.07	97 **Bk** 249.08	98 **Cf** 251.08	99 **Es** 254.09	100 **Fm** 257.10	101 **Md** 258.10	102 **No** 255	103 **Lr** 257

Beispiel:

4
Re

← Ordnungszahl
← Elementsymbol; Elementnamen s. S. 528

Basisgrößen und ihre Einheiten im SI-System

Basisgrößen	Basiseinheit	
Länge	m	(Meter)
Zeit	s	(Sekunde)
Masse	kg	(Kilogramm)
Stoffmenge	mol	(Mol)
elektrische Stromstärke	A	(Ampere)
thermodynamische Temperatur	K	(Kelvin)
Lichtstärke	cd	(Candela)

Abgeleitete SI-Einheiten

Einheiten-Name	Einheiten-Zeichen	Definition	Größe (als Beispiel)
Hertz	Hz	s^{-1}	Frequenz
Newton	N	$kg\,m\,s^{-2}$	Kraft
Pascal	Pa	$N\,m^{-2}$	Druck
Joule	J	Nm	Arbeit
Watt	W	$J\,s^{-1}$	Leistung
Coulomb	C	As	elektr. Ladung
Volt	V	JC^{-1}	elektr. Potential
Ohm	Ω	VA^{-1}	elektr. Widerstand
Siemens	S	$Ω^{-1}$	elektr. Leitwert
Farad	F	CV^{-1}	elektr. Kapazität
Weber	Wb	Vs	magn. Fluß
Tesla	T	$Wb\,m^{-2}$	magn. Flußdichte
Henry	H	$VA^{-1}\,s$	Induktivität
Bequerel	Bq	s^{-1}	Aktivität (einer Strahlenquelle)
Gray	Gy	$J\,kg^{-1}$	Energiedosis
Sievert	Sv	$J\,kg^{-1}$	Äquivalentdosis

Vorsilben bei Einheiten

a	f	p	n	μ	m	c	d	k	M	G	T	P	E
atto	femto	pico	nano	micro	milli	centi	deci	kilo	mega	giga	tera	peta	exa
10^{-18}	10^{-15}	10^{-12}	10^{-9}	10^{-6}	10^{-3}	10^{-2}	10^{-1}	10^{3}	10^{6}	10^{9}	10^{12}	10^{15}	10^{18}

Umrechnung von Energieeinheiten

$1\,J = 1\,Nm = 1\,Pa\,m^3 = 1\,C\,V = 1\,VAs = 1\,Ws = 1\,A\,Wb = 10^{-2}\,bar\,dm^3 = 0,2390\,cal$

$1\,J = 6,2415 \cdot 10^{18}\,eV = 9,869 \cdot 10^{-3}\,atm\,l = 2,778 \cdot 10^{-7}\,kWh$

Mathematische Bezeichnungen

$=$ gleich; $\equiv$ für alle Werte gleich; $\stackrel{\mathrm{def}}{=}$ definitionsgemäß gleich; $\sim$ proportional zu; $\approx$ näherungsweise gleich; $\ln$ bezeichnet $\log_e$; $\log$ bezeichnet $\log_{10}$; $\ln x = (\ln 10)\log x = 2,302585\log x$; $e = 2,71828182846$; $\pi = 3,1415926536$

Nichtkohärente Einheiten und ihr Zusammenhang mit SI-Einheiten

Einheiten-Name	Einheiten Zeichen	Definition
Zentimeter	cm	$= 10^{-2} \, \text{m}$
Liter	l	$= \text{dm}^3 = 10^{-3} \, \text{m}^3$
Gramm	g	$= 10^{-3} \, \text{kg}$
Bar	bar	$= 10^5 \, \text{Pa}$
physikalische Atmosphäre	atm	$= 1,01325 \, \text{bar} = 760 \, \text{Torr} = 1,01325 \cdot 10^5 \, \text{Pa}$
Torricelli	Torr	$= 133,322 \, \text{Pa} = 1 \, \text{mm Hg-Säule}$
Dyn	dyn	$= 1 \, \text{g cm s}^{-2} = 10^{-5} \, \text{N}$
Kilopond	kp	$= 9,80665 \, \text{kg ms}^{-2} = 9,80665 \, \text{N}$
Erg	erg	$= 1 \, \text{dyn cm} = 10^{-7} \, \text{J}$
thermochemische Kalorie	cal	$= 4,184 \, \text{J}$
Elektron-Volt	eV	$= 1,60218 \cdot 10^{-19} \, \text{J}$
Poise	P	$= 1 \, \text{g cm}^{-1} \text{s}^{-1} = 0,1 \, \text{kg m}^{-1} \text{s}^{-1}$
Curie	Ci	$= 3,7 \cdot 10^{10} \, \text{s}^{-1}$
Röntgen (Ionendosis)	R	$= 2,58 \cdot 10^{-4} \, \text{C kg}^{-1}$
Rad (Energiedosis)	rd (rad)	$= 10^{-2} \, \text{J kg}^{-1} = 10^{-2} \, \text{Gy}$
Rem (Äquivalentdosis)	rem	$= 10^{-2} \, \text{J kg}^{-1} = 10^{-2} \, \text{Sv}$
Debye	D	$= 3,3564 \cdot 10^{-30} \, \text{Cm}$

Naturkonstanten (Stand August 1993)

Größe	Symbol	Wert
Avogadrokonstante	L (auch N_A)	$6,02214 \cdot 10^{23} \, \text{mol}^{-1}$
Gaskonstante	R	$8,31451 \, \text{J mol}^{-1} \text{K}^{-1}$
		$8,31451 \cdot 10^{-2} \, \text{bar l mol}^{-1} \text{K}^{-1}$
		$8,20578 \cdot 10^{-2} \, \text{atm l mol}^{-1} \text{K}^{-1}$
		$1,987 \, \text{cal mol}^{-1} \text{K}^{-1}$
Boltzmann-Konstante	$k_B = R/L$	$1,38066 \cdot 10^{-23} \, \text{JK}^{-1}$
		$1,38066 \cdot 10^{-16} \, \text{erg K}^{-1}$
		$3,300 \cdot 10^{-24} \, \text{cal K}^{-1}$
Elektrische Elementarladung	e_0	$1,60218 \cdot 10^{-19} \, \text{C}$
Faraday-Konstante	$F = L e_0$	$9,64853 \cdot 10^4 \, \text{C mol}^{-1}$
Elektrische Feldkonstante (Influenzkonstante)	ε_0	$8,85419 \cdot 10^{-12} \, \text{C V}^{-1} \text{m}^{-1}$
Vakuumlichtgeschwindigkeit	c	$2,997925 \cdot 10^8 \, \text{m s}^{-1}$
Planck-Konstante	h	$6,62608 \cdot 10^{-34} \, \text{J s}$
	$\hbar = h/2\pi$	$1,05457 \cdot 10^{-34} \, \text{J s}$
Ruhemasse des Neutrons	m_n	$1,67493 \cdot 10^{-25} \, \text{kg}$
Protons	m_p	$1,67262 \cdot 10^{-27} \, \text{kg}$
Elektrons	m_e	$9,10939 \cdot 10^{-31} \, \text{kg}$
Massenverhältnis	m_p/m_e	$1836,15$
Newtons Gravit. Konst.	G	$6,6726 \cdot 10^{-11} \, \text{m}^3 \text{kg}^{-1} \text{s}^{-2}$
Normal-Fallbeschleunigung (Definition)	g_n	$9,80665 \, \text{m s}^{-2}$
Erdschwerebeschleunigung in Abhängigkeit von der geogr. Breite B	g	$[9,8064 - 0,0259 \cos(2\,\text{B})] \, \text{ms}^{-2}$ (z. B. B $= 50°$: g $= 9,8109 \, \text{ms}^{-2}$)